U0458218

实践美学
与
后实践美学

中国第三次美学论争论文集

《学术月刊》编辑部 编

上册

上海三联书店

序

夏锦乾

早在上世纪末实践美学与后实践美学双方论战犹酣之时，《学术月刊》编辑部就有了出版一本论争集来汇聚各家观点的念头，这个念头后来就变成了这部书稿的雏形，只是由于各种原因，它始终未能被提上正式出版的议程。一晃十多年过去了，每当念及20世纪末中国美学史上如此一场轰轰烈烈、充满激情和思想探索的大讨论，却至今没有一部论文集来加以汇集和总结时，作为一个编辑未尽其责的负疚感便弥漫心头，挥之不去。一年多前在《学术月刊》的一次聚会上偶然谈及此事，一向办事果断、干练的张曦女士当即表示可以由她接手，把这部远未成熟的书稿初稿扩充完善并尽快出版。现在一年过去了，果然一部百余万字的书稿清样齐刷刷地摆在眼前，即将付印，可以说多年悬在心头的石头就要落地，此时此刻，喜悦之余除了要感谢张曦女士的担当和辛勤付出外，更要钦佩她的编辑眼光和才华——整部论文集与初稿相比，早已有了焕然一新的改变和提升，它带给我们多重的惊喜！

第一是对论文集标题的修改。原题为“实践美学与后实践美学论争论文集”，现增加了一个副题“中国第三次美学论争论文集”。当我看到这个题目时，眼前不禁为之一亮。大家知道，“中国三次美学论争”的概念是在本世纪初学术界对20世纪的总结、反思热潮中，由著名美学家杨春时先生率先提出来的。概念的具体含义大致是，20世纪的上半叶，美学还谈不上有什么大的论争，而下半叶则接连有三次大范围的美学论争，“第一次是50—60年代关于美的主客观性的大讨论;第二次是80年代的关于美的本质的大讨论和‘美学热’;第三次是90年代的关于‘超越实践美学’的论争”。三次美学论争“直接推动了中国美学的发展”。①由此可见,“三次美学论争”概念具有很强的概括力和明确的逻辑性,无疑是20世纪中国美学史研究的一个重要概念。这次论文集标题借用了这一概念中的“第三次论争”的提法,不再是就事论事地局限于对于一场学术论争的资料搜集、汇总甚或整理,而是尽力为读者提供一种更有深度和更为宏观的背景来接近和了解这场论争,来认识和把握这场论争的意义和价值,以及来总结论争的历史经验。这无疑是很有远见的,我们甚至可以说,只有把实践美学与后实践美学论争置于20世纪中国美学史的整体背景之下,特别是把它与20世纪下半叶前二次美学论争联系起来,它的实质和趋势才能看得清楚,对各派观点的甄别才有真正的依据。

20世纪中国美学本质上就是现代美学,它正是在追求人的感性的解放中不断增强自身的现代性。人的感性的解放说到底首先就是要以马克思所反复强调的那个“肉体的、有自然力的、有生命的、现实的、感性的”②人为出发点和归宿点。这说来容易,一旦进入理论建构却甚为不易。反观中国三次美学论争,虽然其中不同的观点泾渭分明,但总体上却表现为中国美学不断地向着这个出发点和归宿点探索和趋近的趋势。50—60年代关于美的主客观性大讨论中的各派对这个出发点和归宿点大多尚未有充分自觉的认识。客观派把美看作是不以人的主观意志为转移的客观存在,它的出发点建立在客观的“物”之上,这固然远离了人;而以吕荧、高尔泰为代表的主观派和朱光潜的主客观统一派,虽突现了人对美的决定性意义,拉近了美学与人的距离,但是他们所说的“人”,尚是一个抽象概念,与马克思所说的有温度的、有欲望的、操持着日常生活的那个“特殊的个体”还不是一个意思;李泽厚在客观派的

① 杨春时:《20世纪中国美学论争的历史经验》,《厦门大学学报》2000年第1期。

② 《马克思恩格斯文集》,第1卷,人民出版社,2009年,第210页。

基础上引入了“社会”的概念，而“社会是人生产的”，①从而社会与人在实践的基础上统一起来，因而李泽厚的社会实践派进一步趋近了美学的出发点和归宿点。但是，正像有学者指出的那样，李泽厚的人类社会实践，以至于80年代明确和清晰起来的实践派美学主要的着重点仍然是人类群体而不是个体，是社会、历史、理性决定了个体的存在，然而“离开了个体人的活动，社会性的实践又将是什么呢”?② 这一疑问实际在80年代的美学大讨论中就已经成为一个普遍的问题。马克思《1844年经济学—哲学手稿》之所以此时在中国美学界炙手可热，就因为它以经典的身份呼应了时代的需求，这也为此后的第三次美学论争奠立了基础和基调。正如大家所见，在第三次美学论争中，无论是实践美学还是后实践美学各派，都尽力将个体的人作为自身的出发点和归宿点。李泽厚在《第四提纲》中大声宣布：“‘人活着’是第一个事实，‘活着’比‘为什么活着’更根本，因为它是一个既定事实。”③而后实践美学各派更是将“个体的人”聚焦到存在、生存、生命、身体和主体间性等范畴上。现在他们争论的不再是美在客观还是主观、群体还是个体这些属于上一时代的问题，而是人的“第一事实”与美学的建构问题，这意味着中国美学经过几十年的探索终于找到了它该有的出发点和归宿点！第三次中国美学论争之所以在学派的多样性、理论建构的体系性、探索视阈的宽广性上都超过了前二次论争，成为20世纪中国美学的一大高峰，其根本原因就在这里。可以毫不夸张地说，第三次美学论争的主要成果，充分地体现了中国现代美学的最高水准。当然，出发点的一致，并不等于论争的结束。人们发现，随着问题的深入，有关人的更加现实和深层次的问题都一一浮现出来，因为人不但是“特殊的个体”，同时“人也是总体，是观念的总体”，“人在现实中既作为对社会存在的直观和现实享受而存在，又

① 《马克思恩格斯文集》，第1卷，人民出版社，2009年，第187页。

② 陈炎：《试论“积淀说”与“突破说”》，见本书。

③ 李泽厚：《第四提纲》，《学术月刊》1994年第10期。

作为人的生命表现的总体而存在”。①这等于说,美学研究从事实的起点到逻辑的起点,从逻辑起点到整体理论构建,将有漫长的路要走。如果说得更加悲壮一些,既然“美的本质就是人的本质”,那么只要人的生命活动不停止,美学探索和追求自身本质的过程也永不停息,美学论争也永无止息。

20世纪中国美学三次论争除了上述美学自身的原因外,还有社会的原因。总体上每一次美学论争都与社会的变动及其政治意识形态诉求密切相关。许多人曾对50—60年代的美学大讨论能在当时的政治气氛下展开有点不解,甚或惊叹这是一个奇迹。其实不然。50—60年代的美学讨论在深层次上恰恰就是当时以肃清知识界自由主义和西方资产阶级思想影响为目的的思想改造运动的延伸,大讨论始终保持着客观派对主观派及其主客观统一派的批判态势,这无疑与当时政治意识形态是高度合拍的,尽管参与的各派都并不自觉到这一点。80和90年代的两次美学论争的社会背景便是新时期思想解放运动的勃兴。80年代的美学热,明显带着对“文革”人权灾难的反思和反拨的色彩,与思想解放运动早期的特点相一致,由此决定此时人的解放的现实意义须更多地聚焦在让社会、国家首先复归于人性之上,这使得80年代美学热中的人道主义和主体性主题也都打上了重整体、重理性的时代印记;而90年代美学论争的社会动力来自于思想解放运动的深化。社会由计划向市场的转型,市场经济的公平、平等原则前所未有地把个体人的价值凸显出来,为此美学的建构以个体人的生存为出发点,正是及时地反映了社会的这一深刻变动。因此,美学论争表面上争的是美学理论问题,实际上却是中国社会向现代转型的现实问题。

第二是经过扩充、完善后的论文集在内容上更加丰满,论争的线索更加清晰。正是有了上述对于“第三次论争”的整体把握,编者在选稿上就有了更加严格的甄别标准,这就是紧紧抓住“第三次”和“论争”两个关键词,它们既表述了选文的时间范围,更指明

① 《马克思恩格斯文集》第1卷,人民出版社,2009年,第188页。

了美学讨论的主题内容，凡符合此标准且又有新见者，不论作者有名无名都将尽力收录。为此全书又突破了旧稿只局限于录入发表在《学术月刊》上的论文的格局，将之扩大到所有学术期刊。论文集因此在体量上也比原初的稿子扩大了一倍还多，从而更加完整、全面、充分地展现出第三次美学论争的面貌。更重要的是，论文集用“序曲与发端”“展开”“深入”“发展”“总结”五组关键词构成全书的五大部分，从全书结构上既再现了论争从缘起到尾声的清晰脉络，并突出了“深入”与“发展”作为论战高潮的两部分，又在总题目之下把各组观点的对峙和碰撞完整、客观地展现出来。做个不太恰当的比喻，一场战争总是由大大小小众多战役组成，一场美学论战也同样是通过一组组不同论题的碰撞，从而将总主题的较量淋漓尽致地展开。为此，深入广泛地搜集和仔细地梳理论战材料，并通过编排细致入微又恰到好处将之揭示出来，这是对编者眼界、识见和所下功夫的考验。在“第三次中国美学论争”的名下，我们看到至少有如下一些重要的“战役”：如关于对李泽厚积淀说的评价；关于实践美学的评价；关于李泽厚工具本体和情本体的论争；实践概念的重新阐释问题论争；对“后实践美学”概念的质疑；美学的本体问题；美学的逻辑起点问题；关于存在、生存、生命、身体的概念及其美学理论构建问题；关于美学的主体间性的问题；关于实践存在论美学的论争……所有这些，论文集通过甄别都极其细心地遴选最有代表性的双方观点，让读者在论争的宏观态势下，把捉到每一个论题的实际内涵及其他们的主要代表人物。对此，我们可以说，这部论文集不仅显现了搜集的功夫，而且更凝聚了编者对论战各方观点的潜心揣摩和研究。可以预言，若干年之后，人们要了解和研究中国美学发生在20世纪的第三次论争，这部论文集大概是最好的工具。

最后第三，特别值得一说的是论文集的第五部分“总结：第三次中国美学论争的历史经验”。作为一部如此规模的论文集设立这样一个独立的部分是非常适宜的。尽管由当代人甚或当事人来总结、评价这样一场论争，不免被人感到有些匆忙，因为论争的意义、价值和某些深层次的动向也许要经过时间的沉淀才能显现,但是这并不意味着当代人对此就无事可做。事实上,每当论争进行到一定阶段,都会有一些严肃认真的学者出来作出评价和反思。这本身就是论争的延续,是论争的一部分。收入论文集的7篇文章都从研究者的立场对美学论争本身所涉及的学术范式、学术环境、学术规则和方法等问题作了深入思考,读者自可辨析。除此之外,我要说的是,学术期刊在第三次美学论争中发挥了重要作用,它们的反思和总结也非常重要。学术期刊如何推动学术的发展?在我看来,学术期刊的根本任务就是通过选题的策划来组织学术讨论。《学术月刊》之所以有幸成为中国第三次美学论争的重要参与者与推动者,正是与当年老总编黄迎暑先生的这一编辑思想有关。回想当初组织"积淀说"与"突破说"的专题讨论会,正是抓住了学界普遍关心的话题;而当讨论吸引众多学者参与时,又适时组织各种对话会,将观点的交锋推向纵深。学术通过争鸣而发展。以知识增长为目的的学术争鸣,超越了是非、对错的简单评判,是理论模型之间谁更优越,谁更接近事实的竞争,以美学而言,就是谁更能激发人的创造力、更能接近人的感性解放这一目标的比较。对学术期刊来说,这种竞争与比较不需要贬抑一派、褒举一派,竞争与比较本身就会让各派发现自身的不足和理论的盲区,从而加以修正和克服。李泽厚从强调历史积淀到关注当下"活着"为"第一事实";杨春时从"超越美学"到主体间性美学,这都是他们在论战中不断地"坚持"和"修正"的结果。同样,潘知常的生命美学、张弘的存在论美学、朱立元的实践存在论美学,邓晓芒易中天的新实践美学等等在他们各自的理论构建中,我们都可以看到这种细微而巨大的变化。学术论争对于学术的推动或许就表现在这种变化之中。

是为序。

编选说明

张　曦

上世纪90年代以来，中国美学界掀起了第三次美学论争。实践美学和后实践美学展开了长达十数年的论争，国内主要的美学家、重要的学术杂志几乎都参与到了这一论争之中。这场论争推动了中国美学的现代发展，也标志着中国美学走向繁荣和多元。其中，《学术月刊》起到了最重要的领军刊物的作用：论争的开始由《学术月刊》揭幕，大量文章也在《学术月刊》刊登。同时，此次论争也绝不局限于《学术月刊》，包括《光明日报》《哲学研究》《文艺研究》《文史哲》《社会科学战线》《福建论坛》《哲学动态》《求是学刊》《人文杂志》《文艺争鸣》以及《复旦学报》等各大学报，陈炎、杨春时、潘知常、张弘、朱立元、董学文、张玉能、周来祥等重要美学家，都参与到此次讨论中，构成了波及全国各理论刊物、持续十数年之久的一个理论冲击波。

早在十多年前，论争如火如荼的时候，编辑部就有意想把论争文章汇集成书，本书的雏形就形成于世纪初的2004年。当时限于经费未能出版。但这一直是学术月刊编辑部的一个心愿。13年之后的2017年，在我们为庆祝创刊60周年而编选60年论文集的时候，月刊老总编夏锦乾先生偶然跟我谈及此事，我们都感到这是非常重要的一个东西，在改革开放四十周年、致力于中国学术话语建设和梳理的现在，也许是到了合适的出版时机。过了几日，夏老师将珍藏十多年的原始论文资料装在一个牛皮纸袋里带给了我。翻着已然泛黄的纸页，油然而生对那个思想空前活跃时代的一份向往。当时收集的论文约四十篇，十多年过去了，论争有了更大的深入和发展，并且基本告一段落;于是我征求了当时最活跃的学者如杨春时、朱立元、张弘、潘知常等人的意见,特别是杨春时教授,给予了非常多的信息和宝贵的帮助。学界同仁众人拾柴火焰高,我们最终从《学术月刊》及其他刊物一共选取了89篇文章,时间跨度从1993年直至当下,分为五个部分,分别是“序曲与发端:‘积淀说’与‘突破说’之争”“展开:实践美学与后实践美学之争”“深入:美学本体论之争”“发展:新实践美学与后实践美学的建构”以及“总结:第三次中国美学论争的历史经验”。可以说是较为真实地反映了论争的全貌。

由于这是一场席卷全国学术界、持续时间又很长的大讨论,相关文章浩如烟海,如何选择,需要标准。我们的选取标准是严格尊重历史线索,选择在当时具有较强原创性、学术性、挑起争论的重要文章,特别是那些阶段性话题的标志性文章;同时尽量广泛地展现各家各派意见,以便最真实地反映当时的论争的发生、展开和深入。在编辑过程中,则严格遵循论文发表的时间先后(对于成组的论争文章,以第一篇文章发表时间为准),同时以形成对话、论争的文章优先。尽管如此,还是难免有遗珠之憾,好在读者诸君或许可以循此线索,再做更细致的展开、发现和研究。

同时,所选文章并非局限于《学术月刊》,而是包括了国内数十家杂志,我们在每篇文章后对其出处都做了清楚的标识,并在此致以感谢。每家杂志的编辑风格各有不同,我们尽量统一了格式;当时一些用字、标点以及错漏字和注释,也都按照现在的规范进行了修改和调整。对一些无法规范的信息,也就保留原状,姑且视之为一份历史的记录吧!

此次出版结集,得到上海社联领导燕爽书记等领导和《学术月刊》总编姜佑福的重视和充分支持,可谓一路绿灯,在经费等各方面不遗余力。上海三联书店长期出版学术著作,对我们这个选题,充分意识到了它可能的价值,提供了较为优厚的出版条件,殷亚平女士负责了具体出版事宜,在此一并表示感谢。

于2018年11月2日

目　　录

第一辑　序曲与发端:“积淀说”与“突破说”之争与“超越实践美学”

第二辑　展开:实践美学与后实践美学之争

第三辑 深入:美学本体论之争

第四辑 发展:新实践美学与后实践美学的建构

第五辑 总结:第三次中国美学论争的历史经验

第一辑

序曲与发端:“积淀说”与“突破说”之争与“超越实践美学”

第一卷

试论“积淀说”与“突破说”

陈　炎

1986年，初出茅庐的刘晓波向美学泰斗李泽厚挑战，在《中国》7月号上发表了《感性·个人·我的选择——与李泽厚对话》，此文曾引起了两种毁誉不一的极端性评价。当我们对前一阶段的美学研究进行一种必要的总结，并试图在此基础上更进一步的时候，李泽厚的“积淀说”和刘晓波的“突破说”便成为一种不容回避而又必须超越的课题，这也就是笔者撰写此文的原因。

本文力求在严肃的学术立场上就李、刘之争的美学问题加以讨论。

如果说50年代的美学大讨论有着什么重大成果的话，那就是“积淀说”的建立；如果说80年代的美学大讨论有着什么引人注目的事情，那就是“突破说”的出现。尽管刘晓波对李泽厚的批判暴露出了其自身在理论上的极端与片面，然而他却以一种虽然幼稚但却尖锐的方式揭示出了李泽厚学说在另一个极端上所隐藏着的片面。在特定的历史条件下，当这两种截然不同的思想各以其极端的形式出现的时候，都曾给一筹莫展的美学研究带来了新的活力；然而今天，我们只有在扬弃二者之片面性的前提下，才可能使美学研究获得一个新的起点。

一

要真正理解一种学术观点,必须首先察明其思想根源。然而刘晓波对李泽厚的批判,从一开始便陷入了错误的判断。他认为:"黑格尔用'理念'解释一切,李泽厚用'积淀'解释一切,二者的差别只是名词的不同而已。……李泽厚虽然专门研究过康德,但是康德对人类自负的批判,在李泽厚那里似乎没有留下一丝印痕,他仍然想成为黑格尔式的哲学家。"①而笔者的结论则与此刚好相反,在我看来,李泽厚对康德的继承绝不限于对"批判哲学"的忠实阐释,而在于他首先是以一种批判的态度对康德哲学进行了"选择的批判"。关于这一点,从《批判哲学的批判——康德述评》一书的书名和内容,乃至李泽厚的全部思想中,都可以得出明确的答案。

康德的哲学亦可称为"先验哲学",即通过批判性的研究来确定人类主体先验能力的条件和范围:在认识,有所谓先验的"时空框架"和"知性范畴";在实践,有所谓先验的"道德律令"和"自我立法";在审美,有所谓先验的"共通感"和"无目的的合目的性"……在我国当时的情况下,这种唯心主义的先验论早已被批倒,然而李泽厚却在这里发现了可供改造和利用的思想材料。在他看来,尽管康德的先验论在总体上是不可取的,但他却在唯心论和二元论的基础上强调了人类主体自身能力的独立性和稳定性,而这一切则恰恰是我们学术界长期以来极端忽视的内容,也是马克思主义哲学中所强调不够的。于是,他便试图运用马克思的"实践论"来改造和利用康德的"先验论",即将人类主体自身能力的界限和范围放在社会实践的历史长河中加以考察,既承认这些能力自身的独立性和稳定性,又看到这种独立和稳定的主体能力本身就是社会实践的历史成果,从而为先验的能力找到了经验的基础,使其再也不是僵死的框架和永恒的范畴,而成为不断丰富、不断完善的

① 刘晓波:《选择的批判——与李泽厚对话》,上海人民出版社,1988年,第15页。

“文化—心理结构”了。这种将结构主义与建构主义联系起来的做法,也许曾受到皮亚杰“发生认识论”的影响和启发,但是李泽厚的“文化—心理结构”已经远远超出了认识论的范围,综合了康德关于认识、实践、审美三方面的内容,从而上升到整个文化意识的高度。也许有人会指出,李泽厚的“文化—心理结构”与容格的“集体无意识”有着某种血缘关系,然而容格的心理学有着一种超越时代的神秘感,而李泽厚的“积淀说”所强调的恰恰是一种历史和时代的实践成果。尽管我们不敢妄言李泽厚从未受到过皮亚杰和荣格的影响,但对李泽厚影响最大的不是他们,而是马克思和康德。一言以蔽之:只有用马克思的“实践论”来改造康德的“先验论”,才可能产生李泽厚的“积淀说”。

“积淀说”的提出,在当时国内的学术界有着重要的现实意义。在此之前,机械的反映论和庸俗的社会学长期阻碍着人文科学的发展,前者企图将一切精神现象统统纳入认识论的范畴来加以研究,并在一种“镜子”或“白板”的形式下取消人类主体自身所具有的独立性和能动性;后者则要在经济基础和上层建筑以及整个意识形态的种种现象之间找到直接的因果联系,从而将二者之间决定与被决定的关系简单化、庸俗化。这种机械反映论和庸俗社会学的直接后果,就是大大阻碍了对于人类精神现象和社会文化现象自身规律的探讨和研究:谁要是重视前者的存在,就会被扣上“主观唯心主义”的大帽子;谁要是强调后者的意义,就会被视为“历史唯心主义”的鼓吹者。所以,要使中国的人文科学有新的起色,就必须首先冲破这双重障碍,而“积淀说”的出现,强调了对主体心理和文化因素的研究,对克服机械反映论和庸俗社会学的不良倾向起到一定的作用;由于李泽厚强调将这种主观心理和文化因素放在人类实践的历史长河中加以考察,避免了导致主观唯心论和历史唯心论的危险。因此,“积淀说”的出现,很快得到了学术界的承认,并产生了重要的影响:从客观世界外在规律的把握到主观世界内在秘密的探求;从物质形态的历史材料的整理,到非物质形态的“文化—心理结构”的剖析;从逻辑结构的显意识的描述,到非逻辑结构的潜意识的揭示……50 年代关于美的本质问题的讨论,70 年代关于形象思维问题的讨论,80 年代关于主体性问题的讨论,直至今天余热未消的关于传统文化问题的讨论,都是沿着这条线索发展而来的。

但"积淀说"的理论本身有尚待完善之处。例如,作为个体的人是通过什么途径获得所谓"文化—心理结构"的?仅仅是后天的文化教养还是兼有先天的遗传因素?在这方面有无自然科学上的依据?作为一种深层的心理模式,"文化—心理结构"显然已经远远超出了由个体记忆所获得的内容。那么这种超个体的内容是怎样凝结在个体身上的呢?对于如此重要的问题,仅用"积淀"一词解释是不够的。其次,就"积淀说"的适用范围而言,它旨在研究意识形态和文化心理方面的内容,而这些内容只是庞大的上层建筑中的一小部分。若因看不到这一点而无限夸大"文化—心理结构"的作用,就可能将意识形态和文化因素在整个社会生活中的地位提到一个并不适当的高度。而这种倾向在前一阶段的"文化热"中确实存在。毫无疑问,中国经济的落后现状,有其文化上的原因,然而这个原因并不是最为重要的。若不能通过与西方社会的比较而发现的话,至少可以从对日本等亚洲发达国家的比较中看出。那种将一切落后原因都归结为文化、归结为祖宗的做法,显然是不可取的。最后,也是最为重要的是,就"积淀说"的思想局限而言,这种学说旨在说明某种文化意识和心理结构的独立性、历史必然性,而并非着重于强调如何改造和更新这种现存的"文化—心理结构",因此,它更适合解释历史,而不足以说明未来。因为所谓"积淀"只是历史留给我们的精神遗产,它既是财富,也是包袱;既有其历史的合理性,又有其现实的不合理性。因此,每一个生活于历史进程中的人,不仅需要依照历史遗留给我们的"文化—心理结构"去判断世界的真、善、美,而且有权力去自觉地改变和更新我们现有的知识结构、价值尺度和审美标准。当然,从原则上讲,李泽厚所说的"文化—心理结构"不是先验的、僵死的、永恒不变的,而是在社会实践中产生并随着实践的深入而不断发展的。问题在于,在现实生活中，每一个感性的、活生生的、个体的人，如何通过实践来更新固有的"文化—心理结构"呢？这不是"积淀说"所能解决的。谈到"实践"，李泽厚每每强调的是其群体性和社会性；然而群体性的社会实践，不恰恰是由每一个实践中的个体而组成的吗？如果说，离开了人类社会，个体人的活动便不成其为实践；那么离开了个体人的活动，社会性的实践又将是什么呢？因此，从某种意义上说，每个人都是创造历史的主人，都是更新"文化—心理结构"的动力。也就是说，他不仅必然是传统的文化结构和心理模式的承载者，而且应该是这些固有结构和模式的叛逆者；他不仅有权力继承前人所留下来的文化遗产，而且有义务站在传统的脊梁上进行新的选择和批判……然而遗憾的是，李泽厚强调的主要是前者而不是后者，他所要建立的"主体性论纲"始终是群体而不是个人。当出现第一个作出与众不同的选择时，这个人实际上已对传统的"文化—心理结构"背叛。而"积淀说"的最大缺陷，就在于忽视了这种"背叛"。

当李泽厚赢得了广泛的赞誉乃至崇拜之时，刘晓波却开始了自己的"背叛"。

二

从严格的理论意义上讲，刘晓波并不是进行这种"背叛"的"第一个人"，因为在他之前的高尔泰也早已露出了"突破说"的思想端倪，只不过高尔泰的思想常常被他那诗一般语言所掩盖，而刘晓波在表述上则更加直接，在理论上也更显得片面。从这一意义上讲，刘晓波对李泽厚的挑战，可视为李、高之争的继续和发展。

从思想根源上看，刘晓波"突破说"的产生主要得利于两位西方学者：弗洛伊德和萨特。用萨特的"选择"理论来补充弗洛伊德的"压抑"理论，便形成了刘晓波的"突破说"。全部"精神分析学"是建立在弗洛伊德关于"压抑"的假说之基础上的。在他看来，作为文化的人，受到来自社会性"超我"的伦理观念和价值标准的影响,便自觉不自觉地将“自我”心中那些与现有文明相冲突的欲望和要求压抑到意识的阈限之下,于是便形成了潜意识的“本我”世界。而所谓“美”和“艺术”,只不过是潜意识的心理内容以乔装打扮的形式来逃避压抑,从而在意识领域内得以“升华”的结果。在这种“压抑”理论中,刘晓波看到了已有的文化成果对于主体创造精神的负面影响,于是便提出了所谓“心理板结层”的概念。在他看来,以往的社会实践不仅以对象化的形式构成了外在的物质世界,而且以积淀的方式规范着内在的精神世界,即在一种无意识的状态下将已有的思维方式、价值尺度和审美标准作为先验的规范凝固起来,结成一种僵死的“心理板结层”来限制和压抑着主体的创造力。人若屈服于这种“心理板结层”的压力,就会变得因循守旧、固步自封,既缺乏实践的革新精神,又失去了美的创造力。如此说来,被李泽厚视为美之根本的文化“积淀”,在刘晓波这里则恰恰成了美的障碍物。“因此,对于人类来说,理性积淀必须被突破,注定被突破。理性积淀的不断突破意味着生命的活力,而长时期地没有被突破则意味着感性生命的麻木、僵死。人类也好,个人也好,最可怕的莫过于感性生命中长期地积淀着理性,这种长期积淀会因为得不到来自感性生命力的经常冲击而形成一种无意识心理板结层或‘第二天性’,用自身的教条性、保守性、有限性去主宰感性生命,使之在任何情况下都很难摆脱理性的束缚。”①那么,人们将如何挣脱这一束缚而在自由的心态下去创造美呢?刘晓波似乎又在萨特的“选择”理论中找到了根据。萨特的“选择”理论是在其“存在先于本质”的命题下凸显出来的。在他看来,人既不是上帝的造物,也不是理性的玩偶,人实在是被“抛”在世界上的一个极其偶然又具有主观能动性的存在物。人的这种偶然性与能动性便决定了人与其他存在物的根本性区别:一张桌子,作为人类或自然的造物,其本质是在其存在之前已被规定好,对自身的存在方式它们没有选择的权力。然而,人的存在却不负有任何先验的本质,人是

① 刘晓波:《选择的批判——与李泽厚对话》,第17—18页。

整个世界上唯一能够自我设计、自我规定、自我创造、自我实现的存在物。“懦夫是自己造成懦夫,英雄是自己造成英雄”。总之,人的本质实际上是在其一生的活动中自己创造出来的,这就是所谓“存在主义的第一原理”。在这种“存在先于本质”的前提下,人所面临的可能性便不再是单一的,而是无限的了。面对着无限多的可能性,人不可避免地要做出不断的“选择”,这种选择既是自由的,又是非理性的。说“选择”是自由的,就是说“你不可能不选择,因为不选择也是一种选择,那就是你选择了不选择”。说“选择”是非理性的,就是说你的选择是没有任何规定、任何标准、任何文化前提可资遵循和依傍的,它完全是无条件的、无根据的、绝对主观的。而这种选择的自由性和非理性,则正是刘晓波用以打破“心理板结层”的有力武器。在他看来,只有像萨特那样,充分承认人的存在先于人的本质、充分发挥人在“选择”中的自由性和非理性因素,才可能“突破”一切文化负载和心理约束,从而将在弗洛伊德那里遭受“压抑”的生命本能释放出来。而这种生命本能的自由释放,也就是他所理解的美。“因此,美的永恒价值不在理性的、社会的‘积淀’,而在于美作为一个开放而具有无限可能性的、永远指向生命本身的、活的有机体,能够不断地唤醒在理性法则、社会规范之中沉睡的感性个体生命,为人的自由开辟通向未来的道路。”①总而言之,美不在于“积淀”而在于“突破”,审美不是一种对于已有文化成果的“享受”而是一种对于现实人生境界的“超越”,从而美学不应指向历史而应面向未来。

毫无疑问,“突破说”的出现打破了由于“积淀说”长期垄断美学界所造成的思维惰性,因而具有某种思想解放的意义。长期以来,在“积淀说”的影响下,美学界基本上已经形成了一种“向后看”的思维定势:似乎全部美学的任务即在于如何解释历史上已经存在的审美对象,而不在于考虑怎样超越这些已有成果,去创造更新、更美的对象。事实上,人类的审美实践却以无数的例证表明:

① 刘晓波:《选择的批判——与李泽厚对话》,第 34 页。

任何一件能够在艺术史上占有地位的作品,都不是对于“积淀”传统的简单因袭,而是主动超越。禁欲主义的中世纪,绝不可能“积淀”出达·芬奇那充满人类自信微笑的《蒙娜丽莎》和卜迦丘那张扬人类肉体快感的《十日谈》;法国“新古典主义”的美学传统,也永远不会“积淀”出巴尔扎克那充满铜臭与血腥的《人间喜剧》和贝多芬那强化对比与冲突的《命运交响曲》;库尔贝之所以不能进入“世界博览会”的艺术殿堂而不得不进行“对抗性画展”,正是由于他的作品突破了已有的艺术规范;尤奈斯库的剧作之所以被称之为“荒诞派”而不被世人所理解,也恰恰说明了它们已经超越了传统的美学趣味……换言之,那些只注重“积淀”而不善于“突破”的艺术家,绝不可能为人类留下不朽的作品。正是在这一意义上,刘晓波的“突破说”刚好弥补了“积淀说”的不足,从而使其自身不仅具有“情感价值”而且具有“理论价值”。

刘晓波的“突破说”也存在着不足和缺陷。首先,在弗洛伊德的影响下,刘晓波不仅看到了个体与群体、生命本能与社会规范之间的矛盾和冲突,而且把它绝对化了。也就是说,他只看到了已有的文化成果对主体发展的负面影响,而没有看到其正面影响;他只看到了创造性主体的反文化特征,而没有看到这种反文化的主体本身就是一种文化的产物。因此,他只认为“过去的一切最重要的价值就在于它为现在的发展提供了一个否定性的起点,即作为被否定、被突破的对象而具有价值。”①而没有认识到,过去的一切最重要的价值还在于它为人对现实所进行的历史性超越提供了一个肯定性的前提,即作为被肯定、被发扬的内容而具有意义。事实上,正是由于这一前提的存在,人这种文化的动物才可能对现有的文化尺度进行文化的超越。否则的话,人非但无法实现新的文化超越,就连属于人的新的文化要求也不可能真正提出。由于刘晓波看不到文化与历史的连续性和继承性,因而他所主张的“突破”也和弗洛伊德的“升华”一样,具有明显的反文化、反文明的特征;

① 刘晓波:《选择的批判——与李泽厚对话》,第17页。

他心目中的人也和弗洛伊德心目中的精神病患者一样,只不过是一种肉体本能受到压抑的生物而已。其次,在萨特的影响下,刘晓波不仅看到了感性与理性、自由与法则之间的矛盾和冲突,而且也把这种矛盾和冲突绝对化了。也就是说,他只看到了理性法则对感性自由的约束和限制,而没有看到理性法则对感性自由的规范和引导;他只看到了感性自由冲破理性法则的必然性与合理性,而没有看到,这种必然与合理的感性自由只有在特定的历史条件下、针对特定的理性法则才有意义。因此,他简单地认为,"理性积淀的枷锁一旦七零八落,人的面前就是一个全新的、充满生机的宇宙。狂迷的酒神酩酊大醉,创造着最伟大的生命之舞。"①而没有认识到,面对全新的、充满生机的宇宙,并非任何酩酊大醉的生命之舞都具有"伟大"的意义。事实上,在突破旧的理性法则的过程中,只有那些与人的新的理性能力相适应的感性存在方式才具有真正的美学价值。否则的话,发酒疯便可成为文学,脱衣舞亦可成为艺术了。由于刘晓波不理解感性与理性、自由与法则之间的辩证关系,因而他所谓的"突破"也和萨特的"选择"一样,具有明显的非理性、无目的的特征。正如萨特将自由的"选择"看成是等值的选择一样,刘晓波也把自由的"突破"误认为是等值的突破了。(从这一意义上讲,刘晓波只是在《存在与虚无》的层次而没有在《辩证理性批判》的层次上,对萨特的思想进行全面的理解和发挥。)总而言之,刘晓波的"突破说"只具有否定性价值而没有肯定性价值,也就是说,他在突破了李泽厚的"积淀说"之后,并没有为自己的"突破"制定出合理的方向。因此,尽管他的美学思想不是面向历史而是面向未来的,但他所面向的未来只是一种前途未卜、祸福难料的未来。

三

综观李泽厚和刘晓波的美学观点,我们可以看到两种片面的、

① 刘晓波:《选择的批判——与李泽厚对话》,第19页。

截然对立的思想倾向。正如刘晓波自己所总结的那样:“在哲学上、美学上,李泽厚皆以社会、理性、本质为本位,我皆以个人、感性、现象为本位;他强调和突出整体主体性,我强调和突出个体主体性;他的目光由‘积淀’转向过去,我的目光由‘突破’指向未来。”①如果说,真理从来都具有两面性的话,那么李泽厚与刘晓波则分别只说出了其中的一面。因为美确实来源于社会与个人、理性与感性、必然与自由之间所形成的必要的张力。它既不是对过去历史的简单重复,也不是割断历史的一味超前,而只发生在过去与未来相交的那一不断变动的结合点上。一言以蔽之,它是“积淀”基础上的“突破”。

事实上,一些哲学家、心理学家甚至自然科学家的研究成果,已从不同的角度为这一理论的形成做出了贡献。例如,作为哲学家的杜威,曾提出了“艺术即经验”的美学命题。在他看来,“经验”的性质取决于有机体与外部环境之间的交互作用,是人为了适应和改造环境而与之形成的对象化行为的结果。在这种对象化的行为中,人一方面利用环境的因素来满足自己,从而形成二者之间有限的平衡关系;另一方面却又基于已经满足而需要更新的主体欲望去打破原有的平衡,从而在无序状态下去寻求新型关系的重建。人的生命实际上就是在不断打破并反复重建与环境的平衡关系中得以维系和发展的,而审美经验就产生于生命竭力去恢复它与环境之间被破坏了的平衡关系的那一瞬间。“因为我们所生活的现实世界,乃是运动与终极、破裂与再统一的结合,唯有如此,一个生物的经验才能具备审美的素质。有生命的存在断断续续地丧失和重建它和它的环境的均衡。由纷扰过渡到和谐的一刹那便是最强烈的生命的一刹那。”②一个宣告完成或终了的世界,既失去了危机感,又失去了崭新的经验体验,因而不可能是美的;一个全然纷扰而又动荡不宁的世界,虽具有冒险的热情,却无法把握变革的方向

① 刘晓波:《选择的批判——与李泽厚对话》,第 19 页。

② 《杜威哲学》下册,第 643 页,台北教育部门 1979 年版。

和成功的希望,因而也不可能是美的。这就是说,审美经验既不产生于无休止的“积淀”,也不产生于无目的的“突破”,它只存在于二者之间所形成的最富有张力的那一瞬间。当然,“在生命的过程中,取得平衡的时期也就是与周围环境形成的一种新的关系的开始,这种新的关系具有通过斗争获得协调的潜在能力。于是大功告成之日,也就是重新开始之时。”①这就是说,“积淀”本身就蕴育着“突破”的潜在力量,而“突破”也只有在“积淀”的基础上才可能真正实现。“积淀”与“突破”的这种辩证关系,在艺术中表现为习惯与陌生、法则与创新、情理之中与意料之外的矛盾统一。在此基础上进行适度的革新与创造,才可能在既不萎缩又不夭折的情况下保持艺术的生命,而这一生命也正是“积淀”与“突破”的历史结晶。又如,作为心理学家的阿恩海姆,曾在“格式塔”心理实验的基础上指出:“依照视觉的基本规律,在特定条件所允许的范围内,视知觉倾向于把任何刺激式样以一种尽可能简单的结构组织起来。”也就是说,为了使纷纭复杂的对象世界变得易于把握和理解,人有着通过“简化”的手段将对象的形式组合成完整、有序而又单纯的“完形”来加以感知的心理倾向。于是那类符合或接近“完形”的对象便由于与人的心理积淀形式相吻合而给人以舒适的感觉;反之,那些疏远或偏离“完形”的对象则由于突破了视觉经验的习惯形式而给人带来一种心理压力。“因为任何非同质的刺激物都会招致张力的出现,从而使得视域的简化性大大减少。”②但是,“与此同时,艺术家们在创作中又偏偏喜欢采用倾斜的方向和变形的几何形状。这就是说,在艺术中又广泛地存在着一种偏爱非简化的式样的趋势。”③“随着这些原来的静态概念的逐渐‘活化’,人们会感到愈加愉快。但是,当它转变成一种更加复杂的形态时,就唤起了人们的某种忧虑。”④说到底,真正有意味、有美学价值的对象既不

① 杜威:《艺术即经验》,《现代西方文论选》,上海译文出版社,1983年,第226页。

②③ 阿恩海姆:《艺术与视知觉》,中国社会科学出版社,1984年,第79、607页。

④ 阿恩海姆:《视觉思维》,光明日报出版社,1986年,第413页。

是极为简单与规则的,也不是极为复杂和无序的,它恰恰是介于二者之间的那种既富于新鲜感又通过努力可以把握的。值得注意的是,这里所说的简单和复杂的标准并不是一成不变、截然对立的,而是随着人的视觉经验而不断生成,并随着经验的积淀不断发展的。如果我们用这种历史的观点来理解阿恩海姆的思想,我们便可以在人类艺术产品由简单到复杂、由和谐到不和谐的发展历程中找到充分的例证。因此,即使从心理学的角度上讲,人类的艺术史也可被看作是一个由"积淀"到"突破"、由再"积淀"到再"突破"的不断更新的过程。在这个过程中,每一件艺术品不仅要经得起时代的考验,而且要经得起心理的考验,即在尊重心理习惯和超越心理"积淀"之间,找到一个恰如其分的"突破"点。再如,作为自然科学家的薛定谔、贝塔朗菲、普利高津等人曾从"热力学"的角度探讨了与审美问题相关的生命的秘密。"热力学第一定律"也就是"能量守恒定律"指出,能量不会消失、也不会凭空产生,它只能从一种形式转化为另一种形式。而"热力学第二定律"也就是"熵定律"则又指出,能量虽然不会消失,但它只能不可逆转地沿着一个方向转化,即从对人类来说是可利用的到不可利用的状态、从有效的到无效的状态转化。物理学意义上的"熵",就是这种不能再被转化作功的能量的总和。因此,随着熵量的不断增加,自然界的发展便会呈现出从有序到无序、从复杂到简单的退化过程。这与"进化论"所揭示的生命现象刚好相反。为了在"热力学第二定律"的基础上进一步探讨生命进化的奥秘。薛定谔曾在玻尔兹曼的影响下引进了"负熵"的概念,他这样写道:"每一个过程、事件、事变——你叫它什么都可以,一句话,自然界中正在进行着的每一件事,都是意味着它在其中进行的那部分世界的熵的增加。因此,一个生命有机体在不断地增加它的熵——你或者可以说是在增加正熵——并趋于接近最大值的熵的危险状态,那就是死亡。要摆脱死亡,就是说要活着,唯一的办法就是从环境里不断地汲取负熵,我们马上就会明白负熵是十分积极的东西。有机体就是赖负熵为生的。或者,更确切地说,新陈代谢中的本质的东西,乃是使有机体成功地消除了当它自身活着的时候不得不产生的全部的熵。”①这就是说,如果有机体只是在封闭的状态下自我积淀,其结果只能导致熵量的增加,直至死亡。这与审美心理积淀中惰性的不断积累是一致的。要使有机体克服这种危险状态,就必须从外在环境中引入“负熵”以突破封闭性的自我积淀,产生新陈代谢。这与文学创作只有通过不断突破、不断更新才能保持其生命力的现象也是一致的。关于这一点,贝塔朗菲表述得更加清楚:“每个生命有机体本质上是一个开放系统,它只是在连续不断的吸入与排出之中,在不断构成或破坏组成成分之中来保持它自己的。只要当它是活的,它就不会处于化学与热力学平衡的状态,而是处于与此不同的所谓稳定状态之中。”②既然生命有机体在本质上是一个开放系统,那么与这个有机体相适应的人的审美心理和艺术创作也必然是一个开放的系统,在这个系统中也必须不断地吸入与排出、构成与破坏、“积淀”与“突破”,才可能防止其僵化与衰亡。而这种在远离平衡态的状态下通过系统和外界进行种种交换而形成的稳定的充满活力的结构,也就是普利高津所谓的“耗散结构”。在后者看来,产生耗散结构,除了要求一个远离平衡态的系统从外界吸收负熵流之外,还需要系统内部各要素之间存在着非线性的相互作用。这种相互作用会使系统产生协同作用和相干效应,通过随机的涨落,系统就会从无序转化为有序,形成新的稳定结构。也就是说,负熵的引进并不是任意的突破,它只有与系统内部非平衡的稳定结构相适应,并借助系统内部各要素之间非线性的相互作用所产生的随机性涨落,才可能使系统向着更为复杂的有序结构进化。在进化过程中,个体性“突破”虽然具有至关重要的意义,但却不是轻而易举所能实现的,它必须在特定时机、特定区域并善于利用“积淀”下来的已有成果和结构关系才能完成。这种思想,无论对于艺术作品的流变还是对于审美心理的发展这类具有“生命”的东西,无

① 薛定谔:《生命是什么?》,上海人民出版社,1973年,第78页。
② 贝塔朗菲:《一般系统论的意义》,《自然科学哲学问题》1981年第1期。

疑都具有普遍的指导意义。

以上这些研究成果使我们认识到,具体到美学领域中,“积淀”与“突破”的关系问题,将有着极为广阔而复杂的研究前景。而本文的任务则只是在分析和批判李泽厚、刘晓波美学思想的基础上,对“积淀”与“突破”之间的辩证关系进行一种初步的确定。其实这种观点在马克思的著作中也早已存在,他曾经这样写道:“人们自己创造自己的历史,但是他们并不是随心所欲地创造,并不是在他们自己选定的条件下创造,而是在直接碰到的、既定的、从过去永继下来的条件下创造。”①过多地强调“从过去承继下来的条件”而忽视“人们自己创造自己的历史”,是李泽厚“积淀说”的局限;过多地强调“人们自己创造自己的历史”,甚至企图“随心所欲地创造”,是刘晓波“突破说”的局限。这种局限不仅表现在他们的美学思想上,而且表现在他们的文化哲学上,由于一味强调“积淀”,使李泽厚在文化问题上常常表现出一种温和的保守主义倾向;由于一味强调“突破”,则使刘晓波在文化问题上往往表现出一种激进的虚无主义倾向。分析这两种倾向,当然已不是本文的任务,让我们留待以后讨论吧。

(原载《学术月刊》1993 年第 5 期)

① 马克思:《路易·波拿巴的雾月 18 日》,《马克思恩格斯选集》第 1 卷,第 603 页,人民出版社,1972 年版。

对"积淀说"之再认识

朱立元

陈炎同志《试论"积淀说"与"突破说"》一文能在长期研究基础上，对李泽厚的"积淀说"与刘晓波的"突破说"，作出重新审视和深入反思，显示出相当的理论勇气和思想敏锐性，打破了许久以来美学界和学术界沉闷。我愿为之拍手喝彩。

然而，对于此文的主要思想和论点，我有不同看法。我认为，陈文在理论的归纳和概括上存在重大的失误，导致整体立论的难以成立。

首先，作者为了突出他所批评的两种理论在当代美学发展中的举足轻重的关键位置，而对当代美学史作了某种不符合事实的概括和叙述："如果说50年代的美学大讨论有着什么重大成果的话，那就是'积淀说'的建立；如果说80年代的美学大讨论有着什么引人注目的事情，那就是'突破说'的出现。"

众所周知，我国五十年代美学大讨论的突出成果，是吕滢、高尔泰为代表的"主观派"，蔡仪为代表的"客观派"，朱光潜为代表的"主客观统一派"和李泽厚为代表的"实践派"，这四大美学学派的形成。这四派美学是围绕美的本质、美感、美学的范围等美学基本问题展开争鸣并形成各派的理论思路、观点和格局的。这场大讨论的成果当然也包括李泽厚的"实践"论美学观点的提出，但是，第一，李泽厚的观点只是这场讨论所取得的"重大成果"之一，如果只提李泽厚一家，而不提其他三家，或只把李泽厚派的观点看成"重大成果"，而置其他各派观点于"重大成果"之外，认为不值得一提，都是不公正的,也是不合事实的。第二,李泽厚的实践论美学决不等于"积淀说","积淀说"在那个时候尚未形成,至多只具有某些萌芽。

作者似乎想告诉我们,当时四派中前三派都局限于认识论范围谈美学,唯李泽厚的实践论美学已超越认识论而具有历史积淀的意味。但是,这并不是事实。李泽厚的哲学、美学观在"文革"前后是发生了重大变化的。五六十年代,李泽厚把美的本质看成是实践对真理的感性肯定,说明他的实践观并未超脱认识论范畴,尚不具备"积淀"的含义。李泽厚最初提出"积淀说",是在七十年代末出版的系统研讨康德哲学的《批判哲学的批判》之中。他运用马克思《1844年经济学—哲学手稿》中自然的人化的观点批判了康德对人与自然的人为割裂,在论及康德美学思想(最后一章)时指出:

> 通过漫长历史的社会实践,自然人化了,人的目的对象化了。自然为人类所控制改造、征服和利用,成为顺从人的自然,……自然与人、真与善、感性与理性、规律与目的、必然与自由,在这里才具有真正的矛盾统一。真与善、合规律性与合目的性在这里才有了真正的渗透、交融与一致。理性才能**积淀**在感性中,内容才能**积淀**在形式中,自然的形式才能成为自由的形式,这也就是美。①

八十年代,李泽厚在多方面应用并展开上述思想,使"积淀说"趋于成熟。因此,把李泽厚的"积淀说"的建立提前到五十年代并认为是五十年代我国美学最有代表性的成果是缺乏根据的。

同样,把刘晓波的"突破说"看成是我国美学八十年代"引人注目"的新成果,也缺乏根据。八十年代,是我国美学取得前所未有的大发展的时期,这一时期美学繁荣的基本特征是多元竞争格局的形成和美学史研究的深化。李泽厚的"积淀说"也是这"多元"格

① 李泽厚:《批判哲学的批判》,人民出版社,1984年,第415页。

局中的一元,余如朱光潜晚年用实践论对其“主客观统一”论的修正,宗白华关于对中西美学传统的批判性综合的主张,蒋孔阳的以实践论为基础、创造论为核心的审美关系说的系统化与完善以及其他一些中青年美学家多种新说的提出等等,都在这“多元”格局占有一席地位。严格说来,刘晓波的“突破说”虽然亦是一说,但在多元格局中,似还达不到与上述诸说处于同一水平的层次。

其次,陈文在对李泽厚“积淀说”批评的最主要之点上有失公允。文章说,“就‘积淀说’的思想局限而言,这种学说旨在说明某种文化意识和心理结构的独立性、历史必然性,而并非着重于强调如何改造和更新这种现存的‘文化—心理结构’,因此,它更适合解释历史,而不足以说明未来。因为所谓‘积淀’只是历史留给我们的精神遗产”;此外,李泽厚强调的主体性“始终是群体而不是个人”,而个体对传统文化心理结构的突破与背叛是对“积淀”的更新与发展,“‘积淀说’的最大缺陷,就在于忽视了这种‘背叛’”。作者还将问题扩大到整个文化哲学领域,批评“由于一味强调‘积淀’,使李泽厚在文化问题上常常表现出一种温和的保守主义倾向”。

我以为,以上的批评亦缺乏根据。李泽厚于1987年上半年出版的以“积淀说”为贯穿线的美学专著《美学四讲》对“积淀”与“突破”的关系有较为明确的阐述。我之所以选择此书,一是因为它是李泽厚唯一一本系统的美学概论(原理)性著作,他在《序》中说明此书“一应读者要求‘系统’,二践出版《美学引论》之早年承诺也”,明确肯定了此书为一有“系统”的美学引论;二是因为此书是他“人类学本体论”或“主体性实践哲学”的美学应用,也是他“积淀说”在美学领域中的推演与展开。因此,要评论李泽厚的“积淀说”美学,无视或忽视这本书是说不过去的。

《美学四讲》在论述“形式层与原始积淀”时,在着重论述形式层的群体(社会)积淀(传统)的同时,也指出了个体(天才)对这种积淀的突破:“艺术家的天才就在于去创造、改变、发现那崭新的艺术形式层的感知世界。记得歌德说过,艺术作品的内容人人都看得见,其含义则有心人得之,而形式却对大多数人是秘密。对艺术的革新,或杰出的艺术作品的出现,便不一定是在具体内容上的突破与革新,而完全可以是形式感知层的变化。这是真正审美的突破,同时也是艺术创造。"①在论及"形象层与艺术积淀"时,李泽厚更明确地指出艺术发展是积淀与突破的矛盾运动过程:"可见,艺术潮流和众多作品从再现到表现,从表现到形式美、装饰美,又由这些回到具有较具体、明确内容的再现艺术或表现艺术。此消彼长,此起彼伏,推移冲突,好不热闹。它们实际亦即是艺术积淀(内容积淀为形式,形成具体的形式,即由再现和表现到装饰)和突破积淀(由装饰风、形式美再回到再现或表现)的运动过程,亦即人的情欲、生命由形式化又突破形式化的永恒矛盾的过程。这也就是艺术与审美的'二律背反'的现实的和历史的过程。"②在讲到"意味层与生活积淀"时,李泽厚更是强调了偶然的个体感性生命在"积淀"过程中的意义:"这意义不同于机器人的'生命意义',它不能逻辑地产生出来,而必须由自己通过情感心理来寻索和建立。所以它不只是发现自己,寻觅自己,而且是去创造、建立那只能活一次的独一无二的自己",他并进而大声疾呼:

> 于是,回到人本身吧,回到个体、感性和偶然吧。从而,也就回到现实的日常生活(every day life)中来吧!不要再受任何形上观念的控制支配,主动来迎接、组合和打破这积淀吧。艺术是你的感性存在的心理对应物,它就存在于你的日常经验(living experience)中,这即是心理—情感本体。在生活中去作非功利的省视,在经验中进行情感的净化,从而使经验具有新鲜性、客观性、开拓性,使生活本身变而为审美意味的领悟和创作,使感知、理解、想象、情欲处在不断变换的组合中,于是艺术作品不再只是供观赏的少数人物的产品,而日益成为每个个体存在的自我完成的天才意识。个体先天的潜力、才能、气质将充分实现,它迎接积淀、组建积淀却又打破积淀。于是积

①② 李泽厚:《美学四讲》,生活·读书·新知三联书店,1989年,第198、235—236页。

> 淀常新,艺术常新,经验常新,审美常新;于是,情感本体万岁,新感性万岁,人类万岁。①

以上摘自李泽厚对艺术三个层次的"积淀"的论述之中,可以视为他具体展开艺术积淀的历史和逻辑维度时认真思考的基本问题之一,即:艺术与审美的发展,既有赖于社会、群体、理性的积淀,又有赖于自然、个体、感性的突破,二者的矛盾运动才有传统的延伸与更新。

与《美学四讲》差不多同时出版的《华夏美学》,也从中华民族审美意识史的发展过程论及群体理性积淀与个体感性突破的关系,可作为李氏积淀说包含个体突破内容的一个旁证:"可见,这个似乎是普遍性的情感积淀和本体结构,却又恰恰只存在在个体对'此在'的主动把握中,……在大自然山水花鸟、风霜雪月的或赏心悦目或淡淡哀愁或悲喜双遣的直感观照中,当然也在艺术对这些人生之味的浓缩中。……在这感受、把握和珍惜中,你便既参与了人类心理本体的建构与积淀,同时又是对它的突破和创新。因为每个个体的感性存在和'此在',都是独一无二的。"②由此可见,批评李泽厚"积淀说"忽视个体感性生命的"突破",也是缺乏根据的,据此而把"积淀说"说成是"向后看"的文化保守主义理论,也与事实有出入。

也许陈炎同志会说,以上所引材料发表在刘晓波的论文之后,未尝不可以说是李部分接受了刘的观点所作的修正与补充,因此,它们不属于"积淀说"本身的内容。然而,我认为,其一,李泽厚上述观点并非在 1986 年刘文发表后才形成的,而是一贯的。早在《批判哲学的批判》中,他就全面论述了"大我"(人类集体)与"小我"(个体自我)的关系问题,一方面指出个体必然受制于社会群体,另一方面更强调,"应该看到个体存在的巨大意义和价值将随

① 《美学四讲》,第 250—251 页。

② 李泽厚:《华夏美学》,第 230—231 页。

着时代的发展而愈益突出和重要,个体作为血肉之躯的存在,随着社会物质文明的进展,在精神上将愈来愈突出地感到自己存在的独特性和无可重复性”。①可见,重视感性个体存在的独特性的思想并非来自刘晓波的启示,而主要是李泽厚自己的。其二,退一步说,即使李真的受到刘的某些启示对自己“积淀说”的某些片面性作局部的修正、补充,使之更趋于完善、成熟,亦属正常。我们不能只抓住其尚未完善时的观点而猛批其“片面性”,而置其修正了的理论表述于不顾。

再次,作为陈文“立”的第三部分(前两部分为“破”,分别批判李、刘的片面性),主要观点是对二者合理性的辩证综合,提出“在积淀基础上的突破”说。作者引述了从杜威经验主义、格式塔心理学到普利高津的耗散结构理论,来证明审美和文化的发展必须是积淀与突破的辩证统一,指出,“‘积淀’本身就蕴含着‘突破’的潜在力量,而‘突破’也只有在‘积淀’的基础上才可能真正实现”。这当然是完全正确的,也是我完全赞同的。然而,问题在于,这样一个基本思想并不新鲜,不但李泽厚已经在八十年代明确提出,而且实质上,它是一个老而又老的、在原则上早已为德国古典哲学、美学解决了的问题。黑格尔提出的质、量互变的思想,恩格斯后来又加以发挥,深刻揭示了量变(渐变)与质变(突变)的辩证关系。这一质量互变规律的核心内容是:事物发展是渐变(即“积淀”)与突变(即“突破”)的辩证运动,无论是物质、精神事物,概莫能外。这就在哲学原理的最高层面上,揭示了包括审美、艺术和精神文化发展的基本规律。如此看来,陈炎同志的立论似乎仍然基本上是在文化哲学的高层次上论述“积淀”与“突破”的辩证关系,而缺少新的、更深入、具体的开掘。

之所以出现以上这些理论概括上的问题,我以为关键在于陈炎同志未跳出刘晓波对李泽厚批判的基本思路,而这恰恰是一个理论的误区。刘批评李的“积淀说”否认个体、感性、自然的“突破”,

① 李泽厚:《批判哲学的批判》,第433—434页。

将其指责为“向后看”的理论,陈文基本上就沿着这一“先入之见”去看李的“积淀说”,因此,对李的“积淀说”在理论概括上就不够准确、全面;与此同时,陈文对刘的“突破说”的概括与评价也过高了,因为非如此,二“说”的对立就难以在同一层面上突现出来,陈文也就失去了立论的基础。虽然,陈文对刘晓波“突破说”的批评是正确的,但一则“突破说”能否成为与“积淀说”平起平坐的理论对立面尚属悬案,二则陈文未超越刘对积淀说的“突破”和批判。陈文一旦进入刘设置的理论误区,便导致了上述种种理论概括和批判上的欠当与失误。

（原载《学术月刊》1993 年第 11 期）

文化的现实选择与美学的意识形态性

陈引驰

李泽厚和刘晓波的分歧，依我看，在美学范围内并不具有特殊的意义。或者说，李泽厚和刘晓波的分歧，其根本并不在所谓美学观念的对立。这首先从刘晓波对李泽厚抨击的动机中即可见出："李泽厚的理论弱点，从根本上说不是单纯的学术问题，而是中国知识分子的人格在理论研究中的反映"，①"我与李泽厚的分歧在表层上是对不同文化、不同理论的选择，而在深层上则是对现实的不同抉择"（121 页）。李、刘的着眼点都不仅仅在美学的学术层面，他们之间的冲突有着社会、历史、文化的深层背景，我以为揭出此点是非常必要的。

其次，就刘晓波所总结的他与李泽厚的分歧来看："李泽厚皆以社会、理性、本质为本位，我皆以个人、感性、现象为本位；他强调和突出整体主体性，我强调和突出个体主体性。"（13 页）显然这首先或主要是哲学的而非美学的对立，甚至当刘晓波纵论古今、比较中西时，内里却思路混乱，对于现实的文化选择迷乱了对思想取向的自觉持守，体现了现代中国文化杂交的背景中激进主义者的偏执。至少当他将自己与李泽厚理论立场的不同参合到对传统文化的态度上时，或许应该自问，"理性"、"本质"与传统文化究竟有多

---

① 刘晓波：《选择的批判——与李泽厚对话》第 2 页。下引皆列页码。上海人民出版社，1988 年。

大关联。以文学而言,刘以为,“审美的深度不在思想、本质、观念、理性,而在刹那的直觉中,瞬间的情感体验中”(33页),对中西作品有正常的体验,都会了解正是中国古典作品不那么重“思想、本质、观念、理性”。“五四”以来的反传统主义者沉溺在中西对比的幻景中,热衷于作想象的搏斗,往往缺少谦抑的反省。事实上,刘所概括的李、刘分歧在西方思想史背景下才更具典型性。在刘的视野中,似乎李代表着古典哲学的观念,然而也远非那么简单。当他说,“在最根本的意义下,审美是把人的活力还给人自身,感性生命的最充分的解放,个性能力的最充分的发挥,而这正是人的自由”,(27页)所谓“审美”与“人的自由”的关系正是古典哲学及美学共执的观念。对此,康德、席勒、黑格尔直至当代的马尔库塞都是同道。从这一角度,有理由怀疑李、刘对“美”所抱的信仰究竟是分歧多还是契合多,或许基本属于同一“范式”。

如果说李、刘之间由非美学的动机,由哲学观念的对立构成了包括美学在内的思想冲突,那么试问,李、刘之间在美学观点上的冲突是否如“积淀”、“突破”所概括的真正成为一个问题?两人的美学观点不同是否真具美学的学术意义,还是其文化意义更大?将“积淀”和“突破”作为美学命题予以对立,隐含着一种美学本质论的冲动。刘晓波所称“积淀”、“突破”实是表述了对现实、文化的一种指向性态度,它们根本不足以概括两人的美学基本取向。这一点刘自己也是意识到的,他后来概括为“和谐”与“冲突”,因而我以为更没有理由用“积淀”、“突破”来指称两人的美学观点。况且“和谐”、“冲突”也不足以指称“美”的性质特点,刘晓波也实无意以“冲突”来界定“美”的本质。李泽厚的“积淀”主要是文化生成维度上的观念,而“突破”则主要着力于文化的现实拓进。前者基本是一个历史论题而趋进理论,或可谓为历史与逻辑的统一;后者基本是对现实中的实践的呼吁(刘在文中对他理想中的艺术家一再用“你”指称,这一修辞的涵义很可玩味)而力图成为戒律,或可称为实践与理论的结合。这两种取向是否能构成对立?逻辑地说,仅就两者不同的取向来看,只构成“对照”,而非“对立”。譬如两个路人相向而行,并无纠葛,但如因为意见分歧而朋友各奔东西就使相反的走向有了联系,有了意义。李、刘的不同并不在“积淀”、“突破”本身而在“积淀”、“突破”的对象、内涵。“积淀”的是人类的文化及心理结构,刘晓波所要的是所谓个性的自由、解放,他以李泽厚所要“积淀”的一切——被“积淀”了的传统文化——为“突破”的对象。李、刘间真正的冲突在对传统文化及其现实意义的看法分歧上。根本的对立在此处。他反感《孔子再评价》等:“难道为‘五四’新文化运动从整体上彻底否定的传统文化真的像李泽厚描绘的那样诗意盎然吗?……中华民族的历次改革之举真的都要以复归传统而结束吗?难道孔子的幽灵就是国人无法摆脱的宿命吗?”(第1—2页)这些带着焦虑的问题,正是刘晓波真正要谈论的,而之所以较多落实于美学的批判,只因:“人类历史上的每一次人的解放都首先表现为审美上的感性个人对社会理性的反抗和突破。”(第35页)说到底,刘晓波不过再现了文化激进主义者的角色,李、刘的分歧还是近代以来中国思想界一再争议的问题的重复,这基本是一个现实的文化意义上的分歧,美学观念上的分歧是次要的、派生的,就如“五四”以后的新文学中突出“个性”主题,根本上是一个文化、历史现象,而非仅仅是文学领域内的现象。

希望以上已说明了李泽厚、刘晓波之间的分歧不能以美学的学术规范予以界定,他们之间的对立从根本上并不是或并不主要是(从刘晓波的主观意向上看决不是)美学的对立,那么可以说,李泽厚和刘晓波的对立,主要在文化、意识形态上。鉴于李、刘终究牵涉到所谓美学问题,势必导致关于美学与文化、意识形态关系的思虑,最后我想谈及由此而引发的对美学的一点谬见。上面提及,李、刘或许同样肯定了“美”与“自由”的不可分割的联系,在本体论的层面,“美”是关于“自由”的,也就是说,他们对“美”的基本性质抱有同样的信仰。可以说,这种一致性透露了“美学”作为一种意识形态话语的底蕴。“美学”作为人文学科并不具备一般意想中的纯粹的客观性。“美”、“艺术”所具的创造性、想象性、自由、感性等等含义都是古典哲学浪漫精神所大大突出而确立的,其中有着深刻的意识形态的涵义。伊格尔顿在《文学理论导论》中谈到英国的例子:“雪莱写作《诗辩》时,‘诗’已意味着人的创造力,它与英国早期工业资本主义的功利主义意识形态根本对立”,他精辟分析了“英国文学”作为一门学科成立的意识形态背景。实际上对现存的美学观念也应作如此的探究。我的意思是,对学科意义上的美学应予反思,作为一种人文性的存在,它的内容是否具有永恒性?既然有人思考到文学理论是一种幻觉,构成文学的价值判断有历史性,这些价值判断与社会的意识形态密切相关,那么,美学如何?至少,我以为可以作一些清理,比如根本摒除一些假问题。美的本质论是永恒的吗?对它的提出和回答都显露出经院式的苍白。如果真正超越了狭隘的具体“美学”观点的不同,可能更可以直截了当地明了作为意识形态话语的美学的真意。这点或许刘晓波也没有充分意识到。他大声呼喊,美在冲突,又肯定了“和谐”作为对抗现实的理想的价值,“和谐的价值在于现实的永不和谐”(第 154 页),“理想境界正是对人世的批判本身”(第 153 页),“人类在审美中追求着幻想中的自我超越……它的价值不在自身,而在于用幻想的尺度来参照现实”(第 150—151 页)。这与马尔库塞对作为异化存在形式的艺术的论述实在并没有太多的差别。与马尔库塞有别,阿多尔诺更彻底地以为艺术本身亦当是零散化的、片断分裂的,只给予接受者痛苦的感受而非安慰。在马氏和阿氏之间辨析艺术品该是和谐的还是片断的并非关键,重要的是他们在艺术是对现实的抗议一点上的一致性,这基于同样的批判现代资本主义的意识形态立场,正是因此,可将马氏与阿氏置于现代美学中的同一思潮。

(原载《学术月刊》1993 年第 11 期)

建构——积淀与超越的中介

邱明正

八十年代中期，刘晓波以其“突破说”向李泽厚的“积淀说”提出了挑战。经过一段时间的岑寂以后，现在美学界对这场论争又引起了关注。这种讨论对于美学、哲学、文艺学、文化学乃至心理学的发展，是不无裨益的。笔者思考的问题是：积淀是必然的，超越（或曰“突破”）是必要的，它们之间可不可以达到统一呢？这种统一的契机或中介又是什么呢？本文仅从审美心理学的角度，谈谈文化心理结构的重要方面——审美心理结构的建构及其同积淀、超越的相互关系。

一

既然在积淀与超越问题上发生了争论，那么我们应首先弄清李泽厚“积淀说”的具体内涵及其成就与不足。还在五六十年代，李泽厚在探讨“文化—心理结构”（含审美心理结构）同文化艺术发展的关系，探讨人类“文化—心理结构”的历史渊源，审美心理的特征等问题时，便开始提出了“沉淀”、“积淀”或“凝冻”、“浓缩”等概念。此后，他又努力以历史唯物论和实践论为基础，吸收并改造了康德的“先验论”、“共通感”论，荣格的“集体无意识原型”论，克莱夫·贝尔的“有意味的形式”论，格式塔心理学的“完形论”以及皮亚杰的“发生认识论”等等，逐步完善了他的“积淀说”。他认为人类审美心理结构或“文化—心理结构”的获得经历了漫长的历史积淀的过程,并随着历史的发展而使心理中的各种因素不断重新配置和组合,从而使心理积淀、审美经验不断丰富化,而这种积淀是在人类长期的“活动”、实践中实现的,是人类在实践中所创造的内在精神文明的重要组成部分,“是浓缩了的人类历史文明”,艺术则是这种心理积淀的“物态化的对应品”。不仅心理结构及其积淀创造了艺术,而且艺术也创造了审美心理结构及其积淀。审美心理及其积淀是既将感性积淀于理性,形式积淀于内容,又将理性积淀于感性、情感,内容积淀于形式,使审美的感性活动成为积淀了理性的感性,使审美获得的形式成为积淀了内容的形式,即“有意味的形式”。他还认为审美心理积淀是美和审美、物质实践与文化符号(如艺术等)之间的中间环节,是社会与个体、理性与感性、历史与心理相统一的中介,是“人化自然”说的发展关键,因此研究审美心理的历史积淀应是现代美学的一个基本课题。

李泽厚的这些观点是他的“实践美学”的基本立论之一,在美学界曾发生了很大的影响,以至被许多人视为我国当代美学理论的一个重大突破。它将美学侧重于对客体的研究引向侧重于对主体的研究,从侧重于从客体方面探讨美和美感的根源引向探讨主体“文化—心理结构”、审美心理结构及其积淀的实践基础和历史渊源,使萦绕于哲学、社会学、文艺学的美学溶入了心理学、人类学、文化学、历史学的内容,强调主体实践对于文化心理结构和文化艺术发生、发展的意义,强调文化心理结构及其积淀的历史发展性和继承性,强调实践主体对于美和审美、文化和艺术发生、发展的能动性,曾经在很大程度上冲决了当时美学研究上的历史唯心论和机械反映论,赋予了美学以历史唯物论的品格,直到今天仍不失其价值和历史地位。

当然,李泽厚的“积淀说”还远不是完美无缺的,而正是这些缺陷才引起美学界的困惑、不满和反诘。首先,“积淀说”虽然阐述了“文化—心理结构”、审美心理结构的社会历史根源和实践基础,但是对于这种积淀的具体内涵,积淀的形态、途径、方式、类型、特性等重要问题却语焉不详,尤其没有从审美心理学的高度阐明这种积淀的生理基础、心理机制和发展的阶段性，从而使“积淀说”难免流于空泛。其次，“积淀说”主要是对全人类“文化—心理结构”、审美心理结构的积淀作宏观的历时性的考察，却没有具体探讨个体审美心理结构的后天的成因，更没有探讨个体审美心理结构的共时性建构同人类历时性积淀的辩证关系。李泽厚虽然从哲学上论证了积淀的个体性、个别性与一般性、特殊性的关系，指出人类心构的历史积淀对个体心构的巨大影响，也曾指出个体通过文化教育可以获得这种积淀，却没有进一步揭示个体审美心理结构的共时性建构和个体继时性积淀的复杂的过程，也没有揭示个体建构、积淀的能动性、创新性对于人类审美心理积淀的能动作用，从而使人类审美心理的积淀成了没有广泛基础的空中楼阁，并且还可能导致个体心构的积淀决定论，甚至可能导致心构的遗传决定论和宿命论。再次，人类审美心理结构的历时性积淀是通过各个时期群体的共时性建构来实现的和不断积累的。各个时期的群体既继承了前人审美心理的积淀，又在特定历史条件下和审美实践中进行了审美心理结构的建构，并为人类审美心理结构的积淀提供了源源活水。由于“积淀说”忽视了人类心理积淀的历史发展阶段性，忽视了群体共时性建构的能动性及其对人类历时性积淀的反作用，从而也就窒息了群体或个体建构对于人类历史积淀进行超越或“突破”的可能性，并且使人类历时性积淀成了无本之木，无源之水，甚至成为一成不变的僵固的模式。这样就不仅同李泽厚所持的积淀的历史发展论发生了自相矛盾，而且使这种“积淀说”成了一种具有片面性的哲学抽象和缺乏必要前提的逻辑演绎，削弱乃至丧失了其深层的历史内涵和现实的实践价值。从这个特定意义上说，刘晓波提出的必须“突破”积淀的观点倒从另一个角度弥补了“积淀说”的不足，尽管刘晓波“突破说”的立论基础似乎还有可商榷之处。

因此，我们探讨文化心理结构或审美心理结构的生成、发展，及其历史的现实的内涵，仅凭“积淀说”是不足的，需将人类审美心理结构的历时性积淀同群体、个体共时性建构以及对这种积淀的超越有机地结合起来加以综合的考察,着力探究它们的主客观基础和三者之间的辩证关系,从而把审美心理结构、文化心理结构既视为人类的、群体的、普遍的,又是个体的、个别的、特殊的;既是历时的、不断变易发展的,又是共时的、有特定规定性的;既有遗传获得性、历史继承性,又有能动性、创新性、可超越性。

二

无论是从发生学角度还是从审美心理结构的历史发展的角度来考察,人类、群体、个体审美心理结构的历时性积淀和对这种积淀的扬弃、超越、突破,都必须以共时性的建构为基础。因此在考察积淀、建构、超越这三者的关系之前,应先探讨人的审美心理结构是如何建构起来的。

作为构成主客体审美关系的中介,接纳、感受、体验客体对象和发挥主体能动性、自主性、创造性的心理机制——审美心理结构是一种由审美认识结构、情感结构、意志结构以及这三大系统内部各要素有机整合而成的多因素、多维度、多层次的动力结构系统,是人的总体心理结构、文化心理结构的一个不可分割的组成部分。它不是先天预成、遗传获得的,也不是被人类心理积淀所最终决定的。原始初民(或初生婴儿)并没有审美心理的积淀,更没有这种积淀的遗传。只是在长期的生产实践中逐步形成了原始的朦胧的审美意识,才逐步建构起原始形态的审美心理结构,具有了同生产实践、功利目的相结合的审美需求和初级的审美感受力。后来经过漫长的累积、筛选,才逐步累积成原始、简单、粗糙的审美心理积淀。因此,从发生学角度说,建构先于积淀,并且是积淀的前提。诚然,审美的生理机能具有遗传性,如审美感官的生理反射力,神经系统的传导功能,大脑皮层对外来信息的接纳、过滤、组合、贮存功能等身体器质结构的生理遗传以及气质、禀赋的遗传等等,为审美心理结构的形成提供了必要的生理基础,并形成了人的某种本能。但是承认生理遗传的作用却并非遗传决定论,事实上即使是审美生理机能也需在后天加以训练，而审美心理尤其是具有社会性的审美意识则更不能由遗传获得。我们也不否认前人的审美心理积淀曾为后人审美心理活动提供了必要的心理机制，如人对美的需求本能和审美感受力等，而心理积淀的物化形态——艺术和人创造的其他美的事物，则为后人提供了丰富的审美对象和审美经验，并制约着后人的审美观念。但是，无论是个体还是群体的审美心理结构，主要的还是在后天逐步建构起来的。对审美心理结构的建构起决定作用的不是遗传，也不是前人的心理积淀，而是人们的生活实践、审美实践以及在实践中形成的特定主客体审美关系，是审美实践结构系统和审美客体结构系统内化的结果，同时也是主体在创造性的审美实践中发挥能动性、自主性进行能动建构的产物。

客观存在的审美客体是审美感知等审美心理活动的源泉，也是审美心理结构建构的物质基础，而审美客体结构系统的内化，转化为内部的心理活动，则是审美心理结构建构的必要前提。人的审美感官、大脑中枢不是外来信息的反光镜，而是接收器、过滤机、加工厂和贮存库。当审美客体结构系统作为外来信息刺激人的审美感官后，传导神经便把这种信息系统输入神经中枢，激起大脑皮层相应部位的运动，审美客体结构系统便内化于人的心理，转化为内部的审美心理活动。经过大脑对外来信息的接纳、过滤、处理、改变、贮存，也就是经过人对审美客体结构系统的筛选、同化、顺应、认识、调节、加工，便转化为审美感知，凝结为审美记忆，再经过大脑的分析、综合、联想、想象，便产生了审美判断，形成了审美经验、审美观念和审美情感、审美意志以及审美潜意识等等。这种内化的对象不仅是客体的局部审美特性，而是经过大脑皮层各部位、各区域的协同活动，并且调动了大脑中原已贮存的各种相关参照系，从而把握了对象的全息系统，获得了整体性的感受。这种内化的过程也不仅仅是同化、顺应对象，认识、接纳对象和贮存对象信息的过程，而且是在原有心理结构的基础上，调动以往审美经验，根据自己的审美目的、审美趣味、审美能力，重新组合新旧信息，对对象进行加工、改造和能动创造的过程，也就是说，是主体与客体相互作用的过程。正因为经过这样的过程，所以审美才由感性上升到理性，才由局部发展到整体，才使审美心理结构不断改组、重构和不断从低层次向高层次发展。

审美客体结构系统的内化虽是审美心理结构建构的基础，但是如果未经人的审美实践和在这实践中构成主客体审美关系，客体就依然是自在之物，而非为我之物，内化便无从发生，客体便与主体建构无涉。所以实践不仅是内化的中介，审美心理活动、意识活动的基础，而且是审美心理结构建构的动力。同时，审美实践作为一种主观见之于客观、凭借物质手段改造客体对象的能动的活动，作为一种由实践对象、领域、环境和实践目的、任务、手段、能力等所构成的结构系统，它不仅使人感知对象、改造对象，而且还以实践中认识、改造、创造的成果内化、反馈于人的心理，并以审美实践经验、审美观念等形式凝结于审美心理结构之中，从而充实了人的审美心理内容，提高了人的审美能力，改组、重构了人的审美心理结构。所以，审美心理结构是审美客体结构系统和主体实践结构系统内化和相互作用的结果。这种内化向纵深发展的过程同审美心理结构的建构、发展的过程是同步的，其取向是一致的。它们的关系是互生互进、互为内容的关系。客体通过实践的中介而内化，实践使对象通过心理的中介而成为人的对象，人的心理又使实践成为人的、社会的、历史的实践。它们的相互作用既构成了主客体的审美关系，又在这种审美关系中不断改组、重构、发展了人的审美心理结构。

审美心理结构的建构有在变动接纳对象的过程中非自觉建构与在能动改造对象过程中自觉建构两种类型。人们通常都是在耳濡目染美的事物的过程中潜移默化地渐进地非自觉地建构。但是人们有把握美、改造环境、美化生活的需要，有在美的创造中达到自我实现的需要，所以人们又经常自觉地建构自己的审美心理结构。这种自觉建构有三个层次：一是在具有明确目的性、指向性的审美中，努力开掘对象的意蕴，自觉积累审美经验，并通过内省和自我调节,使审美经验由局部到整体,由感性到理性,由特殊到一般;二是通过审美教育、艺术教育,吸纳前人审美心理的积淀,提高美学修养、艺术素养,充实心理结构中的理性内容,并使之在审美实践中由理性到感性,由一般到特殊,由抽象到具体;三是在审美意象和物化新形象的能动创造中,提高审美感受力、创造力和表现力,并将这种创造的经验和创造的成果反馈、沉淀、凝聚于心理结构之中,使审美心理结构得到新的拓展、深化和升华。这三个层次的自觉建构都具有自主性、主动性、创新性,都使审美心理结构的建构发生了质变和飞跃。所以,审美心理结构的建构不仅是在同化、顺应、接纳对象的过程中单线、单向、单项地和受动地建构,而且经历了无限的双重双向建构的过程。所谓"双向建构"是指主体在与客体的互返、互进、互补、互溶中所实现的能动建构,即既在客体选择主体、改造主体的过程中建构,又在主体选择客体、改造客体和能动创造的过程中建构。这种主客体的双向运动既有可逆性、互返性,又有统一性、同步性,审美心理结构的建构便是在这主客体的相互依赖、相互作用、相互改造、相互融合中所实现的。所谓"双重建构"是指在内化中建构与在外化中建构的统一。在内化中建构即本文前述在审美客体系统结构与主体实践系统结构的内化的过程中建构;在外化中建构即主体心理反施于外在对象、改造对象、创造审美意象,并外化为审美实践、创造的行为、动作,创造物化新形象,又通过反思、提炼、总结,将这种行为的方式、实践创造的经验和自创的精神、物质成果反馈、凝聚、贮存于心理,从而充实、改组和重构了原有审美心理结构。这种内化中建构与外化中建构既是顺向的递进过程,由内化中建构发展为外化中建构;又是逆向的反施过程,外化中建构推动、强化、深化了内化中建构。它们是相反相成、互生互进的关系,在内化中建构实现了外物向心理的转化、凝聚和由直观到思维、由感性到理性的飞跃:在外化中建构则实现了由认识到创造的飞跃,既使心理外在化、对象化,又使主体的创造成果、创造经验内在化、心理化,它们的相互作用便使审美心理结构发生了量变和质变。双重建构与双向建构也是不可分离的二而一的关系。双向建构体现了主客体的相互作用、相互改造的双向关系,双重建构也同样体现了这种关系,二者协同作用的结果,便是新结构的诞生。

因此,从本质上说,无论是个体还是群体的审美心理结构或文化心理结构都不是单靠继承人类审美心理的积淀,而是在自己的审美实践中能动建构起来的。

三

现在,我们进一步考察建构与积淀、超越的相互关系。

一、个体、群体的共时性建构是人类历时性积淀的基础。

审美心理积淀包括审美表象、意象和物化形象的积淀;审美经验、观念的积淀;审美态度、情感、情绪、趣味的积淀;审美意志、动机、理想、自控自调力的积淀;审美想象力、创造力、表现力的积淀和审美生理机制的积淀等等。除了审美生理机制既有后天培训、保养之功又有遗传获得性外,其他各种审美心理的积淀都是在后天的实践中通过不断建构而累积起来的。建构的丰富性、深邃性和历史发展性直接制约着人类、群体、个体历时性积淀的深广性和历史的发展性。没有个体、群体在特定条件下的建构、更新,人类审美心理结构的积淀是不可想象的。

建构有在内化中建构与在外化中建构这二种相反相成的过程,与此相应的,积淀也有内在的积淀与外在的积淀这二种形态。内在的积淀是审美客体结构系统和主体审美实践结构系统内化于心理,凝聚、沉淀为内在的动态的审美知、意、情系统,包括各种审美心理内容、心理形式的积淀。外在的积淀是审美心理外化为审美创造美的实践行为,物化为美的创造物,使审美心理凝结、沉淀于创造的精神产品和物质产品之中,艺术和其他具有审美价值的创造物便是这种外在积淀的结晶品。但是无论是内在的还是外在的积淀都须以建构为前提,都是建构中所实现的积淀。如果没有新的建构,不仅内在的心理积淀要中断、要退化,而且美的创造、艺术创造也失去了现实的心理学前提,心理的积淀和积淀的发展当然也就无从谈起。所以,积淀须以建构为中介,为前提,并且是这种建构物的历史累积的固着形态,又随着建构的发展变化而不断发生量变与质变。

二、人类历时性积淀是个体、群体共时性建构的历史依据和人类学前提。

无论个体、群体都是类的存在物,都离不开人类社会,离不开历史。人类从原始时代就开始的审美、创造美的实践,经过无数代人无数次的反复、印证、补充、修正、发展,逐步完善了人的审美生理功能,锻铸了人的审美感受力、创造力,形成了各种各样的审美观念。这些审美生理、心理机制和审美意识、审美能力既逐步沉淀为由相对稳定的文化心理素质、价值体系、思维方式等所整合而成的文化心理结构、审美心理结构和审美心理状态,成为个体、群体进行心理结构建构的心理学前提;又以这种积淀的物化形态——具有审美特性的精神产品、物质产品,以及由它们所构成的既定文化结构呈现于人们的面前,成为人们学习、继承、内化的对象,成为人们在内化中进行能动建构的现成条件和物质基础。所以,个体、群体的审美心理结构既是在实践中能动建构的结晶品,又是以往人类审美心理历史积淀的延伸和现实的表现,是吸取全人类的审美经验、创造成果而凝结成的鲜花。

建构有直接的和间接的两种方式。直接建构是在直接感知对象、改造对象和能动创造中所实现的建构。间接建构是在学习、继承前人物态化、系统化、理性化了的审美经验、审美观念的基础上所实现的建构。直接建构除了需以现实的美为内化的源泉外,还需以前人创造和积淀下来的美的感性事物和经验为对象、为依据,而间接建构则更需以前人所积淀的理论化了的理性经验为前提。因此,无论是个体还是群体审美心理结构的建构,只有批判地继承了全人类所创造和积淀下来的美的事物和感性的、理性的审美经验、观念,才能使建构由简单到复杂,由局部到整体,由感性到理性。

三、超越是个体、群体、人类审美心理历史发展的必然要求,又需以人类历时性积淀为基础,以个体、群体共时性建构为中介。

变革、创新、超越,可以说是人类的本性,是人类文明和人类审美心理结构的发展的常态。人类审美心理结构及其积淀本来就不是封闭性的凝固化了的僵死模式,也不是所谓“心理板结层”,而是一种开放性的动态的结构系统,有待个体、群体在实践创造中加以更新、充实、超越和发展,而这种更新、超越、发展同美的发展乃至人类社会历史的进程是同步的、互为表里的。人类审美心理结构的发展具有阶段性,又有连续性、无限性。个体、群体在特定的历史条件下从事着新的审美实践,并在实践中不断建构、改组着审美心理结构,从而必然地以其新的社会历史内容、新的时代特色、个性特征汇集、镕铸到人类审美心理结构中去,使人类审美心理结构及其积淀发生变革、更新,并超越、突破前人的心理模式。人类历史发展下来的既定的审美心理积淀有精芜、良莠之分,人们在新的社会实践、审美实践中并不是全盘接受前人的积淀,而是把既定的传统放到实践的天平上加以重新衡估,对前人积淀的成果既有所继承,又有所扬弃、有所变革、创新,并在这种变革、创新中来实现超越和发展。因此,人类审美心理结构的发展态势既不是线性的、链式的,而是倒金字塔型的,是在以往各个阶段积淀的基础上层层推进,不断由简单到复杂、由低层次向高层次演进的过程;也不是以往各种积淀的累加,而是经历了除旧布新、新陈代谢的过程,而这种量与质的嬗变,正是体现了人类审美心理结构的不断超越和发展的进程。

当然,超越或曰“突破”并不是随心所欲的,也不是出于个人要突破以往人类历史积淀的“心理板结层”的主观愿望。首先,超越必须以审美客体的新发展为物质前提,以个体、群体发展中的审美实践以及在审美实践中发展的主客体审美关系和具有新的时代特征的主体审美能力为客观基础和主观条件,只有具备了这样的前提和条件,超越才既是合目的的,又是合规律的。其次,超越并非凭空臆造,也不是过河拆桥,后阶段否定前阶段,而是必须以人类历时性积淀为基础。人类的一切更新、创造正如马克思所说“并不是在他们自己选定的条件下创造,而是在直接碰到的、既定的、从过去承继下来的条件下创造”。没有人类历时性积淀,所谓超越便成了既无基础又无目标的妄想和盲动。再次,也是更重要的,超越还必须以能动建构为前提。一方面,如前所述,建构本身就具有创新性,就已经蕴含了超越,并为实践上的超越作了心理上的准备,无建构即无超越。另一方面,由于人类历时性积淀是在个体、群体的能动建构中实现的,所以使积淀本身也蕴含了超越的潜力,无建构就既无积淀,更无超越。

因此,积淀与超越并不矛盾,更非对立,而是可以统一起来的,其中介便是人们在实践中所实现的创造性的建构。

(原载《学术月刊》1994 年第 1 期)

再论“积淀说”与“突破说”

——兼答朱立元、陈引驰先生

陈　炎

拙作《试论“积淀说”与“突破说”》在《学术月刊》1993 年第 5 期上发表以后，曾引起一些学界同仁的兴趣，该刊曾就此问题在上海举办了一个专题讨论会。会上，有 20 余位学者就拙文以及由此而涉及的美学、哲学，乃致文化问题发表了各自的看法，其中朱立元、陈引驰、夏中义、邱明正四位专家的意见已作为论文在《学术月刊》上陆续发表。此外，并未出席这一会议的曹俊峰、徐梦秋、晓声三位先生也撰文参与了此次争鸣。从已经发表的文章来看，有些学者基本上赞同笔者的意见，并力求在拙文的基础上将问题引向深入，如邱明正、徐梦秋；有些学者对李泽厚的“积淀说”和刘晓波的“突破说”也提出质疑，但各有其独自的视角，并不直接涉及拙文的观点，如夏中义、曹俊峰；有些学者则持有不同意见，并对拙文进行了有针对性的批评，如朱立元、陈引驰。应该说，所有这些不同观点都是以严肃的学术态度来阐发的，这在当前学术氛围低迷、美学研究疲软的情况下，不能不说是一件令人欣慰的事情。而对于我个人来说，这三种意见同样都能起到启迪和教益的作用。具体说来，对于前者，我表示感谢；对于中者，我表示尊重；对于后者，我则想在感谢和尊重的基础上提出一些反驳的意见，以期将研究引向深入。

一

我与朱立元先生的首要分歧,是关于李泽厚在美学上的贡献及其“积淀说”的形成问题。我在那篇文章的开头曾写道,“如果说 50 年代的美学大讨论有着什么重大成果的话,那就是‘积淀说’的建立”。对此,他提出了两条批评意见:“第一,李泽厚的观点只是这场讨论所取得的‘重大成果’之一,如果只提李泽厚一家,而不提其他三家,或只把李泽厚的观点看成‘重大成果’,而置其他各派观点于‘重大成果’之外,认为不值一提,都是不公正的,也是不符合事实的。第二,李泽厚的实践论美学决不等于‘积淀说’,‘积淀说’在那个时候尚未形成,至多只具有某些萌芽。”①对于这两条批评意见,我是持保留态度的。这里面既涉及文章的语境问题,又涉及我对李泽厚美学思想的理解和评价问题。就语境而言,我那篇文章旨在探讨李泽厚之“积淀说”与刘晓波之“突破说”的关系,而不是要全面总结 50 年代美学论争的历史功过。因此,这里面似乎并不存在什么“只提李泽厚一家,而不提其他三家”的问题。事实上,我在过去发表的文章和出版的著作中曾多次提到其他三家的美学主张,并给予了肯定的评价,只是在这里没有重谈而已。就对李泽厚美学思想的理解和评价而言,我确实觉得在当时的历史条件下,李泽厚的见解在总体上是高于其他三家的,因而将其称之为“重大成果”,至于其他三家的成果,我认为也很重要,但算不上“重大”。显然,不重大并不等于不重要,更不等于“不值一提”。

我们知道,50 年代国内关于美的本质问题主要有四种观点:一种意见以蔡仪为代表,认为美在客观,美在自然;另一种意见以吕荧为代表,认为美在主观,美在观念;第三种意见以朱光潜为代表,认为美在主、客观的统一,是主观的观念统一客观的自然。不难看出,这三种意见都是从认识论的角度来探讨美的问题的,亦即要弄

① 朱立元:《对“积淀说”之再认识》,《学术月刊》1993 年第 11 期。

清审美主体与审美对象之间谁是第一性、谁是第二性、谁决定谁的问题。而在逻辑上讲,从认识论的角度最多也只能得出这三种观点。那么,为什么在这三种观点之外,还会出现第四种意见,即李泽厚的美在客观、美在自然的观点呢? 这是因为,由认识论所提出来的思维和存在的同一性问题并不能在认识论范围内得以解决。对于这一点,当时朱光潜似乎已经意识到了,因而他曾经提出过不仅要在认识论而且要在社会意识形态领域中来研究美学问题的设想。但是,他只不过是要给审美主体赋予更多的社会意识而已,实际上并没有真正超出主、客体之间在认识范畴上的对应关系。正因如此,朱先生企图在观念的领域中将"物甲"与"物乙"统一起来的努力虽然是可贵的,但却是徒劳的,因为他并没有真正找到使二者得以统一的中介环节。而这一环节,则只有在另一个层面上,即不是在认识论,而是在实践论层面上才能被找到。在我看来,李泽厚的贡献即在于此。

朱立元先生认为:"五六十年代,李泽厚把美的本质看成是实践对真理的感性肯定,说明他的实践观并未超脱认识论范畴,尚不具备'积淀'的含义。"这是不符合事实的。我们知道,尽管在当时的历史条件下,李泽厚在谈及美感与美的关系时,仍坚持反映论的立场。"当然,这里所说的种种'反映',绝不是简单直线式的反映,而是经过一连串的中介的复杂过程的。这里的说法只是就美感与美的归根结蒂的关系来立论的。"①然而,在谈到审美对象的产生、审美主体的建构、美的本质的规定时,他的思想已经真正深入到了社会实践的历史领域。早在 1956 年,李泽厚就已引述马克思《经济学——哲学手稿》中的观点阐发了自己对于"人化的自然"的理解:"自然对象只有成为'人化的自然',只有在自然对象上'客观地揭开了人的本质的丰富性'的时候,它才成为美。""认识美的社会性,这绝不是一件简单的事,这是一个长期的人类历史过程。在这

① 李泽厚:《关于当前美学问题的争论》,《美学论集》,上海文艺出版社,1980 年,第 82 页。

个过程中,人类创造了客体、对象,使自然具有了社会性,同时也创造了主体、自身,使人自己具有了欣赏自然美的能力。”①这种“人化的自然”的实践观怎么可能“并未超脱认识论范畴”呢?尽管在这里,李泽厚还没有直接使用“积淀”这个概念,但其通过漫长的历史过程而使自然的对象赋予社会的属性,使人类的感官具有审美能力的观点,显然已包含了“积淀说”的基本内容。后来,在回忆到这篇文章时,李泽厚曾这样说:“从那时起,我就一直认为,要研究理性的东西是怎样表现在感性中,社会的东西怎样表现在个体中,历史的东西怎样表现在心理中。后来我造了‘积淀’这个词,就是指社会的、理性的、历史的东西累积沉淀了一种个体的、感性的、直观的东西,它是通过‘自然的人化’的过程来实现的。”②可见,李泽厚的美学思想,并不是像朱先生所说的那样,“在‘文革’前后发生了重大的变化”,而是始终如一,不断完善的。因此,正像我不能理解,朱先生何以一方面认为李泽厚的“实践观并未超脱认识论范畴”,一方面却坚持将其“文革”前的思想称之为“实践论美学”一样;我同样不能理解,朱先生何以一方面承认李泽厚的美学思想为“实践论美学”,一方面却又坚决断言这一美学思想中“尚不具备‘积淀’的含义”。试问,如果实践论美学中尚不具备积淀之“含义”的话,那么“实践”将怎样和“美学”发生关系呢?

总之,与朱立元先生不同,我之所以将李泽厚的美学思想视为50年代美学讨论的“重大成果”,即认为他确实超出了前三家美学所局限的认识论的层面,而进入了实践论的新领域。因此,在我看来,这四家美学观点的正确表述不应是1、2、3、4,而应是1、2、3、A。那么,作为实践论层面的客观论者,李泽厚(A)又是怎样实现了向蔡仪(1)的回归呢?这就是,他一方面坚持了蔡仪“美在客观”的主张,另一方面又引进了吕荧(2)的“美在观念”的内容,即以“实践”为中介,将主观的“观念”物化到客观的“自然”上面去,从而将

① 李泽厚:《美学论集》,上海文艺出版社,1980年,第25、28页。

② 李泽厚:《美学四讲》,生活·读书·新知三联书店,1989年,第123页。

美的本质看成是人的本质力量对象化的产物。正是由于以李泽厚所代表的这第四种观点与前三种观点并不处在同一逻辑层面上，所以它在进入80年代以后,仍具有较强的生命力。

二

我与朱立元的第二个分歧,是关于对刘晓波美学观点的评价问题。因为朱先生不仅反对我将李的理论称为50年代美学讨论中的“重大成果”,而且不赞成我将刘的观点称之为80年代美学论争中“引人注目的事情”,其理由是:“80年代,是我国美学取得前所未有的大发展的时期,这一时期美学繁荣的基本特征是多元竞争格局的形成和美学史研究的深化。……严格说来,刘晓波的‘突破说’虽然亦是一说,但在多元格局中,似乎还达不到与上述诸说处于同一水平的层次。”“‘突破说’能否成为与‘积淀说’平起平坐的理论对立面尚属悬案”。①对于这一批评,我同样持保留意见。说80年代“美学繁荣的基本特征是多元竞争格局的形成”,这显然不符合事实。众所周知,我国美学领域中的多元格局早在五六十年代就已形成,否则,朱先生也不会对我“只提李泽厚一家,而不提其他三家”抱有意见了。至于说到80年代“美学史研究的深化”问题,则似与拙文无关,因为我要研究的是刘晓波与李泽厚在美论问题上的分歧,根本不涉及美学史的研究问题。诚如朱先生所言,国内关于美学史的研究在80年代确实取得了长足的进展,很多学者做了大量的、卓有成效的工作,但这些工作与同一时期围绕着美的本质问题所展开的大讨论并不是同一件事情。

显然,问题的关键还不在这里,而在我与朱先生对刘晓波美学观点的评价上。同朱先生一样,我也并不认为刘的学术地位和理论修养能够与李相提并论。同朱先生一样,我也并不赞同刘的美学观点及其表述方式。但是,与朱先生不同的是,我并不认为只有

① 朱立元:《对“积淀说”之再认识》。

当两个人的学术成就乃至理论观点到了“平起平坐”的地位时，才能进行比较性研究；我并不认为只有当一个人自身的理论建树能够完全成立的时候，他对其他人的批评才有意义。我们知道，刘晓波对李泽厚的批评是情绪化的，刘晓波所要建立的美学观点也是片面的。事实上，正是这种片面的、情绪化的东西使得刘对李的挑战在当时的许多学者，尤其是中老年学者眼里已失去了应有的严肃性，甚至仅仅被视为一种极端的、破坏性的犯上作乱。同这些学者一样，我也不同意刘的观点，甚至也看到了其思想本身所具有的危险性和破坏性的一面。但是，我认为不能因为刘晓波的立论是荒谬的，我们就把他对李泽厚的驳论也看成是荒谬的。换言之，不能用刘晓波的错误来证明李泽厚的正确。在我看来，刘晓波的意义，就在于他用一种情绪化的、公开的极端与片面，揭穿了李泽厚在理论术语下所隐藏着的另一种极端与片面。

那么，李泽厚的学说是否真像我所理解的那样，“隐藏着另一种极端与片面”呢？这是朱先生与我之分歧的关键所在。应该承认，要在李泽厚的著作中找出极端与片面的文句是困难的，因为他并不像刘晓波那样，赤裸裸地将自身的片面暴露给读者，而是不断运用极为辩证的语言来阐述自己的观点。如他一再强调，通过长期的积淀，“感性之中渗透了理性，个体之中具有了历史，自然之中充满了社会；在感性而不只是感性，在形式(自然)而不只是形式，这就是自然的人化作为美的基础的深刻含义，即总体、社会、理性最终落实在个体、自然、感性之上。”“在这里，人类(历史总体)的积淀为个体的，理性的积淀为感性的，社会的积淀为自然的。”①等等。给人最初的印象是，他既顾及到了群体又顾及到了个体，既考虑到了理性又考虑到了感性，既看到了社会又兼顾了自然，仿佛是十分全面而辩证的。但是，如果我们结合其“积淀说”的理论实质而对这些文句加以认真分析的话，我们就会发现，这里的个体、感性、自然，完全是被动的，它们只不过是承受群体、理性、社会的载体而

① 李泽厚:《批判哲学的批判》,人民出版社,1979年,第413、435页。

已。正如夏中义在以后所评论的那样,在这里,“群体为实,个体为虚,群体是个体赖以生存的终极归宿,个体是显示群体权势的偶然道具”。①因此,在当时的情况下,刘晓波对李泽厚的挑战,绝不是毫无道理的。从而刘、李之争也绝不是像朱先生所理解的那样,仅仅是一种基于“先入之见”的误读而产生的学术误会。其实,当时发现“积淀说”这一理论弱点的,也不止刘晓波一个人,在这里,我应该感谢晓声先生在材料方面为拙作所作的补证。②只不过,刘晓波是第一个以如此尖锐而大胆的形式对“积淀说”进行全面清算的人罢了。这也就是我所说的“以一种虽然幼稚但却尖锐的方式揭示出了李泽厚学说在另一个极端上所隐藏着的片面”。当然,这里所谓的“隐藏”,并不是一种有意为之的“障眼法”。也就是说,从主观意愿上讲,李泽厚未必不想真的追求一种辩证与全面,只是这种追求并没有达到其预期的后果而已。这就是他总是怕被别人“误解”而又总被“误解”的原因。看来问题出在理论本身,出在他对“实践”、对“积淀”、对“人的本质力量”的理解和运用上。

我们知道,李泽厚的“实践论美学”是在一种抽象的整体意义上来谈论实践的,也就是说,在他那里,实践并不是个人的、具体的物质活动,而是人类的、整体的历史过程。具体的活动可以改造或征服某个具体的对象,但这个对象却可能并不美,如我们随手制作的一件物品;整体的实践也许并不直接改造或征服某个具体的对象,但那个对象却可能是美的,如他所一再列举的月亮。为了说明这种整体意义上的实践之与众不同的历史意义,李泽厚在其根源问题上抽象出了“人的本质力量”这个概念,在其过程问题上则概括出了“积淀”这一术语。但是,正是由于过多地强调了“人的本质力量”这种人类超生物存在的族类本质,使得他的理论虽然能够澄清人与动物的差别,但却无法摆正个体与群体的关系(在这里,群体是高于个体,本质是先于存在的);正是由于过分地强调了“积

① 夏中义:《〈选择的批判〉之批判》,《学术月刊》1994年第2期。
② 晓声:《是谁先弥补了“积淀说”之不足》,《学术月刊》1994年第7期。

淀"这种历史赋予现实的既成事实,使得他的学说只长于解释历史,而不足以说明未来(在这里,"积淀"只是主体对于历史成果的承受,而非对于未来世界的创造)。而所有这一切,都给刘晓波张扬个体、主张"突破"的挑战留下了必要的理论空间。

从理论研究的意义上讲,无论是李泽厚的"积淀说",还是刘晓波的"突破说",都已经超出了认识论的范畴,而进入了社会实践的历史领域。因此,如果我们把"文革"以前的四派美论主张表述为"1、2、3、A"的话,那么,刘晓波的观点则可表述为"B",即在实践层面上的主观派。这派观点并不是刘晓波所首创的,也不是像晓声所补证的那样是由其他什么人率先提出的,而是高尔泰"美在主观说"的发展和继续。国内不少美学工作者习惯于将高尔泰与吕荧的思想归为一体,其实二者是有很大区别的,这一区别在"文革"以后表现得尤为明显,并形成了对李泽厚的有力挑战。然而遗憾的是,强调80年代美学"多元化"的朱先生并没有看到这一点,因而也就意识不到高与刘之间的精神联系。在我看来,刘晓波主要是从两个方面发挥了高尔泰有关"主体性"的思想:一是将其进一步个性化了,二是将其进一步生物化了(这二者之间的矛盾已由夏中义指出)。正是由于这双重变化,使得这种思想对于李泽厚的挑战而言,更加尖锐了,也更加片面了。

必须承认,这种尖锐而片面的挑战是很有效力的。否认这一点的朱先生曾在李泽厚的《美学四讲》和《华夏美学》中援引了大段大段强调个体与感性的文字,如"回到人本身吧,回到个体、感性和偶然吧。从而也就回到现实的日常生活来吧。不要再受任何形上观念的控制支配,主动迎接、组合和打破这积淀吧……"等等,给人的感觉是,刘晓波用个体来突破群体、用感性来突破理性,从而用"突破"来取代"积淀"的思想,早已是李泽厚的原有之意和"积淀说"的部分内容了;从而刘对李的所谓"挑战",就变成一种毫无意义的理论误解和没有根据的无的放矢了。的确,如果仅从这些引文来看,刘对李的批评仿佛真是多余的了,因为这里的李泽厚似乎比刘晓波还刘晓波了。但是问题的关键在于,《美学四讲》和《华夏美学》

都是 1989 年以后的产物,而刘晓波对李泽厚的批评则发生在 1986 年。因此,与其说是刘对李的文本产生了“误读”,不如说是李的文本发生了变化;从而,它非但不能证明刘的“挑战”是无的放矢,反而恰恰证明了这一挑战的有效性。在我看来,正是在高尔泰乃至刘晓波的有力批评下,李泽厚才不得不对自己一向强调群体和理性而忽视个体和感性的思想进行必要的调整,从而,使李泽厚思想发生“重大变化”的,并不在“文革”前后,而是在 80 年代中期以后。

对于这一事实,就连朱先生也不能完全否认,因而他补充道:“退一步说,即使李真的受到刘的某些启示对自己‘积淀说’的某些片面性作局部的修正、补充,使之更趋于完善、成熟,亦属正常。我们不能只抓住其尚未完善时的观点而猛批其‘片面性’,而置其修正了的理论表述于不顾。”①问题在于,理论研究并不等于政治表态,因为任何一种理论体系都有其自身的完整性,因而其观点的可包容性总是有限的。所以,在“积淀说”这样一种完整的思想体系内部,加上几句强调个体、强调感性的语言,并不能使这一理论本身显得更加完善、更加成熟,反而使之显得更为庞杂、更为混乱了。这一点,在李泽厚的《美学四讲》等近期著作中,似乎表现得格外明显。在这些著作中,他一方面沿着“积淀说”的固有思路,坚持了对所谓普遍而共同的“人性心理”的探寻,指出:“人从动物界脱身出来,形成了人性心理。这人性心理是通过社会群体的各种物质的和精神的活动而实现的。……人性心理在这基础上,通过世代的文化承袭而不断丰富、巩固、变异和发展,并随着人际关系的扩展而获有越来越突出的人类普遍性和共同性。”②另一方面,他又为了摆脱这种普遍性和共同性的“人性心理”而呼吁回到感性和偶然,并指出:“个体先天的潜力、才能、气质将充分实现,它迎接积淀、组建积淀却又打破积淀。于是积淀常新,艺术常新,经验常新,审美

---

① 朱立元:《对“积淀说”之再认识》,《学术月刊》1993 年第 11 期。
② 李泽厚:《美学四讲》,第 111 页。

常新;于是,情感本体万岁,新感性万岁,人类万岁。"①一方面,他沿着"积淀说"的固有思路指出:"我所说的'新感性',就是指这种由人类自己历史地建构起来的心理本体。"②另一方面,他又似乎意识到了这种"心理本体"的理论局限,因而表白:"但这个'本体'又恰恰是没有本体;也就是说,以前一切本体,不管是'理'也好,'心'、'性'也好,或者西方的'理性'、'存在'也好,都是构造一个东西来统治着你,即所谓权力—知识结构。"③凡此种种突兀的转折、惊人的跳越,不仅使读者无所适从,而且也暴露了他自身的尴尬局面。由此可见,要想在"积淀说"内部来调整群体与个体、理性与感性、历史与未来的关系,似乎是不可能的。这就要求我们跳出"积淀说"的圈子,以更为广阔的视野来看待这一问题。

那么,以更为广阔的视野来看待这一问题,刘晓波的"突破说"与李泽厚的"积淀说"究竟是一种什么样的关系呢?作为高尔泰美学思想的继续和发展,刘晓波又是怎样在实践的层面上坚持主观论的呢?如果说,李泽厚(A)是在实践的层面上实现了向蔡仪(1)的回归,那么刘晓波(B)则是在这一层面上实现了向吕荧(2)的回归。这就是,他一方面坚持了吕荧"美在主观"的主张,另一方面又引进了蔡仪"美在自然"的内容。因为在他看来,主观的东西与其说是一种"观念",不如说是一种"自然",即一种比观念更隐蔽、更深刻、更不以人的意志为转移的生命本能和原始欲望。这种生命本能和原始欲望与理性无关,同时也不是积淀的产物,而恰恰是打破"积淀"、创造美的永恒动因。因此,正像李泽厚(A)是综合了吕荧(2)的内容而回到了蔡仪(1)的立场一样,刘晓波(B)则是综合了蔡仪(1)的内容而回到了吕荧(2)的立场。至此,围绕着美论问题的五种观点便在认识和实践这两个层面上得以展开,它们的表述方式应该是1、2、3、A、B。这样一来,在第二个层面上,美论研究

①② 李泽厚:《美学四讲》,第251、111页。

③ 李泽厚:《文化分层、文化重建及后现代问题的对话》,《学术月刊》1994年第11期。

就出现了一个逻辑上的缺环,这就是“C”。这个“C”应该是在综合并扬弃李泽厚(A)和刘晓波(B)美学思想的基础上,重新回到朱光潜(3)的立场。显然,这一回归不仅要实现“主观”与“客观”的统一、“观念”与“自然”的统一,而且应处理好“群体”与“个体”、“积淀”与“突破”的辩证关系。而实现这一回归,则正是拙文所努力的方向。

三

那么,拙文的这一努力是否真的具有理论上的建设意义呢?这是我与朱先生最后的分歧所在。他尖锐地批评道:“这样一个基本思想并不新鲜,不但李泽厚已经在80年代明确提出,而且实质上,它是一个老而又老的、在原则上早已为德国古典哲学、美学解决了的问题。黑格尔提出的质、量互变的思想,恩格斯后来又加以发挥,深刻揭示了量变(渐变)与质变(突变)的辩证运动……。”在这里,为了将“积淀”与“突破”的关系说成是一个“老而又老的问题”,朱先生武断地将其简化为“量变”与“质变”的关系,这是笔者所不能接受的。其实这种观点,朱先生本人也未必真的接受,因为他曾经断言,就连李泽厚自己也只有在70年代末才“最初提出‘积淀说’”,何以“积淀”与“突破”的关系,“早已为德国古典哲学、美学解决了”呢?我们知道,“量变”与“质变”的关系,是事物发展的普遍关系;而“积淀”与“突破”的关系,则是指人与历史、人与社会、感性与理性,乃至意识与潜意识之间的特殊关系。由普遍关系所总结出来的普遍规律,一定适用于特殊关系,但这一普遍规律却无法涵盖在特殊关系中所总结出来的特殊规律。换言之,在“积淀”与“突破”之间的关系中,自然包含着“量变”与“质变”的规律,但前一种关系却不能简单地还原为后一种规律。

事实上,“积淀”与“突破”之间所包容的特殊关系,远比朱先生所想象的要复杂得多,也深刻得多。它非但不是什么早已为德国古典哲学解决了的问题,仅就其问题的提出,也必须具有现代西方哲学的理论背景。所谓现代西方哲学,在我看来,有着学理和文化上的双重课题，前者是要应付由康德的“批判哲学”而引发的本体论的危机，后者是要应付由基督教的破产而引发的信仰的危机。由于康德通过对理性的批判而令人信服地指出，人类永远也不能超越自身的认识能力去认识客观世界，因而那种纯粹客观的、不以人的认识能力为条件的存在“本体”是永远也不可能被认识的。这样一来，“形而上学”是否可能的问题，便在哲学领域中凸显了出来；传统的“本体论”研究，面临着一场历史性的挑战。为了迎接这一挑战，由经验批判主义、实用主义、逻辑实证主义等学派所汇成的“科学思潮”力求将哲学研究严格地控制在可以通过实践加以验证的经验范围之内，对经验以外的所谓“本体”采取存而不论或干脆排斥的态度。应该看到，这种努力对于清除哲学领域中的各种“伪命题”和“独断论”，乃至强化哲学研究的科学价值，确实有着积极的意义。但是，这一思潮在取消“本体论”研究的同时，也就回避了哲学本身所固有的终极关怀和价值问题，而这些问题则随着基督教文化的瓦解而日益突出地呈现在现代的西方人面前。因此，与这一思潮不同的是，由唯意志论、生命哲学、存在主义等学派所汇成的“人文思潮”则坚持着对“存在”问题的探索。只是与传统哲学不同，在这些流派的哲学家看来，既然康德的“批判哲学”已经判定了理性对存在本体的无能为力，那么他们只好反过头来，通过主体自身的非理性体验而感悟生命本身的存在与意义。显然，这种存在与意义，非但不是理性认识所能获得的，而且也不是基督教文化所能赋予的。于是，他们企图在传统文化的背景之外为人类主体乃至整个世界找到更为本源、更为深刻的存在根据。就这样，叔本华和尼采通过对原始欲望的发掘，将人生乃至宇宙的本质归结为一种“生命意志”或“权力意志”；狄尔泰和柏格森利用直觉与内省的特殊途径，发现了生命本身的“绵延”过程与“创化”运动；弗洛依德和荣格借助精神分析的特殊方法，将思维与存在的传统问题转化为“意识”与“潜意识”特殊关系；海德格尔和萨特运用现象学的还原法，将存在的意义寄托于“此在”的“能在”与“自由”的“选择”……必须承认，这些学者对主体存在的多方位、多层次的研究和理解是具有双重意义的，这就是，在学理上彻底颠覆了以往的形而上学，在文化上完全突破了过去的基督教义，从而最大限度地发掘了人的能动性与创造性，使主体自身从历史的地平线上自觉地凸显了出来。因此，不难理解，我们所要研究的"突破说"，只有在这样的哲学背景下才能够真正呈现。

但是，我们也必须看到，当这些学者冲破了理性的负载和文化的桎梏之后，他们不仅使主体具有了更多的创造自由和选择可能，而且也使这些创造和选择失去了可资参照的理性标准和文化的依据。也就是说，他们使主体更加自由了，也更加荒诞了；他们为主体增添了能动性，却取消了归属感。这就是现代西方反理性的"人文思潮"始终笼罩着一种悲观情绪的原因所在。事实上，随着这一思潮的不断发展，随着其片面性的日益暴露，一些学者也在其不断"突破"的主体背后寻找着文化"积淀"的历史根据。例如，萨特在其晚年的著作中，就曾设想将其存在主义的"人学"建立在历史唯物主义的坐标之上。他十分真诚地指出："唯一的问题是：今天我们是否有方法来创立一种构成的和历史的人学呢？这种人学在马克思主义哲学的内部找到了它的地位。""历史唯物主义提供了对历史的唯一合理的解释，而存在主义则仍然是接近现实的唯一的具体道路。"①也许萨特的努力是并不成功的，但他所提出的问题却是值得我们认真对待的。

我们知道，马克思主义是在批判和改造黑格尔哲学的基础上出现的。从哲学史的角度来看，黑格尔在康德的"批判哲学"之后，仍然继续坚持"独断论"的研究立场，建造以"理念论"为中心的本体论大厦，因而遭到了叔本华等人的猛烈抨击，并被视为缺少现代意识的"古典哲学"，这是不难理解的。但是，马克思在继承黑格尔辩证法思想的同时，却扬弃了其独断论的观念体系，即不是在思辨的范畴中，而是在历史的过程里来发现规律性的东西。这样一来，历史唯物主义便具有了现代意义。从某种程度上讲，由马克思所开

① 《辩证理性批判》第一分册，商务印书馆，1963年，第2、18页。

创的这一指向历史的哲学思潮，可被视为既不同于“科学思潮”也不同于“人文思潮”的第三种现代思潮。由于这一思潮注重从宏观的角度来研究人类历史的发展规律，因而它不仅可以为个体生命的感性存在提供一个可资参照的理性坐标，而且也能够揭示人与世界在血肉之躯和自然背景之外的文化意义。所以，不难理解，我们所要研究的“积淀说”，也只有在这一基础上才能够呈现出来。

然而与此同时，我们也必须看到，正是由于这一思潮注重于从宏观的角度上来研究人类历史的客观规律，因而对微观的、主体的、个性的存在，缺乏足够的研究和充分的重视。这一点，在被视为“积淀说”之理论根据的马克思的《1844年经济学—哲学手稿》中表现得尤为明显。由于受黑格尔乃至费尔巴哈的影响，在这部早期著作中，他反复指出：“人是类存在物”；“正是在改造对象世界中，人才真正地证明自己是类存在物。这种生产是人的能力的类生活。”①不难看出，这里的“类存在物”正是所谓“人的本质力量”的理论依据。显然，这种将人的类本质放在个体存在之优先地位上的作法是有缺陷的，或至少是不全面的。因而，正像一些论者所指出的那样，“‘美是人的本质力量对象化’和‘美感是对人自身的认识和观照’这个命题缺少一个人必须要证实自己的动力机制和物质前提。”②而在我看来，这一动力机制和物质前提则正是以现代“人文思潮”为理论背景的“突破说”所着力探寻的。当然了，正如人们所看到的那样，马克思在其以后的著作中，不仅放弃了“类存在物”这一概念，而且间或也提到过“个性解放”等问题。甚至在马克思的一些言论中，也已蕴涵着“积淀”与“突破”的辩证关系。然而，毋庸讳言的是，由于马克思的注意力始终集中在人类历史的宏观发展问题上，因而对个体存在的微观研究，并未得到充分地展开。而这一切，则需要今天的马克思主义者，在批判地吸收现代西

① 《马克思恩格斯全集》第42卷，第95、96页。

② 封孝伦：《走出黑格尔——关于中国当代美学概念的反思》，《学术月刊》1993年第11期。

方"人文思潮"的前景下,进行历史性地充实与发挥。它决不可能退回到德国古典哲学的水平上去,而应充分利用"积淀说"与"突破说"所取得的已有成果,并借助其彼此之间所形成的张力。

四

与朱立元先生不同,陈引驰先生的文章并未对拙文进行点名批评,但他提出的主要观点显然是有针对性的。这就是:"李泽厚、刘晓波之间的分歧不能以美学的学术规范予以界定,他们之间的对立从根本上并不是(从刘晓波的主观意向上看决不是)美学的对立,那么可以说,李泽厚和刘晓波的对立,主要在文化、意识形态上。……我的意思是,对学科意义上的美学应予反思,作为一种人文性的存在,它的内容是否具有永恒性?"①陈先生不想局限在美学的范围内来谈论李、刘之争,这我是完全赞同的。其实,我在那篇文章中,也已经涉及了这场争论在文化领域中的意义。为此,朱先生曾指责我说:"作者还将问题扩大到整个文化哲学领域,批评'由于一味强调"积淀",使李泽厚在文化问题上常常表现出一种温和的保守主义倾向'。我以为,以上的批评亦缺乏根据。"等等。对于朱先生的这些指责,我已经不想作更多的反驳了,因为李泽厚最近有关"要改良,不要革命"的口号以及"回到'天、地、国、亲、师'传统"的主张已经提供了足够的根据。②我要说的只是,所谓"保守主义",本身并不是一种价值判断,作为一种文化选择或政治立场,它和"激进主义"一样,自有其存在的理由和根据。前一阶段,余英时和姜义华两位先生在《21世纪》上就此而展开的讨论,已经说明了这一问题。因此,我说李泽厚有一种"温和的保守主义倾向",并没有什么恶意。至于我本人是否赞同这一倾向,则完全是另外一回事……

① 陈引驰:《文化的现实选择与美学的意识形态》,《学术月刊》1993年第11期。

② 李泽厚《文化分层、文化重建及后现代问题的对话》,《学术月刊》1994年第11期。

回到原来的论题。我和陈引驰的分歧,显然不在文化问题上,而是在美学问题上。陈先生之所以坚持要将美学问题与文化问题、意识形态问题截然分开,其根本原因恐怕并不在于"积淀说"与"突破说"所涉及的问题本身,而在于对"学科意义上的美学"所进行的"反思"。说得彻底一点,他担心,如果从分析哲学的角度上看,"美的本质"也同"世界的本质"这类形而上学问题一样,本身就是一个"伪命题",那么我们在这个问题的范围之内来谈论"积淀"与"突破"的关系,岂不显得十分落伍且毫无意义?对于这个十分重要的问题,其实美学界已经反思许久了。只是不同的人有不同的理解方式而已。我的理解是,在经过"科学思潮"的洗礼之后,我们应该自觉地意识到,美学作为一门人文学科,确实与自然科学,乃致严格意义上的社会科学有着重要的区别。因此,我不敢像李泽厚先生那样,期望随着心理学等自然科学的发展,人们的审美感受也将被纳入数学公式而进行定量分析。[①]然而另一方面,我也不赞同对"美的本质"这类问题采取断然拒绝的取消主义立场。我认为,人文学科的话题自有人文学科的言说方式,既然我们能够以这一方式来谈论文化问题、意识形态问题,那么我们为什么不能够以这一方式来谈论美学问题呢?

具体到"积淀说"与"突破说"的关系上。我觉得这一问题的讨论至少具有以下双重意义:首先,就形而下的经验范围来看,这一问题的澄清确实有助于对人类的审美现象作出合理的解释。关于这一点,我在那篇文章中已经从文学创作的历史上列举了许多例证;这里,再从艺术欣赏的角度上加以说明。"接受美学"的研究成果告诉我们,人们在欣赏一部作品之前,本身就具有着一种"期待视野"。这个"期待视野"不是凭空产生的,而是人们在长期的生活实践和艺术实践的过程中"积淀"而成的。当艺术作品完全悖离了这一"期待视野"时,就会遭到欣赏者的排斥,从而出现无法欣赏或拒绝接受的现象。但是,当艺术作品仅仅吻合了"期待视野",使人

① 参见《批判哲学的批判》,第415页。

们没有任何意外的发现时,欣赏者同样会产生厌倦情绪。由此可见,所谓“期待”,并不仅仅是对于“积淀”成果的期待,而且是对于“突破”这一历史成果的期待。正是在这种“积淀”与“突破”的矛盾运动中,人们的审美需求才可能不断地被满足,艺术创作才可能不断地被发展,“期待视野”才可能不断地被更新。因此,对于这种普遍的审美现象,仅仅用李泽厚的“积淀说”是难以解释的。其次,就形而上的理论意义来看,“美的本质”问题自古就具有超越审美经验而指向终极关怀的价值所在。这一点,在西方基督教文化已全面崩溃、东方儒家伦理也面临解体的历史条件下,有着格外突出的意义。因此,正如哲学上的“实践本体论”之最重要的意义并不在于解决具体的实践问题一样,美学上的“积淀”与“突破”之最重要的意义也并不在于解决具体的审美和艺术问题。说到底,它涉及人在个体与群体、感性与理性、历史与未来、创造与享受等错综复杂的关系中,对于自身存在及其意义的理解问题,即涉及所谓“价值之源”的问题。在这个问题上,我尤其不能满足于李泽厚的“积淀说”了。

(原载《学术月刊》1995 年第 1 期)

第二辑

展开：实践美学与后实践美学之争

超越实践美学　建立超越美学

杨春时

新时期美学获得了重大发展，这首先表现在实践美学建立了完整的理论体系，并且成为当代美学的主流。以李泽厚先生为代表的实践美学依据历史唯物主义的实践观，把美和审美主体当作社会历史实践的产物，主张美是事物的客观社会属性，并且提出了“美是人的本质力量对象化”的命题。与实践美学相对立的是以蔡仪先生为代表的“自然派”美学，它依据辩证唯物主义的反映论，把审美当作对客观事物的反映，主张美是事物的客观自然属性，并提出了“美是典型”的命题。在两种美学观的论争中，实践美学以其明显的理论优势，无可争议地成为美学界的主流学派。实践美学的确立，极大地推动了中国美学的发展，具有不可抹煞的历史功绩。

首先，实践美学克服了传统唯心主义美学的直观性和片面的主观性。唯心主义美学把精神（主观的或客观的）当作唯一的实在，把客观世界当作精神的投射或外化，这样，审美就成为纯粹个体的、主观的行为，美就成为精神的幻象，从而抹煞了其社会实践基础。实践美学则把人类历史实践当作本体，肯定美和审美主体都是社会实践的产物，从而把美学置于坚实的历史唯物主义基础之上。

其次，实践美学克服了旧唯物主义美学（包括“自然派”美学）的直观性和片面的客观性。旧唯物主义美学把客体当作独立的实体，抹煞了人的存在的主体性，这样，就无视审美的实践基础和主体性、创造性,把审美当作一种直观反映,美就成为事物(作为实体)的自然属性。它同样也把审美主体当作自然人。实践美学从这实践本体论出发,认为审美是实践的产物,美是人的本质的对象化,从而肯定了审美的主体性。

实践美学还在一定程度上突破了传统哲学和美学(包括唯心主义和旧唯物主义)的主客对立二元结构,以实践一元论取而代之,从而为解决美的主客观性问题铺平了道路。传统哲学从主客对立二元结构出发,把主体与客体截然二分,把客体当作实体,因此,传统美学或断言美在主观,是精神的属性;或断言美在客观,是物质的属性。美的主客观性问题长期争论不决,实际上陷入了美既在主观又在客观、既非主观亦非客观的悖论。实践一元论突破了主客对立二元结构,它认为在实践这个基本的存在形式中,主客对立消失,主体对象化,对象主体化。这样,美就不单纯是主观的,又不单纯是客观的,从而就打破了不是主观的就是客观的这样一种选择模式。当然,实践美学并未再进一步,彻底解决美的主客观性问题,而是作出了美是客观的社会属性这一结论。但是,它已经为解决这个问题找到了一个开端。

实践美学虽然有着巨大的历史功绩和理论的合理性,但是,也存在着严重的历史局限和理论缺陷,正像一切科学终将被证伪一样,它自身也将被否定掉。实践美学发源于马克思早期著作《1844年经济学—哲学手稿》,并且直接受到前苏联美学体系的影响,其历史烙印是明显的。它虽然在一定程度上突破了传统美学的局限,但仍然保留了古典美学的某些基本特征,尤其是古典美学的理性主义。

所谓理性主义,是一种对理性绝对肯定和信任的哲学观。理性是人类特有的理智的认识能力和价值规范,前者如科学技术(知识理性或工具理性),后者如意识形态(价值理性或实用理性)。理性主义主张:1.人是理性生物,理性是人的本质,非理性不是人的本质而是动物的本质。2.理性也是世界的本质,不存在理性之外的世界,知识理性可以把握世界,揭示世界的本质。3.理性是万能的上帝，依靠理性可以征服自然、创造理想的社会，实现人的全面发展，一句话，可以达到理想的自由境界。确实，理性主义作为一种进步思潮曾经创造了繁荣的古典社会（古希腊、罗马和古代中国），以后又曾把欧洲从中世纪宗教黑暗统治中拯救出来，并且推动人类进入近现代文明。理性主义的历史功绩彪炳千秋，不可磨灭。但是，在现代社会，理性主义的局限和缺陷却明显地暴露出来，它的三个基本信条都受到了冲击。

首先，人不仅是理性生物，非理性和超理性同样是人的重要本质。非理性是人的无意识领域特征，但它又不能等同于动物性，因为动物没有精神苦恼，而人的非理性方面也与精神相关。弗洛伊德发现了无意识，这个领域积蓄着人的原始欲望和非逻辑的思维能力。理性对这个领域具有压抑作用，因此存在着理性与非理性的冲突。而且，在理性之上，还存在着超理性领域，它是人的内在的自由要求，它是理性与非理性冲突的解决，是人的精神的升华，指向超现实的彼岸世界。审美、艺术、哲学、甚至宗教都属于这个领域。超理性比理性更深刻地揭示了人的本质。

其次，世界也不仅仅是理性的世界，还存在着理性之外的世界。康德已经证明理智的认识不能达于“本体”，“本体”是信仰的对象。现代量子力学则表明了工具理性的非绝对客观性。维特根斯坦也承认有不可言说的事物，存在着神秘的（理性所不及的）领域。总之，用理性并不能完全把握世界。

最后，理性也不再是自由女神，而是歌德笔下的魔鬼靡菲斯特，它给人类带来利益，同时又剥夺了人类的灵魂——自由。在现代社会，理性呈现出压迫性一面，它束缚精神自由，令人难以忍受。因此，存在主义才呼吁摆脱理性规范，进行自由选择；现象学才主张把理性观念“悬搁”，进入纯粹意识（直觉）；西方马克思主义才大讲技术异化。

实践美学的基本范畴都打上了理性主义的印记，因此未走出古典美学领地。这些理性主义的基本范畴有“实践”“人的本质”和“自由”。

实践美学的实践概念未脱理性主义痕迹,基本上属于古典哲学范畴。实践被界定为“人类自觉地改造世界的活动”。在这里,就是指理性指导下的活动。作为一个社会学或历史学概念,它是无可非议的,但作为一个哲学本体论范畴,它就过于狭窄了。人的生存活动就被压缩到理性范围,非理性和超理性活动被排除于外。审美固然要以实践为基础,但这并非全部,人类其他生存活动如性爱、生殖活动(即“人类自身的生产”)以及其他活动都对审美活动发生重要关系,仅仅从理性活动角度不能全面说明审美的根源和性质。

实践美学的基本命题是“美是人的本质(力量)对象化”,而“人的本质”或“人的本质力量”也带有理性主义内涵,它与古典哲学的“人性”概念是相通的,即认为人的本性是合乎理性的,人是有理智、有道德的生物。而前面已经指出,人的本质并非理性所能涵盖,还包括非理性和超理性方面。“美是人的本质对象化”,等于说审美是理性活动,美具有理性内容。传统美学则认为美与理性是一致的,所谓美与真善的统一,美具有感性形式和理性内容等等,都是这个意思。事实上,审美并非理性活动,它诉诸直觉体验,受无意识驱动,呈现为超理性意识。

最后,实践美学与传统美学一样,把审美与自由联系在一起。但是,它对自由的理解仍然是理性主义的。传统哲学认为“自由是对必然的认识”,而实践美学则认为自由是对自然的改造和征服,它们都认为自由是理性的认识活动或实践活动的产物,都认为自由是外部生存环境的改善。当然,凭借理性,通过实践,可以改造自然和社会,推动人类进步,从而为人类自由创造条件。但是,这还不是自由本身,自由本身是精神世界的解放。现代社会人的生存条件大大改善,但自由并未到来,人的精神苦恼反而日益严重。审美作为自由活动并不是实践直接带来的,而是超越现实获致的。自由只存在于精神领域,马克思曾经指出:“真正自由的领域只存在于物质生产领域的彼岸。”这个彼岸世界不能通过实践达到,而必须通过精神的超越才能进入。

实践美学的理性主义性质使其存在着严重缺陷，这些缺陷体现于以下各方面：

实践美学与其他古典美学一样，出于对理性的绝对信任和肯定，把审美当作一种现实活动，即认为美与真、善一样是现实的一种属性，从而抹煞了审美的超越性。古典美学认为理性的胜利可以使现实变成美的世界，实践美学则认为社会实践创造了美，美是客观的社会（现实）属性。它们都否认审美对现实的超越。而事实上，存在着现实与超现实两个领域，现实是必然的领域，而超现实的领域才是自由的领域（即马克思所说的"物质生产领域的彼岸"），审美则属于后者，它是超越现实的精神创造。超越性是审美的最重要的品格，实践美学的最大失误即在于抹煞了审美的超越性。

其次，实践美学以物质实践代替精神创造，从而抹煞了审美的精神性。实践美学的实践范畴被界定为物质实践，它认为人类通过实践劳动改造了世界，于是在对象世界中看到了人的本质力量，产生了自我肯定的喜悦，这就是美感，而对象则变成美。这种论证方式存在着致命缺陷，即它抽掉了物质实践与审美之间一个重要的中间环节，这就是精神世界的理想创造，似乎物质实践直接创造了美。须知美是精神产品，在物质生产领域内，只有使用价值，不会有审美价值。只有进入精神领域，通过审美理想的自由创造，对象才变成了美。劳动者在自己产品中看到了自己的能力，会产生喜悦，但这种喜悦仍是功利性的，是一种现实态度，不是审美意识，因此，并没有创造美。只有他超越现实功利态度，作为一个自由主体来观照对象时，对象才会变成美。对象中蕴含着的并非仅仅是他的物质创造力和现实要求，而是人的自由理想和精神创造力。而这就是一个精神创造过程，包括审美理想的发生，直觉想象的解放，审美意象的形成等。

实践美学还存在着片面强调审美的社会性而忽视审美的个体性的弊病。实践美学的实践是指人类集体的社会实践而非个体活动。对于社会实践的强调在一定意义上是正确的，但是，又必须把个体活动作为社会实践的前提,抽掉了这个前提来强调社会实践,就等于把人类实践等同于蚂蚁的劳动。人类生存的本质是个性化的,个性化的实践区别于蚂蚁的非个性的群体活动。对于审美活动,尤其应该强调其个体性。因为集体实践只有通过个体活动才能进入审美创造,审美只能以个体身份进行,美是自由个性的创造(审美个性的对象化)。实践美学认为美是人类集体实践创造的,实际上否认了个性创造的本质,似乎美是社会实践直接创造的,而这是不可思议的。为了弥合这个缺陷,李泽厚先生提出了著名的"积淀说"。他认为,人类长期的社会实践积淀于每个人的深层心理结构之中,最终形成审美意识结构。这种理论旨在沟通物质实践与精神世界、社会实践与个体活动。但是,它并没有解决审美的精神性和个性问题,因为这种"积淀"是被动的,而实际上审美意识并非仅仅是物质实践积淀的产物,它还是精神世界自由创造的产物;个体审美心理也并非集体实践积淀的产物,而是个体积极参与的结果。个体并不是集体的无差别的一分子,而是独特的个性,谈论社会实践必须承认个体活动的前提。另一方面,实践美学只注重考察审美的历史发生,而没有注意还有个体发生过程,即每个人由童年到成年心理结构转换、发展过程,在这个过程中,正是直接的个体活动(包括审美活动)才最终形成了个体审美意识,才有直接的审美创造,忽视了这个过程,也成为实践美学忽视审美的个体性的一个原因。如果说,由于古典时代个性未获充分发展,审美的个性特征不够突出的话,那么,在现代社会,个性充分发展,审美的个性特征被突出出来。在这种历史背景下,实践美学对个体性的忽视就显得难以容忍了。

实践美学虽然以实践一元论取代主客对立二元结构,但是,由于实践作为一种物质生产和现实活动,在这种水平上并不能完全消除主客体差别,二者只能是有限的统一,而非无差别的同一(这只能在超现实的精神领域中实现),而且,它还意味着保留实体概念。这样,实践美学就在肯定美是人化自然的产物的同时,还承认美是客观的社会属性。因此,实践美学就又落入传统美学的美是实体或其属性的窠臼,并且陷于自相矛盾:一方面认为美是人的本质的对象,带有主体性,而非独立自在的客体;另一方面又认为美是客观社会属性,不依审美主体(个体)意志为转移而存在。实际上,实践美学也陷入了美是主观的又是客观的、美既非主观,亦非客观的这样一种悖论。李泽厚先生试图避免这个悖论,他说,美是人类集体实践创造的,因而对于个体而言,美是客观的。李泽厚先生的论证存在着逻辑上的混乱。美既是集体创造的,又是个体创造的,同样,美既可以作为集体的对象,也可以作为个体的对象,前者是一种抽象,后者才是具体的美。但是,必须在同一个层次上来谈论美的主客观性。不能像李泽厚先生那样把作为集体对象的抽象美与审美个体相对应,以此来证明美的不以个体意志为转移的客观性。只能以抽象的美与人类集体相对应,以具体的美与审美个体相对应,而在这种情形下显然得不出美是客观的结论。当然,也得不出美是主观的结论。

实践美学在80年代曾经作为一种先进的美学思潮推动了中国美学的发展。但是,当我们放眼21世纪,并且追踪当代世界美学的步伐时,就必须承认实践美学已经失去了先进性。在实践美学的襁褓中,中国美学的进一步发展受到束缚,它必须挣破这个襁褓,才能脱离古典美学的幼小阶段,步入现代美学领域。但是,实践美学仍然是中国美学进一步发展的基础,我们必须继承它的合理成果,加以发展、创造、超越,最终形成中国的现代美学体系。这个美学体系应当区别于传统美学,确立审美的超越性,因而可以称之为超越的美学。审美的超越性应当建立在实践观的基础上,并以此与西方某些唯心主义美学所主张的超越性相区别。

首先,应当为超越的美学找到一个本体论基础。实践美学的本体论范畴是实践,实践是人类生存的基本形式,同时还存在着其他形式,如精神生活;同时,实践是社会存在,而人的存在又是个体性的。必须克服实践概念的狭窄性,使之扩展为更全面的本体论范畴,这就是人的存在——生存。生存是我们能够肯定的唯一实在,这是哲学思考的最可靠的出发点,而主体与客体都是从生存中分析出来的,它们都不是独立自在的实体。生存的基础是物质实践,但其本质是精神性的。生存是一种社会存在,但其本质是个体性的。生存要立足于现实,但其本身是超越性的,它指向未来,指向自由。审美是最高的生存方式,它最充分地体现了生存的精神性、个体性和超越性。

同时,还必须为实践美学找到解释学基础(解释学取代了传统哲学的认识论)。实践美学仅有本体论基础而缺乏解释学基础,因此只能从实践(作为物质生产)角度而不能从解释(作为认识和价值判断)角度阐释审美的本质。自然派美学则从认识论(被理解作反映活动)角度论证美的客观性。这样,实践美学就忽略了一个重要领域,不能把审美作为一种意义世界的创造来考察,因而也减弱了对自然派美学的批判力。人类生存是解释性的,它能创造自己的意义世界,因而不同于物的存在或动物的生存。解释活动是主体性的,它不是被动反映对象世界,而是能动地构造意义世界。解释活动又是个体性的,它创造了独特的意义世界。解释的本质又是超越性的,它总是指向总体性——对生存意义的把握。现实的解释(包括感性,知性的解释)产生了现实的意义世界,而超越性的解释则产生了超越的意义世界,即对存在总体、生存本身意义的发现。审美和哲学(作为审美的反思)就是超越性的解释,它超越现实意义世界,达到对"本体"的领悟。

审美是超越的生存方式和解释方式,因而超越性是审美的本质,在这个基础上就可以建构超越的美学。审美的超越性体现于以下几个方面:

首先,审美超越意味着对现实的超越。从本体论角度看,审美作为一种生存方式,不是现实生存方式的一种,而是另一种生存方式。审美以与现实活动相隔绝为前提,主体忘却自我,由现实主体变为审美主体;对象也脱离现实世界,变为审美对象,而且脱离现实时空,进入自由的审美时空。更重要的是,审美不仅与现实相隔离,而且超越现实,进入自由的生存方式。在审美活动中,主体由片面发展的现实个性升华为全面发展的审美个性,现实世界也成为审美个性的对象化(美)。审美个性与美充分同一,失去对立和差别,因而审美成为真正自由的生存活动,主体获得自由的体验——美感。

从解释学角度,审美的超越性体现为对现实意义世界的超越。现实的解释活动包括感性的日常活动和知性的科学、意识形态活动,它们分别产生日常的意义世界和理论的意义世界,它们都属于现实领域。在现实的意义世界,主体出自有限的生存需要和认识能力,世界只呈现为有限的客观属性和价值,这说明生存还未获得真正的自觉性,因为主体还未领悟生存的意义。审美超越现实解释,创造了超越的意义世界。现实意识升华为审美意识,它解放了主体的直觉能力和想象力,突破了文化障蔽,直接领悟了存在本身,获得了生存的真正自觉——对生存意义的把握。审美意义是对现实意义的批判,克服了现实认识和现实价值的局限,使人获致自由的意识。这种审美超越性在文艺活动中最为显著,文艺总是超越现实意义,产生对现实人生的批判意识,它展示人类命运,审视人生价值,达到对人生真谛的领悟。

审美的超越性还体现为对理性的超越。理性是现实的规范,超越现实必须超越理性。审美不是理性活动,它不受理智直接支配,不遵循形式逻辑,不使用概念,不服从规范,而是纯粹的非自觉意识活动(直觉想象和情绪欲望活动)。更重要的是,审美还克服了非理性与理性的对立。审美以超理性形式,升华了无意识,解除了自觉意识的压迫,从而使审美意识成为自由的意识。它吸收了无意识巨大心理能量和非逻辑形式,形成了审美意识的巨大情感力量和创造性。审美的超理性使其与哲学一样成为人类精神活动的最高形式。

超越美学在社会实践的基础上肯定了审美的个体性,从而克服了实践美学忽视审美的个体性的弊病。生存是个体性的,人是个性化的存在,对象世界是个性化的意义世界。但是在现实领域,这种独特性受到限制,社会性掩盖了个体性。审美是超越的生存方式,它克服了现实条件的限制,充分发展了这种独特性,人的个性充分发展(审美个性),对象变成独特的美。审美就是充分个性化的生存方式和意义创造,越是独特的审美发现和创造就越有普遍性,越有价值;相反,雷同和模仿则丧失了审美价值。古典哲学认为一般是特殊事物的本质,而事实上,对于人来说,特殊性才真正是他和他的对象的本质,审美以其充分的个体性抓住了世界的本质。

超越美学在物质实践的基础上肯定了审美的精神性,从而弥补了实践美学忽视审美的精神性的不足。生存既要有物质基础,又本质上是精神性的,不仅物质实践要在精神指导之下,而且生存本身就是超越物质存在、指向精神存在的。在现实领域,精神生产依附于物质生产,科学要服务于生产,意识形态也要被经济所决定,它们都不是独立的、自由的精神活动。审美以其超功利性摆脱物质生存条件的限制,成为独立自由的精神活动。这样,审美就成为生存的精神性的充分实现。审美的超越性、自由性都源于精神性,精神总是超越现实、指向自由的。

超越美学从生存本体论出发,彻底克服了实践美学仍然保留着的主客对立二元结构和实体范畴,解决了美的主客观属性问题。生存是先于主客体区分的"本体",因此生存本质上是超越主客体对立的。但是在现实领域,主客体差别和对立未能消除,实践仅仅在一定历史水平上统一了二者,而不能根本上达到主客体同一。古典哲学所以产生了"实体"范畴,就是由于未能摆脱这种现实存在的局限。审美作为生存的最高形式,最终克服了主客体对立。在审美活动中,主体充分对象化,对象充分主体化。从解释学角度说,审美克服了认知与意向,事物的固有属性与价值属性的分离,它既是对生存本质的把握,又是对生存价值的占有;既是一种直觉认识,又是情感体验。这样,就可以作出结论说,美作为审美对象,不是主观的,也不是客观的,而是主客体对立的克服,主客观的完全同一。

生存本体论也摒弃了古典哲学的实体范畴,它认为世界不能脱离主体而存在,因此不是实体,而是对象和意义。不是实体存在与否的问题，也不是实体能否被认识的问题，而是谈论它没有意义。美不是实体或它的属性，而是对象和意义。美的本质问题，在实体或属性的框架内无从得到解决，因为美无法实证、没有规范，它成为不可思议的幻象。只有从对象和意义的角度，才能理解美的本质。美就是超越的对象和意义，它是充分精神性的和个体性的。

实践美学的崛起和胜利，使美学界故步自封于这个理论体系内，失去了创新的魄力。近年来美学界的沉寂，就是创造力枯竭的表现。另有一些人则避开美学根本问题和理论体系的建构，专注于微观审美现象的研究。还有人则盲目接受西方现代美学的现成观点，不能消化、创新。这样，即使在一些具体问题的研究上有所收获，但由于整个理论框架问题未解决，其意义终究是有限的。当前，已经陈旧的理论体系与具体的美学研究之间的矛盾日益尖锐，李泽厚先生本人就陷于这种矛盾之中，一方面他在许多具体观点上有创新、有突破，同时仍然未放弃实践美学的理论体系，在他身上，古典与现代，东方与西方两种美学观的冲突最为明显。中国美学的进一步发展和现代化，要求超越实践美学。这种超越是自我否定，因为实践美学本身包含着合理内核，可以通过扬弃而达到超越自身。笔者也曾经是实践美学学派中的一员，通过多年的探索，终于作出了批判实践美学，建立超越美学的选择。我相信，这种选择是正确的，历史将会证明这一点。

（原载《社会科学战线》1994 年第 1 期）

坚持实践观点，发展中国美学

——与杨春时同志商榷

张玉能

读了杨春时同志的文章《超越实践美学，建立超越美学》（以下简称《超越美学》），在感佩他的理论家的勇气的同时，也觉得有一些不当之处，特提出一些商榷意见。

众所周知，所谓“实践美学”，简言之就是坚持马克思主义的实践观点的美学理论体系。它以人类的社会实践（主要是物质生产劳动）为逻辑起点，以历史唯物主义和辩证唯物主义为指导，建构了完整的美学体系。它发源于马克思的《1844 年经济学—哲学手稿》，经过 19 世纪中叶至今的发展，给西方美学带来了革命性变革。在我国，它兴起于 20 世纪五六十年代学习苏联的经验和美学大论争之中，并在七八十年代迅速壮大，形成了好几个影响颇大的流派，如李泽厚的社会积淀美学、蒋孔阳的创造美学、刘纲纪的实践自由美学、蒋培坤的审美活动美学等等。整个实践美学，现在正越来越显示出它的巨大生命力，并未到达杨春时同志所谓非“超越”不可的时候。由此可见《超越美学》包含了不少误会、曲解。

杨春时同志对实践美学的最大误会和曲解就在于，把实践美学硬性划在古典美学的理性主义范畴之内，这是不符合历史事实的。

从世界美学的发展历史来看，美学中的实践观和实践观点的美学是经历了一个漫长的发展过程而达到一个革命性变革才产生的。远的不说，自从 1750 年鲍姆加登给美学命名使其独立以来，美学史上就产生了英国经验主义与大陆理性主义的分歧和争论。

然而同时也兴起了德国古典美学(康德—席勒—黑格尔)力图综合经验主义和理性主义的美学主潮。但是由于德国古典美学的主要代表人物几乎都是唯心主义者,虽然他们在唯心主义的范畴内把感性与理性统一起来了,比如,席勒关于美是统一感性冲动和理性冲动的游戏冲动的对象的论述,黑格尔关于美是理念的感性显现的命题,可是终究没有能够达到真正的统一。马克思主义美学的创始人,继承和发扬了德国古典美学的实践观点的萌芽,并把这种观点从天上置放到地上,以物质生产劳动为基础,创建了实践观点的美学,给世界美学发展带来了革命性变革,因而也就在社会实践的基础上真正辩证而又唯物地把感性与理性统一起来了。因此,实践美学决不属于古典美学的理性主义范畴。

再从我国实践美学的几个主要流派的情况来看,实践美学也从未走入"理性主义"的圈子,而是继续了马克思主义美学创始人在实践基础上全面探讨的理论之路。李泽厚很早就提出了审美活动和艺术创造中的非自觉(非理性)状态的问题,他提出的"社会积淀说",虽说是受到瑞士心理学家荣格的"集体无意识说"的启发,然而总体上还是以历史唯物主义和辩证唯物主义为指导,力图在社会实践的基础上解决审美和艺术活动中的感性与理性、内容与形式、个体与社会的矛盾,力图达到美学理论上的辩证统一。尽管李泽厚的论述并非完美无缺,然而在总体上是正确的,坚持了在社会实践基础之上的感性与理性的实际统一。因此,它在受到刘晓波的非理性主义和坚持反映论的理性主义者两方面的驳诘的情势下,仍然显示出了可观的理论力量,其影响范围反而大大扩展。还有,蒋孔阳从实践观点出发,经过人的本质力量的对象化,在人对现实的审美关系的动态运动之中,建构了创造美学。创造美学的最显著特点就在于它的广采博纳之中见出独树一帜,因而对于美学理论中的所有重要问题都作了全面、系统、辩证的阐述。蒋孔阳提出了"美在创造中"的命题,认为美的创造是一种多层积累的突创,美的创造包含着自然物质层、知觉表象层、社会历史层、心理意识层,是多层次的积累所造成的一个开放系统,美的创造又是一种突然的创造,美就把复杂归于统一,把多样归于一统,最后成为一个完整的、充满了生命的有机的整体,美正是这种创造所形成的自由的形象。蒋先生还明确地揭示了审美欣赏内在的心理特征主要在于:生理与心理的矛盾统一,个性与社会性的矛盾统一,具象性与抽象性的矛盾统一,自觉性与非自觉性的矛盾统一,功利性与非功利性的矛盾统一。此外,刘纲纪从马克思的"劳动创造了美"的实质性把握,建构了实践自由论的美学体系,认为马克思所说的"人的本质的对象化",即人的自由的对象化,也就是现实的感性具体的对象所具有的必然性同人的自由两者的统一,这个统一,是一切之为美的本质所在,因此,美也就是社会实践自由的感性显现。他还指出,艺术是个别与一般的统一,认识与情感的统一,再现与表现的统一,具象与抽象的统一,个体与社会的统一,主观与客观的统一。这些理论体系和具体论断无疑已经证明,中国的实践美学并不属于古典美学的理性主义范畴,而具有以社会实践为基础的辩证统一的全面、科学的理论特征。

杨春时同志对实践美学的误会和曲解的另一方面就表现在,他对实践美学的一些主要范畴术语,如实践、人的本质、自由等的理解是不准确的、似是而非的。

实践,是实践美学的最主要的范畴。实践美学就是以实践概念为逻辑起点,以实践唯物主义(包括实践本体论和实践认识论)为其哲学基础,坚持实践观点而发展起来的美学体系。在这里,实践是人们能动地改造和探索现实世界的一切社会的客观物质活动,实践是人的社会的、历史的、有目的的、有意识的物质感性活动,是客观过程的最高形式,是人类社会发展的普遍基础和动力,全部人类历史是由人们的实践活动构成的,人自身和人的认识都是在实践的基础上产生和发展的。因此,实践具有多种多样的形式,但其核心是物质生产劳动。正是在这样以物质生产劳动为中心的实践整体的基础上,在人类通过生产劳动自我生成的实践过程中,逐步形成了人对现实的审美关系,从此人类的生存活动的非理性、超理性的方面(性爱、生殖活动等)与它的理性方面一起,成为了人的活动，属人的活动，确证人的本质力量的活动，也即是按照美的规律进行的活动，这才使人更高层次地离开了动物界。因此，实践概念，决不是一个理性主义概念，它所指称的恰恰是理性与感性统一的客观物质活动，它是形成人对现实的审美关系，由此而生成美、美感和艺术的根基、动力，人类的其他生存活动，如性爱、生殖活动（即"人类自身的生产"）以及其他活动，离开了人类的社会实践，都还停留在动物的水平上。正是人的社会实践的人类性规定了审美活动的人类性。也正是在这个意义上，马克思才把美与人的本质对象化联系起来，实践美学才特别重视美、美感和艺术同人的本质的密切关系。

关于人的本质，马克思主义创始人有三个相互联系而可以视为一个不同层级整体的命题，这就是：一、人的需要即他们的天性（《德意志意识形态》）。二、人的类特性恰恰就是自由的自觉的活动（《1844 年经济学—哲学手稿》）。三、人的本质并不是单个人所固有的抽象物。在其现实性上，它是一切社会关系的总和（《关于费尔巴哈的提纲》）。从总体上讲，可以说马克思主义认为，人的需要是决定人的本质的内在依据，生产劳动是人的本质的根本标志，而一切社会关系的总和则是人的本质的现实表现。实践美学正是抓住了人的本质的根本标志——以物质生产劳动为中心的社会实践，把审美需要当作人与动物根本区别的重要标志，把美、美感与人的本质（力量）的对象化紧密联系起来，把美和审美当作人的本质（力量）的确证。因此，人的本质和人的本质（力量）的对象化，由于马克思主义的全面理解而同样在美学中产生了全面的阐述。"人的本质"和"人的本质力量"，绝非一个理性主义的范畴，实践美学的"人的本质（力量）的对象化"的命题，也并未如杨春时所说的那样，仅仅把审美当作理性活动，美具有理性内容。主张"美是人的本质力量对象化"最为明确的蒋孔阳先生就明确地指出过，美是人的本质力量的对象化，是一种形象，这种形象还必须是充满了生命的、生气灌注的。生命的特点是活动，是矛盾，是各种因素的有机统一，因此，美的形象也必然要反映出生动性、矛盾的多样性以及多样中的统一性等等特点出来。[①]蒋先生还强调作为人的本质的确证的审美活动也是多方面多层次的矛盾统一。这些都有力地证明,实践美学的"人的本质力量的对象化"的命题绝非古典美学的理性主义概念。

至于自由,杨春时同志的理解也是不够准确的。"自由"这一概念可以有多方面的含义。在哲学上,自由指人们认识了客观规律并用来改造客观世界。在道德上,自由指个人认识社会关系的客观规律并根据相应认识抉择行为方向和路线的主观能力。在政治上,自由指社会关系中受到保障或得到认可的按照自己的意志进行活动的权利。在美学上,按照实践唯物主义即马克思主义的观点,自由的含义大致可以归纳为这么四个方面:第一,规定美的本质的"自由"应指合规律性和合目的性的统一;第二,规定美的本质的"自由"应指以感性形象显示出来的自由;第三,规定美的本质的"自由"应指超越或扬弃了直接的物质功利目的的自由;第四,规定美的本质的"自由"应指个体与社会的统一。从这种规定美的本质的"自由"的含义,我们也就可以得出美的本质的一些主要方面:其一,从本体论方面来看,美是一种社会属性,即美是人类社会中才有的一种价值,美是由社会实践所规定的,美是随着社会实践的发展变化而发展变化的。其二,从发生学方面来看,美是人类社会实践达到一定自由程度的产物。也就是说,只有当人类能掌握自然和社会的客观规律并运用这种规律去改造客观世界以实现自己既定目的时,人类才可能与客观世界产生审美关系,因而才在客观对象之上由事物的自然属性转化出审美属性,这样美才产生出来。其三,从认识论方面来看,美是客观对象所具有的客观价值、客观属性,人们的意识可以对这种客观存在的美作出各种各样的反映,却不可能抹煞这种客观存在的美。美可以由不同的人的意识作出不同的反映,然而事物的美丑都不是主观意识可以任意左右的,而

① 《对于美的本质问题的一些探讨》,《蒋孔阳美学艺术论集》,江西人民出版社,1988年,第75页。

是具有一定的客观标准的。这种客观标准也就是一定历史时期人类所能达到的自由程度,也就是事物的合规律性与合目的性的统一。其四,从现象学方面来看,美是由一定的感性形象显现出来的自由,或者说美是自由的形象。由于这种形象是合规律性与合目的的性状的统一体,因此,美不但是附丽于一定感性形象的性质,而且是能够使接受者产生情感愉悦的性质,因为感性形象比起抽象概念更能引起人们的愉快感情。其五,从价值学方面来看,美是一种能满足人们的审美需要的社会价值,也就是一种超越或扬弃了人们直接物质性、生理性需要的价值。正因为美是一种价值,而且是一种满足人们的审美需要的价值,所以,美必定引起接受者的愉悦感,而且这种愉悦感是超越或扬弃了那种生理性快感的精神性愉悦。正是在这个意义上,我们才可以说美是区别人类和动物的一个重要标志。由以上这些论述可以明白看出,实践美学的自由概念,并非古典美学的理性主义范畴,而是强调了合规律性与合目的性的统一,个体与社会的统一,感性形象与实践自由的统一,超越或扬弃了直接物质需要的精神自由及其所引发的精神愉悦情感,也就是说是一个科学的、全面的概念,一个如实地蕴涵了审美活动及其对象本质属性的范畴。

在扫除了杨春时同志对实践美学的三个重要概念的误会和曲解以后,我们就可以看到,实践美学不仅没有抹煞审美的超越性、审美的精神性、审美的个体性,根本没有陷入传统美学的自相矛盾之中,而且也没有因为强调审美的超越性、精神性和个体性而忽视了审美的现实性、物质性、社会性、历史性,而是在社会实践的基础上达到了感性与理性、主体与客体、精神与物质、个体与社会、逻辑与历史、主观与客观、现实与理想、有限与无限等一系列因素的对立统一,确实完成了德国古典美学所梦寐以求的统一感性主义与理性主义、形而上美学与形而下美学的历史使命,敞开了通向美学奥秘全面阐发解决的康庄大道。

杨春时同志要“超越”实践美学,建立“超越美学”,从哲学根基上来看,是难于成立的。

首先,超越美学的本体论基础就是不可靠的。杨春时为超越美学找到的本体论核心范畴是“人的存在—生存”,并认为生存是我们能够肯定的唯一实在,这是哲学思考的最最可靠出发点。其实,生存这个概念是一个含混不清的无法规定世界真正本原的概念。从自然本体论来看,人的存在—生存,绝对不可能成为整个宇宙(自然界)的本原,因为早在人类在地球上生存以前的很久很久以前,宇宙(自然界)早就存在着了。从社会本体论来看,人的存在—生存,也绝对不可能成为人类社会的本原,因为人类社会固然是由于有了人的存在后才形成的,然而人类本身却是在以物质生产劳动为中心的实践之中逐渐自我生成的,因此,生存本身还有其本原,这就是实践。此外,把生存的本质规定为精神性的、个体性的、超越性的,并以此作为本体论基础来论证审美的精神性、个体性和超越性,也充分暴露出“超越美学”的本体论基础的唯心主义实质。

其次,超越美学的认识论(解释学)基础也是十分脆弱的。这种脆弱性当然与它的生存本体论的精神虚妄性是密不可分的。正因为超越美学是从精神性、个体性、超越性的人的存在—生存这个虚设的本体出发的,所以杨春时同志在认识论上走向了纯粹主观性质的“解释学”。这种解释学认为,人类生存是解释性的,它能创造自己的意义世界,因而不同于物的存在或动物的生存。解释活动是主体性的,它不是被动反映对象世界,而是能动地构造意义世界。解释活动又是个体性的,它创造了独特的意义世界。解释的本质又是超越性的,它总是指向总体性—对生存意义的把握。这种超越性的解释超越现实意义世界,达到对“本体”的领悟,而审美和哲学(作为审美的反思)就是超越性的解释。从这些论述来看,在杨春时那里,解释活动是精神性的人类生存对作为本体的自身的领悟,而这种解释活动也就是审美。那么,审美活动就是一种生存着的人类的自我意识。如此,似乎通过解释活动就化解了一切,一切都成了意识(精神)的自我(生存)的创造和自我创造,而且是个体的创造。这不仅把审美与认识混为一谈,而且这种解释学中充满着唯我主义。世界的意义是由自我规定的,意义的世界是由自我创造的,生存本身的意义也是由自我发现的,因此,万物皆备于我了。

正因为“超越美学”的哲学基础——生存本体论和解释学认识论,一个是唯心主义的,一个是唯我主义的,所以,“超越美学”也就难于成立了。

我们先来分析一下杨文中所谓的“超越性”究竟意味着什么。他指出,这种审美超越表现在这么几个方面——对现实的超越,对现实意义世界的超越,对理性的超越,从而肯定了审美的个体性、精神性,由此就是主客体对立的克服,主客观的完全同一,最后就达到了他关于美的定义:美就是超越的对象和意义,它是充分的精神性的和个体性的。

在杨春时同志看来,审美以与现实活动相隔绝为前提,主体忘却自我,由现实主体变为审美主体,对象也脱离现实世界,变为审美对象,而且脱离现实时空,进入自由的审美时空。更重要的是,审美超越现实,进入自由的生存方式。但是,我们要问:审美果真就非得以与现实活动相隔绝为前提吗?主体如何隔绝现实活动,成为审美主体?客体又如何脱离世界,成为审美对象?审美又如何超越现实,进入自由的生存方式?我认为,真的与现实活动相隔绝了,审美也就失去了它的真实价值,而要让人成为审美主体,客体成为审美对象,审美主体要真正进入自由的生存方式,这一切都离不开现实的物质的社会实践活动,没有人类实践使人与现实的关系的改变,即没有在社会实践中人与现实的审美关系的生成,也就不会有审美,没有审美主体、审美客体和审美感受。而“超越美学”的纯精神性则使它陷于梦幻之中。这种纯精神性又使超越美学创造了超越的意义世界。现实意识升华为审美意识,它解放了主体的直觉能力和想象能力,突破了文化的障蔽,直接领悟了存在本身,获得了生存的真正自觉——对生存意义的把握。由此可见,杨文所说的对现实的意义世界的“超越”,不过是脱离现实的一切客观属性和价值而任凭审美的人驰骋自己的直觉能力和想象力去进行心灵的创造,这样就达到了超越的意义世界,获致了精神自由。

杨春时同志认为,生存是个体性的,人是个体化的存在,对象世界是个性化的意义世界。对于人来说,特殊性才真正是他和他的对象的本质,审美以其充分的个体性抓住了世界的本质。审美就是充分个性化的生存方式和意义创造。由此又进一步认为,生存既要有物质基础,又本质上是精神性的,不仅物质实践要在精神指导之下,而且生存本身就是超越物质存在、指向精神存在的。审美以其超功利性摆脱物质生存条件的限制,成为独立自由的精神活动。这样,审美就成为生存的精神性的充分实现。审美的超越性、自由性都源于精神性,精神总是超越现实,指向自由的。杨文中的上述这些话语,虽然也加上了"在社会实践的基础上肯定了审美的个体性","在物质实践的基础上肯定了审美的精神性"。但是,这不过是在实践美学已经得到普遍认同的情况下的一种不得不说的掩饰的词语。而在这个"实践的基础"之后,马上就是对于生存的个体性本质和精神性本质的最高肯定,因而由于"超越"了社会的和物质的实践,就导致了个体性与社会性、物质性与精神性在现实之中的割裂和势不两立,最终只有他的审美的个体性和精神性才能充当超越现实的社会性和物质性,超越现实的意义世界,超越理性,超越现实,走向个体的精神自由,这样,生存就充分实现了。这里的出发点是生存的本质的个体性和精神性,又是经由这种本体的个体性和精神性达到了审美的个体性和精神性,最后又回归到了生存本体的个体的精神的自由,因此,仍然是一个个体的精神的生存的自我意识的演化,这种纯粹个体精神的演化过程当然很容易超越现实、超越现实意义世界、超越理性而达到精神自由。只可惜的是,它永远不过是某一个个体的纯粹精神性的遐思冥想,根本不可能实现,因为离开了社会性和物质性,个体和精神就什么也不是,只是一个虚无。这一切根源就来自生存本体论的那个精神性的个体存在——生存。因为在这个"生存本体论"中,已经摒弃了古典哲学的实体范畴,它认为世界不能脱离主体而存在,因此,美不是实体或它的属性,而是对象和意义。美的本质问题,在实体或属性的框架内无从得到解决,因为美无法实证、没有规范,它成为不可思议的幻象。只有从对象和意义的角度,才能理解美的本质。美就是超越的对象和意义,它是充分精神性的和个体性的。怎样来看待杨文的这一段论证呢?既然美与实体无关,它也不是事物的属性,那当然就是精神性的和个体性的,只要每个人的精神善于"超越"(想象出不可思议的幻象),审美就完成了,美就产生了。美就是这个生存在个体超越中创造出来的对象和意义,所以,美就是超越的对象和意义。这样,杨春时同志用生存本体论的话语重复了美是主观精神世界的产物的古老观点。而且必须指出的是,为了彻底地离开现实社会,杨春时同志突出了生存和审美的个体性和精神性,因为只有个体(每个人自己)的精神世界是可以由自我任意想象、直觉的。但是,个体和精神必定要受物质世界和社会关系的制约,却又是任何人无法逃避的。因此,如果按照杨春时的超越美学的构想去规范中国当代美学,其必然的趋势和结果就是重新回到人的精神世界去寻找美的木质,使审美和艺术脱离人们的社会生活实践,成为梦幻、空想。

尽管实践美学作为一个大的理论体系,其中有些具体的理论流派或主张会随着实践美学的发展、完善而被扬弃或修正,但是,实践美学赖以作为基础的实践唯物主义(实践本体论和实践认识论)及其根本观点——历史唯物主义和辩证唯物主义的实践观点,却是永远不会过时的,而且会随着历史的发展而不断显示出更加光彩夺目的光辉和日新月异的理论力量。因此,要进一步发展中国当代美学,必须更坚决地坚持和丰富实践观点,完善和深化实践美学,百家争鸣,求同存异,建设起有中国特色的马克思主义美学理论体系。

(原载《社会科学战线》1994 年第 4 期)

走向“后实践美学”

杨春时

中国当代美学的发展经历了“文革”前的“前实践美学”阶段，新时期的“实践美学”阶段，现在又进入了“后实践美学”时期。“后实践美学”是中国美学超越“实践美学”、走向世界、走向现代的阶段。

五六十年代，是中国当代美学刚刚起步的时期。在这个时期，解放前传入中国的西方美学与后来传入中国的苏联化的“马克思主义美学”发生碰撞，引发了五十年代后期以批判朱光潜先生的“唯心主义美学”为起因的美学大讨论。在这场大讨论中，崛起了两个主要学派，一个是以蔡仪先生为代表的“自然派”（主张美是客观的自然属性，审美是其反映）；一个是以李泽厚先生为代表的“社会派”（主张美是客观的社会属性，美是人创造的）。这个时期美学研究还集中在美的主客观属性问题，各派均未形成完整的理论体系；同时，“自然派”与“社会派”也势均力敌，尚未形成主流学派。但是，这场论争为以后的美学发展建构了基本的格局：李泽厚一派已经具有了实践美学思想的萌芽，在新时期发展为完整的“实践美学”体系；蔡仪一派的“自然属性”说也在新时期发展为“反映论美学”体系。

八十年代美学的大发展是以实践美学兴起并成为主流学派为标志的。马克思的《1844 年经济学—哲学手稿》的重新翻译出版，使马克思主义实践哲学迅速兴起，并对苏联传入的现行哲学体系构成重大冲击。李泽厚先生代表的“社会派”找到了实践哲学这个坚实的哲学基础，突出并发展了美学思想中的实践观，从而形成了较完整的实践美学体系。蔡仪一派仍坚持自己的观点，并且突出了反映论原则，建立了更系统化的反映论美学。在两种美学思想的论争中，实践美学具有无可争议的理论优势，因而成为普遍接受的美学理论。

实践美学成为主流学派并非偶然，因为它具有巨大的历史合理性。实践美学在马克思的历史唯物主义实践哲学基础上，确立了美学的基本范畴和逻辑起点——实践，认为美是人类历史实践的产物，是人的本质力量的对象化。实践美学较之反映论美学具有更多的理论合理性，这主要表现在：第一，实践美学摒弃了实体观念，认为基本的存在不是物质或精神实体，而是社会存在即人们的历史实践，客体不是实体而是实践对象。在这种哲学观基础上，美就不再是某种物质实体，而是人的对象，它打上了主体的印记。这种实体观念向对象观念的转变，为解决美是什么这个千古之谜指出了方向。第二，实践作为基本范畴和逻辑起点，统一了主体和客体，从而克服了唯心主义的片面主观性和旧唯物主义的片面客观性，并为解决美的主客观属性问题奠定了基础。第三，把美学置于历史唯物主义实践论基础上，为审美找到了社会历史实践这个坚实的现实基础，从而克服了传统美学的直观性和纯思辨性。第四，实践美学从实践的主体性出发，揭示了审美的自由性和反异化性质，推动了新时期的思想解放运动，形成了古今中外罕有的“美学热”。

尽管如此，实践美学仍然存在着历史的局限性和理论上的不足：

第一，实践美学残留着理性主义印记，把审美划入理性活动领域，从而忽略了审美的超理性特征。理性主义是古典哲学和古典美学的基本特征之一，它认为人是理性生物，人类区别于动物即在于人有理智、受理性支配；世界是合乎理性的，可以被理性（如科学）所认识；社会也是合乎理性的，依靠理性指引可以创造一个完善的社会和人类自身。在这里，理性并非仅仅相对于感性而言，因为感性也是受理性支配的;而是相对于非理性和超理性而言。理性包括工具理性(科学技术)和实用理性(伦理道德等)。理性主义的乐观精神在现代被冲毁了,人们发现理性并非自己的唯一本质,非理性(无意识)和超理性(终极追求)同样是人的本质属性;世界也不是理性化的,理性并不能彻底认识世界(量子力学);社会和人也不能按照理性原则达到完善,人的精神世界的苦恼和超越性追求并非理性所能解决。

实践美学的基本范畴和逻辑起点"实践",以及"美是人的本质力量的对象化"命题中的"人的本质力量"都是理性化概念,尽管实践是一种感性活动,人的本质也有感性内容,但它们都是受理性支配的;它们排除了非理性和超理性的因素。这样,审美活动也就成为理性化的活动(尽管有感性形式)。但是,审美并不是理性化的活动,也不是受理性支配的感性活动,而是超理性活动。审美发源于非理性(无意识)领域,并突破理性控制,进入到超理性领域。这不仅体现为审美的直觉性、非逻辑性、幻想性、极度的动情性,更由于它实现了人的超越性追求,即成为审美理想的创造。因此,审美突破理性规范,既超越科学认识又超越意识形态规范,具有超理性特征。

第二,实践美学具有现实化倾向,把审美划入现实活动领域,从而忽略了审美的超现实特征。实践是一种现实活动,它改造现实、维持人的现实生存,它不能超出现实领域。人是在现实中生存的生物,现实性是人的重要属性。但是,现实性又不是人的最高、最本质的属性,因为人还有超现实性。所谓超现实性,即人的生存不附着于现实,总是趋向于突破既有水平,指向彼岸世界的超越性特征。人不满足于现实的给予,还有达到对世界的终极认识,对终极价值的占有的要求。这种超现实要求通过审美形式得以实现。审美是超现实的活动,它创造了一个超现实的美好境界,这个境界在现实领域中并不存在,只有经过超现实的审美创造,才会出现。实践美学从现实的实践活动出发,认为美是实践的产物,等于把审美现实化,这就抹煞了审美的超现实性。

实践美学的现实化倾向还体现在它把现实审美化的企图上。实践美学认为通过社会实践能够创造一个审美的人和审美的世界。事实上,尽管实践能够把社会推向前进,但却不能消除现实与审美的界限。生活条件的改善、社会关系的改善,只能解决人类生存的外部环境问题,不能解决生存本身的矛盾。已经实现现代化的发达国家,人的精神苦恼却更加突出。生存的意义问题不是现实努力所能解决的,它需要超越性的审美创造。审美世界永远超越于现实世界,二者不会完全重合。

第三,实践美学强调实践的物质性,因此,由物质实践出发来考察审美,就不可避免地忽略了审美的纯精神性。实践是物质生产活动,这是历史唯物主义的最基本规定。尽管物质实践是精神活动的基础,但不能取代精神活动;精神活动也不能还原为物质活动。实践美学把物质实践作为出发点,认为美是实践的产物,甚至得出了"劳动创造了美"的命题,这无疑抹煞了审美的纯精神性,企图以物质生产规律解释审美规律。事实上,美直接是审美活动的产品,物质生产、劳动不能直接创造美,它们只是起到一种间接的、基础的作用。所谓原始人在自己劳动创造的产品中看到自己本质力量,因而产生喜悦心情,这就是审美起源的说法只是一种臆测,因为这种现实功利态度不会变成美感。此外,实践美学也无法解答这样的问题:未经实践改造过的自然为什么也会成为审美对象?在物质生产与审美中间存在着一系列复杂的中介,如原始艺术和原始意识结构的转化等等,而实践美学却抹煞了这些中介,直接用物质实践解释审美,犯有简单化的毛病。马克思指出:"真正自由的领域只存在于物质生产领域的彼岸",审美的自由王国同样不属于物质生产领域,它是"自由的精神生产"。

第四,实践美学强调实践的社会性,仅仅从社会活动角度考察审美,从而忽略了审美的个性化特征。人的存在是社会性的,实践是社会群体行为,这是历史唯物主义的基本观点。但是,直接以社会实践来解释审美活动,就会发生谬误。实践美学认为美是社会实践的产物,是普遍的人的本质的对象化,这种美学观在肯定审美的社会性的同时,却抹煞了审美的更为本质的属性——充分的个性化。审美不同于其他实践活动,就在于它超越了社会关系的限制,充分发展和实现了人的个性,创造了审美个性的对象——美。实践美学从社会实践出发,必然陷入无视审美个性化的盲区。

第五,实践美学虽然从实践本体论出发,以对象取代实体范畴,在一定程度上克服了主客体对立的二元结构,从而为解决美的本质和主客观属性问题奠定了基础,但是,由于在实践水平上主体与客体只能达到相对的统一,主客体的差异仍然存在,因此,并未彻底克服主客二分的二元结构。由此出发,美作为对象与主体并未达到同一,实践美学仍然认为美是客观的东西。而事实上,审美克服了主客体间的差异和对立,美是审美主体(审美个性)的充分对象化。因此,美不是客观的,也不是主观的,审美是主观与客观的完全同一。

第六,实践美学有时也意识到实践与审美间的差异,为了沟通二者,又采用了决定论模式,即认为审美是由社会实践决定的,实践规律、实践水平决定了审美规律和水平,表面上看,这种观点合乎社会存在决定社会意识的原理,但实际上,它混淆了审美意识与一般社会意识的区别。审美虽然建立在社会存在基础上,但它是"自由的精神生产",并不受社会实践的决定,实践只是影响审美的外部因素,而且是间接因素,它不能直接影响审美的自由品格,更不能决定审美自身的规律。审美与现实活动的关系是超因果非决定论的关系,这是保持自由品格的前提。实践活动不能充分解释审美活动,审美具有超实践的意义。

李泽厚先生提出了著名的"积淀"说,他认为社会实践积淀为人的文化—心理结构,沟通了理性与感性、集体与个体、内容与形式,从而创造了美的规律。李先生的"积淀"说有其合理一面,同时又存在着决定论倾向。就人类深层心理结构而言,确实是由人类童年时期的历史活动积淀而成的。这已为弗洛伊德的无意识理论、荣格的"集体无意识"理论、皮亚杰的"发生认识论",甚至更早的康德的"先验范畴"学说所阐释。但是,就表层心理结构而言,并不存在“积淀”问题。实践活动可以形成后天的文化习惯和意识观念，但它们是可以改变的，而深层心理结构则是不能改变的。李先生正是在这里陷入误区，它混淆了原始人类的“实践”活动（包括儿童活动）与文明人类的实践活动（包括成人活动），也混淆了深层心理结构与表层心理结构（文化意识的观念），从而导致一种“实践决定论”，似乎人类数千年历史实践积淀为牢不可破的文化—心理结构和文化传统，个体活动，包括审美都不能逃脱其桎梏，因为个体、感性和形式中都积淀了集体、理性和内容。事实上，应该这样理解：人类早期历史活动形成了深层心理结构，而文明时代的实践活动则创造了现实的文化意识的观念。这也可以理解作无意识与有意识的冲突。审美是这种冲突的解决，它使无意识突破有意识压制，升华为自由的审美意识，从而实现了个体、感性和形式的解放。审美意识并非实践积淀的产物，而是主体突破实践水平的超越性努力的结果，因此这里无决定论可言。

第七，实践美学以实践为本体论范畴，“本体”被客观化、实体化，因而不能彻底克服片面的客观性和实体观念。实践是社会的活动，而不是自我的活动，因而是自我主体之外的客观实在。由于排除了自我主体，实践活动又被实体化了。实践美学认为，美是人类集体创造的，因而是不以个人（自我主体）意志为转移的、客观的社会属性。这种观点的错误在于，审美不仅仅是客观的社会实践行为，而首先是自我主体从事的活动，因此它不是客观性的实体，而是消除主客体界限的自我创造与对象创造活动。美首先是自我主体的创造物，对于自我主体而言失去了客观性。

第八，实践美学强调了实践的生产性、创造性，从实践范畴出发，就必然导致片面肯定审美的生产性、创造性，忽视审美的消费性、接受性。审美是生产与消费、创造与接受的同一，片面强调某一方面都必然割裂了审美的本质。

第九，实践美学以实践本体论为哲学基础，而缺乏解释学（即传统认识论）基础，因此其理论体系是不完备的。实践是本体论范畴、实践哲学是本体论哲学，因此实践美学只能在本体论领域内建构,把审美作为生产方式(生存方式的基础)来考察,而不能在解释学领域内建构,把审美作为解释方式(意义创造)来考察。这就造成了实践美学体系的巨大空白。“反映论美学”在体系上则比较完备,它不仅有物质本体论基础,而且还有认识论(反映论)基础。实践美学虽然占有理论思想上的优势,但理论体系上的缺陷也削弱了它对“反映论美学”的批判力。

第十,实践美学由于实践范畴的局限,存在着以一般性取代特殊性的倾向,因而不能揭示审美的特殊本质。实践美学肯定了审美的主体性,提出了“美是人的本质力量的对象化”的命题。应该说,这个命题的方向是正确的,美的本质就是人的本质。但是,仅仅停留于这一水平,并没有解决美学自身的问题。“美是人的本质力量的对象化”,这个命题过于宽泛,缺乏具体规定性,它是套用“实践是人的本质力量的对象化(即人化自然)”命题的结果。经过历史实践,世界成为人的对象,一切事物无不打上人的印记,成为人的本质力量的对象化,不独美为然。那么,美的特殊本质是什么呢?实践美学无法作出回答。

实践美学的上述缺陷,引起了人们的深思,也提示人们超越实践美学,建立更加合理的美学理论体系。因此,在进入九十年代的“后新时期”以后,一方面是实践美学在近乎没有敌手的情况下建立了“权威”,另一方面,一种叛逆性的、新的美学思潮却悄悄地涌起,中国美学开始进入“后实践美学”时期。尽管这些新的美学思潮还不成熟,甚至没有完备的体系,因此表面上还不能与实践美学相抗衡,但是,由于实践美学在完成理论体系的建构后已经无所建树,停止发展,从而完成了自己的历史使命;而新的美学思潮却正在努力创造、蓬勃发展,从而代表了美学发展的新的历史趋势,因此,可以认定中国美学已经结束了实践美学阶段,进入了“后实践美学”时期。

“后实践美学”有三个基本特点:第一,实践美学主要汲取马克思早期著作《1844年经济学—哲学手稿》中的美学思想,对于当代西方美学思想汲取较少,更由于其前身“社会派”以批判朱光潜的西方美学思想起步，因而带有先天与后天的封闭性（尽管实践美学创始人李泽厚先生的思想是非常开放的，但实践美学体系自身的封闭性却是难以克服的）。而“后实践美学”则更多地汲取当代美学的最新成果，与世界美学对话，从而恢复了“五四”以来向西方美学开放的传统。“后实践美学”大量地借鉴了现象学、解释学、语言哲学、接受美学以及后结构主义等美学思想，因而具有很强的开放性、现代性。第二，“后实践美学”改变了实践美学一统天下的局面，各种观点、学说并出，呈现多元化格局，有的已经初步形成自己的体系，如体验美学、生命美学、审美活动论等。尽管“后实践美学”未来发展也可能形成主流学派，但多元化格局不会改变。第三，“后实践美学”虽然试图超越实践美学，但仍然不可避免地受到实践美学的影响，有意无意地接受了其许多合理成果。因此，在这个意义上，“后实践美学”只是在实践美学基础上的新发展，是对实践美学的继承、批判、扬弃与超越。

当前，“后实践美学”的主要弱点是接受西方美学的思想成果时缺少必要的改造、综合功夫，有直接移植的偏向，从而造成理论自身的薄弱。因此，当前美学建设的迫切任务是综合国内外已有美学研究成果，创造具有权威性的现代美学体系。而其中的关键，是坚实的哲学基础和可靠的逻辑起点，整个美学的范畴体系应该能够从这个逻辑起点中推演出来。黑格尔的哲学和美学体系就其严整性来说，应该成为一个范例。他以理念作为逻辑起点，由理念异化和复归（自我认识）作为历史演进过程，并把审美（艺术）作为理念自我认识的感性阶段，美成为理念的感性显现。因此，美就包含在理念范畴之中，并在理念自我运动中显现出来。很显然，实践美学没有找到这样一个逻辑起点，审美并不包含于实践概念中，它也不能从实践中推演出来。应该找到一个比实践概念更全面、更基本的范畴作为美学的逻辑起点，它还应该把实践包含于其中而不是排斥掉。为了找到这个逻辑起点，我们还是回到马克思那里去，看看马克思哲学的逻辑起点。

马克思对传统的西方哲学进行了改造，创立了历史唯物主义。

传统西方哲学把存在作为逻辑起点和本体论的基本范畴,这个存在被理解为物质的或精神的实体性的东西。马克思把存在理解为社会存在,即人的历史性活动,这是哲学史上翻天覆地的革命。因此,马克思的哲学可以称为社会存在哲学。由于马克思更关心解决历史发展规律和革命道路问题,因此他没有对建构形而上的哲学体系付出更大精力,而更关注形而下的问题,即社会存在的现实基础问题,而这就是物质实践问题,并在这个基础上建立了历史唯物主义理论体系。可以说,历史唯物主义包含着形而上的哲学和形而下的历史科学两个层面。作为哲学,它以社会存在为逻辑起点,通过对历史过程的最高抽象,强调了人的存在的个体性、感性和自由性。作为历史科学,它从物质实践出发,强调了社会发展的超个体性、理性和现实性规律。表面上看来,历史唯物主义似乎同时强调了矛盾的东西,而实际上,它们分属哲学与历史科学两个层面。而按照“由逻辑进入到历史”或者“由抽象上升到具体”的方法,对社会存在的哲学规定最终将体现于历史的终点。因此,尽管马克思强调历史实践的超个体性、理性和现实性,但又认为这只在历史发展初级阶段才具有规律性,而一旦进入共产主义,结束了人类的“史前史”,历史规律就将体现为个体性、感性和自由性,人类就进入了自由王国。只有在这个“历史的终点”,人的存在的本质才真正显现出来,而在这之前只是人的本质的异化状态。所以,马克思的哲学应该称为社会存在哲学,称实践哲学并不确切。由于马克思出自实际斗争需要,侧重于强调社会存在的实践含义,因此造成了所谓实践哲学的印象。社会存在的含义比实践要全面得多,正如恩格斯所说:“人们的存在就是他们的实际生活过程”,而实践不过是其物质基础。

通过上述分析,应该确认社会存在即人的存在作为逻辑起点。为了把它的古典主义和形而下因素剔除掉,我把它改造为生存。人的社会存在即生存,万事万物都包括于生存之中,它是第一性存在,是哲学反思唯一能够肯定的东西,因而也是美学的逻辑起点。生存以实践(物质生存活动)为基础,但又超出实践水平,更为全面、丰富。我们以生存作为美学的逻辑起点,推导出美学范畴体系和审美的本质规定。

首先,我们分析人的生存方式,进而从生存方式角度对审美作出界定。有三种生存方式:自然生存方式、现实生存方式和自由生存方式,它们以不同的生产方式为基础,并且与不同的解释方式相对应。

自然生存方式是原始人类的生存方式,它还未挣脱自然襁褓,因而是动物式的生存方式。自然生存方式以人类自身的生产为基础,调整两性关系和确立家族制度成为基本的社会问题。原始社会物质生产还未发展起来,采集植物种子和狩猎还不能算真正意义上的物质生产,简陋的木制、石制工具也算不上真正意义上的生产资料。因此,原始社会不是公有制而是“无所有制”。真正意义上的精神生产更谈不上,巫术文化与原始实践结合在一起,精神尚未觉醒和独立。在人类自身生产基础上,血缘关系成为基本的社会关系。在自然生存方式下,人还没有作为自然对立面而独立。

现实生存方式是文明人类的生存方式。在文明时代,人类从自然中分离,并且征服自然、发展自身。现实生存方式以物质生产为基础,生产关系成为基本的社会关系,而人类自身生产已经基本上获得解决,并作为前提而被扬弃掉。精神生产发展起来,但尚依附于物质生产,如科学和意识形态受物质实践制约并服务于物质实践,因此未成为独立自由的精神生产。现实生存方式中,人还未获得自由,还受到物质需求和物质实践能力的限制。

自由的生存方式在时间顺序上与现实生存方式并列,它们都发生于自然生存方式瓦解后;但是在逻辑顺序上,自由生存方式又在现实生存方式之后,只有在现实生存方式基础上进行超越性创造,才会产生自由的生存方式。自由的生存方式以独立自由的精神生产为基础,因为“真正自由的领域只存在于物质生产领域的彼岸”。审美及其反思形式哲学是不依附于物质生产的“自由的精神生产”,因而属于自由的生存方式,它超越现实生存方式。

与三种生存方式相对应,还有三种解释方式。与自然生存方式相对应的是巫术的解释方式,原始人以巫术观念解释世界,创造了一个巫术化的意义世界。与现实生存方式相对应的是理性化的解释方式,它通过知识体系和价值系统创造一个理性化的意义世界。与自由生存方式相对应的是超理性的解释方式,它通过审美直觉和哲学反思,创造一个超理性的意义世界。

因此,我们可以作出结论说,审美是超越现实的自由生存方式和超越理性的解释方式。审美的本质就是超越,肯定了这一点,就在现代水平上肯定了审美的自由性。自由并非传统哲学所说的对必然的认识或对自然的改造,而是对现实的超越,超越即自由,审美是超越的途径和形式。因此,尽管以生存为逻辑起点,但我并不打算称这个美学体系为“生存美学”,而宁愿称之为“超越美学”。超越性把审美与现实活动以及这个美学体系与其他美学体系区别开来。

超越是生存的本质规定,审美成为生存的最高形式。因此,以生存作为逻辑起点,就可以推导出审美诸种质的规定性。

第一,生存具有理性基础,同时又具有超理性本质,因为人的生存总是超越理性局限,寻求终极知识和终极价值。审美不是理性活动,而是超理性活动,它突破理智,获得了对生存意义的终极领悟。

第二,生存具有现实基础,但本质上是超现实的,因为它总是要突破现实局限,进入自由境界。审美不是现实活动,它以审美想象创造一个超现实的理想世界。

第三,生存具有物质基础,但本质上是精神性的,精神性使人与动物相区别,它是生存的最高层次。审美不是物质活动,而是纯精神性的,美是精神性的对象而非物质实体。

第四,生存具有社会基础,但本质是个体性的,这也是人区别于动物之处。人类历史就是个性走向独立和全面发展的历史,每个人都有自己独特的生存方式和意义世界。在现实领域,这种个体性受社会关系制约未能充分实现,但在审美活动中充分发展和实现,主体成为审美个性,美成为充分个性化的对象和意义世界。

因此,不是共性而是个性成为美的本质。

第五,生存范畴克服主客二分模式,把主体与客体统一于生存状态之中。在现实生存方式中,主客体对立未能消除,在自由生存方式即审美中,主客对立消失,主体充分对象化,对象充分主体化,因此,也就解决了美的主客观属性问题,即美不是主观的,也不是客观的,审美消除了主客观对立,美在主客观范畴之外。

第六,生存范畴肯定了生存的超越性、自由性,因而也排除了因果决定论模式。审美作为自由生存方式,具有超因果非决定论性质。审美的性质、规律就在自身,而不由他者决定。

第七,生存非他人生存,乃自我生存,其他存在包括于其中。这样,就排除了把存在实体化、客观化倾向。由此出发,也就把审美作为自我生存活动,把美当作自我创造的对象,从而克服了把美客观化的弊病。

第八,生存即是生产、创造,也是消费、接受。以生存为逻辑起点,就克服了实践美学的片面性,把审美作为生产与消费、创造与接受相同一的活动。

第九,生存既是本体论范畴,又沟通解释学,因为生存是解释性的,它创造意义世界。这样,审美就既作为自存方式,又作为解释方式,具有了本体论与解释学相统一的哲学基础,理论体系上更趋完备。

第十,以"审美是自由的生存方式和超理性的解释方式"的命题取代"美是人的本质力量的对象化"的命题,克服了实践美学以一般性代替特殊性的偏向,揭示了审美不同于其他活动的特殊本质。

上述建立"超越美学"的构想,不过作为引玉之砖,以期引起更深入的讨论,并希望中国美学能够在"后实践美学"阶段走向世界、走向现代化。

(原载《学术月刊》1994 年第 5 期)

评所谓"后实践美学"

张玉能

杨春时的又一篇文章《走向后实践美学》,把他的"后实践美学"即"超越美学",更加明确地推出来了。但是从杨文中所述即可以看出,所谓"后实践美学"(超越美学)是根本不能成立的。

首先,所谓超越美学的本体论基础就是不可靠的。杨春时为超越美学找到的本体论核心范畴是"人的存在—生存",并认为生存是我们能够肯定的唯一实在,这是哲学思考的最最可靠的出发点。其实,生存这个概念是一个含混不清的无法规定世界真正本原的概念。从自然本体论来看,人的存在—生存,绝对不可能成为整个宇宙(自然界)的本原,因为早在很多很多亿年之前,人类还没有在地球上生存以前,宇宙(自然界)就已存在着了。从社会本体论来看,人的存在—生存,也绝对不可能成为人类社会的本原,因为人类社会固然是由于有了人的存在后才形成的,然而人类本身却是在以物质生产劳动为中心的实践之中逐渐自我生成的。因此,生存本身还有其本原,这就是实践,用一个本身还需要寻求本原的概念去作为社会存在的本原,其荒谬性是不言自明的。此外,把生存的本质规定为精神性的、个体性的和超越性的,并以此作为本体论基础来强调审美的精神性、个体性和超越性,也就充分地暴露出所谓"超越美学"的本体论基础的唯心主义实质(或称为观念主义,idealismus, idealism),因为从本体论的理论来说,凡是把世界的本原规定为精神性的东西的主张、理论就被称为唯心主义。而科学和历史的事实已经证明,唯心主义本体论是无法解释世界的本原的,因为自然界的本原是物质性的,而社会的本原是以物质的自然界为基础的实践,正是这种实践使得人在实践中自我生成,自然界向人类社会生成,从而形成了人类社会及社会存在。这便是实践本体论的理论形成的基础及其根本原理。它是符合自然界和人类社会的存在现实和历史的,因而是正确的。实践美学正是以实践本体论为直接基础而形成的,因此就有了正确的本体论前提,而超越美学从精神性的生存出发,以生存本体论的唯心主义为其哲学基础,当然就是必定走向错误的结论的。

其次,超越美学的认识论(解释学)基础也是十分脆弱的。这种脆弱性当然与它的生存本体论的精神虚妄性是密不可分的。正因为超越美学是从精神性、个体性、超越性的人的存在—生存这个本体的虚设出发,所以杨春时在认识论上走向了纯粹主观性质的"解释学"。这种解释学认为:人类生存是解释性的,它能创造自己的意义世界,因而不同于物的存在或动物的生存。解释活动是主体性的,它不是被动地反映对象世界,而是能动地构造意义世界。解释活动又是个体性的,它创造了独特的意义世界。解释的本质又是超越性的,它总是指向总体性——对生存意义的把握。现实的解释(包括感性、知性的解释)产生了现实的意义世界,而超越性的解释则产生了超越的意义世界,即对存在总体、生存本身意义的发现。审美和哲学(作为审美的反思)就是超越性的解释,它超越现实意义世界,达到对"本体"的领悟(见《超越美学》)。一般来说,解释学在其从古到今的发展过程中,形成了两大类,一类是作为认识论的解释学,从中世纪至施莱尔马赫和狄尔泰的解释学即属此类,另一类是作为本体论的解释学,从海德格尔到伽达默尔的解释学属于此类。就此可见,超越美学的解释学基础也是十分含混的。加果杨春时的解释属于现代哲学意义上的本体论解释学,那与生存本体论就重叠了,使超越美学的哲学基础失去了逻辑明确性,且有二元论之嫌,同时也就缺失了认识论的基础,因为杨春时认为,解释学取代了传统哲学的认识论。如果杨春时的解释学指的是古典传统哲学认识论意义上的解释学,那超越美学的哲学根基也落入了古典形态的窠臼,也就超越不起来了。下面,我们且不管杨春时的解释学的这种自相矛盾,从他所言说的话语来进行一番分析。他从精神性的生存出发,把创造自己的意义世界的解释活动当作人的生存区别于物的存在或动物的生存的根本标志,而在他看来,解释活动,不是被动反映对象世界,而是能动地构造意义世界,它创造了独特的意义世界,并且总是指向总体性——对生存意义的把握,现实的解释产生了现实的意义世界,而超越性的解释,产生了超越的意义世界,即对存在总体、生存本身意义的发现,而审美就是超越性的解释,它超越现实意义世界,达到对生存本体的领悟。由此可见,在杨春时那里,解释活动是精神性人类生存对作为本体的自身的领悟,这种超越性的解释也就是审美,那么,审美活动作为解释活动的本质就是人类生存的自我领悟,而人类生存又是精神性的,那么换句话说,审美活动就是一种生存着的人类的自我意识。由此说来,万物皆备于我,自我,而且是作为个体的自我在支配着一切,世界的意义是由自我规定的,意义的世界是由自我创造的,生存本身的意义也是由自我发现的,即自我发现了自己。杨春时通过解释活动魔术般地化解了一切,一切都成了意识的(精神的)自我(生存)的创造和自我创造,而且是个体的创造和自我创造。从中我们看到了比一切中外哲学史和美学史上的唯我主义更加放肆、极端、任意妄为的唯我主义。这样的唯我主义的解释活动倒是痛快淋漓,它可以不受任何对象世界的约束,而一任己意地创造意义、构造自己独特的意义世界,然而,果真要实现了这种超越美学的解释活动,那么整个世界就会成为由无数个发疯的钢琴自我弹鸣的噪声大杂拌,人类的存在—生存本身也就岌岌可危了。由此可见,杨春时的解释学基础是在他的虚妄的生存本体论基础上产生的纯粹主观唯我主义的认识论。在这种认识论那里,认识的对象、手段、过程、结果及检验真理的标准都是自我意识。在这种认识论基础上建立起来的超越美学,当然就是一种纯粹主观唯我主义的美学,这种美学中的审美当然就可以任意地超越现实意义世界,达到对“本体”(即生存—人的存在)的领悟了,反正是你爱怎么领悟(解释)就怎么领悟(解释),这种解释就是真理,就是一种意义世界的创造,也就是美的创造,它无须受对象世界的制约,否则就成了对对象世界的被动反映。这样想想,这样写写,倒也痛快淋漓,但是,永远只能是一种梦想。它不过是拔着自己的头发要离开地球的自欺欺人的梦想。大家都知道,人类的解释活动,也是人们在实践基础上所进行的一种认识活动。它确实可以创造出每个认识者自己独特的意义世界,但是,这个意义世界的创造离不开人们在各种社会实践中所接触到的客观对象世界,是这个对象世界提供了解释的对象,规定了解释者的"前理解",也规范了解释中的视界和视界融合,如果离开了在社会实践中接触到的对象世界和与对象世界接触的社会实践,任何解释都无从进行,即使像睡梦中出现的解释活动,也有其客观对象和社会实践的根源。不过,像睡梦那样的歪曲了客观对象世界的解释,它所创造出来的意义世界,还得接受客观对象世界在社会实践中的检验,被确证其荒诞性和虚妄性。总之,人的一切解释活动,都离不开人的社会实践及在实践中所接触到的对象世界。把审美作为一种意义世界的创造来考察,也应该作如是观。由是观之,实践美学以实践的认识论来考察审美活动,才是走在了正道上,而超越美学以纯粹主观唯我主义的解释学来考察审美活动,在认识论方面也是错误的,基础脆弱的。

正因为超越美学的哲学基础—生存本体论和解释学认识论,一个是十足的唯心主义,一个是纯粹主观唯我主义,所以,它的"超越性"也就是大成问题的,那么超越美学的成立也就大成问题了。

在杨春时看来,审美是超越的生存方式和解释方式,因而超越性是审美的本质。在这个基础上就可以建构超越的美学。那么,他所谓的"超越性"究竟意味着什么呢? 从他本人的阐述来看,这种审美超越表现在这么几个方面—对现实的超越,对现实意义世界的超越,对理性的超越,从而肯定了审美的个体性、精神性,由此就是主客体对立的克服,主客观的完全同一,最后就达到了他关于美的定义:美就是超越的对象和意义,它是充分精神性的和个体性的。

明眼人一看即可知道,杨春时的超越美学的根本就在这个“精神性”和“个体性”之上,他之所以反对实践美学也就是要反掉实践美学所主张的客观性和社会性。但是,美的客观性和社会性,审美(包括艺术)的客观根源和社会性质,是无法颠覆的。不过,我们还是来看看超越美学的超越,究竟包含着些什么。

先来看它对现实的超越。在杨春时看来,审美以与现实活动相隔绝为前提,主体忘却自我,由现实主体变为审美主体,对象也脱离现实世界,变为审美对象,而且脱离现实时空,进入自由的审美时空。更重要的是,审美超越现实,进入自由的生存方式。在审美活动中,主体由片面发展的现实个性升华为全面发展的审美个性,现实世界也成为审美个性的对象化(美)。审美个性与美充分同一,失去对立和差别,因而审美成为真正自由的生存活动,主体获得自由的体验——美感。在这里,由现实的生存方式转化为审美的生存方式,被描绘得如此轻松愉快,令人神往。但是,审美果真就非得以与现实活动相隔绝为前提吗?主体如何隔绝现实活动,成为审美主体?客体又如何脱离世界,成为审美对象?审美又如何超越现实,进入自由的生存方式?我却以为,真的与现实活动相隔绝了,审美也就失去了它的真实价值,而要让人成为审美主体,客体成为审美对象,审美主体要真正进入自由的生存方式,这一切都离不开现实的物质的社会实践活动。没有长期的人类社会实践的历史积淀,没有人类社会实践使每个个体的人成为现实活着的人,没有人类实践使人与现实的关系的改变,即没有在社会实践中人与现实的审美关系的生成,也就不会有审美。光是一个“忘却自我”,一个“个性升华”,一个“充分同一”,是无法产生审美生存方式的转换的,因为人首先得吃喝住穿,然后才能从事审美活动,在现实生活未由社会实践造成转化条件之前,任你如何“忘却”“升华”“同一”,都只是梦幻,决不是审美的超越。超越美学的超越的纯精神性就使它陷入了梦幻之中。再来看它对现实意义的超越。杨春时认为,在现实的意义世界,主体出自有限的生存需要和认识能力,世界只呈现为有限的客观属性和价值。这说明生存还未获得真正的自觉性，因为主体还未领略生存的意义。审美超越现实解释，创造了超越的意义世界。现实意识升华为审美意识，它解放了主体的直觉能力和想象力，突破了文化障蔽，直接领悟了存在本身，获得了生存的真正自觉—对生存意义的把握。审美意义是对现实意义的批判，克服了现实认识和现实价值的局限，使人获得自由的意识。说穿了，对现实的意义世界的所谓“超越”不过是脱离现实的任何客观属性和价值而任由审美的人（主体）驰骋直觉力和想象力去胡思乱想，这样就达到了超越的意义世界，获得了精神自由。这除了自我陶醉，自以为把握了生存意义而实际上沉溺于空想以外，还有什么呢？实质上，人离开了以生产劳动为中心的社会实践，不仅无法认识现实世界以建构现实的意义世界，而且更不可能产生出直觉能力和想象力，审美活动就无法进行。这只能说明，把审美的超越寄托于精神性的批判和解放，归于纯粹主观意识的活动，虽然可以不受任何现实的客观属性和价值的限制而恣意妄为，但是最终也只是彼岸世界的不可企及之物事。试问，离开了人类的现实生活和社会实践，文艺如何把握现实的意义世界？离开了现实的社会实践，文艺又何以展示人类命运，审视人生价值，又如何可能达到审美的意义世界？这样的“超越”绝对达不到对人生真谛的领悟，只能是痴人说梦，听起来恣肆汪洋，实际上却空洞虚妄。本来我也同意审美活动必须超越现实生活和现实意义，因为囿于实际需要范围的一切只有有限的意义，不具有审美意义，但是，这种超越，只能以物质生产及整个社会实践为基础，不能是纯粹的精神活动。而杨春时恰恰在这个根本点上出了岔子，斩断了超越与社会实践的联系，使他的“超越”成了断线的风筝，不仅不能高举翱翔，而且很快就会跌落下来。这一跌落就使他跌落到了无意识的深渊之中。因此，超越美学对于理性主义的总体攻击就集中在它对理性的超越上。他把审美视为纯粹的非自觉意识活动（直觉想象和情绪欲望活动），认为审美以超理性形式，升华了无意识，解除了自觉意识的压迫，从而使审美意识成为自由的意识，它吸收了无意识巨大心理能量和非逻辑形式，形成了审美意识的巨大情感力量和创造性。由此可见,杨春时的超越美学不过是一种无意识的美学,而且是一种非社会性的本能无意识的美学。因为他根本否认审美活动的社会性,反对实践美学的实践范畴的巨大作用,因此,他所说的直觉、想象、情绪、欲望和无意识的巨大心理能量和非逻辑形式,就绝非在以生产劳动为中心的社会实践中长期由族类和个体的历史性积淀而形成的,那就只可能是非社会的、非实践的、先天的本能的堆积,那么从这些本能堆积中升华和超越出来的东西,还可能是真正的审美和美的产品吗?的确,审美不是理性活动,它不受理智直接支配,不遵循形式逻辑,不使用概念,不服从规范,但是,审美决不是纯粹的非自觉意识活动,而应该是:积淀着理智的直觉,隐含着功利的愉悦,合目的与合规律的自由创造活动,它只能产生于人类长期的社会实践之中,是一系列主体和客体的因素在社会实践之中的真正的、现实的矛盾对立的统一,这样才构成了真正科学意义上的超越和审美超越。

因此,实践美学在社会实践的基础上才真正完成了审美中的个体性与社会性、物质性与精神性、主体性与客体性、现实性与超越性的辩证唯物的统一趋向。这又怎么能说实践美学忽视了审美的精神性和个体性,必须由“超越美学”来代替呢?实际情况应该是,由于杨春时从唯心主义的本体论和纯粹主观唯我主义的解释学认识论出发,恶性膨胀了精神性和个体性,从而背离了实践美学的正确研究方向。

杨春时认为,生存是个体性的,人是个性化的存在,对象世界是个性化的意义世界。对于人来说,特殊性才真正是他和他的对象的本质,审美以其充分的个体性抓住了世界的本质。审美就是充分个性化的生存方式和意义创造。他还认为,生存既要有物质基础,又本质上是精神性的,不仅物质实践要在精神指导之下,而且生存本身就是超越物质存在、指向精神存在的。审美以其超功利性摆脱物质生存条件的限制,成为独立自由的精神活动。这样,审美就成为生存的精神性的充分实现。审美的超越性、自由性都源于精神性,精神总是超越现实、指向自由的。杨春时的上述话语,虽然也加上了所谓“在社会实践的基础上肯定了审美的个体性”,“在物质实践的基础上肯定了审美的精神性”,但是,在虚晃了一下以后,就是对于生存的个体性本质和精神本质的最高肯定,因而导致了个体性与社会性、物质性与精神性在现实之中的割裂和势不两立,最终只有他的审美的个体性和精神性才能充当超越现实的社会性和物质性,超越现实的意义世界,超越理性,超越现实,走向个体的精神自由,这样,生存就充分实现了。这里的出发点是生存的本质的个体性和精神性,又是经由这种本体的个体性和精神性达到了审美的个体性和精神性,最后又回归到了生存本体的个体的精神的自由,这是一个个体的、精神的生存的自我意识的演化,这种纯粹个体精神的演化过程当然很容易超越现实、现实意义世界、理性而达到精神自由,只可惜它永远是一个沉溺于精神梦幻的纵情狂想,根本不可能实现,因为离开了社会性和物质性,个体和精神就什么也不是,只是一个虚无。这一切的根源就来自生存本体论的那个精神性的生存。因为在杨春时的生存本体论中,已经摒弃了古典哲学的实体范畴,它认为世界不能脱离主体而存在,因此,美不是实体或它的属性,而是对象和意义。美的本质问题,在实体或属性的框架内无从得到解决,因为美无法实证、没有规范,它成为不可思议的幻象。只有从对象和意义的角度,才能理解美的本质。美就是超越的对象和意义,它是充分精神性的和个体性的。实际上,既然美与实体无关,它也不是事物的属性,那就当然是精神性的和个体性的,只要每个人的精神善于“超越”(想象出不可思议的幻象),审美就完成了,美就产生了。美就是这个生存在精神超越中创造出来的对象和意义,所以美就是超越的对象和意义。这不是用生存本体论的话语重复了以前所有美是精神世界的产物(创造)的老调子吗?

杨春时想超越过去的美学理论,推动中国当代美学的发展,这个愿望和勇气是很好的,可是,由于在哲学的本体论和认识论上寻找错了逻辑起点,走向了唯心主义本体论和纯粹主观唯我主义认识论,最终不仅没有能够推进中国美学向前发展,而是相反,如果按照杨春时的超越美学的构想去规范中国当代美学，其必然的趋势和结果就是重新回到人的精神世界去寻找美的本质，使审美和艺术脱离人们的社会生活实践，成为梦幻、空想。

(原载《云梦学刊》1995 年第 1 期)

“实践美学”的历史地位与现实命运

——与杨春时同志商榷

朱立元

在中国当代美学中，“实践美学”无疑是最重要的美学主张和理论之一。在这一旗号下，存在着若干个基本主张并不一致的学派。除李泽厚一派外，还有别的学派，譬如蒋孔阳先生的创造论美学学派。以实践论为哲学基础，完全可能以不止一种的方式来展开美学的理论和体系。李泽厚的美学理论不代表“实践美学”的全部，而只是“实践美学”中最有影响的一家(或一派)。李泽厚美学观点的某些不足，并不等于整个“实践美学”的不足。所以，对“实践美学”进行批评，不能只以李泽厚一家的观点为依据。笔者总体上赞同“实践美学”，但是，并不完全赞同李泽厚先生的哲学、美学观点。本文对“实践美学”，包括李泽厚一些重要观点的辩护，并不表明笔者对李泽厚全部观点都赞同，主要想指出某些对“实践美学”的批评的失误与不当。

读了杨春时同志的《走向“后实践美学”》①一文，既感到兴奋，又感到困惑。兴奋的是，这篇文章率先向当代中国最有影响的“实践美学”提出了责难，发起了挑战，并拿出了建构“超越美学”的设想与方案，作者的理论勇气和胆识令人钦敬和佩服；困惑的是，该

---

① 载《学术月刊》1994年第5期，下文凡引该文处，不再另行注明。

文许多论点似乎还缺乏深思熟虑，尤其是对于“实践美学”的十大批评，很难令人信服。特撰本文，谈谈个人的看法，以求教于春时同志与同行方家。

一

春时同志在文章一开始，就对中国当代美学的历史发展作了如下的概括：“中国当代美学的发展经历了‘文革’前的‘前实践美学’阶段，新时期的‘实践美学’阶段，现在又进入了‘后实践美学’时期。‘后实践美学’是中国美学超越‘实践美学’、走向世界、走向现代的阶段。”我觉得，这一概括不符合历史实际。

首先，用“前实践美学”来概括“文革”前的中国美学，与实际不符。春时同志认为，五六十年代的美学大讨论，形成了以蔡仪先生为代表的“自然派”美学和以李泽厚先生为代表的“社会派”美学“两个主要学派”，并奠定了以后美学发展为实践美学体系和反映论美学体系对垒的“基本格局”。这种说法问题很多。第一，五六十年代的美学大讨论是在批判朱光潜先生的“唯心主义美学思想”过程中展开的，讨论的中心问题是美的本质的主客观属性问题。由此形成了四个而不是两个主要学派：一是以吕荧和高尔泰为代表的“主观派”；二是以蔡仪为代表的“客观派”(很少有人称之为“自然派”)；三是以朱光潜为代表的“主客观统一派”；四是以李泽厚为代表的“客观社会派”，亦称“实践派”。这个概括符合实际，为参加讨论的各派所接受、认可。而春时同志则略去了“主观派”与“主客观统一派”这两个重要学派，显然不合历史事实。第二，“文革”以前，中国美学界基本上是四派并立、互相批评、谁也压不倒谁的局面，虽然其中“主观派”影响较小、“客观社会派”赞成者较多，但决不能据此而改变四派并立的基本格局，更不能因此就把“客观社会派”单独拔出来，人为地扶升到主流地位，而把整个“文革”前的中国美学概括为以一派为主的“前实践美学”阶段。第三，其实，李泽厚的“客观社会派”美学，在60年代已基本形成实践美学体系的理论框架。他以马克思主义的实践哲学为基础和出发点，用马克思《1844 年经济学—哲学手稿》中的“自然的人化”说来阐释美学的一系列基本问题。他说，马克思关于美的规律的论述，“说明因为具有内在目的尺度的人类主体实践能够依照自然客观规律来生产，于是，人类就能够依照客观世界本身的规律，来改造客观世界，以满足主观的需要，这个改造了的世界的客观现实存在的形式便是美，所以，是按照美的规律来造型。马克思……是从人类的基本实践——人对自然的社会性的生产活动中来讲美的规律”；他“主张从主体实践对客体现实的能动关系去探求美的本质”，认为“美的本质必然地来自社会实践”，“美是社会实践的产物”，“美的本质是真与善的统一，合规律性与合目的性的统一”，“就内容言，美是现实以自由形式对实践的肯定；就形式言，美是现实肯定实践的自由形式”；又说“自然美的本质、内容是‘自然的人化’，而自然美的现象、形式都是形式美”；稍后，李泽厚还从合目的性与合规律性的统一关系来分别论述“这种统一的各种具体不同表现形态”——美（优美）、崇高、滑稽、悲剧、喜剧等基本范畴；他还论述了物质生产实践与艺术实践的辩证关系。①李泽厚这些实践美学基本思想在 80 年代初有所发展、完善和丰富，但基本思路、构架、体系没大变化，正如他自己所说：“关于美的本质，我还是 1962 年《美学三题议》中的看法，没有大变化。仍然认为美的本质和人的本质不可分割。离开人很难谈什么美。我仍然认为……要从马克思主义的实践观点，从‘自然的人化’中来探索美的本质和根源”。②因此，我们不能把实践美学学派以“文革”为界截然分开为“前实践美学”与“实践美学”两个阶段。实际上，“实践美学”在“文革”前已基本形成，并基本具备较完整的理论框架与体系。至于把“文革”前的四派都笼统纳入“前实践美学”这一大“口袋”中去，就更说不通了。

---

① 参阅李泽厚：《美学三题议》《关于崇高与滑稽》等发表于 60 年代初的论文，载《美学论集》，上海文艺出版社，1980 年。

② 见《美学的对象与范围》，载《美学》1981 年第 3 期。

第四,“文革”前的中国美学的确为新时期美学奠定了基本格局,但绝非春时同志所说的自然派与社会派的对垒演变为实践美学与反映论美学的对立,而是由四派并立发展为新时期的多元并立。这里需要强调指出的是,中国当代美学一开始就是多元(四派)并立的,而不只是一派垄断或两派对抗。这是中国当代美学的一大特点,也是中国当代人文学科发展中罕见的可喜现象。

其次,80 年代的中国美学也不能简单地用“实践美学时期”来概括。春时同志把新时期(80 年代)美学概括为“实践美学阶段”的理由是,李、蔡两派在新时期分别建立了较系统的实践美学和反映论美学,而“在两种美学思想的论争中,实践美学具有无可争议的理论优势,因而成为普遍接受的美学理论”。这同样不符合历史实际。第一,新时期美学在思想解放的大潮中获得了较大的发展,特别是 80 年代初围绕马克思《1844 年经济学—哲学手稿》的讨论,使各派美学都有了进一步的发展。高尔泰发展了自己的主观论美学,他把哲学看成以人为中心的价值体系,把美看成人的一种生命自由感,认为美的实现主要是一种个体的审美体验,并提出了“美是自由的象征”的新命题;当有人认为主观派美学的影响已消失时,他大声疾呼主观派“没有消失”。蔡仪也参加了《手稿》的讨论,但他对马克思的《手稿》持批评态度,认为是马克思青年时代不成熟的著作,其中历史观基本上还未超出费尔巴哈的人本主义的唯心史观,并全面批评了“实践观点的美学”,坚持自己的美在物的客观属性、美感是美在人头脑中的反映的“反映论”美学,并重申了他 50 年代提出的“美的规律就是典型的规律,美的法则就是典型的法则”的“美在典型”说。朱光潜也把自己原先的“主客观统一”说与马克思《手稿》中的实践观点联系起来,他在 1980 年一篇文章中说,“马克思主义美学带来了一个最根本的转变,就是从单纯的认识观点转变到实践观点。……马克思主义美学却首先从实践观点出发,证明了文艺活动是一种生产劳动,和物质生产劳动显出基本一致性”,又说《手稿》克服了以往美学的片面唯心和片面唯物,“证明了心与物都不可偏废”,他在引证了《手稿》关于音乐的美与能欣赏音乐的耳朵一段话后反问道:“照这样看,美是一种单纯的客观存在吗?美能离开美感而独立吗?想通了这个问题,过去的许多争论就显得很可笑了。”①李泽厚的实践美学也在保持基本框架的前提下有了较大发展,这就是把“人化自然”分为外在自然与内在自然两个方面的人化,且把“人化”的历史过程用“积淀说”加以概括,这其中吸收、改造了康德的先验哲学与荣格的分析心理学等思想观点;最后又把这种“人化的自然”说与中国传统哲学、美学联系起来,上升为新“天人合一”说;他并把自己的美学理论称为“主体论实践哲学”或“人类学本体论哲学”的美学观。由此可见,新时期美学不只是两家美学,而是原有四派美学都有较大发展,这是五六十年代多元格局的延伸。第二,除了原有四派外,新时期又涌现了一些有影响的、与四派不同的美学学派或观点,如施昌东的“美在生活”、“美是人类积极生活的显现(形象)”说;周来祥的“美在和谐”说;还有一些同志提出的“美在积极的情感价值”说;“美在自由的显现”说;也有人从语义学角度对美的本质作不同层次的界定;甚至有人彻底否定美本体的存在,认为“美学界都在无的放矢地侈谈所谓美的本质”,是毫无意义的。②这里特别要提出的是,蒋孔阳先生以马克思主义实践论为基础、以创造论为核心的审美关系说,在80年代迅速发展成熟,并与李泽厚的主体论实践美学或人类学本体论美学有了一系列明显区分,在美学界获得较多的肯定与支持,成为当代中国美学的新学派。在80年代中后期,一些中青年同志在吸收西方现当代美学新成果的基础上,也提出了与原有几派美学从思路、方法到范畴全然不同的新的美学理论构架,如系统美学、体验美学、生命美学、接受美学、审美活动论美学、心理学美学、语言美学、符号论美学等等。美学这种多元发展的格局是客观的历史存在。虽然在一段时期内,对李泽厚的实践美学赞同或部分赞同者较多,但决不能说,李派美学在多元并立的新时期美学中

---

① 《朱光潜美学文集》第3卷,上海文艺出版社,1983年,第442—443页。

② 见杨守森:《美的本体否定论》,《山东师大研究生论辑》1986年第1期。

占有绝对的优势,也不能认为李派美学已被“普遍接受”,因为即使在基本赞同李派美学的人中,绝大部分也有自己的理解、补充与发挥,且常常与李的具体观点有所不同。因此,把新时期远比五六十年代多元驳杂的美学景观先“简化”为李泽厚的实践美学与蔡仪的反映论美学两家对唱,再以李的“理论优势”为由抽象成“实践美学”被“普遍接受”的一统天下,以其所谓“主流”地位来概括整个80年代中国美学,这与历史实际相距何其远啊,虽然时间才过去几年而已!

再次,春时同志把90年代中国美学概括为“后实践美学时期”,认为这是“走向世界、走向现代的阶段”。这里似乎暗示人们,“实践美学时期”的中国美学还未走向世界,还处在“前现代”阶段。对此,我仍不敢苟同。实际上,整个80年代,正是中国经济上改革开放、文化上走向世界的重大转折时期。就以美学来说吧,现当代西方美学众多思潮、流派、代表人物的美学思想在结束“文革”的封闭状态后被大量、集中地译介进中国,并逐渐为我国美学家所消化、吸收、借鉴;在应用西方美学观念、方法、范畴来改造、建构新的美学理论、学说的过程中,虽出现过一些生搬硬套、勉强“移植”的情况,但这种现象在吸收外来文化的开始阶段是不可避免的,且越往后越减少。这一过程,可以说是中国美学迅速“走向现代”,并直接与世界美学交流、对话的过程。当然,中国当代美学在国外影响较小,但这不仅是美学,而且是整个当代中国文化向国外、特别是西方传播的滞后现象,其原因十分复杂,此处不论。只要指出一点:中国美学决非90年代才开始,而是整个80年代就一直在“走向世界、走向现代”。再退一步说,我国五六十年代的美学亦并未远离世界与现代,因为,当时的世界还是东西方两大阵营,我国美学界当时的美学大讨论,实际上与前苏联、东欧各国的哲学、美学讨论似乎不谋而合,遥相呼应,后者讨论中也出现自然派、社会派、实践派等分野,这只能说明,中国美学在那时也是与世界美学的一部分同步、接轨的,仅与西方美学相隔而已。

之所以出现上述种种不合历史实际的判断,我以为主要是“实践美学”中心论在春时同志心中作祟,虽然他现在已下决心要超越“实践美学”。他首先把80年代美学多元并立、竞相开放的繁荣局面人为地“筛选”“简化”为两大派;再以一派的所谓“优势”而封立为“主流”派,实描述为一派垄断局面,并把整个80年代中国美学用“实践美学阶段”来概括;第三步就由此立场出发往前追溯,把整个“文革”前的各派美学用“前实践美学”的大口袋包起来;最后则向后推移,把90年代(现在与未来)的美学、包括他正准备构建的“超越美学”,都笼统称为“后实践美学”(与一些青年学者“后新时期”“后现代”等说法互相呼应)。这样做法,方便则方便矣,但却忽视了中国当代美学多元竞争、丰富驳杂的发展态势。

二

春时同志的“实践美学”中心论目的不在肯定“实践美学”,而在超越“实践美学”。强调80年代“实践美学”的主流地位,恰恰是为了论证90年代“实践美学”已过时,而包括其“超越美学”在内的“后实践美学”将取而代之、成为主流的必然趋势。所以,他从十个方面批评了“实践美学”的“历史局限性和理论上的不足”。但是,这些批评在我看来,绝大多数并不符合“实践美学”的理论主张的本意,颇有一点强加于人之嫌。下面试作几点辨析。

由于春时同志对“实践美学”的批评不局限于李泽厚一家,而且实际上把其他一些坚持从实践观点出发建构美学体系的学派、理论、观点也都一股脑儿扫进去了,所以,我在下文中有时也要引及非李泽厚派的其他美学家的一些主张。

首先,最根本的是,春时同志对实践美学从理论上作了不准确的概括,从而导致他对实践美学的一系列批评都出现偏差或无的放矢。春时同志对实践美学的最重要概括是把“实践”说成“实践美学的基本范畴和逻辑起点”。我觉得,这至少是一大误解。其实,实践美学只是以马克思主义的实践论作为其哲学基础,实践范畴只是实践美学的哲学出发点,而非实践美学的真正“逻辑起点”,

更不是“基本范畴”了。李泽厚在谈及他的主体论实践哲学的美学观时说过,“马克思从劳动、实践出发、社会生产出发,来谈人的解放和自由的人,把(审美)教育建筑在这样一个历史唯物主义的基础之上。这才在根本上指出了解决问题的方向。所以马克思主义的美学不是把意识或艺术作为出发点,而从社会实践和‘自然的人化’这个哲学问题出发”。①显而易见,这里,“社会实践”只是作为其美学理论的哲学基础或哲学出发点,而非直接充当其美学的逻辑起点或基本范畴。李泽厚还说,“在我看来,自然的人化说是马克思主义实践哲学在美学上(实际也不只在美学上)的一种具体表达或落实。就是说,美的本质、根源来于实践,因此才使得一些客观事物的性能、形式具有审美性质,而最终成为审美对象。这就是主体论实践哲学的美学观。”②这里,实践范畴只是作为美和审美的最终根源即哲学根源出现的,所以,李泽厚很少直接称其美学为实践美学,而较多地称之为实践哲学的美学观或美学表达。换言之,实践范畴是作为其美学的哲学基础起作用的。他在展开这个观点时又说:“就人类来说,它(指审美感知)是通过长期的生活实践(首先是劳动生产的基本实践),在外在的自然人化的同时,内在自然也日渐人化的历史成果。亦即在双向进展的自然人化中产生了美的形式和审美的形式感。只有把格式塔心理学的同构说建立在自然人化说即主体性实践哲学的基础上,使‘同构对应’具有社会历史的内容和性质,才能进一步解释美和审美诸问题”。③此处“实践”仍然只是解释美和审美的哲学范畴和根源,其美学观仍以实践哲学为基础。因此,其美学不直接是实践美学,其哲学才是实践哲学;确切地说,其美学是以实践哲学为基础的美学。与此相似,蒋孔阳先生的美学观也以实践为哲学出发点,以实践论为哲学基础,但其美学的逻辑起点却不是抽象的“实践”范畴,而是“人对现实的审美关系”。所以,春时同志在批判实践美学一开始就把前提弄

① 《批判哲学的批判》,人民出版社,1984年,第414页。

②③ 《美学四讲》,生活·读书·新知三联书店,1989年,第63、60页。

错,至少是弄偏了。由此而引发出一系列"靶子打偏"的问题。

且先让我们看看春时同志对实践美学的前四点批评意见。他首先指责实践美学太"理性主义","把审美活动划入理性活动领域,从而忽略了审美的超理性特征"。这是误以为实践美学直接把"实践"作为美学基本范畴而推导出的观点。他认为"实践"等是"理性化概念",以此为中心的美学必把审美活动也纳入理性活动范围。其实,以实践为哲学基础的实践美学,并不把有目的的、理性化的实践活动直接等同于审美活动,而只是从实践出发探寻美与审美的最终的哲学根源。李泽厚的美感理论总观点就是"内在自然的人化",建立"新感性",也即"性欲成为爱情,自然的关系成为人的关系,自然的感官成为审美的感官,人的情欲成为美的情感。这就是积淀的主体性的最终方面,即人的真正的自由感受","审美就是这种超生物的需要和享受"①。此处,李泽厚把审美归结为"新感性"的建立而非理性活动(虽然其中积淀着一定的理性因素),而且他还强调了审美的"直觉性"②,这样春时同志的批评就成了无的放矢。

他批评实践美学的第二点是"现实化倾向","把审美活动划入现实活动领域,从而忽略了审美的超现实特征"。其实,这也是对实践美学的简单化解释,似乎实践是现实的,所以实践美学必把审美活动现实化。但事实并非如此。实践美学只是从实践出发探讨美和审美的本质与根源,或者说只是把实践作为人的审美活动产生、发展的最终、最基本的根源,而并未把审美活动简单地等同于现实的物质生产实践活动,也未否认审美活动有超现实的一面。如李泽厚在分析审美心理过程时,就既注意到作为"新感性"的审美情感与日常(现实)经验之间的联系,又强调了它的超现实性和形式意味,他说,"这个作为心理结构的审美情感已经不同于作为这种心理结构因素之一的一般情感"即日常的、现实的情感,而上

①② 《美学四讲》,生活·读书·新知三联书店,1989年,第121、131页。

升为“情感的逻辑形式”，即超现实的“审美经验”，①这种审美经验的特点之一是“总意识到自己处在非实用的状态”，“不作出实用、伦理的现实反应”，②即超现实性。以实践论作为自己美学理论基础的蒋孔阳先生也认为审美活动既不能脱离现实，又不能等同于现实。他说，人对现实的审美关系的形成，离不开现实，“是人的本质力量在现实生活中的自我创造和自我实现”，但它又有自由性，是对现实关系的超越，“赤裸裸地把真当成美，把人对现实的实用关系直接当成审美关系，这是不利于美的欣赏和创造的”；③审美关系的特点是能从现实中“他物的束缚”与“依赖”中“解放出来”，从主、客体的种种“限制中解放出来，取得自由”，首先是超越现实功利关系而获得自由。④可见，春时同志的批评是不合实践美学实际的。至于他指责实践美学企图通过实践创造一个审美的人和审美的世界那种“把现实审美化的倾向”，更是带有某种曲解成分。实践美学当然重视通过自然的人化使现实世界更美，使人自身的自然有更多的审美因素，但它从来也不幻想哪一天整个世界完全成为“审美的世界”，所有人完全成为纯粹“审美的人”，因为人任何时代(哪怕物质生活再丰富)都不可能完全脱离现实、物质和实用功利的生活的限制。

春时同志批评实践美学的第三点是“强调实践的物质性”而“忽略审美的纯精神性”，“抹杀”从物质生产到审美的一系列“中介”，“直接用物质实践解释审美，犯有简单化的毛病”。在我看来，这实在有点强加于人。李泽厚曾多次强调用实践解释美、审美，中间有许多复杂的中介环节，不可简单化。我们只需认真读读他较系统的美学专著《美学四讲》，再读一读蒋孔阳的《美学新论》就不难发现，他们均不存在这种“简单化”倾向，倒是春时同志在缺乏证据的情况下，作出这种轻率的断言，有“简单化”之嫌。而且，我想指出一点，春时同志说审美是“纯精神性”，也有片面性，审美活动

①② 李泽厚：《美学四讲》，第150、136页。

③④ 蒋孔阳：《美学新论》，人民文学出版社，1993年，第108—109、12页。

无论如何离不开人的物质自然存在的基础这一面，它主要是精神、心理活动，但无论如何需要物质性的生理感官活动的配合。蒋孔阳先生就专门讨论了“美感的生理基础”问题，明确指出：“对于客观世界的感觉，构成了美感的生理基础。各种颜色、声音、形状等形式因素，从生理上对于我们感觉的刺激，可以说是美感的起点”①。所以，把审美的精神性强调到完全否认其物质性因素的程度，就失之于偏颇了。

春时同志对实践美学的第四点批评是“强调实践的社会性，仅仅从社会活动角度考察审美，从而忽略了审美的个性化特征”。这也不合事实。实践美学固然重视审美的社会性，但决非“仅仅”从此单一角度考察审美，因为从物质实践到审美实践（审美也有实践性）确经许多中介环节，确实更需要从个性方面研究审美。李泽厚这方面确实做得还不够，但他已看到这一点，他说，他的《批判哲学的批判》强调了人类的社会性，但“更强调”了个体自我存在，指出，“应该看到个体存在的巨大意义和价值将随着时代的发展而愈益突出和重要，个体作为血肉之躯的存在，随着社会物质文明的进展，在精神上将愈来愈突出地感到自己存在的独特性和无可重复性”。②他认为个体性在美学上尤为重要，“这在美学展现为人生境界、生命感受和审美能力（包括创作与欣赏）的个性差异。这差异具有本体的意义”、“它不只是发现自己，寻觅自己”，而且是去创造、建立那只能活一次的独一无二的自己，所以，他大声疾呼，“回到人本身吧，回到人的个体、感性和偶然吧”。③蒋孔阳先生也说，“美不仅具有社会性，而且具有个性”，是“那种具有高度的精神个性的美”。④美作为人的本质力量的对象化，由于“各人的禀赋、能力、技巧、爱好、信念等各不相同，他们所化进去的大千世界，也是林林总总，千差万别。因此，他们对象化，就各有自己的个性特点，充满了独特的情趣和风格”；“由于对象化的个性化，它所创造的美

①④　蒋孔阳：《美学新论》，人民文学出版社，1993年，第269、151页。
②③　李泽厚：《美学四讲》，第46—47、250页。

就永不重复,恒变恒新”[①]。请问:实践美学的这些观点,怎么能说是“必然陷入无视审美个性化的盲区”呢?!

造成春时同志作出上述不合事实的批评的一个重要原因,是方法论上简单化的抽象概括。他对实践美学的批评方法是:先把实践美学抽象为直接以“实践”作为基本范畴和直接用“实践”解释一切审美问题的理论;再把由一般实践的普遍特性(理性、现实性、物质性、社会性)直接推导出审美活动的相应特性的简单化做法,想当然地说成是实践美学的观点(这是一种强加于人的虚构);最后,对他自己虚构出的所谓“实践美学”的四个观点猛烈批判。他所指责的实践美学所谓的“简单化”倾向,恰恰是他的简单化“抽象”游戏人为制造出来的。其实质是,在简单化的抽象过程中,把实践美学的基本思路、理论概括、逻辑推演、论证阐述和具体观点都抽象掉了,变成“实践”概念在美学上的直接运作、推论和延伸,在此,一切中介都没有了,物质实践成为直接开启一切审美奥秘之门的万能钥匙。这种先把实践美学抽象成如此简单化的理论教条,然后再大批其“简单化”的做法,岂非有点“战风车”的味道?

这种简单化抽象的方法论,在他的第十点批评中暴露得更为明显。他批评实践美学“存在着以一般性取代特殊性的倾向,因而不能揭示审美的特殊本质”,原因在于“实践范畴的局限”;在此,他集中批评了“美是人的本质力量的对象化”的命题“过于宽泛”、过于一般化。这里,他从“实践范畴的局限”直接推论出实践美学的局限(一般性),仍然是想当然的简单化推论。其实,实践范畴本身作为实践哲学的基本范畴,本身无所谓“局限”与否的问题,运用实践观点从哲学本源上阐释美和审美问题,也无所谓“局限”与否的问题。所以,这里仍存在简单化抽象的毛病。

关于“美是人的本质力量的对象化”命题,李泽厚已明确宣布放弃了,[②]蒋孔阳先生仍然在用。但是,判断一个命题是否太宽泛、

① 蒋孔阳:《美学新论》,第185页。
② 见李泽厚:《美学四讲》,第72页。

一般,不仅仅要看命题本身的话语方式,更重要的要看人们对这一命题的具体论证和阐释,看这一命题所包含的具体内容与意义。春时说,经过历史实践,整个世界都成了人的本质力量的对象化,"不独美为然",因此上述"美"的命题未揭示"美的特殊本质"。我觉得,我们不能停留在这一抽象层次上来讨论这一命题,而应看这一命题是被怎样具体论证、展开的。在《美学新论》中,这一命题是蒋孔阳先生有关美的本质的一系列正命题中的一个,而不是唯一的一个,这些命题主要是:"美在创造中";"人是'世界的美'";"美是人的本质力量的对象化";"美是自由的形象"。也就是实践论分别运用、体现到至少上述四个命题而非一个命题中。而且,也仅仅是在美的哲学根源和基础这一层面和意义上,才确认"美是人的本质力量的对象化"命题。蒋先生说美的各要素围绕着"人"这个中心,"美离不开人,是人创造了美,是人的本质决定了美的本质。人总是通过自己的实践活动,来把自己的本质力量在客观现实中实现出来,使现实'成为人自己的本质力量的现实,一切对象对他说来成为他自身的对象化'。正是在这个意义上,我们说:美是人的本质力量的对象化。"①只要我们不抱偏见,仅仅从美的最终根源和哲学本质层面来探讨美,这个命题是完全可以成立的。更重要的是,蒋先生对这一命题的形成作了历史的回顾,并从人的本质力量的具体内容、作为对象的"自然的人化"的各种具体情况和"对象化"的具体含义三个方面充分展开、全面论述了这一命题的美学意义,指出它实质上"是说人按照美的规律,按照对象的性质和特征,在对象中进行自我创造,从而把对象塑造成美的形象"。②这就把命题中的一般、普泛的东西具体化、特殊化了,解决了审美的特殊本质问题。因此春时同志的批评是令人难以信服的。其实如按春时的逻辑,他的"超越美学"的基本命题"审美的本质就是超越"也太一般化、普泛化了,因为哲学、宗教的本质也是超越,不独审美。因此,他这种批评方法值得反思,否则往往会打偏。

---

①② 蒋孔阳:《美学新论》,第160、187页。

应当指出,实践美学的哲学基础,是实践本体论与实践认识论的统一。虽然实践美学的代表人物没有明确这样讲过,但从他们美学理论的整个体系来看,这一判断是不错的。如李泽厚就从自然的人化的外在与内在两个方面来展开审美主、客体之间同构关系的历史生成,体现了实践观作为本体论与认识论的统一。蒋孔阳对“美是人的本质力量的对象化”命题的深入论证及对美感的历史诞生的阐述,同样体现了这种统一。这里,重要的不是他们把实践作为认识论范畴来看待,而是进而上升为本体论范畴。在列宁与毛泽东的论著中,实践主要是作为认识论范畴处理的。审美当然有认识因素,必然与实践认识论相关;但人对现实的审美关系的形成不只是认识论问题,更是一个本体论问题。哲学本体论的核心问题应是人的存在问题,人是通过实践活动而获得现实的、社会的存在的,实践就是人最基本的存在方式。人与现实的一切关系,包括审美关系都是建立在实践的存在方式基础上,由实践派生和最终决定的。因此,实践美学以体现本体论与认识论相统一的实践论为哲学基础,无疑是马克思主义美学的新发展,有着强大的生命力。

然而,春时同志在这一哲学基础问题上也发生了误解。他虽然承认实践美学的实践本体论基础,却否认其同时有实践认识论基础,而且他对本体论基础的理解也过于狭窄、简单。这样就导致了他对实践美学第五、六、七、八、九条不公正的批评。第五条批评实践美学未彻底克服主客二分的二元结构,第六条批评实践美学采用决定论模式,都是虽承认实践美学的实践本体论基础,却又把这一基础直接说成实践美学的基本范畴和观点,同前述四条犯了同样的简单化抽象的弊病。人对现实的审美关系是在实践基础上历史地形成的,但具体的现实的审美活动却是个体的,是主客体之间的充分同一,实践美学不但不否定而且重点论证了这一点;而关于审美总体上由社会实践决定这一点也只是从人类审美意识的总体发展水平而言的,并不说每一具体、个体的审美活动直接由社会实践决定,更不是说实践直接决定具体的审美规律(但审美规律形成的根本原因仍与实践有密切联系)，至于说实践美学“混淆了审美意识与一般社会意识的区别”更是毫无根据的，“莫须有”的。第七条批评实践美学以实践为本体论范畴而把“本体”客观化、实体化，从而否认了审美活动的自我主体创造性。这至少是一种误解。实践本体论是把实践作为主体人的基本存在方式，不但不否定或取消人的主体性和自我创造，反而把自我主体的创造提到本体论高度，从而把审美的自我创造(本质力量的对象化)本性提升到本体论高度；而且实践本体论在强调实践的社会性同时，并不否定个体实践活动在社会群体实践活动中的能动作用，也不否定实践活动中的个体即自我主体的创造活动的重要性，在美学上，更是把这种自我主体的创造活动置于最关键的重要地位上。第八、九两条，批评实践美学“忽视审美的消费性、接受性”，“缺乏解释学(即传统认识论)基础”，也是没有根据的。如前所述，实践美学的哲学基础是实践本体论与认识论的统一，因此，在美学体系的展开中必然把美与审美、美的创造与接受、美的生产与消费有机地结合起来。这在主张以实践论为哲学基础的美学家那里，都是注意到的。也正因为是“两论”的统一，所以，实践美学把审美不仅作为人类高级的生存方式来考察，也作为解释方式(意义创造)来探讨。李泽厚讲过，哲学美学“主要是去探求人生的真理或人生的诗意”，①在审美(包括生产与消费、创造与欣赏)中，“那似乎是被偶然扔入这个世界，本无任何意义的感性个体，要努力去取得自己生命的意义”。②这不是对春时同志批评的极好回答吗？

总之，春时同志对实践美学的十点批评在总体上很难成立。我以为，实践美学主要代表人物的基本思路、理论框架、范畴推演和体系构建，至今并未过时；他们在发展实践美学过程中借鉴、吸收了西方许多较新的观念与方法，因此并不缺乏现代性，完全可以与世界美学直接对话；这些理论体系本身也都呈现出开放性，具有进一步丰富、完善的潜能和生命力。若要“超越”实践美学、构建新美

①② 李泽厚:《美学四讲》,第15、250页。

学体系,这是值得尊重与鼓励的,但能否成功地超越,还有待实践检验。至少,实践美学作为当代美学的一种理论,在相当长的时间内还有其存在和发展的权利、合理性与可能性,不是随意可以抛弃或否定的。

至于春时同志提出的“超越美学”的十点构想,我以为立意是好的,有一些创见。但坦率地说,问题还不少,而且在一些至关重要的问题上还有商榷的余地。限于篇幅,此处不再赘述。

(原载《学术月刊》1995 年第 5 期)

再论超越实践美学

——答朱立元同志

杨春时

我的《走向后实践美学》①发表后，朱立元撰写了《“实践美学”的历史地位与现实命运》②，对我的观点进行了批评。朱文主要为实践美学作了辩护。我认为，对新时期的主流学派“实践美学”的历史地位及学术价值进行深入讨论，并在此基础上建构新的美学体系，对中国美学的现代发展具有重要意义。因此，有必要对朱立元的批评进行答辩。

在《走向后实践美学》一文中，我对实践美学的历史地位给予充分肯定，同时也指出了其理论上的不足。实践美学以实践哲学为依据，以实践范畴作为基本范畴与逻辑起点，因此必然导致一系列不正确的观点，主要是强调审美的理性、物质性、现实性和社会性，而忽略甚至抹杀审美的超理性、纯精神性、超现实性和个体性，而后者正是审美的本质属性。朱文不赞成我的观点，他为实践美学作了全面的辩护。他认为，实践美学并没有否认审美的超理性、纯精神性、超现实性与个体性，不存在把审美理性化、物质化、现实化和非个性化的倾向。朱认为，我对实践美学的批评，基于一种错误的“方法论上简单化的抽象概括”，即把实践说成是实践美学的基本范畴和逻辑起点。朱认为：“实践美学只是以马克思主义的实践论作为其哲学基

① 载《学术月刊》1994年第5期。

② 载《学术月刊》1995年第5期。

础,实践范畴只是实践美学的哲学出发点,而非实践美学的真正'逻辑起点',更不是'基本范畴'了。"这里实际涉及哲学体系与美学体系的关系问题,以及实践范畴在实践美学中地位问题。我认为恰恰在这个方法论问题上,朱出了偏差:他把哲学与美学分离开来,把实践范畴与实践美学分离开来,认为哲学只是美学的"基础",实践只是审美的"哲学出发点","最终的哲学根源"。首先,他在这里使用的概念是含混的,他肯定实践是美学的"哲学出发点",但又否认是"逻辑起点";他肯定实践论是美学的"最终哲学根源",又否认实践是"基本范畴",难道它们之间有什么根本区别吗?这几乎近似于一种文字游戏了。更重要的问题是,哲学不仅仅是美学的"基础",哲学可以是其他任何科学的"哲学基础",但美学本身就是哲学的分支、组成部分,或者说它就是一种哲学性的学科,这是美学不同于其他社会科学之处。正因为这样,历代哲学家都有自己的美学思想,而它又直接是其哲学观点的延伸,哲学基本范畴与逻辑起点直接就是美学基本范围与逻辑起点,并不是在"哲学基础"上另起炉灶,重新确定一个基本范畴和逻辑起点。例如,柏拉图的哲学以"理式"作为基本范畴和逻辑起点,因而其美学体系也成为"理式"的逻辑推演,即审美是对"理式"的"凝神观照"。又如,黑格尔哲学以"理念"作为基本范畴和逻辑起点,其美学体系也由理念推演而成,即"美是理念的感性显现"。萨特的存在主义哲学以"实存"为基本范畴和逻辑起点,而"实存"的基本规定是自由选择,因此他认为审美就是人对自由的肯定。马克思主义的实践哲学以实践为基本范畴和逻辑起点,因此实践美学也必然以实践作为基本范畴和逻辑起点,实践范畴在实践美学中具体化为"自然的人化"或"人的本质力量对象化",实践美学各家都是由此构造自己的体系的。李泽厚本人也承认:"在我看来,自然的人化说是马克思主义实践哲学在美学上(实际也不止在美学上)的一种具体表达或落实。就是说,美的本质、根源来于实践,因此才使得一些客观事物的性能、形式具有审美的性质,而最终成为审美对象。这就是主体论实践哲学的美学观。"①这段也被朱引用的话,恰恰证明了实践范畴是

① 李泽厚:《美学四讲》,第63页。

实践美学的基本范畴和逻辑起点。李泽厚公开承认"自然的人化说"，是实践哲学在美学上的"具体表达或落实"，也就是说，作为实践的另一种表达形式的"自然的人化"成为美学的基本范畴、逻辑起点。他又说："所以马克思主义美学……从社会实践和'自然的人化'这个哲学问题出发。"[①]这几乎更直截了当地把实践当作美学的逻辑起点。

朱立元认为，把实践范畴当作实践美学的基本范畴和逻辑起点，是犯了"方法论上简单化的抽象概括"的错误。在他看来，美学的基本范畴和逻辑起点应当是具体的而不是抽象的，这是一种误解。无论作为哲学的还是美学的基本范畴、逻辑起点，都只能是最一般的、最抽象的东西，由此演绎出其他具体的范畴、命题，而不是相反。马克思把这种哲学方法概括为"由抽象上升到具体"、"从逻辑进入到历史"。实践哲学也只能从实践这个抽象范畴出发，演绎出整个逻辑体系。朱立元否认了实践作为基本范畴和逻辑起点，但又说不清究竟以什么代替之。他回避了李泽厚美学体系的逻辑起点、基本范畴问题，而所谓蒋孔阳的美学体系是以"人对现实的审美关系"作为逻辑起点，则存在着明显的谬误。"人对现实的审美关系"作为具体的命题，不能作为逻辑起点，而只能作为逻辑终点。"人对现实的审美关系"恰恰是需要说明的命题，它从何而来，意义何在，正需要由更一般、更抽象的范畴来加以阐释（所谓"种概念加属差"的定义方法也由此而来）。

实践范畴作为实践美学的基本范畴和逻辑起点，完全符合实践美学的实际，因为实践范畴的推演构成了实践美学体系，形成了审美的本质、审美的起源、审美意识、美的主客观性等观点。

李泽厚把实践范畴具体化为"自然的人化"，由此推演其美学体系。他认为，"自然的人化"以"外在自然的人化"与"内在自然的人化"为两极，一方面创造了客观的美，另一方面创造了美感，其余命题、观点皆由此推出。蒋孔阳实际是以实践范畴来推演、构造其

---

① 李泽厚：《批判哲学的批判》，第 414 页。

美学体系的。他的“美在创造中”“人是‘世界的美’”“美是人的本质力量的对象化”“美是自由的形象”等命题,都是实践范畴的展开、延伸。因此,否认实践美学是实践范畴的运演体系是讲不通的。

在审美的本质问题上,实践美学也是从实践范畴出发来加以确定的。李泽厚认为“美的本质……来于实践”,得出“美是现实肯定实践的自由形式”。蒋孔阳的“美是人的本质力量的对象化”以及其他相关命题,同样也是把实践本质作为美的本质。

在审美起源问题上,实践美学把实践作为美的根源。李泽厚认为“美的根源来于实践”,“劳动创造了美”,其他实践美学代表人物也作如是说。

关于美的主客观性问题,李泽厚等人正是从实践的客观性出发来确定“美是客观的社会属性”。

总之,实践美学把实践当作审美的根源、本质,把实践的基本属性当作美的基本属性;事实证明,实践范畴已成为实践美学的基本范畴和逻辑起点,否认这一点,不符合实践美学的实际。

朱立元为了替实践美学辩护,回避了实践美学整个体系,而摘引其代表人物的个别言论来证明实践美学对审美的非理性、超现实性、精神性、个体性的肯定。确实,李泽厚等有许多谈论审美的非理性、非功利性、精神性和个体性的论述,但这些思想并不是其最本质的美学观,而只是体系之外的赘生物。由于实践美学体系自身对审美的理性、现实性、物质性、社会性的强调,对超理性、超现实性、精神性、个体性的排斥,必然导致违背审美规律。为了避免这种不合理局面,实践美学代表人物只好对实践美学的基本观点作出补充、修正,因此就有那些强调审美的非理性、非功利性、精神性、个体性的言论。这些个别观点与实践美学体系是互相矛盾的,这也表明李泽厚等人的美学思想内在的矛盾。但是无论如何,这些个别观点并不代表实践美学的基本思想,以此为实践美学辩护是行不通的。

正因为实践范畴作为基本范畴和逻辑起点带有的理论缺陷(实

践并非最一般、最抽象的规定，而只是人的存在的基础的、非本质的形态），以及在体系之外所作的那些补充、修正，造成了实践美学体系的不严整、非连续性。它不能一以贯之地由实践范畴推演出各具体范畴和命题，而只能借助决定论或者离开逻辑系统另立命题，从而造成实践美学体系的支离破碎。李泽厚始终不主张建立体系，深层原因也在于此。蒋孔阳的美学体系也有此问题，如他对美的本质的定义"美是人的本质力量的对象化"，由于缺乏具体的规定性，只好再另立其他命题来补充，如"美在创造中""人是'世界的美'""美是自由的形象"等。李泽厚关于美的本质的命题也存在类似问题，它缺乏那种逻辑的严密性和概念的明晰性。所谓"美是现实肯定实践的自由形式"，并没有对实践范畴作出新的规定，因为实践总是被现实肯定的；而"自由的形式"，按照李泽厚的解释，也仍然是"符合或掌握了客观规律"的实践所达到的真与善的同一。

我对实践美学所作的十点批评，不仅是从实践范畴作为实践美学的基本范畴与逻辑起点这一事实出发，而且也针对实践美学的一些基本观点，并非朱立元所说的"无的放矢""战风车"。

我对实践美学的第一点批评是其理性化倾向，这当然根源于实践范畴的理性规定性。这里所说的理性，不是相对于感性而言的理性，而是相对于非理性、超理性而言的理性。审美活动不是理性层面上的活动，也不是感性活动，因为感性活动仍然要受理性指导（实践活动就是受理性指引的感性活动），而是一种超理性的活动。朱立元以李泽厚的"新感性"说来否认实践美学的理性主义性质，错在把我说的理性主义当成感性的对立面（这正是古典的观点）。李先生把审美归属于感性，而又认为感性形式中积淀着理性内容，因而仍把理性作为审美本质。他始终没有突破传统的感性、理性对立观，没有意识到审美的超理性性质。他一贯主张的"美感的矛盾二重性"即"一方面是感性的、直观的、非功利的；另一方面又是超感性的、理性的、具有功利性的"①，只是把审美定位于感性与理

① 李泽厚：《美学四讲》，第123页。

性之间,而这仍是古典美学的理性主义。现代美学突破理性主义,揭示出审美的非理性深层结构及超理性意义,而实践美学仍然停留于古典阶段。李泽厚也曾谈论过审美的非理性因素,但只是在理性主导的限度内,改变不了其理性主义美学观,更何况他并未肯定审美的超理性性质。李泽厚的理性主义还表现为科学主义,他曾认为心理学发展可以揭示审美心理的奥秘,将来可以用数学公式来表达审美规律,这种乐观的理性主义与现代美学格格不入,后者认为审美的非理性、超理性性质使其成为不能完全打开的黑箱。

我的实践美学的第二点批评是其现实化倾向,这当然也是由实践范畴的现实性规定的。实践美学认为,美是实践活动创造的,因而它也是现实属性或价值。李泽厚主张美是客观的社会属性,就包含着美是现实对象的意思。他还认为美是真(合规律性)与善(合目的性)的统一,而真与善皆为现实属性与价值,二者的统一也仍然未超出现实领域。李泽厚关于美的定义:"美是现实肯定实践的自由形式",更明确地把美归属于现实领域。当然,李泽厚承认审美的非功利性,蒋孔阳也谈到审美不等同真、具有非实用性,但他们这种观点古典美学中早已存在,并没有达到肯定审美的超现实性高度。蒋先生认为人对现实的审美关系"是人的本质力量在现实生活中的自我创造和自我实现"①,可见他认为现实中存在审美关系,而所谓"人对现实的审美关系"根本就是一种错误概念,因为人与现实没有审美关系,一旦进入审美关系,人与现实都变成审美主体与对象,或者说,在审美关系中,没有现实主体和对象。此外,李泽厚对审美的形式性("情感的逻辑形式")和自由性("自由的形式")的强调,蒋孔阳对审美解放作用的论述,都触及了审美的超越性,但又没有更深刻地揭示审美超现实的本质。审美的超越性主要不表现在非功利性、形式性上,而在于它对现实的否定、批判、升华,它成为超现实的生存方式和意义创造。李先生和蒋先生对审美自由性、解放作用的论述也仍然在现实意义上,如李说:"真

① 蒋孔阳:《美学新论》,第108页。

正的自由必须是其有客观有效性的伟大行动力量。”①他认为自由是实践的产物。而实际上，自由和解放，在哲学意义上只有超越现实才能获至，马克思说自由“只存在于物质生产领域的彼岸”。朱立元对实践美学家个别观点拔高，说成对审美超越性的肯定，这显然不符合事实。

我对实践美学的第三点批评，是它的物质化倾向，这自然也是由实践范畴的物质性规定的。这里所说的物质化倾向，自然不是说实践美学把审美当作物质活动，而是说它认为审美规律源于、决定于物质实践规律，从而否定了审美的超物质实践的本质。实践只是审美的物质前提或基础，审美是纯精神活动（马克思所谓“自由的精神生产”），它不依从物质生产规律，而且超越物质生产规律。实践美学立足点正相反，它不是首先肯定审美对物质实践的超越，而是首先肯定审美对物质实践的依从，物质实践对审美的决定作用。李泽厚之所以舍弃“人的本质力量的对象化”命题，而改用“自然的人化”命题，按他自己的解释，就是因为前者容易被人泛化为精神力量的对象化，而自然的人化则限定于物质实践，这就毫不含混地宣告了对审美的物质本性的肯定，对精神本性的否定。自然，实践美学又宣称在实践与审美之间有中介，二者有别，但即便如此，也不能否定审美可以还原、决定于物质实践的事实。李泽厚的著名“积淀说”，认为人类物质实践积淀为精神本体，包括审美心理结构，它所强调的正是审美的被物质生产决定的本性。李泽厚指出，审美虽然是精神活动，但精神活动“不能在美的最终根源和本质这个层次上起作用，只能在美的现象层即构成审美对象上起作用。”②而物质活动才是美的最终根源和本质。

我对实践美学的第四点批评是它的非个性化倾向，这当然也是由实践范畴的非个体性规定的。朱立元虽然承认李泽厚“这方面确实做得还不够”，但仍然为实践美学作了辩解。他列举了李泽厚强调个体性的言论作为反证，但这并不能否定李泽厚对审美社会

①②　李泽厚：《美学四讲》，第70、73页。

性本质的根本观点。李泽厚的思想是有矛盾的,从体系上讲,他肯定社会实践是本体,个体精神是被决定的现象;从个别思想观念上讲,他又意识到人的存在的个体性以及它与社会本体的冲突。即便如此,个别思想服从于体系,他的主导思想仍是肯定审美(也是存在)的社会性而非个体性。[①]李泽厚的"美是客观的社会属性"的命题,以及审美心理"社会的积淀为个体的""积淀说",都肯定社会性比个体性更本质。李泽厚为了调和审美的社会性与个体性的矛盾,采用了黑格尔式的共性与个性关系的观点,即认为共性是个性的本质,个性是共性的表现形式。李泽厚说:"工具本体(指社会实践——引者)通过社会意识铸造和影响着心理本体,但心理本体的具体存在和实现,却只有通过活生生的个人,因之对心理本体和工具本体不仅起着充实也起着突破的作用。"[②]从这段话可以看出,李先生认为个体只是社会的存在、实现形式,社会本体更本质;虽然个体也对社会本体有突破、反抗,但主要仍是起充实作用。从这个观点出发,李泽厚认为在本质层次上,美是超个体性的,社会性是美的本质,"是人类总体的社会历史实践这种本质力量创造了美";在现象层次上,是个体活动创造了审美对象。[③]按照现代哲学,如存在哲学的观点,人的存在不同于物的存在,它不是先有本质,后有存在,而是存在先于本质,个体存在选择自己的本质。这样,个性而不是共性就成为人的本质,审美最充分地体现了存在的个性本质,或者说,个性成为审美的本质。黑格尔式的共性与个性关系被颠倒过来,古典哲学、美学与现代哲学、美学也在此分界。李泽厚等实践美学代表人物在审美的社会性(共性)与个体性(个性)关系上基本上未摆脱黑格尔模式,立足点仍是共性、社会性而非个体性、个性。

我对实践美学的批评不止这四点,还有其余六点,包括实践美

---

① 参看拙作《乌托邦的建构与个体存在的迷失——李泽厚〈第四提纲〉质疑》,载《学术月刊》1995 年第 5 期。

② 李泽厚:《美学四讲》,第 45 页。重点号为引者所加。

③ 李泽厚:《美学四讲》,第 73 页。

学未克服主客对立的二元结构；在实践与审美关系上的决定论模式；实践与美的实体化、客观化倾向；实践范畴导致审美片面的生产性、创造性，忽视消费性、接受性；缺乏解释学基础，只有实践本体论基础；以一般性命题（如“人的本质力量的对象化”等）代替审美的特殊规定性等等。这些问题，仍然是实践范畴作为实践美学的基本范畴和逻辑起点造成的。虽然朱立元也一一否认，但它们确确实实是实践美学的弊病。限于篇幅，本文不能一一加以辩证。

最后，还须向朱提出一个问题：如果像朱所辩护的那样，实践美学已肯定审美的非理性、超现实性、精神性和个体性，那它还能称之为实践美学吗？它与西方现代美学观点还有什么区别呢？也许朱立元会说，因为它有实践论为基础，但这岂不是说它与西方美学虽基础不同而结论相同吗？在强调理性、现实性、物质性、社会性的哲学基础上会得出强调超理性、超现实性、精神性、个体性的美学结论吗？还有可能，朱会说，实践美学是理性与超理性、现实性与超现实性、物质性与精神性、社会性与个体性的辩证统一，但这种“辩证法”是含混的，留待以后再议。

（原载《学术月刊》1996年第2期）

实践论美学断想录

杨恩寰

1. 当前围绕实践论美学的论争，仍然是一种理论美学的论争，确切说是一种哲学美学的论争。尽管有人反对美学中的形而上学，却不过以一种形而上学反对另一种所谓的形而上学。美学中的形而上学是排除不了的。

2. 当代中国实践论美学发轫于50年代美学论争，先后由李泽厚和朱光潜根据马克思主义哲学美学思想提出和倡导。但二者的观点并不一致，且均遭到蔡仪的批评和反对。在发展过程中，李泽厚和朱光潜有时互相借鉴，却始终没有趋向统一。李泽厚观点影响较大，而接受朱光潜观点的为数却很多，现在亦然。

3. 实践论美学有倡导者和代表人物，如李泽厚、朱光潜，更有一批赞成者和追随者。在这一大批赞成者和追随者中间，亦步亦趋者有之，但为数不多，而大部分都依据独立思考择其善者而从之，且多有自己的创见，并不完全同于李泽厚、朱光潜的观点。就当代中国美学而言，实践论美学作为一种思潮，是众多美学研究者的观点汇集而成的。其中，不少观点有一致，也有分歧。

4. 我赞成和选择的美学，是历史唯物主义实践论（或实践观点）美学，并通过自己独立研究认为美学应以审美现象为研究对象，而审美现象作为社会现象、文化现象，其历史和现实的深刻基础，只能是社会实践。社会实践形式有种种，分层次系列，而最基本的形式只能是物质生产实践，其他形式都是派生的，必须严格区分。所以美学问题如审美实践问题，必须在美学领域中解决，也必须在美学领域外解决。美学功夫在美学中又在美学外。所谓在美学外，就是依据历史唯物主义实践论，把物质生产实践看作审美实践的基础和根源。

5. 历史唯物主义实践论美学把物质生产实践看作审美现象、审美活动、审美实践的基础和根源，或是作为审美历史发生学的根源，或是作为审美心理创造论基础，绝没有用物质生产实践取代审美实践。历史唯物主义实践论美学，并不排除而是融合认识论的实践论美学。

6. 历史唯物主义实践论美学，肯定并强调实践（物质生产）对美和审美的根源性和基础性，认为实践（本原意义的）受感性（利益）与理性（理想）双重驱动，是欲求（目的）动作与智力（工具）操作交织的活动，具有创造和积淀双重文化功能（李泽厚曾过分强调理性向感性积淀而忽视了感性向理性的冲击、突破）。实践始终趋向人（目的）与自然（规律）、感性与理性、认知与欲求、创造与积淀的统一。这样的实践（形式），就是自由的、就是美的；而对实践自由（形式）的感受即自由快乐，就是美感（审美经验）。可见实践也是趋向自由和美的。美和审美首先是现实的，其最原始根源和基础，只能是实践，实践引起自然的“人化”。

7. 历史唯物主义实践论美学曾不时遭到批评，这当然是正常的。奇怪的倒是原被人指责张扬感性，而今却又被人批评为崇尚理性。这也许是仁者见仁，智者见智。

8. 实践概念就被批评是理性主义的，其实，岂止实践，像生存、存在、超越……作为概念都是理性的产物。而实践本身，却决不能说是理性活动，理性主义的。实践是感性物质活动，它才可以征服、改造、创造一个物质（对象）世界。它受理性（认知和价值）指导、调控，却也受感性（认知和欲求）的驱动、支配，绝不是单纯的理性指导的，而是感性与理性矛盾的冲突与平衡驱动的。

9. 人的本质或人的本质力量作为概念是理性的，而作为现实存在，其内涵是相当深广的，绝非是理性所概括得了的。按马克思的意思，作为一切社会关系的总和的“人的本质”，包括爱、意志、活动、感觉在内的“人的本质力量”,都不仅仅是理性。

10. 自由概念,当然也是理性产物,而自由本身用实践观点去把握和理解乃是指实践活动的自由,但是这种实践(或劳动)自由的实现则是有条件的,按马克思的说法,劳动者联合起来,控制自然的盲目性,劳动能力不再受“必需和外在目的规定”的限制而以本身作为目的并得到高度发展,那么劳动活动就是自由的。可见,自由是现实的,并不是像有人所说“真正自由的领域,只存在于物质生产领域的彼岸”“自由只存在于精神领域”。请看马克思的原文:“自由王国只是由必需和外在目的规定要做的劳动终止的地方才开始;因而按照事物的本性来说,它存在于真正物质生产领域的彼岸。……这个领域内的自由只能是:社会化的人,联合起来的生产者,将合理地调节他们和自然之间的物质变换,把它置于他们的共同控制之下,而不让它作为盲目力量来统治自己;靠消耗量最小的力量,在最无愧于和最适合于他们的人类本性的条件下来进行这种物质交换。但不管怎样,这个领域始终是一个必然王国。在这个必然王国的彼岸,作为目的本身的人类能力的发展,真正的自由王国,就开始了。但是,这个自由王国只有建立在必然王国的基础上,才能繁荣起来。工作日的缩短是根本条件。”①

11. 有人把历史唯物主义实践论称为“实践一元论”,如果这不是有意曲解,那么就是一种无知。“实践一元论”是西方马克思主义一种观点,它强调实践是唯一绝对的现实,实践消解了人和自然、物质和精神的对立而同一,从而否认自然界的优先地位,而历史唯物主义实践论始终肯定自然界的优先地位,它所强调的是遵循自然界规律而对自然界的利用和改造,通过实践造型,逐步实现人与自然的同构对应,从而达到人与自然的统一。所以实践作为自由造型力量使自然“人化”,构成自然走向文化的基础。

12. 有人认为实践论美学最大的缺陷是混淆或抹杀了物质生产实践与审美实践的区别,企图用前者解释审美实践,取消了审美

① 马克思:《资本论》第3卷,《马克思恩格斯全集》第25卷,第926—927页。

实践的特殊性，其根据就是两者都运用了“人的本质力量对象化”的命题。这种指责确有合理性，因为物质生产实践和审美实践（一种精神生产实践）都用“人的本质力量对象化”来阐释确有如上弊端，所以还是不用这个命题来表述物质生产实践和审美实践为宜。如要用，必须分清“人的本质力量”的不同层次和内容，分清“对象化”的不同形式。即便如此，这个命题也不完全适合表述实践和审美实践。

13. 有人指责实践论美学把实践原则当做唯一原则，并且认为实践原则只是一个抽象原则。其实，实践论美学只是在审美（历史）发生学和审美（心理）创造论的根基方面，强调物质生产实践的本原性，除此而外从未用以回答审美实践诸多具体机制和过程问题，这是有目共睹的。实践原则作为理论和方法论原则，并不抽象，它所强调的是诸多方面、因素的动态把握和表述。对于社会历史文化现象，包括审美现象，在最深层次上的解决，就依据这活生生的具体的实践原则。

14. 对实践论美学的批评或责难，据说目的在于重建或重构一种所谓的超越美学或后实践论美学，以取代所谓仍留有传统理性主义印记的实践论美学，用心是好的。因为任何事物都不可能永恒不变，何况一种学术观点、流派。问题是如上诸多批评，并没有动摇实践论美学的根基。那么再看看声称取代或超越实践论美学的种种观点，是否远比实践论美学更科学更正确更符合实际更令人信服呢？

15. 有一种超实践论美学或后实践论美学自称超越美学。超越美学认为美作为审美对象是建立在实践基础上而又对实践的超越。超越美学的本体论范畴就是人的存在——生存，实践只是生存的基本形式，生存还有超实践的精神性。审美的超越性、自由性都源于生存的精神性。“精神总是超越现实、指向自由的”。超越美学还有解释学基础，从解释学理解，审美的超越性是人类生存所创造（构造）的超现实的意义世界，和对生存本身意义的总体把握。而这种创造、指向和把握超现实的生存意义，则是凭借直觉想象和情感体验,即纯粹的非自觉意识活动。超越美学所主张和强调的,是生存的非理性或超理性的精神(直觉想象和情感体验)对生存的意义世界的创造以及对它的把握(名曰“解释”),此即超实践的审美(美)。说到底,超越美学不过是一种回归或还原美学,一种回复到原始感性的生存美学。这绝不是对实践论美学的超越而是一种倒退。

16. 有一种后实践论美学叫做存在论美学。存在论美学企图克服实践论美学的所谓“困境”(如二元论、形而上学、认识论),设定一个一元论的现象存在作为理论基础,在这现象存在的基础上去建立美的存在的统一性。存在就是现象,现象就是表象(推及心象、意象),现象(表象)的语符化就构成艺术。现象的语符化(艺术),作为一种审美方式,创作和欣赏方式,是其他生存方式外的一种“选择”;通过审美的“选择”,即一种“生命力构形”,就在瞬间片刻领悟了存在(现象)的本真意义。审美方式的实现,就是对存在本真意义的领悟和把握,对美的领悟和把握。美是超越物质性而又属于现实领域的。美学的任务,就在于探讨审美方式(现象语符化为艺术)的特点。这种存在论美学,实际是一种意象学美学,本来是很清楚的。由于用存在主义、现象学、符号论观点几经转换,结果变得复杂化了。它似乎以存在主义的存在概念为基础,却又舍弃了存在主义对存在的规定,如舍弃“原始体验”(海德格尔)、“意识”、想象(萨特)而以现象学的“现象”取代,但又舍弃现象学对“现象”的规定,即“纯粹意识”,而代之以先验的“纯粹意识”对实物构成的表象(类似康德的“先验综合”),又把表象进一步延伸为心象、意象,从而把审美理解为一种生存方式,即表象、意象符号化(符号论)。可见,所谓存在论美学实际是以意象符号化为中心的意象学美学。如果这样理解大致不差的话,可以肯定地说,以意象为本体的存在论美学仍只是以实践造形的实践论美学为根基,它只适用于艺术美学领域,并不具有普遍意义。并且,这种存在论美学所表述的观点、思路有许多缺陷,比如现象作为表象,而又变成心象、意象,概念是混乱的。又如存在就是表象,仍没有超出认知范围，并没有涉及生存的根本方面。

17. 还有一种超越或后实践论美学，叫做生命美学。这种美学认为实践论美学由于其理性主义思路而把实践活动和审美活动等同起来，因此主张把实践活动扩展为人类生命活动，以人类生命活动为基础重建美学，这就是生命美学。这种生命美学认为，实践是人类生命活动的基础，而审美则是一种以实践为基础而又超越实践的超越性的生命活动。“作为超越活动，审美活动是对于人类最高目的的一种‘理想’的实现”，“审美活动之所以成为审美活动，并不是因为它成功地把人类的本质力量对象化在对象身上，而是因为它‘理想’地实现了人类的自由本性”。生命美学有两个要点：一是它建立在自由（本性）生命基础之上；一个是审美只是这生命自由本性的“理想”实现，而非现实实现。生命美学这两个关键问题不解决，仍叫人琢磨不透。作为审美活动的那个“理想”是什么意思？自由本性的“自由”又是什么意思？这两者均超实践而又超理性？不得而知。

18. 以上三种所谓超越或后实践论美学，尽管观点思路不尽相同，对实践论的态度也有区别，但是它们都反对实践的物质性和实践观点的理性主义、形而上学，又都趋向生命、生存、存在领域，寻找审美的基础，而对生命、生存、存在的理解，又颇不一致。人的生命或生存作为一个生活历程，本是一个多层次有机结构的活动，究竟什么是生命或生存的基础，大有研究的必要。生存应该包括活着（个体和种族生存延续的欲求及其满足，最低级需求的满足，以及对它们的意识），如何活着（满足欲求的工具手段，如认知、操作、科学、技术）和为什么活着（人格尊严、理想、信念、目标、境界）。活着和为什么活着，都以如何活着为基础。欲求（目的、理想）动作与智力（工具、技术）操作相交织统一的劳动、实践活动，构成人的生命或生存的基础。因为没有劳动实践，人的生命欲求和理想也就会逐渐丧失，人的生命也就会逐步完结。如上三种美学的理论基础即生存哲学，或是强调生存自由无意识精神性如超越美学，或是强调存在表象经验性如存在论美学，或是强调生命自由理想性如生命美学,都不过是强调生命、生存、存在的某一非本质方面,并非生命、生存、存在的基础。似曾相识,根本没有摆脱它们提出的自身要克服的那些所谓缺陷,也没有超越传统的美学。

19. 目前这三种美学自身还缺乏坚实的理论基础和系统论证,还缺乏科学内容和实证。其理论深刻性和系统性,以及体系的完整性,都难以令人信服,所以还没有实现对实践论美学真正的实际超越。

20. 有人说实践论美学已处于停滞,没有什么发展。其实不然,它仍有很强的生命力,绝没有走到理论的"终结"。它还要深化、充实和发展,并且正在深化、充实和发展。实践论美学从来没有对一切合理的东西拒斥和武断指责,它是开放的、前进的。它对别的学派的长处、成果,始终在吸取、容纳和融汇。进入21世纪,实践论美学仍然会发展提高,至少不会被如上三种"超越美学"所超越,因为它的理论前提和方法论依据,是科学,是真理。

(原载《学术月刊》1997年第6期)

关键在于思维方式的突破

周来祥

“实践美学”(应为自由美学)和“后实践美学”(应为生命美学)都有各自的局限和弱点。首先,它们有一个共同的不足,就是在思维方式上仍停留在对象性思维的阶段,都把美归结为单纯的客观存在:前者是主体的物质实践,后者是主体的生物性存在。其实,这些并没有真正解决美的特殊本质问题。我们知道,并非所有主体实践的产物都是美的,而没有经过实践改造的月亮、星空,却早已成为人们普遍观照的对象。应该说,“实践美学”所说的“实践”,只是一个美学的出发点,而远没有解决美之为美的独特本质问题。同样,实践美学未能解决的难题,当“后实践美学”把人的社会实践蜕变为人的生命存在时,仍然没有解决。因为人们要问,实践不是美,生命是美吗?在纯然的动物王国里能侈谈美的问题吗?这种思维方式的另一个局限,就是认为只有实践或只有人的生物性存在是本源的、本体性的,而看不到主客体的客观关系也是物质的、本源的、本体性的。其实,本体性、本源性是有不同层次的。就哲学世界观来说,只有先于人类而又不以人的意志为转移的客观物质存在,才是本源性的、本体性的。依此,只有在人类社会领域,人的实践才具有了本体论的意义;而人的生命存在则只有在动物领域才具有本体性,到社会历史领域就不是本源的了。对审美领域来说,主体实践、生命存在都不是本体性的;美的本体已进入主客体的审美关系系统了。但这一点,又正是在辩证唯物主义和历史唯物主义的基础上逐步升华出来的。

我们已进入由系统论所发展了的辩证思维的阶段。在马克思主义的辩证思维看来，美既不是一种单纯的客观物质存在，也不是一种单纯的主体存在，而是由主体、客体相互对应所产生的和谐自由的审美关系决定的。客观对象是真、善、美的统一体，主体存在是一个智、情、意的统一体。既然眼睛和耳朵各有独特的对象，那么理智、意志和情感当然也有各自的不同对象。而只有当主体以情感观照与对象形成和谐自由的审美关系时，对象才以美呈现给人类。

(原载《光明日报》1997 年 7 月 12 日理论版)

“实践美学”需要发展而非“超越”

王德胜

所谓“超越实践美学”，在根本上，涉及美学本体论的置换问题。无论是“生存美学”还是其他各种“超越”的主张，其直接理论目标，就是通过强调“实践”范畴的有限性而取消其本体规定的合法性。然而，问题是：第一，“超越论”者忽视了“实践美学”内部的种种不同思想转化轨迹。尤其是，从“主体性”到“人类学历史本体论”的一系列逻辑演变，有可能为我们提供发展“实践美学”的现实阐释力。第二，本体论置换的前提，必须是新的本体规定的可理解性和客观性。而“生存”等范畴则含有理论上主观设定的任意性和理想化，缺乏足够的历史证明。

在我看来，对于“实践美学”的理论价值，应当从它为当代中国美学理论提供了一个明确的思想起点来加以理解。事实上，尽管“实践美学”存在种种结构上的缺失，但就其为一种美学的本体论思考而言，这些缺失并不足以否定“实践”在美学的逻辑和历史两方面的本体深度，也不足以说明“实践”必须由“生存”来超越。“实践美学”在当前面临的乃是一个如何发展的问题：它不仅拒绝对于“实践”本体的拆解，而且要求进一步全面根据“实践”的本体规定来展开和深化美学对人的问题的具体关怀。这里，问题的关键是，“实践美学”有必要在人类实践的整体性上，更加充分地重视个体的地位，重视个体感性的价值，在个体实践的现实中寻求人类精神与物质的辩证统一性，从而使美和审美既是一种“类”的价值体现，又首先是个体实践的价值根据。其原因，不仅在于实践本身包含了个体与“类”的统一，是以个体实践的生成与展开为历史基础的，而且因为当代美学必须满足现实活动的要求，回答现实中个体存在的困惑，寻找个体全面发展的真实之路。应该说，只要有这样去把握“实践美学”的发展，我们才能从一种“真正人的”立场去面对人的现实，面对产生在当代个体实践中的感性分裂和理性缺失，使美学理论本身在对个体与社会、感性与理性、精神与物质、历史与现实等全面价值关系的认识中，形成一种现实的文化批判与建构能力，全面把握人类审美的合理方向，以此深化成为从特定本体论出发而探索人类精神活动及其价值的有效的当代思想体系。

（原载《光明日报》1997 年 7 月 12 日理论版）

“后实践美学”：前进还是倒退？

——对世纪之交中国美学理论走向的思考

曾永成

世纪之交中国美学的理论走向，已成为一个引人注目的话题。近年来，因兴起于所谓“实践美学”之后而被称为“后实践美学”的“生命美学”或“生存美学”为一些学人所看好，以为是对“实践美学”的“超越”而孕育着美学走出理论困境的生机。对这一观点的认识，实际意味着对美学理论走向的选择，即是在“实践美学”的基础上继续前进，还是向后倒退？对此，不能不有所思考。

一　“实践美学”与“实践本体论美学”之辨

在50年代中期的论争中形成的中国当代美学的几个主要学派，都曾把“实践”作为自己的某种理论基点。不仅朱光潜曾从实践中主观与客观相结合的内涵论证其美是意识形态的观点，而且蔡仪也曾从生产实践的规律阐释他的“美在典型”论。但是，人们并不把这些观点称为“实践美学”，而是特定指称李泽厚的以实践为世界本体因而实践是美的根源的观点。显然，把这种观点泛泛地称为“实践美学”并不准确，而应称之为“实践本体论美学”。这是因为，从“实践”出发考察审美活动的美学，以其对“实践”的理解不同而见解分歧，甚至相互对立，比如马克思的美学作为实践唯物主义的美学，就是“实践美学”中的一种，而它同所谓“实践本体论美学”就是大相径庭，不可混同的。

在马克思的启示下,从实践来揭示种种美学之谜,特别是审美和美的本质之谜,这对于中国当代美学,无疑是一个重大的理论选择。这一选择使许多人自觉地把审美活动置于实践的基础上或系统中来考察,使美学理论的面貌为之一新。也正是由于选择了这个决定性的理论基点,美学才得以努力面向实践,开始从“玄学”向“实学”的追求。在某种意义上,“实践美学”可说是中国当代美学的主潮。在这个主潮中,声势最宏、影响最大的无疑是“实践本体论美学”。在一个不短的时间里,它甚至被当作对马克思美学思想的权威解释而为人们所接受。从70年代末起,面对诸如自然美等问题上未能自圆其说的批评,持论者曾着力于对“人化自然”的全面性的阐发来予以补救。在美的根源问题上,80年代初曾有过针对“劳动创造了美”这一命题执马克思的观点加以阐释的驳难,其理论矛头直指“实践是美的根源”即实践本体美论这一要害。但是,这些批评都未能对其理论优势有所触动。到90年代初,还从实践本体论的主体论引申出“告别革命”这样立意于世纪性总结的命题。除开上述批评外,80年代末以来,先后有针对其“理性积淀”说的“突破”论和针对其“实践本体”说的“超越”论,并最终在“生命美学”或“生存美学”的名义下汇合,以“后实践美学”的旗帜张扬非实践的理论取向。

所谓“后实践美学”,意在“超越实践美学”。在我看来,被称为“实践美学”的“实践本体论美学”确实需要超越,但不是抛弃“实践”,用“哲学”代替历史唯物主义,或用“生存”取代实践来实现超越。这些“超越”论开出的药方之所以不妥,首先是因为它们对“实践本体论美学”的失误号错了脉。应当说,“实践本体论美学”也好,还是其他“实践美学”观也好,在取得不少具有真理性和富于启发性的思维成果的同时,都存在着某些根本性的理论迷失。比如,流行的“主客观统一说”也声称从“实践”立论,但其对实践的理解却基本上是黑格尔的思路,即把实践只是理解为精神的活动,这显然是不符合马克思的实践唯物主义对实践所作的质的规定的。如果说马克思的美学也可称之为“实践美学”的话,那么,它应当是唯物主义的实践美学,而不是任何其他的实践美学。当初马克思和恩格斯把自己的学说称为"实践的唯物主义",既超越了一切唯物主义,也在扬弃中吸取了唯心主义的合理因素。同唯心主义的实践观不同,实践唯物主义把实践看作人的自由自觉的活动,是人改造外部世界的感性的即物质的活动,是人将自身本质力量(包括肉体的和精神的力量)对象化的活动。这种活动不仅要以客观存在的物质世界为对象,而且活动的主体也是物质运动高度发展的产物,它的精神存在是以其物质存在为基础的。显然,这种实践的唯物主义包含了历史唯物主义,却又不止于此;它还包含了马克思主义哲学的本体论和认识论的内容。实践唯物主义作为马克思主义的新哲学,它的对象也不只是历史,而是以包括人在内的整个自然界、包括历史在内的整个自然史为对象的。在这个系统性的哲学中,历史唯物主义居于主导性地位,也正是它赋予这个新世界观以崭新的整体色彩。但是,长期以来,由于我们对实践的尊崇而将其抽象化和至圣化,不仅不能看到实践作为物质运动的高级形式必须以物质存在为前提,而且不能从实践对自然进行反观,因此也就不能全面理解实践唯物主义的深刻内涵。今天,以"后实践美学"的"超越"论所造成的理论反思为契机,对"实践美学"特别是"实践本体论美学"的失误进行冷静的思索和探讨,尽力找准症结所在,对于实现美学在世纪之交的真正超越,是至关重要的。

二　正确把握实践和美学之间的中介与切入点

传统的美学是作为哲学的组成部分或理论引申而存在的,马克思主义美学也不例外。中国当代美学已不只是哲学的美学,但其主导形态还是哲学的。毋庸讳言,我们在进行马克思主义美学研究时,往往疏于对马克思主义哲学和美学原态理论的深入领会和全面把握,而是以对马克思主义的流行甚至片面的阐释为中介,并且在运用马克思主义哲学于美学研究时又缺乏自觉的中介观念,因此常常陷于哲学原理向美学理论的直接演绎和引申,"美的客观性即美的物质性”的论断即是十分典型的一例。忽视或回避审美活动的特殊性,缺少中介转换和过渡,也就势必造成哲学介入美学的切入点上的错位。

作为当代中国美学主潮的“实践美学”各派,都不约而同地直接从实践中去寻求对美的本质的解答。实践当然与美的本质有关,因为实践决定并表现着人的本质,而美的本质又决定于人的本质已成为大家的共识。显然,在实践与美的本质之间,首先有“人”这个中介,进一步还有“审美”这个中介,因为美的本质是相对于人的审美需要和由此发生的审美活动而存在的。在这里,对实践和在实践中形成的人的本质的哲学阐释尽管异见不少,但各种分歧甚至对立的见解在互补中呈现出的整体面貌,已足以形成基本的认识。然而,美学作为一门学科赖以安身立命的基点,也是美之为美的本体追寻,却在于对“何谓审美”或“审美何为”这个问题的实证的考察之中,而这个问题却并不是哲学所能直接回答的。用实践不能直接说明审美的特性,正如用饮食活动不能说明认识活动一样。审美活动作为人体验和享受自身应然本质的一种生命活动,应当具有其自身活动方式上的原生特性。只有对这种原生特性有所认识,不仅实践与审美,进一步实践与美的本质的关系,才能得到较为真切的把握。“实践本体论美学”从实践中推论出美是自由的形式,其中的“自由”虽然可从实践获得本质定性和具体内涵,而“形式”却是没有根柢的理论独断。不仅“实践主体论美学”是这样,可以说立足于形式的整个美学都是这样。美和审美为什么离不开形式?万事万物皆有形式,美和审美的形式有何特性?美和艺术的形式难道仅仅是作为形象和符号而成为生命意义的载体?美和审美的形式引起美感的秘密何在?形式的感性动力作用的生命根据是什么?对于美学必须予以科学回答的这些问题,是不能直接从实践,也不能直接从哲学得到解释的。如果美学总是满足于哲学的“玄思”,而不对审美活动作科学的研究,“审美”这个根本范畴就永远只是一个黑箱,美学理论的体系就只能像现在许多理论著作那样,陷于“审美”“美”“美感”等范畴的循环互释,美学自身的自主地位和存在权利也会因此遭到根本上的怀疑。应当看到,面临世纪之交,无论中国美学还是西方美学,都已显示出揭开“审美之谜”的理论征兆,已经出现了一批前沿性成果。即使是所谓“后实践美学”,也有意作出努力,来解开这个关乎美学自身命运的整体性和前提性难题。

不能直接从实践推衍出对审美活动和美的本质的认识,并不意味着实践同美学无关。实践作为人类生命活动的本质性和基础性的内涵,同审美和美的关系,至关重大,至为密切。不过,这种关系是在更深的层次上发生,不应被理解得那么直接。从实践与审美的关系说,正是实践才使动物的“原美感”活动提升为人的审美活动,使之成为人的主体性活动,成为一种审美“关系”,并且实践还深刻地制约着审美活动的演变和发展。从实践与美的关系说,正是实践才使动物的美提升为人的美,才使美不再局限于物质世界而在精神世界开放得更加绚丽灿烂,才给自然性的美赋予了社会的人的内涵,才使美的自然生成进入美的自觉创造,使美的规律得到自觉的把握和充分的实现。“实践本体论美学”断定实践是世界的本体,也是美的根源,把自然事物的美一概视为社会性的美,或者将自然美都看作人的本质通过意识在精神上对象化(实即拟人化、人格化),或者把自然美由于实践而能够为人所欣赏看作是由于实践的“人化”而变为美,这种观点断然否定美在整体上所应有的先于实践或外于实践的物质的和自然的(天然的)本原性,显然不符合审美发生学所揭示的事实。

否认或轻视人类审美活动的生物性前提,把人类审美活动独断地同动物“原美感”活动隔绝和对立起来,可以说是美学自掘根基、数典忘祖的虚妄,也背离了马克思哲学的人本主义与自然主义高度统一的精神。达尔文对动物美感的描述和阐释,普列汉诺夫、高尔基等对人类审美的生物基础的肯定,都不为我们的主流美学所正视。马克思的“劳动创造了美”的命题,被从具体语境中割裂出来并抽象化,使其陷于与“劳动创造了人”这一命题所曾遭受的同样无本无源的理论困境。实际上,人类的劳动实践乃至人的社会性,都有其生物性前提即自然基础,就连人类的劳动实践本身,也不是一朝一夕突然获得的性能,而是动物在漫长的生命活动中习得和积累起来的。人的实践之所以能按美的规律建造,不是因为只在实践中才存在美的规律,而是因为美的规律被人所自觉地掌握;美的规律是先于实践的。可以说,如果大自然中本不存在美的规律,就不会有自然向人的生成,就不会有人的实践和实践的人。离开自然本体和自然规律片面地高扬实践,把人的以对象性联系为基础的主体性抽象地加以扩张,必然导致唯意志论和极端的人类中心主义(或"唯人论")。对于这种观念及其实践,自然界的报复已引起全球性的关注和忧虑。世人瞩目的生态问题,提醒人们千万不能忽视大自然作为人类生命根基的地位。在西方一些明智的学者看来,生态学乃是受美学理论支配的现代化新浪潮,是寻求美学的现代化意义的一个重要契机。生态学启示我们,实践不是美的根源,只有自然界运动中隐在的美的规律才是美的根源,同时也是实践之所以能创造美,乃至实践本身之所以美的根源。

从思维结构上说,"实践本体论美学"只看到人与自然之间以实践为中介的共时态关系,而没有去注意凝聚于共时态中的历时态联系;只看到人通过实践与自然发生关系的事实,却并不在意自然界在其自身运动中生成为人这一过程。马克思关于"历史本身是自然史的即自然界成为人这一过程的一个现实部分"①的观点所包含的哲学视野被忽略了。马克思的自然哲学作为生成哲学,同后来恩格斯的自然辩证法思想是一致的。在这种整体性的生成哲学看来,实践作为自然生成为人的关键性环节,当然也是体现人的自觉能动的生成性的最高生命形式。马克思主义在一个半世纪的发展进程中,从揭示人类实践的能动性到重视自然辩证法(晚年恩格斯)和人类学研究(晚年马克思及恩格斯)、强调唯物主义(列宁)、坚持实事求是(从毛泽东到邓小平),正体现了要把人的能动实践建立在唯物主义基础上的原则精神。人的主体性,首先在于

① 马克思:《1844年经济学—哲学手稿》,人民出版社,1985年,第85页。

正确认识外部世界和内部世界的客观实际,并努力按客观规律实践。而实践本体论则导致实践决定一切,甚至实践可以随意“创造”历史的结论。凭这样的实践去创造美,就极可能脱离美的规律,以随心所欲的形式上的自由取代真正的自由,致使审美价值的审视和判断也陷入相对主义和虚无主义。什么“创造”都可在实践至上的名义下被冠之以“美”,被视之为“美”,如果任其张扬,美学自身也必然随之消解;即使还有被称为“美学”的话语喧嚷,也不过是没有价值灵魂的应景的包装和媚俗的辩词。

“实践本体论美学”在哲学思维结构上的局限,使其陷于“目中无物”的片面,这才是它的症结所在。无论是要“超越”它还是“发展”它,特别是在今天这个高扬实事求是精神的时代,都必须克服这种片面性。应当回到马克思的实践唯物主义的美学观,从自然生成哲学的总体去全面认识实践的内涵和本质,从而也全面认识人的本质,并由此寻求实践哲学与美学之间的必要中介和切入点,不然,我们的美学理论难于有实质性的进展。

三　不能离开实践唯物主义去认识“生命”和“生存”

所谓“后实践美学”主张以“生命美学”和“生存美学”来“突破”和“超越”“实践美学”,理由是:实践只是部分,生命存在是整体;实践只重群体性、物质性、理性与现实性,相对于人类生存应有的个体性、精神性、超理性、超现实性等乃是异化,等等。这些看法,在对“实践本体论美学”的批评中也包含着对马克思主义实践观的误解。如果对此不予明辨,那么,对“实践本体论美学”的超越实际上会滑向对实践唯物主义美学的背离。

首先是实践与人的生命的关系问题。在实践唯物主义人学的生命观看来,实践既是人的生命活动的基础,也是人的生命的本质内容和具体表现。离开实践,就不能认识人的生命的本质。在《巴黎手稿》中,马克思到处使用“生命活动”的提法。他说:“生命如果不是活动,又是什么呢?”①“一个种的全部特性、种的类特性就在于生命活动的性质,而人的类特性恰恰就是自由的有意识的活动。”②“动物不把自己同自己的生命活动区别开来,它就是这种生命活动。人则使自己的生命活动本身变成自己的意志和意识的对象……有意识的生命活动把人同动物的生命活动直接区别开来。”③在马克思看来,审美活动不过是人的一种特殊的生命活动方式,一种以美为对象、以获得美感享受为目的的活动方式。马克思的实践观实际上包容和体现着他的生命观,即实践唯物主义的人学生命观。④这种生命观揭示了作为实践主体的“现实的人”的生命本质和内涵。倘若实践的主体不是活生生的生命,实践又从何谈起。何况又正是实践,才把人的生命活动同动物的生命活动区别开来,使人的生命成为人的生命。生命美学首先必须正确认识人的生命,而这离开了实践是根本不可能的。人的生命活动当然不只是实践,但实践却是其中最重要最本质的部分,是使人的生命同动物的生命相区别的决定因素。在人的生命中,实践是一种“普照的光”,把自己特殊的光彩投射到人的生命的其他领域的各个方面。应当说,时至今日,我们对实践在人的生命活动中的地位的认识还远未深透全面,就要贸然把它从“生命”中排除,回到对所谓生命本体的直接观照,未免过于浮躁。试想,没有实践内容的生命本体,该是一种什么样的生命存在呢?由观照这种生命本体而生的美学,还够得上“人学”的品位吗?

其次是实践与理性的关系问题。无论“突破”论者还是“超越”论者,也无论是他们对“实践本体论美学”的批评还是对实践本身的评述,都秉承流行生命哲学非理性和反理性的倾向,把实践只是看作理性的,因而实践美学也只是理性主义美学。这种对实践的理解,并不符合马克思主义实践观的本意,而是对其根本精神的误

①②③ 马克思:《1844 年经济学—哲学手稿》,人民出版社,1985 年,第 51、53、53 页。

④ 曾永成:《马克思人学生命观论略》,《成都大学学报》1996 年第 4 期。

解。在马克思看来，实践当然是理性的，但它首先是感性的，因为实践唯物主义本来就是“把感性理解为实践的唯物主义”。实践是人的本质感性地对象化的活动，而人的“全面本质”，按照马克思的说法，包括了“视觉、听觉、嗅觉、味觉、触觉、思维、直观、情感、愿望、活动、爱”①。在谈到人的需要时，马克思和恩格斯都明确地肯定了吃、喝、性行为等基本需要的地位。马克思还强调人的感觉和感性的丰富性，“人不仅通过思维，而且以全部感觉在对象世界中肯定自己”②。他还说：“人的感觉、激情等等不仅是在[狭隘]意义上的人本学的规定，而且是对本质(自然)的真正本体论的肯定。”③“激情、热情是人强烈地追求自己的对象的本质力量。”④在马克思看来，人是从自然生成的，它首先是一个自然的感性的存在物，必然有其感性的生命冲动和活力，这正是实践之所以可能的本体性条件。人的实践之所以能够不断创新发展，就因为感性生命活力的驱动，并不断丰富和修正生命的理性秩序。如果实践没有常醒常新的感性品格，它也就不可能成为推动认识(理性)前进的动力。实事求是的认识路线，主要的就是要高扬实践的感性品格，以保证认识的真理性和生动性。显然，把实践仅仅看作是理性的，从根本上违背了马克思实践观的唯物主义精神，而倒退到黑格尔那里去了。

马克思主义的自然观和人性观都贯穿着生成哲学的内涵。实践是人性生成的动力和手段，而生成又是一个不断调节、跃迁、进步的过程。因此，就既需要旺盛的活力、鲜活的感性、不倦的欲求，也需要清明的理智、有序的思维、坚定的意志。马克思曾把古代希腊人看作“正常的儿童”，相对于理性未萌的“野蛮的儿童”和感性偏枯的“早熟的儿童”，其基本特征正在于感性与理性的和谐统一。恩格斯所批评的“德国性格”，显然是感性生命活力虽然敏感却并不旺盛的人，而他赞誉为“真正的人”的挪威市民，则达到了感性与理性的优化平衡。马、恩的生命观在他们的现实主义主张中，在他

①②③④　马克思：《1844年经济学—哲学手稿》，人民出版社，1985年，第80、82、107、126页。

们对莎士比亚的高度肯定和对典型人物的具体要求中,都表现出来。这说明,他们的美学思想正是以这种生命观为内核的。马克思主义的认识论要求从实际出发,以感性为认识的基础,肯定客观世界和主观世界在感性上的无限丰富性和生动性,强调认识必须适应现实的变化,要不断了解新情况,研究新问题,以及马克思主义固有的开放性和批判精神,也都闪耀着这种生命观的光辉。把马克思主义的生命观等同于旧的理性主义,显然并不正确。既然如此,对实践作唯理性的或理性主义的阐释,因而造成美学上引申的失误,这决不能归咎于马克思主义的实践观。如果以为放弃"实践"论对美学的干预就能使美学实现"超越",这种"超越"就只会是严重的理论倒退。正在走向新世纪的美学如果还要坚持马克思主义的话,首先需要的应当是对实践所具有的生命内涵进行全面的考察,准确把握实践唯物主义生命观同其他生命哲学的本质区别,真正站到马克思人学生命观的"肩膀"上去。

至于实践中个体性与普遍性、物质性与精神性、现实性与超现实性(或理想性)相互统一的关系,也是不言而喻的。实践要成为真正人的活动,就必须是为他的,从而具有社会性,因此,个体性中也就必然包含着普遍性。正如马克思所说:"社会本质不是一种同单个人相对立的抽象的一般的力量,而是每一个单个人的本质,是他自己的活动,他自己的生活,他自己的享受,他自己的财富。"①而创造性的实践,必定要充分发挥个体的积极性和个性特色,并极大地仰仗于个性品格及其活动的偶然性。即使在劳动分工十分严密如"科层制"这样使人的活动片面化的今天,也是如此,不然实践就不可能不断改进和更新。有各种各样的实践,但不是一切实践都压抑个性、拒绝精神、阻碍对现实的超越。在实践中,人不仅在与自然的关系上超越着动物性,而且在与他人的关系中超越着个体性,而且在与自我的关系上超越着旧我。正是实践的这种自觉的超越性,才使人成为一个真正主体性的生命存在。那种把实践鄙

① 马克思:《1844 年经济学—哲学手稿》,第 159 页。

俗化的观点只属于费尔巴哈，我们绝不能把马克思降到费尔巴哈的水平。

四　使美学陷于自我幽闭的非实践功能论

所谓"后实践美学"对"实践美学"的非难之一，是说后者把审美活动的功能狭隘化和浅表化。这种观点认为，实践尽管是审美的现实基础，但在人的生命中并不具有本源性；实践只是生命内容的一部分，而审美系于生命存在的整体；实践虽然可以一定程度地解决物质生活的匮乏，但这并不意味着获得自由，因为自由只能由精神上的超越获得。这种观点注意到了实践同审美的区别，力求摆脱把实践简单地引入审美，用实践直接解释审美（如用实践中的成就感、满足感解释美感之类）的偏向，纠正把审美的功能仅仅局限于直接为实践服务的狭隘观念。如此等等，对于流行的"实践美学"中客观存在的弊端和失误，其针对性不仅是合理的，而且应当予以重视。但是真理有它的尺度，须知跨过真理半步就会陷于谬误。

对于人的生命所具有的人的本质而言，应当说按唯物主义所理解的实践是具有本源性的，因为没有实践就没有人的生命活动，就没有人的生命表现和存在。尽管审美活动的原生机制在于生物即已存在的节律感应这种特殊的生命活动方式①，但是由于实践，一方面这种节律感应发生了质的跃迁，被赋予了人的内容、形式和主体性；另一方面，实践活动作为人的生命活动的主导内容所具有的更加丰富生动的节律形式，使之成了人类审美活动的重要领域。实践并不在审美之外。实践唯物主义美学出于其实践性品格，理所当然地要关注实践领域的审美关系，并自觉地给实践活动的美化以帮助。现代美学的一个伟大进步，就在于向生活实践的靠近，劳动美学、技术美学、教育美学、生态美学、环境美学以及政治美学、科学美学等的兴起，就是美学走向实践这一趋势的生动体现。

① 曾永成：《感应与生成——"感应论"审美观》，成都科技大学出版社，1991年。

中国的美学必须坚持这一取向，更深入更广泛地面向生活、介入实践，使我们的实践更符合美的规律，更具有精神超越的韵味，不仅美化生活，也美化人本身，从而把真正的幸福感带给实践的主体。对于绝大多数人来说，实践是他们生命存在的基础的和主要的内容。实践活动的美化所具有的意义是不言而喻的：这不仅是量上的扩展和丰富，而且有助于对生命整体质量的提高，还有助于审美价值观的校正。

把实践的生命意义仅仅局限于解决物质生活的匮乏，这种认识就更是狭隘和肤浅，竟然把人类的实践降到了动物觅食活动的水平。人之为人，主要在于精神上的成长：一方面，功能性的精神因素如智慧、知识、经验等，使之能认识和运用规律；另一方面，价值性的精神因素如政治、伦理观念和社会人生理想等，使之在人性生成方向上有所选择。实践离不开精神，而精神也在实践中生成和拓展。早在一个半世纪以前，马克思就明确指出："工业的历史和工业的已经产生的对象性的存在，是一本打开了的关于人的本质力量的书，是感性地摆在我们面前的人的心理学。……如果心理学还没有打开这本书即历史的这个恰恰最容易感知的、最容易理解的部分，那么这种心理学就不能成为内容确实丰富的和真正的科学。"他还批评了那种仅仅把宗教、政治和艺术与文学等等"理解为人的本质力量的现实性和人的类的活动"的观点。①人类的实践并不仅在于物质生产，还包括社会斗争(对现实社会关系进行调节的活动)和科学实验，这些活动从总体上正是为解决人与自然的矛盾、人与人的矛盾以及人与自我的矛盾，其中无不以精神因素占着主导地位，也无不表现出丰富多彩的精神景观。除了解决物质产品的匮乏外，实践之所以必要，还在于它能满足人的精神需要，生成人的精神世界，并为人的解放和真正的自由创造物质的和精神的必要条件。历史已经证明，没有各种实践及其发展，人既不能争得在自然面前的自由，也不能争得社会关系中的自由，更不能争得自我精神上的真正自由；即使个人由于精神力量的超拔而能在物

① 马克思：《1844年经济学—哲学手稿》，人民出版社，1985年，第84页。

质的困境中实现心灵的自由，也离不开个人和社会的实践所提供的必要条件，并往往以压抑和降低现实生命要求为代价。

当然，尽管实践从根本上决定着人的生命内容和水平，但毕竟不是人的生命存在的全部，何况由于人类实践发展水平的限制而在实际上还存在着的种种与人性相悖的事实。这就决定了不仅要在实践领域的美化上下功夫，还需要通过审美追求精神领域的生命自由体验，对实践中的偏枯与缺憾加以弥补和调适。由于闲暇时间的增多，这个问题已愈来愈为社会所关注。美学应当着力于对实践和闲暇两个领域中审美文化的互补和互动，更全面地介入人的生命存在。

离开实践去追求精神自由，本来是老庄到禅学的主旨。它们作为一种自我精神调节和释放的方剂，确实能发挥某种心理平衡和心灵抚慰的作用。但是，他们在高扬感性的同时实际上压抑和拒绝感性的冲动，在理性疏导中泯灭了理性的真实精神，结果是阻遏了生命的创造。把精神自由仅仅寄托于审美的幻觉，让审美陶醉所心许的"自由"取代对真正自由的追求，这种乌托邦化的美学不仅失去了其最深厚的生命源泉和现实依托，也模糊和失落了根本的价值取向。我们在这种美学中看到的不过是一些西方马克思主义者的思路，即从对现实实践的无奈无措而回到席勒的美学救世主义的乌托邦；甚至连"救世"的追求也没有而只是满足于"玩世"与"醉世"，这无异于走上一条自我幽闭之路。当今中国大地上正在掀涌的建设有中国特色社会主义的历史大潮，既空前地鼓荡着人们的感性生命活力，也在深刻地调适和变革着人们的理性生命秩序，生动地体现和印证着马克思实践唯物主义的生命精神。我们的美学如果自甘于"边缘"上的"清高"，那就不仅是理性的迷失，更是感性的萎缩。

80年代兴起于美国的"新历史主义"，在呼唤把历史引入文学本文即历史本文化的同时，也要求把文学引入历史，即本文历史化。其间固然有许多值得讨论的地方，但从根本上体现了一种对文学的实践性要求。这种对形式主义的超越所呈现的美学意向，对于我们这里的“超越”美学不啻一种清醒剂。我们应当十分珍惜在20世纪中期选择的“实践”这个理论基点，而决不能在“突破”和“超越”的名义下予以抛弃。现在需要的是回到实践唯物主义生命观和美学，才能真正超越“实践本体论美学”，把美学实实在在地推向前进。

（原载《四川师范大学学报》1998年第1期）

马克思主义实践观与当代美学问题

刘纲纪

审美与艺术历来是人类精神文化的一个重要方面，同时也渗透在人类的物质文化生活之中。20 世纪以来，美与艺术发生了重大变化，美学也相应地发生了重大变化。特别是在我们即将进入 21 世纪之际，如何来看待美与艺术在当代社会生活中的地位与作用，怎样来建设当代美学，是一个很值得认真思考的问题。

我国美学界从 50 年代初期开始，到“文革”前及“文革”后的 80 年代，围绕着美的本质问题展开了一场持续不断的大讨论。讨论的结果，在较多的人当中形成了一个基本的看法，即认为马克思主义哲学的实践观点应当是解决美学中各种问题的哲学前提或基础，并对实践与美和艺术的关系作了不少重要的探讨与阐发。我认为这是这次讨论取得的最重要的成果，从世界范围内马克思主义美学的发展来看，也是中国学者所作出的一个贡献。90 年代以来，一些同志一方面肯定了实践美学的贡献，另一方面又对它提出了各种质疑和批评，形成了被称为后实践美学的种种观点。与此同时，还有一些同志提出了审美文化问题，并进行了许多研究。这样，就在美学界形成了实践美学、后实践美学、审美文化研究多元发展的百家争鸣局面。

我个人一向是主张实践美学的，但我并不认为包含在这一概念下的各种观点都是完全正确的，也不认为实践美学已经很好地解决了美学中的各种问题。实际上，实践美学的主要成就在于它把马克思主义的实践观作为美学的哲学前提确立了下来，它为了完善自身还需要进行大量的研究工作。特别是面对着时代的日新月异的发展,实践美学必须有新的大的发展。后实践美学对实践美学的批评,有些触及了它的弱点。但我又不同意美学的新的发展需要放弃马克思主义的实践观点这个哲学前提。在我看来,正是马克思主义的实践观点的提出使传统的美学宣告终结,为一种真正新的美学的产生开辟了广阔的道路。

后实践美学对实践美学的一个带有共同性的、重要的批评,是认为它把审美活动与实践活动混淆或等同起来了。从马克思主义本身来看,从来只认为实践活动即是审美活动。毫无疑问,实践活动不是审美活动,但审美活动却又是从非审美的实践活动中产生出来的。历来许多美学家长期陷入的一大迷误,就是只看到和只强调审美活动与实践活动的差别,因而只从审美活动本身去说明审美活动,竭力要“从审美的活动中排除实践的活动”(克罗齐)。他们不知道也不承认,正如每一个人不是自己生出自己,而是由他人(父母)生出来的一样,审美活动也不是自己生出自己,而是由非审美的实践活动生出来的。劳动不是审美活动,但其中无疑存在着美。抗洪抢险也不是审美活动,但其中却存在着令人惊心动魄的悲壮之美。实践之所以产生了美就因为人类的实践活动(首先是劳动)是不同于动物活动的有意识、有目的的活动,因而是能够支配客观必然性的、创造性的、自由的活动。正是基于人类劳动与动物活动的本质区别,马克思、恩格斯都曾多次指出人是“自由的存在物”,他的活动是“自由的活动”。美就是人的自由在人创造他的生活的实践活动的对象、过程和结果上的感性表现。这种自由可以表现为,而且实际上常常表现为极为困苦、艰辛的活动,甚至表现为受难与牺牲,但只要有人的自由存在着的地方就会有美的存在。许多自然物的美看起来同人的实践创造活动没有关系,实际上仍然是人在长期的实践活动中改造了自然,使整个自然界与人类发生了亲密的关系,成为人的自由生活实现的条件和对象的结果。由于人类的实践活动不是孤立的个人的活动,而是结成一定社会关系的人们共同进行的活动,人只有在集体、社会中才能取得自由,因此美作为人的自由的感性表现同时也是人的社会的本质的实现。人的实践活动具有社会性,人只有在与他人的社会关系中才能实现自己的自由,这是美的极深刻的基础。抽象地讲,我们还可以说美是个体与"类"(人类)的统一。个体的存在是短暂的、有限的,"类"的存在是永恒的、无限的。个体的自由的实现不能脱离整个人类社会的发展,而且个体既然同时又是"类存在物",就不能只考虑个人短暂的生存,还要考虑子孙后代以至整个人类的生存。所以,奉献是美的,是人的社会性的伟大表现,特别是在人类处于艰难的时代。在西方,被血淋淋地钉在十字架上的耶稣之所以成为许多画家反复描绘的题材,原因就在于此。总而言之,人类为了争取自由而不断进行的实践活动是美的真正的、终极的、最后的根源。但在漫长的人类历史中,由于剥削阶级的统治与剥削而造成的劳动的异化,掩盖了劳动是人类生存的根基和劳动在本质上是人的自由的活动这一基本事实,从而堵死了从人类实践出发去认识美的根源的道路,使美成了一个"谜"。德国古典美学自康德开始已经在从自由与必然的统一来探讨美的本质,但只有马克思在黑格尔的启发下,第一次把这种统一放到了人类感性现实的实践活动的基础之上。如果我们承认实践是美与艺术的根源,那么当代的美学将怎样发展,什么是我们的时代所需要的新美学,就必须从当代人类社会实践(首先是物质生产实践)的新的发展中去找到说明。我只想简略指出,当代美学的发展不仅不会脱离实践的基础,使审美活动与实践活动日益分离开来,反而会使两者日益接近和相互交融。就中国当代而论,美学的发展不可能脱离建设中国特色社会主义的伟大实践。中国美学界,包括主张后实践美学的同志们,实际都在对此进行思考。我深信,从这种思考中,最终将会产生一种有世界意义的新美学。

后实践美学对实践美学的另一个重要的批评,是认为作为实践美学哲学前提的马克思主义的实践观还是一种理性主义的哲学,没有解决主客二元对立问题。因此,实践美学残留着或有极明显的理性主义印记,不懂得美的本质就是超越,美是超理性、超现实的。这里明显存在着两个问题,一个是对马克思主义哲学的理解,另一个是美与超越的关系。认为马克思主义哲学是一种"理性主义"的哲学,是一种很大的误解。仔细研究一下马克思、恩格斯的哲学论著,就会看到感性物质的自然界和作为自然界一部分的人的感性自然的存在是马克思主义哲学的根本出发点。在这一点上,马克思主义哲学与在它之前的唯物主义哲学没有什么差别。马克思主义哲学的划时代的重大贡献,是在指出人所生活的自然界以及作为自然存在物的人成为与动物不同的自然存在物,是人类实践在长时期中改变了自然和人自身的结果。所以,马克思说他的"新唯物主义"是"把感性理解为实践活动的唯物主义"。这就是马克思主义哲学的精髓所在。"感性"在马克思主义哲学中占有优先的地位,同时马克思主义哲学所说的实践活动既是有意识、有目的的活动,又是实际改变世界的感性物质的活动,而不是仅仅在观念、精神中发生的活动。这样一种活动,是变主观的东西为客观的东西、变观念的东西为物质的东西的活动,因此它正是哲学史上长期存在主客二元对立的真正消解。这个主客二元对立的消解问题是 20 世纪西方哲学中讲得很多的热门话题,实际上马克思、恩格斯在 19 世纪 40 年代就已提出和解决了这个问题(详见马克思的《1844 年经济学—哲学手稿》和恩格斯的《英国状况·十八世纪》)。这种解决不是如西方现代某些哲学家所说的那样,回到主客不分的原始混沌的状态。如果真的回到这种状态,人就成了动物或与动物差不多了。人之所以区别于动物,正因为他能把自己作为主体与客体区分开来,所以他的活动才是有意识、有目的的活动,从而才可能是自由的活动。所谓主客二元对立的消解决不意味着消灭主客的区分,而是要消灭主客的对立,使之达到统一。如马克思所指出,"思维与存在虽有区别,但同时彼此又处于统一之中"。这个统一的基础、中介、桥梁就是实践。马克思主义哲学认为从哲学认识论的意义上说,"理性"就是对客观世界的规律的理论认识;从伦理、道德、法律的意义上说,就是人的行为的社会规范。二者都来源于和决定于人的感性物质的实践活动的发展。如果“理性”脱离和阻碍了人的感性物质的实践活动的发展,从而脱离和阻碍了人类历史的发展,那么这种“理性”最后必然要被否定而产生出新的“理性”。因此,在感性与理性的关系问题上,马克思主义哲学既不是用某种抽象的“理性”来规定、说明人的存在和人的历史的“理性主义”也不是西方实践基础上感性与理性的关系历史的统一。审美与艺术即是这种统一的一个重要方面。它的特征是人的自由的理性直接呈现为人的感性,人的社会本质的实现直接成为人的个性、生命和情感的内在要求。但这又不是如有的学者所主张的那样,是存在于感性之外的理性不断积淀到感性中去的结果。在我看来,人的存在本身就包含了感性与理性两个方面,两者始终处在相互作用、相互渗透之中,但感性(人的肉体的生存和发展)又居于优先的、基础的地位。如果要讲审美的超越性,那么这种超越是指超越动物性的感性,超越理性与感性的外在对立(即理性成为感性的内在要求),超越单纯的实用功利要求的满足和纯粹物质性的消费与享受。这种超越在根本上又是为人类的实践活动,首先是由物质生产的发展所决定的。我们对美的追求也就是对自由、幸福、理想的追求,但这种追求不是虚幻的超越,也不是进入某种和理性绝缘的领域。虚幻的超越得到的只是虚幻,不是美。最离奇的想象也只有在它成为现实的人的自由理想的表现时才会有美。完全脱离理性的领域是一个神秘的宗教的领域,但就是宗教的艺术也是因为它在虚幻的形式下展现了人对自身的自由本质的追求才成为美的。非理性或反理性在西方 19 世纪以来的艺术中十分时髦。但非理性或反理性只有在它成为西方资本主义社会下现实的人的异化的揭露或抗议时才会具有某些价值。在我看来,这种非理性或反理性是西方资本主义社会下感性与理性发生了尖锐的矛盾冲突而无法得到解决的表现。它对这种矛盾的强烈的暴露有助于矛盾的解决,但矛盾的解决不是否定、取消理性,而是重建理性与感性的统一与和谐。

在后实践美学中还有一种发生了一定影响的观点,主张从生命的秘密中去找寻美的秘密。它也把马克思主义的实践观当作理性主义哲学来批判,并且认为实践原则是抽象的原则,只有生命原则才是具体的原则,美就是"超越性的生命"。生命与美的关系很重要,十分值得深入研究。但人正是通过劳动、实践而使人的生命与动物的生命区分开来的。抛弃实践原则就不会有人的生命,当然也不会有人的生命的美,而只有动物性的官能快感。马克思说:吃、喝、性行为等等,固然也是真正的人的机能。但是,如果使这些机能脱离了人的其他的活动,并使它们成为最后的和唯一的终极目的,那么,在这种抽象中,它们就是动物的机能。所以,实践原则不是抽象原则,相反,倒是脱离了实践的生命原则才是抽象原则。只要把人作为人来看,人的生命是通过人的实践活动而表现出来的。当实践的活动呈现为生命的自由活动,生命就成为美的。当然,植物、动物的生命也有美,但这美是对人而言的,并且是因为它成为人的自由的生命活动的条件和对象才是美的。

(原载《光明日报》1998年10月23日理论版)

审美的超实践性与超理性

——与刘纲纪先生商榷

杨春时

关于超越实践美学的讨论已经进行几年了，这场讨论有力地推动了当代中国美学的发展。值得注意的是，刘纲纪先生的文章《马克思主义的实践观与当代美学问题》①以及其他几位美学同行的文章的发表，使这场讨论又有所深入。刘先生是实践美学的主要代表人物之一，他的文章具有权威性。这篇文章对“后实践美学”进行了反批评，其中主要篇幅是针对我的观点（超越论美学）。我认为有必要继续与刘先生商榷，以求得刘先生及同行们的指教。

首先是审美的超实践性问题。我对实践美学的批评首先是它把实践与审美同一起来，从实践活动中寻找审美的本质，从而抹煞了审美的超实践性。刘先生辩解说，实践美学并没有认为实践活动就是审美活动，而是主张实践是审美的根基、源泉，并由此得出实践与审美本质上同一性、实践活动的自由性质、决定美的自由性质、美是“自由的感性表现”。确实，实践美学没有说实践就是审美，但它却由实践产生美，推导出实践决定审美，实践与审美具有同质性（自由性）的结论。而我所批评的，正是实践美学在实践中寻找审美本质，把实践与审美本质等同的错误。刘先生在实践与审美关系上有几点不妥：第一，所谓实践是美的根基、源泉，实践创造了美的命题就不全面、准确。实践是社会物质生产（有些人把精

---

① 《光明日报》1998年10月23日。

神生产也列入实践内容,把实践内涵无限扩大,这不符合马克思原意,也不符合实践美学主要代表人物的观点),它只是人类全部生存活动之一种。人类有三种生产:人类自身的生产、物质生产和精神生产。物质生产以人类自身生产为基础,精神生产又以物质生产为基础,三种生产构成了人类生存方式,而且成为审美产生的全部社会现实基础。刘先生说:"审美活动也不是自己生出自己,而是由非审美的实践活动生出来的。"这句话前半句是对的,后半句却不对。生出审美活动的并非物质生产(实践活动),审美起源并非"劳动创造了美"那么简单,物质生产也不可能创造美这种精神产品。审美起源至少包括三个方面:其一,审美的原型(母体、前身)——原始巫术活动(原始文化与原始意识)。其二,审美活动的社会现实基础——包括社会实践在内的全部人类生存活动。其三,审美发生的内因——人类超越现实的自由要求。其中实践(物质生产)只是审美的社会现实基础之一,而非审美起源的全部。长期以来,劳动创造美之说盛行,不仅把审美起源简单化,抹煞了审美原型和内因等方面,而且作为社会基础的其他方面,如性爱与审美的密切关系,都被忽略。同时,也把原始劳动与社会实践相混淆。当然,实践起着重要的社会现实基础作用,离开实践活动就不可能有审美的起源,但毕竟不能把审美起源问题简化为实践创造了美。实践与审美之间不具有简单的、直接的因果关系,实践只是审美产生的重要外部条件之一。

第二,刘先生进行了不正确的逻辑推理。他由"实践产生了美"推导出"实践性质决定了美的性质"和"实践的性质等同于审美的性质"的结论。这种推导过程是不合逻辑的,因为即便承认"实践产生了美"这个命题为真,也不能得出以后的结论,前者是审美起源问题,后者是审美性质问题,二者不能混同。正如说"原始劳动产生了(转化为)实践活动",不能由此得出"原始劳动决定了或等同于实践"的结论一样。由于命题转移,审美与实践关系由发生论变成了决定论,最后又转变为还原论,即把审美还原为实践,从实践中寻找美的本质。

第三,刘先生误解了实践的性质,因此也误解了美的性质。刘先生肯定了实践的自由性质，并由此得出审美的自由性。他没有看到实践的两重性，即实践既是人类自由的物质前提，同时它本身又不是自由的活动，因为实践还局限于物质生产领域，还体现为异化劳动，还不是真正个性化活动，因此马克思才说："……自由的王国只……存在于物质生产领域的彼岸。"①所谓物质生产领域的彼岸，显然不指物质实践活动，而是指纯粹的精神活动。实践为自由开辟了道路，但自由既不是实践本身，也不是实践的直接产物，自由是超越性的精神创造。自由不能仅归结为对必然的认识和改造（这是古典哲学的理性主义命题），自由有更深刻的精神内涵，它是对现实的超越，对实践的超越，对感性与理性的超越。审美的自由性不在于实践的自由性，不是实践派生出来的，而是在实践创造的物质前提下，克服物质实践和现实生存的局限性进行的精神超越活动。审美与实践的差别是本质性的，审美不是实践的决定物，而是超越实践，超越现实生存的活动。正是实践的不自由性而不是实践的自由性才产生了自由的审美活动。刘先生对实践与审美的同质性的肯定，也带来实践美学的其他弊病，如以实践的物质性、社会性、现实性、理性，代替了审美的精神性、个体性、超越性、超理性，而这种结论不符合审美实际，已为审美经验所推翻。刘先生批评传统美学只看到审美与实践的差异，看不到二者的同一性。我也想说，实践美学只看到审美与实践的同一性，而无视二者质的差异。实践美学的最大弱点就在这里。无视审美的超实践性，也就抹煞了审美的最基本的品格。

其次，是审美的超理性问题。我批评实践美学具有理性主义倾向，这是由实践范畴的理性性质推导出来的。刘先生提出三点驳难：其一，实践是感性物质活动，审美是感性与理性统一。其二，实践解决了主客二元对立，但不能消除主客差异。其三，理性不能超越，只能发展。

实践范畴是否具有理性性质，实践美学是否具有理性主义倾

① 《马克思恩格斯全集》第25卷，第926页。

向？首先要明确什么是理性和理性主义。理性指人类掌握世界和控制自身的精神力量，体现为科学和价值体系。理性主义则是指对理性绝对信任的思想模式，它认为世界可由理性把握(科学主义)，人是理性动物(道德主义)。现代科学已证明了人并非理性的动物(弗洛伊德)，世界也不是理性对象。现代哲学也扬弃了古典哲学的理性主义，在更深层面上探索存在的意义。所谓现代哲学的非理性倾向，也绝非只有消极意义(如刘先生所说的暴露和抗议资本主义异化)，而是对古典理性主义局限性的反思和批判，是对人的存在的更深层的思考。理性不只对感性而言，还对非理性或超理性而言，非理性是对无意识领域而言，超理性指超验的形而上的领域。审美应属于超理性活动。古典哲学不承认非理性和超理性，只承认感性与理性，而感性又是在理性支配之下，理性是感性的概括、规范。这样，即使承认感性，也属于理性主义。实践美学也只在感性——理性二元结构中徘徊，它不承认非理性和超理性，认为非理性只具有消极意义。因此，无论它把审美归结为感性还是理性，或是感性与理性的统一，都属于理性主义范畴。

确如刘先生所言，实践具有感性性质，但它又是在理性指导下的(有目的的、自觉的、社会集体的)活动，它不是非理性或超理性活动，按照刘先生推论，审美也是“在人类实践基础上感性与理性的具体历史的统一”。这就是说，实践美学认为审美不具有超理性，当然更不具有非理性，因而它带有理性主义印记。事实上，实践美学是肯定审美的理性本质的，感性不过是理性的形式。实践范畴是一个理性主义概念，它被确定为人的本质的对象化活动，被当做解决人类生存困境，实现自由的途径，这种乐观精神正是理性主义的特征。另一位实践美学主要代表人物李泽厚主张美是实践历史过程中理性向感性的积淀的产物，刘先生则认为“人的自由的理性直接呈现为人的感性”，仍然未脱感性形式、理性内容或感性现象、理性本质的框架。所谓“感性与理性的统一”并不能揭示审美的本质特征，因为人类一切现实活动都是感性与理性的统一。审美不是感性活动，也不是理性活动，也不是感性与理性相统一的活动,而是超理性的活动。人类精神除了有感性、理性之维外,还有超理性之维,超理性不是非理性(无意识),而是自由的精神。审美和哲学都是超理性活动,它们具有超现实的形而上性质。审美意识是无意识的升华,是审美理想的创造物,它高于感性意识和理性意识。审美的超理性在于它对感性、理性局限性的克服,对现实的批判,超验性的思考,对生存意义的领悟。刘先生说理性不能超越,只能由一种理性取代另一种理性,否认超理性的存在,把人限制于感性——理性桎梏中,正是否认了人类的自由本性和超越能力,也否认了审美的超越性、自由性,而这正是一种理性主义的表现。

关于实践美学的主客对立二元论问题,刘先生辩解说,实践克服了主客二元对立,但不能消除主客的区分;实践美学只是主张实践消灭主客对立,达到二者统一。事实上,只要主客区分存在,就是主客对立二元论,实践论并不能彻底摆脱这种二元论,这是由实践的物质性、社会性决定的。现代哲学已经摒弃了主客对立二元论,而由存在一元论或现象一元论取代之。实践美学由于未能克服主客对立二元论,把美当做一种客观的社会属性,美成为个体主体之外的一种客观对象(尽管它又是人类集体实践的产物)。事实上,实践美学没有解决美的主客观性的二律背反。美作为个体审美对象既非主观,亦非客观,在审美中主客同一、物我不分,美是审美主体(审美个性)的充分对象化。这种主客不分的境界不是实践创造的,它是精神性的超越努力的产物。审美的无差别境界,也证明实践美学理论之脱离审美实际,它不能在实践论基础上解决主客对立问题。

实践美学与后实践美学的争论,根源于不同的哲学本体论的差异。实践美学把实践作为本体论基本范畴,由实践演绎出审美的性质。超越论美学以生存为本体论范畴,生存是主客同一范畴,它并不是现实存在,而是超越性的可能的存在,即它是指向自由的。审美作为自由的生存方式,克服了现实存在的障蔽,回复了本真的存在,是生存的超越性的最完美的体现。因此,超越性才是审美的本质属性。

(原载《学海》2001 年第 2 期)

生命美学与实践美学的论争

潘知常

生命美学是后实践美学的重要派别。90 年代伊始，生命美学与实践美学由于美学取向的根本差异而展开论争，并且取代始自 50 年代的美学界四大学派之间的论战而成为 90 年代中国美学界最为重要的论战之一。对此，北京大学哲学系阎国忠教授认为：它"虽然也涉及哲学基础方面问题，但主要是围绕美学自身问题展开的，是真正的美学论争，因此，这场论争同时将标志着中国（现代）美学学科的完全确立"（《文艺研究》1997 年 1 期《评实践美学与生命美学的论争》）。

这场论争的实质，是对于马克思主义实践原则的理解以及马克思主义实践原则与美学研究的关系问题。

首先，事实上，论争双方都并不反对马克思主义的实践原则，根本的分歧在于如何理解这一原则。众所周知，在美学界，事实上存在着三类与实践原则相关的美学，一类是马克思本人的"实践的唯物主义"的美学，一类是以马克思主义实践原则作为自己的某种理论基点的种种美学（其中也包括生命美学），第三类是 80 年代流行的"实践本体论美学"（以李泽厚、刘纲纪先生为代表）。美学界所谓"实践美学"从来都是指的"实践本体论美学"，生命美学所与之商榷的"实践美学"也只是"实践本体论美学"。因此，对实践美学的实践原则的批评完全不同于对马克思主义的实践原则的批评。而生命美学之所以要如此，并不是由于实践美学以马克思主义实践原则作为理论基点，而是由于实践美学尽管已经取得相当的成绩,但是对于马克思主义实践原则的阐释却有其重大的缺陷。例如理性主义、目的论、人类中心论、审美主义,等等。鉴于它们在美学界已经产生的广泛影响,倘若不予以认真清理,便无法推动美学自身的发展。实践美学的这一缺陷,在论战中经过广泛的讨论,目前已经程度不同地取得了双方的共识。最有力的例证,就是即便是竭力维护实践美学的学者,也已经承认实践美学自身确实存在着重大的缺憾。

由此可见,生命美学对实践美学的实践原则的批评是切中了要害的,也是善意的。不过,目睹实践美学的尴尬之后,一些学者所提倡的"改造"或者"超越"实践美学,却仍旧令人疑惑重重。实践美学有其特定的内涵,那种以自己对实践原则的理解来僭代实践美学对实践原则的特定理解并且宣称是在"改造"实践美学的作法,我认为在论争中不宜提倡。须知,实践美学是有其特定的理论框架的,对它的"改造"也必须遵循这一框架,因此并不是任何一种以马克思列宁主义实践原则作为自己的某种理论基点的美学都可以转而自称为"实践美学"的——哪怕是被"改造"后的"实践美学"。至于"超越"实践美学的提法,我也并不赞成。因为假如实践美学等于美学,那显然无须超越也不必超越。假如实践美学只是美学中的一种,那显然无须超越也不必超越。不同美学观点之间,应该是一种平等共存(而不是超越)和对话(而不是对抗)的关系。彼此都因为自己存在局限而被对方所吸引,又因为自己存在长处而吸引对方,从而各自到对方去寻找补充。在这方面,那种"谁胜谁负""定于一尊"甚至"唯我独尊"的意识,对于论争中的任何一方,都显然是不可取的。

其次,就马克思主义实践原则与美学研究的关系而言,实践美学把实践活动与审美活动等同起来,无疑也是错误的。在这方面,生命美学与实践美学之间同样有着根本分歧。不过,需要强调的是,在论争中有的学者望文生义地在生命美学的"生命"上大做文章,把生命美学曲解为是对离开实践活动的生命活动的强调,甚至是对于人的非理性、动物性的强调,或者把生命美学与西方的生命哲学等同起来，结果是断言生命美学否认马克思主义实践原则对于美学研究的指导作用，是从实践原则基点“倒退”，这显然是不正确的。从 80 年代中叶开始的生命美学的全部历程证明，它从未忽视过对于马克思主义实践原则的强调，也从未片面强调过人的非理性、动物性，更时时都在注意划清生命美学与西方生命哲学的根本界限。事实上，生命美学与实践美学的根本区别在于：实践美学把实践原则直接应用于美学研究；生命美学则只是把实践原则间接应用于美学研究。生命美学强调，在美学研究中，要从实践原则再“前进”一步，把它转换为相关的美学原则，并且在此基础上，从把审美活动作为实践活动的一种形象表现(实践美学)，转向把审美活动作为以实践活动基础的人类生命活动中的一种独立的以“生命的自由表现”(马克思语)为特征的活动类型，并予以美学的研究。由此入手，不难看出实践美学的不足。实践美学只是从“人如何可能”(实践如何可能)的角度去阐发“审美如何可能”，是从“审美活动与实践活动之间的同一性、可还原性”开始的对于人如何“实现自由”(马克思语)的一种非美学的考察。然而，在美学研究中，完全可以假定人已经可能，已经在哲学研究中被研究过了，而直接对审美如何可能加以研究。打个比方，人当然是从动物进化而来，但假如认为对于动物的研究就可以僭代对于人本身的研究，岂非本末倒置？实践美学的不足恰恰在于把“人如何可能”与“审美如何可能”等同起来，并且以对前者的研究来取代对于后者的研究。因此实践美学往往从“实践活动如何可能就是审美活动如何可能”这样一个内在前提出发，把“审美活动如何可能”这类美学意义上的问题偷换为“审美活动如何产生”这类发生学意义上的问题，把对于审美活动的“性质”的研究偷换为对于审美活动的“根源”的研究，其结果，就是在实践美学中真正的美学问题甚至从来就没有被提出，更不要说被认真地加以研究了。生命美学与实践美学的分歧恰恰在这里。它强调在美学研究中必须将“人如何可能”与“审美如何可能”区别开来，将“人如何可能”深化为“审美如何可能”。在生命美学看来，“实践如何可能”并不直接导致“审美如何可能”。审美活动虽然与实践活动有着密切的关系,但却毕竟不能被简单还原为实践活动。实践活动是审美活动得以产生的必要条件,但却毕竟并非审美活动本身。实践活动虽然规定了审美活动的“不能做什么”,但却并没有规定审美活动的“只能做什么”,在“不能做什么”与“只能做什么”之间还存在着一个广阔的“生命的自由表现”的空间、一个无穷的自由地体验自由的天地。而这,正是审美活动的广阔疆域,也正是美学之为美学的独立的研究对象。因此,生命美学强调的是“审美活动如何可能”(审美活动如何为人类生命活动所必需),是从“审美活动与实践活动之间的差异性、不可还原性”开始的对于人如何“自由地实现自由”(马克思语)的一种美学的考察。显然,只有如此,美学才真正找到了只属于自己的问题,也才真正完成了学科自身的美学定位。当然,生命美学的这一研究目前还不尽成熟,还有待继续完善,不过,对于一个新理论来说,这,毕竟并非它的缺点,而是它的优点,至于它的成熟,则是完全可以预期的。

(原载《光明日报》1998 年 11 月 6 日理论版)

实践美学体系的三重矛盾

陈望衡

在当前关于实践美学的讨论中，持批评观点的人士认为实践美学“残留理性主义印记”，过多地强调实践的物质性和群体性，有“决定论”、“现实化”倾向，而不同意这种批评的学者从李泽厚的著作中找出强调感性、心理本体、个体及偶然的言论，否定上述的批评。笔者认为，李泽厚的实践美学中上述两个方面的言论都能找到，各据一方的相互批评是没有多大意义的，重要的是李泽厚美学(及其哲学)的体系。如果不是执著于个别文字，而是从体系上去考察，应该实事求是地承认李泽厚的美学的确有某种难以自圆其说的矛盾。以下就“工具与心理”“群体与个体”“理性与感性”三方面略加论述。

一、“工具”与“心理”

我们注意到李泽厚在写于90年代的《第四提纲》中提出要“建构心理本体特别是情感本体”的主张，这大概是李泽厚最新的学术观点了。往前追溯，70年代末80年代初李泽厚已开始注意人类内在的心理结构问题的重要性。1981年发表的《康德哲学与建立主体性论纲》说：“不是外部的生产结构，而是人类内在的心理结构问题，可能日渐成为未来时代的焦点，教育学——研究人的全面成长的发展的科学，将成为未来社会的最主要的中心学科，而这些，都恰好就是马克思当年期望的自然主义＝人本主义，自然科学和人文科学成为同一科学的伟大理想。”

应该说,李泽厚是希望与时俱进的,他敏锐地发现20世纪人们所普遍关心的问题已与上个世纪有很大的不同。他说:“原来被悬搁的问题在当今凸显,标志一个新纪元;‘人如何活’(人能活下去)大体已经或快要不成问题,所以对它提出强大的质疑。”①那么,原来被悬搁如今被凸显的“人为什么活”(即活的意义)就成为当今世界普遍关心的问题之一。美的问题显然属于这一问题。也正是因为世界形势发生了这样大的变化,作为时代精神集中体现的哲学也就必然随之有所改变,它要回答现实提出的问题。应该说,“人为什么活”的问题也不只是本世纪才有,在人类诞生之初,这问题就存在,一直没有彻底解决,并且永远不会解决。每个时代对此的回答都不相同,但又有连续性,由此构成了人类的精神之长河。与过去的时代不同,在人类生存问题(即活着)不显得那么迫切、严重的当代,精神问题突出了。资本主义生产关系在进行新的调整之后显示出新的生命力,科学技术的高速发展,似乎一下子将人们推入一个神奇而又荒诞的陌生世界。人性的分裂、异化比马克思所处的时代复杂得多、深刻得多了。人们普遍感到惶惶不安、自我在不同程度上丢失。命运——这可怖的恶魔在经受19世纪科技进步的沉重打击之后,以千百倍的凶恶卷土重来,人们发现自己并未操纵命运,而命运一直在操纵我们。偶然,比必然更让人触目惊心!一觉醒来,谁知道这世界会变成什么样子呢?明天这时候的我究竟怎样,谁也说不准。正是在这种背景之下,生命主义哲学、存在主义哲学、现象学哲学应运而生。他们的具体主张、观点虽然有异,但有一点却是共同的,就是普遍关注人的精神自由,关心人活着的价值和意义。

我们知道,李泽厚长期来研究马克思主义,其哲学思想基本上来自马克思。而马克思哲学产生于十九世纪,虽然与近现代西方哲学不无联系,但毕竟有很大不同。马克思的哲学更多地关注“人

① 李泽厚:《第四提纲》,《学术月刊》1995年第10期。

如何活”,体现在哲学体系中,人类的物质生产实践占据了重要的地位,成为哲学中的本体。生产实践是物质性的活动,重在客观,由于这种实践活动突出制造、使用工具的意义,因而作为人性的根本又被称之为“工具本体”。李泽厚的哲学是按照马克思哲学构建的,不可能不重工具本体。而现在李泽厚又要回答当代世界人们所普遍关心的精神自由问题,又不得不从近现代西方哲学中请出“心理本体”来。殊不知马克思哲学与近现代西方哲学存在巨大的矛盾不是简单地综合所能解决的,于是,我们在李泽厚的哲学中经常看到“工具本体”与“心理本体”的交锋。

在建构美学体系时,李泽厚是十分明确、自觉地以人类的物质生产实践为逻辑起点的。他说:“美的本质、根源来于实践,因此才使得一些客观事物的性能、形式具有审美性质,而最终成为审美对象。这就是主体论实践哲学(人类学本体论)的美学观。”①在五六十年代,他在谈美的本质时,一度用过“人的本质对象化”的提法,为了避免人们把这个定义误解成精神的对象化,他放弃了这个提法,而改用“自然人化”。他重申他“讲的‘人的本质对象化’本是指上述物质性的现实实践活动,主要是劳动生产。”②为了与好些也讲“实践”、讲“人的本质对象化”、讲“自然人化”的美学思想区分开来,李泽厚说:“在美的探讨中,虽然好些人都讲实践,都讲‘人的本质对象化’,都讲‘自然的人化’,其实大不相同。有的是指意识化,讲的是精神活动、艺术实践,有的是指物质化,讲的是物质生产劳动实践。我讲的‘自然人化’正是后一种,是人类创造和使用工具的劳动生产,即实实在在的改造客观世界的物质活动;我认为这才是美的真正根源。”③

话说得再透彻不过了。他不仅强调物质生产实践即劳动是美的本质、根源,还强调这种实践是“实实在在”的、物质性的。

那么心理呢?它有着怎样的地位?李泽厚在谈人的主体性时,

①②③ 李泽厚:《美学四讲》,生活·读书·新知三联书店,1989年,第63、72、73页。

说主体性的概念包括有两个双重内容和含义,第一个“双重”是:它具有外在的即工艺—社会的结构面和内在的即文化—心理的结构面。第二个“双重”是:它具有人类群体(又可区分为不同社会、时代、民族、阶级、阶层、集团等等)的性质和个体身心的性质。这四层中,李泽厚明确说:“这两个双层中的第一个方面,亦即人类群体的工艺—社会的结构面是根本的起决定作用的方面。”①既然人的文化—心理的结构面是处于被工艺—社会的结构面所决定的地位,它还能成为“本体”吗?还值得那样关注、重视吗?

事实上,人类的文化—心理结构,在李泽厚看来对于美的创造是不具意义的,“不是象征、符号、语言,而是实实在在的物质生产活动,才能使人(人类和个体)能自由地活在世上。这才是真正的‘在’(Being),才是一切‘意义’(Meaning)的本根和家园。”②那么在美学中人的文化心理就完全没有什么作用了吗?也不是的。李泽厚认为人的主观意志、情感、思想“只能在美的现象层即构成审美对象上起作用。”③李泽厚很强调“美”与“审美”的区别,认为美是客观的,审美是主观的。先有了客观的美,然后才有审美的主观活动。这样一来,力主主体论的李泽厚又回到反映论的立场上去了。这种美在先美感在后,割裂审美创作与审美欣赏的说法也让人困惑。事实上,离开人的审美活动,不要说美感不会产生,连美也不会产生。美与美感均是审美活动的产物,它们的区别是相对的,只是一个侧重于物,一个侧重于心。从某种意义上讲,美就是美感的物态化,而美感则为对美的内心体验。

现在我们回到这节开头说李泽厚主张建构心理本体特别是情感本体的问题。按李泽厚的说法“人因依附在、屈从在‘人活着’而必需的工具本体和客观社会性的重压下,从而寻找被‘遗忘’了、‘失落’了的‘自己’来询问活的意义”,也就是说来寻找“心理本体”

---

① 李泽厚:《关于主体性的补充说明》,《李泽厚哲学美学文选》,湖南人民出版社,1985年,第165页。

②③ 李泽厚:《美学四讲》,第71、73页。

了。这诚然是明智之见。问题是,一家不能二主,既以工具为本体,又何容心理为本体?物质生产实践是美的创造者,情感、思想顶多只是在美的欣赏、消费上发生作用,心理又怎能取得与实践同等的地位呢?要建构心理本体,势必要与工具本体发生冲突,要么保留工具本体,要么保留心理本体,必居其一。笔者认为,美学与人学虽有联系,但毕竟是两回事。就人学的建构来说无疑应以工具为本体,而就美学的建构来说,则应以心理为本体,特别是以情感为本体。工具本体、心理本体他们的共同点或者说共同旨归则是确证人的自由本质。然而工具本体要确证的人的自由是实践的自由,即对必然的掌握,合规律性与合目的性的统一;而心理本体要确证人的自由是精神的自由,它超越了真(必然性、合规律性),也超越了善(应然性、合目的性),是一种自由想象、自由情感、自由体验。

二、"群体"与"个体"

李泽厚在群体与个体的问题上同样陷入尴尬。在著名的《第四提纲》最后一节,他说:"人毕竟是有个体的。历史积淀的人性结构(文化心理结构、心理本体)对于个体不应该是种强加和干预,何况'活着'的偶然性(从生下来的被抛入到人生旅途的遭遇和选择)和对它的感受将使个体对此本体的承受、反抗、参与,具有大不同于建构工具本体的不确定性、多样性和挑战性。"在发表于八十年代初的《康德哲学与建立主体性论纲》中,他也谈到应重视个体,重视偶然。这些笔者认为是很对的,问题同样是,这些重视个体的言论很能融入李泽厚的哲学—美学体系之中。

从哲学—美学体系上来说,由于李泽厚强调物质生产实践为本,那就必然突出群体的地位和意义。

首先,那种作为社会本体也造就了人类主体性的实践不是指个体实践,而是指群体实践。李泽厚认为"社会群体的生产实践是人类第一个历史事实。"①也正是这种实践,使人与动物区分开来,造

① 李泽厚:《关于主体性的补充说明》。

就了人的本质,同时也创造了美。李泽厚说:"不是个人的情感、意识、思想、意志等'本质力量'创造了美,而是人类总体的社会历史实践这种本质力量创造了美。"①"所谓社会美,不单是指个人的行为、活动、事功、业绩等等,而首先是指整个人类的生长前进的过程、动力和成果。"②

其次是作为人性之一的人类文化心理结构性质的问题。李泽厚认为也有着集体和个人两方面或两层次。在这两方面或两层次中,何者最重要,是基础的决定性的方面呢?李泽厚认为是群体。他说:"首先又毕竟是作为'大我'——人类群体的文化心理结构问题。……与物质生产一样,我仍然坚持,如果没有集体的社会意识的活动形态,即如果没有原始的巫术礼仪活动,没有群体性的语言和符号活动,也就不可能有区别于动物的人的心理。"③

李泽厚当然也不抹杀个体的主体性,甚至还说"应该看到个体存在的巨大意义和价值将随着时代的发展而愈益突出和重要。"④但他强调这种个体的主体性是受制于群体主体性的,个体永远只是群体的一员,个体存在的巨大意义和价值只有化入群体的事业才能充分显示。

李泽厚以上这些看法与马克思的观点不太符合。马克思一方面说人是"类的存在",但另一方面则强调人是个体的存在。他不认为这两者有什么决定与被决定的问题。他说:

> 个人是社会的存在物,……人的个人生活和类的生活并不是各不相同的,尽管个人生活的存在方式必然地是类的生活的较为特殊的表现或较为普遍的表现,而类的生活必然地是较为特殊的个人生活或者较为普遍的个人生活。⑤

---

①② 李泽厚:《美学四讲》,第73、80页。

③ 李泽厚:《关于主体性的补充说明》。

④ 李泽厚:《康德哲学与建立主体性论纲》,《李泽厚哲学美学文选》,第159页。

⑤ 马克思:《1844年经济学—哲学手稿》,人民出版社,1979年,第76页。

类的生活与个人的生活不是各不相同的,正是许多的个人生活组成了类的生活。类的生活其实并不存在,它只是一种抽象,正如人并不存在,只有单个的人存在一样。马克思还说:"如果说人是一个特殊的个体,并且正是他的特殊性使他成为一个个体和现实的、单个的社会存在物,那么,同样地他也是总体、观念的总体、可以被思考和被感知的社会之主体的、自为的存在……"①这里实际上提出一个方法论问题:考察社会,首先是从一个个活生生的人出发,还是从抽象的人出发?马克思显然是先注重一个个活生生的人即特殊的个体,从这种特殊的个体出发去把握普遍的总体的。李泽厚似与之不同,他首先注重的是社会群体,其次才是群体中的个体。

与群体、个体问题相关的是"人的本质对象化"的问题。李泽厚说的"人的本质对象化"或"自然人化",其"人"是指人类或者抽象意义上大写的人。而马克思则强调"对象化"的个体性质。他说:"随着对象性的现实在社会中对人说来到处成为人的本质力量的现实,一切对象也对他说来成为他自身的对象化,成为确证和实现他的个性的对象,成为他的对象,而这就等于说,对象成了他本身。"②人的本质的对象化其现实性只能是单个人的对象化、对象总是单个人的对象。马克思这一说法与总是在抽象意义上谈"人的本质力量对象化"、谈"自然人化"的李泽厚有很大不同。

李泽厚强调是"人类总体的社会历史实践"创造美,无异于是说有一种全人类总体都承认或都应该承认的美存在。事实上,这种美并不存在。人类总体的社会历史实践的确创造了巨大的物质财富、精神财富,创造了文明。但这一切尚不能说成是美,美是离不开审美活动、离不开审美情境的。而任何审美活动、审美情境只对单个人具有意义,也就是说没有全人类共同的审美活动、审美情境,如果要说有,那只是一种抽象。马克思说:"我的对象只能是我

①② 马克思:《1844年经济学—哲学手稿》,第76、78—79页。

的本质力量之一的确证。"①"对于不辨音律的耳朵说来,最美的音乐也毫无意义,音乐对它说来不是对象。"②离开个体的审美活动和个体的审美情境,我实在不知道还有何美存在。这也许是美这种人类最高的精神产品特殊的地方吧!

当然,李泽厚并不否定审美的个体性,甚至还说:"在审美艺术中最先突出表现的是个性的独特性、丰富性、多样性。"但李泽厚将美的个性只限于审美领域,而在美的领域则似乎不存在个性了。按他的美学逻辑,美的本质是人类群体创造,美的现象则是个体创造。这样做,将审美与美、美的现象与美的本质、美的创造与美的欣赏割裂开来了,似乎不那么妥当。

在五六十年代,李泽厚哲学—美学体系中相当自觉地抬高群体,贬低个体,到七八十年代,他感到这种说法欠妥当了。但是他的体系还是五六十年代奠定的,没有根本性的改变,这样,他想将个体、偶然移到体系中去就存在困难。于是他不能不对他的原体系作些修补。他的"寻找"说,可以视为修补之一种。何谓"寻找"说?这是李泽厚在《关于主体性的补充说明》一文中提出来的。他说:"不是必然、总体来主宰、控制或排斥偶然个体,而是偶然个体去主动寻找、建立、确定必然、总体。"这里关于偶然和必然、个体和总体的关系的说法就没有那种决定论的味道了,"主宰""控制""排斥"这样的字眼一概废弃,"必然""总体"处于被动的地位,竟由"偶然""个体"主动地去寻找、建立。事情完全倒了个!先前是必然决定偶然,总体决定个体,现在是偶然去确定必然,个体去确定总体。我完全赞成这个说法,问题是:李泽厚的"寻找"说仍然游离于他的体系之外,无法真正地发挥作用,因此"寻找"是落空的。

三、"理性"与"感性"

对实践美学的批评,其中有重要一条即存有"理性主义印记"。

①②　马克思:《1844年经济学—哲学手稿》,第79页。

这点许多持实践美学观点的人不同意。原因是,李泽厚也谈了很多“感性”,甚至提出建立“新感性”,高呼“新感性万岁”!那么是不是批评错了呢?

问题出在作为李泽厚实践美学重要理论支柱的“积淀”说上。李泽厚最早提出“积淀”说是在1979年出版的《批判哲学的批判》中。在这部著作中,李泽厚概括出“积淀”说的内容,即:理性积淀为感性,内容积淀为形式。在1984年出的修订版中,又增加了一段很重要的话:“人性也就正是这种生物性与超生物性的统一。不同的只是,认识领域和伦理领域的超生物性质经常表现为感性中的理性,而在审美领域,则表现为积淀的感性。在认识领域和智力结构中,超生物性表现为感性活动和社会制约内化为理性;在伦理和意志领域,超生物性表现为理性的凝聚和对感性的强制,实际上都表现超生物性对感性的优势。在审美中则不然,这里超生物性已完全溶解在感性中。”[①]这段文字的内容展开在同一时期写的《康德哲学与建立主体性论纲》和《关于主体性的补充说明》之中。

李泽厚是试图将美学与认识论、伦理学区别开来的。他认为认识论所要建立的智力结构和伦理学所要建立的意志结构都是理性的,只是一个表现为“理性的内化”,一个表现为“理性的凝聚”,而惟有美学所要建立的审美结构为“理性的积淀”,那种超生物性的东西(主要为理性)已完全溶解在感性中了,怎么能说李泽厚的美学不重视感性呢?

是的,李泽厚没有否认审美的感性性质,他只是强调这感性是理性的积淀,也就是说是理性转化而来的。问题也就出在这里。李泽厚所要建立的新感性,其根源倒不在感性,而在理性,理性成为新感性的本质。

这个说法就值得商榷了。人性应是理性与感性的统一,两者之中,不是理性,而是感性是人性的基础。人首先是感性的存在,在与动物相脱离的过程中逐渐增加理性,这理性也不是外面加进去

① 李泽厚:《批判哲学的批判》,人民出版社,1984年,第413页。

的，而是感性的发展、升华、转化的产物。如果说这也可用“积淀”这个概念，那就是感性积淀为理性。只有先有感性积淀为理性，才谈得上理性积淀为感性。感性与理性可以互相生发、转化、积淀，但感性是基础，是本，这是不言而喻的。

马克思也正是这样看待问题的。马克思认为“直接的感性的自然界直接地就是人的感性”。①自然界作为人的第一个对象是感性的；与之相关，人自身也是感性的。马克思强调人是感性的存在物，这不只是谈人的现象性存在，也是谈人的本质性存在，就是说人的本质也不应理解成抽象的理性，而应充分考虑到人的感性。他说：“对象性的东西在我身上的统治，我的本质活动的感性的爆发，是在这里进而成为我的本质之活动的情欲。”②他甚至径直说，“人作为对象性的、感性的存在物”，“是有情欲的存在物”，“情欲是人强烈追求自己的对象的本质力量。”③

应该从人作为感性的存在物出发，进而谈感性升华到理性，理性积淀为感性。李泽厚“积淀”说的毛病，主要是忽视了人首先是感性的存在，又忽视了在理性积淀为感性之前和同时还有感性升华为理性。

李泽厚的“积淀”说强调社会历史的积淀，是一大贡献，它虽然明显地受到荣格“集体无意识”学说的影响，但在本质上与之有差别。因为荣格的“集体无意识”说，基本讲的是生物性的积淀，而李泽厚的“积淀”说，强调的是社会历史的积淀，是物质文明向精神文明的转化。它的缺点是缺乏辩证法，是单向决定论，而不是双向反馈论。他对理性和感性关系的解释有两种偏差，对群体与个体、社会与自然、内容与形式、物质与精神、工具本体和心理本体关系的解释也都存在这种问题。

李泽厚的基本立场是从物质、理性、社会出发的，他认为：“积淀既由历史化为心理，由理性化为感性，由社会化为个体，从而，这公共性的、普遍性的积淀如何落实在个体的独特存在而实现，自我

①②③　马克思：《1844年经济学—哲学手稿》，第82、82、122页。

的独一无二的感性存在与之共有的积淀配置,便具有极大的差异。"①这种看法显然认为"历史"(这里可能是指物质生产实践的历史)、"理性""社会"是本体,先有这人类"共有"的浑整一块,然后落实到个体上,变得千差万别。这种说法颇类似于黑格尔的绝对理念说。值得我们注意的是,李泽厚认为,这展开了的审美个性"差异具有本体的意义",②这就颇令人费解了。既然这"差异具有本体的意义",又何必强调它是历史、理性、社会积淀的产物呢?既是积淀的产物又何能做本体!岂不是本体产生本体?

李泽厚的哲学—美学体系原本是清晰的。他以物质生产实践作为整个体系的基石,以两种自然人化即外在自然人化和内在自然(即人)的人化展开为两翼,突出强调的是物质生产实践对美的本源作用。由于在他的体系里,物质生产实践被强调是历史的、物质的、群体的、理性的,因而很自然地推导出历史、物质、群体、理性的决定作用。尽管李泽厚极力想改变这种单向决定的格局,也大谈心理、精神、个体、感性,但只要体系不变,就无济于事。因为这些思想融不进体系,而只能是外在的。

这恐怕不是修补能解决问题的,需要做比较大的手术。笔者尽管对实践美学提出了许多质疑,但不是要抛弃这一学说,实践美学在今天还是先进的美学学说,它确定美的本质与人的本质不可分割,主张以马克思的实践观点,从"自然人化"去探索美的根源,我认为是可取的,但它的确也存在一些重要缺陷。笔者长期持实践美学的观点,但也一直在苦苦思索如何克服它的缺陷。我对实践美学的反思也是对自己美学思想的反思。其实李泽厚先生也一直在做这个工作,他近十几年来所提出的新的哲学与美学观点,我认为都是在改造、发展实践美学,问题是他还不能对五六十年代所提出的学说做某些必要的否定,而企图将新说与旧说拼合起来,这就让人感到这个体系内部自相矛盾,处于一种尴尬的境地。如何科学地整合旧说与新说,看来还不很简单,需要做更深入的研究。

①② 李泽厚:《美学四讲》,第249、250页。

新的时代需要新的美学体系。新时代的美学体系的构建,必须以能解释现实生活中的审美现象、构建人与自然、人与人之间的和谐为目的。在哲学基础上,我认为马克思主义哲学、当代西方哲学、中国古代哲学是帮助我们构建新时代美学的三个基点,或者说三个理论来源。当然新时代的美学体系其哲学基础不应是三者的拼凑,而应是有机的整合。应该说,实践美学为我们构建新美学体系提供了一个比较好的基础,然构建新美学体系仍然是任重而道远。

(原载《学术月刊》1999 年第 8 期)

审美、异化与实践美学

成复旺

一、实践美学的一个矛盾

实践美学把美归结为改造自然的社会实践，认为人通过生产劳动，尤其是工业和科技，使自然人化了、人的本质力量对象化了，美就是“自然的人化”，或曰“人的本质力量的对象化”。与此同时，又认为美具有反异化的性质，声称：“美正是一切异化的对立物。”①而马克思在《1844年经济学—哲学手稿》中也指出：“全部人的活动迄今都是劳动，也就是工业，就是自身异化的活动”；“人的对象化的本质力量以感性的、异己的、有用的对象的形式，以异化的形式呈现在我们的面前。”可见，劳动和工业本身就是人的“异化”。那么，作为劳动和工业的结果的美，怎么会是“异化的对立物”呢？这不是自相矛盾吗？

时至今日，随着现代文明的灾难性后果的降临，这个问题变得更加尖锐了。

实践美学告诉人们，“劳动本身及劳动所创造的产品都是美的”，“特别是在当今高度现代化的技术条件下，这种美显得尤为注目。无论是鳞次栉比的高楼大厦，宽阔坦荡的高速公路，还是疾速奔驰的车辆，琳琅满目的商品，它们的美都具有强烈的感人力量”。②但是，生活在

① 李泽厚：《批判哲学的批判》，人民出版社，1984年，第414页。

② 刘叔成等著：《美学基本原理》，上海人民出版社，1987年，第110—112页。按：本文后面凡引实践美学语均见此书，不再加注。

这种“高度现代化的技术条件下”的人们,却感到了生命的窒息,一有机会就要逃入大自然的怀抱。用西方人的话说,这叫做返回自然“去享受自然的治疗”。

实践美学还解释说,自然美就是自然的被征服和改造,那些“打上了人类实践活动的烙印”的自然物,“正是显现着人的本质力量的光辉形象”,“沙漠变绿洲”就是最好的例证。但人们实际看到的是,自然因改造而美者固然有之,因改造而丑者亦比比皆是。那些因过度开垦而黄土裸露的田野,因乱采乱挖而满目疮痍的矿山,有何美之可言?那些漂浮在江河上的油污,堆积在大地上的垃圾,岂不同样是“人的烙印”?而且,有多少绿洲正是由于被改造而变成了沙漠!醉心于改造自然以显示“人的本质力量”,已经野蛮地践踏了自然的美,严重破坏了自己的生存环境。

现代文明的标志就是工业和科技,而工业和科技在奇迹般地创造物质财富的同时,却魔鬼般地把人抛入了生命与精神的荒原,从而导致了审美感和道德感的枯乏。那些反思现代文明的西方学者们,几乎异口同声地强调:科学形成的自然实际上是“乏味的、无声无臭、无感觉、无色彩的;自然只是物质无休无止和毫无意义的骚动”;(〔美〕怀特海《科学和现代世界》);“现在,他(指‘人们’——引者注)最终真正认识到,他像一个吉卜赛人,生活在一个异化世界的边缘。这个世界听不到他的音乐,无论对于他的希望,还是他的痛苦或罪恶,这个世界都无动于衷”(〔法〕雅克·莫诺《偶然性和必然性》)①;“显然,科学与技术不能提供审美和伦理导向的帮助,而这种帮助对于我们有美感、有意义地构建生活世界是必要的”②。

总之,现代文明的充分实现,就是工业和科技的异化方面(当然,工业和科技还有另外的或许是更为重要的方面)的充分暴露;而工业和科技的异化方面的充分暴露,就把实践美学那个固有矛

① 以上两段引文转引自格里芬著《后现代科学》,中央编译出版社,1999年,第126、127页。

② 科斯洛夫斯基:《后现代文化》,中央编译出版社,1999年,第139页。

盾——既断言美是以工业和科技为代表的实践的产物,又声称美是一切异化的对立物——空前尖锐地揭示了出来。这可以说是时代向实践美学的挑战。

二、对异化的理解

“异化”这个概念,诸家用法不一。在马克思和恩格斯的著作中,它主要是指人的创造物变成了异己的、反过来统治人的力量。即所谓:“我们本身的产物聚合为一种统治我们的、不受我们控制的、与我们的愿望背道而驰的并抹杀我们打算的物质力量”(《德意志意识形态》)。那么,“我们本身的产物聚合为一种统治我们的力量”,这究竟是怎么回事呢?恩格斯关于人的两次提升的论断,或许可以成为理解这个问题的一条思路。

恩格斯认为,人类需要有两次提升,第一次是“在物种关系方面把人从其余的动物中提升出来”,第二次是“在社会关系方面把人从其余的动物中提升出来”。(见《自然辩证法·导言》)这可以说是对于从过去到未来的人类发展史和整个文化史的高度概括。第一次提升就是一般所谓“自然的人化”,亦即自然的文化化。人通过自己的社会实践改造了自然,在外在自然与内在自然两方面都打上了文化的烙印;从而使人获得了对于自然的主体性,在同自然的关系上超越了动物。所以说这是“在物种关系方面把人从其余的动物中提升出来”。但是,在这个历史进程中,人所创造的那些改造自然的文化,却聚合成了一种新的统治人的力量,这就是社会。因而人在获得对于自然的主体性的同时,却丧失了对于社会的主体性;在同自然的关系上超越了动物的同时,却在同社会的关系上沦为了动物。所以还需要第二次提升,即“在社会关系方面把人从其余的动物中提升出来”。

由此看来,人在社会面前的动物状态,就是人的“异化”。社会是由人建立的,当然是“我们自己的产物”;但它却掉过头来,成了“统治我们的物质力量”:此非异化而何?那么,这种异化现象又是怎样形成的？

迄今为止的人类文化，就其主流而言，一直是朝着反自然的方向发展的。改造自然、征服自然、统治自然，是这种文化高高举起的旗帜。近代以来的工业—科技文化，无论在理论上、还是在实践上，都把这种方向推到了极端。恩格斯论第一次提升，说的就是“我们在最先进的工业国家中已经降服了自然力，迫使它为人们服务”。在以往的生产力水平很低的历史条件下，这是不可避免的，也是理所当然的。

但是，人不是单纯的文化事物，而是自然与文化的统一体。一方面，人固然是自己的劳动实践、即文化创造的产物；另一方面，如果不把人说成莫名其妙的天外来客，就无可否认，人也是自然界的进化过程的产物。作为文化与自然的共同产物，人就不能不同时具有文化与自然的双重本性，不能不由衷渴望文化与自然的和谐统一。因而片面地反自然、一味地“文化化”，并不完全符合人的需要。这样的文化即或改善了人的生存状况，也会使人感到生命的压抑。

而在人的现实生活中，文化与自然的对立，就表现为社会与个人的对立。虽然归根结底，人靠自然界生存；但在现实人生中，一切生活资料却都要取之于社会。社会就是一种文化实体，就是文化的“物质力量”。个人只有投身于现实的“社会关系”，才能获得自己的生活资料；要想获得自己的生活资料，就必须服从“社会关系”的统治。如一些西方学者所说：人对自然的统治导致了人对人的统治。这就是“异化”。

可见，异化问题根本上是文化与自然的关系问题。就以往的情况而言，则可以说是文化的方向问题。正是以往那种专注于改造自然、同自然相对立的文化，使人超越了自然动物，却又沦为了社会动物；在前一种意义上促成了人的人化，在后一种意义上却又导致了人的异化。所以今天的人类，实际上正在通过调整文化方向，转变对自然的态度，以寻求扬弃异化的道路。

中国传统文化虽然具有自己的特征，但也不能没有以往一般文化的共性。尤其是儒家文化,可以说是专注于以“礼”(或“理”)治“情”、即改造人的内在自然的文化。因而生活在中国传统社会的人们,也不能没有身不由己的异化感。陶渊明诗曰:

既自以心为形役,奚惆怅而独悲!(《归去来兮辞》)

诗人清晰地感觉到,自己的生命不得不为生存而服役,不得不为获取生存的衣食而服从社会环境的奴役;他以自嘲的口吻对此表示了深深的悲哀。苏轼词云:

常恨此身非我有,何时忘却营营!(《临江仙·夜归临皋》)

人的生命似乎并不属于自己,它必须经常离开自己,到外在的“社会关系”中去奔走劳碌,狗苟蝇营。虽非其所愿,却又无可奈何。“营营”二字,准确而生动地道出了人的生命在外在的“社会关系”中的异化感。陶渊明、苏轼的这些话,虽出现于千百载之前,却以切身感受的形式验证了马克思和恩格斯关于异化的下述言论:“人本身的活动对人说来就成为一种异己的、与他对立的力量,这种力量驱使着人,而不是人驾驭着这种力量。……只要他不想失去生活资料,他就始终应该是这样的人。”(《德意志意识形态》)

三、审美是对异化的心理超越

人作为生命的自觉者,既不得不投入异化的现实生活,又不能不向往对这种异化状态的超越。如何超越?暂时退出现实生活,在心理上返回自然。

郑板桥有云:“十笏茅斋,一方天井,修竹数竿,石笋数尺,其地无多,其费亦无多也。而风中雨中有声,日中月中有影,诗中酒中有情,闲中闷中有伴。非唯我爱竹石,即竹石亦爱我也。”(《题画·竹石》)当年,他就这样暂时避开了异化的现实,获得了生命的欣慰。在人造技术世界日益排挤了自然生命世界的今天,人们只要见到少许自然生命的踪影,哪怕只是一片青草、几株绿树,或一只飞鸟、几束鲜花,都会感到由衷的喜悦,仿佛见到了久别的亲友。无论古今,凡“营营”于外在的文化—社会环境中的人们,只要他们还没有丧失自我,只要他们的生命还没有完全麻木,就无不具有对大自然的发自本性的向往。一旦可能,他们就会像逃出牢笼那样,迫不及待地投入大自然的怀抱。这时,他们返回了宇宙的自然生命,同时也返回了自己的自然生命,因而“忘却”了“营营”,占有了“此身”,获得了无以言喻的畅适之感。

文艺创作与欣赏也有类似的作用。山水画家宗炳言道:“闲居理气,拂裳鸣琴,披图幽对,坐究四荒。不违天励之丛,独应无人之野。峰岫峣嶷,云林森眇。圣贤暎于绝代,万趣融其神思。余复何为哉?畅神而已。神之所畅,孰有先焉!”(《画山水序》)这是他对自己所作山水画的欣赏。当他排除世俗之虑,平心静气地面对山水画的时候,他的精神便逐渐走向了山林原野,融入了天地万物。从而感到无可比拟的畅适。文中虽有佛学意趣,但无损其返回自然生命的基本内涵。汤显祖雅好志怪小说,自称:

> 吾尝浮沉八股道中,无一生趣。月之夕,花之晨,衔觞赋诗之余,登山临水之际,稗官野史,时一展玩。诸凡神仙妖怪,国士名姝,风流得意,慷慨情深,语千转万变,靡不错陈于前,亦足以送居诸而破岑寂。……不佞懒如嵇,狂如阮,慢如长卿,迂如元稹。一世不可余,余亦不可一世。萧萧此君之外,更无知己。啸咏时每手一编,未尝不临文感慨,不能喻之于人。(《艳异编序》)

志怪小说所描绘的世界,既来源于现实生活世界,又相异于现实生活世界,因而可以说是现实生活世界的异化。但现实生活世界本身是异化的世界,故与之相异的志怪小说的世界反成为自然生命的世界了。“神仙妖怪,国士名姝”就是这个世界的自然生命,而且是人格化的自然生命。现实生活里的汤显祖,不得不委身于异化的存在,“浮沉八股道中,无一生趣”;而他又不甘于异化的存在,“一世不可余,余亦不可一世”。于是,就只有在志怪小说的世界里找到自己的世界,只有在这个世界的“神仙妖怪,国士名姝”中找到自己的“知己”了。进入这个世界,他便超越了异化的现实,回到了自己的生命,也回到了自己的家园。故“未尝不临文感慨,不能喻之于人”。袁宏道有几句话,说得更为简明概括:“吏道如往,世法如炭,形骸若牿,可以娱心意、悦耳目者,唯有一唱一咏一歌一管而已矣。”(《与徐渔浦》)

不言而喻,这些超越异化的心理活动,就是审美活动。据此而论,则所谓审美活动,就是现实生活中的人,在心理上超越异化的存在状态,向自然生命的回归。简言之,即“人的自然化”。人皆曰庄子哲学是审美哲学。庄子哲学何以是审美哲学?就因为他提倡“人的自然化”。如一位学者所说:

> 如果说,儒家讲的是“自然的人化”,那么庄子讲的便是“人的自然化”;前者讲人的自然性必须符合和渗透社会性才成为人,后者讲人必须舍弃其社会性使其自然性不受污染并扩而与宇宙同构才能恢复人。①

窃以为此言完全正确。儒家的“仁义道德”学说就是要改造人的自然性,使人文化化、社会化。而中国几千年的历史已经无可辩驳地证实了,这既是人的人化,同时也是人的异化。道家的“自然无为”之道则是要反抗这种改造,维护人的自然性及其同宇宙自然的统一性,以“恢复人”。这种情况恰好说明:在“我们本身的产物聚合为一种统治我们的力量”的意义上,“自然的人化”就是异化;而“人的自然化”就是超越异化,就是审美。

但上面这段话,就是本文开头提到的那位既声称“美是一切异

① 李泽厚:《走我自己的路》,生活·读书·新知三联书店,1986年,第335页。

化的对立物”、又认为“美是自然的人化”的学者说的。若以此言印证“美是一切异化的对立物”,可谓顺理成章;若以此言对照“美是自然的人化”,就显然是把美等同于异化了。

四、异化与审美相反相成

但审美与异化也不是简单的对立关系。如果没有异化劳动所提供的生活资料,人就无法生存,哪里还谈得到审美?如果没有异化存在所产生的压抑之感,也就不会有超越异化的渴望,不会有自觉的审美需要。而且也只有在生活实践(当然不限于生产实践)之中,那些具有审美机能的“人的”感觉,才得以逐渐形成。

应该特别强调的是:正是异化丰富了审美的意蕴,深化了审美的境界。这只要比较一下未谙世事艰辛的儿童和饱受异化磨难的成人就清楚了。儿童的心理经常是自然地处于审美状态的,那天真烂漫的幻想,那歌泣无拘的纯情,令所有的成年人自惭形秽。但是,在审美体验的深度和广度上,在审美意蕴的震撼人心的力量上,成年人的审美又是儿童所无法比拟的。正是异化,使人感受到了人生的深度,体验到了心灵的呐喊。正是异化,把人的命运问题尖锐地提到了人的面前,把人带入了对人生的本质与真谛的深思。没有这些义涵的审美,是肤浅而贫乏的。

明代学者罗汝芳说过这样一段话:

> 身心二端,原乐于会合,苦于支离。故赤子孩提,欣欣常是欢笑,盖其时身心犹相凝聚。及少少长成,心思杂乱,便愁苦难当。(《明儒学案·卷三十四》)

“赤子孩提”还没有真正投入异化的社会生活,还没有“我身非我有”的异化之感,即“身心犹相凝聚”,故“欣欣常是欢笑”。待长大成人,开始了“心为形役”、身不由己的异化生活,便不免会“愁苦难当”了。但正是这“愁苦难当”,产生了自觉的审美需要,涵养了深邃的审美意蕴。

在这个问题上,我们可以借助海德格尔几句人所熟知的言论来说明。海德格尔十分称赏荷尔德林的这几句诗:“请赐我们以双翼,让我们满怀赤诚,返回故园。”认为“故乡最玄奥、最美丽之处恰恰在于这种对本源的接近”,“还乡就是返回与本源的亲近”。然后又说道:

> 但是,唯有这样的人方可还乡,他早已而且许久以来一直在他乡流浪,倍尝漫游的艰辛,现在又归根返本。因为他在异乡异地已经领悟到求索之物的本质,因而还乡时得以有丰富的阅历。①

只有离乡,才有还乡。只有“倍尝漫游的艰辛”,才有还乡时的无限感慨。只有经历了异化的磨难,才有意蕴深邃的审美。

审美与异化,既相反,又相成。这样辩证地理解审美与异化的关系,才能容纳各种不同的审美形态,才能通向“悲剧”与“崇高”的审美境界,才不至于使审美局限为淡泊的超脱或肤浅的娱乐。就因为有人把审美仅仅理解为娱乐,所以有人干脆宣布文艺不是审美。

庄子哲学的迷误亦在于此。庄子是深感于文化的异化性和人生的悲剧性,才决然踏上人的自然化的哲学之路的。但他只看到了文化使人异化,没有看到文化也使人人化;为了使人免于沦为社会动物,不惜要人返回自然动物。这其实也是一种异化,人向自然动物的异化;只不过在把“异化”定义为“我们本身的产物聚合为一种统治我们的力量”之后,不宜再用“异化”这个名称罢了。当然,要人返回自然动物是根本不可能的,庄子哲学实际上只是一种心向自然的人生态度。作为一种人生态度,这的确就是审美。但这种否定文化、逃避异化的审美,只能走向淡泊的超脱。

---

① 《人,诗意地安居——海德格尔语要》,上海远东出版社,1995年,第87页。

因此，如果说审美是“人的自然化”，那么审美的前提则是“自然的人化”；如果说审美是回归自然生命，那么审美的前提则是超越自然生命。审美是文化化、社会化的人，向着自然生命的回归。

五、审美与现实生活

上述情况已然表明，在现实生活处于异化状态的历史条件下，审美与异化的关系就是审美与现实生活的关系。

这也就是说，审美依存于人的现实生活，却并不等同于人的现实生活。这一点，不妨再次借助海德格尔对荷尔德林的诗的阐释来说明。荷尔德林诗曰：“人充满劳绩，但还/诗意地安居于大地之上。”海德格尔特别强调“但还”这个转折语，强调“充满劳绩”并不就是“诗意地安居”，从前者到后者必须经过一个转折。他说：“人的劳绩，决不能囊括安居的全部本质。相反，当它们纯粹为了自己的缘故而被追逐被攫取时，还会否定他们自己安居的本质。因为在那样的场合，这些劳绩，恰恰以其富余而把安居处处限制在这种建筑的范围之内。”“通常的、唯一已经进行了的建筑，当然会为安居之人带来许多好处。但是，只有当人以另一种方式已经建筑、正在建筑并仍然有意于继续去建筑，他才能够安居。”随后又说道：

> 人只能在纯属辛劳的境地为了他的“劳绩”历尽艰难困苦。在纯属辛劳的境地中，他为自己挣得许多劳绩。但正是在这同时，在这纯属辛劳的境地中，人被允许抽身而出，透过艰辛，仰望神明。人的仰视直薄云天，立足之处仍在尘寰。①

如果不细考海德格尔的某些特殊思想，大致说来：“人的劳绩”“通常的建筑”，给人“带来许多好处”、使人“富余”，这是人的现实生活；而“诗意地安居”却需要从这种生活中“抽身而出”，“透过艰辛，

---

① 《人，诗意地安居——海德格尔语要》，上海远东出版社，1995年，第91—94页。

仰望神明",即"以另一种方式建筑",以另一种方式生活。这另一种方式,"立足尘寰"而"仰视云天"的方式,才是审美的方式。离开人的现实生活,固无所谓审美;而人的一般现实生活,也并不就是审美。审美是从此岸世界向彼岸世界的眺望,它立足于现实生活而超越于现实生活。

实践美学在社会实践中寻求美的答案,把美定义为"自然的人化",从而把美学的思路从物引向了人,引向了人的现实生活;但却没有把审美活动同一般生活活动区别开来,而是把审美与人的现实生活等同了起来。实践美学宣布:"劳动本身及劳动所创造的产品都是美的","劳动人民为实现自己的美好理想而进行的阶级斗争生活本身是美的","科学文教活动既是美的活动,又是一种创造美的活动"。这岂不等于说实践就是美、实践的产品无一不美、人的现实生活就等于美吗?至于那个被称作美的"特有的质的规定性"的"感性形态",其实是个毫无意义的字眼:除了内在的思想意识和抽象的理论概念,哪一种实践、实践产品和现实生活不具备"感性形态"?显而易见:社会实践,"自然的人化",就是人的现实生活;把美归结为社会实践,定义为"自然的人化",就是把美等同于人的现实生活。

既应把审美活动安放在人的现实生活之中,又应把审美活动分置于一般生活活动之外,这样才能在审美活动与一般生活活动的联系与差别中,找到审美活动的特征和意义。

六、实践美学的根本问题

如上所述,可以说是从审美与异化的角度对实践美学所作的考察。在这种考察中我们感到,实践美学关于美的本质所讲的,主要是审美发生的前提,而不是审美活动本身。如"外在自然的人化""内在自然的人化"等等。又正因为它把审美的前提当作了审美本身,所以实际上就把美等同于异化、等同于人的现实生活了。"自然的人化"就是一个关于异化、关于人类生活的命题。

如果这可以叫做实践美学的失误的话，这种失误乃是它的内在逻辑的必然结果。实践美学对美的判断取决于它对人的判断，而它对人的判断是以人与自然的二元对立为前提的。它认为，人与自然的关系，就是“对自然的支配、改造，并使之为我所用的关系”；“对自然的支配、改造，并使之为我所用”，就是实践，就是人的本质。因而对内，仅仅强调人的社会化、文化化，贬低人的自然本性；对外，仅仅强调改造、征服自然界，忽视人与自然的和谐统一。这样，也就只能沿着改造自然、即“自然的人化”的方向去理解审美了。这是一条以“自然的人化”为旨归的单向而封闭的思路，其中没有通向“人的自然化”的路口。所以“人的自然化”这个审美活动的真正“特有的质的规定性”，是在实践美学的视野之外、或者至少是在它的逻辑体系之外的。

把“对自然的支配、改造”视为人与自然的关系和人的本质，曾经被当作无可置疑的真理。其实这主要是近、现代才强化起来的一种西方观念。中国古代就并非如此。到了今天，面对能源匮乏、环境恶化、生态失衡等一系列新的生存危机，这种观念已受到全人类范围的质疑。有学者提出：“如今，生态问题决定了人对自然无限制统治的终结，决定了近代以来人完全支配自然的乌托邦的终结。”①就连大众传媒也频频宣告：“人不是世界的主宰，而是世界的一员”，“不是大地属于人，而是人属于大地”。这是实践美学赖以立足的理论根基的塌陷。

如果人与自然的关系不是人可以高高在上地支配自然的关系，许多问题就应当重新考虑。前已言及，人既有文化本性，也有自然本性，是文化与自然的统一体。这并不是什么理论观点，而是明明白白的客观事实。即使说自然本性是动物性，也无法把它排除在人之外。何况这两方面是彼此交融、双向积淀的。因此人既需要自然的文化化，也需要文化的自然化。只有文化与自然的完美结合才是适宜人类生存的理想环境。那么人的本质又是什么呢？马

① 科斯洛夫斯基：《后现代文化》，中央编译出版社，1999年，第17—18页。

克思说:“一个种的全部特性、种的类特性就在于生命活动的性质,而人的类特性恰恰就是自由的自觉的活动。”又说:“有意识的生命活动把人同动物的生命活动直接区别开来。”(《1844年经济学—哲学手稿》)这里,“自由”“自觉”“有意识”三个语词相互包涵,大体同义;关键是“有意识”,“有意识”才谈得到“自由”、才能“自觉”。据此加以简化概括,可以说人的本质就在于:人是自觉的生命,是生命的自觉者。这样理解人的本质,视野就开阔了:自觉地改造自然是一种自觉,自觉地顺应自然也是一种自觉,自觉地改造文化、改造社会、改造自己的产物更是一种自觉。总之,“自然的人化”“人的自然化”均在其中。要说“主体性”的话,这才是完整的、充分的“主体性”。

这样就可以既把审美活动放在现实生活之中,又不至于把审美活动等同于一般生活活动了。“自然的人化”与“人的自然化”,是人生与文化的两个维度。一般生活活动、一般文化属于“自然的人化”,审美活动、审美文化属于“人的自然化”。这也就是为什么,当今学者在设想超越现代文明、真正扬弃异化的未来文化的时候,纷纷想到了审美,认为未来的文化应该是审美文化。他们所说的“审美文化”不是指文学艺术,而是指整个文化都应该具有审美的性质。

走向这样的“审美文化”,就是恩格斯提出的“在社会关系方面把人从其余的动物中提升出来”,就是人类的第二次提升。

(原载《福建论坛》2001年第4期)

“后实践美学”质疑

彭富春

所谓的后实践美学一度成为了中国当代的流行话语。但是这种流行话语并没有达到对于自身的意识。为什么？因为它不知道自己所讨论的问题：其一，什么是美学自身；其二，什么是后实践。它实际上采用了西方现代和后现代的话语并被这个话语所垄断，然而这个话语本身却受到了误解。

一

当后实践美学谈论美学的时候，它必须首先说明美学意味着什么。也许人们认为美学这个语词是自明的，因此对于它自身的谈论没有必要。但是这个自明的语词可能也是黑暗的，于是它的危险性在于，它将使人们对于它的讨论变得毫无意义。

美学这个词为西方专有，可是并非自古皆然。古希腊只有诗学，诗作为技艺与自然相对，因此它的根本意义并非想象和激情，而是创造和生产。但是古希腊认为理论理性是最高的，这样他们也从理论亦即洞见来规定了诗的本性。所以亚里士多德的“诗学”探讨的问题并非抒情诗这样纯粹的诗歌，而是史诗和悲喜剧，它们是从看（理论）的角度来被理解的。中世纪也思考诗学，不过它没有独立的意义，因为它只是神学的一部分。这里的神学的主题不是理论理性，而是实践理性，于是诗学被实践理性所规定。美学作为感觉学只是近代的产物。感觉总是我的感觉和关于一个对象的感觉,因此它的语言表达式为:我感觉对象。我感觉对象就是我规定对象。我不仅规定对象,而且我规定自身。在这个意义上,作为先验主体的我是自由的。所以近代美学尤其是德国古典美学总是将美的本质规定为自由。这样近代美学的感觉的根本意义在于它是先验主体的我的自由设定,而这正是从康德到黑格尔哲学的基本主题。在此范围内,审美规定了理论和实践理性,由此德国古典哲学就是一种审美思想和诗意思想。

当然,现代思想也谈论美学,但是美学的意义已发生了根本性的变化。它不再是基于"我感觉对象"这样的主客体分离的模式,而是据于"人生存于世界中"这样的主客体合一的本原。所以美的问题不是思想性的,而是存在性的。与此相关,真善美的区分与知情意的分离也不复成为主题。例如,马克思认为人按照美的规律创造自身的生活;尼采确定艺术是权力意志的直接表达;海德格尔主张美和艺术是存在的无蔽。总之,审美不是被感觉所规定,而是被存在所规定,所谓的体验和经验不过是存在自身的体验与经验而已。至于后现代思想不仅反对传统,而且也消解现代,因为在它看来,现代所说的存在仍然是形而上学的不死幽灵。只是在语言尤其在文本的维度里,后现代才展开所谓的美学问题。但是它不再是古典的美学,也不是现代的非美学,而是反美学,只要美学仍然试图在思想和存在的领域为美的本质寻找定义的话。后现代将美学问题变成艺术问题,而艺术问题定为文本问题,因为如德里达所言:文本之外,别无他物。所谓的文本只是能指的自由游戏。

由此可见,所谓的美学具有三个历史维度:古典的"思想",现代的"存在"和后现代的"语言"。可是后实践美学却没有这样的区分,由此它所使用的美学的意义是混乱的。一方面,它将现代美学等同于古典美学,如解释学说成认识论;另一方面,它又将现代美学混淆于后现代美学,如所谓的语言中心的存在论。这根本在于它对自身所谈论的领域的无知,因此它无法分辨,从而选择和决定,所以大都似是而非。基于这种混淆,后实践美学要否定的往往是它已肯定的,反之亦然。

二

后实践美学将实践美学设定为前,自身规定为后。那么,什么是实践美学?它实际上是马克思的历史唯物论美学。当然它无疑受到黑格尔古典哲学的影响,但是它自身并不属于古典哲学,而是归于现代思想,于是它不是在思想的领域而是在存在的领域探讨美的问题。毫无疑问,这也是尼采和海德格尔的主题。然而,尼采的核心是人的生命,海德格尔主题是人的生存,马克思却是人的物质生产实践。在此,他们同属现代的存在领域而又相区分。如果这样的话,后实践美学对于马克思实践美学的指责是没有根据的。其一,实践不是理性,因为它是人的感性活动;其二,实践不是主客体分离,这在于它比主客体的对立更为本原;其三,实践不是非审美,如果实践的本性理解为人的自由创造;其四,实践也不是人类中心主义的概念,相反,它主张人与自然的统一。这些陈述绝不意味着站在实践美学的立场为实践美学辩护,而是超出了后实践美学的视角来审视后实践美学如何有意地误解了实践美学。

在此更重要的当然是审问后实践美学自身。后实践美学自以为成了实践美学之后,实际上并非如此。这个所谓的“后”根本不是西方的“后现代”的“后”,它和实践美学仍属现代思想的领域,而且它在思想的构造方面远远不及实践美学那样完善。这是因为实践美学基于对马克思文本的认真解读,而所谓的后实践美学对于现代的尼采和海德格尔、后现代的德里达只是一知半解,这样它在使用现代和后现代的话语时,不是张冠李戴,就是捉襟见肘。

后实践美学的这种必死的病症集中体现在它对于自身的各种命名及其解释:如存在美学、生存与超越美学、生命美学和修辞论美学等等。存在美学的关键是以语言为中心的存在论,亦即以现象学为基础的基础存在论,由此它确认审美是人在世界中的体验。这种观点没有规定存在自身(存在论),人的存在(基础存在论)和语言自身,也没有辨明它们之间的差异和关联。事实上,存在自身不能等同于人的存在,而这两者又区分于语言自身,因此它们不能构成一个同一性的关系。于是所谓在世界中的体验作为人的存在的方式如何通达存在自身和语言自身是值得怀疑的。与此相关,生存与超越美学认为生存的本质在于超越,即由物质到精神,由社会到个体,由现实到未来,由必然到自由,所以超越现实的自由生存方式和超越理性的解释方式才是审美。然而这种被超越与超越的设立正是后实践美学所反对的形而上学的二元对立。同时,这种超越是否可能,而且这种超越怎样可能都是一个非常重要的问题。如果现代思想认为人的生存是人生在世的话,那么,所谓的超越便没有任何可能,因为人被他的存在所规定,这个存在没有物质和精神的分离。生命美学认为生命活动是一种以实践活动为基础同时又超越于实践活动的超越性的生命活动。这种观点相信生命活动超越了实践活动,但是,什么是生命自身,什么是超越自身,并没有给予解答。这里,生命活动无疑是抽象的,因为它没有任何规定性。这样它对于实践的超越成为了空幻的活动。至于修辞论美学将艺术视为话语,而话语与文化具有互赖关系,这种关系受制于历史。本来,修辞论美学可以在纯粹语言的领域内讨论美学,但是它认为文化决定话语,而历史决定文化,实际上又陷入了“存在、思想和语言”的现代模式,因此所谓的修辞被存在所规定、并和存在美学、生存和超越美学、生命美学同属一体。

三

后实践美学基本上使用了西方现代和后现代的话语,而不是自身思索出的语言,因此它只是西方思想的变形,而不是中国自身的美学。在这个意义上,后实践美学的主张者没有充分显示出自己独立思考的能力。不过最糟糕的是他们对于西方的话语根本就没有听懂,却加以个人的猜测和附会。例如,存在美学、生存与超越美学模拟了海德格尔等人的思想,生命美学模拟了尼采的思想,修辞论美学模拟了解构主义的思想,但是模拟者对于被模拟者完全是歪曲和阉割,因为所谓的存在、生存、生命等等语词在海德格尔和尼采那里有极为丰富和具体的规定性,然而在后实践美学那里却成为了假大空。不仅如此,他们的各种附会往往自相矛盾、漏洞百出。例如,生命美学用人类中心主义来批判实践美学,但是它所主张的生命正是解构主义所要消解的人类中心主义。

由此看到,所谓的后实践美学并没有显现出实践美学之后的光明,相反,它以一种极端的形态暴露了中国当代思想的许多弊端,亦即思想的无根性,它的语词如同泡沫一样飘浮于空气之中。问题何在?这是因为人们说得太多,听得太少。因此,一切思想者都必须学会倾听。这也就是说,人们首先要听懂中国思想和西方思想(包括马克思主义)已说的,然后说出自身要说的。对于后实践美学而言,因为它试图超出实践美学,所以它应该理解和承认实践美学。这在于:实践美学作为中国当代美学是中国思想对于马克思主义的丰富和发展。它的中国化特色本身就具有深刻的启示意义:哪些是值得思考的,哪些是不值得思考的。

(原载《哲学动态》2000 年第 7 期)

对《"后实践美学"质疑》的质疑

杨春时

自从关于超越实践美学的讨论开展以来，被称为"后实践美学"的诸美学学派兴起，打破了实践美学的一统天下，中国美学已经出现了多元发展的格局。这场讨论尚未终结，至今仍不断有新的文章发表，这无疑有助于这场讨论的深入发展。最近彭富春先生的《"后实践美学"质疑》一文，以对后实践美学质疑的方式为实践美学辩护，值得注意。

彭文先证明实践美学的现代性，由此否定后实践美学存在和命名的合法性。这就涉及美学以及哲学的现代性问题。对此，彭文认为："所谓的美学具有三个历史维度：古典的'思想'，现代的'存在'和后现代的'语言'。"它还指出，实践美学的主题是"人的物质生产实践"，与尼采的"人的生命"、海德格尔的"人的生存"同属现代存在领域，因而"不属于古典哲学，而是归于现代思想"。彭文为实践美学作了四点辩解：其一，实践不是理性，因为它是人的感性活动；其二，实践不是主客体分离，这在于它比主客体的对立更为本原；其三，实践不是非审美，如果实践的本性理解为人的自由创造；其四，实践不是人类中心主义的概念，相反，它主张人与自然的统一。对于第四点，由于不是我对实践美学的批评，故不作答。对其余三点，由于在以前的讨论文章中已经作过阐述，这里仅强调以下几点：

第一，实践是感性活动，但它受理性支配。更重要的是，实践作为哲学范畴是理性化的。实践美学坚信实践体现"人的本质力量”,这无疑是对人和实践的理性规定。因此实践美学带有理性主义性质。此处理性不是与感性对称而是与非理性对称,故用实践的感性来否定实践范畴的理性主义倾向是不合适的。

第二,实践作为人的现实活动,是以主客体分离为前提的,所以实践才被定义为“主观改造客观”、“人化自然”的活动。虽然实践活动可以改变人与自然的关系,但不能根本上取消二者的对立,因为单靠物质生产是不能克服主客分离的。实践也并不比主客体对立更为本原,在逻辑上,比主客体对立更本原的是生存;在历史上,比主客体对立更本原的是原始劳动(原始劳动不是社会实践,只是其前身)以及一切原始活动。正因为如此,实践美学的“劳动创造了美”命题是不成立的,它没有区分原始劳动与社会实践,而实际上二者都不能直接创造美。

第三,实践当然是非审美。在具体事实上,物质生产实践不能等同于审美,这是毋庸置疑的常识。在逻辑上,实践与审美不具有同一性。实践具有两重性,一方面它是历史发展的基本动力;另一方面,它又是片面的、不自由的异化劳动,它只满足着人的物质生存需要,因而并不是“人的自由创造”。马克思虽然对实践作了理想化的肯定,但这也仅体现于“历史的终点”——异化劳动的克服。他清醒地认识到:“……自由王国只……存在于物质生产领域的彼岸。”(《马克思恩格斯全集》第 25 卷,第 926 页)这就是说,实践本身并不是自由活动,也不会创造自由王国,它只是自由的基础、前提,自由本身属于精神领域。因此,实践不是“人的自由的创造”,也不能等同于审美,从实践范畴不能合理地推导出审美的性质。实践美学把实践理想化,也把现实理想化,认为通过实践可以在现实世界建立审美的自由王国,这正是理性主义的表征。

彭文在肯定了实践美学的现代性之后,又力图证明“后实践美学”在语言上的非法性。它认为实践美学与后实践美学同属现代思想领域,只不过前者“完善”,后者是“一知半解”。既然如此,“后实践美学”就不属于后现代,自然就无权称“后”了。这种指责是毫无根据的。后实践美学并未把自己归于后现代,而实践美学也不具有现代性。事实上,“后实践美学”的命名,基于90年代具有现代性的新的美学学派崛起,实践美学一统天下被打破,形成美学诸学派多元发展的“后实践美学”时期。后实践美学并不是统一的学派,而是向现代美学思想开放的多元思想体系,它包括被彭文批判的超越论美学、存在美学、生存美学、修辞论美学以及叶朗、陈望衡等为代表的一派,他们力图从中国美学传统的现代转换中建立新的美学体系。这些美学学派力图超越实践美学,并且做出了成就,为什么不可以称作“后实践美学”呢?后实践美学是一个区别于80年代的一种客观存在的美学思潮。在现今的多元美学格局中,实践美学仍然有其地位和影响,但要保存自己的生命力,只有正视挑战,进行现代性的更新,舍此别无他途。

彭文抬高实践美学,贬低后实践美学。理由是:“这是因为实践美学是对马克思文本的认真解读,而所谓的后实践美学对于现代的尼采和海德格尔、后现代的德里达只是一知半解……”它还指责后实践美学只是西方现代美学的拙劣模拟,“没有充分显示出自己独立思考的能力”;而又把实践美学加封为:“中国思想对于马克思主义的丰富和发展”。应当承认,实践美学确乎是“马克思文本的认真解读”,但难道这不也是一种“模拟”吗?至于说对马克思主义的“丰富和发展”,虽然个别实践美学代表人物在学术上有所建树,但从实践美学整体上看并没有新的突破和创造,它仍然停留在对马克思文本的“认真解读”水平上。既然如此,超越实践美学,走向后实践美学不是中国美学发展的必然选择吗?后实践美学吸收了西方现代美学的合理思想,也使用了它的一些话语,同时又没有停留于模拟水平,而是力图有自己的创造。认真阅读有关著作,就可以看出它综合了包括实践美学在内的思想成果而又有所超越。正因为如此,指责它“模拟”是没有根据的。尽管后实践美学还不成熟,还有许多疏漏,但它毕竟体现出当代中国美学研究的最新趋向和成就。

彭文对后实践美学诸家思想并没有细致分析,而是采取对其基本论点一棍子打死的办法。对于“生存与超越美学”,文章点评道:

"生存与超越美学认为生存的本质在于超越,即由物质到精神、由社会到个体、由现实到未来、由必然到自由,所以超越现实的自由生存方式和超越理性的解释方式才是审美。然而这种被超越与超越的设置正是后实践美学所反对的形而上学的对立。同时,这种超越是否可能,而且这种超越怎样可能都是一个非常重要的问题。如果现代思想认为人的生存是人生在世的话,那么所谓的超越便没有任何可能,因为人被他的存在所规定,这个存在没有物质和精神的分离。"这里提出两个问题,一个是现代哲学是否认为人的存在可以超越;一个是事实上人的生存是否具有超越性。彭文认为现代哲学否认存在的超越性,而事实正好相反。现代哲学,主要是存在主义哲学对人的存在的规定恰恰是超越性。海德格尔认为存在是人生在世,但又认为可能性高于现实性,"在"比"在者"更根本,人是"在"的可能性;现实存在是一种异化、非本真的存在,而本真的存在是超越性的。在这里,海德格尔把人的存在规定为超理性。其他存在主义哲学家同样肯定人的存在的超越性,如萨特的自在的存在与自为的存在的区分,雅斯贝尔斯向"大全"的超越,等等。不仅西方现代哲学肯定人的存在的超越性,生存体验本身也昭示着超越性。人的存在不同于物和动物的存在,就在于他具有精神性,对现实不满足,有终极价值的追求。因此,生存不是已然状态而是超越性的未然状态。这恐怕也是最基本的常识。

最后,有必要对彭文的批评方法作一番分析。彭文批评后实践美学,但又没有运用实践美学的理论,而是用西方现代美学理论来证明后实践美学之不能。这种方法在于它给后实践美学假定了一个错误的前提,然后再进行错误的推理。它首先肯定后实践美学是对西方现代美学和后现代美学的模拟,然后再指出前者与后者的不符之处,从而证明后实践美学对西方现代美学模拟得很糟糕,没有什么价值。同时,它又指责后实践美学不是中国自己的美学。这种推论都基于一个虚假的前提:后实践美学是对西方现代美学的模拟。实际上,如果后实践美学符合了西方现代美学,那么它就被指责为"只是西方思想的变形,而不是中国自身的美学"。如果后实践美学有了自己的创造,不完全符合西方现代美学,它就被指责为“对于西方的话语根本就没有听懂,却加以个人的猜测和附会”。难道中国现代美学只能在模拟西方和拒绝西方之间选择吗?就不能在吸收、借鉴的同时又有自己的创造吗?倒是应该反问一下,为什么实践美学模拟《手稿》(“对马克思文本的认真解读”)就是合法的?为什么实践美学对西方思想的变形(如“积淀”说)就不是“猜测和附会”?而且反倒成为“对于马克思主义的丰富和发展”?对实践美学和后实践美学采用双重标准,不能一视同仁,使彭文的批评缺乏起码的客观公正性。

我们有理由要求也曾“模拟”过海德格尔等西方现代美学的彭富春先生,“倾听”并理解和承认后实践美学,然后再加以批评。

(原载《哲学动态》2001 年第 1 期)

致力于中国现代美学建设的后实践美学

张　弘

关于20世纪中国美学从初创到成长的进程，应当如何总结和划分阶段，会存在不同的见解。但无论观点有多少出入，或后世将有怎样的评说，20世纪的最后几年及世纪之交，因后实践美学的出现，肯定将成为对中国美学未来发展最有决定性意义的时期。

由于处在根深蒂固的实用型文化的笼罩下，中国美学的成长道路远不平坦。古代中国无疑也经历过鲜活的审美体验，孕育过斑斓的审美思想，却未曾产生具有学科性质的美学。后者是现代西学东渐，才和各种知识学科一道进入中国的。不过从一开始，美学就随着哲学而受到排斥。晚清朝廷在废除科举筹建新型大学之际，就根本没把包括美学在内的哲学列在授课科目里。对此王国维《〈奏定经学科大学文学科大学章程〉书后》一文曾据理力争，欲为美学赢得一席之地。其后的道路同样艰难。等到共和国建立，百废待兴的日子里，却又输入了苏俄官方的理论模式，从此作为权力话语，始终左右着和束缚着真正的美学思考。在20世纪后半叶近三四十年(更确切说是前十七年)里，虽有过一两次美学问题讨论，但都局限在意识形态的单一范围内。

直至改革开放来临的80年代后，思想理论上的解放运动突破了某些清规戒律，美学才获得了更开阔的探讨空间，更广博的理论资源，和更自由的争鸣天地。借助于早年论争打下的根基，实践美学首先作为正统的反映美学的对立面树起了旗帜。90年代中期，后实践美学又向实践美学提出了挑战。尽管后实践美学未必像有人夸大的已成为中国当代的流行话语,它的出现却无疑是世纪之交美学领域的重大事件。这标志着我们的美学建设又获得了新的动力,开辟了新的可能性,有可能真正直面美学自身的问题。这其中,就包括笔者提出的存在美学。

当然,以统一的流派或一致性的纲领来要求后实践美学是缺乏现实感的。所谓后实践美学,只不过代表着一个共同的倾向,即对一度取代反映美学、占据中国美学主导地位的实践美学进行实事求是的反思。二者之间由此导致的分歧,和后实践美学内部在反思基础上产生的各种见解,都还需要学理层面的进一步探讨和检视。在这种情况下,来自任何方面的对后实践美学的质疑,如同对实践美学的批评,理应继续受到欢迎。

然而,另一种很难称得上是学术商榷的态度,也是存在的,那就是对后实践美学的粗暴否定。如彭富春《"后实践美学"质疑》一文,就是这方面的代表。文章一则称后实践美学"不知道自己所讨论的问题",二则谓后实践美学"对自身谈论的领域无知",看来分明不属于地位平等的讨论,而是试图在学术上剥夺论争对方的发言权。与其说这是在提出讨论,不如说是在妄下断语。其中的分歧与对立,反映出来的是一些根本性的问题。为此在进入存在美学本身的论域之前,不得不首先辩明几个关键点。

一、是从中国实际情况出发,还是硬套西方美学的模式?

对后实践美学的一大指责,是因其内部见解并不一致,而攻击其理论话语"混乱"。彭富春就是这样做的。他的文章一上来就主张,需要弄清西方美学发展所经历的历史阶段及其维度才能谈问题。按照他所说,西方美学的发展经过了古典的"思想"、现代的"存在"、后现代的"语言"三个历史维度,而后实践美学的缺失在于没有将自己清楚地定位或归属于其中的某一类,因而不明白什么是"美学自身"。

但遗憾的是,这三个历史维度的界定,首先就有问题。就拿现代西方美学来说,至少还能举出实验美学、心理美学等不同流派,能说它们都是以“存在”作为自己学说的理论维度的吗?以上这样大而化之的概括,只能暴露出对美学史的隔膜和立论态度的轻率。

不过这还不是问题的关键之所在,更重要的是,中国美学的建设和发展,是否必得硬套西方美学的模式和路子?难道按图索骥,或对号入座,你是古典的,我是现代的,他又是后现代的,标牌林立,旗号各异,就算迎来了中国美学的新繁荣?彭文是一意标榜“中国思想”的,想不到却不顾及中国美学发展的实际情况,弄了把西方的尺子,来衡量中国的学术。

实际情况是,中国美学从奠基的时刻起,就处在文化转型期,即有人所说的“青黄不接的过渡时代”。因此在取外来观念和本土材料相结合的过程中,博采众长、为我所用,乃是正常现象。从王国维、蔡元培到朱光潜、宗白华,都不局限于一派或一家之说的原样移植,相反立足在本土的诗学遗产和民族审美习惯的基础上,含英咀华,鉴源存真,才各各有所建树。

当然,由于众所周知的原因,在中国,建设现代科学意义的美学的任务还远未完成。其中意识形态的干扰是一大因素,从而造成了“十七年”来美学备受贬抑、文革十年又根本取消美学的痛心状况。而在最近二十年,中国美学通过改革开放得以复兴之际,又面临着西方世界的后现代状态。这种不属同步,而是错位的境遇,决定了我们的美学建设和发展,不可能去平行地呼应西方最新的进展,而只会广泛地借鉴和参照已有的理论话语,来解决中国美学需要进一步解决的课题。

后实践美学通过反思,发现并批评盛行于80年代的实践美学,继续陷身在二元分立的认识论或知识论的思维模式中,并没有真正摆脱传统的形而上学美学的困境,而且残留有意识形态的不少影响,从而忽略了审美活动的个别性、超越性及其和生命本能与语言功能的关联。在后实践美学似乎是“众声喧哗”的各种见解中,对此可谓达成了基本的共识。其实那也是我们的美学建设想要继续前进必须正视的东西,只有进一步克服了这些不足,中国的美学建设才能从20世纪后半叶的17年阴影和10年荒芜中彻底走出来,大踏步迈向它的新世纪。实践美学想要回答对它的批评,也应该在这些关键问题上表明态度:它的整个体系从哲学根据、体系构造到话语表述到底存在不存在这样的不足?如果程度不同地存在,那么在今后的发展中又如何加以弥补?……

但令人诧异的是,近来一些主张或同情实践美学的文章,却偏偏绕开了这些重要的分野,彭文也不例外。针对后实践美学提出的批评,文中反复辩解说这个"谈论没有必要"、那个"不值得思考",要不就干脆斥责别人"误解"、"无知",甚至武断地宣判后实践美学"必死"。在其近乎谩骂的来势汹汹中,反倒让人察觉到内在的露怯:是否实践美学不敢直面以上这些严肃的问题?

二、怎样评估当代美学建设中的现代性?

实践美学一边攻击后实践美学,一边不忘宣扬自己的现代性。彭文就是这样做的,将实践美学定位成"现代思想"。但与此同时,却又左支右绌,显出了破绽。

实践美学不可能割断和历史唯物论的思想联系。彭文也未曾忘记,把实践美学抬上"马克思的历史唯物论美学"的宝座,但却无视另一个事实,即在更正统的历史唯物论美学即反映美学的眼光中,实践美学的理论依据不是来自马克思,而是来自卢卡契、葛兰西和南斯拉夫实践派,后者的学说通常被统称为"实践唯物论"。与此同时,彭文一方面声明,实践美学受到黑格尔古典哲学的影响,另一方面又说它"不是在思想的领域而是在存在的领域探讨美的问题",如此措辞又分明暗示实践美学也接受了海德格尔存在论哲学的影响。

仅从以上两点,就可看出,径直将实践美学冠之以"马克思实践美学"的做法,仔细推敲是站不住脚的,未免显得在拉大旗做虎皮,无非想表明实践美学代表的是马克思,别人反对不得。其实彭文对马克思的理解本身是失之毫厘差之万里的。文章在将马克思主义归入现代的存在主义思潮的同时,又认为马克思在美的问题探讨上的主题或核心是"人的物质生产实践"。其实无论早期手稿或后期著作,马克思都不曾把"人的物质生产实践"当做美的问题的核心,相反他指出了艺术的掌握世界的方式和"精神—实践"的方式的不同,他所谈的"实践"也远远超出物质生产的范围。

无可回避的是,80 年代的实践美学,确实是将物质生产看作第一性的东西,再在此基础上寻求物质与精神、生产与艺术等等的统一的。但在最近一些阐述实践美学的文章中,人们却饶有兴趣地看到了向存在论靠拢的倾向,具体表现是以存在解说实践,把实践(包括生产实践和艺术实践)当作人存在于世的方式。考虑到有些学者致力从内部来推动实践美学的发展,我们认为应当肯定并鼓励这样的尝试和努力。彭文其实也反映出同一倾向,文中有关实践的四点重新说明就是充分的证明。但这里有关"实践"的界说,其实已在后实践美学提出的批评的基础上作了修正。这在学术争鸣中也是常见的现象,双方通过论辩取长补短,一步步向真理趋近。但彭文不应该一方面修正自己的观点,一方面又抹杀对方的批评,似乎一贯正确的永远是自己。这种文过饰非的作风实在要不得。

我们并不否认实践美学的现代性,但衡量的尺度却不是西方美学的这个或那个维度,而是它产生和形成的历史环境和现实根据,它本身的理论筹划和学说特征。实践美学在 80 年代的出现,乃是中国学术继续实现向现代化的转型的一大标志。它表明了文革结束后在改革开放的形势下,历经艰难曲折的中国美学试图在新时期获得进一步发展的最初冲动。它对带有更浓厚的意识形态色彩的庸俗唯物论的批判,和对艺术审美活动固有规律的相对重视,都具有值得肯定的历史作用,也是当时大受学界好评的原因所在。但由于种种外在和内在的条件的限制,实践美学距离成长为一门成熟的独立的艺术科学的目标还相当遥远。首先,它还不懂得政治上的指导思想和科学上的学理根据是两回事,美学需要从艺术审美的经验和艺术哲学的思考出发来构建自己,而不是某种“政治上的正确”,因而极大地束缚了它运思的天地;其次,如同彭文不得不承认的,它的哲学基础仍然是黑格尔的古典哲学,仍以逻辑本质主义的理念论来看待美和艺术的创造,因而必定在肯定感性活动的做法中陷入悖论;最后,它并未摆脱人和世界分立的笛卡尔式的二元论模式,既把审美混同于知识学的认知,又未克服人类中心主义。正因为如此,后实践美学批评实践美学在根本上尚未超越传统的古典美学的范畴,但这并不等于判定它就是什么古典的思潮。

然而,实践美学这种不完善的现代性,恰恰是中国现阶段的特色。它继续表现出政治因素(而不是经济因素)对现代化进程的强力制约,表现出科学的自觉精神的匮乏,表现出思维上的惯性、惰性而缺乏反省。这才是当代中国思想最可悲的“无根性”,屈从于政治强权和意识形态的威势,屈服在传统势力的巨大影响下,不敢对许多“自明的东西”提出追问。反过来,甚至还不允许别人提出追问,以便隐蔽地谋求某种话语霸权,试图以自己一己的理论话语来垄断对审美现象和艺术的研究。一旦取得了理论上的优势,就立即丧失了原先不多的那点锐气,明里暗里自封为“权威”,容不得任何不同意见。不是为着真理的澄明而展开争鸣,而是为着维护自己好不容易夺来的地位而党同伐异;明明是封建行会式的门户之见,却要打扮成不偏不倚的秉公之论。不客气地说,彭文标榜自己“绝不意味着站在实践美学的立场为实践美学辩护”,就是这类“此地无银三百两”的故技。

三、究竟什么是后实践美学之“后”?

其实,所有不抱偏见的人,都会发现后实践美学是把自己的根深深扎在祖国大地上的,它凝眸关注上世纪末以来中国美学的艰难历程,积极参与新时期以来的美学建设,坚信美和艺术的创造应该得到更深入更全面的探讨,不为任何形式的美学取消论而动摇了自己的信念。它既为美学发展的每一点进展而高兴,也认真对待前进中的不足、错失和时时会出现的歧途，尽力要把美学建设成为独立的、有充分学理根据的科学，致力于言说美和艺术不可言说之奥秘。在这方面，它积极探索各种可能的界域和维度，既不愿坐井观天，也不屑画地为牢。在自觉地意识到时代的使命和自己的职责的基础上，才尽可能广泛地借鉴西方现代和后现代的理论思想成果，开阔眼界，开拓思路，融会贯通，为我所用，致力于中国现代美学的建设和发展。这里绝不存在让西方话语垄断局面的问题。

因此，后实践美学全然不像彭文所攻击的"只是西方思想的变形"，"不是自身思索出的语言"，或者是什么"模拟"加上"猜测和附会"，甚至只剩下了"歪曲和阉割"的"假大空"。这些完全够不上学术论辩水准的恶毒言辞，根本无视后实践美学为强调审美和艺术创造活动的个体性和超越性，为在政治强权的威势和金钱经济的利诱下维护美和艺术的尊严，为鉴于存在的晦蔽、语言的迷障和生命中的灵肉矛盾而指出实现美与艺术创造的艰辛性所做出的理论努力。后实践美学面对的这些问题，正是当前中国社会的现实境况，是每个艺术家及追求美和热爱艺术的人们时时刻刻都在亲历着的。能说后实践美学是"飘浮于空气之中"的"泡沫"吗？不错，理论话语并不能真正解决实际的难题，但从中可以凝结着对现实人生的关怀、对大地根源的眷恋。后实践美学正是体现了这一点，它的出现是和中国学术艰难曲折的现代化进程紧密联系在一起的。

相比之下，实践美学探讨美和艺术问题，就根本缺乏现实感。它满足于从经典作家的权威论述或定义出发，把某个范畴（具体说即是"实践"）作为预设的前提，以此保障自己立论的合理性（"经典"之言，谁敢说个"不"字？）和安全性（这可确保"政治上正确"），然后再以逻辑方法展开概念的演绎和推理，构筑起庞大纷繁又自足的体系。在这些体系里，一切都根据上百年前伟人的论断，通过思辨的运作获得了无所不包的圆满的答案，但对当今世界美和艺术的新发展与新问题，却噤若寒蝉，不置一词。实践美学无法应对现实生活中不断涌现的审美现象和艺术创作的动向，它既解释不了当前社会艺术创作的商品化现象，也难以理解大众化、通俗化的审美趋势,同时对现代派和后现代的艺术潮流也十分隔膜。彭文教训别人要“学会倾听”,但据以上事实看,实践美学本身除了唯“经典”是“听”外,终究还听到了一些什么,实在大可怀疑。审美的耳朵是伸向生生不息的美的体验,还是伸向灰色的理论之树?这是个大问题。充其量,实践美学不过是学院化的思辨构造,连当代最基本的艺术经验和审美体验都无力顾及。试问,除了说它是个空中楼阁,还能说它是什么?

在这个意义上,后实践美学之“后”就意味着对实践美学的超越。当然,诚如前文就提到的,后实践美学还远不是尽善尽美的,除了各种见解自身的深化外,还有一些普遍性的问题有待继续探讨。例如,对借用和引进的西方理论话语,如何臻于化境,就很要紧。还有,如何在借鉴西方当代思潮的同时,吸纳中国本土的美学思想中的有用成分,也是个亟待解决的重要课题。但是,90 年代出现的后实践美学代表了继 80 年代的实践美学之后中国现代美学建设的又一发展势头,却是毋庸置疑的。

可笑的是,彭文照样以西方的尺度来打量后实践美学,仅仅因为后实践美学不是西方的“后现代”之“后”,就对它横加指责。请问这到底算哪家的逻辑?坦率地说,后实践美学根本就无意去比附西方的“后现代”。它深知,在中国这样一个迄今尚未实现现代化的前现代社会里,虽然不乏后现代的文化现象,但只说明了其现代化进程的复杂性和特殊性,谁要是做类似的比附,谁只有显得加倍滑稽。相反后实践美学所关注的,始终只是中国当代的艺术和审美问题,是现代意义的美学或艺术哲学在世纪之交的中国的建设和发展。

四、如何才是中国思想对马克思主义的丰富和发展?

彭文还一股脑儿地列数了存在美学、生存与超越美学、生命美学、修辞论美学等同属后实践美学的不同见解的“罪状”。篇幅有限,这里不可能逐一对彭文有意无意的曲解和断章取义提出反驳。

实际上所涉及的每一点，都意义重大，需要详尽而深入的切磋和商讨，彭文却三言两语就给打发掉了，令人不得不惊诧于该文作者的粗疏和大胆。这种粗疏和大胆，既践踏了实事求是的科学态度，也放纵了谋求话语霸权的肆虐。

这种对话语霸权的觊觎，集中反映在彭文结尾处的一个断言中："实践美学作为中国当代美学是中国思想对于马克思主义的丰富和发展。"且不论其他，请问：难道在中国当代的美学领域，作为中国思想的产物并丰富和发展了马克思主义的，就此实践美学一家？联系到彭文对后实践美学的肆意攻击，人们不难发现，彭文确实包藏着如此的居心，以便把实践美学打扮成中国唯一正确的新正统，唯此一家，别无分店，只允许后来者对它顶礼膜拜，而禁止对它进行反思、批评和超越。这样，反对实践美学就等于"反马克思主义"，在中国当然只有"必死"无疑。

不过，脱离了中国实际情况的思辨绝无资格称为"中国思想"(照毛泽东的说法，叫"本本主义")，我在前边已说清了这个道理，现在再来谈谈如何丰富和发展马克思主义的问题。首先，丰富和发展不是仅仅重复或诠释马克思的论述，搞那种现代解经学就行了，而是应通过各个学科领域的独立探讨，研究和解决生活世界不断出现的新问题，以此继承马克思的精神，继续马克思的道路，完成马克思的未竟事业；其次，丰富和发展应当正视当代思想和知识的最新进展，吸收它们包含的合理因素，回应它们提出的挑战，如同马克思创始其学说时吸收并改造了近代辩证法、古典经济学和空想社会主义一样。在这个意义上，后实践美学只有更为充分、更其典型地体现了中国思想对马克思主义的丰富和发展，但它同时绝不会以真理的垄断者自居，绝不会企求话语霸权，而是相信，这样的丰富和发展需要更多的人在更多领域的共同付出。这，也是存在美学需要继续努力的。

（原载张弘《存在美学的构筑》一书，
《序论》，人民出版社，2010 年）

告别实践美学

——评两种实践美学发展观

章　辉

学界最近的一种引人注目的动向是来自实践美学内部的改造发展实践美学的学术思路。鉴于传统实践美学的阐释限度，面对后实践美学的激烈批评，一部分先前坚持实践美学观的学者吸收西方哲学美学思想，对实践概念予以改造，以使实践美学焕发出新的生命，其中最值得注意的是朱立元先生和张玉能先生对实践美学的新发展。本文不避浅陋，试对这两种实践美学发展观进行评析。

一

在朱立元主编的《美学》教材中，作者以新的实践美学观统领美学问题，试图吸收西方思想对美学学科做新的建设①。作者的学术努力，是"要把人的历史性的存在和'实践'范畴相结合，要消解把'实践'范畴仅局限在认识论框架下这样一种理论格局；要把实践从单纯的物质实践中解放出来；要避免把'实践'范畴抽象化的倾向。"②作者拟从人的存在角度重新审视"实践"范畴，拓展、恢复"实践"范畴的原初内涵，使之从单纯物质生产劳动的狭隘涵义扩

① 参见朱立元主编：《美学》，高等教育出版社，2001 年。

② 刘旭光：《实践存在论美学新探——兼与张弘先生商榷》，《学术月刊》2002 年第 11 期。

展为广义的人生实践,认为道德伦理活动、艺术审美活动,甚至“青春烦恼的应对、友谊的诉求、孤独的体验等日常生活杂事”也是人生实践的内容,①从而把人的存在与实践有机结合在一起。作者认为,这种理论建构改变了美学研究基本问题的传统提问方式,把“美是什么”的本质主义思路改变为“美如何存在”的存在论思路,美学研究的中心课题于是也从“美的本质”转为“审美活动”。作者把审美活动看成人类的基本活动和生存方式之一,看成是人与世界的本己性交流,是最具个性化的精神活动。作者认为,美或审美对象(客体)并非先在地存在于人之外的纯客观实体及其审美属性,相反,审美对象与审美主体只有在审美活动中才现实地生成。从而,美学研究的一切其他重要课题如审美形态、审美经验、艺术存在和活动、审美教育等等,均从审美活动所造成的人与世界的审美关系入手加以探讨、论述与阐发。因此,“美学是研究人的基本存在方式之一——审美活动的人文科学”,并提出“审美活动是一种基本的人生实践”、“广义的美是一种高级的人生境界”等基本命题。我们看到,朱立元改变了以前对于实践美学的保守态度,力图借助海德格尔的存在论改造传统实践观,从而对美学基本问题提出新的解释。这种新的实践美学发展观与后实践美学的思路非常切近,生命美学的倡导者潘知常的《诗与思的对话》正是以审美活动为美学理论的核心范畴重新结构美学基本问题的原理性著作,而杨春时的超越美学、张弘的生存美学则直接借助现象学的存在论建构美学体系。

这就涉及对海德格尔哲学的理解及其对美学研究的借鉴意义等问题。海德格尔把西方哲学分为两种基本形态,也就是“人生在世”的两种基本结构。传统哲学以人与世界关系的外在性为前提,以主体对客体的认识来达到主体和客体的统一,西方近代主体性哲学即这种形态。另一种哲学以人在世界之中存在(In-der-Welt-sein)为其基本原则,这就是存在论哲学。这种哲学认为,人不是外

① 朱立元:《走向实践存在论美学》,《湖南师范大学社会科学学报》2004 年第 7 期。

在地与世界对立,而是首先寓于世界之中,融于世界之中,人是世界的灵魂,物质世界是肉体,人与世界的关系是灵魂与肉体的关系,世界由于有了人才有意义,世界在人的活动中展示自己。人首先纠缠于世界之中,人与世界的合一关系是根本的,人与客体的对立是这种关系的派生物,生命活动、生活世界是第一位的,认识以及主体客体的对立是第二位的。这就牵涉到胡塞尔的"生活世界"这一概念。生活世界可以说是广义的实践,除了物质生产活动、阶级斗争、科学实验等实践活动外,还包括日常生活的体验、情感、意绪等①,因此,存在论哲学与马克思的实践概念有相通的地方。传统实践美学所阐述的实践正是海德格尔所批评的以主体和客体分离为前提,人对客观自然规律加以认识以征服自然的活动。朱立元阐释的实践概念对此有所纠偏,力图把马克思的实践概念与海德格尔的存在论沟通起来,这不失为一种发展实践美学的新方向。

把马克思海德格尔化,把马克思的实践观与海德格尔的存在论同构,这在中国哲学界也是一种趋势,比如有人说:"人与世界的关系首先是实践关系,而非认识的关系。马克思早于海德格尔就表述了这样的思想:人的本质特征就在于,他是'在世界中的存在',人并非是透过他的孤独自我的窗户去看外部世界的,在他认识世界之前,他已处于世界之中。"②朱立元改造实践美学的思路与此一致。但这样的实践美学发展观仍然有许多疑问。首先,这样的美学还能叫实践美学吗?它与后实践美学或者说与西方的存在论美学有什么区别?朱立元把道德实践、交往活动和精神文化活动包括在实践概念内,把实践看成是人的存在的基本方式,注意实践作为人的存在活动的个体感受性方面,把"人的本质是实践"改造成"人的存在的基本状况是实践",在后一个命题中,"这个'实践'作为历史性的生存的人的基本存在状态,是所有'人的'生存行为的

① 张世英:《哲学导论》,北京大学出版社,2002年,第6、7页。
② 杨耕:《杨耕集》,学林出版社,1998年,第70页。

生发与其中的源域，是一个活泼泼的，涌动着生机的范畴，它所关注的已经不是人是什么，而是人如何存在。"[1]概而言之，朱立元力图把马克思的实践观说成是与海德格尔的存在论相通，那么马克思与海德格尔还有区别吗？实践这一概念在马克思那里与存在这一概念在海德格尔那里真能等同吗？马克思的历史唯物论对于美学研究的特殊意义表现在何处？问题是，使马克思与海德格尔趋同就能解决实践美学的难题吗？这种美学理论具有普适性吗？朱立元在泛化实践概念后，实践就成了海德格尔的存在，所得出的结论就与后实践美学一致了。[2]我们看到，《美学》教材在基本理论线索和语言组织上与超越美学和生命美学几乎没有区别，这本身就是一个耐人寻味的现象。要发展实践美学，这种偏离传统实践美学和马克思实践概念本原含义的做法也可以视为一种发展方向。但我认为，为了阐释美学问题，把实践论改造成人的活动论从而与海德格尔趋同的思路并不可取，应该还原马克思和海德格尔思想的本来面貌并重新评价其对美学研究的意义。

现象学美学的启示是，审美观照的不是某个先验的共相或理念，审美活动产生于审美知觉与审美对象的共生关系，美的判断来自审美经验，而非对于人的本质力量的认识。实践美学的实践是一种先在的社会性的物质活动，具有旧本体论超越个人的，与社会性具体存在不相关的先验倾向。如果把实践理解为个人具体的活动，实践论就改变了其理论形态，但能否与存在论沟通，能否成为新的实践论美学则存在疑问。在黑格尔那里，个体性不存在，个体只显现为绝对理念，个体性的本质是普遍性。在李泽厚早期美学和后期积淀说中，个体均不存在，群体性的实践活动才是先在的、根本的。海德格尔哲学以个体性存在为先。一旦把视野转向个体，人的本质的丰富性、多元性、未确定性、感性、精神性就都显示

① 杨耕：《杨耕集》，第70页。

② 这里涉及后实践美学的评价问题，因非本文主题，此处不展开，可参阅拙文：《评实践美学与后实践美学之争》，《文学评论》2005年第5期。

出来。实践美学把类的主体实践活动置于优先地位,统一性、理性、社会性、普遍性就被突出。马克思的实践论是历史唯物主义,是对宏观的历史运动之谜的求解。在人的社会性与个体性矛盾中,马克思注重的是人的社会性,而海德格尔的存在论则是对人的个体性的强调,是对个人在社会中生存如何的表述和如何生存的期求。审美首先是个体性的,因此海德格尔的存在论更适合于解释审美活动,这也是伽达默尔把美学放在其《真理与方法》三部分之首的原因。而且,在海德格尔和马克思的哲学中,存在和实践这两个概念具有完全不同的含义和哲学地位,把它们解释成一体难免造成误读。在海德格尔那里,存在是主体和客体合一的状态,对于个体意识来说,认识和实践活动都是派生的,存在论的在世状态与实践活动的主体客体的分离是两种在世结构。马克思的实践指的是人与自然的物质交换活动,实践是人与自然的中介和桥梁,在此基础上,人类的其他创造得以可能。历史唯物主义以生产方式/生产关系、社会存在/社会意识、经济基础/上层建筑这一套理论体系解释历史发展之谜,而存在论则以对个体性的生存分析出发寻求个体的自由之境。把两种各有侧重的思想相混合,就泯灭了马克思的历史唯物主义解释社会历史之谜的有效性。如果把人的一切活动都包括进人类社会性的实践活动中,实践就什么都是也就什么都不是了。马克思曾经说过"任何人类历史的第一个前提无疑是有生命的个人的存在"、"每个人的自由发展是一切人的自由发展的条件"等话,但他更强调人的社会性,"人的本质是一切社会关系的总和"。人类历史的解放之路才是马克思思想的所指。实践论与海德格尔的存在论具有不同的内涵和指归。我以为,海德格尔的存在论和解释学在解决美学问题时的优越性在于,它的出发点是个体的人,是个体人的存在之谜而非人类整体的解放问题,是现代个体在意义虚无世界如何创造生命意义的问题,这就使其能够与美学问题相连,因为审美活动首先是个体性的活动,个体生命意义的有限与无限是美学的根本问题。

这就涉及一个问题,即马克思的历史唯物论对于美学研究具有什么样的意义？我认为,马克思主义的历史唯物论在美学上的意义,是有助于解释审美主体和审美客体的历史生成。审美主体和审美客体产生于具体的审美活动中,但审美主体作为人,是历史的产物,是历史实践活动发展而来的,审美客体作为自然(自然而然)的物质客体也是人的实践所创造的。审美现象首先是历史的社会的文化现象,而非自然现象。从根本上来说,审美文化现象是历史的产物,这就是历史唯物论在美学上的意义。历史唯物论就是历史之谜的解答,这是存在主义哲学无能为力的。但是美学不能仅到此为止,而要深入研究审美活动,一旦深入研究审美活动就必须引入具体的方法和视角,存在论哲学以个体人为出发点就有很大的优越性。因此,不应该把历史唯物论解释成存在论,因为这种思路只能泯灭历史唯物论的巨大的历史感和哲学深度。而且,这种诠释无法把马克思和当代西方哲学区别开来,对于具体的审美现象也并不能提供有效解释。马克思实践论的阐释视阈是人类社会历史,但审美活动首先是个体的活动,以实践直接推演美学范畴就没有抓住其主要矛盾。应该把美学的哲学基础和具体问题区别开,这样就还原了马克思思想的哲学地位,又可以借鉴存在论哲学对于审美现象的具体解释。

实践美学的弊端是把历史唯物主义命题直接当作美学命题,哲学与美学不分,不厌其烦地阐述马克思的实践概念,但这只停留在哲学层次上,没有深入美学问题域,而存在论哲学和解释学因其哲学出发点是个体人的自由如何可能的问题,因此审美之思就成为其主题,这也就是后实践美学以存在论哲学为思想资源就能击中实践美学之弊的原因。正因为哲学原则作为前提不能直接应用于审美现象,需要有一系列的中介推演,所以实践美学或落入认识论,或落入物质本体论,最终没有超越传统主体性形而上学的思想框架。实践美学把《巴黎手稿》中的自然人化、人的本质力量的对象化等哲学基本原则当作美学命题,因无法解释审美现象而被批评,错误不在实践唯物论,而在其诠释者。美学的根本问题还是康德的问题,即无功利无目的无概念的情感为何具有合目的性和普遍性的问题。当代西方美学认为,美学问题是审美是个体的本真自由的澄明活动又如何与他人共鸣的问题。其解决办法,是胡塞尔提出的主体间性概念,海德格尔提出的“天、地、神、人”四方共存互动,马丁·布伯的“我—你”关系,伽达默尔的不同主体之间的“视阈融合”,哈贝马斯和巴赫金的“对话”等。这些哲学美学的要义即人不是中心,不是主体,而是万物一分子,人与万物的关系是主体与主体的关系,只有通过对话和交流才能达到天人和谐。

马克思在《巴黎手稿》中的出发点是人的社会性,是人“类”,人类以劳动与自然相对待,与动物相区别,马克思并没有论述审美活动对于个体的意义。对于现实的人而言,社会性优先于个体性,对于审美活动来说,个体性优先于社会性。人生活在社会中,但他首先是一个个体的人,因此,从个体的人出发,存在论哲学就能揭开审美活动的奥秘。但人的本质又在其社会性,因此,历史唯物论对于揭示历史运动之谜具有巨大的优越性。所以,回到美学问题本身才可能纠实践美学之偏,回到马克思和海德格尔本身才是建立新美学观之道。

二

后实践美学的尖锐批评似乎使实践美学的坚守者只有招架之功,站在传统实践美学立场的辩解显得苍白乏力,必须赋予实践美学新的活力。如果还以本体论的哲学形态结构美学体系而又不以海德格尔的存在论作为美学的哲学基础,那么就必须给予实践概念以根本的改造,从新的实践概念出发推导出美学体系,这就是张玉能新实践美学观的基本思路。

面对后实践美学的种种挑战,张玉能决心重振实践美学的话语威信。张玉能教授新实践美学的基本逻辑是这样的:人的生命存在是历史条件,实践活动是根本,经过实践创造达到创造的自由,产生了人对现实的审美关系,从中生成美和美感,美感和美凝结成艺术,实现实践的艺术化和生存的审美化,最终走向全面自由发展的人。面对实践美学把美理性化、现实化、物质化,把审美活动等同于实践活动,从而无法解释审美活动的精神性、超越性、个体性和非理性的方面,张玉能把实践分为三大类型即物质生产、精神生产和话语实践,认为实践活动并不只有物质交换层,还有意识作用层和价值评估层,并论证这三层与美的关联。针对有人批评实践美学为古典形态的理论,张玉能认为,马克思从左的方面批判了西方古典哲学,是现代哲学的开端,并与西方后现代思潮具有同步性,实践美学可以回答后现代思潮提出的问题。张玉能的论证是这样的,美、审美、艺术是一定历史阶段的人的本质力量的对象化,美的产生决定于历史实践,具有一定的确定性和历史性,随着实践的历史发展,它的本质又有不确定的情状。因此,后现代的意义异延论、社会差异论、主观偶然论、非主体性、无个体性等问题都能在实践美学中解决,实践美学建立的人文理性、多维主体性、自由个体性等可以回应后现代思潮的挑战。在此基础上,张玉能认为,建立新实践美学是中国当代美学的要旨。理论的生命在阐释中,坚守实践美学,发展实践美学,赋予实践概念以新的含义,从而使实践美学焕发新的生命,这种实践美学发展观对于继承实践美学的有益资源,吸收新的思想资料以建设新的美学理论不失为一种可取的学术方向。

在马克思那里,实践概念有确定的含义。实践是人不至于饿死从而与自然打交道,进行物质交换的活动。实践美学的实践概念的依据除了马克思外就是毛泽东。毛泽东《人的正确思想是从哪里来的?》一文中的实践包括物质生产、阶级斗争和科学实验三个部分。毛泽东说:“人的正确思想,只能从社会实践中来,只能从社会的生产斗争、阶级斗争和科学实验这三项实践中来。”①李泽厚严格地把实践理解为物质生产活动。直到20世纪90年代中后期,在实践美学的代表人物之一的刘纲纪的《传统文化、哲学与美学》一书中,实践就是“物质生产实践”:“我要指出我所说的‘实践’一

① 《毛泽东著作选读》下册,人民出版社,1986年,第839页。

词,指的是马克思所说的物质生产实践,不是其他任何意义上的实践。在过去的马克思主义哲学中,'实践'一词的含义被理解得十分广泛……但这样一来,实践的含义就包罗了人类的一切活动,而失去了它在马克思主义哲学中的规定性。"[①]应该说,传统实践美学的实践观是基本符合马克思原意的,但传统实践美学按照西方古典形态的本体论哲学方法结构美学体系,问题就出现了。实践这一人与自然的中介被本体化、客体化、绝对化、实体化,在按照本体论哲学的历史和逻辑统一的原则构造的美学体系中,实践直接就是美的根源,由此实践的物质性现实性理性就成了美的规定,这正是后实践美学着力批评的地方。[②]面对传统实践美学的困境,张玉能认为,必须阐发实践活动本身的特性,只有阐释实践本身的非物质性才可以解决实践美学把美理性化、物质化、现实化的弊病。张玉能重建实践美学话语权的努力由此展开。本文认为,张玉能的实践美学发展观并没有解决实践美学已有的弊病,其论证仍然延续着实践美学的基本逻辑,事实上宣告了实践美学的终结。细而言之,张玉能的论证有如下疑问。

第一,传统实践美学把人的本质力量等同于理性的实践力量,张玉能把无意识、非理性引入实践活动,认为实践活动包含着非理性、无意识层面,这可以解释艺术创作等活动,因为艺术创作可以通过文字语言这种本身就是精神性的媒介对象化人的意识,但在物质实践活动中,无意识、非理性表现在何处呢?张玉能的实践概念已不同于马克思和李泽厚等人,但就是这种包罗万象的实践概念仍然没有把审美活动包括进去,因为审美活动固然与精神生产、话语活动有关,但其自由性、体验性、超语言性并不由物质生产决定,也不同于意识形态的精神生产,更非逻辑理性语言所能把握。而且,张玉能寻找实践的审美本性的思路恰恰抹杀了审美活动的

① 刘纲纪:《传统文化、哲学与美学》,广西师范大学出版社,1997年,第186页。
② 实践美学与后实践美学的体系构造方法及其弊端非本文主题,本人将在以后的实践美学研究论文中进行评论。

超越性、自由性和理想性，也就是审美对现实的超越和否定的本性。以实践活动直接推导决定审美活动，仍然没有解决实践美学把审美活动等同于实践活动的问题，而且审美活动的现代内涵被遮蔽。在张玉能那里，审美活动附和着人类外在化的物质活动，审美现代性的内涵即审美活动对异化现实的批判，对自由的坚守，对个体生命的超越意义，对人的本真存在的看护都失落了。在实践力量已变成科技理性并给人类带来灾难的今天，美学学者仍然高唱实践的伟力，对人存在的异化现实视而不见，对人的实践力量的新发展没有应有的警惕，这就偏离了美学的人文性，是美学的失职。

张玉能的论证有唯实践论倾向，似乎西方现代和后现代的一切问题都可以实践解决之。马克思确实说过："理论的对立本身的解决，只有通过实践的途径，只有借助于人的实践的力量，才是可能的。"①但这并不意味着可以放弃理论思考，马克思本人不就是主要从事理论批判活动吗？这也并不意味着一切现代或后现代的理论矛盾都可以实践解决，更不意味着可以实践解决美学问题。美学理论并不只是解释审美现象，它还要为现代人的存在建构意义空间。如果实践美学已经达到了真理，那么后现代思潮对于我们将没有任何借鉴意义。在批评后现代思潮时，新实践美学的策略是把美学问题还原为马克思主义哲学问题，然后又把理论问题还原为实践问题，认为后现代的一切问题只有在具体的社会实践中解决，按照这种思路，实践不就变成万能的新上帝了吗？还需要审美的自由之诗和哲学的超越之思吗？还需要建立人类的精神意义世界吗？张玉能的根本之点是唯实践论，但实践无所不能，无所不包，也就什么都不是了。

张玉能在论证新实践美学的后现代性时，认为美和艺术是一定历史阶段的人的本质力量的对象化，美的产生决定于历史实践，美的本质随实践的历史发展而定。这就把美与实践的关系等同于社会存在与意识形态的关系，从而无法解释马克思所说的艺术生产

① 马克思：《1844年经济学—哲学手稿》，人民出版社，1979年，第80页。

与物质生产的不平衡现象，也无法解释现代社会中美与实践的间离现象。实践可以检验认识，因为它们都是主客分离的产物，但美却不关主客二分，而在主客统一的人的存在中，因此以实践作为美的发展准衡是错误的。

第二，张玉能认为，经过实践的艺术化和人性的和谐发展，实现现实的艺术化和人生的审美化，最终可以实现美的理想世界。这是来自青年马克思的历史乌托邦，是不可能实现的，马克思后来以生产力和生产关系的矛盾运动终结了历史领域里的乌托邦。这种历史乐观主义的局限在于，实践只能解决现实问题，但人类总是不满于现实，理想总是否定现实指向未来，而审美活动就是对人类理想的守护和确证。实践活动的理想不可能在现实世界完全审美化地实现。可以想见，如果这种审美王国在现实中实现了，人类将因为没有理想追求而停滞。这种对实践的乐观主义是传统实践美学的基本观点，也是启蒙哲学的典型特征，它没有看到现代性文化的另一面，即现代社会中审美活动与实践活动的否弃关系。

在现代社会，实践表现为生产力，可是生产力的巨大发展使物和人都成了“持存物”，人成为技术链条之中的一个环节。海德格尔指出：“座架的作用就在于：人被坐落于此，被一股力量安排着、要求着，这股力量是在技术的本质中显示出来而又是人自己所不能控制的力量。”“现在，人已经被连根拔起。我们现在还只有纯粹的技术关系。这已经不再是人今天生活于其上的地球了。”①生产力的发展导致的技术统治产生了新的异化，即技术异化。人本身的异化是实践活动导致的，也是实践美学无法解释的，因为实践处理的是人与自然的关系，而美学关心的是人的生存，西方当代美学的丑、荒诞等范畴的提出正是人的生存的无根的表现，这就不是去寻找实践活动的审美本性的思路可以解决的，因为这些美学范畴产生于个体生存与社会关系的悖谬。

① 北京大学外国哲学研究所编：《外国哲学资料》第五辑，商务印书馆，1980年，第178、175页。

现代西方哲学美学是对启蒙运动的主体性哲学所导致的技术主义、权力中心、绝对性、普遍性的消解(解构主义),在普遍性/偶然性,群体/个体,理性/非理性,中心/边缘,男/女等二元对立中突出后者(后结构主义),承认人的历史性、有限性的同时强调个体创造性、能动性(现象学、解释学),强调意志、非理性、直觉(心理分析、生命哲学)以及审美超越对个体生命的意义(唯意志论),批判文艺复兴以来的"人是万物的灵长""宇宙的精华""理性的动物"等观念,其背景是西方经历了两次世界大战和各种形式的集权主义,社会组织日益制度化、精密化,个人被强大的官僚体制和科技主义所奴役,宗教超越日益隐退,传统艺术日益去魅,在这样的文化环境里,美的存在如何?美学的存在何为?为什么说在奥斯威辛之后写诗是野蛮的?因为艺术已不关心人的存在,而不关心人的存在的美学也是野蛮的。审美是黑暗社会的明灯,美学在异化的社会里要有所作为,美学学者应该对现实发言,不能附和实践活动中的人的本质力量,美学的天职是守护人的自由存在。

有先哲说:"以前人类似可说在物质不满意的时代,以后似可说转入精神不安宁时代。物质不足必求之于外,精神不宁必求之于己。"①哲学作为爱智之学不是对于外在世界规律的总结和抽象,而是对人类行为的反思,是对人的生存智慧的追求。作为人类诗意存在的维护者,美学同样不是知识之学,而是爱智之学,不是对于人类外在的认识和实践活动的讴歌,而是对于人的内在生活智慧的追求。西方近代科学和理性在战胜上帝和自然的同时也带来了丰富的物质,但这些并没有给人类带来幸福和内心的和谐。其实,放大来看,这是个争论了许久的话题,在中国是20世纪二三十年代的科学玄学之争,在20世纪西方是科学主义和人文主义的对立。看看美国黑人民权运动家小马丁·路德·金的一段话:"我们必须以极大的热情坚持不懈地工作,去跨越科学进步与我们的道德进步之间的鸿沟。人类最大的问题是我们蒙受精神上的贫困,

① 梁漱溟:《东西文化及其哲学》,商务印书馆,1999年,第166页。

它与我们科学技术方面的富裕形成鲜明的对照。我们在物质上变得越富有,在道德和精神上就变得越贫困。每个人都生活在两种世界之中:内心世界和外部世界。内心世界是用艺术、文学、道德和宗教表达的精神目标的世界;外部世界是我们赖以生存的那些装置、技术、机械和手段的综合。我们今天的问题是我们允许内心世界丧失于外部世界之中。我们允许赖以生存的手段超越生活的目标。……增大的物质力量如果没有相应的灵魂上的成长意味着增长大的灾祸。当人类本性的外部世界征服了内心世界,阴暗的暴风雨层便开始。"①一切热爱生命的思想应该热爱智慧,应该关心人的幸福,美学理应如此,而新实践美学的理论旨趣与此相反。

第三,张玉能以实践的内涵决定美的特征,这就仍然无法解释一个根本的问题,即人为什么需要美?难道美仅仅是人类实践活动的副产品吗?难道人类需要美来确证人征服自然的伟力吗?回答是否定的。现实和人的存在是有限的,而审美活动创造的自由满足了人对无限的追求。从人类历史来说,审美活动创造的乌托邦满足了人类对自己终极命运的关怀,人类就是在乌托邦的幻影照耀下不断超越自身实现理想的;就个体而言,人需要自由,需要明了生存的意义。个体以全身心投入审美活动中,体验着现实中无法获得的自由,这种自由不是实践对自然的改造和征服的确证,而是对生存完满性的自我认肯。生命本无意义,但人不同于动物的地方是他应当而且能够赋予自己的生命以意义。当人意识到自己的有限,渴望超越有限进入无限时,审美活动玉成人对无限的追求。

无论怎么开掘实践的精神内涵,从根本上说,实践是社会性的现实活动,不是精神性的超越活动,它不能提供个体的精神自由。张玉能以实践的本体内涵决定美的特征,以对实践的分析代替对美的分析,继续发掘实践活动的审美本性,美学就走上了科学主义;生命的自由,现实的异化,个体生命的有限与无限等问题就失

① 引自罗筠筠:《休闲娱乐与审美文化》,《文艺争鸣》1996年第3期。

落于美学的视野之外,审美活动的个体性、创造性、体验性等仍然得不到解释。科技不关心人的存在,不关心心灵的痛楚,不关心灵魂超脱,这就是科技主义与人本主义冲突的根源。新实践美学把美的桂冠戴在实践上,根本方向错了。存在主义哲学说:“虽然物质宇宙的存在是很明显的,虽然它的本性不断为自然科学显示出来,然而在某种意义上说,它是与人完全相反的,因为它无关于人的理想,希望和奋斗。”①而美学就应该关心人的“理想,希望和奋斗”。

张玉能对马克思的阐释秉承启蒙现代性精神,这就无法借鉴现代西方美学如否定美学,拯救美学的意义。以实践解释审美活动只能隔靴搔痒,不着边际。现代化进程中出现的个体的异化体验如孤独、焦虑、虚无、无意义等就根本不是实践活动所能解决的,而这正是当代西方美学的所指。由于缺乏对现代审美活动的体认,张玉能对当代西方美学始终不置一词,表现在理论上,就是张玉能缺乏对审美现代性的同情性体验,美学论争由此而起,我们从他对后实践美学的批评即可知道。②美学理论在一定程度上是对自己审美体验的表述,没有对现代审美活动的体认,论争只能自说自话。

第四,新实践美学仍然延续传统实践美学的基本逻辑,除了发掘实践的含义外,在许多地方与后者一致。比如新实践美学认为,实践是对象性的活动,产生的是对象性的客体,所以美就成了对象性的存在,美感就是主体性活动,这就如传统实践美学,美与美感分离,反映论的缺陷仍然存在。新实践美学把美感指向外在的客体对象,但人对外物的摄取是永无止境的,对此的欣赏也不是美感,只能是功利性的满足感,马克思说:“贩卖矿物的商人只看到矿物的商业价值,而看不到矿物的美和特性;他没有矿物学的感觉。”③作为西方哲学史的一个环节,马克思主义不是真理的终点。当代西方哲学主张抛弃先在的理念,回归现实生活世界,回归人的

① 考夫曼编:《存在主义》,商务印书馆,1995年版,第338、339页。

② 参见张玉能批评后实践美学论文:《坚持实践观点,发展中国美学》,《社会科学战线》1994年第4期;《评所谓“后实践美学”》,《云梦学刊》1995年第1期。

③ 马克思:《1844年经济学—哲学手稿》,人民出版社,1979年版,第80页。

存在,它对西方传统哲学以及当代社会的批判与马克思主义有共同之处。黑格尔说,“最晚出的、最年轻的、最新近的哲学就是最发展、最丰富、最深刻的哲学。”①历史唯物论并不能代替美学研究,后现代思潮是 20 世纪 60 年代以后的产物,后现代思潮的多元性、个体性、创造性、非决定论等正是实践美学所缺乏的。

第五,从美学方法看,实践美学仍然按照西方传统本体论哲学形态结构美学体系,即以实践为逻辑起点,遵循历史和逻辑统一的原则推演出美学范畴。对于实践美学的古典哲学体系的构造方法,张玉能是明确继承的,他说:“实践美学就以这种实践唯物主义作为哲学基础,是在实践本体论之上建构的美学体系。”②也就是说,张玉能是在认肯“劳动创造了美”这一论断的前提下,在实践美学的既定逻辑构架下发展实践美学的。但一种美学本体的选取就决定了其理论的逻辑行程和阐释限度,而无限扩充其内涵只能导致这种本体的无规定性。除了扩大实践的内涵外,张玉能的新实践美学仍然秉承传统实践美学的基本逻辑,在这种逻辑框架内,当代西方思想只能是异端,不可能被吸收进实践美学,这在李泽厚那里已经演绎过一遍,也是本体论哲学思维方式的先天弊端,因为其一,本体论哲学妄图把世界纳入其逻辑严整的体系中,世界的多样性和思想的多元性必然被舍弃;其二,本体论哲学以逻辑自洽性而非现实世界检验自身的真理性,而这种哲学所追求的逻辑圆融性(从本体出发演绎出世界然后回归本体)导致了其理论体系能够阐释一切问题的幻觉,这就是张玉能所说的新实践美学(古典形态的思维方式)甚至能够回应后现代思潮的挑战,但其结论又没有超出传统实践美学的原因。相比传统实践美学,张玉能的新实践美学没有吸收新的思想资源,这就使之无法扩大其阐释域限,相反,在继承传统实践美学逻辑言路的同时,后者的基本观点连同诸多缺陷也被保留下来。

① 黑格尔:《哲学史演讲录》第 1 卷,商务印书馆,1959 年,第 45 页。
② 张玉能:《实践的自由是审美的根本》,《学术月刊》2004 年第 7 期。

三

在我看来，实践美学的根本特征是以实践为哲学基础，按照传统本体论哲学思维方式结构美学体系，这就首先误解了马克思的实践唯物论对于美学研究的意义，直接把哲学命题当作解决美学问题的法门，其次是本体论哲学的体系构造法则造成了其理论的封闭性，使其在追求逻辑完满的同时无法接纳新的思想资源。新实践美学继承了实践美学的逻辑构架，这就使其对后者的新发展只是修补性的，没有超越传统实践美学已有的结论，“新实践美学”之“新”无从谈起。朱立元把马克思海德格尔化，放弃了历史唯物主义对于美学研究的哲学意义，其发展实践美学的思路与后实践美学的理论旨趣相似，在我看来是宣告了传统实践美学的终结，但在美学现代性视野上迈进了一步。

（原载《学术月刊》2005 年第 3 期）

给实践美学提十个问题

阎国忠

作为实践美学的主要代表之一的刘纲纪在 2000 年一次国际美学会议上谈到，目前世界范围内存在着三种类型的马克思主义美学：一种是苏联的马克思主义美学，一种是西方马克思主义美学，再一种是中国马克思主义美学。苏联的马克思主义美学随着苏联和东欧国家的解体已经渐渐失去其影响；西方马克思主义美学由于在许多重大的和基本的问题上背离了马克思主义，面临着严峻的挑战和危机；所以真正坚持马克思主义的只有中国马克思主义美学，不过中国马克思主义美学需要适应时代的发展，不断从世界学术文化中，特别是从西方马克思主义美学中吸取营养，进行自身的调整和改造，否则很难承担起它的应有的使命。刘纲纪的这一篇谈话表明中国马克思主义实践美学已经意识到它在世界范围内所扮演的角色和所处的地位，同时也意识到它自身还不是非常完善和无懈可击，还需要进一步推敲和讨论。

关于实践美学在美学上的贡献，拙作《走出古典——中国当代美学论争述评》中做了这样的概括：第一，它把美学探讨的中心从静态的美在何处，引向了动态的美是怎样发生发展的，从而大大推动了审美社会学的研究；第二，它把实践概念引进到美学，而实践概念是历史概念，这就使美学超离认识论成为可能；第三，它的理论指向直接是作为实践主体的人，人的本质，人的尺度，人的创造力等，于是人本身成为美学的最大课题；第四，美学因此在一定程度上脱离了抽象的概念的论争，而与人的生产劳动、自然环境以及艺术创作等实际问题结合起来;第五,它引发了人们对研究马克思主义经典作家的有关论著,特别是马克思的经济学著作的兴趣,使马克思主义美学脱离了旧的唯物主义色彩的阴影。

关于实践美学的局限性,我在同一著作中也指出,它的根本问题是试图以物质实践解释作为精神现象的审美活动。它所告诉人们的是,作为审美的客体,包括自然的、社会的、艺术作品中的,是从哪里来的;人作为审美的主体是怎样生成的;人何以能够通过生产劳动创造出审美客体,又何以能够从他所创造的审美客体中获得一种愉快,但是,美学所要追索的问题主要的不是这些,而是美是什么;审美如何成为可能;在美感的一刹那中,审美主体的心理状态是怎样的;美感的快慰是什么性质的,它与一般快感有什么不同;审美活动与认识活动、道德活动是怎样一种关系,等。实践美学认为马克思提出但经过他们解释的"自然人化",既回答了美的本源问题,也回答了美的本质的问题,实际上,它并没有回答美的本质问题,而作为对美的本源问题的回答也是值得商榷的。

但是,应该承认,实践美学在我们国内目前是处于主流地位的美学,它的影响至少在一般读者中还在不断的扩大,所以造成这样的状况,一方面是因为它的主要观点是建立在马克思主义实践哲学的基础之上,特别是马克思的有关著作为它提供了坚实的理论支撑;另一方面是因为我们的读者长期受到马克思主义熏陶,对于实践美学比较容易理解和接受。还有一个原因,就是实践美学经过差不多两代学者的研究和探索,在许多观点上不断有新的补充和修正,它的开放性和包容性使它避免了其他一些美学因为偏狭而丧失话语权的命运。但是,实践美学同样面临着许多挑战,前不久召开的关于实践美学的专题讨论会就清楚地表明,在一些基本理论问题上,实践美学还存在一些值得商榷的问题,需要进一步去完善。

实践美学是我们中国学者在美学上的重要成果,并且是可以在国际学术界发生影响的成果,所以我们都有责任珍惜它,维护它。出于这样的考虑,我就自己的理解提出以下十个问题与实践美学

讨论:

一,关于马克思主义哲学本体论。实践美学在冲脱了认识论的局限后,需要有一种哲学本体论的支撑,这一点,李泽厚意识到了,但是他认为马克思主义没有哲学本体论,马克思主义美学从来都是认识论美学,所以他借鉴康德和现代西方哲学的一些提法,提出了"人类学本体论"这个概念。同时他还提出了"工具本体"和"心理本体"这样的一些概念。刘纲纪不满意李泽厚在哲学本体论上的非马克思主义倾向,认为马克思主义本身就是一种哲学本体论,这种哲学本体论就是"实践本体论"或"实践批判的本体论"。刘纲纪还注意到西方马克思主义者卢卡奇将马克思主义哲学本体论称为"社会存在本体论",并且表明了自己不同意的意见。刘纲纪对卢卡奇的观点存在一定程度的误解,这里暂时不去讨论。蒋孔阳同样认为马克思主义哲学本体论是实践本体论,但是没有做深一步的讨论。现在的问题是马克思主义哲学究竟有没有本体论?如果有,是不是可以用"实践本体论"或"实践批判本体论"来表述?如果用它来表述,就有两个问题需要讨论:一是如何理解"实践"这个概念,这个问题我们下面再谈;一是如何处理具有本体意义的自然界的问题。"实践本体论"能不能将包括自然界在内的整个存在从本体意义上统摄起来?我以为,将马克思主义哲学本体论表述为"工具本体论"更为准确些。因为工具是人与自然的统一,是目的性与规律性的统一,是人类文明的标志和尺度,也是全部社会实践的真正的根据和出发点。人与自然只有在工具的产生和发展的历史中才能得到最后的说明。当然,对于工具要有一个历史的理解,应该包括成为人类和自然物质交换的所有的物质中介。马克思讲,资本也是工具。

二,关于马克思主义的实践概念。李泽厚明确地把实践理解为物质生产实践;刘纲纪长时期也是这么理解实践概念的,后期有了重要的改变,认为实践是"人类在一切社会生活领域中使人的感性的本质得以生成和实现的活动,也就是人的感性的本质的自我实现、自我创造的活动"。蒋孔阳理解的实践概念更宽泛些,在他看来,人类的感性、情欲、情感和理智等一切本质力量的对象化活动都属于实践范畴,因此,一般的欣赏和审美活动也是一种实践。但是,很显然,马克思和恩格斯所讲的实践,首先指的是生产,而不是一般的感性行为;其次,指的是作为"历史中的决定性的因素"的生产,即"直接生活的生产"或"生命的生产",包括生活资料的生产和人自身的生产,而不是诸如精神生产的生产。马克思和恩格斯正是从这样的实践概念出发,精辟地分析和论证了生产力与生产关系、经济基础与上层建筑间的关系,创立了历史唯物主义与科学社会主义。就两种生产问题,曾经有人质疑过刘纲纪,刘纲纪承认人自身的生产也是决定历史发展的动力,但是在他后来的所有美学著述中从没有给人自身的生产以应有的地位。人自身的生产,作为一种社会实践,在审美活动的生成发展过程中的重要作用,应该说是毋庸质疑的。人的审美情趣与一般高等动物对色彩、线条、形体的兴趣之间并没有一道不可逾越的鸿沟。不仅仅是工具的使用,还有在共同劳作中形成的人类特有的两性关系是人得以超越一般高等动物具有人的审美情趣的原因。也就是基于这样的道理,弗洛伊德的性心理学在美学发展史上的地位是不应也是不容忽视的。

三,关于人与人的本质力量。按照马克思的理解,实践应该是人与自然间物质交换过程,是主体与客体双向性的交融和互动的过程,而实践美学往往强调人的主体性、能动性的一面,忽略了人的受动性、受限制性的一面。无疑,马克思、恩格斯充分肯定了人的主体性和能动性,但是,与唯心主义者康德、黑格尔不同,他们的肯定是有前提的,这个前提就是:人是自然界的一部分,是"自然的、肉体的、感性的、对象性的存在物";因此,人既是"具有自然力、生命力,是能动的自然存在物",又"是受动的、受制约的和受限制的存在物";人的感性、情感、情欲、激情也是人"真正本体论的本质(自然)的肯定",是人"强烈追求自己的对象的本质力量";人的主体性不是先验的、抽象的主体性,而是以作为对象的自然界的存在为直接前提的主体性,是"对象性的本质力量的主体性";人在物质生产实践,即劳动中所获得的愉快,是人直观自己的本质的愉快,受动性对于人也是一种享受。实践美学在这个问题的理解上并不完全一致,后期的蒋孔阳对马克思的这些论点给予了较多的关注。

四,关于自然人化和美的本质。当实践美学用自然人化来解释美的本质的时候,在美与美的事物问题上始终存在着一种悖论。美是一种哲学的抽象,是一种精神现象;美的事物是经验的事实,是一种物质的存在。物质生产实践可以造就经验的事实和物质的存在,因而可以为美作为哲学的抽象提供可能,但是并不能直接澄明或升华为一种精神或理念。在经验的事实或物质的存在与精神或理念之间还存在着相当长的距离,还有许多不可逾越的中介。蜘蛛织网、燕子筑巢、黄莺鸣叫也是美的事物,不过它们不能与人一起称作美的创造者,为什么呢?因为它们的活动是没有意识的,是不自由的。人的创造是有意识的,人的创造总包括一些经验以外的东西,包括人的认识、情趣和理想。但是,人的创造,作为一种客观化了的具体的物质存在与蛛网、燕巢、莺啼,并没有什么区别,因为它们总是与某个人或某些人的过去的经验联系在一起,是已有经验的体现,是个别的、有限的,而美,作为一种哲学的抽象,作为一种精神理念,是普遍的、无限的,在美中凝结的不仅仅是人类已有的经验,而且是人类对自然和人生,对现实与理想的伟大憧憬,它是经验的,也是超验的,是形而下的,也是形而上的;它是人的生命中一种永远挥之不去的情结。

五,关于美的形式和美的内容。这个问题恐怕不仅仅是实践美学的问题。黑格尔美学的主要贡献之一是对艺术的内容和形式的分析和论证,主要弊病之一是把这种分析和论证运用到美学上来,认为美也有内容和形式的区分。不唯是艺术,世上一切具体的实在都可以有内容和形式的区分,惟有作为哲学抽象的概念,特别是最高概念是不可以这样区分的。真、善、美就是这样的概念。李泽厚讲,“就内容讲,美是现实以自由形式对实践的肯定;就形式言,美是现实肯定实践的自由形式”。这种说法实际上是同语反复。我们不妨这样提问:陶渊明的《桃花源记》作为一篇散文可以有内容和形式之分,但是,它的美也有内容和形式之分吗?武松、鲁智深作为具体的人物形象可以有内容和形式之分,他们的美也可以有内容和形式之分吗?黑格尔曾谈到,有限的知解力是无法理解美的。实践美学就是试图将无限的美诉诸有限的知解力。有限的知解力之所以不能理解无限的美,是因为它必须借助分析综合的方法,将事物分解开来,然后再综合在一起,从局部到全体,从个别到一般,而美因为是无限的,所以无法分析和综合,美要求诉诸一种更高的智慧,即理性,要求诉诸直觉、顿悟、体验,要求整个心灵和生命的投入。

六,关于美的规律和审美活动的起源。马克思讲人的劳动和动物的"劳动"的区别之一是人"按照美的规律造型"。实践美学根据这句话和"劳动创造了美"这个短语,认定马克思把物质的生产劳动当作一切美的本源。但是,"劳动创造了美",显然是在讲异化劳动,而不是讲美的起源;按照美的规律造型是在讲劳动的特性,也不是讲美的起源。而且用按照美的规律造型来论证美起源于劳动,在逻辑上显然是有矛盾的,既然劳动是按照美的规律造型,那就是说美的规律只是体现在劳动中,而不是产生在劳动中。为了解决这个矛盾,杨恩寰设定了一个"前人类的劳动",认为美的规律应该起源于前人类的劳动,但这只是一种折中的说法。蒋孔阳从人类是个"自组织、自调节、自控制"的系统的角度,为解决这个矛盾提供了一条新的思路,较为可取,但已和"劳动创造了美"没有关系。在美的起源问题上,应该说,马克思和恩格斯的两种生产论为我们提供了重要的理论依据。一方面是生活资料的生产,一方面是人自身的生产,这两种生产的相互渗透和交互作用,使人既改变了人和自然的关系,自然成为人类可以利用、改造和欣赏的对象;也改变了人与人的关系,形成了家庭、宗族、阶层和各种社会交往的形式,造就了人类特有的爱、同情、尊重等的感情。同时,还应借鉴达尔文等的进化论,以便从人的进化过程中探讨人对某些色彩、形体、声音的兴趣与某些高等动物的性选择兴趣之间的生物学的联系。因为美的本源不仅是美的客体的问题,更重要的是审美主体的问题。

七,关于自然美的地位与意义。从谢林、黑格尔、佐尔格以来,美学就把研究的重心放在艺术上,认为艺术美高于自然美。实践美学也未能例外。实践美学同样认为,艺术美是自然美(社会美)的反映,但艺术美融入了艺术家的思想感情并经过艺术家加工,是艺术家审美意识的物态化,是美的集中和典型的体现。可以看出,在这个问题上,实践美学没有跳出哲学认识论的框架。如果不是从认识论,而是从本体论或生存论出发,如果看到审美活动是人的一种生命活动,自然美是人对与自己生命攸关的自然界的一种意识和情趣,是人和自然之间和谐统一的象征,而艺术不过是用来调节人与自然(以及人与人间)关系的一个中介,那么就会意识到所谓艺术美高于自然美的说法,只不过是人类中心主义的一种不自觉的流露。不错,艺术美是较为集中的,而自然美是分散的,但是,是不是集中的一定比分散的更美?我们是更喜欢一览无余,还是喜欢层出不穷呢?艺术美比较精致,自然美比较粗糙,但是,在我们看惯了精致的东西后,不是更喜欢粗糙的、朴实的、原始的甚至怪诞的东西吗?艺术美一经创造出来就不再变化,具有恒定性,自然美却随着岁月的流失和季节的变化而不断改变着自己的面貌。但是,真正具有永恒价值的艺术美是很少的,而自然美正因为其日新月异,变幻莫测而受到人们的永久的青睐。自然美的优长是与它的存在融为一体,并且始终环绕着人类,成为人类生活中须臾不可或缺的东西,而艺术美却只是作为自然美的补偿和延伸的“第二自然”。自然美的问题,尤其在今天,是美学面临的真正具有现代性的课题。

八,关于艺术与美。长期以来,人们往往把美看作艺术的本质和目的,实践美学延续了这样的提法。由于实践美学的推动,这种观点几乎成了不容质疑的公理。但是,这是违背马克思主义美学基本原理的。马克思明确说,艺术是一种把握世界的方式,一种社会意识形态,一种精神生产,这就是说,艺术总是要表现和传达一种对世界的认识;总是要表现和传达一种政治、宗教、道德的观念,总是要作为一种价值介入到人们的经济生活中,成为社会经济总体的一个部分。真正的艺术从来不是为了美而创作的,即便是那些高喊"美是艺术的唯一目的"的19世纪西方唯美主义者也是如此。在中国,屈原、陶渊明、杜甫、李白、陆游、辛弃疾、曹雪芹,直到鲁迅;在西方,荷马、埃斯库勒斯、但丁、莎士比亚、弥尔顿、席勒、歌德、巴尔扎克、列夫·托尔斯泰,直到卡夫卡,哪一个是为了美而创作,又有谁是单单为他们的作品中的美所打动的呢?艺术无疑要给人以审美享受,但是,这并不是艺术的本质和目的,就像人都要讲究美,美并不是人的本质和目的一样。

九,关于美和自由。李泽厚的美学许诺给人们提供一个审美的"乌托邦",一个"天人合一"的自由境界;刘纲纪认为,在现实生活中,人的自由和个性才能的发展是受限制的,只有在审美活动或艺术中人才能享有真正的自由,人的个性才能才会获得充分的发展。审美自由问题是个老话题。康德、席勒幻想通过审美或艺术实现人的自由,是因为他们看不到在现实中实现自由的可能;王国维与朱光潜同样看不到这种可能,不过他们不愿去侈谈审美或艺术的自由,而只是把它看作是一种从苦难中获得解脱的途径,一种"避风息凉"的方式。实践美学在这个问题上似乎还没有王国维和朱光潜清醒,而直接承袭了康德和席勒的观念,这就背离了作为它的基本出发点的实践唯物主义原则。审美活动或艺术如果给人以自由,也只是短暂的和虚幻的,而自由对于人说来属于现实的生存境遇的问题。所以,马克思和恩格斯从来不认为审美活动或艺术可以给人类带来自由,他们的全部学说可以说都是与这种论调相敌对的。

十,关于美学学科的性质。对照西方马克思主义美学,中国的马克思主义实践美学比较强调美学的科学性,而不太关注美学的意识形态性。李泽厚多次表示,美学应该放弃马克思主义的革命性和批判性,成为能够用数学方程式来表达的那样精密的科学;刘纲纪虽然在马克思主义哲学本体论的表述上采用了"实践批判本体论",但是他理解的批判,与西方马克思主义不同,实际上是物质地改造的意思。美学是一门人文科学,同时又是一种社会意识形态,这两方面是统一的。马克思主义美学是建设的,也是批判的,对精神文化领域各种不健康的、庸俗的东西的批判永远是美学的一个重要的课题。不可能设想,只靠所谓的“积淀”,就可以拯救人类的灵魂,完善人的本性。

需要说明的是,这里讲的实践美学,主要是指李泽厚在《批判哲学的批判》《美学四讲》中表达的美学,刘纲纪在《艺术哲学》等著作中表达的美学,以及蒋孔阳在《美学新论》中表达的某些美学观点。李泽厚后来游离于实践美学之外,他所谈论的与实践美学已经相距很远;刘纲纪则始终坚守在实践美学范围之内,不过他没有停止对美学基本问题的反思,在他后期的一些论述里,通过与西方马克思主义美学的比较,给自己,也是给实践美学提出了若干非常重要的理论问题。蒋孔阳虽然在许多观点上与李泽厚、刘纲纪比较接近,但是,他在“美在创造中”“美是恒新恒异的”“美是多层累的突创”等命题中就美的本质问题表达了完全不同的全新的见解。实践美学正在走向成熟,我们期望实践美学在他们及后来一些年轻学人的努力下有更多的新的建树。

(原载《吉首大学学报》2005 年第 4 期)

后实践美学的美学体系

——评杨春时的《美学》

张　法

杨春时《美学》(高等教育出版社,2004)是他美学思想的体系性成果。通过全书细读,感觉到其在总体上有三个基本特点。这些特点贯串于书中的各个部分。因此,本文在讲了三大特点之后,举书中的重要论题“审美的本质”“审美的起源”“审美的解释和审美功能”,来看这三个特点的具体化。

一、学术演进比较视野中的杨春时《美学》

从学术演进上看,杨春时的这本著作代表了美学从一种思想形态的整体话语向个体话语的回归。这是杨春时《美学》的第一大特点。如果说,代表共和国前期美学的王朝闻主编的《美学概论》基本上是站在社会整体的立场来结构美学与主流意识形态有内在一致的整体性话语;李泽厚的《美学四讲》是站在社会整体的立场上,力图对共和国前期主流意识形态话语进行改革,使之适应于新的形势的整体性话语;那么杨春时《美学》作为一种后实践美学,则是一种个人性话语。但这种个人性,不是由个人性本身而来的,而是与实践美学的整体性相对立而来的。因此,它在强调个人性的时候,又把个人性作为一种整体性的总结,而为了支持自己的个人性,它用了一种整体性方式。讲到这里,必须补充一点,李泽厚的思想出现在上世纪80年代,美学在那时是一门显学,李泽厚的美学不但是美学上的主流,而且是思想界的主流;而在上世纪90年代,美学已经是一门平常之学,思想界的主要思考已经离美学而去。美学的演进已经变成了一个纯粹的学科演变,而且是一个哲学中的小学科的演变。杨春时型美学与李泽厚型美学在时代和学科上的不对称,构成了中国美学演进中非常具有戏剧性的一幕。对于美学思想的这一演变,不妨从两种不同的角度来看。一是从杨春时与李泽厚的对立来看,二是从杨春时自己的整体性来看。

先从第一个角度看,与李泽厚把美学定位在物质上不同,杨春时把美学定位在精神上;与李泽厚把美学建立在实践上不同,杨春时把美学建立在心理中;与李泽厚把美学放在历史中不同,杨春时否定历史可以放进美学;与李泽厚关注美学与人类整体的关系不同,杨春时强调美学只与人的个体相关;与李泽厚注意审美感性中的理性作用相反,杨春时否定理性而高扬感性……这一对比更多的是以李泽厚为基点和焦点得出的,这样对比容易看出杨春时与李泽厚的联系,但也有不足,就是没有以杨春时自身所要求的方式呈现,如果把杨春时自身作为焦点,那二人的比较应该是这样的:

李泽厚——杨春时

现实——超现实(理想性)

实践——超实践(自由性)

历史——超历史(本质性)

客体性——主体间性

主体性——主体间性

感性中的理性——超越理性的感性

整体性——个体性

这样对比,强调了杨春时的独特一面,而其独特性又从中表现出来,仅以这一对比来看,不是很好懂,但用一个叙述句表现出来,就好懂些了:美的本质不由现实决定,不是历史决定,总而言之,不由实践决定;美的本质,不在客体,不在主体,而在主客体的同一,一言蔽之,在主体间性。在有了由现实、历史、实践、客体、主体等等这样一些词汇构成的词群之后,杨春时美学的核心词才可以本质性呈现出来：美的本质在于它的超越性和自由性。

可以看到，当一种超越性和自由性的美的本质，在否定了现实、历史、实践、客体性、主体性之后，它所能归依的是什么呢？只能是一种个人性的东西。因此，杨春时最初把自己的美学称之为生存美学。这种生存美学，在世界思想中所对应的就是来自海德格尔和萨特的存在主义而又有所不同的生存论思想，是一种突出个人性，以个人的本真性来对抗现实、历史、实践中的非本真性和沉沦性的思想。

这样一种否定现实、历史、实践的突出个人性思想，从美学学科的角度看，反映了中国美学思想从整体性（从王朝闻型到李泽厚型）到个体性（杨春时型）的演进；从美学与时代的关系看，正如李泽厚美学反映了其美学与上世纪 80 年代共生的坚定，杨春时美学则反映了美学面对上世纪 80 年代以来时代复杂性中的迷茫。

二、杨春时《美学》的宏大叙事

杨春时《美学》的第二个特点，是在创立理论的过程中和在体系化的过程中，显出不顾"史"的知识和"学"的内容的模式先行的方式。为了支持自己由与李泽厚对立而来的美学理论：美的本质是超越性与自由性，并想由此形成一个美学体系，一定要有一个坚实的理论基础。在这一点上，杨春时一方面显得信心十足，另一方面又呈现出力不从心。他为了自己的体系建设需要，编织一个关于以历史为基础的延伸到与美学相关的方方面面的宏大叙事，但这一编织明显地不符合学界关于这几方面已经得出的通识。

首先他把人类历史分为两大时期：原始时期和文明时期。从文明开始到现在的时期又隐含了在发展着的未来时代，未来时代是与人的本质相一致的，文明时代是异化，从而构成了他必对之批判、否定、超越的基础。这一三段式的划分，带来了一系列具体问题上的三段式划分。比如，把哲学史分为古代的实体性哲学、近代的主体性哲学、现代的主体间性哲学；再如，把哲学、美学的方法论分为古典的演释—归纳方法、现代的体验—理解方法、自己的体验—理解加逻辑—历史的方法;又如,把人的生存方式分为自然的生存方式、现实的生存方式、自由的生存方式;还有,把人类意识分为原始意识、现实意识、自由意识;另外,把人类的文化分为巫术文化、现实文化、自由文化;进一步,把与文化、意识、生存方式相联的体验方式分为巫术的体验方式、现实的体验方式和超越的体验方式,等等。

以上分类,乍一看来,有历史发展的类型划分,有历史发展与结构相结合的类型划分。仔细琢磨,全是一种历史发展分类,从这整个分类所显出的宏大叙事具体讲解,那就是整个人类历史分为:原始时期,文明时期,未来时期。未来时期与人的本质相连,原始时期人的本质尚未获得,文明时期产生了人的本质,但处于异化的社会之中,于是与人的本质相连的自由生存方式、自由意识、自由文化、超越体验方式,都在对异化的文明社会进行否定和批判,促使着人向未来社会前进。这一思想基本上来源于马克思的《1844年经济学—哲学手稿》,但没有了《手稿》原有的黑格尔的理念论的基础,显得逻辑不通。就这一划分的本身来说,属于一种与具体历史阶段或历史类型相连的分类,作为一种历史分类,对它的一个起码的要求,是要能够说明历史的实际,而在杨春时那里,这些分类纯粹为了自己立论的需要,不作一个具体的年代学厘定,也不作任何历史具体性的关联,还不管相当多的史实与他的划分相矛盾。且不说世界历史如此的多样和复杂,就以埃及人、玛雅人、伊斯兰教为例,它们及其所在的时代,哲学方法、生存方式、意识类型、文化类型、体验方式,是属于上面所分的哪一种时期?一旦追究下去,马上发现,杨春时的思想,虽然有一个逻辑严整的三段论一以贯之,但缺乏一个“史”的基础。按照中国古人的学说,一门学问的成熟,需要学、才、识三者,那么,杨春时的理论,不可谓无“识”,他深刻地认识到了李泽厚实践美学思想的弱点;也不可谓无“才”,他把自己的思想极有才华地表达了出来;但却不能说有“学”,他论及的主要概念和思想,如对“哲学”的定义,对“存在”的描述,对“自由”的解说，对“审美”的言说……都缺少一种“学”的支持。可以说，杨春时理论的根本弱点，在其创建理论体系时，缺乏一种“史”的基础，从而显出了“学”上的空疏。

从学术风格上说，要强调一种否定整体、批判现实的个体性，正是不需要“史”(史总与一种整体性叙事相关)，也不需要“学”(学总意味着从一种实有的学统去梳理问题)，在这一意义上，有识有才，无史乏学，正是要极度地高扬个体性(那种不为现实所俘虏，不为整体所包容的个体性)所必须的。这正合于上世纪90年代中国学术进一步走出共和国前期的大一统，也走出上世纪80年代的标准化启蒙，而进入一种众声喧哗的多元化时的风格面貌，也略类似西方浪漫主义出现时，对现代性以来理性化、标准化、工具化的批判。

然而，当从上世纪90年代进入新世纪，杨春时从《生存与超越》(1998)进入到《美学》(2004)，从一种学术上的对立性论战进入到一种体系上的正面性阐述时，《美学》进入了全国“普通高等教育‘十五’国家规划教材”，这一类型要求它必须以一种普适性的、全面性的面貌出现，这一定位与杨春时的学派品格相当不合，从而造成了一种巨大的文本矛盾。极度的个体性可以达到，而且也需要天马行空式的天才、灵感、激情、独创；而一种规范性教材则要求理性、逻辑、客观、中立、稳妥、全面；规范性教材的定位与杨春时学术品格之间存在着巨大差异。

三、杨春时《美学》的结构方式

杨春时《美学》的第三个特点，是在结构上后现代拼贴。作为一种国家级的规划教材，首先，“要坚持马克思主义哲学的基本原则，用以指导美学研究。”①这一定调，以后在一些关键性的地方，尽

① 杨春时：《美学》，北京：高等教育出版社，2004年，第26页。以下出自该书引文仅标注页码，不再一一作注。

可能地要出现马克思主义经典作家的语录,以呈现一种“指导”色彩。然后,通过两种方式,达到他的“创造”。一是把马克思主义定位为开放体系,从而“对马克思主义哲学进行现代发展和当代性创造”,(27页)所谓“创造”,主要是回应以马克思《1844年经济学—哲学手稿》为代表的思想。这一方式的目的是要占有主流符号。在这里,可以看到,杨春时与李泽厚共享了相同的理论资源,然而,李泽厚依靠这一资源,是要获得一种历史—现实的基础,而杨春时回到这一资源,却是要否定和超越这种历史—现实的基础。为了达到这一点,第二种方式是重要的,这就是区分哲学与科学。“科学是对现实世界(自然和社会)的具体规律的把握,具有现实性,实证性。哲学是对存在本质的最高把握,具有超越性、超验性。”(27页)这样,在杨春时的话语体系里,他与李泽厚一样的坚持历史唯物主义,但李泽厚的历史唯物主义,具有科学的意味,而他的历史唯物主义则有哲学性质。下面一段话,对于理解杨春时如何在区别科学与哲学这一基础上把马克思的思想杨春时化或把杨春时的思想马克思化,具有关键的意义:

> 历史唯物主义既是历史科学,也包含着哲学层面。马克思主义哲学也是关于社会存在的理论,但作为哲学范畴的社会存在与作为历史科学的社会存在侧重点有所不同。马克思主义哲学的社会存在作为高度的理性抽象,不是人的现实形态,不是已然的存在,而是一种理想形态,是可能的存在。作为历史科学的社会存在是异化的、只存在于历史的初级阶段(即马克思所说的“史前史”)的人类活动,而作为哲学的社会存在则是克服异化的,只存在于历史的高级阶段(即所谓“历史的终点”)的人类活动。马克思认为,通过人类的社会实践活动,就会不断克服异化的现实,接近人的存在的“自觉自由”的本质。哲学的任务就是思考人类生存的真正本质,作为对现实批判的依据和社会革命的目标。因此,哲学意义的存在就是指向自由的,更本质的人类生存活动,它超越了现实存在,克服了现实

存在的不合理性，具有自由的本质，实现了个性化、精神性和主体间性。（28 页）

在最后一句里，作为杨春时美学的哲学基点全都出来了。这个以马克思的面目出现的思想，开始与各种与这一思想相同或相通的思想进行沟通，不同或不能的思想则被拒斥。

在思想上，杨春时以此为基点，把他认为高于古典哲学、近代哲学和现代哲学中存在论（海德格尔）、体验论（狄尔泰）、解释学（伽达默尔）和强调了主体间性的现象学（胡塞尔）还有正好与杨氏三段论在结构上相合的精神分析思想等等相拼贴，构成了杨春时生存美学的哲学基点。这个基点被表述为：哲学研究生存，生存的本质是自由，生存的自由性体现为（1）充分个性化的存在，（2）超物质性，指向精神性的存在，（3）是主体间性的存在，（4）是一种体验性的存在。（29～31 页）

同时，杨春时的逻辑的整一给他带来一系列的巨大矛盾，这里，且举三点：首先，他区分了科学与哲学，科学是现实，哲学是超越，科学是非本质，哲学是本质，但是他所列出的哲学史的演进（实体性、主体性、主体间性），表明哲学也曾非本质，非超越，非自由（西方现代哲学展开的本质主义与历史主义的矛盾，在这里显露出来，但杨春时并未意识到，而只是将之拼贴了事）；其次，他以人的本质为出发点，以不合本质为异化，按这种逻辑，从猿到人以来，从原始社会到今天的历史，人从来没有在现实中获得过自己的本质，只有异化，请问，本质何来？（马克思在《1844 年经济学—哲学手稿》中继承黑格尔的理念论，所带来关于本质与异化模式与历史进化论的矛盾，被马克思后期所克服，而杨春时并未意识到这一矛盾，直接引为自己的理论基点，而将二者拼贴了事）；第三，按照杨式逻辑，本质只存在于否定了现实、批判了现实、超越了现实的理想（哲学与美学）中，这与柏拉图的理式完全一样，只是逻辑更混乱，把本来矛盾的东西进行拼贴，成了面对矛盾时的理论解决方式。

杨春时《美学》三大特点中的后两点，为人忽视或者为人原谅，主要在于他代表着美学演化关结的第一点,而这一点的特色,主要在两点上,一是在美学的根本问题上,直接提出了解决主客对立的一种方案,二是面对美的广大世界,突出了而且只肯定美的理想性(自由、超越、个性)。抓住了这两点,就可以理解杨春时的美学何以虽然缺史乏学,还能赢得相当的支持;也可以理解,他的《美学》何以展开了为一个与以前美学不同的体系。

在体系上,从杨春时《美学》目录上可以看出,他把美学以前的内容进行了打乱与重构。把实践美学的体系结构与他的篇目进行一下对比可以发现,实践美学的体系被打乱了,之所以如此,首先是因为前面提到的杨春时《美学》彻底地超越了实践美学还保持的主客二分,独断地强调美的理想性;其次,以这一主旨去重新处置、组织、结构原来美学理论中的各种内容和元素;第三,在可能的情况下,运用属于现代文化的新型理论,除了上面讲到的存在论、解释学等等,还包括符号论、文化论、原型论等等,形成一个新的理论体系。但这个新体系,如前面所讲的三个特点所呈示的,是天才之思与拼贴之作的结合,各种现代理论以唯我所用的方式进入到了这一体系之中,这一唯我所用使各个理论都失去了本有的原汁,从而,就形式而言,呈现出一种后现代的意味。而天才之思,又是以一种本质主义的方式进行的,一切美学内容和元素的重新组合都服务于一个本质性的建构,从而,就内容而言,呈现出一种非后现代的意味。综合二者,姑且称杨春时的《美学》体系为"后现代间性"的拼贴。

从目录中,可以看到,尽管"乱"一点,但还是在原有的美学大框架之内。因此,对杨春时美学的具体读解,仍可按传统的顺序进行。这里,限于篇幅,只举其对审美的本质、审美的起源、审美解释和审美功能的论述为例。

四、审美的本质:定义、内容、意义

审美的本质一章,是《美学》一书的核心,也是杨春时思想的核心。其思想在全书各章的展开，这里是一个基础；其做学的方式，这里有一个集中的体现；其思想的得失，这里也成为一个考察的范本。

从标题可知，审美的本质来源于以前美学中的美的本质。在主客二分的西方近代思想中，美必然会出现一个与之对应的美感。这对于苏联美学到新中国前期和改革开放后的实践美学一直是一个难以解决的问题。而杨春时用审美的本质来替换美的本质，正是要用中文里“审美”的独特含义，审美即人（主体）在对美（客体）进行交流（审）。按杨春时的观点，美不在客体的性质，也不在主体的性质，而在主体面对客体时感受到美，并有了审美体验的那一刻。客体之美，不能从客体的物理性质上找，主体的美感，也不在主体的生理、心理方面，是审美体验使客体成为美，即成为审美对象，使主体有了美感，即成为审美主体。这从现象的描述看，与朱光潜是一样的，然而与朱光潜不同的是：第一，比朱光潜更彻底，认为审美体验才是美（包括美与美感）。第二，与朱光潜把美感与生活趣味联结不同，把审美体验与否定现实的理想性（自由、超越、个性）相连。第三，不把审美体验归为审美心理学，而归入主体间性哲学。

对于杨春时在超越美学中的主客对立上，既回到朱光潜式的审美心理学，又超越朱光潜式的审美心理学，其结论是不错的，也是美学的重要亮点。然而，如果不从中文，而从西文去看，“审美”翻译成西文是 aesthetic，作为名词，不能是 aesthetics，顶多可以勉强译成 aestheticalness，或 aestheticalization，或者，加一个词形成词组：aesthetic acting，或者 aesthetic action，但审美与 aesthetic 的对应是无法回避的。而 aesthetics（美学）作为感受学，其语源学上的感受内涵，使之无论是在词形上，还是在语义上，都难以成为中文意义上的“审美”。因此，审美的本质，作为一个核心概论，是成问题的，且不讲如何与西方的审美心理学对接问题。

构造理论体系的核心概念时应该有一种世界性眼光，这里牵涉到一个全球化时代中国美学的为学方式问题，这是杨春时《美学》

中一个带有普遍性的巨大弱项。在杨的美学中,审美的本质在于人的本质,而人的本质,是人的生存的本质,“生存”在杨春时那里,成为最根本的哲学概念,是他建立美学的哲学基点。什么是“生存”呢?

存在是最原初的范畴,它没有历史的规定性,没有主体性与客体性的划分,甚至也没有显示出主体间性,而是原始的混沌、同一。这是我们唯一能够肯定的、无可怀疑的事实,也是哲学研究的最基本的出发点。要揭示存在的意义,必须把作为纯粹逻辑的规定的存在转化为历史性的存在,通过后者来把握前者。我们把人的历史性的存在称作生存。这就是“从逻辑进入到历史”,生存是人在世界中的存在,它区别于一般的存在:第一,从人的存在即生存的维度切入,使存在具有了自觉的可能性,从而领悟存在,揭示存在的意义;第二,生存是存在的历史形式,使存在具有了现实的形式和历史的发展,它通过历史的演化接近自己的本质,揭示存在的意义。

生存的本质是什么呢?生存的本质是自由。社会实践是社会存在的基础,构成了现实的生存方式。而人又是超越性的存在者。因此,生存的本质不在现实中,是指向自由的超越性的存在。

这里作为哲学的基本概念,不是物质(现实等),不是精神(理念等),不是实践(人类历史),也不是中国式的“道”,而是西方的“存在”,这基本来自海德格尔思想,只是更加浅薄了:第一,海氏不可言说的存在一方面在其原初性上成了肯定的事实,在其历史性上具有了可言的本质(自由与超越);第二,海氏的存在者,特别是作为人的存在者的此在,成了生存,但把它历史化了,加上了进化论的条件,要通过历史演进才能接近本质,此在的本真性存在成了生存的本质,此在的非本真性存在成了现实的非本质存在。上面所引,还包含了三种可争议之处,其一,关系到与前面讲的“审美”概述相同的问题,如何使概念有一个学的基础。在杨春时的存在概念里,西方文化中的根本概念 Being(存在)的丰厚意味没有了,Being(存在)之所以存在,是因为我们可以从具体的存在(to be)感到它是某物(to be something),而又不是具体的某物本身,而是一切具体的某物之后决定一切事物之为此事物之东西。它是我们能说出是(to be),而又不知其所是(to be ...)的是,因此将其名词化(... ing)为存在(Being,"是"本身)。而杨的"生存"只是人的历史而没有人之外的广大存在者,从而只是此在(Dasein)而不完全是存在者(beings),这样,其存在,缩小为只与人相关的人的本质。因此,他的"生存"只是此在(Dasein),即只是人的具体存在(existence)。其二,从存在到生存,整个宏伟叙事的体系逻辑有了问题。进入到在此(Dasein)式的生存,杨春时的所谓"生存"的本质(自由、超越、个性)只是人的本质,这样,一方面,用"存在"作为本体概念没有意义,另一方面,客体在审美中的生命化,由生命化而来的主客同一,成了人强加给客体的一种幻象,这仍是主体征服客体的一种方式,而非杨春时所希望的化客体为主体之后的"主体间性"。其三,杨春时的"从逻辑进入历史",进入的并不是真正的历史,而是自己想出来的关于历史的范畴(从原始生存方式到现实生存方式到自由的生存方式)。比黑格尔的绝对理念将自己客观化而进入"历史"的历史,带有更强的主观性。

这样,杨春时的美学,不是一种宇宙论(Being 存在、是、有)的美学,而是一种人类学(人的生存、生存的本质)的美学。而一旦把(人的)生存的本质定义为自然、超越、个性,他的人的生存,也变成了个人的生存,他的美学也从本有类的含义的人的美学变成了一种突出个性的美学,由此很自然地,他就相当个性而自由地想象出了自己的美学体系。

这又回到上面"其三"中包含的方法论问题。"审美的本质"一章,一开始就说:"按照前文所说的现代中国美学的方法论,我们运用体验—理解的方法去发现审美的本质,运用逻辑—历史的方法去证明审美的本质。"(41 页)但在这整个一章中(包括前面相关的部分),并没有"发现",也没有"证明",有的只是一种纯逻辑的推演。

在第一章第三节"美学研究的方法论原则"里,杨春时认为,西方古典哲学、美学用的是演释和归纳的方法,西方现代哲学、美学用的是体验—理解的方法，前现代的中国古典美学用的也是体验—理解的方法，而我们而今所在现代中国的哲学、美学方法应该运用体验—理解的方法再加上逻辑历史相结合的方法。且不管这一历史分类和命名的主观性和个人性，只看作为最后要推出的杨式美学方法论是怎样的，本来，这些内容应该是审美现象学的内容，由于杨春时把审美现象本质化和方法化，因此，提前出现了。而从其具体的论述中，一，可以看到他的本质化和方法化，如何在继承原有美学内容的时候是怎样改变其结论的。二，与其整个体系的结构相关，而其提出的东西，在结构上又是一种“独创”，因此不嫌麻烦地引出：

> 美学研究的方法大体包括以下步骤：首先是进入审美体验。在这个时候，要排除现实意识和现实观念，以保证审美体验的纯粹性。这一步的任务与现象学的“悬隔”相似。在此之前，我们还处于日常生活的体验之中，还没有进入审美状态。必须超越日常体验状态，摒除现实意识，把现实观念“悬隔”起来，直接面对审美对象。这就是一种带有直觉性的审美体验，现象学认为理解事物的本质必须把现实观念“悬隔”或放在“括号”里，直接面对事物本身。这种现象学的方法与审美体验非常相似，可以说审美体验是典型的现象学直观的形式。在具体的审美活动中，我们进入了一种超常的体验，也就是一种本真的生存体验。这种体验极其丰富、深刻，一言难尽。审美体验中人处于自由的生存状态，感受到身心一体的愉悦，但心理与生理、意识性与身体性尚未分离，尚处于混沌未明的状态。此时理解还没有产生，意义更没有发生，只是一种直接的、身心一体的感受。(38 页)

审美心理学的人面对现实的三种态度(功利、认识、审美)的区分，在这里变成现实与超越，非本质的现实和本质理论的区分，于是审美态度论中的距离说的内容变成了审美体验论的本质直观，朱光潜式的人获得审美变成了杨春时式的人获得本质：

> （紧接上文）其次是转入审美理解。审美体验是心身感觉与心理感受混沌未分状态，通过对审美体验的“再体验”，分离身体性，保留意识性，使审美体验转化为审美理解。这种审美理解是心理水平的，呈现为审美意识，此时主体可以从精神上把握世界，使完整的审美意象呈现出来。这相当于现象学的“现象还原”阶段。审美理解是非自觉的把握，它不是呈现为概念，而是呈现为审美意象。此审美意象只可意会，不可言传，审美意义还没有作为一个概念被明晰地揭示，而只是前反思的“领悟”。（38 页）

这里，不引事实，也不证明，只是按自己的理论推理，身体性是现实性的，离美远，精神性是美的领域，因此审美理解变成了从主体和世界中剥离现实性和物质性。在主体，心理与生理分离；在客体，世界呈现为审美意象。后者为审美心理学所论述，只是意义规定不同；前者是一种理论的想当然。对审美（美的现象）来说，到了审美理解，应该已经完成了，但对美学（美的理论）来说，还要继续进行。我们先从审美（美的现象）来看，杨春时是如何让审美向上升腾的：

> 在审美体验中，我们突破了现实生存的局限，并追求生存的真谛。在这种追导的过程中，我们没有得到确定的结论，但却受到启迪，有所领悟，这种若明若暗的领悟，实际上就是对自由的体验和理解，也就是对存在意义的把握。这就是最高的真实性，也就是“至真”。审美是一种想象、情感的创造，审美对象也不是客观实体，因此不具有现实意义上的（知性意义上的）真实。但是，由于审美揭示了生存的意义，因而是最高的真实。（47 页）

在一个现实/理想＝现实/超越＝现实/自由＝现实/审美的二元结构中,审美已经被命名为理想/自由/超越/本质了。尽管从古埃及到现在,还有很多人对审美中的“若明若暗的领悟”不是这样理解,但从杨春时的美学体系来看,就是这样一种实质。下面再按照杨春时的美学研究方法之路,也是其证明审美的本质之路前行:

(紧接上前一段引文)再次是进入审美反思,以获取审美意义。如果对审美理解进行反思,就会产生具体的审美意义。反思是以概念或范畴来把理解转为认识,把非自觉意识转化为自觉意识,从而获取意义的过程。第一次反思产生了具体的审美意义。具体的审美意义即具体的审美活动产生的意义,它呈现为审美范畴。对于审美体验而言,审美范畴已经是抽象的了,但对于一般的审美意义即审美的本质而言,它又是具体的。审美范畴是审美意义的具体形态,诸如优美、崇高、喜剧、丑陋、荒诞、悲剧等,都是审美意义的具体体现。……第二次反思则是对第一次反思的深化,它把具体的审美意义抽象为一般的审美意义,在第二次审美反思的过程中,对审美范畴进行了更高的抽象,这个审美范畴仍然没有脱离具体的审美体验和理解,只不过抽象化的程度更深,抽象化的水平更高,达到了最大的限度。这种最大限度的抽象的结果不是一般的审美范畴,而是一般的审美意义,即美的本质。……总之,经过第二次反思和抽象,就会得出审美的本质意义,这一步相当于现象学的“本质还原”。(38—39页)

这里已经离开了审美过程,进入了理论建构。两次反思,意味着用两个层级的概论去把握审美意象,第一次反思,是把审美对象作了审美类型归纳,如是优美,是崇高,还是荒诞。第二次反思则在具体性归纳的基础上,提升到普遍的归纳,人的自由性、超越性、个体性。达到了这一本质,美学方法之路就要进入哲学了:

> 最后是逻辑历史证明。审美是生存的一种特殊形式,因此,必须把审美与生存联系起来。首先要确定生存范畴的本质,方法仍然是进入人生存体验,获得最高的抽象,即生存意义。然后从生存范畴出发,在生存方式的历史演变中考察作为特殊生存方式的性质,从而论证对审美意义(本质)规定的合理性。
>
> 接下来就是对审美本质进行进一步的推演,获得审美的诸种规定和具体规律。这个过程同样的是逻辑与历史的结合。如此,就可以建立完整的美学体系了。(39 页)

杨春时与海德格尔的一个根本的区别是,海德格尔认为作为最高本质的存在(Being)是用语言讲不出来的,也是用学科和逻辑证明不出来的,而杨春时的生存的本质,却是可以用语言定义,明晰地讲出来的。这就是在"审美的本质"一章开始讲的:

> 在审美体验、理解和反思的过程中,获取了两个相关的审美本质的规定:自由和超越。自由是作为生存方式而言,超越是作为体验方式而言。生存是体验性的生存,自然必须由超越来界定。因此,审美的两个本质规定是同一的,是同一事物的两个方面。(40 页)

这与前面提到的杨春时的一系列理论公式的两个最为相关,第一个公式:人类的生存方式有三种,原始社会中的自然的生存方式,文明社会中的现实的生存方式,在文明社会中与现实生存方式相对、也是属于人的未来发展方向的自由的生存方式,现实的生存方式是物质性的,自由的生存方式是精神性的,审美就是这种超越物质性的精神的自由;第二个公式:人类的体验方式有三种,原始社会中的巫术的体验方式,文明社会中的现实的体验方式,文明社会中与现实体验方式相对的、也是属于人类未来发展方向的超越的体验方式;现实的体验方式是对物质性的现实的体验,超越的体验方式是超越物质性的精神性的体验,审美就是这种超越性的精神性的体验。

现实是物质的、历史、实践的,超越就是对这些物质的、历史的、实践的超越,自由就是从现实的物质性、历史性、实践性中获得自由。审美,作为自由的生存方式和超越的体验方式,正好与实践美学相对立,另一方面,与实践美学一样,审美本身就是人的本质的显现,因此,它服务于人的走向未来,服务于人的获得自己的本质。如果说,美,本来无比的浩瀚,有高端,也有低端,那么,杨春时的美学只承认高端,为了让美等同于高端,杨春时把审美的特征尽量往自由上归纳:

> 通过对审美活动的体验与反思,得出了审美的四种自由的特征:一是超功利性与幸福的高峰体验,二是主客对立的消失与主体间性的关系,三是个性的充分解放,四是超越时空限制。(44 页)

审美态度不同于日常的功利态度被总结成了自由,审美中的物我两忘被归结成了自由,审美特别是艺术中的个人上天入地的想象被定义为自由,审美特别是艺术中时空的忘却和时空的重组被认定为自由。而所有这些自由,同时也就是超越,超越现实就是自由,自由就是对现实的超越。超越现实同时也就是否定现实和批判现实。如果说,实践美学通过肯定人的以物质生产为基础的现实活动,让美成为人的力量的确证和人的朝向本质的确证,那么,杨春时则通过否定人的以物质生产为基础的现实,通过超越物质生产活动为基础的实践活动,以否定物质的精神性和理想性来确证人的力量和人的本质。

杨春时的美学就是两个核心,一是强调审美的理想性(相对于现实)和精神性(相对于物质),二是通过对精神性的强调而超越了主客体的对立。如果按照原来的美学思路,杨春时认为,美可以表述为主客观的同一,朱光潜在上世纪五六十代曾提出美的主客观的统一。杨春时认为“同一”不同于“统一”,“主客观的统一是指在现实领域主观与客观既有对立,又相互联系。主客观的同一是主观与客观对立的消除,进入到超现实的无差别境界。”(67 页)所谓“同一”,指出的不过是与审美心理学移情说中“物我两忘”“物我同一”这一现象相同的描述,只是杨春时只把这种“物我同一”认为是美,而否认负载这一想象的“物”与“我”为美而已。这一对旧现象的新定义好像让杨春时在理论上超越了主客对立,实际上给他带来了巨大的困境。这其实是说,审美体验是美,审美体验是物我同一的,从而是超越主客体的,是主体间性的。

五、审美的起源

杨春时把有关美的起源的理论归为三类。一,本能说(亚里士多德、达尔文)、游戏说(席勒、斯宾塞)、无意识说(弗洛伊德);二,巫术说(泰勒、弗雷泽、雷克纳、卢卡奇)、原型说(荣格、弗莱);三,劳动说(马克思)。杨春时把审美起源作这样的归类,基于两点,一是在他的宏伟叙事中,原始社会没有审美,但文明社会的审美是来源于原始社会,因此,审美中所包含的基本因素都在原始社会之中;二,出现了审美的原型,对审美起源理论作如上的分类,因为,这样的分类是与他所认为的审美的基本因素为指导的。在杨春时看来,原始社会为审美的出现,提供了三个方面的因素:一是审美活动的原型,二是审美活动发生的社会历史条件,三是审美活动发生的心理动因。

先看审美活动的原型。把杨春时的理论叙述加以整理,可归结如下:原始时期是巫术文化,基本上由巫术仪式、神话传说、原始艺术构成,原始巫术活动中形成了各种典型的形象(神、魔、英雄、山河、动植),就是原始意象。原始意象的外在形式方面或曰原始巫术的形式规范(音乐中的音高、节奏、旋律,绘画中的线条、色彩、形状,文学中的故事、情节,结构……)是后来审美形式的基础,原始意象的意象系列,构成了后来审美意象的深层结构,原始意象又是一种原始巫术意识,成了后来审美意识的深层结构。总而言之,原始意象虽然不是审美,但构成了后来审美的深层结构。因此,审美从某种意义上说,是对原始意象的激发,或换一个角度,是对深层结构的现代升华。这就是为什么不讲清审美的起源,就无法讲审美对象和审美意识的原因之一。

再看审美活动发生的社会历史条件。审美需要生理基础,需要物质生存条件,还需要人内在具有审美要求。从这三个方面看,首先,原始劳动使猿的身体成为人的身体,猿的感官成为人的感官,这是审美能够发生的生理前提,因此说,原始劳动创造了审美的生理条件。其次,在劳动这一以物质生产为基础的社会实践的发展,产生了精神需要,也产生了精神生产与物质生产分工的可能。精神生产的出现是审美出现的前提,因此说,社会实践创造了审美的社会物质生存条件。以上两个方面是讲的原始社会,第三个方面则与文明社会相关了:“社会实践的产生和发展使原始社会消亡,文明社会诞生,这是历史的进步,但这并不意味着现实社会是完善的,完全符合人的理想的。恰恰相反,这个社会是不完善的、不理想的。”“现实社会和人本身的不完善,因此需要审美的补充和超越。”(84 页)前两个方面与以前的美学理论基本一致,最后一条则是杨春时美学的特色。审美的内在需要是要批判、否定、超越现实。

最后看审美发生的心理动因。这里也是从人类已经从原始社会进入到了文明社会为前提的。从心理上看审美的发生,杨春时认为有三个方面,一,审美的深层心理动力来源于人的意识与无意识的冲突。在原始巫术的集体无意识里,“意识与无意识还没有分裂,因此也就没有发生心理冲突,进入文明社会以后,自觉意识发生,原始巫术意识被压入深层结构,成为无意识。”(16 页)且不管这里的论述与历史实际距离多大,总之,在杨春时的理论中,意识与无意识(性与攻击性)的冲突,造成了人的苦恼,在审美中“人的一切欲望都得到了升华和实现,美感喜悦代替了生存的苦恼……这样,泄导或升华原始欲望的要求就成为审美发生的深层动力。”(86—87 页)二,审美发生的直接心理动力是人在文明社会中的审美需要,也就是“人的超越性的自由追求……正是由于现实和人自身的不完善性,不能满足人的自由要求,而人却不可遏止地具有超越性的自由要求,于是,它才成为审美发生的直接动力。……在审美活动中创造了一个虚幻的生活,它弥补了现实生活的缺陷,满足了人的自由要求。审美成为文明人类获得超越的直接途径。”(87页)把这两方面作一结构安排,第一方面的无意识是“间接”,第二方面的自由追求是“直接”,讲起来,都是内容(生理的原欲内容和精神的自由内容),内容如何化为审美形式呢? 于是有了第三方面,审美发生的心理创造能力。它包括两点,一是从原始意识中发展起来的直觉想象力,文明社会中的“审美是对世界的理想化重构,它需要想象力的创造,从而克服现实世界的凝固化,并超越现实世界,创造一个理想的世界。”(88页)与现实世界不同,审美需要想象,是意象把握不是概念把握,需要直觉,因此叫直觉想象力。二是从原始人与世界一体化的意识中,产生出了特殊的同情能力。在文明社会的“审美活动中,这种同情能力得到了解放和充分的发展,人把虚构的艺术当作真实的存在,自我对象化为主人公,与之同欢乐、共悲伤;人把死寂的自然当做有生命的对象,当作自我的化生,在自然身上,寄托着自己的感情。”(88页)杨春时把审美心理中的三种因素——无意识内容、理想追求、艺术的想象和移情——按自己的理论需要,作了重新的定义(无意识是原始的,自由追求是文明,想象与移情是为了超越的)和重新安排(成了间接、直间、创造),构成了自己理论中的审美发生的心理动因。

整个关于审美起源的理论,成了一种按照自己体系需要的一种理论组织和逻辑演绎,避开考古学和人类学的实证,把一个从科学上十分脆弱的领域讲成一个已有定论的理论,而这一定论也只是杨春时一个人的定论。由于不是小心求证,而是大胆定义,其建立在审美发生三因素上的“审美起源的历史过程”,由于必须要引入历史,其史实的引证的理解,很不令人满意,就是不看,也已知结论,不讲也罢。

六、审美解释和审美功能

不谈审美欣赏,而讲审美解释,是与杨春时的美学体系整体结构相关的。在这一体系中,一,审美体验与反思对立,要达到反思,美学才能完成;二,审美体验与审美意义是对立的,要通过审美反思,达到审美意义,美学才能完成;三,审美是非自觉性的,反思而达到的意义才是自觉性,要达到自觉性,美学才能完成。反思、意义、自觉性,都是概念性的,因此,要完成美学,不应是审美欣赏,而只能是审美解释。最重要的,不仅是审美欣赏在杨春时的体系中,只有体验性,非自觉性,而且,就审美欣赏这一词的本身来说,它允许多样性,为了强调审美的最高的一面,超越性、本质性,只能是审美解释,而不能是审美欣赏。这一点,在审美解释一章的开头,就讲清楚了:

> 审美活动不仅包括审美体验,而且包括审美解释。审美作为一种生存方式和体验方式,是一未脱离身体性的自觉把握和情感体验,带有非自觉性。这也就是说,审美对生存的体验是只可意会不可言传的,生存本身还没有以意义的方式呈现出来,没有被自觉把握。但人类是理智的动物,不仅要生存和体验生存,而且要以理智把握生存,也就是获得生存的意义;不仅要审美,而且明确审美的意义。为此,就必须运用理智对作为生存体验的最高形式的审美体验进行反思和分析,从而获得自觉性,把握审美意义。这就是审美解释。(198 页)

这一以解释代欣赏意味着两个错误,一,对"意义"不正确的理解,认为只有语言、概念、定义才与意义相关,而形象、图象就不是意义的一种形式;二,认为语言、概念、定义式的把握才是审美的最高(反思性的,达到意义)的把握。这倒退到了比共和国前期的"形象大于思想"还要差的地步。

杨春时的审美解释,包括四个方面:一,审美解释的性质,二,审美理解与审美判断,三,审美阐释与审美批评,四,艺术批评。

在审美解释的性质里,讲了四点,第一,审美体验是审美解释的基础,重复了审美体验的四特点:源初性(即本体地位),浑融性(即主客未分),非自觉性(即前反思状态),难以穷尽性与无限性。由此,引入审美体验与审美解释的三关系:审美体验是审美解释的母体;审美体验是审美解释的对象;审美解释必须与审美体验结合在一起。第二,审美解释是审美意义的呈现过程,讲"审美解释包括两个环节,一是剥离审美体验的身体性,产生审美意识,包括审美理解和审美判断,二是对审美意识进行反思,进入审美阐释和审美批评。"(202 页)第三,审美解释是审美释义与审美评价的同一。主要讲审美解释是对审美意义的解释,由于审美意义有两方面,认识与价值,因此审美解释就包括了认识上的释义和价值上的评价。第四,审美解释是历史性与超历史性的统一。一方面审美解释是有历史性的,因为,审美解释以现实解释为基础并受其影响,审美意义以审美体验和审美解释为基础,后二者都是在历史中进行的,因此,审美意义是在历史中生成的。另一方面审美解释又是超历史性的。审美体验本身的超历史性决定了审美解释的超历史性,作为审美解释结果的审美意义是超历史的,在解释中,解释者与文本之间达到主体间性,克服了历史距离,达到了超历史的审美境界。

在审美理解与审美判断里,讲了三点,第一,审美理解(判断)是审美体验与审美阐释(批评)的中介。这里杨春时的概念细分有点乱,因此引出:"审美解释包括两个环节,一是审美判断和审美理解,通称理解阶段,二是审美批评和审美阐释,通称阐释阶段。其中,审美判断和审美批评,合称审美评价,审美理解和审美阐释,合称审美释义。"(207 页)审美判断在杨春时理论里,就是关于审美对象是否符合审美理想的判断,而不是像通常的理论那样,是关于是否美的判断。然而,审美判断又是一种非自觉性的判断,它要达到具有自觉性的审美阐释,因此,它是通向审美阐释的中介。第二,审美判断及其标准。“审美判断是被创造出来的审美意象呈现于审美理想之前,接受检验,通过则产生美感,不通过则产生不足感,由此可知,这种审美判断的标准就是审美理想。”(208—209页)审美判断的标准具有什么特性呢?具有生成性(因为审美理想不是现成的固定的而是在审美活动中生成的)、当下性(因为审美判断只对当下有效)、内在性(因为审美理想不是外在的规范,而是内在的要求)。第三,审美理解及其依据。“在审美过程中,主体并没有运用任何概念性的东西,而是以直觉想象直接把握了对象,这就是审美理解……因为审美判断与审美理解是同一的过程,与审美判断的标准一样,审美理解的依据也是审美理想。”(210—211页)

在审美阐释与审美批评中,讲了两点。第一,审美阐释(批评)是对审美理解(判断)的反思和分析。“审美阐释和审美批评就是要达到对审美自觉性的把握,从而使审美意义呈现出来,使审美理解(判断)转化为审美阐释(批评)的途径是审美反思。”(212页)通过反思,获得审美意义,知道了对象是否美和是何类美,进一步要知识,它为什么美,是如何产生的,这就进入了审美分析。运用美学理论对之进行分析,并以新的审美经验更新美学理论。第二,审美阐释(批评)的依据是更新的审美观念。审美阐释“所依据的不仅仅是审美观念,还有新的审美经验。当阐释者运用审美观念来阐释审美对象时,发生了以往的审美观念与新的审美经验(理解)之间的互动。以往的审美经验必须与新的审美经验相符合,审美阐释才能进行,审美意义才能发生。但以往的审美观念与新的审美经验之间不可能完全符合,新的审美经验一定会溢出旧的审美观念,因为后者仅仅是过去审美经验的概括。这样,一方面旧的审美观念会把新的审美经验纳入自己的框架,也就是把它纳入传统,使审美经验变得可以自觉把握,这是皮亚杰所说的‘同化’过程;另一方面,新的审美经验也会突破旧的审美观念,使其发生改变,产生新的审美观念,从而使审美观念与审美经验相符合,这是皮亚杰所说的‘顺应’过程。两种运动同时进行,审美阐释得以完成,审美意义发生”。(213页)

在艺术批评方面，讲了三点，艺术批评是审美阐释的典范（艺术批评的对象是艺术现象，艺术批评的主体是批评家，艺术批评的工具是美学理论和艺术理论）；艺术批评的多种形态（艺术具有多层次、多结构和多种意义，从而艺术批评也是多样的，有原型批评，社会学批评，审美的批评）；社会批评的社会作用（艺术批评可以指导艺术家的创作活动，可以指导群众的艺术接受，艺术批评沟通了艺术活动与艺术理论，这种沟通，成了艺术变革的重要途径）。

审美解释和艺术解释本来应该是多样化的，由于引入理想和概论，变得只成一个模式了。逻辑上虽然基本自圆，但与审美和艺术解释实际差得太远。

杨春时说："审美对人和社会发生的作用，就是审美功能。"（241页）由于他的美学体系定在一个理想性的高位上，其审美功能的论述当然也是在高位上。审美功能有五，第一，审美对抗异化的解放作用；第二，审美介入现实的批判作用；第三，审美升华原欲的美感娱乐作用（本来是低位上的东西，也要变成高位，其内容在前面的原理中已讲得很清楚了，因此一看标题便知）；第四，审美消除主客对立的协调作用；第五，审美陶冶心灵的教化作用。这五大审美作用的特点是什么呢？有四点：第一，审美作用的不可抗拒性；第二；审美作用的超功利性；第三，审美社会作用的间接性；第四，审美作用的内在性和潜移默化性。这四点都是可以讨论的，如第一点有点以偏概全之嫌，第二点不仔细解说会具有争议，第三点要讲清这点，会绕很多弯，第四点与其体系中的强调审美反思、达到审美意义相矛盾，只限在审美经验中，对于体系来说又不完全。

杨春时的美学，通过以上的考察，在美学内容上有两点、在美学主题上有一点可以提出来讨论。

美学内容上的两点：第一，是它的体系结构造就了一种概念为上的倾向，认为美的理想、意义，应该用概念和定义来表达，而且概念和定义表达是最高级的，这恰好是与美性质相违背的；第二，为了解决主客体的对立，强调审美意象，但审美意象的存在方式，比如，存在不同的艺术形式之中，却遭到忽略，这样妨碍了对美的内容的深入研究。

美学主题上的一点,是把一个崇高的理想的东西定为美的本质,并要做到美学理论和审美活动都服从这一本质,充满了宋明理学式的"逼凡为圣"的味道。如果说,李泽厚美学(实践美学)是呈凡为圣的美学,那么,杨春时美学(反实践美学)则是逼凡为圣的美学。

(原载《贵州社会科学》2007 年第 9 期)

关于《美学》的答辩

——与张法对话

杨春时

真正意义上的理论批评是一种对话，首先需要对作品的深度理解，同时要求一种讨论的态度。张法先生对我的《美学》进行了认真的阅读，他的评论文章体现了一种讨论的态度，因此是建设性的、有学术价值的。基于这种原因，我认为有必要继续进行对话，回答张法先生的批评。但是，如何继续对话，仍然有问题要解决。批评作为一种对话，实际上是两种思想体系的交锋，因此要求批评者必须持有特定的学术立场和理论体系。张法先生作为国内著名的美学家，无疑是有自己的学术立场和理论体系的，它成为学术批评的"前见"。但是，张法先生的文章是一种鸟瞰式的、评点式的批评，其学术立场和理论体系并没有明晰地展示出来，这给对话造成了困难。为了克服这种困难，我参照张法先生的美学著作《美学导论》，以理解其思想体系，找到其批评的根据，从而进行有针对性的答辩，展开两种美学体系的交锋。

一、关于"美的本质"的问题

张法先生与我的分歧，首先就体现在关于美的本质问题上。第一，我认为实体性的美的本质并不存在，美的本质问题应该转换为审美的本质问题；而张法认为美的本质是存在的，他的美学研究是从美的本质问题出发的；第二，我认为审美的本质问题可以言说，而张法认为美的本质不可以言说。

历来的美学,大都以寻找美的本质为根本,这等于把美当作一种实体或其属性。这种传统的研究方法,其哲学立场是错误的。古代本体论哲学和近代认识论哲学都基于实体论,即认为世界的本质是实体,而美也被认为是实体的表现(现象)或属性。而现代哲学否定了实体观念,不是实体存在与否,而是谈论实体没有意义。于是,实体本体论和认识论转为存在论和解释学,实体变成了意义。在现代哲学体系中,审美成为一种存在方式和解释方式,美成为一种意义。因此,美学研究也相应从研究美转向研究审美,美的本质转化为美的意义。由此出发,我提出了审美是自由的生存方式和超越的体验方式的命题,并且把美的本质问题纳入审美的性质问题之中,作为存在意义的显现而得到解决。

张法对我的理论体系的批评,出自他自己的完全不同的理论体系。他一方面从分析哲学的立场出发,认为"美的本质问题是一个假命题";同时又从海德格尔的存在论的立场出发,认为"美的本质是存在的,但又是不能言说的,特别是不能给出定义的。因为如果没有美的本质,世界上各种各样的美的事物就失去了根据"①。这是两种不同的立场,而张法却将它们调和起来。实际上,要害在于,张法没有摒弃实体观念,仍然认为美的本质是一种客观性的存在,因此还坚持从美的本质问题出发进行美学研究。这里,他对海德格尔的美学有所误解。海德格尔并没有认为美的本质是存在的,只是不可言说;更没有认为美的本质是美的事物的根据。海德格尔明确反对实体本体论,不同意传统美学以美的本质来规定美的形而上学的思维方式;他认为不能从考察美的本质出发,因为"美"只是"在者"而非"存在"本身。海氏从"存在"出发,认为"美"是由存在的"真"派生出来的,是"存在的真自行置入作品"。因此,海德格尔并没有把美作为一种实体,而是作为一种存在的"真"的显现,一种存在者的"无蔽状态";而所谓"真""无蔽"就是意义的呈

① 张法:《美学导论》,中国人民大学出版社,1999 年,第 39 页。

现，因此，所谓美，不是实体，而是存在意义的呈现。

张法认为存在的本质和美的本质是无法言说的，如果有所言说，就是本质主义。张法批评道："杨春时与海德格尔的一个根本的区别是，海德格尔认为作为最高本质的存在（Being）是用语言讲不出来的，也是用学科和逻辑证明不出来的，而杨春时的生存的本质，却是可以用语言定义，明晰地讲出来的。"①他还批评我的美学体系"又是以一种本质主义的方式进行的，一切美学内容和元素的重新组合都服务于一个本质性的建构"。②他没有区别开实体论的本质主义和存在论的本质主义。如上所说，实体论的本质主义已经被否定，实体论的本质言说已经被废止，而存在论的本质主义仍然合理，超越性的本质言说仍然可能。存在的本质是超越性的，不是现实存在，而是超越性的存在才是本真的存在，因此，揭示存在的超越性的本质又是必要的、可能的。如果没有这种可能，哲学的存在就没有必要。海德格尔也没有认为存在的本质不可言说，而只是言说的方式不同于日常语言的表达。他的《存在与时间》就是对于存在的言说，而这种言说之所以不是定义式的，就是因为存在的超越性，对它的言说只能是以哲学的语言，通过对现实存在意义的否定来达到。正因为如此，关于美的本质的实体性的言说是不合理的，美不是一种现实之物或者其属性。审美作为一种生存方式和体验方式，其本质是可以言说的。这种言说不是确定美是什么，不是把美当作一种基于实体论的现实意义，而是确认其超越性意义。审美即超越，审美意义即超越性意义，而超越性意义是可以言说的，这就是一种哲学的言说。对于具体的审美而言，我们能够通过审美体验和理解而获致审美意义，这就是对审美体验理解的反思，把非自觉意识（审美意识）转化成为自觉意识。这种反思的第一阶段是运用美学范畴来表达审美经验，第二阶段是进行进一步的抽象，上升为审美意义即存在的意义。审美意义就是超越，而

①② 张法：《后实践美学的美学体系——评杨春时的〈美学〉》，《贵州社会科学》2007 年第 9 期。

超越即自由。

审美的意义(即所谓美的本质)具有超越性,属于超越的领域,而不属于现实领域。因此,它只能以哲学的范畴来言说,而不能以现实的语言来表达。审美范畴以及超越、自由等哲学范畴都可以言说审美的意义。康德认为自在之物不可认识,不可言说,是因为它属于本体界的超验的领域;如果以现象界的经验概念来表述,就会陷于二律背反。康德没有认识到,哲学范畴和审美范畴可以突破经验概念的局限而表达超验领域的意义。张法认为美的本质是存在的,而且属于现实(经验)领域,那就应该是可以言说的。但张法认为美不可言说,但不明白何以不可言说,于是就陷入了自相矛盾的境地:或者美是属于现实领域,那么它就可以言说;或者美属于超验领域,那么它就不能以经验的概念言说。但美学毕竟要言说美或审美,否则就没有存在的必要。他为了有所言说,采取了放弃哲学的思考而进入经验的描述的方式。他从三个规定去把握美:“(1) 美关系到物的形象性,但不是物的形象性本身,而是形象性的独立呈现;(2) 美依赖于美感;(3) 美与美感是同时存在的。”①这三种规定并不是哲学思考的产物,并没有哲学的根据,而只是一种经验的概括。离开了哲学的思考,美学也就不成其学,也就导致真正的“无学”。所谓美是物的形象的独立呈现是什么意思?这个命题是如何得出的,有什么“学”的根据?何谓物的形象?它与物是什么关系?是实体与现象的关系吗?它们如何能够分离?所谓物形象是视觉现象吗?是否包括听觉对象?音乐的美是何种形象?这些都没有得到哲学的说明,都缺乏哲学的根据。此外,所谓美与美感的同时性与同一性也只是一种经验的描述,没有提出哲学的根据;而这种同一性的哲学根据在于存在的主体间性。更重要的是,张法的关于美的三个规定,并没有揭示审美的意义,在这种规定中,美不具有人文价值,它只是一种脱离了物的形象,它只是与美感同一。建立在这些规定基础上的美学,只是形式的

① 张法:《美学导论》,中国人民大学出版社,1999 年,第 47 页。

美学，充其量只是心理学的美学，而不是哲学的美学，它回避了审美与人生在世的关系，抹杀了审美的自由性和超越性。无哲学根据的美学是无根之学，因为它只有经验的描述而没有理论的论证。他对我的美学的批评，对审美的超越性与自由性的拒斥，从根本上说就是由于对哲学思考的隔膜和抛弃，从而导致理解和接受的障碍。

自相矛盾的是，张法一方面说美（或存在）无法言说，另一方面他又忍不住（也不得不）对美作言说。他说："韵外之致是美（美感）的最高特征……它蕴含的是美的超越性，是指向一种最高的人性的。正是这种最高的超越性的人性的深度，构成了艺术作品的永恒性和满足一切时空的人的共赏性。"①请注意，他不但承认了美的本质可以言说，而且承认了美的超越性、永恒性、普遍性，而这正是他批评我的观点。只不过他的这个结论不是从其哲学体系中逻辑地、必然地推演出来的，而是由艺术经验中总结出来的。审美的超越性不能仅仅以经验为根据，而必须有本体论的基础，也就是有存在论的基础，审美超越根源于存在—生存本身的超越性。因此，张法的这种观点是其体系之外的、没有根基的，也是"无学"的。

总之，张法从美的本质出发而不是从审美的本质出发，就陷入了传统美学的实体论的陷阱，他说美的本质不可以言说，实际上是放弃了对审美的哲学思考。

二、关于审美超越性问题

张法批评我说："美学主题上的一点，是把一个崇高的理想的东西定为美的本质，并要做到美学理论和审美活动都服从这一本质，充满了宋明理学似的'逼凡为圣'的味道。如果说，李泽厚美学（实践美学）是呈凡为圣的美学，那么，杨春时美学（反实践美学）则

① 张法：《美学导论》，第73页。

是逼凡为圣的美学。"①这实际上是对我的审美超越论的批评。传统美学认为,美只是一种现实之物,是现实的属性(真)和现实的价值(善)的统一。而我认为审美是一种超越性的存在方式和体验方式,因此"美"不在现实领域,而在超越现实的领域。这对于张法来说,似乎是不可思议的。他说:"可以看到,当一种超越性和自由性的美的本质,在否定了现实、历史、实践、客体性、主体性之后,它所能归依的是什么呢?只能是一种个人性的东西。"②在他看来,只有现实的才是真实的,而超越现实不仅是不可能的,而且是不真实的,更谈不上具有普遍意义,只是个体的玄想。实际上,哲学,特别是现代哲学,在否定了实体论(以实体统摄世界万物的一元化的存在)之后,突出了超越性(本真的存在与现实存在的分离以及前者对后者的超越)。正因为他对于超越性的隔膜,因此他阐释我的观点时就有误解,把超越领域误读为未来:"首先他把人类历史分为两大时期:原始时期和文明时期,从文明开始到现在的时期又隐含了在发展着的未来时代,未来时代是与人的本质相一致,文明时代是异化,从而构成了他必对之批判、否定、超越的基础。"③这里的误读在于,他所说的"人的本质"应该是本真的存在,而且异化的克服不在乌托邦式的未来社会,而在即时的超越。我提出的三种生存方式和体验方式,是指原始(自然)的,现实(异化)的、自由(超越)的,自由(超越)的生存方式和体验方式不是在未来,未来仍然是现实(异化)的,而是与现实不同的另一个领域,它是指向一种无限的可能性,是对现实的否定,是终极价值的实现。审美就存在于这个领域,而不在现实领域。这不是所谓"逼凡为圣",因为审美本来就超脱凡俗,具有超越性。世界上任何事物,一旦成为审美对象,就必然超越现实关系,升华到自由的领域。这已经为审美经验所证明,也为众多的哲学研究所肯定。

张法承认美的本质不可以言说,为什么不可以言说呢?他认为

①②③ 张法:《后实践美学的美学体系——评杨春时的〈美学〉》。以下引文出自此文不再一一标注。

一言说就陷入了形而上学。但是他没有明白，所谓美不可以言说，是指不能以现实概念言说；而美之所以不能以现实概念来言说，是由于审美的超越性，审美意义超越现实意义。因此，不能以经验（现实）世界的语言来表达超验（超越）的意义，只能以哲学范畴和审美范畴来表达。

张法批评我的审美超越性思想，但是他自己却无意识中接受了这种观点。如前所述，他已经承认了“美的超越性”，而且他还具体地论说了美的超越性的根据：

> 人一方面满意于自己的具体的存在，因为人只能存在于具体时空，也只能以这一种或那一种具体方式存在；另一方面又不满意于自己的具体存在，他要求超越自己的局限，渴望丰富地实现自己，希求实现自己的本质。现实中人忙于俗务，很少有机会想一想自己的本质，而正是在艺术的韵外之致中，人才感受、体悟、意识到人的本质。①

所谓人不满意于自己的具体存在，就是生存的超越性的表现；而意识的韵外之致使人实现自己的本质，这种观点与我的生存的超越性以及审美作为自由的生存方式的超越性的思想何其相似！可惜的是，这种论述在他的体系中没有哲学的根基，他没有从哲学本体论中找到人的超越性的根源（人的超越性源于存在—生存的超越性），因此上述言论只是一种人类学的论述，而不是哲学的论述；只是体系之外的赘生物，没有成为对审美本质的核心论述。

三、关于存在与生存

张法批评我的体系“无学”，主要是认为我的美学的哲学基础不符合他的观念，也不同于已知的哲学体系。我的美学体系是从

① 张法：《美学导论》，第 73 页。

存在范畴出发进行逻辑的推演和论证的，也就是由生存领悟存在，获取存在的意义。我在《美学》中说：

> 存在是最原初的范畴，它没有历史的规定性，没有主体性与客体性的划分，甚至也没有显示出主体间性，而是原始的混沌、同一。这是我们唯一能够肯定的、无可怀疑的事实，也是哲学研究的最基本的出发点。要揭示存在的意义，必须把作为纯粹逻辑的规定的存在转化为历史性的存在，通过后者来把握前者。我们把人的历史性的存在称作生存。这就是"从逻辑进入到历史"，生存是人在世界中的存在，它区别于一般的存在：第一，从人的存在即生存的维度切入，使存在具有了自觉的可能性，从而领悟存在，揭示存在的意义。第二，生存是存在的历史形式，使存在具有了现实的形式和历史的发展，它通过历史的演化接近自己的本质，揭示存在的意义。
>
> 生存的本质是什么呢？生存的本质是自由。社会实践是社会存在的基础，构成了现实的生存方式。而人又是超越性的存在者。因此，生存的本质不在现实中，是指向自由的超越性的存在。①

对此，张法批评道：

> 这里作为哲学的基本概念，不是物质（现实等），不是精神（理念等），不是实践（人类历史），也不是中国式的"道"，而是西方的"存在"，这基本来自海德格尔思想，只是更加浅薄了：第一，海氏不可言说的存在一方面在其原初性上成了肯定的事实，在其历史性上具有了可言的本质（自由与超越）；第二，海氏的存在者，特别是作为人的存在者的此在，成了生存，但把它历史化了，加上了进化论的条件，要通过历史演进才能接近

① 杨春时：《美学》，高等教育出版社，2004年，第29页。

本质,此在的本真性存在成了生存的本质,此在的非本真性存在成了现实的非本质存在。上面所引,还包含了三种可争议之处,其一,关系到与前面讲的“审美”概述相同的问题,如何使概念有一个学的基础。在杨春时的存在概念里,西方文化中的根本概念Being(存在)的丰厚意味没有了,Being(存在)之所以存在,是因为我们可以从具体的存在(to be)感到它是某物(to be something),而又不是具体的某物本身,而是一切具体的某物之后决定一切事物之为此事物之东西。它是我们能说出是(to be),而又不知其所是(to be ...)的是,因此将其名词化(... ing)为存在(Being,“是”本身)。而杨的“生存”只是人的历史而没有人之外的广大存在者,从而只是此在(Dasein)而不完全是存在者(beings),这样,其存在,缩小为只与人相关的人的本质。因此,他的“生存”只是此在(Dasein),即只是人的具体存在(existence)。其二,从存在到生存,整个宏伟叙事的体系逻辑有了问题。进入到在此(Dasein)式的生存,杨春时的所谓“生存”的本质(自由,超越,个性)只是人的本质,这样,一方面,用“存在”作为本体概念没有意义,另一方面,客体在审美中的生命化,由生命化而来的主客同一,成了人强加给客体的一种幻象,这仍是主体征服客体的一种方式,而非杨春时所希望的化客体为主体之后的“主体间性”。其三,杨春时的“从逻辑进入历史”,进入的并不是真正的历史,而是自己想出来的关于历史的范畴(从原始生存方式到现实生存方式到自由的生存方式)。比黑格尔的绝对理念将自己客观化而进入“历史”的历史,带有更强的主观性。

张法的批评,第一,所谓存在的不可言说性问题,前面已经阐述过了,此不赘述;第二,关于存在概念以及它与生存概念之间的关系的质疑,需要加以澄清。对于存在,西方哲学有多种界定,并不限于海德格尔的意思,如马克思界定为社会存在,萨特的存在就是生存,他们并不因此就显得“更加浅薄了”。我对存在也有自己的界定,那就是前面所说的自我主体与世界的混沌的同一,它还没有被理智分解,其意义还没有显现,这正是哲学思考唯一可靠的出发点。这种哲学基点似乎并无大错,因此同样不会显得“更加浅薄了”。要揭示存在的意义,不能以认识论的方式,因为它不是客体;只能通过生存体验的方式来获致,因为自我主体与世界都在存在之中,也就是在生存体验之中。存在是一种逻辑的规定,而生存则使其进入历史。生存是存在的一种现实的形式,同时也是一种异化形式。生存具有两重性,一是现实性,二是超越性,现实的生存是异化的,不能领悟存在,只有超越的生存才是其本质,才能够进入本真的存在,领悟存在的意义。这就是说,通过超越性的生存体验,就能够获知存在的本质。这不是把主体性强加给存在,而是主体性转化为主体间性;不是停留于“此在”,而是进入存在。因此,并不是如张法所判定的,“存在作为本体的概念没有意义”,存在也不是“主体征服客体的一种方式”,而是真正的主体间性的本真的存在。

对于这种论证,张法不能接受,他质疑道:

> 其次,它以人的本质为出发点,以不合本质为异化,按这种逻辑,从猿到人以来,从原始社会到今天的历史,人从来没有在现实中获得过自己的本质,只有异化,请问,本质何来?(马克思在《1844年经济学—哲学手稿》中继承黑格尔的理念论,所带来关于本质与异化模式与历史进化论的矛盾,被马克思后期所克服,而杨春时并未意识到这一矛盾,直接引为自己的理论基点,而将之二者拼贴了事);第三,按照杨式逻辑,本质只存在于否定了现实、批判了现实、超越了现实的理想(哲学与美学)中,这与柏拉图的理式完全一样,只是逻辑更混乱,把本来矛盾的东西进行拼贴,成了面对矛盾时的理论解决方式。

我在前面说过,存在论的本质主义是非实体性的,存在—生存的本质在于超越,也就是在于超越现实的可能性。而现实的生存是异化,人类文明从来就是异化的历史(不是吗?你能说出非异化的文明史阶段吗?),张法对此诧异道:“(人的)本质何来?”这个问题正是被张法所弄乱了的。张法一方面说:“什么是人的本质,人的本质是无。无不是没有,而是无法定义。”另一方面他又说:“他要求超越自己的局限,渴望更丰富地实现自己,希求实现自己的本质。”这明显地逻辑不通、前后矛盾。在他后面的论述中,实际上已经承认人具有超越性的自由本质,人的本质在于超越现实的局限,获得自由。人不满足于现实,不断地追求自我实现,这不就是人的本质吗?这种本质不是实体性的本质,而是超越性的本质。张法的这一思想,只是由于违背了自己的基本观点,而且不懂得超越性的本质与实体性的本质的区分,所以被遮蔽而没有获得自觉性而已。对于张法的提问,我可以回答说,在异化的历史中,人的本质之所以存在,在于人除了现实性以外,还有超越性,这正是人的本质所在,例如人类的审美活动就不断克服异化,实现着人的自由本质。异化的克服不在于历史的终点,而在于超越的可能,审美即是途径之一。我的理论体系与黑格尔或者张法所阐释的马克思之不同,就在这里。张法判定我之“无学”的根据,也在这里。但是,有学与无学,不在于是否符合某种既定的理论,而在于自己的理论体系是否合理,是否能够解释审美现象,是否有严谨的逻辑体系。如果照着别人的体系说下去,即使有“学”,也不是自己的,也是没有价值的。张法的逻辑与我的逻辑确实不同,他说我逻辑不通,是因为他无法理解存在论的本质观(本质在于超越),只理解实体论的本质观(本质在于现实),这说明他的逻辑是古典的、形而上学的逻辑,而不是现代哲学的逻辑。

四、关于所谓“无史”

张法对我的批评,除了“无学”之外,就是“无史”。他认为我的理论体系是模式先行,歪曲历史。我如何歪曲历史的呢?首先就是关于原始时代与文明时代的划分。他说:

(杨春时把)"整个人类历史分为:原始时期,文明时期,未来时期。未来时期与人的本质相连,原始时期人的本质尚未获得,文明时期产生了人的本质,但处于异化的社会之中,于是与人的本质相连的自由生存方式,自由意识,自由文化,超越体验方式,都在对异化的文明社会进行否定和批判,促使着人向未来社会前进。这一思想基本上来源于马克思的《1844年经济学—哲学手稿》,但没有了《手稿》原有的黑格尔的理念论的基础,显得逻辑不通。就这一划分的本身来说,属于一种与具体历史阶段或历史类型相连的分类,作为一种历史分类,对它的一个起码的要求,是要能够说明历史的实际,而在杨春时那里,这些分类纯粹为了自己立论的需要,不作一个具体的年代学厘定,也不作任何历史具体性的关联,还不管相当多的史实与他的划分相矛盾。且不说世界历史如此的多样和复杂,就以埃及人、玛雅人、伊斯兰教为例,他们及其所在的时代,哲学方法、生存方式、意识类型、文化类型、体验方式,是属于上面所分的哪一种时期?一旦追究下去,马上发现,杨春时的思想,虽然有一个逻辑严整的三段论一以贯之,但缺乏一个'史'的基础。"

关于原始时代(蒙昧)、文明时代(异化)还有异化的克服(不是"未来时期",这是对我的思想的误解,我是说超越现实的自由领域,而非未来的现实世界)的划分,确实与马克思的《手稿》有关联,但不同的是,青年马克思把异化的克服寄托于未来的共产主义,而我则寄托于审美超越。这种改造确实"没有了黑格尔的理念论的基础",但让人不解的是,为什么就成了"显得逻辑不通",难道离开了黑格尔就没有话语权了吗?这似乎有武断、专横之嫌,很容易被理解为:只要不符合某种权威的既定理论,就是"无学",就是"逻辑不通"。

此外,他批评我的历史划分"不作一个具体的年代学厘定,也不作任何历史具体性的关联"。这也是无端的指责。本来原始与文明两个时代的划分属于超越具体历史研究的历史基本理论,并且已经成为一种通识，并不需要也无法进行“年代学的厘定”，谁能具体说明从哪年哪月开始，原始社会转化为文明社会呢？况且世界上各个民族的历史进程又有很大差距。他甚至还提出，埃及人、玛雅人、伊斯兰教的历史、文化的特殊性问题，以否认人类历史的基本发展规律以及哲学、美学的普世性，这更是一种无原则的非难。由于历史发展的不平衡性，我们研究哲学、美学，主要还是以西方哲学、美学以及中国哲学、美学为主要参照的，至于其他的一些古老的民族，由于发展的滞后性等原因，主要还是民族学研究的对象，而没有成为哲学、美学参照的主体。这并不能成为拒绝对人类的历史文化作出总体性的阐释以及进行美学理论建构的理由。按照张法的逻辑，不仅我的理论体系是“无史”，而且几乎一切理论著作都要遭到这种判定，包括马克思的《手稿》、康德的《判断力批判》、黑格尔的《美学》以及海德格尔的《存在与时间》都没有具体的年代学厘定，也没有具体的历史考证，难道它们都是“无史”进而导致“学的空疏”吗？总之，张法提出这种要求，只能是一种不合理的苛求；提出这种指责，只能是一种欲加之罪。

对我的“无史”的批评，还集中在审美起源问题上。他说：

> 整个关于审美起源的理论，成了一种按照自己体系需要的一种理论组织和逻辑演绎，避开考古学和人类学的实证，把一个从科学上十分脆弱的领域讲成一个已有定论的理论，而这一定论也只是杨春时一个人的定论。由于不是小心求证，而是大胆定义，其建立在审美发生三因素上的“审美起源的历史过程”，由于必须要引入历史，其史实的引证的理解，很不令人满意，就是不看，也已知结论，不讲也罢。

这里的问题有二。其一，他指责我没有“史实的引证”。我的《美学》中不乏史实的引证，只是由于不是关于审美发生学的专论，因此不可能、也不需要那样详尽而已。其二，美学不是实证科学，不应该依靠归纳的方法来实证理论，而必须在理论的引导下去阐释史实(当然,前提是理论必须具有阐释的有效性)。这一点,也是我与张法的根本分歧之一。张法实际上认为美学是实证科学,可以从历史现象中找到美的本质和规律。因此他在摒弃了对审美的哲学思考以后,就只能求助于历史。我认为,美学是人文学科,是哲学的分支,它本质上是非实证的,它需要哲学的思辨。当然,美学也需要史实的佐证,但史实并不能直接证明美学理论,就像不能直接证明哲学理论一样。历史并不是自明的,必须靠理论来阐释。举一个浅显的例子,法国山洞中发现的原始壁画"受伤的野牛",简直与现代绘画没有什么差别,完全可以作为艺术品来欣赏。这是一个著名的事例,广泛被人类学家和美学家引用。但是离开了理论的前提,它说明了什么呢?说明原始人就具有了审美活动和艺术创造了吗?不是。根据巫术说,它是一种巫术仪式,不是为了审美欣赏,而是为了保证猎获丰收;而它与文明时代绘画艺术的相似,只说明原始巫术是艺术的原型。我的审美发生学的研究,并非无史,而是在历史与理论的互动中,以理论阐释历史,以史实佐证理论,以达到逻辑与历史的统一。

五、关于所谓"后现代间性拼贴"

由于我借鉴和综合、改造了多种现代哲学、美学的理论,建构了自己的美学体系,张法把我的美学体系归结为"后现代间性拼贴":

> 在思想上,杨春时以此为基点,把他认为高于古典哲学和近代哲学,和现代哲学中存在论(海德格尔)、体验论(狄尔泰)、解释学(伽达默尔)和强调了主体间性的现象学(胡塞尔)还有正好与杨氏三段论在结构上相合的精神分析思想等等相拼贴,构成了杨春时生存美学的哲学基点。这个基点被表述为:哲学研究生存,生存的本质是自由,生存的自由性体现为(1)充分个性化的存在。(2)超物质性,指向精神性的存在。(3)是主体间性的存在。(4)是一种体验性的存在。

张法的批评，导致这样的吊诡：如果不遵循某种既定的权威理论，就是“无学”；如果借鉴了其他理论而又有自己的创造，就是“拼贴”。关于“无学”，已经进行了答辩，而关于“拼贴”还要加以辩驳。

任何有价值的理论体系，都不是天马行空的玄想，必须建立在人类思想的合理成果基础上，而同时又必须有自己的综合和创造。确实，我的理论体系借鉴了诸如精神科学方法论、现象学、存在论、解释学、精神分析学说等，但决不是什么“拼贴”，而是综合、创造。由于各种美学理论都有不同的哲学基础和个体视野，互相之间是不可能完全通约的；如果简单地把这些理论拼凑在一起，那么当然是一种漏洞百出的“拼贴”。但是，如果基于新的哲学基础，建立了新的理论构想，对原有的各种学说有所改造，在新的体系下把它们重新整合起来，那就不是“拼贴”，而是创造。我就是从存在—生存范畴出发，建立了审美超越理论。首先，提出了生存体验—理解获致审美本质（意义）的方法论，这借鉴了狄尔泰的“精神科学方法论”和现代解释学以及现象学，但又有自己的创造。我把一般的精神科学的体验—理解方法改造为哲学方法；把现代解释学方法（强调历史性和主体间性）与现象学方法（强调超历史性和主体性）结合、沟通，改造为超越历史性的主体间性的审美解释学，以获致存在的意义和审美的本质。其次，我借鉴了存在论哲学的合理思想，以生存的超越性来进入本真的存在，揭示审美的本质。我的存在概念与海德格尔的存在概念不同，它不是西方哲学的 to be（是），也不是萨特的主体性“生存”，而是自我与世界的主体间性的共存，是超越的、自由的可能性。还有，主体间性理论也不是如张法说的来自胡塞尔。胡塞尔虽然首创了主体间性概念，但它是认识论的主体间性，即认识主体之间的同一关系，而认识活动本身仍然具有主体性（主体与对象之间的主客关系）；而不是本体论的主体间性。本体论的主体间性是指自我与世界之间的主体间性，这是存在的本性。我借鉴了海德格尔后期思想，伽达默尔以及马丁·布伯、巴赫金等人的主体间性思想，综合、改造成为本体论的主体间性，并在这个哲学基础上建立了自己的美学体系。对弗洛伊德的精神分析理论，我也没有全盘照搬，而是有根本性的改造。弗氏的无意识、前意识、意识的划分以及本我、自我、超我的划分,在我的体系中被改造成无意识、非自觉意识和自觉意识以及原始人格、现实人格和理想人格。其中非自觉意识与前意识不同,它不仅是消极的无意识的监视者,而且还是积极的创造性意识。理想人格也与超我不同,它不是现实的自我压抑的社会力量,而是超越现实达到自我实现、个性解放的内在追求。同时,我突破了弗氏的欲望无意识体系,把无意识(以及意识)扩展到认知无意识(以及意识),这也借鉴了皮亚杰的发生认识论。此外,我还借鉴了马克思的历史唯物主义特别是《手稿》的思想,吸收了其(源于席勒的)审美主义的思想。最重要的一点是,这些理论的改造、综合,构成了一个严谨的理论体系,它具有内在的逻辑,没有自身的矛盾,并且能够有效地解释审美现象。因此,这个美学体系是我自己的,而不是别人的。

总之,我的美学体系,综合了现代哲学、美学以及其他人文学科的成果,并且进行了独立的创造。至于它是否合理、是否有价值,也是仁者见仁、智者见智,我只希望在与诸贤的对话中获得理解。

(原载《贵州社会科学》2007 年第 9 期)

后实践美学与审美意识形态

赵晓芳

作为中国当代美学的一种思潮，后实践美学兴起于上世纪80年代末。这一思潮与中国社会政治经济的发展有着千丝万缕的直接联系，同时又吸收了国外的存在论、现象学等最新研究成果，是中国实际与西方理论相结合的又一产物。这是一个松散的结盟，一方面，它又可以区分为几派，如超越美学、生命美学、存在论美学等，杨春时、潘知常、张弘等是其代表人物，而高尔泰、刘晓波等则为其前驱；另一方面，它又具有着共同的特征，即都是将实践美学设定为自己的箭靶，以现象、个体、感性等对抗实践美学的本质、社会、理性等概念，强调审美相对于实践的独特性、自律性和自足性等，在批评实践美学中建设自身。①这里基本上使用的是西方现代和后现代的词语，并在这种词语使用中传递出一种向往和追求：类似西方"后现代"与"现代"之间的轮替，中国当代美学建设中也应该出现"后实践"对"实践"的胜利。对于这样一个"走出古典"的宏大叙事模式，本文无意全面评论，而只是从分析"超主客关系""超

---

① 除相关争论文章外，可参阅杨春时：《生存与超越》，广西师范大学出版社，1998年；潘知常：《生命美学》，河南人民出版社，1991年；潘知常：《诗与思的对话》，生活·读书·新知三联书店，1997年；潘知常：《生命美学论稿》，郑州大学出版社，2002年；张弘：《临界的对垒：1989—1999学术文化论集》，吉林人民出版社，2000年等。

越性”等基本概念出发，在审美意识形态[1]的层面展示出一种可能性：后实践美学那种“批判性的建设”并不成功，甚至已经走向自己的反面，反对自身。

问题正如康德曾指出的那样，当我们仅仅以超越的“美的形式”来思想某个东西，则这个东西虽将受到景仰，但却因此而不为人追求(它受到赞扬并饥寒而死)。[2]可以说，“美”的欺骗性以及因欺骗性而来的残酷性，是人们所不愿看到的。然而它却是事实，历史中并不少见。后实践美学以个人的生命活动(所谓超主客关系)对抗实践美学保守的人类理性(所谓主客二分)，看似于呼唤个人的解放的呐喊声中蕴含了丰富的道德情感。然而，这种道德情感太过“超越”了，它可能自己扼杀自己，而让后实践美学在没有了阻力的同时，失去飞翔的动力。

一、从主客关系出发——一条错误的路?

在后实践美学看来，中国的美学研究在相当长的时间里都走在一条错误的道路上，因而虽然用力甚勤，却收获最少。而这条道路之所以错误，就是因为它从主客关系出发。

从主客关系出发为何就是错误的？后实践美学回答说，二元对立只能在认识论中存在，而认识论框架下根本无美可言。

在认识论框架下为何根本无美可言？后实践美学回答说，这是公认的事实，中国美学传统与西方美学体系的发展脉络都是这一

① 审美意识形态，是指作为理论范畴的审美与现实社会物质生活之间的密切缠绕。它揭示出审美本身所具有的深刻矛盾性：一方面，审美是自律自足的“世外桃源”，在这里人们可以避开一切人世间的苦难和不幸，获得一种彻底的解放和幸福；另一方面，审美又表达着一种对于整个人类都普遍有效的强制性，要求人同此心、心同此理，从而可能建设一种“意缔牢结”。在这种似是而非的“理义之悦我心，犹刍豢之悦我口”式的自我消解、自我建构的矛盾运动过程中，审美注定不可能远离意识形态，而必然与社会生活状况相互浸染、彼此渗透。因而，这里的问题不在于能否避开意识形态，而只在于社会正义视域的开启或闭合。

② 康德：《实践理性批判》，商务印书馆，1999 年，第 175 页。

事实的明证。然而，证明本身却证明这里存在着一个双重误解：

第一，就中国美学传统而言，后实践美学认为其与西方美学传统区别的关键，即在于它不是从主客关系出发，而是从超主客关系出发去研究美学。就在此“公认的事实”上，后实践美学恰恰是有问题的，或者说故意勾连了不同的观念。这里无需引经据典。就普通而健全的心智来说，“超”必然有其所可超，则中国美学传统中必然有认识论之一环。而这，却是后实践美学所不能承认的。退一步讲，如果说中国美学传统从天人合一出发研究美学，我们也不可以将这种天人合一直接等同于现代西方美学视野下的超主客关系，而应该在根源上关注二者之间所存在的差异。毕竟，当我们承认有“两种传统”，则这两种传统之间的任何相同之点都将是以整体差异作为其前提的。这样，我们没有任何理由将我们所谓的传统直接嫁接于某种当前走红的西方理论之上。换句话说，假定西方美学体系的历史演变脉络是从客体性到主体性再到主体间性（世界、文本具有主体地位，则人—物的主体间性显然同样是指一种“超主客关系”），这也绝不能说明我们今天建设中国当代美学应该重视这种历史经验，吸收作为西方美学发展的现代成果的超主客关系。事情可能恰恰相反，中国美学或许首先需要将主体与客体真正建立起来。

第二，就对西方美学发展脉络的梳理而言，后实践美学如果不同样悖于常理，那么就一定故意隐瞒了些什么。这表现在：

1. 在事关中国美学传统的宏大定位中，后实践美学已经提示出，所谓的“中国传统”，只不过是西方现代美学的某种形式的重述——尽管它可以梁漱溟式地争辩说，西方美学的发展史，只不过反证了中国传统美学的早熟，使用超主客关系一词也绝不表示对西方的臣服，而只是为了导他们于至好至美的中国路上来。

2. 深层问题在于，现在中国人的生命形态是否以及在何种意义、程度上得到了改变？中国人当下所应有的美的生活因何而遭受损失？在一定意义上这等于在问：中国的天人合一思想，随着中西文化的交汇，是否以及在何种意义、程度上被突破，从而形成了自己的主客二分思想？或者说，实践美学已经建立了一种新传统？抑或这种主客二分还远远没有真正地被实现？前现代、现代与后现代仿佛被浓缩，同时出现在一个罐子里。这里的问题不在于学术，而在于生存。由于我们参与在这一过程之中，问题便更多地显示出反躬自问的性质，以至于不能用言语来回答。

3. 后实践美学的讨论还没能进入以上维度，因而并不能阻止后实践美学把自己所理解的“西方思想发展脉络”作为标准，来判定我们是创新(所谓超主客关系)还是保守(所谓主客关系)。按照后实践美学的意见，西方哲学范式有一历史演变过程，即由古代的客体本体论，到近代的主体认识论，最后发展为现代的超主客生存论。相应地，只有当西方现代美学尝试从超主客关系出发提出、把握所有的美学问题，真正的美学问题才得以应运而生。后实践美学认为，中国美学在相当长时间内竟然对此一无所知，而重视这种历史经验，意识到这种超主客关系，也就表明了一个全新的开始。如此，诗人哲学家海德格尔被特别地突出，海德格尔存在论与西方认识论传统的同一性在有意无意间被清除了，超主客关系被从它的土壤中连根拔起，成为唯一的标准。①

---

① 我们对于西方显然是爱恨交集。一方面，当我们看到有西方人(如黑格尔)“批评”我们时，我们的自尊心让我们立刻反击他不能理解中国人的高深；另一方面，当我们看到有西方人(如莱布尼兹)“赞扬”我们时，我们的自尊心又大大地复活了。至此，情感即成为唯一的理智。例如，康德明确讲过，当理性不愿把自己限制在感性世界的限度之内，“由此便产生了至善就在于无这一老君体系的怪诞，亦即就在于感觉到自己通过与神性相融合并通过自己人格的消灭而泯没在神性的深渊之中的这样一种意识。……中国的哲学家们就在暗室里闭起眼睛竭力去思想和感受他们这种虚无……而它本来也就是人类知性同时随之而消失并且一切思想本身也随之而告终的一种概念”。但这却不能阻止牟宗三的想象力：“康德一定从儒家的道理得到启发，他不提就是了。”“康德似乎读过孟子，受孟子影响，大体观念跟孟子一样。”参阅：康德：《万物的终结》，见《历史理性批判文集》，何兆武译，商务印书馆，1997 年，第 90 页；牟宗三：《周易哲学演讲录》，华东师范大学出版社，2004 年，第 51、98 页。现在，人们又在说，海德格尔是唯一一位真正尊重并吸收了中国思想(如与中国学者萧师毅合作译《老子》为德文等“证据”)的伟大思想家，在他那里，一场真正意义上的中西思想对话发生了。

情况真是如此简单吗?海德格尔的确认为,存在之被遗忘的历史,就是形而上学不断加强“主体性”的历史,因而西方思想要想获得救渡,就必须转变这种形而上学。但从根源上说,海德格尔深信“这个转变不能通过接受禅宗佛教或其他东方世界观来发生。思想的转变需要求助于欧洲传统及其革新。思想只有通过具有同一渊源和使命的思想来改变”。①中国的天人合一思想与海德格尔天地神人四重圆舞概念相距遥遥,海德格尔的“超主客关系”,也绝对不是要摧毁和否定“主客关系”,后者“在黑格尔的意义之下被扬弃,不是被消除”。②海德格尔强调指出:“想摧毁和否定形而上学,乃是一种幼稚的僭妄要求,是对历史的贬低”;“哲学的每一阶段都有其本己的必然性。我们简直只能承认,一种哲学就是它所是的方式。我们无权偏爱一种哲学而不要另一种哲学”。③这里的“本己的必然性”,无非是说创新必然有其秉承,甚至就植根于它所埋葬者。也正因为如此,海德格尔才和希腊对话,寻求希腊语源和希腊式思维的原始魅力;和西方哲学史上伟大的思者(包括以主客关系立论的康德、黑格尔等)对话,相激相荡,新意迭出,为哲学史中所罕见;和荷尔德林、里尔克、格奥尔格等诗者对话,思诗相联,铺天盖地。质言之,恰恰因为是建基于“主客关系”,海德格尔的“超主客关系”才得以立起:主客关系与超主客关系之间有争斗,也有亲和,二者乃相同者的永恒轮回。④

二、居停于无度中的“超越性”

后实践美学是在实践美学的基础上发展起来的,中国人当下生

①②③ 海德格尔:《海德格尔选集》,上海三联书店,1996年,第1313、1024、1243页。

④ 杨春时教授以某种方式完成了对上述观点的认同:一方面,他认为现代西方美学的“超主客关系”是“建设现代中国美学”应当重视和吸收者;另一方面,他又认为西方文化的“二元对立”是美学的“超越的品格”之源,是“超越性薄弱”的中国美学需要在“现代转型中”加以正视和学习者。从下文可知,这种方式还遮蔽了信仰启蒙中的社会正义问题。

存的物质境况和文化语境是二者共同的源泉和前进动力。因此,后实践美学具有特定的历史象征意义,其理论贡献不可忽视。但后实践美学并不愿承认它的这种理论基础,它经常以一种非此即彼的思维模式,把实践、认识跟生命、超越、自由、审美等等对立起来。后实践美学之所以严厉批评主客关系,就在于它判定主客二分思想是人类物质性存在(认识和实践)的哲学前提;而强调超主客关系则是要表明,审美活动与认识活动无涉,也不能直接将审美活动与实践活动等同,美之所以成其为美,就在于它是"超越性"的。

对此超越性,后实践美学的理解是:第一,生命活动就是生命的提高上升,而超越着的生命活动就是美;第二,作为生命活动的基本规定,超越性只能经由体验和反思而不证自明,却不能被历史经验证实或证伪;第三,相应于体验与反思,超越性最初表现为对"现实的实践活动"的超越,当然也是对"逻辑的理论活动"的超越,正是这种超越性才使人获得了精神的解放和自由。于是,我们得出一个尽管粗糙但却明确的层级结构:最低层是"实际的"生命维持过程和生物学上的生存过程——衣食住行意义上的实践活动;在此之上同时而又为此服务的,是逻辑、数学等理论活动;而一种特殊的生存方式和生存体验、作为生命活动的一种特殊类型的审美活动被推上"最高"位置。

就此"最高"而言,备受后实践美学推崇的海德格尔,却恰恰是彻底地被误解了的海德格尔。对海德格尔的误解,涉及康德美学的一个陈述:

> 鉴赏是通过不带任何利害的愉悦或不悦而对一个对象或一个表象方式作评判的能力。一个这样的愉悦的对象就叫作美。①

个体性、精神性和超越性,让后实践美学所言指的生命活动不带任何利害,成为美的生命和存在。"美的"在此具有双重的意义:一是批评实践美学对于人的本质的遮蔽,二是拒绝为伦理、政治、宗教、

① 康德:《判断力批判》,人民出版社,2002 年,第 45 页。

哲学、科学等其他功利活动服务,实现美的充分自觉,把美从一切羁绊中解放出来。但是,双重的意义实际上也是一个双重的误解:首先,在方法论上,“康德本人只是首先准备性地和开拓性地作出‘不带任何功利’这个规定,在语言表述上也已经十分清晰地显明了这个规定的否定性;但人们却把这个规定说成康德惟一的、同时也是肯定性的关于美的陈述,并且直至今天仍然把它当作这样一种康德对美的解释而四处兜售”;其次,在内容上,“人们也没有正确地思考这个规定,因为人们没有看到当对象的功利兴趣被取消后在审美行为中保留下来的东西。这种对‘功利’的曲解导致了一种错误意见:人们以为,随着对功利的排除,也就把一切与对象的本质性关联都禁止掉了”。①

今天中国人的日常生活,正在加强性地演示着后实践美学在取消功利兴趣之后所能保留下来的东西。“女子十二乐坊”中,“高贵”“优雅”的古典音乐与象征美丽兼性欲客体的女子,竟在后者高度视觉化了的华丽身姿的扭动中达到了一种和谐。“美女配名车”的车展中,美与财富、欲望也以绝对感性的形式结合了起来,没有任何掩饰地证明并炫耀着新贵的能力。“重要的不是咖啡,而是富有人文气息”的“左岸咖啡厅”,贩卖着当年飘荡在巴黎塞纳河左岸的咖啡的味道这一“概念”,嘬上一小口,仿佛“安静从容地进行艺术般的生活”便成为可能。“有天有地、独门独院、带私家车库”的“水岸名居”,则将金钱直接等同于“诗意地栖居”。艺术品拍卖会,更是以高度象征的仪式,把“美”绝对地握在金钱的手中。而顶级私人物品展的亮相、国际奢侈品牌的盛行等,则把这种金钱化的审美普遍推广,精致而煽情,撩人心魂……一句话,这里完成了超越,实现了充分自觉,拒绝了伦理、政治、科学等其他活动的非功利的审美是什么?它不是别的,就是彻头彻尾的娱乐和消费。它是自

① 海德格尔:《尼采》,商务印书馆,2002年,第120页。此原是针对叔本华而言。就具体内容而言,后实践美学对于康德之曲解虽与叔本华有些许不同,但在让康德的形式脱离存在这一点上,却又是极其相似的。

由的(钱的自由),也是颇具诗意外壳的。

与对象本身的本质性关联为何不能通过后实践美学的超越、信仰之维等发挥作用?为何对象不能作为纯粹的对象即“美”显露出来?为何后实践美学在努力反物化、崇精神化的同时,又在不经意之间极端地为另一种物化张目?

在谈到现代科技的“座架”性质时,海德格尔指出,原子弹并不是致命的。“早已用死而且是用人的本质之死来威胁着人的,乃是在有意在一切中贯彻意图之意义上的单纯意愿的无条件的东西……在人的本质中威胁着人的,是这样一种观念:贯彻制造的工作可以没有危险地冒险进行,只要此外还有别的兴趣,也许是一种信仰的兴趣仍然起作用的话。仿佛还可以在一座偏旁建筑中,为人受技术意愿摆布而与存在者整体发生的那种本质关系安设一个特别的居留之所似的,仿佛这个居留之所可能比时常逃向自欺的出路有更多的办法似的。”①后实践美学以为可以用“非社会的”“展开生命个体的灵魂冲突”的“超越自我、提升境界的生命与思的对话”,来对抗实践美学,仿佛握此骊珠,就有资格自由地对生命活动一方面说是而另一方面说不,但这种方法,同样必定是一种自欺。那种只享其利而不受其害的能力,居于何处?这一点恰恰是没有经过追问的。因而,超主客关系的超越性也罢,生命、生存也罢,信仰、爱也罢,只要它还停留在无度的神秘黑暗中,它就可能最终把自已来吞食。

三、蜕变为意识形态的审美

如果彻头彻尾的娱乐和消费能够以一种审美的样态来展示自己,而一种美学理论又不能对此表达意见,那么这种美学就已经蜕变为纯粹的意识形态。这里把后实践美学与消费主义意识形态放在一起,首先并不突兀,其次亦非仇富。

① 海德格尔:《海德格尔选集》,第434页。

后实践美学明确规定，美需要精神上的信仰，而中国现代美学获得这一超越性信仰的首要途径，则是“社会生活的现代化”。“中国社会生活的现代化可以造成天人分离、此岸与彼岸分离、个体与社会分离，这是超越性要求发生、发展的基础。在市场经济的条件下，包容个体的襁褓——传统的集体（家族或单位）瓦解，个性获得独立，而传统的世俗化信仰（儒教的道德理想主义或现代政治理想主义）也被消解。”①不难理解，这里的个性独立以市场经济的条件下贫富分离为前提，以对金钱的绝对占有为基础，它是富人的事情；因为手握这可以购置一切的金钱，富人从家庭或单位的羁绊、世俗化信仰的约束中走出，精神超越了、自由了。而且，具有了超越性精神的富人，一定还有将其精神自由外化、定格、展示给人们看（如衣锦还乡、锦衣不夜行的愿望）的超越性要求，从而也就必然引动“艺术和哲学的现代化”。

严格说来，后实践美学的这种信仰本身，并不足以成为我们批评的对象，“主观的、贵族意味甚浓的美学”也不成其为一个缺点。毕竟，好的生活方式就是衣食住行与衣食住行之美化两者相适合，彼此增益。富本身并没有任何错。但是，把这种富用美包装后征服性地推广出去，让富贫分离以美丑对立的合理形式出现，却可能造就一种审美意识形态。问题在两个层面上展开：其一，财富如何获取其合法性？其二，财富如何因财富而被认可？

在第一个层面上，财富不得以财富的面目出现。贫富分离之后自恃为成功人士、高尚阶层的那些人很难因财富而获得社会认可。由于缺乏西方清教资本主义等精神荣耀，中国新的上流社会要想取得合法性，其财富恰恰需要适时隐退，转而以勤劳（勤劳致富）、智慧（知识经济）、节俭（节约光荣）、爱（捐资助学）等普遍信仰的姿态出现。今天，后实践美学所宣扬的信仰之维、爱之维等“美的精神”，其深层原因恐怕就在这里，它用精神、普遍、超越、个体之“美”，为财富谋求着合法性。

---

①　杨春时：《世俗的美学与超越的美学》，《学术月刊》2004年第8期。

在第二个层面上,财富绝对以财富的面目出现。财富绝不会以仅仅获取合法性为满足,在合法性问题解决之后,财富必然要夸示自己。而最好的夸示就是独占,把“美”掌握在自己的手中(别人买不起)。财富因美而“问鼎中原”,其“统治”力量甚至因此而超越了政府。康德曾指出其中的道理:“奢侈是在公共活动方面,在带有鉴赏的社交生活中的豪华过度(所以鉴赏力是与这种过度豪华的享受相违背的)。但这种过度豪华如果没有鉴赏,就是公开的放纵。当我们来考察享受的两种不同结果时,那么奢侈就是一种不必要的浪费,它导致贫穷;但放纵却是一种导致疾病的浪费……用来部分地软化人民以便能更好地进行统治的美的艺术和快适的艺术,却会由于简单粗暴的干预而产生与政府意图恰相违背的效果。”①今天,后实践美学宣扬精神、超越、个体、生命、生存之“美”,恐怕也与财富“问鼎中原”之后的得意、张扬与目空一切有着千丝万缕的联系。

两个层面的讨论为我们指出了一个后实践美学所回避了的问题,即审美是否在渐渐蜕变为一种缺乏社会正义视域的意识形态?此问并非空穴来风。在2005年,“一场虚拟世界的反歧视大战”在互联网上的“天涯社区”上演,受到主流媒体的高度关注,广为传播。故事很老套:在“上流社会”的“炫耀”中,一名叫“北纬67度3分”的“老贵族”,骂倒了一名叫“易烨卿”的“上海暴发户”。而老贵族之所以能和大众暂时结成微妙的同盟,领导后者取胜,就在于他所使用的武器,正是“财富”和“尊重人”“格调”“美”之类的社会共同价值观。这表明,成熟的富人从来不屑如“易烨卿”那样因财富而鄙视农民、民工、外地人、乞丐等穷人,他们尊重法权性的穷人人格。但是,老贵族对穷人的怜悯,在证明了其高尚、获得了优越感之后,却让他最终比易烨卿更加肆无忌惮地蔑视了穷人:只不过不

① 康德:《实用人类学》,重庆出版社,1987年,第149—150页。对“贵族”与“政府”因“美”而来的冲突,中国人向来不难理解,如《世说新语》就已经对它做出了描绘。

是穷人本身,而是穷人随教养缺失而来的丑陋。①

四、充满争斗的审美

审美之所以可能缺失内在的张力而显著地蜕变为一种意识形态,是因为后实践美学在强调超越性、突出个体性之时,对其间可能出现的错位注意不够,而这种错位恰恰让对审美共同感的利用成为可能。

"乐合同,礼别异。""夫乐者,乐也,人情之所必不免也。"(《荀子·乐论》)"大乐与天地同和,大礼与天地同节。""乐者,天地之和也;礼者,天地之序也。"(《礼记·乐记》)这表明,审美是个体之事,②同时却"天然"具有超越一切贫富等级差别的亲和力,是一种公共文化、公共精神、普遍价值。这仿佛是一件自明的事情,但其间却有许多节目。而康德美学的一个重大贡献,就在于把这种差异即平等的"争斗"给我们全面展示了出来。③

首先,在《答复这个问题:"什么是启蒙运动?"》一文的起首,康德就定义说,"启蒙运动就是人类脱离自己所加之于自己的不成熟状态。不成熟状态就是不经别人的引导,就对运用自己的理智无能为力"。这即是说,个体主体之建立是首度重要的,它事关"按照人的尊严——人并不仅仅是机器而已——去看待人"。④在这一点

① 换言之,易烨卿的"失败",最终只在于她的钱太少,她只是一个想要扮成富人的"穷人"。这其中当然有媒体炒作的成分,但却足以透露出某种普遍的社会心理。

② 必须注意,与现代法权意义的个体相比较,这里的个体显然更多具有自然意义。把价值判断首先搁置(与自然个体相比较,或许法权个体并不是什么好东西),至少黑格尔的下述言论对要求社会生活现代化的后实践美学具有一定的反思意义:东方世界只知道一个人是自由的,而现代则要求一切人们的自由。

③ 严格说来,这是康德哲学的特点。三大批判都需要演绎且倚重演绎之一事,已经透露出讯息。后来,海德格尔对"存在论差异状态"的重视,对"同一性"的阐释,对"二重性"的偏爱,以及对于"争执""四重圆舞"的描绘等等,无不可以看作是在这一点上对康德的承继。

④ 康德:《历史理性批判文集》,商务印书馆,1997 年,第 22、31 页。

上,审美虽然与认知、道德等无所不同,但它却是最突出的,因为一切鉴赏判断完全"关联于主体的生命感","都是单一性判断",是个体主体建立"之后"的事情。①

但是,个体单称的审美判断虽不凭借概念,却又要求"单一判断的普遍有效性"。即是说,当一个人称某个对象是美的时候,"他相信自己会获得普遍的同意,并且要求每个人都赞同","仿佛作为一种义务一样向每个人要求着"以便"从别人的赞成中期待着证实"。而且由于"天然",它甚至超过了知性的普遍必然性,是一种"共通感":"在我们由以宣称某物为美的一切判断中,我们不允许任何人有别的意见;然而我们的判断却不是建立在概念上,而只是建立在我们的情感上的:所以我们不是把这种情感作为私人情感,而是作为共同的情感而置于基础的位置上。""比起健全的知性来,鉴赏有更多的权利可以被称为共通感;而审美判断力比智性的判断力更能冠以共同感觉之名。"②

如此一来,审美共通感立足于个体主体而又超越于个体主体,是个体主体间天然的沟通渠道。③

但是恰恰由于不借助概念,不是"逻辑的共通感",④审美的共通感极易从这种争斗中脱离出去。这表现在:

第一,人是社会性存在,审美的共通感可以"无限地扩大着它的价值",以至于直到最后"各种感觉只有当它们能普遍传达时才被看作有价值的"。这是说,在一个社会中,共通感本身可以被拿来作为炫耀的对象而存在。"自然的形式"高过了"自然的存有","对于美的经验性的兴趣"抬头,对于美的直接兴趣隐匿,"爱慕虚

---

①② 康德:《判断力批判》,北京:人民出版社,2002年,第38、50页,第137、138页。

③ 这又回到了启蒙。审美、认知、道德共同遵守的启蒙的原理是:"1.自己思维;2.在每个别人的地位上思维;3.任何时候都与自己一致地思维。"所以在康德看来,启蒙绝不仅仅只对个人有利,同时必然对政权、社会有利。至于对启蒙的反思,则不是这里的论题。参阅康德:《判断力批判》,第136页。康德:《历史理性批判文集》,第30—31页。

④ 康德:《判断力批判》,第138页。

荣、自以为是和腐朽的情欲”也就成为“鉴赏的行家里手们”的惯常表现。在这种情况下,强调共通感的超越性、精神性,正是对认知和道德等的抽离,也是对审美内容——人的现实性生存的抽离,从而将“自然美对艺术美的优点”视而不见,让美纯粹成为一种炫耀(也即康德所言“充当从快适到善的一个只是很模糊的过渡”)。[①]

第二,审美的共通感虽然与逻辑的共通感有着共同的原理,但当美纯粹成为一种炫耀时,审美既不认知客体又不进行道德判断的特性就更加突出地表现了出来,这使得其他东西很容易打扮成美的模样出来行骗。[②]于是,所谓的个体性、生命活动,恰恰可能就是经过打扮的东西(财富),它们利用审美的共通感,把价值倒置,以弃置一部分个体性、生命活动为代价,完成对作为目的的另一部分人的尊重。

这样看来,后实践美学与审美意识形态之所以能相系,即在于审美共通感之可能被利用。后实践美学还不具备领导这种利用的能力,它充其量也不过是一位“阐释者”。但这并不是说,后实践美学是无辜的,可以推卸掉自己的责任。仅就其包裹了人与现实的真正联系、让人浮华虚幻(不论有意与否)而言,它已经背离了审美本源的人道主义精神。时至今日,启蒙还是一个尚未完成的字眼。立足于中国的现实,我们是否应该更关注主客体关系而非超主客关系的建立,问一问:那个体性,是谁的个体性?那超越性,是谁的超越性?那精神性,是谁的精神性?

(原载《复旦学报》2009 年第 2 期)

① 康德:《判断力批判》,第 140—143 页。

② 康德:《判断力批判》,第 145 页。康德看到了这种必然性,但同时提醒人们这是一种错误。

审美超越辨正

——兼答赵晓芳《后实践美学与审美意识形态》一文

杨春时

“后实践美学”批判了实践美学肯定现实的倾向，确立了审美的超越性，这引起了诸多争议。而近来赵晓芳的批评别具一格，值得注意。笔者认为，她的《后实践美学与审美意识形态》一文（以下简称“赵文”）对审美超越理论的批判，建立在诸多误解之上，从而得出了错误的结论。这个案例显示了美学界对审美超越的普遍误解。因此，有必要对审美超越理论加以辨正。

一、何谓审美超越？

审美属于现实还是超越现实，这是一个根本的问题。传统（古典）美学大多把审美定位于现实领域，或者等同于真，或者等同于善。总之，美是现实的属性。实践美学认为审美是社会实践活动的产物，是人的本质的对象化，实际上也把审美定位于现实领域。而现代美学（包括后实践美学）认为，审美不是现实生存，而是超越现实的自由生存。这样，审美的超越性就成为现代美学（包括后实践美学）的基本思想。

何谓审美超越呢？审美超越是指审美对现实生存的超越，包括对现实的自我和现实世界的超越。审美超越的本体论依据在于存在的超越性，因为审美是特殊的存在（生存）方式，是本真的存在的显现。所谓“存在”，作为哲学本体论的基本范畴，历来有诸多歧义。笔者认为，首先，存在不是存在者，既不是主体性的存在者，也不是客体性的存在者，而是存在本身。其次，存在也不是“社会存在”，即不是非自我的存在，而是个体性的存在。第三，存在超越主客对立，达到主客同一，具有主体间性，即我与世界的共在。第四，存在不是现实存在，不是实体性的存在，而是超越性的存在，即存在是一种指向自由的可能性。这样，超越就成为存在的基本范畴。何谓超越？海德格尔说：“在基础存在论中，‘超越’这一术语指此在富有特征的独特的东西。所以，这一术语不是指一种行为，而是此在之存在的基本构成性契机，而它恰恰先于一切行为。”①对存在的把握，只能根据人的存在——生存，而生存方式包括常人平均化的日常生存，这是非本真的存在，它无法领悟存在的意义；也包括自由的生存，只有自由的生存才是本真的存在。生存的超越性是说生存不是现成的、固定的、在场的、隶属于平均化生存的，而是生成的、变动的、不在场的、指向自由的。生存的本质不是动物式的自然生命，不只是日常生活，而是不断挣脱常人平均日常状态、否定自己、趋向自由的过程。按照海德格尔的说法，此在不断筹划着自己，走向超越。审美是自由的生存方式和超越的生存体验方式。经过超越性的努力——审美及其反思形式哲学，可以超越现实生存，实现自由的生存，从而通达存在，也就是把握了存在的意义。

审美的超越性包含这样几种规定：首先是超验性，它不是对世界的经验的把握，而是超经验的把握，即通过审美体验领悟了存在的意义。其次是具有终极价值，即对现实价值（效用性的善）的超越，特别是对意识形态的超越，从而实现了自由，实现了终极性的善。第三是最高的真实性，即对现实认识（真）的超越，特别是对科学认识的超越，从而达到了绝对的真。第四是彻底的否定性和批判性。审美不肯定现实，不属于意识形态，而是对现实与意识形态的批判、否定。总之，审美超越了现实水平，领悟了存在的意义。

① 约瑟夫·科克尔曼斯著，陈小文等译：《海德格尔的〈存在与时间〉》，北京：商务印书馆，2003年，第262页。

从逻辑上说,自由就是超越,超越就是自由,因为自由不是现实的存在,而是超越现实的存在。正如马克思所言,真正自由的领域"只存在于物质生产领域的彼岸"。也就是说,自由只存在于"自由的精神生产"中,而这种"自由的精神生产"不存在于受物质生产决定的现实领域,只存在于超越现实的精神创造领域,如审美活动中。

审美的超越性不仅是逻辑的规定,也是对审美经验的反思结果。审美经验表明,在审美时,已经超越了现实生存,包括现实的世界、现实的自我,而进入了另一种生存方式,这是审美的自由世界和自由的自我。自我作为审美主体由不自由的现实个体变成了自由的审美个体,世界由异己的对象变成了自由的对象——另一个主体,人与世界之间获得了亲和性。这就是说,当我们进入审美的境界时,也就超越了现实,摆脱了现实的束缚,进入了主体间性,获得了自由。因此,审美就是超越性的活动,就是超越的过程,而超越本身就是自由。所以,否定审美超越,不符合审美经验,而审美超越理论却为审美经验所证实。

审美超越理论是现代美学思想的核心,它破除了理性主义的藩篱。建立在理性主义基础上的哲学、美学,把理性看作是存在的最高属性,而审美只是理性的感性形式,是现实的属性。因此,理性主义美学是非超越性的。古希腊美学,除了柏拉图外,几乎都把审美当作感性活动,如亚里士多德就提出了对现实的模仿说,而近代美学更明确地把审美定位于理性控制下的感性活动,如鲍姆加登的"感性认识的完善"说、康德的"感性到理性的过渡"说、黑格尔的"理念的感性显现"说等。理性的权威在现代社会遭到了质疑,无论是在实践上还是在理论上,理性都丧失了绝对性。现代哲学克服了理性主义的局限,走向了超理性的审美主义。在现代美学中,审美反叛理性,而诉诸超越性的自由。尼采提出了反理性的酒神精神和日神酒神说,海德格尔后期以"诗意地安居"为挣脱理性羁绊的人找到家园,法兰克福学派强调了审美的否定性、批判性,艺术成为反抗现代性(理性)压迫的武器。对审美超越是否认同成为现代美学与古典美学的分水岭。实践美学建立在主体性实践哲学的基础上，认为审美是社会实践的产物，是人的本质的对象化，从而打上了理性主义的印记。后实践美学建立在主体间性超越哲学的基础上，认为审美是自由的生存方式和超越的体验方式，审美即超越，即自由。这一美学体系不仅深刻地揭示了审美的超越本质，同时也确定了审美的批判功能，从而推动中国美学由古典向现代转化。

二、对审美超越的误读

赵晓芳的《后实践美学与审美意识形态》首先对后实践美学关于审美超越主客对立的观点进行批评，这是该作者对审美超越理论的第一个误解。她认为，所谓“超主客关系”只是中国古典哲学的思想（天人合一），而不是西方哲学的思想。这是对西方哲学、美学的误读。西方现代哲学、美学与中国古典哲学、美学都具有主体间性，只不过中国哲学、美学建立在主体与客体没有充分分化的基础上，因此是古典的主体间性，而西方的哲学、美学已经实现了主体与客体的分化，是现代的主体间性。笔者认为，西方哲学、美学经历了古代的客体性阶段（实体本体论）、近代的主体性阶段（主体性的认识论）和现代的主体间性阶段（存在论和解释学），特别是海德格尔经过对主客对立的否定而走向主体间性。对此，赵晓芳给予否认。她认为海德格尔并没有否定主客对立，也没有主张超越主客对立。她说：“海德格尔的‘超主客关系’也绝对不是要摧毁和否定‘主客关系’，后者‘在黑格尔的意义之下被扬弃，不是被消除’。”“质言之，恰恰因为是建基于‘主客关系’，海德格尔的‘超主客关系’才得以立起：主客关系与超主客关系之间有争斗，也有亲和，二者乃相同者的永恒轮回。”这是对海德格尔思想的误读。海德格尔立足于“此在在世”，否定存在着一个实体性的主体和客体，因此也否定主客对立作为本体的存在。他说主客关系“是一个不祥的前提”。特别是后期，他从“大道”即人与世界的共在来揭示本真的存在。他的“天、地、神、人”四重性存在，更进入了主体间性领域,彻底告别了主体性哲学。他认为本真的存在是“诗意地栖居”,而栖居是“终有一死的人在大地上的存在的方式”,“从一种源始的统一性而来,天、地、神、人四方归于一体”,“我们就把这四方的统一性称作四重整体(das Geviert),终有一死的人通过栖居而在四重整体中存在”。[①]所以,赵文所谓海德格尔“绝对不是要摧毁和否定‘主客关系’”的论断是根本不成立的。而且,海德格尔的“超主客关系”也不是“建基于‘主客关系’”,二者的关系也不是“有争斗,也有亲和”。相反,海德格尔认为,超主客关系是本真的存在,而主客关系乃是本真存在的沦落、异化和“残缺样式”,后者不是前者的基础,二者也绝对不能共存,必须否定后者而回归前者。不明白海德格尔这一基本立场,谈论其主客关系思想,都只能是主观臆断。总之,审美超越了主客对立的现实生存,进入了本真的存在,达到了我与世界共在的主体间性境界。

赵文对审美超越理论的第二个误解是认为它导致了消费主义。她认为,审美超越了现实以后,必然导致感性娱乐和消费主义的泛滥,从而使审美变成了一种意识形态。这种结论同样是建立在对审美超越的误解之上的。她说:

> 今天中国人的日常生活,正在加强性地演示着后实践美学在取消功利兴趣之后所能保留下来的东西。“女子十二乐坊”中,“高贵”、“优雅”的古典音乐与象征美丽兼性欲客体的女子,竟在后者高度视觉化了的华丽身姿的扭动中达到了一种和谐。“美女配名车”的车展中,美与财富、欲望也以绝对感性的形式结合了起来,没有任何掩饰地证明并炫耀着新贵的能力。“重要的不是咖啡,而是富有人文气息”的“左岸咖啡厅”,贩卖着当年飘荡在巴黎塞纳河左岸的咖啡的味道这一“概念”,啜上一小口,仿佛“安静从容地进行艺术般的生活”便成为可能。“有天有地、独门独院、带私家车库”的“水岸名居”,则将金钱

① 孙周兴选编:《海德格尔选集》上卷,上海三联书店,1996年,第1191—1193页。

> 直接等同于“诗意地栖居”。艺术品拍卖会，更是以高度象征的仪式，把“美”绝对地握在金钱的手中。而顶级私人物品展的亮相、国际奢侈品牌的盛行等，则把这种金钱化的审美普遍推广，精致而煽情，撩人心魂。一句话，这里完成了超越，实现了充分自觉，拒绝了伦理、政治、科学等其他活动的非功利的审美是什么？它不是别的，就是彻头彻尾的娱乐和消费。它是自由的（钱的自由），也是颇具诗意外壳的。

把审美超越性与消费主义联结在一起，它的逻辑线索是这样的：由于审美超越取消了功利性，拒绝伦理、政治、科学等理性，就剩下了“彻头彻尾的娱乐和消费”。这说明她误解了后实践美学，也不了解审美超越理论。首先要指出这样一个事实：审美超越理论不仅主张超越理性，也主张超越感性，因为无论是感性还是理性都属于现实存在，而审美是超越现实存在的。因此审美超越理论不会导致消费主义，恰恰指向对消费文化的审美批判。近来开展的对“日常生活美学”的批判，就证明了这一点。其次，对理性的批判并不一定导致感性泛滥。对理性的批判，可以从感性出发，从而导致消费主义，后现代主义就是如此；也可以从超越性出发，导致审美主义，现代主义就是如此。赵文不明白超越性的内涵，以为超越就是走向形式主义，就是走向虚无，这是对超越性的误解。她甚至把审美庸俗化，认为审美就是富裕生活的炫耀。事实上，超越就是自由、无限、真理，也就是对现实的批判。审美是超越性的实现，它批判现实，包括批判感性和理性，从而也批判消费主义。所以，赵文所谓审美超越性理论导致一种消费主义，只是一个建立在错误的理解和错误的推理基础上的结论。

赵文对审美超越理论的第三个误解是它“利用审美的共同感，把价值颠倒”，“让美纯粹成为一种炫耀”。实际上，她认为，审美超越理论使美成为无社会内容的形式。她论证道：“当美成为一种炫耀时，审美既不认知客体又不进行道德判断的特性就更加突出地表现了出来，这使得其他东西很容易打扮成美的模样出来行骗。”

这个推理和结论同样是错误的。它建立在一个错误的前提上，即认为审美等同于现实生存，等同于理性(认知和道德)。审美不是现实生存，而是本真的生存；不是理性或感性，而是超越性(自由)，而本真的生存和自由只能经由对现实生存和感性、理性的审美超越获致。因此，超越现实生存并不会使美成为一种形式主义的炫耀，而只会使现实生存获得升华，进入自由的审美领域。审美的超越性虽然导致非功利性、非现实性，但不意味着形式主义、虚无主义，而是导致更大的功利性——不用之用的审美功能，这就是人的精神自由和解放。

无论是过去还是现在，都有人把审美划入意识形态领域，因为他们认为审美属于现实领域。赵文认为审美的内容是现实生存，是认知和道德，是肯定现代性，因此，也属于这一派别。但是，后实践美学旗帜鲜明地主张，审美不属于意识形态，甚至也不是什么“审美意识形态”，它超越意识形态，是自由的生存和自由的意识。无论是什么样的意识形态，先进的还是落后的，都在审美超越之列。这根源于审美的超越性，审美属于本真的存在，服务于生存的自由，而意识形态属于现实的存在，服务于生存的异化。所以，审美才能超越意识形态的局限，克服异化，实现自由。古今中外的优秀艺术，虽然不可避免地受到具体历史条件的制约，打上了意识形态的烙印，但并不是现实的翻版、意识形态的变体。作为审美的最高形式，艺术的本性是超越的，它诉诸自由，反抗非人的现实，破除意识形态的局限，因此才能具有超越历史条件和意识形态局限的永恒的、普遍的审美价值。

三、审美超越理论的当代意义

首先，我们需要思考中国当代美学的建设是否需要借鉴现代西方美学。后实践美学认为，中国美学的现代发展需要借鉴现代西方美学的思想资源，特别是其审美超越理论以及主体间性的思想(虽然这种理论、思想并不是现成的，需要创造性的阐释)，同时也需要沟通中国古典美学。总之,中国美学的现代化就是走向世界,成为世界现代美学的一员。但是,赵文否定这样的观点。她认为,中西美学是不相沟通的"两个传统",因此,"换句话说,假定西方美学体系的历史演变脉络是从客体性到主体性再到主体间性(世界、文本具有主体地位,则人—物的主体间性显然同样是指一种"超主客关系"),这也绝不能说明我们今天建设中国当代美学应该重视这种历史经验,吸收作为西方美学发展的现代成果的超主客关系。事情可能恰恰相反,中国美学或许首先需要将主体与客体真正建立起来。"中西美学通过对话打破了中国美学的封闭状态,融入世界美学,建设现代中国美学,这已经成为学界的共识。这个共识的前提就是中国美学与西方美学的可沟通性。中国古典美学与西方现代美学,虽然隔着历史的与文化的距离,但是,却存在着某种结构上的相似性,这就是前面说的古典的与现代的审美超越思想、主体间性思想。它们之间可以沟通、对话、互相借鉴、补充,从而产生中国的现代美学体系。这是文化间性的体现,也是(民族)主体间性的体现。那么,为了中国美学的现代发展,有什么理由反对借鉴西方现代美学的思想资源呢?有什么理由反对审美超越理论和主体间性思想呢?

审美超越理论的提出,是后新时期现代美学对新时期启蒙主义美学的反拨。新时期面临着启蒙与社会现代化的历史任务,以实践美学为代表的新时期美学建立了主体性,宣扬启蒙理性,克服了无视人的存在的机械唯物主义美学的客体性,从而使中国美学走出古典时代,并且推动了改革开放,因此无疑具有理论的与历史的合理性。但是,作为启蒙理性主导的实践美学也有理论的、历史的局限。它把审美的本质定位于实践、现实,不仅在理论上抹杀了审美的超越性、自由性,而且实践上也无视现代性的阴暗面,剥夺了审美的批判功能。后新时期,现代性首先在经济领域得到实现和发展,带动了整个社会生活的现代化。同时,现代生活带来了新的压力,现代性的负面因素突现出来。现代人面临的不仅是社会问题,个体精神世界的困扰更加突出。因此,批判现代性与解决个体精神自由的问题就成为当代美学的主要任务。而实践美学对现代性(启蒙理性)的肯定,对社会进步、人性的乐观,已经无法适应社会现实,也不能满足现代人的精神需求。因此,后实践美学对实践美学的批判和超越就成为历史的必然。后实践美学主张审美超越,就是以个体自由的名义开展对现代性的批判,以实现人的精神自由。因此,后实践美学走出了古典美学,是中国美学的现代形式。

赵文对审美超越理论的否定,也源于对审美与现代性关系的误解。它对后实践美学提倡个性、超越性表示担忧:

> 后实践美学明确规定,美需要精神上的信仰,而中国现代美学获得这一超越性信仰的首要途径,则是“社会生活的现代化”。“中国社会生活的现代化可以造成天人分离、此岸与彼岸分离、个体与社会分离,这是超越性要求发生、发展的基础。在市场经济的条件下,包容个体的襁褓——传统的集体(家族或单位)瓦解,个性获得独立,而传统的世俗化信仰(儒教的道德理想主义或现代政治理想主义)也被消解。”不难理解,这里的个性独立以市场经济的条件下贫富分离为前提,以对金钱的绝对占有为基础,它是富人的事情;因为手握这可以购置一切的金钱,富人从家庭或单位的羁绊、世俗化信仰的约束中走出,精神超越了、自由了。而且,具有了超越性精神的富人,一定还有将其精神自由外化、定格、展示给人们看(如衣锦还乡、锦衣不夜行的愿望)的超越性要求,从而也就必然引动“艺术和哲学的现代化”。

赵文引用并批判的关于社会生活现代化的文字,是笔者对中国现代美学的社会生活基础的论述。笔者认为,正由于社会生活的现代化导致主客分离、个体独立,才会发生对现实(现代性)的反抗和批判,审美超越才有可能发生,中国美学的现代化才能实现。这里明明是说审美对现代性的超越性批判,而不是对现代性的肯定。因此,赵文上述对后实践美学的批评就是无的放矢,甚至是颠倒事实。后实践美学认为,审美对现实的超越,在现代社会更加突出,表现为审美(特别是现代艺术)对现代性的反叛。实际上,审美就是现代性的反思、超越层面,审美现代性对社会现代性的反思、超越成为现代美学存在的历史基础。这方面,笔者与其他后实践美学家都进行了充分的论述。

由于对审美与现代性关系的误解,赵文对审美现代性加以拒斥。她说:“时至今日,启蒙还是一个尚未完成的字眼。立足于中国的现实,我们是否应该更关注主客体关系而非超主客关系的建立,问一问:那个体性,是谁的个体性?那超越性,是谁的超越性?那精神性,是谁的精神性?”不错,以启蒙理性为核心的现代性在中国尚未实现,因此在社会领域有必要继续建设现代性,包括建立主客关系。这一点正是笔者主张过的。另一方面,还必须看到,现代性本身并非完美无缺,它既是历史的进步,也是一种社会异化,因此,需要审美现代性的制约和批判。对现代性的审美批判与社会现代性的建设是两个层面的事情,前者是人的自由的精神需求,而后者是人的现实发展的需要,二者不是一个层次的问题,可以并行不悖。因此,审美现代性对社会现代性的批判,并不会阻碍中国现代性的发展。它提倡的自由、超越(建立在个体性、精神性之上),正是社会现代性所缺乏的,是现代人所需要的。审美现代性对社会发展是必要的,也是对人的自由发展有益的,是对社会现代性的批判性补充。赵文忽略哲学的形上视角,而仅仅局限于社会学的视角,对审美超越的批判必然失当。她追问的“是谁的个体性”“是谁的超越性”“是谁的精神性”,明显地落入了社会学的藩篱而缺失了哲学的反思。哲学和美学的出发点是存在,而不是社会;它们谈论的人是作为存在范畴中的“此在”,而不是具体的社会角色。无论是穷人还是富人,无论是统治者还是被统治者,只要在现实中,都是异化的人;只要是在审美中,都是自由的人。因此,美学是自由之学,而不是社会之学。

(原载《复旦学报》2010年第2期)

第三辑

深入：美学本体论之争

超越实践本体论

杨春时

新时期的哲学已经发生了深刻的变化，其中最重要的现象就是实践唯物主义成为当代哲学的主潮。这种变革是马克思主义哲学发展的必然阶段，也是中国哲学现代化的必由之路。另一方面，我们又必须立足于当代世界哲学的高度，进一步发展实践唯物主义。实践唯物主义的基础是实践本体论，而实践本体论作为19世纪提出的哲学观念，既对传统的本体论哲学而言是一场革命，又不可避免地带有脱胎于古典哲学的痕迹。因此，我们在充分肯定实践本体论的巨大合理性的同时，还应该发展它，超越它，在这个坚实的基础上建立新的现代哲学体系。为此，笔者愿意作初步的探讨，以就教于各位专家。

一、传统本体论的演化与实践本体论的诞生

本体论是西方哲学的核心部分，亚里士多德称之为“第一哲学”。第一次提出本体论概念并为之下定义的是德国古典哲学家沃尔夫，黑格尔转述这个定义为：“本体论，论述各种关于‘有’(ōγ)的抽象的、完全普遍的哲学范畴，认为‘有’是唯一的、善的；其中出现了唯一者、偶性、实体、因果、现象等范畴；这是抽象的形而上学。”①“有”又被译作“存在”、“是”等。本体论是探讨“存在”问题

① 黑格尔：《哲学史讲演录》4，商务印书馆，1978年。

的哲学,它运用形而上学的思辨方法,从逻辑上分析事物存在的根据,并演绎出一系列其他范畴,而其中“实体”或“本体”成为最重要的范畴。所谓“实体”或“本体”是指存在物的本原,亚里士多德称之为“存在物的基础”、“存在的存在”,它隐蔽在属性或现象后面,不能为经验所把握,因而成为哲学研究的对象。可以说古典本体论哲学是建立在“实体”或“本体”观念基础上的。黑格尔是这种形而上学的集大成者,他构造了一个庞大严密的本体论哲学体系。他确立了一个精神实体——理念(绝对精神),理念的异化与复归构成了自然、社会和历史。黑格尔哲学遭到了后世各派哲学家的批判。费尔巴哈摧毁了黑格尔的客观唯心主义和思辨的形而上学体系,把哲学立足于人的感性存在基础之上。马克思进而批判黑格尔的“头足倒置”哲学,并对之进行了革命的改造,从人最基本的生存活动——实践出发,建立了实践本体论以及实践唯物主义。马克思认为,哲学的出发点不是物质或精神实体,而是社会实践活动,实践创造了世界也创造了人本身;在实践中主体与客体才消除了对立、达到了统一,传统的唯心主义与唯物主义的对立才得以克服。这样,实践就具有了本体论意义,成为马克思主义哲学的基本范畴。尽管马克思的实践哲学已不同于传统的形而上学本体论哲学,但是,我们仍然可以在新的意义上说马克思建立了实践本体论哲学,也就是说他以实践即社会存在取代了传统本体论的“存在”范畴,从而构筑了自己的“第一哲学”。在实践本体论的基础上,马克思建立了历史唯物主义理论,即生产方式的变革是历史发展的根本动力,社会存在决定社会意识的学说。历史唯物主义是马克思的社会历史观,它包含着哲学层次,这就是实践唯物主义哲学。

马克思的后继者对马克思主义哲学的阐释发生了偏差,这种偏差首先是历史条件造成的“合法的偏见”。在与唯心主义斗争中,他们突出了与精神对立的物质,在否认精神实体的同时却承认了物质实体,从而以物质第一性取代了实践的本体地位。这样,被马克思理解为实践(社会存在)的“存在”范畴被解释成物质实体,从而以物质本体论取代了实践本体论。斯大林时代的苏联哲学据此建构了以物质本体论为基础的辩证唯物主义体系,并与以实践本体论为基础的历史唯物主义形成了二元结构。

本世纪上半叶,意大利马克思主义者葛兰西批判了物质本体论,提出恢复实践的本体论地位,建立实践一元论。卢卡奇以及南斯拉夫实践派等继承和发展了这种思想,并据此构筑了实践唯物主义哲学体系。当前中国哲学界对实践唯物主义的提倡,可以看作是上述变化的扩展,它体现了马克思主义哲学发展的某种必然性。

现代西方哲学从另一条路线上批判了传统的本体论哲学。从内容方面看,传统的本体论断定存在的本质是实体,这个基本信念被否定了。近代认识论哲学力图排除古代本体论哲学的独断论倾向,转而考察主体能否认识实体,结果是否定的。休谟指出人类认识所依据的因果性等不过是主观的习惯,并不具有客观必然性;康德更指出认识只能把握现象,不能达到本体领域,本体是信仰的对象。现代哲学干脆否认了实体的存在,认为脱离主体的纯粹实体是无法想象的,实体是一个没有意义的概念。存在物不是“物自体”,而成为人的对象(如胡塞尔的“意向性对象”)和阐释的意义(如分析哲学把一切实在都作为语言分析的对象,以及解释学把客观对象当作主体解释的意义世界)。消除了实体概念,传统本体论哲学就瓦解了。从方法论方面看,传统本体论哲学的形而上学体系被摧毁了。分析哲学从语义分析入手,揭示了“存在”(是)这一基本范畴的多义性、含混性,进而摧毁了由此演绎出来的范畴体系。人本主义一派如存在主义哲学则抛弃了纯逻辑的思辨分析,立足于对生存状态的直接体验,并提炼出一系列本体论范畴,如畏、烦、孤独等。

形而上学本体论哲学的终结、实践本体论哲学的兴起,以及西方现代哲学的发展,体现了哲学演进的必然趋势,也预示了马克思主义哲学的发展方向。

二、实践本体论的历史意义

实践本体论以及实践唯物主义无论是对马克思主义哲学而言,

还是对世界哲学而言,都具有划时代的意义。

首先,实践本体论以及实践唯物主义恢复了马克思主义哲学的本来面目,克服了现行哲学体系的弊病。斯大林时期形成的哲学体系,从物质本体论出发,构筑了辩证唯物主义体系,这种哲学承袭了自然哲学,把存在还原为非全体性的自然存在,因而没有超出旧唯物主义的范围。旧唯物主义所"唯"之物是物质,而马克思的唯物主义所"唯"之物是物质生存活动即实践。马克思深刻地批评了旧唯物主义的非主体性和非实践性,他指出:"从前的一切唯物主义——包括费尔巴哈的唯物主义——的主要缺点是:对事物、现实、感性,只是从客体的或者直观的形式去理解,而不是把它们当作人的感性活动,当作实践去理解,不是从主观方面去理解。所以,结果竟是这样,和唯物主义相反,唯心主义却发展了能动的方面,但只是抽象地发展了,因为唯心主义当然是不知道真正现实的、感性的活动本身的。"①马克思对旧唯物主义的批评也适用于建筑在物质本体论基础之上的辩证唯物主义体系。现行哲学体系还把历史唯物主义看作是辩证唯物主义在社会历史领域的推广和应用,从而造成了物质本体论与实践本体论,辩证唯物主义(自然哲学)与历史唯物主义(历史哲学)的二元对立。物质实体与物质实践不能等同,社会运动也不是自然运动的延伸,所谓历史唯物主义是辩证唯物主义在社会历史领域的推广和应用纯粹是概念上的含混。马克思只承认自己的学说是历史唯物主义,所谓辩证唯物主义是后继者加于马克思的。历史唯物主义包含着历史科学层次,也包含着哲学层次,这就是建筑于实践本体论基础上的实践唯物主义。因此,坚持和继承马克思主义哲学,就必须恢复马克思主义的本来面目,即承认实践唯物主义哲学的正统地位。也只有在这个基础上,才能发展马克思主义哲学,恢复马克思主义哲学的强大生命力。

其次,实践本体论以及实践唯物主义克服了传统哲学的形而上

---

① 《马克思恩格斯选集》1,第16页。

学弊病,使哲学立足于人的现实活动。传统本体论从抽象的存在、实体概念出发,进行思辨的逻辑分析,推导出一系列范畴。这种哲学脱离了人类的现实生存,因而是虚幻的,没有根基的。实践唯物主义把存在界定为人的实践活动,使哲学成为对人类生存发展的理性思考,从而把哲学由纯思辨的领域拉回到现实领域,成为革命的、具有实践意义的哲学。

第三,实践唯物主义克服了唯心主义哲学片面的主观性,把主体性建立在实践的基础上。传统哲学建立在实体观念上,而唯心主义哲学则把主观的或客观的精神当作实体,由此衍生出客观对象。这样,唯心主义哲学固然肯定了人的能动性和存在的主体性,但却是片面的主观性。它不仅夸大了主体性、能动性,更重要的是,这种主体性和能动性是没有根基的。实践唯物主义立足于主客体交融的实践活动,实践具有主体性,它是主体按照自己的意志改造客观世界的活动。同时,这种主体性又受到实践水平、历史条件的制约,因而又具有客观性。在实践活动中,主体本身也与客观世界一样受到实践的改造。在实践活动中,主体、精神不具有实体的性质,而成为实践的主观方面,是实践的构成要素和产物,它不能独立存在。这就是说,实践本体论和实践唯物主义克服了片面的主观性,而成为主体性实践哲学。

第四,实践本体论和实践唯物主义哲学克服了旧唯物主义的片面的客观性,把客观性建立在实践主体性的基础上。旧唯物主义哲学把物质、客体当作实体,把意识、主体当作其支配物和派生物,认为人只能反映、顺从客观规律而不能创造、支配世界,从而抹煞了存在的主体性和人的能动性。实践本体论和实践唯物主义否定了物质实体,而以实践范畴取代之,从而肯定了存在的主体性和人的能动性。实践不仅具有主体性,而且具有客观性,因为人类实践又是一种客观活动,从而达到了主体性与客观性的统一,克服了旧唯物主义的根本弊病。

第五,实践本体论以及实践唯物主义为克服传统哲学的主客对立二元结构奠定了基础。传统哲学或者从主体、意识出发,衍生出客体、物质;或者从客体、物质出发,派生出主体、意识,但归根结蒂都无法消除主体与客体的二元对立,都只能从主客对立的模式出发来进行哲学思考。实践本体论以及实践唯物主义从实践范畴出发,认为实践是主体与客体互相创造、互相联系的基本活动;在实践活动中,主客体消除了对立,主体对象化,客体人化,它们失去了独立的存在。这样,实践一元论就取代了主客体对立的二元论,从而在哲学史上第一次开辟了消除主客体对立的道路。

第六,实践本体论以及实践唯物主义为改造传统认识论和建立价值论哲学奠定了基础。传统认识论带有非社会实践的直观性;现行辩证唯物主义体系则把认识看作是被动的反映,抹煞了认识的创造性质。实践本体论否定了实体的存在,从而也就把认识当作特殊的实践形式,它依据而又指导着社会实践。这样,一方面克服了传统认识论的直观性,也克服了现行哲学认识论的被动性。认识活动不是对实体的直观和反映,而是对意义世界的创造,它带有实践性和主体性。

不仅如此,传统哲学在本体论、认识论(还有逻辑学等)框架内,没有价值论存在的余地,至多把价值论贬低为伦理学;黑格尔哲学是本体论和认识论的统一,即绝对精神通过自我认识而复归,在这里,只有客观规律及对它的认识,而没有主体价值的地位。现行辩证唯物主义哲学体系同样抹煞了价值论,在肯定社会历史规律的客观性同时,否认了主体创造历史的主体性,从而也以被动反映、客观认识抹煞了主体价值创造。实践本体论肯定实践是主体价值的创造和实现,从而为主体价值这个人类生存的主观方面的哲学思考奠定了基础。这样,就可能在实践本体论基础上创立与认识论并列的哲学价值论,从而完成对人类生存全部领域的完整哲学思考。

总之,实践本体论和实践唯物主义是作为传统形而上学哲学体系的批判者出现的,它摧毁了古典哲学,开辟了现代哲学的道路,它对于中国哲学的发展和现代化具有伟大的历史和现实意义。

三、实践本体论的局限性

在充分肯定实践本体论的历史意义的同时,还必须站在现代哲学的历史高度,着眼于世界哲学的发展,揭示其局限性。实践本体论毕竟是19世纪提出的哲学思想,它否定和批判了古典哲学,同时又不可避免地留下了古典哲学的印记。应该把实践哲学看作是古典哲学向现代哲学的转折点,而不是看作哲学发展的终点。因此,当代哲学的任务就不仅是恢复和确立实践本体论,而且还要克服其局限性,发展它、超越它。

首先,实践本体论以及实践哲学带有传统理性主义的印记。古典哲学的基本特征是理性主义,它相信人是理性动物,世界是合乎理性的对象,人凭借理性可以掌握世界,达到自由。但现代科学和哲学的发展却否定了这种信念,现代物理学表明物质世界不能为工具理性所充分认识(如波粒二象性等);现代心理学则揭开了人类深层心理结构对于理智(价值理性)的驱动,而从叔本华开始,哲学则撕下了理性的外衣,它否定了人的理性本质,否认人能够凭借理性达到自由,它试图批判理性、超越理性。事实上,理性只是人的存在的一个方面,尽管是相当本质的方面,但不是全部本质,人的生存还有非理性方面,尤其是超理性方面。这就是说,理性只是人类生存发展的手段和工具,同时也成为人类自由的限制和束缚,只有超越理性(而不是抛弃理性,回到自然状态)才能达到自由。现代哲学走向批判理性、反抗理性,根据就在这里。

实践哲学的基本范畴实践,是人的理性活动,即人类自觉地改造客观世界以争取自由的活动。实践哲学相信实践是人的本质;实践是克服异化的途径;实践可以达到自由。这种信念在一定程度上是合理的,但这种合理性是有限的。实践是人的存在的社会物质基础,它使人区别于动物,就这点而言,实践是人的存在的相当本质的方面。但作为一种哲学的最高抽象,它又是不够的,因为人的存在即生存的最高本质不是社会物质实践,而是对于现实的超越,而超越即自由,它使人根本上区别于动物。另外,实践可以不断改造社会,从而在一定历史水平上克服异化,但同时又会产生新的异化形式。异化是人的现实存在的本质特征之一,它的最终克服只有在超越现实的领域才有可能。马克思说,自由只存在于物质生产领域的彼岸,这就意味着单凭社会实践还不能根本上克服异化。最后,认为实践即能达到自由,如同"自由是对必然的认识"这个古典哲学的命题一样,是过分相信理性了。实践可以改善人的社会生存条件,能不能保证解决精神自由问题,可以说实践创造了自由的前提、可能性,但它本身不会导致自由。现代社会物质生存大大改善,而精神苦恼却加剧,说明自由植根于人的精神世界,它是人的超越性内在追求。

实践本体论的局限性还表现在,实践范畴指的是物质实践即物质生存活动,这是对黑格尔精神实践的反动。作为社会历史理论,它无疑具有更大的合理性,因为物质实践是人类生存的基本活动,精神活动离不开这个基础。而且,越是在人类历史的低级阶段,物质实践越具有决定作用。历史唯物主义正是发现了这个历史发展的深层动力,从而找到了解决历史之谜的一把钥匙。但是,即使在这个层次上,物质实践的决定作用也是有限度的,它只适用于一定历史阶段,例如,对原始社会而言,起主导作用、决定社会关系的不是物质生产,而是人类自身的生产,因为那个时代还没有出现真正意义的物质生产,也没有真正意义的社会关系,狩猎和采集植物还是一种动物式的自然行为,也没有出现所谓的公有制(严格地说,原始时代无生产资料可言,也不存在所有制关系,可以说是无所有制),与人类自身生产相适应的只是血缘关系。再如,对未来充分发展的现代社会而言,物质生产高度发展,人的基本生存问题获得解决,物质实践就作为前提而被扬弃掉,决定社会面貌、主导社会发展的就不再是物质实践,而是精神生产,精神需求的满足将成为更重要的社会问题。

实践本体论又存在着注重社会实践忽视存在的个体性的倾向。实践范畴专指社会实践而非个体实践。实践哲学强调社会实践

(社会存在)的决定作用，这作为社会历史科学自有其合理性。因为在人类历史的不发达阶段(马克思称之为“史前史”)，个体还被裹缚在群体襁褓之中，个性未获充分发展，只能作为社会一分子参加共同的实践活动，因此，考察历史发展就不能从个体活动而应从社会实践方面着眼。但是，这种社会历史观的适用范畴是有限的，随着历史的进步，个体获得越来越大的自由和充分发展，社会成为“自由人的联合体”而不再是“虚假的集体”，这时，个体实践就直接成为历史的动因，个体存在的意义就被突现出来。更重要的是，作为哲学命题，应当超越实证科学层次，透过历史发展的局限性揭示人类生存的本质。人类生存的本质不是群体性而是个体性，人虽然只有在社会中才能生存，但他区别于动物恰恰在于个性，动物仅仅是群体生物，它没有个性。个性化的存在，独特的精神追求、个体的意义世界，这才是人的生存的本质。实践本体论偏重社会实践忽视个体存在表明它没有完全走出古典哲学的樊篱。

最后，实践本体论以及实践唯物主义克服了形而上学的抽象性，成为社会历史规律的概括和总结，形成了历史唯物主义体系。历史唯物主义虽然包含着哲学层次，但主要是一种历史科学，它具有经验科学的形而下性质。哲学应当超越经验科学，形成特殊的方法、范畴和理论体系；它不具有实证性，不企图代替历史科学对历史规律作出规定；它应该对人的存在本身作出根本说明。这就是说，在实践本体论基础上，哲学尚未从历史科学中分离出来，尚未形成哲学特有的方法、范畴和理论体系。实践基本上还是一个历史科学的概念，还未上升为哲学范畴，因此，才造成了实践哲学的实证倾向。

四、由实践本体论走向生存本体论

实践本体论具有巨大的合理性和历史意义，同时又带有种种局限性。应当在实践本体论的坚实基础上，批判地借鉴世界哲学的当代发展，建立新的现代哲学本体论和哲学体系。

首先,应当对实践范畴加以扩展,使其具有最高的抽象和最大的普遍性,这就是生存。实践不过是人的存在的基本形式之一,但不是全部存在。人的存在是生存,它区别于动物或物的存在。而且,生存包容着全部存在,万事万物的存在都不是实体的存在,而是相对于人的存在,对于人才有意义,才显示出自己的存在,因此也就被包容于人的存在即生存。因此,不是物质存在,也不仅仅是实践活动,而是生存才有资格作为本体、作为哲学出发点。这就是说,只有生存才是哲学反思唯一能够肯定的基点,作为第一哲学的本体论只能从这个基点出发,而不是从其他未经批判过的经验出发,从而建立生存本体论哲学,并在这个基点上形成完整的哲学体系。

生存本体论将克服实践本体论理性主义的弊病,立足于完整的人的存在。生存既有理性的一面,又有非理性一面,更本质的则是超理性方面。人类生存的本质是自由,而自由就是对于理性(当然也是对感性)的超越。生存本体论应该对生存的本质、结构作出分析,从而塑造完整的人及其世界。

生存本体论将克服实践本体论的忽视个体存在的弊病,立足于自我生存,通过哲学反思,揭示个体生存的意义,从而为现代人建立现代哲学——个体哲学,它根本上不同于传统哲学(尤其是黑格尔哲学)的总体性倾向,因为生存是个性化的存在,不同于动物或物的非个性化的存在。

生存本体论将克服实践本体论偏重于物质存在的弊病,肯定人的存在的非物质超生物的本质。生存的最高层次是精神性的,它建立在物质生存基础上,而又超越物质生存。生存是解释性的,它创造了一个意义世界、并且使一切物质生存活动都沐浴在精神的光照之下。这样,生存本体论就与解释学(包括认识论和价值论)相统一,从而克服了传统哲学本体论与认识论的对立。解释学具有本体论地位,它提供了哲学反思的方法;本体论又为解释学提供了依据,它们是互相沟通、互相依存、互为因果的。

生存本体论彻底克服了传统哲学包括实践本体论主客对立的

二元结构，它否定了主体或客体的实体性，而从最本真的生存状态出发。本真的生存状态是未经反思的、非自觉的、主客未分的，也就是自由的审美存在，主体与客体的区分是理智分析的产物。这样，生存一元论取代了主客对立的二元结构，也取代了物质一元论或精神一元论。

建立生存本体论以及完整的现代哲学体系还是一个有待实现的设想，本文仅仅作为引玉之砖，希望得到专家们的批评指正。

（原载《求是学刊》，1993 年第 4 期，
原名《走向本体论的深层研究》。）

走出黑格尔

——关于中国当代美学概念的反思

封孝伦

中国当代美学，在翻遍马克思恩格斯的著作找不到一部系统专门的马克思主义美学论著后，黑格尔成了一个替代，其中介，便是对马克思《1844年经济学—哲学手稿》（以下简称《手稿》）的片面解释。人们在论述和阐发《手稿》思想时，大量搬用了黑格尔的美学思想，在“人化”、“对象化”、“感性显现”的概念圈子中倒腾。文艺创作和审美的许多实际问题被搁置一边，美学悬浮在远离物质人的高空构筑概念。以至于形成了这样的尴尬局面：要么谈美不谈艺术，要么谈艺术不谈美，一旦把两者联系起来，却怎么也找不到逻辑的起点。美学走过八十年代的鼎盛高潮正面临危机。要想走出困境，必须先走出黑格尔。

一

既然当代美学的理论基础是马克思的《1844年经济学—哲学手稿》，就首先要认清其中的美学思想和黑格尔美学思想的关系。

众所周知，黑格尔的美学思想，是建立在他的“绝对精神”（理念）运动演化的基础上的。“绝对精神”原本是一个抽象唯心的空无，它从无到有，从精神外化（对象化、感性显现）到物质、又再扬弃物质回归精神（从物质现象抽象概括出思想）就变成了一个运动着的包罗万象的东西了。艺术的位置，处于理念扬弃物质，复归精神的初级阶段上（从自然现象最初产生艺术，然后产生宗教，最后上升到哲学）。所以艺术既保留了自然现象的形态（形象），又揭示了自然现象所蕴含的规律性（理念的普遍性）。比之于自然，它已不受客观条件的限制，在等次上艺术比自然要高，但艺术所显示的自然规律（“绝对精神”、“理念”）是朦胧的、含蓄的，比宗教、哲学又要低些。而这正是美的特点，它是“理念的感性显现”，而不像哲学的“真”那样，是“绝对精神”的概念体现，是绝对精神本身。

在黑格尔的美学中，“人”这个概念值得注意。它指的不是物质存在着的人，而是理念。“人”和“理念”相联系是因为黑格尔看中了人的能动性和精神性。黑格尔“理念”是一定要发展运动，一定要“外化”、“对象化”的，否则“理念”无法“证实”自己是不是存在。一切自然都是理念的“对象化”，所以一切自然都是理念的“证明”。但是，理念又怎样向前发展，把死的自然变成“象”，又从“象”上升到普遍的概念——绝对精神，完成它正反合的三部曲呢？黑格尔为它找到了一个绝妙的替身——人，借人还理念之魂。因为他认为“人的形象才是唯一的符合心灵（按指‘精神’，引者注）的感性形象”。[①]“绝对精神”就在人身上。按黑格尔的逻辑，人不过是“理念对象化”出来的一个自然存在。但是，因为人比其他自然多有精神，他肩负起了“理念”扬弃自然，向绝对精神复归的神圣使命。人在艺术中描述了象，倾注了精神，这不是人的意愿而是理念的意愿。人（其实是理念）在艺术中观照，证明的是理念的特点而不是我们现在所理解的既有精神又有肉体的人的特点。因此，人在艺术中写什么都无所谓，只要能体现理念正反合的运动变化就行。

“人”这个概念的内涵，到了马克思的《手稿》中有了变化。但具体到有关美的论述，又没有质的变化。1844 年马克思作为青年黑格尔派一个有影响的成员，虽然即将冲破黑格尔的唯心主义外壳，但这时他还是在费尔巴哈的人本主义唯物主义的刺激下紧张地思考。黑格尔对他的影响之深，在《手稿》的论述中几乎随处可

① 黑格尔：《美学》，第 98 页。

见。人们往往只注意了《手稿》中费尔巴哈人本主义色彩,而看不清黑格尔"绝对精神"的影子,特别是在涉及审美的两段普遍关注的论述上。

第一段,在谈异化劳动时他说:

> 通过实践创造对象世界,即改造无机界,证明了人是有意识的存在物,也就是这样一种存在物,它把类看作自己的本质,或者把自身看作类存在物。诚然,动物也生产。它也为自己营造巢穴或住所,如蜜蜂、海狸、蚂蚁等。但是动物只生产它自己或它的幼仔所直接需要的东西;动物的生产是片面的,而人的生产是全面的;动物只是在直接的肉体需要的支配下生产,而人甚至不受肉体需要的支配也进行生产,并且只有不受这种需要的支配时才进行真正的生产;动物只生产自身,而人再生产整个自然界;动物的产品直接同它的肉体相联系,而人则自由地对待自己的产品。动物只是按照它所属的那个种的尺度和需要来建造,而人却懂得按照任何一个种的尺度来进行生产,并且懂得怎样处处都把内在的尺度运用到对象上去;因此,人也按照美的规律来建造。①

这段话里的"人",是黑格尔的精神人。我们看到的是:自然界的一切都是人生产出来的,自然界的万物千姿百态,是因为人懂得按照任何一个种的尺度来建造它们。而且人的"真正的生产"不受肉体需要的支配,生产自然只是为了在他所创造的世界中"直观自身"。②

很难让人相信,自然界的一切,都是人生产出来的。很难让人认可,人的所谓"真正的生产"不受人的肉体需要的支配;也很难让人接受,农民种粮以裹饥腹,工人织布以御风寒,这种生产只是停留在动物的水平上,而不属于"真正人的生产"。只有黑格尔和黑

---

①② 《马克思恩格斯全集》第42卷,第97页。

格尔派这样认为，只有黑格尔的“绝对精神”的生产才是这种生产。黑格尔哲学就认为自然界的一切都是“绝对精神”的“外化”和“对象化”。“绝对精神”附在“人”身上，这时的人被剥离了肉体，已不是那种有着七情六欲，为生存而奋斗的人。他的劳动或实践，不是为了争取生存条件，而是为了显示精神的独立自由。所以青年黑格尔派的马克思在这里说：人只有不受肉体需要支配时才进行真正的生产。黑格尔的作为精神的人又是全能的，它“对象化”出整个的自然界。所以马克思在这里说：人再生产出整个的自然界。

我们再联系《手稿》中第二段关于审美的论述进一步分析一下“类”这个概念。在谈“共产主义”时，马克思说：

> 只是由于人的本质的客观地展开的丰富性，主体的、人的感性的丰富性，如有音乐感的耳朵，能感受形式美的眼睛，总之，那些能成为人的享受的感觉，即确证自己是人的本质力量的感觉，才一部分发展起来，一部分产生出来，因为，不仅五官感觉，而且所谓精神感觉，实践感觉（意志、爱等等），一句话，人的感觉，感觉的人性，都是由于它的对象的存在，由于人化的自然界，才产生出来的。①

仔细琢磨这段话就会明白这样一种逻辑关系：“人的本质”先于“人的感觉”，“人化自然”先于人的感觉。先有了人的本质的展开，先有了人化的自然，才产生了人的感觉和精神的感觉，而这些感觉之所以产生，只是为了“确证”人的本质力量。

这是典型的黑格尔三段式。先有一个“人的本质”的理念，然后“展开”，“对象化”，使这个先在的抽象的“本质”变为客观“存在”，然后通过人的感觉“确证”它的存在。然后使这个本质通过艺术、宗教、哲学等手段实现复归。所以《手稿》说：“因此，一方面为了使人的**感觉**成为**人的**，另一方面为了创造同人的本质和自然界

① 《马克思恩格斯全集》第42卷，第126页。

的本质的全部丰富性相适应的人的感觉,无论从理论方面还是实践方面来说,人的本质的对象化都是必要的。”[1]就是说,为了使理念人的感觉变成现实人的感觉,为了创造出有能力观照世界(这个世界是“本质”的对象化,通过观照“确证”本质)的精神人的感觉,那个先在的“人的本质”外化,对象化为具体的人,使之产生相应丰富的感觉是必要的。可见,《手稿》中这里说“人的本质”时的“人”与黑格尔的“人”是一致的。

那么“类”呢?朱光潜先生新译为“物种”。联系上下文,译为“类”似乎更符合马克思表达的思想。“类”和“物种”意思相近,但“类”强调共性和普遍性,“物种”强调个性。马克思在《手稿》中说:“人是类存在物”,“因为人把自身……当作普遍的因而也是自由的存在物来对待。”[2]“类”的内容也就是“普遍的”和“自由的”。“类”在这里既不是名词也不是量词,而是一个形容词。“类的”也就是“普遍的”、“自由的”、“符合绝对精神的”。“因此,正是在改造对象世界中,人才真正地证明自己是类存在物。这种生产是人的能力的类生活。通过这种生产,自然界才表现为他的作品和他的现实。因此,劳动的对象是人的类生活的对象化:人不仅像在意识中那样理智地复现自己,而且能动地,现实地复现自己,从而在他所创造的世界中直观自身”。[3]“类”,实质上成了合乎“绝对精神”的代名词。“人的类特性恰恰就是自由的,自觉的活动。”[4]这也恰好是“绝对精神”的特性。

现在清楚了,“人”和“类”实质上与黑格尔的“绝对精神”一致。那么,我们回过头来看被人们至为关注的“美的规律”中的“两个尺度”就明白了。“人懂得按照任何一个种的尺度来进行生产,并且懂得怎样处处都把内在的尺度运用到对象上去。”这实际上等于说,任何一个种都是人(绝对精神)创造出来的,人(绝对精神)也懂得按照不同的造物标准来“观照”它们以“确证”自己的普遍性。这正符合黑格尔在艺术哲学中提出的关于美的根本思想,所以马克

①②③④ 《马克思恩格斯全集》第42卷,第126、95、97、96页。

思顺理成章地说，“人也按照美的规律来建造”。“美的规律”不是哑谜，黑格尔三卷巨著已说清楚。

二

当美学家们把《手稿》中的“美学思想”抄过来，加上马克思成熟期的一些思想言论作为旁证，发挥为“美是人的本质力量对象化”等命题时，问题也就一连串地产生出来了。

或曰：“美的形象反映出人作为人的本质力量。”“每一个人都希望把自己身上最好的本质力量，显示给人看；美的形象就是形象地反映了人的最好的本质力量。……那就是说，人的真的，善的本质力量，当它们充分地在对象中实现出来，焕发为光辉的形象的时候，就成为美的了。”①“由于在生产劳动实践中，人类给自然界打上了自己的印记，使人的本质力量在活动过程及其成果中显现出来，这就给人类在他的所创造的实践中直观自身提供了可能。”“只有当人类的本质力量在实践过程及其成品中感性地显现出来，得到人们的观照，引起人们感情上的愉悦，人与客观对象的审美关系才能形成。因此，美不是什么虚无缥缈的、神秘的理念的外化，而是在人类的物质实践的活动中，历史地形成的本质力量的感性显现。”②

这里的“人”，似乎已经不是黑格尔的精神人而是“物质实践”着的人。照朱光潜先生的说法，“在马克思之前，费尔巴哈已把黑格尔的心物关系的首足倒置扳转过来了，由概念和对立面的关系转到人本身对自然的关系”了。③

但是，先生们对于美下的定义，这个“关系”恰好没有颠倒过来。让我们来比较一下：

---

① 蒋孔阳：《美和美的创造》，第 46 页。

② 刘叔成、夏之放、楼昔勇：《美学基本原理》，第 47 页。

③ 《马克思〈手稿〉中的美学思想讨论集》，第 47 页。

A:"美是理念的感性显现。"

B:"美是人的本质力量对象化(或感性显现)。"

A:美感:理念从对象认识、观照、证实自己。

B:美感:人从对象观照、认识、证明自己、肯定自己。

一目了然,两组命题的区别在于需要外化和证实的主体一个是"理念",一个是"人"。

这里需要提到快感生成的心理学原理。相对某一对象的特定情感的生成,是对对象与自己的价值关系的体验。产生愉悦的情感,是由于对象能满足自己的需求,实现自己的愿望。如果一种对象,并不是自己所需要,所追求的,它不能使自己产生愉悦的情感,产生的只是淡漠或者抵制等。

黑格尔的命题逻辑上是严密的。他预先设定"绝对精神"并不是一个物质存在,它要证明自己存在,所以要"对象化","外化"。黑格尔说:"显现本身是存在(按指绝对精神)所必有的,如果真实性(按亦指绝对精神)不显现于外形,让人见出,如果他不为任何人,不为之本身,尤其是不为心灵而存在,它就失其真实了。"①一旦它显现于外形,"外化"为自然之后,绝对精神又通过"人"观照以证实自己确实存在,确实有"自由"、"自在自为"这样的特点,它(绝对精神、理念、人作为它的替身)就产生快感。

而B命题呢?"化"的主体已经不是空无的"理念",而是实在的,有重量,有感觉,占有一定空间的物质存在——现实的人。现实的人还需不需要通过"对象化"出来的事物认识自己,证实自己呢?显然不必。一个什么也不创造的人,没有人对他作为人的存在表示怀疑。反过来如果说一定需要通过"对象化"来"证明"自己的话,那么一个裁缝做出了一件衣服也就可以不必再做,一个农民种了一季粮食也就可以不必再种,证实过一次也就够了。而事实并非如此。人的生产实践,主要不是为了证实自己而是为了满足

① 黑格尔:《美学》,第11页。

自己的生存需要,满足自己细胞死亡与再生的需要。它不是为了在对对象的认识中证明自己,而是为了在对对象的消费中维持自己。人类创作艺术,是人的精神生命在精神时空中的消费。因此,“美是人的本质力量对象化”和“美感是对人自身的认识和观照”这个命题缺少一个人必须要证实自己的动力机制和物质前提,逻辑上不能成立。物质存在的人为什么要证实自己呢? 向谁证实? 没有证实的必要,又怎么会在“证实”中产生乐趣——美感呢? 也许这个命题本意是想要改变黑格尔命题的唯心主义性质,把“理念”这个精神性的东西,换成了“物质实践”着的人这个客观存在的东西。但是把人与对象的关系和理念与对象的关系相比较主宾关系一点没有改变。这就犹如说张三是李四的独生子,王二是李四的独生子,那么张三与王二是同一个人无疑。正由于这个命题中的人与黑格尔理念是同一个东西,所以“美是人的本质力量对象化”的命题随时可以从黑格尔的美学中找出大量依据和具体观点为自己作证。同时也由于这个命题内涵的黑格尔性质和形式外壳的非黑格尔性的矛盾特征,不知不觉陷入了类似黑格尔又比黑格尔更加为难的理论窘境。

关于自然美,黑格尔说不清楚“绝对精神”是怎样把自然界“对象化”出来的,“人的本质力量对象化”说也讲不清楚人怎样把他的本质力量通过实践“对象化”到大量的自然现象上去的。黑格尔虽然看低自然,但所有自然都可能是审美的对象,因为所有自然都是“绝对精神”外化出来的。而“人的本质力量对象化”的说法,由于明确提出“对象化”是通过人类的实践“改造过”的,这就从理论上排除了尚未被人类实践改造过的自然。自然美的天地比黑格尔缩小了。

关于艺术美,黑格尔的“理念”,包含正反两方面的力量,所以悲剧的结局既不是恶势力的胜利,也不是善势力的胜利,而是理念的胜利,是正反否定达到合题的胜利。这样讲虽不近人情,却合其“绝对精神”发展的逻辑。而“美是人的本质力量对象化”说,只有人的善的本质力量对象化才是美的,恶对象化不美。这又背离了辩证法。老恩格斯就很赞成“恶是历史发展的动力”的提法。[①]没有古埃及法老残酷奴役的恶，恐怕也没有金字塔的美。在我们中国，如果没有战争的恶，没有君权独裁的恶，长城的美大概也不会产生。

至于世所公认的人体美，黑格尔没有深论。他本来就只看重精神而看轻肉体。我们的理论还好，找了一些人类学和伦理学的材料进行修补，但怎么也找不到与美本质论的逻辑连结点，成为一个游离的拼盘。以至于一些关键的问题至今无法廓清，比如，人体美的根本原理是什么？容貌、身段、肤色的美的标准是根据什么确立的？人体美包不包含心灵美？心灵美可以直观吗？它究竟属于伦理学还是美学？等等等等。“人的本质力量对象化”永远难以说清。

三

“人的本质力量对象化”理论强调“自然的人化”或“人化的自然”，强调人在实践活动中对自然界的改造和利用。这种改造和利用是人认识并符合了自然的规律(真)达到自己的某种目的(善)，是规律性和目的性的统一，这就是“自由”。于是，美是“人化的自然”或“人的本质对象化”被表达成了“美是自由的形式”[②]或“美是自由的象征”。[③]

黑格尔“绝对精神”的本质特点也是“自由”，而且“自由”的涵义也是主客体的统一，认识和实践的统一。所以把“理念的感性显现”表述为“自由的显现”亦无不可。他说：“主体方面所能掌握的最高的内容可以简称为‘自由’。自由是心灵的最高定性。”[④]“无知者是不自由的，因为和他对立的是一个陌生的世界，是他所要依靠

① 《马克思恩格斯选集》第4卷，第233页。

② 李泽厚：《美学论集》。

③ 高尔泰：《论美》。

④ 黑格尔：《美学》第1卷，第124页。

的在上在外的东西,他还没有把这个陌生的世界变成他自己使用的,他住在这个陌生的世界里面不是像居在自己家里那样。"①主体之所以追求自由,是因为主体希望消除主客体之间的对立以实现"绝对精神"的回归。黑格尔坦率承认,人在现实世界是难以得到真正自由的。因为"这种自由和满足依然是受到局限的"。②"吃、喝、饱、睡眠……在人类生活的这种自然需要的范围里,这种满足在内容上还是有限的,窄狭的;这种满足还不是绝对的。因为它无止境地引起新的需要,今天吃饱睡足,饥饿和困倦到明天还是依旧来临。"③我们还可以补充一点,人是要死的,这是无法改变的不自由。所以黑格尔感到只有"再进一步走到心灵的领域,……努力从知识和意志,从学问和品行里去寻找一种满足和自由。"④所以西方另一个著名哲学家曾讥笑黑格尔这个"自由"说:"这是一种无上妙品的自由。这种自由不指你可以不进集中营,也不意味着出版自由,或任何通常的自由党口号。这些都是黑格尔所鄙弃的。当精神加给自己法律时,它做这事是自由。……君主把有自由思想的臣民投到监狱的时候,这仍旧是精神自由地决定自己的。"⑤

我们的美学家,也认为现实中的不自由,可以在审美的领域里改变。那就是说,在现实中不能随心所欲,但在精神的领域里什么都可以做。"所谓审美的愉快。不是别的,就是康德首先指出的'自由的愉快'。在这种愉快中,我们深深地体验着我们作为和动物不同的社会的人所应有的生存发展的欲求同自然和社会的客观必然规律的统一。我们摆脱了物质功利对人的压迫,也摆脱了社会伦理道德规范和客观必然规律对人的强制和束缚,我们在对对象的直观中感受到人是自由的,从而产生了有时会达到如痴如醉那样一种境界的喜悦。这样看来,那被我们称之为'美'的东西,它不是人的自由在人所生活的感性现实的世界中的表现又是什么呢?"⑥

---

①②③④ 黑格尔:《美学》第1卷,第125、126页。

⑤ 罗素:《西方哲学史》下,第284—285页。

⑥ 刘纲纪:《关于美的本质问题》,见《美学与艺术讲演录》第97—98页。

这样一来就违背了唯物主义的反映论。既然现实生活中受功利压迫,伦理规范和规律的强制没有自由,何以作为现实反映的精神世界又有自由呢?

“美是自由”的观点都认定私有制下的人是“异化”的“不自由”的人。何以不自由的人能创造“自由的”艺术?这对黑格尔来说问题不大。艺术不过是“异化”的人复归精神的一个手段,所以艺术必然显示“绝对精神”的“自由”。而自命为唯物主义的我们的自由美学观,与黑格尔的逻辑前提完全变了,已经认定了生活是文艺的唯一源泉,文艺不过是生活的(哪怕是能动的)反映。即使采用最有力的浪漫主义手段,可以夸张变形,但生活的逻辑和规律却无法变易。说私有制下的异化的人能创造出“人是自由的”艺术,无疑从根本上否定了生活对文艺的源泉意义,文艺对生活的反映特性。这从哲学原理上讲,恐怕不能说与黑格尔有根本区别。再说,审美能够“在对对象的直观感受中感受到人是自由的”吗?读古希腊的命运悲剧,读卡夫卡的《变形记》,我们感到人很不自由,但确实感到了美。

文艺创作常常是在各种规范的不自由中得到灵感。音乐有音律音色音调规律的不自由,书法有字形笔墨限制的不自由。人的想象力有受生活大规律限制的不自由。《红楼梦》如果不但让林黛玉有不死的自由,同时让她“自由”地和宝玉恋爱结婚生孩子,恐怕其审美价值要失去许多。有人说这叫“从心所欲不逾矩”是真自由。矩之存在,奢谈自由,就犹如说一个犯人只要不逃出电网高墙,在里面尽情地玩耍,就是“自由”。

“自由”的涵义难以界定不亚于“美”。哲学家们对“自由”的界定五花八门。黑格尔认为自由是“独立自足”,“自在自为”不受任何限制,柏格森认为自由就是“我们的行动发自我们的全人格”。萨特认为,自由是人的存在状态,当人作出独立“选择”时,他就是自由的。海德格尔认为:意识到自己必死,而又畏惧着去死,就是自由。一个人越是清醒地意识到自己必死,他就越自由。康德认为,出于理性和不为内在或外在于体验主体的某些因素所决定,就是自由。[1]他讨论的四个著名的二律背反其中有一个就是关于自由的,说有或说没有自由都有道理。[2]前苏联哲学家格鲁申认真"考察了苏联和国外各十本'博大精深'的论述自由问题的著作",认为自由的主体是个体、小群体、大群体还是全球共同体? 不明确。"自由"不具有单值定义。这就是说无法定义。"自由"也不是人类自古以来就有的和不可分割的本质属性。自由问题也绝对不是从人类存在的第一步就产生的,而只是在人类历史发展到较晚阶段才产生的。而且"自由"迄今为止它还仅仅是一种假设。一种需要得到论证的假设。而且,"只有当我们约定我们将如何理解自由和澄清自由发生在人们生活的哪'点'上和它从何开始之后才能进行证明。"[3]这使得"自由"这个概念和它的存在相当模糊和可疑。但人类有美却是千真万确的。对一个模糊的概念(美)用另一个更为模糊的概念(自由)来界定,方法上就存在着问题。

说"美是自由",至多表达了对"自由"这个假设的人类生存状态的赞美和追求。但当对"美是自由"作出界定时,其实质与"人的本质力量对象化"是一样的。"自由"作为政治的、社会学的概念,具有相对的描述性价值,但一旦上升为一个具有普遍性的哲学概念,在自身的真实性得到充分的论证和公认之前,它至少不具备用以解释和界定美的资格。

四

所以,上述观点,受到唯物主义捍卫者蔡仪的坚决反对。但蔡仪在分析马克思《手稿》中的美学观点时,仅仅认为马克思受费尔巴哈的影响,从而批评它是人本主义的唯心主义,而对其中的黑格尔思想几乎毫无觉察。原因很简单,蔡仪的美学思想,也和黑格尔

---

① 《国外社会科学快报》1989 年第 2 期,第 27 页。
② 参阅康德:《纯粹理性批判》。
③ 《国外社会科学快报》1989 年第 3 期,第 3 页。

的有紧密关系。

蔡仪和他的论敌在这点上认识是一致的:马克思既然已在《手稿》中批判了黑格尔,就不会再有黑格尔的错误。《手稿》中的错误只能来自费尔巴哈而不可能来自黑格尔。所以当他清楚地看到了《手稿》中说明人的本质“在经济学范围内说的是劳动,而在论述‘族类本质’时则是说的‘自由的意识活动’或‘有意识的生活活动’,因而意义也就很不同”,即使此时,他也未意识到这个思想来自黑格尔而不是费尔巴哈。(或者他意识到了而出于某种考虑不说出来)这实际上把理论的影响简单化,似乎是可以随时拣起或扔掉的石头,把人的思想看成一块绝对光滑的玻璃板,染上了颜色,随时可以擦去。它也一如黑格尔说的是“扬弃”而不是抛弃。马克思毕生受到黑格尔的影响,只是成熟的马克思克服了黑格尔的客观唯心主义的“头足倒置”的弊端。这种克服是最根本的克服。这个根本转变必须以清醒地认识到物质第一性(哪怕在人身上)为前提,而不是游移,时而强调“劳动”时而强调“意识和意志”。1844年正在紧张思考,走向成熟的马克思,还未能实现这个根本的转变,还未能达到认清“人们首先必须吃、喝、住、穿,然后才能从事政治、科学、艺术、宗教等活动”这个最重要的理论基础,而还停留在认为“不受肉体需要支配的生产才是真正的生产”这样的黑格尔水平上。所以,他才不时向费尔巴哈借武器。

蔡仪未能从《手稿》中感受到黑格尔的唯心主义是自然的,因为蔡仪的美学思想有很强的黑格尔色彩。他的“美是典型”论,可以说就是黑格尔美学思想的一种变式表达。蔡仪说:“美的现实的事物不同于一般现实事物,就是由于它的本质更好地渗透于现象,而它的现象充分地体现着本质;主要是它的种类性更好地渗透于个别性,而它的个别性充分地体现着它的种类性。也就是说,这种现实事物是以突出的现象充分地表现着本质,以独特的个性充分地体现着种类性。”①简要地说,蔡仪认为,现象表现了本质,种类性

① 蔡仪:《新美学》(改写本),第246页。

渗透于个别性,这就是美。

黑格尔说:"美就是理念,所以从一方面看,美与真是一回事。就是说,美本身必须是真的,但从另一方面看,说得更严格一点,真与美都是有分别的。说理念是真,就是说它作为理念,是符合自在本质与普遍性的东西来思考的。所以作为思考对象的不是理念的感性外在的存在,而是这种外在存在里面的普遍性的理念。但是这理念也要在外在界实现自己,得到确定的现前的存在,即自然的或心灵的客观存在。真,就它是真来说,也存在着。当它在它的这种外在存在中是直接呈现于意识,而且它的概念是直接和它的外在现象处于统一体时,理念就不仅是真的,而且是美的了。"①

何其相似乃尔。本质呈现于现象,普遍性呈现于个性,这就是美。不同在于,黑格尔的"本质"和"普遍性"是预先存在的,它不是从客观事物归纳抽象出来的。而蔡仪的却是后者。所以蔡仪才说,"如果把黑格尔的观点倒过来,而照我们的话来说,这就是个别现象中显现种类的普遍性,换句话说,这所谓美的东西就是典型的东西了。"②真是妙不可言,蔡仪认为"从他(黑格尔)的客观唯心主义的命题后面,也可看到所谓美的东西就是典型的东西这样的合理因素。"③

但是对一个理论的改造,完全不是"照我们的话来说"就能办到的。黑格尔的定义,有他特定的逻辑关系。个性显示了普遍性,现象显现了本质,是由于它证实了"绝对精神"的存在,才能使人(绝对精神)引起美感。而蔡仪的"典型"论,作为一个与主体没有关系的纯客观存在,何以能使人引起美感,是不清楚的。他把审美作为认识,从现象中见出本质,就行了。那么一般意义的认识与审美有无区别,区别何在就成了问题。认识到了,不一定能产生美感,这是不用证明的。更难以解释的是我们不问什么东西"典型",而只问什么东西不典型,答案却殊难找到。因为没有任何东西不含共性与个性,没有任何现象不包含本质,连假象都显示本质。这

① 黑格尔:《美学》,第142页。

②③ 蔡仪:《新美学》(改写本),第244页。

就是说,按“典型”论,我们找不到任何东西是不美的。这实际上也就等于说,没有任何东西是美的。

五

笔者决不认为,不能学习黑格尔。他作为西方哲学史上一个巨人,不仅领尽一代风骚,而且深刻地影响了我们的理论导师马克思。黑格尔哲学具有“合理内核”,已为世所公认。然而,中国当代美学,把改造黑格尔看得太简单了。改造黑格尔,不能机械地理解他的“头足倒置”,轻松地给“绝对精神”换一个人头、名称就行了。所谓“头足倒置”,固然指它的主宾语的位置,但至关重要的是“头”与“足”的逻辑关系。要克服黑格尔,不能修补,不能取巧,只能脱胎换骨。如果仅仅在他的“绝对精神”上罩一层“人”的面具,那么起作用的,还是“绝对精神”。论证起来由于时时刻刻要照顾一点“唯物”的面子,还没有黑格尔自己来得严密彻底,痛快淋漓,反而捉襟见肘,被清醒的理论质询弄得很窘迫,再也无暇顾及去联系实际,成为一堆相当缺乏实践价值的空论。

科学唯物主义的美学,必须明确一个前提回答两个问题,它才能具有逐渐完善站立起来的基础。这个前提就是物质存在着的人,他的一切行为和愿望都有强大的物质制约性,他不能只是一个“精神”的空壳。同时,科学唯物的美学,还要回答,人为什么要创造艺术?人为什么会产生快感?这两个问题回答不好,美的问题就永远是一个解不开的谜。

(原载《学术月刊》1993 年第 11 期)

第四提纲*

李泽厚

一、"人活着"是第一个事实。"活着"比"为什么活着"更根本,因为它是一个既定事实。

(1)"人活着"首先是指人的动物性机体的生存运转(从出生到衰亡),其次是指人意识自己在活着。

(2)选择死(不活着)总是极少数人;作为族类,人类生存着,所以说"人活着"是第一个事实。

二、"人活着"是什么意思。

(1)是被扔入的,即不是自己选择被生下来的。活不是人的选择和决定,它只是一个事实。〔为什么不选择不活,正如人被生下来似乎是神秘的(就科学说,这是生物的种族延续)一样,生下来就有一种继续活的要求(就科学说,这是生物本能),存在于人的有意识和无意识之中。〕

(2)是活在一个"与他人共存"的"世界"里,这可能就是 Heidegger 说 to be with others, with in-the-World,这也不是自己(个体的人)所选择和决定的。

(3)"与他人共在"即共同活在这个世界中,就是日常生活:everyday life (wittgentein)或 every-day ness (Heidegger)。这也就是 Karl Marx 讲的社会存在。"人活着",过"日常生活",首先就得吃

---

* 前三个提纲分别发表在《论康德黑格尔哲学》(上海人民出版社,1981 年)、《中国社会科学院研究生院学报》(1981 年第 1 期)和《走向未来》(1987 年第 3 期)。

饭、穿衣等等,即食衣住行。马克思讲过,人生下来不能选择生产方式。

三、可见,“人活着”的第一个含义是人如何在活着,即人如何食衣住行的。

(1) 所谓“第一个”含义,是指“如何活着”比“为什么活”要优先。也就是说,“活着”比“活的意义”“非本真”的存在比“本真”的存在要优先。从而,要先把后者悬搁起来看“人活着”——人如何在活着。

(2) 马克思的唯物史观正是如此,它说明人如何在活着,在这一点上正确和重要地区别了人与其他动物。这也就是以使用——制造工具为核心和特征的人的劳动实践活动所构成的工具——社会本体。是这种活动,而不是语言,更不是内心体验,才是“人活着”和“如何活”的根本。

其实,Heidegger 也承认使用工具是一个基本事实(《Being And Time》),非常重视“非本真”的“沉沦的”现实日常生活。

其实,Wittgentein 也承认 language game 的根基是 our acting,它不是真、假问题。(《On Certainty》)日常生活、生活形式是语言的根基。

四、那似乎无穷尽的、恒等的、公共化的时间从而也是“第一义”的。它的普遍必然性(Kant)实乃客观社会性(见《批判哲学的批判》第三章),由此历史和历史性才有一种客观的和“必然的”意义。

五、语法(语言)逻辑(思维)也是人“与他人共在”(亦即人类群体生存)在这世界中的需要、规范和律。它与自然本无关。

所以,先有伦理,后有认识。认识规则(语法、逻辑)是从伦理律令中分化、演变出来的。

这才保证了认识有指向未来的能动性格,它、人生、现实(reality)才不是 Present at hand,而是 ready to hand。

这也才使认识内容(经验知识)成为权力(M.Foucault)。

没有与人无关的知识——权力,正如没有与人无关的自然一样。这涉及“自然的人化”。

“自然的人化”有双向进展，即工具——社会世界和心理——文化世界。简称之曰：客观的工具本体和主观心理本体。

“为什么活”（活的意义）产生在后一世界中。

原来被悬搁的问题在当今凸显，标志一个新纪元；“人如何活”（人能活下去）大体已经或快要不成问题，所以对它提出强大的质疑。

尽管质疑，却仍要活着，这怎么办？

六、于是提出了建构心理本体特别是情感本体。

人因依附在、屈从在“人活着”而必需的工具本体和客观社会性的重压下，从而寻找被“遗忘”了、“失落”了的“自己”来询问活的意义，提出 death, care, dread ……，但如果具体地脱开了客观社会性即“与他人共在”的食衣住行的具体生活（工具本体）和积淀下来的心理本体，这些问题实际不能被回答。“真实的存在在于意识到不存在的可能性”（Heidegger），如果存在完全脱开具体的上述两个本体，人将是动物性的生存，便没有“意识到”之类的问题。另方面，尽管生命意义、人生意识完全脱开生命、人生，将是现实的 and/or 语言的悖论，但生命、人生毕竟不等同于人生意识、生命意义。衣食住行、客观社会性以及心理积淀等等，并不等于个体那不可重复和走向死亡的有限存在。“人活着”、“如何活”以及别人的“为什么活”，都不能决定、主宰或等同于我的“为什么活”或我在活着的意义。这就是目前的问题。

七、生命意义、人生意识不是凭空跳出来的。

人没有锐爪强臂利齿巨躯而现实地和历史地活下来，极不容易。不容易又奋力“活着”，这本身成为一种意义和意识。这“活着”是“与他人共在”和活在一个世界里，这便是“人情味”（人际关怀）和“家园感”的形上根源。

八、这也就是中国哲学的传统精神。

以儒为主、儒道互补，以“乐”和“生生不已”为人生要义和宇宙精神。这也就是我的人类学本体论（亦即主体性实践哲学。此处

“主体性”即人类本体,因无论从本体到认识,均无与人类无关或完全对峙的客体)。

人类学本体论要求两个乌托邦。外的乌托邦:大同世界或“共产主义”。内的乌托邦:完整的心理(特别是情感)结构。可以有一种新的“内圣外王之道”。

“活着”没有乌托邦是今日的迷途。回归上帝(真主)或寻找Being,都是在构建内的乌托邦。

朱熹评说佛家,“只见得个大浑论底道理,至于精细节目,则未必知”(《朱子语类》,中华书局版,第1029页)。这对今日的Heidegger等人也适用。这个“精细节目”,就是对心理本体特别是情感结构的具体探讨。

这结构有其根源、来由、演变,它即是“人性”,或称心理积淀。艺术和艺术史如我的美学所认为,是展示这人性中情感结构的具体对应物,集过去、现在、未来于一体的“本真的”时间就保存在、储蓄在这里。它虽仍具有公共的积淀性格,但对它的建构却可以具有建构上帝同样的虔诚。

九、固为人毕竟总是个体的。

历史积淀的人性结构(文化心理结构、心理本体)对于个体不应该是种强加和干预,何况“活着”的偶然性(从生下来的被扔入到人生旅途的遭遇和选择)和对它的感受将使个体对此本体的承受、反抗、参与,具有大不同于建构工具本体的不确定性、多样性和挑战性。生命意义、人生意识和生活动力既来自积淀的人性,也来自对它的冲击和折腾,这就是常在而永恒的苦痛和欢乐本身。

十、所有这些涉及命运。

宗教信仰命运(宿命)、文学发泄命运(感伤)、哲学思索命运。

人性、命运、偶然,是我所企望的哲学主题,它将诗意地展开于二十一世纪。

(原载《学术月刊》1994年第10期)

乌托邦的建构与个体存在的迷失

——李泽厚《第四提纲》质疑

杨春时

李泽厚先生的《第四提纲》简要而系统地勾勒出他的"人类学本体论"(或称"主体性实践哲学")的基本框架,提出了建构"心理本体"作为"内的乌托邦"的设想。这个体系糅合了马克思主义、存在主义和儒家哲学,体大思精,感佩之余,又有许多疑惑,尤其是他的新儒学倾向令笔者不敢苟同。特申管见,以求教于李先生。

李先生对他的体系进行了严密的论证和推导,其思路可概括如下:"人活着"是第一个事实,然后才有次生的问题即"为什么活着"。前者创造了工具——社会世界或曰客观工具本体,后者产生于心理——文化世界或曰主观心理本体。"活着"比"为什么活"更根本,心理本体是工具本体的积淀。但个体存在又不等同于工具本体和心理本体,故有对生存意义的追询,这就是现代人的精神苦恼。出路在于回到工具——社会世界(与他人共在),建构心理本体,特别是情感本体,即以儒为主、儒道互补的"内的乌托邦"。

李先生的体系,存在着一个根本性的矛盾,就是本体的二元化。按照哲学本体论的规定,本体只有一个,只能是唯一的、最本质的存在,其他派生之物都不能称作本体。如马克思主义哲学是社会存在一元论,存在主义是自我存在一元论,儒家哲学是天人合一的伦理本体一元论等等。二元本体论必然造成体系自身的不可解决的矛盾。李先生提出了两个本体即客观工具本体和主观心理本体,形成了心物对立的二元本体论。那么,两个本体之间哪一个更根本呢?李先生认为工具本体更为根本,就等于承认只有一个本体——客观工具本体,主观心理只是其派生物,不具有本体地位。这样,李先生的"内的乌托邦"就无从建立。反之,如果承认主观心理本体,必然导致对积淀说的否定,因为作为本体它不能还原为客观工具本体。由于本体的二元化,必然造成工具本体与心理本体关系上的悖论。一方面,李先生肯定了工具本体更根本,心理本体是其积淀物。另一方面,李先生又认为工具本体是非本真的存在,"活着"是沉沦的日常生活,因而个体才反抗其压迫,询问"活的意义",从而才有建构心理本体之必要。在这里,李先生一方面确认了心理本体的不可还原性、独立性,从而与积淀说相冲突;另一方面,他又在工具本体、心理本体之外提出了个体存在的独立性、不可替代性问题,他强调"但生命、人生毕竟不等同于人生意识、生命意义。衣食住行、客观社会性以及心理积淀等,并不等于个体那不可重复和走向死亡的有限存在。"这样,李先生就陷入了自相矛盾的循环论证:工具本体通过积淀生成,决定了心理本体;个体存在通过"为什么活"的追询反抗工具本体及心理本体;而"为什么活"的问题又只有回到工具本体、建构心理本体才能解决。这里的矛盾在于,如果工具本体积淀生成心理本体,就不会有个体存在对此本体的反抗及"为什么活"的追询,因为个体心理已经宿命地被积淀着集体理性了,从而不可能有独立性了,进而也就没有建立心理本体的必要了;如果心理本体能够解决个体生存意义问题,也就不会存在个体存在的反抗及追询。

作为本体的存在,究竟是物质性的(工具本体)还是精神性的(心理本体)?究竟是整体性的(积淀)还是个体性的(为什么活)?这是李先生的人类学本体论必须明确解决的问题。李先生的哲学思想中显然存在着两种对立的倾向:由于接受了现代哲学尤其是存在主义重视存在的精神性、个体性的影响,因而强调主体性、个性及偶然性。又由于未能摆脱传统马克思主义与儒家哲学的影响,而强调存在的物质性、整体性、必然性。两种思想倾向的冲突造成了李先生论证的混乱与矛盾。但是,从整个体系上看,而不是从个别论述上看，他还是确认了存在的物质性、整体性、必然性本质，而把精神性、个体性和偶然性置于派生的、被决定的位置。他对后者的强调，只是体系之外、逻辑之外的赘生物。李先生企图以建构心理本体的乌托邦来解决个体生存意义问题，实际上是把存在的精神性、个体性、偶然性消融于物质性、整体性、必然性之中。因此，李先生的两种对立思想倾向，最后归结于一种思想倾向，即建立“以儒为主、儒道互补”的乌托邦。而且，他的二元本体论，实际上是一元本体论，即客观工具本体论。工具本体和心理本体概念不过是社会存在与社会意识概念的翻版。所谓“活着”比“为什么活”更根本，心理本体是工具本体的积淀，可以看作是社会存在决定社会意识的另一种表述，只不过积淀说取代了决定论。李先生也许意识到了传统马克思主义哲学忽视精神性和个体性的偏颇，因而提出建构心理本体，回答个体生存意义问题。但是，在绕了一个圈子后，又回到工具本体，因为正是它积淀了心理本体，成为个体存在的“家园”。李先生的哲学终究没有突破传统马克思主义哲学的框架。

在存在主义语言后面，李先生运用了传统马克思主义哲学的论证方法：“活着”在“为什么活”之先，人先要生活在社会中，先要解决衣食住行，因此，工具本体更根本。这里涉及对马克思的历史唯物论的理解问题。不错，马克思的历史唯物论肯定了物质生存的第一性，生产方式对历史发展的决定作用。但是，这是否就等于马克思的哲学观点是物质存在、整体存在本体论？并非如此。因为历史唯物论有两重性，即作为历史科学和作为哲学的复合体系，而非单一的哲学体系。马克思为了适应革命实践的需要，不屑于构造传统的思辨哲学体系，而着意解决历史发展的动力和规律问题，从而创建了历史唯物论。历史唯物论首先是一门历史科学，同时也包含了它的哲学思想。作为一门历史科学，马克思强调了决定历史发展的现实力量——人类物质实践即生产方式，从而肯定了社会存在的物质性、整体性。作为一门哲学，马克思则肯定了人的存在的超物质、超整体的精神性、个体性。马克思认为，社会存在虽然是基础，但是，个体存在是本质的存在，所以共产主义才以个性自由发展为目标，社会成为“自由人的联合体”。精神存在也是人的自由本质的体现，尽管物质存在是基础，但人类不断通过实践超越物质条件局限，进入自由王国，而“真正自由的领域……只存在于物质生产领域的彼岸”。[①]人们没有区分开历史唯物论的科学层次与哲学层次，从而把作为历史科学的结论误作为哲学本体论，即把马克思哲学归结为社会实践本体论。历史科学揭示现实的本质，而现实只是“史前史”，决定历史前进的动力只是低级的、异化的力量，而不是真正的“人的本质力量”。因此，马克思才采用“由逻辑进入到历史”的方法，认为哲学逻辑的起点不是历史的起点，而是历史的终点。社会物质实践是历史起点，因而也是作为历史科学的历史唯物论的核心概念。精神的、个体的存在是历史的终点，因而也是马克思哲学的逻辑起点，它经过异化活动、物质实践，而最终在共产主义得以实现。

李先生又运用现象学方法和存在主义思想来论证建构心理本体之必要。他指出，人是被扔入的，不能选择“活着”，只能与他人共在，故“活着”比“活的意义”优先，只能把后者悬搁起来。李先生似乎在说，存在主义也主张物质的、整体的存在(工具本体)更根本、更本质。事实正相反，存在主义恰恰认为“活着”而不明白“活的意义”是非本真的存在，自在的在，只有精神性的、个体性的存在即对生存意义的追询才是本真的存在、自为的在。因而，存在主义不认为存在着工具本体，也不承认作为其积淀的心理本体的存在，它认为只有一个唯一的本体即自我的存在，而它是一种精神性的存在。现象学方法也只能得出与李先生相反的结论。按照现象学方法，并不是把“为什么活”(生存意义)悬搁(加括号)起来就完事，而是要经过现象学还原，打开括号，使生存意义显现，从而找到“活着”的本质。因此，其结论不是“活着”比“为什么活”更根本，而是“为什么活”(生存意义)是“活着”的本质，前者比后者更根本。在

① 《马克思恩格斯全集》第25卷，第926—927页。

事实上,“活着”比“为什么活”优先;在逻辑上,“为什么活”比“活着”优先,因为人不能盲目地活着,他必须自觉地活着才是真正地活着。同样,在现实中,整体性比个体性优先;在逻辑上,个体性比整体性优先,因为人不同于动物,他是作为独特的个性加入到集体中去的。

李先生哲学体系的要害仍然是积淀说。他用积淀来沟通工具本体与心理本体,认为心理结构是物质实践的积淀,个体、感性是整体、理性的积淀,这样,就把个体存在的本质归结为集体理性,从而抹煞了个体存在的独特的、超理性本质。积淀说也必然导致决定论与还原论,即物质存在决定精神存在,整体存在决定个体存在;同样,精神性可以还原成物质性,个体性可以还原成整体性。尽管这种结论是李先生竭力避免的,但这是李先生体系合乎逻辑的结论。李先生在文章的末尾又强调说:“因为人毕竟是个体的”,心理本体对于个体“不应该是强加和干预”,个体对此本体又有“承受、反抗、参与”,“生命意义、人生意识和生活动力既来自积淀的人性,也来自对它的冲击和折腾”,等等。积淀生成的心理结构既然作为本体,而且对它的建构又可以为个体生存意义找到解答,又何来个体对它的反抗、冲击?果真如是,它又怎能成为“具有建构上帝同样的虔诚”的乌托邦?李先生对个体性的强调,对于整个体系来说,只是一个蛇足,不仅没有克服抹煞个体存在的倾向,反而造成了体系内的矛盾。

积淀说缺乏科学的根据,它来源于荣格的集体无意识理论。荣格说的是原始意识转化为文明人类的深层心理结构(集体无意识)问题,对个体而言,它只是“原型结构”,而非理性意识结构。李先生的积淀说显系荣格学说的误用,它超出原始积淀的范围,认为文明人类的文化—心理结构源于人类集体实践(包括文明社会的实践)的积淀,从而把荣格的非理性的集体无意识建构变成了理性的集体有意识的积淀。如果说集体无意识并未剥夺个体精神的自由的话,那么,集体理性的积淀则把个体当作其俘虏,成为其宿命的本质,个体完全丧失了选择的自由。如果说人类深层心理来自原始积淀的话,那么意识、理性精神则来自个体生存活动,是后天形成的。人类历史实践不会直接积淀到个体意识中去,它只能通过文化积累(而非积淀)制约,影响个体意识。而这种文化制约,影响则是非决定论的,个体保留着选择和再创造的权利。

李先生以马克思主义和存在哲学始,以儒家哲学终,他的全部论证归结为建立"以儒为主,儒道互补"的"内的乌托邦",以解决现代人对生存意义的追询。这个心理本体的乌托邦究竟包含什么内容,李先生没有详细阐述,只是约略地提到"以'乐'和'生生不已'为人生要义和宇宙精神"。李先生对儒家哲学以及中国传统哲学的概括无论如何是不全面、非本质的,它有意无意地回避了要害问题,以儒学为主的中国传统哲学起码可以归结为这样几个本质特性:群体本位的价值取向,实用理性的结构倾向,天人合一的世界观,直觉体悟的思维方式等,而其中集体理性精神是最根本特性。从李先生多年来对儒家哲学的阐释来看,也大体上包含了上述特性。李先生之所以要以儒学为主来建构心理本体,除了认为它是中国历史的积淀,因此别无选择之外,还因为它的集体理性可以消融现代人的个体意识,从而为他们找到一个精神的"家园"。但是,人们不禁要追问:建构现代乌托邦果真是必要与可能的吗?回答应当是否定的。

李先生认为,由于现代人在解决了"活着"问题之后,又追询个体生存意义问题,因而必须回到"与他人共在"世界当中去,建构现代乌托邦,以消解现代人的孤独意识。他认为,无论"外的乌托邦"(社会乌托邦)还是"内的乌托邦"(文化乌托邦),都为人类生存所必须,"'活着'没有乌托邦是今日的迷途"。不错,在前现代社会,确有乌托邦存在的土壤,无论是"外的乌托邦"(如大同理想、人间天国等)还是"内的乌托邦"(如上帝或儒教)都曾经为人类生存确立了终极价值,其合理性仅仅由于个体存在尚未觉醒,迷失于集体理性的虚构中。现代社会,个体存在觉醒,"上帝死了",产生了个体生存意义的困惑,这并非"今日的迷途",恰恰是个体自由的表现。正如尼采所说,上帝死了,人无所依靠,才真正享有了自由。

面对个体存在的觉醒,出路不在于回到集体理性中去,消解个体意识,重构乌托邦,而应当坚守个体存在立场,勇敢地面对生存的挑战,寻求和创造个体生存的意义。当然,现实文化规范总带有乌托邦性质,因为它把现实价值固定化、终极化,从而带有虚假性。它一方面为现实生存所必须,同时也是个体自由自觉存在的束缚。哲学作为超越的文化,应该打破现实文化规范的局限,它不肯定任何现实价值,而应该通过对它的批判打破文化乌托邦,为人的自由、自觉存在开辟道路,为个体生存意义的建树提供方法。哲学如果与现实文化合流,参与制造乌托邦,虚构某种新的上帝(终极价值),那就是哲学的沦落与死亡。因此可以说,恰恰是重建乌托邦的努力,才是"今日的迷途"。儒家学说因其实用理性和天人合一性质,曾经建构了文化乌托邦;它不同于西方神的宗教,而是圣人的礼教;它牺牲了哲学的超越品格,而沉沦于世俗的说教。因此,在五四反礼教斗争中,儒家哲学与封建礼教一同被埋葬,因为它们无法剥离。这个历史教训应当记取。今天,李先生和新儒家们企图重建儒家哲学,如果能够予以革命的改造,使其现代化,这种努力应当嘉许;可惜,他们却重蹈覆辙,仍然把哲学降低为文化乌托邦,因而这种努力是不会有前途的。

即使不在哲学意义上重建儒学体系,作为现实文化规范,这个现代乌托邦也难以建立。儒家文化的集体理性精神建立在宗法社会基础上,它适应了古典时代个性不发达的历史要求。五四以后,尤其是面临现代化的转型期,集体理性已经崩毁,个体意识觉醒,无论是儒家的道德理性还是计划经济基础上的政治理性,都已丧失社会基础。儒学已成为死文化,新一代对它已经完全隔膜,复兴它只是少数知识分子的幻想。重建儒学乌托邦,定然遭到当代中国人尤其是青年人的拒绝。中国现代化的前景需要现代文化与现代意识,而这是以个体价值与个体意识为核心的。儒家的集体理性只会成为现代文化与现代意识的对立物。这个时期文化建设的任务是坚持现代人文精神,以现代文化之体融汇传统文化之用,而不是回到"中体西用"的老路上去。李先生曾经主张过"西体中用”,笔者以为这是中国文化的出路,而如今李先生违背初衷,走了“儒学为体、西学为用”的新儒学之路,令人惋惜。李先生似乎不算新儒学中人,他在思想解放运动中高举主体性大旗,为个性及偶然性大声疾呼,极大地鼓舞了一代青年。但是,由于李先生体系对思想的箝制,他竟选择了重建儒学的归宿,从而向新儒学靠拢。新儒学是一种文化保守主义思潮,在西方进入后现代社会,中国即将迈入现代社会之际,它企图以重建儒学的集体理性来解决现代人的生存意义。这副药方对西方人来讲并不对症,对中国人来说则是现代化的障碍。正如五四退潮后文化保守主义(包括儒学复兴思潮)兴起一样,思想解放的结束,文化激进主义的退潮也导致了新的文化保守主义,而新儒学则是其中重要的思潮。也正如许多五四新文化运动主将转向文化保守主义阵营一样,许多思想解放运动的先锋也向文化保守主义靠拢。这实在是严酷的历史悲剧。笔者热切希望李先生继续其文化启蒙的道路,而不走入新儒学的误区。

最后,应当申明,反对重建新儒学乌托邦,并不等于反对重建中国哲学传统。哲学作为一个民族的最高精神形式是不应该被丢弃的,它在被历史扬弃后应当保留和发展其有生命力的部分。只是由于传统中国哲学与封建文化的紧密结合,在五四文化批判中成为殉葬品,致使中国哲学传统断裂,后来被从苏联传入的西方文化背景的哲学取代。今天,应该在现代文化背景下重建中国哲学,包括吸取儒家、道家哲学的合理因素,使其现代化。关键在于摒弃传统哲学的蒙昧性、非个体性,使中国哲学的人文精神具有现代个体意识的内涵。同时,把哲学与现实文化相剥离,确立哲学的创超越品格。中国哲学的重建不同于新儒学,因为后者固守了儒学最落后的核心——集体理性,因而缺乏现代生命力。中国哲学传统重建问题,笔者将另文论述。

(原载《学术月刊》1995 年第 3 期)

“情感乌托邦”批判

杨春时　宋　妍

李泽厚的“实践美学”在后期发生了重大的转向，由前期强调“工具本体”，转向强调“心理本体”，特别是提出建构“情本体”。他认为，人类寻找精神家园（乌托邦），最终要回到情本体。可以说，前期李泽厚的美学建立了一个“实践乌托邦”，而后期的李泽厚的美学则建立了一个“情感乌托邦”。这是他继承、发扬中国传统文化的重要成果。对李泽厚先生的这种努力，应该给以肯定；同时，对于这个理论的偏颇，也应该进行学理上的批判。目前，学界对于这一转向还没有给以足够的重视，也缺乏深入的研究。这种状况应该改变。对于实践乌托邦（实践本体论），笔者已经发表了“‘实践乌托邦’批判”①予以回应，本文将对“情感乌托邦”（“情本体”）加以考察。

李泽厚在论述内在自然人化分成感官的人化和心理的人化时，认为心理的人化其实也就是“文化心理结构”，即所谓的心理本体，也即后来李泽厚先生所说的“情本体”。“两个本体”之说最早见于李泽厚先生的《美学四讲》：“人类以其使用、制造、更新工具的物质实践构成了社会存在的本体（简称之曰工具本体），同时也形成了超生物族类的人的认识（符号）、人的意志（伦理）、人的享受（审美），简称之曰心理本体。”②后期，李泽厚进一步提出了情本体说。

---

① 杨春时：《实践乌托邦批判》，《学术月刊》2004年第3期。

② 李泽厚：《美学四讲》，广西师范大学出版社，2001年，第47页。

他认为:"不是性('理'),而是'情';不是'性(理)本体',而是'情本体';不是道德的形而上学,而是审美形而上学,才是今日改弦更张的方向……"①那么,是什么原因,导致他由工具本体论转向情本体论的呢?第一个原因是回应学界对工具本体的批评。早期李泽厚的实践美学由于过分强调工具本体的决定作用,特别是他的"积淀"说导致个体意识的被动化,由此引起了学术界的质疑和驳难。因此,他开始强调个体、意识的能动作用,这必然导致向心理本体倾斜。第二个原因是为了适应现代人的心理需要。由于现代社会人的心理危机出现,工具本体不能解决这个问题,促使他转向心理本体。有论者也认为,"李泽厚先生之所以既建构工具本体,又建构情感本体,是因为他发现工具不能解决人生矛盾,而情感作为人生的要义却没有自身的根据,从而要求以工具为基础,以情感作为主导。鉴于对工具本体和情感本体的如此理解,李泽厚先生认为其目标不是工具,而是情感,工具本体将转向情感本体。"②李先生意识到了心理本体建设的必要性与迫切性:"在社会存在国际化、偶然机遇因素极大增加、命运感愈益加重的现代人生中,在多样化生存的五光十色的路途中,在自由时间极大丰富、交往大于生产、语言重于劳动、分工带来的残缺限制大量减少的生活中,个体自由地参与心理本体的建设便显得突出和重要。因为交往需要真正的情感,否则,交往也将异化。语言亦然。"③第三个原因是回归传统文化。李先生是新时期启蒙运动的主将,但随着新时期启蒙运动的中止,李泽厚的文化观念和哲学立场也发生改变,由自由主义转向保守主义,由青年马克思和康德哲学,转向中国传统哲学,也就是"以儒为主,儒道互补",而儒家的情感伦理成为他的哲学、美学基础。于是,就有"情本体"的建构和工具本体的淡出。

---

① 李泽厚:《哲学探寻录》,见李泽厚:《实用理性与乐感文化》,生活·读书·新知三联书店,2005年,第187页。

② 乔东义:《李泽厚实践论美学的问题与反思》,《安徽师范大学学报》2005年第3期。

③ 李泽厚:《李泽厚哲学文存》下编,安徽文艺出版社,1999年,第654页。

表面上，李泽厚美学向“情本体”的转化似乎顺理成章，但是，疑问也由此产生：本体只有一个，李泽厚先生自己也说：“所谓本体即是不能问其存在意义的最后实在，它是对经验因果的超越。”①可他提出了“两个本体”，就必然导致不可解决的矛盾，因为本体只有一个。李泽厚先生认为他的“两个本体”并不矛盾，理由如下：第一，首先是因为没有别的词好用；第二，他认为应区别于现象与本体中的“本体”之义，是指最后的实在，最根本的东西；第三，这两个本体是有先后的。第一个是“工具本体”，也叫“工具—社会”本体，第二个叫“情感—心理”本体，后者是前者的产物；第四，他之所以在后期又提出了“心理本体”（情本体），那是因为人与整个自然界的关系、人与动物的区别，是工具本体造成的，但人本身也是一个自然，人的各种生存需要、人的情感欲望，动物也有的这些东西，它是怎么人化的？这就是人类自己建造的情感。因此，李泽厚先生认为这两个方面不但没有矛盾，而且构成一个整体。以前强调实践多一点，但那是基础，而且与五六十年代的语境相联系，当时美感的多重性不能多讲，到七八十年代，讲内在的自然人化多一些。情感本体、心理本体和外在工具本体是相对应的，但在理论逻辑上是有顺序之别的。他认为两个“本体”实可理解为两个不同层次的问题。“实践”主要讲制造和使用工具，人才成其为人，而情感、意志等属于心理学范畴。人的情感最终是由人的实践所决定的，但又不是直接决定的，这是一个漫长的过程。②

“情本体”与实践（工具）本体的关系是根本的问题。一方面，李泽厚说实践积淀为文化—心理结构，也就是说，实践（工具）本体决定情本体。李泽厚先生的“主体性”概念包括有两个双重内容和含义，第一个“双重”是：它具有外在的即工艺—社会的结构面和内在的即文化—心理的结构面。第二个“双重”是：它具有人类群体（又可区分为不同社会、时代、民族、阶级、阶层、集团等等）的性质

① 李泽厚：《李泽厚哲学文存》下编，安徽文艺出版社，1999 年，第 652 页。

② 参阅李泽厚：《走我自己的路——对谈集》，中国盲文出版社，2002 年，第 236 页。

和个体身心的性质。这四者相互交错渗透,不可分割。而且每一方又都是某种复杂的组合体。他认为这两个双重含义中的第一个方面是基础的方面。亦即,人类群体的工艺—社会的结构面是根本的、起决定作用的方面。“主体性”首先是指人类群体的物质实践,这是第一性的;而心理本体则是次生的,第二性的,经由积淀而生成的。这样,两个本体说就难以成立。按照他的逻辑,实际上只能存在一个本体,即实践(工具)本体或工艺—社会结构。他提出所谓情本体,只是对实践(工具)本体的一种补充,而这种补充造成了逻辑上的矛盾。它不能说明二者的关系:是并列关系吗?那样就成为二元论。是附属关系吗?那样就导致一个本体说。李泽厚实际上是游走于二者之间,这不仅体现了他的逻辑混乱,也体现了他的理论体系的困境。

但是,李泽厚毕竟不想成为一个彻底的实践主义者,因为这样就会落入否定个体性、精神性的理论陷阱,从而成为众多批判者的靶子。于是,他又提出,情感本体与实践(工具)本体之间的关系是互动的,情本体不仅依从于实践本体,而且反抗实践本体,以实现其个体性和自由。“因为人毕竟总是个体的。历史积淀的人性结构(文化心理结构、心理本性)对于个体不应该是种强加和干预,何况‘活着’的偶然性(从生下来的被扔入到人生旅途的遭遇和选择)和对它的感受将使个体对此本体的承受、反抗、参与,具有大不同于建构工具本体的不确定性、多样性和挑战性。生命意义、人生意识和生活动力既来自积淀的人性,也来自对它的冲击和折腾,这就是常在而永恒的苦痛和欢乐本身。”①这里有一个不仅我们不明白,恐怕他自己也不清楚的问题,那就是心理本体、情本体、个体感性是不是同一的概念?从他的表述上看,十分含糊。我们只能从两种可能上加以评论。首先,假设个体感性不同于心理(情)本体,后者是工具本体的积淀物,具有集体理性的性质,因此构成对个体感性的压迫,而个体感性也反抗这个心理(情)本体,因此有“个体对

① 李泽厚:《第四提纲》,《学术月刊》1994年第10期。

此本体的承受、反抗、参与”。如此看来，个体感性是工具本体和心理（情）本体之外的东西，它不被工具本体和心理本体决定，也不是其积淀物或表现形式，那么，新的问题就来了：个体的独立性从何而来？如果能够脱离工具本体和心理本体而存在，而且能够反抗工具本体和心理本体，那么它就是另一个本体，这样一来，岂不是存在着三个本体了吗？这又何其荒谬。而且，如此一来，情感本体就不那么理想了，因为它成为个体感性的对立物，成为反抗的对象，从而也就没有可能和必要建设情感乌托邦。那么，我们作出另一个假设，也是剩下的唯一可能的情况，那就是心理（情）本体就是个体感性或者与个体感性同一，心理（情）本体与个体感性共同反抗工具理性的压迫。这种理解倒是符合其积淀说，按照积淀说，个体感性是集体理性的积淀形式。但这样一来，也有不妥之处。一是，从他的论述上看，似乎个体与心理本体并非一物，而且二者似乎存在着冲突。二是，如果心理本体就是个体感性，二者一致，共同反抗工具本体，那么情本体以及个体感性就不是工具本体的积淀物，实践本体论也就倒塌。总之，不论怎么理解，李先生的概念和理论都有含混和矛盾之处。也许更深层的问题在于，李先生受到儒家伦理的影响，个体感性与集体伦理之间没有分离，因此在概念上也不能清晰的界定，而他所谓的情本体就是儒家伦理那种群己不分的混沌状态，如此才能建构一个情本体和情感乌托邦。

不管怎样，可以看出，李泽厚从前期强调工具本体的决定作用，转向强调个体的能动反抗，以此回应后实践美学对实践美学抹杀个体性、精神性的批判。在这里，他似乎承认了情感本体的独立性和自由性，从而也为审美的自由找到了依据。李泽厚美学的后期发展，精髓就在这里。但是，如果是这样的话，新的问题、甚至是更严重的问题也随之产生了。首先，情感本体的独立性从何而来？个体的独立性从何而来？如果依照积淀说，只能是来自实践（工具）本体，并且决定于实践（工具）本体，这样，情本体、个体就没有独立性，更不可能反抗实践（工具）本体。其次，按照实践美学的基本原理，实践是一种体现人的自由自觉活动本质的本原力量，心理本体不过是其积淀物，而个体又是集体心理结构的表现形式，那么就不存在着工具本体(实践)压抑情本体、限制个体自由的消极方面，也谈不上情本体、个体对实践(工具)本体的反抗，而只存在二者之间的契合、顺从。李泽厚后期的转变，事实上建立了一个二元的哲学、美学体系：工具本体积淀为集体理性，而情感本体又源于个体感性，前者压迫后者，后者反抗前者，而情感本体又成为人类最终的精神家园，从而建立了一个情感乌托邦。这样，"情本体"与"积淀"说形成了矛盾。"积淀"说是李泽厚先生用以揭示人类审美心理的产生、形成和结构的重要理论，也是他用以沟通"工具本体论"与"心理本体论"的一个重要桥梁。其重要作用不言自明。所谓"积淀"，正是指"人类经过漫长的历史进程，才产生了人性——即人类独有的文化心理结构，亦即从哲学讲的'心理本体'，即'人类(历史总体)的积淀为个性的，理性的积淀为感性的，社会的积淀为自然的，原来是动物性的感官人化了，自然的心理结构和素质化成为人类性的东西'"。①

尽管李泽厚先生多次强调他的"积淀"说的落脚点是个体、感性和偶然，并且是一种文化心理的结构过程，其目的地是情感的多元性和丰富性，但学术界反对的声音还是居多。批评者指出，"积淀"说本质上只关注人类历史积淀性的作用，从而也就窒息了群体或个体建构对于人类历史积淀进行超越或"突破"的可能性。这样，李泽厚先生的"积淀"说就显示出了这样的特性："群体为实，个体为虚，群体是个体赖以生存的终极归宿，个体是显示群体权势的偶然道具"。美既不是对过去历史的简单重复，也不是割断历史的一味超前，而只发生在过去与未来相交的那一不断变动的结合点上。一言以蔽之，它是"积淀"基础上的"突破"。②而"情本体"的提出，就在逻辑上预设了这样一个立场：情本体不是派生的，而是独立的，这样就必然与"积淀"说形成矛盾，而李泽厚也确实想在实践

① 李泽厚：《美学四讲》插图本，广西师范大学出版社，2001年，第125页。

② 陈炎：《积淀与突破》，广西师范大学出版社，1997年，第218页。

本体之外做文章，强调情感的个体性和自由性，以弥补实践本体之不足。但是，他一直强调："'人活着'是第一个事实。'活着'比'为什么活着'更根本，因为它是一个既定事实。"①这样一来，很难想象两者如何能够协调统一，要么只能舍"积淀"说，要么只能舍"情本体"说。虽然李泽厚先生说这种调和统一是可能的，但逻辑的要求却不支持他。

李泽厚先生的情本体论依然延续了实践美学的主体性路线以及意识哲学的立场，而这也是它的致命弱点。实践美学是建立在"主体性实践哲学"基础上的，因此它把存在定位于主体性，把审美定性于主体性的胜利（人的本质对象化或人化自然）。这就产生了主体性哲学、美学固有的弊端。如今，他又提出情本体，依然把存在定位于主体性，把审美定性于主体性的实现，只不过这个主体不再是实践主体，而是意识主体。这种转变似乎解决了实践的物质性与审美的精神性的矛盾，同时又带来了新的矛盾，这就是意识哲学、美学的弊端。主体性是近代哲学、美学的主题，它体现了早期现代哲学所遵循的启蒙理性精神。但是，以主体与客体对立，主体统制客体、征服客体，不仅不会实现自由，反而会导致个体与社会的疏远，人类与自然的对抗。现代性的实践已经证明了这一点。因此，现代哲学、美学走向了主体间性，存在以及审美既非客体性的，也非主体性的，而是主体间性的。而情感本体论同样具有主体性的弊病。情感的膨胀必然导致人与人、人与自然的冲突，因为这种情感毕竟是主体的情感，是主体意志的表达。

实践美学属于一种意识哲学（实践美学认为审美是人对自己本质的欣赏——"直观自身"），但较之前期的实践美学，情感本体论的意识哲学立场更为强化，它把情感作为本体，把审美当作纯粹的意识活动，排除了审美的身体性。意识哲学也是前现代阶段的哲学，认为存在只是"我思"，是心物的对立，它排除了存在的身体性。建筑于其上的主体性意识美学，也排除了审美的身体性。现代美

① 李泽厚：《第四提纲》，《学术月刊》1994年第10期。

学的发展表明,审美不仅仅是一种意识或情感,还是一种身体体验,人作为身心一体的审美主体,与作为另一个有灵性的世界主体共在,并且互动、交往,融合为一体。因此,现代哲学、美学走向了身体性。情本体论美学不能有效地解释审美现象;它的主体性倾向与意识美学性质,表明它还缺乏现代性。[①]实践美学作为主体性美学与意识美学的困境,表明中国美学必须走主体间性的道路,并且建立身心一体的美学。这就是说,不是实践本体论,也不是情本体论,而是存在(生存)本体论,它超越了主体性与客体性的对立,也超越了意识美学和身体美学的对立。

在启蒙时代,人类的困境是社会存在,美学面临的历史要求是社会解放,因此实践美学诉诸社会实践、主体性、集体理性具有一定的现实根据。而在现代社会,由于物质性生存问题的缓解,精神困扰突出,实践本体论不能再有效地解决人的生存困境,于是,“情本体”成为李泽厚建构的精神家园——现代人的乌托邦。他说:“人类学本体论要求两个乌托邦。外的乌托邦:大同世界或‘共产主义’。内的乌托邦:完整的心理(特别是情感)结构。可以有一种新的‘内圣外王之道’。‘活着’没有乌托邦是今日的迷途。回归上帝(真主)或寻找 Being,都是在构建内的乌托邦。”[②]那么,情感世界真的会成为现代人的精神家园吗?建构情感乌托邦真的会解脱现代人的精神困扰吗?李泽厚给以肯定似的回答,因为他认为在独立的情感世界中会实现精神的自由。早期的李泽厚先生对“自由”的理解还是启蒙理性的自由观:“真正的自由必须是具有客观有效性的伟大行动力量。这种力量之所以自由,正在于它符合或掌握了客观规律。”随着他后期美学的转向,这种外在(实践)的自由转向“内在(情感)”的自由,遂有“情感乌托邦”的建构。他说:“既无天国上帝,又非伦理道德,更非主义理想,那么,就只有以这亲子

---

① 关于意识美学,请参阅杨春时:《超越意识美学与身体美学的对立》,《文艺研究》2008 年第 5 期。

② 李泽厚:《第四提纲》,《学术月刊》1994 年第 10 期。

情、男女爱、夫妇恩、师生谊、朋友义、故国思、家园恋、山水花鸟的依托、普救众生之襟怀以及认识发展的愉快、创造发明的欢欣、战胜艰险的悦乐、天人交会的归依感和神秘经验,来作为人生的真谛、生活真理了。”①等等。由此可见,李泽厚先生的“情”囊括了世俗社会里人的一切关系和存在的情感,他把这些情感归结为“天地国亲师”。然而,如此敏感、混乱、善变的心理现象如何能承当起人生本体之重任呢?他认为:“‘情’是‘性’(道德)与‘欲’(本能)多种多样不同比例的配置和组合,从而不可能建构成某种固定的框架和体系或超越的‘本体’(不管的‘外在超越’或‘内在超越’)。可见,这个‘情本体’既无本体,它已不再是传统意义上的‘本体’。这个形而上学即没有形而上学,它的‘形而上’即在‘形而下’之中。……‘情本体’之所以仍名之为‘本体’,不过是指它即人生的真谛,存在的真实,最后的意义,如此而已。”②

这里,李泽厚利用概念的模糊,掩饰了思想的含混。所谓“人生的真谛,存在的真实,最后的意义”不是本体是什么?他似乎认为情感不是真正的本体,而工具本体是真正的本体。这就出现了问题:实践作为工具本体是否也是“人生的真谛,存在的真实,最后的意义”?如果不是,那么“人化自然”等等岂不是空话;如果是,那么怎么还会有情本体与工具本体之间的冲突?不管怎样,即使在李泽厚的意义上,由于“‘情’是‘性’(道德)与‘欲’(本能)多种多样不同比例的配置和组合”,情也不是本体,它无法维持一种平衡,只能在理性与欲望的冲突中存在。它受理性制约,不能脱离理性;又受欲望驱动,不能脱离欲望。情成为本体,如何处理与理性的关系呢?若反抗理性、破除理性,就导致反社会的泛情主义;若依从理性,受制于理性,那么情感就受到压制,也不能达到自由。情成为本体,又如何处理与欲望的关系呢?若压制欲望,就导致禁欲主

① 李泽厚:《哲学探寻录》,见李泽厚:《实用理性与乐感文化》,生活·读书·新知三联书店,2005年,第191页。

② 李泽厚:《哲学探寻录》,《实用理性与乐感文化》,第188页。

义;若放纵欲望,就导致享乐主义,人成为欲望的奴隶,还有什么自由可言?更重要的是,无论如何,情感是现实的情感,出自现实的需要,不能摆脱现实的社会关系,要受到意识形态的制约,因此不能带来人的解放,从而有别于自由的审美情感。像李先生提倡的“天地国亲师”,仍然是一种意识形态,它和一切意识形态一样,都会给个体造成束缚。这些现实的情感存在着许多阴暗面,彼此冲突(比如爱情,单方面的爱情就是痛苦);不仅有正面的情感,如李先生所举例的爱、恩、恋、谊、义以及愉快、欢欣、娱乐等;也有负面的情感,如嫉妒、贪婪、残忍、冷漠以及痛苦、绝望、悲哀等等。舍勒认为,现代人的基本情绪是“怨恨”,怨恨成为现代性的基本构成,而它不可能成为现代人的精神家园。试看,世界上的冲突、哪一项不是情感的冲突?世界上的罪恶,哪一项不是情感的罪恶?即使那些正面的情感,也有负面局限,如“亲子情、男女爱、夫妇恩、师生谊、朋友义”,可能导致偏私偏爱,放大了就会以私害公;“故国思、家园恋”,并非最高的人类之爱,绝对化就可能导致狭隘民族主义和狭隘地方意识;至于“认识发展的愉快、创造发明的欢欣、战胜艰险的悦乐”等,还是世俗生存活动的产物,都是有功利前提的日常情感体验,达不到本体的高度,不可能成为“乌托邦”;况且还有这种功利追求失败产生的负面情感,那可就不那么理想了。至于所谓“山水花鸟的依托、普救众生之襟怀……天人交会的归依感和神秘经验”则进入了审美情感或者宗教体验,这固然具有超越性,也属于自由的情感,甚至可以成为本体,但它们已经不属于现实情感范畴,不能与现实情感混为一谈。而李泽厚把这些不同的情感统统归结为“情本体”,暴露了他学理上的缺陷。总之,李泽厚看不到情感的局限,抬高世俗的情感,企图建立一个情感乌托邦,这是行不通的。

也许可以这样解释,李泽厚的“情本体”不是指现代人充满冲突的情感世界,而是中国古典时代的天人不分、情理和谐的世界。他把那个逝去时代的情感世界理想化了,作为现代人的精神归宿。“情本体”论的主要思想来源是中国传统的乐感文化和实用理性,李先生说:“以儒为主、儒道互补,以‘乐’和‘生生不已’为人生要义和宇宙精神。这也就是我的人类学本体论(亦即主体性实践哲学。此处‘主体性’即人类本体,因无论从本体到认识,均无与人类无关或完全对峙的客体)。”①李泽厚先生还认为“中国之不同于西方,根本在于它的远古巫史传统,即原始巫术的直接理性化。它使中国素来重视天人不分,性理不分,‘天理’与人事属于同一个‘道’、同一个‘理’。从而,道德律令既不在外在理性命令,又不能归纳于利益、苦乐相联系的功利经验。中国人的‘天命’、‘天道’、‘天意’总与人事和人的情感态度(敬、庄、仁、诚等)攸关。正由于缺乏独立自足的‘超验’(超越)对象,‘巫史’传统高度确认人的地位,以至可以‘参天地赞化育’。与西方‘两个世界’的‘圣爱(apape)’(情)、‘先验理性’(理)不同,这个中国传统在今天最适合于朝着‘人类学历史本体论’的方向发展。”②很明显,李泽厚先生认为中国传统的儒家文化较之西方文化更适合于在当今时代作为“情本体”的依托,可以治疗现代人的心理病症;而道家的“天人合一”思想则可以与儒家文化形成互补,所谓“以儒为主,儒道互补”共同促成“情本体”的建立。问题是,儒道文化还会复兴吗?它真的能够成为现代人的精神家园吗?

实践美学的根本弊病之一是对于审美的超越性的否定,它企图在社会实践中寻找审美的根据;而情感乌托邦或者情本体论又企图在世俗的情感世界中寻找人生的依托,代替人的超越性追求(审美的或宗教的)。这种学说根源于中国文化传统,即天人合一、实用理性的儒家伦理文化传统。儒家伦理亲情基于宗法社会和前现代的生活方式之上,具有天人合一的性质,它把日常情感伦理拔高为终极价值,以替代人的超越性追求;它以血缘亲情为纽带,消融个体意识。正如历史已经证明的那样,儒家的情感伦理并没有导致一个大同世界,没有实现人的自由,相反,却支持了一个延续两

---

① 李泽厚:《第四提纲》,《学术月刊》1994年第10期。

② 李泽厚:《己卯五说》,中国电影出版社,1999年,第10页。

千余年的封建社会。李泽厚无视儒家伦理主义带来的黑暗,不顾五四以来启蒙运动对它的批判,企图以儒道互补来拯救现代世界,走上了文化保守主义的道路。李先生以马克思主义和存在哲学始,以儒家哲学终,他的全部论证归结为建立"以儒为主,儒道互补"的"内的乌托邦",把世俗的情感作为最高的价值、人生的归宿,解决现代人对生存的意义的追询。如果说,在宗法社会和天人合一的文化系统中,人们还可以在这个"情感乌托邦"中消融个体感性与集体理性的冲突并得到终极价值的替代性满足的话,那么,在现代社会,天人分离,个性独立,情感伦理失去了神圣性,建立"情感乌托邦"已无可能。现实的伦理亲情受制于社会功利需求和意识形态规范,它不是自由的情感,也不可能解决人生意义问题,因此不能成为现代人的乌托邦。李先生为现代人的精神病症开了一副古老的药方,只是完全不对症。

现代人类为了摆脱自己的生存困境,确实需要一个精神家园,因此也需要建构一个乌托邦。但这个乌托邦既不是什么社会乌托邦,这个神话已经失去魅力;也不是什么情感乌托邦,它同样已经失去了神圣性,而是审美乌托邦。审美是自由的生存方式,也是超越的生存体验,因此也超越现实情感,是自由的情感。审美本来就超越现实,实现了人的终极追求,具有乌托邦的性质。它能够在物质丰富、精神匮乏的现代社会,为人类建立一个精神家园。当代哲学走向审美主义,根据也在于此。只是李先生把审美情感与现实情感混淆在一起,从而把现实的情感美化了。他企图恢复儒家的情感伦理,重建天人合一的世界观,用以麻醉现代人的自我意识。儒家的情感伦理已经在启蒙运动中瓦解,也被现代生活抛弃,它不可能具备乌托邦的感召力。这种情感伦理既不能解决现代人的生存困境,也无法抹杀现代人的个体意识,因此也不能成为人的精神家园。由于实践美学对于超越性的隔膜,李先生无法区分审美情感和现实情感,因此也不能真正建立起现代人的乌托邦。

综上,我们可以看出,由于李泽厚先生实践美学所依据的实践本体论基础本身的缺陷,他后来提出的"情本体"论不但没有解决他先前学说中的已有矛盾,而且还衍生了新的矛盾。有的学者的看法很有道理:"李泽厚先生是一个集合时代各种矛盾的人,包括历史的和现实的,中国的和西方的,群体的和个体的,感性的和理性的等等,他解决矛盾的方式如同康德,是一个调和主义者。这就决定了李泽厚先生的概念的间性特征。所谓间性,就是两者的交和性,即此中有彼,彼中含此。"①实际上,所谓间性,就是由于体系本身的矛盾所产生的含混性。

(原载《烟台大学学报》2009年第2期)

① 中英光:《评李泽厚先生的主体性论纲》,《学术月刊》1998年第9期,第46页。

试析李泽厚实践美学的“两个本体”论

朱立元

一、如何理解本体论和本体概念？

早在上世纪80年代初，李泽厚先生就明确地将自己的哲学思想命名为“主体性实践哲学”或“人类学本体论哲学”，以后他在许多场合称自己的哲学为“人类学历史本体论”或“历史本体论”。他的“两个本体”的思想正是其哲学基础与核心。

关于对“本体论”和“本体”概念的理解，李先生的基本看法有这样几点：第一，西方的“本体论讲 Being”，即存在或在、有、是。第二，“中国没有 Being 这个概念”，“中国讲的是 Becoming”，即生成、变易。因此，中国并没有西方意义上的本体论，也“没有本体、存在之类的概念”。第三，但从“普世主义”立场看，“还是得用西方的词”，还是要讲本体论、本体和存在。①但这种本体论是结合中国语境和中国文化特征的，本体被界定为“本根、最后的实在”②。

那么，李先生是如何主要结合中国儒家传统文化精神来使用本体概念的呢？他强调“儒学重视的是动、行、健、活、有，而非静、寂、默、空、无。如果说本体，则应是前者而非后者”③，认为儒家面对“人生无所凭依的本体悲哀”是强打精神、强颜欢笑，“以情感方式

①② 李泽厚：《李泽厚近年答问录》，天津社会科学院出版社，2006年，第39、40页、第44页。

③ 李泽厚：《论语今读》，天津社会科学院出版社，2007年，第123页。

出之","天行健"、"生生之谓易"等"只是人有意赋予宇宙以暖调情感作为'本体'的依凭而已"①。李先生明确表明自己在其历史本体论中"贯注了中国传统精神,例如提出心理本体问题",认为这"有建构心理本体的遗产意义"②。

仅在上述引文中,李先生对于本体概念的使用就有好几种新含义:第一,把儒学重视的动、行、健、活、有等思想视为本体,实际上把本体理解为注重变易(Becoming)的精神;第二,强调人本身的修养,提倡建设健全人性即心理、情感,于是心理、情感也成了本体;第三,把心理本体理解为肯定生命、感性,达到感性个体与普遍性相合一的境界。显然,上述种种对本体概念的使用,既不同于西方的本体论,也不完全同于传统中国学人的本体论(虽有部分相通),同前述他自己界定的作为"本根、最后的实在"意义上的本体概念也并不一致。这些使用不但没有突出和落实在"最后的实在"上,相反显得随意和多义。在其他一些场合,李先生对本体概念的使用还有一些别的意义。

应当承认,李先生可能主观上并不想犯形式逻辑上的大忌,他本来是希望以"最后的实在"来界定"本体"概念,并贯穿到其历史本体论中去的。这从他上世纪70年代末一直到新世纪的许多文章、谈话中都可以看到。比如,"所谓本体即是不能问其存在意义的最后实在。"③"本体是最后的实在,一切的根源,……(工具本体)就是人与物(动物)的分界线所在。"④就是说,"最后的实在"是实在中最基础、最根本、最后的一种,是其他一切实在及其意义的根源,其他一切实在及其意义源于它,它的存在意义是最原初的、不言自明的,无须也不能论证的,不能、也无法追问其存在意义的。那么,在李先生的历史本体论中,这个"最后的实在"到底是什么?是工具本体还是心理(情感)本体呢?李先生曾说:"这可以理解为

---

① 李泽厚:《论语今读》,第264页。

②③④ 李泽厚:《实用理性与乐感文化》,北京:生活·读书·新知三联书店,2005年,第146、147页、第237页、第124页。

两个不同层次的问题。'实践'主要讲制造和使用工具,这是本源。正是由于制造和使用工具,人才成其为人。而情感、意志等等属于心理学范畴。人的情感最终是由人的实践所决定的。"[①]很清楚,在两个本体中,唯有工具本体才是本源的、根本的,不能、也无法追问其存在意义的"最后的实在",而所谓"心理本体"(情感、意志等等)最终是由工具本体所决定的,它是从属的、派生的,它的存在意义最终是被决定的,而不是不能追问其存在意义的"最后的实在"。所以,即使按李先生界定的"本体"含义,分属两个层次的两个本体中唯有工具本体才算得上真正的本体或"最后的实在",而所谓"心理本体"不是、也根本不可能是"最后的实在",说到底根本不能算是本体。

究其原因,这同李先生人类学历史本体论哲学理想的构建密切相关。他把"活着"首先归结为"吃饭哲学",然而,他认为解决当今精神危机的方法是走经过现代阐释的儒家所谓"为天地立心"的道路,亦即"由工具本体到心理本体"的道路。为此,李先生认为张载的儒学教条乃"情感本体之必需也"。显见,李先生是在当今世界人的文化心理、精神文明建设的重要性和迫切性上,而不是在"最后的实在"性上,解释"心理本体"或"情感本体"的。

综上所述,李先生在工具本体之后又提出心理(情感)本体,在逻辑上违背了他自己对本体论和本体的基本理解,实际上是把本体的"最后的实在"性、本根性,与特定时代心理的特别重要性、迫切性这两个不同性质、不同层次的问题混淆起来了,并从心理问题在当今的日益重要性,推出了心理的"本体"地位。李先生自己一方面承认工具本体的基础性(这正是其作为"最后的实在"、从而作为本体的原因),另一方面却又因为心理有"独立性"并"对人类构成意义",而赋予其"本体"的地位[②],这不是自相矛盾吗?

---

① 李泽厚:《实用理性与乐感文化》,第 153 页。

② 李泽厚:《李泽厚近年答问录》,第 44 页。

二、"两个本体"论的提出及其要害:走向二元论

李先生"两个本体"思想的孕育和形成,自上世纪70年代末起大约经历了三个阶段:

第一个阶段是从《批判哲学的批判》到上世纪80年代初期,提出了"工具本体"概念,主要还是强调工具本体及其对语言、精神、心理、情感等意识方面因素的决定作用。1983年的《关于主体性的补充说明》,开始强调"从属的,第二性的"心理、意识的主体能动性。这本来并不错,但他有时将这种心理、意识的东西上升到"本体"的高度:

> 它不是简单地服从因果必然性的现象,而是在主体的目的性中显现出**本体**的崇高,显现出主体作为**本体**的巨大力量和无上地位。
>
> 正是它,构成主体性的**本体**价值。
>
> 正是这个潜在的超道德的审美**本体**境界,储备了能跨越生死不计利害的道德实现的可能性,这就叫"以美储善"。①

这里使用了一连串"本体"字样,为心理本体的提出埋下了伏笔。但是,细品李先生对"本体"概念的这些使用,可以发现,"本体"已经脱离了前面"最后的实在"的含义,而成为主体和主体性的一种具有根本性的追求、价值和境界。这与前面提到的几种对本体概念的使用不同,本体的含义又有增加。

第二个阶段是上世纪80年代中后期,明确提出"心理本体"概念,确立了两个本体论的理论框架。李先生在《关于主体性的第三个提纲》(1985年)中正式提出了心理本体概念。在该文中,他批

① 李泽厚:《实用理性与乐感文化》,第229、228、230页。

评卢卡契“过分侧重理性、社会、群体,不能提出心理本体问题”①,而侧重从感性、个体的角度提出了心理本体概念和两个本体的思想,着重论述了何谓心理本体以及人性这个心理结构何以能成为本体等问题。下面略作分析:

第一,李先生认为,“人性就是我所讲的心理本体”②,心理本体就是人性、人性能力、历史积淀的文化—心理结构或感性结构。换言之,构成心理本体的只是感知、情感、意识等精神性、心理性的东西,与进行物质生产的工具本体显然大不相同,分属两个层次:前者属于社会意识的上层领域,后者属于物质生产的基础领域。把后者当作人的本体存在没有问题,但是,把前者即社会意识也同样当作“本体”就说不通了。

第二,李先生论证人的心理“这个感性结构之所以是本体,正因为它已不是生物性的自然存在,而是对有限经验的超越。它是人之为人的内在依据”③。显而易见,这里的本体既不是从“最后的实在”层面界定,也不是相对于现象的本体,而是从人超越生物性的自然存在、因而“人之为人的内在依据”来界定。那么,这是否意味着李先生对“本体”概念的又一种独特使用呢?同时,相对于心理本体的工具本体是否成了“外在依据”呢?如果是,那么两个“依据”哪一个更根本呢?如果不是,两个本体都为“内在依据”,但同样存在着哪一个更根本的问题,而不仅仅是哪一个“领先”的问题。

第三,李先生怎样论证心理本体的合理性呢?他首先认为心理本体的建立受到了现代西方哲学特别是存在主义、现象学、精神分析学等的深刻影响。④但是,人生基本问题何以能与心理本体的建构挂上关系呢?李先生认为,个体的人的荒谬、无聊和无家可归等现代感受的产生,是感性存在的本体危机,“于是,只有注意那有相对独立性的心理本体自身”⑤。笔者认为,现代人的确存在种种心理危机,解决这些心理危机当然需要有精神、文化、心理的建设,但

①②③④⑤ 李泽厚:《实用理性与乐感文化》,第234—235页、第236页、第238—239页。

是，仅仅靠个体参与的心理、人性建构，即李先生所倡导的“新感性”的建设，真的就能化解这些现代人的心理危机吗？李先生的“新感性”与马尔库塞提倡的“新感性”虽然在内容上大不一样，然而，后者的乌托邦幻想在实践中碰得粉碎的前车之鉴难道不值得深思吗？还有，心理的东西难道仅仅有相对独立性就能够成为本体吗？进而，社会的心理问题和危机仅仅靠心理自身的建设就能完全解决吗？

第四，李先生在论证心理、意识的本体性时还提出，“所谓本体即是不能问其存在意义的最后实在，它是对经验因果的超越。离开了心理的本体是上帝，是神；离开了本体的心理是科学，是机器。所以最后的本体实在其实就在人的感性结构中。只是这结构是历史地建构起来，于是偶然性里产生了必然。”①这段话问题很多：首先，李先生把本体作为“最后实在”与作为“对经验因果的超越”两种意义混为一谈了，这两句话这么一连接，实际上进行了语词意义的偷换。其次，从上下文看，这里的超越是指对上帝、神和科学、机器的双重超越，但这同“经验因果的超越”又是什么关系呢？上帝、神也属于经验因果的范畴吗？再次，李先生把“最后实在”落实在“人的感性结构中”，即人的心理结构中，其思考逻辑大概是这双重超越就是在人的心理中完成或实现，但这种心理、精神、意识上的超越难道就是心理的本体性吗？难道就能显示或体现心理是“人的本体的最后的实在”吗？最后，李先生明显地离开了他自己一再说过的关于工具本体作为区分人与自然根本标志这一“最后实在”的含义，非常明确地把第二性的意识、心理也上升为本体，这是由一个本体转向两个本体的关键。从此，存在与意识、基础与上层、第一性与第二性就成为平等、并列的关系了！

李先生还进一步强调心理本体的相对独立性，认为工具本体只是为心理本体提供建构框架。在李先生那里，工具本体对意识、心理的决定意义随着历史、文明的进展而逐渐淡化，逐渐丧失其“最

① 李泽厚：《实用理性与乐感文化》，第237页。

后的实在"的基础作用。这样,他就从工具本体出发,一步步走向心理本体,并确立了心理、情感、意识脱离工具本体的独立的本体地位。在此基础上,李先生提出了其建构心理本体、建设"新感性"的根本目标。

第三个阶段是从上世纪 80 年代末至今,完成了"两个本体"说,并突出论述了心理本体中的情感本体的最重要功能,把"情本体"置于其"两个本体"说的核心地位上。1989 年的《第四提纲》基本完成了两个本体说。其包括四个层面的内容:

第一,为什么现在要提出两个本体?李先生认为,工具本体并没有解决更加深层的人"为什么活"的问题,而"'为什么活'(活的意义),产生在后一世界(按:即心理世界)中",不在工具本体涉及的范围内。然而,在今天这个问题已成为社会的主要问题,"于是提出了建构心理本体特别是情感本体"①。显然,李先生仍然是从当代现实解决心理问题的重要性、迫切性角度来回答为什么提出心理本体的,而没有正面回答心理何以能够成为本体的问题。

第二,将两个本体由主次、从属关系改变为并列、对等关系。李先生对马克思《巴黎手稿》中"自然的人化"命题作了独特的解释和"并列"论的发挥:"'自然的人化'有双向进展,即工具—社会世界和心理—文化世界,简称之曰:客观的工具本体和主观的心理本体。"②这样,工具本体与心理本体之间前者最终决定后者的主次、从属关系,就变成了"自然的人化"中客观和主观两个并列、对等的方面。可以说,两个本体并列说由此正式出台。

第三,在此基础上,设定了两个本体的两个并列的"乌托邦"目标。③两个分别代表"自然的人化"主客双方的并列本体,在最终目标上也是通向内外并列、不分高下的两个乌托邦。这是两个本体并列说的进一步深化,或其内涵的又一层意义。不仅如此,李先生还把两个本体的两个乌托邦目标概括为"一种新的'内圣外王之道'"。这大概是李先生赋予两个本体论的儒学新内涵,也是李先

①②③ 李泽厚:《实用理性与乐感文化》,第 245 页、第 246—247 页。

生如此重视和强调两个本体、特别是其中的心理本体的根本缘由。

第四,从群体向个体积淀、理性向感性积淀、社会向自然积淀、必然向偶然积淀的"积淀"说出发,强调心理本体区别于工具本体的独立性和独特性,认为"历史积淀的人性结构(文化心理结构、心理情感本体)对于个体不应该是种强加和干预"①。当然,这也为强调心理本体的建构留出了足够的空间。

同一时期的《美学四讲》比较集中地提出、论述了两个本体并列说和心理(情感)本体,而且提出了并列说的另外几个内涵。比如第三讲"美感"给出了两个本体分别为自然人化的客观和主观两个方面观点的另一种表述——"外在"和"内在"两种"自然的人化",它们同样不分高低主次,完全平等并列。②并且认为,它们是同一个活动过程的两个对应、对等的方面。这就把两个本体在历史运动和生成中的作用、地位和发展方向完全等量齐观了。

再如,并列说有时还将两个本体与两个文明分别对应起来,认为工具本体对应于外在物质文明的创造,而心理本体则对应于内在精神文明的建设,甚至从自然的人化角度把两个本体与两个文明直接对应起来:"自然的人化是物质文明与精神文明双向进展的历史成果。它虽然不是一一对应,……但总的来看,是彼此相互对应,双向进展的。"③这就把两个本体并列说推向人类文明这个更高的层次、更广的范围。但实际上两个文明无论在内涵还是外延上都远远大于、广于两个本体及其成果,而且两个文明的成果有时候是交叉重叠的,精神文明建设也不能仅仅归结为心理本体的建设。所以,这种看似严密、整齐、对称性的理论推演,实在过于牵强附会。

关于"情本体",李先生还着重论述了它的超越性和至高性。如他认为:"在中国,由于经验和超验、这个世界和那个世界总是搅

① 李泽厚:《实用理性与乐感文化》,第247页。

②③ 李泽厚:《美学四讲》,生活·读书·新知三联书店,1989年,第36—37页、第37页。

在一起,不能截然分开,所以就达不到那个宗教的高度。……追求超验的失败,说明只能在经验中追求超越,这就是情本体。”①这种具有不同于西方宗教超验性之超越性的“情本体”,同以上在“内在自然的人化”基础上建构起来的属人的、而不是超越的情(心理)本体似乎涵义大不一样,且自相矛盾;这里的混淆同上面本体性与超越性的混淆也不相同。比如李先生论“情本体”的重点不在超越性,而在强调审美中情感与理性的交融关系以及“情本体”的至高地位,把“情本体”升格到“人之为人的最高、最重要”成果②,甚至超过工具本体。这实际上暴露出在李先生心目中两个本体的地位被倒置了:“情本体”成为人之为人的最高尺度,心理本体反过来高于工具本体了。

上面对李先生两个本体论的提出过程、基本框架和主要观点,作了概括的梳理和简要的评析。笔者觉得两个本体论在理论上是有重大破绽的,其中最主要、最核心的问题是用并列说来淡化乃至取消两个本体的主次、从属关系,实际上使工具本体作为第一性物质基础的最终决定地位逐渐淡出,而使第二性的意识、心理、情感上升为本体并实际上居于主导地位。由此可见,两个本体并列论的要害,在于把以物质生产作为人类社会形成、发展基础的一元论的工具本体论,改变成物质生产与精神生产、工具本体与心理本体并列的历史二元论。

对此,李先生似乎并不回避和否认,但他的回答却有点令人费解:“笛卡尔不是也讲二元吗? 本体既然不是 Being,我讲两个本体怎么就不行呢?”但是,笔者不禁要问,笛卡尔讲二元,我们也就可以讲二元吗? 如果说,在笛卡尔那个时代,他的心(形而上学)物(物理学)二元论在自然观和认识论上体现了某种反神学的唯物论进步倾向,那么在当今之世,还要用笛卡尔式的心物二元论来解释

---

① 李泽厚:《李泽厚近年答问录》,第 47 页。

② 转引自叶秀山、王树人总主编:《西方哲学史》4,江苏人民出版社,2004 年,第 74 页。

社会历史的发展，则会削足适履，捉襟见肘。而且，笛卡尔的两个实体论即二元论，归根结底仍然是一元论——他把上帝设想为心、物二元的最终来源。李先生不可能同意上帝存在的一元论，但是他乐此不疲地构筑两个本体并列的"新"历史观，实际上从工具本体一元论走向了心理本体和工具本体（心和物）的二元论。有时候他虽然承认二者有"主次、先后之分"，但认为这"只是在逻辑上，而不一定在时间上。在时间上，内外两方面同时进行"。[①]从李先生的所有相关论述来看，在两个本体问题上，承认物质活动第一性比较虚、比较空泛，而强调两个本体主客、内外同等、并列则比较实，比较具体，总的说来没有离开二元并列论的思路和框架。

而拿这个历史二元论与李先生前期曾经主张的工具本体才是"最后的实在"的一元论历史观点相比，确实是发生了巨大的、根本的变化。上世纪80年代初期，李先生在谈到语言与工具本体的关系时，曾明确表达了以工具为本体、为基础的思想。把语言、而且把心理排除在"最终实在"即本体的范围之外[②]，这个看法李先生曾经在不少场合多次重申过。况且，在笔者看来，心理与语言相比，恐怕距离作为工具本体的"最终实在"更加远。恩格斯在阐述劳动在从猿到人转变过程中的作用时曾明确指出，从人类发生学角度看，制造、使用工具的劳动是"最终实在"，语言是其次的，而在脑髓、感官逐渐完善基础上生成的人的意识则是第三、第四位的。[③]这大概并不违反李先生的基本看法。所以当他尖锐地质问语言本体论"问题在于，语言是人类的最终实在、本体或事实吗"时，他难道能够肯定或赞同离开劳动实践（工具本体）更远的意识、心理、情感等等，同样是人类的最终实在、本体或事实吗？然而，遗憾的是，李先生不久以后就抛弃了工具本体论，而走向削弱乃至取消工具的本体地位的、两个本体并列的历史二元论。

---

① 李泽厚：《李泽厚近年答问录》，第294页。

② 李泽厚：《批判哲学的批判》，生活·读书·新知三联书店，2007年，第71页。

③ 参见《马克思恩格斯选集》第4卷，第376—378页，人民出版社，1995年。

三、是超越还是疏离、倒退?

李先生两个本体说从提出到展开为历史二元论,经历了一个比较长的过程,反映了他的哲学思想、主要是对唯物史观的看法发生了重要变化。虽然他表示认可"马克思关于生产工具、生产力、科技是人类社会生存延续和发展的最终基础这一根本观点",但又强调,"我只接受唯物史观上述核心部分"。而对马克思唯物史观中"基础对上层建筑的决定关系"(当然包括社会存在对社会意识的决定关系)等等,李先生明确表示对其中许多观点是不赞成的。

笔者以为,这里有两点需要辨析清楚:一是马克思唯物史观的核心部分是否仅仅李先生所说的这一点?二是是否真的如李先生所说,"逻辑上从'使用-制造工具和生产力是社会存在的基础'也推不出这些理论"①,特别是社会存在最终决定社会意识的理论?

先说第一点。早在《德意志意识形态》中,马克思和恩格斯就提出并详尽论述了唯物史观的基本原理,认为"全部人类历史的第一个前提无疑是有生命的个人的存在",这些个人是从事实践活动的、进行物质生产的"现实中的个人","不是意识决定生活,而是生活决定意识"。②这种唯物史观"和唯心主义历史观不同,它不是在每个时代中寻找某种范畴,而是始终站在现实历史的基础上;不是从观念出发来解释实践,而是从物质实践出发来解释观念的形成"③,即认为国家等上层建筑以及其上的各种意识形态(观念)只是以一定时代的物质生产方式为基础的,社会意识最终由社会存在来决定。李先生把唯物史观这一最最核心的部分"遗忘"或者存而不论,这至少是对唯物史观的一种片面和不完整的理解。

马克思在《〈政治经济学批判〉序言》中也对唯物史观作过精确、完整、系统的经典表述。列宁在引用那段经典表述时指出:"既

① 李泽厚:《李泽厚近年答问录》,第242—243页。

②③ 参见《马克思恩格斯选集》第1卷,第67—73页、第92页。

然唯物主义总是用存在解释意识而不是相反，那么应用于人类社会生活时，唯物主义就要求用社会存在解释社会意识。马克思在《资本论》第1卷中说：'工艺学会揭示出人对自然的能动关系，人的生活的直接生产过程，以及人的社会生活条件和由此产生的精神观念的直接生产过程。'"①列宁不仅揭示了马克思唯物史观的核心内容（第一句话），而且还引用了马克思《资本论》中的一句话，既说明了工艺学使人脱离、超越了自然界（这一点李先生说得很正确），同时也重申了人类的物质生产即"人的生活的直接生产"过程是人类的精神生产的基础，后者是由前者产生的。

显而易见，李先生只强调了上引《资本论》的前一句话，而忽视了后面这句话，忽视了这句话所包含的"要用社会存在来解释社会意识"这个唯物史观更加核心的部分。

至于第二点，从马克思在《德意志意识形态》和《〈政治经济学批判〉序言》中的经典论述来看，不难发现从前者到后者有着内在的因果、必然联系，其中包含着无可辩驳的严密的逻辑推演。正是凭着这种严密如一整块钢的理论推演，唯物史观才得以完整地呈现在我们面前。

李先生之所以有意无意地将"要用社会存在来解释社会意识"排除在唯物史观的"核心部分"之外，主要是为其推出两个本体并列说提供理论支撑，就是想把心理的、情感的即意识的东西提升为本体，提升为独立的、不为社会的物质存在所最终决定的东西，提升到与物质生活、与社会存在平起平坐的地位上。请看，李先生以再明白不过的语言说道："我一方面强调唯物史观，但另方面我又认为要走出唯物史观。走到哪里？走向心理。……所以，我就提出了心理本体或情本体。情本体是心理本体的一个部分。心理本体还有认知等，而情本体是将情凸显出来"②。在另一处，李先生又说道，他的"历史本体论……不同于Marx仅着重人的社会存在，而

① 《列宁选集》2，人民出版社，1995年，第423页。

② 李泽厚：《李泽厚近年答问录》，第49—50页。

忽略了个体心灵……"[①]正因为如此,李先生认为他的人类学本体论要"在肯定人类总体的前提下来强调个体、感性和偶然"[②]。

他还将自己的人类学历史本体论与马克思的唯物史观作了对比,认为两者"仍有好些重要差异":一是唯物史观只是"说明人如何在活着"[③],但似乎未论及他的历史本体论所突出强调的人"为什么活";二是他"强调实实在在的每个人那不可替代的'活着'";三是唯物史观的"如何活"并不能解决"为什么活"(伦理学)和"活得怎样"(幸福问题即美学、宗教问题),历史本体论则"有唯物史观所忽视和缺少的伦理学和心理学的哲学理论";四是二者有后现代与现代的差异,人类学本体论是"包容了马克思主义、自由主义以及存在主义和后现代的"。[④]

以上四点(加上李先生前面两段话)中最主要的是二、三两点。在那里李先生明确无误地表明他认为马克思的唯物史观存在三个问题,一是把宗教、伦理、美学等心理、情感、意识等形式看成"是一定经济基础上的上层建筑和意识形态",认为这会忽视心理、意识的独立性;二是忽视心理、情感、意识的独立于工具本体的本体属性;三是忽视心理本体的个体性、感性和偶然性。笔者认为,这三点中第一点又是基础,后面两点由此推出。而第一点却是唯物史观的根基。马克思认为观念、意识等是由"可以通过经验来确定的、与物质前提相联系的物质生活过程"最终决定的,而李先生恰恰否定和取消了这个唯物史观的基础,把心理、情感等意识形式看成完全可以独立于经济基础、社会存在的东西,把这种相对独立性绝对化。因为心理、情感、意识等等只有在这种对于经济基础、社会存在具有绝对独立性的前提下,才有可能取得本体的地位,从而与工具本体平起平坐。这是问题的关键所在。

不仅如此,李先生还把这种"走向心理"的两个本体并列说或

---

①②③ 李泽厚:《实用理性与乐感文化》,第108页、第122页、第244页。

④ 李泽厚:《李泽厚近年答问录》,第270页。

二元论看成是“对马克思的一种发展”，他把自己的哲学叫“后马克思主义”或“新马克思主义”，认为“我提出人类学的两个结构或两个本体世界即工艺—社会结构（工具本体）和文化—心理结构（心理本体）。前者是马克思提出的，但没有在哲学上详论；后者虽然马克思也触及了，但未正式提出”，所以“不同于以前的马克思主义了”①。这是明确把他自己二元论的两个本体说看成对马克思主义的超越和发展。

笔者认为，两个本体并列说不仅仅“不同于以前的马克思主义”，而且在唯物史观的最根本问题上疏离、甚至违背了马克思主义，即在历史观上走向心理、情感、意识等与工具本体平起平坐的本体性，从而实际上走向了唯物与唯心平起平坐的二元论。请看李先生另外一段关于两个本体的文字：

> 这个本体首先是物质的社会力量或社会的物质力量，即人掌握工具、科技进行生产活动的现实……这就是……主体性的客观方面：人类本体的工艺—社会结构。这个结构的具体形态、历史过程以及各种生产方式、经济基础、上层建筑、国家、法律、文化、家庭、意识形态等等，是经济学、政治学、社会学、文化学等等科学研究的对象，这也就是唯物史观的科学层面。唯物史观的哲学层面只在肯定这个本体的领先地位，包括指出它对人类有比语言更为根本之所在。……这里还有大量工作需要做。经过马克思，才可能超越马克思。②

显而易见，李先生在此是将其创造的“心理本体”以及两个本体并列说作为这种“超越”的主要成果。但是，上面这段引文告诉我们，李先生并没有区分生产方式、经济基础与上层建筑、意识形态之间孰为基础和根本，而是将它们混为一谈，笼统地从学科研究对象角

①② 李泽厚：《实用理性与乐感文化》，第123—124页、第235页。

度加以对应,并认为这些统统是“主体性的客观方面”。在此,生产方式、经济基础对上层建筑、意识形态的最终决定作用消失了,唯物史观的核心内容不见了。于是,就需要李先生提出马克思所没有提出的“心理本体”即“主体性的主观方面”加以补充,以便“超越马克思”。一言以蔽之,李先生的两个本体并列说由于实际上抽去了唯物史观的核心内容和根本精神,所以不但没有超越马克思,反而疏离了马克思,并向唯心史观迈出了倒退的一步。

值得注意的是,李先生还提出一个“上层建筑相对独立性的强度”(指受经济基础影响的强度)概念,来为其二元论的两个本体说寻找根据。他说:“不同历史时期,其‘强度’就不一样。在今天一切都商品化、商业化的‘后现代’,其强度可能是最弱的了”①,言下之意,当今时代(后现代),上层建筑、意识形态受经济基础影响的强度最弱,独立性最强,对经济基础的反作用最大。大约据此推论,心理、情感、意识等就可以上升到与经济基础并列的地位,心理本体就获得了理论支撑。但是,“后现代”就能够超脱心理、情感、意识等最终被经济基础所决定这个唯物史观的根本原则吗?后现代主义是一场于20世纪50年代末60年代初兴起于欧美,后延续至今并影响全球的文化思潮。美国新马克思主义者杰姆逊根据唯物史观,将文学上的现实主义、现代主义、后现代主义三种类型或阶段的文化思潮,分别对应于市场资本主义、垄断资本主义或帝国主义、多国或晚期资本主义三种社会形态或生产方式,认为晚期资本主义是“已经产生的资本主义的最纯粹的形式以及资本主义进入迄今尚未商品化地区的庞大扩张”。②而后现代主义文化就是在晚期资本主义经济基础上形成和发展为主导文化的。相对于现代主义而言,后现代主义“代表了不同的对世界的体验和自我体验”,“反映了一种新的心理结构,标志着人的性质的一次改变或者说革

① 李泽厚:《实用理性与乐感文化》,第157页。

② 《后现代主义》,中国社会科学院外国文学研究所编,社会科学文献出版社,1993年,第109页。

命”。[①]与杰姆逊稍显绝对和严格的界定相比,笔者认为,后现代主义的内涵并不局限于晚期资本主义文化逻辑这一西方马克思主义主流的观点,而是后现代工业和信息社会的产物,是一种范围和时间跨度更为广泛的文化学术思潮。后现代意识形态和后工业社会的经济基础,虽然存在着某些方面的冲突或对抗,但在总体上仍是适应的;后现代主义思潮恰恰只能产生在后现代经济基础之上,其最终仍是由经济支配着的。而从此意义上看,李先生的“强度”说恐怕就值得商榷了。

(原载《哲学研究》2010 年第 2 期)

① 杰姆逊:《后现代主义与文化理论》,陕西师范大学出版社,1986 年,第125 页。

实践美学的本体论之误

潘知常

中国当代美学已经取得了空前的成就。这主要表现在它把实践原则引入认识论,为美学赋予以人类学本体论的基础,并且围绕着“美是人的本质力量的对象化”(“自然的人化”)这一基本的美学命题,在美学的诸多领域,做出了令人耳目一新的开拓。①然而,无可避讳,从八十年代中后期开始,中国当代美学却开始徘徊不前,这表现在美学基本理论研究方面不但鲜有建树,而且反而陷入了迷茫与困惑。②那么,原因何在呢?“困惑的结果总是产生于显而易见的开端(假设)。正因为这样,我们才应该特别小心对待这个‘显而易见的开端’,因为正是从这儿起,事情才走上了歧路。”③不难推测,中国美学之所以陷入困境,也正是产生于“这个‘显而易见的开端’”。我的讨论就从这里开始。④

---

① 因为中国当代美学的主流是实践美学,故本文的“中国当代美学”主要指的是实践美学。

② 恰成对比的是,在部门美学方面却十分繁荣。不过,在我看来,假如在这“繁荣”背后掩盖的是基本理论的贫困,那么,这“繁荣”折射出的很可能就是美学本身的虚张声势,甚至是美学本身的华而不实。

③ 布洛克:《美学新解》,辽宁人民出版社,1987 年,第 202 页。

④ 关于这个问题,可参见我的论文:《为美学定位》《建构马克思主义美学的现代体系》,依次见《学术月刊》1991 年第 10 期、1992 年第 11 期;《“对象化”与“非对象化”》,见《文论报》1994 年 1 月 15 日及我的著作《生命美学》《中国美学精神》《生命的诗境》和《反美学》(即出)。

一

中国当代美学的“显而易见的开端”,以及在此基础上提出的“实践”原则和“美是人的本质力量的对象化”(“自然的人化”)这一美学命题是一种理性主义。

任何一次洞察都同时又是一次盲视。任何一次成功的“开端”也必然是有效性与有限性共存。就中国当代美学而言,它的理性主义以及在此基础上提出的“实践”原则和“美是人的本质力量的对象化”这一美学命题,同样也有其“盲点”和“有限性”。犹如它的“洞察”和“有限性”造成了它的贡献,它的“盲点”和“有限性”也造成了它的困境。遗憾的是,过去我们往往把它当成真理而不是当成视角,因此有意无意地忽视了这个问题。

事实上,任何一种‘开端’都只是角度而并非真理。理性主义也不例外。富柯就曾经利用知识考古学的方法证实,理性在历史上根本就是历史的。理性不是自己的根据,而是历史地与权利联系在一起的。①因此,把理性主义从一种普遍原则还原为历史,明确它只是一种非常武断的、被权利弄出来的理论话语,对于美学的重建来说,意义重大。

理性主义渊源于西方古希腊文化的理性传统,②其间经过中世纪的宗教主义的补充,以及近代社会的人文精神的阐释,最终形成一种“目的论”的思维方式和“人类中心论”的文化传统。这样,绝对肯定理性的全知全能、关注超验的绝对存在,并且刻意强调在对象身上所体现的人“类”的力量,就成为西方文化的必然选择。

---

① 富柯给自己提出的问题就是重新思考尼采提出的问题:“在我们这个社会里,人们为什么会这样重视‘真理’,使之成为绝对束缚我们的力量呢?”并且猜测到:“哲学家甚至一般的知识分子,为了表明他们的身份,都试图在知识和行使权利之间划一条几乎是无法逾越的界限。使我吃惊的是,所有人文科学知识的发展,都不能绝对地与行使权利分开”(P.邦塞纳:《论权利——一次未发表的与米歇尔·富柯的谈话》,译文载《国外社会科学动态》1984 年第 12 期)。

② 关于它的产生,参见《中国美学精神》第 20—33 页。

西方人由此发现了人类深刻地区别于动物和大自然的魅力所在。于是,就力图在一切事物身上打下人类的烙印。在一切对象的身上,都希望发现人的力量、人的伟大。整个西方开始在本体与现象的二元对立中运思,现象与本质、表层与深层、非真实与真实、能指与所指……的划分,意义的清晰性、价值的终极性、真理的永恒性以及“元叙事”“元话语”“堂皇叙事”和“百科全书式的话语世界”的追求,人为地构筑了一个规律井然的世界。一切现象都在逻辑之内,都是有原因的,找不到原因的就是违反逻辑的、偶然的。世界因此确立了一种虚假的稳定感。①

而这种“目的论”的思维方式和“人类中心论”的文化传统,也必然升华为传统美学所赞叹的美。果然,经柏拉图肇始,又经鲍姆加登为美学划出独立的领地,再经康德完成整体结构的创造,加上席勒、黑格尔的全力修整,传统美学的一整套理性主义的“堂皇叙事”也几乎达到完美的程度。在其中,“人类中心”的存在意味着西方美学的全部魅力:只有当人站在环境和历史之外的时候,人才可能去客观审视它;也只有当人学会把自己当成主体,从客体中自我分离的时候,然后才能回过头来客观地审视对象。结果,既站在世界之中,又站在世界之外,使世界成为“审”的对象,换言之,审美者成为一个共同的自我,现实成为一个独立的非我,既然它期待着一个共同的自我,因此就必须回到其中,才能获得意义,于是现实必须被人的意志来诗(美)化。这就是西方意义上的审美活动的内在根据。②西方意义上

① 理性的生活成为西方的生活,理性的家园成为西方的家园。苏格拉底所谓一生只追求真理,给我们留下了深刻的印象,但实际上,他追求的只是知识。他的大义凛然、饮鸩而死,也只是追求事物的普遍定义。柏拉图的著名的洞穴比喻,说的也是这么一回事:没有理性之光的指引,人类只能在洞穴中为虚幻的阴影所迷惑。既然人类只有靠知识才能爬出洞穴,那么,是作哲学王,还是作洞穴人?他的结论是明明白白的:合乎理性的生活才是人类唯一值得一过的生活。

② 恰似苏格拉底一味追求抽象的美,却视青春美貌为“毒蜘蛛”,西方美学也把人类生存的意义问题、具体的喜怒哀乐挤到了边缘,而把那种“类”的本质放在了中心的位置上。从表面上看,它时时都在追求真理,实际上却是在追求公认的判断,是在向知识、理性、必然性效忠,是千百年来人类屈从于理性的又一例证,也是人类钟爱自己的又一例证。

的美就是这样被“审”出来的。而为我们所熟悉的“美”“美感”“审美关系”“审美主体”“审美客体”“悲剧”“崇高”“优美”“再现”“表现”“浪漫主义”“现实主义”……也是这样虚构出来的。

作为西方美学的接受者，中国当代美学自然也未能例外，“目的论”的思维方式和“人类中心论”的文化传统，同样构成了它的内在根据。

就以“实践”原则为例。暂且不说它的“实践”“本质力量”“对象化”与西方理性主义美学的“认识”“理念”“感性显现”之类理论话语的相似，就是它的从“实践”原则出发去建构美学体系，便已经令人疑窦丛生了。我们知道，实践活动与审美活动是一对相互交叉的范畴，既相互联系，更相互区别。例如，实践作为人类的以制造和使用工具为前提的一种改造世界的活动，是物质性的活动，它与审美活动密切相关——准确地说是审美活动的基础，但却毕竟不是审美活动本身。①又如，实践活动是一种在理性指导下的活动，可以用合规律性、合目的性或者合规律性与合目的性的统一来概括。它所追求的自由也可以用“对必然的认识与改造”来概括，总之是可以在一定程度上把理性与人本身等同起来。但审美活动却不仅仅是理性的活动，而且在很大程度上是非理性的活动，不但无法用合规律性、合目的性或者合规律性与合目的性的统一来概括，而且也无法用“对必然的认识与改造”来概括，更不能把理性与它等同起来。再如，实践活动是一种社会活动，它强调的是人类总体的社会历史实践，但审美活动就大为不同了。它也有其社会属性，但却只能以个体活动作为形式表现出来。再如，实践活动本身并不包含终极意义上的“价值判断”，更不必然导致人类的最终目的的实现。不论被人们评价为“好”或“坏”的实践活动，它都毕竟只是实践活动，审美活动却与“价值判断”和人类的最终目的密切相关。

① 有学者看到了这一难点，便把“人的本质力量”概念的内涵扩大到意识、情感、思想，以便把审美活动包含进去，但这与马克思为了区别于费尔巴哈的“类本质”而采用的“人的本质力量”(物质性的实践活动)概念不尽吻合。

而且,实践还是一个矛盾的结构,不但会把真善美对象化,而且会把假恶丑对象化。审美活动当然不是这样。再如,实践活动是现实活动,它主要表现为物质活动、功利活动,但审美活动却是超越现实的活动,它主要表现为精神活动、超功利活动。前者直接指向感性对象,后者却并不直接指向感性对象;前者的中介是物质性劳动工具,后者的中介却是广义的语言符号;前者是世界的现实的改造,后者却是世界的"理想"的改造……等等。因此,在美学研究中以对前者的研究作为对后者的指导,是可以理解的,但若作为后者研究的起点和归宿,则是错误的。这种把对后者的研究挟裹在对前者的研究之中,甚至把后者作为前者的一个例证的做法,无疑会难免导致美学的失误。

上述"失误"可以说在美学界尽人皆知,然而却从未有过稍微认真的纠正,原因何在?看来,除了思维方法方面的偏颇之外,还有更为深层的原因。

我们知道,从实践活动出发考察人与世界的关系,是马克思主义的出发点,然而,这并不意味着实践原则就应该成为唯一原则,更不意味着实践原则就应该成为美学原则。事实上,人类的实践活动只是一个抽象的存在,而不是一个具体的存在;①也只是一个事实存在,而不是一个价值存在。我们固然可以由此出发,但却应该进而走向一个具体性的美学原则,固然可以从自身的价值规范出发去对它加以规定,但却不能把这种"规定"与作为一种客观存在的实践活动本身等同起来。换言之,本来,从实践原则出发,我们应该探讨的是审美活动的实践本性,但是,现在我们却停留在实践原则的范围内,转而探讨起实践活动的审美本性。实践活动与审美活动,实践的成果与美学的成果统统被放在同一层面,被看作同一系列的范畴,以至于忘记了一个最基本的事实:实践活动不能与人类的审美活动相互等同,更不能与人类的最终目的的实现相

① 马克思晚年较少提到实践,而转向对于从中生发出的具体范畴,如物质生产、精神生产、艺术生产的研究,就是出于这一原因。

互等同。否则,就会为实践活动涂上一层伦理色彩,从而使“目的论”的思维方式和“人类中心论”的文化传统乘虚而入。

不难看出,中国当代美学真正的失误正在此处。

二

上述美学的失误,或许就集中地表现在“美是人的本质力量的对象化”(“自然的人化”)这一美学命题之中。

“人的本质力量的对象化”“自然的人化”确实是马克思所使用的理论命题,然而,与其说它们是美学命题,远不如说是哲学命题更为恰当。马克思使用这些理论命题的主旨,是为了从实践的角度恢复人的真正地位,指出人类的感性活动是人类社会历史中的最为重要的事实,但他从来就没有把这一事实唯一化,更没有把这一事实美学化。

况且,从事实的层面看,“人化的自然”并非就是美学意义上的自然,人类的本质力量的对象化也并非就是美学意义上的对象化。它可以生产出像人一样活动的物,但也可以生产出像物一样活动的人;它可以自豪地宣称:给我一个支点,我就可以移动地球,但也可以卑怯地承认:人是物质的一种疾病;它可以扩大人的工具职能,但也可以扩大人的灵魂虚无。它所创造的工业社会无疑“是人的本质力量的打开了的书本、是感性的摆在我们面前的、人的心理学”,然而却并非美的“书本”和“心理学”,因为,“通过工业而形成——尽管以一种异化的方式——的那种自然界,才是真正的、人类学的自然界。”①人类在合规律与合目的的实践活动中所干下的令人脸红之事实在太多了,正如阿多尔诺揭示的:并非所有历史都是从奴隶制走向人道主义,还有从弹弓时代走向百万吨炸弹时代的历史。对此,我们必须正视。

从理论的层面看,“人的本质力量的对象化”是马克思对于人

① 《1844年经济学—哲学手稿》,刘丕坤译,人民出版社,1979年,第80—81页。

类活动的一种抽象规定,不独审美活动如此,而是一切活动皆然。但也正是如此,又可以说,不独对于审美活动不能照搬这个抽象规定,而且对于一切活动都不能照搬这个抽象规定。在这个意义上,应该看到:"美是人的本质力量的对象化"或多或少涉及了审美活动与实践活动的同一性的一面,但对于其中的相异性这更为重要的一方面,却根本没有涉及——也不可能涉及。美毕竟是审美活动创造的,实践活动只是作为审美活动的基础而间接创造了美。在实践活动与审美活动之间还存在着无数幽秘的中介。犹如人类是自然的一分子,但对于自然的规定却无法贴切地规定人,审美活动也不是"人的本质力量对象化"所可以规定的。

再从思辨的层面看,"从思维抽象上升到思维具体"固然是理论演绎的必须,但其中的逻辑起点却应是美学范畴而不是哲学范畴。否则就会像黑格尔那样,把美学变成一部美学的哲学思辨史。再说,即便是从哲学范畴开始,"人的本质力量的对象化"作为一种哲学范畴(实践活动的本质规定),在向美学范畴(审美活动的本质规定)的转化过程中,也应该是从抽象到具体的演绎,现在却是从抽象到抽象,它的内涵始终没有增加,外延也始终没有减少,实践活动是"人的本质力量的对象化",审美活动也是"人的本质力量的对象化",这岂不是什么也没有说吗?一个范畴能够如此毫无限制地使用,这本身就是值得怀疑的。何况,除了主体的对象化之外,主体的被对象化是否也是必不可少的呢?还有,劳动者在被对象化了的"本质力量"面前所感到的喜悦,究竟是功利的还是审美的?这种喜悦是否还要经过某些关键性的转化才能够成为审美的?……诸如此类的问题,我们在思辨的过程中没有理由不加以考虑。

值得注意的是,上述问题并没有引起应有的注意。为了迁就那个"显而易见的开端"——理性主义以及在此基础上形成的"实践"原则,人们甚至有意对此视而不见。本来,"人的本质力量的对象化"陈述的只是一个事实——尽管是一个极为重要的事实。"人化的自然"也是如此。马克思早已指出:"人化的自然"与"非人化的自然""这种区别只有在人被看作是某种与自然界不同的东西时才有意义。”[①]因此只有一个“人化的自然”，而没有什么“非人化的自然”。但人们（从“人类中心论”出发，为了“独尊”人类的本质力量）却不惜先把自然界和人抽象掉，即把它们当做是不存在的，然后再煞费苦心地证明它的产生和存在。以便把它从事实存在转为价值存在，从而把“非人化的自然”等同于非美，把“人化的自然”等同于美。然而人们忘记了，所谓“非人化的自然”实际上也是“人化的自然”，是人想象、抽象、推论的结果。它事实上并不存在，只具有逻辑的意义。把它“当做”客观存在的东西，只不过是用思维与存在的同一性来证明思维产物的现实性的黑格尔主义的旧态复萌，只是为了把“人化的自然”美学化而已。这是一个思维的怪圈！其结果，一方面使实践活动因为自身的种种恶的表现的被拒之门外而丧失了它的丰富多样的内容，使实践活动因为限定在美学目的论的领域内而丧失了它的客观性和现实性，另外一方面则使审美活动因为被人为地扭曲而等同于实践活动。

于是，审美活动名正言顺地成为实践活动的典型形态，成为一种现实活动。美成为实体范畴，成为客观的社会（现实）属性，因而现实中的不自由，可以在审美活动中实现，自然与人、真与善、感性与理性、规律与目的、必然与自由，在审美活动中才具有真正的矛盾统一。至于美，则就内容而言是现实以自由形式对实践的肯定，就形式而言，是现实肯定实践的自由形式。审美活动的性质被渲染为一种审美主义或审美目的论。例如：历史不过是自然向人生成的历史。似乎自然一旦为人类所“对象化”，人类就达到了自由的目的，或者说，人类在完成了对于自然的“人化”的同时，就完成了自然的“美”化。然而，既然人类可以在改造自然的同时完成审美活动，为什么还会有审美活动的独立存在呢？更为令人难以自圆其说的是，人类的审美活动为什么越来越不与改造自然的活动同步甚至背道而驰呢？人类的历史难道仅仅就是自然向人的生成史或人向自然的对象化史吗？是否还存在一个人类向自然的复归

① 《马克思恩格斯全集》第3卷，第50页。

史或自然向人的对象化史(非对象化或人的被对象化)呢?假如存在,那么审美活动将何以立足呢?难道只有为人类从自然向人的生成史或人向自然的对象化史欢呼雀跃才是审美活动的应尽之责吗?①

也正是因为上述原因,人们对审美活动的性质的考察也就实在难以令人信服。其中,对个体在审美活动之中的根本作用的漠视,应该说,是一个通病。人们把审美活动作为一种历史、理性、社会的东西积淀到个体身上的结果,把"人的本质力量"作为一种先在的东西,把美作为一种形象的显现,把审美活动作为一种单纯的外化活动,给人的感觉似乎是在考察实践活动而不是审美活动。②在审美活动中,人们只能以个体方式介入现实与历史。所谓"本质力量"也只能通过个体的再阐释、再选择、再创造,才能进入审美活动。因此,在审美活动中,人的存在并不是一个既成事实,而是一个过程。人的本质力量则是人的展开的结果,或者说是这展开的逻辑必然。换言之,人固然可以面对本质力量去认识它,但却不能把本质力量与审美活动对立起来,因为这样做的结果正是人的消解、人的可能性的丧失,也因此,这样做的结果并不具有本体性、存在性。而我们的美学研究恰恰忽视了这一点。它把审美理解为对于对象化在世界之中的人的本质力量的直观。"怎样欣赏美?"是其不约而同的逻辑起点。审美创造是人的本质力量的确证;审美

① 在这里,可以看到一种与理性主义传统有关的审美目的论或审美主义的阴影。当把审美活动强调到一种目的论的程度之时,似乎就会导致恰恰相反的效果。在某些时候,对人类的伤害,恰恰就是以"美"的名义进行的。

② 即便是实践活动,也不是如此简单。群体与个体的关系不能归纳为"积淀"与被"积淀"的关系。同理,人们往往强调自己在美学研究中没有忽视个体,但要知道,哪怕是言必称个体也未必就是重视个体。只是在被"积淀"的意义上尊重个体,似乎还不能算是没有忽视个体。事实上,只看到实践活动把历史、理性、社会的东西积淀到个体身上,表现为一种结果,却忽视了实践活动更多地通过个体去对它们加以阐释、选择、创造,从而表现为一种过程,只看到实践活动对于以往成果的肯定一面,却忽视了实践活动对于以往成果的否定一面,是错误的。没有对于积淀的否定,实践活动也就失去了意义。只讲积淀,是否有些太黑格尔主义了?

作品是人的本质力量的展现;审美接受是人的本质力量的认同。这一切表面上固然不错,但这一切背后的创造过程(包括对于本质的创造)是否被疏忽了?审美者是否被以“审美”的方式架空了(审美活动因此而徒具虚名)?真正属于审美者的过程是否也消失了?而且,难道审美者的审美创造的本质力量就是先验地给定的吗?果真如此,就必须承诺一个必不可少的前提:作为审美活动的源头的“本质力量”是不允诘问、不允怀疑、不允审判的,这当然又是一个谬误。①

更令美学研究者困窘不堪的是,对于审美活动的研究本身也因此而停留在主客二分的层面上。我已经指出:审美活动绝不是理性认识所可以解释的,因为它是在先于主客二分的层面上发生的,而所谓“本质力量”也只是它的逻辑展开。但我们的美学却把审美活动局限在主客二分的层面,把它看作一个既成事实。在这种美学的眼中,审美活动只是一个静态的、固定的东西,最终就误将被人类所创造出来的东西当做人类创造的本源,我们所津津乐道的“本质力量”岂不正是这样一种创造的本源吗?作为一种被给定的东西,它与黑格尔的“绝对精神”、“理念”如出一途。进而言之,在主客二分的层面上考察审美活动,就必然会导致把思维与存在、精神与物质的对立作为前提肯定下来,必然会导致把审美活动与人类生活的关系曲解为“思维”与“存在”的对立。原因很简单,不以这样的对立为前提,那个等待着“对象化”出去的抽象的“类”就无法找到。但以此来理解审美与人类生活的关系,结果又令人困惑。因为在审美活动中根本就不存在这样的前提,一味如此,就会导致两者的割裂:“人类社会生活”成为纯粹的反映对象、成为外在于人的单纯客体、成为审美活动的对立面,而审美活动则是这种外在的

① 这种把每一个人间离出来的本质力量,最大的危险似乎还不在于我们安排了一个十分可疑的审判者出场,也不在于这个审判者的同样十分可疑的绝对权威,甚至不在于整个审判过程的十分可疑的钦定的程序设计,而是在于,是谁指定这个审判者的出场?是谁给予这个审判者以绝对权威?是谁钦定了整个审判过程的程序设计?

社会生活反映在审美者头脑中的观念形式。审美活动与人类生活的内在联系不见了,剩下的只是一种纯粹的对象化与被对象化的关系。从而把"人类社会生活"看成是与"思维"对立的"对象",看成是纯粹的认识客体,错误地转而在思维与存在的框架里谈论人类生活的本质。①与此相关的是把美定义"人的本质力量的形象显现",这也是可以商榷的。如此定位,岂不是承认审美活动只是一种符号传达活动了吗?既然是符号转达,审美活动的对象就只能是认识的对象,因为符号转达必然把情感变为认识的对象,变为认知的符号,而不是体验的对象,于是又一次回到了传统的理性主义的老路:否定审美的本体性,从认识的角度为审美的本质定位。仍然是把审美活动看成认识的形式,把美看成认识的对象、用符号转达出来的情感,审美活动的本质仍然没有被揭示出来。②

三

也正是因此,在美学研究中,我们越是强调"美是人的本质力量的对象化",就越是找不到自己独立的研究对象,越是无法为审美活动建构自己的家园。最终只好沿袭理性主义的研究方式,以某种抽象本质作为美学的栖身之地。首先肯定存在一种先在的人的抽象本质,然后把它"对象化"到对象身上,使这个先在的抽象本质转化为客观存在(这就是所谓"美"),然后再通过人的感觉确证

---

① 在认识论层面上解决"对象化"的问题,那当然只能是一种虚幻的解决,两者之间的鸿沟并没有真正填平。因为就认识论而言,"对象化"与"被对象化"之间的关系是概念与事物的关系,它们之间的对立根本无法消除。

② 审美不等于转达,转达是一种媒介手段,意在达到外在的目的,其本身是完全透明的,但审美却是为审美而审美,自身并不透明而且就是目的。加里·哈堡曾提出:"避开内心情感与外在符号这对二元论范畴",就是因为看到了其中的缺陷:作品的意味通过符号表现出来,结果作品本身的意义就不再重要了,作品之外的那个意义才是最重要的。符号当然要借助外在目的的赋予才能获得自己的生命,但审美活动也以这种方式,就是谬误的。这与"形象思维"的错误是一样的。

它的存在（这就是所谓“审”美活动），并通过艺术的手段使之呈现出来（这就是所谓艺术美的创造），诸如此类就成为中国当代美学的逻辑归宿。结果，审美活动从历史的进程之中被剥离出来，美从“美的”之中被剥离出来。美学被定位为一门关于（被抽象出来的）美的本质的学问。进而言之，美的本质既然是抽象的东西，那就只有思维才能把握，因此，审美活动与人类生命活动的关系就被转换为思维对存在的关系。这样，思维与存在的关系就成为美学的基本问题，而从审美活动与客观世界的联系来看审美活动的本质，就成为雄踞中国当代美学的一个传统。我曾经多次指出：中国当代美学不论是以美为研究对象，还是以美感为研究对象，以艺术为研究对象，还是以审美关系为研究对象，都是以一个外在于人的对象作为研究对象，因而都是以人类自身的生命活动的遮蔽和消解为代价的，都是以理解物的方式去理解审美活动，以与物对话的方式与审美活动对话。正是着眼于这一点。

其中，最为值得注意的，是中国当代美学讨论问题的角度。它非常喜欢把美学的问题转换为美学发生学的问题。美的本质与美的根源、“美如何可能”与“美在何处”、美的本质与人的本质、审美活动的本质与实践活动的本质，诸如此类的问题都往往以后者来取代前者。例如，“审美活动如何可能？”“美如何可能？”之类美学意义上的问题就往往被我们转换成为“审美活动如何产生？”“美如何产生？”之类发生学意义上的问题。这种把“逻辑上的先验”转换为“时间上的先验”、把“性质”转换为“根源”的隐秘心态，显然是由于它在“如何可能”方面对于理性主义的认同所导致，换言之，它并不认为“美是理念的感性显现”的美学内涵（例如对于“本质先于存在”的强调）有何不妥，只是认为要从根源上给以说明，解决“头足倒置”的问题。也正是因此，姑且不论关于“根源”的说明是否成功，在“审美活动如何可能？”“美如何可能？”的追问上它仍固执着理性主义的视角，却是无可置疑的。

进而言之，这种内在的转换，要求把自足的一元世界变成非自足的二元世界，然后通过被动地从追溯和还原的途径描述二元世界间的发生学渊源的方式,去追问作为终极价值的美。这导致美学必须以对超验的绝对存在的假定为前提。为此,就必须把世界割裂为主体与客体,然后,把客体放在对象的位置上去冷静地加以抽象,从客体的大量偶然性中归纳出某种必然性,某种终极真理,最终,在动态的、现实的、丰富多彩的此岸世界之上,建构起一个静态的、永恒的、绝对的彼岸世界,这是一个美的世界、一个纯粹概念的、外在的、目的论的世界。事实上,美不可能实体化,其本身也不能分裂为一种对象性的关系以便去加以证实或证伪。但发生学的追问的失误正在这里。二元结构迫使它不得不把逻辑的设定实在化,接纳一种独断论前提,并且不得不寻觅一种超出于人的视界,去客观地超时空地约定和建构美,结果,逻辑的约定和建构变成了历史的描述和说明,无论如何也无法达到逻辑的自足,相反却陷入了二律背反的悖论,本体论自身也走向了非历史性、非敞开性、非自足性。越是追问,美就越是不在。“人人尽怀刀斧意,不见山花映水红”。这似乎可以作为我们的无根的追问的写照。①

更为严重的是,从“美是人的本质力量的对象化”出发,美学的疆域受到了极大的限制。审美活动被等同于审“优美”活动(美学家们关于审美活动的定义事实上往往都是审优美的定义,其他如审丑活动则只是在与它的比较中被定义,而优美,正是希腊理性文

① 值得注意的是,在对美的看法上,人们往往持“人的本质力量对象化”的看法,并以此区别于黑格尔的“美是理念的感性显现”。然而,在黑格尔,这无疑是合乎逻辑的。他的“理念”与具体的存在无关,要证明自己的存在,只有通过对象化的道路,而“理念”要对象化到世界身上,靠谁来完成呢?只有人。人不是我们说的物质存在,而是“理念”的替身。因此在他那里,美只能“是理念的感性显现”。本质先于存在,先有一个人的本质力量,再有把它加以对象化的过程,最后是人通过自己的感觉确证它的存在并且为之感到愉快。在我们,“美是人的本质力量的对象化”,则是不合逻辑的。因为,我们所谓的人的本质力量已经不再存在昔日那种头足倒立的谬误,已经从概念的层面回到了感性的生命活动本身,既然如此,人类有什么必要再压抑自己来证实类的力量的伟大呢?有什么必要一再地通过外物来证明“本质力量”呢?既然没有必要“证明”,又何以产生愉悦呢?这就使我们不但陷入了比黑格尔更为难堪的理论困窘之中,而且预示着我们仍未走出传统的理性主义的美学之路。

化的产物。），并且被从生活中剥离出来，成为一种高踞于生活之上的东西（犹如理性高踞于生活之上）。它导致一种对于人类意志的片面的渴望。错误地认定“人的本质力量”作为共同本质所概括的群体越大，也就越现代、越美。因而不但处处假定存在着一种共同的本质，并且处处以能够代其立言自居。结果，就会处处强调一种对立的价值观念，着眼于感性与理性、主观与客观、物质与精神、真与假、善与恶、美与丑……的互相冲突或截然对峙，而且人为地以一方压倒另外一方为前提。在逻辑选择上水火不容，在情感取向上爱憎分明，非白即黑，非好即坏，非善即恶，非美即丑，非此即彼，不承认相对性和多元化，处处站在“我们”的立场上发言，把审美活动拔高为宣讲真理、启蒙民众的武器。另一方面，却又未能顾及肯定了一个绝对，会否定了无数个实际的存在，未能顾及美学不能在生存活动之外精心编制概念之网（它必须学会理解生存，关注生存，否则，无异于一种十分乏味的语言的游戏），未能顾及人毕竟不是钢琴键（生活与其说是由“必然”“自由”“本质”构成的，远不如说是由“偶然”“局限”“现象”构成的更为令人信服）。长此以往，难免会形成一种畸形的审美自尊和一种对于日常生活的漠视，也难免成为人类精神的误导者。

就理论形态而言，也是如此。它过分热衷于“权利话语”，以至于对理论的同质性、整体性、同一性的获得无疑是以牺牲掉异质性、个别性、非同一性为代价和它本身就是以排除和删除局部、个别、差异、偶然为前提的这一根本前提视而不见。①热衷于展示一个无生命的、概念的王国（在这里人的地位偏偏不是被高扬，而是被

① 幻想人类必须站在绝对基础之上，被伯恩斯坦称之为一种“笛卡尔式的忧虑”。不仅仅是过去的一百年，按照马克思的说法，从 15 世纪开始，包括美学在内的人文科学就被“形而上学的思维方式”垄断着，习惯于事事静止、孤立地看问题：“不是把它们看作运动的东西，而是看作静止的东西，不是看作本质上变化着的东西，而是看作永恒不变的东西；不是看作活的东西，而是看作死的东西。”它造成的是“使教师和学生、作者和读者都同样感到绝望的那种无限混乱的状态”（《马克思恩格斯选集》第 3 卷，第 60 页、62 页）。

贬低)。而且,出于对理性的绝对信任,它甚至往往拒绝人以外的存在,拒绝理性所不能解释的事物,处处寻找一种生活的本质、绝对的目的、形而上的真实,一种比现实更加真实的真实。丰富的生命活动被压缩到了理性活动之中,人与世界、本质与现象、目的与手段、美与丑通通被绝对地对立起来。世界被整个地人化了,人成为一切现象的原因,因而过于关注“审什么”而不是关注“怎么审”。然而,理性只是人类的视角之一,考察人的理性的本意也只是为了证明人的伟大,现在既然是通过把理性与感性对立起来完成的,反而也就论证了神的伟大。所谓胜利即失败,事情就是如此荒诞。难怪费尔巴哈感叹云:他在黑格尔的逻辑学面前竟然会“战栗”和“发抖”!

幸而,这一切并非结束。一条新的美学地平线已经出现在我们的面前了(对此,将在另一文中展开)! 它意味着:美学的土壤必将开始重新耕耘!

(原载《学术月刊》1994 年第 12 期)

马克思实践观的现代内涵及其审美阐释

丁　枫

一

近年来，不少学者相继著文，纵谈对中国哲学发展所做的思考。诚然，这些思考不仅对中国哲学的未来是重要的，而且对当代美学的研究也有深刻的启迪。就中张世英先生的观点令人瞩目。去年，在《瞭望》的"百科前沿"栏，先生发表了《中西方哲学的困惑与选择》一文，不无远见地提出了如下问题：

"当我们今天公开明确地提出和讨论主体性问题之时，西方现当代哲学对主客二分式和主体原则带给西方人的好处，如科学发达、物质文明昌盛等等，已日益淡漠，而对它的弊端如物统治人（环境污染是其一例）、形而上学的普遍性压制人的具体性等等，则极力加以强调。因此，他们已把主客二分和主体性几乎当作过时的话题，甚至不少哲学家提出了'主体死亡'的口号。面对这种思潮，我们中国哲学应走向何方？是固守天人合一的老传统，拒西方传统的主客二分和主体性于千里之外呢？还是抛弃天人合一的固有传统，亦步亦趋地先走完西方传统的主客二分式道路，再走西方现当代哲学反主客二分的道路呢？"①对于上述问题，张先生的回答是："两者都不可取、不可行。我们应该走中西哲学结合的道路，具

① 《瞭望》1994 年第 3 期。以下引文同此出处者，不另注。

体地说，就是走天人合一与主客二分相结合的道路。”这个论断比张先生三年前在《哲学研究》上发表的《“天人合一”与“主客二分”》的那篇论文谈得更确切，更肯定。

面对中国哲学发展所遇到的“困惑”，作上述的“选择”，诚然是很有道理的。而且应当说，这种选择是一条必由之路。但是，这里也还有一个问题，即这种“天人合一与主客二分相结合的道路”，与我们现在所依循的马克思实践观的指向，难道有相悖谬的地方吗？换句话说，用马克思的实践观去概括这种“结合”，是否可以呢？我们看到张先生没有作这样的概括，在有关的论述中，也未曾提到“实践”这个范畴。这大概不无考虑。但作为现在一种比较趋时的“对话”，笔者想试着把张先生提到的这种“结合”与马克思的实践观作一比较，看看张先生的这个论断，可否再做一点补充。但愿这不是画蛇添足。

不言而喻，实践是人们自觉地、有目的地改造世界的物质活动。马克思把这样一个能动的范畴引入哲学，而且把它放在本体论的层面上，这无疑具有举足轻重的意义。这样也就同时带来了一个全新的观念：不仅是思想、意识，更重要的是人的实践，从根本上把人和动物的生命活动区别开来。正是实践活动，使世界分化了，自然界被一分为二：人，原来是从属于自然界的一部分。实践使他把自己创造成人，同时又创造了人的生存环境，使人成为改造世界的主体；自然，原是一种自在的存在，是自身变化的主宰。然而实践又使它变成了“为人的存在”，成为人的实践的客体。简而言之，正是实践使原来性质单纯，只具有自然关系的世界变成了“主客二分”的矛盾世界。换句话说，没有实践，也就没有“主客二分”。

实践的这个方面，不能不说是人的生存的最基本方面，具有明显的功利性。或者像张先生说的那样，这是人生的实际一面。人的确不能脱离这个方面而生存。唯物史观的前提，也正是从这里开始的。“这个前提就是：人们为了能够‘创造历史’，必须能够生活。但是为了生活，首先就需要衣、食、住以及其他东西。因此第一个历史活动就是生产满足这些需要的资料，即生产物质生活本身。”①这样看来，张先生讲的给西方人带来科学发达、物质文明昌盛等等好处的主客二分和主体性原则，说到底正是人的实践原则的一部分。即马克思的实践观理应包含着主客二分的思想和主体性原则。这样的理解大概是可以的吧。这是问题的一个方面。

问题的另一方面是，如果实践只具有满足人的物质需求的一个方面，那么人的这种生存方式与动物的生存方式仍然相去不远。但事实上，实践使人之所以成之为人，是因为它还具有另一个更重要的方面，即人通过实践，在更高的层面上又扬弃了主客二分，使自然成为属人的世界，成为人化的自然。正如马克思所说：“随着对象性的现实在社会中对人说来到处成为人的本质力量的现实，成为属人的现实，因而成为人固有的本质力量的现实，一切对象也对他说来成为他自身的对象化，成为确证和实现他的个性的对象，成为他的对象，而这就等于说，对象成了他本身。”②即人的“无机的身体”③。马克思的实践观正是在这样现实的基础上，又阐述了人与自然，主体与客体的统一。这可以看作是在一种全新意义上的“天人合一”吧。这也就是说，在马克思的实践观里，又同时包含有扬弃了“主客二分”的“天人合一”的原则。这样就不仅可以在个人意识发展与人格形成的过程中，找到“主客二分”与主客不分的“天人合一”相结合的依据（张先生正是以此论证了二者结合的可能性），而且可以更进一步地在人的现实生存的活动中，找到二者结合的确证。由此我们认为，张世英先生提出的“主客二分”与“天人合一”的结合，正可以在马克思的实践观里找到真正的归宿。由此我们也进一步确信，马克思主义哲学特别是它的实践观不仅没有过时，而且在新的挑战面前，日益显示出它所固有的活力。

马克思的实践观与现代西方哲学产生的背景，从积极方面来看，都是人类在改造客观世界的过程中，获得了巨大的成功。新时

---

① 《马克思恩格斯选集》第1卷，第32页。

②③ 马克思：《1844年经济学—哲学手稿》，第78、79页、第49页。

代的哲学是这种成功的思辨形态。然而现代西方哲学与马克思的实践观又不可同日而语。前者在某种意义上来说,是当代西方与高度发展的物质文明形成强烈反差的精神困惑的一种反映。由于科技与工业社会发展的异化,社会危机与战争(特别是两次世界大战)相互交织,西方已再没有18、19世纪那种洋溢于人们心灵中的乐观主义精神。人们丧失了对理性的信念而感到彷徨苦闷。这些最终都曲折地以各种不同的形态,反映在现当代西方哲学中。而马克思的实践观则立足于唯物史观,着眼于从事建设与创造的代表新的社会生产力的劳动者,从而在实践的基础上去积极地确立人的地位。它从人自身的富于创造力的活动中,为考察人的生存确立了一个坚实的支点。它并不泛泛地奢谈"生存",因为这个范畴在现代西方哲学中,不是空洞的抽象,就只是对生的一种无可奈何的诉说。所以就这个意义上来看,现代西方哲学所提出的人的生存、解放这个哲学的核心问题,实际上只有马克思主义哲学,特别是它的实践观,才给予了最有说服力的回答。因此也可以说,马克思的实践哲学正是当代中国哲学需要进一步确认的必由之路。这种哲学其实也就是张世英先生所憧憬的那种"既有西方传统的主客二分和主体性的进取精神,又有中国传统的天人合一的高远境界的哲学。"这样的看法,不知张先生能否同意?

二

在现当代中国哲学的发展中,对马克思实践观的内涵最早展开研究的,并不是哲学基础理论本身。这个贡献应当属于它的一个分支学科美学。当50年代美学大讨论,把"人化的自然"或"人的本质力量对象化"问题,"炒"得热火朝天的时候,实践观在我们的哲学基础理论中,仍被挤在认识论的一个小小角落里。"主体性实践哲学"最早也是出现在美学领域。①当然,现在的局面不同了。对

① 1979年,李泽厚的《批判哲学的批判》出版,提出了这个思想;1981年李又在《康德哲学与建立主体性论纲》中,予以进一步阐述。

马克思实践观研究的展开,已使我国哲学的基本理论,获得了前所未有的活力。人们把这种理论和现当代西方哲学做比较研究时发现,前者即马克思的实践观,不仅至今仍保持着现当代哲学的根本特质,而且把它作为现当代哲学的奠基理论来看,也并不过分。

马克思的实践观在当代中国美学发展中的成就,是有目共睹的。这理论的巨大感召力,甚至使当代美学的发展,出现了一种"奇迹"。当我们回首审视这一代一代学者走过的道路时会看到,冰炭不容的流派之间,竟在马克思的实践观上有着令人难以置信的趋同倾向。社会实践派强调实践,自不必说。主客观统一论的代表者朱光潜先生,在其晚年最后的一本论文集中,也曾一再地强调,马克思的实践观"必然要导致美学领域里的彻底革命"。①主观论者高尔泰先生也认为:"美的本质,就是自然的人化"。而且认为"这一充满现代精神的思想,为我们提供了揭开美学领域理论之谜的钥匙。"②这样,人们在常说的四大派中,除了持客观论的蔡仪先生外,几乎都对美学中的马克思实践观给予了充分的肯定。当然,这并不排除各派对实践观见仁见智的理解。但不管怎样,这种对马克思实践观的趋同,无疑是不能回避的理论现实。

总结美学思想史的经验,阻碍揭示美的底蕴的基本困难,正是在于传统的主客二分的思维方式。这种思维方式体现在古代希腊的美学思想中,主要是从事物的属性、结构、比例等方面去探寻美。虽然那时也提出了"美在和谐"的命题,但那实际是指自然的和谐。自柏拉图起,主体与客体被明确地对立起来。即使他讲的那个"分有"了"美本体"的现实美,也同样具有冷峻的客观性质。后来,在欧洲几乎持续了一千多年的中世纪,其基本思维方式仍然是"主客二分"的。只不过那"美"已不再属于"自然",而是由外在于主体的、君临世间的"神"所赋予的。再以后到了黑格尔那里,这种思维方式便达到了巅峰。也是物极必反,自黑格尔以后,他也就逐渐成

① 参阅朱光潜:《美学拾穗集》第40、101、140页等。

② 参阅高尔泰:《论美》第8、157页。

了旧的传统哲学美学的代表,一再为现代思潮所冲击和否定。

事实证明,用“主客二分”的思维方式,无法捕捉美这个神奇的东西。因为如果它只是一种单纯的客观属性,那么它就无论如何也能够用现代的技术手段寻找到。但事实上是找不到的。反之亦然,如果说美只是一种主观情思,或一种感受,那么,有关美所具有的那种普遍性、现实性和必然性,也无法得到解释。换句话说,在两极对立的思维中去寻找美,实际上是走进了死胡同,行不通的。

参照历史的坐标,中国当代美学的研究,无疑是立足于一个更高的层面之上,这主要体现在两个方面:一、除客观论之外,论争的各方都从不同的立足点扬弃了“主客二分”的思维方式,力求从“天人合一”的角度,来解决美这个难题。不管各派之间在对实践所体现的“天人合一”的理解,相去多么遥远,他们至少在出发点和方向上是相近的,是应当肯定的;二、在摒弃“主客二分”的同时,他们也摒弃了只在头脑、观念中兜圈子的局限,割舍了那种自以为是的门户之见,而不同程度地趋近了马克思的实践观。这作为“主观论”和“主客观统一论”的演进,是难能可贵的。因此可以说,立足于现实的实践基础之上的当代中国美学,无论是面对历史,还是面对西方,都是更成熟,更深刻,更富于现代精神的。

和任何事物都是波浪式推进一样,当美学也不能幸免跌进低谷时,它在上述问题研究中的弱点,便也暴露无遗。这弱点主要是:一、由于马克思的实践观属于“指导我们思想的理论基础”的一个组成部分,所以它也就常常被人们当作无须证明的“公理”,理所当然地用它去建构各式各样的美学大厦,心里并不觉得有什么不踏实的。其实,在很多人那里,这几乎成了口头禅的“实践”,还只是像黑格尔《逻辑学》中始初的范畴一样,其丰富的内涵还远远没有展开。因此,也就难免留有可以置喙质疑之处。二、马克思主义哲学,特别是它的实践观,尽管属于现代哲学体系,然而旧的传统哲学的思维方式,却总是阻碍人们去正确地把握它。旧的思维方式强调的是先验的抽象原则,而不是生动的现实,尤其不是活生生的人本身。这抽象的原则当然又只能讲绝对的单一的本质。这样,人们便以为只要确立了“实践”这个绝对的“一”,也就足以应付那些不甚了了的“多”,也就万事大吉了。或者说,只要有了这个实践观,那么一切问题便都可以迎刃而解。这种思维方式自然也影响到我们的美学研究。很多重要问题,诸如马克思实践观对美学具有的丰富内涵,实践固有的内在矛盾与审美的二重性,审美的多元性、超越性等等问题,都长时间得不到应有的研究和阐释。这不能不说是旧的传统思维方式带来的后果。

三

展开马克思实践观的审美内涵,是一个很大的课题。在这个方面,尽管我们的美学界已做了不少的努力,但也只能说仅仅是开始。目前,至少还有这样几个问题是迫切需要提出来的:

1. 马克思的实践观与美学多元化走向的问题。美学的多元化是一个必然的趋势。这一方面取决于开放、宽松的学术环境;另一方面也符合美学自身发展的逻辑。美学的多元化,可能体现在它外延的扩大,即从元美学中分化出诸如技术美学、文艺美学、审美心理学、审美教育学,等等;另一方面,这种多元化还将体现在美学体系的重新建构,诸如建立生命美学、体验美学、自由美学、超越美学,等等。这是美学内涵的递嬗和深化,是以新的视角,来回答新的提问。这里着重谈谈体现在重新建构上的多元化问题。

一部美学史,就是一部人与现实审美关系的诸多方面逐渐展开的历史。流派的形成,无非是审美关系的某个方面,或与之相应的某种精神成分、或人的某种生存能力被强调、夸大,以至于提升到本体论的高度,从而衍化成的不同体系。比如,当代中国美学曾经形成的客观论、主观论、主客观统一论等。再比如历史上,感性认识之于鲍姆嘉通的 Aesthetik;理念之于黑格尔美学;意志之于叔本华;直觉之于克罗齐;性本能之于弗洛伊德;符号之于苏珊·朗格;格式塔之于考夫卡和阿恩海姆,等等。由此可见,美学未来的多元化走向,尽管可以五花八门,异彩纷呈,甚至还会有美学上的“进口货”,令人眼花缭乱,但万变不离其宗。不管什么体系,什么流派,说到底,都只能从人的不同的生存状态或各种各样的精神构成中去找到灵感,找到根据。舍此,不会有别的途径。

那么,面对美学的多元化,马克思的实践观能否继续保持它的理论价值呢?回答是否定的。因为只有当我们紧紧地把握住人的实践和对这实践的理解,我们才能真正把握住未来美学的多元走向。这一方面是因为对于人来说,最基本的存在便是他们的实践活动。离开了实践,人的生存、人的整个的精神活动(包括审美活动)便无从谈起;另一方面,也还由于实践的本身就包含着人的生存方式,特别是他们的精神世界所由构成的诸多“基因”。实践内涵(包括它的审美内涵)的展开,其丰富性几乎可以和大千世界相媲美。这样,实践观便有足够的依据去阐释纷繁多元的理论现象。这里略微多说几句。人们经常谈到实践的合规律性与合目的性。似乎这就是实践的全部规定性;实践仅仅是一种自觉的、有意识的理性活动而已。其实不然。实践的内涵要远比合规律性与合目的性丰富得多。马克思说:“工业的历史和工业的已经产生的**对象性的**存在,是人的**本质力量**的打开了的**书本**,是感性的摆在我们面前的、人的**心理学**。”①这就是说,实践的实现,是人的全部心理活动的现实的展开。这里决不仅仅是理性的舞台。实践体现着人的灵与肉为了生存和发展所展开的一切潜能。极而言之,人的本质力量、人的潜能,除了在实践中展开以外,别的就几乎没什么可谈的了。因此,应当把灵与肉,把理性与非理性的内涵,都纳入到对实践的理解之中。比如,在实践的合规律性与合目的性之外,笔者认为还有一种**亲和性**在。这是指在实践的过程中,主体与客体之间所形成的一种积极的情感关系。实践在征服自然,使人的需要得到满足的同时,人也体验着享乐和愉悦,对属人的世界产生特殊的亲切、爱恋之情。这对实践来说,是与它的合规律性、合目的性迥然

① 马克思:《1844年经济学—哲学手稿》,第80页。

不同的另一种特性，这就是实践的亲和性。①这种亲和性实际属于非理性范畴。然而它却与合规律性、合目的性一样，都是实践不可或缺的一种特性。这种特性对审美活动来说，尤其显得重要。因此我们可以说，实践作为人的本质力量的现实体现，它不能不把人的方方面面的潜能都充分地展开。其中也自然不排除人的非理性的，甚至无意识的成分。我们只有这样进一步阐释实践所固有的内涵，特别是它的审美内涵，才算更接近马克思实践观的题中应有之义。也正因为如此，马克思的实践观可以从容地面对美学的多元化，仍保持它十足的理论价值与信心。

2. 马克思的实践观与审美的超越性问题。超越性是美学中的一个至关重要的课题。它讲“寂然凝虑，思接千载”，讲“悄然动容，视通万里”，“精骛八极，心游万仞”等等。其实，超越并非只在时空之间。广义的超越是一种积极的否定或扬弃。比如自由对必然是一种超越，也是一种否定和扬弃。无限对有限，精神对物质，新对旧，生对死等等，也几乎都是如此。正因为超越有这样的含义，所以在有些人看来，实践便与超越无缘了，甚至认为是风马牛不相及的。因为再没有比实践更现实，更物质，更“此岸”的了，实践是人依一定的目的，诉诸工具，改造对象世界，以满足生存需要的一种活动，其主要形态又是体现在生产劳动之中。因此超越的问题也就跟它似乎根本扯不到一块儿；因此人们常说的实践美学也就自然成了非超越的美学。然而，美学不讲超越，在严格的意义上来讲，它也就不成其为美学了。

其实，在超越性的问题上，马克思的实践观仍然提供了最透彻、最深刻的理论。实践，诚然是人的功利性很强的一种生存活动。但这只是实践的一个方面。这个方面侧重于实践的实在性。然而，在满足了人的物质需求，扬弃了主客二分的同时，实践又的确具有超越性的一面。这种超越首先体现在，人超越了动物的族类，成为万能的主体。“动物只生产自己本身，而人则再生产整个

① 参阅拙作：《美与实践的亲和性》，《社会科学战线》1986 年第 3 期。

自然界;动物的产品直接同它的肉体相联系,而人则自由地与自己的产品相对立。动物只是按照它所属的那个物种的尺度和需要来进行塑造,而人则懂得按照任何物种的尺度来进行生产,并且随时随地都能用内在固有的尺度来衡量对象;所以,人也按照美的规律来塑造。"①也正是在这个意义上,可以说人超越了人的自身。他似乎更像"神"了,如果有"神"的话。

其次,实践的超越还体现在"为我之物"对"自在之物"的超越。人虽然和动物的生存一样,都不能离开无机的自然界,但这自然界对人来说,却再也不是一种"自在之物"。它或者作为科学、艺术的对象,成为人的意识的一部分,成为"人的精神的无机自然界,是人为了能够宴乐和消化而必须事先准备好的精神食粮"②;它或者成为人的直接的生活资料,或人的生活活动的材料、对象和工具。这样,整个的自然界就变成了"人的无机的身体",即成为属人的"为我之物"。然而所有这些,不同样意味着超越吗?

超越可以分作两种类型:一是精神方面的超越。人似乎有一种本性,他总不满足于现状,或既得的成果。立足于大地,却向往着天堂;于现实的人间,总要涂上浪漫的色彩;在物质生活之外,他总试图营造一个理想的精神家园,等等。这些都体现着精神上的超越。这种超越,在人的现实生活中不乏确证。但最集中、最典型的体现,还是在哲学、艺术,或宗教的生活中。它不断追求,永无止境,甚至洋溢着奇情异彩。然而,人的伟大在于,他不仅能想,而且能做,能够把他在头脑中的存在,变成现实的存在、物质的存在,创造出一个实实在在的属人的世界来。这就是超越的另一个方面,即区别于精神超越的现实的超越,或实践的超越。对于精神的超越来讲,这是更根本,更具有决定意义的超越。因此可以说,谈实践的超越性,是真正谈到了超越的根本,超越的基础。尽管由实践的超越到精神的超越(包括审美的超越),这中间还有许多相互包含,紧密相连的环节需要展开,但唯有以实践为基础,为依据,才能

①② 马克思:《1844 年经济学—哲学手稿》第 50、51 页、第 49 页。

把超越谈得最充分，最透彻。这一点在美学上也不例外。甚至可以说，这正是实践美学的深刻所在，是其他不同形态美学都无法望其项背的思想成果。

3. 马克思的实践观与审美二重性的问题。审美领域的多彩与奇妙，有时甚至超出人们的想象。比如在对飘风流莺几乎不经意地一瞥中，同样也会有许多说不清的错综对立的成分搅在体验之中，如刹那与永恒，微尘与大千，以至于更多无法梳理的情愫。其实不难看到，人与自然、主体与客体、精神与物质、感性与理性、存在与本质、有限与无限、个体与整体，等等，这些似乎无法统一起来的对立的两极，都能在审美中奇迹般地统一在一起。

那么，该如何解释这种对立的统一？对于这些二重性的思考，在康德那里给予了一种近代的思辨形态。这就是他在《判断力批判》中，对审美判断力的考察。运用认识论中知性范畴的划分，便是如下四项：A. “质”：非功利而生愉快；B. “量”：无概念而有普遍性；C. “关系”：无目的而合目的性；D. “模态”：不凭概念而被认为有必然性。康德的伟大在于他提出了问题。至于答案，我们不能苛求前人。康德诉诸“先验”来解决问题，是没有办法的办法。他的致命弱点在于只就精神来解释精神，免不了用自己的刀来削自己的把。回顾思想史，这类两重性的矛盾，不仅对于康德，即使对于古往今来的任何一位大哲，也都无不感到困惑难解。这类问题到了当代西方哲学、美学，仍然没有摆脱困境。比如像萨特评论新康德主义、经验批判主义时指出的那样，它们以精神这只“蜘蛛”，“将事物诱至其网中，用白色的黏液将事物包裹起来，并慢慢地吞下，把它们还原为自己的实体。”或者像胡塞尔那样，先把这些难题统统束之高阁，然后再去研究所谓的“纯粹意识内的存有”。其实，即使是现在的一些年轻学者都很崇拜的海德格尔，在这个问题上，也没有很大的进展。他反对把主体与客体看成两个现成东西之间的现成 commercium（交往），而讲人“融身”于世界之中，“依寓”于世界之中。但说到底，他讲的这些仍然是在观念里兜圈子。因此，可以毫不夸大地说，在解决审美二重性的问题上，只有马克思的实践观才算真正跳出了思辨、抽象的怪圈。在现实人的生存活动中,即在人的实践中,找到了打开这个神秘之门的钥匙。除此之外,包括现代西方哲学美学在内,都无法从现实两极对立的泥沼中解脱出来。

马克思实践观之所以能最终解决这个问题,其原因在于它找到了造成这些二重性矛盾的始作俑者,找到了它们的真实基础,这就是人的现实的实践活动。我们看到,实践的本身就具有二重性:它既包含着物质自然力的作用,同时,又是人的能动创造的体现。这种二重性致使它既分化了世界,造成了人与自然、主体与客体的相互对立,同时,又使这分化的世界,在更高的层面上统一起来,消解了分歧与对立。当然,这是一个永无止境的分化、对立与统一;再分化、对立与再统一的动态过程。同样的道理,审美所涉及的二重性问题,如感性与理性、有限与无限、个体与类等等矛盾及其统一,也都只能从人的实践活动的二重性中,找到最终的依据。这应当是不言而喻的。

(原载《社会科学战线》1995 年第 5 期)

略论美学的逻辑起点

——兼与杨春时先生商榷

张立斌

“当前美学建设的迫切任务是综合国内外已有美学研究成果，创造具有权威性的现代美学体系。而其中的关键，是坚实的哲学基础和可靠的逻辑起点，整个美学体系应该能够从这个逻辑起点中推演出来。”①杨春时先生的这个看法，在形而下经验美论已居统治地位，人们纷纷放弃关涉本体的宏观探索，而满足于对现象问题的微观分析和琐碎描述的今天，对于改变美学单质平面，非中心化的理论现象，重新确立美学为天地“立心”，为万物“赞化”的本体论使命，无疑具有极为重要的意义，值得格外重视。不过，当杨春时先生把“社会存在即人的存在”确立为美学的逻辑起点，并“为了把它的古典主义和形而下因素剔除掉。”而将其“改造为生存”后，笔者认为还有值得商榷的地方。本着追求真理的精神，本文不避浅陋，欲就此谈一点不同的看法，以就教于杨春时先生及美学界的同仁们。

一

形而上思辨美论对美的哲学沉思是从美产生于何种根本原因的探讨开始的。它从演绎逻辑的严密思维入手，以对美的产生根

① 杨春时:《走向“后实践美学”》,《学术月刊》1994 年第 5 期，以下简称“杨文”。

源的透彻把握为逻辑起点,将分层构筑美学理论的完备体系作为学科追求,并试图以此解答现象之美的诸种问题。所以,整个美学的范畴体系能否在某个逻辑起点上建立起来,是形而上思辨美论能否成立的关键。杨春时先生以"人的生存"为美学的逻辑起点,肯定了美在本体上与人的联系,应该说,这个命题的方向完全符合美学的实际。但以"人的生存"能否作为美学的逻辑起点,能否据此"推导出美学范畴体系和审美的本质规定",却令人深深怀疑。

为了从生存方式的角度对美作出界定,杨春时先生分析了人的三种生存方式,自然生存方式;现实生存方式;自由生存方式。那么,从人的这三种生存方式是否可以推导出美?下面我们作一简要分析。

"自然生存方式是原始人的生存方式,它未挣脱自然襁褓,因而是动物式的生存方式。"杨春时先生对人的自然生存方式的这种认识是正确的,但问题并不在于人有没有和动物一致的追求生存的属性,而在于人的这一属性所反映的仅仅是人的机体作用的某些方面,还是与美具有本质联系的人的普遍属性。我们的看法是肯定前者而否定后者的。人的自然生存方式限定了此一阶段人的追求是满足食欲、性欲等动物性的需要,这种方式使人脱离自己的普遍本质,把人变成直接受生物必然性摆布的动物。"吃、喝、生殖之类固然也是些真正的人性的功能,但是在把这类功能和其他人性的活动分离开的抽象化之中,把它们变成唯一的最终目的,它们就变成动物性的了。"①这就是说,人如同其他动物一样,生存需求是一个恒量,我们不能摆脱它。但人还应该具有超出动物性生存需要的更高的属性,如果看不到这一点,而把美和人的自然生存性联系起来,无疑便把人等同于动物了。

"现实的生存方式是文明人类的生存方式。在文明时代,人类

① 朱光潜译《1844年经济学—哲学手稿》,载《美学》第2期,以下简称朱译《手稿》。

从自然中分离，并且征服自然，发展自身。"[①]这样说，使人对"现实的生存方式"很难把握，但接下来一句，杨春时先生对"现实的生存方式"的界定便十分清楚了，"现实的生存方式以物质生产为基础"。[②]概言之，现实的生存方式就是人开始进行物质生产活动以后的生存方式。从生物学的观点看，人类为了维持肉体存在的需要，必须能够从自然界获得物质生存资料，即从事物质生产活动，这也是人所共知的事实。然而，在人还由生存必然性所决定的存在阶段，他所进行的物质生产活动是否足以产生美，我们仍然持否定的态度。如果劳动还只是人的生存需要的表现，它就必然地带有强制的印记，它只不过是人保障自己肉体存在的手段而已。因此，当人还在进行不自由的、被迫的劳动和没有劳动者自身设定目的的情况下，是不可能有"自由王国"可言的。"自由王国只是在由必须和外在目的的规定要做的劳动终止的地方才开始；因而按事物的本性来说，它存在于真正物质生产领域的彼岸。"[③]由于为生存而进行的物质生产活动使产品的实用价值成为生活的最高目的，人便不能发展精神所要求的道德价值和艺术价值。所以在生存决定一切的物质生产活动中，创造不是人的普遍本质的表现，它把人的活动"降低到成为一种手段，它也就把人的物种生活变成维持人的肉体存在的一种手段了。"[④]由此可见，如果仅从生存的角度考虑人的物质生产活动，便不可能突破动物式的"单纯地在生物必然性的支配下进行劳动"的限制。以此作为美学的逻辑起点，就会把美置于直接满足肉体需要的局限性、低层性和动物性之中。

"自由的生存方式"是"在现实的生存方式之后""进行超越性创造"产生的生存方式。[⑤]仔细分析杨春时先生对"自由的生存方式"的界定，不外是说，人在为生存而斗争的物质生产活动中，由于取得了某种程度的自由，由此产生了一种对于自由的独立需要的

---

①②⑤　见"杨文"。

③　《马克思恩格斯全集》第25卷，第926页。

④　朱译《手稿》。

精神现象。然而,在人还由肉体生存需要所决定着的存在阶段,虽然"在现实生存方式基础上进行超越性创造"能够取得自由,但此种自由能否产生美,我们的结论仍然是否定的。建立在生存基础上的自由,是人认识和把握了的必然性,是人对客观规律的掌握和支配。从人与自然界的关系看,人为了生存,不仅在物质方面需要从自然界获得生活资料和生产资料,而且在精神方面也需要支配自然界,并使之作为自己进一步生存活动的基础,从而形成人的意识的一部分。当人们把石头磨成石刀石斧,把木头做成木轮木椅,把矿石炼成铜铁,铸成利剑时,便表现出人通过实践掌握客观规律的能力。当自然为人类所控制、改造、征服和利用,自然物的属性、规律、形式等等便成了人类能够认识和支配的对象,人一旦可以随心所欲地把自己的意识和目的变为现实,使思维转化为存在,这时人的物质生产活动,就成了有目的的自由活动,就可以给客观必然性以主观的自由形式。由于被人类征服和支配了的自然物是人类克服巨大困难的创造性活动的结果,是人类能够支配他所生存的周围世界的明证,所以人在这种对客观必然性的征服和掌握中感到了自由。然而,人在生存需要限定下取得的自由还是十分有限的自由,这种自由以人对客观必然性的自由控制为基础,所以仍然需要强制性的自律和遵循客观规律。在此种自由状态下,人的自由并不是人的自我实现。人由于不能实现他自己设定的全部目的,目的也因此而没有失掉外部限制的性质。由此可以认为,局限在生存范围内的自由,不过是符合或者遵循必然性而已。由于这种自由还没有完全脱出动物的状态,所以它只能体现物质压力消解后的轻松与快慰,而不能体现美学意义的解放与愉悦。

很明显,以"人的生存"作为美学的逻辑起点,便把美局限在人的第一个需要——肉体存在需要的范围之内。尽管这种需要的满足也往往表现为人类创造物质资料的活动,尽管这种单纯满足肉体需要的活动可以实现人类支配自然的自由性,然而,处在生存限定范围内的人毕竟还不能证实自己不同于动物的优越性,人的活动毕竟还是由必须和外在的目的所规定的。从根本上说人还没有摆脱受生物必然性支配的命运，还是蒙昧的动物性人生的现实。所以美既不属于这种人生，也不产生于这种人生。

二

应该公正地指出，对于人的生存本性之外的社会本性，杨春时先生也有明确的认识。不过有两点须说明：一点是杨春时先生把人的社会本性和人的生存本性混为一谈，"人的社会存在即生存，万事万物都包括于生存之中"。[①]另一点是以"社会存在即人的存在"为美学的逻辑起点，能否推导出整个美学的范畴体系，这一点仍然值得商榷。

自然生存本性的社会转化，使人类由自然史进入到社会史，是人作为主体的自我超越。然而人类历史不是进化，社会人类史不是自然人类史的延长。自然生存本能这种感性的必然需要只有在否定的基础上才能被超越。所以，在人实现了社会理性的觉醒之后，基于肉体需要的个人生存要求便失掉了意义，而那些限定在饮食起居中的生存目的也随之被视为是一种束缚甚至痛苦了。马克思在宣布"人是人的最高本质"[②]时，他认为，人最初"是为自身而存在着的存在物"，但是，尽管作为自然存在的人是个体的存在，是客观的、感性的存在物，然而作为有人性的自然存在物，从本质上讲，则是社会的存在。"人的本质是人的真正的社会联系。所以人在积极实现自己本质的过程中创造，生产人的社会联系、社会本质。"[③]从历史上看，人的社会本质的实现既是人的发展进步的历史必然，又是对其生物本质的超越和否定。例如作为人的社会本质集中体现的爱国主义行为，便根源于这种否定的基础。人类为了生存，调整人的种内矛盾而结成了团体，组成了社会。社会作为集

---

① 见"杨文"。

② 《马克思恩格斯选集》第 1 卷，第 9 页。

③ 朱译《手稿》。

团和群体利益的体现者,往往以牺牲某些个体的利益为前提。而当个体自觉地去为社会利益做出牺牲时,也会获得比肉体存在更加无比崇高的意义。在爱国主义思想的激励下,面对死亡,人的天然的自我保存的感觉变得萎缩了,他们从精神上渴望死亡。这显然是对肉体生存法则的一个背叛,人正是通过这一背叛把自己和动物区别开来,并在这一背叛中实现由生物的人生向社会的人生的超越。

很明显,人在超越自然生存本能的过程中丧失了许多动物所固有的特质,对此加以补偿的就是社会文化。当人的社会理性不再听命于生物肉体需要的因果必然规律,而是在人的理性追求中显现出主体人格的崇高,他便会把某种社会要求看作是比自己生命更宝贵的东西,便会完全自觉地用自己的全部生命去实现这种要求,这时,他的行为便具有了合乎社会伦理道德的向善的意义。不过,通过人的社会理性,摆脱肉体生存需要的束缚而与伦理道德的善相联系,这只是实现人的真正本质的一个重要阶段。由于社会理性先天地带有扼杀个体感性和分裂人的种性的特征,所以以人的“社会存在”作为美学的逻辑起点,仍然极不合适。

“社会存在”的第一个非美学特征是社会理性造成了自由人性的异化。社会是个人借助于文化而组织起来的集团。在社会集团利益的要求下,任何人的个人性都被认为是利己主义而遭到否定。人的终极目标是实现人性的自由,在“集体主义”的口号下,不知不觉地被夺去了它的自由。社会理性变成了一种手段,这种手段把人的价值“抛出”人本身之外,成为一种不以人为转移的、凌驾于人之上的存在。作为具有同一性相的人类被社会性所分化,从而使社会的人既不认识族类,也不认识个人,除了经济上的阶级和政治上的集团利益之外,个人及他们的动机根本不算什么。这种社会理性对个体感性的统治,造成了人性的异化。“劳动者在这两方面都变成他的对象的奴隶,首先是他接受到一个劳动对象,即一项工作;其次是他接受到维持生活的手段。”①马克思这段话告诉我们,

① 朱译《手稿》。

人在两种情况下失去人性成为奴隶，一是为社会要求所支配，一是为生存需要所支配。美学是人学，当然不能建立在对人性具有异化作用的“社会存在”之上。

“社会存在”的另一个非美学特征是对人的族类性的分裂。人的本性在人与人之间应该是不分阶级、国家、民族、文化而共有和相同的，“社会存在”却使得人类分裂为互相对立的阶级和集团。这种分裂造成人与人的对立，使得社会性成了人的种内竞争。在集团内部，社会理性尚表现为为集体利益而献身的崇高精神，而在集团外部，社会理性则可怖地演变为对他人的杀戮和攻击。在这一点上，人的种内斗争同动物没有质的区别，实质上仍然是解决领土、配偶、食物或保存幼仔的问题。这一类争端，大多数动物在种内都不用残杀而解决，人是这一规则的例外，它是唯一的群体残杀者。“社会存在”造成的人的种性的这一分裂，使分属于不同社会集团的个人成为只有单一社会向度的人。单一社会向度的人之间，既不认识自己，也不认识别人，完全丧失了对自身族类特性的意识。“社会存在”的这两个非美学特征表明，作为普遍存在的、不分阶级、民族、国家、时代，人人都能享受的美的现象，其逻辑起点是“社会存在”所难以胜任的。

三

我们认为，美学的逻辑起点，应该是人类从生物必然性和社会必然性中解放与超越后所实现的族类必然性。人类的历史就是人摆脱自然必然性的束缚和社会必然性的束缚，寻找并实现自身特有本质的历史。只有在这个历史的终点，把人类与其他生物区别开来的人的特有本质，才真正显现出来，而在这之前，人的本质还被生存需要和社会需要的云雾遮蔽着。

在最近几百年间，产生了一系列以各种不同方式解释个人和社会的理论。尼采、雅斯贝尔斯、海德格尔和萨特，把个人利益和社会利益对立起来，并把个人利益绝对化，强调社会对于个人的限定,“一个人的自由和另一个人的自由是相互排斥的。”孔德、黑格尔等人则走向另一个极端,他们把社会和社会利益绝对化,把个人的社会理性绝对化,强调了人只有在对国家绝对服从和忠顺的情况下才能实现自己的自由。社会利益在任何情况下对于个人利益都是第一性的。显然,前一种方式仅仅是在人的感性生存范围内寻找人的本质,而后一种方式则又把人的本质局限在了狭窄的社会生活领域。所以,这两种方式都不可能正确地界定人的真正本质。

费尔巴哈对人的研究则开创了一个全新的领域,他认为每个具体的个人只有在与别人的关系中才能认识到自己是人,即认识到自己的“类”“类生活”“类本质”。因为一个真正的人既不应该只属于自己,也不应该只属于社会,而应该属于整个人类。这样,费尔巴哈就把人的本质以人的低级的动物生存需要和狭隘的社会理性需要中提升起来,将其置于人的族类需要的高度加以探讨和研究。马克思对人的研究吸收了费尔巴哈学说的合理内核,在《关于费尔巴哈的提纲》的第六条中他写道:“人的本质并不是单个人所固有的抽象物。在其现实性上,它是一切社会关系的总和。”①为了肉体需要去追求利己的目的是单个人所固有的抽象物,人类分裂成社会后又造成了人的狭隘的集团性,“社会关系的总和”则是对孤立的个人性和狭隘的社会性的超越。所以马克思研究人,是从个人出发,而不是从利己主义的生物个体出发;马克思研究人,也从社会出发,但不是从作为异己力量对人的支配的狭隘的集团利益出发,而是要“用全面的方式,因而是作为一个整体的人,来掌管他的全面本质”。②因此,马克思对人的“类本质”“类特征”给予了极大的关注。他认为“类”就是人“自己本身的类”,是人不同于动物的属性。与自然生成性相反,人是依照存在和生成的次序构成了自己的“类存在物”,在生成过程中,人的生物性和社会性仅被视为是

① 《马克思恩格斯选集》第1卷,第18页。

② 朱译《手稿》。

揭示“类存在物”的历史过程。马克思认为,这种历史过程是人的“一种有意识地扬弃自身的创造活动。”①那么,如何在人的生成过程中扬弃个体利己的生存性和社会狭隘的集团性,实现自己类的存在本质,马克思说:人“是为自身而存在着的存在物”,他“必须既在自己的存在中,也在自己的知识中确证并表现自身”。但是,为了确证自己是“为自身而存在的存在物”,为了在自己的存在中和在知识中表现自身,人就必须表明自己是具有能与同类一起生活的“类的特性”和“类的限定”的“类存在物”。②“直接体现他的个性的那个对象同时既是他自己的为旁人的存在,又是旁人的存在,而这旁人的存在也是为他的存在。”③这就是说,人虽然是个体的具体的存在,但他要成其为人,必须和他的族类本质毫无间隙,而族类本质的实质,也必须是人类总体的每一分子必然的和必须的需要,这就是人的族类本质的实质。对于人的族类本质的具体内容,马克思常常用“自由自觉的活动”“普遍的”“自由的存在物”加以描述。“生命活动的性质包含着一个物种的全部特性,而自由自觉的活动恰恰就是人的类的特性。”④“人把自己本身当作现有的活生生的类来对待,当作普遍的,因而也是自由的存在物来对待。”⑤为什么说只有人的“自由自觉的活动”才是其族类本质的具体内容呢?因为只有实现了类的自由和自觉之后,人的本质才既是属于个体的又是属于整个族类的;人的需要才既是族类的共同需要又是个体的具体需要。

类的自由是人类超越了生存限定和社会限定的有限自由之后所实现的无限的自由。在肉体生存需要的范围内,自由是束缚在利己主义眼光下的片面自由。由于每个人都从一己之私利出发要求自由,所以有一百个人就会有一百种自由。阿伯拉罕·林肯曾说:“我们大家都在高谈自由,但是当谈到自由这个词时,每个人都

①② 《马克思恩格斯选集》第1卷,第9、18页。

③ 朱译《手稿》。

④⑤ 刘丕坤译《1844年经济学—哲学手稿》,人民出版社1979年版,第50、49页。

给它加进了自己的意义。在一部分人看来,这就意味着根据个人的意愿去支配自己和自己劳动产品的自由。在另一部分人看来,这就意味着支配人们及其劳动产品的权利……牧羊人从咬住绵羊脖子的狼口中救出绵羊,于是绵羊就把牧羊人看作是自己的救命恩人,同时,狼则告发牧羊人是自由的破坏者……很明显,绵羊和狼在自由这个概念的定义上没有共同的观点。这样的意见分歧,今天在人们中间也存在,……尽管大家常说自己热爱自由。"①这种利己的自由必然导致"一个人的自由和另一个人的自由是互相排斥的"这种存在主义的自由观。

在社会价值需要的范围内,自由是个体对社会职责的主动追求和履行。当个体把社会要求的实现看作是自己的天职、使命,把集团利益的实现看作是自己利益的实现,那么,他便会在各种社会关系的制约中取得某种程度的自由,并由此引起一种与肉体需要的满足完全不同的愉快,即主体理性和道德自律得以实现的愉快。然而,由于社会性使人分属于不同的社会体,所以,社会自由也只能是狭隘的社会集团性的内部自由。这种自由使人变成了种种社会制度、社会观念的奴隶,因此它的有限性较之生物自由的有限性并没有明显的改观。

类的自由则彻底突破了生存自由和社会自由对人的严格限定,类的自由以个人自由为第一性存在,但"每个人的自由发展是一切人自由发展的条件"。②马克思主义对于"个人自由发展为一切人自由发展"的描述,是建立在它对人的类本质的深刻理解之上的。它强调了个人自由和类的自由不可分割的联系。类的自由是这样一种自由,作为人的最高层次本质,它不是必然性的对立物,而是一种被认识和超越了的必然性。类的自由的实现,是人类解脱生存需要和社会功利的困扰之后向真正属人的本质的回归。这种回归是永不满足、永不停留的,但限于生存压力和社会压力,它又是有

① K.申德别尔格:《林肯》俄文版,第465页。

② 马克思、恩格斯:《共产党宣言》,第46页。

条件的、暂时的。在类的自由实现的一刹那，人由于从一己之私利的忧虑和社会集团的强制之中逃逸出来，从而感到前所未有的自由。类的自由是整个人类的共同自由。“我”的自由不是对“你”的自由的限定，而是“你”的自由的外在实现；“你”的自由也不是对“我”的自由的限定，而是“我”的自由的外在实现。同样，在个人与社会之间，“我”的自由是社会自由的特殊表现，社会自由是“我”的自由需要的集中体现。实现了类的自由的个人，物质条件的好坏，社会环境的优劣，对其都不再具有决定性的意义。为了体验类的自由，人类甚至不再一味地摈弃苦恼，因为人类的最大的苦恼所体现的是人向他的终极本质拼命追求的热情和焦虑，也就是说，自我意识到的苦恼，被它所追求的目标升华到一个极高的境界。理解到这一点，苦恼也是“人的一个自我享受”。在类的自由的照耀下，死亡这种“显现为物种对具体个人的严酷的胜利”①也被视为不过是物质自身的规定性对人的外在限定而失去对人的制约作用。当生存压力、社会压力、苦恼乃至死亡这些传统的制约因素对人失去有效的限定性时，还有什么能妨碍人去体验人生的这种最高欢乐，即没有任何限定的纯粹自由呢？所以，个人在向这种自由的超越中不断地提升自己，从而把人生不断地推向更高的境界，人类在向这种自由的超越中不断地扬弃，从而把自身不断地推向天下大同的共产主义社会。所以向类的自由的超越需要作为一种感性动力、意味着更高级的生命存在和社会存在。

类的“自觉”是人对自己的族类本质有意识地追求与创造，是个人与个人、个人与社会对立的主动弥合与消除。在生存需要和社会需要还占据人的本质的时候，每个人都只为自己和自己所属的集团打算，都只为自己和自己所属的集团生产。而在人对其族类本质能够自觉意识和追求的情况下，“我们每个人在自己的生产过程中就双重地肯定自己和另一个人：(1) 我在我的生产中物化了我的个性和我的个性的特点，因此我既在活动时享受了个人的生

① 朱译《手稿》。

命表现,又在对产品的直观中由于认识到我的个性是物质的、可以直观地感知的因而是毫无疑问的权力而感受到个人的乐趣。(2)在你享受或使用我的产品时,我直接享受到的是:既意识到我的劳动满足了人的需要,从而物化了人的本质,又创造了与另一个人的本质的需要相符合的物品。(3)对你来说,我是你与类之间的中介人,你自己意识到和感觉到我是你本质的补充,是你自己不可分割的一部分,从而我认识到我自己被你的思想和你的爱所证实。(4)在我个人的生命表现中,我直接创造了你的生命表现,因而在我个人的活动中,我直接证实和实现了我的真正的本质,即我的人的本质,我的社会的本质。"①由于意识到"我的个性"是"类"的需要的具体表现时,"我"才能是族类性的存在,所以,"我们每个人在自己的生产过程中都双重地肯定自己和另一个人","肯定自己"是把自己作为人类的主体性的代表而确证自己存在的价值,肯定"另一个人"是在自己的创造中体现人类任何一分子的本质需要。这种对自己和族类共有本质的意识,必然导致"我在我的生产中物化了我的个性和我的个性的特点","我的劳动……创造了与另一个人的本质的需要相符合的物品","对你来说……我是你本质的补充","在我个人的生命表现中,我直接创造了你的生命表现"等等对族类本质的主动追求和主动实践的自觉行为。在人对其族类本质自觉意识的情况下,人和人之间的对立将不复存在,"人与人之间的兄弟情谊在他们那里不是空话,而是真情"。②族类本质的自觉也使个人和社会的对立不复存在,由于个人是族类本质的追求者,社会也是族类本质的追求者,所以"个人就是社会性的存在","人在他的物种意识里证实了他的真正的社会生活";③同时,社会也由于代表了个人性的意志而证实了自己人性的地位,从而作为"完善化的人道主义"而使得"历史谜语得到""解答",④因此,对类的本质的自觉追求作为一种理性动力,意味着人的更高级的生命创造

---

① 《马克思恩格斯全集》第42卷,第37页。
②③④ 朱译《手稿》。

和社会创造。

族类本质具体显现是人的艺术需要。艺术需要是人在生存需要和社会需要满足之后产生的既超个体又超社会的族类需要。在艺术需要成为现实的情况下,人便从个体生存和社会价值的有限存在的无望痛苦中解放出来,豁然醒悟到一切肉体的、社会的目的原本是微不足道的,省悟到我们在日常状态中实际上并不了解自己,丧失了人的意识,因此在这种人生的最高需要的体验中领悟到人的终极价值和感受到人的终极欢乐。这种超越日常状态的人生体验,在人类文明史上由于只被极少数"天才"的觉悟者们所感受过,所以长期被神秘主义甚至神学所遮盖。例如老子和庄子的"得道""悟道",孔子受困于陈蔡之野"终日弦歌不衰"的人生"乐之"态度,而在菩提罗树下参破宇宙人生一切奥秘的"大觉悟""大智慧"者释迦牟尼也不过是人生这种终极需要的神秘体验而已。

在艺术需要成为人的第一需要之后,人的活动便成了没有任何限定的自由的活动,所谓人的本质,在没有上升到艺术性的高度之前,分裂成物质的和精神的两种不同的内容。人在生物必然性的限定下,肉体的感性欲望总是居第一位的;而社会理性又要求对人的肉体感性欲望加以扼制。所以人在这两种需要中难以实现真正的自由。人的艺术性需要作为超越了感性欲望和理性意志的人的高级需要,不仅表现为每个个体的需要,同时也表现为作为整体的"类"的需要。这样,个体感性不再是与社会理性相疏远的毫无意义的东西,社会理性也不再是禁锢个体感性的黑暗囚室,因此,在对艺术需要的追求之中,人获得了没有任何限定的真正自由。艺术需要的这一特征从贝多芬的《田园交响曲》和陶渊明的"田园诗"中可以得到佐证。《田园交响曲》是通过音乐表现人对艺术的需要的。由于贝多芬是人的艺术需要的大觉悟者,所以他在作品中表现了自己在物质和精神双重压力解消以后的轻松与愉快。这种个体的对自由的感受由于符合族类对安详、平和的"类生活"的要求,因此成了人类每一分子共同的要求和心声。同理,陶渊明"不为五斗米折腰"而"归园田居",是因为他更看重"采菊东篱下,悠然见南山”的人生欢乐与自由。由于作为个体的这种人生需要,吻合了“类”的目的和追求,所以千百年来,无数志士仁人在生存与功名的奋斗中苦苦挣扎时,诵吟起陶渊明的诗句,都能获得片刻心灵的安顿与歇息。

在艺术需要成为人的第一需要之后,人的活动便成为没有任何强迫的完全自觉自愿的活动。人在生存压力之下的活动对于他是外在的,这种活动“不是自由地发挥他的身体和精神两方面的力量,而是摧残他的身体,毁坏他的心灵。”①“因此不是一种需要的满足,而只是满足外在于它的那些需要的一种手段”。②所以结果是“只要身体或其他方面的压力不存在了,人就立刻逃避劳动,像逃避瘟疫一样。”③人在社会压力之下的活动对他也是外在的。“它不是劳动者自己的,而是旁人的,在这种劳动里劳动者不属于他自己而属于旁人。”④所以它并不是人的“自发的活动而是属于旁人的活动”,并因此造成人的“自我丧失”。⑤艺术活动是人的活动的最高尚的形式,通过艺术活动,人肯定了自己是类的存在物,显现了自己的全部人性,并由此领悟到人的终极价值和终极追求的内容,所以,艺术活动就成了人生的一种自觉设计和自觉创造。这种自觉设计和自觉创造,动力是人的自我实现冲动,人为着要达到人的本来样子,实现自己的全部潜力,必然以积极行动的决心,旺盛的生命力和创造灵感,对于内忧外患的排除等等自觉行为证实自己作为“类”的存在的价值性,由于“类”的价值是“人”的价值的最高体现,所以它便成了人为实现自我的自觉追求;也由于“类”的需要是“人”的需要的内在规定,所以它便成了满足人的需要的自觉创造。理解了艺术活动的这种自觉特征,我们便不难理解,为什么有些艺术家为了艺术而渴望坐牢,渴望被打瞎眼睛,甚至渴望把自己的死亡作为艺术来表现。如果不是把艺术当作人生的最高目标,是不可能有这些近乎疯狂的主动追求与自觉牺牲的行动意志的。

以上简略论述了人的族类本质即艺术本质的内容和含义。它

①②③④⑤ 朱译《手稿》。

是一种超个体超社会而为人人所有的“类”的共同性。美学作为研究人人共享的普遍财富,研究人人共同的终极追求的一门学问,显然,以此作为学科的逻辑起点才是比较恰当和合适的。

四

以人的族类本质即人的艺术性需要本质作为美学的逻辑起点,便可以推导出整个美学的范畴体系。

第一,美对于人类是共同拥有和共同存在的。孟子说:“口之于味也,有同耆焉;耳之于声也,有同听焉;目之于色也,有同美也。”[①]由于美是人的族类理想和族类需要的确证,所以寄寓在“生活显现”中的美便具有了普遍可传达性。真正的美不会为某一个人、某一个时代或某一个社会集团而存在,而是为整个人类而存在。它显现的是人的族类本质,因此只有实现了族类意识的自觉,并将艺术需要作为人生的第一需要的人才能够感受和认识。从这个意义上说,美所需要的不是人的生物共同性或阶级共同性,而是艺术的共同性。我们可以得出结论:以人的族类本质为其根源的美,虽然会随人的族类本质的发展而丰富,但基本特征是古今同一的。在不同民族、不同国度、不同阶级中存在的美,只反映着美的分布情况,而在本质上,美是普遍同一的。美是不分时间,不分空间,永恒存在的“一”,对于美,只有普遍性,没有特殊性。

第二,美具有彻底的超功利特征。人的族类本质使美成为人的“利己的本性的对立物”,它决不是“束缚在粗陋的实用需要和享受下的单纯的有用性”。一个为博取功名而献身疆场的人,能够获得其所属社会集团成员的崇敬和爱戴,但决不会成为整个人类所欣赏的对象。鲁迅先生说:“感情正烈的时候,不宜作诗,否则锋芒太露,能将‘诗美’杀掉。”[②]“感情”之所以“烈”,不外乎与社会抱负、

① 《孟子·告子上》。

② 鲁迅:《两地书》,《鲁迅全集》第11卷,人民文学出版社,1981年,第97页。

与事业功名的追求有太贴近的急切心理,由于不能与功利性保持应有的距离,所以才会将“诗美”杀掉。

相反,当一个人彻底摆脱了物质利益和社会功名的困扰,真正实现了“乘物以游心”的绝对自由,他的创造才能外化其内在的艺术需要,为族类提供具有美的价值的产品;他的感觉力才能对人的族类本质具有敏感性,在对美的品鉴回味中获得透彻灵魂的纯净怡悦。所以齐白石的“鱼”“虾”不能吃,徐悲鸿的“奔马”不能骑,但却创造了陶冶人的情操、怡悦人的精神的美学价值;而人们在欣赏他们的传世之作时,获得的也是超肉体感觉,超功名利益的美的享受。

第三,美是一种体现人生高级品味的存在。从目的而言,美是人生最高境界的追求和体现,它把不断地超越和提升人的低级本质、把人品的完善和人格的族类净化作为最终旨归。所以,美同能够引起人的生理快感、社会价值快感的存在完全不同,它是超越了肉体生存需要和社会功名需要之后的一种更为高级的存在。由于族类本质是人生可能实现的最高存在,所以一旦达到美的高度,便不存在任何能够与之相提并论的存在物,甚至也不存在任何能够与之对立的存在物。由社会性的价值追求而物化出来的崇高及与崇高对立的丑,都因其不能体现族类的本质而不能达到美的高度。美是隐蔽在人的内心深处的单纯的安宁与静穆,在对族类本质的体验与感受中,人由于神驰身外,从而获得一种我们决不想私人占有而只愿与他人共享的欢乐。这种族类的欢乐与个体的欢乐的直接同一,才使人感到充实、富有,才会因此而导致灵魂的宁静怡悦。这是人生在世的真正满足、深层满足、最高满足。所以,人在积极满足生存需要和社会需要的同时,必须认识和把握自身的更高品味的需要,并在追求这种高级需要的同时,将人提升到具有“上帝”般品格与情操的理想人格境界的高度。

很明显,人的需要是分层次的。最初,人与动物一样,第一需要也是直接的维持肉体生存的需要,并在生存需要的满足中求得族类的生存与延续。然而，满足生存需要并不是人类的唯一需要，人类只是迫于肉体压力，才显现出它的动物性生存特征。生存需要的有限性严重地影响人对其族类本质的认识，从而严重地影响人依照“人”的尺度进行生产及依照“人”的尺度产生美感。一旦人的生存压力得到缓解，人便会表现出超越生存限制的社会价值追求。社会理性使人摆脱了纯粹肉体需要满足的感觉，使人从占有的本能中解放出来。但社会理性造成的人性的分裂，也使人成为集团性生产和集团性攻击的异化存在。这种状况也使人不能依照“类”的尺度进行生产及依照“类”的尺度产生美感。所以，杨春时先生把“人的社会存在即生存”定为美学的逻辑起点，不论从生存的角度还是从社会的角度考虑都难以成立。美学确定不移的逻辑起点应该是也只能是人的族类本质。人的族类本质的属“人”特征使人性与其动物性相界分，人的族类本质的属“类”特征使人性与其社会性相界分。所以，人的族类本质具体地讲就是人的艺术需要本质。只有以人的艺术需要本质作为美学的逻辑起点，才能完成美学的高层次的人类学与本体论的历史使命，才有可能使美学成为新世纪更深刻更伟大的人类革命的理论先导。这就是我们认为美学的逻辑起点应该确立为人的族类本质的意义所在。

（原载《学术月刊》1995 年第 8 期）

实践美学哲学基础新论

朱立元

近两年来，我国80年代影响最大的“实践美学”受到了一些中青年学者的尖锐批评，其中有相当一部分批评涉及实践美学的哲学基础问题。针对这些批评，我曾撰文进行过辨析，[①]现仍意犹未尽，特别是关于实践美学的哲学基础问题，还有一些新的想法，特写出来以求教于方家，并希望引起学术界的关注与讨论。

一

关于实践美学，过去一般只指以李泽厚先生为代表的那一派美学观点。但实际情况不完全如此。特别是80年代以来，随着“美学热”的兴起，我国各派美学都有一定的发展，尤其是实践美学在发展中有所分化、有所突破，以蒋孔阳先生为代表的中国当代美学的第五派脱颖而出，走向成熟。蒋先生的美学思想以其新著《美学新论》为代表作[②]，集中体现了“实践美学”中与李泽厚先生美学观点颇为不同的另一学派的美学观点。

我之所以把蒋先生的美学学说仍放在“实践美学”名下，乃是因为：第一，我认为所谓“实践美学”乃是以实践论为哲学基础的美学理论或学说，而李、蒋二人的美学理论都是以实践论为哲学基础

① 朱立元：《“实践美学”的历史地位与现实命运》，载《学术月刊》1995年第5期。

② 蒋孔阳：《美学新论》，人民文学出版社，1993年。

的,这是他们的共同之处。如李泽厚说:"在我看来,自然的人化说是马克思主义实践哲学在美学上(实际也不只在美学上)的一种具体表达或落实。就是说,美的本质、根源来于实践,……这就是主体论实践哲学的美学观"①;又说:"马克思主义的美学不是把意识或艺术作为出发点,而从社会实践和'自然的人化'这个哲学问题出发"②。可见,李泽厚只是在美学问题的哲学根源和出发点这个意义上引入实践范畴的,也就是说,实践论只是作为其美学观的哲学基础而存在的,所以,他很少称自己的美学理论为"实践美学",倒是更多地称之为实践哲学的美学观或美学表达。同样,蒋先生也并未声明自己的美学观属于"实践美学",但他的一系列美学基本观点,从人与现实的审美关系的产生与发展、美的本质、美的规律到美感的诞生与发展等,都是从人的社会实践出发,或以实践范畴为基础展开论述的,所以,我把蒋先生的美学理论概括为"以实践论为基础、以创造论为核心的审美关系说"③。这里的"基础"即指哲学基础,而不是说蒋先生从实践范畴直接简单地推演出其整个美学理论与范畴系统。正是在以实践论为美学的哲学基础的意义上,我把李、蒋二位先生的美学理论都纳入实践美学的大范围之中。虽然,二者在美学的研究对象、逻辑起点、理论思路、推演逻辑、主要命题、基本范畴和概念等各个重要方面都存在诸多区别,但并不妨碍它们都成为以实践论为哲学基础的实践美学。第二,从对实践美学的批评者方面来说,似乎并未对李、蒋二人的观点加以区别,也就是说,他们也是把李、蒋二人的美学理论看成同属实践美学范畴。如对从"自然的人化"(李泽厚)或"人的本质力量的对象化"(蒋孔阳)的哲学命题切入,探讨美的本质,批评者们就从不加以区分(实际上是有区别的),而是都归到"实践美学"的名下加以批评。由此可见,实践美学的辩护者和批评者在把李、蒋二人

① 李泽厚:《美学四讲》,生活·读书·新知三联书店1989年,第63页。

② 李泽厚:《批判哲学的批判》,人民出版社1984年,第414页。

③ 朱立元:《当代中国美学"第五派"》,载《当代中国美学新学派》,复旦大学出版社1992年版第2页。

的美学理论都纳入“实践美学”名下这一点上,并无异议。

需要说明的是,笔者本人对李、蒋二人的具体美学观点持有的这种态度,即:对李的美学观,有赞成方面,也有不同意方面;而对蒋的美学观,则基本赞同。但本文将不对二人的美学观点加以具体辨析或评议,而想主要就二人美学理论共同的哲学基础——实践论作一些理论上的探讨。

二

实践论何以能成为实践美学的哲学基础?或者是说,实践论在何种意义上为实践美学提供了哲学基础?

首先,最根本的,实践论是马克思主义唯物史观的核心。以实践论为哲学基础,实质上也就是以唯物史观为哲学基础。这也是在最高层次上对实践美学哲学基础的概括。

实践概念,在马克思主义经典作家那里,主要是一个社会历史范畴。早在《关于费尔巴哈的提纲》中,马克思就鲜明地提出:“哲学家们只是用不同的方式解释世界,而问题在于改变世界。”①就是说,马克思主义哲学与传统哲学的主要区别在于它不仅解释世界,更强调在解释基础上把重点放在“改变世界”即社会实践上。这种“改变”,不仅是对自然、物质世界的改造,更是对现存社会关系的改造。他说,“社会生活在本质上是实践的”②,指明了实践的社会本性和社会生活的实践本性,使我们不至于把实践局限于人与自然的表面关系上,而忽视了实践在人与人的社会关系中的核心地位。

尤为重要的是,马克思、恩格斯正是从实践范畴出发,直接推导出了一种同当时占主导地位的旧哲学观(唯心史观)相对立的新历史观,即唯物史观:

①② 《马克思恩格斯选集》第1卷,第19、18页。

> 这种历史观就在于:从直接生活的物质生产出发来考察现实的生产过程,并把与该生产方式相联系的,它所产生的交往方式,即各个不同阶级上的市民社会,理解为整个历史的基础;然后必须在国家生活的范围内描述市民社会的活动,同时从市民社会出发来阐明各种不同的理论产物和意识形式,如宗教、哲学、道德等等,并在这基础上追溯它们的产生的过程。……这种历史观和唯心主义历史观不同,它不是在某个时代中寻找某种范畴,而是始终站在现实历史的基础上,不是从观念出发来解释实践,而是从物质实践出发来解释观念的东西……①

十分清楚,"从物质实践出发"这一个全新的出发点,颠覆了头足倒置的唯心史观,推导出全新的唯物史观。

正是在上面两层意义上,马、恩把自己的哲学思想或唯物史观鲜明地概括为"实践的唯物主义",他们指出:"实际上和对实践的唯物主义者即共产主义者说来,全部问题都在于使现存世界革命化,实际地反对和改革事物的现状"②。很显然,在马克思主义经典作家那里,"实践的唯物主义"与唯物史观基本上是同义的。而我们用以充当实践美学的哲学基础的实践论,首先也应在这一根本意义上加以理解,即把美学建立在以实践为核心范畴的唯物史观的基础上。

实践美学的唯物史观作为哲学基础,这标明了实践美学的鲜明的马克思主义性质。恩格斯明确指出,"凡不是自然科学的科学都是历史科学"③。我的理解是,一切社会科学与人文科学都属于"历史科学",而一切历史科学都应受唯物史观指导,都应以唯物史观为哲学基础,正如恩格斯所强调的,唯物史观"不仅对于经济学,而且对于一切历史科学都是一个具有革命意义的发现"④,都具有根本性的指导意义。这里,"一切历史科学",无疑应包括美学、文学

---

①② 《马克思恩格斯选集》第1卷,第43、48页。

③④ 《马克思恩格斯选集》第2卷,第117页。

艺术在内。而自觉的以实践论为基础的实践美学自然更应以唯物史观为哲学基础了。

三

这里需要说明的是,我之强调实践美学以实践论即唯物史观为哲学基础,而没有沿用人们通常所用的“辩证唯物主义与历史唯物主义”这一被长期公认的概括,是有原因的。

在我看来,这实际上是对马克思主义哲学的两种完全不同的概括:前一种认为马克思主义哲学就是或主要是历史唯物主义;后一种则把马克思主义哲学分为并列的两大块,一块集中于自然观上,另一块集中于社会历史领域,二者加在一起,才构成完整的体系。可见,这两种说法,不只是提法或侧重点的不同,而是有实际内容上重大的区别。但是,应当承认,过去我一则对这种区别认识得还不够清楚,二则由于种种非学术的原因,我不得不采取了一种折衷、调和的态度,把二者说成是完全一致的。①我想借此机会,对自己过去的观点作一修正,并作一些补充和阐发。

我现在明确赞同第一种说法,即认为马克思主义哲学就是或主要是唯物史观。最重要的一个根据是恩格斯《在马克思墓前的讲话》。这篇文献可以说是对马克思一生贡献的最集中、精辟的概括,也应当说是对整个马克思主义(包括恩格斯本人思想)历史贡献的一个简要总结。其中说到马克思一生中的两个主要发现,一个就是唯物史观,另一个则是剩余价值规律。换句话说,马克思在经济学上的伟大贡献是剩余价值规律,在哲学上的主要贡献就是唯物史观,而不是“辩证唯物主义+历史唯物主义”。恩格斯是这样说的:

① 朱立元:《关于马克思主义文艺学的哲学基础问题》,发表于1990年,收入拙著《思考与探索》,上海社会科学院出版社,1991年。

> 正像达尔文发现有机界的发展规律一样,马克思发现了人类历史的发展规律,即历来为繁茂芜杂的意识形态所掩盖着的一个简单事实:人们必须首先吃、喝、住、穿,然后才能从事政治、科学、艺术、宗教等等;所以直接的物质的生活资料的生产,因而一个民族或一个时代的一定的经济发展阶段,便构成为基础,人们的国家制度、法的观点、艺术以至宗教观念,就是从这个基础上发展起来的,因而,也必须由这个基础来解释,而不是像过去那样做得相反。①

另外,也许我孤陋寡闻,虽然有人说马克思一再把自己的哲学称为辩证的唯物主义,但是,我始终未找到一处马克思声称自己的哲学观为"辩证唯物主义"的。倒是发现在许多场合,马克思屡屡表达了自己的唯物史观。早在1843年写的《黑格尔法哲学批判》中,马克思已初步指出市民社会应是政治国家的现实基础这样一个唯物史观的新思路,从而与黑格尔的唯心主义法哲学鲜明地划清了界限。1859年马克思在《〈政治经济学批判〉序言》中,回顾了自己1843—1844年唯物史观形成的过程,并作了经典的表述②;他还说1845年春与恩格斯合著的《德意志意识形态》,乃出于"我们决定共同钻研我们的见解(按:指唯物史观)与德国哲学思想体系的见解之间的对立,实际上是把我们从前的哲学信仰清算一下"③这样一个目的。这从侧面说明,马克思一开始就自觉地将自己的唯物主义新历史观与德国当时占主导地位的黑格尔主义的唯心历史观对立起来,并在哲学范畴内来讨论这一问题。所以说,马克思主义哲学从其形成、诞生那一天起,直接就是唯物史观。

至于用"辩证唯物主义与历史唯物主义"两大块来概括马克思主义哲学的,现在看来至少不是马克思本人所为,始作俑者似也不必细究。关键是,这一概括存在如下一些问题:

① 《马克思恩格斯选集》第3卷,第574页。

②③ 《马克思恩格斯选集》第2卷,第82—83、84页。

第一,对马克思主义哲学的概括不够准确,不完全符合实际。如上所述,马克思主义从诞生期开始就直接是历史唯物主义而不是两大块的并列与相加,后来的发展也始终如此。

第二,两大块并列且把“辩证唯物主义”放在首位,实际上冲淡、削弱了唯物史观在马克思主义哲学中的中心、主导地位。

第三,这种提法把辩证法同唯物史观割裂了开来,似乎历史唯物主义不包含辩证法在内,而辩证唯物主义又不属历史领域。这是一个很大的错误。辩证方法在德国古典哲学、特别在黑格尔那里得到了长足的发展,马克思吸收了其哲学中辩证法的合理内核,改造熔铸到自己的新世界观中去。应当说,马克思主义新历史观的提出本身不仅是唯物主义的胜利,同样是辩证法的胜利。唯物史观从其孕育到诞生、再到发展、成熟,始终内在地包含着、融合着辩证思维的方法,决不能把辩证因素排除在唯物史观之外。唯物史观把人类社会发展看成一个否定之否定,由低级到高级的历史发展过程,本身就体现了彻底的辩证法。实际上,正是在唯物史观的框架内,辩证法才获得了新的更高水平的发展。把辩证唯物主义单独分离出来,客观上是对唯物史观的一种贬低。

第四,两大块的分法的另一种含义是把“辩证唯物主义”归为自然观和认识论,而把“历史唯物主义”归为社会历史观。这也是大成问题的。因为自然观与认识论都是人的自然观与认识论,离开了社会的人无所谓自然观与认识论。实际上,在社会的人身上,自然观、社会历史观、认识论是统一的整体,不能加以分割分属不同的“主义”。而唯物史观或实践的唯物主义的一个基本特点,是从社会的人出发,从人的实践活动出发来研究世界,包括自然界,即从人与自然的关系中来研究自然界,认为人们的自然观与人们的社会历史观是不能分割的整体。因此唯物史观应当也能够包括相应的自然观与认识论在内。早在《德意志意识形态》中,马克思、恩格斯在论证“实践的唯物主义”时就着重批判了费尔巴哈的直观唯物主义,深刻指出,“费尔巴哈对感性世界的‘理解’一方面仅仅局限于对这一世界的单纯的直观,另一方面仅仅局限于单纯的感觉”,“他没有看到,他周围的感性世界(按:包括自然界)决不是某种开天辟地以来就已存在的、始终如一的东西,而是工业和社会状况的产物,是历史的产物,……甚至连最简单的可靠的‘感性’的对象也只是由于社会发展、由于工业和商业往来才提供给他的。大家知道,樱桃树和几乎所有的果树一样,只是在数世纪以前依靠商业的结果才在我们这个地区出现”。[①]这是批评费尔巴哈未把自然纳入历史的视野。马、恩又指出,这种所谓“自然和历史的对立”问题,实际是虚假的,按这种观点,“好像这是两种互不相干的‘东西’,好像人们面前始终不会有历史的自然和自然的历史”[②]。这就在实际上把自然观与历史观辩证统一起来了。促成人与自然、历史与自然统一的根本力量就是实践,就是工业,就是劳动和生产。马、恩极为有力地指出,“费尔巴哈特别谈到自然科学的直观,提到一些只有物理学家和化学家的眼睛才能识破的秘密,但是如果没有工业和商业,哪里有自然科学?”人的这种实践活动,“这种连续不断的感性劳动和创造、这种生产,是整个现存感性世界的非常深刻的基础”[③]。当然,马克思并未否认自然界早于人类产生这个“优先地位”,但同时指出,“这种先于人类历史而存在的自然界,不是费尔巴哈在其中生活的那个自然界,因而对于费尔巴哈来说也是不存在的自然界”[④]。可见,马克思主义是把自然观纳入人类社会历史范畴的,是社会历史观的一部分;而历史观与自然观统一的基点与动力即人的实践活动。

第五,上述分法还有一个含义是,认为唯物史观是由辩证唯物主义推演出来的,是它在社会历史领域的应用。这个观点更是站不住脚的。这从历史与逻辑上都讲不通。从马克思主义哲学发生、发展历史看,它一开始就是以唯物史观的形态出现的,它从孕育、诞生到后来的发展,从未经历过所谓“辩证唯物主义”的阶段。马克思 1859 年在回顾他早年著作时说道,1842—43 年,他任《莱

①②③ 《马克思恩格斯选集》第 1 卷,第 48—49、49 页。
④ 《马克思恩格斯选集》第 2 卷,第 82 页。

茵报》主编时首次遇到要对物质利益发表意见,这迫使他对原先接受的黑格尔主义进行反省,“为了解决使我苦恼的疑问,我写的第一部著作是对黑格尔法哲学的批判性分析,……我的研究得出这样一个结果:法的关系正像国家的形式一样,既不能从它们本身来理解,也不能从所谓人类精神的一般发展来理解,相反,它们根源于物质的生活关系,这种物质生活关系的总和,黑格尔……称之为‘市民社会’,而对市民社会的解剖应该到政治经济学中去寻求”①。这里马克思自己明确说他第一部哲学著作奠定了唯物史观的思路。也就是说,他不是首先形成“辩证唯物主义”自然观点,再应用于社会历史领域的。而且,这一唯物史观思路贯穿于他的以后一生的著述(包括经济学、人类学等各方面著作)中,中间也从未插入过另一个“辩证唯物主义”阶段,从未离开人类历史抽象谈论“辩证唯物主义”自然观,更不曾“应用辩证唯物主义”于历史领域。再从逻辑上看,既然上述两分法把自然观与历史观人为分割开来,也就把自然与人、自然界与历史分割开来、对立起来了。而单纯的、离开人类社会的自然是抽象的自然,是对人类无意义、实际上并不存在的自然,对这种抽象自然所持有的观点也是一种抽象的自然观。正如马克思所说:“被抽象地孤立地理解的、被固定为与人分离的自然界,对人说来也是无。”②这样一种抽象自然与人类社会的复杂历史之间,抽象的自然观(“辩证唯物主义”)历史观之间是不存在通约性的,因此在逻辑上两者是难以互为“应用”的,换言之,上述两分法的思路预先决定了“辩证唯物主义”自然观在逻辑上无法推广、应用于另一异质系统的人类历史领域。

根据以上理由,我在此修正过去把“实践的唯物主义”与“辩证唯物主义与历史唯物主义”看成完全一致的观点,而认为后者的提法不科学。这也是我认为马克思主义哲学主要就是唯物史观的重要依据。这一点若能成立,也从侧面佐证了实践美学的哲学基础

① 《马克思恩格斯选集》第 2 卷,第 82 页。

② 《马克思恩格斯选集》第 42 卷,第 178 页。

是以实践论为核心的唯物史观。

四

实践美学主要是在本体论意义上还是在认识论意义上以实践论为其哲学基础呢?

有的同志认为是在认识论意义上,这是因为毛泽东的实践论主要是认识论,而现在国内美学界不少人还是把传统西方美学的认识论框架作为建构美学理论的依据,所以侧重于从认识论角度引入实践论基础;有的同志则强调在本体论意义上设置美学的实践论基础,但他们对本体论的理解则并不完全准确,主要是把本质、本源与本体、本体论混为一谈了。但我以为,作为实践美学哲学基础的实践论,既不单纯以本体论方式、也不单纯以认识论方式出现,而是实践本体论与实践认识论的统一。

先谈实践本体论。

关于"本体论",目前学术界,包括哲学界,都存在不同的理解。一种比较流行、被不少人接受的看法是,把本体理解为本原、本质,因而把研究一切实在的最终本性、最高本质的理论称为本体论。甚至一些权威的哲学辞典也把"本体论"定义为"哲学中关于世界本原或本性问题的理论部分"①。其实,这是一种较严重的误解。

"本体论"是对译西文 Ontology 的一个译名,它的本义不是中文意义上的"本体"或"本原"、"本质",而是关于"有"或"在"(存在)的学说,即关于 being 的理论。据目前掌握的资料看,最早为"本体论"下定义的是德国理性派哲学代表沃尔夫,他说:"本体论,论述各种关于'有'(OZ)的抽象的、完全普遍的哲学范畴,认为'有'是唯一的、善的;……这是抽象的形而上学"②。在西方,对"本体论"

① 《哲学大辞典》(马克思主义哲学卷),上海辞书出版社,1990 年,第 188—189 页。

② 转引自黑格尔:《哲学史讲演录》第 4 卷,商务印书馆,1978 年,第 189 页。

的这种定义被普遍认可,一直延续至今,并未引起误解,直至最新版(15版)的《不列颠百科全书》仍对"本体论"持这一看法,说"本体论"是"研究 Being 本身,即一切实在性的基本特性的一种学说"①。因此,把"本体论"理解为存在("有"、"在"或"是")论即研究存在的学说似较切近于本体论的原意。

实践本体论也须从存在论角度加以阐释。马克思主义的唯物史观在一定意义上包括着本体论,即包括着人的社会存在的理论,并以此作为其整个哲学的基石与出发点。马、恩早期著作《德意志意识形态》明确从存在论出发,指出"任何人类历史的第一个前提无疑是有生命的个人的存在",而这种"个人的存在"不能仅从生理、地理、气候等自然角度去解释,而应从人的物质劳动实践去说明,"这些个人使自己和动物区别开来的第一个历史行动并不是在于他们有思想,而是在于他们开始生产自己所必需的生活资料"②。马、恩进一步指出,"这种生产方式"即实践,"不仅应当从它是个人肉体存在的再生产这方面来加以考察","它在更大程度上是这些个人的一定的活动方式,表现……他们的一定的生活方式","这取决于他们进行生产的物质条件"③。也就是说,要从人们的物质生产条件、方式来考察人的存在(活动、生活)方式。马、恩认为对人们这种存在论的考察是唯物史观的前提,"任何历史观的第一件事就是必须注意上述基本事实的全部意义和全部范围,并给予应有的重视",而唯心主义却"从来没有这样做过,所以他们从来没有为历史提供世俗基础"④。马、恩认为,由人的物质生产活动这种现实存在方式出发,"即在现实生活面前,正是描述人们的实践活动和实际发展过程的真正实证的科学(按:即唯物史观)开始的地方"⑤。需要说明的是,马、恩这里讲的个人的存在方式决非抽象、孤立的"类"的个人,而是指的现实的社会关系中的人,也即社会的人。他们强调,"这里所说的人们是现实的,从事活动的人们,他们受着自

① 见《不列颠百科全书》第9卷,1989年英文版第958页"Ontology"条目。

②③④⑤ 《马克思恩格斯选集》第1卷,第24页及注①、第25、32、31页。

己生产力一定发展以及与这种发展相适应的交往……的制约”（按：“交往”即人们之间的社会交往关系），“人们的存在就是他们的实际生活过程”①，也就是他们的生产实践活动过程。而“人们在生产中不仅仅同自然界发生关系。……为了进行生产，人们便发生一定的联系和关系。只有在这些社会关系的范围内，才会有他们对自然界的关系，才会有生产。”②所以，人们的存在方式只能是社会实践方式即社会存在的方式。马克思后来在对唯物史观作经典表述时仍未放弃上述本体论的立场和出发点，他说：“物质生活的生产方式制约着整个社会生活、政治生活和精神生活的过程。不是人们的意识决定人们的存在，相反，是人们的社会存在决定人们的意识”③。这里，“人们的社会存在”显然主要指人们的“物质生活的生产方式”，这属于人们社会实践的主要内容。

据此，我们可以确认，马克思主义哲学包括着本体论。这是一种“社会存在本体论”（按：借用卢卡契的提法）。而社会实践是人们的存在的基本方式，或者说，“社会存在”的主要内容即人们的社会实践活动，因此，在一定意义上，也可以把马克思主义本体论概括为社会实践本体论，或简称为实践本体论。实践本体论是唯物史观的出发点与根本所在，是马克思主义哲学的基本组成部分。当然马克思主义的本体论与西方哲学史上的一切本体论都有本质的区别。这里就不谈了。

实践本体论如何成为美学的哲学基础，或者说，实践本体论对于美学理论建构的意义主要体现在哪里呢？从目前国内实践美学派的理论来看，主要体现在以下四方面：

第一，把实践本体论作为唯物史观的出发点来确立美学的最根本出发点（不是逻辑起点），即不是从作为社会意识之一的艺术出发，而是从最终决定人们社会意识的社会存在、主要是物质实践出发来考察、研究艺术。

---

①② 《马克思恩格斯选集》第1卷，第30、362页。

③ 《马克思恩格斯选集》第2卷，第82页。

第二，把实践范畴引入审美和艺术的发生学，用人类社会的实践来解释艺术和审美发生的最终的即哲学的根源。譬如说，蒋孔阳先生的美学是从人与现实的“审美关系”出发的，但这种审美关系最初附庸于诸实用关系中，并无独立意义。蒋先生从实践本体论出发，提出这种审美关系是人类通过人类漫长劳动实践，随着精神和实践感觉能力的日益丰富、提高而形成、发生，并逐步从实用关系中分化、独立出来的。这就揭示了审美关系发生的哲学根源。

第三，把实践本体论同审美心理学结合起来，揭示人类审美活动的心理机制与根源。如李泽厚先生就强调人类“通过长期的生活实践(首先是劳动生产的基本实践)”在双向的自然人化中“产生了美的形式和审美形式感”(审美发生学)；他并提出，“只有把格式塔心理学的同构说建立在自然人化说即主体性实践哲学的基础上，使‘同构对应’具有社会历史的内容和性质，才能进一步解释美和审美诸问题”①。这里实践本体论成为审美心理学的哲学基础。

第四，李泽厚先生把实践本体论与实践认识论结合起来，提出了美学上的“积淀”说。他认为，认识、道德、审美“都来源和从属于人类”，“人类以其使用、制造、更新工具的物质实践构成了社会存在的本体(简称之曰工具本体)，同时也形成超生物族类的人的认识(符号)，人的意志(伦理)、人的享受(审美)，简称之曰心理本体。理性融在感性中、社会融在个体中、历史融在心理中……，有时虽表现为某种无意识的感性状态，却仍然是千百万年的人类历史的成果；深层历史学……如何积淀为深层心理学(人性的多元心理结构)，就是探究这一本体的基本课题”②，美学即其中之一，主要研究心理本体审美方面的历史积淀方式与内容。

近十几年，我国实践美学在上述几方面依托实践本体论，取得了丰硕的研究成果，但也存在一些问题和不足，在我看来主要有：第一，有的美学家在将实践本体论引入美学时有一些简单化的倾向，即把实践范畴直接作为美学的逻辑起点，或直接用作解决美学

---

①② 李泽厚:《美学四讲》，生活·读书·新知三联书店1989年，第60、43页。

基本问题（如美的本质、美感的本质等）的万能范畴，而缺少推演的一系列具体中介，这样就给人以一般化和大而无当之感，缺乏理论说服力。这里的问题在于把本应作为美学哲学基础的实践本体论和实践范畴直接拿来充当美学的基本范畴，其结果无法真正解决美学基本问题，反倒使实践范畴失去了哲学本体论意义。第二，有的美学家对实践范畴理解较窄，单纯停留于物质生产劳动这一含义上，而未把种种人生实践，如道德实践、交往活动和精神文化活动（即马克思所说的精神劳动或精神实践）考虑在内。这样，在建构美学理论时，往往把人生实践方面的审美问题放置在视野以外，而这同关注人生实践的中国传统美学鸿沟较深，不利于建构中西交融的当代实践美学体系。第三，由于对"本体论"的某种误解，未从存在论角度看待实践论、因而在以实践论作为美学的哲学基础时，未能把实践看成人的存在（生存）的基本方式，也未能对存在论意义上人的实践作出更全面的阐释，如李泽厚先生把实践主要理解为群体、理性的物质生产劳动，而较少注意到实践作为人的存在活动的个体、感性方面；他的"积淀"说虽也将群体、理性落脚于个体、感性上，但显然前者居于支配地位，后者是相对被动的载体而已。这样，审美作为人生实践中生存和生命体验的内容和存在论意义就无法得到充分的阐发，实践论未能在本体（存在）论意义上真正成为美学的哲学基础。

因此，在我看来，实践美学要真正在本体论意义上把实践论作为哲学基础，还有很大开拓的余地，还有很多工作可做，倘如此，则能使实践美学更富现代气息，更具旺盛的生命力。

五

再谈实践认识论。

其实，马克思主义的唯物史观，实际上已暗含着实践认识论的基本内容。马克思很少离开人的社会历史实践来孤立、抽象地谈论人的认识活动和认识过程。当马克思表述人们的社会存在决定人们的意识这一唯物史观的核心内容时,他实际上已指明了人的认识的来源和起点是人们的社会实践,也已指明人们的意识随社会实践的改变而改变,实践是人们认识发展的根本动力,无论是个体认识还是群体认识都是如此。由此可见,从实践本体论出发必然要推导出实践认识论,二者有着内在的、天然的一致性,作为实践美学的哲学基础,它们是不可分割的有机整体。上面我之所以把实践本体论分开来先说,完全是出于逻辑表述的方便,而且前面说到的审美和艺术发生学、审美心理学以及"积淀"说等,都不只是实践本体论问题,也内在地包括了实践认识论的问题。这是需要说明的。

有的学者批评实践美学的哲学基础缺少实践认识论的内容。笔者不敢苟同。我认为,1980年代以来,实践美学的最重要贡献之一,就是以实践认识论为基点,冲破了我国美学界长期以来占主导地位带有机械唯物论倾向的"反映论"美学的陈旧思路,为美学发展开拓了新路。"反映论美学"的基本思路是:美学是客观存在的对象,美感是客观美在主观头脑中反映的产物。其哲学思路则属于意识反映客体的旧唯物主义认识论。实践美学引入实践论(包括本体论与认识论),首先打破了美学只是局限于认识论的狭隘框架,拓展了美学研究的天地;即使在审美活动的认识论方面,也强调了审美个体的主体性,克服了消极、被动的"反映"论,而且从群体审美经验的历史积淀角度,强化了人类审美活动的社会历史性。

实践美学依托实践认识论对美学的另一重要推进是,自觉与审美心理学相结合,深入到审美经验层次的研究,对个体审美经验的内容、方式、结构、机制作了细致剖析,对群体审美经验的历史变化与发展也作了开创性探讨。当然,这还只是开端,许多问题还有待深入研讨。

按照实践认识论,实践美学强调了审美活动的主体创造性,也开始注意审美活动的接受主体性,对西方接受美学的思想有所借鉴与吸收。有的学者批评实践美学忽视接受主体性,在我看来是不符合事实的。

当然,目前我国的实践美学在应用实践认识论方面并不是已很完善了，特别是在将实践认识论与本体论有机结合上还存在缺陷，因此，其哲学基础还有待进一步修正、调整、改善。我想，至少可以在以下三方面有所改进：

第一，实践美学应克服“积淀说”目前存在的偏颇与片面性。首先应辩证处理好“积淀”与“突破”的关系。审美实践的永恒发展与变动，是审美历史积淀处于不断变动的过程中，没有有效突破，审美新质的积淀很难出现。而按实践论的本性，积淀决非单方面的消极的积累，而是动态、变化中的积累，当审美实践的变动达到一定的程度时，旧的积累过程会发生中断或突破，引发新一轮新质的形成、生长和积累。其次，应辩证处理由“积淀”中理性与感性、群体与个体、历史与现实、必然与偶然等诸方面关系，而要解决好这个问题，应改变在美学研究中处处把理性、群体、历史放在支配地位的片面性。与前一关系密切相关，突破、中断与变动往往首先从感性、个体、现实、偶然开始，引发新的积淀过程，最终在理性、群体、历史、必然等层面获得积淀，形成传统。这里矛盾双方决非前一方时时处于主动和支配的地位，后一方则始终处于被动和被支配地位。“积淀说”必须按实践论本性作出上述两方面改造，才能继续焕发其生命力。

第二，实践美学应严格地把实践论只作为哲学基础，而不要直接、简单地把实践范畴移用至美学研究中，特别要注意发现、揭示实践范畴从哲学通向美学的一系列中介环节，并加以阐发、论述。

第三，实践美学应把实践本体论与认识论有机结合起来，把审美活动的研究扩展、深入到人生实践和人的生存方式与生命体验层面，在这一层面寻求审美经验的最高境界，并在理论上予以合理的阐释。

总之，我相信，实践美学只要正确地、全面地坚持其实践本体论与认识论相统一的哲学基础，还是有进一步充实、完善和发展的余地，在 90 年代乃至下一世纪将会继续葆有旺盛的生命力与应有的理论地位的。

（原载《人文杂志》1996 年第 2 期）

美学与本体论问题再探讨

——兼评实践论美学的本体论哲学基础

张　弘

署名白耶的通信，是为表明我和尤西林先生《摹状词与审美判断》一文（《学术月刊》1995 年第 9 期）的不同学术立场。实质的分歧更为深层，关系到尤先生既在坚持又欲深化的实践论美学的一个重要哲学基础，即本体论问题，这点尤先生也意识到了。但原来简短的通信不可能谈透彻，兼之尤先生答函又做了补充（通信与答函均见《学术月刊》1996 年第 4 期），看来很有必要再作商讨，也便于继续向尤先生请益。

由于同样认为，论辩必须在学理层面进行，而不该只凭感想或意气，故而我所论述并不限于表面的见解。又因尤先生坦陈与实践论美学的奠基者之一李泽厚先生在思想上的关联，兼之李泽厚有关观点影响之大，探讨时不能不每有涉及。同时对有的常识问题也作了辨析，道理很简单，常识虽告诉人们太阳每天从东方升起，但科学揭示的却是不同事实。而且不止一个先哲告诫我们，只有“自明的东西”才永远是研究工作的中心事业。所有这些，无可避免地造成了本文的较长篇幅，但我希望借此可以展示清楚，向实践论美学提出的挑战，绝非浅薄无聊的标新立异之举，而是来源于更为根本的理论分野。

一　本体论的质变与康德的知识论

显然，争议是围绕着美学与本体论的关系而展开的。尤先生主张美学走向本体论,以便在此基础上重建美学。我不同意这样做,相反认为美学的建构不应简单化地趋向本体论。

这里有个重要原因,就在于近年来学界关于本体论的议论虽日益增多,“本体”一词也使用频繁,但究竟“本体”何所指,本体论又是什么,在理解上是相当含混的。许多人还不了解当代本体论的发展走向,还停留在旧本体论的范畴,这种情况五六年来一直未见改观。如九十年代初就有人提到胡塞尔、海德格尔、伽达默尔的本体论思想,但仍以“存在的根基”、“唯一者”、“第一前提”来理解“本体”的概念。也有人在文艺学美学本体论研究的讨论中把“本体”说成是“世界第一原因”。一本介绍西方现代本体论的专著,还将现代本体论的特征归纳成在主客观统一的前提下研究世界和人的“本质”。最近还有人一面把本体论放大为世界观或宇宙论,一面又继续认为本体论是研究世界事物中“谁是本源,谁是产物”的学问。[①]

以上这些说法,仍局限于传统的观念,把本体理解为先在地规定着具体存在、又位于存在物之后的普遍性和绝对性的存在,即“本原”和“本质”的意义。对这一本原与本质性存在,也曾先后有过不同解释。这样的本体论,在哲学发展史上构成了形而上学的一个重要部分。

但本体论在现代已发生了质变。这是从康德开始的。康德既处在沃尔夫哲学的传统本体论的影响下,又通过《纯粹理性批判》作了彻底清算。康德揭示了,这一本体论毫不考虑客体对象被给予和被认知的条件,就试图来处理客体对象的存在问题,那是不可能的,所以是一门虚假的科学。于是本体存在的可能性问题变成

① 这些观点分见《马克思哲学本体论思路历程》,《学术月刊》1991 年第 11 期;《关于文艺学美学领域的本体论问题》,《文艺研究》1993 年第 2 期;《现代西方本体论哲学研究》,浙江人民出版社,1993 年;《论恩格斯的本体论思想》,《学术界》1995 年第 3 期。拙作《试论文艺学美学本体论研究的哲学根据》(《文艺理论研究》1994 年第 4 期)已有所批评,并指出了本体论的历史发展特点。

了认知的有效性问题,本体论在康德手里实际上已转化成先验的知识论。

叔本华曾精当地说明了,康德以后形而上学本体论已不再可能的原因。关键就在,在关于经验的可能性的根源,即超验的纯粹理性的性质问题上,康德和传统哲学分道扬镳了。传统哲学认为,来自纯粹理性的知识或定律即是事物绝对的可能性的表现,是永恒的真理和本体论的源泉。但康德指出,这些规律只是我们智力所具有的形式,并不是事物实存的规律。从这些事物得来的表象的规律,只在对事物的理解上有效,因此不可能超出经验的可能性以外。正是由于这些认识形式的先验性只能基于主观来源,才使我们对事物的本质的认识局限于一个永远是表象或现象的世界。为此叔本华认为,今后"形而上学的任务就不是飞越经验——这世界即在其中的经验,而是彻底理解这些经验;因为经验,外在的和内在的,无不是一切认识的主要来源。因此,只有将外在的经验联结到内在经验上,……世界之谜的解答才有可能。"[①]这段论述很少为人注意,却鲜明地勾画出形而上学本体论经康德而演变的重要轨迹。

继康德之后,对本体论作出进一步的根本改造的是海德格尔。由亚里士多德的"第一哲学"提出的本体论的基本问题,即"存在一般"是什么意义的问题,同样被海德格尔改述为对存在的认知如何可能的问题。他认为,只有先解决这一点,才能回答所认知的存在的内容。在此基础上,必须以"此在"(即时间性的主体存在)的分析作为研究的出发点,"这同时含有本体论不能按照纯粹本体论的风格建立的意思";所以为了研究"在先的认知"(a priori cognition)需要有现象学,"现象学是本体论方法的名称,也即科学的哲学方法的名称";现象学方法之一就是"还原",和胡塞尔的还原方法不同,"对我们而言,现象学还原意味着引导现象的幻象从一存在物的知悟——不管那知悟有什么特点——回到对这一存在物的存在

① 叔本华:《作为意志与表象的世界》,商务印书馆,1982 年,第 583 页。

的理解上"。①海德格尔著名的"存在论的差异"或"本体论的差异"也是据此提出来的。要而言之,这就是要区别主体的印象意见和超验的客体对象的分殊。原因在于:"存在本作为现象在","因为存在,即事物,在于提供这一方面那一方面的外观,所以存在从根本上并因此必然经常地处于一种可能性中,即其外观正好可能遮蔽着存在者在无蔽(aletheia)中所是的东西。"②这就是海德格尔精心构建的"基础本体论"的中心内容,标志着本体论发展到了新阶段。为了更鲜明地反映其理论特点,国内已有学者把通译为"本体论"的"Ontologie"改译为"存在论"或"在体论"。

显而易见,在康德和海德格尔以后,如果再来谈论本体的存在,只能是在批判哲学和现象学的前提下进行。一方面,需要承认同我们处于关系中的事物,也即我们感性中表象的实在,或对象的现象,和事物本身并不等同;另一方面,需要把感知无条件地从属于存在的古典观念完全颠倒过来,首先必须验证感知的可能性和有效性,然后再进而考虑被感知到的存在。因而今天的本体论只能是指关于被感知到的实在的理论。正是在这点上,现代本体论发生了根本性质变,从历来已久的"世界是什么"的索解转向了"世界何以是"的追问。

关键需要弄清,尤先生要求美学与之结合的本体论,究竟是什么性质的?从尤先生申明自己在寻找"一种新的合宜的谈论本体的方式"和批评我是"旧本体论"来看,似乎他是以现代意义理解本体论的。但事实并非如此,同目前国内流行的看法一样,尤先生继续在把本体视为本质,视为规定和推动其他事物的"第一实体"。之所以他要求审美从"个别殊相"趋向"普遍本质",即趋向"实践本体"或"社会存在本体",之所以他批评形象思维理论缺乏"本体论观念",缺少艺术审美语言的"独特的真理目标",根源都在于此。无疑,尤先生完全是立足在旧的本体论之上,来谈论美的本原、本质或终极因的。这些都表明,他并不了解,时至二十世纪末,本体

① 《现象学的基本问题》,英译本,印第安纳大学出版社,1988 年,第 19、20、21 页。

② 《形而上学导论》,图宾根尼迈耶出版社,1953 年,第 108、111 页。

论领域发生了什么样的“哥白尼式的革命”,因而仍在规划一个“人工做成的至上存在体”(康德语)。然而,不管把这样一个作为至上存在体的本体打扮成何种面貌,其实质都未能超越我批评的(而不是我主张的)旧本体论——要知道,划清同旧本体论之间的界线,并不取决于怎样规定本体的内容,而取决于是否承认本体存在取决于此在的认知与感觉的条件。

有意思的是,尤先生恰恰以康德哲学作为自己倡导本体论的根据。他不认为康德知识论不设本体实即消解了传统意义的本体论,而赞成康德建立了“理性本体论”即以理性为本体的说法。于是争议便深入了一步,转到康德究竟如何谈论本体的问题上来。这是需要辨析清楚的。

我们知道,康德哲学从整体构想和具体概念两方面涉及了本体问题,《纯粹理性批判》最后设想的未来哲学中,也包括本体论部分。但如前所述,这里的本体论,实质已转化成研究知性与理性的先验知识论。与此相关,康德提出的本体概念,也根本不同于传统观念,其作用是为了在认知的领域替知性和理性限界。

实际上,康德是从新的视野来看待本体问题的。在认识论史上,人们早就意识到对象事物通过杂多的现象而向主体呈现。从柏拉图起,就已发展了苏格拉底的类概念与个别意见的分殊,设置了理念世界与现象世界的辩证对立。如果认为康德提出的新东西,仅在于通过“物自体”,为现象之外或之后的本体增加了不可知论的因素,那是很不全面的。康德的主要贡献,是把本体与现象的分殊整个转移到了现象界。《纯粹理性批判》专门探讨了所有的“对象一般”区分为现象与本体的根据,特别提到了把本体引入现象界的必要性。①

① 康德指出,从现象的概念虽也能得出先验感性学全部内容所导向的结论,即感性自身为知性以一定方式所局限,并不和事物本身相关,而和我们主观构成的现象显现模式相关,但这需要对“现象”这个词进行界定,否则就会陷于永久的循环论。见《纯粹理性批判》A251—252,并参蓝公武中译本(以下简称“蓝译本”)第222—223页(商务印书馆1960年)。

于是“本体”的概念在康德那里被赋予了新内容。众所周知，在否定的意义上，它是指不属于感性直观的、为感性直观无法企及的对象事物；在肯定的意义上，它可以认为是因把握不以现象存在的对象的需要，而以理智直观假设的范畴。而康德再三强调的是其否定意义：“我们称之为‘本体’的，必须理解为仅仅是在否定意义上的那种存在。”①“本体概念纯粹是一个限界的概念，其作用是阻止感性的僭妄；因而它仅仅是否定应用性质的。”②

由于所有的知性范畴及原则同样无法运用于感性范围外，用于否定性限界的本体概念，在防止感性僭妄的同时，也为知性限定了界限。在康德看来，本体的功能主要在于划界，而作为对象的本体，则“和虚空的空间相同”，“其自身并不含有或暗示超出经验的原理的范围之外的其他任何知识对象”。③正因为此，康德所说的“本体”是经验现象意义上的 noumena，而不是传统意义上作为事物本质存在体的 on 或 onta。关于后者，康德继休谟之后，进一步论证了要证实那种至上存在体是完全不可能的。

问题在于，对康德现象界中的本体，不少人仍是从本质主义出发加以理解的。国内学界因中文把 noumena 和 on 或 onta 以及 substance 均译作“本体”，更加剧了这种倾向。大家忽略了康德的本体主要是一种限界，即康德所谓的“虚空”，而使之实体化，同时又以主客对立的二元论来阐发它。李泽厚就是这一倾向的突出代表，并通过他的康德研究造成的影响扩散了有关的看法。他不止一次断言：“本体是最后的实在，一切的根源。”（《哲学答问录》）“所谓本体即是不能问其存在意义的最后实在，它是对经验因果的超越。”（《关于主体性的第三个提纲》）因此在《批判哲学的批判》中，他虽承认本体也即现象界中的物自体④，对“本体—物自体”作了不确切的解释。在涉及作为认识界限的本体时，他认为客观上它是

①② 《纯粹理性批判》，B309，蓝译本 216 页；B310—311，蓝译本 217 页。

③ 《纯粹理性批判》，A260、B315，蓝译本 220 页。

④ 见《批判哲学的批判》（再修订本），《李泽厚十年集》第 2 卷，安徽文艺出版社，1994 年，第 258 页。

客体对象不可知的“本质”,主观上又把它和认识主体“先验自我”联系在一起,认为后者也不可知。他说:“康德的不可知的‘物自体’实际又有两个方面。一个是属于对象-客体方面的,即上述的客观的物质世界的本质。……另外还有一个主体方面的,即……‘先验自我’,亦即作为‘统觉综合统一’的‘自我意识’。”①这里以本质主义实体观看待康德的“本体”,并从主客二元论出发将“本体—物自体”分析为二,判然易见。

更成问题的是,李泽厚一方面以形而上学观点看待本体,另方面又把理性理念同本体或物自体画上了等号,将理性理念也提升为“绝对总体”与世界本原。②其实理智的思维虽是把握本体或物自体的可能方式,但二者并非一回事。由于经验的知性范畴和超验的理性理念的区别,本体或物自体的提出乃是知性范畴扩展到超验理性的一个特例,是有条件和特殊性的。这是一。正如康德所说,人们称为“本体”的,其实是“一些夸大了的客体”,属于“纯粹的理智存在体”或“思维存在体”。③其次,理性理念又有严格的界限规定。康德明确指出:“假如我们把这种不过是制约性的东西看成是构成性的东西,假如我们以为能够通过这些理念把我们的知识超验地扩展到远远超出一切可能的经验,假如我们这样做,那就是在我们的理性的特殊用途及其原则评价上的一种纯粹误解,一方面混淆了理性在经验上的引用,另方面也使理性本身陷入了一分为二的悖谬。”④所以在康德那里,根本未曾像李泽厚所说的把本体或物自体当作“无条件、无限制的绝对总体的理性理念”,也没有把先验的理性理念的存在作为“世界统一性”的根据。⑤应该指出,正是由于李泽厚的这些“纯粹误解”,才滋长了康德哲学是“理性本体论”的说法的流行。

不难发现,尤先生虽花费不少笔墨以表明同李泽厚的决裂,但

①②⑤ 见《批判哲学的批判》(再修订本),《李泽厚十年集》第2卷,第259页、第282、274、277页、第277页。

③④ 《未来形而上学导论》45节、56节。

他对康德哲学的一系列理解,也包括他的本体论观念,看来仍处在李泽厚的影响下。尤先生所谓本体对认知具有"积极范导功能"的说法,也来自李泽厚将先验理念和"本体-物自体"混淆后的推断,其实康德只承认理性理念对经验形式有范导作用。不幸的是,这样有意无意的混淆,正好堕入了康德警告过的幻景:把镜子里的对象当成了镜子背后的东西,把界限当成了在经验可能的知识以外的实在客体中有来源的东西。①

与此同时,尤先生所说的"实践理性"水平上的本体,即比一般理性本体更具体化的"道德本体",也来自李泽厚。所谓康德以道德为本体的说法,正是李泽厚一大发明。他感到以理性理念来充任本体,还有其否定性或消极性的限界作用的不利因素,所以要求有"'本体'的真正具有积极内容的规定",而"这个真正积极的'本体'不能是认识,而只能是人的实践理性,这就是不同于科学知识的道德。"②他断言:"作为人的本质的理性,在康德便是超感性、超自然的道德。"③但这种说法在康德本人著述中找不到任何根据,对康德而言,实践理性不外是纯粹理性的不同应用,并无高下之分。康德说:"……道德世界的观念有对象的实在性,并不涉及理智直观的对象(我们根本不可能思维这样的对象),而是涉及感性世界,但又被视为是纯粹理性在其实践应用中的对象";而且只是在一定限度内,"道德世界作为纯粹理念(虽然同时又是实践理念),才确实能够并应当对感性世界产生影响,并且在可能范围内使感性世界和此理念实现一致。"④这里一方面表明,道德世界的观念,同思维不可及、只能以理智直观把握的对象即"本体-物自体"截然有别;另方面又说明,道德世界对感性世界的影响与构成作用,是有条件而非绝对的。

所以,就像知识论一样,康德的伦理学或德性论,也把立脚点

① 见《批判哲学的批判》,《李泽厚十年集》第2卷,第274—275页,并参《纯粹理性批判》A644、B672,蓝译本457—458页。

②③ 《批判哲学的批判》,《李泽厚十年集》第2卷,第281、422页。

④ 《纯粹理性批判》A808,B836,蓝译本552页。

转移到了人自身内在的世界，当然这里是意欲的领域。他同样反对用外在的东西来论证道德的必要性，来引导有限的实践理性达到最高的德性。道德的观念也是先验的，依靠实践的理性来构成(这一点与理性理念对知性概念的范导作用不一样)，其必然性与必要性来自行为准则的合规律的普遍性。道德行为的直言律令(绝对命令)，则取决于人的善良意志的自律或自我立法，不再出自神学的训诫或其他外在权威，同时它也不追求自身以外的目的，或换言之，“人即是目的”。在此意义上，合乎道德律令也即获得了自由。

但信奉绝对道德主义的李泽厚，对“道德律令-自由”也进行了本体化，并进而和“感性的人”与“实践的人”联系起来。他的意思是，这个伦理学领域的“超感性存在的纯粹理性”，“总得在有感性存在的人世间落实”。他还说，本体的存在“迈入了伦理学的实践理性”，“就包含着只能由信仰来保证的意思”。[①]这样一来，将道德、感性、实践等混合为一的本体，最终取得了同样由信仰来保证的上帝的地位。我们看到，在尤先生那里，情况几乎一模一样，他也把康德的“实践理性”即道德和“社会存在”等同起来，当作自己“新型本体”的内容。不难发现其中隐含着相类似的推理方式。要说有什么不同，则是李泽厚以后逐渐转向了心理感性本体，而尤先生仍有意坚持之。他对我的答复表明，他因这一坚持而深感自豪。

二　摹状词理论与“本体论承诺”

了解了现代本体论的理论特征后，对摹状词理论和所谓“本体论承诺”的精神实质应该说不难把握，因为逻辑经验主义也属于二十世纪自觉消解形而上学本体论的哲学流派之一。但当我们循着尤先生的思路，看他如何由逻辑经验主义的摹状词理论切入而回归康德时，却发现因旧本体论的魅影的纠缠，逻辑经验主义在消解

① 《李泽厚十年集》第2卷，第311、281页。

形而上学本体论上的积极作用,和康德哲学的现代意义一样,被抛入了更深一重的晦暗。

大家知道,逻辑经验主义提出了“回到休谟去”的口号。由于康德以先验综合论来弥补休谟经验论的不足,这意味着要克服康德的先验论,走向现代经验论,即立足于观察、分析与实验科学的基础,以数理逻辑代替形式逻辑作为证实的工具。逻辑经验主义意识到,旧经验论的根本局限,是只把实际感觉到的东西当作证实的唯一标准,这既不确切又过于狭隘,反而易造成对科学理论的怀疑论或取消论。所以逻辑经验主义提出了新的证实原则,要而言之,它“要求一个字面上有意义的陈述,如果它不是分析的陈述,则必须是在前述的意义上,或者是直接可证实的,或者是间接可证实的”。①

于是康德认识论的先验哲学特征被超越,认识论的中心问题,即科学知识何以可能的问题,被转移到又一新层面。就像石里克说的,“思考表达和陈述的本质,即每一种可能的‘语言’(最广义的)的本质,代替了研究人类的认识能力。”②由此,哲学研究转向了语言及符号和句法应用问题的探寻,这就是大家不再陌生的“语言学转向”。

但逻辑经验主义对康德,不仅有超越的方面,也有承继的方面。事实上,康德哲学如此深远地影响着后代,作为现代思想的重要开端,也启示了逻辑经验主义。但这并不表现在重建本体论上,相反是在消解形而上学这一点上。康德作为推翻旧的本体论证明的基石而提出来的“‘存在’不是真实的述谓”的著名论断,揭示了认识论中主词和述谓二者关系的性质。正是从康德以后,弗雷格、维特根斯坦和卡尔纳普等人才先后对此这个长时期遭忽视的重要问题给予极大关注,引起了哲学、逻辑学和语言学的重要发展。

罗素提出摹状词理论,具有相同的背景。他批评了传统的“主-

① 艾耶尔:《语言、真理与逻辑》,上海译文出版社,1981年,第11页。
② 洪谦主编:《逻辑经验主义》上,商务印书馆,1982年,第8页。

谓逻辑”,后者认为每一个陈述命题都必然有一个逻辑上的主体。其实一般陈述命题只不过在进行摹状,根本不是真正的主-谓陈述。由此也带来了逻辑学的革命。根据这一现代逻辑学,重要的是主词应为专名,代表经验亲知的个别事物或个别人。主谓形式的逻辑格也由属性及专名组成,它不应用于一般陈述,因为充分的一般陈述包含着数量与变量,其述谓的术语超出了专名范围。如果说传统逻辑学更倾向把自己的对象看成普遍性的,那么现代逻辑学给了个别性以超出普遍性的优先地位。

摹状词理论的两大意义就在于,一从语言学的角度解决了本体存在问题上的谬误,不再承认“金山”“圆的方”“独角兽”等名词有本体存在的意谓,同罗素的“奥康姆剃刀原则”一样,从数量上限制了所谓“本体”的泛滥;二是以主词的个别性,发展与证实了罗素本人的逻辑原子主义,肯定了世界的个体多样性。[①]确定个别性质主词的优先性,即等于在逻辑上保证了世界的多样性。

由此推导出来的原则,对本体论产生的影响同样极为深长。首先,摹状词对感知现象的摹状形容,所提示的恰是客体存在于现象中的复杂情况,为此验证对象的实在性时必须警惕语言问题的遮蔽作用,不能简单从事;其次应把注意力放在个别具体事物上,并且是在亲知的经验范围内,而不宜对数量与变量超出人类认知能力限度的普遍事物妄下断语。如果尤先生真的从摹状词理论获得启发,在寻求“一种新的合宜的谈论本体的方式”,那他无疑该懂得并接受以上原则。然而令人失望的是,尤先生对摹状词理论的内容与实质都作了相反的理解。明明罗素把“荷马”从真实的本体存在中排除了出去,判定只是适用的摹状词,他偏说摹状词可意谓本体,摹状词的描述可看作是新的本体论;明明罗素认为,摹状词不

① 这一逻辑原子主义罗素曾通俗地表述如下:“我要提倡的那种逻辑是原子主义的,是与那些多少追随黑格尔的人的一元论逻辑相反的。……这是指我具有一种常识的信念:存在着许多个别的事物,我并不认为,这个明显具有多样性的世界,仅仅是唯一的不可分的实体的假象或不真实的部分。”见《逻辑原子主义》,载《逻辑与知识》,第 178 页,R. C. 马尔什编,伦敦:阿仑与昂温公司,1956 年。

是亲知经验的对象，只是在有意义的情况下才同直接通过亲知认识的感觉材料发生联系，而且亲知的知识和摹状的知识的区别是至关重要的，他偏说摹状词最终不能不落实为个体亲知的经验，并要从经验的殊相中抽象和确定一普遍性的共相。

还有一点，是有关摹状词所指称的是个体还是本体的问题。对罗素而言，基于他的逻辑原子主义立场，最终要求把摹状词分析为指示个别对象的单称词，这样就能通过感觉材质，既为验证它们指涉对象的实在性规定标准，也为这些词的意义提供真实内容。这也是罗素为之奠基的现代逻辑学的一个必要条件。一个逻辑上令人满意的表达式，必然能分析成一组简单的、不可再分析的词项，除非它本来就是这样的词项。虽然有的复合词组也指示存在物，有的则不是，但它是否有意义，取决于分析后得到的最简表达式，是否指涉某一个别的实在实体。作为指称词组(denoting phrase)之一种的摹状词，情况并不例外。但尤先生坚持认为，摹状词指称的对象是“本体”。在他的答函中，还有意无意地曲解了我的意思。通信中我谈的是摹状对象的个体性，没有涉及其实在性，他却硬说我认为摹状词的对象是“实在个体”、“真实个体”。请问究竟是谁“弄反了”？

这里还需对奎因的“本体论承诺”问题补充几句。大多数分析哲学家，主张对待一个语言结构及其中的抽象对象，“决不可以看作蕴涵着一个关于所谈的对象的实在性的形而上学教条”。[①]但奎因认为，本体论对经验与概念结构的解释是最基本的东西，这确实使得他显得独树一帜。然而奎因所侧重的，是话语述说中何物存在的问题，而不是客观实际上何物存在的问题。后者属于“本体论的事实”，在奎因学说中这一问题被悬搁起来了；前者才是“本体论的承诺”，关系的是根据某一理论可以说有何物存在的问题。正是在此意义上，卡尔纳普批评奎因“本体论”一词用得不当，易生误会，因为所涉及的实质仍是“语言形式”。

① 卡尔纳普：《经验论、语意学和本体论》，洪谦主编：《逻辑经验主义》上，第93页。

有一点可以肯定,在以批判的立场来看待传统的本体论上,奎因和其他逻辑经验主义者并无二致。在对待那种把意指和命名等同起来的错误上,在对待因词项被有意义地使用就认定必然有名称所指示的某物存在的假说上,他就完全赞同罗素摹状词理论对其进行的揭示。特别应指出,奎因从根本上反对承认有共相存在的旧本体论。他在《论什么存在》中说,尽管存在具有某种共同属性的红房子、红玫瑰和红日头,但抽象名词"红"的使用,以及一般词项"红的"当作述谓用语,并没有理由让人假定,有这个词所命名的或指称的某个特殊实体、即作为共相的"红"的存在。①这一点是完全和尤先生的观点相对立的。说到底,尤先生的美学本体论所坚持的仍是美有一个共相,只不过换了以"实践"或"社会存在"对此共相作出规定而已。

所谓"本体论承诺",涉及的就是在语言的言说中(包括科学语言与逻辑),可能谈论并承认有本体存在的条件问题。在这方面,奎因根据现代逻辑学提出了自己的标准。除了断定"存在就是成为一个变项的值",他还说明"变项是指约束或可约束的变项","这些变项就是指称对象的基本工具",因此"对象也就是变项的值"。②由此得出的结论也是富于启发性的。它告诉我们,凡言说并承认有本体存在的地方,同时也必然发现这一存在是处在被允许的值域内,并受到约束变项的制约。反过来,当我们承诺并言说本体的存在时,必须意识到这一存在是有条件的,并没有作为普遍共相的永恒绝对的存在。这也即奎因所说的本体论的相对性,实质同样意味着和形而上学本体论的决裂。③

---

① 《从逻辑的观点看》,上海译文出版社,1987 年。

② 《存在》,载《物理学、逻辑和历史》,W. 尤格苏与 A. 布莱克合编,纽约,1970 年第 90 页。

③ 正如 M. 穆尼茨所说:"奎因像实证主义者一样敌视'思辨的'和'超验的'形而上学的泛滥,但……不像实证主义者那样采取一种完全否定和排斥的态度",其立场"可以(粗略地)规定为某种类型的'约定论''实用主义''语言相对主义'或(大为修改过了的)'康德主义'"。见《当代分析哲学》,复旦大学出版社 1986 年,第 424、443 页。

由上述可进而看到,笼统地说奎因的"本体论承诺"是"重新承诺了本体论",是很成问题的,最低限度容易造成不必要的误会。即使我们宽泛地同意(而不是像卡尔纳普那样严格地拒斥)奎因的学说是一种新本体论,那它也绝无可能来保证尤先生那种要求"由个别殊相所趋向寻求的普遍性本质"、要求艺术语言"指趋""本体论目标"、或"感性殊相"显现"存在(本体)"的本质主义本体论。关键仍在于,究竟从何意义来言说本体?看来只能认为,由于深深陷身于李泽厚的"实践本体论"或"道德本体论"中,这一预设的理论期待整个影响了尤先生对摹状词理论及"本体论承诺"的理解。

三　摹状词等于审美判断吗

在一定程度上,尤先生是在尝试再度"回到康德去"。为了实现这个目标,除了断言摹状词理论承诺或承担了本体论,他的另一途径是竭力打通摹状词与审美判断的间隔。他声称,摹状词不能不落实为属性的描述,从而属于形容词、副词类,其本质又是由给出的个别殊相经验达到一普遍共相,这点正和由特殊而到普遍的反省判断力(或译"反思判断力")一致,而整个反省判断即合目的性判断又可视为广义的审美判断。所以他得出结论:"摹状词作为反省判断也就是审美判断"。

然而,毕竟逻辑经验主义的摹状词和先验哲学的审美判断是两个时代两种哲学的两个范畴,为此二者的联结难免造成困难乃至概念上的淆乱。我业已指出了这一点,那么有无道理呢?不妨再作一点仔细分析。

在罗素那里,摹状词或摹状短语(description)属于主词或主项(subject),"当今的法国国王""金山""圆的方""飞马"等都不在于属性的描述,而关系对象的指涉。属性的描述应该是一个陈述的述谓(predicate)部分的职责,这二者是不能随便混为一谈的。本体的存在,是通过主词规定,还是通过述谓规定的?这一点在哲学上有不同见解。例如柏拉图认为述谓更有决定性意义,亚里士多德则给了主词和述谓同样的地位。而罗素接受弗雷格的观点，强调了主词(尤其专名)与述谓的差异。当然，尤先生有权采用柏拉图或其他人(包括罗素的批评者)的观点，突出属性描述的作用，但要把它安在摹状词的头上，实在不够妥当。与此相关，说摹状词属于形容词、副词类，也不能成立。尽管摹状词有限定词(包括英语定冠词的限定)，但其中心词项是名词类。

确实，摹状词理论并不完全排斥抽象概念或共相(有人据此称罗素为"温和的柏拉图主义者")。罗素承认，"许多共相，同许多特殊的事物一样，我们只能通过摹状而知道"，①而且亲知的对象也不止个别物，也有一定的抽象概念或共相。但要注意的是，摹状词理论所允许的共相或概念只限于感觉材料的抽象及其关系问题，而且这里不存在对象从个别特殊到普遍一般的飞跃，毋宁说是共相与个别物这两种对象的并列。

从根本上讲，摹状词理论所关注的，是主词或主项所指涉的对象的本体存在问题。这一点也可以从《论指谓》对传统的旧本体论证明的批判上清楚地看出来。旧本体论证明即以"最完美的'存在'具有一切完美性"的属性述谓来论证"最完美的'存在'"的存在，而罗素指出，这一证明的虚妄就在缺少对"有一个且仅有一个最完美的实体"的主项的证明。应当说在摹状词理论的阐述中，出现这样一个内容，绝非偶然。它既表明了同传统本体论的进一步决裂，也昭示了罗素理论重点之所在。

现在我们已经弄清，即使接受反省的判断力是由给定的特殊去寻找普遍的说法，那也和摹状词完全无关。更何况，反省判断力的情况实际要更复杂。考虑到康德先验哲学的特点，以及他发现先验知识学后才写成《判断力批判》并最终完成整个体系的过程，一般地谈论判断力把特殊包涵在普遍之下并不合适。康德曾指出，反省判断力的由特殊到一般，作为先验原理，不是给予自然的，而是给予判断力自身的，相对于自然的诸经验规律它是特殊化规律。

① 罗素:《哲学问题》，纽约，1967年，第90页。

换言之,它无关乎自然对象,而只关乎思维的工具手段。①他还说,即使目的论的判断力,其机能在运用概念以从事认识中,也是以"表状"(exhibitio,商务宗译本误排为 exlibitio)为基础的,"不仅自然在物的形式里的合目的性,而且它的作为自然目的的成果都被表状出来","这就是说,在概念之旁放置着一个与之相符的直观"。这也即相对于"审美表象"的"逻辑表象"。②仅此两例就足以说明,断章取义地只谈一般共相,实在有失粗疏。

至于审美判断和反省判断二者,无论在狭义或广义上,除了有联系的方面,更关键的是不同的特殊性方面。后一方面对康德的美学乃至整个哲学,均至关重要,恐怕对康德略有所知者也能言其大端,就无须我再一一费辞。人们本来期待,作为对审美判断的专题研究,将抉示出其独有的特征,但十分遗憾结果完全相反,表现出来的只是对审美判断的特性的泯灭。

概而言之,"摹状词作为反省判断也就是审美判断"的断言,在其推断的每一步,都暴露出概念上的混淆,因而难以令人信服。如果坚持认为,它们之间的共同点就在由殊相经验到普遍共相,那也无非说明了一种顽强的本体论指向。在此情况下,无论摹状词理论,还是康德美学,当然都难以得到合适的诠释。

在尤先生那里,事情也许只不过是把审美判断当成了文学语言的描述或摹状,这才联系上摹状词,又因出自自觉的本体论规划,再插入了一个由个别特殊到普遍一般的反省判断。然而,文学语言也好,艺术审美语言也好,和审美判断并非一回事。至少可以指出这样一点:表达情感的判断明显是综合性的,如愉快、美等述谓都不是从主词中分析出来的,它们只在于表达对象合乎目的的价值,这显然同描述或摹状的语言功能不一般。③

把康德在论述"审美观念"(aesthetische Idee,或译"审美意象",似更妥)时谈到的"状形词"译名改成"摹状词",看来也出自同一本

①② 《判断力批判》上,商务印书馆,1964 年,第 24、31 页。

③ 文德尔班:《哲学史教程》下,商务印书馆,1993 年,第 769 页。

体论规划。康德原文实为 Attribute,是否能和 description 作为同一范畴,我曾提出质疑,尤先生作了解释,但问题并没有解决。关键在于,和 Substanz(英语 substance,通译"实体"、"本质"或"质料"等)相对的 Attribute,又有"属性"、"特征"等意义,二者的关系则是主项与述项的关系。而 description,如前所述,在罗素那里关系的是主项。尽管尤先生提到了斯特劳森等人对罗素摹状词理论的修正,似乎重点确实已移到述谓部分来了,但就在斯特劳森等人对罗素的批评中,隐含着罗素努力要加以消除的本体论承诺。他们认为,既然要作出一个陈述,并可能对其真值进行判断,前提就必须是事实上存在一个为陈述主项的短语所指的对象。难道尤先生不曾觉察到,这样的观点恰好和他正确把握了的"摹状词理论本质上是为从语法形式上消解'本体'"的基本精神有违?

更重要的还在于尤先生疏忽了,他详细征引的康德的论述,讨论的正是审美判断的表象性、状形性、象征性、超感性等主要特点。康德一以贯之,继续把问题置于现象界中,这也正是他再三强调审美的主观性或主体性的原因(这点至今仍有许多人不甚理解)。审美意象或审美观念属于想象力里的表象,作为内在的诸直观,它们是理性观念的对立物,没有概念能完全切合它们,它们的形式就是一定的象征("象征"、"表征"正是 Attribute 的又一意义)。这些正符合康德所说的审美判断力的"特殊机能":"把诸事物按照一个规则而不是按照概念来判定",并以此见出了审美判断和目的论判断的根本区别。①

姑且在宽泛的意义上,同意康德以上论述也通向一种"本体论",一种关于审美的本体存在的理论,那么接下来,就应讨论在现象界中的审美意象或想象力的表象,讨论审美的经验形式和象征符号,讨论相关的各种特性与条件。恰如康德所说,正是它们,构成了从真的自然所提供的素材里创造出来的另一个"类自然"。但尤先生在宣称康德确认了"摹状词-审美判断-本体论"的一体关系

① 《判断力批判》上,第 33 页。

后，却从不止一个角度反复追问艺术审美及其语言的“真理目标”、“本体目标”或“普遍性本质”。即使不去计较这种追问其实不过是个姿态（因为答案早就预设好了，即“实践”或“社会存在”），那也无法让人相信，这样的本质主义本体观是一个新的言说本体存在的方式。

不难发现，尤先生其实是在“审美判断沟通现象与本体”这所谓的“基本常识”的基础上，认定审美判断通向他心目中的理性本体论或道德本体论的。但问题就出在这一“常识”上，它乃是对康德哲学的庸俗化与简单化。如前所述，康德哲学中并没有传统意义上的本体论，并不认为在经验之外还有一个世界本原或终极，也排除了同样性质的本体，因而所谓“沟通现象与本体”的说法的前提就不成立。对康德而言，作为中介的判断力，沟通的是理论理性与实践理性，是自然与自由，是必然性与目的性。这里的任何一个方面，都不具备至上存在体的性质。虽然在审美判断力的“辩证论”中，康德为了论证审美的普遍有效性，要求有一超感性的理性概念，充当作为感性客体的对象和下判断的主体的根基，但他同样强调这个超感性的基础的现象界性质和主观性质，“不是自然，也不是自由”；虽然同时他提出“美是道德性的象征”，但这只不过是为着进一步肃清感官主义美学观而赋予审美以精神价值，而且他还特别详细地开列了将美与道德进行类比时应注意的二者的差别。①

所谓“审美判断沟通现象与本体”的“常识”，主要也是由李泽厚传播开来的。宗白华、朱光潜等先生都没有这样的说法。正是在再三对理性、伦理、自由等范畴进行本体化的基础上，《批判哲学的批判》在关于《判断力批判》的章节中断言：“自然合目的性作为沟通认识与道德两大领域的一种引导规范的先验原理，又正是从现象到本体、从自然到人（伦理）的一种过渡”，“自然的客观合目的性正是通向道德本体的桥梁”。②这里的“自然合目的性”或“自然的

① 《判断力批判》上，第187—188、201—202页。

② 《批判哲学的批判》，《李泽厚十年集》第2卷，第387、405页。

客观合目的性”就是李泽厚所认为的审美判断的特征。

然而,对康德而言,自然的合目的性归根结底是属于主观性的。他说:“理性的种种理念的有效性局限于判断的主体,纵然是局限于广义的主体,涵盖一切属于人类范围的主体,……并不含有这种肯定,说这种判断的基础是在于对象里面的。”①作为现象学的原则之一,判断力的先验原理,同样“不是给予自然的,而是给予它自己的”。②即使判断力的另一层面“审目的”判断力,或称目的论判断,虽以自然的目的作为实在的合目的性,来进行判定并表述,但其主观性或主体性本质上没什么不同,因为自然同样具有目的性的充分理由,不应该也不需要在关于知识可能性的批判解释之外去寻找。这不等于自然或宇宙本身有什么终极目的,按照一定的组建原则而形成或发展等等,而只是意味着人按照自己的知识目的或伦理目的来理解自然或宇宙。

当判断力进入审美领域时,情况就更其如此。审美判断的超验原理是形式上的合目的性,它让审美判断力在鉴赏中通过情感来判定作为形式的自然的美,因而审美判断同情绪和直观对象的纯粹形式相关,经验表象和主体联系紧密而和客体疏远,“形式的合目的性”也更直接地就是“主观的合目的性”。用康德的话来说:“这种目的性是有关于可理解性的——有关于人的判断力的作为判断力——而且是有关于把特殊的种种经验结合为自然的一种联系的系统这种可能性的。”③

尽管康德在判断力批判中结合了传统的目的论,把合目的性作为超验的原理提了出来,但需指出,这一合目的性不是形而上学的“第一原理”。康德特意说明了先验原理和形而上学原理的根本区别,即后者把动因归之于外在的东西,而前者的动因在于自身。实际上,康德把先验主体性的原则坚决贯彻到了判断力批判中,从而彻底改造了亚里士多德的自然目的论和中世纪的神意目的论。不

①③ 《判断力批判》下,第57、2页。

② 《判断力批判》上,第24页。

仅沃尔夫那种无非是对造物主上帝的合理性论证的旧目的论被否决了，而且亚里士多德的目的论提出的、在牛顿那里还保留着的“纯粹目的因”（即“第一推动者”）也被抛弃了。这里的反形而上学传统的思辨力度是一望而知的，虽然表面上康德对神学作了让步。康德目的论的判断力批判，正是因此才具备更深刻的人类学意义和文化学意义的。

因此，康德的合目的性，绝不意味着同虽不以上帝面貌出现、但仍为超感性存在者的本体的沟通。判断力以合目的性为自己的原理，但同时又明确地限定了理性和知性无法摆脱的关联。这无疑在提醒说，由于理性思辨和知性认知相互制约，理性理念不可能具有超出判断主体以外的独立意谓。换言之，在采取理性思辨方式想象世界的终极或本体时，必须清醒地意识到理性思辨及其构想的理念的本身的局限性。同样的道理，康德才再三强调，合目的性属于反思的判断力的估计，而不属于定性的判断力的估计；它所依据的是以现象的判定为方向的制约性原理，而不是足以从其原因得出自然产物的构成性原理。

所幸李泽厚还没有滑到把康德的目的论同神学目的论混为一谈的地步，但他却难逃道德目的论的嫌疑，证据就是他不遗余力地将审美活动道德化。虽然他也承认，康德的“美的分析”和“崇高的分析”，都是以现象学作为哲学规定的，但却完全无视康德以此为基点对审美判断的丰富属性所作的多方面阐述。一则，他把康德的崇高归结为“伦理理念的无比崇高”，把康德所说的人性的精神力量偷换成伦理道德的力量；二则，他认定审美即是道德的外化，明确地说：“道德理念通由‘象征’而感性化，成为审美”；最后，他又武断地说“艺术的本质”，即在美的形式中表达出来的“理性”、“美的理想”或“审美理念”，就“指向超经验、超自然因果的道德世界”。①他甚至举出了属于前批判时期的、普遍认为不能代表康德真正观点的美学习作，作为主张审美道德化的一个根据。

① 《批判哲学的批判》，《李泽厚十年集》第2卷，第401、405、406页。

所有这些,无一例外地充斥着道德主义的冲鼻气息。如果说,康德由于其新教背景和时代局限,美学观还有尚可理解的道德主义的残余,那么李泽厚非但没有对此作出实质性的批判,反而把这部分残余大大扩展了。而康德美学的真正价值,却并不在这部分残余。恰如鲍桑葵在谈到康德的贡献时极为精当地指出的:“由于把美局限于想象形式或形象(现在它既同感性诱惑相对立,也同明确怀有的目的相对立),美终于从色情之嫌和道德说教的要求之下解放出来了”;也因为如此,“原来的道德主义的批评把审美兴趣和实用兴趣混淆起来,现在这种道德主义的批评几乎一扫而光了。”①至于康德美学的道德主义痕迹,很重要的一个原因是不懂得美的价值不但可以在行为世界中通过道德表现出来,而且也可以在其他领域中以别的方式表现出来。但在指出自然世界和自由世界具有超感性的统一时,他实际已超越于认为美应服从道德的错误见解之上。“我们不妨说,仅仅是因为康德认为道德象征着宇宙秩序,而且只有在他这样认为时,他才认为美是道德的象征。”②

且不论出自何种原因,李泽厚的美学观后来转向了心理情感本体论。但时至今天,尤先生仍在“实践理性”下坚持道德本体论,主张由审美的判断走向道德的评判。并非偶然,尤先生据以为证,认为康德贯通了摹状词、审美判断与本体论的大段引文,其中一段也正是李泽厚引来论述艺术的本质是指向超感性的道德理念的依据。我曾说过,对摹状词理论也好,对康德美学也好,尤先生的诠释都有一个早经规划的本体论预设,看来在引文方面并不例外。这里再把《纯粹理性批判》中批评鲍姆加敦的那条注释全部译录如下,让大家看看相对于“经验性”,康德主张的究竟是“先验性”还是“本体性”:

“只有德国人,近来用‘美学’一词以命名别国人民称作鉴赏力批判的东西。这一用法,源自鲍姆加敦中途夭折的尝试,这位可敬的分析思想家,想把美的批判置于理性的原则之下,从而将它的规

①② 鲍桑葵:《美学史》,商务印书馆1985年,第367、368页。

律提高到科学的等级。但这样的努力并无结果。他所说的规律或标准,就其主要来源而言,只是经验性的,绝不能充任那我们的鉴赏力判断必定受其制导的规定性的先验法则。相反,我们的判断是这些规律的正确性的检验。因此之故,最好放弃在鉴赏力批判的意义上应用这个词,而为属于真正科学的感性学说保留这个词——这样就接近古人的语言和意思,他们通过著名的区分,把知识分成了所感者与所思者;或者和思辨哲学共同分享此名,部分在先验的意义上,部分在心理学的意义上运用它。"①

四　美的本体或存在问题

所思者即知识的真不能只根据认知的目标来评判,所感者即感性的美也不能只从经验的客体去判断。这意味着美的研究必然要回归体验的领域。所以当代美学消解形而上学本体论、走向经验论与分析论的强劲趋势,绝不仅是一种盲目的时尚,并且充分体现了美学的学科特性及其内在发展逻辑。

众所周知,鲍姆加敦把研究鉴赏力或美的科学命名为"美学",意图即用"感性学"来表明鉴赏力的经验性质,因此从一开始就潜在地决定了美学趋于经验感觉事物的走向。康德虽反对鲍姆加敦的经验论,但他的先验哲学,如我们已看到的,恰好从现象学的角度为包括审美对象在内的所有经验对象的自主性提供了保障,而他的审美判断又在主观的形式的合目的性上接纳了所有的经验材料。于是无论审美观照的独特感知方式,还是感觉世界中的审美对象,都突出了主体的体验性质。正因为这样,康德以后的美学,才偏离了他实行的"自上而下"的思辨方法,转向了"自下而上"的经验方法。即使对美学进行了前所未有的理性主义综合的黑格尔,也不得不承认,美学真正要研究的是以艺术创作与鉴赏的具体经验为对象的艺术哲学。进入本世纪,杜威更明确提出了"艺术即

① 《纯粹理性批判》,B35—36,蓝译本第48页。

经验”的观点。这也不限于英美经验主义的思想传统，在欧洲大陆，姚斯在阐明六十年代兴起的接受美学时也说：“美学概念在这里不再涉及美的科学，也不再涉及过去的艺术本质问题，而是怎样通过艺术的经验，通过审美实践即创作、接受和交流活动的历史研究，通过一切艺术表现的基础来理解艺术。”①

然而，当代美学的经验论与分析论倾向，及其向艺术哲学的转化，并不等于可以一笔勾销“何谓美”这样一个亘古长新的问题。这里，我也不同意西方经验派与分析派倒向另一极端的美学取消主义。关键仍在本文已再三强调的那一点：究竟以何方式言说美的本体或存在？

传统美学的症结是以形而上学的本体论观点看待美，把美的本质规定当作美的存在，当作审美判断的前提，认为只有弄清美是什么才有资格谈论美。但这方面的研究，从柏拉图不得不承认“美是难的”起，就无可避免地陷入了困境。迄今为止，对“美是什么”的本质主义回答可谓林林总总为数不少，但并没得出一个令人满意的结果，以致本世纪初就有人感叹美的本质问题在理论上解决不了，认为不得不加以放弃。这也从另一角度，反衬出美学研究转向经验论与分析论的必然。

实践论美学实质上也是一种形而上学的本质主义的美学本体论。李泽厚就是积极主张“找出美的普遍必然性的本质、根源所在”的(《谈美》)，因而必然继续在事物的本身之外，替美作出这样那样的规定。这同样表现在李泽厚的康德研究上，《批判哲学的批判》的一个基本倾向，就是重新使认识可能性和审美可能性的问题退出现象界(李泽厚并不是没认识到康德先验哲学的现象学意义)，退回到外在的世界中来考察。在他看来，只要承认有客体事物的存在，只要能从客观世界找到根源，就保障了认识及审美的绝对可能，而人类主体的认识机制和审美机制，包括先验的作用无须

① 《接受美学与文学交流》,《国际比较文学协会第九届年会论文汇编》2，奥地利英斯布鲁克大学出版社，1980年，第15页。

研究，那纯粹属于"唯心论"。这构成了他对康德进行批判的一个重要立足点。但对康德而言，客体事物在意识活动中早已充当了不言而喻的前提或基础，所以把握知识的形成及其主要特征关键在于认知主体。在审美领域，情况是同样的。康德说过："一个客体的表象的美学性质是纯粹主观方面的东西"；但同时他不否认，"感觉（这里是指外在的）也一样只表示了我们关于外物表象的主观方面，……感觉也是被用在对外物的认识上"。①因此再也不能像十八世纪末《纯粹理性批判》的某些书评者，简单地把康德当作"纯正的唯心论者"或贝克莱主义者。波普尔说得对，早就是纠正这一点的时候了。②

最终，以李泽厚为代表的实践论美学，把审美看作是人的本质力量的对象化，或自然的人化，而人作为实践的或社会的存在的本质，也就是美的本质。它虽然试图替十七年来旷日持久的主客观美学论争进行调和或加以终结，但除了我业已指出的隐含的主客二元论分立，又加上本文所揭示的旧本体论的观念的制约，所以不可能真正解决问题。这就启示我们，新美学的建设首先必须进行哲学基础的转换。否则遁此本质主义本体论的道路走下去，尽管可能继续诞生有关美的本质的不同学说，但只会照样陷于一系列悖论。李泽厚本人建构人类学本体论的过程就证明了这一点。

按照李泽厚不止一次毫不含糊的说明，"本体是最后的实在，一切的根源"（《哲学答问录》），显然他相信世界万物有一个本原性终极因。但当他把自己的实践哲学和主体性原则结合在一起时，我们看到，本体这个最后的唯一根源就两重化了，一方面分化成"工具本体"（具体内容是"工艺—社会结构"），另方面分化成"心理本体"（具体内容是"文化—心理结构"）。当然，这样做表面看既坚持把生产实践，而不是感觉形式当作认识论和美学的起点，又避免了对人类内在的精神活动，包括知、意、情的功能不作具体研究的

---

① 《判断力批判》上，第 27 页。

② 见《猜想与反驳》，上海译文出版社，1986 年，第 256 页。

缺失,但实质因双重本体的规定,反而导致了二者的分裂。李泽厚不会不意识到,他正面临着康德在着手进行判断力批判之前的类似困境。为此,他重新求助于理性,让理性体现为形式的建构,并使其分别通过内化、凝聚、积淀的方式作用于知、意、情,再把实践活动导向形式的创造,通过理性,使知意情心理三层面和实践工艺方面达到统一。这里,理性的"内化"、"凝聚"、"积淀"三者有什么同异,李泽厚从来没有说清过,而且给人印象是他分明又回到了理性本体论。

毕竟,李泽厚观念中本体作为"最后实体"的终极性质,不允许把双重本体说维持下去。逐渐地他把超验性本体的位置给了心理情感,并以此表明和卢卡契的社会存在本体论的区别,预言心理本体"将取代'工具本体'"(《哲学探寻录》)。他说:"心理情感是一种最后的实在"(《哲学答问录》);"这个感性结构之所以是本体,正因为它已不是生物性的自然存在,而是对有限经验的超越。这是人之所以为人的内在依据"(《关于主体性的第三个提纲》)。艺术因此而高于科学,审美因此而优于知识。在李泽厚泛美学化的主体性实践哲学中,美学是哲学至高无上的峰巅,并具有宗教信仰的色彩,还进而同儒家的"内圣"之学挂上了钩,根据也都在此。

这里就不再花费笔墨,介绍李泽厚在强调心理情感本体时又如何因心理情感现象须臾不可分的语言符号问题而夹缠不清(其实他很早就注意到了语符现象和语义分析对美学的重要性),也不必细说他如何起先把日常生活排斥在实践之外、随后又将生活和实践相提并论、继后又把主体性实践哲学变成探讨"如何活、为何活、活得如何"的生存哲学的事。并不是武断地不允许一个学者的思想有发展,举出以上事实只为表明,只要步入了寻找最后实在或唯一终极因的路径,就只有捉襟见肘,左右支绌。关键就在于,丰富多彩的世界,不是发明一个终极的根源,哪怕像上帝那样万能的至上存在体,就能解释圆满的。应该从根本上抛弃类似的思辨野心与梦幻。

尤先生的情况是否就好一点呢?从他要寻找一个"新的合宜的

谈论本体的方式”的主观愿望看，似乎比李泽厚有了进步。但实际上，他并没跳出旧的本质主义本体论，连对美的本质的界定也基本沿用实践论美学的成说。所以在他的文章和答函中，关于本体的具体说法也是前后不一，或把审美判断所趋向的“普遍性本质”定位在康德的“理性”即“实践理性”也即道德水平的本体上；或把他所谓的“新型本体”说成康德的“实践”和马克思的“社会存在”；或称“摹状形象”也有可能超越感性与知性而“达到更高更普遍的本体状态”；或为显示与李泽厚人类学本体论的差异而叫自己的理论主张为“人文本体论”；等等。他反对以“生存”或“生命”去替换“劳动”或“实践”等中心范畴，无非反对以不同的内涵去解释美的本质而已。尽管尤先生告诉大家说，应注意他谈到这些概念时“本体”与“本体论”用法的区别，但无可回避的是本体论就建立在对本体的理解上。有什么证据足以证明，尤先生已抛弃了李泽厚以本体为“最后实体”或“最终根源”的观点了呢？

在今天，真正合宜的言说本体的新方式，只能是存在论的维度上。在知识领域，从本体的角度来谈论某一事物，那就意味着需要追问，在何种条件下该事物存在。真正否弃之不可能的本体论，就是这样一种关于实在或实存的科学，为此我赞成学界有的同志的尝试，改称这样的新型本体论为“存在论”以示区别。但如果仍是以某一中心范畴为终极因的本体论，仍在坚持要为美与审美找到其根源和本质的本体论，则是应坚决否弃的。

同样在美学领域，当谈论美或言说美的本体时，不应该继续把美当作一种理念或共相，去询问美的本质和根源，而是应研究美存在的可能条件与值域范围。关于这，康德在谈到自然的合目的性的美学表象时说得非常中肯，只有通过“关于外物表象的主观方面”，“才给出某一存在”。①所以美的存在只能以经验或体验为前提，问题必须进入现象界。但这并不像李泽厚认为的那样，等于以审美现象为美的本质。重复地说，本质的问题在此业已消解。同

① 《判断力批判》上，第27页。

时也绝不意味着,经验或体验的东西就一定是美。那样的看法,属于感觉主义的旧经验论,最低限度也是种误解。

根据海德格尔的分析,存在的在场(doxa)不是单纯一事。首先它作为现象,即自身显现;但也可能以假象出现;同时还会采取表面印象或意见的样式。现象虽不就等于存在,假象与印象还会遮蔽存在的本真,但存在就是借寓于它们而到场的,离开了它们,存在也就不存在了。人们既不该就把它们认作存在,但也不能抛弃它们去彼岸寻求别一个存在。这些道理虽然十分玄妙,但联系美的存在来说,却极有说服力。当美丽的女性和精美的陶罐出现在我们的观照中时,谁都不能不承认有美存在。而一旦换用物质功利的目光去打量,美也就匿身而不在了,见到的只是色欲和实用价值。因而经验的现象并不就等于存在,这是需要经过分析的。

对美在经验中的存在,杜夫海纳也通过自己的视域,在《审美经验现象学》中作了阐述。他用审美经验和审美对象的相互关联来界定美。经验和对象的循环集中了主客体关系的全部问题,感知者和感知物的共同行为就是先于任何逻各斯的东西,也即先验的存在。较之海德格尔,杜夫海纳从综合的方面为这个统一的存在提供了更多的理论根据。而审美感知也非单纯静观,相反向着对象积极地投入。审美感知通过呈现、表象与想象、反思与通感三个阶段,最终达到用以揭示对象的表现形式的情感。当对象被审美地感知时,就形成了“感性”,对象所有的物质质料因而被超越,审美对象随之成为感性的要素组合及其充分呈现。与此同时,审美对象的另一构成因素“意义”使注意力集中在感性自身,并通过时空的先验图式来安排感性,进而形成艺术的不同形式。这样审美对象就有了自己内部的时空关系,借此构成了一个内在的世界,并体现出自在与自为的真正结合。美的存在于是成为了特殊意义上的真的存在。

很清楚,通过对审美经验的现象学研究,传统美学的主客二元论成功地得到了克服。首先,感性是感受者和感受物的共同行为。把握对象形式的情感不仅是审美感知的顶点,也是主体和客体融合在审美经验中进行独特交流的关节点。其次主客体的相互协调也通过审美经验的先验方面而显示出来。这一先验性既表现为审美对象的情感特性对构成被表现的世界的特征的在先,又表现为审美主体已拥有的情感范畴对辨认情感特性所具有的在先,每一层次都体现着主体形式及经验内容的同一,用杜夫海纳的话说即实存(人)和宇宙(自然)的同一。最后,实存和宇宙的同一又上升为存在的统一。也就在这里,审美经验的现象学研究具有了存在论性质(杜夫海纳以本体论与人类学的结合来表述这个意思)。"赋予审美经验以存在论的意义,就是承认情感先验的宇宙论方面和实存论方面都是以存在为基础的。"①这意味着审美经验中的情感形态、先验图式和内在意义都是统一存在的自然和人的共同的事,而不是由人投射给自然。这就同"人的本质力量的对象化"或"自然的人化"的审美观从根本上划清了界限。

后来杜夫海纳在《语言与哲学》中又对审美经验现象中的语言符号问题给予了关注。事实上,审美感知和审美对象的关联一旦进入表象和想象阶段,就会有艺术语符的介入;当审美对象是艺术作品时,这种情况甚至在呈现阶段就已开始了。因此不能脱离广义的语符的中介作用来谈论审美体验。海德格尔早就指出,存在的到场是借助于对存在者的言谈而敞亮的,逻各斯的始初意义就是言说。当然,言说也会从本真之说,蜕变和累积为传闻之说、巧饰之说、虚假之说、沿袭之说、空洞之说等,但必得从它们入手,剥去层层伪饰,方能抵达美的逻各斯。

审美之路就这样敞开了,美也从柏拉图的天国真正来到了现实中。和感性经验现象的紧密结合,使审美保持着自己特殊意义的实践性质,也使美的闪光就在审美体验中显现。审美摆脱了根据某一外在的"合理原则"进行思辨推理的经院陋习,但也不等于就此耽溺在感官享受之中,而是以它特殊的途径达到存在的本真状态。审美既超越于一般官能感受之上,也和人类其他实践活动明

① 《审美经验现象学》第四章引言。

显有别。它是人和自然统一于情感形态中的一种存在方式,不再是主客二元对立基础上人以艺术手段对自然的摹仿、改制或僭越。按照胡塞尔和海德格尔的观点,人类其他的精神活动,包括自然科学也都具有相似的感性特点。但无疑,只有审美活动把这一点表现得最典型最鲜明最突出。

美存在于经验现象的各个层面及相关的言说中,这一复杂情况,正好既保障了审美的自由,又决定了审美的限度。《大希庇阿斯篇》中古希腊人的禁令从此彻底解除了,人们不必担心答不出"美是什么"或"是否有一个美的本身存在"的问题,就被剥夺了作出审美判断的权利。审美判断,本来就是召唤美的存在到场的必要条件之一。关于某物是美的判断,实际是我们体验美的存在的开端。在没作出审美判断的地方,美即使显现了,也等于不存在。而作出了审美判断,也可能只是一种印象或意见的获得和表述,并不保证就捕获了美。因此必须清醒:每一个审美判断,都只是通过现象走向本真的一种可能,谁也无权宣布,他的审美判断就是对美的存在的最后判决。然而恰恰又是这样的限制,保证了美的本真通过不断的解蔽而一次次显现。应当允许人们通过各种形式的审美判断,去逼近美。这就是审美的有限性所在,也是审美的开放性所在。

正是在审美判断上,经验的方法与分析的方法找到了最佳契合点。判断必然表现为语句,通过对不同判断句型及其语境的具体分析,会发现它们的差异,并进而揭示出审美判断永远有自己的值域。所以审美判断不是绝对的律令,也不应该用普遍真理的标准去要求之。但就在这一寻求超越的有限而又多元的维度中,逐渐开拓了通向真理的空间。

同样,不可见的审美体验,也通过艺术语符的中介才成为可见的。作为审美对象的艺术作品的把握,是经由原型语符和解释语符之间的距离造成的文本差异(在此"文本"也是广义上的)的分析,而得到区别和体认的。审美体验中构成和显现的自在自为的艺术世界,也需要通过艺术语符的解析才能进入。在审美的体验和判断中发挥潜在作用的审美标准，虽然词语形式相同，但其所指很可能有出入，也需要经过语义分析，发掘其中的价值指向与历史内涵。英伽登就做过“客观性”标准的不同类型的分析工作。

现在，我们已有可能宣布，结束从柏拉图时代就开始的寻找外在的根源，以说明美的性质和充当审美依据的一次次努力了；同时也可以避免让美学和审美无限制地自我膨胀，幻想有能力包办世界上的一切，去勉强充任它力所不胜的新宗教和新神学的角色。美学懂得了谦逊，也懂得了自尊，它既不准许自己越俎代庖去包揽人类其他生存活动的功能，也不允许用别的东西来取消它的独特个性与特殊品格。

通过以上足够详尽的分析，我相信已经阐明了，围绕着本体论观念，尤先生和我在哪些方面存在理论分歧，这些分歧又是如何由来和如何展开的。从一开始起，这就不是个人间的争端，而是不同哲学基础上的不同美学观的对话。至少在我这方面，绝无丝毫的偏执情绪和话语专断。

确实，要感谢当前多元宽松的健康学术环境，这才保障了许多方面的研究有可能深入。但我以为，这并没有赋予我们划地为营，向隅而安的特权。百家争鸣也是学术健康发展不可或缺的因素，学术水平的提高很大程度上就取决于问题的发现与解决。也许，学界的现状确有令人遗憾之处，但这并不妨碍每一个真诚的学者作持本人的努力。所以在申明自己的美学见解的同时，我也高兴地看到，尤先生有志于通过反省批判，深化、修正、推进和改造实践论美学和实践哲学，并已为此做出了不少努力。有理由相信，在他广泛涉足中西之际，不会拒绝来自不同观点的切磋和砥砺。同样原因，我也衷心期待着来自尤先生和其他主张实践论美学的朋友们的批评和指点。

（原载《学术月刊》1997 年第 1 期）

“实践美学”与“实践本体”

陈　炎

一

作为50年代留给80年代的美学遗产，“实践美学”在90年代又面临着新的危机和挑战，以至于形成了大约4种不同的意见：

第一种意见，可称之为“捍卫实践美学”。持此观点的人认为，“实践美学”并不像一些批评者所指责的那样，存在着所谓“注重群体而忽视个体”、“注重理性而忽视感性”、“注重历史的沿袭而忽视文化的突破”等一系列原则问题；也不像一些论者所倡言的那样，存在着整体超越的可能性；更不像有些学者所忧虑的那样，其命题本身即缺乏分析哲学的严格批判，因而是所谓过时了的“伪命题”。相反，他们认为“实践美学”有着极为广阔的发展前景。

第二种意见，可称之为“改造实践美学”。持此观点的人认为，“实践美学”确有着巨大的理论价值和广阔的发展前景，但其价值和前景必须通过重要的修正与改造而重新获得。也就是说，要使“实践美学”得以延续和发展，必须正视上述批评者所提出的种种问题，对其学派的已有成果中所存在的理论偏颇进行必要的纠正。由于此一纠正仍然是在“实践美学”的总体框架中进行的，因而是“改造”而非“超越”。

第三种意见，可称之为“超越实践美学”。持此观点的人认为，“实践美学”所存在的问题，是无法局限在该学派的范围之内来加以解决的，必须彻底超越“实践”这一基本范畴，重新确立诸如“生存”、“生命”之类的新的逻辑起点，并最终以新的美学形态超越之。

第四种意见，可称之为“取消实践美学”。持此观点的人认为，“实践美学”的错误，不是或不仅仅是解决问题的错误，而首先是提出问题的错误。从分析哲学的立场来看，“美的本质”问题本身就是一个既不能证伪也不能证实的旧形而上学命题。因而对待“实践美学”，“捍卫”也好，“改造”也好，“超越”也好，均无意义。中国美学要真正发展，必须取消“实践美学”所提出的“伪命题”，重新选择确有价值的研究课题。

二

在以上四种意见中，我基本持第二种立场，即主张改造“实践美学”，并为此而发表过《试论“积淀说”与“突破说”》(《学术月刊》1993 年第 5 期)和(《再论“积淀说”与“突破说”》)(《学术月刊》1995 年第 1 期)等文章，现补充如下：

我与“捍卫”论者一样，认为在美论问题上，“实践美学”是国内迄今为止最有历史价值、也最有发展前景的一派学说。此一学说在 50 年代的美学大讨论中开始萌生并逐渐占据主导地位，到 80 年代的“美学热”中则进一步聚集了众多学者的研究力量并形成蔚为壮观之势，究其原因，是由于它找到了“实践”这一联系审美主体与审美对象的中介环节，找到了沟通物质世界与心灵世界的真正桥梁，从而得以超越是对象决定主体(蔡仪)，还是主体决定对象(吕荧)的二元对峙局面，在真正的意义上实现了主客观统一论者(朱光潜)所未能达到的目的。因为只有通过“实践”而形成的对象世界和心灵世界的同步建构，才使得两者之间“异质同构”的精神联系成为可能，才使得人能够以“情感的方式”来把握世界。

但是，与“捍卫”论者不同的是，我认为迄今为止的“实践美学”成果并非无可挑剔，而是存在着较为严重的问题。这其中最为重要的问题是：在“实践”的性质上过多地强调主体的群体特征而忽视其个体的独特价值；在“实践”的过程中过多地强调理性的必然法则而忽视其感性的偶然作用:在"实践"的结果上过多地强调历史的"积淀"功能而忽视其现实的"突破"意义……。在这些方面,我与"超越"论者对"实践美学"持同样的批评态度。

然而,与"超越"论者不同的是,我认为上述对于"实践"问题的种种误解和偏见,只能在"实践美学"的内部加以纠正,而不应该、也不可能在诸如"生存"和"生命"等"前实践"范畴中得到解决。本来,"实践"作为逻辑起点,之于"美学"已经显得过于抽象了:作为"实践"主体的"人的本质力量",是知、情、意三者未经分化的统一;而作为"实践"对象的"人化的自然",则是真、善、美三者浑然一体的形态。故而,"实践"只能区分人与动物的不同,却无法进一步区分认识、伦理、审美之三种人类活动的不同。在这一意义上,以"生存"或"生命"为基本范畴的所谓"后实践美学",不是对"实践美学"的真正超越,而恰恰是一种后退。因为,所谓"生存"或"生命",是人与其他生物所共有的,因而,它不仅无法区分知、情、意或真、善、美的不同,甚至无法区分人与动物的不同。从这一意义上讲,所谓"后实践美学",有着从马克思退回到费尔巴哈之嫌。作为一定历史条件下的思想体系,"实践美学"也许终将会被更高的理论形态所超越,但这种超越必须建立在更高的哲学背景之上,而在此之前,侈谈"超越",似乎为时过早。

具体说来,"超越"论者为"实践美学"所列举的强调理性、物质性、现实性、社会性而忽视超理性、纯精神性、超现实性、个体性等10大问题,并不可能在离开"实践"之外的"生存"或"生命"等范畴中得到完满的解决,反而会使问题显得更加棘手。因为,所谓"超理性""纯精神性""超现实性"等内容,不可能是凭空产生的,离开了特定历史条件下的"实践"方式和"实践"水平,这些问题的研究便无从谈起。例如,所谓非理性或反理性的"潜意识"问题,似乎与"实践"无关,但是其研究本身却又离不开"实践"。按照弗洛依德的后期定义,所谓"潜意识",是由特定社会意识形态中形成的"超我"通过"自我"来压抑与现实道德相悖离的那部分"本我"而造成的。从表面上看,"本我"似乎是纯生物性的,是人与其他动物所共有的。但是,“本我”之所以能够成为“潜意识”的内容,却恰恰是与特定“实践”状态下的社会意识形态和伦理道德标准密切相关的。从严格的意义上讲,动物既没有“超我”也没有“自我”,既没有“意识”也没有“潜意识”,这一切在动物那里都是混沌一片、浑然一体的。而人的“潜意识”内容,即使是“性”内容,也并非是纯然生物性的,而是有着历史和社会特征的。因此,倘若我们离开了“实践”,以及与之相联系的社会意识形态和伦理道德标准来研究这一问题,或用“生存”“生命”等更加抽象的概念加以分析,则只能对复杂的问题进行简单化的处理。

我不仅与“捍卫”论者和“超越”论者有着上述的分歧,而且也不同意“取消”论者的观点。应该承认,已有的“实践美学”命题并未经过语言逻辑哲学的严格分析,因而对诸如“人的本质力量”、“自然的人化”、“积淀”、“有意味的形式”等范畴应该进行必要的清理和重新的厘定,该取缔的取缔,该清除的清除,该进行语义分析的进行语义分析,该寻找科学依据的寻找科学依据。这一切,可以使我们避免重蹈“独断论”的历史误区,从而使“实践美学”的研究真正具有现代形态。在这一方面,“取消”论者的观点确乎具有积极的警示作用。但是,与之不同的是,我并不认为“实践美学”在本质上属于旧形而上学,因为它并不是以一种概念描述的方式来界定一种超验的本体,而是从“实践”的角度入手,将一个在纯粹的逻辑分析中不可能解决的问题纳入发生学的历史轨道,并使其在经验的形态上呈现出来。此一分歧,可能来源于我们对现代西方哲学的不同理解上:第一,我虽然赞赏分析哲学从语言和逻辑入手而严格限定命题和范畴的科学精神,但对其彻底取消本体论研究的做法是持保留态度的。第二,我虽然赞赏存在主义借助现象学还原的方法而继续探讨存在问题的努力,但对其将“此在”与历史和文化割裂开来的做法是持保留态度的。第三,我虽然承认黑格尔的哲学体系在总体上属于旧形而上学范畴,但对其将逻辑纳入历史的做法(这一做法直接影响了马克思)却抱有深深的期冀。在我看来,康德以后西方哲学史上所出现的“科学思潮”“人文思想”和

"历史思潮"这三条路线实际上都在自觉或不自觉地回答着康德所提出的同一个问题,亦即"形而上学如何可能"的问题。而今天的人们要使康德所梦寐以求的"能够作为科学出现的未来形而上学"真正成为可能,就必须同时借鉴上述三种探索中的有益成分,而又避免陷入其各自的误区,也正是在这一意义上,由马克思的历史唯物主义生发而来的"实践美学"将具有重建本体论的重要意义。

三

建立本体论,无疑是哲学这门"爱智慧"的学问之首要而终极的任务,它的功能并不是要满足人对大千世界的求知欲望,而是为人的生命找到一种存在的价值和精神的家园,从而使因获得文明而付出异化代价的人在对"本体"的精神皈依中重新取得人与自然、人与社会的普遍联系,使有限的个体获得无限的意义。然而由于受到思维方法的重重限制,使得人们建立本体论的种种尝试一次又一次地陷入误区,以至于出现了那种将世界的本质归结为"水"、归结为"火"、归结为"气"、归结为"种子"之类的千奇百怪的说法,形而上学领域成了一片众说纷纭而又莫衷一是的"战场"。正像康德所指出的那样:"每一个个别经验不过是经验领域的全部范围的一部分;而全部可能经验的绝对的整体本身并不是一个经验。"①的确,人们似乎只能从自己的经验出发来认识世界,但经验总是有限的,当人们用这种有限的经验来形容或描述无限的本体世界时,便势必会陷入"独断论"的误区。于是,在有限与无限、经验与超验、现象与本体之间,似乎横亘着一条无法逾越的鸿沟。

在相当长的历史时期里,由于哲学无法逾越这一鸿沟,宗教便起到了某种替代的功能。宗教不从有限的经验出发,而是在幻想中直接制造出一个无限的本体、全能的上帝,并以此为绝对中介而将在文明的进程中已经支离破碎了的人与自然、人与社会的关系

① 《未来形而上学导论》,商务印书馆,1978年,第104页。

重新联系起来,使人们获得某种虚幻的满足、精神的慰藉。但是,随着科学的进步和知识的普及,宗教的教义却越来越受到经验的挑战和理性的批驳,以至于出现了由上帝之死而带来的精神危机。于是,在这种新的历史条件下,如何在科学的意义上重建哲学本体论,便具有了理论和实践的双重意义。

"实践美学"所要建立的本体论,不是传统的"自然本体论"或"神学本体论",而是全新的"实践本体论"。其新意即在于:它既不是从经验现象出发,用有限的现象来描述或囊括无限的本体:它也不是从主观幻想出发,用超验的幻想来解释或界定存在的意义;它要真正抓住人与自然、人与社会之间的中介环节,从"实践"入手而将破碎的世界重新统一起来。往前看,人与自然、人与社会本来是浑然一体的,是"实践"造成了主体与客体、个体与群体的真正分离;往后看,随着"实践"水平的不断提高,人与自然、人与社会的相互关系又会经过历史的否定阶段而重新趋于和谐和统一;而处于过去与未来之间的我们,也只有在具体的"实践"活动中才能够真正找到人与自然、人与社会的平衡关系,从而使有限的个体获得无限之意义……这样一来,由"实践"而造成的有限与无限、经验与超验、现象与本体之间的逻辑鸿沟,也只有通过"实践"在现实上、观念上和情感上加以填平。

因此,我认为,"实践美学"的最大意义并不在美学自身,而是从美学的角度为"实践本体论"所提供的支持。当然,为"实践本体论"所提供支持的,当不止于"实践美学",还应有"实践认识论"和"实践伦理学"。事实上,正如只有从"实践"的角度出发才能够真正阐明人类审美活动的奥秘一样,只有从"实践"的角度出发才能够真正阐明人类认识活动和伦理活动的奥秘。然而相比之下,由于美学较之认识论和伦理学更能接近人的情感世界,因而也就更容易从"终极关怀"的角度为人们提供心灵上的慰藉。而美学也只有达到"实践本体"的这一高度,才能够真正实现蔡元培所预期的"以美育代宗教"的社会功能,即通过瞬间的艺术体验和审美观照而打破感性与理性、创造与享受、历史与未来之间因异化劳动所导致的隔阂与障碍,在无须上帝的帮助下而恢复人与自然的亲和感和人与社会的凝聚力。需要指出的是,“实践本体论”并不是要用“实践”这一抽象的概念来简单地取代“上帝”的社会功能,以建立起一个外在于“此在”的文化本体。正像我曾一再强调的那样,“实践”既是群体的也是个体的、既是理性的也是感性的、既是自然的也是社会的、既是承继历史的也是面向未来的……因此,真正的“实践本体论”绝不应该是一种外在于感性个体的文化宿命论,而是与“此在”的“在世结构”密切相关的文化承继论和文化发展论。

时至今日,此种意义上的“实践本体论”还远远没有建立起来,但是我们在“实践美学”的研究、改造和发展中已经隐隐约约地看到了一抹希望的曙光。

(原载《学术月刊》1997 年第 6 期)

马克思主义美学研究与阐释的三种基本形态

刘纲纪

从19世纪末到20世纪，对马克思主义美学的研究与阐释形成了三种基本形态：苏联马克思主义美学、西方马克思主义美学、中国马克思主义美学。

一、苏联马克思主义美学

苏联马克思主义美学可以称之为本质主义的反映论、认识论美学。它认为艺术是对社会生活本质的反映，但不是通过抽象概念的方式来反映，而是通过对社会现象具体生动的描绘来揭示社会生活的本质。在“社会主义现实主义”这一基本原则下，文艺对社会生活本质的揭示还必须同用社会主义精神教育人民结合起来。

这种美学的正确在于：一，它肯定了艺术是社会生活的反映；二，它肯定了这种反映能够而且必须揭示隐藏在社会生活现象之后的本质的东西；三，它肯定了社会主义社会下的艺术需要用社会主义的精神教育人民。

这种美学存在着下述缺陷：第一，它不能从根本上把艺术对现实的反映和哲学认识论所讲的反映区分开来，认为两者的区别仅仅在对社会生活本质的反映采取了不同的方式；第二，它把社会生活的本质看作是凌驾于感性个体之上，并预先决定着所有个体生存和命运的东西，看不到社会生活的本质其实不过是人类创造自身历史的客观必然过程的理论抽象,不能脱离构成人类总体的无数个体自身生活的创造;第三,它看不到艺术对社会生活本质的反映,是把人不同于动物的自由本质的感性的实现和确证,作为既是社会的又是个体的人在实践中创造自身生活的过程和结果来反映,因此是一种审美的反映,不是对社会本质的概念认识的形象图解。

上述本质主义反映论、认识论美学在哲学上的真正系统的阐明者和论证者不是前苏联的美学家,而是1933—1945年侨居苏联的匈牙利美学家卢卡奇。卢卡奇虽然在1923年出版了《历史和阶级意识》一书,被认为是后来西方马克思主义的始作俑者,但他多次公开作了检讨,指出此书的观点是错误的,声明已抛弃这些观点。因此,卢卡奇不同于一般所说的西方马克思主义者,相反,他倒是西方马克思主义者所说的"正统马克思主义者"。直至晚年写作《审美特性》一书时,卢卡奇仍然坚持本质主义的反映论、认识论美学。

二、西方马克思主义美学

西方马克思主义是第一次大战后欧洲先进资本主义国家的无产阶级革命遭到普遍失败,并无法再次崛起这一历史条件下的产物。现实的巨大变化使西方一些知识分子不知该如何来对待他们过去所信仰和认同的马克思主义。这时卢卡奇的《历史和阶级意识》一书出现了,它认为马克思主义的本质只在方法上,至于马克思主义的各个观点,即使历史证明了它全都是错误的,马克思主义者也会毫不迟疑地放弃它,而仍然无碍于做一个正统的马克思主义者。此说一出,西方一些原来认同马克思主义,但在新的形势下又不知如何是好的知识分子就觉得可以放开手脚来"重建"马克思主义了。因此,西方马克思主义的出现伴随着对马克思主义一系列基本原理的质疑、批评、修正、反对和否定。这种马克思主义实际是马克思主义和西方现代唯心主义的混合物。

在对资本主义社会进行马克思早就说过的“武器的批判”已经不可能的情况下，西方马克思主义所能做的就只有理论的批判了。但这种批判又是在马克思主义的唯物主义反映论、物质生产决定社会历史发展、经济基础决定上层建筑等基本观点遭到质疑和否定的情况下进行的，因此批判就成了一种以文化、意识形态、政治为中心的批判。至于资本主义下物质生产的发展，西方马克思主义者认为它只能造成对人的奴役和统治。他们不理解或放弃了马克思关于资本主义下物质生产发展具有历史二重性的深刻论述，不再相信社会主义的实现正是建立在资本主义生产力高度发展基础之上的。在他们看来，历史的动力不再是物质生产的发展，而是意识、思想、理论的批判。

由于西方马克思主义对资本主义的批判是以文化、意识形态、政治批判为中心的，因此美学与艺术问题就占据了一个特殊的位置。和苏联的本质主义的反映论、认识论美学不同，西方马克思主义美学是一种和文化、意识形态、政治批判直接联系在一起的美学，可以称之为文化、意识形态、政治批判美学。

这种美学的中心是强调艺术（含审美）对资本主义现实具有巨大的“否定”“颠覆”“超越”的功能。它认为这种功能的实现的关键就是艺术使自身与现实相“疏离”，成为与现实不同的“异在”，通过审美与艺术的“幻象”来彻底地“超越”和“否定”现实。因此，它认为主张艺术是现实的反映，那就是使艺术与现实相调和，成为对现实的粉饰和肯定。但使人觉得奇怪的是：为什么对现实的“否定”注定是和艺术对现实的“反映”绝对不能相容的？难道艺术家就不能在一种“否定”的形式下去“反映”现实吗？然而提出这样的问题对西方马克思主义美学来说是全无意义的。因为它所说的“否定”“超越”就是要用审美与艺术的“幻象”宣告现实是虚假的，应该被“否定”和“颠覆”的。它不是站在现实的基础上来否定现实，而是在主观的“幻象”中否定现实，所以它就必定要排除一切对现实的反映。此外，由于它不理解资本主义发展的历史二重性，因此就停留在“否定”“颠覆”“大拒绝”上，不承认在资本主义现实中也有应当予以历史的肯定的方面。这种“否定的美学”还有一种悲观主义的思想,认为人类永远是不自由的,不相信马克思主义所说人类能从“必然王国”跃进到“自由王国”,所以艺术就永远只能是人类对自身苦难的回忆,是不可能具有任何肯定性的苦难的语言。

这种美学还深受弗洛伊德主义的影响,把艺术看作消除一切被压抑的“爱欲”的解放,同时也就是弗洛伊德所说的“快乐原则”的真正实现。它把这种思想和马克思所讲的“劳动”的本质和“劳动”的异化的消除联系起来,称之为建立“新感性”,而这种建立最后又取决于所谓深层次的“本能革命”(这和中国“文革”时期所说的“灵魂深处闹革命”有某种类似之处)。这是对马克思关于“劳动”的本质的一种误读、曲解,但很能迎合西方 1968 年“五月风暴”中不少青年学生的要求。

这种美学把艺术看作是一种“审美意识形态”,它的作用或者是解放“爱欲”,或者是揭穿“虚假的意识形态”,或者是对现实社会矛盾的一种意识形态化的解决方式。但绝大多数人都认为它与经济基础无关,不是经济基础的反映。他们对马克思所讲的经济基础与上层建筑的关系存在着种种误读和曲解,并把他们的误读和曲解当作是马克思的看法而加以反对。

这种美学把艺术对资本主义现实的“否定”“大拒绝”看作就是艺术的政治功能的实现,但它强调这是一种“审美的颠覆”,其结果又走到了非政治的唯美主义。它认为艺术的审美特性越强,其政治功能就越强;相反,其政治特性越强,政治功能就越弱,不承认政治特性极强的作品同时也可以是审美特性极强的作品。不过,这种看法在强调艺术的政治功能的实现不能脱离艺术的审美特性这一点上是正确的。

这种美学相当集中和详细地考察了“大众文化”“文化产业”“艺术生产”等问题。它正确地看到了艺术已成为日常社会文化的组成部分,并且直接受到现代科技的影响,发展为精神生产的一个部门。但由于它不理解资本主义发展的历史二重性,因此它只看到这将导致艺术的商品化,而看不到它同时又会有力地推动社会大众对艺术的创造与欣赏的积极参与，并将以过去所不能设想的速度与规模，推动艺术在世界范围内的传播与交流，打破民族的与地域的局限性和封闭性。

这种美学高度关注审美与艺术在现当代资本主义社会下发生的种种新变化，因此可以看作是一种现当代形态的马克思主义美学。但由于它对马克思主义的一系列基本原理采取了否定或保留的态度，因此又渗入了不少非马克思主义的、历史唯心主义的思想。在这种美学中，符合或基本符合马克思主义的正确思想和违背马克思主义的错误思想经常是杂然并陈，相互交织在一起的。尽管如此，它仍然推动了马克思主义美学的发展，对我们创造性地思考马克思主义美学的问题有若干借鉴作用。

三、中国马克思主义美学

“马克思主义的普遍真理与中国革命的具体实践相结合”（毛泽东）是中国马克思主义者对待马克思主义的基本态度。这里说的“普遍真理”指的是马克思主义的基本原理，不是指个别结论，意思是说这些基本原理不仅适用于欧洲、俄国，也适用于中国和其他任何国家的革命。这使中国的马克思主义者对马克思主义采取了一种严肃认真的学习研究的态度，要求全面准确地理解马克思主义，反对主观任意地妄加解释①。但马克思主义的普遍真理又必须与中国革命的具体实践相结合，反对脱离中国的具体实践，将马克思主义看作是万古不变的教条的做法，从而确立了“实事求是”这一根本原则。②从中国马克思主义观点看，西方马克思主义对马克思主义基本原理的质疑、批评、否定是轻率、主观、任意、没有根据的；而苏联对马克思主义的理解则在许多情况下带有僵硬、武断、

① 这和中国的思想传统有关，中国古代的学者历来不把理论仅仅看作是一种“知识”，而看作是必须身体力行的理想、信念。

② 这同样与中国思想传统中的求实精神、审时度势、知权变的思想相关，但不能简单地称之为“实用理性”，因为它仍然与理想、信念的坚持、贯彻、实现相关。

教条的特征。这两者都是中国马克思主义所不取的。

中国的马克思主义美学是马克思主义的普遍真理(含马克思主义的美学思想)与中国革命文艺发展的具体实践相结合的产物。中国从30年代开始,就在鲁迅、瞿秋白的大力支持下,从俄国、苏联系统地输入马克思主义美学,并取得了重要的成绩。但中国是一个有着自己悠久的思想文化传统(包含美学、艺术传统)的大国,在国情上又与西欧、俄国有很大的差异。因此,从苏联传入的马克思主义美学,没有任何一种思想被中国人简单地认同和接受。即使产生了某种影响,也是局部性的、短暂的。1942年,毛泽东的《在延安文艺座谈会上的讲话》的发表标志着中国的马克思主义美学的诞生与建立,并实现了中国革命文艺工作者的大团结,找到了共同的思想、方向和目标。

以毛泽东的《讲话》为代表的中国的马克思主义美学是以人民大众为本位的马克思主义实践论的美学,同时也是毛泽东在《新民主主义论》中所说的"能动的革命的反映论"美学。把人民群众改造世界的实践活动看作是美与艺术的惟一源泉,从而也是马克思主义美学的根本,这是中国马克思主义美学与苏联马克思主义美学、西方马克思主义美学的重大区别所在,也是它对马克思主义美学的研究与阐释的重大贡献所在。由此出发,毛泽东对在他之后的西方马克思主义美学所关注的"大众文艺"、艺术与政治的关系等问题提出了有重要理论意义的见解。毛泽东在《新民主主义论》中提出建立以马克思主义为基础的"民族的科学的大众的文化"的思想,至今仍然是马克思主义在文化问题上的重要方针,需要在新的历史条件下作进一步的探讨。毛泽东对包含艺术在内的文化问题的根本看法,在总体上比西方马克思主义美学中的"文化唯物主义"及其他有关文化的理论要深刻得多,是马克思主义文化理论的发展。

中国马克思主义美学的建立既是以马克思主义为指导的,同时又明显受到马克思曾给以高度评价的俄国革命民主主义者车尔尼雪夫斯基的影响。车尔尼雪夫斯基的美学在30年代"左联"时期已被介绍到中国。到了延安时期，周扬又以毛泽东的《实践论》为指导深入地研究、介绍、评论了车尔尼雪夫斯基的美学，并翻译了他的《艺术与现实的美学关系》(即《生活与美学》)一书。周扬在马克思主义实践观点的基础上吸取了车尔尼雪夫斯基"美是生活"，艺术是生活的再现，生活的美比艺术的美更丰富、更生动的思想，同时又消除了它脱离实践的直观唯物主义缺陷。在1937年所写《我们需要新美学》一文中，周扬依据马克思的《1844年经济学—哲学手稿》指出："无论是客观的艺术品，或是主观的审美能力，都不是本来就有的，而是从人类的实践的过程中所产生。"①毛泽东的《讲话》采纳和大大深化了周扬对车尔尼雪夫斯基美学的介绍研究取得的成果。并非马克思主义者的车尔尼雪夫斯基的美学之所以会对中国的马克思主义美学产生了重要影响，一方面是因为它在艺术与现实的关系的理解上包含有鲜明的唯物主义思想，另一方面是因为它以"生活"为美学的中心概念，这和中国美学传统一向高度重视审美、艺术与人生的关系能够相通，所以周扬曾用"人生即美"来解释它②。

1949年新中国成立后，从50年代末开始，中国美学界对美的本质问题进行了一场大规模的、持续了很长时期的讨论。"文革"的发生打断了这场讨论，但"文革"之后又很快恢复，并和对马克思《1844年经济学—哲学手稿》的深入研究密切结合起来。在西方美学界普遍认为美的本质问题已是一个过时、陈腐的问题的情况下，中国美学界不为所动，锲而不舍地钻研讨论了这一问题，这是值得载入当代美学的史册的。讨论的结果，在较多的人当中达到了一个基本的共识：美既不是观念、意识的产物，也不是物质所具有的某种与人无关的属性，而是人类实践改造了客观世界的产物。美、美感、艺术的根源应当到人类实践及其不同于动物活动的特征中去寻求。这一基本观点的确立，是这次美学大讨论取得的最重要的成果。

---

①② 《周扬文集》第1卷，人民文学出版社，1984年，第217、224页。

中国以人民大众为本位的马克思主义实践观美学的发展曾经走过曲折的道路,发生过像“文革”那样对文艺与美学的发展产生了灾难性后果的严重失误。①惨痛的教训需要记取,但我们又不能永远生活在“文革”的阴影之中,或因此而根本否定中国的马克思主义美学。下面,我们来大略考察一下上述三种对马克思主义美学的研究与阐释的基本形态在当代的发展问题。

四、马克思主义美学在当代

以卢卡奇为理论代表的本质主义的反映论、认识论的美学由于它本身在理论上存在重大缺陷,加上苏联式社会主义在实践中遭到了失败,因此这种形态的美学不可能再有新的重要的发展,尽管还会有少数人坚持它。但我们对这种美学在历史上曾经作出过的贡献必须给以应有的肯定的评价,不能简单地加以抹煞。

西方马克思主义的社会批判美学将会继续存在下去。西方现代资本主义的发展必然要在文化、意识形态、政治上不断提出各种问题,这就使这种美学有了存在和发展的空间,它将会在文化、意识形态、政治的批判上不断地做文章。但只要它否认马克思主义所主张的物质生产决定社会历史发展、经济基础决定上层建筑的理论,不承认资本主义发展的历史二重性,不把它的批判建立在对现代资本主义经济发展的科学分析基础之上,那么这种批判就将是琐屑的、抽象的、空幻的,当然也很难形成足以和西方各种非马克思主义的思想流派相抗衡的,有严整思想系统的流派。它顶多只能对西方资本主义发展提出的文化、意识形态、政治等问题作一些有启发性的研究与评论,难以在全局性、根本性的问题上有重大突破。

① 值得注意的是,不少西方马克思主义者对“文革”采取了十分肯定、赞扬的态度,这是因为“文革”和他们从历史唯心主义出发来“否定”资本主义社会的思想有共同之处。

从目前我所了解的有限的情况来看,西方马克思主义美学仍然在文化、意识形态、政治、爱欲、快感、无意识、幻觉这些话题上打圈子。它所利用的思想资源主要来自弗洛伊德主义、结构主义、后结构主义以及后现代主义。它反复在这些流行思潮中找寻某些“话语”或概念作为论述某一问题的支点。虽然可以产生某些新意或新鲜感,但真有重要理论意义的实质性的建树是非常罕见的。

崛起于中国的马克思主义实践论美学目前看来还在为清理和牢固地建设它的哲学基地而辛苦地工作着。它需要通过对马克思主义经典文本实事求是的、深入的解读而消除长期存在的对马克思主义哲学的种种误解和曲解(如怎样理解马克思主义哲学所说的“反映”、马克思主义哲学如何解决决定论与非决定论的对立、物质生产对人类历史发展的决定作用如何具体地实现和表现出来,等等)。在外部,它还要直面各种非马克思主义、反马克思主义的观点,对这些观点作出有充分学理根据的分析与反驳。在内部,它又要面对马克思主义哲学和美学的不同理解之间的争论。但不论如何艰巨,这个清理和建设马克思主义美学的哲学基地的工作正是马克思主义的哲学和美学在当代的发展所必需的。

由于忙于清理和建设马克思主义美学的哲学基地,因此就产生了中国当代马克思主义实践论美学的两个明显缺陷。首先,它对许多问题的探讨还停留在哲学思考的层面,和文学艺术的具体现象的研究结合很不够,这就使它难以获得较普遍的关注和产生较广泛的影响。和卢卡奇相比,卢卡奇美学之所以能产生广泛影响是和他对欧洲和俄国一系列现实主义作家的具体深入的研究分不开的。和西方马克思主义美学相比,西方马克思主义美学常常就是文学批评的理论,或者是和西方某一时期文学发展的具体研究结合在一起的,因此它能引起西方文学界较普遍的关注,发生影响。而中国研究美学的人,很少关心某一门类文学艺术的批评和历史的具体研究,这种情况亟需改变。其次,我国对西方马克思主义从80年代才开始进行比较系统的研究,到现在为止我们对它的了解也还不够具体、细致和深入,因此中国马克思主义美学和西方马克思主义美学之间还没展开充分的、实质性的对话和讨论。大部分对西方马克思主义美学的研究,基本上是一种引进和介绍,就一些根本性的理论问题展开充分讨论的情况还不多见。因此,我们要继续努力更具体、更细致、更深入地研究西方马克思主义美学,下大决心,花大力气,对卢卡奇《历史和阶级意识》一书及其后西方马克思主义美学的各种理论,逐一进行切实的研究与评论。既肯定它的可取的地方,同时也对在我们看来是错误或有问题的地方作出独立的分析批判。中国的马克思主义实践论的美学如果不与西方马克思主义美学进行认真深入的对话,只是关起门来自言自语,就会脱离 19 世纪 40 年代以来世界马克思主义美学思潮的演变与发展,既难于把自己的研究提到当代的高度和作出理论的创新,而且还会被讥为东方第三世界的"农民马克思主义"①。

我们既要深入研究西方马克思主义的美学,同时又要看到中国的马克思主义美学是在与西方极不相同的历史文化背景下产生出来的。西方马克思主义美学谈起来津津有味的话题不一定就是我们感兴趣的话题,而且从当代马克思主义美学的发展来看,也不一定就是有重要理论和实践意义的话题。它所谈论的某些话题(如大众文化问题)也是我们要重视研究的,但我们还必须找到自己的中心话题。这个中心话题,我认为就是马克思主义美学与建设中国特色社会主义文化的关系。我们知道,西方马克思主义美学经常是与文化研究直接结合在一起的,但由于西方所处的特定历史条件,西方马克思主义者中的大多数人(不是所有的人)对于社会主义的实现已经不感兴趣或持怀疑、保留以致否定的态度。因此,他们所说的与美学密切相关的文化研究基本上与社会主义不沾边,或不是他们关注的中心问题。而对中国来说,这却是一个直接的、现实的问题。从马克思主义美学来说,这又是一个不能不加以

① 这是过去在西方马克思主义者中颇有影响的一种看法,但它恰好说明西方对中国的马克思主义缺乏深入的研究,同时也自觉或不自觉地表现了西方对东方一向具有的优越感。

研究的重大问题,而不是仅仅同中国有关的问题。我们从中国当代社会主义文化的建设出发来研究美学问题,完全能够开出一条与西方马克思主义美学不同的新道路,并且可以使中国的马克思主义美学同中国古代悠久而光辉的美学传统联结起来,摆脱西方自古希腊以来的美学传统的限制,做出新的创造。

西方马克思主义美学所关注的中心问题是"批判",但它对它的"批判"的哲学、美学前提却缺乏系统深入的思考和严整的逻辑论证。我们试把海德格尔的《艺术作品的本源》一文同阿多诺的《美学理论》一书作一比较,前者是非马克思主义的,但它对它所主张的美学思想作了系统严整的逻辑论证;后者被看作是马克思主义的,篇幅也比前者大很多,但却只能说是作者对他关注的若干美学问题的零散思考的记录,没有形成一个严整的逻辑系统,每一问题的论证在逻辑上也常常是欠严密的。西方马克思主义美学在表述方式上一般都比较活泼、机智、不呆板,但在逻辑上却经不起推敲。其所以如此,原因就在西方马克思主义美学对根本性的哲学问题的思考缺乏兴趣。西方马克思主义的哲学著作,也不同程度地存在上述缺点。反观马克思的著作,即使像《关于费尔巴哈的提纲》这样极简略的提纲、草稿,也是有内在的严整的逻辑的。如前所说,中国的马克思主义实践论美学正在为清理和建立它的哲学基地而努力,这个哲学基地的建立不能停留在认识论的层面,而必须进入到本体论或存在论的层面。现代美学的发展表明,一切美学问题的解决最终都不可能脱离对人的存在问题的思考。西方马克思主义美学所关注的文化、意识形态、政治的"批判",也只有当它深入到对人的存在的批判的思考时,才可能是深刻的。在这方面,马尔库塞做得比较好,但他的哲学前提是唯心主义的。曾受到新康德主义哲学很深影响的俄国巴赫金的美学也有相当深刻的哲学思考,但西方马克思主义美学对他的研究只注意他关于"对话"和"狂欢"的理论。

对于马克思主义美学,过去、现在以至将来都会存在各种不同的理解。从哲学上看,我认为马克思主义美学可以称之为实践批判的存在论美学。[①]“实践批判”是马克思在《关于费尔巴哈的提纲》中使用过的一个重要的词组、概念。他在《提纲》的第1条中指出费尔巴哈哲学的唯物主义的重大缺陷就在于“不了解‘革命的’、‘实践批判的’活动的意义”。这里所说的“实践”,依据马克思在他的《提纲》及《提纲》写作前后的全部著作(指马克思脱离青年黑格尔派之后的著作)来看,是针对费尔巴哈反对黑格尔把“抽象思维”看作是人的本质,而把“感性”看作是人的本质,即确认人是感性的存在这一根本观点提出来的。马克思赞同费尔巴哈对黑格尔的这一批判,同时又指出费尔巴哈的根本错误在于“他把感性不是看作实践的、人的感性活动”。这就是说,在马克思看来,“感性”作为人的本质是人的“实践”即“人的感性活动”,与单纯的思维活动不同的、人改变世界的活动的产物。从广泛的意义上说,马克思所讲的“实践”就是人类在社会生活一切领域中使人的感性的本质的活动,也就是人的自我实现、自我创造的活动。但马克思又指出决定这一切活动的最根本的活动是人类为了满足物质生活需要而进行的物质生产活动。这不只指产品的生产,同时还指和产品的生产不能分离的分工、科学技术的发展与应用,产品的交换、分配与消费等。简言之,它指马克思在他的经济学中作了深入探讨的物质生产过程诸方面的总和。它是人类全部生活,同时也是人类历史存在与发展的物质基础。“批判”是指从上述意义的“实践”出发对现实社会的批判,它不仅指理论的批判,同时也指马克思在《黑格尔法哲学批判导言》一文中讲过的“武器的批判”,即对现实社会进行实际的、革命的改造。“实践批判”是马克思主义哲学所具有的根本性特征,只讲“实践”而不讲与“实践”直接相联的“批判”,不能清楚地表达马克思主义哲学不只是“解释世界”,而且要能能动地“改变世界”,以及唯物辩证法在本质上是批判的和变革的这一根

① 这和我过去主张的实践本体论在根本上是一致的,但又有些不同。关于我对实践本体论的论述,见拙文《实践本体论》(1988)、《马克思主义哲学的本体论》(1991)、《批评与答复——再谈我对马克思主义哲学的理解》(1996),均收入《传统文化、哲学与美学》一书,广西师范大学出版社,1997年。

本特征。我所说的“实践批判的存在论”中的“存在论”一词相当于我过去所说的“实践本体论”中的“本体论”一词，但这里使用“存在论”一词而不再使用“本体论”一词，有几个方面的考虑。首先是为了避免“本体论”一词容易引起一种神秘的感觉和无谓的争论，其次是为了说明马克思所说“存在”主要是指以物质的自然界为前提、作为自然界一部分的人的“社会存在”。但我在过去的文章中已经指出，“本体”并不是卢卡奇所说的“社会存在”，而是人类的物质生产实践。因为人的“社会存在”产生和决定于人类的物质生产实践，并且是随物质生产实践的发展变化而发展变化的。最后，使用“存在论”一词，在美学上可以更为清楚明确地把审美与艺术问题和人的存在问题联系起来。

关于人类实践和美、美感（审美）、艺术的内在联系，我在过去的文章、著作中已作过多次说明，这里不再重复。现在我所要说明的是马克思主义实践论的美学在当代发生的、需要引起我们注意的一些新变化。第一，马克思主义把物质生产看作是社会的经济基础，这在今天仍然是正确的，并没有过时。但我们又要看到，随着科学技术的发展，物质生产本身越来越带有和审美相关的文化的性质，经济与文化的关系越来越密切，物质的消费也越来越成为文化的消费。因此，不能停留在把物质生产仅仅看成是审美与艺术产生的物质基础，而必须同时把物质生产和文化联系起来研究，探讨和马克思主义经济学相关的各种美学问题。第二，在当代条件下，美或审美的主要形式已转变为个体和人类从实现人的自由而永不停息的实践创造中所获得的一种崇高感（成就感、尊严感、自由感），并且常常是和社会政治伦理密切结合在一起的（这也是西方马克思主义美学为何常常将美学与政治联系在一起的一个重要原因）。传统意义上的那种给人以凝神静观的感性愉快的“美”从原先极高尚神圣的地位下降为生活中的一种感官的快乐和享受。在西方资本主义社会下，则成了弗洛伊德的“快乐原则”的实现或后现代主义所说无任何意义与目的可言的“嬉戏”。我们只有在面对历史上的古典作品时才保持上述对“美”凝神静观的态度，而我们保持这种态度又只因为我们意识到它是历史上的作品。如果从人类现代生产的实践创造的发展来看,它已不再是至高无上的。所以,我们既欣赏它,但又不再低头膜拜了。[①]在现当代的条件下,审美活动已与人类生活的没有止境的实践创造合为一体,不再是脱离或超越这种实践创造的一个自在自足的天地。因此,看起来美和美的本质问题已消失、死亡了,实际上它仍然存在,就在人类生活的实践创造之中。第三,以实践为基础的人的本质对象化这种最广义上了解的美就是艺术的本质。艺术的产生的一个重要原因就是由于日常生活中对现实美的欣赏存在着一个难以消除的局限,即无法把社会的人的自由本质的实现作为克服各种困难、挫折、灾难、痛苦的实践创造的过程和结果来加以感性的直观,即作为广义的美的对象来加以欣赏。如上所述,在现当代条件下,审美活动和人类生活的实践创造直接相联,因此现当代艺术已成为艺术家对生活的实践创造的感受与体验的直接表现,而且它的形式也是由这种表现的需要决定的。这样,艺术就不再是西方自古以来所说的对某一现实对象的"模仿"或"反映"。但是,从马克思主义的唯物主义观点来看,不论这种表现采取如何古怪、离奇、虚幻、神秘的形式,它仍然是一定社会生活或社会存在(作为人类生活的实践创造的过程和结果)在艺术家头脑中的反映。这里的"反映"当然不是指对某一事物的如实模写,而是指艺术家在他的作品中表现出来的东西仍然有它产生的现实根源,是一定社会存在作用于艺术家头脑的产物,并且在本质上是与这种社会存在相适应的。此外,正是由于在现当代条件下,艺术直接成为个人对生活的感受与体验的直接表现,而且其形式是由这种表现的需要所决定,于是艺术与非艺术的界限看起来已消灭了。实际上,界限仍然存在,这界限就在只有当表现成为人的社会的自由本质的创造性表现,表现才会具有艺术的意义与价值。第四,在现当代条件下,美学将不

① 黑格尔对此有深刻的论述,马克思将古希腊艺术的魅力和人类的童年时代相联,直接受到黑格尔的影响。

再是一门孤立自在的科学，而是与物质生产的工艺学（高科技的应用）、政治经济学、文化研究（与政治、意识形态密切相关）紧密结合在一起的科学。它的主题也将不再是脱离人类生活的实践创造去对美、审美、艺术作一种纯粹抽象的形而上学思考，而是对美、审美、艺术与人类生活的实践创造、社会的人的本质的全面自由发展的关系作出丰富、具体而有成效的实证科学的考察。这种考察将会分化为对各种具体问题的专题研究，而作为所有这些研究的哲学基础的东西，按我的理解，就是马克思主义的实践批判的存在论。

环顾当代世界范围内的马克思主义美学，西方马克思主义的社会批判美学在西方的条件下，实际处于边缘地位，但对中国的影响正在增长。而产生于中国的，以人民大众为本位的马克思主义实践论美学也正在邓小平开创的建设有中国特色社会主义的新的时代条件下发展着，并且有了越来越好的发展条件。这种实践论美学的最高主题就是社会的同时又是个体感性的人的本质的全面自由发展，它是以马克思、恩格斯在《共产党宣言》中所说“每个人的自由是一切人的自由发展的条件”的共产主义社会的实现为目标的。困扰着西方的所谓找寻精神家园的问题或我们常说的所谓“终极关怀”、“人文理想”的实现问题实际上最终都取决于共产主义社会的实现。但这将经历一个漫长的历史过程，因为它只能是社会生产力和与之相关的人类文化高度发展的结果。但我们又不能坐等这一社会的实现，从目前来说，我们可以而且应当去努力做到的是：第一，在现有生产力发展的条件下，尽可能把个体的自由发展和社会整体的自由发展协调起来，同时又把后者置于比前者更高的地位，提倡个体为社会整体的发展而献身。这是一种道德的精神，同时也是与人的自由本质不能分离的人的社会本质的实现，是一种崇高的美。第二，随着高科技的发展与运用，努力使劳动从单调的、沉重的、为了谋生而进行的活动变为创造性的、自由的，越来越具有审美意义的活动，这是真正的劳动解放，同时也是审美的解放。第三，随着物质的发展而来的“必要劳动时间”（为满足物质生活需要而进行劳动的时间)的缩短和“自由时间”的增加,努力使审美与艺术活动成为占领“自由时间”,培养有高尚情操、全面发展人的本质力量的主要活动。这种通过审美与艺术活动得到培养和塑造的人又会反过来作用于物质生产,转化为强大的生产力。这里我们看到邓小平提出的物质文明建设与精神文明建设两手抓、两手都要硬的思想是具有深刻意义,符合于新的历史时代的特征的。中国的马克思主义实践论美学既要了解、借鉴西方马克思主义美学,同时又要坚持自己不同于西方马克思主义美学的发展方向,并在实践中不断地发展、创新,密切关注当代美学的变化和中心问题,并作出与当代先进生产力、先进文化的发展方向及广大人民群众审美需要的新变化相一致的回答。这种回答需要充分考虑到西方马克思主义美学的各种观点,并在理论上作出尽可能周密的论证。

(原载《文艺研究》2001 年第 1 期)

话语生产与实践美学

张玉能

新实践美学与旧实践美学的一个主要区别就在于，对于实践的概念的含义进行了新的开掘和阐释。旧实践美学的代表人物（主要是李泽厚）认为，实践就是指的物质生产；而新实践美学则认为，实践应该是指以物质生产为中心的社会实践，它包括物质生产、精神生产、话语生产三种类型。新实践美学的这种新的开掘和阐释，并没有完全得到大家的认同。一方面，有人认为新实践美学的实践概念没有马克思、恩格斯的文本根据；另一方面有人认为新实践美学的实践概念把实践概念泛化了。因此，必须对实践概念进行进一步的阐述和说明，尤其是对于"话语生产"要予以阐述和说明。

简单地说，话语生产是人类运用语言（符号）进行交往的感性现实活动。虽然马克思主义创始人并没有写过一本语言学和美学的专著来阐述语言（言语、话语）的问题和语言与美学的关系问题，但是，他们在建构实践唯物主义哲学体系的时候是把语言问题包含在自己的哲学体系和实践观点的视野之中的。当然，他们并没有直接提出"话语生产"这样的概念，但是，他们对语言的基本特点、语言与人的生成和生存的本质关系、语言与人类社会的本质关系等等，都作了一些阐述。

马克思、恩格斯在《德意志意识形态》中说："语言和意识具有同样长久的历史；语言是一种实践的，既为别人存在并仅仅因此也为我自己存在的，现实的意识。语言也和意识一样，只是由于需要,由于和他人交往的迫切需要才产生的。"①"语言是思想的直接现实。"②从以上这些论述我们可以看出,马克思和恩格斯对于语言的二重性是有非常明确的认识的。一方面,他们看到,语言是实践的、交往的、现实的意识,也就是说语言具有实践的性质、交往的功能、现实的品格,不过语言是与意识相连的,所以,语言是实践的、交往的、现实的意识;另一方面,他们也看到,语言与思想、意识又是不同的,语言是思想的直接现实,所以,语言是感性的、物质的、现实的存在。因此,语言具有意识性和现实性这二重性。或者说,从认识论角度来看,语言是思想、意识的交际工具。列宁就曾经对语言作过这样的界定:语言是思想的交际工具;然而,从本体论(存在论)角度来看,语言是思想、意识的存在方式,也就是人的存在方式,后来海德格尔、伽达默尔的本体论(存在论)解释学就是这样界定语言的:语言是意识到的存在。因此,语言是人们表达思想、交流意识(认识、感情、意志)的感性的、物质的现实活动,是人类的一种存在方式,也就是一种社会实践。那么,按照马克思、恩格斯的哲学系统的构架,语言也可以称为一种生产"实践"。

恩格斯在《劳动在从猿到人的转变中的作用》中又说:"劳动的发展必然促使社会成员更紧密地互相结合起来,因为它使互相支持和共同协作的场合增多了,并且使每个人都清楚地意识到这种共同协作的好处。一句话,这些正在生成的人,已经达到彼此间不得不说些什么的地步。需要也就造成了自己的器官:猿类不发达的喉头,由于音调的抑扬顿挫的不断加多,缓慢地然而肯定无疑地得到改造,而口部的器官也逐渐学会发出一个接一个的清晰的音节。""语言是从劳动中并和劳动一起产生出来的,这个解释是唯一正确的,拿动物来比较,就可以证明。""首先是劳动,然后是语言和劳动一起,成了两个最主要的推动力,在它们的影响下,猿脑就逐渐地过渡到人脑;后者和前者虽然十分相似,但是要大得多和

① 马克思、恩格斯:《德意志意识形态》,人民出版社,1987 年,第 25 页。

② 《马克思恩格斯选集》4,人民出版社,1995 年,第 515 页。

完善得多。"[1]这些论述非常明确地指出了语言在人类的自我生成的实践过程中的关键性意义，也就是指明了语言的实践性和意识性的二重性、存在论意义和本体论发生学意义及其交往性质。也就是说，离开了语言，人类就不可能生成为超越动物的人类，是劳动和语言一起推动了人脑的形成从而实现了人们必不可少的社会交往，最终脱离动物界成为人，按照马克思主义创始人改造了黑格尔的"人通过劳动自我生成"的观点，语言自然可以顺理成章地成为"劳动"的一个方面，也可以说，语言是一种特殊的生产劳动。

从马克思、恩格斯关于语言的思想（精神）和现实（物质）的二重性和中介性，语言作为人类生成和生存的根据，语言作为人类社会交往的产物和手段，语言作为人类区别于动物的实践性标志等论述，我们就可以推论出，以语言为手段（运用语言以及一切其他符号）的话语实践，同样也具有现实（物质）和思想（精神）的二重性和中介性，同样也是人类自我生成和生存的实践根据，同样也是人类社会交往的产物和手段，同样也是人类区别于动物的实践性标志，因而也同样具有实践本体论和实践存在论的意义，并表现为语言符号中介性、物质（感性）和精神（理性）二重性、人类社会交往实践性。所以，现在许多哲学家、人类学家、语言学家已经认可了"话语实践"、"话语生产"的概念。在英国人类学家拉波特和奥弗林的《社会文化人类学的关键概念》中，专门列出了"话语"条目，其中有这样的论述："话语造就了我们成为人的资格。"[2]"话语为个体提供了经验，并构成了个体生活所必需的现实和真理。""情感是规范的话语实践。""对我们所认识的法赛拉（一个年轻的贝都因男人——引者按）来说，恰当的情感和正确的话语实践是同一或同样的。"[3]在黄晓钟、杨效宏、冯钢主编的《传播学关键术语释读》一书"话语

① 《马克思恩格斯选集》4，第376—377页。

②③ 奈杰尔·拉波特、乔安娜·奥弗林：《社会文化人类学的关键概念》，鲍雯妍、张亚辉译，华夏出版社，2005年，第101、102页。

理论”条目中引用了法国后结构主义哲学家福柯的话:“话语生产总是依照一定程序受到控制、挑选、组织和分配的。”①

根据恩格斯在《劳动在从猿到人的转变中的作用》的分析,首先是劳动(物质生产)生成了人的手,然后是劳动产生了语言,再就是劳动和语言一起推动了人脑的产生,而在这些共同实践的基础上,人的观念、意识、思维等精神生产才生成出来。因此,我们也可以说,审美活动,就是以物质生产(劳动)和话语实践(语言)为基础才逐步在实践整体中生成出来的。换句话说,从一定意义上说,与物质生产相结合的话语实践也就是审美活动的直接基础,即,没有话语实践(包括一切类似分节语言的符号活动)也就不可能有人类的审美活动。远古的原始人类的口耳相传的话语实践,我们已经无从稽考了,但是远古时代的神话、岩画、洞穴壁画、陶器上的刻痕纹饰等都昭示着话语实践在原始人群中的重要地位。英国著名民俗学家查·索·博尔尼说过:“还没有学会写字的技艺,或是很少运用这种技艺的民族,他们的智力活动主要的表现形式是故事、歌曲、寓言和谜语。对这些东西千万不可视为等闲。它们体现了早期人类运用推理、记忆和想象的成果。心理学和民族学的研究者决不会轻视它们。”②德国著名人类学家利普斯也指出:“传说在原始人环境中的重要性远远超过文明世界的发言。夜晚在小屋中,在营火边和在公房里的聚会,已成为强烈的精神交流的中心,超过了娱乐的范围,因为这里讲给后代的是有关古代的传统,后代将要一代一代地记住并传给自己的子孙。”③“今天非洲布须曼人和澳洲的土著居民,在狩猎之前要集会举行巫术性舞蹈和仪式,以保证狩猎取得成功。他们在巫师带头下唱歌和表演,要把猎的动物(不论是袋鼠还是羚羊)的像,画在沙上或用赭石画在崖壁之上,猎人们

① 黄晓钟、杨效宏、冯钢主编:《传播学关键术语释读》,四川大学出版社,2005年,第160页。

② 查·索·博尔尼:《民俗学手册》,程德祺、贺哈定、邹明诚、乐英译,上海文艺出版社,1995年,第211页。

③ 利普斯:《事物的起源》,汪宁生译,四川民族出版社,1982年,第353页。

然后群集在其周围,用矛来刺这些动物的像。这些部落坚信若无此仪式,次日将不能获得动物。在原始人心目中,物体和其形象之间没有区别;对他来说,画的动物和动物本身是一致的。因此,被画下来和刺击过的动物,已经完全杀死,次日的狩猎仅不过是履行手续而已。"①这些都说明,话语实践(符号活动)曾经与审美活动(艺术活动)是浑整一体的,它首先在原始人群之中交流着现实的观念,同时也孕育着审美的信息。俄国著名语言心理学家维果茨基,在经过了大量实验并分析了 20 世纪前 30 年代西方各种心理学对于思想和语言的研究成果后作出这样的结论:"言语不仅在思维的发展中起着主导作用,而且在整个意识的历史成长中也起着主要的作用。言语是人类意识的缩影。"②因此,进一步把言语(话语实践)当作审美活动的必要前提和载体,似乎也并不为过分。另一方面,审美活动又可以话语实践的形式表现出来,而且审美化的话语实践或者诗意的语言才是最本真的话语实践(言说)。这大概就是后现代主义哲学或后哲学文化要用文学(审美的话语实践,诗意的语言)来消解哲学的原因吧。由于海德格尔是从基本的本体论或存在论的角度来看待话语实践(语言、言说),把语言作为存在的家园,所以,他特别看重话语实践的诗意(诗性)和审美性。他说:"语言,凭借给存在物的首次命名,第一次将存在物带入语词和显像。这一命名,才指明了存在物源于其存在并到达其存在。这种言说即澄明的投射。""投射的言说是诗:世界和大地的言说,它们的抗争的游戏之地并因而是诸神的所有亲近和遥远之地的言说。诗意是所是敞开的言说。""语言本身在根本意义上是诗。因为现在语言是那种发生。在此之中,存在物作为存在物才完全向人们显露出来,所以诗——或者在狭义上的诗意——在其基本意义上是诗意最本源的形式。语言不是诗,因为语言是原诗;不如说,

① 利普斯:《事物的起源》,第 37 页。

② 列夫·谢苗诺维奇·维果茨基:《思维与语言》,李维译,浙江教育出版社 1997 年,第 168 页。

诗歌在语言中产生,因为语言保存了诗意的原初本性。另外,建筑和造型艺术,总是已经产生,而且只是产生于言说和命名的敞开之中。""艺术的本性是诗。诗的本性却是真理的建立。""真理是作为所是之物的敞开。真理是存在的真理。美不是伴随真理和真理之外的发生。当真理自身设入作品,美便出现,属于其位置的真理设置。"①海德格尔就是这样在存在和此在的根基之上把认知活动、话语实践、审美活动统一起来了。其实,人的现实存在只能是实践,在实践的整体之中,物质生产、话语实践、精神生产是内在地统一的,组成了以物质生产为核心,话语实践为中介,精神生产为显像的交互作用的立体网络系统,而其最具有显像的敞亮的光辉的,则是审美活动及其价值显现——美。

因此,话语实践(话语生产)与物质生产一起使人成为"语言的人",并且通过语言—言语—话语的实践过程,一方面话语实践(话语生产)的自由生成了比兴、象征等思维方式,使得话语实践扩展到广义的"语言"——符号,使人成为"符号的人"和"文化的人";另一方面,由于语言和话语生产的物质和精神的二重性以及中介性,话语实践(话语生产)的自由又使人"按照美的规律建造"的活动从物质生产扩展到精神生产,使人成为从物质到精神上全面的"审美的人",从而建构起"审美的家园"。

一般说来,我们说文学是语言的艺术,应该说是正确的,不过,"语言艺术"中的语言必须作广义的理解,不然就不那么精确。根据由瑞士语言学家索绪尔开创的现代语言学的观点,广义的语言可以有三个层面:语言(langue),言语(parole),话语(discour)。索绪尔区分了语言与言语:"语言是语言系统,是作为一种形式系统的语言,而言语是实际的说话(或写作),是说话的行为,它是由语言赋予其可能性的。"也就是说:狭义的语言指,包括语言系统的各种一般规则和信码,这是其所有使用者都必须共享的,只要它被作

---

① 海德格尔:《诗·语言·思》,彭富春译,文化艺术出版社,1990年,第69、70、75页。

为传播手段而使用。那些规则就是我们学一种语言时所学会的各种原则，它们使我们得以用语言说出我们想说的。言语则是指，包括说、写或描绘的各种行为，它们——使用语言的结构和各种规则——是由实际的说者和作者生产出来的。①不过，索绪尔把言语和话语看作是同义词或近义词。后来的语用学家让·杜布瓦等人主编的《语言学辞典》在区分语言（langue）与言语（parole）的基础上，主张言语是语言的个人变种，相对于表示已完成的陈述文（陈述句、陈述段）的"话语"而言，术语"言语"则侧重"个人的意愿和智慧行为"，突出表现该行为的自由性、创造性和选择性特征。②（引者在"言语"和"话语"的译法上与原译文是颠倒的）而对"话语"概念作了最鲜明突出强调的是法国哲学家福柯。福柯的关注点从"语言"转向了"话语"。他研究的不是语言，而是作为表征体系的话语。通常，"话语"一词是个语言学概念。它的含义是简单的，即各种相互联系的书写和演讲的段落。但米歇尔·福柯赋予它不同的含义。使他感兴趣的是各个不同的历史时期中生产有意义的陈述和合规范的话语的各种规则和实践。福柯用"话语"表示"一组陈述，这组陈述为谈论或表征有关某一历史时刻的特有话题提供一种语言或方法。……话语涉及的是通过语言对知识的生产。但是，……由于所有社会实践都包含有意义，而意义塑造和影响我们的所作所为——我们的操行，所以所有的实践都有一个话语的方面"。重要的是要注意这一点：话语的概念在此种用法中不单纯是一个"语言学的"概念。它涉及语言和实践。③因此，话语是运用语言和言语的生产意义的社会实践。不仅福柯比较早地使用了"话语实践"的概念，而且英国语言学家诺曼·费尔克拉夫在《话语与社会变迁》中也明确地指出："在使用'话语'一词时，我的意图是把语言使用当做社会实践的一种形式，而不是一个纯粹的个体行为

①③　斯图尔特·霍尔编：《表征——文化表象与意指实践》，徐亮、陆兴华译，商务印书馆，2003年，第33、44页。

②　史忠义：《20世纪法国小说诗学》，社会科学文献出版社，2000年，第6页。

或情景变量的一个折射。”①正因为如此,话语实践的口头或书面的产品就是“文本”(text),文本是话语实践的表征形式,是建构人对现实的各种关系及其意义的社会实践的结晶。在这个意义上,我们可以精确地说:文学是话语实践的艺术,文学是在话语实践之中建构人对现实的审美关系及其审美价值的艺术。

文学,作为话语实践的艺术,它与其他的艺术最大的区别就在于,文学使用的表现符号是语言(广义的),语言用以显现人对现实的审美关系及其意义、价值的形象是间接的,必须通过人的心理表象来转换的,换句话说,文学形象是意象性的,质而言之,文学的形象创造就是一种审美意象的创造。

一般而言,任何艺术的创造都是一个从生活形态的“物象”,经过艺术家的审美意识所创造的“意象”,最终形成艺术媒介所表现的艺术“形象”的完整过程。艺术所创造的表达某种审美观念、审美理想、审美情趣的“形象”组成一个形象世界,这个形象世界由某种艺术的媒介,如绘画的线条、色彩,音乐的乐音,舞蹈的人体动作,雕塑的金、木、土、石等造型,文学的言语、话语,戏剧的话语、行动的表演,电影电视的电子技术的活动映像,建筑的金、木、土、石的空间构筑等等,从符号学的角度看,都可以叫做“文本”。但是,由于形成审美形象世界的媒介不同,建构艺术文本的符号不同,艺术家在创造的时候和欣赏者在接受的时候就有着直接和间接的两种途径;像绘画、雕塑、建筑、舞蹈、电影、电视等所用媒介和符号比较直接、具体、直观的艺术门类,艺术家和欣赏者就可以把“物象——意象——形象”的过程直接融合为“物象——意象+形象”的过程,然而,像音乐、文学等所用媒介和符号比较间接、抽象、概括的艺术门类,艺术家和欣赏者就必须有一个明显的“意象转换”的过程才可以完成审美形象世界和艺术符号文本的创造,否则,这些艺术的审美创造就不可能实现。这就是我们所说的艺术的“意象

① 诺曼·费尔克拉夫:《话语与社会变迁》,殷晓蓉译,华夏出版社,2003年,第59页。

性”,音符和语言的特殊性使得音乐和文学具有比较明显的意象性。而且文学比起音乐,这种“意象性”又更加鲜明,因为音乐,无论在创造和欣赏的过程中还有一个“二度创造”的过程,这个“二度创造”就使得音乐的创造和欣赏有了比较多的直接、具体、直观的感受,而文学的创造和欣赏却完全是在艺术家和接受者的审美意识世界之中运用审美“意象”来把物象转换为形象或者把形象转换为物象,从而实现社会生活与艺术世界,现实世界与形象世界的转化,以致完成自己的审美创造。因此,在一定意义上可以说,文学的话语实践就是一种审美意象的创造实践。

所谓审美意象是指,在审美活动中所形成的内心形象(意中之象),它是由感知所留下的表象与情感反复相互作用并且经过联想、想象的形象思维而形成的,既有鲜明的个性特点,又具有高度的概括性的内心形象(意中之象)。审美意象在艺术家的创造过程中最终将以一定的媒介和符号表现出来,从而生成出艺术形象;审美意象在接受者的欣赏活动中则是通过艺术作品(文本)的媒介和符号形式所组成的形象世界在接受者的审美意识之中生成的,并且引导他们回到现实世界之中。一般来说,在叙事性艺术作品之中,审美意象显现为“典型”;在抒情性艺术作品之中,审美意象显现为“意境”;前者主要是个性与共性高度统一的“典型环境中的典型性格”,它以人物为中心组成“以一当十”的审美世界;后者主要是情与景高度统一的“象外之象”,它以情感体验为中心组成“境生象外”的审美世界。但是,不论是“典型”还是“意境”,都是审美的创造,那么,审美意象就必定是一种美的意象,按照我们的理解,审美意象也就是,显现实践自由的意象的肯定价值。文学,作为话语实践的审美创造,它的审美意象就应该是显现话语实践的自由的肯定价值。

关于文学(诗)的美,文学(诗)的审美意象,德国伟大的诗人和美学家席勒曾经在《论美书简》中作过极其富有创作实践经验而又蕴涵深刻理论意义的分析。从总体上看,席勒认为,美是现象中的自由;而艺术的美则是形式表现的自由。从此出发,席勒分析了文学(诗)的美,同时也就论述了文学的审美意象。他说:"如果诗的表现必须是自由的,那么诗人就应该'用自己的艺术的伟大克服语言通向一般的倾向,并且以形式(即对质料的运用)克服质料(词语和词形变化与句子结构的规则)'。语言的自然本性(即它的这种通向一般的倾向)应该完全消失在赋予它的形式之中,物体应该消失在观念(意象)之中,符号应该消失在被标志的事物之中,现实应该消失在形象显现之中。从表现者中显现出来的被表现者,应该是自由的和胜利的,而且应该不顾语言的一切束缚,以自己的全部真实性、生动性和独特性出现在想象力面前。总之,诗的表现的美是'自然(本性)处在语言枷锁中自由的自动'。"①

席勒在这里分析了诗(文学)的表现的美的本质和生成的过程。从中可以看出,诗人创造诗的美的过程就是一个话语实践逐步达到自由的过程。这个过程要克服一系列的矛盾,实际上也就是要运用语言的规律来达到观察诗的美的目的,亦即达到诗的话语实践的自由。首先,诗人必须克服语言通向一般的倾向;这就是要用一般性的语言来创造具体可感的意象和形象,利用词语的具象性来扬弃词语的概括性(抽象性)。其次,诗人必须以语言形式来克服语言质料;这就是要以话语实践来扬弃语言系统和个体言语,在运用语言的语法规则的基础上实现话语的审美意义和审美价值。再次,诗人必须克服被表现者(社会生活,物象)与表现者(语言,话语)之间的矛盾;那就是要运用话语实践之中所唤起的审美意象来实现从社会生活的物象转换为文学文本所建构的形象世界,让文学文本所建构的艺术形象世界成为具体可感的审美对象。总之,文学(诗)的美和审美意象是话语实践的一定自由的产物,诗的美必须通过审美意象的转换才可能成为审美的现实,这就是"物象"消失在话语实践的审美"意象"之中,审美意象显现为话语实践的艺术"形象"世界。因此,在文学(诗)的创造过程之中,从社会生

① 弗里德利希·席勒:《秀美与尊严——席勒艺术与美学文集》,张玉能译,文化艺术出版社,1996年,第81页。

活现实到艺术形象世界的转化过程,就是一个话语实践的自由创造过程,也是一个话语实践的审美意象的转换过程。在这个过程中,语言符号与语言符号所唤起的审美意象以及审美意象所显现的符号文本及其艺术形象世界,是不可分割地融合在一起的,而文学的审美意象创造则是文学话语实践的轴心。也可以说,话语实践的审美意象性就是文学性的核心,即它是使文学成其为文学的主要内在规定性。

最后,从实践的基本含义来看,话语活动也应该是一种社会实践的活动。按照《中国大百科全书·哲学卷》的解释,"实践(practice)人们能动地改造和探索现实世界的一切社会的物质活动。相当于中国哲学史上'行'的概念。英语 practice 词来源于希腊文"。"实践是人的社会的、历史的、有目的的、有意识的物质感性活动,是客观过程的高级形式,是人类社会发展的普遍基础和动力。全部人类历史是由人们的实践活动构成的。人自身和人的认识都是在实践的基础上产生和发展的"①。根据这个比较权威的"实践"定义和解释,我们可以看到,语言(言语、话语)就是一种"人们能动地改造和探索现实世界的一切社会的物质活动"。虽然我们不能说,动动口、说说话就可以"改造和探索现实世界",但是,人们的任何改造和探索现实世界的行为都离不开语言(言语、话语),人们的能动地改造和探索现实世界的一切社会的物质活动都首先以语言(语言、言语、话语)的形式存在于人们的头脑之中。所以,马克思在《资本论》之中就把这种先在的思想蓝图作为人与动物区别的根本标志。马克思说:"蜘蛛的活动与织工的活动相似,蜜蜂建筑蜂房的本领使人间的许多建筑师感到惭愧。但是,最蹩脚的建筑师从一开始就比最灵巧的蜜蜂高明的地方,是他在用蜂蜡建筑蜂房以前,已经在自己的头脑中把它建成了。劳动过程结束时得到的结果,在这个过程开始时就已经在劳动者的想象中存在着,即已经观念地存在着。他不仅使自然物发生形式改变,同时他还在自然物中实现

① 《中国大百科全书·哲学》Ⅱ,中国大百科全书出版社,1987 年,第 799 页。

自己的目的。这个目的是他所知道的,是作为规律决定着他的活动的方式和方法的,他必须使他的意志服从这个目的。""劳动过程的简单要素是:有目的的活动或劳动本身,劳动对象和劳动资料。"①无论是从人的劳动的本质特征来看,还是从劳动的简单要素来看,语言(广义的语言,包括一切符号)都是一种特殊的生产劳动,与物质生产是不可分开的。我们可以说,语言是以符号的形式进行的生产,它是社会的、历史的、有目的的、有意识的物质感性活动,也就是"话语实践"或者"话语生产"。

此外,当代语言哲学家也有人已经看到了语言作为实践活动的意义。英国哲学家J.L.奥斯汀率先注意到说话作为人际交往的一部分所起到的多重功能,尤其是他指出,很多话并不传递信息,但是相当于行动。当有人说 I apologize ...(很抱歉……),I promise ...(我保证……),I will ...(我愿意……)(在婚礼上)或者 I name this ship ...(我给这艘船取名为……)的时候,所说的话当即表达出一种新的心理现实或社会现实。道歉发生在有人致歉之时而不是在此之前。船只的命名发生在行为完成之后。在这种情况下,说话即是行动。因此,奥斯汀把这种说话方式称为"行为性的说话方式"。认为它们完全不同于传递信息的陈述语(完全陈述的)。特别是,行为性的说话方式无所谓正确或错误。如果A说"我把这艘船命名为……",那么,B并不能说"这是不正确的"②。奥斯汀把这种话语方式叫做"完成行为式"(performative)的表述,他说:"我们马上会看到这类表述大概不可能为真或为假。此外,如果一个人作出了一个这样的表述我们应该说他做了些什么,而不仅仅是说了些什么。"(《完成行为式表述》)③后来,J.R.塞尔把这种"完成行为式"表述就直接称为"言语行为",他说:"言语行为(speeche acts)有

① 《马克思恩格斯选集》2,人民出版社,1995年,第178页。

② 戴维·克里斯特尔:《剑桥语言百科全书》,任明等译,中国社会科学出版社,1995年,第199页。

③ A.P.马蒂尼奇:《语言哲学》,牟博、杨音莱、韩林合等译,商务印书馆,1998年,第211页、第229—230页。

时也被称为语言行为(language acts)或语言性行为(linguistic acts),通过这个引言,我也许能够说明为什么我认为研究言语行为在语言哲学中具有重大的意义。我认为在任何语言交际的模式中都必须包含有一个语言行为。语言交际的单位不是通常人们认为的符号、语词或语句,甚至也不是符号、语词或语句的标记(token),构成语言交际的基本单位是在完成言语行为中给出标记。更确切地说,在一定条件下给出语句标记就是以言行事的行为,以言行事的行为是语言交际的最小单位。"①还有一些其他的语言哲学家,如Z.文德乐对"以言行事"的话语方式进行了细致的分析。我们认为,奥斯汀、塞尔等人的发现和研究的重大意义就在于,在20世纪"语言学转向"的过程之中充分认识到语言的交际功能的实践意义和存在论意义,从而打破了以往语言哲学在认识论框架中谈论语言命题的真假的局限,使语言回归到人的实践本体和存在本体的意义之上,把语言(语言、言语、话语)植根于人类的实践和存在的根本之上。把语言的语法学、语义学、语用学统一在语言实践之中,使得语言真正归于本根。当然,这种归根结蒂的事业,前面有维特根斯坦的"语言的意义在于运用"的日常语言研究的开启思路,后面还有哈贝马斯的交往理性语用学研究作为后继。因此,从西方语言哲学的发展来看,把语言(言语、话语)作为一种特殊的实践或生产,也是水到渠成的。总而言之,新实践美学把话语生产作为社会实践的一种类型,并不是任意妄为,也不是削足适履,更不是无中生有,而是一种创新。这种创新,既有马克思主义创始人经典文本的基础,也有西方语言哲学发展的最新论断作为根据,也有文学艺术的实践作为支柱。只有这样的创新才可能比较完满地解释美和审美以及艺术如何从社会实践的整体之中产生出来,如何先在物质生产的基础上,通过话语生产的二重性、中介性不断完善发

① A.P.马蒂尼奇:《语言哲学》,牟博、杨音莱、韩林合等译,商务印书馆,1998年,第211页、第229—230页。

展，最后能够在精神生产之中产生出纯粹的美和审美以及艺术。否则单纯的物质生产是无法阐释复杂的美和审美以及艺术的产生和发展的。

（原载《武汉理工大学学报》2007 年第 5 期）

美学争论中的哲学问题与学术规范

——评“新实践美学”与“后实践美学”之争

徐碧辉

后实践美学对实践美学的批判是自20世纪90年代以来美学理论研究中最为引人注目的倾向。这种争论，从提出和展开问题的角度说无疑有着积极的意义，但也暴露出一些问题，主要是讨论者对于一些哲学和美学的基本概念混淆不清。许多时候，争论双方缺乏对话的平台。看起来争得很热闹、激烈，但实际上，参与讨论者在概念的使用上、在对一些哲学史和哲学基本理论的理解上常常是自说自话。究其原因，在于讨论者对哲学和美学的基本概念和哲学史的基本常识缺乏应有的尊重，在概念的使用上显得随意与主观。这种状况在后实践美学中显得尤为突出。下面我针对后实践美学对实践美学的批判、论争中所涉及的几个基本概念和问题作一些分析，提出一点自己的看法，供广大同仁们批评。

一、关于人类的生存方式

生存概念是杨春时的后实践美学的基本概念，是其学说的“逻辑起点”。他非常重视这一概念。在《走向“后实践美学”》中他对人类的生存方式有一种宏观式的鸟瞰性把握，把人类的生存方式划分为三种：自然生存方式、现实生存方式和自由生存方式。①

① 杨春时：《走向“后实践美学”》，载《学术月刊》，1994年第5期。

对人类生存方式的这种理解是杨春时超越论美学的基础。正因为把人类的生存理解为这三种方式,才可能存在他所说的在现实之外和之上的“审美的超越性”。应该说这种对人类生存方式的把握是很有创意的。但是我以为,这种划分的随意性相当大,而且存在着许多无法自圆其说的漏洞。第一,把自然的生存方式排除在现实生存方式之外,难道原始人的生存就不是现实的生存吗?还是说原始人因为“尚未挣脱自然的襁褓”,所以他们根本就不是人?第二,既然原始的生存还不是人的生存,其生存方式还是动物的生存方式,那么,作为人的生存方式的“现实生存方式”是从何而来的?从天上掉下来的吗?第三,如果现实的生存都不是自由的生存,那么,所谓自由的生存方式又何处去寻觅?它又怎么能够从现实的生存方式中产生出来?第四,前面刚刚说“自由生存方式在时间顺序上与现实生存方式并列”,而在“现实生存方式”中,“精神生产发展起来,但尚依附于物质生产”,后面马上又说“自由的生存方式以独立自由的精神生产为基础”。既然现实生存方式中精神尚依附于物质生产,未独立出来,而“自由的生存方式以独立自由的精神生产为基础”,那么,自由的生存方式怎么可能和现实的生存方式在同一时间出现?而又在逻辑上在后者之后?这里还特别强调“真正自由的领域只存在于物质生产领域的彼岸”,又说“审美及其反思形式哲学是不依附于物质生产的‘自由的精神生产’,因而属于自由的生存方式”,那么,它又怎么可能“逻辑地”从现实生存方式中产生呢?第五,这里对原始人的生存方式的解释也是大有问题的。他说:“自然生存方式以人类自身的生产为基础,调整两性关系和确立家族制度成为基本的社会问题。”那么,在这种“原始生存方式”下,人们需不需要为“活着”而挣扎、辛苦、奋斗?在杨春时看来,为了生存而进行的奋斗并不是原始生存方式的基础,反而是当人类进化到了现实生存方式以后才会“以物质生产为基础”。这不是很奇怪吗?还有,“采集植物种子和狩猎还不算真正意义上的物质生产”,那么,它们是什么生产?什么是真正意义上的物质生产?杨春时说:“简陋的木制、石制工具也算不上真正意义的生产资料”，而所谓生产资料，其主要内容之一是生产工具，那么，木制、石制工具是不是生产工具？如果说“原始社会不是公有制而是‘无所有制’”，那么原始人打了胜仗，掳获的财产和俘虏归全氏族所有，这算不算公有制？

可见，杨春时对人类生存方式的宏观把握虽有创意，但实际上，其具体论述中漏洞百出，逻辑不通，前后矛盾，无法自圆其说。因而，他建立在对生存方式这种区分基础之上的审美超越说实际上也是无法成立的。杨春时之所以不遗余力地要把现实的生存方式和自由的生存方式区别开来，是为了论证审美属于自由的生存方式，它不能在现实的实践中存在，它必须是超越于现实的。这种人为地割裂现实与自由的思维方式看起来是对自由的极大崇扬，是把自由的地位提到了无比的高度，但实际上，把自由从现实中排除出去、把它架空于某种现实中不存在的“超越性”的境界中，实际上等于取消了自由。

从思维方式上，他的思维方式中有一种形而上学机械论的方式，一定要在现实与自由、物质与精神之间人为地制造出某种鸿沟，把两者绝对地分割、对立起来，然后采取贬抑一种、抬高另一种的手段去论证所谓超越、自由的精神作为审美的实质。看起来是抬高了自由与精神的地位，实则，把自由与精神从现实中清除出去，让它们变成一种飘在空中、没有根基的东西，这是对自由与精神的真正伤害，是对自由与精神的取消。

就杨春时对人类生存方式的宏观把握来说，他所区分的这三种生存方式实际上根本无法作为三种并列的生存方式。无论是自然的生存方式，还是自由的生存方式，它们本身都应该是现实的。现实生存方式不应该是与其他生存方式并列的一种，而应该是每一种生存方式存在的形态。也就是说，对人类的生存方式的分类，应该建立在人类真实地、现实地生存的基础之上。又如，杨春时曾强调的所谓超越的生存方式，它也同样不可能是离开现实的空中飘浮物。超越性追求自古皆然，并不是经过了自然的、现实的生存方式之后才出现的、与现实无关的另一种“生存方式”。杨春时的问题在于,把几种不在同一个逻辑平面上的关系放到了同一层面。

生存方式是一个极其复杂的问题。但不管怎样,既是生存方式,就应该从影响一个社会或时代的最根本的因素去考虑、归纳、总结。从历史唯物主义观点来看,影响人类生存、决定一个社会的终极的、根本的因素是人类的生产力。生产力的根本标志是每一个时代所使用的工具。从生产工具来说,人类经历了石器时代、铁器时代、机械化时代和电子化时代。此外,社会经济政治制度、婚姻制度、生产的组织方式等也是影响一个社会中人们生存的重要因素。综合起来,是否可以把人类的生存方式区分为原始状态式生存、游牧式生存与农业式生存、工业化生存和信息化(数字化)生存几种方式。限于篇幅,此处不作展开讨论。

总之,脱离现实的所谓超越性的生存方式或自由的生存方式至少到目前为止还只是人们的一种理想与奢望。生存总是现实的。脱离现实人们连基本的生命也无法维持,更无法进行高蹈的审美活动了。

二、美学的"逻辑起点"

实践美学与后实践美学的争论中多次涉及美学的"逻辑起点"问题。杨春时认为,"哲学基本范畴与逻辑起点直接就是美学基本范畴与逻辑起点,并不是在哲学基础上另起炉灶";"柏拉图的理式、黑格尔的理念、萨特的存在,都既是哲学起点,也是美学的基本范畴和逻辑起点。马克思主义实践哲学以实践为基本范畴与逻辑起点,因而实践美学也必然以实践为基本范畴与逻辑起点"。[①]而朱立元则强调美学的哲学基础不等于其逻辑起点。易中天提出美学的逻辑起点的三个原则:第一,从逻辑起点到艺术和审美的本质特征和一般规律,其间存在着中间环节。第二,从美学的"第一原理"必须能够直接推演出一切艺术和审美活动的本质规律,其间不能

① 杨春时:《再论超越实践美学——答朱立元同志》,载《学术月刊》,1996年第2期。

有任何一个规律是从另外的原则引入或外加进来的。第三，这个逻辑起点必须是在人文学科范围内不可再还原的。①杨春时对此表示赞同，并补充了一条："此逻辑起点必须包含着推演出的结论即审美的本质。"②

可见，无论是后实践美学，还是新实践美学，都把美学的"逻辑起点"看作一个重要问题来讨论。确立美学的"逻辑起点"的原则双方基本上是一致的，即都认为美学应该由某个"逻辑起点"推演或推导出一个美学体系，并且整个体系的基本结论就蕴含在这个逻辑起点之中。双方的争论在于，这个逻辑起点究竟应该是什么？杨春时的"后实践美学"说是"生存"，易中天和邓晓芒的"新实践美学"说是"劳动"。

杨春时以生存作为美学的"逻辑起点"，其理由是："生存是不可还原的源始范畴。而且，生存也是不证自明的公理。我存在着，这是无可怀疑的事实，由此出发才能合理地推演出哲学和美学的体系。生存也包含着审美的本质，审美不是别的，而是生存方式的一种即超越的生存方式。"③我存在着，这的确是无可怀疑的事实。但任何动植物也都存在着，这也是无可怀疑的事实。为什么"我"(人)的存在就是超越性的存在，而别的东西存在，比如动物就没有超越性呢？还有，生存是一个范畴，怎么能说是一个"公理"呢？众所周知，公理必须是某种判断，而不能只是一个概念。比如，"三角形内角和等于180°"。然而，"生存"却只是一个范畴，它没有作任何判断，比如"生存是……"或者"生存不是……"，它如何能成为"公理"？"生存不是已然的现实，而是一种超越的可能性"，不是现实而只是可能的"生存"，那还是生存吗？它顶多不过是一种主观的幻想而已。如果按杨春时所说，"生存的超越本质并不直接体现于现实活动中，它只是发生于现实生存的缺陷中"④，那么，一个东

① 易中天：《走向"后实践美学"，还是"新实践美学"——与杨春时先生商榷》，载《学术月刊》，2002年第1期。

②③④ 杨春时：《新实践美学不能走出实践美学的困境》，载《学术月刊》，2002年第1期。

西的本质只能存在于它所没有的、不具备的东西之中!

可见,以“生存”作为美学的“逻辑起点”,是大有可疑的。退一步讲,即便杨春时的理由成立,作为一家之言,生存既可以作为哲学的“逻辑起点”,也可以作为美学的“逻辑起点”。但是,根据杨春时讲的几点理由,生存亦更可以作为任何一门人文学科的逻辑起点,比如伦理学或宗教。那么,美学的独特性何在?如何从生存“逻辑地”走向审美而不是道德伦理或宗教?

易中天等人的新实践美学以劳动为美学的逻辑起点,根据在于:“既然是劳动使人成为人,是劳动使人获得了‘人的本质’,而我们又都同意‘美的本质就是人的本质’,那么,我们就该都同意,是劳动使美获得了‘美的本质’(其实同时也使艺术获得了‘艺术的本质’)。因此,美学体系的逻辑起点就不能也不该是别的,只能是劳动。劳动是人类最原始、最基本、也最一般的实践。以劳动为逻辑起点,也就是以实践为逻辑起点。”

易中天这段话也同样存在问题。美的本质就是人的本质吗?人的本质就是劳动吗?如果美的本质就是人的本质,又何必多此一举讨论什么美的本质?直接用人的本质岂不是更简便干脆?事实上,把人的本质等同于劳动,又把美的本质等同于人的本质,这正是易中天等人的“新实践美学”和一些实践美学的批判者的简单化之处。在这一点上,所谓“新实践美学”不但不是对实践美学的推进,反而是在李泽厚和朱光潜等人的基础上的倒退。因为无论是李还是朱,都从来没有简单地把美的本质等同于人的本质,又把人的本质简单地等同于劳动。

更深刻的问题还在于,这种试图寻找到一个“逻辑起点”并从中“推演”或“推导”出一个“美学体系”的思维方式。这里有几个问题必须提出来:(1) 是否任何一种哲学和美学都必须有一个“逻辑起点”?都必须从这个“逻辑起点”推导出一个“体系”来?(2) 如果哲学和美学都有逻辑起点,那么,哲学的逻辑起点是否就是美学的逻辑起点?(3) 哲学的基本范畴和逻辑起点是否是同一回事?

事实上,不是任何一种哲学都必须从一个“逻辑起点”“推导”

出“整个体系”来的。中国古代比如“老子哲学”、“孔子哲学”、“荀子哲学”等，它们都不是从一个“逻辑起点”“推导”出一个“哲学体系”的，至少，在他们的创立者那里，从来没有谁从某个“逻辑起点”出发，“推导”出一个“哲学体系”。可谁又能说它们不是“哲学”呢？中国古代也有丰富的美学思想，人们也根据这些思想用现代哲学美学的方法把它们追溯出一个个美学体系：儒家美学、道家美学、禅宗美学，这些被称为“美学”的各种学说，也都不是孔子或庄子自己从某一个“逻辑起点”“推导”出来的“美学体系”。

如果说中国的情况比较特殊，因为中国古人完全是用不同于西方人的另一种思维方式去思考问题的，那么看看西方哲学的情形。西方哲学肇始于古希腊。可是古希腊哲学家也没有一个人根据一个“逻辑起点”“推导”出一个“哲学体系”。被称为西方哲学第一人的泰勒斯讲水是万物的始基，但他并没有根据这个“始基”去“推导”一个哲学体系。在前苏格拉底哲学中，米利都学派讲世界的本质是“水”、是“气”，赫拉克利特讲是“火”，毕达哥拉斯学派讲是“数”。但他们都没有以这些概念为“逻辑起点”去建构“哲学体系”。苏格拉底甚至根本连著作都不写。他跟人的谈话也都不是从一个“逻辑起点”去“推导”出一个“哲学体系”。逻辑起点倒有，但都是对某一具体问题的分析，而非建立一个“哲学体系”。至于柏拉图，他把“理式”（采用朱光潜译法）作为他的哲学的核心概念，他的著作涉及本体论、认识论和政治学、诗学等学科，照理说是一个包容广泛、全面的“体系”了。但他也从来没有以“理式”作为“逻辑起点”去“推导”、建构他的哲学体系。他的著作都是从具体问题出发，逐层分析，最后达到他的结论。以与“美的本质”问题关系最为密切的《大希匹阿斯》篇来说，苏格拉底和希匹阿斯对美的讨论从“美的东西之所美是由于美”这一判断开始，然后提出问题：“美是什么”？对“美是什么”的讨论，实际上是从“美不是什么”开始的，因为希匹阿斯提出的所有命题：美是一位漂亮的小姐、是一匹漂亮的母马，是一只漂亮的陶罐，是黄金，是有钱，是视觉和听觉的快感……都被否定了，最后，他只好承认“美是难的”。也就是说，如果说柏拉图对美的本质的讨论有所谓逻辑起点,那也是以“美不是什么”为起点的,而并非杨春时所说的是以理式作为“逻辑起点”推导出一个“美学体系”的。

在西方哲学史上,只有黑格尔真正是从一个“逻辑起点”来“推导”出他的哲学体系的。但这个“逻辑起点”也并非像杨春时说的是理念。

黑格尔哲学的代表作是《小逻辑》。《小逻辑》讨论的正是理念或绝对精神的自我运动和发展的历程。黑格尔的方法是从抽象到具体,从逻辑抽象到实存的具体。其具体的方法主要遵循从肯定到否定再到否定之否定的三段论原则。整个小逻辑便由三大部分组成:存在论、本质论和概念论。理念在开始只是一个抽象的“存在”。对存在的分析便具体展开为“质”、“量”、“度”。质展开为“存在”、“定在”和“自为存在”,量则分为“纯量”、“定量”和“程度”。质量经过否定之否定便达到“尺度”。“尺度”是蕴涵了质与量的辩证统一,它不再是理念的纯粹的抽象形式,而是包含着对理念的具体存在形态的恰到好处的把握。这样,就从“存在论”过渡到“本质论”。经过一系列否定之否定后,从本质论过渡到概念论,最后,理念回归自身,成为绝对理念。

由此可见,在黑格尔哲学中,“理念”是其核心概念,但并非它的“逻辑起点”。其“逻辑起点”是理念的“存在”这一纯粹的抽象。理念是经过从抽象到具体、再回到抽象这样一个自我运动的过程才最后达到的阶段。当然,在黑格尔看来,这个绝对理念的体现便是他黑格尔自己的哲学,而现实中普鲁士王国便是绝对精神的自我体现。这正是黑格尔哲学的保守性所在。但《小逻辑》中讨论的“逻辑起点”并非“理念”,而是“存在(sein)”,这一点却是无疑的。

可见,哲学并非都是从某一“逻辑起点”“推导”出来的;只有像黑格尔这种严密的、庞大的哲学体系是从一个逻辑起点推导出来,但其逻辑起点并非就是其核心范畴。至于美学的“逻辑起点”,更不必要就是哲学的“逻辑起点”。哲学美学是哲学的一部分,它以其哲学为基础讨论美学问题。但并非作为美学的“逻辑起点”。柏拉图哲学的基本范畴是理式，但对美的本质的讨论是从美不是什么开始的；康德哲学的基本范畴是纯粹理性、实践理性和判断力，其哲学是从对现象界的先验范畴时间和空间的讨论开始的，其美学对美的讨论从纯粹美的分析开始，对美的分析从质开始，才得出美是“无功利的快感”的著名结论。可见，杨春时对哲学和美学的关系并未作深入仔细地考察，而是凭想当然地认为，哲学都是以其基本范畴为“逻辑起点”推导出一个“体系”，而哲学的“逻辑起点”必定也是美学的逻辑起点。

从一个所谓“逻辑起点”推导出一个学科体系，这本是黑格尔式的、企图建立起包罗整个宇宙自然、人世社会和个体精神活动在内的宏大哲学体系的方法，这种方法早已遭到现代哲学的质疑与批判。美学在今日社会所要做的，不是从一个所谓的“逻辑起点”出发，去建立起一个庞大的、包罗万象的逻辑体系，而是要解决人生在世的一些问题，要回答审美和艺术的价值与意义、人生的意义这类问题。因此，所谓美学的逻辑起点问题，在我看来并非真问题。但是，这里之所以花费笔墨去讨论这个问题，是因为无论“后实践美学”还是“新实践美学”，都把它作为一个重要问题来讨论、争辩，在这个问题上，他们的思维方式有着相当的一致性。这种不顾哲学史上的事实、凭想当然总结历史、并以此作为美学研究的必由之路的方法，实是一种误导。

三、实践、劳动与异化

作为超越美学的提倡者，杨春时认为，超越性只存在于自由的审美领域，而在现实中是不可能超越的。其理由主要有三：(1)“超越性作为生存的基本规定，只能经由生存体验和哲学反思而不证自明，而不能被历史经验证实或证伪。”①生存体验中如何产生超越

① 杨春时：《新实践美学不能走出实践美学的困境》，载《学术月刊》，2002 年第 1 期。

性,他没作具体的说明。但实际上,“生存体验”是复杂的,绝非仅仅“超越”所能概括。人们生活于世界。所“体验”到的更多是“生存”的艰辛、劳苦;现代社会中,所“体验”到的则常常是“生存”的荒谬与荒诞,而绝非那种不食人间烟火、悬浮于半空中的“超越”。至于哲学如何从“生存”中“反思”出“超越”来,杨春时同样没有给读者指出道路。(2)实践具有现实性,是异化劳动,“实践从诞生之日起,就是异化劳动”,“实践活动对世界的‘人化’也是一种异化”。①(3)“劳动是物质活动,是为了满足人的生理需要的生产活动……不是自由的活动。劳动表明人仍然受到自然力(内在的自然和外在的自然)的压迫,在现实中体现为片面的体力和脑力的消耗,并且是一种异化劳动。”②后两点可以归纳为“人化就是异化”、“劳动就是异化劳动”,异化劳动不能体现人的本质,它所产生的情感不是审美情感。

这些论断,斩钉截铁,不容置疑。然而,却经不起推敲,在概念的使用上极其随意。其所涉及的基本概念主要有“实践”“异化”“劳动”等。为此,对它们作一分析甚为必要。

第一,什么是实践?实践活动对世界的人化是一种异化吗?

杨春时断定,“实践从诞生之日起。就是异化劳动”,“实践活动对世界的‘人化’也是一种异化”。因此,“对于历史性的实践活动,有两种评价的立场。历史主义的立场肯定其推动社会进步的正面性,哲学的立场则批判其异化的负面性”。实践概念的内涵的确有许多争论,它本身的内涵在历史上也有一个丰富、发展和变化的过程。但是,像这样断定“实践对世界的人化就是异化”的,还是第一次听说。那么,对于实践概念究竟应该怎么去理解?实践对世界的人化就是异化吗?“实践从诞生之日起就是异化劳动”吗?要弄清这些问题,必须对实践概念的内涵稍稍作一点回顾。

---

① 杨春时:《实践乌托邦批判——兼与邓晓芒先生商榷》,载《学术月刊》,2004年第3期。

② 杨春时:《新实践美学不能走出实践美学的困境》,载《学术月刊》,2002年第1期。

我们知道,实践作为哲学概念始于亚里士多德。他把生产制作和实践的政治伦理含义区别开来,把实践视为人出于某种善的目的而进行的活动。因此,在他那里,实践(“πραξιζ”)是:(1)与善相联系在一起的,是追求道德完善的活动;(2)与追求幸福的活动相关;(3)灵魂遵循逻各斯的活动,可见,实践是一种道德行为,一种创造善的价值的行为;(4)实践还是一种政治活动,是一种依靠具体的明智而进行的活动。亚里士多德所着力于此的乃是作为道德行为和政治行为的实践与具体的制作行为的区别。实践与制作的区别在实践本身就是活动的目的,是不假外求的,而制作目的则在制作活动之外,以某种产品为目标。“制作的目的外在于制作活动,而实践的目的就是活动本身,——做得好自身就是一个目的。”①这样,实际上,在亚里士多德那里,实践的主要含义不是现代意义上的生产劳动,而是道德行为和政治活动,是出于人的灵魂、合乎人的德性的活动,与逻各斯相符的活动,因而对于人的存在,它具有本体意义,而非狭隘的专指生产劳动的活动。

亚氏这一关于实践的用法在西方哲学传统中沿袭下来,直到康德,仍然把实践主要看作道德活动,是人的自由意志的有选择的行为。康德的《实践理性批判》就是专门分析自由意志和道德伦理的,而自由意志在康德的学说中是一个极其重要的概念。康德区分了“按照自然概念的实践”和“按照自由概念的实践”。前者属于现象界,后者属于物自体领域;前者属于认识论,表现为人改造自然的活动,后者属于本体论,表现为人依据自由意志处理人与人及人与社会的关系;前者属于生产技术领域,后者属于道德领域;前者遵从自然因果性,属于必然领域,后者则是理性自己为自己立法,遵从自己的自由意志,它才真正属于自由领域。康德所要高扬的正是“按照自由概念的实践”,即实践的道德伦理含义。

马克思和恩格斯对实践概念进行了改造。应该说,他们并没有对实践概念明确地下过定义。但是,从他们在文本中的用法来看,

① 亚里士多德:《尼各马可伦理学》,第173页,商务印书馆,2004。

实践概念在马克思和恩格斯那里包含多方面、多层次含义。在《1844年经济学—哲学手稿》中,马克思讲,“通过实践创造对象世界,改造无机界,人证明自己是有意识的类存在物”①;“正是在改造对象世界中,人才真正地证明自己是类存在物。这种生产是人的能动的类生活。通过这种生产,自然界才表现为他的作品和他的现实。因此,劳动的对象是人的类生活的对象化:人不仅像在意识中那样在精神上使自己二重化,而且能动地、现实地使自己二重化,从而在他所创造的世界中直观自身”②。这里,实践就是指人通过能动的创造活动对对象世界的改造,而且,马克思认为这种对世界的能动改造活动是人作为一个生物族类的独特性之所在,是人作为类存在物的证明。在《德意志意识形态》中,马克思和恩格斯说,“全部人类历史的第一个前提无疑是有生命的个人的存在……一当人开始生产自己的生活资料的时候,这一步是由他们的肉体组织所决定的,人本身就开始把自己和动物区别开来。人们生产自己的生活资料,同时间接地生产着自己的物质生活本身”③。这里,用的是“生产”,而生产,是一种实际的、物质性地改造世界的活动。在《费尔巴哈论纲》中,马克思说,“哲学家们只是用不同方式解释世界,而问题在于改变世界”④。这里,实践也主要是指对世界的实践改造。在同一个文本中,马克思批评道,“从前的一切唯物主义(包括费尔巴哈的唯物主义)的主要缺点是,对对象、现实、感性,只是从客体的或者直观的形式去理解,而不是把它们当作感性的人的活动,当作实践去理解,不是从主体方面去理解”⑤。这里,实践被当作“人的感性活动”,这又不同于单纯的生产劳动实践,也不完全是改造世界的能动活动,它包含着人的一切感性活动在内。而人的感性活动是人通过一切感官,包括视、听、味、触等全面的活动,它们同样是体现人的“本质力量”的活动。马克思说:“只是由于人的本质客观地展开的丰富性,主体的、人的感性的丰富性,如

①② 《马克思恩格斯全集》,第3卷,第273、274页,人民出版社,2002年。
③④⑤ 《马克思恩格斯选集》,第1卷,第67、61、58页,人民出版社,1995年。

有音乐感的耳朵、能感受形式美的眼睛，总之，那些能成为人的享受的感觉，即确证自己是人的本质力量的感觉，才一部分发展起来，一部分产生出来。因为，不仅是五官感觉，而且连所谓精神感觉、实践感觉（意志、爱等等）一句话，人的感觉、感觉的人性——都是由于它的对象的存在，由于人化的自然界，才产生出来的。五官感觉的形成是迄今为止全部世界历史的产物。"①在这里，"实践感觉"被注明就是"意志、爱等等"，因此，实践在这里又包含着西方传统哲学中的伦理和道德含义。

综上所述，实践概念在马克思主义哲学创始人那里有这样几个方面：首先，其基本含义是对世界的能动改造，是改造世界的生产劳动活动；其次，是人的感性活动，这种感性活动包含精神的、道德的、自由意志的活动在内；再次，对世界的实践改造是人之为人的本质之所在，人正因为有了对世界这种实践改造才真正成为人。因此，实际上，在马克思主义创始人那里，实践概念发生了一定的转义，由传统的道德伦理活动扩展到包括道德伦理活动在内的社会生产劳动和人的感性活动，其核心则是改造世界的生产劳动。

这种转义带来两方面的后果：一方面，实践概念的内涵和外延都大为扩充，由从前的单纯的精神上的追求完善的道德活动扩展到对世界的实际的物质改造，并把这种对世界的实践改造作为实践活动的核心，从而使他们的哲学成为一种实践哲学，这种实践哲学又建立在历史基础之上，成为一种历史—实践哲学，即历史唯物主义。因此，历史唯物论也是实践唯物论。实践基础和历史视野使得马克思主义哲学具有异常的坚实性和生命力。另一方面，把人的感性活动看作实践，并同时把自由意志的活动包含在实践概念之内，就使得实践在个体生存维度上成为一个个体生存论的基本概念，使得马克思哲学可以在这个基础上由社会性的历史唯物论向个体生存论扩展。并且，由于把对世界的改造作为实践活动

① 马克思：《1844年经济学—哲学手稿》，《马克思恩格斯全集》，第3卷，人民出版社，2002年，第305页。

的核心,因而,个体的道德实践和其他感性实践才能建立在坚实的物质生产活动基础之上,从而使得马克思主义哲学区别于其他一切空洞的道德哲学。

可见,实践并不是杨春时所说的仅仅指社会物质生活资料的生产,它本身就包含了精神性的道德活动和人的感性活动。至于说到实践是一个历史概念而非哲学概念,这也需要辨明:实践的确具有历史性,但历史概念就不能成为哲学概念吗?事实上,马克思主义哲学之所以区别于以往哲学的一个重要特点就是其历史视野。正是由于这种历史视野,才使它具有其他哲学无法比拟的深刻性和洞察性,才能在它诞生一个世纪之后依然在世界上有巨大的影响和强大的生命力。马克思哲学在某种角度上说就是一种历史哲学。认为哲学只能是脱离于现实的纯精神性的、与历史和社会无关的学说,这只能说是一种肤浅之论。

第二,什么是异化?“人化”就是“异化”吗?劳动都是异化劳动吗?我们知道,异化(enfremdung)概念是一个德国哲学概念。其词根“fremd”意思是“异己的”。与异化概念相关的还有一个词“entausserung”,其词根“ausser”意即“外在的”、“疏远的”。因此,“entausserung”译为中文“外化”。异化(entfrermdung)与外化(entausserung)都有从某一主体外化、分离出去之意,但entausserung仅仅是从某种主体产生出另一个东西,亦即外化,而entfremdung还含有异己之意,意即从某一主体产生出来的东西反过来变成了压迫、奴役主体的力量。从思想史上追溯,异化观念可以追溯到卢梭的社会契约论。在社会契约论中,原本处于自然状态下、具有各种自然权利的个人自愿放弃一部分自然权利以获得公民权利。对自然权利的放弃就是一种外化(entausserung)。在德国哲学中,黑格尔用外化(entausserung)来表示绝对理念在其发展中,由纯粹的观念进入自然界这样一个过程。费尔巴哈以异化(entfremdung)理论来批判基督教,认为上帝其实是人类的自我异化的形象。马克思的异化(entfremdung)主要是指劳动异化。在马克思看来,自由自觉的劳动是人区别于动物的本质,但在资本主义条件下,由于劳动产品同劳动者的分离，劳动被异化了，不但不是人的本质的表现，反而成为对人的压迫；人在劳动中不但不感到愉快，反而感到痛苦；只要有机会，人们就像逃避瘟疫一样逃避劳动。马克思论述了在资本主义社会里劳动产品、劳动本质、人的类本质及人与人之间关系等四个方面的异化。在马克思看来，异化要真正得到克服必须在共产主义社会里，扬弃了私有制之后。[①]20 世纪 30 年代，马克思的《1844 年经济学—哲学手稿》公开出版，异化概念得到了广泛流传。第二次世界大战以后，西方马克思主义者用异化理论对资本主义社会进行全面批判，异化概念远远超出了马克思的劳动异化范围，向政治、科技、经济、思想等领域延伸，出现了政治异化、经济异化、科技异化、思想异化等概念。南斯拉夫实践哲学派和苏联的一些哲学家则进一步以异化概念批判社会主义社会里的各种异化现象。中国改革开放初期，20 世纪 80 年代，一些哲学家也用这一概念批判"文革"时期的思想异化、政治异化。

可见，虽然异化概念的外延不断丰富和扩展，但是，它的基本内涵始终是明确的：它是一事物的自我分裂和自我反对。即从主体分离出去的对象反过来反对、压迫、奴役、统治主体自身。它包含着外化，但不仅仅是外化。杨春时说所有劳动都是一种异化劳动，其实是混淆了外化与异化两个概念。劳动是一种外化，或者说是人的本质力量的一种外化活动。人通过劳动改造对象，把自己的思想、观念、智慧、才能在对象中体现出来，因此，可以说劳动是人的本质的一种外化活动。但是并不是所有的劳动都是异化劳动。当劳动是一种自由自觉的活动时，它就不能说是异化劳动。

"人化"(humanization)是马克思主义哲学概念，是指人对世界的实践改造，这种改造使得对象对人来说不再是异己的、对立的、外在于人的，而变成为人的世界的一个部分，变成"属人"的对象，成为人作为主体的一种自我观照。因此，"人化"恰好是外化与异

---

① 参见马克思《1844 年经济学—哲学手稿》中"异化劳动和私有财产"及"私有财产和共产主义"两个部分。

化的对立面,在某种意义上,“异化”只能通过“人化”去克服。杨春时不分青红皂白,想当然地以为人化就是异化,又以为所有劳动都是异化劳动。他正因为有如此认识,才会说出“实践从诞生之日起,就是异化劳动”、“实践活动对世界的‘人化’也是一种异化”这类有违常识的话。

四、现实、超越与自由

作为后实践美学的主要代表之一,杨春时的超越美学最主要的观点是强调现实中不存在自由,自由只存在于超越性的精神领域,并且,在这个问题上,他反复引述马克思《资本论》第三卷中的一句话作为论据:“自由是精神领域的问题,它只有超越现实领域才有可能。”①并认为,“自由只存在于超越现实的领域,或者如马克思所说的‘只存在于物质生产领域的彼岸’。因此,超越即自由,自由即超越。审美的自由性质正在于其超越性;不是实践决定了审美的自由性,而是对现实也包括对实践的超越保证了审美的自由性”②。

那么,自由到底是什么?世界上真的有“超越现实的”“只存在于物质生产领域的彼岸”的自由吗?自由真的“只是精神领域的问题”吗?

自由(freedom;liberty)概念是一个复杂的概念,具有多种层面的含义。在西方哲学上,自由主要是一个政治哲学概念,它主要有两个方面或两种解释:一曰消极自由,指不受任何外力干涉的个人行动的自由,不管这种干涉是以什么名义进行的。即“在什么样的限度以内,某一个主体(一个人或一群人),可以、或应当被容许,做他所能做的事,或成为他所能成为的角色,而不受到别人的干涉”③?但是,人的能力和天赋是不同的,如果完全放任人们自由行

① 杨春时:《新实践美学不能走出实践美学的困境》,载《学术月刊》,2002年第1期。
② 杨春时:《实践乌托邦批判——兼与邓晓芒先生商榷》,载《学术月刊》,2004年第3期。
③ 以赛亚·伯林:《两种自由观》,第一章“两组不同的问题”。

动,则将导致一个社会中弱者被强者欺凌,一部分人的自由被另一部分人剥夺的情况。并且,除了自由,对于一个社会来说还有一些同样重要的价值,如平等、正义、幸福、社会安全等,这样,就需要对一部分人的自由加以限制,以保障这些价值的实现。这就是自由的另一种方面的含义——积极自由,它指"什么东西或什么人,有权控制或干涉,从而决定某人应该去做这件事、成为这种人,而不应该去做另一件事、成为另一种人?"①历史上,洛克、亚当·斯密,约翰·穆勒等人,基本上抱持的是消极自由观;而霍布斯及和他看法相同的人,则主张为了避免人类的互相残杀,必须加强中央控制,减少个人自由的范围。但是,无论是消极自由观还是积极自由观,把自由看成是人的基本权利之一,都认为人类生活的某些部分必须独立,不受社会控制。若是侵犯到了那个保留区,则不管该保留区多么褊狭,都将构成专制。

自由与权利是结合在一起的。从消极自由观念来看,有一些自由权利是属于人的基本权利,是在任何情况下都不能被剥夺的公民的基本人权,如言论自由、思想自由、集会自由、结社自由、出版自由和各种经济活动的自由。西方政治哲学通常讨论得最多的也是这个层面的自由。主张这个层面的自由的观念构成了政治上的自由主义观点,它的哲学基础是自然权利论—自然人性论。

自由的另一个层面是人对自然的关系,即人作为一个类存在,如何在与自然的关系中取得更大的主动性和行动的自由度。在这个层面上,"自由不在于幻想中摆脱自然规律而独立,而在于认识这些规律,从而能够有计划地使自然规律为一定目的服务……意志自由只是借助于对事物的认识来作出决定的能力"②。自由就是自由地去做某事的能力。之所以能够自由地去做某事,其根据在于对必然规律的认识与掌握。只有充分地认识、了解和掌握了必然性,人才能获得最大程度上的自由。因此,在这个意义上,"自由

① 以赛亚·伯林:《两种自由观》,第一章,"两组不同的问题"。

② 《马克思恩格斯选集》第3卷,人民出版社,1995年,第455页。

就在于根据对自然界的必然性的认识来支配我们自己和外部自然;因此它必然是历史发展的产物”①。

政治社会层面的自由和哲学层面的自由都是从人与某种外在关系来讲的。自由还有一个层面,那就是个体的心理和精神层面。正如柏拉图所说,人只有受理性支配而不是受欲望和情欲支配时才是自由的。如果只是想随心所欲,想干什么就干什么,那不是自由,那是受了自己本能的动物性支配,是作了本能的奴隶。自由恰恰在于对于动物本能欲望的克服。精神和心理自由的范围也是非常广泛的,它与各种心理和精神因素结合起来,就可构成自由意志、自由想象、自由联想、自由享受等。审美的自由正是一种情感和心理的自由,是在人对对象的欣赏与情感交流中获得的巨大的情感的满足与享受。在这种关系中,人与对象之间不是物欲关系,不是占有关系,而只是主体对对象的形式本身所蕴涵的“韵味”的体验、感受、同情与欣赏,它首先是以形式感的方式表现出来的。由于主体脱离了对对象的占有欲望,因此,主体与对象是一种自由的关系。同时,主体本身,由于不受到物质欲望的控制,其精神与心灵也是自由的。

杨春时一再强调,自由是在物质生产领域的彼岸,如果在这个意义上说,是说得过去的。从个体审美活动的角度来看,人越能摆脱物质欲望的牵累,越能获得精神和心灵的自由。但问题在于,他混淆了自由的两个层面,而且把心理和精神层面的自由当作唯一的自由。这就使得他的自由失去了现实基础,成为空洞的、不切实际的幻想。实际上,这不是提高了自由的地位,相反,是取消了人类获得自由的权利。

杨春时曾经反复引用马克思的一句话:自由“只存在于物质生产领域的彼岸”作为论证现实中没有自由、只有在超越中才有自由的经典依据。那么,马克思真的是说在现实世界不存在自由,只有在独立于物质生产的“超越”的领域才有自由吗?

---

① 《马克思恩格斯选集》第3卷,人民出版社,1995年,第456页。

为了准确理解马克思这段话的意思，兹完整地引录如下：

> 在一定时间内，从而在一定的剩余劳动时间内，究竟能生产多少使用价值，取决于劳动生产率。也就是说，社会的现实财富和社会再生产过程不断扩大的可能性，并不是取决于剩余劳动时间的长短，而是取决于剩余劳动的生产率和这种剩余劳动的生产条件的优劣程度。事实上，自由王国只是在必要性和外在目的规定要做的劳动终止的地方才开始；因而按照事物的本性来说，它存在于真正物质生产领域的彼岸。像野蛮人为了满足自己的需要，为了维持和再生产自己的生命，必须与自然搏斗一样，文明人也必须这样做；而且在一切社会形式中，在一切可能的生产方式中，他都必须这样做。这个自然必然性的王国会随着人的发展而扩大，因为需要会扩大；但是，满足这种需要的生产力同时也会扩大。这个领域内的自由只能是：社会化的人，联合起来的生产者，将合理地调节他们和自然之间的物质交换，把它置于他们的共同控制之下，而不让它作为一种盲目的力量来统治自己；靠消耗最小的力量，在最无愧于和最适合于他们的人类本性的条件下来进行这种物质变换。但是，这个领域始终是一个必然王国。在这个必然王国的彼岸，作为目的本身的人类能力的发展，真正的自由王国，就开始了。但是，这个自由王国只有建立在必然王国的基础上，才能繁荣起来。工作日的缩短是根本条件。①

完整地理解这段话，它表达了这样几个意思：(1) 由于生产效率的提高，必要劳动时间的缩短，人们将逐渐进入一个自由王国，在那里，人们不必要再把全部的精力都放在生产维持生存所必须进行的劳动上，即带有强制性的劳动之上，而是将有更多时间从事

① 马克思：《资本论》第 3 卷，见《马克思恩格斯全集》第 46 卷，人民出版社，2003 年，第 928—929 页。

其他工作。(2) 物质生产领域是一个必然王国,在这个领域中人们的自由显现为控制人与自然之间的物质交换,而不让自然力量作为盲目的力量来控制人本身。(3) 当物质生产发展到一定程度之后,人们用以改造自然、创造剩余价值所需要的必要劳动时间大为减少,必要的工作时间大大缩短,"作为目的的人类能力本身的发展",真正的自由王国就出现了。这个自由王国,建立在必然王国基础之上。

实际上,所谓"自由王国",指的是马克思理想中的共产主义社会。在这个社会里,由于生产力的提高,人们将最大限度地摆脱物质生产条件的束缚,发展和实现人类多方面的创造能力,让人得到自由而全面的发展。这里有两个概念必须分清:"自由"和"自由王国"。马克思在这里几次提到"自由王国",显然,它指的是一种马克思理想中的社会形态,在这个社会形态中,"由必需和外在目的规定要做的劳动终止"了,"作为目的本身的人类能力发展"了。换言之,劳动的强迫性和外在性消失了。按照马克思的基本思想,劳动作为一种自由自觉的活动,应该是人的本质的体现。但是,在私有制条件下,它蜕变成了维持生存的手段,成为一种强迫性、强制性的苦役。人的本质在这种情况下被异化。而资本主义社会中,生产力的高度发展,为解除劳动的强制性和外在性提供了物质前提,使劳动有可能成为真正的自由自觉的活动,成为人的本质的体现。这表明了人摆脱了必然王国,进入了自由王国。这里的自由王国,讲的不就是共产主义社会吗?而"自由"却是人们自己做主、控制自己行为的能力。马克思讲,在必然王国里人们的自由是"社会化的人,联合起来的生产者,将合理地调节他们和自然之间的物质变换,把它置于他们的共同控制之下,而不让它作为盲目的力量来统治自己;靠消耗最小的力量,在最无愧于和最适合于他们的人类本性的条件下来进行这种物质变换"。也就是说,在必然王国里,人们的自由体现为对必然规律的熟练、自由地掌握和运用。

可见,马克思哪有丝毫说自由只存在于超越性的精神领域、现实中人们不可能有自由的意思?从马克思这段话得出结论说,马克思认为在物质生产领域人们没有任何自由,这样的认识恐怕难以服人。恰好相反,马克思强调,自由王国必须建立在必然王国的基础之上。如果要引用马克思或任何作者的话语作为论据,至少应该完整地引用并对所引用的话语进行完整地理解,这是学术的基本前提和起码的规范。杨春时在引用这段话时,不应该会看不到这段完整的话。但是,为了说明自己的观点,他便完全置之不顾。

(原载《学术月刊》2008 年第 2 期)

实践美学是抬高实践而贬低自由的美学

——答徐碧辉研究员

杨春时

读过徐碧辉的《美学争论中的哲学问题与学术规范——评“新实践美学”与“后实践美学”之争》①，可以看出她的立场是坚定地站在实践美学一边的。她对实践美学的修正者“新实践美学”和批判者“后实践美学”都有所批评，但主要的火力是对准我的观点。她的批评涉及了许多哲学、美学的基本问题，也暴露了实践美学的理论缺陷以及实践美学家们哲学思想上的陈旧。为了回应徐文的批评，我不得不顺着它的思路，纠缠于马克思主义哲学的话语，辩说马克思美学论述的真义，而不能更自然地进入现代美学的语境。但我希望，通过这种对话，最终能够逾越雷池，走向更广阔的理论天地。

一、关于审美是自由的生存方式

徐文对我的第一个批评是关于三种生存方式的划分。我提出，在三种生产方式即人类自身的生产、物质生产和精神生产的基础上，形成了自然的生存方式、现实的生存方式和自由的生存方式；

---

① 徐碧辉：《美学在争论中的哲学问题与学术规范——评“新实践美学”与“后实践美学”之争》，载《学术月刊》2008年第2期。以下简称“徐文”，不再一一注明。

而审美是充分的精神生产,因而也是自由的生存方式。这既是一种逻辑的推演,也是对历史的抽象,是逻辑与历史的统一。应该说,这种论述是符合马克思主义的,因为正是马克思提出了三种生产方式,而且也提出了真正自由的领域只存在于物质生产领域的彼岸的思想,而我不过是顺理成章地继续推演出三种生存方式,得出审美是自由的生存方式的结论而已。对此,如果不是对马克思主义缺乏真正了解,就没有理由加以反对。但是徐文却无根据地加以指责、非逻辑地进行批判。她的责难主要在以下几点,我也简略地回答如下:

"第一,把自然的生存方式排除在现实生存方式之外,难道原始人的生存就不是现实的生存吗?还是说原始人因为'尚未挣脱自然襁褓',所以他们根本就不是人?"

原始人的生存不是现实生存方式,因为他们在原始意识和巫术文化支配下,还没有摆脱动物式的活动,还没有获得自觉意识。原始人虽然是生理上的人,但还不是社会的人,而是自然人。原始世界是巫术的世界,而不是现实的、理性化的世界。这一点,是明显的历史事实,马克思、恩格斯也多次表述过,应该不成问题。马克思和恩格斯在《德意志意识形态》中指出:"……自然界起初是作为一种完全异己的,有无限威力的和不可制服的力量与人们对立的,人们同它的关系完全像动物同它的关系一样,人们像牲畜一样服从它的权力,因而,这是对自然的一种纯粹动物式的意识(自然宗教)。"很明显,原始人的自然的存在方式是"畜群的"生存方式,因此不是文明的生存方式,也不是现实的生存方式。①问题是徐文也作出了相同的表述,从而导致自相矛盾。她说,在原始社会"人们以族群的方式生存。人与自然之间还处于一种尚未分离的状态,人们还完全属于自然,是自然的一部分,还谈不上真正意义上的改造自然"。这不是承认原始人还没有进入现实的生存方式,还没有进行真正意义的物质生产吗?关键是怎么理解"现实的"这个概

---

① 《马克思恩格斯选集》第1卷,人民出版社,1995年,第81—82页。

念,我认为它不是自然的、蒙昧的,而是理智的、自觉的;同时也不是超越的、自由的,而是具有了此岸的、异化的性质。徐文对什么是现实根本没有理解,所以才说出原始的、自由的生存方式都是现实的生存方式这样的话。

"第二,既然原始的生存还不是人的生存,其生存方式还是动物的生存方式,那么,作为人的生存方式的'现实生存方式'是从何而来的?从天上掉下来的吗?"

这根本不是问题,正如人从动物中进化来一样,现实生存方式是从原始的生存方式中转化生成的。如果按照徐文的思路,要承认人类的现实生存方式,就必须承认原始人拥有现实生存方式,否则就是从天上掉下来的。那么,继续推论下去就是,要承认原始人的现实生存方式,就要承认动物拥有现实的生存方式,否则就是从天上掉下来的,这又何其荒谬。

"第三,如果现实的生存都不是自由的生存,那么,所谓自由的生存方式又何处去寻觅?它又怎么能够从现实的生存方式中产生出来?"

这也不是问题,问题是批评者根本没有认真读过或者没有认真思考过我的论述。我已经清楚地论说过,现实生存是异化的生存,但是人不是现实的等价物,而是具有超越性要求和能力的主体,因此才通过审美理想的创造实现这种要求,从而进入自由的生存方式。

"第四,前面刚刚说'自由生存方式在时间顺序上与现实生存方式并列',而在'现实生存方式'中,'精神生产发展起来,但尚依附于物质生产',后面马上又说'自由的生存方式以独立自由的精神生产为基础'。既然现实生存方式中精神尚依附于物质生产,未独立出来,而'自由的生存方式以独立自由的精神生产为基础',那么,自由的生存方式怎么可能和现实的生存方式在同一时间出现?而又在逻辑上在后者之后?这里还特别强调'真正自由的领域只存在于物质生产领域的彼岸',又说'审美及其反思形式哲学是不依附于物质生产的"自由的精神生产",因而属于自由的生存方式’，那么，它又怎么可能‘逻辑地’从现实生存方式中产生呢？”

这种质问只能表明质问者思维的混乱。现实生存方式是以物质生产为主导的，(不充分的)精神生产服务于物质生产；而审美作为独立的精神生产，产生了自由的生存方式。这有什么不清楚吗？自由的生存方式是在现实生存方式基础上才能发生的，因此，在逻辑上自由的生存方式先于现实的生存方式；而由于审美超越只是在瞬间发生的，自由的生存方式与现实的生存方式具有同时性，因此，人类一旦摆脱原始存在，进入现实存在，审美也就同时发生了。逻辑上有先后而时间上有同时性，这在哲学论述中是常见的。比如黑格尔在确立了艺术、宗教、哲学是绝对精神复归的最高阶段，逻辑顺序上在其他精神现象(如科学、伦理等)之后；但在历史顺序上，它们与其他精神现象是同时存在的，并不是说先有科学、伦理等，后有艺术、宗教、哲学。至于审美作为自由的生存方式如何可能从现实生存方式中产生，还是因为现实生存的“裂缝”即它包含着没有得到实现的超越性，超越性是生存的本质属性，现实生存方式压制了超越性，但没有消灭它，它在审美活动中转化为审美理想而获得解放，进而创造了自由的生存方式。

“第五，这里对原始人的生存方式的解释也是大有问题的。他说：‘自然生存方式以人类自身的生产为基础，调整两性关系和确立家族制度成为基本的社会问题。’那么，在这种‘原始生存方式’下，人们需不需要为‘活着’而挣扎、辛苦、奋斗？在杨春时看来，这种为了生存而进行的奋斗并不是原始生存方式的基础，反而是当人类进化到了现实生存方式以后才会‘以物质生产为基础’。这不是很奇怪吗？还有，‘采集植物种子和狩猎还不算真正意义上的物质生产’，那么，它们是什么生产？什么是真正意义上的物质生产？杨春时说：‘简陋的木制、石制工具也算不上真正意义的生产资料’，而所谓生产资料，其主要内容之一是生产工具。那么，木制、石制工具是不是生产工具？如果说‘原始社会不是公有制而是“无所有制”’，那么原始人打了胜仗，掳获的财产和俘虏归全氏族所有，这算不算公有制？”

前面已经说过,所谓现实的生存方式是指文明人类的实际的生存方式,它包括自觉意识、人的价值、主体与世界的分离等要素,并不是只要“活着”就是现实的生存方式。徐文认为“活着”就是现实的生存方式,那么动物生存也是现实的了?如此而言,许多动物(如猩猩)不但“为活着而挣扎”,而且能够制造和使用简单的工具,难道也是“现实的生存方式”吗?徐文只是强调“生产力的根本标志是一个时代所使用的工具”,众所周知,生产力的三要素是生产者、生产工具和生产对象,生产工具只是其一,离开了劳动者和劳动对象,就无所谓生产力。原始生产不具备现实的生产者(非理智活动的主体)、现实的生产对象(对自然的简单索取),生产工具也基本上是自然物的简单加工,因此不是现实的生产。关键在于,物质生产活动必须具有社会性,形成生产关系和社会关系,劳动工具才成为生产资料,而这恰恰是原始生产活动所不具备的,因此原始活动不是现实的生产活动,不是实践活动,而是自然的活动。至于原始社会没有生产资料公有制而是“无所有制”,现在学界已经有新的共识,旧有的原始公有制的观点已经不具有合理性了,因为它既不符合事实,也不符合逻辑。所谓战利品,实际上没有成为生产资料,食物被分吃,俘虏或被杀掉作为祭献,或者被吃掉,或者作为配偶(女性),这根本谈不上什么全民所有制(只是到了原始社会末期,战利品才作为生产资料、俘虏才作为奴隶,那已经开始迈入阶级社会了)。如果按照徐文的逻辑,野兽把猎获物分给兽群,也可以看作全民所有制了。

总之,作为基本的存在状态,人类只有原始生存、现实生存以及自由的生存三种生存方式,这才是生存方式的哲学意义。

二、关于美学的逻辑起点

后实践美学与新实践美学争论的一个焦点问题是关于实践作为美学的逻辑起点问题。明显的事实是,由于实践并不包含着审美,因此不能作为逻辑起点推导出一个美学体系。为了免除这个尴尬,徐文干脆否认美学需要一个逻辑起点,甚至否认西方哲学存在着一个逻辑起点。她说:"西方哲学肇始于古希腊。可是古希腊哲学家也没有一个人根据一个'逻辑起点''推导'出一个'哲学体系'。"确实,不是所有的古代哲学家都建立了完整的哲学体系,因此也不一定都从一个基本范畴出发建立逻辑体系,如她列举的前苏格拉底学派。但是,古希腊哲学家确实有自己的基本范畴,也由此推演出自己的哲学体系和美学结论。如毕达哥拉斯学派把数作为基本范畴,也由此推演出美是数的和谐。柏拉图也不是如徐文所说的没有建立逻辑体系,没有得出美的本质结论。相反,他以理念为基本范畴,也是逻辑起点,推导出美是理念的反光(灵魂回忆说)的论断;而所谓"美是难的"考证,并不是他的最后结论,柏拉图不是美学虚无主义者,这种"美不是什么"的考察只是为了把美从经验世界排除出去而使用的一种策略。

徐文说黑格尔的逻辑起点是存在,而不是理念,因此哲学体系不必要以核心范畴为逻辑起点。即便如此,也只能证明黑格尔有自己的逻辑起点,并且由此推演出美的本质。况且,黑格尔哲学体系并不像徐文所说的那样,他的逻辑起点不是其核心范畴——理念,而是存在。徐文只列举了《小逻辑》,把它当作黑格尔哲学的完整体系,以证明其逻辑起点是存在而不是理念。殊不知黑格尔的整个哲学体系并非仅仅是《小逻辑》,而是包括《小逻辑》代表的逻辑学、《自然哲学》代表的自然哲学以及《精神现象学》代表的精神哲学,这三个领域代表了理念发展的三个阶段,即理念从自我发展到外化为自然,再到精神领域的自我复归的逻辑—历史行程。《小逻辑》探讨理念自身的演化,因此本身就是整个哲学的逻辑起点。它从"存在"(仍然是理念的一个逻辑环节)概念出发,以完成理念的自我发展。继之,从逻辑学阶段到自然哲学阶段,再到精神哲学阶段,都是理念的演化。由此,美被作为精神哲学阶段的感性形式推演出来,得出"美是理念的感性阶段"的命题。这是古典哲学最完美的逻辑推演。

徐文说建立逻辑起点已经被现代哲学淘汰了,这种说法似是而非。现代哲学确实批判了形而上学体系,在哲学方法论上扬弃了古典哲学的经验主义与理性主义,不追求从基本范畴出发推演出严整的逻辑体系,而运用体验—理解的现象学方法去获得对存在本质的规定。但是,现代哲学依然存在着自己的逻辑体系,需要作出逻辑的论证,因此也必然存在着自己的逻辑起点。像海德格尔就在完成了实体论向存在论的转变基础上,重建了一个形而上学的体系,即从此在出发推求存在的意义。至于徐文说的因此“美学在今日社会所要做的,不是从一个所谓的逻辑起点出发,去建立起一个庞大的、包罗万象的逻辑体系,而是要解决人生在世的一些问题,要回答审美和艺术的价值与意义、人生的意义这类问题”。这同样是似是而非的。哲学确实不要建立包罗万象的体系,但却要建立自己的逻辑体系。既要建立逻辑体系,就要有逻辑的起点,否则即使能够“解决一些人生在世的问题”,也只是一些散乱的意见并导向经验主义。美学是哲学的分支,审美的意义问题与生存意义问题相关联,因此美学不是经验科学,而是哲学。如此,就要求美学与哲学有同样的逻辑起点,要进行逻辑的论证,而不能只进行经验的说明。在这方面,实践美学明显地存在着逻辑上的缺陷,因此它只能求助于历史叙述,企图从实践创造美推导出实践决定美的本质、实践的本质就是美的本质。这个逻辑推演的前提就有误,因为虽然实践是审美发生的基础,但不是审美发生的直接的、根本的原因,根本原因是人的自由要求——审美理想。由此推演的结论就必然是错误的。而且,从发生学也不能推导出本质论,实践创造了美也不能等同于实践决定了美的本质、实践与美有共同的本质(所谓人的本质的对象化)等等。

三、实践是异化的还是自由的活动

实践美学把实践抬高为自由的活动,以论证审美与实践的同一性。我则认为,实践虽然推动了人类的进步和历史的发展,但它是异化活动,而审美是对这种异化活动的克服和超越。这里首先涉及实践概念的内涵问题,即实践究竟是物质生产活动还是精神生产活动的问题。实践美学的主要代表李泽厚认为,实践是物质生产活动,区别于精神生产活动。而徐文为了证明实践与审美的同一性,就力图抹杀实践的物质性,而把精神性强加在其内涵中。这也是一些实践美学家和新实践美学家的新策略。徐文说:“实践概念在马克思主义哲学创始人那里有这样几个方面:首先,其基本含义是对世界的能动改造,是改造世界的生产劳动活动;其次,是人的感性活动,这种感性活动包含精神的、道德的、自由意志的活动在内;再次,对世界的实践改造是人之为人的本质之所在,人正因为有了对世界这种实践改造才真正成为人。因此,实际上,在马克思主义创始人那里,实践概念发生了一定的转义,由传统的道德伦理活动扩展到包括道德伦理活动在内的社会生产劳动和人的感性活动,其核心则是改造世界的生产劳动。”这种论述是典型的模糊战略。实践是物质生产活动,就不是精神生产活动,虽然在现实中物质生产也要有精神的参与,但毕竟不同于理论化的精神生产,因此在逻辑上必须进行严格的区分,否则就是一团混乱。不幸的是,徐文没有把物质生产与精神生产区分开来,而是借口两者的关联加以混淆。他以马克思确定实践的感性性质为由,把实践的内涵扩大到一切感性活动,进而扩大到一切精神活动——“精神的、道德的、自由意志的活动在内”。首先,马克思说实践是感性活动,但并不能由此推演出感性活动就是实践,这是逻辑的错误。吃饭、性交、排泄是感性活动,难道也是实践吗?感性活动中有精神因素,但不能由此推演出实践包括精神生产。科学研究、意识形态的生产、艺术的创造等都属于精神生产领域,而不属于实践领域。实践相对于精神生产而言,马克思的历史唯物主义就是论证物质生产与精神生产之间的关系。如果实践既是物质生产,又是精神生产,那么实践不就成为最抽象的概念,等同于“存在”或“生存”了吗?这样,马克思的历史唯物主义与存在主义有什么区别呢?徐文说实践是“人之为人的本质之所在,人正因为有了对世界这种实践改造才真正成为人”。把人的本质归结为实践,这是片面的。人具有物质生产能力,但人的本质不止于此,因为物质生产能力不是人的最高本质,而只是最基本的能力。正如徐文把实践归结为感性活动,因此不能把人的本质归结为感性一样。人的最高的本质是具有自由的要求和超越现实的能力,因此自由与超越(两者同一)才是人的本质。徐文以为实践创造了人,因此实践就是人的本质,这种论证在逻辑上是行不通的,这还是把发生学推演到本质论。

实践美学把实践抬高为自由的活动,就必须否认现实的实践活动是异化活动。徐文说:"可见,虽然异化概念的外延不断丰富和扩展,但是,它的基本内涵始终是明确的:它是一事物的自我分裂和自我反对。即从主体分离出去的对象反过来反对、压迫、奴役、统治主体自身。它包含着外化,但不仅仅是外化。杨春时说所有劳动都是一种异化劳动,其实是混淆了外化与异化两个概念。劳动是一种外化,或者说是人的本质力量的一种外化活动。人通过劳动改造对象,把自己的思想、观念、智慧、才能在对象中体现出来,因此,可以说劳动是人的本质的一种外化活动。但是并不是所有的劳动都是异化劳动。当劳动是一种自由自觉的活动时,它就不能说是异化劳动。"徐文区分外化与异化,认为存在着非异化的"自由自觉的劳动",体现了一种哲学的无知。外化在黑格尔那里就是异化,只不过马克思把它赋予了社会实践的内容。说劳动是人的本质的对象化或者外化,只是一种逻辑上的抽象,而在其现实性上,劳动从来就是异化劳动,所谓人化也只是片面的人的本质的对象化。这就是说,异化只是外化或者对象化的历史表现,正是在异化中人类才得以存在、发展。无论是奴隶社会的劳动、封建社会的劳动还是资本主义社会的劳动,都是异化活动,都是人的本质的片面化活动,历史上根本不存在作为非异化的"自由自觉的活动"的劳动,这种思想只是一种实践乌托邦。请徐碧辉举例说明,何时何地存在过这种劳动?在奴隶社会吗?在封建社会、资本主义社会吗?也许她会说在共产主义有这种劳动。且不说这种理想是否等同于现实,即便有这种情况,也说明从古到今的劳动都是异化劳动,都没有体现人的本质,那么与其同质的、自由的审美如何可能发生?

四、关于自由与超越

实践美学虽然肯定实践是自由自觉的活动，但这毕竟与现实不相符合，于是，他们就对自由加以限定，否认自由的超越性，认为自由就是现实中的有限的自由。徐文也采用了这种策略："在西方哲学上，自由主要是一个政治哲学概念，它主要有两个方面或两种解释，一曰消极自由……自由的另一种方面的含义——积极自由……"她又一次忘记了哲学的基本常识，把哲学的自由范畴等同于政治学的自由概念。政治学的自由是指人身权利的获得，它当然只是相对的，要受到他人权利的制约；而哲学的自由是相对于必然的抽象范畴，是绝对的自由意志，是人区别于其他存在物的根本性质，因此两者具有本质上的不同。哲学上的自由范畴不存在于现实领域，只存在于精神领域，是对现实的超越，因为现实中人受到物质生存条件的制约，因此马克思说真正自由的领域只存在于物质生产领域的彼岸。至于徐文说自由有两个层面即社会层面和心理层面，只承认后者是超越的自由，前者则是有限的自由。这种划分混淆了政治学的自由和哲学的自由，造成了概念的混乱。还应该指出，徐文所引证的恩格斯的自由观，与"自由是对必然的认识"一样，都是古典哲学的命题，都把自由看作是现实存在的品格，看作有限的自由，因此已经被现代哲学抛弃。

由于我引证马克思的话证明自由只存在于精神领域，徐文对此加以反驳，并引述了马克思的原文，认为我曲解了马克思的意思。那么马克思到底怎么说的呢？如果不缺乏基本的理解力，就可以明确，正是在徐文引述的这段话中，马克思说出了这样几个意思：第一，自由必须排除外在目的，只存在于物质生产领域的彼岸。这就是说，自由只是精神活动的产物。第二，为了满足自己的需要的具有外在目的的活动——从野蛮人到文明人类的劳动，是自然必然性的王国。第三，"这个领域内的自由"即现实领域的有限的"自由"只能是合理化的社会生产，它不是真正的、充分的自由，因为

“不管怎样,这个领域始终是必然王国”,而真正的自由存在于“这个必然王国的彼岸”。由于关涉到现实领域的不充分的“自由”和超越领域的真正的自由,这些论述最容易被误解。第四,物质生产的必然王国是精神领域的自由王国的基础。由于工作日的缩短,给自由的精神活动提供了空间,从而可能更大程度上从必然王国走向自由王国。

我们看一下徐文是怎样理解马克思的意思的:“实际上,所谓‘自由王国’,指的是马克思理想中的共产主义社会。在这个社会里,由于生产力的提高,人们将最大限度地摆脱物质生产条件的束缚,发展和实现人类多方面的创造能力,让人得到自由而全面的发展。这里有两个概念必须分清:‘自由’和‘自由王国’。马克思在这里几次提到‘自由王国’,显然,它指的是一种马克思理想中的社会形态,在这个社会形态中,‘由必需和外在目的规定要做的劳动终止’了,‘作为目的本身的人类能力发展’了。换言之,劳动的强迫性和外在性消失了。按照马克思的基本思想,劳动作为一种自由自觉的活动,应该是人的本质的体现。但是,在私有制条件下,它蜕变成了维持生存的手段,成为一种强迫性、强制性的苦役。人的本质在这种情况下被异化。而资本主义社会中,生产力的高度发展,为解除劳动的强制性和外在性提供了物质前提,使劳动有可能成为真正的自由自觉的活动,成为人的本质的体现。这表明了人摆脱了必然王国,进入了自由王国。这里的自由王国,讲的不就是共产主义社会吗?而‘自由’却是人们自己做主、控制自己行为的能力。马克思讲,在必然王国里人们的自由是‘社会化的人,联合起来的生产者,将合理地调节他们和自然之间的物质变换,把它置于他们的共同控制之下,而不让它作为盲目的力量来统治自己;靠消耗最小的力量,在最无愧于和最适合于他们的人类本性的条件下来进行这种物质变换’。也就是说,在必然王国里,人们的自由体现为对必然规律的熟练、自由地掌握和运用。”

这里的问题是,徐文无视马克思多次强调自由在物质生产领域彼岸的明确表述,只抓住马克思关于“这个领域内的自由”也就是现实的、有限的自由的表述，甚至也不顾随后马克思的补充——“这个领域始终是一个必然王国”以及对于“真正的自由王国”的说明，武断地说马克思认为合理化的劳动本身(即徐文所说的共产主义社会的劳动)就是真正的自由。马克思说得很清楚，以往的劳动是不自由的异化劳动，而共产主义使劳动合理化，但这仅仅是“这个领域的自由”即现实的有限的自由，还不是“真正的自由王国”，只是创造了它的基础；真正的自由王国只是由于工作日的缩短，给自由的精神活动开辟了空间。如果按照徐文的逻辑，共产主义的劳动就是自由的活动，那么就不必要缩短工作日，而应该延长劳动时间，因为这样才能保证人更多地进入自由王国。徐文指责我说：“如果要引用马克思或任何作者的话语作为论据，至少应该完整地引用并对所引用的话语进行完整地理解，这是学术的基本前提和起码的规范。杨春时在引用这段话时，不应该会看不到这段完整的话。但是，为了说明自己的观点，他便完全置之不顾。”其实这种指责留给她自己是最为恰当的。

最后，我想脱离具体的学术观点，而就思想方法、治学态度对后实践美学与实践美学、新实践美学的论争说一点感想。这场美学论争已经展开十余年了，虽然有所进展，但远没有达成共识。这也是正常的，因为中国美学的现代转型需要一个相当长的历史过程。但是，实践美学家以及新实践美学家在论争中的表现却暴露了在学术素质、思想方法等方面的问题，需要加以反思。首先，要放弃对马克思主义的教条式阐释，而应该把它放在学术思想的历史中批判地理解。特别是要放宽思想的视野，不要局限于马克思说了什么，还要研究马克思没有解决什么、甚至其理论中存在着什么矛盾，以及马克思以后的哲学有什么新的发展、解决了什么新的问题，这样也就能够理解马克思主义的历史合理性以及必然存在的历史局限性。如果像一些实践美学家那样，思想仍然停留在19世纪，把马克思主义封闭起来，对现代哲学、美学的发展拒于自己的视野之外，就必然变得保守、顽固，甚至成为一个拒绝一切新思想的“原教旨主义”的马克思主义者，必然被时代抛弃。其次，是如何摆脱中国的“实用理性”思维的消极影响，加强哲学思维能力的问题。由于中国传统的实用理性文化传统的影响，以及苏联化的马克思主义哲学的意识形态化规训，许多中国哲学工作者的哲学思维能力极其薄弱，缺乏形上的思辨能力，往往以经验思维代替哲学反思，只承认现实领域而不承认超越领域，而且逻辑推演能力也不足，导致思维混乱，论证模糊。这种基本能力的不足是一个普遍的现象，有些有很高学术地位的学者也未能幸免。我以为，正确的思想方法和基本的逻辑思维能力是美学研究的基础和美学发展的前提。这个基本问题不解决，中国美学就没有前途，美学争论也没有意义。它不可能是真正的对话，而只会是各说各话的一场乱仗，不会结出果实。

（原载《学术月刊》2008 年第 2 期）

“实践”概念的泛化及其逻辑难题

——“实践存在论美学”论析

金永兵

中国的美学理论需要创新和突破，尤其是在西方美学强势话语的压力之下，如何创造中国气派的美学理论是近代以来几代学人的内在焦虑。任何尝试哪怕只有些微的创造都应该得到鼓励，应该允许试错，科学研究很大程度上就是一个试错的过程；但同时也应该允许和鼓励学术共同体内部的坦诚的学术批评、质疑与对话，唯此，方能形成健康的学术生态和理论成长的良性机制。

面对自称中国马克思主义美学新发展的“实践存在论美学”，从学理上说，既需要考察它的阐释及结论与历史语境中的马克思的整体思想资料、逻辑思路的一致性问题，又要考察其理论见解背后的思想谱系，辨析其嫁接或融合马克思的思想与其他“非马”乃至“反马”思想之后的逻辑共容性问题；既要考察这一理论自身的逻辑自洽性、理论彻底性问题，又要考察这种逻辑演绎与审美历史的一致性问题；既要考察该理论面对现实的阐释效力的问题，又要考察该理论的现实针对性以及价值指向问题，任何试图成为美学理论范式的猜想，可能都必须经受这种必要的反驳。本文主要就“实践存在论美学”的核心范畴以及相互之间的内在逻辑提出自己的疑惑。

一、“实践”观念及其谱系

作为“实践美学”的一个新的变体，“实践存在论美学”一方面认为这是一种“实践本体论美学”,一方面特别强调其与李泽厚为代表的主流实践派美学的区别和自己的突破,反复批驳“李泽厚强调物质生产劳动作为实践的唯一含义”①。首先,这里的靶子弄错了,李泽厚的实践观虽然指出作为物质生产的实践的基础性作用,但他是通过划分“实践”内涵的广义理解和狭义理解来达到其理论目的的。“狭义即是指上述基础含义,广义则包含宽泛,从生产活动中的发号施令、语言交流以及各种符号操作,到日常生活中种种行为活动,它几乎相等于人的全部感性活动和感性人的全部活动”②。李泽厚的思考路径用他自己的话说是“由马克思回到康德再向前进”③。康德区分了两种不同的实践概念,反对一种当时流行的“实践”概念的用法,“即人们把按照自然概念的实践和按照自由要领的实践等同起来”,康德认为,“如果规定这些原因性的概念是一个自然概念,那么这些原则就是技术上实践的;但如果它是一个自由概念,那么这些原则就是道德上实践的”。“技术上的实践”与“道德上的实践”,二者不能混用。康德所谓的“实践”,内涵是明确的,就是以道德实践来规定“实践”的内涵,康德虽然没有否定“技术上的实践”,但是他认为,“如果我们假定纯粹理性在自身中包含着一个实践的、即足以规定意志的根据,那么就有实践的法则,但如果不是这样,则一切实践原则就会是准则而已”。④换句话说,“技术上的实践”只有包含有道德实践才具有“实践”的意义,否则,就是非实践。李泽厚的实践观,从物质实践走向伦理道德实践,从工艺社会本体(工具本体)到心理本体(情感本体),从整体存在到个体存在,从理性到感性,一方面是对康德道德实践观的运用,一方面通过强调物质实践的核心和基础作用,试图调和康德那

① 朱立元:《走向实践存在论美学》,苏州大学出版社,2008年,第7页。

② 王柯平主编:《跨世纪的论辩——实践美学的反思于展望》,安徽教育出版社,2006年,第60页。

③ 李泽厚:《美学四讲》,生活·读书·新知三联书店,1989年,第154页。

④ 参见康德:《康德三大批判精粹》,人民出版社,2001年,第394—395页。

里"按照自然概念的实践"和"按照自由要领的实践"的对立，甚至可以说形式上试图恢复康德所批评的当时流行观念对实践概念的双重理解。但这并非其最终目的，李泽厚所看重和强调的是康德"超过了也优越于以前的一切唯物论者和唯心论者，第一次全面提出了这个主体性问题"，"康德哲学的价值和意义主要不在他的'物自体'有多少唯物主义的成分和内容，而在于他的这套先验体系（尽管是在谬误的唯心主义框架里）。因为正是这套体系把人性（也就是把人类的主体性）非常突出地提出来了"①。李泽厚试图"超越"康德，如有学者所分析的，李泽厚从这种主体性哲学基础上出发，进一步走向西方现代主义"人"学。这里的主体性、人性，既有康德人学的特性，又具有精神分析哲学家荣格"人学"的特性和存在主义"人学"的特性。就具有普遍的精神性的人来说，他是荣格式的人；但就个体存在的人来说，又是存在主义所说的人。李泽厚的理论路径是从马克思回到康德，再由此出发向西方现代主义的"人"学前进。②

"实践存在论美学"从反对它所界定的李泽厚狭义的物质实践观出发建构新的实践论，概括起来有两个要点：其一是强调自己的实践观来源于马克思。该理论认为，"在马克思那里，实践是总体概念，它表达的是人的历史性社会性存在方式"，"换言之，马克思的实践概念首先是存在论概念，对它应当而且只能作广义的理解，而不能与物质生产劳动之间画等号"③。因此，"实践就是人在世界中生存的感性活动"④。该理论通过驳斥李泽厚进一步强调马克思对实践概念的理解来自西方传统思想理论，并认为从西方的思想背景来看，实践从来就不是单纯指物质生产劳动，而且主要不是指

① 李泽厚：《论康德黑格尔哲学》，上海人民出版社，1981年，第3页。

② 马龙潜：《实践美学与实践本体论美学关系辨析》，《内蒙古师范大学学报》2009年第4期。

③④ 朱立元：《走向实践存在论美学》，第121—122、118页。

物质生产劳动。综合来看,该理论恰恰是试图把马克思的实践观恢复到西方思想传统,并以此作为理论根据。①该理论认为,“马克思主义的存在论维度就是社会存在”,“这里的社会存在不是从认识论角度,即不是从社会存在与社会意识关系的角度而言的,而是从人的存在方式即存在论角度而言的”。②简单地说,“实践是人存在的基本方式”。依此逻辑,该理论提出,应该用海德格尔存在论思想来展开和丰富该理论所反复强调的马克思的实践唯物主义本来就有的存在论维度。其二是认为“实践是广义的人生实践”。“它固然以物质生产劳动作为最基础的活动,但还包括人的各种各样其他的生活活动:既包括道德活动、政治活动、经济活动等等,又包括人的审美活动和艺术活动”③,是一切“此在在世”(人生在世)的活动。

二、两个基本逻辑关系

“实践存在论美学”是不是马克思主义并非本文论述的主旨,是不是马克思主义也不是自己声称或别人给予的,这里要考察的重点是这种理论自身能否“建构一个融贯的、逻辑的和必然的一般观念系统,以使我们经验中的每一个要素都能据此得到解释”。④一种理论绝对不能是一些不相干的、偶然的和毫无联系的知识的堆积,而要在其理论框架内,概念、范畴、术语之间实现彼此“系统地联系”,就必须“共同适合于逻辑上的包容关系”。⑤

马克思主义的“实践”并不是一个没有确定内涵而只有无限宽

①②③ 朱立元:《走向实践存在论美学》,第281—282、283、284—285页。

④ A. N. Whithead, Process and Reality, corrected edition, New York, Macmillan, 1978, p.3.

⑤ [美]R.S.鲁德纳:《社会科学哲学》,曲跃厚、林金城译,生活·读书·新知三联书店,1989年,第89页。

泛外延的名词，其实，康德、黑格尔等人的“实践”概念内涵也都十分明确，只不过他们是在精神范围内建构实践，和马克思讲的实践并不是一回事。马克思做了革命性的改造和发展，马克思恩格斯从始至终反复强调物质生产实践在历史发展中的基础地位和最终决定作用，“人们为了能够‘创造历史’，必须能够生活。但是为了生活，首先就需要吃喝住穿以及其他一些东西。因为第一个历史活动就是生产满足这些需要的资料，即生产物质生活本身”。至于各种所谓精神实践活动，马克思说，“思想、观念、意识的生产最初是直接与人们的物质活动，与人们的物质交往，与现实生活的语言交织在一起的。人们的想象、思维、精神交往在这里还是人们物质行动的直接产物。表现在某一民族的政治、法律、道德、宗教、形而上学等的语言中的精神生产也是这样”，并且“精神生产随着物质生产的改造而改造”。可见，马克思恩格斯不是在所谓存在论意义上，而是在强调物质生产实践的基础性作用或者说“唯物”的意义上说，“全部社会生活在本质上是实践的”。①所以恩格斯特别指出，“根据唯物史观，历史过程中的决定性因素归根到底是现实生活的生产和再生产。无论马克思或我都从来没有肯定过比这更多的东西”②。马克思的实践观是建立在物质第一性和统一性基础之上的实践观，物质生产实践的内涵构成了马克思“实践”概念的内在规定性。换句话说，人的感性活动的形式是多种多样的，但物质生产实践之外的其他形式的行为活动，本身并不具有马克思的“实践”的意义，这些行为活动本身不但由物质生产实践所最终决定，而且必须当然也能够通过物质生产实践的分析获得最终说明。在马克思恩格斯看来，人的思维是否具有客观的真理性，这不是一个理论的问题，而是一个实践的问题，人应该在实践中证明自己思维的真理性，凡是把理论导致神秘主义方面去的神秘东西，都能在人

① 《马克思恩格斯选集》第1卷，人民出版社，1995年，第79、72、292、56页。

② 《马克思恩格斯选集》第4卷，人民出版社，1995年，第695—696页。

的实践中以及对这个实践的理解中得到合理的解决。①所以,要研究人类社会和人的社会存在,发现社会的规律,就必须去“探究那些隐藏在——自觉或不自觉地,而且往往是不自觉地——历史人物的动机背后并且构成历史的真正的最后动力的动力”②。马克思恩格斯关于实践的内涵的明晰性确立了其深刻的历史规定性和鲜明的价值指向性。而这也确乎就是马克思关于人的社会存在的思想。

“实践存在论美学”用其所理解的马克思思想将“实践”规定为“人的感性活动,是人的现实生活过程”③,将“此在在世”(人生在世)的一切行为都看作是“实践”,这就把“实践”的内容过分广义化了,其“实践”一词由于没有明确内涵而失去所指,一切行为皆为“实践”也同时意味着“实践”概念不复存在。“实践概念极为广泛的内涵,造成了以这一概念作为前提和逻辑起点的实践美学在理论上难以达到现代学术的严密和自足”④,实践美学的这一致命缺陷被“实践存在论美学”继承并发扬光大了。既然稀释、降解但又不否认“实践”概念的“唯物”性,那么,这一理论必须解决“实践”与“唯物”之间的关系,而不能鸵鸟似地只埋头空谈“实践”,否则,就不是实现自己所想象的对“二元对立的认识论”的突破,而是一头扎进哲学二元论。并且,当一切活动都是“实践”,这种“实践”概念存在着价值缺乏,不复是一个价值论概念,因而无法确认行为活动本身的价值标准,什么实践活动存在价值或者价值更高,就只能任由行为主体自我设定、随意想象,从而滑入“唯我论”,走向绝对相对主义。

为什么马克思主义反复强调物质生产的最终决定意义和基础

① 《马克思恩格斯选集》第1卷,人民出版社,1995年,第58、60页。
② 《马克思恩格斯选集》第4卷,人民出版社,1995年,第245页。
③ 朱立元:《走向实践存在论美学》,苏州大学出版社,2008年,第45页。
④ 王柯平主编:《跨世纪的论辩——实践美学的反思与展望》,2006年,第59～60页。

作用,“实践存在论美学”却视而不见呢?其实,正如该理论所声称的,它“虽然仍然以实践作为美学研究的核心范畴,但是却突破主客二元对立的认识论,转移到了存在论的新的哲学根基上了”①。可见,其根基不在马克思主义,而是海德格尔的存在主义,这与其所强调的“真正为实践论美学提供了直接依据的,乃是马克思”②的说法存在很大抵牾。因此,“实践存在论美学”的真正逻辑基点其实是“存在”,海德格尔的“存在”,而不是“实践”,更难说是马克思的“实践”。海德格尔从“事物即事物本身”的现象学命题出发来讨论存在的存在性或者说发生性/生成性。人作为存在者,是被“存在”决定了它的“被抛入此世”的事实性存在,是孤立的个体性存在。但人与物不同,人具有自我阐释、自我理解能力,能通过作为“存在”的展开活动的“理解”来生成人的“在世存在”,因为海德格尔所谓的“理解”具有生存论意义上的“筹划”(Entwurf)性质,这种“筹划是实际上的能在得以具有活动空间的生存论上的存在机制”,因而“理解的筹划性质实际构成在世存在”。③海德格尔那里,人并不先在于“理解”,而是在“理解”过程中实现人的“此在在世”。可以说,海德格尔的“存在”与“实践”是统一的,其“实践”就是“理解”,一种精神活动。

虽然“实践存在论美学”强调,“人在世界中存在就意味着人在世界中实践;实践是人的基本存在方式;实践与存在都是对人生在世的本体论(存在论)陈述”④,或者说人的实践就是存在,人的存在就是实践,但它对“存在”的理解基本上还是海德格尔的“存在”。该理论直接承袭了海德格尔的“存在是人的存在即此在”的理论思想,即一切事物的存在意义都必须从人的时间性的此在来领悟,

① 朱立元:《简论实践存在论美学》,《人文杂志》2006 年第 3 期。

②④ 朱立元:《走向实践存在论美学》,苏州大学出版社,2008 年,第 11、9 页。

③ 海德格尔:《理解和解释》,陈嘉映、王庆节译,洪汉鼎校改,见洪汉鼎主编《理解与解释——诠释学经典文选》(修订版),东方出版社,2006 年,第 113 页。

"惟当此在存在,才'有'真理"①。这构成了"实践存在论美学"超越所谓"主客二元对立认识论"的理论依据,并依此得出启示:"世界只是对人存在,离开了人,无所谓世界。譬如,人和世界的关系:没有人的时候,有没有自然界都值得怀疑,没有人,自然界充其量只是一种存在而已;有了人才有自然界,人和自然界是同时存在的,当周遭世界都成为人存在的环境、大地时,对人而言,世界才有意义。人与世界在原初存在论上不能分开,确信无疑的存在就是人在世界中存在,然后才能考虑其他问题。"②这也就是其美学核心命题"美的生成论"的理论基础。这种意义上说,海德格尔的"存在"才是其立论之本。那么,用这种"存在"来融合马克思的"实践",必然需要清除"实践"概念的唯物主义成分,用存在主义化的"实践"来循环论证人的存在主义意义上的"存在"。可是,这种广义的"总体实践"概念又不可能成为一种纯粹的精神性活动,因而无法实现与海德格尔的"存在"相统一。"实践存在论美学"如何解决这个矛盾?从其已有论述来看,语焉不详,未能显示出理论的彻底性。

三、美学阐释力

"实践"概念的泛化及其逻辑难题大大削弱了"实践存在论美学"面对具体美学问题时的阐释效力,导致其具体的论述往往捉襟见肘,顾此失彼,甚至出现逻辑混乱。

"实践存在论美学"首先要面对的就是"实践"与"审美"的关系问题。该理论的一个核心命题即"审美活动是一种基本的人生实践"。按照我们所理解的马克思主义实践观,瞬间的审美体验不能说就是"实践"活动,其不具有"实践"的意义,并且,从归根结底的

① 海德格尔:《存在与时间》,陈嘉映、王庆节译,熊伟校,生活·读书·新知三联书店,1999年,第260页。

② 朱立元:《走向实践存在论美学》,苏州大学出版社,2008年,第9页。

意义上说,审美活动的发生、变化、性质等都应该从社会历史发展的角度来理解,而不是相反。这是这种实践观的特点也是其阐释效力所在。按照"总体实践"来理解,一切活动都是"实践",实际上祛除了"实践"内在的价值维度和革命的批判功能。既然审美活动只是其中一种基本的实践,那么,它与其他活动是什么关系?它们之间的结构是怎样的?如何区别一种活动与审美有关抑或无关?审美活动是不是"人生实践"中最重要、最具有决定意义或者说占据主导位置的实践?如果是,为什么?这与人类的历史发展以及审美活动的发生发展吻合吗?这里的理论逻辑与历史事实一致吗?如果不是,如何理解"只有通过最符合人追求自由本性的审美活动,人才能从片面走向完整,从单一走向丰富,从被肢解的实际人生中找回已经失落的本真世界"①?在这种带有鲜明的审美主义乌托邦色彩的判断中,物质生产实践、社会革命实践的价值和意义应该怎样理解?从一般意义上的自由自觉的"实践"到最能体现人的这种自由本性的"审美"这一特殊实践,二者中间存在着一个巨大的逻辑鸿沟需要填平,"实践存在论美学"尚未能提供具有说服力的阐释。

其次,"实践存在论美学"认为,"只有在审美活动中,现实的美才生成,现实的审美主体才生成。在审美活动中,审美主体与审美对象同时生成,时间上没有先后,但逻辑上审美活动在先,而非先有美,再有美感"②。这是强调在"此在"中才能理解"存在"思想的美学表述。问题在于,海德格尔那里,一切在者即他在都必须由此在即我在来阐释并赋予意义。生存于自己本真性生存论结构之中的主体,将为其他存在者颁定他们的真理,因为这里"真理的尺度不是它的客观性(不管是哪种客观性),而是思想家的纯粹如此存在和如此表现"③,这自然带来主体的霸权、人类中心主义和个体的主观随意性。并且"此在"具有时间性,但这种"时间"不是历史"时

---

①② 朱立元:《走向实践存在论美学》,苏州大学出版社,2008年,第8~9、288页。

③ 阿多诺:《否定的辩证法》,张峰译,重庆出版社,1990年,第126页。

间”,而是依靠“此在”的“理解”而获得其向量的时间,因而不是真正意义上的历史。“美的生成论”承认人类的审美活动产生于原始人的生产、巫术等实践活动之中,但强调“它与生产、巫术等活动是一而二、二而一,很难区分开的”①。其实,无论从逻辑上还是经验上,在原始人那里,并不存在真正意义上的审美活动,审美活动与生产活动并不是两种活动简单的交织在一起,二者不是所谓一体两面的关系,而是在生产、巫术等活动之中蕴含着审美因素的萌芽。因而“美的生成论”必须从社会历史的发展中来论证它关于“审美活动是人超越于动物,最能体现人的本质特征和生存方式的一种基本的人生实践活动”②这一命题,因为这一结论只能看作是社会历史发展的结果,而不能是先验的规定,好像自古以来就是如此。“美的生成论”把美以及审美主体的历史生成性抽象为审美活动的“此在”的生成性,反而忽略掉具体审美活动背后的历史性因素。虽然确乎是在审美活动中生成了美和审美主体,认识论也是这么看的,如皮亚杰所指出的,“认识既不能看作是在主体内部结构中预先决定了的——它们起因于有效的和不断的建构;也不能看作是在客体的预先存在着的特性中预先决定了的,因为客体只是通过这些内部结构的中介作用才被认识的,并且这些结构还通过把它们结合到更大的范围之中而使它们丰富起来。换言之,所有认识都包含有新东西的加工制作的一面”③,但是,这里也可以看出,认识论美学承认美、审美主体的生成性必须以其历史存在为前提,或者说,美、审美主体也都是历史的存在,并非只是在“此在”的时间范围内才存在,否则,审美活动便不可能发生,也不可能有任何社会历史内容。“审美活动在先”不但时间上不可能发生,逻辑上也不可能发生,时间与逻辑悖谬则更不可能发生。这里“实践存在论美学”如何调和审美“此在”的生成性与历史生成性之间的矛盾?

①② 朱立元:《走向实践存在论美学》,苏州大学出版社,2008年,第11、292页。

③ 皮亚杰:《发生认识论原理》,王宪钿等译,商务印书馆,1981年,第16页。

再次，“美的生成论”反复强调并大大提升审美活动的意义，认为，审美是不可或缺的生存方式之一；审美是一种高级的人生境界，并申论这主要是因为审美具有超越性、自由性和应然性。一般来说，这种见解估计很少有人反对，因为这是近代美学的一个基本看法，同样存在于“实践存在论美学”所反对的认识论美学之中，它也并没有走出康德、席勒等人的审美教育说。这里问题的关键不仅在于“实践存在论美学”阐述的只是一种习以为常的看法，没能提出新的见解，更重要的是它关于审美活动的意义和性质的这些看法，尚缺乏充分而自洽的逻辑论证，未能提出新的理论根据，更多的时候只是一种经验描述，有的则更像是先验规定。“实践存在论美学”期望成为一种理论范式，可能还必须提出更新颖更深刻更有说服力的思想，而不能只是重申一些已有的见解，因为要获得美学理论的突破和知识的增长，应该是“始于问题和终结于问题——甚至是不断增加深度的问题，以及不断产生那些能够启示新问题的问题”①。从这种意义上看，李泽厚反复说“实践美学”还没有开始，也许是对的。

（原载《湖南社会科学》2010 年第 5 期）

① 戴维·米勒编《开放的思想和社会——波普尔思想精粹》，张之沧译，江苏人民出版社，2000 年，第 185 页。

话语实践论和起源本质论批判

章　辉

实践美学是产生于20世纪50年代的中国美学思潮。20世纪80年代初，人道主义、人性论、现实主义文艺理论、《巴黎手稿》等学术讨论催生了中国美学热潮，实践美学逐渐走向完善并成为中国美学的主流学派。80年代末期以来，学界开始批评质疑实践美学，特别是90年代以后，美学学人借助西方现代美学建构各种后实践美学，并与实践美学的保守者展开争论。美学界的这场争论已持续十多年，双方的思想资源、理论指向和基本观点也越来越明了。实践美学属于哲学美学或者说美学原理，是美学研究中的核心部分，其基本观点影响到美学史、艺术原理、文学理论等美学文艺学其他领域的研究进程。对于实践美学的发展历程、理论逻辑以及学理局限，包括笔者在内的美学研究者曾发表过论著予以分析①。起源本质论是传统实践美学的基本思路。实践美学的创始人李泽厚认为，美产生于劳动实践对于自然的改造，美是自然人化的结果，美的本质就是人的本质力量的对象化。这样，美起源于劳动，美的本质就由劳动所决定。由于实践具有集体性、理性、社会性、物质性、客观性，所以实践产生的美也就具有了理性、社会性、物质性、客观性等特征，这就忽略了审美的精神性、个体性、超越性、非理性和主观性，这是实践美学的核心问题，也是实践美学与后实践美学的最重要分歧之处。为此，要拯救和发展实践美学，要

---

① 参见章辉：《实践美学：历史谱系与理论终结》，北京大学出版社，2006年。

解决实践美学的难题,就必须展开新的思路,这就有了张玉能先生的新实践美学。“新实践美学与旧实践美学的一个主要区别就在于,对于实践的概念的含义进行了新的开掘和阐释。”①张先生的思路是,由于传统实践美学以实践决定论模式推演出美和艺术,无法说明后实践美学所阐述的美的一系列特征,于是延续其决定论模式但扩大实践概念的内涵,把精神实践和话语实践作为实践的类型纳入其中,这样就能够解决实践美学的难题。但是,首先,把话语纳入实践范畴,是否能够推进美学研究?是否能够扩大美学的新视界?其次,如果不改变美学的哲学基础,仍然坚持实践本体,这种思路是否能够推演出美的一系列特性以解决实践美学的难题?起源是否能够说明本质?实践美学的实践决定论是否存在思维误置?这两个问题是新实践美学的核心之处,本文拟对这两方面加以分析。

一

新实践美学自称坚持马克思主义的历史唯物主义,它认为,物质生产是实践的基本和核心,对于艺术审美的产生来说,物质实践是根本的决定性的。张先生说:“就美和审美以及艺术的存在者而言,物质生产的实践是构成美和审美以及艺术的存在者的实践活动,因而具有物质本体的存在的意义。换句话说,如果没有物质生产的自由境界,任何美的对象、审美活动、艺术作品都无缘生成,美和审美以及艺术的存在者就是不可能存在的。”②这一观点延续了传统实践美学。张先生反复声称,在三种实践中,物质实践处于本源的核心地位,话语实践是被决定于物质实践的,否则就不是唯物主义。但这样一来,把话语实践和精神实践放置在与物质实践平等的决定美的起源的地位上就是不妥当的,因为既然后两者是被

① 张玉能:《话语生产与实践美学》,《武汉理工大学学报》2007年第5期。

② 张玉能:《论不同类型实践对美和审美的关系》,《河南社会科学》2008年第3期。

决定的,这三者的地位就是不平等的,把他们并列在一起就没有理论根据,而且会造成理论本身的矛盾和混乱。

关于实践,实践美学的代表人物李泽厚、刘纲纪乃至后来的邓晓芒都坚持了马克思的原意,指的是人类不至于饿死而必须与自然进行物质交换的、改造自然的、具有客观社会性的人类活动。到蒋孔阳,实践开始偏离其原初含义。蒋孔阳把精神性的艺术创作乃至日常生活都纳入实践之中,这样,历史唯物主义的实践概念就退回到黑格尔哲学。为了解决实践美学的难题,张玉能试图扩大实践概念的含义,把精神和话语都视为实践。不管其意图是坚守马克思主义还是发展马克思主义,最重要的,是看这种思路是否能够做到理论自身的融洽,是否能够解决实践美学的问题,是否能推动中国美学的发展。检视新实践美学,回答是否定的。第一,这种思路没有做到理论自身的融洽。张先生说,从发生学角度来看,"美根源于实践"主要是指"物质生产",否则就会走向唯心主义;从本体论角度来看,"美是在社会实践之中人的本质力量的对象化"或者"美在创造中",就应该包括"物质生产,精神生产,话语实践",否则就必定产生片面的解释;从认识论角度来看,"美感是对美的反映的实践"就主要指精神生产,否则就无法理解;从现象学的角度来看,"美是自由实践的显现"也应该是指"物质生产,精神生产,话语实践。"①这样,在不同的层面,从不同的角度看,美的来源和规定就是不同的:在美的本源上,坚持实践的物质性;对于艺术创作和欣赏而言,美又来自精神生产和话语实践。理论的混乱由此可见!第二,这种改造并没有解决实践美学的问题,更没有推进当代中国的美学学术,新实践美学的美学结论仍然停留于传统实践美学②。

抛开误用概念可能导致的理论混乱不谈,引入话语实践和精神

① 张玉能:《新实践美学的告别》,《吉首大学学报》2006 年第 1 期。

② 新实践美学的基本结论,其与传统实践美学的关联和后实践美学的差异,限于主题,此处不展开,可参见拙文:《可疑的学术创新》,《福建论坛》2009 年第 2 期。

生产这两个概念是否能够推进美学思维呢？我们再来具体分析精神生产和话语实践。关于精神生产经典作家已论述很多，中国学界在 80 年代也反复讨论了这一概念，而且，审美活动是精神活动好像是不需要论证的常识，张先生对此也着墨不多。那么，为新实践美学所津津乐道的话语实践有什么含义呢？细读张先生的文章可见，所谓的话语实践就是讲文学艺术表达的语言性，即审美活动必须借助语言修辞符号予以传达。张先生认为，首先，话语实践与物质实践一样，对于艺术审美具有决定性，他说，“从本体论上来看，话语和话语实践、话语生产与美和审美以及艺术的关系，就是要揭示话语和话语实践，话语生产对美和审美以及艺术的存在性质起决定性作用。”在这里，话语实践与物质实践一样，也变成了艺术审美的本源，这就是上文说的，把话语抬高到与物质实践等同的理论层次，以之为审美的本源的思路所致。其次，话语实践的内涵是指艺术审美活动必须借助语言予以表达。他说：“如果没有话语和话语实践、话语生产，美和审美以及艺术的存在就是不可思议的。这应该是非常浅显的道理。因为没有话语和话语实践、话语生产，美和审美以及艺术的产生就无法进行，美和审美以及艺术的产品也就没有了符号话语的承载者，美和审美以及艺术的意义当然也就失去了载体。”①他还说，“美和审美以及艺术的存在也是一个感性的现实。美的性质必须附丽于一定的感性形象，审美的创造和欣赏离不开美的感性形象，艺术的创作过程最终必须表现为感性显现的艺术作品。而这一切都离不开话语符号和话语实践。也就是说，美和审美以及艺术的存在方式必然是一种符号话语的存在。”“话语生产是人类运用语言符号进行交往的感性现实活动。”②传统实践美学以实践直接产生美，没有说明人必须借助语言符号表达审美活动，那么就必须把语言符号作为一个中介加以重视，阐明艺术审美活动中语言符号的功能，这就是新实践美学的“新意”所在。但是，艺术审美活动必须以语言符号表达出来，语言

①② 张玉能：《新实践美学的语言论维度》，《天津社会科学》2008 年第 5 期。

本身也制约着审美活动,这是美学理论的老生常谈,我们丝毫看不出话语实践给美学带来的新思维,它没有给美学增加新的问题域,更没有解决传统实践美学的难题。艺术审美活动与语言符号具有关联性,审美活动必须借助语言符号表达出来。这么一个简单的道理,何关学术创新?请问,除了克罗齐外,自亚里士多德以来的哪个文学家和美学家否定了符号媒介对于审美活动传达的意义?正是人们认同了这个简单的事实,克罗齐的观点才为大家所反对。

此外,新实践美学关于审美活动的语言性的观点是有问题的,它刚好背离了当代美学的前沿理论。张玉能先生认为,"人类的社会实践是处理人对现实世界的关系的现实活动,而人对现实世界的关系主要有三种:人与自然的关系、人与自身的关系、人与他人的关系。所以就应该有相应的三种生产实践来处理这样三类关系:物质生产主要处理人与自然的关系,精神生产主要处理人与自身的关系,话语生产主要处理人与他人的关系。"[①]也就是说,话语实践中的话语是用于交往的,而用于交往的语言是理性的、公共性的、概念化的、约定俗成的。但是,恰恰就是这种语言难以表达文学艺术的审美活动,这一点被西方现代美学和中国古典美学反复论述。现代美学认为,用于交往的理性语言是"存在的牢房",它无法表达个体性的诗意的审美活动,审美活动超越了语言符号的钳制,它是"不可说的神秘之域",是无法定义的"是"本身,是"直觉"和"绵延"体验的对象,只有诗意的语言才能抵达审美活动并构造"存在的家园"。中国美学讲"象外之象","立象以尽意","言外之意","韵外之至",禅宗美学讲"不立文字、以心传心"等,都强调审美活动的超语言性。中国美学认为,审美的最高境界是超语言的需要以体悟去把握的"道"。德国古典美学家对于审美活动的超语言性也很明了。黑格尔说,形象大于思想。康德也认为,理性语言无法把握审美观念,"我所理解的审美观念是那样一种想象力的表象,这种表象能引起许多思想,但又没有任何一种确定的思想,也

① 张玉能:《论不同类型实践对美和审美的关系》,《河南社会科学》2008 年第 3 期。

就是概念能够与它相适应，因此也就没有任何语言能完全达到它并把它解释清楚。"①而新实践美学与主流的美学观点相反，没有意识到审美活动与语言的复杂关系。

当代西方的话语理论对于当代中国文艺学美学研究具有重要的意义。对于文化研究而言，话语理论所带来的学术新变，是要考察一种话语是如何构造一种意识形态的，是如何拆解另一种意识形态的，它是由谁构造的，是如何发布的，是向谁讲述的，在各种权力的博弈中，这种话语充当了怎么样的角色，等等。这就需要对各种类型的文学艺术文本做实证性的研究。对于美学研究而言，要借助分析哲学和哲学解释学，指出审美活动中的语言与情感的关系，这种语言的私人性与公共性的关系以及审美活动对于个体生命的意义等。仅仅指出艺术审美活动需要语言符号予以表达，重复这么一个"浅显的道理"，这对于中国当代美学研究并无意义。

二

张先生扩大实践概念的内涵，把话语和精神活动都说成是实践，并以决定论的方式推演美学命题。但是，为什么这种思路并未获得预期的效果，其得出的结论仍然停留于实践美学的而没有推进美学研究呢？原因是新实践美学仍然延续实践美学的哲学本体和理论构造方式，即以实践为美产生的根源，并以实践为本体按照逻辑和历史相统一的原则推演出美学的一系列范畴。这样，哲学本体没有改变，理论的构造方式也没有改变，虽然引入了话语实践和精神实践这两个"新概念"，但这两种实践类型仍然处于从属地位，因此，新实践美学仍然在实践美学的原地踏步。问题的根本是，实践是否是美的本源？在什么意义和边界内实践是美的根源？美是否能够定义为人的本质力量的对象化？进一步论，如果艺术考古学证实了审美起源于劳动，那么，起源是否能够决定本质？事

---

① 《康德美学文集》，北京师范大学出版社，2003年，第564页。

物的本质是否就在其起源之中?

起源本质论是传统实践美学的思维模式。实践美学认为,物质生产是美和审美以及艺术的根本,是劳动创造了美。实践美学认同审美起源劳动说。在实践美学的发展过程中,论者大量引用格罗塞、普列汉诺夫等人的著作,以考古学和原始艺术资料阐述功利性的实践活动是如何产生非功利性的审美的。这一点仍然为新实践美学所继承。确实,人本身都是劳动的产物,人的一切都是劳动创造的,在这个意义上,作为人类社会文化现象的审美当然是劳动的产物,而且人类学的田野调查也在一定程度上支持了审美起源劳动说。但是,实践美学的这一思路的缺陷在于,第一,审美起源劳动说有一定的材料依据,但现在看来这种观点也只是解释审美起源的众多说法之一。在解释审美起源时,它并没有获得主导性的地位。第二,审美起源劳动说的弊病是,它认为美的本质在其起源处,它看不到事物的发展变化,坚持的是本质主义的固定的永恒的本质。第三,也是最重要的,现代审美与原始时代刚好相反,艺术与实践不是肯定性的决定关系,而是否定性的非决定关系。审美起源劳动说无法解释现代审美现象,比如现代人主张亲近纯粹的自然,而非劳动实践所改造过的自然。我们看到,在论证这一问题时,新实践美学所举例证都来自远古神话时代,而非现代审美现象,因为现代审美无法证实而只能证伪实践美学。

实践美学没有认识到,人类实践活动创造了文明,创造了美,创造了肯定性价值,但是,文明化的过程同时也是一个异化的过程,人类实践活动也在异化自身。对于异化的现实活动的批判是为了维护人的自由,那么,这种批判活动也是美的根源,这就是现代艺术的意义,也是现代美学的主旨。在现代艺术看来,现实是丑的,艺术构造的乌托邦才是美的。这样,美就不仅仅是对实践的肯定,对实践的批判和否定也是美产生的根据。从历史发展来看,在启蒙运动时期,西方借助科学的伟大力量改造了自然,改造了世界,创造了文明和美,这就产生了启蒙时代的主体性美学,德国古典美学的理性主义和真善美的统合是这种美学思想的总结,实践美学即来源于此。在近代，人们还无法意识到人类实践的异化后果，这是直到现代人类才面临的问题，而现代审美就产生于对人类异化实践的批判中，它维护的是现代人的自由。中国后实践美学来自现代思想，它推崇的是超越现实的理想化的审美乌托邦。我们看到，在张玉能先生和杨春时先生的多年论争中，前者认同实践美学的观点，到人类早期实践活动中寻找材料论证审美起源劳动说，后者则从现代审美出发，论证审美是对现实的超越和否定。之所以难以达成对话，原因是他们的思想资源和基本观点在根本上是对立的。问题在于新实践美学缺乏历史主义的流变意识，从起源处寻找美的本质，它不理解现代性批判所主张的美的存在与实践的间离现象。在这个意义上，实践美学和新实践美学都是古典美学，它们坚持主体性原则，对人类的活动缺乏警惕和批判意识。

张先生似乎意识到了审美现代性对于美学的意义，但读其文章，发现他的论述存在诸多问题。第一，现代性的审美活动与实践美学的自然人化的观点是对立的，前者是对后者主体性思想的否定。第二，自然人化是美的根源，这是实践美学和新实践美学的核心观点。而人的自然化既然是对主体性哲学的批判，那么，自然人化与人的自然化这两种对立的观点能够融合为新实践美学的有机内容吗？人的自然化这一命题最初由李泽厚提出，但张先生的人的自然化与李泽厚不同，它是在学界批评实践美学之后，张先生意识到审美现代性的意义并对实践美学予以修正而提出的命题。但现代性的审美与启蒙主体性的审美如何能够统一呢？事实上，张先生在文章中也没有论证其统一，或者说是统一于前者。他说，“我们要建构审美家园，以实现人们自古以来所憧憬的审美乌托邦，就必须在以物质生产为中心的社会实践之中建立起人对现实的审美关系，要真正地‘回到自然’就必须通过自己的社会实践建构起人对自然的审美关系，在实践之中真正、完全地实现‘自然的人化’和‘人的自然化’”①。可见，张先生意识到了人类活动与自然

① 张玉能：《自然美与实践的自由》，《福建论坛》2006年第9期。

的对立并试图调节人与自然的关系,但他提出的修补性的“人的自然化”仍然依附从属于实践活动,即审美现代性被融入启蒙现代性。

细读文章发现,张玉能先生对审美现代性的理解存在误区。张先生一再批评西方现代的美学理论和后实践美学的审美超越论是审美乌托邦,斥之为“走火入魔”“野蛮的虚无主义”,一再批评我对审美活动的论述是虚无主义的“神秘”。他说,“当然,以审美价值为中心的价值论哲学和美学并没有克服资本主义社会的异化状况,因而审美现代性和现代主义所构筑的仍然是一个审美乌托邦。”①审美活动乃至审美理论都是精神活动,不是直接性的物质实践活动,不是改造世界而是解释世界的活动。在人类历史上,任何一种理论都没有克服社会的异化,理论的作用是塑造人,通过塑造人而间接改造世界。审美现代性也是如此,它的功能就是构造乌托邦,这种构造具有积极的文化政治意义,必须予以肯定。这里有必要为审美乌托邦辩护。审美是精神性的体验世界的活动。正是在现实的不自由、不圆满的基础上,人们构造了理想的蓝图即乌托邦,审美活动所构造的乌托邦召唤人们改造现实指向理想。现代社会的异化使人们产生囚徒式的困境,于是诗人和哲学家构造理想的乌托邦给人们以自由,让人们在体验自由之后,以理想对照现实,并激起反抗现实创造美的世界的热情和动力,这就是审美的政治意义。审美的根本指向是自由。在传统社会,人与自然的矛盾最为突出,人与自然的统一是最高的自由,这样,追求人与自然和谐的美学范畴就出现了。和谐是中西古典美学的基本范畴。在西方近代社会,个体的分裂是人类面临的重要问题,自由表现为个体自身的和谐,于是寻求感性和理性的统一成为美学的最高要义,这一主题在德国古典美学家那里反复出现。在现代社会,人与社会、人与自身以及人与自然的关系都变得极为紧张,自由表现为对人自身,对人与社会,对人与自然关系的异化的反抗和对新的和谐关

① 张玉能:《论不同类型实践对美和审美的关系》,《河南社会科学》2008年第3期。

系的向往,这就是现代西方美学和当前生态美学的主题。

我的本意不是要否定人的实践活动,而是说,现代美学必须建立在现代人的生存处境和现代思想的基础之上。启蒙哲学的主体性是人类中心主义的根源,也是现代人类异化的根源,现代性要否定的就是主体性,那么,在审美现代性看来,人类实践就不再是美的来源,在超越现实的基础上所构造的乌托邦才是美的来源。新实践美学一直坚持实践为美的根源,没有意识到对于实践的否定和批判也是美的根源,而后者正是现代西方美学的主题。对于现代处境中的人而言,审美活动是在宗教退隐之后,成就着个体的生命意义的活动。张先生维护实践美学的基本主张,其一篇文章的主题是论证审美的个体性和社会性的统一,但这无法回应学界的实践美学忽视个体性的批评。审美活动既是个体性的又是社会性的活动,这是毫无疑问的,但是,在现代美学看来,审美活动首先是超越性的生命体验的活动,是个体的一种自由的生存方式。正是因为有个体主体的优先性,美感的共通性才成为一个需要解决的难题,主体间性这一概念的提出就是为了解决这一问题。张先生对现代美学的理解存在误差,这就导致其论证始终停留在维护传统实践美学的层面而无法穿透学界的批评。

三

综观新实践美学,其思路,一是坚持传统实践美学的做学方式,即从经典出发,以经典文本关于美学问题的言论为理论的出发点;二是,坚持传统实践美学的哲学本体,以实践为美学的哲学基础;三是,认同实践美学的决定论模式,以实践为美的本源和本质,认为美的本质是人的本质力量的对象化。基于这三点,其理论演绎的结果是,实践美学的基本观点,诸如美的本质、美学范畴、艺术、自然美等基本规定都被保留下来。由于实践美学存在诸多难题,新实践美学试图通过扩大实践概念的内涵来修正其缺陷。但结果是在偏离历史唯物主义的同时,造成了理论混乱,更没有提出新的美学命题。新实践美学致力于经典的阐释,即从经典演绎出美学范畴和具体观点,这样,经典视域就制约了其问题的构架和理论的阐释效力。这种思维方式曾经在20世纪下半叶风行中国学界,它严重地制约了中国学术的生产力。在20世纪80年代思想开放以后,学界反复批评了左倾思想对于学术研究的钳制,特别是近年来学界对于经典问题的讨论,人们认识到,经典是历史构造的产物,是多种力量博弈的结果;学术的生命力来自现实的生存处境,而不是先验的经典;经典应该服务于本土经验的解释,而不能以经典代替本土问题,从而解释者应该根据新的情势赋予经典以新的生命力。新实践美学延续了传统实践美学的理论构造方式,即遵循逻辑和历史统一的原则,从哲学本体出发推演出美学范畴体系,这样,新的思想和知识就无法纳入其先在的理论。我们看到,虽然作者在试图吸纳新的知识,但由于取古典哲学的视域,观点的创新无法实现。

新实践美学延续传统实践美学的思维方式和基本观点,后实践美学的思想资源和基本主张来自西方现代美学。后实践美学的本体是现代西方哲学特别是现象学和解释学的个体性的存在,而实践美学和新实践美学的本体是人类的实践活动,它们都按照本体论哲学的方式推演美学的一系列范畴,既然本体不同,所得到的美的规定自然就不同。现代美学应该建立在对现代人类活动和现代人的生存处境的反思之上,从这个意义上说,后实践美学对传统实践美学和新实践美学的批判对于中国美学的发展是一个历史的扬弃,而新实践美学之“新”则无从谈起。

(原载《甘肃社会科学》2011年第4期)

“后实践论美学”综论

王元骧

一

“实践论美学”是20世纪五六十年代美学大讨论留下的重要成果。它是在苏联社会派美学的代表人物万斯洛夫和斯托洛维奇著作的启示下，按照马克思《1844年经济学—哲学手稿》的思想对于美学问题所作的一种创造性的论述。它在美学研究上的突出贡献在于把历史唯物主义的观点引入美学，使得美学研究在观念和方法上都发生了一个根本性的转变，表现为：它既不像古代客观论美学那样，把美看作是脱离人而独立存在的客观事物的物理属性，也不像近代主观论美学那样，把美看作只是人的主观情感的一种表现；而认为正是由于人的实践，特别是人类最基本的实践活动——生产劳动，改变了人与自然的关系，使“自然人化”，使自然与人之间的关系由对立、疏远的变为亲近、和谐的，由“自在的”变为“为我的”，并在改变外部自然的同时也改变了人的内部自然，使人的感官从“自然的感官”变为“文化的感官”、亦即“人化的感官”，这才有可能使得人与自然的关系由仅仅是利用的关系而上升为观赏的、亦即审美的关系，使对象对人来说成为美的对象，从而确立了为马克思主义美学所特有的“审美关系”的理论，为我们研究复杂的审美现象找到了科学的思想基础。

但是到了新时期，这一理论成果就不断遭到人们的批判和颠覆，这最早起始于以潘知常的《生命美学》《生命美学论稿》为代表的“生命美学”和以杨春时的《超越实践美学　建立超越美学》、《走向后实践美学》为代表的“生存美学”(亦称“超越美学”),亦即人们通常所说的“后实践论美学”。它们的共同特点都是以现代西方非理性主义哲学为方向,把它作为美学研究的指导思想。非理性主义的特点就在于把理性与感性对立起来,强调情感、意志、直觉、体验、潜意识等非理性因素在人的生存活动中的地位和作用,以求摆脱“理性的统治”而回归个人的心理生活而受到人们的青睐。“后实践论美学”就是站在这一理论立场,反对从主客体关系的角度把审美当作在实践的基础上所形成的人与现实关系的一种特殊的形式来进行研究;否认美的客观性和社会性,认为“美学的根本问题就是人的问题”,它所阐释的就是“那在自由体验中形成的活生生的、‘说不可说’的东西”;断言从主客体关系出发来研究美学乃是“知识型美学的方向性的错误”,“这样就必然固执地坚持从抽象、一般、普遍、知识、真理、理性、本质入手”,把美“置于对象的位置上去冷静地加以抽象,从客体的大量偶然性中归纳出某种必然性、某种终极真理,在动态的、现实的、丰富多彩的此岸世界之上,建构起一个静态的、永恒的、绝对的彼岸世界,一个美的世界,一个纯粹概念的、外在的、目的论的世界”,这样“生命的维度也就被遮蔽和取消了”。从而宣称,“我国百年美学史的失误就在于坚持主客二分”,“只有走出主客二分,中国的美学才有希望”。①认为“实践论美学”就是这样一种知识型的美学,它“虽然在一定程度上突破了传统美学的局限”,但由于承认美的客观属性,所以仍然未能突破主客对立的二元结构以及“古典美学的理性主义”的窠臼,而把审美活动“压缩到理性的范围,非理性、超理性的活动被排除在外”②,因而都力图以否定“实践论美学”为他们自己的理论开路。

在我看来,这种以肯定主客二分为理由,把“实践论美学”看作是一种“知识型美学”,乃是对“实践论美学”的一大误解。因为在

① 潘知常:《生命美学论稿》,郑州大学出版社,2002年,第15、5、85、326、43页。
② 杨春时:《生存与超越》,广西师范大学出版社,1998年,第141—142页。

马克思主义那里,“主客二分”并不等同于“二元对立”,而认为这两者既是对立的又是统一的。它是解释人的活动首先必须确立的思想原则。这是由于人不同于动物,动物与世界是直接同一而不存在主客之间的关系的;人由于有了意识,才开始把自己与世界从混沌状态中分离出来,把世界当作自己认识和意志的对象,这样主客二分也就成了人类意识活动和意志活动所必不可少的前提条件。只是自17世纪以来,由于理性主义的片面发展,使得哲学脱离现实生活而走向思辨形而上学,以致把两者完全分离开来、对立起来,当作互不相关的两个预成的实体。而这正是马克思主义所竭力反对的。要说明这个问题,还需要我们回过头来对于主体与客体这两个概念作一番语义上的分析。“subject”和“object”这两个概念在传统哲学中通常都按直观的思维方式,视“subject”为人的主观意识,“object”为不依赖于人的意识而存在的客观事物。而马克思主义不同于以往哲学就在于立足于人的实践活动,认为不论是“object”还是“subject”,都是在实践过程中分化出来,并随着实践的发展而发展的。所以在马克思主义实践论的视野里,并没有什么预设的实体。就“object”来说,它并非是与生俱来的自然界,而是人类“世世代代活动的结果”①,其中无不打上人的活动的印记;从“subject”来说,也正是人在改变世界的过程中,由于经验、智慧的积累和内化,不断地改变着人自身的心理结构和活动能力,而使作为联系两者之间关系的人的感官不同于“自然的感官”,而成为“以往全部世界历史工作的产物”。②所以,为了显示与传统哲学解释的不同,后来在翻译中也就按马克思主义哲学的精神译为“主体”和“客体”以示与原本意义上的“主观”和“客观”的区别。表明在马克思主义看来,它们之间是相互依存、相互转化的。“实践论美学”所说的“美的社会性”,也就是从本体论层面说明了美并非自然原本的

① 马克思、恩格斯:《德意志意识形态》,见《马克思恩格斯选集》第1卷,人民出版社,1972年,第48、30页。

② 马克思:《1844年经济学—哲学手稿》,刘丕坤译,人民出版社,1985年,第83页。

属性,其中无不带有人的活动的印记,它是人的实践活动的历史表征和历史成果。"后实践论美学"认为"只要强调从主客体关系出发,就必然假定存在一个脱离人类生命活动的纯粹本原,假定人类生命活动只是外在地附属于纯粹本原而并非内在地参与纯粹本原。而且既然作为本体的存在是理性预设的,是抽象的、外在的,也是先于人类生命活动的,主客体之间必然是彼此对立的、相互分裂的,也必然只有通过认识活动才有可能加以把握的",因而"在从主客体关系出发的美学中,审美活动被看作是一个可以理性把握的对象、一个经验的对象,因而就不得不成为某种被动的东西,从而也就最终放逐了审美活动",使美学成为一种"知识型的"、"见物不见人"的"冷冰冰的美学"。①这都是由于没有真正理解马克思主义的实践观,按直观的思维方式来理解马克思主义哲学中主客体关系的内涵而把它混同于主客观关系所造成的曲解和误解。

我的理解与"后实践论美学"刚刚相反。我认为在美学研究中,正是马克思主义实践观点的引入,才改变了传统哲学对人作孤立的、抽象的理解,使人从抽象的、脱离现实的、被知性所分解了的人成为现实的、以整体而存在的人,从而克服传统知识论、认识论美学的局限,而把审美放到整个人的活动系统中来加以理解,从根本上改变了客观论美学那种"见物不见人"的倾向,赋予审美活动以实际的人的内容。这是由于传统哲学是一种知识论、认识论哲学,因而人也只是作为认识的主体被视为是"理性的人",亦即笛卡儿说的"一个在思维的东西",它的"全部本质或本性只是思想,它不需要任何地点以便存在,也不赖任何物质性的东西"。②马克思反对把人作这样抽象、分割的理解,认为这样的人是"天上降到地上"的;与之相反,"我们不是从人们所说的、所想象的、所设想的东西出发,也不是从只存在于口头上所说的、思考出来的、想象出来的、

① 潘知常:《生命美学论稿》,第236—237、338页。

② 笛卡儿:《谈方法》,见北京大学哲学系外国哲学史教研室编译:《西方哲学原著选读》上,商务印书馆,1987年,第369页。

设想出来的人出发,去理解真正的人。我们的出发点是从事实际活动的人"。①这种人与抽象的、思辨领域中的理性的人不同,只能处身于现实生活中的知、意、情三者有机统一的具体的、整体的人,是从知、意、情等全方位、多方面与世界发生关系和联系的人。如果说,认识(知)使人与世界二分,即由于有了意识使人从动物与世界的那种浑然一体的状态中解放出来,把世界看作认识和意志的对象,并从对世界规律的认识中提出自己的目的;那么,实践(意)则把认识成果的目的化为自己活动的动机,通过意志努力在对象世界中实现自己的目的,而使主客二分回归统一。所以马克思认为理论和实践的"对立的解决不只是认识的任务,而是一个现实生活的任务,以往的哲学未能解决这个任务,正因为以往的哲学把这仅仅看作是理论的任务",而不理解它"只有通过实践的方式,只有借助于人的实践力量才有可能得以解决"。②这里所说的"实践力量"在我看来不仅是指在实践活动中所使用的技术和工具,而更是指驱使人从事活动的心理能量和精神动力,包括情感、意志、愿望、动机等等。所以马克思把"激情、热情(都看作)是人强烈追求自己对象的本质力量"③,认为没有这些心理的、精神的力量的驱使,一切实践活动都很难得以完成。这充分表明马克思主义的实践的理论不仅不存在什么需要摆脱的"理性主义的痕迹",而且正是由于把实践的思想引入哲学,才改变了近代理性主义哲学以理性来排斥非理性的倾向,同时也避免了现代非理性哲学由于对非理性的片面强调以至走向完全否定理性这样一种极端,而使人真正成为具体的、整体的人,使哲学对于人的活动的研究得以全方位的拓展。我们凭什么理由断言"实践论美学"是一种"知识型的美学",而把"人的生存活动压缩到理性的范围,非理性和超理性活动被排除在外"呢?

当然,马克思主义的实践理论作为历史唯物主义的核心内容,

① 马克思、恩格斯:《德意志意识形态》,见《马克思恩格斯选集》第1卷,第30页。
②③ 马克思:《1844年经济学哲学—手稿》,第83—84、126页。

它的理论视角"是人类总体的社会历史实践",不像在审美活动中那样以个体活动的形式得以显现。这决定了"实践论美学"就其性质来说只能是一种哲学美学而非经验美学,它只是为我们研究美学提供一个思想基础而并不旨在直接解释审美活动中的具体现象和经验的问题。所以要使美学研究走向完善,我们还得在实践论美学的基础上向审美心理学、审美文化学等方面作进一步的推进,这还有一段很长的路要走。但这并非要我们离开"实践论美学"的根基去改弦易辙、另谋出路;而实际上它正是"实践论美学"向我们所发出的理论预示和所作出的理论指向,是"实践论美学"内在本质的一种具体的展示。因为它从哲学的高度指出实践主体是知、意、情统一的整体的人,而意志和情感都不仅是一个哲学的问题,而且也是一个心理学的问题,它只能发生在个人的内心或经由个人内心才会转化为现实的力量,这就决定了在马克思的实践论视野中的作为"人类总体"的人不像笛卡儿的"一个在思维的东西"那样,是一种"知性的抽象",而只能是"理性的具体",是理性层面上对人所作的整体把握,因而它必然要向个体的、心理的人开放,赋予审美活动中个人的、心理的因素以充分的地位,为我们研究在具体审美活动中人的个体的、心理的、非理性的活动打开了一个广阔的空间。"后实践论美学"认为以实践的观点来研究美学,是把"实践活动与审美活动,实践的成果与美学的成果统统放在同一层面",把实践活动与审美活动"互相等同"①,而以此断定"实践美学仅有本体论基础而缺乏解释学基础,因此只能从实践(作为物质生产)角度而不能从解释(作为认识或价值判断)角度来阐释审美本质",必然导致抹杀审美的超越性、审美的精神性、审美的个体性。②这显然是没有认清美的哲学与审美心理学两者之间的内在联系,完全按审美心理学、审美经验论的思维方式来看待"实践论美学"

① 潘知常:《生命美学论稿》,第 78 页。

② 杨春时:《生存与超越》,第 147 页。

而产生的误判。

美是属于感性世界的东西，它直接诉诸人的感觉和体验，离开个人的心理活动也就不可能有审美情感的发生。从这个意义上，"后实践论美学"从审美活动与审美经验的角度对于美，以及审美与人的追求自由、超越的本性联系起来进行探讨，对于推进中国美学研究从实践论维度向人生论维度发展是有积极意义的；但若是完全否定了实践在人的社会生活中的基础地位，否定了任何个人都是生活在一定社会关系之中，就其性质来说都是"社会性的个人"，以脱离人的社会关系的所谓"生命"、"生存"作为美学研究的逻辑起点，那就很难突破非理性主义的思想局限。所以我觉得我们在吸取现代"非理性主义"的合理因素以克服近代"理性主义"的局限的时候，就不能把"非理性主义"视为终极真理，同样也存在着一个超越"非理性主义"的思想局限的问题。

二

如果说"后实践论美学"的逻辑起点是"生命"和"生存"，那么它的中心论题则是"超越"和"自由"。它们认为："生存的本质，一言蔽之，就是超越性。"[①]"美学不可能是别的什么，而只能是人类生存的超越性阐释，只能是人类关于生命的存在与超越如何可能的冥想。它不去追问美和美感如何可能，也不去追问审美主体和审美客体如何可能，更不去追问审美关系和艺术如何可能，而去追问作为人类超越性的生命活动如何可能。这就推动着美学从发生学的追求真正转向美学的追问，从主客二元层面的考察真正转向了超主客二元层面的考察；也推动着美学的内容走出局限于审'美'的困窘领域，成为对人类生存的超越性阐释，还推动着美学从实体形态转向境界形态……"，因为"对于心而言，无所谓世界而只有境

① 杨春时：《生存与超越》，第 31 页。

界”。①因此，从生命和生存活动的基础上来研究美学，它的领域也就是“心”即主观心理活动，它的主题也就是超越和自由，它的目的就是为“自由生命定向”。

超越性是人的主观能动性的集中体现，唯此，人能从现实关系的束缚中解放出来进入自由，它毫无疑问是美学所要探讨的核心问题，我自己这些年的研究也都以此作为主题。②问题在于它们能否像“后实践论美学”那样脱离现实关系，当作一种抽象的主观心理的活动，把“生命活动的原则”与“实践活动的原则”对立起来，认为唯有“从实践原则扩展为生命活动原则”③，才能进入超越和自由？这种把“生命活动”与“实践活动”对立的倾向，使得它们所谈论的超越和自由都是内外分离、作为一种纯粹的精神活动来理解的。如“生命美学”把自由分为所谓“把握必然的自由(自由的客观必然性)”和“超越必然的自由(自由的主观性和超越性)”，强调唯有主观性的、“超越必然的自由”才是“美学之为美学所必须面对的真问题”，认为“实践论美学”把审美活动与实践活动等同，这就把主观性的、“超越必然的自由”还原为客观性的“把握必然的自由”，以致“自由的现实属性片面地加以突出，自由的超越属性被片面地加以遮蔽”而使美学的“真问题”丧失了。④这种内外分离的倾向也同样反映在“生存美学”之中，它把人的生存方式分为“自然的生存方式”、“现实的生存方式”、“自由的生存方式”三种。认为在前两种生存方式中，人都受着自然和物质的关系的束缚，而使精神未能得以独立；只有后一种生存方式由于精神获得独立，才使得主体成为“自由的主体”，而进入一种审美的生存方式。因为在“审美态度下，主体忘却现实，进入超常的体验；客体失去真实性，成为幻觉的对象；时空限制不复存在”，是一种“与现实隔绝的生存状态”，这就使得“审美不仅是一种自由的生存方式，也是一种超越的解释方

---

①③④ 潘知常:《生命美学论稿》，第103—104、91、42、47、42页。

② 详见王元骧:《审美超越与艺术精神》,《论美与人的生存》，浙江大学出版社，2006、2010。

式”。这样“生存的自由本质即在于它有超越的要求和能力,而这种能力就是审美创造和哲学反思能力”。①这些论述表明,“后实践论美学”所理解的生命活动和生存活动都是与实践这种现实的感性物质活动完全没有内在联系而截然对立的抽象的、纯精神的主观心理活动。

这就关系到我们应该怎样正确地理解“生命”和“生存”的问题。在我看来,这两个概念是不可分割地联系在一起的。生命是一切生物活动的动力源,生命的消失,生存活动也就终止了。所以对于人来说,他的生存的原动力也就在于他的生命。但是,在人文科学领域,“生命”是一个十分歧义、迄今尚未获得统一而准确的科学界定的概念,即就近现代“生命哲学”的代表人物狄尔泰和柏格森来说,彼此的理解就很不相同,狄尔泰所指的主要是人的精神生命,而柏格森所指的主要是人的自然生命。但是共同之点在于两者都是作抽象的、离开人所处的现实关系来理解的。而马克思不同于狄尔泰和柏格森,他在把“有生命的个人存在”看作是历史的出发点时,强调“有生命的个人”总是处在一定现实关系中的“从事实际活动的人”,人的存在就是他们的“实际生活的总过程”。这样,就把人的生命活动、生存活动与实践活动统一起来,放在由于人的实践活动所形成的主客体的关系中,按历史唯物主义的精神来理解超越与自由的问题,这才使对生命和生存的理解进入科学的轨道。

为什么这样说呢?因为从哲学上来看,超越与自由问题的提出,就是以人来到世间总是处身于一定的现实关系之中、并必然被一定现实关系所规定和约束这一认识为前提的。“关系”表明“有些东西由于它们是别的东西的,或者以任何方式与别的东西有关”,因此“属于关系范畴的各对对立者,都需要借对立的一项与另一项的关系来加以说明”。②这样,要正确地说明这个问题,就不能脱离人在实际生活中所处身的现实生活。所谓超越与自由,就是

① 杨春时:《生存与超越》,第35—36、31—32页。

② 亚里士多德:《范畴篇·解释篇》,第23、38页,商务印书馆1959年。

人凭着自己的主观能动性,要求从这种必然性中解放出来按自己的意愿和意志从事活动。所以恩格斯说"自由不在于幻想中摆脱自然规律而独立",而"在于根据,自然界的必然性的认识来支配我们自己和外部自然界"。①表明由这种客观必然性所造成的对于人的支配和约束主要来自两方面:即外部的关系和内部的关系。前者是指"外部自然界"、物质世界对人的支配和约束,后者是指"我们自己"、自己内心欲求对人的支配和约束。这样,人的主观能动性也就相应地可分为实践的能动性与意识的能动性,前者使人从物质的约束中摆脱出来,不像动物那样受必然律的支配行事而不得自由;后者使人从欲望的支配中摆脱出来而在精神上获得解放。但由于欲望说到底是由物质内化而来的,是物的支配力量在人的内心生活中的反映;所以,要根本解决欲望对人的支配,就不能完全离开实践能动性的前提而仅就意识能动性方面作纯精神的探讨。这表明,要求得内部的超越是不可能完全离开外部的超越而单独实现的。

所以,要真正从外部和内部来实现人对现实关系的全面超越而进入自由,就需要把人的全部心理能力知、意、情都调动起来投入到活动中去。实践的能动性需要凭认识、意志的力量。认识是为了透过现象来把握事物的本质,为的是使我们的行动遵循客观规律而避免主观盲目;意志根据对现实世界内在规律认识提出目的,通过意志努力在对象世界实现这一目的,最终实现对外在的、物质世界的超越。这种超越在历史唯物主义的观点看来,最根本的就是人通过自己的生产劳动,从物质世界获得满足的过程中来摆脱物对人的支配和奴役。若是人在现实生活中连基本的物质需要都不能满足,对他来说所谓的"超越"也就成了一种奢谈。超越欲望的支配则需要凭意识的能动性,通过文化教养和情感的陶冶,使人从一己的利害关系中解放出来意识到自己和别人是同一的。如果

① 恩格斯:《反杜林论》,见《马克思恩格斯选集》第3卷,人民出版社,1972年,第153—154页。

再加细分,我认为又可以分为伦理的超越和审美的超越。伦理是人的社会行为的准则,它虽然需要理性的规范,但由于它的目的是为了付诸实行,因此这些为理性所规定的行为准则只有经过内化,从内心真切地体验到自己与别人是统一的,自己活着应该为别人尽到点什么义务和责任之后,才能转化为人的行动。它是理性向情感的融入。审美与伦理不同,它是不受任何理性的强制完全凭着自身对于美的自由爱好而产生的,但由于它是一种纯粹的"观照"活动而不为任何欲望所动,这就使得审美愉悦突破了一般感觉快适所不可避免的个人性和自私性,"就好像认识判定一个对象时具有普遍法则一样"而"把自己对于客体的愉快,推断于每一个别人"。①这样,原本完全由个人趣味所生的个人性情感,由于社会性内容的介入,使得它与伦理情感一样,都在情感领域实现了社会性对个人性的超越。所以,情感的超越作为一种内在的超越与认识的超越、意志的超越这些外在的超越不同,它所要解决的不是物质世界中的问题,而是通过心灵净化、人格提升和人生境界拓展来超越一己利害关系的支配和束缚的问题。这在当今这个金钱至上、物欲横流的社会里,在人日趋物化、异化的险境中,对于维护人格的独立和尊严有着十分重要的作用。所以,"后实践论美学"把超越与自由作为美学的一个基本主题提出,我认为是有它的现实意义的。

问题在于,由于"后实践论美学"把"生命活动"、"生存活动"与"实践活动"对立起来,离开了人的社会实践对"生命"和"生存"作孤立的、抽象的、纯精神的理解,不认识实践的能动性与意识的能动性、内在超越与外在超越之间的辩证关系以及外在超越的基础性的地位,以致把审美在人的生存中的地位和作用无限夸大,认为"实践活动限定了人类的理想,审美活动则不然,它固然涉足于有限,但却并非着眼于有限,更不是为了一个有限的创造,而是为了通过这有限而达到无限的境界",达到"人的自由本性的全面实

---

① 康德:《判断力批判》上,宗白华译,商务印书馆,1964年,第59页。

现”,“生命活动也只有在审美活动中才找到了自己”。这样,审美活动也就“失去了实在的需要,而成为一种象征。因此,审美活动的可能,恰恰证明了现实中理想本性的不可能;审美活动要为人找到理想,恰恰因为现实中缺少理想;审美活动要为人找到无限,恰恰因为现实中没有无限……审美活动所面对的是永远无法解决的问题”。①这样一来,不仅由于对意识能动性的无限夸大而使之堕入唯心主义,而且审美也成了对现实人生的一种逃避,一种完全没有实际意义的精神的陶醉和抚慰。

那么,怎么正确理解审美情感所造就的人的内在超越对于提升人的人生境界、完善人格建构、实现人的自由解放的意义和作用呢?这可以从两方面来说:从情感本身来说,由于情感是由生物性的情绪的社会化而来的,因此它可以沟通感性和理性,就像席勒所说,在感性的层面上实现理性的工作,从而使理性的强制转化为主观的自愿。从情感与认识与意志的关系来说,它能把从对客观规律的认识的基础上所提出的目的,内化为驱使行动的需要和动机,推动着人们通过自己的意志努力使目的得以实现。从而使得认识、意志、情感三者在人身上达到全面发展、有机统一而成为一个整体的人。所以,许多哲人都十分重视情感在人的人格结构中的地位之重要。如狄德罗认为“只有情感,而且只有强大的情感,方能使灵魂达到伟大的成就”,“情感淡泊使人平庸”,“情感衰退使杰出的人物失色,勉强就消灭了自然的伟大力量”。②这也就是马克思在批判资本主义异化劳动所造成人的异化时,并不认为由于知识和技能的退化,而从根本上把原因归之于情感的物欲化和荒漠化而造成人的工具化的理由。一个人要是缺乏情感的教育、特别是审美的教育,他就很难成为一个完整的人、一个自由的人。

但是不论怎样,内在的超越和外在的超越总是不可分割地有机

① 潘知常:《生命美学论稿》,第280页。

② 狄德罗:《哲学思想录》,见《狄德罗哲学选集》,江天骥等译,商务印书馆,1983年,第1—2页。

地联系在一起,并以外在的超越为基础和前提的。因为物质生活对于人来说毕竟是第一性的,正如马克思所说“忧心忡忡的穷人甚至对最美丽的景色都没有什么感觉”①。所以在一个尚存在着贫穷、失业,还有很多人在为温饱发愁的社会里,审美在国民教育中的地位和作用总是不可能得到充分的重视和普及的。完全脱离人与现实的关系,离开外部世界的超越,认为仅凭个人的“主观选择”就可以实现自我超越进入自由②,这显然是一种不切实际的空想。但是从辩证的观点来看,也并不意味着我们只有等到物质领域内的问题解决了之后才有条件来提倡审美。因为既然审美与伦理有着内在的统一性,伦理学与社会学不同,它属于人生科学而不是实证科学,所遵循的是自由律而不是必然律,这就在一定限度内为人的自由意志留下了发挥的空间,表明审美的作用在人的整个生存活动中也不是完全是消极的、被动的,它可以为人们树立一种信念和理想以激励和鼓舞人们在不自由中去争取自由。这样,我们在美学研究中就可以做到既不否认在人的生存活动中物质生活的基础地位,脱离物质领域内人的解放去奢谈精神上的超越和自由;又不否认审美在改变人的人格结构、造就的人的信念和理想在实现现实世界中的人的自由解放所起的积极作用。这样,我们也就从人的整个活动结构中为审美找到了自己所处的正确的地位,而使审美对人的生存的意义和价值获得一个科学的定位。这就是“实践论美学”所要达到的目的。它的意义和作用不在具体地描述和说明审美的经验现象,却保证了我们的研究不迷失方向而朝着科学的道路前进。

三

紧随“生命美学”、“生存美学”之后在中国出现的是以邓晓芒、

① 马克思:《1844年经济学—哲学手稿》,第89页。

② 潘知常:《生命美学论稿》,第310页。

易中天为代表的“新实践论美学”和朱立元为代表的“实践存在论美学”。它们与“生命美学”、“生存美学”的主要差别是在于主观上似乎都力图维护“实践”的原则,但是从具体的论述来看,实际都已与马克思主义“实践”的原则分道扬镳,而向“生命美学”和“生存美学”投靠。所以我将“后实践论美学”扩容,而把它们都包括在内。在“新实践美学”与“实践存在论美学”这两者之间,虽然“实践存在论美学”的出现在时间上稍迟于“新实践论美学”,但在思想观点上与“生命美学”、“生存美学”似乎有着更为密切的联系。因为在“实践存在论美学”看来,“生命美学”、“生存美学”批评“实践论美学”的理由,如认为“实践论美学”“把实践直接作为美学的基础,跳过许多中介环节,直接推论到美学基本问题;审美强调超越性,而实践没有超越性;审美强调个体性,而实践往往是群体的、集体的、社会的活动;审美强调感性,而实践强调理性,带有目的性”等,都“不无合理、可取之处,有的批评甚至有振聋发聩的功效”,①因而都为“实践存在论美学”的代表作《走向实践存在论美学》所吸取和继承。正是由于这种直接的亲缘关系,所以,我把它提到“新实践论美学”之前紧随“生命美学”、“生存美学”来说。

“实践存在论美学”的思想核心是“生成论”,认为“美不是现成的,而是生成的”。②这思想是值得重视的。其实,“实践论美学”也就是一种生成论美学,它认为美不是物的自然性而是社会性亦即价值属性,而社会性就是在自然性中生成的。但是两者在对“生成”的现实根源的具体理解却存在着深刻的分歧。这分歧源出于对“实践”的不同理解。“实践”这一概念在我看来,从最宽泛的意义上说就是指与“知”(认识)相对的“行”。它的含义十分丰富,有的从伦理学的观点、有的从认识论的观点、也有的从存在论的观点对其作过种种不同的解释。与这些解释不同,马克思则是从历史唯物主义的观点,把实践理解为感性物质活动首先是生产劳动,认

① 朱立元:《我为何走向实践存在论美学》,载《文艺争鸣》,2008 年第 11 期。

② 朱立元:《走向实践存在论美学》,苏州大学出版社,2008 年,第 216 页。

为这是人类社会得以存在和发展的现实基础，并强调必须“从物质实践出发来解释观念的东西”。[①]“实践论美学”就是按照这一思想原则来研究美学的。但“实践存在论美学”似乎并没有认识从历史唯物主义视角理解实践对于建设马克思主义美学的特殊意义，认为这等于“把人的其他各种活动完全排除于外”，是“对马克思关于实践的看法的严重误解”，从而以亚里士多德的伦理学和康德哲学思想为例，来证明“从西方的思想背景来看，实践从来就不是单纯指物质生产劳动，而且主要不是指生产劳动”。[②]这就抽去了物质生产活动在马克思的“社会存在”学说中的基础地位，而把它与“存在论哲学”中的“存在”概念混淆在一起，认为“在马克思的学说中，实践概念与存在概念有一种本体论上的共属性和同一性，两者揭示和陈述着同一本体领域”，它们的“根本取向”，“都是走向现实的人生和实际生活”，“马克思的历史唯物主义，或者说实践的唯物主义，就是以存在论意义上的社会存在为基础的”。[③]从而试图把马克思的“实践论”与海德格尔的“存在论”融合在一起。这恐怕只能是一朵不结果的花。因为事实上两者的思想观念和思维方式都存在着根本的差别，我们似乎很难从马克思的作为历史出发点的、处在一定现实关系中的“从事实际活动中的人”，与海德格尔的“在世界中存在的人”之间找到什么共同的东西。这是因为：(一)海德格尔所说的在世界中的、与他人共在的人是与他人(“常人”)、社会处于对立地位的、完全是个体的、心理的人；而马克思则认为就其本质来说，人是“社会关系的总和”，社会就反映在个人身上，使得任何个人都是“社会的存在物”、是“社会的人”，这里社会与人是统一的。(二)在海德格尔看来，人生在世就是一种“被抛状态”，这种被抛状态只能以个人的情绪体验才能领悟。情绪体验是一种非理性的心理活动，所以在情绪体验中，人与世界总是未经分离浑然一体的，这决定了他的哲学在思维方式上必然是反认识论、反主客二分

---

① 马克思、恩格斯：《德意志意识形态》，见《马克思恩格斯选集》第1卷，第43页。

②③ 朱立元：《走向实践存在论美学》，第281、269、271、283页。

的。他虽然也谈论人生的“筹划”，按可能性开展自己的行动，但与马克思的实践观却有着根本的差别。因为在马克思主义看来，实践作为人有目的、有意识的活动，即按照自己的目的通过意志努力在对象世界实现主观目的的活动，它虽然与认识不同，但却不是对立的，认为凡是正确的、通过实践活动得以实现的目的，都不可能仅凭主观意愿确立，而总是建立在对客观规律认识的基础上是“客观世界所产生的，是以它为前提的”，①所以又不可能没有认识论的基础。若是排除主客二分、排除认识论的前提，那只能是一种盲目的活动。“实践存在论美学”认为它的理论建构“虽然仍然以实践作为美学研究的核心范畴，却突破主客二元对立的认识论，转移到了存在论的新的哲学的根基之上”②，这实际上就是放弃马克思主义实践论转而以海德格尔的存在论作为他们美学的思想基础。这样，作为活动主体的人，也就不再是社会的个人，而只能是个体的、心理的、非理性的人了。

由于“实践存在论美学”按海德格尔的存在论的思想把人看作是个体的、心理的人，所以，对于“审美关系”也就不再像“实践论美学”那样理解为由人类社会实践、特别是生产劳动过程中历史地形成的人与现实的主客体关系中派生出来的一种客观的、社会的关系，而只是在个人审美活动中所形成的主观的、心理的关系。这样，“活动优先原则”所指的“活动”也只能是一种个人的、心理的活动。这就不难理解它把审美活动也看作是一种实践活动，认为它“不仅是人的存在方式之一，而且是基本的存在方式之一，是基本的人生实践之一”③的理由了。所以，按“实践存在论美学”所倡导的“生成论”的思想和“活动优先的原则”，也就必然否认在个人审美活动之外有相对独立的“审美客体”的存在，把它看作与“审美主体”一样，都是“在审美活动中当下、现时生成的”，认为“传统主客

① 列宁:《哲学笔记·黑格尔〈逻辑学〉一书摘要》，见《列宁全集》第 38 卷，第 201 页，人民出版社，1959 年。

②③ 朱立元:《走向实践存在论美学》，第 280、295 页。

二分的认识论美学的一个基本立足点就是把'美'作为一个早已客观存在的对象来认识,预设了一个固定不变的'美'的先验存在,而总是追问'美是什么'的问题。……从而使人们陷入了一个怎么说都可以却总是说不清、道不明的怪圈之中,说来说去,难以有大的突破"。①这样,美也就被看作完全是由个人的审美活动所生、依赖于个人的审美经验而存在的而完全没有客观现实性可言的东西。为此,在《走向实践存在论美学》中,作者还引了海德格尔说的当《莎士比亚全集》没有被人欣赏时,那么它与茶缸、土豆一样只是具有同样"物性"的"物"而已,杜夫海纳说的博物馆关闭后,那里的画就不再是审美对象为例,来为自己的观点佐证。其实这些观点这就像王阳明与友人一同游山时,在友人按照他的"心外无事、心外无物、心外无理"的思想向他提问"此花树在深山自开自落,于我心亦何相关"时说的:"你未看此花时,此花与汝心同归于寂,你来看此花时,则此花颜色一时明白起来,便知此花不在你心外"那样,在我看来,都只是从审美经验论、审美心理学、审美现象学的角度,来说明在具体审美活动中,只有当事物与人的感觉发生联系之后才能成为实际的审美对象,而并没有排除《莎士比亚全集》、博物馆关闭后那里存放的名画,以及与人的视觉未曾相遇时那深山里的花的存在。这是我们在审美活动中之所以能获得美感的前提条件。所以,就以审美经验论与美的认识论对立起来否定美的客观性这一点来说,"实践存在论美学"与"生命美学"、"生存美学"是完全一致的。

所以,我认为按历史唯物主义的观点,我们所说的"审美关系"首先应该是指在人类实践活动中、特别是生产劳动中人与世界建立起来的一种客观的、社会的关系。它相对于在具体审美活动中所形成的个人与审美对象所发生的那种主观的、心理的关系来说,不论在时间上、还是在逻辑上都是先在的。也就是说,唯其有了在人类实践活动中历史地形成的人与现实的这种宏观的审美关系,

① 朱立元:《走向实践存在论美学》,第303页。

才会有在个人审美活动中所形成的微观的审美关系。“实践论美学”所谈的“审美关系”我认为正是指前者而非后者。现在大家都以鲜花为审美的首选对象,但原始人却并不以花为美,如普列汉诺夫在《没有地址的信》中谈到澳洲的土著布什门人生活在一年四季鲜花盛开的地方,而布什门妇女却从不以鲜花来装饰自己。原因就在于由于生产水平低下,使得他们还不能摆脱功利的目的眼光看待鲜花。这表明鲜花进入人类的审美的视域,从根本原因上来说,乃是生产力发展的历史成果。所以从历史唯物主义的观点看来,只有当人类与鲜花发生了这种宏观的审美关系之后,才有可能出现个人以具体的鲜花为对象的微观的审美活动。一切个人的审美活动,都不可能超越这历史的、客观的条件的制约。这就是我们之所以坚持审美对象的客观社会性的理由。当然,审美不同于认识,它是一种情感活动,它总是这样那样地受着情感的选择和调节,这种起着选择和调节作用的不仅有个人的兴趣、爱好、生活经历、文化教养等相对稳定的因素,而且还有心境、情绪、联想等不稳定的因素。所以在具体审美活动中,呈现于人的意识中的只能是现实世界中所存在的美的意象而不是它的物象,它反映的不完全是事物的事实属性而是事物与主体审美需要之间所产生的关系属性。这使得任何审美对象反映在个人的审美意识中都会出现种种变异,它不像认识的成果那样可以彼此互证。同时,也决定了并非一切情绪性的判断都是审美判断,如冰心在《寄小读者》通讯十七中有这么一段自白:

> ……我对于花卉是普遍的爱怜。虽有时不免喜欢玫瑰的浓郁,和桂花的清远,而在我忧来无方的时候,玫瑰和桂花也一样的成粪土。在我心情怡悦的一刹那顷,高贵清华的菊花,也不能和我手中的蒲公英来占夺位置。

尽管情结性的判断是这样随机、偶然,但从社会的、客观的标准来看,菊花的审美价值无疑要高出于蒲公英。这表明,并非凡是“当下、现时生成的"情绪体验都可以归属于审美判断的。所以康德在谈到审美判断时特别从量的关系方面，强调它必须对每个人都具有普遍有效性，认为它虽然没有概念，但又像认识的成果那样受到社会的普遍认同。所以他把"不依赖概念而具有普遍传达性的愉快"视为"构成鉴赏判断规定的依据"①。唯此审美才能起到社会交往的作用。尽管审美判断常常是在主体与对象不经任何理性思考而在瞬息相遇之间即时产生，但只要是审美的，它在偶然性之间必然蕴涵着必然性，而在逻辑上必然是判断在先的。在这个问题上，休谟关于"趣味"（亦即"鉴赏力"）的理论是颇能给我们以启示的。他一方面认为"美存在于观赏者的心里"，审美情感都是一种个人的偶然的感觉，"每个人心见出的都是不同的美"，"每个人应该默认他自己的感觉，也不应该要求支配旁人的感觉，想要寻求实在的美或实在的丑，就像想要确认实在的甜与实在的苦一样，是一种徒劳无益的探讨"；而另一方面他又把这种个别性和偶然性的情感只限于"偏爱"的范围之内，而对于"偏见"则提出了尖锐的批评，主张"必须有高明的见识才能抑止偏见"。所以"理性尽管不是趣味的组成部分，对于趣味的正确运用却是不可缺少的指导"。②表明凡是审美情感，都不可能完全不受理性认识的规范。

四

以邓晓芒、易中天的《黄与蓝的交响》为代表的"新实践论美学"与"实践存在论美学"一样，也试图从对"实践"的概念作重新的阐释入手来推动中国美学研究的发展。它认为当今中国美学界"许多人已经意识到马克思主义实践论是当代中国美学的出路，但

---

① 康德：《判断力批判》上卷，第57页。

② 休谟：《论趣味标准》，见《古典文艺理论译丛》，第5辑，人民文学出版社，1963年，第11页。

对实践的理解仍然受到传统的机械唯物主义的束缚。它通常被像费尔巴哈那样理解为一种纯粹物质谋利活动、谋生活动，因而像费尔巴哈那样被一道鸿沟与人道主义原则隔离开来；人道主义是心，实践是物，心与物不相谋。这道鸿沟……阻拦着美学理论迈向具体生动的审美经验，而成为一种冰冷冷的说教……这是我国当前美学界走向深入的最大障碍"①。

这意见颇让人费解。因为在我看来，实践本身就是一种主观见诸客观的活动，是人的主观能动性的集中体现，怎么会受机械唯物主义的束缚？会使主客分离，"心物不相谋"呢？这里就涉及这样一个问题，对于实践主体能否作"心"来理解？在我看来，"实践论美学"是从历史唯物主义的角度理解"实践"的，这里实践主体不是心理学意义上的个人，而是"作为社会实践的历史总体的人类"。"新实践论美学"以"心"来规定实践主体，并以能否直接"迈向具体生动的审美经验"来要求"实践论美学"，这实际上也是把实践理解为个体的生存活动和心理活动，已非马克思主义实践论的本意。所以，按它的这一理解来批评"实践论美学"的代表人物李泽厚，认为他在对"自然的人化"的解释上只着眼于物的因素而排除了人的因素，以致"对个人、对主观、对精神的独创性和自由的尊重"②在美学中都没有找到应有的位置，这我认为都是不准确的。李泽厚认为"所谓'人化'，所谓通过实践使人的本质对象化"是指"通过人类的基本实践使整个自然逐渐被人征服，从而与人类社会生活的关系发生了改变……是指人类社会历史发展的整个成果"。从这样的观点来看，"具有主观目的、有意识的人类主体实践，实际上正是一种客观的物质力量。正如区别于社会意识，社会存在是客观的物质存在一样；区别于人类的意识活动，人类的实践活动也是一种客观的感性现实活动，它属于物质(客观)第一性的范畴，而不属于意识(主观)第二性的范畴"，"不是任何个人主观意识在审美中偶

①② 邓晓芒、易中天：《黄与蓝的交响》，人民文学出版社，1999年，第397、398页。

然的、一时的作用”。[①]而“新实践论美学”认为李泽厚的这些观点虽然从苏联“社会派”美学中而来，但他“不承认社会派立论基础中包含人的主观的因素”，“为了从实践观点坚持美的客观性，他从实践中排除了人的主观因素，使之成为一种毫无能动性的、非人的、实际上是如费尔巴哈所认为的那种‘丑恶’的实践”（这其实正是李泽厚当年所批判的）。[②]这些批评我认为不但都是强加于李泽厚的，同时也反映了“新实践论美学”对主观性认识上的片面：即只承认个人意识活动的主观性而不承认人类实践活动的主观性。正是从这种观念出发，它在否定李泽厚从物质层面上论述主客观的统一的同时而竭力推崇朱光潜从意识活动层面、即审美意象不同于物理映像的意义上所提出的“美是主观与客观的统一”，认为朱光潜的这一见解“可以和中国传统美学的‘移情’观点挂起钩来”，“它的一个突出的理论倾向就是要打破认识论和反映论对美学的限制，而诉诸实践论和表现论……而直接与西方近代以来的人文美学的步伐合上拍”，这是“朱光潜对我国当代美学的最大贡献”。[③]从中可以看出其倾向与“生命美学”、“生存美学”和“实践存在论美学”一样，不论就观念还是方法来看，都是一种主观论美学，都是力图否定美的客观实在性、否定从人与现实的审美关系，把“美的问题归结为审美心理的问题”，并按这一认识，提出这是中西美学“经过长途跋涉”从不同方向最终找到的“真理的大门口”，从而把美定义为“情感的对象化”，“‘对象化的情感’就是美”。[④]

当然，“新实践论美学”也不是完全没有意识到仅仅从心理的观点看待美的问题可能会走向主观唯心论，所以它不像“实践存在论美学”那样，把那些“随缘而发”、“当下生成”的个人的情绪性的判断都当作审美判断，而力图以揭示审美心理的理性的、社会性的内涵来表明审美情感的普遍有效性。强调它所理解“实践论美学

① 李泽厚：《美学三题议》，见《美学论集》，上海文艺出版社，1980年，第173、153、173页。

②③④ 邓晓芒、易中天：《黄与蓝的交响》，第386、388、400、418、471、401页。

是实践论人学的一部分,它必须以艺术起源于生产劳动这一原理作为一切审美心理学和美的哲学的前提",这种"审美心理学不仅仅是一个普通心理学的问题、实验心理学的问题,乃至是一般社会学分支的社会心理学的问题,是一个意识形态学和精神现象学的问题,它必须上升到人的哲学(哲学人类学)才能为自己找到正确的答案",并从实践是人的"有意识的生命活动"这一认识出发,论述了正是"在生产劳动中所逐步形成起来的人的意识(自我意识和对象意识),使本来只是动物的心理活动都带上了理性精神的烙印,从而上升为人的心理活动":"使动物也有的对待客观外界的直观的'表象',上升到了人的'概念'";"使动物也有的对自己生存必需的物质对象的'欲望',上升到了人的有目的的自觉'意志'";"使动物也有的由外界环境引起的盲目的'情绪',上升到了人的有对象的'情感'",使之社会化而具有精神性。这种经过社会化的精神性的情感具有"一种要得到普遍传达的倾向",因而它也就成了生产者的"内在的尺度",通过自己的产品把它传达出来而与别人开展交流,审美活动也就由此产生。①这些分析应该说是比较精到的。但是由于"新实践论美学"一方面否认审美对象的客观属性,把审美判断和认识判断绝对对立起来,认为"审美主体和审美对象的关系决不是认识关系和'反映(模写、映像)的关系',因为主体体验到的并非对象固有的客观属性,而是对象对于自己情感的适合性、融洽性",而无视关系属性总是以客观属性为条件的;另一方面,把"美感"视为"一切审美评价和审美判断的最终标准",认为"它没有真正客观标准的依据,而只能是主观的、相对的。在这一点上,英、美流行的美感经验固守着一个十分有利的阵地,他们坚持从人的直接的美感经验出发,而这个立场实际上是驳不倒的"。所以虽然根据它对情感的社会性的认识,认为"它既是个人的、相对的,又是社会的、包含着普遍性的",但这个社会的、普遍性的标准"决不是

① 邓晓芒、易中天:《黄与蓝的交响》,第435、404页。

认识论意义上的'客观标准'而只是一种社会意识形态标准"。[1]这就等于把人的心理生活中原本统一的认识、意志、情感加以分割，把情感与认识看作是互不相关的甚至是对立的，表明它没有跳出康德的窠臼，都是以"主观的量"来解释审美的普遍有效性问题，这样也就没有评判的客观标准了。

所以，我认为要正确揭示审美判断的普遍有效性是离不开对审美客体作认识论的研究的。这不是说像自然派美学那样，把美看作是纯粹物的自然属性，把审美看作只是对客观存在的美的一种认识性的反映。因为审美判断是一种情感活动，情感不同于认识，它是客观事物能否满足人的主观需要所生的一种态度和体验，它在性质上不是属于事实意识而是一种价值意识。这决定了凡是审美意象都不是事物的物理映像，而只能是一种心理印象。但是不论怎样，它总是以客观世界所存在的价值客体为前提，是建立在对于价值客体的评价性反映的基础上的，这里就不可能完全排除认识的内容。所以现代心理学创始人冯特一方面认为"情感是独特的主观状态而不是我们身外物体的特性"；而另一方面又认为情感与意志一样，都是"与观念相联系的"，它们只有"心理抽象中"才能分离开来，在实际生活中"情感的意识始终伴随着我们的感觉和观念"。"情感是主观的，而观念则具有客观的关系"，它与感觉一样都有一个"共同的目标——认识外部世界"。这样，观念也就作为外部世界与心理活动的中介，在情感活动中起着支配和调节的作用。[2]这都表明正是人的情感所具有的认识的性质，亦即"新实践论美学"自己所说的"在生产劳动中所逐步形成起来的人的意识"所赋予情感的那种"理性精神"，才使得审美情感具有社会的普遍有效性。否则，在审美判断中就难免会出现像他们自己批评的"把一个无知顽童的信手涂鸦与达・芬奇的佳作同等看待"那样荒唐可笑。这表明审美情感的普遍有效性总是以对它的对象的事物的客

---

① 邓晓芒、易中天：《黄与蓝的交响》，第474、486—487页。

② 威廉・冯特：《人类与动物心理学导论稿》，李维、沈烈敏译，浙江教育出版社，1997年，第222—223页。

观属性的认识为依据的。比如,对于花,虽然人们各有所爱,如陶渊明爱菊、林和靖爱梅、周敦颐爱莲、郑思肖爱兰……但是人们无不肯定和承认这些所爱都属于一种高雅的审美情趣,从未听说有人指责其中谁的爱好是属于偏私的判断而不具有社会的普遍有效性的。如自周敦颐写了《爱莲说》以来,人们都称莲为"花之君子",甚至那些并不最喜爱莲花的人也会这么认同,这就是由于客观上莲的那种"出淤泥而不染,濯清涟而不妖,中通外直,不蔓不枝,香远益清,亭亭净植,可远观而不可亵玩"的客观属性与君子的品性的相似性为周敦颐的审美判断普遍有效性提供了事实的依据。这里体验和评价与认识是统一的。审美判断自然不属于认识判断,它不是概念的、逻辑的,但在审美情感发生的过程中,认识虽然不直接参与,而却无不暗含在对审美客体的评价之中。因而,康德对于审美判断的普遍有效性虽然着眼于从"主观的量"方面进行分析,但他认为这不可能"建立在经验的基础上",其内部必然含有一个"应该"的观念,所以总是以一定的"理性概念"为基础,只不过它不是直接以概念的形式而是借"一个符合观念的个别意象"亦即"美的理想"呈现于人们的意识之中。这就要求在审美活动中"每个人都必须结合悟性和感官去判断",所以它虽然不依赖于概念,而实际上却隐含着概念,隐含着"客观的量"在内。①这我认为至少比"新实践论美学"的理解要辩证一些。

当然,"新实践论美学"也不是完全排斥审美对象的存在,认为"情感的社会性本质在其具体现实的表现中只能是情感的有对象性",但是这里对象不是作为客体,客观事物而是由情感的外化而来的,认为正如"人类通过亿万次的实践所建立起来的范畴和概念,无一不是通过拟人的方式从人的主体能动活动而扩展到自然界对象上去的"那样,审美对象作为人化的自然,也无非只是这种"拟人化"的成果,"可以说,没有对象的人化或拟人化就没有艺术和审美"。②这样,"对象化"和"人化"也就不再被看作是人类的实

① 康德:《判断力批判》上,第78、70、57页。

② 邓晓芒、易中天:《黄与蓝的交响》,第449、440页。

践活动中与自然之间所形成的审美关系的一方,即由于在对象世界打上人的印记而成为美的对象,而被理解为只不过是由"移情"作用所生,这就使原本实践论意义上的主客观的统一变成了心理学意义上的主客观的统一,亦即是朱光潜所说的意识层面上的主客观的统一。这样,也就背弃了"实践论美学"的基本精神而走向表现论、移情论。因为它所说的对象只不过是一种主观情感的符号,已不是作为审美关系的客体而存在的现实世界的美。这即使"表现论美学"也是承认的。如鲍桑葵的"使情成体"说即是。他批评克罗齐把美看作"只是一种内化状态"而认为外部媒介都是多余的观点,认为"心灵没有事物是不完整的,就和心灵没有身体一样"。①人的活动是一个主客体从对立走向统一的过程,对于审美来说,也就是通过情感活动来达到"对象化"和"人化"的交互作用的过程。所以,若是要坚持马克思主义的实践的原则,我们就应该把审美放在由人类实践历史地所形成的主客体的关系中来分析,如果离开丰富多彩的对象世界,仅仅从主观的、心理的方面来进行探讨,就不仅会使美学研究的内容趋向封闭,而且也必然会使审美趣味流于凝固、保守。所以,我认为,尽管"新实践论美学"联系实践活动在对审美情感的社会性方面作过许多深入的分析,但同样很难说是对马克思主义"实践论"的真义的真正传承和发扬,同样不是"实践论美学"发展所应走的正确的路向。

〔附记:以前我对"后实践论美学"诸家的观点的了解都是以间接的途径获得,最近因指导研究生撰写论文之需,才找了一些代表性的论著来读,发现我以前有些认识并不完全准确。在此声明,我之前文中涉及对"后实践论美学"某些评论,若与此文观点相左,则一概以此文为准,并向读者致歉。〕

(原载《学术月刊》2011 年第 9 期)

① 鲍桑葵:《美学三讲》,第 34 页,周煦良译,人民文学出版社,1965 年。

现代哲学本体论的重建

杨春时

在后现代主义语境中，本体论成为形而上学的标志，存在问题也作为一个伪问题而被解构。但哲学是追本溯源的学问，它必须追问本体论的问题。形而上学本体论被否定，是因为它把存在实体化，而不是因为本体论本身的不合法。没有区分开这一点，正是后现代哲学的最大弊病。语言决定论、历史主义、解构主义等后现代哲学对本体论的一概否定导致了虚无主义。现代哲学必须在否定实体本体论的前提下重建本体论，解决哲学的根本问题即存在的意义问题。

一、关于存在概念

本体论是哲学的基础，但这个基础在哲学史上却是不断地被摧毁和重建。关于"存在"的研究，是哲学的根本问题，构成了本体论的领域。巴门尼德扬弃了前期古希腊哲学关于世界本质的自然性的概念，提出了存在概念。由此，哲学研究的对象就被确定为存在，本体论就成为关于存在的学说。但存在的概念与欧洲语言有关，欧洲语言中陈述句都有一个系动词"是"，所以，哲学家就认为这个"是"是决定一切的，是事物的根据，从而就抽象出一个概念，这就是存在(是)(德文 sein，英文 being)，来作为万事万物的根据。这也就是说，存在即"是"，它是一切存在者的根据。后来这个"是"就变成了实体，成为第一存在者。这就是海德格尔说的，存在变成了存在者，存在（是）的本来意义被遗忘，存在论变成了关于第一存在者的学说[①]。柏拉图把这个第一存在者定名为 ousia，它赋予事物以本质，西方古代的实体本体论哲学就此诞生。关于作为“是”的存在概念，分析哲学已经证明是多义的、含混的，因此是一个假概念，不能成为哲学基本范畴。但我们并不赞成后现代主义哲学以此为由取消哲学本体论，也不赞成海德格尔仍然把存在理解为“是”，而是要重新界定存在，把存在作为本体论的核心范畴进行考察，进而建立新的哲学本体论。

古典哲学本体论是实体本体论，实体观念是形而上学的核心，存在是实体性的，实体是存在的第一范畴。实体观念在近代哲学中（康德和休谟）遭到质疑和批判，最终导致形而上学的本体论被现代哲学所抛弃。现代哲学开始重建本体论，这就是把实体性的存在改换为实存，建立了实存本体论，从而建立了现代形而上学。实存是本真的生存，它超越现实生存。基尔凯戈尔和雅斯贝尔斯皈依上帝的生存、海德格尔的此在在世、萨特的自为的存在都是实存。但实存哲学却避开了存在概念，直接由生存出发，从而使实存失去了根据。存在应该是生存的根据，生存具有了现实性和超越性，而超越性来自存在，也使生存指向存在，成为实存。实存归属于存在，被存在规定。但实存哲学却直接从生存中确定实存的本质和意义，从而使实存失去了实有性，陷于虚无主义。前期海德格尔从此在在世出发，通过对死亡的先行把握来使现实生存虚无化，并且获得了良知，从而可以摆脱公众意识而独立地做出先行决断。他也悬设了存在概念，但存在被理解为形而上学的“是”，它是存在者的根据，而非生存的根据，并且是一个无意义的假概念。由于生存缺失了存在的根据，良知何来？如何被规定？自我决断根据何在？这些都没有答案。如果说海德格尔的决断还要以良知为根据的话，那么，萨特的自我选择则失去了任何原则。萨特的自为的存

① 马丁·海德格尔：《存在与时间》，陈嘉映、王庆节译，生活·读书·新知三联书店，1987 年。

在也同样把现实生存虚无化,只剩下自由选择。由于没有存在的根据,他的选择的自由成为被迫的自由,是没有自由的自由,而且也没有价值取向,怎样选择都可以,只是必须对此负责而已。由于没有存在的根据,萨特排除了生存的本真性,生存只有现实性而没有超越性,它不指向存在,不能回归本真。因此,人与世界对立,他人便是地狱,不仅是现实的法则,也是不能改变的宿命;而所谓自由选择、自我反抗是绝望的。后现代主义哲学干脆抛弃了本体论和对存在问题的探索,以意义的建构和解构取代之。在后现代主义语境中,本体论作为形而上学的标志而被取消,存在问题也作为一个伪问题而被解构,无论是实体本体论还是实存本体论都被消解;本质问题被如何言说取代,话语权力决定了一切。语言决定论、历史主义、解构主义等后现代哲学对本体论的一概否定,使一切事物都失去了规定性,使哲学失去了根基,导致了虚无主义。形而上学本体论被否定,是因为它把存在实体化;实存哲学被批判,是由于实存缺乏存在的根据,都不是因为本体论本身的不合法。没有区分开这一点,正是后现代哲学的最大弊病。哲学是追本溯源的学问,它必须追问本体论的问题,从而解决哲学的根本问题,即存在的意义问题。因此,当代哲学的任务,不是抛弃本体论和存在问题,而是在新的基础上重建本体论和重新定义存在概念,以建设一个新的现代形而上学。

哲学体系的不同根源于对"存在"的不同认识。古代哲学把存在当作实体性的第一存在者,所谓实体,是想后面不变的本质,柏拉图的理念论、亚里士多德的质料加形式观念、中世纪的上帝等都属于实体范畴。近代哲学属于主体性哲学,主体被实体化,存在被归结为"我思",延续这一思路的笛卡尔、康德、黑格尔、谢林、费希特等建立了主体性的存在论。海德格尔批判了混淆存在与存在者的错误,提出区分存在与存在者的"本体论差异"。但是前期的海德格尔并没有对存在作出合理的规定,他仍然沿用传统的"是"来规定存在,把存在设定为存在者的根据。但作为"是"的存在概念是形而上学的遗留,不具有合理性。问题的关键在于存在概念本身。必须扬弃传统哲学的存在概念，确认存在不是“是”，也不是“第一存在者”。那么，应该如何理解和规定存在呢？存在是哲学思考的逻辑起点，也是哲学思考的终点，这个过程使存在的意义得以显现。首先，作为第一哲学的本体论所规定的存在概念，应该是无可争辩的绝对“实事”，而不是经验的事实。因为经验事实都未经过反思批判，不能作为哲学的基本范畴。其次，存在作为哲学的逻辑起点，应该是最广泛、最抽象的概念、范畴，其他概念、范畴应该可以从中推演出来。第三，存在必须既包括整个世界，又包括哲学思考的主体，否则就成为片面的客体性哲学或主体性哲学。总之，存在既是一种逻辑的必然性，又是一种实际的可能性。我们可以对存在初步地进行一种描述，作出初步的规定，从而找到绝对的逻辑起点。一句话，所谓存在，就是生存的根据，是“我”与世界的共在。这里的难点在于，说“存在是生存的根据，是‘我’与世界的共在”，这个命题的宾词中仍然包含有一个未知的“在”，它重复了主词的存在概念，这难道不是一种循环定义吗？这里只能说，这个“在”是一个自明的概念，它无法用常规的方法界定。古希腊先哲意识到存在的不可定义性，亚里士多德才用哲学范畴来加以规定。关于存在的内涵，后面我们还要给以规定，包括实有和虚无范畴以及时间和空间范畴等。

现在，我们要从两个方面说明存在。

一方面，存在不是实体，也不仅仅是存在者的根据；不是生存，而是生存的根据。这方面，既要弃绝形而上学的实体论，又要避开海德格尔的误区，即把存在当作存在者的根据，而不是生存的根据，如此就很难摆脱实体论，或者陷入“是”的泥沼。存在首先是生存的根据，存在者在生存中，属于生存。因此，所谓存在者只能在生存中得到规定，它与存在的关系是间接的。存在不是生存的现实性，而是生存的可能性。存在作为生存的根据，意味着存在的本真性，超越性概念由此产生。

另一方面，要把存在界定为“我”与世界的共在。这里首先要说明，是“我”与世界共在，而不是我们或“人”与世界共在。因为面对世界的是“我”,而不是我们或别人,“我”不能抽象为我们或一般的人;其他人对于“我”而言,也是世界的一部分。而且,“我”是哲学思考的主体,只能从“我”的体验和思考出发,才能获得哲学的领会,“我”不能消失,不能被排除在存在之外,而必须进入到存在之内。这就是说,第一,要确立“我”是存在中的主体(之一);第二,要确立“我”是哲学思考的主体。

古希腊哲学作为实体本体论哲学,抹杀了主体,首先是抹杀了“我”;思考着的“我”被排斥在存在之外。古希腊哲学也研究“人”,但这个“人”是作为伦理学的研究对象,是大写的人,是我们,是客体性的人,而不是思考的主体“我”。因此,古希腊哲学是无我的哲学。笛卡尔把哲学的起点确立为“我思故我在”,从此“我”才成为主体,并且进入存在。但笛卡尔的“我”还是大写的“我”、一般的“我”,他只是论证世界存在的工具,而个体的“我”还没有被发现。以后的近代哲学,“我”的个体性仍然被遮蔽,“我”被置换成为“人”,成为一般主体,思考着的“我”仍然没有作为主体现身。康德哲学把“人”作为主体,但“人”只是一般的人,不是思考着的“我”。黑格尔的理念取代了“我”成为主体,“人”是其演化物,思考着的“我”消失,他的哲学成为客观唯心主义哲学。直到费希特,自我才作为主体突显出来。他认为,自我创造非我,世界是自我的产物,自我是自由的根源。但他的自我仍然不是个体的自我,而是理性化的“纯粹自我”,更不是作为思维主体的“我”,而是作为研究对象的“我”。因此,其哲学并非被后人误解的那样属于主观唯心主义,而是属于客观唯心主义。主体性哲学延续到叔本华、柏格森、尼采,自我的主体地位加强,特别是尼采的主体成为个体性的“我”,但自我仍然没有成为哲学思考的主体,而只是哲学思考的对象,思考着的“我”隐蔽着。真正把“我”作为哲学思考主体的是实存哲学的创始人雅斯贝尔斯和基尔凯戈尔以及现象学的创始人胡塞尔。雅斯贝尔斯把实存定位于本然的自我存在,“我”才真正成为哲学思考的主体。但是,他的思想并不彻底,因为他又提出在实存之外还有一个绝对的“超越者”(大全),实存只是通达超越者的手段,自我并没有最后进入存在。基尔凯戈尔也认为,只有自我的存在才能领会存在的意义,因此,自我成为哲学思考的主体。自我作为"孤独个体",能够与上帝发生联系,并且通过恐惧、厌烦、忧郁、绝望的等情绪领会存在的意义①。在这个意义上,基尔凯戈尔的哲学属于自我的哲学。胡塞尔的现象学,把先验自我作为把握实在的根据,因此属于自我的哲学。但他的先验自我不是个体的自我,而是一般的自我,因此,作为自我的哲学并不彻底。海德格尔的生存哲学主体是此在,此在是个体的人,他并不是哲学思考的主体,而是哲学思考的对象。这说明他还没有走出无我的主体性哲学。萨特哲学逻辑起点是"人的实在",存在包括自在的存在和自为的存在,而后者是存在的本质。他认为,自由是自我选择的自由,从而建立了主体性哲学。他的自我仍然是作为哲学思考对象的自我,而不是作为哲学思考主体的自我,后者仍然遮蔽着。因此,他的哲学按照他自己的称呼是"人学"②。可以看出,现代哲学走向了自我主体,并且建立了主体性哲学。但是,这些主体性哲学大都没有把"我"确立为哲学思考的主体,而是作为哲学研究的对象,这是很重要的区别。"我"成为存在主体的意义在于,确立了存在的个体性,是"我"与世界共在,而不是一般的非个体的存在,由此才导出个体性的生存。另外,"我"成为哲学思考的主体,还使存在论与现象学沟通,"我"既是存在的一极,也是现象的构成部分。存在显现为现象,存在的意义就是现象直观的产物,它们是一体化的。自我成为主体,并不意味着主体性哲学的合理性,因为存在除了自我一极,还有世界一极,世界也是主体;"我"与世界的关系并不是主客对立的关系,而是共在的关系。

存在是一个逻辑的规定,而非经验的事实。但存在也不是纯粹的概念,而具有本源性,它规定着现实生存。这就是说,存在是不

① 基尔凯戈尔:《或此或彼》,阎嘉译,华夏出版社,2006年。
② 让·保罗·萨特:《存在与虚无》,陈宣良等译,生活·读书·新知三联书店,1987年。

在场的,但又是在场的根据和可能性。存在为什么不是纯粹的概念呢?它的真实性如何证明呢?从生存体验出发,能够发现存在。存在非现实对象,不可能自然地揭示存在;人们的现实生存体验受到局限,不能领会存在的意义。但是,生存仍然昭示着存在的可能性。这要诉诸虚无化的生存体验。现实生存是存在的"沉沦",它具有非本真性,体现了存在的虚无性,因此并不自由。但同时,现实生存也必然受到存在的感召,从而产生对存在的向往。这种向往并不自觉,而表现为内在的"苦恼"(马克思)、"孤独"(基尔凯戈尔)、"畏"(海德格尔)、"无聊"(马里翁)等基本情绪。这些基本情绪使现实虚无化,使现实生存露出了空缺,这个空缺是存在的缺席,由此就可以推知有本真的存在。这就是胡塞尔以后产生的"虚无现象学"和"推知存在论"。

存在不仅在基本的情绪中得以昭示,也在对终极真理的信念和追求中得以昭示。实存哲学往往通过基本情绪(畏、无聊等)来指向存在,但都忽略认识的途径。生存体验也包括对世界的认识,但对现实的认识仅仅是一种相对的经验或知识,而不是对世界的绝对的把握即真理。但生存又体现出一种无限的追求,渴望把握绝对的知识;它既是一切求知欲的根源,也是一切知识可靠性的根据。我们似乎有一种先天的求知欲,它永远不知道满足。而经验认识和科学知识都不能最终解释世界,感性的或知性的解释都只是用一种知识说明另一种知识,永远没有尽头,而终极的解释却遥遥无期。于是,我们对真理的渴求就不能得到满足。表面上看这种求知欲仅仅是一种好奇心,实际上是一种回归绝对存在的要求,是一种对真理的追求。总之,无论从情绪性体验还是从认知性体验来考察,存在都不是一种思想的虚设,它既是逻辑的规定,也是本源是实事,是二者的同一。

存在概念的给出,使生存概念有所依据,这是一个基本的方法论原则。现实生存领域中,事物的本质具有相对性,真和善都不具有绝对性,都有其界限,并且具有历史的规定性,但它们仍然根源于存在,具有某种绝对性,是相对性与绝对性的统一。现实的真和善仍然在一定历史水平上体现了绝对的真和善(存在的本真性、同一性),而不是像后现代主义那样主张绝对的相对主义。绝对的相对主义就是虚无主义,后现代主义导致虚无主义。因此,真和善才不是任意的判断,而是受存在规定的历史形态。所以人们才相信真理和道德,这背后就有所谓"形而上学的承诺"。如果离开了存在去设定生存,那么就会陷于绝对的历史主义,抹杀生存的超越性,从而使生存丧失了依据。海德格尔前期、萨特都犯了这个错误:前者使生存陷于时间性而不能自拔,后者使生存流于虚无而失去了意义。存在的现实形式是生存,生存是存在的"残缺样式"。存在作为逻辑的规定,必须进入到历史之中,才获得了现实性,这就是生存。马克思说思维行程是"从逻辑进入达到历史"、"从抽象上升到具体",运用于哲学本体论,就是存在演变为生存。存在与生存的关系,一是生存依据存在,体现存在的性质,因此,生存才有真实性,才有意义;二是生存疏离存在,是存在的异化,不能充分地体现存在的本性。由此,存在就具有了两个基本性质:一是本真性,二是同一性。

二、存在的本真性

存在的第一个规定是本真性,即它作为现实生存的根据,超越于现实生存。现实生存是非本真的存在。

存在的本真性包括如下一些内涵。

首先,存在是逻辑的"是"设定,不在场,具有超验性。这就是说,存在不是现实生存、不是经验性的事实,而是超验的"实事"。这里要区别经验、先验和超验等概念。经验指现实体验,包括感性和知性,具有实证性。在拉丁文中,先验和超验是一个词,是超越经验的意思,但康德严格区分了二者。先验(英文 transcendental,德文 transzendental)指不依赖经验而使经验成为可能的心理结构,它应用于经验之中。先验与先天(德文 apriori,英文 apriori)相联系,实际是原始范畴转化而成的深层心理结构。所谓超验的(英文

transcendent,德文 transzendent),也有译为超越的,指一种超越经验的直接把握存在的能力,具有非实证性。在中文的语境中,超验侧重于认识能力,超越侧重于存在的方式。超验性就是超越经验而通达存在的可能性。康德认为超验不同于先验,因为它不能应用于经验之中,与经验分离。超验概念主要是在宗教哲学中发生的,宗教哲学相信上帝是一种超验的存在,只有一种超验的意识可以与上帝交流。例如,美国19世纪的超验主义者爱默生就反对经验主义而倡导超验主义。其实审美意识也属于超验意识,而不是经验意识或先验意识。存在具有超验性,就是说存在不在场,只是有在场的可能性,它不被经验意识把握,只能被超越性的意识把握。

第二,存在的本真性也是本源性,即存在是生存的本源、根据。存在克服了生存的有限性,具有绝对性,而非相对性;具有超现实性,而非现实性。存在是生存的根据,使现实生存成为可能,又规定着现实的生存。生存具有两重性:一是非本真性,即现实性;二是超越性,即指向存在,向存在超越,从而具有回归本真性的可能。生存的本质是自我超越,指向存在,体现着本真性的生存就是实存,实存是生存的内在本质。

第三,存在的本真性是指向自由。所谓自由,不在现实领域,而在超现实的领域,是自由生存的本质。现实生存不自由,超越现实才有自由。马克思说过:"事实上,自由王国只是在必需和外在目的规定要做的劳动终止的地方才开始,因为按照事物的本性来说,它存在于物质生产领域的彼岸。"①存在的本真性使自由成为可能,自由是存在的本真性的实现。生存只有回归存在,才有自由。生存指向存在,也就是指向自由。

第四,存在具有在场的可能性。存在作为逻辑的设定,不在场,但也不是一种虚构,它具有在场的可能性。这就是说,存在蜕变为生存,通过生存而现身;生存是有限的存在,存在是超越的生

① 基尔凯郭尔:《或此或彼》,第926—927页。

存。因此,存在的本真性体现于生存的超越性之中。生存具有自觉性,也就是生存体验,可以领会生存的意义。因此,海德格尔说生存是解释性的,可以领会存在的意义。

由此可知,在现实形态的生存之上进行逻辑的设定——存在,使生存获得了根据和本质,从而建立了本体论。但实存哲学离开存在而把生存作为第一范畴,把存在与生存(实存)等同,导致生存(实存)本体论取代存在本体论。萨特就是如此,他把自由规定为生存选择的自由,而由于没有存在作为生存的根据,这种自由就成为没有价值方向的自由、任意的自由、"被迫的自由"。而海德格尔虽然把存在与生存(此在之在)区分,但由于把此在理解为"是",仍然导致生存脱离存在,从而建立了生存本体论而不是存在本体论。这样,他的生存并没有超越现实,而是停留于一种唯我论的"先行决断"。

存在的本真性通过生存的超越性实现。生存不是现实之物,而是指向存在,因此生存具有超越性。这是人的自由性、神性的根源。在现实生存中,超越性被现实性压制着、潜藏着,成为一种可能性。它使现实发展变动,并且自我否定,最终回归存在。超越性最终以审美的方式得以实现,审美就是从现实生存到自由生存、从现实体验到自由体验的超越。审美不是现实,也不是现实的变形,而是超越现实,回归本真的存在。

三、存在的同一性

存在的第二个规定是同一性,即"我"与世界的共在性质。"我"与世界的共在,不是"我"支配世界,也不是世界支配"我",不是"我"与世界分离,而是"我"与世界同一。这个同一,不发生于现实生存领域,只发生于本体论的领域,因此是一种绝对的同一。哲学揭示存在的同一性,只有在同一性的前提下,哲学的展开才是可能的。在这个意义上,对同一性的规定与黑格尔不同。黑格尔把同一概念定位于纯粹逻辑的领域,认为同一是理念逻辑演化的一个阶段，即本质经过同一、差别而达到根据。他说："本质映现于自身内，或者说本质是纯粹的反思，因此本质这是自身联系，不过不是直接的，而是反思的自身联系，亦即自身同一。"①"根据是同一与差别的统一，是同一与差别得出来的真理"②。我们认为，同一性既是逻辑的规定，又是对本真的存在的规定。

存在的同一性问题，是一个贯穿古今的问题，在哲学史上有不同的理解。巴门尼德最先提出了"意识与存在的同一性"命题，中国的庄子也提出了"人与天合一"的命题。但是，虽然哲学家有同一性的梦想，但他们关于同一性的论证却有不同。一种是从客体性上规定存在的同一性，古代的实体本体论就是如此，它认为实体是绝对的，认识和真理是对实体的符合；现代苏联的反映论哲学也是客体性的同一哲学，它认为意识是对客体的反映。古代的实体本体论哲学，以实体达到同一，这个同一是虚假的，因为主体被排除。另外一种是从主体方面来规定存在的同一性，它认为主体、意识、欲望等是世界的根据，世界即主体意识的外现，这是西方近代、现代哲学的同一观。笛卡尔的"我思故我在"开了主体性同一的先河。康德认为，对象世界是先验意识的构造，因此意识与对象是天然同一的，尽管物自体仍不可知，但它与信仰同一。黑格尔认为，世界是绝对精神的外化物，因此，主体与客体的同一存在于历史的进程中。叔本华认为，世界是意志的表象，因此，世界与意识为一物。胡塞尔认为，意识的意向性是对象存在的根据，对象是被给予之物③。海德格尔在生存论基础上建立了同一性哲学，认为此在在世界中存在(生存)构成世界，世界与此在不可分，二者的同一在主体性的基础上。以主体性达到同一，这个同一也是虚假的，因为客体不能被主体吞没。最后，列维纳斯以他者性哲学否定了同一性哲学。他打破了存在的同一性，认为他者超越存在、"别样于存在"，具有绝对性，"我"与他者之间不具有对称性，"我"是为他的存

①② 黑格尔：《小逻辑》，贺麟译，商务印书馆，第247、259页。

③ 胡塞尔：《纯粹现象学通论》，李幼译，商务印书馆，1995年。

在，被他者感召[①]。中国古代哲学的主流是道论，道既是天道，也是人道，天人合一。但明代陆王心学则转向主体论，以心化同万物。王阳明主张“我心即宇宙”，实为主体论的同一哲学。

西方哲学、美学经历了从古代的客体性到近代的主体性到现代的主体间性的行程，也就是经历了由非同一性到同一性的历史过程。因此，客体性哲学和主体性哲学实际上都是非同一性哲学。但实际上，打破了客体性和主体性哲学的同一性，并不意味着取消了存在的同一性，而意味着在新的存在论框架内重建同一性。存在是“我”与世界的共在，这就是同一性本身。主体是与世界共在的，不能把二者截然分割开来。经验世界中主体与客体的分立并不具有本体论的真实性，而仅仅是一种非本真的生存状况。主体并不是一个实体，就像客体不是一个实体一样，因此，也不存在一个确定的“自我”、“人的本质”，也不可能有所谓主体性的真正实现。而且，主体性的努力也只能在现实领域，不可能达到超越而进入存在本体。主体对世界(“客体”)的认识、征服、占有、同化并不能达到同一，因为世界仍然与主体对立，抵抗主体，不可能完全成为主体的化身。正因为如此，主体性哲学没有解决存在的同一性的问题。中国古代哲学提出的天人合一思想，其论证也是非理性的。如庄子论证人与天一，在于“通天下一气也”，也就是说，作为原始生命力的“气”贯通自然和人，于是阴阳交和，成为一体。现代哲学不再把客体性或主体性看作存在的根据，而是把存在看作自我与世界同一，这个同一以主体间性的形式存在。

如何发现存在的同一性呢？只能从生存的欠缺处来反证，从生存的指向性来确证。生存是主体性的，“我”与世界分立，但这种主客分立并不是生存的本质，生存是指向主客同一的。“我”与他人之间，由于利益的不同和冲突，因此不能同一，“我”成为个体性的存在者，与世界分离。但“我”却不满足于这种生存状态，感到孤独，渴望与人交往，渴望得到他人的理解与同情，也渴望理解与同

① 列维纳斯：《从存在到存在者》，吴蕙仪译，江苏教育出版社，2006年。

情他人。在“我”与自然之间也如此,在现实中“我”与自然对立,自然是身外之物,但“我”却渴望亲近自然,甚至与自然对话,进行情感的交流。但在现实中,却不能真正做到这一点:“我”与他人之间无法完全地沟通,“我”不能把自己的苦恼和渴望告诉他人,他人也不能真正理解和同情“我”。“我”与自然之间也不能真正地沟通,自然作为外在之物与“我”疏离。这说明同一性的破裂造成了现实生存缺失,而现实生存又指向存在的同一性。这向我们提示,有更理想的存在即同一性的存在,这就是本真的存在,同一性成为存在的本质规定。在存在的同一性的基础上,现代哲学完成了由主体性向同一性的转向。

存在的同一性,成为认识论的根据。世界之所以可认识,根源于“我”与世界之间的同一性。如果没有同一性,“我”就不可能认识世界,哪怕是相对的认识也不可能。主体不可能认识一个完全的异己之物,对象就只能是作为“我”的对立物,不能进入“我”的意识之中。“我”与世界本源上的同一性,保证着世界可以被认识,即使着重认识被历史所限定。在相对的经验认识中,也存在着绝对性即一种“形而上的承诺”,那就是相信它的真理性。正因为有存在的同一性,我们才相信各种经验和知识是真实的,虽然它的真实性是相对的;而且也努力超越经验和知识,以哲学思考来把握存在。没有存在的同一性,也就没有逻辑的同一性,任何思维和判断也不可能间性。他者性哲学否定同一性哲学,实际上也导致自身逻辑性的断裂。存在的同一性引申出真理问题。真理作为认识论的问题,根源于存在论。从存在论上说,真理不是意识与对象的符合,而是对存在的同一性即“我”与世界的本源性关系的揭示。而现实生存领域的真实,只是意识与对象的符合,这只是有限的真实,不是绝对的真实,比如经验的真实和科学的真实,都只是有限的真实,因此不是哲学的真理。它们作为有限的真实,也来源于绝对的真实即存在的本真性,是它的“残缺样式”。

存在的同一性也体现在价值领域。人与人之间之所以有共同的价值,可以进行情感的交流,能够作出价值判断,也在于“我”与世界之间的同一性。如果没有价值的同一,人与人之间就没有交往的基础,就会变成"我"—他关系甚至狼对狼的关系。虽然现实中人与人的关系具有异化的性质,因此并不具有充分的同一性,但同一性作为本源仍然顽强地支撑着现实关系,表现为相对的伦理关系中的绝对性。任何伦理关系和伦理判断中都具有绝对的价值,都包含着一种"形而上的承诺",那就是相信有绝对的善。而对绝对的善的追求也根源于存在的同一性。列维纳斯否认价值的同一性,把善实体化为他者,认为伦理关系是不对称的、非同一的,这是不能成立的。伦理关系必须建立在同一性的基础上,是"我"与他人交往而达到的信任、爱、同情,它是相互的,而非单一的。由此,存在的同一性引申出善的问题。善的问题作为伦理学的问题,根源于存在的同一性。"我"与世界的同一性,是由"我"与世界的主体间性体现的,这个主体间性是由理解和同情来构成的。"我"对世界的同情就是本源的善,伦理学的善来源于它,前者是绝对的善,后者是相对的善,前者是后者的根据,后者是前者的历史体现("残缺样式")。而且,存在的同一性超出了伦理学范围,"我"与世界的同一,还包括"我"与自然的同一,不仅是认识论的,也是价值论的。这方面,要反对主体性的观点,不能把自然看作人的征服、利用的对象。生态哲学和生态伦理都进行了这方面的批判,并且给自然以与人一样的主体地位。

存在的同一性通过生存的主体间性实现。主体间性本来是认识论的概念,在胡塞尔那里,意指认识主体之间达成共识的可能性;后来在哈贝马斯那里演变为社会学的概念,意指社会生活中人与人之间的交往关系。现实生存是主体性的,但由于生存指向存在,有超越主体性指向主体间性的可能。在自由的生存方式中,"我"与世界之间的主体间性才真正实现,从而回归了同一性的共在。审美就是主体间性的充分实现,通过审美的理解、同情和对话、交往,"我"与审美对象达到了完全的同一,从而回归存在。

(原载《四川师范大学学报》2013 年第 4 期)

“实践美学”的苏联缘起与本土变异

——李泽厚“客观社会说”与苏联“社会派”美学的比较阅读

李圣传

在“实践美学”问题上，当前学界似乎仍倾心于对“实践”本体的发展、修缮或革命、超越，却忽视对理论自身的廓清厘析。尤其是作为“实践美学”的原点，上世纪五六十年代“美学大讨论”中李泽厚所倡行的“客观社会说”至今仍未得到有效重视。事实上，“实践美学”的缘起与“苏联美学模式”存在着一脉相承的历史关联，只因本土意识形态钳制，才导致中国美学在美学讨论后期未能像苏联“社会派”一样将美学纵深引向价值论，还始终停留于“主客二分”的哲学认识论模式中。这种“主体性”的残缺直至“新启蒙”语境中通过对康德与马克思的互补改造才得以弥补，但其理论基因中的思想残余并未根除，因而才招致“后实践美学”至今仍不绝于耳的批判与超越。为此，将“客观社会说”与苏联“社会派”美学加以对位性阅读，不仅能够从思想原点上爬梳“实践美学”的逻辑缘起与形成路径，更能在历史的流变发展脉络中正视并反思其理论的功过得失。

一、苏联“社会派”美学的挪用与“自然人化”的引入

李泽厚在“美学大讨论”中最为卓越的贡献无疑就是提出了“美感二重性”并率先引入“自然人化”的观点，进而在客观社会的人类历史实践活动中找到了一条新的建立在“客观社会”基石上的

美的本质和意义的寻思之路。①尽管学理论说中仍有较多缺点,但因"找到了正确的方向",②李泽厚在讨论中瞬即获得众多响应者。

然而,李氏最先引入马克思"自然人化"的观点,除因《经济学—哲学手稿》于1956年9月在大陆首次出版,从而得以提及并引入"自然人化说"外,③另一个更为重要的学理性因素在于广泛的苏联学术译介浪潮中对苏联"社会派"美学的话语挪用。④因对马克思"巴黎手稿"的重新发现,苏联学界对之产生了极大兴趣。尤其是万斯洛夫与斯托洛维奇等人,积极引用《手稿》中关于自然在人的社会劳动中被"人化"的观点来重新解释"美的本质",进而形成了与传统"自然派"针锋相对的意见。与德米特里耶娃等"自然派"学者将美视为客观事物属性不同,他们从人类社会历史关系入手,主张"美不能脱离人和社会而存在",强调社会历史实践的重要性,由此获得"社会派"的称谓。苏联美学界的这些论争通过《学习译丛》《译文》《哲学译丛》《新建设》《哲学研究》等杂志源源不断地即

---

① 详参李圣传:《从"生活实践论"到"实践美学"——论李泽厚美学中"社会性"与"实践性"的思想来源》,《文艺争鸣》2013年第4期。

② 蒋孔阳:《关于当前美学问题的讨论》,《文汇报》1959年11月15日。

③ 早在美学大讨论前,周扬、蔡仪、黄药眠及冯契等人就对马克思《巴黎手稿》加以了引用,如周扬的《我们需要新的美学》(《认识月刊》1937年6月15日)、蔡仪的《新美学》(群益出版社,1947年,第20—21页)、黄药眠的《论美与艺术》(《文艺报》1950年3月10日);尤其是冯契1956年4月14日在《文汇报》发表的《谈美》一文,更是反复多次引用了马克思关于"社会生活实践"以及劳动"对象化"等"手稿"内容。只因时代阈限,他们均未注明出处,也不可能提及《经济学—哲学手稿》,原因在于:发现"手稿"并以"经济学—哲学手稿"明确"命名"在苏联和中国都经历了一个漫长过程。苏联"1932年才正式发表《经济学哲学手稿》",而直到1956年《手稿》和马克思、恩格斯的其他早期著作一起汇成《马克思恩格斯早期著作》一卷并首次在苏联出版时才引起学界的注意和兴趣;中国大陆同样到1956年9月才由何思敬翻译且第一次以书名为《经济学—哲学手稿》正式出版。参见泰·伊·奥伊则尔曼:《马克思的〈经济学哲学手稿〉及其解释》,刘丕坤译,人民出版社,1981年,第17页。

④ 从当时报刊资料上发表的各类美学讨论文章看,尽管学界已经翻译出版了何思敬译、宗白华校的《经济学—哲学手稿》中文译本,但当时人们对马克思主义美学尤其是其"自然人化"思想的关注,更多的是受到同时期苏联"社会派"美学文献的译介影响。

时翻译到国内,从而对新中国成立之初的学术思想界产生了广泛深刻的美学影响。①其中最有代表性的是“社会派”美学纲领性人物万斯洛夫在苏联《哲学问题》1955 年第 2 期发表的《客观上存在着美吗?》一文,它同样由林牧生翻译刊载在《学习译丛》1955 年第 7 期上。该文开篇即对美学史上的“客观唯心主义”“主观唯心主义”和“直观唯物主义”进行了批评,据此在承不承认“美的客观性”以及脱离不脱离“社会实践”两个基点上得出“马克思列宁主义美学承认美的客观性,估计到社会实践在人们的美感的发生和发展方面的作用”这一结论。很显然,在承认“客观性”的同时,万斯洛夫更想强调“社会历史实践”的重要性。为此,他还以车尔尼雪夫斯基“美是生活”为例,在“客观性”与“社会实践”的双重视域内,既肯定其唯物主义的立场以及“主观能动性”,又从人本主义的角度批评其“不能完全揭示社会实践对美感发生的作用,不能揭示人们的劳动对人们的审美标准形成的意义”。为表明美的“客观性”之外人的“社会历史实践”的重要性,万斯洛夫通过援引马克思“自然人化”观进一步指出:“正如马克思所说的,在劳动中进行着自然界的‘人化’和人的‘对象化’。……自然界只有成为人的生活活动的场所和条件,成为人的自然生活环境,即人所掌握了的世界的时候,自然界对人才是美的。……美虽然也是客观上存在的,即存在于人的意识之外的,但美只对于人才存在,因为感受、理解和评价美的能力,是只有人才有的能力,这种能力是在人们的社会历史实践中发生和发展的。”②

与“自然派”提倡“美在客观自然”不同,万斯洛夫通过引入马克思“自然人化”观,有力地阐明了人与对象间的审美实践关系:自

① 尤其是《学习译丛》杂志,更专辟“问题讨论”“书刊评介”“答读者问”等栏目,将苏联《哲学问题》《党的生活》《文学问题》等杂志上的美学讨论文章源源不断地即时翻译到国内。如阿·列别杰夫的《评“哲学问题”杂志美学栏》(1955 年第 3 期)、伏·兹的《对“马克思主义美学问题”一书的讨论》(1955 年第 6 期)等。

② 引文参见伏·万斯洛夫:《客观上存在着美吗?》,林牧生译,《学习译丛》1955 年第 7 期。

然只有在“人化”之后成为人的审美对象,才有美丑之分,否则无任何意义,因为“美只对于人才存在”;美也必然依赖于一定的社会历史关系,它是在“自然人化”的劳动活动中,在人类社会历史实践中实现生成。

回到中国学术语境中,原本以批判朱光潜“资产阶级唯心主义美学”为起点的“思想改造”运动因“批判方”内部蔡仪与黄药眠观点发生分歧进而不得不延伸到学术层面作进一步研讨。①因此,在各行各业“向苏联学习”的时代浪潮中,向苏联美学界寻找理论批评的话语资源,成为众人参与讨论的不二选择。因苏联学术著作的广泛译介及本土《经济学—哲学手稿》出版的影响,苏联“社会派”从马克思“自然人化”角度重新阐发“美的本质”的思想对李泽厚同样形成了重要的理论启发。加上此时蔡仪类似于苏联“自然派”主张“美在客观”思想的巨大影响,李泽厚也遵循着万斯洛夫的美学理路从“客观性”与“社会性”入手,批判朱光潜的唯心主义和蔡仪的机械唯物主义,并得出“美不是物的自然属性,而是物的社会属性”这一初步结论。

受“社会派”美学影响,李泽厚也从“社会实践”和“自然人化”角度对车尔尼雪夫斯基“美是生活”与蔡仪“客观自然说”进行了批评。李氏认为车氏美学的不足在于“它比较抽象、空洞”,并且“没能完全摆脱费尔巴哈的人本主义的影响”,因为“社会生活,照马克思主义的理解,就是生产斗争和阶级斗争的社会实践”。很明显,与万斯洛夫相似:李泽厚同样在“客观性”与“社会实践”两个维度对车尔尼雪夫斯基的美学进行了批评,既肯定其“唯物主义”的路向,又批判其脱离“社会实践”的“人本主义”倾向。面对本土“旧唯物主义”代表的蔡仪“客观自然说”,李泽厚同样从社会生活出发,批判他“把人类社会中活生生的极为复杂丰富的现实的美抽象出来僵死为某种脱离人类而能存在的简单不变的自然物质的属

① 可参阅李圣传:《美学大讨论始末与六条“编者按”》,《清华大学学报》(哲社版)2015年第6期。

性、规律”,①并援引马克思“人化的自然”观念从社会历史关系层面予以了批评:“自然在人类社会中是作为人的对象而存在着的。自然这时是存在在一种具体社会关系之中,它与人类生活已休戚相关地存在着一种具体的客观的社会关系。所以这时它本身就已大大不同于人类社会产生前的自然,而已具有了一种社会性质。它本身已包含了人的本质的‘异化’(对象化),它已是一种‘人化的自然’了。”②

应该看到,李泽厚倡导的“人化的自然说”在诸多层面上均与苏联“社会派”美学有着千丝万缕的关联。甚至可以说,李氏正是受苏联美学话语的启发影响才得以从“社会性”的角度援引马克思“自然人化”观对“美的本质”加以重新论说。

此外,在“人类社会历史关系”这一逻辑起点与理论展开的思维进路上,李泽厚也与万斯洛夫存在着颇多相似处。“人化的自然”强调“人”在审美活动中的重要作用,重视社会历史关系的现实基础。万斯洛夫认为“只有始终受到社会制约的人的意识,才能感到美”,而这种能力是在“社会历史实践中发生和发展的”,因而自然界也只有成为“人所掌握了的世界的时候”,即成为人的“对象化”之后,自然界对人才是美的。③与万斯洛夫一样,李泽厚同样指出自然客观条件本身并不是美,它“只有处在一定的人类社会中才能作为美的条件”,因为“自然在人类社会中是作为人的对象而存在着的”,与人类生活构成一种具体的社会关系,它已是一种“人化的自然”了。④

可以说,在美学讨论中,年轻的李泽厚正是发现了苏联“社会派”美学的理论长处,并对之加以了借鉴吸收,进而在批判朱光潜“唯心论美学”过程中将美的阐释视角从蔡仪的“客观自然说”延伸

① 引文参见李泽厚:《论美感、美和艺术——兼论朱光潜的唯心主义美学思想》,《哲学研究》1956 年第 5 期。

②④ 李泽厚:《美的客观性和社会性——评朱光潜、蔡仪的美学观》,《人民日报》1957 年 1 月 9 日。

③ 伏·万斯洛夫:《客观上存在着美吗?》,林牧生译,《学习译丛》1955 年第 7 期。

到社会历史关系层面,并在“自然人化”的哲学地基上搭建起了“客观社会说”的美学框架。也正是对苏联“社会派”美学的话语挪借,李泽厚在《美的客观性与社会性》一文中才得以依循万斯洛夫《客观上存在着美吗?》一文的行文思路,渐次从“美是主观的还是客观的”和“美能脱离人类社会而存在吗”两个方面进行申说,并最终在马克思“自然人化”的哲学基础上提出“美的客观性与社会性统一”这一核心论点。当然,除万斯洛夫《客观上存在着美吗?》一文产生较早理论影响外,斯托洛维奇《论现实的审美特性》、布罗夫《美学应该是美学》以及特罗菲莫夫等人的《马克思列宁主义美学的原则》等论文,也均对以李泽厚为代表的美学学人产生了深刻的理论影响。

从上述分析可知:李泽厚“客观社会说”及其“自然人化”美学思想的形成除受“本土美学资源”的诱导刺激外,更是对苏联“社会派”美学的话语挪用。应该承认,不仅李泽厚美学思想受到“苏联美学模式”的启发,甚至整个“美学大讨论”均是在对苏联理论话语的“前置性”阅读下展开的。中苏美学界在同一时间域内关于“美的本质”问题的讨论既是“马克思—列宁—斯大林”主义在“主观—客观”思维框架内的一场同步共振的哲学论辩,又同是一场以“社会主义现实主义”作为唯一合法性原则的美学批判。如果说蔡仪的“客观典型说”与德米特里耶娃、波斯彼洛夫为代表的苏联“自然派”主张相似,体现着斯大林时期唯物主义反映论的美学要求,那么李泽厚的“客观社会说”则与万斯洛夫、斯托洛维奇为代表的苏联“社会派”美学理念近似,体现着后斯大林时期美学试图超越机械唯物主义哲学认识论的初步尝试。

二、苏联“社会派”美学的影响与“实践美学”的萌芽

“实践美学”萌芽于“美学大讨论”中,其理论形成的历史语境是:蔡仪 1949 年前在《新美学》中既已形成的“客观典型说”与朱光潜由“心物关系论”发展而来的“物甲物乙说”在 1949 年后再次形

成了双峰对峙的美学局面。李泽厚“实践美学”的萌发正是建立在对两者的批判与调和上。与蔡仪、朱光潜不同,李泽厚通过引入马克思“自然人化”的思想,主张用“生活、实践的观点”去解释“美的本质”,认为“美的客观性依据,就在于美在社会实践过程当中产生,是‘自然人化’的产物”。①李氏批判中所持的“实践”观念以及“自然人化”的理论依据,除本土学术语境中黄药眠早前反复阐明的“生活实践论”美学观以及革命文艺语境中反复宣传的毛泽东“实践论”思想外,另一个重要的思想来源同样是外部语境中对苏联“社会派”美学的话语移植。

与中国学界类似,苏联1956年也爆发了一场持续多年的美学争辩,形成了“社会派”与“自然派”分庭抗礼的局面。尤其是布罗夫《艺术的审美本质》(1956)一书提出的“审美”问题,更直接扭转了苏联美学的传统思维模式,为“社会派”对“现实审美关系”以及“主观能动性”阐发奠定了方向。针对德米特里耶娃为代表的主张“美是客观地存在着的”②传统美学观,万斯洛夫等“社会派”美学家积极从马克思《手稿》中汲取理论营养,尤其是通过援引“人化自然”的概念从而将对象纳入到“社会—历史—实践”的背景中加以考察。正是依据“社会历史实践”的思维路径,“社会派”美学家得以证明美仅仅属于在实践过程中被“人化了的”现象。③万斯洛夫认为,只有“借助人们改造世界的社会历史实践”,才能在“客观世界纷纭万状的外在物质属性中反映出一个社会人的本质”,因为“美只有在实践过程,‘人化的’现象所固有的,也就是被导向实践领域里被改造的和未被改造的形态中”。④“美虽然也是客观上存在的”,

① 参见王柯平主编:《跨世纪的论辩——实践美学的反思与展望》,安徽教育出版社,2006年,第19页。

② H.德米特里耶娃:《美的美学范畴》,见《论苏维埃艺术中美的问题》,杨成寅等译,上海人民美术出版社,1957年,第50页。

③ 参见凌继尧:《苏联当代美学》,黑龙江人民出版社,1986年,第40—41页。

④ 万斯洛夫:《美的问题》,雷成德、胡日家译,陕西人民出版社,1987年,第76、78、48、61页。

但是只对于人才存在,因为只有人具有"感受、理解和评价美的能力",而这种能力又是在"人们的社会历史实践中发生和发展的"。①斯托洛维奇也指出审美关系的能力是由"社会关系的具体体系"所决定,而其"社会历史实践进程中客观形成的社会意义、社会涵义则是审美属性的内容"。②

很显然,与"自然派"将"审美特性"或"美"仅归结为"客观存在的"③自然属性不同,苏联"社会派"美学家更强调对象事物"在社会历史实践进程中客观地形成的社会意义"④及其所蕴含的审美内容。正是在"社会实践"的维度上,"自然派"与"社会派"形成了理论上的鲜明对峙。苏联美学家罗马年柯一针见血地指出:

> 实质上,这一切都归结为一个乍然看来是简简单单的问题:美是否客观地存在于自然之中,亦即是否不依赖于人类而存在;或者美从来只是由于人类的社会实践而产生,离开人类的社会实践,离开人的"心理",离开艺术,美就绝对不能存在呢?⑤

正如罗马年柯所说,"社会派"美学家在"自然人化"基础上着力强调"人类的社会实践",主张美是"在劳动活动中,在基于社会发展客观规律的社会历史实践中实现的"。⑥因为事物只有处在"社会历史实践过程中",它们的具体可感的形式才能在人的社会关系中表

---

① 伏·万斯洛夫:《客观上存在着美吗?》,《学习译丛》1955 年第 7 期。

② 斯托洛维奇:《现实中和艺术中的审美》,凌继尧、金亚娜译,生活·读书·新知三联书店,1985 年,第 32—33 页。

③ 格·尼·波斯彼洛夫:《论美和艺术》,刘宾雁译,上海译文出版社,1982 年,第 90 页。

④ 列·斯特洛维奇:《论现实的审美特性》,《美学与文艺问题论文集》,"学习译丛"编辑部编译,1957 年,第 53 页。

⑤ B.罗马年柯:《自然美的现实性》,《现代美学问题译丛》(1960—1962),商务印书馆,1964 年,第 61 页。

⑥ 斯托洛维奇:《现实中和艺术中的审美》,第 29 页。

征出审美的意义。“社会派”美学关于“实践性”的理论思想得到了苏联学界的广泛支持,并在后来的“审美派”及“生产派”美学家中得到进一步的修正和发展。

苏联“社会派”在基于“自然人化”的“社会实践”路径上对“自然派”强有力的理论反驳,不仅扭转了传统机械唯物论的美学视角,还渐趋将“审美特性”及人的主体性的“审美评价”引入到美学研究中,为此后苏联美学从单一的哲学认识论中剥离,纵深引向价值论打下了基础。正如美学家卡岗所言,20 世纪 50 年代下半叶的苏联美学界“不仅以认识论为依据,而且以马克思列宁主义哲学的其他部分为依据、去更加广泛、更加全面地把握问题的途径”,并将美学的兴趣“日渐转移到人的方面,人与现实的关系方面”。①苏联“社会派”美学家在不改变唯物主义立场的前提下,以“社会历史实践和个人的实践”为基础论证了“美以及整个审美的本质是社会和人的,是由人的社会实践和个人的实践产生的”,②这不但是对斯大林时期机械反映论思想的一次美学反驳,而且在“中苏文化交流”学术气候下,对以李泽厚为代表的“实践美学”的萌芽形成了无可回避的直接理论影响。

受苏联美学启发,李氏也将“美的本质”置于社会历史关系中加以考察,且同样通过引入马克思“自然人化”观,将“美”上升到人类社会历史实践中进行解答。与蔡仪“物的形象的美是不依赖于鉴赏的人而存在”③及朱光潜“物的形象”是“自然物的客观条件加上人的主观条件的影响”④视域不同,李氏认为“自然对象只有成为‘人化的自然’,只有在自然对象上‘客观地揭开了人的本质的丰富

① M.C.卡岗主编:《马克思主义美学史》,汤侠生译,北京大学出版社,1987 年,第 144 页。

② 亚·伊·布罗夫:《美学:问题和争论——美学论争的方法论原则》,张捷译,文化艺术出版社,1988 年,第 25 页。

③ 蔡仪:《评“论食利者的美学”》,《美学问题讨论集》(2),作家出版社,1957 年,第 9 页。

④ 朱光潜:《美学怎样才能既是唯物的又是辩证的——评蔡仪同志的美学观点》,《美学问题讨论集》(2),第 21 页。

性'的时候,它才成为美",而人之所以能够"在自然对象里直觉地认识自己本质力量的异化,认识美的社会性",这却是"一个长期的人类历史的过程"。[①]李泽厚指出:"一个自然事物美不美,对一个自然物能不能产生美感,能不能欣赏它,这决不偶然,它首先并不被决定于人们的社会意识,而首先被决定于这个自然物在一定社会时代中的客观社会性质。……通由人类实践来改造自然,使自然在客观上人化,社会性,从而具有美的性质。"[②]

美的本质是"人化的自然",因此,"人"就不仅仅是自然的鉴赏者、认识者,同时还应作为实践者、改造者而存在。李泽厚批评蔡仪指出:"脱离人类社会生活、实践的根本观点的机械唯物主义是不能回答的。它不能解决具有深刻社会性质的美的问题",而"只有从生活、实践的观点才能回答这问题"。[③]可以见出,在反复的批判论辩中,李泽厚逐步将自己的美学支撑点落实到了"实践"的根基上,强调自然事物在人类实践中具有了社会意义和美的性质。通过将美学建立在"实践论"基础上,李泽厚也对"美的本质"作出重新释义:"美的本质就是现实对实践的肯定;反过来丑就是现实对实践的否定。美或丑存在的多少取决于人类实践的状况、人类社会生活发展的状况,取决于现实对实践的关系。"[④]李氏认为,"美的本质"源于社会实践,自然的美丑取决于"自然向人生成"的程度,只有艺术地掌握了客观规律的实践才是创造美的实践。

除李泽厚将"客观社会说"的理论内核日渐挪向"实践论",进而正式意味着"实践论美学"在中国的萌发外,朱光潜也在美学讨论后期将"直觉论"美学发展而来的"审美认识论"上升到"美学的

① 李泽厚:《论美感、美和艺术——兼论朱光潜的唯心主义美学思想》,《哲学研究》1956年第5期。

② 李泽厚:《关于当前美学问题的争论——试再论美的客观性和社会性》,《美学问题讨论集》(3),作家出版社,1959年,第168、172—173页。

③ 李泽厚:《〈新美学〉的根本问题在哪里?》,《美学论集》,上海文艺出版社,1982年,第143页。

④ 李泽厚:《〈新美学〉的根本问题在哪里?》,《美学论集》,第147页。

实践观点”[①]的维度上。当然,在中国“实践美学”的理论起点上,李泽厚与朱光潜也存在分歧。针对朱光潜强调“用艺术方式掌握世界”的美学实践观点,李泽厚批评说,“人类的实践活动,主要的和基本的是指人类的生产实践”,因为“生产实践才真正起着改造客观世界的能动作用,艺术实践却只是通过它所创造的作品能动地作用于人的主观世界(思想、意识)”,但从整个社会因来看,“实践是认识(意识)的前提”,所以“生产实践是艺术实践的前提,又是艺术实践的归宿”。[②]可见,李泽厚从“物质世界”与“劳动实践”角度提出的“社会实践论”美学与朱光潜发扬“主观能动性”与“精神创造性”提出的“艺术实践论”美学在马克思主义“实践美学”的观点上再次发生了争执与分歧。

这种分歧一方面体现了“美学大讨论”前期李泽厚“客观社会说”与朱光潜“主客观统一说”在学理上的分歧残留;另一方面也表明李泽厚前期“客观社会说”中“客观性”与“社会实践性”两个重要理论维度在后期“实践美学”发展建构中仍然延续。李氏对此也有说明:“我们认为,美的本质必然地来自社会实践,作用于客观现实(美是客观的),经过审美和艺术的集中和典型化(反映论),又服务于生活、实践(实践观点)。”[③]然而,无论是李泽厚的“社会实践论”还是朱光潜的“艺术实践论”:从理论原则上看,都是对马克思“实践论”以及“自然人化”思想的美学展开,只是其路径方向不同;从理论的缘起上看,则都是在“苏联模式”美学话语,尤其是“社会派”美学影响下的学习、借鉴与阐发。对此,从“美学大讨论”后期朱光潜先生的美学呼吁中可见一斑:

> 我们现在建设美学,必须从马列主义哲学的基础出发;而从马列主义哲学基础出发,必须以苏联为师。我们参加美学讨

① 朱光潜:《生产劳动与人对世界的艺术掌握——马克思主义美学的实践观点》,《美学问题讨论集》(6),作家出版社,1964年,第208页。

②③ 李泽厚:《美学三题议——与朱光潜同志继续论辩》,《美学论集》,第158—159、167页。

> 论的人还不是每个人对此都已有足够的认识。我们要向前进，就须认识到自己的不足，认识到不足在哪里。……总之，边讨论，边学习，边建立，这是我们今后美学工作的道路。①

不可否认，在“实践美学”的理论缘起上，苏联“社会派”美学从马克思“自然人化”思想出发进而在“社会历史实践”关系上阐释“美”的社会性意义的思想对中国学术语境中“实践美学”的萌发与转向起到了直接而重要的外部影响。甚至可以说，相较于本土学术语境中黄药眠早年倡导的“生活实践论”美学观以及革命文艺传统中广泛宣传的毛泽东“实践论”②的思想资源，苏联“社会派”美学的理论影响更加直接，也更为深刻。

三、“实践美学”对苏联“社会派”美学的偏离及其历史根源

受本土学术语境的制约影响，“实践美学”在萌发后的论辩发展中，又蕴含着迥异于苏联“社会派”美学的本土特点。尽管李泽厚的“客观社会说”在理论缘起上与苏联“社会派”美学具有一脉相承的历史关联，并且在“客观性”/“社会实践性”的理论向度以及“人化”/“对象化”的阐释视野上契合一致，但因李氏在对苏联美学的挪用接受中有着本土问题的现实考虑以及理论甄别的自我选择，因而在话语建构与发展中又呈现出与苏联“社会派”美学的巨大偏离与差异，由此也象征着中苏美学各自走上不同的发展道路。

苏联美学界在讨论之后转向到对人的审美意识以及劳动美学、技术美学、价值论美学的探究。尤其是图加林诺夫《论生活和文化的价值》(1960)、《马克思主义中的价值论》(1968)、斯托洛维奇《审美价值的本质》(1972)以及布罗夫《美学：问题与论争》(1975)

① 朱光潜：《把美学建设得更美！》，《文汇报》1959年10月1日。

② 在新中国成立初期，中央报刊均“头版头条”发表学习毛主席《实践论》的文章，要求清除“资产阶级唯心主义”“主观主义”“经验主义”等错误思想，以利于社会主义建设。为此掀起了一股学习和讨论“现实主义”及“实践论”的理论热潮。

的出版,预示着苏联美学从哲学认识论的美学圈套中走出而纵深转入到价值美学的探索中。对艺术活动和审美价值的多层次探讨也使得苏联美学在认识论方法之外延伸到对心理学、价值学、社会学、符号学等研究方法的运用。这不仅极大地拓宽了美学研究的方法论基础,还为苏联美学界在 20 世纪七八十年代带来了极高的国际声誉。①而中国大陆的"美学大讨论"虽与苏联美学讨论呈现"同步共振"关联,且有着"相同的理论来源""相似的意识形态背景"和共同遵循的"理论指导原则",②但终因各自的文化气候及现实问题不同,在讨论后期的理论走向上呈现出根本的学理差异。仅以李泽厚"客观社会说"为例,尽管在逻辑起点上吸纳了苏联"社会派"关于"自然人化观"与"社会实践观"等理论资源,但在后期理论的建构发展中却与斯托洛维奇、图加林诺夫等"社会派"美学家倡导的"美是一种价值"这一坚持"美的价值本性"的观点存在着巨大的理论偏离。这种差异性尤为集中地体现在如下诸方面:

其一,在美的"认识关系"与"审美关系"上的思维差异。尽管李泽厚"客观社会说"与苏联"社会派"美学均将"美—美感"问题置于"社会历史实践"层面加以考察,但与李泽厚长期深陷美的认识论关系中,强调美只是"客观生活的美的反映",坚持"马克思主义哲学反映论"③不同——万斯洛夫、斯托洛维奇、布罗夫、塔萨洛夫、别里克等人则进一步将美延伸到"人与现实的审美关系"上加以探讨,注意到认识关系之外的"功利实践关系、伦理关系、政治关系和宗教关系",④重视"美所包含的人的内容和主观的因素",进而关注

---

① 1960—1984 年,苏联美学家先后参加了在希腊雅典、荷兰阿姆斯特丹、瑞典乌普萨拉、罗马尼亚布加勒斯特、西德达姆斯塔特、南斯拉夫杜布罗夫尼克以及加拿大蒙特利尔召开的四年一度的第四至十届国际美学大会,成为国际美学论坛中最为活跃的一股美学力量。其中仅 1972 年在罗马尼亚第七届美学会议上,苏联就有 38 位学者参加,仅次于美国和德国。相关史料参见凌继尧:《苏联当代美学》,第 28—29 页。

② 参见章辉:《苏联影响与实践美学的缘起》,《俄罗斯文艺》2003 年第 6 期。

③ 李泽厚:《论美是生活及其他——兼答蔡仪先生》,《新建设》1958 年 5 月号。

④ 斯托洛维奇:《现实中和艺术中的审美》,第 131 页。

人的“审美的感受、体验、趣味、理想和范畴”①以及社会教育过程中养成的“社会的评价”②等人对“现实审美关系的多样性”。③

其二,对美的“客观性”与“社会性”的理解在“客观实体性”和“价值特性”这一阐发路线上也极为不同。苏联“社会派”美学尽管也主张审美特性的“客观性”,但主要从“社会历史关系”及“审美价值特性”所表现的“具体社会内容”而言。受布罗夫“艺术审美特性”/“审美特征”④等思想影响,他们强调审美主体的情感感受,并试图“把人的思想、意志和感情结合起来”,⑤重视人在审美活动中的价值需要。尤其是万斯洛夫、塔萨洛夫等人还辩证地指出“社会实践产生美的过程不是一个纯客观的过程,而是有人的审美意识参与其间的过程”,⑥它与科学认识用抽象公式表达事物的规律、本质不同,“现实现象的审美属性是具体感性的”,它呈现的是“现实审美关系”中人对事物的“审美评价”。⑦斯托洛维奇更指出:“事物的审美特性就是它们的社会性。马克思把事物的审美特性和一定的社会的、人的需要联系起来,把事物的审美功能称为使用价值。”⑧与“社会派”美学不断突破哲学认识论防线进而延伸到价值论路线不同——李泽厚等美学家则仍然谨守“社会存在决定社会意识”的方法论原则,将“美”视为一种“实体化”的“客观存在”,甚至还将“红旗”的美作出“客观的(不依存于人类主观意识、情趣的)社会存在”⑨的解释,混淆了象征符号与实体物的美学差别,显示出深刻的时代意识

① 列·斯特洛维奇:《审美关系的客体问题》,《现代文艺理论译丛》第三辑,人民文学出版社,1962年,第96页。

② A.别里克:《为什么可以争论趣味》,《现代文艺理论译丛》第三辑,第213页。

③ 贾泽林等编:《苏联当代哲学(1945—1982)》,人民出版社,1986年,第385页。

④ 阿·布罗夫:《艺术的审美本质》,高叔眉、冯申译,上海译文出版社,1985年,第199—205页。

⑤⑧ 列·斯特洛维奇:《论现实的审美特性》,《美学与文艺问题论文集》,第54、53—54页。

⑥ 贾泽林等编:《苏联当代哲学(1945—1982)》,第385页。

⑦ 万斯洛夫:《美的问题》,第48页。

⑨ 李泽厚:《美的客观性和社会性——评朱光潜、蔡仪的美学观》,《人民日报》1957年1月9日。

形态局限。

其三,苏联“社会派”美学突破认识论防线后不断扩展丰富美学的价值论体系,而中国“实践美学”萌发后却始终停留于“主客二分”的哲学认识论模式而裹足不前。苏联“美学大讨论”后期,美学的价值论路线成为一大主流。1960 年列宁格勒大学出版了图加林诺夫的《论生活和文化的价值》,该书集中就马克思主义的价值学说和美学的价值论进行了阐发,提出了美的各种现象是一种“价值的综合”,“美的价值不仅在于感觉,在于美所给予人的快乐,而且还在于它在人的意识中所引起的高尚的和崇高的思想”。①尽管在立论和观点上稍显粗略甚至不足,但却引出了美学的价值路线。而到 1972 年斯托洛维奇《审美价值的本质》的出版,则意味着苏联美学讨论后其学科发展不仅有良好势头,还走入了国际美学的前沿。该书开门见山地提出不能“把美学本身归结为认识论”,②并就审美价值的标准、结构、特征范围和形式以及审美关系和评价多个层面进行了系统建构,在中国 1980 年代的“美学热”中产生深远影响——而中国“美学大讨论”后期,无论是李泽厚还是朱光潜,尽管走上了“美学的实践论”路线,却始终“没有摆脱传统的认识论的模式,即主客二分的模式”,因而既没有像苏联“社会派”一样将美学上升到哲学的价值论层面,也无法“从古典哲学的视野彻底转移到以人生存于世界之中并与世界相融合”这一现代哲学视野内。③

造成中苏美学以上诸种分离与差异的根源是极为复杂的,其症结:一方面源于论争原点上对朱光潜西方“直觉唯心论”美学传统的批判,因而极为排斥“主观性”审美因素;另一方面在于本土政治语境中对“认识论”的提倡,因而将马克思主义美学问题仅仅窄化

① 图加林诺夫:《论生活和文化的价值》(内部发行),生活·读书·新知三联书店,1964 年,第 161—162 页。

② 斯托洛维奇:《审美价值的本质》,凌继尧译,中国社会科学出版社,1985 年,第 15 页。

③ 参见叶朗:《从朱光潜“接着讲”》,叶朗主编:《美学的双峰——朱光潜、宗白华与中国现代美学》,安徽教育出版社,1999 年,第 18—19 页。

为单一的"认识论"。这其中尤为关键的是意识形态领域对毛泽东"实践论"思想的学习与解读。出于思想改造破"旧"立"新"的意识形态要求,1950年代的《人民日报》《光明日报》《新建设》等多家中央刊物均"头版头条"发表学习毛主席《实践论》的理论文章及"座谈记录",并认为这是"马列主义认识论"的中国发展,对于清除"资产阶级唯心主义""修正主义和经验主义"等错误思想以及提高"我们理论水平"极富指导意义。为此掀起了一股学习、讨论和运用"实践论"的理论热潮。《解放日报》《北京大学校刊》等多报刊志还专门列出了"学习'实践论'参考文献"。受此影响,李泽厚在美学处女作《论美感、美和艺术》一文中,在阐释美感直觉的"实践性"基础及其认识论关系时,正是引用了毛泽东的《实践论》。但当时人们将毛主席的"实践论"仅仅理解为"辩证唯物论的认识论",①并从"阶级斗争经验"的角度认为"实践论"是"充实了发展了的马克思主义的认识论"。②受此影响,李泽厚虽然提出了"美感二重性",但对于"主观直觉性"方面几乎不敢涉及,在阐释"美感直觉"思想时,也只能从认识论出发加以阐发:"毛泽东同志告诉我们:'感觉到了的东西,我们不能理解它,只有理解了的东西才更深刻地感觉它'。这一马克思主义认识论的原理,对于艺术创作、艺术欣赏就具有着深刻的指导意义。"③对"美感二重性"的"主观直觉性"维度仅仅作出认识论的理解,显然是不够的,正是这种"本土问题"与"方法原则"的捆绑束缚,不仅造成李泽厚美学与苏联"社会派"的分离,还镌刻着鲜明的理论不足。

当然,我们不能完全抹除李泽厚早期美学在"主体性"上的努力,从"美感二重性"命题的提出以及对朱光潜心理学美学的合理肯定中都可见其良苦用心。但在"主观"即"唯心""反动"的国家意

---

① 王思华:《学习"实践论",克服经验主义!》,《新建设》第4卷第2期(1951年5月1日)。

② 《人民日报》"社论":《学习毛泽东同志的〈实践论〉》,1951年1月29日。

③ 李泽厚:《论美感、美和艺术——兼论朱光潜的唯心主义美学思想》,《哲学研究》1956年第5期。

识形态语境内，作为新中国培养的知识分子，李泽厚显然只可能在“马克思列宁主义的反映论”预置的学术框架内甚或“文艺战线上严重激烈的思想斗争”①这一阶级领域内上下挣扎，而无法挣脱时代的思想藩篱。我们评价李泽厚及其所处时代美学应该持有“了解之同情”的基本态度。

尽管早期受意识形态钳制而将“自然人化”观仅仅作出“客观的（不依存于人类主观意识的、情趣的）社会的（不脱离社会生活）”解释，②但这种“主体性”的不足到1970年代末，在启蒙现代性背景下通过对康德“主体性”美学与马克思“实践论”美学的双重整合与改造，进而由“工艺—社会结构”到“文化—心理结构”的转型而得以弥补。③后期李泽厚在前期美学基础上通过对中西方传统美学资源的批判改造，从“工艺—社会本体”和“文化—心理本体”的双向“自然人化”中不仅完成了由“理性、社会、历史”到“感性、个体、心理”的转化，还在人类本体论美学、美感发生学、审美形态学等诸多层面上极大地拓展了自己的美学体系。④李泽厚建立在早期“客观社会说”基础上的“主体性实践美学”不仅在80年代再次引发“美学热”，还为中国美学真正走向世界开启了理论之门。从某种层面看，这也正说明以李泽厚为代表的“实践论美学”除理论缘起上受

---

① 李泽厚:《美学——在战斗中成长》,《文汇报》1959年9月21日。

② 然而，“情趣意识”与“主观能动性”等方面，恰恰是“美学大讨论”后期朱光潜美学集中用力且可供发掘并与李泽厚“实践美学”互补之处。通过不断论辩以及对马克思主义经典理论的反复研读，朱光潜于1960年发表《生产劳动与人对世界的艺术掌握——马克思主义美学的实践观点》，正式宣告美学的“实践论”转型。但朱光潜“实践美学”内核中仍合理延续着其早期心理学美学的因素，极为重视对“人”的“主观因素”（“主观条件”）和“主观能动性”的维护与延续，强调美的“意识形态性”特征，维护个体审美能力以及美学的现代性主体意涵。为此，尤西林先生甚至认为朱光潜美学实际开辟了中国美学的“心体”方向。可参阅尤西林:《朱光潜实践观中的心体——重建中国实践哲学—美学的一个关节点》,《学术月刊》1997年第7期。

③ 参见李泽厚:《批判哲学的批判——康德述评》，人民出版社，1984年，第412页。

④ 参见李圣传:《从“积累说”到“积淀说”——李泽厚对黄药眠文艺美学思想的继承与发展》,《文学评论》2013年第6期。

苏联"社会派"美学渗透影响外,在理论发展与学理建构方向上的美学差异,也鲜明体现了不同历史文化与学术语境中的理论格局与美学追求。

总之,以李泽厚为代表的"实践美学"萌发于上世纪"美学大讨论"时期的"客观社会说"中,它既是本土语境中对蔡仪"客观典型说"与朱光潜"主客观统一说"美学的批判与缝补,又是对黄药眠早期"生活实践论"的社会学美学以及毛泽东"实践论"思想的理论继承与发扬,更是外部语境中对苏联"社会派"美学话语的借鉴与挪用,可谓是"内部诱发"与"外部缘起"的美学"结合体"。但在萌发后的理论发展与建构中,它却因本土思想钳制而开始发生偏离变异,尤其是70年代末及80年代启蒙现代性语境中通过对中国古典美学的补接继承以及西方美学尤其是康德"主体性"美学的批判改造,更形成了既迥异于苏联"社会派"美学又不同于西方马克思主义实践美学的中国特色的"实践论美学"理论体系,至今仍对中国美学的发展有着重要影响。

(原载《四川大学学报》2016年第2期)

实践美学与后实践美学

中国第三次美学论争论文集

《学术月刊》编辑部 编

下册

上海三联书店

目　　录

第一辑　序曲与发端:“积淀说”与“突破说”之争与“超越实践美学”

第二辑　展开:实践美学与后实践美学之争

第三辑　深入:美学本体论之争

第四辑　发展:新实践美学与后实践美学的建构

第五辑 总结:第三次中国美学论争的历史经验

第四辑

发展：新实践美学与后实践美学的建构

存在论美学：走向后实践美学的新视界

张　弘

世纪之交，中国美学界正在酝酿新的突破。

众所周知，80年代美学最突出最有影响的成果是实践论美学，酝酿中的突破就是围绕实践论美学展开的。有人提出，必须超越它，走向"后实践"美学；有人认为，不能超越它，即使寻求发展也要坚持在实践论美学的范围内。于是问题便转换成：究竟怎样评价实践论美学？只有对此作出回答后，才能继续考虑美学建设的进一步方向与道路。

本文就是笔者对有关问题的思考。总的来说，它试图在已有的理论话语之外探寻另外一种可能性，虽然这并不就是唯一可行的路途，但将通向更加深远更加开阔的前景。

一

首先应该肯定，实践论美学在推动我国的美学建设方面作出了贡献。它把美学界长期以来争论不休的美的本质属性问题，也即美是主观的还是客观的问题，提高到了一个新的层面，并试图予以解决。具体说就是以实践唯物主义为理论依据，并结合马克思《1844年经济学—哲学手稿》中的有关论述，以社会实践为中心点，来实现人与自然、主观与客观、感性与理性、自由与必然等等对立方面的统一，来解释它们之间的联系与转化何以可能的问题。

稍有美学史常识的人都知道,美的本质属性是个旷日持久的难题。柏拉图在《大希庇阿斯篇》中早已提出,虽然日常生活经验中经常可发现美的事物,但要用言语合理地表述美的本性又是很难做到的。“美是难的”,这就是他留给后人的格言。历来的美学家们都从客观的或主观的、理性的或感性的,以及主客观的关系和感性理性的关系着眼,或强调它们的某一侧面,或进行几个侧面的综合。例如黑格尔关于美的定义就是“客观理性的感性显现”。新中国成立后的美学论争,以吕荧、蔡仪、朱光潜等人为代表,分歧同样表现在这几个方面。这是大家都熟悉的。

但长时期来,由于一定历史原因,我们的美学论争并未在平等的地位上展开。美的“主观说”被打成唯心论遭到批判,“主客观关系说”也被当作折中主义不受欢迎,唯有“客观说”被认为体现了唯物主义认识论的反映论,占据了美学界的主导地位。但经过思想解放运动,“客观说”很快暴露出理论上的一大欠缺,即忽略了主体在认识过程及审美过程中的作用。应运而生的实践论美学,便以实践主体作为审美的中介,既肯定了主体性,又以社会实践作为主体的根本规定。这样,实践论美学一方面力图克服把美视作外在的客观实体、无视审美的主观因素的机械唯物论,一方面又尽量避免把美说成是精神或观念的产物、抹杀其现实与社会基础的唯心论。它在两条战线上作战,目的是克服主观说或客观说的任何一方的片面性。

继续像刘晓波那样批评实践论美学的理性主义,是一种简单化的做法。也许在实践论美学的个别倡导者那里确有过分强调理性的倾向,但从总体上,实践论美学是注重综合的,完全可以说它属于从主客观等等关系上,也包括从理性与非理性关系上来探讨美的本质属性的美学主张,不妨称它是“关系论”美学之一种。正因为这样,我们才会在实践论美学的各位代表,如李泽厚、蒋孔阳、刘纲纪等人关于美、审美及艺术的论述中,看到如此之多的二元对立的矛盾统一,例如个别与一般的统一,认识与情感的统一,再现与表现的统一,具象与抽象的统一,个体与社会的统一,精神与实践的统一,主观与客观的统一,等等等等,真有包罗万象,无一遗漏之感。

关键恰恰在于,这样一个巨细无遗的对立统一之网的中心枢纽,是人的以物质劳动为主的社会实践。实践论美学宣布,通过这一点抓住了人的本质力量所在,揭示了人的本质力量对象化的根本机制,同时也说明了美与审美的内在本质。但在我看来,就在这里暴露出实践论美学的致命错误,即抹杀了审美活动(同样也可称为审美实践)和生产劳动等其他社会实践的根本区别。这样一来,实践论美学看似十分辩证,却恰好忘记了辩证法的精髓——对特殊性与差异性的把握。

因此,尽管实践论美学关于美、审美或艺术的定义或论述几乎包括了所有的方面,但却未能真正说明它们的本质特性。通过貌似全面的既此又彼的组合,美与审美活动的个性反而消失不见了。这里很有必要介绍一下王元化《清园夜读》对黑格尔哲学的反思。黑格尔的同一哲学有个重要的内容,是把个别和一般当作可以辩证地转换的东西,这种共相与殊相的辩证关系可贯串在所有的二元对立的范畴之间。过去曾普遍认为黑格尔这一观点统一了个性与共性,是辩证法创造的一大奇迹,但终于人们认识到:"现在应该从这种逻辑迷雾中清醒过来了。"①实际上,它抹杀了二者的差异,否定了个体性与特殊性的真正存在,因为从每一个别都无非是一般的缩影出发,必然会得出这些个别并无真正的特殊属性。其实费尔巴哈早就指出:"只有差别才是真正的联系。"②马克思主义的辩证法也告诉我们,只有掌握了事物的特殊性,或矛盾对立的主要方面,才算掌握了事物的本质特征。而实践论美学恰恰在一系列的对立统一中,实际否定了美与审美的个别性。

对实践论美学的最有力的诘难是,它没有说明审美活动与艺术实践不同于一般社会实践,包括生产实践的特殊属性。审美活动与艺术实践和生产劳动及其他社会实践究竟有没有什么不同,"人

① 王元化:《清园夜读》,海天出版社,1993年,第185页。
② 费尔巴哈:《宗教本质讲演录》。

的本质力量的对象化”在美的创造中体现了哪些特征等问题,都是值得进一步追问的。虽然实践论美学也尝试作出回答,但远未解决所有的问题。例如,实践论美学认为,美的创造是通过自然物质、知觉表象、社会历史、心理意识等多层次积累后,形成一个生命贯注的有机整体的突发创造。换言之,这样一个创造物也就具有了美的属性。人们不禁要问:艺术领域以外的创造,难道不也是这些层次积累的成果吗?科学的发现,哲学的思考,数学的发明,都需要灵感的帮助,它们算不算突发性的创造呢?每一创造物都可以说有创造者的生命的倾注,即使一个车床工人加工的零部件也如此,难道都能算美?那么美的创造和实用价值的创造还有没有区别?再进一步,美的创造和神的创造、哲学本体的创造又有什么不同?实践论美学关于美的创造的界说不也可以畅通无碍地用在它们身上吗?

实践论美学的另一根本问题,是其理论出发点的内在矛盾。这问题还没有引起应有的注意。如前所述,实践论美学是以实践作为构建自己体系的阿基米德点的;尽管具体各家的观点有所出入,这个基本点完全一致。但这只是表面上的,仅仅是逻辑上演绎的出发点,其深层的实际出发点,其运思的实质性根据,仍是将自身和存在对立起来的思维,即笛卡尔所说的“我思”。如果真正以实践为依据,那就不会继续把主体设定为和客观物体相对立的精神主体。正因为还是从“我思”出发,实践论美学才照样以主客观的二分为中心,设定了如此众多的二元对立。这样一来,实践论美学从一开始就陷身于悖论之中。虽然它有意通过实践这个关节点,来克服认识论及以认识论为哲学根据的传统美学中主客观的分裂,但由于尚未把握真正意义上的实践是超越于以“我思”为基础的二元对立之上的,它又要求实践去整合这个人为的二元对立。实际上实践论美学所说的“实践”应打上引号,它是类似“我思”那样,把人的本质同自然与世界硬行割裂开来,再把这种孤立、抽象的本质搬运到自然与世界中去的一种假设的力量。

这里有必要重温一下马克思《1844年经济学—哲学手稿》的一段话:

> 既然人和自然界的实在性，亦即人对人说来作为自然界的存在和自然界对人说来作为人的存在，已经具有实践的、感性的、直观的性质，所以，关于某种异己的存在物，关于凌驾于自然界和人之上的存在物的问题，亦即包含着对自然界和人的非实在性的承认的问题，实际上已成为不可能了。①

马克思说得太好了。这分明在告诉我们，人和自然的同一的存在，因其实践的、感性的、直观的性质的确认，不可能再对它们进行抽象的非实在性的规定。像传统哲学那样认定人是非实在性的"我思"或主观，自然界是非实在性的"广延"或客观，再把世界设定为异在于意识之外的存在物，这种做法已行不通。但令人遗憾也令人不解的是，实践论美学却仍然陷身在主客、心物等种种异己化的非实在性的思辨假设之中。

很明显，实践论美学在继续救治美学从创建以来就不断遭遇的根深蒂固的二元对立顽症。用鲍桑葵的话来说，即"怎样才能把感官世界与理念世界调和起来？"或换个说法："一种给人以快感的感觉如何才能分有理性的属性？"②美学创始人鲍姆嘉通的办法是简单地把二者嵌合在美的定义中。例如，他认为美是理性的真理在感觉中的表现，或是感性与想象的科学。这里定义的每一层规定都和另一层处在对立的位置中。到了康德，则进一步提出了先天的判断力，作为会通感性与理性，也即必然与自由的桥梁。谢林也是类似的观点。但他们两人的学说被批评为主观唯心论，一方面确有理论上的不足，一方面又被我们当作不可进入的雷区。所以实践论美学在强调美与审美的主体因素时，不得不标举出实际是以群体为主体的社会实践来，以示和个体论的主观唯心论划清了界线。

但这里同样暴露出实践论美学的失误。它在致力于调停主观客观、感性理性、必然自由等一系列矛盾与对立的同时，等于前提

① 马克思：《1844年经济学—哲学手稿》，人民出版社，1986年，第24页。

② 鲍桑葵：《美学史》，商务印书馆，1985年，第245页。

已默认了这些二元对立。这一点当然与它潜在的理论出发点有关。它所做的,不外是以新的中介为基点,来再度进行二元对立的综合。不同的只是,社会实践作为中介,代替了康德的先天判断力、谢林的先验唯心直观,乃至黑格尔的绝对理念等等。而古典美学的二元论的基座及格局,并未受到根本上的触动。尽管实践论美学标榜自己(不少人也这样认为)以实践一元论取代了传统的二元论,但从这点来看,判定实践论美学仍属于传统美学,并不为过。其结果,就像事实已证明的,还是免不了徒劳无益。我们已经看到,实践论美学虽把立足点移到人的社会实践上来,并为解决众多的矛盾之处作了许多弥补,但还是无法彻底地摆脱二元对立的一系列悖论。在其精心编织的体系大网中,在既此又彼无所不包的所谓"辩证"的表述中,恰恰是美与审美的个别属性与本质特点被遗忘了。

出路何在?只有从根本上清算哲学二元论。唯其如此,美学才有希望从实践论美学继续深陷其中的困境里走出来。

二

迄今为止构成美学的哲学基础的二元论,其成熟的形态是由中世纪转入科学时代的产物。为了确立人在宇宙里的中心地位,为了确证知识的可靠性,笛卡尔以"我思"作为无可置疑的根据,从此割裂了人和自然的有机联系,造成了"能思"和"广延"即心和物的二元并立,而且把它们设定为两个独立自存的实体。主观与客观、观念与对象、思维与存在、实体与属性、现象与本质、感性与理性、情感与认识等等一系列的二元对立范畴,都是在此基础上衍生出来的。

但笛卡尔的二元论是从中世纪的经院哲学脱胎而出的,实际上还保留着后者的影响,某种意义上也是它的延伸。中世纪经院哲学主张自然与神性、感官与精神的二元论。9世纪的司各特·伊里杰纳在他的《对话录》中说,"宇宙各部分的局部而暂时的再现现象"是和"无形体的纯智慧的东西"(即上帝)并存的。以后这种二元论又发展为经院哲学中关于逻辑共相的存在和形而上的存在的争论。这也是必然的：既然设定了感官与精神的对立，并断定感官的东西低于精神的东西，人们自然不会满足于形而下的经验现象而要追求形而上的神灵本体。尽管在近代哲学中神的位置逐渐被取消了，但理念、精神、本质等仍然高踞在现象界之上，仍然是形而上的终极目标。海德格尔与杜威曾分别从不同的角度指出，以知识论或认识论为特征的一系列二元对立都立足在形而上学的假设上，①这是十分正确的。

据此就不难理解，长期以来传统美学一直陷于尴尬境地的根本原因。它一方面处在二元分裂的格局中，充当着类似知识论或认识论的角色（鲍姆嘉通创立美学时就把它当作一种特殊的知识即感觉的知识，叔本华和克罗齐也把审美当成一种认识），从主体与客体的镜像关系上来说明美与美感，或者以感性与理性分离为前提，把审美看作在感性与理性不同环节之间的反复循环；另一方面它又以形而上学的方式对待“美是什么”的问题，撇开了美的现象去求索美的“本质”，去寻问美的事物之所以为美的根据，并把美的规定性当作实体来看待。因而传统美学不可避免地把美抽象为理念或观念，又要让它在感性中显现，结果往往顾此失彼进退失据。最终就像我们已在实践论美学那里见到的，不得不通过一系列对立概念的组合对美进行说明，却恰恰又失落了美的真谛。

对美学而言，以知识论或认识论为特征、以形而上学为归宿的二元论的欠缺，首先是抹杀了审美与认知的区别。即使是认知，经过斯宾诺莎和康德以来的哲学进步，也早已证明不是简单的主客体之间的镜象关系。在人与环境保持有机联系的世界中，世界永远是属人的世界，人也永远生存在特定时空的世界中，并受后者的规定。这一同一性，决定了审美只能是人在世界中的体验，是存在于世的一种方式。哲学二元论对美学的另一不利影响是导致了美的彼岸化（更直接地说是神学化），人们有意无意地逃避现实王国，

---

①　参见罗蒂：《战胜传统：海德格尔和杜威》，中译文见《哲学译丛》1993 年第 3 期。

到彼岸的形而上世界去寻找美。对此马尔库塞作了深入批判，笔者曾有专文进行阐述。[①]伽达默尔也在《美的现实性》这篇重要著作中明确提出："美的本质恰好并不在于仅仅是与现实性相对立"，因为作为审美对象，"艺术这种形式在任何情况下总是向我们要求一种自身特有的建构"；不仅如此，而且"只是在特殊化了的东西中才面对着特殊的东西和真理的显现"，所以根本不需要越出艺术本身以外而通向彼岸王国的超越。

20世纪的哲学转变已经在清理形而上学和二元论方面作了许多工作。正如许多哲学家概括的，这一转变，意味着哲学从以"我思"为中心的认识论转向了以语言为中心的存在论。这就为美学摆脱二元论，为自己奠定一个新的哲学基础提供了良好的条件。由此，走向以语言中心的存在论为哲学根据的存在论美学就成了必然的趋势。

需要强调指出，语言中心的存在论不同于古希腊的始基存在论，也不同于中世纪的实体存在论，而是和海德格尔等人的名字联系在一起、以现象学为出发点的基础存在论。对于海德格尔来说，"'现象学'这个说法命名了'科学的哲学一般的方法'"，也即"存在论的方法"。[②]通过现象学，他反思了哲学的根本问题，指出了对传统的认识论的主客关系进行解构的必要性，提出了此前的哲学从未涉及的存在论的差异，即存在物与存在的差异，并且认为语言是让存在到场显现的唯一途径。换言之，语言是与现象相伴相生的。另一方面对基础存在论来说，人的"此在"或"亲在"具有无可置疑的优先性。人总是在时间的地平线的规定下领悟自身的存在和追问存在的意义的，并通过"此在"的世界规划，让四周的所存之物有了各自的位置。有必要补充的还有这样重要的一点："此在"或"亲在"并不是纯思辨或纯感官的存在，绝非这类单一的抽象物；用梅

① 张弘：《异化与超越——马尔库塞艺术功能的一个侧面》，《外国文学评论》1994年第1期。

② 《现象学的基本问题》，英译本，印第安纳大学出版社，1988年修订版，第3、328页。

罗-庞蒂的话说,它是"实践的综合"的存在(这使人联想起费尔巴哈说的"实践的总和"),具有物质的肉身,感知、体验、学习、思考、操作、活动、处理、使用……从而存在于世,从而获得关于世界的现象。这个现象,也绝非古典哲学所认为的,是反思或静观的产物。

正如伽达默尔为海德格尔《艺术作品的本源》所作"导言"指出的,"这个具有方法论的决定意义的基本概念,同自古以来的形而上学的基本概念,同现行范畴是对立的";相比之下,"传统形而上学的认知存在不过是一种极易崩塌的形式"。显而易见,基础存在论对传统的形而上学的认识论所进行的解构是决定性的。

这里不允许详细说明基础存在论的所有方面,只能概要介绍一下把立足点移到基础存在论上来后,美学将出现的改观。这也即存在论美学和传统美学相比所具有的不同内容。概而言之,它从二元论转到了一元论,从形而上学转到了现象学,从认识论转到了存在论,从而把美与审美纳入另一个理论视界,并因此有可能克服传统美学,包括实践论美学的困境。

首先,存在论美学对美的本质的探讨,将依据"存在论差异"的原则,区分美的事物与美的存在。美的事物是多种多样的,但这并不影响美的存在的统一性。美国当代美学家弗朗西斯·科瓦奇开列过两张表,列出了历代关于美的界说,林林总总有50余种说法,给人造成一种印象,似乎要把各种形式的美概括为单一的美的原则是不可能的。①另一位美学家托马斯·理德也说:"……事物的美在性质上是如此多种多样,各不相似,以致很难说美究竟存在在什么地方,或者说有这样一种美,它对所有事物都是共有的"。②其实他们两人都弄错了,美的事物和美不是一回事。把美的存在和美的事物区别开来,就能使一些在传统美学范围内历来争论不休的关于美的界说趋近一致。

其次,存在论美学明确地拒斥二元论。对存在论美学而言,存

① 科瓦奇:《美的哲学》,诺曼,1974年,第218—220页。

② 《论人的知性力量》,汉密尔顿,1985年,第498页。

在意味着人与世界的同一,因此心与物的二元对立及何者为先的问题不再有任何意义。必然地,它不会把外在于主体的客观事物当成唯一的真,并用作衡量精神创造的唯一依据。相反,传统意义上的主观与客观都一元化为"现象"了。事实上,即使意识层面的现象或表象(也可称为"心象"或"意象")也是一种实有的存在,斯宾诺莎在阐释笛卡尔哲学原理时早就这样认为,黑格尔也肯定过现象或表象同样是"存在",并得到了恩格斯的赞许。①经过胡塞尔以及海德格尔的研究,"现象"已具有了新的内涵,它是纯粹意识中关于现实物的构成性显现。所谓"纯粹意识"是相对于意识物而言的,而且这种"纯粹意识"也不等于抽象的绝对的"我思"或自我,它受到时间空间条件的规定。这里想提醒一句:把现象学简单地当成唯心论,恰恰反映了我们自身根深蒂固的二元论思维定势,胡塞尔和海德格尔都是明确地既反对实在论又反对唯心论的。

再次,存在论美学认为现象在实质上是语符化的。语言经过不同层次为现象命名,现象也只有通过具象或抽象等不同形式的语符才能由隐蔽状态进入光亮中。这里的语言或语符都是广义的,它们进而结合为一定的符号系统,既有自己的组成规则,又形成与服务于交流过程中。艺术就以各门类特有的语符系统为中介,形成为文本即作品。它们是人在世界中的特定产物,也是人在世界中的同一关系的确实反映。其中的语符,不再是传达思想感情的"纯工具",经过现代语言哲学的工作,语言的这一形而上学的属性已被消解。②美学的使命,就在探讨艺术作品的语符构成有哪些特点,它和一般语符现象的构成性原则有什么区别,而不是绕过艺术语符去探究所涉及的物。这也是存在论美学为自己确立的任务,因为它认为由可见的艺术语符的构成,昭示了不可见的审美方式自身的构成。传统美学的弊病,就正好忽略了这一点,只关注艺术

① 《逻辑学》中译本下卷第11页,商务印书馆,1976年;《自然辩证法》中译本第110—111页,人民文学出版社,1984年。

② 张弘:《现代语言哲学与文学观念的演化》,《学术月刊》1994年第1期。

中的实在事物。

复次,存在论美学也在一元论的基础上取消了感性与知性、感觉与理智等二分法。它把根本上有别于认识功能和知识问题的审美活动,看成综合融汇地起作用的认知和体验。在微观上,审美是情、智、意的全方位的整体性体验,既非感性到理性之间的线性循环运动,也不是通过对象的静观或审视而达到的某种抽象物或形象物。相反,审美是借助于个别的“事件”的出现而激发的“冲撞”,用伽达默尔的话来说,“一次根本改变习以为常与平淡麻木的冲撞”。①由此,在宏观上审美又成了人类存在的众多实践活动中一种独特方式。无论经由创作或欣赏,都是在日常的在世方式及其他可能的存在方式外的另一种选择。但这一审美方式又和别的生存活动有着这样那样密切的联系。通过这样的选择,就在瞬间片刻,领悟了存在的本真的意义。对存在论美学来说,美,不是别的,就是审美方式的实现。实现了审美,即领悟与把握到了美。美的形态,以及具备美的形态的事物,可以各式各样,但都统一在审美方式的实现上。同时人的力量,就体现在这种审美的存在方式的选择和美的实现上。人用不着依靠外在的“他者”来肯定自己,恰恰是在人天同一的体认中就觉悟到了自己的力量。

最后,存在论美学也坚决反对传统美学的形而上学化,主张美只能存在于审美的现实领域,只属于现实的此岸王国。它不赞成以柏拉图理念论为根据的传统美学把审美超越当作向非现实的精神王国的超升。其实这种“形而上的美”的追求使审美超越变成了虚幻的自我满足,脱离了真实的世界,还导致了艺术的贵族化倾向。在存在论美学看来,审美的功能,包括超越功能,永远应该体现在现实此岸的维度中。当然,审美的现实性并不意味着美将滞留在物质属性中,或意味着美和生活的等同。相反,它体现于席勒阐发的“有生命力的构形”(Iebende Gestalt)。通过这种构形,审美活动得以填补伽达默尔所说的“游戏空间”,由此审美激活了艺术

① 《〈艺术作品的本源〉导言》。

与生活存在的联系。同时生命力的构形又限定在一定时空和一定历史条件下,而体现出另一维度的现实性。于是审美一方面超越物性,一方面又密切关涉现实的此在。对个体而言,由于每一个人的潜能中都可能包含着更纯粹更理想的存在,所以能通过审美,使人摆脱实际所是的样子趋向理想上应该的样子。对群体而言,审美活动是对日常生存方式的疏离,它通过体验来反观人类的存在状况,实际上也在引领社会去追求和实现一种更为理想的境界。审美需求的这一社会内容,使审美活动可以发挥政治活动、经济活动等其他社会实践无法发挥的作用,甚至弥补它们的不足与欠缺。审美的理想,通过群众审美活动的"节日",终究会变成生活的理想,指导群众以更大规模的社会行动来改变现实存在的状况。这才是美的真正的超越力量之所在。正因为这样,存在论美学虽肯定历史语境对艺术审美的规定作用,但绝不会同意形形色色的历史决定论,相反它要说明审美活动是如何超越历史并创造历史的。

三

作为一种美学主张,存在论美学还有待于更详尽的阐述。但从上述的基本内容与倾向,已充分表明了它的理论优势。除开克服了传统美学及实践论美学的悖论外,至少还有这样几点:

第一,存在论美学作为艺术哲学,不单单能满足本身体系结构的自足性,也能对艺术与审美的历史发展进行科学的阐释。随着艺术史研究的深入和艺术创作的发展,以二元论的认识论为哲学根据的传统美学在这方面日益暴露出自己的尴尬。伽达默尔就曾举过艺术史上一个著名的例子。至今大多数人认为是西方绘画主要特征的焦点透视法,使得图画作品构成了从固定视角出发进行审视的一瞥,最典型地体现了认知性质的审美方式。但从整个艺术史看,会发现这种审美方式并非一成不变。联系中国的传统绘画,无论人物长卷或山水立轴,也均不采取焦点透视法。所以绘画并不永远是穿过窗口由近景又到遥远地平线并局限在方框视界内的景观。像这样历时性的复杂的审美现象,认知功能论的传统美学就很难作出统一的、完整的解释。但据存在论美学,上述情况就很容易理解。不同的绘画结构,实质上根源于各个历史条件下审美现象的不同形态。因时空差异下的存在方式的不同,造成了审美方式的不同,从而也带来了艺术意象及语符构成的变化。但在展现既包括艺术审美所面对的外在世界又含有艺术审美所出发的内在世界的统一构成上,它们实质上是一致的。

第二,存在论美学圆满地解决了19世纪下半叶以来现代艺术的评价问题。就像立体主义一样,许多绘画、音乐、文学的创新流派,自觉地突破文艺复兴以来逐步定形的感知与表现模式,专注于艺术意象的捕捉与艺术世界的营造——这种营造,实质是对一般认知所得的形象的有意解构。变形、抽象、夸饰、多维化、碎片化、非人化、梦幻化、反逻辑化、无意义化……采取一切手段,打碎理性和知性的阈域,以突入和再现无意识与非理性的领地,而把意义的寻获交给读者的"游戏"去处理。在这些创新的现代艺术面前,以复现外在客体为主旨的二元论的认识论美学,又一次暴露了自己的虚弱无力,只有存在论美学能够在审美是一种存在方式的选择的视野里,充分地肯定它们的审美价值。

第三,存在论美学有助于理解国内文学艺术的趋势与走向。我国当代小说创作继"新时期"、"新写实"之后,又进入了"新状态"文学阶段。按照批评家的概括,"'新状态'注重复现生存状态的同时更注意表现作者的精神状态,通过作家自身存在的反复多侧面的边缘性、游动性的展示,在神话与都市的废墟上去洞开存在的虚无之光。"①且不谈其他一些提法,"新状态"小说强调对客观生存状态的洞察需要通过作家审美的实在状态而得到表现,并借此领悟与把握存在的真谛,这个倾向如以存在论美学来解释,是十分合理的。新时期以来文学创作意识已发生了根本性觉醒。作家们日益认识到,我们时代文学的使命绝不是为了再继续临摹一个现成的

① 王干:《优美地告别——新状态文学漫论》,《文艺争鸣》1994年第3期。

外在世界。“新状态”文学的提出，不过更集中地体现了观念的重要变革而已。它表明从创作到批评的领域，对文学艺术的功能作用、审美机制的看法都在深化。如果继续拘守在文学艺术的认知功能与认识价值上，必然无法懂得“新状态”的理论意义。这也从另一角度证明了，规划存在论美学是审美实践实际发展的需要。

第四，存在论美学能够包容文学艺术的认知功能。虽然存在论美学在哲学基础上，不再把认识论当作自己的阿基米德点，因此“艺术和审美变成了存在的一种实现方式，它们的认识论根据因而被悬搁起来。这意味着，艺术与美的‘所与’，即艺术与美所自何来的问题不再占据美学的中心点。它们是现实的产物还是心智的结果？是先验的观念还是后天的经验？……这些问题较之艺术与审美本身的存在形态，已退居第二位”。①但与此同时，存在论美学又转而根据艺术呈现此在或实在达到何等完满的程度(而不是对象事物的认知程度)，来切入审美的认识价值问题。这也就是说，存在论美学在突出艺术的审美功能的同时，不会完全排斥其认知作用，只不过从另一角度来看待它的认识功能而已。

事实上，艺术与审美实践的实际发展情况，早就在呼唤美学从新的视角去加以观照和进行理论总结。而美学本身也在一点一滴地准备着向新的立足点的转换，像“丑”“荒诞““无序”“含混”“模糊”等被逐渐接纳入美的范畴，就相当典型地预示了，传统美学不可避免地将内在地走向解体。时至今日，显然已到了超越旧美学，并积极规划新美学的时刻。但这种超越，必须首先从根本上颠覆形而上学与二元论，否则还会无可救药地重新滑入传统美学的泥坑中——或者刚刚拔出一只脚，另一只脚又陷了进去。

(原载《学术月刊》1995 年第 8 期)

---

① 张弘:《试论文艺学美学本体论研究的哲学根据》,《文艺理论研究》1994 年第 4 期。

美学的重建

潘知常

在讨论了中国当代美学的困境之后①,美学的重建依然是一个难题——甚至显得越发艰难了。这使我们意识到批评比建构似乎容易得多。

然而,批评的目的毕竟是为了建构。因此,我们仍将在艰难中前行。

美学的重建应该从中国当代美学的局限性开始,换言之,中国当代美学的局限性就是美学重建的逻辑起点。

一

中国当代美学的局限性,在于把实践活动与审美活动简单地等同起来,之所以如此,关键在于它的思路是理性主义的。②因此,对于理性主义的拒绝,使得美学的重建有了令人信服的合法性。当然,这并不意味着以非理性取消理性,而只是意味着拓展美学的指导原则,实现美学研究中心的转移,从而做到真正作为美学家来说话,说美学自己的话。

这里的拓展美学的指导原则,是说美学应该把实践活动原则扩展为人类生命活动原则。至于实现美学研究中心的转移,则是说美学应

① 参见潘知常:《实践美学的本体论之误》,《学术月刊》1994 年 12 期。

② 当然,过去我们也并不是没有注意到非理性,但只是在附庸、陪衬的意义上注意到的。结果,除了又多了一个理性/非理性的二元对峙之外,没有别的实质性收获。

该从实践活动与审美活动的差异性入手,以人类的以实践活动为基础同时又超越于实践活动的超越性生命活动作为自己的逻辑起点。

实践原则,体现着马克思哲学思想的基本精神,也是他所带来的哲学变革的根本指向。然而,它本身同时又是一个期待着阐释的原则。在一定时期内,人们把它理解为唯一原则,认为一切问题都可以直接从中得到说明。然而,现在看来,这种"理解"也许仍只是一种关于实践原则的阐释系统而已①。在我看来,实践原则并非唯一原则,而只是根本原则。人类的生命活动确实以实践活动为基础,但却毕竟不是"唯"实践活动。因此,我们应该把目光拓展到以实践活动为主要组成内容的人类生命活动上面来,从实践活动原则转向人类生命活动原则,而这就意味着:美学要在人类生命活动的地基上重新构筑自身。

我这样讲,理由在《实践美学的本体论之误》中就已经略有提及。这就是:实践活动原则虽然在结束传统哲学方面起到了决定性的作用,但却毕竟仍然只是一个抽象的原则,只有以实践活动为基础的人类生命活动原则才可以把它展开为一个具体的原则。

且看实践活动原则在结束传统哲学方面是怎样起到决定性的作用的。

就西方传统哲学而言,众所周知,从古代迄近代,虽然存在着对于"世界的本原是什么"以及"能否或怎样认识世界的本原"的差异,从表面看,有所不同,但事实上,它们只是或者抓住了人类生命活动的物质方面②,或者抓住了人类生命活动的精神方面,就其根本而言,却又都是从抽象性的角度出发建立自己的体系,抽象性,是其根本的特征。

---

① 犹如说"美是人的本质力量的对象化"只是马克思美学思想的一种阐释系统而已。何况,马克思本人并没有直接提出这个美学命题。

② 从时间看,我们有文字描述的历史只有 7 000 年,相当于世界的存在时间的万分之四;从空间看,我们有文字描述的历史也只是个别地区的描述。我们又有多大权利对世界作发生学的说明?世界的本原性,完全是我们根据人类主义的因果性需要以思想反推的方式建立的假说;从关系看、人既是世界的建筑师,又是这个大厦的砖瓦,又如何可能站在世界之外指手画脚?

人类的思辨历程是一个否定之否定的过程。最初，无疑是开始于一种抽象的理解，或者是抽象的外在性：这意味着奉行实体性原财，总是抓住世界的某一方面，固执地认定它就是一般的东西。在人类从自然之中抽身而出的古代社会，这样刻意强调人同自然的区分，固然是一大进步——由此我们不难理解希腊哲学家泰勒斯声称“水是万物的本原”，为什么在西方哲学史中总是被认定为哲学史的开端，并且享有极高的地位，它意味着西方人真正地走出了自然，开始把人与自然第一次加以严格区分，开始以自然为自然，不再以拟人的方式来对待自然——但却毕竟只是一种抽象的自然，而且无法达到内在世界。或者是抽象的内在性：这意味着奉行主体性原则，总是抓住主体的某一方面，或者是人区别于动物的某一特征，如理性、感性、意志、符号、本能，等等；或者是人的活动的某一方面，如工具制造、自然活动、政治活动、文化行为等等。固然，这在强调人同内在自然的区分上是十分可贵的，通过这一强调，人才不但高于自然，而且高于肉体，精神独立了，灵魂也独立了。“目的”从自然手中回到了人的手中，古代的那种人虽然从自然中独立出来，但却仍旧被包裹在“存在”范畴之中的情况，也发生了根本的改变。通过思维与存在的对立，人的主体性得到了充分的强调。诸如，笛卡尔的“我思故我在”，可以看作这种强调的一个标志。唯理论与经验论则是对于主体性的两个方面的强调，而康德进而把认识理性与实践理性作了明确划分，从而成功地高扬了人类的主体能动性。但却毕竟仍是一种抽象的主体。后康德哲学则开始尝试从抽象的外在性与抽象的内在性的对立走向一种具体性，以达到对于人类自身的一种具体把握。黑格尔把历史主义引进到纯粹理性，以对抗非历史性，提出了所谓思想客体，费尔巴哈则引进人的感性的丰富性以对抗理性主义对人的抽象，提出所谓感性客体，但他们所代表的仍旧是唯心主义或唯物主义的抽象性。①现代哲学也不例外，或

① 美学也如此，康德对审美判断主要是作了一种抽象形式的分析，席勒转而作了一种历史形式的分析，黑格尔则在此基础上提出了“人的对象化”“对象的人化”、但仍旧是逻辑形式的剖析。

者划定理性的界限,或者转而关心非理性的方面,借助于对这些方面的夸大,起到了一种对于人类自身的一种具体把握的追求的补充效应,但也仅此而已,也只是抓住了非基础性的方面。正如施太格缪勒说的:存在哲学和存在主义的"本体论都企图通过向前推进到更深的存在领域的办法来克服精神和本能之间的对立。"①而且,在其中心灵与世界的抽象对立始终存在,虽然不再简单地归于一方了。

马克思主义的实践活动原则则正是上述抽象对立的真正解决。②最终解除外在性与内在性的抽象对立而达到一种具体性,达到一种对于人类自身的具体的把握的,正是人类的实践活动。在实践活动中,不再用一种抽象性取代另一种抽象性,抽象的客体与抽象的主体真正统一起来了,抽象的物质与抽象的精神也真正同一起来了,转而成为实践活动的两种因素。正是在这个意义上,马克思才说:"不在现实中实现哲学,就不能消灭哲学,不消灭哲学,就不能'使哲学变成现实'"。③

但也正是因此,我们就不能不指出,马克思实践活动原则的提出,并非人类克服抽象性原则的结束,而只是开端。道理很简单,假如离开了人类生命活动的方方面面的支持,单纯的实践活动原则只能是一个抽象的原则。④马克思在当时格外突出了实践活动,

① 施太格缪勒:《当代哲学主流》上卷,王炳文等译,商务印书馆 1986 年版,第 168 页。

② 黑格尔在自己的思想探索中已经初步涉及了现实的人的劳动,但是却失之交臂,未能把握住这一关键环节,而且,黑格尔是从现实劳动到自我意识再到绝对理念、结果把自己理论中所蕴藏的革命活力和革命思想完全窒息了,马克思却是从绝对理念到自我意识再到现实劳动。

③ 《马克思恩格斯选集》第 1 卷,人民出版社 1956 年版,第 7 页。

④ 在人类的主客体分化过程中,人的实践能力也处在形成过程中,因此实践活动并不是最早的活动,但那时生命活动却是存在的。恩格斯说过:"劳动创造了人本身",(《马克思恩格斯全集》第 23 卷,人民出版社 1972 年版,第 202 页)。这里的劳动显然不是实践,否则,实践是人的本质,但实践又创造了人,这不是矛盾的吗?可见,人类生命活动在时间上先于实践活动;其次,生命活动分为外部活动、内部活动,实践活动则是外部活动,例如必须是"感性活动"。可见,在内涵上也较之于实践活动更为全面。

主要是因为传统哲学最为忽视的正是这个作为人类生命活动的基础的东西,同时也因为人类对于自身生命活动的方方面面的研究还没有开始,还不可能把它展开为一个具体的原则。因此我们在注意到实践原则的基础地位的同时,也无须把它夸大为唯一的原则。迄至今日,当我们面对把实践活动展开为一种具体的原则的历史重任,尤其是当人类已经在方方面面对于人类的生命活动加以研究之后,无疑有必要同时有可能把它扩展为人类的生命活动原则。①这样,从实体原则——主体原则——实践活动原则——生命活动原则,应该说既忠实于马克思主义的哲学,又充分体现了发展着的时代精神,在我看来,这正是马克思主义哲学的题中应有之义。②

二

美学从实践活动原则扩展为人类生命活动原则的结果,又必然导致美学的研究中心的转移。

人类生命活动原则使我们有可能从更为广阔的角度考察审美活动。这使我们意识到:实践活动相对于审美活动来说,只是某种基础性的存在,但却并非审美活动本身。传统美学强调两者完全无关,显然是错误的,中国当代美学强调两者大同小异,也同样无

① 从实践活动原则转向人类生命活动原则,可以更好地容纳当代哲学所面对的大量新老问题,老问题如自由问题、主客体的分裂问题、真善美、自由与必然、事实与价值、规律与选择、感性与理性、灵与肉的分裂,但它们也有了新内容;新问题如痛苦、孤独、焦虑、绝望、虚无,因核武器、环境污染、生态危机所导致的全球性人类生存问题;相对论、测不准关系、控制论、信息论、耗散结构以及发生认识论、语言哲学、科学哲学所涉及的哲学问题……这些问题用实践活动是难以概括的,事实上,它们都是根源于人类的生命活动,发展于人类生命活动,也最终必然于人类生命活动中得到解决。

② 人们总是忽视马克思与柏拉图、黑格尔为代表的知识论美学传统的根本差异,从而把它的基本问题——思维与存在的关系问题当做马克思美学的基本问题。实际上,马克思探讨的是作为认识和思维活动的基础和前提——人类的生命活动。

法避免某种片面性的存在。正确的做法是:找到一个在它们之上的既包含实践活动又包含审美活动的类范畴,然后在这个类范畴之中既对实践活动的基础地位给以足够的重视,同时又以实践活动为基础对其他生命活动类型的相对独立性给以足够的重视。毫无疑问,这个类范畴应当是人类的生命活动,而实践活动、审美活动(包括艺术活动)以及理论活动则是其中最主要的生命活动类型。那么,美学的研究中心是什么呢?无疑应该是相对独立于实践活动的审美活动,不过,需要强调一下的是,假如从不"唯"实践活动的人类生命活动原则出发,那么应当承认:这里的审美活动不再被等同于实践活动,而被正当地理解为一种以实践活动为基础同时又超越于实践活动的超越性的生命活动。①

这样,传统美学的或者以美、以美感、以审美关系、以艺术为研究中心的失误也就从根本上得到了匡正。我们不难发现:传统美学一直纠缠不休的被抽象理解了的美、美感、审美关系、艺术,实际上只是审美活动的若干方面,例如,美不过是审美活动的外化、美感不过是审美活动的内化、审美关系不过是审美活动的凝固化、艺术不过是审美活动的二级转化,等等②。因此,传统美学无论是以美为对象,还是以美感、审美关系、艺术为对象,都是遮蔽了审美活动本身的必然结果,都是一种实体思维或主体性思维。而全部美学史也无非是一部对于人类的审美活动的抽象理解的历史而已。或者无法准确说明主体,或者无法准确说明世界,而要恢复美学研究的真正面目,就要把这一切通括起来,转而去寻找它们的根源,否则,美学研究就会永远停留在一种我一再提示的那种"无根"的困惑状态之中。而一旦以审美活动作为它们的根源,就会意识到:自古以来纠缠不休的美与美感的对立,无非是具体的审美活动内部的两个方面的对立,我们之所以视而不见,只是因为我们对于审

---

① 关于人类生命活动、实践活动与审美活动之间关系的详细讨论,请参见我的《生命美学》修订本,河南人民出版社,1995 年。

② 还有不少美学家为审美主客体而大费心思。实际上,审美主体无非是进入审美活动的主体,审美客体也无非是进入审美活动的客体而已。

美活动的抽象理解所致。换言之，假如说，美是什么是古代的问题，美感是什么是近代的问题，那么，审美活动如何可能以及在此基础上的美如何可能，美感如何可能，则是现代的问题了。于是，美学基本问题从对于美或者美感的研究转化为对于审美活动的研究。美学本身也转而出现一种全新的形态。

当然，以审美活动为美学研究的中心，也并非我所独创。然而，我所说的审美活动却与其他美学家有着根本的不同。在那些美学家看来，审美活动只是一种把握方式、一种形象思维活动，把审美活动理解为一种以实践活动为基础同时又超越于实践活动的超越性的生命活动，是他们所不能接受的。在他们那里，实践活动成为决定一切的东西，但却未能进入到超越性的生命活动的层面，结果，他们错误地保留了主体与客体、美与美感的给定性，虽然言必称实践活动，但却只是以实践活动作为联结主体与客体、美与美感的桥梁，从未深刻意识到人类与自然之间固然存在连续性，因此才能够反映外在世界，但人类与自然之间更存在着间断性，否则人类就不可能从自然界中超越而出。结果，充其量也只能是在物质本体论的基础上去强调主观能动性，然而，这又怎么可能？须知，在此基础上两者之间的矛盾是根本不可调解的。最终，只能或者抽空物质世界，或者抽空主观能动性，或者美被美感所点燃，或者美感是美的反映。就后者而论，主观性被还原为客观性（全部内容无非是通过反映而得到的客观性）、主观能动性被还原为物质决定论，人的主体地位，就是这样成为一纸空文。生命活动的超越性不见了，剩下的只是对于客观的反映性，人对现实的超越变成了自然通过人所达成的自我超越，人的自由变成了对于必然规律的服从，人的主观能动性变成了对于客观规律的主动服从……不难看出，这类对于审美活动的提倡，只是为了设法回避矛盾，取消矛盾，在理论上把实际存在的矛盾一笔抹杀，因此才会不断把主观性还原为客观性、把精神还原为自然，或者把自然还原为精神、把客观性还原为主观性……最终自觉不自觉地重蹈了旧唯物主义的覆辙。由此，我不禁想起了马克思的一句名言："这种对立的解决决不只是认识的任务,而是一个**现实**生活的任务,而**哲学**未能解决这个任务,正因为哲学把这**仅仅**看作理论的任务。"①确实,要解决美学的千古大谜,关键不在于不断地还原,而在于找到一个更高的范畴,把它们统一起来,"主观主义和客观主义,唯灵主义和唯物主义,活动和受动,只是在社会状态中才失去它们彼此间的对立,并从而失去它们作为这样的对立面的存在;我们看到,**理论**的对立本身的解决,**只有**通过**实践**的方式,只有借助于人的实践力量,才是可能的。"②这意味着:主体与客体、美与美感的对立,在审美活动中是同时存在的,因此也就应该相应地加以解决,而不能通过还原的方法回避。换言之,应该在审美活动的基础上,既在自然对象的面前承认人类的主体存在,也在人类的主体存在的前面承认自然对象的存在;既在客观性面前承认主观性,也在主观性前面承认客观性;既承认自由的实现应该以对于自然规律的认识为前提,也承认自由的实现本身应该是对于现实的超越。而这就必然导致把审美活动合乎逻辑地理解为一种以实践活动为基础同时又超越于实践活动的超越性的生命活动。③

事实也确实如此,假如从不"唯"实践活动的生命活动原则出发,那么应当承认,审美活动无法等同于实践活动,它是一种以实践活动为基础同时又超越于实践活动的超越性的生命活动。具体来说,在人类形形色色的生命活动中,多数是以服膺于生存的有限性为特征的现实活动,例如,向善的实践活动,向真的科学活动,它们都无法克服手段与目的的外在性、活动的有限性与人类理想的无限性的矛盾,只有审美活动是以超越生存的有限性为特征的理

①② 《马克思恩格斯全集》第42卷,人民出版社,1979年,第127页。

③ 对于这些美学家而言,康德、黑格尔、席勒的美学思想或许是他们所深以为然的。然而,在康德等人那里固然已经开始了对于审美活动的考察,但或者是只具有纯粹主观意义的心理活动(康德),或者是被从客观唯心主义的角度夸大了的精神活动(黑格尔),或者是试图突破康德的主观性从而走向客观性,开始据有较多的现实感的人性活动(席勒),其共同缺陷是离开了人类的生命活动这一根本基础,因而不可能真正说明审美活动。

想活动(当然,宽泛地说,还可以加上宗教活动)。审美活动是以向真、向善等生命活动为基础但同时又是对它们的超越。在人类的生命活动之中,只有审美活动成功地消除了生存活动中的有限性——当然只是象征性地消除。作为超越活动,审美活动是对于人类最高目的的一种“理想”的实现。通过它,人类得以借助否定的方式弥补了实践活动和科学活动的有限性,使自己在其他生命活动中未能得到发展的能力得到“理想”的发展,也使自己的生存活动有可能在某种意义上构成一种完整性。例如,在向真向善的现实活动中,人类的生存、自由、情感往往要服从于本质、必然、理性,但在审美活动之中,这一切却颠倒了过来,不再是从本质阐释并选择生存,而是从生存阐释并选择本质,不再是从必然阐释并选择自由,而是从自由阐释并选择必然,也不再是从理性阐释并选择情感,而是从情感阐释并选择理性……①这一切无疑是“理想”的,也只能存在于审美活动之中,但是,对于人类的生命活动来说,却因此而构成了一种必不可少的完整性。

在这里,审美活动的超越性质至关重要。审美活动之所以成为审美活动,并不是因为它成功地把人类的本质力量对象化在对象身上,而是因为它“理想”地实现了人类的自由本性。阿·尼·列昂捷夫指出:最初,人类的生命活动“无疑是开始于人为了满足自己在最基本的活体的需要而有所行动,但是往后这种关系就倒过来了,人为了有所行动而满足自己的活体的需要。”②这就是说,只有人能够、也只有人必须以理想本性的对象性运用——活动作为第一需要。人在什么层次上超出了物质需要(有限性),也就在什么程度上实现了真正的需要,超出的层次越高,真正的需要的实现程度也就越高,一旦人的活动本身成为目的,人的真正需要也就最终得到了全面实现。这一点,在理想的社会(事实上不可能出现,只

① 参见潘知常:《众妙之门》,第327—338页。

② 阿·尼·列昂捷夫:《活动·意识·个性》,第144页,马克思也曾指出人所具有的“为活动而活动”“享受活动过程”“自由地实现自由”的本性。

是一种虚拟的价值参照),可以现实地实现;在现实的社会,则可以"理想"地实现。而审美活动作为理想社会的现实活动和现实社会的"理想"活动,也就必然成为人类"最高"的生存方式。

三

审美活动的超越性质使它终于有可能克服和超越主客二分的层面,走向了非二元性、非实体性的层面。在理性主义的影响下,人类已经习惯于"在世界之外思考",他不断地把生命活动对象化、概念化、逻辑化,自以为这就是生存活动的全部意义之所在,但实际上只是一种自我欺骗:特定思维方式及其思维手段决定了它与人类理想的生命活动的格格不入。但在审美活动之中,这一切却截然不同了。审美活动不同于其他活动,它进入的实际是一个"洪钟未击"的世界。它把被对象化思维筛选、简约、分门别类的世界搁置起来,去读那本真的、源初的世界。它"在世界之中思考",不再屈从于对象性活动的分门别类,也不再屈从于从对象性活动出发对人类生命及其世界的理解,而与生存及其世界建立起一种更为根本、更为源初的真实关系。它追问的是,世界之所以是世界的那个"是",而不是作为对"是"的回答的那个"什么",追问的是人与世界的关系,而不是人与世界的某一方面的关系,是人看到的世界,而不是人看到的某一方面的世界。前者是一种源初的东西,一个在客体化、对象化、概念化之前的本真的、活生生的世界。①后者

① 胡塞尔曾强调:"一个想看见东西的盲人不会通过科学论证来使自己看到什么物理学和生理学的颜色理论不会产生像一个明眼人所具有的那种对颜色意义的直观明晰性。"(胡寒尔:《现象学的观念》)梅罗·庞蒂也强调只有回到"概念化之前的世界",回到"知识出现前的世界",才能找到直觉的对象。"回到事物本身,那就是回到这个在认识以前而认识经常谈起的世界,就这个世界而论,一切科学观点都是抽象的,只有记号意义的、附属的,就像地理学对风景的关系那样,我们首先是在风景里知道什么是一座森林、一座牧场、一道河流的。"(梅罗·庞蒂:《知觉现象学》)杜夫海纳则声称:"我在认识世界之前就认出了世界,在我存在于世界之前,我又回到了世界。"(杜夫海纳:《美学与哲学》,第26页)

则是一种派生的东西。王夫之描述云："俱是造未造，化未化之前，因现量而出之。一觅巴鼻，鹞子即过新罗国去矣。"应该说是非常精确的。同样，审美活动的超越性质也使它严格区别于审美主义或者审美目的论。事实上，"人的本质力量的对象化"与审美活动不但相互交叉，而且相互区别，甚至背道而驰。就后者而论，"对象化"的世界，固然是人类的本质力量对象化的结果，但更是人类的本质力量被束缚的见证。它本身就蕴含着自我解构的因素，甚至蕴含着"伪造人类历史"的非人性因素。因为作为"对象化"的世界，它是有其特殊局限的人的本质力量的体现，要在其中生存，人类就必须带头遵守，否则，作为人类成就的世界就失去了特定内涵，也就不成其为人类的成就。这样，人类就总是走在两难的道路上：一则要创造，二则又要规范。为了在世界中生活得更好，就不得不有意限制自己。创造固然与审美活动有同一性，但限制则与审美活动有差异性。就后者来说，人类的悲剧就在于只能通过这"对象化"的世界作为中介与世界交流、对话。它隔断了人与世界的全面的联系，使人类与世界间的联系成为有限的关系，一方面无法全面满足人类的要求，一方面偏偏又是人类长期的驻足之地。严格说来，它只是手段，但是人类的目的过于遥远，这手段也就暂时充当了目的。然而，人们的精神系统一旦避难就易，停留于此，便成为生存的退化现象。就是这样，越限制离自身就越远。限制的目的是靠近自身，但结果却是建立了"对象化"的世界，它偏偏不是自身。结果，人类实际上已失去了对于世界的主动意义。幸而，审美活动所对应的正是这主动性。生命活动只有在审美活动之中才能得到自己，也只有通过审美活动来为自己导航。审美活动是对人们从结构性的精神板结，从重复单调、无聊、停滞，从最终导致衰退、空虚、自欺的生命活动中挣脱出来的一种鼓励。它鼓励生命活动永远停留在过程中，不被任何僵化的结构所束缚，鼓励生命活动去打断必然的链条，为之加入偶然的东西，而且栖居于这些偶然的东西之上，去追求变化、偶然、多样、差异，为了争取真正属于人的存在，追求独一无二的东西、不可重复的东西，应该承认：审美活动是人类在理想的维度上追求自我保护、自我发展从而增加更多的生存机遇的一种手段。在这个意义上,可以说,是生命活动选择了审美活动,生命活动只是在审美活动中才找到了自己。然而,它却不能现实地改变社会,而只能通过改变生命活动的质量的方式来间接地改变社会,因此,它不可能是一种审美主义或者审美目的论。

需要指出的是,认为"人的本质力量的对象化"与审美活动相互区别,似乎不难理解,但认为它们还会背道而驰,似乎就难以达成共识了。能否做出进一步的阐释呢?根据我的初步思考,这牵涉到对于人与文明的关系的理解。犹如审美活动与"对象化"的世界既同步又不同步,从根本上来说,人与文明也是如此。因为人毕竟是属于与文明相对立的自然一面的,毕竟是"自然之子"。而且,文明并不是人类的目的,而是人类不得不借助的东西,是人类犯下的所谓"原罪"。[①]在这个意义上看,人必须在漫长的一生中不断通过各种方式确证自己,就似乎不是感受"对象化"的喜悦,而是人类告别伊甸园之后向自然界所必须付出的最大代价,是在"赎罪"。人无疑是通过实践得以诞生,是通过对象的创造才自我实现的,换言之,是由非我确证了自我,由非人确证了人。但这样一来,却只好永远为这一确证而创造对象。而且,人的自我意识一旦诞生,直接同一的对象就不复存在了,转而成为某种外在现实,于是,疏远感就出现了。为了克服这种疏远感,只好不断地改变外在现实甚至"理想"地创造外在现实。结果,人的确证,本来应该是由"对象化"的世界来实现的;但实际上却往往只能通过自我确证[②]来实现

① 难怪马克思要反复提示我们:"不要过分陶醉于我们对自然界的胜利。对于每一次这样的胜利,自然界都报复了我们。"(《马克思恩格斯选集》第3卷,第517页)例如,在地球上一百多万种动物之中,唯有人在分娩时要发生阵痛。莫里斯认为,这是人类直立的结果;卡尔·萨根则认为是智力的进化导致了头颅容积的连续增长,而头颅骨的迅速进化又导致了分娩时的阵痛,总之是背叛伊甸园的结果。

② 它相当于马克思"自由地实现自由"中的第一个"自由"。

的。并且,文明越是发展:这种自我确证就越是成为人之为人的必须。最终发展到它转而成为活动的"理想"需要,发展到不是为创造对象而自我确证,而是为自我确证而去创造对象。于是,审美活动应运而生。由此,把审美活动完全局限在"对象化"的世界里就无疑是一种失误(当然把审美活动完全与之对立起来也是一种失误),其中的关键在于:文明可以服务于人类(传统美学应运而生)也可以束缚着人类(当代美学应运而生)。在相当长的时间内,大体上是文明服务于人类的时期,于是审美活动这个人类的"俄狄浦斯王"就不断地挣脱自然逃向文明(与此相应,肯定性的审美活动出现,如优美、悲剧……);进入当代社会之后,文明束缚着人类的一面日益暴露出来,于是审美活动这个人类的"俄狄浦斯王"又不断地挣脱文明逃向自然(与此相应,否定性的审美活动出现,如丑、荒诞……)。不言而喻,假如传统的美和艺术意味着对第一个"挣脱"和"逃向"的总结,那么当代的美和艺术呢?显然就意味着对于第二个"挣脱"和"逃向"的总结。①那么,这两个不同的"挣脱"与"逃向"怎样用一个统一的审美活动来说明呢?是用作为"人的本质力量对象化"的实践活动的审美本性来说明?还是用作为人类"理想"生存方式的超越性的生命活动来说明呢?答案只能是后者。

俄国诗人勃洛克说过:"我们总是过迟地意识到奇迹曾经就在我们身边"。令人欣慰的是,虽然"过迟",我们毕竟终于意识到了身边的"奇迹"。我们的心灵不再只为保尔的遭遇而悲泣,而且也为维罗纳晚祷的钟声而流泪。在人类生命活动的地基上,我们开始了美学的历史性重建。——当然,它可能还不尽成熟甚至十分幼稚,但对于一个新理论来说,这恰恰并非它的缺点,而是优点。至于它的成熟,则是完全可以预期的。

(原载《学术月刊》1995 年第 8 期)

① 上述区分是宏观的,就具体的审美活动来说,则上述两个"挣脱"与"逃向"可以同时存在于同一时期的不同审美活动之中。审美活动越是成熟,就越是如此。

在后现代语境下拓展实践美学

张玉能

当代中国正处在社会转型的复杂条件下，中国社会呈现着经济、政治、文化等方面的前现代、现代和后现代境况错综复杂的局面。因此，中国当代美学的发展前景势必会适应这种错综复杂的局面，而出现一种多元化发展的态势，并可能出现各种美学理论话语的相互交流、对话和理解，从而求大同存小异，逐步构建起有中国特色的当代美学形态，并积极地参与到全球美学理论的交流、对话之中，以马克思主义的实践唯物主义作为哲学基础的中国实践美学，不仅会进一步发展它在新中国成立后十年、“文革”后十年所取得的巨大成就和主导地位，而且会在新的形势和新的语境之下，不断拓展自己的研究领域，显示出自己的强大生命力。尽管实践美学所面对的国际国内的文化语境和美学理论语境是十分复杂的，但它所面临的主要挑战却是来自后现代主义的文化和美学。当前最为活跃的“后实践美学”的主要代表人物所采取的仍然是来自欧美的后现代主义文化和美学的策略，他们几乎都是从反本质主义、反人类中心主义、多视角主义和本体论解释学、解构主义的不确定性观念出发，首先把实践美学“先见地”判定为古典形态的美学，然后把实践美学当作一种固定不变的美学模式而加以“消解”，以便以“后实践美学”(也并非一个统一的，而是十分歧义的概念)取而代之。①根据上述情况，我认为，中国美学的未来，至少在

① 张玉能:《实践美学:超越传统美学的开放体系》,《云梦学刊》,2000年第2期。

21世纪的前半时期之内，应当是：在建构有中国特色的当代美学的大目标之下，已经存在和将要出现的各种美学流派和美学观点充分拓展自己并在相互理解和对话的过程中不断求大同存小异，逐步实现中国当代和未来美学的繁荣和发展，成为美学理论全球化进程中的一支不可忽视的力量。

这里，我仅就后现代语境下实践美学的拓展谈点个人的浅见。

首先必须说明的是，我认为，直至今日，还不能说后现代主义已经成为过去，因而不能用“后现代主义之后”或“后后现代主义”来概括当今欧美的文化语境和美学理论语境①，因为，其一，被视为“后现代主义之后”的后殖民主义、新历史主义、女权主义等都未超出后现代主义的视野。其二，后现代主义的主要人物，如德里达、伽达默尔、詹姆逊等人都还健在，而且观点并无根本变化。而且，在当下的中国，虽然经济、政治的现代化进程尚在进行之中，然而，在文化上西方后现代主义对中国的影响却是直接的和同步的，因而可以简捷地概括为“后现代语境”。在后现代语境下，中国实践美学应该如何来拓展呢？

第一，必须清理实践美学的哲学基础，应答后现代美学的提问。中国实践美学，尽管在形成和发展过程中一直在努力坚持和发展马克思主义哲学的基石，但是，由于历史原因和苏联“正统马克思主义”的误解，实质上并未真正地立足于马克思主义基本哲学原理之上。被极左路线歪曲的马克思主义，被庸俗化的马克思主义或者被个人误读的马克思主义，倒是在实践美学思潮的各个具体流派之中或多或少地都留下了影响和痕迹。因此，今后实践美学的一个重要任务就在于清理马克思主义的哲学基础，把实践唯物主义的各个部分（实践本体论、实践认识论、实践辩证法、实践价值论）与美学结合起来清理明白，使实践美学的实践观点成为真正马克思主义的、具体实在的哲学基石。并且以这种实践唯物主义和实践观点去应答后现代主义的反本质主义、反人类中心主义、多

① 王宁：《后现代主义之后……》，《文艺报》，1994年9月10日。

视角主义、不确定语义观等方面的提问。

第二,应该在实践唯物主义基础上,走向本体论、认识论、方法论、价值论的统一。实质上,后现代主义在文化上和美学上的“消解”传统,针对的恰恰是以黑格尔为代表的本体论、认识论、方法论在“绝对精神”中抽象统一的“绝对哲学”及相应的文化、美学的传统,从而力图在破中心、零散化、平面化、非理性化、语义化的过程之中,打破传统的先在决定论、先验统一论,从而使美学问题相应地成为不同视角、不同向度、不同理解的语言、话语、文本的研究。从根本上讲,这种研究也就是在哲学基础上将抽象统一的本体论、认识论、方法论、价值论拆卸开、消解为相互分离的、多元多向的研究。这种研究,对于传统形而上学的抽象统一当然是一种革命性冲击,但是,却不能得到一个完整的世界和完整的审美世界。而实际上,世界本身是在人类以生产劳动为中心的社会实践之中统一的,审美世界作为意义世界和价值世界也同样如此。因此,我们必须在后现代主义所消解的世界之中,在实践基础上,重新把本体论、认识论、方法论、价值论统一起来,达到具体的、历史的统一。这应该是实践美学的历史使命。

第三,必须以实践观点清理批判现代主义和后现代主义的美学,为建构有中国特色的当代美学不懈努力。从历史进程来看,现代主义和后现代主义是时间上相续、性质上相承的资本主义制度确立以后的意识形态反映和文化逻辑,前者是工业社会的产物,后者是后工业社会的产物。它们与马克思主义是相伴相随的全球文化和意识形态现象,都是对以黑格尔为代表的传统文化、德国古典哲学及其美学的批判,不过马克思主义是坚持现实的、革命的批判,而现代主义和后现代主义坚持的是精神领域的、改良的批判。如果仅从哲学和美学角度来看,西方的哲学和美学,由古希腊经由中世纪到文艺复兴之前,主要以自然本体论为主导方面,从文艺复兴之后经历新古典主义和启蒙主义直至19世纪中期的德国古典哲学和美学,完成了“认识论转向”而主要以认识论为主导方面,尤其是黑格尔体系自认为完成了本体论、认识论与逻辑学的统一,而不过是抽象的、神秘的统一,因此,针对黑格尔体系为代表的德国古典哲学和美学的批判,形成了俄国革命民主主义、马克思主义和现代主义。俄国革命民主主义终结了旧的唯物主义形态,现代主义则开始了现代唯心主义,开始了"社会本体论转向"的第一步,即"人类本体论转向",把人类的某种心灵因素当作世界(社会)的本体,如叔本华、尼采的唯意志主义,克罗齐、柏格森的直觉主义,狄尔泰、奥伊肯的生命主义,弗洛伊德的精神分析,胡塞尔开辟的现象学,而到了20世纪60年代以后又开始了后现代主义实现的"社会本体论转向"的第二步,即"语言学的转向",把语言、话语、文本当作世界(社会)的本原,如维特根斯坦的分析哲学,海德格尔、萨特的存在主义,海德格尔、伽达默尔的解释学,罗兰·巴特的后结构主义,德里达的解构主义,福柯的知识考古学和新历史主义,赛义德的后殖民主义,克莉斯蒂娃、苏西等的女权主义。它们都是资产阶级的意识形态,而与之相对立的无产阶级意识形态则是马克思主义。马克思批判继承德国古典哲学、美学,于19世纪中叶创立了实践唯物主义的哲学和美学,经历了马克思、恩格斯的经典马克思主义,到列宁、斯大林的正统马克思主义,再到毛泽东、邓小平的有中国特色的马克思主义,同时在欧美世界经历着西方马克思主义到新马克思主义的变化发展。马克思主义应该是现代唯物主义,其核心应该是社会本体论的实践本体论以及与之相关的实践认识论、实践辩证法(方法论)和实践价值论。本来,马克思主义与现代主义和后现代主义是同步相随地发展着的,在哲学和美学上关心着大体相同的问题。但是,随着世界政治、经济的两极化发展,资本主义与社会主义的两大阵营的对立和隔绝,造成了意识形态的对立和仇视。20世纪前半个世纪的社会主义的发展和胜利,使得苏联的正统马克思主义和中国特色的马克思主义,在特有土壤滋生的极左路线的干扰和束缚之下,开始了一些庸俗化和教条化的倾向,马克思主义的发展受到了阻碍。加上复杂的种种原因,资本主义在经济上得到了调节和发展,而社会主义,或被解体,或遭到巨大困难,东欧和苏联和中国都出现了巨大的变化。这时西方有人宣告“历史的终结”(福山),为资本主义的暂时胜利宣扬乐观主义论调,也有人宣布社会矛盾的变化(亨廷顿的“文明冲突论”),而马克思主义遇到了历史的困难和严峻的挑战。正是在这种背景下,从20世纪80年代开始,以邓小平为代表的中国马克思主义者展开了“实践是检验真理的唯一标准”的大讨论,马克思主义的实践唯物主义逐步回到了马克思的基本原理上,开始了与后现代主义几乎同步的实践和理论上的探讨。要想真正地正本清源,丰富和发展实践唯物主义的哲学和美学,当然就必须面对现代主义和后现代主义的提问和挑战,从马克思主义的实践观点出发,既清理批判现代主义和后现代主义的哲学和美学,吸取其有用的、合理的、正确的东西,剔除其一切糟粕,又明确地回答它们的思考和提问,在交流、对话和理解之中,阐发实践美学的基本观点,逐步完善其体系,对于美学的一切重大理论问题作出系统研究,分析艺术和审美实践中所产生的一切问题,建立实践美学的范畴体系,不断完善自己,为建构有中国特色的当代美学贡献力量,并为世界美学的全球化发展作出努力。

在21世纪,根据实际情况,似乎有以下几个方面应该特别加以关注。

其一,正确对待美学的边缘化。美学的边缘化,在当今中国是一个极好的反思契机,可以让坚持实践美学或其他观点的学者冷静地反思各自领域内的重大问题,而不至于被新闻炒作和轰动效应所遮蔽。美学工作者应该意识到,现在是扎扎实实坐下来研究问题的时候了。实践美学尤其应该甘于边缘化。

其二,合理地处理精英美学和大众美学。精英美学是更系统、理论性更强的美学,大众美学则是倾向于大众审美需要、实用性更强的美学。实践美学在后现代语境之下,应该不仅在精英美学方面深入研究,而且应该在大众美学方面广泛研究,并将二者结合起来,以适应当前精英文化与大众文化的不断融合。

其三,正确地摆好美学中的现实研究与语言研究的关系。面对后现代语境中的“语言学转向”,实践美学在注重语言、话语、文本的研究同时，更应该关注语言问题的根本——现实的实践，使语言的研究不至于蹈空凌虚。不过，在研究现实的美学问题时，也应该注意它们的语言符号和话语文本的具体形式，从而真正在实践基础上达到二者的辩证统一。

其四，认真理解意义的确定性与不确定性，反对美学价值和意义研究中的相对主义和虚无主义。实践对于对象的美学价值和意义，既具有确定和决定的作用，这便是所谓实践的自由决定了美，同时又具有敞开和延异的作用，这便是实践的自由无限发展而使美在恒新恒异的创造之中。所以，我们对于后现代主义的种种意义不确定理论的相对主义和虚无主义是持反对态度的。

其五，如实地理解美学中的历史与社会的关系，反对脱离社会的主观任意的历史观。后现代主义者对于历史和社会有其独特的理解，作为新历史主义的思想渊源的福柯的考古知识学和权力真理论斩断了社会与历史的联系，过分强调历史和社会的断裂，对待历史采取了主观任意和权力至上的态度，这对于揭露历代统治阶级的意识形态对于历史的歪曲当然有着积极作用，但是，因此而否定了历史的社会依赖性和客观规律性，那就是十分荒谬错误的。实践美学应该以实践为检验真理的唯一标准，如实地把美、审美和艺术的历史还原给社会及其实践，并揭示出客观的美的规律及其历史变化。

其六，正确地揭示审美与意识形态的关系，在实践的基础上认清审美的意识形态性质以及意识形态在美和审美的生成过程中的中介作用。后现代主义的新马克思主义派别，对于意识形态的研究曾经启发了我们深入地思考意识形态的性质。但是，后现代主义者对于意识形态的虚幻性、压抑性、强制性作了过分的渲染，因而从真理跨出了过分的一步。其实，从实践的过程看，劳动创造—社会关系创造—意识形态创造，是一个完整的错综过程。因此，美是以情感为中介的意识形态价值或属性，艺术是审美的意识形态，审美是意识形态的情感表达。美、审美、艺术都与意识形态有着本质的、内在的关系，意识形态是美、审美、艺术的生成中介。实践美学当然应当深入地揭示出其中的奥秘,使美学更好地为人类的全面自由发展而作出理论的阐释和实践的运作。

除此以外,当然还有许多其他的问题,而且新的问题还会层出不穷。不过,实践美学的本身内在所固有的开放性、超越性、创造性会使得实践美学在后现代语境下不断焕发生机,丰富拓展,成为建构有中国特色的当代美学的主导力量之一。

(原载《广西师范大学学报》2001 年第 1 期)

论否定主义美学的三个原理

——兼谈对实践美学和后实践美学的超越

吴 炫

中国当代美学发展到今天，对实践美学的深化与超越，已作为变革中的现实和理论期待的问题，提到每一个美学探索者面前。否定主义美学不赞成以西方非理性美学为依托的后实践美学的超越方式，也不赞成脱离中国当代现实具体问题的、在西方语境中的美学建构，而主张在美学本体论上，用新的逻辑起点来完成对"实践、自由、超越、生命、体验"美学的改造。我所提出的"否定主义美学"①，即以"本体性否定"这个概念来进行这样的努力。本文以其中的"美在本体性否定之中"、"美是本体性否定的未完成"、"美学只能说'不美'和'丑'"三个基本原理，来阐述这种努力的可能。

美在本体性否定之中

在我的思考中，"本体性否定"是作为区别于"生存性否定或辩证否定"的概念提出的，也是中西方哲学所忽略的一种人在某些状况下才具有的否定现象。其大意是指：我们的世界不应该用"主体与客体"、"精神与物质"、"心灵与肉体"、"形上与形下"、"虚与实"这些二元范畴来划分，而应该用"生存世界"和"存在世界"来划分。"本体性否定"就是产生"存在世界"并且连接上述两个世界的一种

① 参见吴炫：《否定主义美学》，吉林教育出版社，1998 年。

张力或桥梁,并因此使这两个世界“平等、不同而并立”。“生存性否定或辩证否定”发生在“生存世界”之中,其特点是无论产生怎样的变化,都不会创造出与这个世界性质不同的另一个世界。所以两栖动物演变为爬行动物,始终没有改变其自然性;所以对先秦儒学尽管有认识的差异,以至形成“新儒学史”,但儒学的世界观并没有改变,古代文明的性质(体制、观念等)也就不能发生重大变化。这就使“生存世界”既包括自然界,也包括文化的自然循环世界。这个世界的否定运动可以产生个性差异,但由于这个差异改变不了事物的性质,所以必定在否定的循环中(所谓正、反、合)导致衰落和空虚。自然界是这样(地球最终会毁灭),文化现实也是这样(如中国古代文明在循环中衰落)。因此,史前人正是由于面对并且感知到生存危机,才产生了不满足“生存世界”的“本体性否定”冲动。冲动本身是无形的,所以我们只能凭借其结果(使用工具的活动)来判别“劳动是何以成为可能的”,“思维是何以成为可能的”,乃至“人是何以成为可能的。这意味着,劳动、思维、文化作为人所创造的一个不同于自然界的世界,一方面取决于人不满足于动物那样的生存状况(这种不满足构成了人最初的批判),另一方面则取决于人在这种不满足中的发现与发明(火与工具是人最早的创造),所以,“本体性否定”就是“批判与创造的统一”。以此类推,当人不满足于既定的文化状况时,“本体性否定”便带来了文明的巨变、思想的创造、科学的变革……,所以人类的每一种创造,都离不开对既定现实的批判。文艺复兴是这样,中国古代文明的当代转型也是这样。“生存性否定”是自然的,它使我们在认同、承接、模仿和享有中捍卫“既定世界”,并构成了每一个人都有的本能世界。因为认同与模仿是轻松和愉快的,所以快感是本能的。“本体性否定”则不仅是人为的,而且是在不满足既定世界时产生的一种人为(以区别于克服快感和放纵快感之人为)。这种人为不依赖于自然性,而依赖于对自然性局限的感知和离开。因此,“本体性否定”的产生是或然的,而不是必然的。

“美在本体性否定之中”的意思是:当原始人第一次吃用火烤

熟的食物时，那种审美激动是平时进食的快感无法比拟的。因为制造熟食已经不属于自然界所具有的事情，并与“生食”构成了“本体性否定”。这时候，美代表着一个独特的、创造性事物的诞生，其否定对象是自然性生存方式。同样，当使用火已经成为人类的“既定世界”时，“熟食”因为重复而只具有快感，这时候，食物搭配所形成的“美食文化”才具有审美的含义，“美食”与“熟食”就构成了“本体性否定”。再以此类推，不同的食物搭配和烹饪方法则与既定的食物搭配与烹饪方法构成了“本体性否定”，这就形成了一部饮食文化史。以此类推，当原始人第一次使用工具狩猎时，其性质因为与在自然界中靠本能生存不同，而与自然构成了“本体性否定”，美这时候意味着对独特事物诞生的体验和激动，意味着对从众性世界摆脱的欢欣。因此，农业文明对狩猎文明的“本体性否定”，工业文明对农业文明的“本体性否定”，也都因为我们对“工具”的理解发生了性质的变异，而具有了审美的含义。美感之所以是短暂的，是因为美感只能在否定既定现实中体现为对现实中所没有的事物之到来的憧憬，但它自身，却不能长久地、孤立地守卫着这个事物。工具化生存，只是在否定非工具化生存时，才具有审美性；而工具化生存一旦现实化以后，其美感就转化为可重复的快感，快感就会转化为陈旧感，期待着新的“本体性否定”的到来，亦即期待着不同于既定工具化生存的另一种工具化生存之时代的到来。社会变革的必要性在此，社会变革的必然性也在此。中国的先秦百家之所以欣欣向荣，那是因为那时的知识分子是在体验着一个崭新的文明的到来，而中国的晚近文化之所以呈现衰落的迹象，则是因为我们只能在对“儒道释”的依附中，因快感的重复而衰老。这不仅使得中国哲学多讲生存愉悦之道，而且也使中国古代文学多轻松惬意之作，少心灵震撼的独特之美。所以我们从《陌上桑》、《孔雀东南飞》等作品中体验的都是妇女的不快乐的哀怨，而只从《木兰诗》中才体验出一种少有的清新健康之美，《木兰诗》因此和其他女性诗构成了“本体性否定”。由于“本体性否定”意味着诞生一个性质不同的独特的世界，所以“美”又是个体化的、不可重复的。如果说经典文学作品之美是因为在基本意蕴和形式方面与所有文学作品构成了本体性否定关系(贾宝玉、阿Q均是不可重复的),黄山的峻奇之美也是因为与所有的山构成了"本体性否定",爱一个人之所以往往是爱这个人的与众不同,爱情之所以可以使男女双方构成一个只有彼此可以体验的自足世界,那么,美就不是美在其从众性、模仿性、愉悦性,而是美在其独特性、创造性、震撼性。

也因此,在"美何以成为可能"这个问题上,否定主义美学首先与实践美学有明显的区别。实践美学的要义在于"审美产生于实践"和"实践本身就具有审美意味",实践因此成为实践美学的逻辑起点。就前者而言,虽然对实践的理解有认识论(主客体统一)和本体论(超越主客体统一的人类整体性范畴)的差异,但实践包括人与自然、社会、自我等多重关系、多重活动的性质,则是一基本共识。这使得实践中至少既有创造性活动,也有非创造性活动;或者用我的话说,既有存在性活动,也有生存性活动。说审美产生于实践,必须论证出审美的产生必然受非创造性的求生存活动的支配,否则,不如说审美的产生只是依赖于实践中所隐含着的"本体性否定"活动更为恰当。事实上我们已看见,求生存、求快乐的利益性活动是人与动物共同具备的,但工具的发明这一审美事物的产生,却不受求生存欲望所支配,而受人能反省由欲望支配的生存现实的"批判——创造"冲动所支配,进而实现自身,因为同样受生存欲望支配的其他动物,却没有导致任何发现、发明。推而论之,人的文化产生以后,如果一种文化哲学以自然性的循环作为价值观,抑或遗忘了人的"本体性否定"精神,那么它必然会像中国古代文明那样,呈现逐渐衰落的状态。这就是说,"本体性否定"是实践中的具体的、根本的价值性活动,它可以被人意识到,也可以被人遗忘,因此它并不受制于生存本能与快乐本能。这就使内涵太为宽泛的实践,不能有效地解释"审美何以产生"。另一方面,如果说实践和劳动本身就是美的,那么由于实践和劳动的现实形态太为明显,它们又不能有效地说明实践和劳动形成自身的那个无形的诞生过程。也即我们是根据人对工具的掌握来说明实践和劳动的,但是当人还没有掌握工具、只是不满足于对本能的依赖的否定冲动阶段,事实上审美体验已经发生。这个时候,对工具的掌握只不过是以"未诞生"的模糊状态在孕育着而已。如果我们说实践和劳动也包含着对自身的形成过程,那么否定主义美学认为:实践和劳动囿于概念太大而无法将这个无形过程突出出来。并且因为没有突出这个问题,而使后来人过于看重和依赖已经现实化的事物,过于看重"本体性否定"的"结果",从而本末倒置,将"结果"看得比"结果何以成为可能"更重要。这就容易使实践美学在当代两个最为突出的问题上无能为力:一是如果我们不能强调生存、快感、模仿与存在、美感、创造的不同性质,我们就既无法解决当代人沉湎于模仿和快乐最后又至空虚的问题,也无法解决价值中心解体后人的信念和心灵依托问题,更无助于文明的转变——这一区别于文明的延续的存在性追求。因为转变和延续,都包含在涵盖面太大的实践中,实践就无法分解自己来面对这些问题。二是实践所内含的革命与批判,由于是建立在不断进步的辩证否定基础上,这就不仅会导致人类实践对自然界的优越性,新的文明对旧的文明之优越性,而且会导致创造对模仿的优越性、美感对快感的优越性,这就会在解决当代社会的问题上,采取轻视利益和快乐追求的态度,来实现审美超越。而否定主义美学认为,由于自然界和人类世界各有利弊,快感与美感也各有利弊(快感有空虚之弊,美感有艰难之弊),所以人类对自然,此文化对彼文化,美感对快感,只具有"不同"之意义,而不具有优越之意义。这使"本体性否定"的"否定",不是克服之意,而是"不满足于"之意。"不满足"并不包含对否定对象的"轻视",而是一种"不同而分立"的平衡性结构——以这一否定观念来引导当代人,比用当代人克服生存享乐的美学观,更为有效。

也因此,"美在本体性否定之中",同样区别于以"自由、生命、体验、超越"为命题的所谓"后实践美学"。应该说,后实践美学也在试图完成对实践美学的深化与超越,并且一定程度上弥补了实践美学在"美何以成为可能"问题上的局限。这表现在:"自由美学"和"生命美学"一方面将实践美学本身所蕴含的"自由自觉活动”突出了出来，另一方面又将实践美学的“主体论”深化到生命活动的层次，挖掘出被理性的实践美学所遮没了的生命基本状态，从而一定程度上是对实践美学的一个限定和深化。两者在剔除了实践美学可能包容着的“非自由自觉活动”和“理性认识活动”的同时，一方面将“自由”作了萨特存在论意义上的“意识之前”的非理性规定，另一方面又将生命作了海德格尔、尼采、老庄的“反认识论”之规定，从而肯定了所有的反理性的自由活动，强调了审美的发生是建立在对理性现实的反叛之上这一要点。这使得自由美学和生命美学一定程度上暗含了对各种理性(西方的近代人文理性和中国的封建理性)厌倦的现代人的审美冲动，但也留下了面对没有理性依托的当代人茫然无措的弊端。这个弊端之一是表现在：美学的问题不是体现在理性和反理性之争上，因为理性和反理性都是人的自由和生命活动的不同显现形式——在离开杂乱无章的世界和受理性束缚的世界时，都有审美现象发生。因此我们顶多只能说：反理性只是现代的审美形式，而不是所有的审美形式，尤其不一定是中国目前的审美形式——中国目前的美学问题不是不要理性，而是批判既定理性、建立当代理性之问题。这使得自由和生命美学，总体上更适合解决西方现代审美问题，而不太适合解决中国现代审美问题。因此，“本体性否定”并不将否定对象定位在“反理性”上，而是定位在“既定现实”上。这个弊端之二是表现在：“自由”和“生命”看起来是对“实践”之限定，但依然存有混淆快感与美感、模仿与创造这两个世界之弊。因为我们不好说追求利益满足、个人权利获得以及打破锁链这些快感性活动不是自由和生命活动，但这显然不是我们今天应该强调的“批判与创造”之活动。如果说，人的任何活动都在“自由”中，那么这个“自由”等于没有说，这等于说美无处不在；如果“自由”只是指超越现实的活动，那么超越成什么？如何超越？又如何对待现实中的自由活动？这些也均是已经非理性化的自由美学无法解释的。生命美学同样如此。如果海德格尔的“此在”之“在”是生命，老庄的非敞开性“忘知”、“忘欲”的惬意也是生命，建构是生命活动，解构也是生命活动，自然性的欲望是生命，超越自然性之欲望也是生命，那么“美”在哪一种生命活动之中、我们又如何去进行这样的审美实践，便也是反理性的生命美学难以面对的。这个尴尬，必然使“后实践”美学难以处理好当代中国很多具体而复杂的美学问题。

美是本体性否定的未完成

应该说，在“美何以成为可能”之后，“美是什么”是作为严格的美学必须回答的问题。尤其是对只讲“意会”、不讲“言传”的中国传统美学，其现代转换，无疑应该对这个问题有更为清晰的阐明。而中国当代社会美感与快感混淆的状况，审美体验与美学混淆的状况，一定程度上也在昭示着求解这个问题的紧迫性。但遗憾的是：中国当代美学步西方美学之后尘，要么就是依照认识论将美作为一个“对象”来回答，要么就是将“美是什么”变为纯粹的审美活动，要么就是停留在“美是人的本质力量对象化”的实践美学层面，而鲜有改造这些命题的中国当代性努力。“美是本体性否定的未完成”，则具体地体现着这样的努力。

可以说，“美是本体性否定的未完成”包含三个层面的意思。1.由于“本体性否定”包含“完成否定”（即否定产生自己的结果）的意思，这就使“未完成”在哲学上是一种有缺憾的状态，但这种缺憾正是真正的审美状态，因为哲学是以对世界的观念形态出现的，观念则表明哲学对世界理解之意味是明确的。引申开来，观念、符号、行为其实都是在指代一种现实化的事物以及这些事物所表明的一种确定的意味。“否定的完成”可以使一个人获得心安的价值感。这种因“否定的完成”而产生的价值感，可以体现在原始人使用工具的狩猎中，也可以体现在黑格尔和凡·高对自己的经典性作品的感知之中，当然也可以体现在批评家对审美性作品的评价之中。但“未完成”则是指原始人对能使用工具狩猎的憧憬，可以是指黑格尔在完成自己的哲学之前的一种理论上的孕育状态，也可以是指凡·高在创作《向日葵》时的一种想象状态，更可以是指一般读者对作品欲言又止的审美体验。在这一点上,美不是“理念的感性显现”,而是“还未达到理念的状态”或“理念之前的状态”。2.对“本体性否定”而言,美学是“源”,哲学是“流”,美学是“种子”,哲学是“嫩芽”,美学内在于哲学并且是哲学之根。这使得美学是哲学的“何以成为可能”。我们不能说美学是哲学的演义,美学并不依附于哲学,而是内在于哲学的,所以美学不是哲学的奴仆,而是哲学的“小精灵”。我们也不能说哲学就是美学,尤其不能说海德格尔的哲学就是美学,因为任何哲学本身都是具有概念言说性的——哲学应该用概念表达哲学家对世界的本体性看法。尽管海德格尔没有概念性地言说出“美”是什么,而是用诗的笔法在描绘存在和美,但“诗意的栖居”依然是海德格尔哲学中的美学。在此意义上,美作为“否定的未完成”,就具有哲学实现自身的方法的意义。这个“方法”告诉我们,审美不是我们进行价值性努力的终点,而是我们进行价值性努力的必经之路。所以,“林中路”是海德格尔实现自己的哲学的方法,而“W”程序则是否定主义哲学实现自身的方法。也因此,否定主义美学认为,美学并不到告诉我们什么是美为止,也不把审美作为人生的最高境界,但美学确实是我们确立人生意义的初始阶段,美学必须告诉我们在这个阶段实现人生意义的方法,从而具备可操作性。3.“未完成”因此使“美”具有未占有性、浑然性和个体性。“未占有性”是审美魅力产生的原因,也是美成为美的根本原因。但否定主义美学由于将快感和美感分开,所以“未占有性”也分成“未得到的事物”和“未产生的事物”两种。由于美的创造性而不是新奇性,所以美的“未占有性”指的是“未产生的事物”(美感),以此区别“新奇的事物”(快感)。所谓“浑然性”则是指:我们在对美的体验中,一切都是浑然的。这表现在“美的符号”模糊成浑然的境态,而这“境态”与审美者也不是对象化的关系,而是一体化的关系。这个“一体化”之所以不能理解为“主客体统一”,是因为审美不是“主体”和“客体”的关系,因为不是任何主体和客体都可能成为审美关系——比如老庄的“天人合一”就是一种惬意状态而不是审美状态。惬意属于快感而不是美感。

性高潮也属于快感而不是美感。至于“个体性”，则意味着美的内涵具有独到性、不可重复性。美感之所以稀有和短暂，之所以只是在创造中才能出现，那就是因为：她是在对一切现实的“本体性否定”中才可能出现的，美是因为独特才能打动人、震撼人，而快感（如惬意感）则是群体性的、可重复的，她是给人舒服的，而不是打动和震撼人的。

如此一来，否定主义美学的“美”的观念，与认识论美学、后实践美学以及实践美学的“美”的观念，就有以下几点区别。

首先，“美是本体性否定的未完成”，意味着对“美是什么”的认识论解答的告别，同时又将“美”与“审美者”作为“本体性否定”自身的一个价值张力来对待。这个张力将“美”作为审美者一个尚未实现、尚未符号化的模糊境态来对待，而不是作为人皆有之的一个感受、认识或思维“对象”来对待。这就使“美是本体性否定的未完成”在以下两点与“美是和谐”这种认识论的绝对性解答形成区别：一是并不是任何“和谐的形式”都能成为“美的符号”，亦即“和谐的形式”只有相对于杂乱的现实的时候，才可能成为美的符号，而古代的和谐与近代的和谐其否定对象又不一样。这种不一样，具体体现为在“本体性否定”中才能成为美的符号。反之，如果“本体性否定”的对象是和谐但已僵化的理性现实，不和谐的形式也可能成为美的符号，但西方的现代主义与中国的现代性又不一样。因为西方的“不和谐”（诸如变形和荒诞）否定的是近代理性主义，中国的“不和谐”（如鲁迅笔下的狂人）否定的则是封建理性——这就是古典艺术和现代艺术在特定状况下都能成为审美符号的原因，也是美的符号都是独特的符号的原因。所以视现代艺术为丑，视古典艺术为美，正是这种绝对的、认识论的“美”观念在作祟。二是“美的符号”可以对象化，但“美”本身是“美”和“审美者”水乳交融在一起的、非对象化的，并且在非对象化的时候才能被审美者较为完整地把握到。这样，“美”就不同于“美的符号”。以往认识论美学和实践美学，在“美是什么”的问题上，都将“美的符号”等同于美，这才有了“美是和谐”、“美是黄金分割率”、“美是人的本质力量对象化”等说法。这样的说法,就等于说“美”是我们可以看见并且可以欣赏的事物、东西,而不是让我们沉醉其中激动忘我的一种境态。所以,对象化的“美是什么”解释不了像爱因斯坦这样的科学家相对论符号发明之前的审美性沉醉(此时符号只是被孕育着),也解释不了像《向日葵》《蒙娜丽莎》这样的美的符号,在没有审美素质或“本体性否定”素质的人面前,难以沉醉和激动的事实,更难以解释我们日常生活中不漂亮的人为什么会被人审美、相爱者为什么会有一体化的忘我之沉醉的缘由……而“美是本体性否定的未完成”,不仅可以解释科学家、艺术家们还没有完成自己作品时的审美激动,解释“婚姻是爱情的坟墓”的审美奥妙(婚姻是爱情之美的完成符号之一),而且可以解释审美者在美的符号面前,将符号模糊化从而穿越符号后的忘我境态——作为实体的我被忘却,认识和感受主体不在场,焉有对象化的美存在?

其次,“美是本体性否定的未完成”,既与回避“美是什么”的西方现代美学有所区别,也与国内的后实践美学的“美是自由的象征或境界”、“美就是审美活动”等说法有所区别。这意思是说:1.“美”不能对象化地说,并不意味着“美”不能换一种思维方式去说,因此西方现代美学不说“美”,而将美学几乎变为艺术欣赏活动,其贡献在于将“美”放在审美活动中来考察,其局限在于还没有挣脱“对象化”地说美的思维定式。或者说,一旦说美只能对象化地说,其逆反思维便是不说美。否定主义美学认为:虽然认识论美学不太符合中国美学的传统,并且制造了20世纪中国美学现代化之误区,但中国传统美学的现代化,则毕竟包含着对美的“意会”性言说方式的变化——这就是对美在审美活动中的位置进行言说,或者将说美改为说美的属性。“美是本体性否定的未完成”,正是这种美的定位性言说,也是对美的属性的一种言说。这种说法虽然没有正面说出在混沌的体验中才出现的美,但毕竟将这种混沌出现的状态定位了。2.国内学者中流行的“审美活动”说,基本上承接的也就是西方现代美学的思维方式,即将美与审美活动等同起来。在美总是审美的意义上,这种等同有益于纠正“对象化”的审美思维方式。但否定主义美学之所以认为美不等于审美活动，是因为美是我们在审美活动中把握的内容之一，审美活动还包含着我们对“不美”和“丑”的批判性言说，包含着将“美”符号化的理性创造过程，等等。因此“审美活动”因为“活动”的介入成为一个太大的概念——这个“大”，应该说是“绝对精神”、“实践”、“可能”这些大的本体论范畴的当代版，而“美”这个“审美活动”中出现的一种具体的体验性内容一旦和这个“大”概念等同，其自身的性质也就得不到应有的界定。3.“美是自由的象征和境界”，虽然在理论渊源上来自西方存在主义美学，但毕竟是国内学者对“美”的一种现代界说。只是，这种界定一方面将“美在自由中”与“美是自由”混淆了，从而在将“美”等同于“自由”这个本体概念的同时，犯了将“美”等同于“审美活动”一样的错误。由于“自由”的内涵太为宽泛，这样也就将“美”作了太为宽泛的理解——追求快乐是美，对快乐的超越也是美。或者说，并不是任何自由中都会出现美，美也只能是在特定自由（即“本体性否定”）中出现的一种体验现象。所以美也不是这个特定自由中的“境界”——如果“境界”意味着人生的最高或最佳状态，那么人生的最高境界是将“美”的体验化为“美的符号”，也即建立个体化的、符号化的对世界的基本理解——美只是这个“理解”孕育中的状态，就像原始人不可能将发明工具的憧憬作为最高境界，而应该将工具的发明（符号化、现实化）作为最高境界一样。

再次，“美是本体性否定的未完成”，与实践美学的“美是人的本质力量的对象化”也有重要区别。这个区别之一是表现在；人的“本质力量”是一个过于空泛的概念。一方面各种哲学都可以打着“本质力量”的旗号对此做各行其是的解释，“本质力量”在此只是一个虚指，而不能称之为对世界的一种理解，由此也就不能真正成为一种对美的界定。另一方面，在实践美学中，“本质力量”毫无疑问指的是“劳动”或者“实践”。但如前文所说，“劳动”和“实践”由于既包含人的模仿性、依附性生存活动，也包含人的创造性、摆脱依附性活动，这就将人的两个性质不同的世界混淆了，进而也混淆了快感与美感之差异。所以在否定主义美学看来，劳动和实践虽然是对“本质力量”的一种界定，但在今天看来，依然因为过于宽泛而难以说明当代社会所期待的创造性审美活动。而不能说明这个问题，恐怕也就不能说明“美”。这个区别之二是表现在：在人的“劳动”和“实践”活动的展开必然包含着“对象化”这一点上，“对象化”无疑是黑格尔式的辩证否定之意。这一否定只是在人的认识形成之后才具备可能，而人怎么会有“对象化”活动的，我们却不能用辩证否定本身来说明，而应该用“本体性否定”来说明。即我们依赖“本体性否定”产生了“劳动”和“对象化”的认识活动，以此形成与自然界的区别。但这个区别，只是说明文化的诞生，却不能说明这个文化会保持“文化何以成为可能”的创造性。而事实上，“对象化”活动每个人皆有，“创造性”活动却不是每个人皆有，这已经很能说明问题，也很能说明“辩证否定”只是在以文化的形态在进行包含差异的自然性运动。而美感一旦与人皆有之的快感相区分，“美”不在“对象化”活动而在“创造性”活动中，便成为逻辑推论。这个推论，自然将“产品”与“创造性产品”区别开来。这样，美的“尚未占有性”，也就不能进行“对象化”的解释。

也因为此，我以为“美是人的本质力量的对象化”的局限，关键是没有区分“人的力量”和“产生人的力量”之差异。应该说，“人的力量”可以用“劳动”“实践”“理性”“意识”来说明，所以无论是早期的马克思将人的特性理解为“理性”“意识”①，还是《手稿》以后的马克思将“意识”和“理性”理解为“社会存在”“生产生活资料”的产物，这个转变，其实只是在并列的事物之间的转变，它们都属于“人的力量”，也就不好做鸡和蛋互为因果的解释。准确地说，“劳动”“实践”“理性”“意识”都是“产生人的力量”(亦即“本体性否定”冲动)所致。这个冲动即是无形的创造冲动和审美冲动——这个时候，“劳动”“实践”“理性”“意识”都只是以模糊的、尚未现实化的美，被可能成为人的原始人体验着、孕育着。这个审美冲动，不是

① 参见《马克思恩格斯全集》第1卷，第63页。

被实践美学所忽略了，就是被内蕴太为宽泛的“实践”所遮没了。

美学只能说“不美”和“丑”

此外，否定主义美学在语言上的一个基本观点是：中国当代美学既不能像西方认识论美学那样，去正面说“美是什么”，也不能像西方现代和后现代美学那样，通过消解“美是什么”，进而消解以“言说”为特征的美学，当然也不能由此退回到中国传统美学立场上，以“大音稀声”之类具象化语言来“描绘”美学，而主张依托体验性的美，来言说“不美”和“丑”，并通过言说“不美”和“丑”将体验性的美逐渐变为“美的符号”——这样一个美学的言说方式，既坚持了美学作为一门科学必须的言说性，又为美的不可正面言说留下空间，更将中国传统的描绘性美学转化为理论性美学。

首先，美学之所以只能说“不美”和“丑”，并且只能以另一种语汇体验性地把握“美”，是因为“不美”和“丑”属于生存世界和现实世界，而“美”则属于存在世界和另一个现实世界诞生之前的状态，因此它们虽然都内在于“本体性否定”，但毕竟一个是“本体性否定”的“对象”，一个是“本体性否定”的“结果之前的状态”。如果说神话（体验语言）、艺术（形象语言）和哲学（概念语言），是人类语言发展的三个阶段，并形成三种不同的语言类型，那么我想说的是：人类在“本体性否定”冲动的阶段只有难以言说的体验语言，而在“本体性否定”的结果中才可以看见可言说的形象语言和概念语言。虽然“本体性否定”的结果并不就是形象语言和概念语言，而是创造性事物之诞生，但显然这个事物需要形象语言和概念语言才能把握。洞穴壁画和《周易》正是这样诞生的。而对已经有形象和概念语言的人类来说，“本体性否定”只能否定由形象和概念语言所表达的现实性事物。现实性事物因此而具有可说性。虽然现实性事物中也有体验性语言所把握的事物存在（如老庄的“忘知”性惬意和性高潮中的“无我”性颤栗），但总体上说来，这种快乐性的体验语言可以在形象语言中被描述（如庄子的“逍遥游”），形象和概念语言因此可以作为所有现实中的基本语言形态——无论是生存性现实世界,还是存在性现实世界。惟独审美语言,是处在这两个世界的张力之中。创造者之所以会沉浸在非常人可以体验的审美性沉醉中,创造性事物(科学发明,思想生产,文明巨变等)之所以同样可以给人带来审美性激动,正在于它是由非日常化的语言所把握的。所以我们可以说清楚现实性事物,但说不太清楚正在诞生并因此而激动着我们的那个模糊的"美"(存在之潜在)①。也因为此,我们可能会更重视现实性事物,而容易忽略离开现实性事物的审美冲动,进而把守成性看得比创造性更重要、更稳妥。

其次,从心理学角度说,传统美学不重视审美与审丑在心理状态上的差异,进而也不重视由这种差异造成的语言表述上的把握之准确的差异。由于审美属于消失二元世界的体验性激动,而审丑或审不美属于有审视主体存在、并且远离丑的符号或不美的符号的感知性心理状态(即有二元世界存在),这就使得审美处在情绪的高峰体验状态,而审丑或审不美却处在情绪相对稳定的状态——只有在情绪相对稳定的状态,我们才能清晰地感知价值上的对象化(不等于认识论的对象化)存在。原因很简单,我们不可能与"丑"或"不美"天人合一。其实,我们在形象语言和逻辑语言的差异上,就可以看出作家和理论家情绪状态上的差异。从事以逻辑思维为主的理论家,如果情绪不处在平和状态,无法展开理论思维,至少无法展开严密的理论思维;而作家和艺术家的创作却不受情绪波动的限制,甚至依赖于情绪的波动来从事创作(中西方文学史上均有"愤怒出诗人"一说)。虽然情绪的宣泄不会产生好的艺术,但情绪的宣泄是情绪的失控状态,而不是指不应该有情绪波动状态。文学理论界有人称文学为"情感思维",可为一例。虽然"美"和"丑"都可以借助形象和概念语言来表达,但由于美学属于科学范畴,而科学总以逻辑思维为其主要的语言,这就使得美学的言说需要情绪的相对平和才能进行。所以美学意义上的"丑"和

① 参见吴炫:《否定本体论》,贵州人民出版社,1994 年 5 月。

“不美”，一方面依赖于我们现实中的“审丑”或“审不美”的价值上的对象化状态，而所有的对象化状态（无论是价值上的对象化还是认识论的对象化）均具有可言说性，另一方面则依赖于美学的分析状态和审美的非分析状态之区别，而所有的分析对象均是可言说对象。也因此，我说美学不是既说“美”也说“丑”，而是只能说“不美”和“丑”。

在否定主义美学中，“不美”等于雷同化的、从众性的、快乐性的生存世界，并因为这个世界的循环、重复而最终走向衰落、空虚，从而显现出“不美”的本体性“局限”。“不美”是中西方传统美学有所忽略、实践美学和后实践美学也有所忽略的一个美学范畴，它包括“陈旧”“残缺”“平庸”这些更为具体的美学范畴，并因此昭示出当代社会所渴盼解决的问题。比如，儒家哲学是因为无力解决道德有限性的当代社会之问题，而显现出陈旧，“重义轻利”是因为“利益”不可被轻而显示出残缺，模仿中西方既定的艺术而导致中国当代文学鲜有经典而显现出平庸，所以这些范畴在否定主义美学具有具体的可说性。但这个可说，并不是传统的“弃恶扬善”的“克服”“取消”“轻蔑”之意，而是“局限分析”之意。或者说，“拒绝”属于生存状态，而“局限分析”才属于美学的言说状态。美学之所以要指出“不美”的空虚性，是因为只有对“空虚”和“危机”的意识，一个人才可能产生摆脱“不美”世界的审美冲动，也才可能摆脱“个性”而奔向“个体”，也才可能有真正创造性的人生出现。就目前而言，就知识分子而言，说“不美”，在根本上就是要指出既定的观念相对于当下现实问题“有局限”“什么局限”、“如何弥补这个局限”，直至产生解决当下社会问题的新的观念——这个完整的过程便是“批判与创造的统一”。如果我们将“局限分析”等同于“克服”传统观念，一来所有的“克服”“打倒”都不会导向创造，二来不能导向创造的“克服”最后也就克服不了什么，所有的既定观念还会起支配作用。（打倒资产阶级思想和封建迷信，最后资产阶级思想和封建迷信在当代死灰复燃就是一例。）

此外，否定主义美学之所以说“丑”不等于“不美”，那是因为

“丑”是“不美”的异化——它突出表现为非创造性的人为在“不美”世界中制造的“纵欲”“破坏”和“禁欲”“虚伪”等不健康的生命状态。其具体的美学范畴体现“混乱”“造作”“僵化”等。“纵欲”和“破坏”体现为对他人和自己的诸种伤害,包括身体、利益、精神、人格和名誉伤害等,这种“丑”行在中国的日常生活、政治生活以及学术争鸣中均有充分体现。美学与法律对“丑”行制裁的方式略为不同的是:美学的批判一是不具备法律效应,二是其批判是为了让人恢复到“不美”的世界中来,以便最终产生“本体性否定”的审美冲动。因为人在“破坏”性的“丑”的状况下,一是会产生以“破坏”对“破坏”的报复行为,二是会导致另一种“丑”的行为之出现——克制本来属于健康的生命欲望,或以猥琐的心态来不正常地满足自己的生命欲望,这就会产生“僵化而无生命冲动的人”“道貌岸然而实际上男盗女娼之人”“心向往之但实际只能变态发泄之人”,等等。所以,美学批判“纵欲”和“破坏”,必须连同“禁欲”和“虚伪”人格一同批判,才可能较为有效地将人摆脱“不美”的异化状态,回到健康的生存世界中来。但回到健康的生存世界并不是目的,而是为了意识到生存世界的最后之空虚,从而谋划自己的创造性生活。一言以蔽之,人不会在“丑”的状态下直接产生审美冲动,而只能在“不美”的世界中因为对“不美”的腻味,而产生审美冲动。

否定主义美学之所以强调只能说“不美”和“丑”,只是因为美学只能与现实性事物打交道,而不可能与尚未诞生的审美性事物打交道。由于中国文化没有西方文化的那种“彼岸”在,所以回避对不可言说的世界之言说,既是中国文化的特性,又是现代科学对科学精确性的基本认识。这样,美学用体验性语言与审美事物打交道,用形象和概念这些可言说语言与“不美”和“丑”打交道,就成为自然之理。这样,否定主义美学与实践美学和后实践美学的区别就是显然的了。这种区别表现在:一、实践美学虽然内蕴人的创造性活动,但一是因为将创造性等同于“正、反、合”和由此产生的“不断进步”,这就将人类历史中两种不同的“质变”混淆了(即宋明理学对先秦儒学也有质变和进步,但这种质变和进步却没有改变中国古代文明的体制和观念），从而将人的创造性语言与生存运动性语言混淆了；二是没有将创造性和非创造性作为两种不同的生存性质来对待，这样，尚未诞生的事物与既定事物之间的审美张力，就没有得到突出强调，可说性事物与不可说事物之差异，自然也就被忽略了。这就导致“实践美学”在语言上也无所不包了。这种无所不包的语言一方面将“体验”“形象”“概念”三种语言相混，从而不能使美学语言科学化、精细化；另一方面则将现实性语言和非现实性语言相混淆，从而不能使审美语言的特殊性得到强调，进而也使美学混同为哲学。二、否定主义美学既不同于西方现代美学对美学取消的倾向，也不同于国内后实践美学将美学变为纯粹的审美活动和生存活动（自由活动和生命活动），而主张吸取维特根斯坦的“美不可说”之资源，对美学语言进行创造性改造——即美学只能说可说的，并建立不可说的“美”与可说的“不美”与“丑”的本体性否定关系。否定主义美学由此既坚持了美学的可说性学科性质，又对中西方近代和现代美学进行了双重改造，进而也与国内依附于西方现代美学的“后实践美学”形成区别。我想，不管这种区别最后能否在美学界形成基本共识，也不管这种区别是否真正能完成对实践美学和后实践美学的某种程度上的超越，但这种努力，我以为可以称之为建设“中国的”“当代的”美学之努力。

（原载《学术月刊》2001 年第 7 期）

走向"后实践美学",还是"新实践美学"

——与杨春时先生商榷

易中天

一、问 题 所 在

杨春时先生对实践美学(准确地说应称之为"旧实践美学")的批评,应该说是相当有力的。较之以"反映论"为代表的"前实践美学",旧实践美学虽然大大地前进了一步,却仍陷于客观论和决定论的桎梏不能自拔,以至于有诸如"美是客观性与社会性的统一"之类于情不合、于理不通的说法。依逻辑,一个东西,要么是主观性与客观性的统一,要么是个体性与社会性的统一,哪有什么"客观性与社会性的统一"?社会性和客观性并非一个逻辑层面上的东西,怎么能统一,又如何统一?究其所以,无非既不愿意放弃客观论和决定论的立场,又不愿意像彻底的客观派美学那样,干脆主张美是客观世界的自然属性。正是这种理论上的不彻底,造成了旧实践美学在逻辑上的混乱和在论争中的尴尬。只要不转变这个立场,引进再多的新范畴(无论是实践范畴还是其他什么范畴)都无济于事。即使没有后实践美学的批判,旧实践美学也终将作为一个被扬弃的环节而退出历史舞台。这并不仅仅因为旧实践美学在成为主流学派以后"无所建树,停止发展",更因为它在理论上"先天不足",具有无法克服的自身矛盾。

然而,后实践美学虽然对旧实践美学攻势凌厉频频得手,其自身理论建设的基础却也相当脆弱,无法真正取代旧实践美学。杨春时先生批评实践美学关于审美起源的说法——原始人在自己劳动创造的产品中看到自己的本质力量，因而产生喜悦的心情“只是一种臆测”①，但他提出“审美发源于非理性（无意识）领域”，难道就不是臆测？至于审美“突破理性控制，进入到超理性领域”，就更是问题多多。什么叫“超理性领域”？杨春时先生说是“终极追求”。我不知道他说的“终极追求”又是什么。我只知道，如果它真是超理性的，是类似于道、禅、般若、真如一类的东西，那它就不能为理性所把握，只能诉诸体验甚至超感体验，也用不着什么美学。如果说对超感经验或超感体验之类的描述也是美学的话，那也不是什么“后实践美学”的事，因为老庄、禅宗等等早就说得很多而且很透彻了。

就算超理性是所谓“终极追求”，审美是“超越现实的自由生存方式和超越理性的解释方式”吧，那么，人的这种超越精神、自由追求和解释方式又是从哪里来的？是从天上掉下来的吗？是上帝赋予的吗？是人一生下来就有的吗？要不然就是杨春时先生自己想出来的。事实上，超越也好，自由也好，种种生存方式也好，都不是人的天赋、本能或自然属性。它们只能来源于实践并指向实践。尤其是杨春时先生最为看重的“自由生存方式”，就更是指向实践的。的确，艺术和审美能够创造一个超现实的美好境界，它可以在现实领域中并不存在。问题是，人为什么要创造这样一个现实领域中并不存在的美好境界呢？难道只是为了满足自己的想象力和好奇心吗？也许，杨春时先生会说，是为了“终极追求”。那么，人又为什么要有“终极追求”呢？难道不正是为了让现实的人生活得更幸福吗？这就要诉诸实践，否则就没有意义。人不能没有想象，但也不能只生活在想象中。同样，人不能只有实践，但也不能没有实践。当然，实践并不万能，也并不理想。它并不像旧实践美学设想的那样，可以造就一个尽善尽美的人间天堂，一劳永逸地解决人

① 本文所引杨春时先生观点，均见《走向“后实践美学”》一文，《学术月刊》1994年第5期。

类生存的所有问题。杨春时先生说得对:“生存的意义问题不是现实努力所能解决的”,但它又是不能不诉诸现实努力的。努力尚且不能最终解决,不努力那可就一点希望都没有了。

实践解决不了的问题(生存的意义),艺术和审美同样解决不了。以为艺术和审美就能解决人类生存的意义问题,这只是杨春时先生和某些现代哲学的一厢情愿。杨春时先生在批判旧实践美学把现实审美化的同时,显然也把审美理想化了,正如他在批判旧实践美学理性主义倾向的同时也陷入了神秘主义一样。

何况我们别无出路别无选择。自从人通过劳动使自己成为人,从而告别了动物的存活方式(顺便说一句,那才是真正意义上的“自然生存方式”)以后,他就踏上了一条永无止境的不归之路,那就是:他必须通过不断的实践斗争,使自己越来越成其为人。

也许,这才是人的“宿命”,而实践也就是一个绕不开的话题。旧实践美学的确没能很好地解决许多问题,但这并不等于说实践就不能成为美学的逻辑起点和基本范畴。我们不能因为旧实践美学的失误,就把孩子和脏水一起泼了。我们确实需要有一种新的美学来取代旧实践美学,但不是用“后实践美学”,而是用“新实践美学”。

二、逻辑起点

新实践美学和后实践美学,至少和杨春时先生是有对话基础的,因为我们都同意,创造具有权威性的现代美学体系,其关键是要有坚实的哲学基础和可靠的逻辑起点。整个美学的范畴体系应该也只能从这个逻辑起点中推演出来。但我还想强调三点。第一,从逻辑起点进行推演,一直推演到艺术和审美的本质特征和一般规律,是一个相当长的过程并有不少中间环节,不可能要求一步到位。第二,重要的是推演出美学的“第一原理”,即关于美和艺术的本质的定义,然后再逻辑地顺次推演出一切艺术和审美活动的本质规律。其中,不能有任何一个规律是从另外的原则引入或外加进来的。第三,这个逻辑起点必须是在人文学科范围内不可再还原的。不可再还原，才具有可靠性。如果杨春时先生同意这三点意见或这三个前提，那我们就可以展开讨论了。

杨春时先生认为，“应该确认社会存在即人的存在为逻辑起点”。为了剔除其中的古典主义和形而下的因素，杨春时先生把它改造为“生存”。人的社会存在即生存，万事万物都包括在生存之中。生存是第一性的存在，是哲学唯一能够肯定的东西，当然也能作为美学的逻辑起点。更重要的是，生存以实践为基础，却又超出实践水平，做“后实践美学”的逻辑起点就更为合适。何况，在杨春时先生看来，人的生存有三种方式，其中“自由生存方式”明显地具有超越性，很自然地就能得出“审美的本质就是超越”的结论，也符合他的方法论思想（美和审美包含在作为逻辑起点的那个概念或范畴中）。

这似乎无可挑剔。但可惜，这即使从逻辑推演上讲，也不是没有问题的。杨春时先生既然以“生存”为逻辑起点，那他的美学就该叫做“生存美学”。然而杨先生却宁愿叫做“超越美学”，因为他的“第一原理”是“审美的本质就是超越”。从这一点上讲，他把他的美学称之为“超越美学”也并无不妥之处。问题是，生存并不等于超越。比如所谓“自然生存方式”似乎就不具备超越性，“现实生存方式”看来也成问题。从生存到超越，显然缺少中间环节。杨春时先生何以能够从生存推演出超越来，我们不得要领。

何况，他的那个逻辑起点（即所谓“生存”）本身就十分可疑。什么叫“生存”？它的内在规定性是什么？人的生存和动物的存活又有什么区别？人是怎样从动物也有的“存活”一变而为“人的生存”的？在这个过程中，究竟是什么原因使人有了自由和超越的精神和可能？不把这些问题都一一解决，指望着从“生存”两字就能直接地推演出美的本质，也不过一厢情愿。

显然，所谓“生存”，也是可以再还原的。即使如此，我们和杨春时先生也仍有对话的可能。因为我们（包括旧实践美学）都同意：“美的本质就是人的本质”。既然如此，我们便只要问一个问题就行了：究竟是什么原因使人成为人？或者说，究竟是什么原因使人获得了“人的本质”？

答案也只有一个:是劳动。只要“劳动使猿变成人”这一结论不被新的科学研究所推翻,这个答案也就毋庸置疑。既然是劳动使人成为人,是劳动使人获得了“人的本质”,而我们又都同意“美的本质就是人的本质”,那么,我们就该都同意,是劳动使美获得了“美的本质”(其实同时也使艺术获得了“艺术的本质”)。因此,美学体系的逻辑起点就不能也不该是别的,只能是劳动。劳动是人类最原始、最基本、也最一般的实践。以劳动为逻辑起点,也就是以实践为逻辑起点。这正是我们虽然和旧实践美学多有分歧,却仍然要把自己的美学称之为“实践美学”的原因。

以劳动作为艺术和审美一般原理的逻辑起点,首先意味着以劳动作为艺术和审美最初表现的历史起点。但与旧实践美学不同,新实践美学更关心的不是或不仅仅是人类的劳动如何产生出艺术和审美,而是它为什么必然会产生出艺术和审美来。也就是说,在我们看来,艺术起源和审美起源并不仅仅是一个考古学、人种学、文化学或心理学问题,更是一个哲学问题。新实践美学的艺术发生学和审美发生学就是这样一种哲学。它的任务,是要从生产劳动的实践原则中逻辑地推演出艺术和审美的本质规定性。因此,在这种探索中,既不能把艺术审美和生产劳动割裂开来、对立起来(这是我们和“后实践美学”的不同),又不能把它们等同起来(这是我们和“旧实践美学”的不同)。对于我们来说,劳动只是研究艺术和审美起源的一个出发点。从这个出发点开始,我们不会也不能仅仅停留在“原始劳动对原始艺术有什么影响”、“射箭的弓怎样变成了拉琴的弓”诸如此类的一般描述上。我们要做的工作,是要从发生学的角度去打开人的感性心理学和人的本质力量的巨大书卷,并从哲学的高度揭示艺术和审美必然发生和发展的历程。这个观点,早在20世纪80年代,在邓晓芒撰写《艺术发生学的哲学原理》,以及邓晓芒和我合作撰写《走出美学的迷惘》①时就提出了,

① 该书1989年由花山文艺出版社出版,1999年更名为《黄与蓝的交响》,由人民文学出版社出版。

可惜至今仍未能引起美学界足够的重视和注意。

三、内在规定

劳动能够成为美学的逻辑起点吗？这恐怕是杨春时先生要怀疑的。按照杨春时先生的方法论思想，美学的逻辑起点中应该包含着美，而劳动似乎没有。如果劳动即是审美，劳动产品即是艺术作品，则山货店就会变成美术馆，工地也会变成歌舞厅了。我们当然不会这么简单地把劳动和艺术、审美混为一谈，但如果不揭示劳动的内在规定性，则上述误解仍不能消除。

无疑，劳动不是艺术，也不是审美。原始劳动就更不是。借用普列汉诺夫的说法，它最初不过是人类在死亡线的边缘所作的一次"获生的跳跃"。在这种水平极其低下的活动中，人类随时都可能走向死亡或者重新沦为动物。因此，除了实用功利的考虑，他不可能还有什么别的考虑。

然而，即便是在这种最原始、最简单、最粗糙、水平最低的生命活动中，也已经蕴含着（而且必然地蕴含着）艺术和审美的因素。尽管这些因素还十分微弱，并不起眼，甚至还不能为原始人所自觉意识，也不即是艺术和审美，但有些萌芽，已经十分可贵了，因为如果连这么一丁点因素都没有，我们实在不知道艺术和审美将何由发生。

蕴含在原始生产劳动中的艺术审美因素就是劳动的情感性以及这种情感的可传达性和必须传达性。原始劳动，即便再简单，再粗糙，水平再低下，也是人的生命活动，是人的生存方式而不是动物的存活方式。人与动物有什么本质区别？区别就在于人的生命活动是有意识的，而动物的生命活动则是无意识的。正是意识，使动物也有的"表象"上升为"概念"，"欲望"上升为"意志"，"情绪"上升为"情感"。人的劳动与动物的觅食之最本质的区别也正在于此。动物在自己的觅食过程中只会产生情绪。这些情绪会随着过程的终止而消亡（一只猫不会因为一想到自己曾经成功地捕捉了一只老鼠就笑起来）。人在自己的劳动过程中却会产生情感。他会因此而爱上自己的劳动产品。我们说“会”,不是说每次劳动都会这样,或每个劳动者都会这样,只是说有这种可能,而动物是没有这种可能的。猫不会把吃过的老鼠尾巴挂满一身,人却会欣赏和炫耀自己的劳动产品。也就是说,人的劳动具有情感性,它是一种“有情感的生命活动”。

人不但会在劳动中产生情感,他还会以劳动产品为传情的媒介,把情感传达出去。正如马克思在《1844 年经济学—哲学手稿》中所说,你使用我的产品而加以欣赏,这也会直接使我欣赏。在这种相互欣赏中,情感就借助劳动产品这个中介而得到了传达。唯其如此,工匠之间相互赠送工具,战士之间相互赠送武器,才会是一种相当之重的情分。杨春时先生难道从来就没有过一点点这方面的体验吗?如果当真没有,那实在是太不幸了。要知道,即便是一个猎手或一个农妇也是会有这种体验的。当他们打到一只硕大的猎物或种出一种稀罕的菜蔬时,也会请左邻右舍乡里乡亲一同分享。他们迫不及待地要这样做,并不一定出自某种功利目的(比如睦邻友好)。基于功利目的的考虑是有可能的。但也有另一种可能,即只因为他们在劳动中产生的喜悦需要传达,这才有了炫耀,有了不计功利的分享。

蕴含在劳动过程和劳动产品中的这种艺术性因素和审美性因素不是可有可无的奢侈品。恰恰相反,缺失了这一环节,劳动就不成其为本来意义上的劳动,就会变成“异化劳动”了。由于异化日久,很多人已体验不到劳动的情感性,甚至怀疑劳动是否当真具有情感性。这并不奇怪。但这丝毫也不等于说我们不能从逻辑和经验两方面证明这一点。劳动,尤其是原始劳动,常常是一种集体的行为。它需要团结一致,同心协力。显然,要做到这一点,光靠功利目的的吸引是远远不够的。仅靠功利维系的团队是酒肉朋友乌合之众。树一倒,猢狲就散。这就同时还需要情感的维系:只有功利需要再加情感维系,同步的、相互协作的社会性劳动才有可能。即便奴隶,在一起抬石头时也会喊上一声“哥儿们,一起来吧”。这份情感,我自己在强迫性劳动中就曾体验过。至于本来意义上的劳动，就更不可能没有情感了。我们甚至还可以说，情感不但是劳动的产物，它还是劳动的前提。

毋庸置疑，劳动，尤其是原始劳动，从根本上讲只是人的一种功利活动。因此，在原始生产劳动中，艺术性因素和审美性因素归根结底还是处于附属性地位。它们随时随地都要以生产劳动的实际效益为转移，否则原始人类就无法生存。在这时，艺术和审美的本质还是潜伏着的。它们还只是具有艺术性和审美性的"因素"，远不是艺术和审美。

四、第 一 原 理

从蕴含在劳动过程和劳动产品中的艺术性因素和审美性因素，到真正意义上的艺术和审美，经历了漫长的历史过程，其间有诸多中间环节，比如巫术与图腾，本文无暇论及[①]。这里要回答的是，究竟是一种什么原因，最终使艺术和审美必然地要从生产劳动中诞生出来。也就是说，艺术和审美发生的"第一推动力"是什么。

还是要从劳动说起。正是劳动而不是别的，使人建立起两种学术界都承认的关系，即人与自然的关系和人与人的关系。但还有第三种关系，却为人们所忽略，那就是人与劳动的关系。劳动的意义在于，它不仅是人类谋生的手段，也是使人从猿变成人的根本原因。能够使人成为人的，也能够证明人是人；而原本不是人的，也必须证明自己是人。因此劳动与人的关系就是一种确证关系：劳动以其过程和产品证明人是人，人则以某种形式证明劳动是人的劳动。

证明劳动是"人的劳动"的形式是一种心理形式，它就是确证感。这种证明之所以要通过一种心理形式来实现，是因为"人的确证"归根结底是人的自我确证。因此，它必须能为每个人所意识到，也就只能诉诸人的内心体验。事实上，正如人只有在感到自由

① 如有兴趣请参看拙著《艺术人类学》，上海文艺出版社，2001 年第二版。

时才自由，在感到幸福时才幸福，他也只有在感到被确证时才被确证。也就是说，人的确证是要由确证感来证明的。母亲疼爱婴儿，猎人炫耀猎物，小男孩因水面的圆圈而惊喜，艺术家因遇到知音而激动，这些都是确证感。正是靠着它们，人确证了劳动是人的生命活动；而那些不能使人体验到确证感的劳动，则是"异化劳动"。

人的劳动确证人是人，确证感则确证劳动是人的劳动。可见，确证感，既是人确证劳动的心理形式，也是人确证自己得到了确证的心理形式，是"确证的确证"。因此，从理论上讲，任何人都不能体验不到确证感，无论他用什么方式。事实上，人类体验确证感的方式是很多的。小男孩把石子投入平静的水面，小女孩在纸上画出圆圈，都是。他们是那样的幼小，有此一举，也就够了。但人类不能满足于此。人类必须创造一种普遍可靠行之有效的方式，确保(至少在理论上确保)人人都能体验到确证感，并能传达这种确证感。这个方式，就是艺术和审美。

艺术和审美起源于劳动。因为人最早是在劳动中，在自己改造世界的实践活动中体验到确证感的。正是"确证"两字，把人的"喜悦"和动物也有的"兴奋"区别开来。也就是说，他喜悦，不仅因为劳动产品能够满足他生存的需要，还因为它能满足他确证的需要。他能在他的产品那里体验到确证感。唯其如此，他才会爱上他的某些(不是所有)产品(比如工具)。他会觉得他的这些产品不但是"好的"(合目的)，而且是"美的"(有感情)，因而爱不释手，甚至到处炫耀，并希望别人欣赏，因为这是他证明自己是人的"物证"。炫耀，就是"出示"证据；欣赏，就是"认可"证据。

无疑，人的这种意识(如果它可以叫做审美意识或艺术观念的话)最初是十分朦胧甚至不自觉的。他并不知道自己为什么要炫耀，为什么要请别人欣赏，所以它常常被看作是一种"无意识"。原始人甚至会把那些原本确证自我的"物证"看作神的恩赐，把自身本质力量的内在闪光当作外在对象来崇拜。但这并不妨碍他们通过这些"神秘的圣物"体验和传达确证感，因为世界上并没有什么神灵。人所崇拜的一切，归根结底都只属于人自己。至于"不自觉”和“无意识”，则无非证明它们在理论上已“不可再还原”。从这个意义上讲，确证自己是人，体验并传达确证感，就是人性的普遍共同原则。

总之，人在劳动中获得了一种心理能力，即通过确证感的体验，在一个属人的对象上确证自己的属人本质。审美就是这样一个心理能力和心理过程。换句话说，审美，就是人在一个属人的对象上体验确证感的心理能力和心理过程。这个对象，最初是劳动产品（主要是劳动工具），后来则主要是艺术品和自然界（这一发展演变过程另文讨论）。但不管它是什么，只要能使人体验到确证感，它就是审美对象。确证一个东西是不是审美对象的唯一标准是确证感。由于美是要靠美感来确证的，因此美感就是确证感；而为美感所确证的美，也就是能够确证人是人的东西。正因为“美是能够确证人是人的东西”，所以美是肯定性的（丑则是不能确证人是人的东西，所以丑是否定性的）。又因为确证自己是人，乃是人的“第一需要”，是艺术和审美发生的“第一推动力”，因此“爱美之心，人皆有之”。这个观点，就叫做“审美本质确证说”。这也是“新实践美学”区别于“旧实践美学”和“后实践美学”的关键之一。

当然，事情远非如此简单，其间尚有许多中间环节和逻辑过程，但已非短短一篇论文所能尽说。这里不过把最基本的问题提出来，并以此引玉之砖求教于杨春时先生及诸大方之家。

（原载《学术月刊》2002 年第 1 期）

新实践美学不能走出实践美学的困境

——答易中天先生

杨春时

易中天先生的《走向"后实践美学"，还是"新实践美学"》一文，不仅对实践美学和后实践美学进行了两个方向的批判，更重要的是打出了"新实践美学"的旗号。相对于那些固守实践美学或对实践美学态度暧昧的人而言，这种观点可能更值得注意，也更有商榷的价值。易文不满意"旧实践美学"(即李泽厚代表的实践美学)的客观论和决定论，认为它"将作为一个被扬弃的环节而退出历史舞台"，这无疑是正确的。但是，通过对实践美学的修正，重新确立实践范畴的核心地位，即以"新实践美学"取代实践美学，并抵挡"后实践美学"的崛起，这种企图却不可能实现。这是因为，所谓"新实践美学"与"旧实践美学"并没有本质的区别，它们都以实践哲学为基础，以实践作为美学的基本范畴，而这一点正是致命之处。不触动这个根本问题，在原有体系内的修修补补不能挽救实践美学。而"后实践美学"正是在新的哲学基础上建立了自己的体系，因此，像实践美学一样，"新实践美学"也不可能批倒"后实践美学"。尽管如此，易文在"新实践美学"的立场上毕竟提出了一些新的问题，因此，仍有必要深入进行对话，以推进中国美学建设。

一、问题所在：现实还是超越

后实践美学与实践美学的争论，涉及问题很多，但关键问题只有一个,即审美是一种现实活动还是超越性的活动。实践美学认为,审美发源于实践,决定于实践,是实践的历史的积淀,而实践是现实的活动,因此审美也具有现实性。把审美定位于现实,用李泽厚的话来说就是"美是客观的社会属性"、"美是理性向感性的积淀、内容向形式的积淀"、"美是人化自然的产物"(其他实践美学家表述为"美是人的本质力量的对象化")、"美是真(合规律性)与善(合目的性)的统一"、"美是现实肯定实践的自由形式"等。而"后实践美学"却认为,审美是超越性的活动,即超越现实的生存方式和超越理性的解释方式;审美具有超越现实、超越实践、超越感性和理性的品格,正是这种超越性才使人获得了精神的解放和自由。在对待审美具有现实性还是超越性这一根本问题上,"新实践美学"与"旧实践美学"站在同一立场,并无区别。易文对我主张的审美属于"超理性领域"、"终极追求"等一概否定,甚至认为这些概念与美学无关。它认为所谓超越精神,"只能来源于实践并指向实践",只能"诉诸实践,否则就没有意义"。事实并非如此。首先,超越性植根于人的存在(生存),而非外在的规定。易文以历史发生学的实证研究来代替和否定哲学思辨,这正是其方法论方面的失误。超越性作为生存的基本规定,只能经由生存体验和哲学反思而不证自明,而不能被历史经验证实或证伪。同时,不能断言超越性来源于实践。从历史上讲,超越性肯定与实践有关,但不能说仅仅是实践的产物,实践只是它发生的条件之一而非全部,不能把超越性还原为实践。这不是什么神秘主义,而是人的本质的无限性和哲学思辨的非实证性使然。至于说超越性"指向实践"则更没有道理。超越性作为一种精神性的、自由的、终极性的形上追求,必然是超越实践的,怎么能是"指向实践"的呢?如果这样,岂不是说,人的一切精神追求都是为了物质生产("实践是物质生产"这一观点是实践美学的基本规定),人只要物质生活满意就没有形上的诉求、就没有苦恼了吗?这是一种物质还原论,是对生存意义的贫化以及对人的自由、超越品格的抹杀。当然,人的终极追求并不是只有一种形式,审美体验、哲学思辨、宗教信仰都体现了形上诉求。

易文把超理性独归于老庄、禅宗,排斥和否认审美的超理性,完全是没有道理的。

奇怪的是,易文同意我"生存意义问题不是现实努力所能解决的"论断,而这个论断正是针对实践美学主张的实践可以解决生存意义问题的。更奇怪的是,易文又断言"实践和审美都解决不了"生存意义问题,这样一来,实践美学和新实践美学主张的所谓实践、审美的自由本性就成为一句虚言。按照易文的逻辑,实践和审美都以现实为归宿,没有什么终极追求,也无法解决生存意义问题,人只能通过实践"使自己越来越成其为人",这就是它所谓的"人的宿命"。如果这样,还要审美干什么,有实践不就成了吗?而且,这种只有现实没有梦想的人生不是太残酷了吗?它所谓的"人"只是一种有限性实践动物,是缺乏超越之维的现实的人,人的无限性被抹杀了。而事实是,在实践和现实之上,有人的超越性追求,也有审美对生存意义的体悟,这是生存体验和审美经验昭示给我们的。我们不会满足于现实,有生存本身的苦恼,要追问生存意义问题,这正是对"人的宿命"的抗争。因此,人不仅是现实的生物,更是形上的生物。这种超越性需求是审美的前提。在审美中,特别是在优秀的艺术中所领悟到的,不正是生存意义吗?这种领悟是不能"指向实践"和归结于现实的,相反,它正是实践和现实所不能解答的。

二、逻辑起点:实践还是生存

美学的逻辑起点是什么,这是关系到美学体系的合理性的关键问题。易文提出美学逻辑起点的三项规定:一、从逻辑起点到审美本质之间有中间环节;二、审美的其他规律要由审美本质推演出,不能从另外的原则引入;三、此逻辑起点必须是不可还原的。对此,笔者完全同意。同时,还应当补充一项重要规定,即此逻辑起点必须包含着推演出的结论即审美的本质,否则,就违背了逻辑规则。如果同意这些规定,就可以继续讨论下去。

我以生存为美学的逻辑起点，由生存的超越性推演出审美的超越本质。生存作为美学的逻辑起点，符合了前面的四项规定。它是最一般、最抽象的逻辑规定，一切具体存在都包含于其中，包括主体——人和客体——世界，都是从生存中分析出来的；物质生产（实践）和精神活动也包含其中。因此，生存是不可还原的源始范畴。而且，生存也是不证自明的公理。我存在着，这是无可怀疑的事实，由此出发才能合理地推演出哲学和美学的体系。生存也包含着审美的本质，审美不是别的，而是生存方式的一种即超越的生存方式；由于生存的解释性，审美也是超越的解释方式。易文批评说"生存并不等于超越"，并且对这个推演过程加以质疑。生存的超越性只能由生存体验确证，经过现象学的体验和反思，就会领悟：生存不是已然的现实，而是一种超越的可能性；它不是指向现实或实践，而是指向超验的、形上的领域。这正如马克思所说的："自由的王国只……存在于物质生产领域的彼岸。"①我们总是不满足于现实而有终极价值的追求，它被表述为自我实现、终极关怀、本真的存在、自为的存在、形上的追求等。它没有确定解答，而只是超越的过程。生存的超越本质并不直接体现于现实活动中，它只是发生于现实生存的缺陷中，即由于现实生存的不完善性（异化的存在），人才努力超越现实。这种努力最终在充分的精神活动即审美活动中（同时也包括哲学思辨和信仰中）得到实现。同时，审美作为生存超越本质的实现，也具有了超越性，而由此就可以合乎逻辑地推导出诸审美规定性。这些审美规定性如主客同一、知情合一、感性与理性对立的克服、现象与本质对立的消失、超越时空、还有康德提出的审美的四个二律背反等，都源于审美的超越性。诸审美范畴如优美、崇高、喜剧和丑陋、荒诞、悲剧等也是对现实的超越性理解，从而获致对生存意义的自觉把握。当然，由生存范畴到审美范畴有若干中间环节，包括由自然（原始）的生存方式到现实的生存方式，到自由的生存方式的历史—逻辑的演变。由

① 《马克思恩格斯全集》第25卷，人民出版社，1975年，第926页。

此可见,生存范畴已经包含着审美范畴,从生存范畴中就可以推导出审美范畴,审美是生存的超越本质的实现。这也就是说,生存范畴是美学的逻辑起点。

对以上的论证,易文不表赞成。它认为,美学的逻辑起点只能是实践或劳动(请注意,易文中实践与劳动是同义的)。它的理由只有一个:"是劳动使人成为人,是劳动使人获得了人的本质"。对这个论证,我们稍后再加以辩驳。这里应当指出的是,易文并没有考察劳动是否符合它为美学逻辑起点作的三条规定(还有我补充的第四条规定),而这正是问题的关键之一。很显然,实践或劳动并不符合这四条规定。第一,劳动不是最一般的、最抽象的、不可还原的逻辑规定,而只是具体的历史概念。劳动只是人的获取物质生活资料的手段,只是生存的一个具体方面。除此之外,还存在着广泛的生活领域,如性爱(人类自身的生产)、精神活动(生产)等,它们不能包括在劳动之中,也不是劳动的派生物。这就是说,劳动可以还原为更一般的生存,因此不能是逻辑起点。第二,从劳动概念不能合乎逻辑地推导出审美的本质,审美不包含于劳动的内涵之中。这是显而易见的,因为劳动是物质生产,而审美是纯粹的精神活动。虽然劳动也有精神的参与,但只是附属的部分。而且更重要的是,劳动是不自由的现实活动,审美是自由的超越活动,两者本质不同。第三,易文分辩说,劳动到审美有许多中间环节,但由于审美不包含于劳动之中,从劳动中不能推导出审美本质,因此无论设置了多少个中间环节,其推导过程都不可能合乎逻辑。事实上"新实践美学"并没有严谨的逻辑推理,审美的本质并不是由劳动概念中推导出来的;它采用的是历史发生学的方法,即认为审美是在劳动过程中产生的。这种历史发生学并没有充分地揭示审美的起源,因为审美固然与劳动有关,但还与许多其他因素有关,如性爱、巫术等。尤其重要的是,审美发生的内在原因是人的超越现实的精神追求,而它不包含在劳动之中,不能由劳动中推导出来。审美本质的逻辑证明不能被发生学代替,发生学只能部分地说明审美的起源问题,而不能说明审美的本质问题。以发生学代替逻辑证明,以审美起源代替审美的本质,这是“新实践美学”与“旧实践美学”共同的根本性错误。“旧实践美学”把实践作为基本范畴,也认为劳动产生了美,但它还采用了决定论的“积淀说”,认为人类的历史实践积淀为普遍的文化—心理结构,包括审美心理结构,因此实践决定了审美。“积淀说”已经遭到了普遍的批判,这里不再重复。这里想说明的是,“新实践美学”用“实践创造了美,因此实践就是美的本质”的错误前提和错误推理得出了错误的结论。第四,关于审美的本质,易文提出“审美本质确证说”,实际上与“旧实践美学”的“人化自然”说或“人的本质力量对象化”说并无不同。它所说的被确证的“人”是一个现实水平的概念,即由劳动造成而区别于动物的最低限度的人的规定(人被当作能劳动的生物),而不是对人的本质的最高限度的规定即对自由、超越本质的肯定。因此,把审美的本质确定为现实的人的本质,就不可能推导出其他具体的审美规定,因为审美已经丧失了自由、超越的品格,而本质上与其他活动无异。

三、内在规定:劳动与审美

易文断言劳动是美学的逻辑起点,而且“即便是在这种最原始、最简单、最粗糙、水平最低的生命活动中,也已经蕴涵着(而且必然地蕴涵着)艺术和审美的因素”。那么,劳动中究竟是什么成了审美的因素呢?易文认为:“蕴涵在原始劳动中的艺术审美因素就是劳动的情感性,以及这种情感的可传达性和必须传达性。”原来它所谓审美因素就是情感,如此而已。把审美的本质确定为情感,这种观点之不妥是不言自明的。审美当然会有情感,但不能说审美就是情感,也不能说情感就是审美,哪怕说情感是审美的因素也一样。审美不同于现实的情感,劳动的喜悦也不是审美,更不要说原始劳动产生的原始情感与审美的本质区别了。对此,我们有必要详细加以分析。

易文所谓的实践和劳动,是一个非常模糊的概念,这一点,与实践美学一样。新老实践美学把实践当作美学的基本范畴和逻辑起点,但在论证中又把实践与劳动混同,特别是对原始劳动与实践劳动不加区别,认为原始劳动创造了美,这是一个绝大的错误。实践劳动是文明人类的社会化劳动,它具有自觉性,是有目的的生产活动;有社会分工,形成了生产资料的占有,而且在实践劳动中结成一定的生产关系和社会关系。原始劳动是原始巫术观念支配下的非自觉性的劳动,它没有生产资料和生产资料的占有可言,因为当时的生产对象——荒漠的自然界和野生动植物以及生产工具——木棍和石器也不是生产资料,而所谓的“原始公有制”也不存在,它只是“无所有制”。原始社会也没有真正意义上的社会分工,只有男女两性的自然分工。在这个基础上也没有生产关系和社会关系,而只有血缘关系。因此,原始劳动只是前实践劳动,而不是实践劳动。新老实践美学所谓“劳动创造了美”,等于说原始劳动创造了美,而不是实践创造了美。在这个前提下的“劳动的情感性”只能是原始情感,而原始情感受巫术观念支配,还不是真正人的情感,更不是自由的情感,如此何来“人的自我确证”?更进一步说,所谓“实践美学”和“新实践美学”也是名不符实了,它应当称为“原始劳动美学”。

即使不追究新老实践美学在劳动概念上的失误,权且把它们所说的劳动看作是实践劳动,也仍然不能在劳动中找到审美的因素。劳动是物质活动,是为了满足人的生理需要的生产活动,尽管它对人的发展有极为重要的作用,但又不是自由的活动。劳动表明人仍然受到自然力(内在的自然和外在的自然)的压迫,在现实中体现为片面的体力和脑力的消耗,并且是一种异化劳动。这种片面的、异化的劳动怎么能够体现人的自由自觉的本质呢?它所产生的情感又如何能成为审美的因素呢?劳动产生的情感是现实的情感,而现实的情感只是现实需求的反应,它与审美意识本质不同。而且,劳动产生的情感未必就是肯定的情感,在异化的、片面的劳动中,更多的是否定的情感,如痛苦、沮丧、麻木、压抑等,它们怎么会成为审美的因素呢?审美意识是一种超功利的、超现实的情感意志和知觉想象活动，它是自由的意识；它也不能由现实的情感延伸而来。在易文中与在实践美学中一样有一种对劳动理想化的倾向，把它当作最符合人的本质的活动，而实际上并非如此。马克思肯定实践的历史作用，同时又指出其现实形式是片面的、异化的、不自由的活动。在这方面也同样体现了历史与道德的二律背反。马克思认为只有克服异化劳动，才能实现人的全面发展。而异化劳动的克服只有在未来的理想社会，其时劳动时间大大缩短、强度大大缩小、更符合人的兴趣，甚至成为人的必须。尽管如此，马克思也没有忘记劳动毕竟不是最理想、自由、全面的活动，他认为人的全面发展的实现不仅在劳动中，更在闲暇时间的大大增加中，人们因此可以有更多的时间从事艺术、体育等自由活动。在这个意义上，马克思才强调真正自由的领域只存在于物质生产领域的彼岸。

四、第一原理：审美确证什么

易文最后提出了“审美确证说”，即认为劳动确证了人的本质，这种确证感就是美感。这里存在两个问题，一个问题是，劳动是否充分确证了人的本质；另一个问题是，劳动产生的确证感是否就是美感。

新老实践美学都认为劳动（或实践）确证（或对象化）了人的本质，因此劳动与审美是同一的。它们的理由是，劳动是人与动物的根本区别，因此实践能力就是人的根本能力，也就是人的本质。易文说：“劳动的意义在于，它不仅是人类谋生的手段，也是使人从猿变成人的根本原因。能够使人成为人的，也能证明人是人……劳动以其过程和产品证明人是人，人则以某种形式证明劳动是人的劳动。”关于劳动创造人的思想似乎无可置疑，但对劳动的肯定不能排斥其他因素。体质人类学认为，正是由于人这个物种在体质上的缺陷，才不得不突出发展了智力以及劳动能力。另外，关键在于，新老实践美学强调的“人”究竟是什么内涵；它原来只是区别于动物的、有劳动能力的人,这种意义上的人只是人的最低限度,而不是人的最高限度。人的本质是什么,在最低限度上说是有智慧、能劳动、使用语言等,这些是可以实证的人的有限性,而不是人的最高本质。人的最高本质是人的无限性,即追求自由的超越性。劳动只是对人的有限性的确证,是对人的最低本性的确证,而不是人的无限性和最高本质的确证。劳动不是自由的活动,因此也不能充分确证人的最高本质。

易文认为劳动确证了人的本质,这种确证感就是美感,"只要能使人体验到确证感,它就是审美对象"、"美是能够确证人是人的东西"。劳动只是满足了人的有限的物质需求,体现了人的有限的物质创造能力,因此劳动不能确证人的自由本质,这种"确证感"是有限的,它不是自由的情感,因此也不可能是美感。这一点,"新实践美学"比"老实践美学"更不如,因为它企图直接从劳动体验中找到美感,直接把劳动感受等同于美感,而"老实践美学"还意识到两者的区别,创造了"积淀说"来加以沟通。劳动感受不同于美感,这是不言自明的事实。易文为了掩饰这种逻辑上的漏洞,又声称在劳动感受与美感之间有许多中间环节。这种补白不仅无济于事,而且又带来了体系上的矛盾。问题不在于劳动感受与美感之间有没有中间环节,而在于易文认为两者是同一个东西,而事实上两者是异质的,劳动感受不是自由的体验,而美感是自由的体验。

易文由劳动确证人到审美确证人,不仅在逻辑上和实际上都讲不通,而且这种"审美确证说"也是十分贫乏的。它只是把审美等同于对"劳动的人"或"现实的人"的肯定,把美感等同于劳动感受,除此之外没有其他,而审美的无限丰富的内涵都被抛弃了。实践美学囿于实践概念的局限性,陷于抽象、空洞的思辨,无法延伸到具体的审美规定,也不能解释具体的审美现象,它作为一个美学理论一直是不成体系的。因此在完成了自己的历史使命后,它必然走向被扬弃的结局。"新实践美学"也有同样的弊病,因此也将与它共命运。审美确实确证了人,但这种确证不是在劳动或现实水平上,而是在超越现实的水平上。它证明人不仅是有限性的现实存在物,更是无限性的自由的存在物;因此美感也超出了有限性的现实感受,而成为自由的意识。对此,不仅有逻辑的证明,而且有审美体验的明证。审美体验中给予的不是劳动或现实经验的重复,而是现实中没有的、超越现实经验的自由本身及其体验。

后实践美学与新老实践美学的争论,在现代背景下实质上是一个人如何才能获得精神自由的问题。新老实践美学依然按照古典时代的人生理想,认为实践可以解决社会现实问题,从而就可以获得自由。后实践美学则从现代人生体验出发,认为社会现实问题的解决,并不意味着获得自由,因为自由是精神领域的问题,它只有超越现实领域才有可能;相反,它更突出了人的精神困扰,为什么活的问题更尖锐地提出来。于是,在社会实践终止的地方,审美就开始发挥作用。为什么活即生存意义问题不是一个现实问题,它不能在现实水平(即科学或意识形态)上得到解答,而只能诉诸超越性的体验和思考。审美体验本身就是自由的体验,也是对生存意义的领悟,它以其超越性引导人走向自由之境。

(原载《学术月刊》2002 年第 1 期)

从实践美学到美学实践

彭　锋

实践美学与后实践美学之争，无疑是20世纪末中国美学界的一个重要话题。怎样评价这一长达10年的争论？或者说，怎样走出这一争论？这是21世纪中国美学理论工作者不得不面临的问题。

一、实践美学的秘密和后实践美学的误读

实践美学是依据马克思实践观建立起来的一种美学体系，长期以来在中国美学界处于主流地位。但从20世纪90年代开始，这一美学体系招致了越来越多的怀疑和批评，从而有了所谓实践美学与后实践美学之争。①

实践美学的问题究竟出在哪里？杨春时列举了实践美学10个方面的缺陷，②同时相应地列举了他的“超越美学”的10个方面的优越性。③杨春时的批判模式是这样的：实践美学强调A，而忽略了B；超越美学虽然承认A，但更强调要超越A而认同B。这里的A和B基本上是对立的。比如，实践美学强调理性，而忽略了非理

---

① 杨春时将中国当代美学区分为三个阶段：“‘文革’前的‘前实践美学’阶段，新时期的‘实践美学’阶段，现在又进入了‘后实践美学’阶段。‘后实践美学’是中国美学超越‘实践美学’、走向世界、走向现代的阶段。”见杨春时：《生存与超越》，广西师范大学出版社，1998年，第152页。

②③ 见《生存与超越》，第153—158、163—164页。

性;超越美学虽然承认理性,但更强调超越理性而认同非理性。如此等等。然而,杨春时的这种批判并没有击中实践美学的要害,甚至是某种程度上的误读。因为实践美学在某种程度上并没有忽略B,甚至也强调B。因此,朱立元拒绝接受杨春时的指责,因为他在实践美学中实在发现了太多的B。①

如果说实践美学并没有忽略什么,那么后实践美学的指责就完全落空了;但后实践美学的指责又的确不是空穴来风,这里的问题究竟出在什么地方?

让我们以李泽厚的美学为例,来分析实践美学的"巧妙"之处。李泽厚美学的"巧妙"之处,在于他对美作了不同层次的区分:第一层含义是审美对象,第二层含义是审美性质(素质),第三层含义是美的本质、美的根源。李泽厚明确承认,在审美对象上同朱光潜没有分歧,承认"人的主观情感、意识与对象结合起来,达到主客观在'意识形态'即情感思想上的统一,才能产生美"。②尽管李泽厚没有明确承认在美的素质上同蔡仪没有分歧,但所谓审美素质其实讲的就是蔡仪所谓客观实在的美。这样一种层次划分使得李泽厚在美学论争中左右逢源,立于不败之地。李泽厚的这种美的层次区分被实践美学的鼓吹者所普遍接受并视为论争中的看家法宝。因此,当后实践美学攻击实践美学忽略了非理性、精神性、个体性等等的时候,实践美学完全可以在审美对象的层次上予以否认。

实践美学的真正问题,不是在它强调什么、忽略什么的问题,而是在它同时认可的那些互相矛盾的不同层次的美究竟怎样才能完善地统一起来的问题。

二、对非实践的现代性美学的共同坚持

尽管实践美学与后实践美学似乎互为水火,但它们对审美现象

① 见朱立元:《"实践美学"的历史地位与现实命运》,《学术月刊》1995年第5期。

② 李泽厚:《美学四讲》,生活·读书·新知三联书店,1989年,第54页。

的描述却基本一致,即都认为审美是一种自由的、超现实的精神活动。尽管实践美学主张从社会实践中去找美的根源,但在美的对象层次上,仍然同意朱光潜的主张,从而出现了本质与现象之间的不相对应的困难。后实践美学要做的工作是,试图运用当代西方的美学理论克服实践美学的困难,使美的本质与现象重新变得一致起来。可以这么说,从朱光潜、李泽厚到后实践美学,他们对美的现象的描述是基本一致的,他们都把西方现代性美学关于审美经验的描述不加怀疑地全盘接受下来。

什么是西方现代性美学?简要地说,所谓现代性美学,就是美学的自律,即将美学从其他知识体系和实践行为中严格地区分出来,使之成为一个独立自主的学科体系。这是西方学术现代性进程中的必然结果。①

根据韦伯和其他人的理解,现代性是与西方合理化、世俗化和区分的整个工程连在一起,不再对传统宗教世界观着迷,将它的统一整体切割为三个分离和自主的世俗文化圈:科学、艺术和道德,每个文化圈由它自己理论的、审美的或道德—实践的判断的内在逻辑所管制。②美学就是在这种现代性过程中独立出来的,并成为西方现代性中的一个重要标志。

美学为了获得它的独立自主性,势必要将它的研究对象从其他事物中区分出来,于是,审美、艺术等美学所讨论的中心对象,就被视为与普通的日常生活全然不同的东西,成为一种完全不依赖社会生活的、具有独立自主的价值和意义的东西;“无利害性”和“为艺术而艺术”成了这种现代性美学的两个核心观念。

---

① 沃尔特斯托夫(Nicholas Wolterstorff)将这种美学称之为浪漫美学,认为它是现代西方资产阶级高级艺术制度的意识形态,见 N. Wolterstorff, *Philosophy of Art after Analysis and Romanticism*, *Analytic Aesthetics*, R. Shusterman ed. Oxford: Blackwell, 1987, pp.32—58。

② 对美学现代性的描述和批判,参见 R. Shusterman: *Pragmatist Aesthetics: Living Beauty, Rethinking Art*, Second Edition, New York: Rowman and Littlefield Publishers, 2000, pp.211—212。

在中国现代美学中,朱光潜的早期美学,就是这种现代性美学的典型代表。朱光潜借用克罗齐的直觉、康德的无利害观赏、布洛的心理距离和立普斯(T. Lipps)的移情作用等概念,构成了一个典型的现代性美学体系。①这个以审美的无利害关系和为艺术而艺术观念为核心的美学,长期被视为中国现代美学的正统,朱光潜因此也被视为中国现代美学的代表人物。

实践美学并不反对朱光潜对审美经验的描述,它所反对的是朱光潜关于美的本质的说明。朱光潜的美在主客观统一的学说,能够很好地解释现代性美学视野中的审美经验现象,因为它本身就是由这种审美经验现象总结出来的。实践美学要从一种跟这种审美经验现象相矛盾的哲学立场出发来解释它,其困难是可想而知的。后实践美学对实践美学的批判,只有在美的本质的层次上才有效。因为后实践美学、实践美学和朱光潜美学在对审美经验现象的描述上是基本一致的。从这种意义上说,后实践美学充其量只是在做回到朱光潜早期美学的工作。

现在的问题是,西方现代性美学对审美经验现象的描述是否真的毋容置疑?

三、当代西方美学的"实践转向"

最具讽刺意味的是,几乎在与中国美学界大张旗鼓地运用当代西方美学理论批判实践美学的同时,西方美学却正在发生美学的"实践转向"。当代一些西方美学家认为,现代性美学关于审美经验现象的描述,并不是不可动摇的真理。只要对美学的历史稍有知识就会知道,现代性美学有关审美对象和审美经验的看法,在漫长的人类历史中只占有很短的一个阶段。在现代性之前和之后,审美更多地是与实践密不可分的。这一点在已经对现代性进行全

① 参见朱光潜:《文艺心理学》一、二、三章,安徽教育出版社,1996 年,第 9—54 页。

面反思的西方思想家看来,是非常清楚的。

西方美学的"实践转向"发生在分析美学的最后阶段。根据分析哲学进入美学的路径,我们可以将它分为三个阶段:对艺术批评的语言分析阶段,对艺术作品的语言分析阶段和对艺术定义的分析阶段。①正是在分析美学的第三阶段,即对艺术定义的分析的最后时期,出现了所谓的"实践转向"。

究竟什么是艺术?这是分析美学的核心问题,同时也是当代西方艺术实践中的一个现实问题。两个看起来完全同样的东西,一个可以是艺术作品,另一个则不是。这就给艺术定义提出了前所未有的挑战。为了将两个同样的东西中的一个界定为艺术作品,将另一个排除为非艺术作品,当代西方美学家可谓费尽心机。简要地描述当代西方美学家在解决艺术定义难题上的发展轨迹,可以让我们清楚地看到他们是怎样一步一步走向实践的。

著名美学家丹图所处理的一个典型例子是沃霍尔的布瑞勒盒子。沃霍尔的布瑞勒盒子是艺术作品,而另一个与它完全相同的盒子则不是。对这种现象究竟如何解释?为此丹图提出了他著名的艺术界理论。丹图认为,决定一个东西究竟是不是艺术作品,不能只看作品本身,而要看关于作品的解释,因此解释是艺术作品存在的至关紧要的因素。而解释本身总是根据"艺术理论的氛围、艺术史的知识"作出的,②这种环绕着作品的艺术史、艺术理论和批评的氛围,就是丹图所说的"艺术界"③。尽管丹图这种"艺术界"理论已经十分宽泛,几乎可以将所有的东西解释为艺术作品,但这种带有浓郁的艺术学院气息的定义仍然令人不满。因此,迪基在丹图

① 有关分析哲学进入美学的路径的分析,参见 N. Wolterstorff, *Philosophy of Art after Analysis and Romanticism*, *Analytic Aesthetics*。拙文《从分析哲学到实用主义——当代西方美学的一个新方向》(载《国外社会科学》2001 年第 4 期),对此也有分析。

② Arthur Danto: *The Transfiguration of the Commonplace*: *A Philosophy of Art*, Cambridge: Harvard University Press, 1981, p.135.

③ Arthur Danto: *The Artworld*, Journal of Philosophy, 61(1964), p.580.

的基础上作了进一步的推进，将他的“艺术界”从一个由艺术理论、艺术史知识等组成的抽象世界，改造为一种具体的社会体制，从而提出了他著名的“艺术制度理论”。由此，迪基给艺术下了一个这样的定义：“一个艺术作品在它的分类意义上是(1)一个人造物品；(2)某人或某些人代表某个社会制度(艺术界)的行为所已经授予它欣赏候选资格的一组特征。”①从迪基这个定义中可以看到，一个艺术作品究竟是不是艺术作品，关键不在艺术作品本身，而在一种外在于艺术的社会体制。由此，迪基将定义艺术的特权从丹图那种充满学院气息的鉴赏权威那里解放出来，让更切近社会实践的制度来扮演定义艺术的主要角色。

最近，当代西方美学家更喜欢通过将艺术定义为一种社会和文化的实践，其中以沃尔特斯托夫和卡若尔最为著名。在他们看来，将艺术定义为实践比将艺术定义为艺术作品具有更大的覆盖面，因为它不仅覆盖了作为实践产品的艺术作品，而且覆盖了作为实践主体的作者和欣赏者，覆盖了艺术创作与欣赏的活动形式和特殊情景②。

在卡若尔看来，将艺术定义为实践，不仅具有覆盖面大的优势，而且具有不容易被公式化的优势。根据卡若尔的理解，实践是一个相互连接的活动复合体，它要求经过训练得到的技巧和知识，旨在实现某些内在于实践的目的。正因为实践受内在目的指引，因此它们受自己结果的内在原因和标准支配，而不容易被公式化。艺术作为一个在历史中发展和变化的实践的“实践复合体”，它不应该由一个固定不变的本质来定义，而应该根据一个复杂的连贯的历史叙述来定义，这种叙述既解释又帮助维持它的一致和完整。艺术的定义叙述的精确形式必须是开放的和可修订的，不仅因为

---

① George Dickie: *Art and the Aesthetic*: *An Institutional Analysis*, Ithaca, N. Y.: Cornell University Press, 1974, p.34.

② 参见 Noel Carroll: *Art*, *Practice and Narrative*, Monist 71(1988), pp.140—156; N. Wolterstorff, *Philosophy of Art after Analysis and Romanticism*, *Analytic Aesthetics*.

要考虑到未来的作品,而且因为叙述工作自身就是一个开放的和竞争的实践,即艺术的历史和批评的实践。但是,并不能将叙述完成和因而定义终结的不可能性当作一个有害的缺点。因为叙述定义的开放性,对把捉艺术的开放性是必要的。因此,按照卡若尔的这种实践理论,至少在原则上我们总能给出一个到目前为止的完满的叙述,它可以将"艺术实践"定义为"我们知道的那种"。至于将来发生的变化和叙述,可以因未来的展现而完成。①

沃尔特斯托夫则反对西方哲学中根深蒂固的康德—黑格尔主义,而采取一种现实主义立场,主张有一种外在于我们的实在存在。不过这种实在不只是实际存在的东西,而且包括可能性和不可能性。艺术作品的世界建立在那种实在的基础上,是那种实在世界的投射。"世界投射不是一种世界制作。然而,它也不是像旧观念所理解的那样,是一种模仿。如果我们反对艺术中的浪漫主义,从它的社会实践方面来考虑艺术的话,如果我们因而发展起来的艺术哲学拒斥康德—黑格尔式的逻辑论证转而采取一种现实主义的倾向的话,那么我们可以将艺术的社会实践视为不仅涉及事实而且涉及可能性和不可能性,不仅涉及个别的事物而且涉及性质、作用和类型。小说家既不制作一个世界,也不模仿一个世界,而是从广大的可能和不可能的领域中挑选出它的一个片段——我们以为的一个'世界'。作为一种现实主义的艺术哲学的众多好处之一是,它能够给我们提供一种令人信服的和强有力的方式,去解释什么是艺术要投射的世界。"②

无论是卡若尔将艺术定义为文化实践还是沃尔特斯托夫将艺术定义为社会实践,他们的目的是一样的,即都试图将审美、艺术从浪漫主义和现代性的狭隘视野中解放出来,使之重新融入广泛的社会生活之中。与实践美学羞羞答答地将实践视为审美和艺术的根源不

① Noel Carroll:*Art*, *Practice and Narrative*, p.152.

② N. Wolterstorff, *Philosophy of Art after Analysis and Romanticism*, *Analytic Aesthetics*.

同,当代西方美学中的这种"实践转向"直接将艺术和审美等同于实践。由此,实践美学中现象和本质或根源之间的矛盾就被消解了。不过这种消解不是将实践美学中实践本体换成所谓的解释本体,而是将实践美学中的非实践的审美现象换成实践的审美现象。

四、现实的全面审美化进程

在当代西方美学的视域中,审美与实践之间的密切关系,不仅体现在审美的实践化上,而且还体现在实践的审美化上。当今活跃的德国美学家沃尔什(Wolfgang Welsch)指出,目前全球正在进行一种全面的审美化进程。从表面的装饰、享乐主义的文化系统、运用美学手段的经济策略,到深层的以新材料技术改变的物质结构、通过大众传媒的虚拟化的现实以及更深层的科学和认识论的审美化,整个社会生活从外到里、从软件到硬件,被全面审美化了。美学或者审美策略,已经渗透到了社会生活的各个层面。美学不再是极少数知识分子的研究领域,而是普通大众所普遍采取的一种生活策略。①

基于这样的认识,沃尔什进一步提出了所谓的"美学转向"、"第一美学"、"美学作为第一哲学"等观念。他说:"我们的'第一哲学'在相当的程度上已经变成了审美的。'第一哲学'——这是对这个学科中对现实作最一般描述的部分的经典称谓。在古代曾经是由存在得出的,在现代起源于意识,在现代性阶段则由来于语言;而今天向审美的范型转变似乎是非常临近了。我们越往后追问,越基础地分析,我们就越遭遇到审美的因素和审美性质的结构。在论证的基础和对现实的基本描述中,我们一再发现审美选择。在今天的语境中——在无基础的语境中——'基础'大体上显现出一种审美的面貌。"②

---

① 有关全面的审美化进程的描述,参见 Wolfgang Welsch:*Undoing Aesthetics*, Translated by Andrew Inkpin, London:SAGE Pubications, 1997, pp.2—6、38—47。

② Wolfgang Welsch:*Undoing Aesthetics*, p.48.

显然,沃尔什是通过对现实的重新解释,发现了审美与实践之间的新的关系,从而将美学从对美的艺术的狭隘关注中解放出来,使之成为一种更一般的理解现实的方法。沃尔什说:"美学已经失去作为一门仅仅关于艺术的学科的特征,而成为一种更宽泛更一般的理解现实的方法。这对今天的美学思想具有一般的意义,并导致了美学学科结构的改变,它使美学变成了超越传统美学,包含在日常生活、科学、政治、艺术和伦理等之中的全部感性认识的学科。……美学不得不将自己的范围从艺术问题扩展到日常生活、认识态度、媒介文化和审美—反审美并存的经验。无论对传统美学所研究的问题,还是对当代美学研究的新范围来说,这些都是今天最紧迫的研究领域。更有意思的是,这种将美学开放到超越艺术之外的做法,对每一个有关艺术的适当分析来说,也证明是富有成效的。"①

如果沃尔什的观点正确的话,这样一种美学就不仅具有理论的意义,更具有实践的意义。

五、从知识美学到身体美学

当代美国美学家舒斯特曼尤其强调美学的实践特征。美学的实践意义至少可以体现为这样两个方面:作为一种艺术哲学,它不仅是对已经存在的艺术现象的总结,而且是对未来发生的艺术现象的理论规范;作为一种感性学,它不仅要求有关方面的理论知识,而且要求有关感性的训练,尤其是身体方面的训练,从而有所谓的"身体美学"。

舒斯特曼尤其强调身体训练应该是美学中的一项重要内容。他在对鲍姆嘉通美学的重新解读中,发现了其中从逻辑上来讲必然具有但事实上遭到忽视的身体训练的主题②,主张在鲍姆嘉通美

① Wolfgang Welsch:*Undoing Aesthetics*, p.ix.

② 对鲍姆嘉通在其美学中忽视身体训练的原因的探讨,参见 R. Shusterman:*Pragmatist Aesthetics*:*Living Beauty*, *Rethinking Art*, Second Edition, p.266.

学的基础上从下面三个方面对身体美学进行新的重构：(1)复兴鲍姆嘉通将美学当作一个超出美和美的艺术问题之上，既包含理论也包含实践练习的改善生命的认知学科的观念；(2)终结鲍姆嘉通灾难性地带进美学中的对身体的否定；(3)提议一个扩大的、身体中心的领域，即身体美学，它能对许多至关重要的哲学关怀作出重要的贡献，因而使哲学能够更成功地恢复它最初作为一种生活艺术的角色①。殊斯特曼不仅这样主张，而且身体力行，他在担任费城天普大学哲学系主任的同时，还在纽约的一家身体训练中心任指导。

从发现美学的实践维度出发，殊斯特曼进一步发现了哲学的实践维度。根据殊斯特曼对哲学史的观察，我们至少可以看到两种似乎冲突的哲学实践方式：一种是将哲学视为纯粹的学院式的知识追求，一种是将哲学视为一种实践智慧、一种生活艺术。由此，殊斯特曼不仅将美学本身变成一种实践科目，而且将传统上典型地属于理论学科的哲学也变成了一种美学实践。根据殊斯特曼的研究，这种作为生活艺术的哲学实践的传统，在现代性的哲学专业化之前是非常强大的，而且依然回响在克尔凯郭尔和尼采等现代思想家那里。在这个传统中，像西塞罗、爱比克泰德、塞涅卡和蒙台涅之类的哲学家，他们将纯粹的理论家贬低为只不过是“文法家”和“数学家”，只是更多地关心和注意他们的演讲而不是他们的生活；教我们怎样论辩，而不是怎样生活。而在哲学作为一种生活艺术的传统中，哲学获得了它在其他艺术之上的权威和价值，因为它是生活自身的艺术的主人。因此，这种所有艺术中最有价值的、最令人满意的生活艺术，更应该在一个人的具体生活品质中检验，而不是在一个人的理论著述中检验。正如塞涅卡所说，哲学将幸福作为她的目的，而不是将书本知识作为其目的。对后者的热情追求，不仅无益，而且有害。第欧根尼·拉尔修报告说，某些杰出

① R. Shusterman：*Pragmatist Aesthetics*：*Living Beauty*，*Rethinking Art*，pp.266—267.

的哲学家,根本什么都不写,他们像苏格拉底那样,主要通过他们的榜样生活的品行,而不是以系统阐述的学说,来传达他们的教导。蒙台涅的说法似乎更为明确:写作我们的品性,而不是写作书本,是我们的义务……我们伟大而光荣的杰作,是适当地生活。①

强调审美的实践特性而不是解释或认识特性,是当代西方美学中的一股潮流。当我们在依据某种现代西方美学理论来改造实践美学的时候,是否也应该关注西方美学这种最新的变化?当然,这里并不是以追求西方最新的思想为最高目标和最大光荣,也不是在有意无意地抹杀当代西方美学中的实践与马克思哲学中的实践之间的区别,而是想提醒那些仍然沉湎于与实践毫无关系的所谓高雅的理论争论中的美学家们,摆脱美学困境的最重要的方式,不是争论实践美学,而是进行美学实践。

(原载《学术月刊》2002 年第 4 期)

① 上述观点引自 R. Shusterman: *Practicing Philosophy*: *Pragmatism and the Philosophy Life*, pp.2—3。

从实践美学的主体性到后实践美学的主体间性

杨春时

在实践美学与后实践美学的论争中，有一个重要的分歧尚没有涉及，这就是实践美学的主体性与后实践美学的主体间性。这是一个非常本质的分歧，关系到美学的现代性问题，应当深入探讨。

一

中国的实践美学的核心是主体性，这一点它的代表人物李泽厚先生并不讳言，并且以此区别蔡仪的客体性美学。李先生认为，实践美学的基本思想是，美是人化自然的产物；而其他实践美学家则用“人的本质力量对象化”来定义美。总之，实践美学认为美是人类实践创造的，是人类征服自然的产物，体现了人的本质力量。这就是说，实践美学是主体性的美学。实践美学的哲学基础是实践哲学，李泽厚先生称之为“主体性实践哲学”，这就清楚地表明了实践美学的主体性。实践哲学建立在实践本体论的基础上，它认为存在是社会存在，而社会存在是人的物质实践活动，即在一定的社会关系中进行的人类改造自然的活动。实践美学思想渊源于青年马克思的《1844 年经济学—哲学手稿》。而李泽厚的主体性哲学除了来源于青年马克思之外，还渊源于康德的主体性先验哲学。他把康德的先验主体性与马克思的实践（后验）主体性结合起来，从而建立了自己的“积淀说”。这实际上是以马克思的实践论来论证康德的先验论,即李泽厚的所谓“后验变先验”。无论是青年马克思的实践论,还是康德的先验论,都属于主体性哲学。因此,实践美学的价值与缺陷都集中在主体性上面,对主体性理论的分析就成为评价实践美学的关键所在。

主体性是启蒙时代的哲学思潮,它以哲学思辨的形式肯定了人的价值。康德以先验主体性论证了“人为自然立法”;黑格尔以倒置的主体性——绝对精神的异化和复归论证了人的自由;青年马克思以理想化的实践论证了人对世界的主体地位。总之,主体性是启蒙哲学的基本理念。主体性哲学具有特定的学术价值和历史意义。它否定了传统实体本体论,肯定了存在的属人本质,从而推动了哲学的发展,并为启蒙提供了理论根据。中国的主体性哲学同样适应了新时期思想启蒙的需要,因此青年马克思的《手稿》成为圣经,而实践唯物主义哲学取代传统的辩证唯物主义哲学成为主流。但是,尽管主体性哲学(实践的和非实践的)具有某种历史的合理性,但又同样具有历史的局限性。在现代社会,主体性的历史实践产生了严重的负面作用:人对自然的征服导致生存环境濒临毁灭,个体的膨胀导致生存价值的丧失;另一方面,主体性哲学的理论缺陷突显出来,导致唯我论,而且不能解决认识何以可能以及自由何以可能的问题,因此出现了被弗来德·R.多尔迈称为“主体性的黄昏”的现象,即主体性哲学被扬弃,现代西方哲学开始了向主体间性的转化。胡塞尔提出主体间性概念,企图以此弥补先验主体性的唯我论倾向;海德格尔把主体间性提升到本体论的高度,论证了此在的主体间性(共在);伽达默尔建立了以问答逻辑和视界融合为核心的哲学解释学;哈贝马斯提出了交往理性的概念,总之,主体间性取代了主体性。

美学也经历了由主体性向主体间性转化的过程。启蒙时期,建立了主体性美学。康德确认了审美的自由的情感属性,审美成为由现象把握到本体把握的中介;席勒认为审美是摆脱了自然力量和社会力量压迫的自由的游戏活动,是由感性到理性的过渡;黑格尔把美定义为"理念的感性显现"，即人类理性精神的感性形式；青年马克思的实践美学也强调了美是人的本质的对象化，他们都认为审美是人的自由本质的表现。主体性美学相对于基于实体本体论的客体性美学具有理论和历史的合理性，它肯定了审美是人的创造而不是物的属性；它高扬了人的价值，推动了思想启蒙运动。但主体性美学也同样存在着理论的缺陷和历史的局限。它以主体构造和征服客体，认为自由的根据在主体自身。这种美学观不能最终解决主客二元对立的问题，从而也不能解决审美的自由和超越本质问题。它的肯定的主体性原则也因现代社会的异化而丧失了合理性。因此，现代西方美学转向了主体间性，审美不再是主体对客体的胜利，而成为自我主体与世界主体之间的和谐共处、交往体验，特别是解释学的美学强调了接受者与文本之间的主体间性关系；巴赫金提出了主体与文本之间的对话理论。

中国 20 世纪 80 年代形成的实践哲学和实践美学也适应了新时期思想启蒙的需要，它高扬主体性，批判传统体制对人的压制和"左"的思想对人的摧残。因此，实践哲学和实践美学具有巨大的历史合理性，发挥了促进思想解放的社会作用。但是，在 20 世纪 90 年代，由于市场经济的发展，美学面临着为现代人寻找精神家园的新课题。这就意味着，对现代人而言，自由不仅是解除客体对主体的压迫，不仅是主体性的胜利，而且还是寻求生存意义的问题。而传统主体性理论无法解决这个问题，必然被扬弃。实践美学也出现了理论上的问题，即实践范畴不能解决审美的自由和超越本质问题。在这种历史条件下，实践美学遇到了新的对手——后实践美学，而后实践美学则开始了主体间性的转向。

二

实践美学的要害是主体性。主体性哲学建立在主客二元对立的本体论基础上，这种本体论把存在分割为主体与客体两部分。古代哲学以客体作为主体的根据，近代哲学以主体作为客体的根据,它们都不能避免二元论的弊端。实践哲学力图克服主体与客体间的对立,把二者统一于实践活动之中。但实践作为物质生产活动,本身就是建立在主体与客体分离的前提之下,而且实践活动也不可能最终消除主客对立,因为世界作为主体征服的对象不会消失,它仍然与人对峙。建立在实践哲学基础上的实践美学,必然产生一个根本性的问题,即审美如何克服主体与客体间的对立。实践美学作了这样的逻辑推理:实践是主体征服客体,人改造、征服自然,使自然人化,打上人的本质力量的烙印,自然就会成为人的"无机的身体",从而克服了主客对立。这种推理的谬误在于,以为实践征服客体就可以解决主体与客体的对立,而实际上实践没有解决主客对立的二元论问题,主体与客体的对立仍然存在。事实上不是实践解决了主客对立,毋宁说正因为实践才出现了主体与客体的对立,因为在人类社会实践产生之前的原始社会,主客体的对立还没有发生。实践美学本来认为可以创造一个实践一元论,而又没有避免主客二分而沦为二元论,但结果恰恰相反,这是其始料不及的。哲学的出发点——存在应当是一元的,必须克服主客对立,才能完成现代美学的建构。

实践美学把审美对象当作主体的对象化,认为通过实践或者"人化自然"使客体(自然)打上主体的印记,使世界主体化,人就可以在对象身上"直观自身",这就是对美的欣赏。这种推理是行不通的。实践美学否定了把美当作客体的自然属性的观点,这是其历史的贡献。但实践对客体(自然)的改造,虽然可以在一定历史水平上使自然人化、给客体打主体的印记,但在实践关系中,客体仍然是客体,而没有成为主体。这样,实践美学就又遇到了客体性美学的困境:人与异己的客体无法交往,也不可能发生审美关系。审美对象或美压根儿就不是客体,或者说客体压根儿就不是审美对象或美。只有把世界不是当作与人分离的客体,而是当作与自我一样的主体,与之交往,才可能使之成为审美对象或美。也就是说,只有在主体间性关系中,世界才能成为美。这种情况只有在超越现实的精神创造中才可能发生,而在现实的实践活动中是不可能发生的。同时，客体作为实践对象，虽然打上了人的印记，但它仅仅是人的现实的、物质的力量，体现着人的现实的、物质的需求，而不是人的自由的、精神的需求和力量。因此，对实践客体的观照，仍然是人与物的关系，是现实的观照，而不可能是自由的审美。在现实与审美之间存在着本质的界限，这个界限不是靠物质实践，而是靠精神的超越才能突破。实践美学抹杀了这种界限，这是一个原则的错误。最后，实践美学认为审美是在对象上面的自我观照，这就等于说审美的根据在主体。这是经过改造的自我论，是黑格尔的理念自我认识论的翻版。它的谬误在于，自我欣赏并不等于审美意识，哪怕是经过实践中介的自我欣赏也一样。如果审美不是对世界作为权利主体的一种承认，而仅仅把世界当作自我的符号，那就没有自由的感受，也不会有审美意识。中国庄子的美学和禅宗美学都承认自然、世界是权利主体，而不是孤立的客体，也不是自我的符号，在自我主体与自然、世界权利主体的交往、体验中才产生了美感。中国儒家的美学也把他人作为权利主体，通过伦理性的交往而达到一种“中和之美”。中国古典美学的主体间性是对西方古代美学的客体性和西方近代美学的主体性的片面性的纠正。当然，中国美学的主体间性是古典的主体间性，它缺乏现代性，因此需要现代性的改造。

实践美学认为通过实践可以使人变成审美的主体，即李泽厚所说的“内在自然的人化”。李泽厚认为，实践一方面使外在的自然人化，同时又使内在的自然人化；前者创造了美，后者创造了美感；而内在自然的人化包括了感官的人化和情欲的人化两方面，这也就是人类实践的历史积淀的成果。问题仍然在于，外在自然的人化并没有创造出美的世界，内在自然的人化也不可能创造出审美意识。因为所谓自然人化实际上是一个异化的历史过程，主体在这个过程中虽然获得了某种主体性，但并没有成为自由的人，他还受到物质需求的支配。无论是感官还是情欲的人化，都仅仅是现实的感觉和情欲，而现实的感觉和情欲是异化的意识，不是自由的意识和审美意识。李泽厚的主体论是古典式的理性主体观，他把实践主体或“人化”的主体理想化,认为这个主体本身就是自由的。而事实上实践主体是异化的人,而不是自由的人。他的“感官的人化”也不会导致自由的审美意识。他也忘记了现实的人不仅有意识,还有受到压抑的无意识,而无意识包藏着非理性的欲望。这也就是说,实践创造的主体不是自由的主体,而仅仅是现实的、异化的主体;主体远没有那么单纯、理想,不可能自然成为审美主体。当然,这个主体也具备了成为审美主体的可能性,因为他可以通过超越性的努力,成为自由的主体(审美个性),而这种超越性的努力就是对现实世界和现实自我的否定,也是对实践的超越。李泽厚混淆了实践创造的现实的感觉和情欲与通过超越性努力创造的审美意识(美感),这是一个根本性的错误。

在主客对立的前提下,主体性不可能是自由的根据。唯心主义的自我膨胀固然不能达到自由,而实践导致的主体性的胜利也不能获致自由。不错,实践高扬了主体性,使人从对自然的屈服中解放出来,但是,这并不意味着自由,因为仍然存在着主体与客体的对立,而只要世界仍然作为客体与人对峙,就没有自由可言。况且,实践对主体性的肯定是以人的异化形式出现的,人并不是自由的主体。因此,实践美学企图由实践肯定主体性,进而推导出审美的自由本质,这存在着难以逾越的障碍。李泽厚认为:“通过漫长历史的社会实践,自然人化了,人的目的对象化了。自然为人类所控制、征服和利用,成为顺从人的自然,成为人的‘非有机的躯体’,人成为掌握控制自然的主人。自然与人、真与善、规律与目的、必然与自由,在这里才具有真正的矛盾统一。真与善、合规律性与合目的性在这里才有了真正的渗透、交融与一致。理性才能积淀在感性中,内容才能积淀在形式中,自然的形式才能成为自由的形式,这也就是美。”①李先生对自由的看法完全是古典的。他认为自由是主体对客体的征服:“从主体性实践哲学看,自由是对必然的

① 李泽厚:《批判哲学的批判》,人民出版社,1979年,第403页。

支配，使人具有普遍形式（规律）的力量。”①而现代哲学认为，自由不是外在的关系，而是精神的超越；不是主体对客体的认识或征服，而是自我主体与世界主体间的和谐和理解。实践虽然可以在一定历史水平上改造自然，但自然不可能完全“顺从人”，更不能成为人的“非有机的躯体”，因此也不可能达到自由。现代社会对自然的征服，加剧了人与自然的对立，也带来了技术异化，证明了这一点。

在主客对立的现实条件下，主体性的膨胀不能达到自由；只有在消除主客对立的精神活动中，充分实现主体间性，即把世界当作另一个主体，与之和谐相处，才能达到自由。自由只存在于超越现实的领域，因此马克思一方面重视历史实践对人类进步的推动作用，同时又清醒地认识到：“事实上，自由王国只是在必需和外在目的的规定要做的劳动终止的地方才开始；因为按照事物的本性来说，它存在于物质生产领域的彼岸。”②而李泽厚却乐观地认为实践劳动本身就可以实现自由。他是实践万能论，相信实践可以达到“真与善、合规律性与合目的性”的一致，因此实践与审美是一致的。而事实上实践远不是那么理想，它迄今为止还是异化的活动；它虽然改善了人的物质生活，但并没有带来自由。实践只创造了自由的可能性，而不是自由本身。自由由可能性到实现是超越性的精神创造的结果，而不是实践的结果。实践美学把实践与审美等同，以实践解释审美的发生和审美的性质，不仅把实践理想化，而且也抹杀了审美的超现实、超实践的本性，这是其根本性的错误。

为了从社会物质的实践过渡到个体精神的审美，李泽厚创立了“积淀说”，即认为人的心理结构包括审美意识是人类历史实践的积淀。关于“积淀说”，许多学者和我本人多有批评，此不重复。但必须指出的是，实践没有解决自由的问题，它的“积淀”（假定实践

① 李泽厚：《李泽厚十年集》1，安徽文艺出版社，1994年，第467页。

② 《马克思恩格斯全集》23，人民出版社，1972年，第926—927页。

可以积淀为心理结构)也不会成为自由的意识。因为按照实践哲学,社会存在决定社会意识,异化的社会存在不可能产生自由的意识。如果说审美是自由的意识,也不是因为它是实践的积淀,而是因为它超越了实践,克服了实践的片面主体性。

实践美学无法以主体性论证审美的真理性即审美是对世界的本质把握问题。人对世界的认识何以可能,一直是西方哲学的基本问题之一。近代哲学在主体性中寻找认识的根据,因此有康德的先验范畴说,有黑格尔的理念自我认识说等。但是,由于主体与客体的对立,主体就不可能认识客体。传统哲学认识论不能解决主体如何认识客体的问题,因为正像康德说的,客体作为自在之物是在人的认识能力之外的;或者像胡塞尔说的,自然的思维不能切中“超越之物”。于是,康德把审美作为由现象认识到本体把握的中介,而伽达默尔主张确立艺术的真理。审美不仅是情感活动,也是对世界的根本性的体验,是对存在意义的理解。这一点,在再现艺术中表现得最为充分。对审美的这个重要的性质,实践美学却遗忘了,这应该是重大的缺陷。实践美学有用实践论代替认识论的倾向,它企图以实践对意识的决定论解决审美对世界的认识问题。因此,实践美学在认识论上是比较薄弱的。李泽厚为了克服实践美学的这种缺陷而作了努力,他把马克思的实践论与康德的先验论结合起来,即认为人对世界的认识的可能性在于先验主体,而这个先验主体是实践创造的,是实践的历史积淀。他由此论证了“后验变先验”,实际上走的是康德的先验主体性的路子。暂且不管“积淀说”的漏洞,假设可以“后验变先验”,也会遇到康德的问题,即先验范畴只能应用于现象领域,认识不能达到本体领域,审美对世界的本质把握仍然无从论证。但李泽厚并没有深入解决这个问题,事实上他也无法解决这个问题。他的实践美学是“新感性”论和“情感本体论”,基本上回避了审美的真理性问题。虽然李泽厚也说“以美启真”,但事实上他主要是从情感领域来谈论审美,而基本上没有从认识论角度谈论审美,这是他受康德影响和实践美学局限的结果。

三

后实践美学作为对实践美学的扬弃和超越,把主体性改造为主体间性。主体间性不仅是社会学的概念,也是一个哲学概念。作为社会学的概念,主体间性指社会关系,而不包括人对自然的关系。现实的社会关系往往会导向异化的关系,因此在这个意义上,主体间性并不是真正人的关系,实际上是一种变相的主体与客体的关系,正如马克思所说的,资本主义的社会关系是商品关系的表现。哈贝马斯的交往理性是对这种社会学的主体间性的理想化设计,它在现实中不可能实现。哲学的主体间性是本体论的规定,它认为存在不是客体的存在,也不是主体的孤立存在,而是主体间的存在,不仅包括人与人的关系,而且包括人与自然的关系。哲学的主体间性是人与世界关系的根本规定,它认为人与世界的关系不是人与物的关系,不是主体与客体的关系,而是主体与主体的关系。只有把世界当作另一个自我,与之交往、对话,才能体验和理解世界,获得存在的意义。真正的主体间性在现实生活中并不存在,它只存在于超越的领域。审美作为超越的生存方式和体验方式,真正实现了主体间性。用主体性不能解释审美的本质,只有用主体间性才能解释审美的本质。这就是说,不能从主体性的实践论出发,而必须从主体间性的存在论出发,去论证审美的自由性和真理性。

后实践美学认为,审美是自由的生存方式,而这是由审美的充分主体间性所决定的。在现实生存中,人与世界的关系是主体与客体的关系;人与自然的关系是对抗的关系;人与人的关系也变成了主客关系,或者说是不充分的主体间性的关系。在这种现实关系中,主体不可能是自由的。在审美活动中,自我进入另一种生存状态,人与世界的关系真正成为主体间的关系。人与自然的关系变成了我与另一个我的关系,我把自然当成有生命的、有情感的主体,我与之交往、对话、和谐相处,双方都获得了升华,我成为自由的个性,自然成为自由的对象。因此,我才能为自然所感动,在对自然的体验中获得升华。同样,人与人的关系也不再是互相隔膜的主体与客体的关系或不充分的主体间的关系,而成为真正的主体间的关系。这在文学艺术中体现得最为显著:我把作品中塑造的人物形象当成自我的化身,与之同呼吸、共命运,他(她)就是我,我就是他(她),人与人互相理解、亲密无间。只有在文学艺术中,人与人才可能这样亲近,这样和谐。在这种自由的关系中,我与艺术形象都获得了升华,克服了现实关系的异化,成为真正的主体。总之,由于在审美活动中主体间性的充分实现,我就进入了自由的存在,审美成为自由的生存方式。

后实践美学认为,审美是超越的体验方式,正是这种超越的体验才使审美成为对存在意义的把握。这同样是由审美的充分主体间性决定的。在现实世界,我与世界的关系是主体与客体的关系,在这种关系中,我不可能真正认识世界。我只有克服世界的外在性,才能真正把握世界。审美活动使我与世界的关系发生了根本的变化,世界不再是异己的客体,而成为与我契合的主体。无论是自然还是其他人,都成为我的交往、对话的主体。主体与主体之间才有可能真正互相理解,诉诸体验和理解正是人文科学特有的方法论。从狄尔泰创立的精神科学方法论到胡塞尔现象学再到伽达默尔的解释学,都注重对精神现象的体验、理解,以区别自然科学对物的认识。审美对世界的体验、理解是最充分的,因为它实现了真正的主体间性。在审美活动中,我体验、理解着世界(自然和人),同时也是自我体验和理解,世界的外在性、异己性消失了,为我所完全把握。比如鲁迅的《阿Q正传》中的阿Q,如果在现实中,我不可能理解他,他只能是我讨厌的陌生的对象;但在文学中,我与他交往、对话,我对他倾注了满腔的同情,我把他当作自我来体验,阿Q的命运就是我的命运,阿Q的灵魂就是我的灵魂,于是我完全理解了阿Q,也理解了自我,进而理解了中国的"国民性"。由此,审美就不只是一种情感活动,它也是一种对存在的体验和对生存意义的理解,是获得真理的一种方式。这种方式超越了现实认识，超越了经验（现象）的领域，从而达到了本体的把握。

由实践美学的主体性到后实践美学的主体间性的转化，体现了中国美学获得现代性的过程。美学作为哲学的分支，具有反思、批判、超越现实的功能，因此，现代美学也应当对世俗现代性即主体性有所反思、批判、超越。而这就意味着美学要获得现代性，成为现代美学，必须展开对主体性的批判。实践美学对主体性的强调，实际上是对世俗现代性的认同，而没有对世俗现代性进行批判。这是由实践美学发生的历史环境——新时期的启蒙运动决定的。这表明实践美学还不具有现代性，还不是现代美学。从 20 世纪 90 年代开始形成的后实践美学，对实践美学的主体性展开了批判，走上了建立主体间性美学的道路，这是中国美学现代性的道路。后实践美学继承了中国古典美学的主体间性传统，并与现代西方美学接轨，从而将在主体间性的基础上重建现代中国美学。

（原载《厦门大学学报》2002 年第 5 期）

什么是新实践美学

——兼与杨春时先生商讨

邓晓芒

拜读了杨春时先生发表在《学术月刊》今年第一期上的《新实践美学不能走出实践美学的困境——答易中天先生》一文，感到双方真正的对话并没有形成起来，主要是文中所涉及的不少概念讨论双方的理解并不一致。这也是当前国内大多数学术争论的通病，它使得加入争论的人常常是自说自话，答非所问，众声喧哗，却不会产生任何促进学术的成果。在此，我作为"新实践美学"的一员，试图通过对一些基本概念的澄清，来表明这种美学究竟在哪些方面不同于以往的美学(包括旧实践美学)，它的体系结构的主要特点是什么，并以此就教于杨先生及学界同仁。

一、何谓"实践"

综观杨先生的文章，他对新实践美学的一个最重要的误解就在对"实践"概念的理解上。他说："所谓'新实践美学'与'旧实践美学'并没有本质的区别，它们都以实践哲学为基础，以实践作为美学的基本范畴"，并说这一点"正是致命之处"。但也正是在这一"处"上，暴露出杨先生根本没有弄明白新实践美学与旧实践美学的"本质区别"何在。其实，杨先生只要读一读我和易中天所写的《黄与蓝的交响》①，这个问

① 邓晓芒、易中天：《黄与蓝的交响》，人民文学出版社，1999 年；原名《走出美学的迷惘》，花山文艺出版社，1989 年。

题本来是不存在的。如在该书第397页上我们写道:“许多人已经意识到马克思主义实践论是当代中国美学的出路,但对实践的理解却仍然受到传统的机械唯物主义观点的束缚。它通常被像费尔巴哈那样理解为一种纯粹物质的谋利活动、谋生活动,因而也像费尔巴哈那样被一道鸿沟与人道主义原则隔离开来:人道主义是心,实践是物,心与物不相谋。……这是我国当前美学界走向深入的最大障碍。”在第386页上则对李泽厚的“旧实践美学”作了如下批评:“李泽厚为了使客观美学摆脱其庸俗性、机械性,他引入了马克思的实践的能动性;而为了从实践观点坚持美的客观性,他又从实践中排除了人的主观因素,使之成为一种毫无能动性的、非人的、实际上是如费尔巴哈所认为的那种‘丑恶’的实践,这种实践只有在资本主义的异化劳动,即那种动物式的谋生活动中才得到体现。这正是李泽厚美学中所贯穿的最大矛盾。实际上,一旦把‘人’完全还原为‘客观的人’‘物质的(筋肉的)人’‘自然的人’,则‘自然的人化’就等于‘自然的自然化’,就成了毫无意义的同语反复;‘实践’的主观能动性在哪里?‘人’在哪里?‘美’又在哪里?”

我不相信杨先生如果读到如此明确的表述,还会认为我们与李泽厚所代表的“旧实践美学”“没有本质的区别”。这两段话已经透露了我们的正面的观点(实际上是我们所理解的马克思的观点)。在同一本书第402页上,我们对这一正面观点展开了论述:“虽然马克思关于人的类本质、人与动物的最根本的区别在于‘有意识的生命活动’即劳动这一观点,在今天几乎已成了普通常识,但奇怪的是,许多人至今没有将它理解为对实践概念的本质规定,对实践的最精炼的表述。”“只要不带偏见地领会马克思的意思,我们就不难发现,在马克思看来,实践既不是一种纯主观的东西,也不是一种纯客观的东西,而是‘主客观的统一’。最基本的实践,即作为人类的现实本质和整个社会存在基础的实践,是人的社会物质生产劳动。在这种劳动中,主观自觉性、目的性和伴随而来的‘自由感’,是产生于肉体的客观物质需要,又体现为能动地改造客观世界的物质活动,因此,生产劳动是‘主观统一于客观’的活动。”然而,如果说从康德到黑格尔的德国古典唯心主义把劳动颠倒为“客观统一于主观”的活动(马克思所批评的“精神劳动”)的话,那么费尔巴哈(及李泽厚等人)则是把劳动中的主观意识“消融于”或“等同于”客观。而在我们看来,“实践首先是一种‘客观现实的物质性的活动’,不承认这一点,就会陷入康德、黑格尔式的唯心史观;但是,实践又是一种有意识、有目的、有情感的物质性活动,而不是像动物或机器那样盲目的物质性活动,它把人的主观性或主体性……作为自身不可缺少的环节包含在内。不承认这一点,就会陷入费尔巴哈(从否定的态度上)和现代行为主义、操作主义(从肯定的态度上)的机械论观点,同样落入唯心史观。”①由此观之,我们与“旧实践论美学”的本质区别不是很清楚了吗?显然,在我们看来,就连最基本的人类生存活动,包括杨先生所说的巫术观念支配下的“原始劳动”,都具有精神性或主观性的因素,否则就只是动物的本能活动。旧实践美学正是由于企图把这些主观因素从物质生产劳动中清除出去,才导致了机械主义和行为主义,从而失去了建立美学的合理根据。在这方面,旧实践美学和蔡仪派的“机械唯物主义美学”才真正是“没有本质的区别”。新实践美学则是对这一切旧唯物主义美学的根本超出,因为它把人当人看,把人的活动当作人的活动(而不仅仅是动物的活动)来看,并试图从人的最根本的物质生产活动中发现人的全面丰富的本质要素,以从中引出人的一切人化活动、包括审美活动的根据。这就涉及了我们要加以澄清的第二个主要概念,即“超越性”的概念。

二、何谓超越性

杨先生认为,他的“后实践美学”与我们的“新实践美学”的一个重要的区别在于承不承认审美的“超越性”。他说:“审美是超越性的活动,即超越现实的生存方式和超越理性的解释方式,审美具

① 邓晓芒、易中天:《黄与蓝的交响》,第403页。

有超越现实、超越实践、超越感性和理性的品格。正是这种超越才使人获得了精神的解放和自由。在对待审美具有现实性还是超越性这一根本问题上，'新实践美学'与'旧实践美学'站在同一立场，并无区别。"[①]很明显，把"现实性"和"超越性"完全对立起来，是杨先生这一段立论的根据。然而，按照我们上述对实践的理解，人类精神生活的超越性正是从现实的实践活动中升华出来的，因为实践本身就具有自我超越的因子，这就是实践作为一种"有意识的生命活动"和"自由自觉的生命活动"本身所固有的精神性要素。在《黄与蓝的交响》中，我们把这种"有意识"所体现出来的超越性概括为三个方面："1.意识使动物也有的对客观外界的直观的'表象'，上升到了人的'概念'；2.意识使动物也有的对自己生存必需的物质对象的'欲望'，上升到了人的有目的的自觉'意志'；3.意识还使动物也有的由外界环境引起的盲目的'情绪'，上升到了人的有对象的'情感'。"[②]人类实践活动所不可分离的"知、意、情"三维特点，就是其对动物的活动所具有的超越性的最根本的体现，正是在这些特点的基础上，人类才能够发展出对真、善、美的超越性追求（顺便说说，超越性并不只是审美所特有的属性，而是包括人类真、善、美在内的一切精神生活的属性；至于说审美的"超越感性和理性的品格"，则并不一定是绝对必要的品格，审美也完全可以与感性和理性和谐共存。杨先生对审美的这两个规定，一个太大，一个则太小）。当然，在最基本的实践活动即物质生产劳动中，实践本身的这种自我超越性还只表现为对以往的现实和以往的实践的超越，即马克思所说的："动物只是在直接的肉体需要的支配下生产，而人则甚至摆脱肉体的需要进行生产，并且只有在他摆脱了这种需要时才真正地进行生产。"[③]其现实后果是创造出以往从未有过的现实和实践，由此而有了人类的历史和发展；但它本身确实已

① 见杨春时：《新实践美学不能走出实践美学的困境——答易中天先生》，《学术月刊》2002年第1期，以下对杨文的引述，均出自该文，不再注明。

② 邓晓芒、易中天：《黄与蓝的交响》，第405页。

③ 马克思：《1844年经济学—哲学手稿》，刘丕坤译，人民出版社，1979年，第50页。

经蕴含了对整个现实生活和物质实践活动的超越性的萌芽。随着生产劳动中社会性分工(而不只是男女老少等等的"自然分工")即物质劳动和精神劳动的分工的必然发生,于是"从这时候起意识才能真实地这样想像:它是某种和现存实践的意识不同的东西,它不用想像某种真实的东西而能够真实地想像某种东西。从这时候起,意识才能摆脱世界而去构造'纯粹的'理论、神学、哲学、道德等等。"①不言而喻,意识从这时起也才能着手去构造"纯粹的"艺术,从事"纯粹的"审美活动。显然,从"想像某种真实的东西"到"真实地想像某种东西"只有一步之遥,它们都是想像力对现实的超越活动。超越性来自于人的现实生活本身的自我超越的本性,而不是天上掉下来的或上帝赐予的。杨先生退一步又说:"从历史上讲,超越性肯定与实践有关,但不能说仅仅是实践的产物,实践只是它的发生条件之一而非全部,不能把超越性还原为实践。"无疑,这一判断的依据仍然是对"实践"一词的上述片面的理解,即理解为一种(李泽厚所说的)"纯物质过程",所以才有"还原"之一说。如果改用我们的"实践"概念,则完全可以说,超越性最终仅仅是实践的产物,实践是超越性的最本源的发生条件。显然,在这方面,"后实践美学"还完全没有摆脱李泽厚所设定的概念框架。其实,李泽厚本人近年来也正是看到自己对"实践本体"的狭隘理解在运用到美学上时的失败,才又另外提出了一种"情感本体"来解释美学问题(所谓"双重本体论"),而把"实践本体"仅仅当作他的美学理论的"基础",这就使他的美学煮成了一锅"夹生饭";"后实践美学"则试图抛开任何"外在的规定",干脆直接从"作为一种精神性的、自由的、终极性的、形上追求"的"超越性"出发,认为这种超越性"作为生存的基本规定,只能经由生存体验和哲学反思而不证自明,而不能被历史经验证实或证伪。"这种致思方向与李泽厚何其相似!只是李泽厚还对自己悬在半空中的"情感本体论"缺乏自信,想要对它作某种来龙去脉的说明;杨先生却一口咬定:人就是有超越性,

① 《德意志意识形态》,载《马克思恩格斯全集》第3卷,第35页。

其他免谈。我们并不反对审美具有超越性或情感性,也不否认这种超越性和情感性都植根于人的“存在”或“生存”,我们只是要求把这些抽象的字眼在理解上落到实处,与人类的生活经验和审美经验合理地结合起来,而不是设定一种概念的“游戏规则”让大家来玩。当李泽厚抓住审美超越中的“情感”这个核心要素时,他还注意到了美学理论应与自己切身的审美体验相契合(审美离开了情感感受还能是什么呢);杨先生却笼而统之地诉之于人的“存在(生存)”、“哲学思辨”、“自由超越品格”、“形上诉求”等等玄秘莫测的字眼,难怪易先生要把这种思辨称之为“神秘主义”了。但至少,既然杨先生自己也承认“人的终极追求并不是只有一种形式,审美体验、哲学思辨、宗教信仰都体现了形上诉求”,那就起码应当用更为具体一些的规定把审美从其他形上诉求中区分开来。逻辑上说,这叫做给审美下一个“种加(最近的)属差”的定义,杨先生只规定了“种”(“超越性”),但还没有规定“属差”(什么样的或什么东西的“超越性”)。审美的确是“一种”超越性的活动,但并非“所有的”超越性活动都是审美。

三、何谓“生存”

依据杨先生的行文风格来判断,我最初以为杨先生的“生存”(他有时也称作“存在”)就是存在主义(Existenzialism)所说的“生存”(Existenz)或“此在”(Dasein)。但细究之,又大不相同。杨先生说:“生存的超越本质并不直接体现于现实活动中,它只是发生于现实生存的缺陷中,即由于现实生存的不完善性(异化的存在),人才努力超越现实。”这话说得太奇怪了!生存的超越本质“发生于现实生存的缺陷中”,不正好就是发生于“现实活动中”吗?人类“由于现实生存的不完善性”而“努力超越现实”的活动不正好就是一种“现实的活动”吗?存在主义的存在原则就是选择和行动的原则,本身是极其“现实”的,同时又是具有现实的超越性的;杨先生的存在原则却只是一种冥想原则,是不准备付之于实现(现实)的,因而与其说是“努力超越现实”,不如说是尽量逃避现实,它只能为那种自称天才却不曾创作出任何一件作品的“艺术家”提供托词。当然,逃避现实或单纯的冥想也是一种精神生活,但它并不能体现人类生存的超越本质,因而也不能体现人的自由品格,反而本身就是人所要超越的“现实生存的不完善性(异化的存在)”,即一种脱离现实的病态的精神生活,它是审美活动应当加以疗救的对象。但也许,杨先生对“现实”一词的理解如同他对“实践”一词的理解一样,是一种物理学和生物学的理解?如果是这样,那么对这种“现实”的超越完全用不着那样高深的“终极的”理论,单是人的一件有计划有目的的劳动行为就足以“超越”它了,人类就是凭借他的这种实践理性而超越于一切动物之上并成为万物的支配者的。可惜杨先生对这种低级的“超越”行为不屑一顾。他提出了四点理由。先看第一点:“劳动只是人获取物质生活资料的手段,只是生存的一个具体方面。除此之外,还存在着广泛的生活领域,如性爱(人类自身的生产)、精神活动(生产)等,……劳动可以还原为更一般的生存,因此不能是逻辑起点。”劳动的确是人获取物质生活资料的手段,但决不“只是”这种手段,否则人的劳动与动物的本能活动还有什么区别?黑格尔说过,工具比工具所要达到的目的更高贵;恩格斯也说,劳动创造了人本身。人的劳动对人来说具有双重的意义,它既满足了人的肉体生存需求,又形成了历史和文化,使人得到教化(教养),提高了人的素质,使一部分人逐渐脱离物质劳动而专门从事精神劳动、最终分化出一个知识阶层成为可能。至于“性爱”,如果没有劳动和劳动所形成的文化,它就只是动物性的繁殖行为,是不可能有任何“超越性”的。把这种行为称之为“生存”,是与杨先生自己所设定的“生存的超越本质”直接冲突的。

再看第二点:“审美不包含于劳动的内涵之中。这是显而易见的,因为劳动是物质生产,而审美是纯粹的精神活动。虽然劳动也有精神的参与,但只是附属的部分。而且更重要的是,劳动是不自由的现实活动,审美是自由的超越活动,两者本质不同。”在这里,“显而易见”的是杨先生的自相矛盾。既然劳动“也有精神”作为

"附属的部分"的"参与",怎么能断然说"审美不包含于劳动的内涵之中"? 劳动的确是"物质生产",但是否就与审美这种"精神活动"水火不容? 杨先生强调审美是"纯粹的"精神活动,我请问,当你在挑选一台造型优美的电脑时,当你把它搬回家在键盘上敲出清脆的响声时,你有没有审美活动? 如果有,它"纯粹"吗? 更不用说一位农夫对自己的扁担、一位陶工对自己的产品的审美要求了。至于说劳动"不自由",审美才"自由",这只是对于资本主义社会的异化劳动才有其合理性,在此之前,当劳动异化还未达到极端尖锐化的时候(如马克思曾举中世纪的手工业者为例),劳动者对自己的工作往往抱有极其虔诚的热爱和兴趣,钟表匠和鞋匠常把自己的产品当作一件艺术品来完成和欣赏。实际上,古希腊的"艺术"和"技术"本来就是一个字(techne)。大量的事实都说明,劳动本来是人的"自由自觉的活动",只是在资本主义时代被异化成不自由的、动物式的和机械式的操作了(如卓别林所表现的),怎么能笼而统之地说"劳动是不自由的现实活动"呢?

第三点涉及一个方法论的问题。杨先生反对"历史发生学的方法",认为"审美本质的逻辑证明不能被发生学代替,发生学只能部分地说明审美的起源问题,而不能说明审美的本质问题。以发生学代替逻辑证明,以审美起源代替审美的本质,这是'新实践美学'与'旧实践美学'共同的根本性错误"。杨先生似乎从来没有听说过由黑格尔创立、被马克思和恩格斯高度赞赏的"逻辑的东西与历史的东西相一致"的辩证方法论原则。在辩证法看来,一个东西的逻辑本质只能历史地确定,即它的逻辑结构只能由它的历史发展而展现出来。当然这并不是说,一个东西的本质就是它的历史起点,如杨先生所误解的:"实践创造了美,因此实践就是美的本质";而是说,例如美的本质只能从它如何从实践中产生出来的历史过程中得到说明。新实践美学从来不说"实践就是美的本质"(这种说法之可笑,就像说"猴子就是人的本质"一样),而是从实践中如何包含美的"因素"以及在历史发展过程中这些因素如何一步一步独立出来成为"纯粹的"美(审美和艺术)的过程中,来发现和确定美的本质，如我们在《黄与蓝的交响》中所做的（我们得出的定义是："美是对象化的情感"）。旧实践美学的错误不在于历史主义（或历史唯物主义），而在于它恰好没有弄通和贯彻历史主义，而是概念先行地预先确定了对"美"的"唯物主义"定义，然后再去找些历史的例子。杨先生当然完全可以对辩证法不屑一顾（这也是现代人的时髦），但至少在评论新实践美学时应当对此有所了解。

第四点关于"审美本质确证说"和"人化自然说"的讨论不用多说，我们前面已证明的新、旧实践美学在"实践"概念上的根本差异也适用于此处。要指出的只有一点：杨先生把"最低限度的人的规定"（"现实水平的概念"如劳动）与"最高限度的规定"（自由、超越本质）割裂开来，这并不是什么新的创见，西方从柏拉图到中世纪基督教和近代的康德都是这样干的；而在"上帝死了"之后，现代的生命哲学、意志哲学、现象学、解释学、存在主义、后现代主义的总体趋势则都是力图把两者融合起来。杨先生是否意识到自己的努力是要在人的面前复活一个新的"上帝"呢？

四、何 谓 审 美

易中天先生指出，哪怕在最原始的生产劳动中也蕴含有艺术和审美的因素，这就是"劳动的情感性，以及这种情感的可传达性和必须传达性"。杨先生却说："原来它所谓审美因素就是情感，如此而已。把审美的本质确定为情感，这种观点之不妥是不言自明的。审美当然会有情感，但不能说审美就是情感，也不能说情感就是审美，哪怕说情感是审美的因素也一样。"这里面的偷换概念已经达到了一塌糊涂的程度。"审美的因素就是情感"、"审美的本质是情感"、"审美就是情感"三者是不能等同的，何况这三句话没有一句是易中天先生的意思的完整而准确的表达。易先生的意思是，最原始的劳动必然带有情感，而情感作为一种社会性的内心活动必然要求传达，这种情感的传达就是审美的因素。这是与我们对审美的本质定义"审美活动是人借助于人化对象而与别人交流情感的活动"①相一致的。

那么,杨先生是如何反驳易先生的呢?在这里,他不幸踏进了他所不熟悉的政治经济学领域。为了证明"原始劳动创造了美,这是一个绝大的错误",他把"实践"概念和"劳动"概念截然割裂开来,生造出了"实践劳动"和"前实践劳动"这一对不伦不类的概念,认为前者是"文明人类的社会化劳动,它具有自觉性,是有目的的生产活动;有社会分工,形成了生产资料的占有,而且在实践劳动中结成一定的生产关系和社会关系。原始劳动是巫术观念支配下的非自觉性的劳动,它没有生产资料和生产资料的占有可言,因为当时的生产对象——荒漠的自然界和野生动植物以及生产工具——木棍和石器也不是生产资料,而所谓的'原始公有制'也不存在,它只是'无所有制'。……这个基础上也没有生产关系和社会关系,而只有血缘关系。因此,原始劳动只是前实践劳动,而不是实践劳动。"这一整套观点使用了不少马克思主义的政治经济学术语,但叫任何一个具有马克思主义政治经济学常识的人来看都不会认同的。不过这个问题与本题没有多大关系,为节省篇幅,我们可以另作专题讨论。在这里,我们更感兴趣的是,杨先生提出原始劳动的"原始情感受巫术观念支配,还不是真正人的情感,更不是自由的情感"来反驳易先生,这有没有说服力?首先我们要问,原始情感不是"真正人的情感",是什么的情感?动物的吗?巫术观念是人的观念呢,还是动物的观念?杨先生语焉不详。我们先让他想好了再说。其次,说原始情感不是"自由的情感",这已经有点跑题了,易先生并未说一定要是自由的情感才能形成审美的因素。一般说,情感就是情感,本身无所谓自由不自由;情感的顺利传达和宣泄才是自由感,情感的压抑才是不自由感。这种自由感是一种更高级的情感,即"对情感的情感",我们称之为"美感"②。在这种意义上的美感无疑在原始人类那里已经出现了,当他们围坐在篝火边狂歌欢舞庆祝丰收时,不是在相互宣泄和传达自己喜

①② 邓晓芒、易中天:《黄与蓝的交响》,第471、473页。

悦的情感吗？当他们在葬礼上为死去的亲人齐唱哀歌时，不是在相互排解和安慰自己的悲伤吗？肯定性的情感和否定性的情感都是审美的因素，只要它们能够传达开来。甚至在异化劳动和异化社会中形成的“痛苦、沮丧、麻木、压抑等”，只要能传达出来，引起共鸣，也能成为审美的因素(如卡夫卡的《变形记》、加缪的《局外人》、萨特的《恶心》、达利的绘画等等)。这就是丑恶的事物也能成为审美对象的秘密。这些审美现象用杨先生的“后实践美学”是无法解释的。

以我们的美感定义来看“劳动感受”与“美感”的关系，就会一目了然：劳动感受是在社会劳动过程中所伴随着的情感的总和，它包括一般的肯定性和否定性的情感，也包括对情感的情感即美感；在异化劳动中美感丧失了，劳动感受就接近于动物的情绪了，劳动活动也就接近于动物的活动了，劳动和劳动感受也就从自由变得不自由了。所以马克思一方面认为劳动创造了人，另一方面在《德意志意识形态》中却提出要“扬弃劳动”，这显然是在两种不同意义上的(异化的和非异化的)“劳动”。这样一些基本概念不弄清，只会使问题越搞越糊涂。

总之，“后实践美学”与“新实践美学”之争至今还只是一场遭遇战，而不是阵地战。最主要的原因，我想是由于新实践美学虽然在 1986 年就已提出了自己的基本纲领，1989 年才出版了代表性的著作(《走出美学的迷惘》，十年后更名《黄与蓝的交响》再版)，但因为“美学热”的陡然降温，根本没有引起美学界的注意，顶多被认为不过是李泽厚一派“旧实践美学”的翻版。所以当时我对易中天说：“此书推迟了两年面世，使中国美学界停滞了 20 年。”现在 20 年虽然还未到，但从此书仍然被忽视(连杨先生这样著名的美学家甚至在论战中都不看此书)来看，很可能会“不幸言中”。不过既然美学界对此已经处在讨论之中，也许新实践美学真正被人了解的一天已经不远了吧。

(原载《学术月刊》2002 年第 10 期)

实践乌托邦批判

——兼与邓晓芒先生商榷

杨春时

读了邓晓芒先生的文章《什么是新实践美学——兼与杨春时先生商讨》①，感觉并没有提出什么新的思想，而且概念、逻辑上多有混乱之处，继续讨论的意义似乎不大；但考虑到这篇文章突出了实践美学（包括"新实践美学"）甚至实践哲学的一个通病，就是实践（或劳动）崇拜倾向，甚至构造了一个"实践乌托邦"，又觉得这是一个很重要的问题，有加以批判的必要。实践崇拜或实践乌托邦出自南斯拉夫实践派。南斯拉夫实践派哲学在批判苏联化的马克思主义即"辩证法派"的过程中，在实践本体论和历史唯物主义的基础上重新阐释了马克思主义哲学。南斯拉夫实践派有其学术贡献和历史地位，但它把实践理想化，设立了一个实践乌托邦，却是理论上的谬误。中国实践哲学和实践美学继承了南斯拉夫实践派的思想遗产，包括实践乌托邦。在中国学术现代转型的历史背景下，实践乌托邦已经成为中国哲学、美学发展的障碍，对实践乌托邦的批判有助于中国美学和中国哲学的现代化。

一、实践如何成了乌托邦

实践本来是马克思历史唯物主义（作为历史科学）的一个概

① 载《学术月刊》2002年第10期。以下对邓文的引述均出自该文，不再注明。

念，其基本内涵是指社会物质生活资料的生产。历史唯物主义强调实践对其他精神生产以及整个社会生活具有基础作用，从而成为推动社会历史发展的基本动力。这个历史科学的概念在实践派(外国的和中国的实践派)那里演变为哲学本体论范畴，进而在实践本体论基础上构造了实践哲学。实践派认为实践不但是历史活动，而且是"自由自觉的活动"，是人的本质之所在，是人类世界的本原。一个现实的活动一旦被抬高为超现实的自由活动，一个历史科学的概念一旦被抬高为哲学基本范畴，就必然变成一个乌托邦。实践美学以及邓晓芒、易中天先生的"新实践美学"就建立在这个"实践乌托邦"上面。

实践美学构造实践乌托邦手段之一是通过扩大实践的外延，以物质性吞没精神性，以物质劳动包容精神生产，进而以实践取代存在(生存)，成为哲学基本范畴。本来实践是物质生产劳动，是为了满足人类的物质需求而从事的生产，虽然也不可避免地具有精神的因素，但精神性是附属于物质性的，所以马克思才认为它是片面的体力的消耗，与片面的脑力的消耗同样是异化劳动。这就是说，实践作为物质生产在本质上与精神生产不同(因此历史唯物主义才强调实践对于精神生产的基础作用)，而且实践也不是人的全部生存活动。这样"新实践美学"就遇到了一个致命的困难，即物质实践如何能够成为哲学和美学的基本范畴，因为很明显，物质生产活动不但不是人类生存活动的全部内容，而且也不是人类生存活动的最高形式。邓先生解决这个困难的办法只能是偷换命题和扩大概念的外延。邓先生把物质生产与精神活动的关联曲解为物质生产与精神生产不分。他认为实践不仅仅是物质劳动，而且也具有精神性，并进一步包容了精神劳动而成为整个存在。他说:"实践是主客观的统一"，"实践又是一种有意识、有目的、有情感的物质性活动"。因此，实践就是"有意识的生命活动"和"自由自觉的生命活动"。这个推理是以偏概全。说实践具有精神的因素并没有错误，实践在一定历史水平上达到了"主客观的统一"(同时也没有消除主客观的对立)也没有错误，但问题在于，邓先生偷换了命题，把实践具有精神因素变成了实践包容了精神生产，把实践的一定的主客观统一性变成了消除了主客观的对立，进而把实践的外延扩大为整个存在（生存），也就是邓文说的“有意识的生命活动”和“自由自觉的生命活动”，从而使实践成为本体论的基本范畴。邓、易的“新实践美学”如果与李泽厚的实践美学有什么区别的话，就在于后者肯定了实践与精神生产相区别的物质性，而前者却把实践外延扩大为包括精神生产的“有意识的生命活动”和“自由自觉的生命活动”，从而掩盖其物质性而赋予其精神性。正是在这种命题的偷换和概念的扩大的基础上，才可能把实践作为本体论基本范畴，建立实践本体论，也才可能建立实践美学。但这个基础是虚幻的乌托邦，实践既不能吞没精神生产——否则历史唯物主义就失去了意义，也不等于人的存在（生存）——否则人就成为经济动物，丧失了精神性。因此，实践不能决定审美的性质，也不能成为美学的基本范畴，从而新实践美学也失去了存在的根基。

新实践美学构造实践乌托邦的手段之二是通过拔高实践概念的内涵，把实践由现实的、异化的活动变成了超越性的、自由的活动。新实践美学遇到了第二个致命的困难，就是实践具有现实性，是异化劳动，而审美具有超越性，是自由的活动。实践具有两重性，既作为人类征服自然的能力，是推动社会发展的基本动力；又是一种不自由的、片面的、异化的劳动。而且，实践的正面性又是通过其负面性实现的，即在异化形式中实现历史的进步。所以，片面地崇拜实践、拔高实践，只是理性主义的乐观精神的体现。这种理性主义的乐观精神是启蒙时期所特有的。马克思曾经批评黑格尔：“他把劳动看作人的自我确证的本质；只看到劳动的积极方面，而没有看到它的消极方面。”①中国 20 世纪 80 年代的新启蒙运动也受到启蒙主义理性精神的影响，从而形成了对实践的乐观肯定。在现代社会，实践或异化劳动的负面性日益突出，对实践的乐观态

---

① 马克思：《1844 年经济学—哲学手稿》，刘丕坤译，人民出版社 1979 年，第 116 页。

度也随之消失,代之以对现代性的批判。邓先生像黑格尔一样,只讲劳动是人的自我确证的本质,而回避劳动异化的现实。实践美学把实践非历史化,把实践从其历史形式中抽象出来,剥离其异化的性质,把它变成了抽象的“劳动”(甚至原始劳动也成为实践的形式之一),进而认为劳动创造了人又推动历史发展,从而成为“自由自觉的生命活动”。这种劳动崇拜是建立实践乌托邦的基础。在新老实践美学家看来,实践只有正面的自由属性,没有负面的异化属性;异化只是其非本质的历史形式,迟早会被克服。这不仅导致一种劳动崇拜和实践乌托邦,也导致一种社会乌托邦。马克思确实一方面指出劳动本应是人的本质的确证,同时又指出了现实劳动的异化性质。他认为可以经由社会革命消除劳动异化,恢复劳动的自由本质。这体现了青年马克思的社会理想主义。实际上,正如马克思所说的,劳动是对象化的过程,而对象化就是异化;实践自诞生之日起,就是异化劳动,而且这种异化的性质不会在现实中消失。所以,成年马克思才指出:真正自由的领域“只存在于物质生产领域的彼岸”。其次,对于历史性的实践活动,有两种评价的立场。历史主义的立场肯定其推动社会进步的正面性,哲学的立场则批判其异化的负面性。哲学是超越性的批判之学,它应当从生存的自由本质即超历史主义的高度批判实践,而不是仅仅站在历史主义的高度肯定实践。邓文以及新老实践美学放弃了哲学的批判立场,而仅仅固守于历史主义的肯定立场,从而导致实践乌托邦。实践乌托邦天真地认为,历史实践不但推动了历史发展,而且能够实现人的全面发展,消除人与世界的对立,从而实现自由。但是他们忘记了,正是在脱离原始社会以后的社会历史实践中,才产生了人的异化、人与世界(社会、自然)的对立以及人的片面发展;而且,正是由于异化导致自由的缺失,从而才激发了对自由的追求。因此,不是实践直接带来了自由,而是实践即异化劳动产生的不自由,才产生了对自由的意识。马克思在肯定实践推动历史的进步作用的同时,严厉地批判了异化劳动:“劳动者同自己的劳动产品的关系就像同一个异己的对象的关系一样。”①马克思对劳动异化的批判，也是对实践的负面性质的批判。脱离历史的、绝对肯定的实践并不存在，现实的实践就是异化劳动。新老实践美学一方面绝对肯定实践，另一方面又承认异化劳动，似乎实践与异化劳动是两回事。这不仅不符合事实，也不符合逻辑。

二、实践具有本体论的地位吗

哲学本体论是美学的基础，不同的美学体系建筑在不同的本体论之上。新老实践美学以实践取代存在作为哲学基本范畴，把实践美学建立在实践本体论的基础上。新老实践美学认为实践具有本体论的地位，因此才得出美的本质与实践本质的同一性。实践本体论其来有自，应当找到其渊源。哲学历来以存在作为本体论的基本范畴，但对存在的理解却非常歧异。古典哲学、美学认为存在是实体性的，而现代哲学、美学认为存在是人的存在。马克思、恩格斯把存在解释为社会存在，而“社会存在就是人们的实际生活过程”。在这个基础上，建立了历史唯物主义。但是，在苏联哲学中，存在被二元化为物质（自然）的存在和社会存在，并形成了“辩证唯物主义”和“历史唯物主义”的二元体系。实践哲学摒弃了物质（自然）存在而保留了社会存在，并且把社会存在简化为实践，省略了社会存在作为“人们的实际生活过程”的其他方面，特别是精神生活方面。实践就是这样取代了“存在”或“社会存在”而成为哲学的基本范畴。

作为哲学本体论范畴，必须是最一般的规定，有最广泛的内涵。从这个哲学范畴中能够推演出其他哲学规定。新老实践美学把实践当作基本范畴，企图从实践的性质中推演出审美的性质。可惜实践不可能包含着审美（哪怕是“审美的因素”），因为实践的物质性、群体性、现实性决定了它不可能包含审美的性质，因为审

① 马克思：《1844年经济学—哲学手稿》，刘丕坤译，第45页。

美是精神的、个体的、超越的生存方式。邓先生辩解说，他是运用马克思的"逻辑的东西与历史的东西相一致的方法"，即"美的本质只能从他如何从实践中产生出来的历史过程中得到说明"。但邓先生不会不知道，"逻辑与历史的一致"不是逻辑与历史的起点的一致，而是逻辑在历史行程中逐步展开，最后在历史的"终点"得到实现。马克思所说的"人体解剖是猿体解剖的钥匙"就是这个意思。按照这个原则，实践只是历史的起点，只是在它的发展并最终被扬弃时才与逻辑的东西一致。这就是说，实践作为物质生产活动，并不具有自由的本质，只是在它发展过程中，精神的因素脱离它而独立，并最终超越它，这超越实践的东西才符合"逻辑的东西"，才成为审美。马克思乐观地相信，在克服了异化的共产主义社会，由于物质生产的高度发展，其自身被扬弃，人的精神活动成为主导的活动，甚至具有了审美的性质，这时候才达到了自由的境界，人才得到全面发展。这恰恰证明发生学不能代替逻辑的证明，实践不能证明审美的自由性；实践也不是"逻辑的起点"，而只是历史的起点。邓先生对"逻辑的东西与历史的东西相一致"的方法的解读是错误的，事实上，他是在说，逻辑（本质）的东西可以由历史的起点中得到说明，所以审美的本质可以从实践中得到说明。可是他又不敢直接说明他的思想，不肯承认我对新老实践美学的基本观点的认定"实践的本质就是美的本质"，而只是羞羞答答地、含混其辞地说"从实践中如何包含美的'因素'以及在历史发展过程中这些因素如何一步一步独立出来成为'纯粹的美'的过程中，来发现和确定美的本质"。他没有说明也不敢说明的是，这种"独立"是对实践的否定和超越，而不是对实践的肯定，因此审美的本质也只能是对现实的超越。如果按照邓先生的逻辑，人的本质就可以从猿的本质中得到说明，因为人是从猿"一步一步独立出来"的。

实践是否具有本体论的地位，应当先考察本体论范畴的条件。哲学把存在作为本体论的基本范畴，是用来说明人类生存的本质，而不是用来说明人类生存的现状。因此，作为哲学本体论范畴，必须是超越性的存在，而不是现实存在；应当是人的存在，而不是实体性的存在；应当是个体的、自我的存在，而不是群体的、他者的存在；应当是精神性的存在，而不是物质性的存在；应当是主客同一的存在，而不是主客对立的存在；应当是自由的存在，而不是异化的存在。这种存在就是生存。社会存在（包括而不等同于实践）是处于现实关系中的存在，而不是超越性的存在；是群体性的存在，而不是个体的、自我的存在；是主客对立的存在，而不是主客同一的存在；是异化的存在而不是自由的存在。因此，社会存在作为现实的存在只能是历史科学的概念，而不是哲学的范畴。实践即物质生活资料的生产是社会存在的基础部分，但并不是社会存在的全部，也不是主导的部分。社会存在的主导部分是精神活动。因此，实践也只能是历史科学的概念而不能成为本体论的范畴。事实上，马克思的社会存在概念和实践概念也基本上是作为历史唯物主义即历史科学的概念出现的，它是用来说明社会历史发展的规律而不是用来说明人类存在的自由、超越本质的。

三、实践是自由的吗

实践是否是自由的，这关系到实践是否具有本体论的地位和能否决定审美的性质。邓先生说“劳动是自由自觉的生命活动”，因此审美的自由性来源于实践。但在现实中劳动是异化劳动，审美是“自由的精神生产”，两者不能等同，这是新老实践美学不能解决的矛盾。邓先生辩解说，劳动的不自由性“这只是对于资本主义的异化劳动才具有合理性，在此之前，当劳动异化还没有达到极端尖锐化的时候（如马克思曾举中世纪的手工业者为例），劳动者对于自己的工作往往抱有极其虔诚的热爱和兴趣……”这种辩解是无力的，对马克思的话的理解也是僵化的。自进入阶级社会之日起，劳动就不是自由的，而是异化的，只不过与资本主义劳动相比，不那么尖锐而已。邓先生自己承认，在前资本主义社会“劳动异化还没有达到极端化”，即使如此，已经是异化劳动了。不能据此美化前资本主义的劳动，把它说成自由的活动，甚至把它与审美等同

(即使手工劳动带有某种艺术的性质,其实质仍然是私有制下的异化劳动)。邓先生断言:“大量事实都说明,劳动本来是人的‘自由自觉的生命活动’,只是在资本主义时代被异化成不自由的、动物式的和机械式的操作了(如卓别林所表现的),怎么能笼而统之地说‘劳动是不自由的现实活动’呢?”按照邓先生的说法,前资本主义的劳动是非常美妙的,甚至带有艺术性的,但是“熟悉马克思主义政治经济学”的邓先生可能不熟悉马克思的关于前资本主义的一段话:“人的依赖关系(起初是自然发生的),是最初的社会形态,在这种形态下,人的生产力只是在狭窄的范围内和孤立的地点上发展着。”①邓先生把束缚于“人的依赖关系”中的劳动包括奴隶牲口般的劳动,农奴人身依附性的劳动,说成“自由自觉的生命活动”,是不是太浪漫了呢?马克思清醒地认识到实践的有限性,认为“事实上,自由王国只是在必需和外在目的的规定要做的劳动终止的地方才开始;因为按照事物的本性来说,它存在于物质生产领域的彼岸”。②这就是说,实践仍然是“必需和外在目的的规定要做的劳动”,因此实践不能获致自由;只有超越物质实践,通过精神的创造,才能得到自由。

新老实践美学还犯了一个低级的错误,就是把实践等同于劳动。正是由于抽除了实践的历史内容,把它变成了抽象的劳动,从而才有可能赋予其自由的性质。而事实上,实践是现实的劳动,即在一定社会关系中的社会劳动,因此它具有异化的性质。不仅文明社会的异化劳动不是自由的,而且原始劳动也不是自由的劳动,也不是实践劳动。我批评易中天先生的“原始实践创造了美”的命题,指出应当区分“前实践劳动”(原始劳动)与实践劳动。邓先生对此大不以为然,认为我“不幸踏进了他所不熟悉的政治经济学领域”,“生造出了……一对不伦不类的概念”,“但叫任何一个具有马克思主义政治经济学常识的人看来都不会认同的”。果真如此吗?

① 马克思:《经济学手稿》(1857—1858),《马克思恩格斯全集》第21卷,第447页。
② 《马克思恩格斯全集》第25卷,第926页。

非也。实践具有自觉性、社会性，不是任何劳动都能称为实践。原始人类的劳动没有脱离巫术意识的支配，不是自觉的征服自然的活动。原始劳动是在血缘关系中发生的，血缘关系是自然的关系，没有形成社会关系（包括没有发生社会分工、没有生产资料及其占有制等），因此不是社会性的劳动。我相信邓先生“熟悉马克思主义的政治经济学”，但恕我直言，可能仅限于个别条文的熟悉，并不理解其精神实质。马克思在什么地方说过原始劳动是实践劳动？恐怕邓先生找不出来。但马克思却说过：“自然界起初是作为一种完全异己的、有无限威力的和不可制服的力量与人们对立的，人们同它的关系完全像动物同它的关系一样，人们像牲畜一样服从它的权力，因而，这是对自然界的一种纯粹动物式的意识（自然宗教）。”①原始人的生存是动物性的生存，这就包括原始人的劳动是动物性的劳动；原始人的意识是动物性的意识，因此不是文明人类的社会实践活动，更不是什么“自由自觉的生命活动”。而且，邓先生也可能不熟悉当代学术研究的成果，仍然拘泥于传统的政治经济学结论，不知道关于前实践劳动与实践劳动的区分已经不是什么新鲜的观点，而是得到了学术界的普遍认同，所以才对我这种提法大惊小怪。

四、实践具有超越性吗

实践作为现实的活动和历史科学的概念，不具有超越性，因此实践与审美不具有同一性，实践论也不能成为美学的基础。对此，邓文指责我“把现实性与超越性完全对立起来”，并辩解说：“实践本身就具有自我超越的因子，这就是实践作为一种‘有意识的生命活动’和‘自由自觉的生命活动’本身所具有的精神性要素”，它表现为：1.由动物性的表象上升为人的概念。2.由动物性的欲望上升为人的‘意志’。3.由动物性的‘情绪’上升为人的‘情感’。”此外，

① 马克思、恩格斯：《德意志意识形态》，《马克思恩格斯全集》第3卷，第33页。

还有“想像力对现实的超越”。这个逻辑推理可以说混乱得一塌糊涂。邓先生批评我把现实性与超越性完全对立起来,难道现实性与超越性不是对立的一对范畴吗?难道不应当把它们对立(区分)开来吗?难道邓先生的辩证法就是这样把对立的概念“统一”起来的吗?那么,邓先生是如何论证的呢?邓先生认为现实性与超越性是一致的,因为实践包含着超越。但他所谓的实践的超越性,是以精神性(包括概念、意志、情感、想象等)的超越性来证明的,因为他认为实践包含着“精神的因素”。在这里,他用了老办法,以实践包含着精神因素为由,以精神活动取代了实践。这种论证方法的荒谬性是不言自明的。此外,邓先生还以发生学代替本质论,他说,因为精神活动是从实践发生的,因此,“超越性最终仅仅是实践的产物,实践是超越性的最本源的发生条件”。不错,精神活动是从实践活动中发生的,实践是超越发生的基础和条件,但一旦产生物质生产与精神生产的分化,两者就有了本质的区别;实践是超越发生的基础和条件,但不等于实践具有超越性,恰恰相反,超越就是在实践基础上对现实、实践的超越。不能以精神生产发源于物质生产为由,就抹杀两者的区别,甚至以精神生产来代替物质生产,把精神生产的超越性强加于物质生产上。这正如人是从猿发展而来的,但不能说人就是猿一样。邓先生以发生学代替本质论的同时,又无视物质生产与精神生产分化的历史,他谈论的实践好像还没有发生物质生产与精神生产的分化一样,这一点是很费解的。因为人们都知道,尽管最初精神生产与物质生产混融未分,但后来发生了两者的分离和对立,这时就不能以物质生产(实践)包容精神生产了。

更重要的是,超越性并不是如邓先生所说的“对以往的现实和以往的实践的超越”。邓先生不理解超越的含义,竟然认为一切实践导致的历史进步都是“超越”。他认为劳动“既满足了人的肉体生存,又形成了历史和文化,使人得到教化(教养),提高了人的素质……”,因此,实践本身是超越性的。哲学上的超越概念,是与现实概念相对的。超越性的第一个含义是超现实,超越就是对现实的超越,而不是以一种现实取代另一种现实。存在(生存)的超越性是根本性的，不同于社会学的“进步”的概念。邓先生以进步性代替超越性，就美化了实践，赋予其超现实的性质。邓先生还批评我说的“由于现实生存的不完善性（异化的存在），人才努力超越现实”，认为“‘努力超越现实’的活动不正好就是一种‘现实的活动’吗？”超越现实就是现实，这真是奇怪的逻辑！难道邓先生讲的“辩证法”就是这样吗？在邓先生看来，除了现实的活动（而且主要是实践活动），就没有什么精神的超越。于是人就只有现实、此岸，没有超越、彼岸；只有现实的需要和价值，没有终极的追求和关怀，否则就是“逃避现实”，就是“复活一个新的‘上帝’”。哲学是超越之学，美学是自由之学，很难设想，否定人的存在的超越性，否定审美的超现实的自由性，还能够谈论哲学、美学。人是否有超越现实的需要，能否超越现实，这是一个根本的问题。人与动物的区别，除了邓先生强调的实践活动以外，还有更高的层次，就是人有超越性的追求，也有超越现实的精神创造能力（如审美）。人的存在的本质不是现实存在，而是指向超越，这就是所谓“神性”；而动物的存在只能是“现实”（自然）的存在，不能超越“现实”（自然）的存在。现代哲学特别是存在主义哲学认为生存不是现实的存在，而是可能的存在，从而肯定了生存的超越性；现代艺术不肯定现实，而是拒绝现实、否定现实，成为阿多诺所说的对现实的“大拒绝”，这些都是生存超越本质的体现。

超越性的另一个含义是自由性。邓先生在这一点上也出了问题。他认为实践是“自由自觉”的活动，自由是实践的产物，因此实践具有超越性。古典哲学认为实践可以带来自由，甚至可以在现实中创造一个自由的乌托邦。但自由只存在于超越现实的领域，或者如马克思所说的“只存在于物质生产领域的彼岸”。因此，超越即自由，自由即超越。审美的自由性质正在于其超越性；不是实践决定了审美的自由性，而是对现实也包括对实践的超越保证了审美的自由性。正因为如此，不是任何精神生产都具有超越性，科学、意识形态等都属于现实的活动，不具有超越性；而只有审美、哲学等“自由的精神生产”才具有超越性。审美创造了一个理想的生存方式,哲学提供了批判的思维方式,它们本质上都是超越现实的。

五、实践能说明审美的本质吗

辩论实践与生存、超越的关系,都是为了说明审美是超越的生存方式。我认为实践虽然是审美的物质现实基础,但两者不具有同质性;审美是自由的精神活动,而实践是不自由的物质生产,所以审美超越现实,也超越实践。邓先生却相反,虽然他羞于直接承认实践与审美有相同的本质,但实际上他处处表明这样的观点:实践产生美,实践决定美,实践包含着美,总之,实践论是美学的哲学基础,审美的性质可以从实践中得到说明,审美与实践具有同质性。我指出"审美不包含于劳动的内涵之中",这应该是不言自明的,不料邓先生却大加反对,提出"既然劳动'也有精神'作为'附属的部分'的参与,怎么能断然说'审美不包含于劳动的内涵之中'?"他还举例说,"当你在挑选一台造型优美的电脑时,当你把它搬回家在键盘上敲出清脆的响声时,你有没有审美活动?"这里邓先生混淆了不同的问题。作为实际的生存活动,审美与劳动可能有渗透,劳动中可能发生审美活动。但这不等于劳动与审美的等同,恰恰相反,劳动中的审美活动正是对劳动本身的超越。作为两个概念,审美与劳动必须在逻辑上予以区分,界定两者不同的内涵。如果借口劳动与审美有关联,就把两者等同,就无法从事理论研究。显然,审美与劳动有不同的性质,审美是自由的精神活动,劳动是现实的物质生产,审美的本质不包含于劳动的本质之中。邓先生显然没有把逻辑的分析与实际的情况区分开来,没有对实际进行理论的抽象,而这是理论研究的基本要求。如果把两者混为一谈,就无法进行理论研究,就会把不同的概念搅成一锅粥。邓先生显然已经把问题搅成一锅粥了,害得我们不得不做这种低级的、费力的概念清理工作。按照邓先生的逻辑,在实际的劳动生活中可能发生审美活动,因此劳动的概念中就包含着审美的概念,从而得出劳动与审美是一致的、同质的结论。那么,我可以按照同样的逻辑举出一个极端的例子：一个小偷对偷来的东西（如一块美丽的金表）也可能产生一种美感，因此是否可以说审美包含于偷窃之中，甚至审美与偷窃是一致的呢？

关于审美的本质，邓先生反对我以“自由的生存方式和超越的体验方式”定义，而提出“审美活动是人借助于人化对象而与别人交流情感的活动”。这里有两个问题。一个问题是人化对象不是美。所谓“人化对象”是与实践美学的“人的本质对象化”一个意思，人化被确定为实践给世界打上的人的印记，使世界成为人的对象。问题在于，实践活动对世界的“人化”也是一种异化，人化世界是现实的世界，这个现实世界不是审美对象。只有自由的精神活动创造的世界即超越现实的世界才是审美对象，即所谓美。因此，“新实践美学”的“实践是人的确证”说，只能是现实的人的确证，而不是自由的人的确证。另一个问题是，借助于这个“人化对象”的情感交流也不是审美。因为这种情感仍然是现实的情感，而不是审美的情感。比如我做了一个拐杖送给一个残疾人，这个拐杖肯定是“人化的对象”，因为它是我的劳动产品；同时我也通过这个拐杖表达了对残疾人的同情与关怀，因而是一种“借助人化对象而与别人交流情感的活动”，但能说这是一种审美活动吗？很显然，不是一切情感都是美感，即使是“借助于人化对象”而表达的情感也不都是美感。美感必须是自由的情感，也就是超越现实意识的审美意识才是美感。但邓先生对此也加以反对，甚至说出了这样的话：“一般说，情感就是情感，本身无所谓自由不自由；情感的顺利传达和宣泄才是自由感，情感的压抑才不是自由感。”邓先生可能不知道罗斯金的一句名言：“少女可以歌唱失去的爱情，守财奴却不能歌唱失去的金钱。”或者忘记了马克思的名言：“贩卖矿物的商人只看到矿物的商业价值，而看不到矿物的美和特性。”①为什么会是这样，因为对爱情追求是自由的情感，所以可以成为美感；对金钱的追求是不自由的情感，所以不能成为美感。邓先生为了证明

① 马克思：《1844年经济学—哲学手稿》，刘丕坤译，第79—80页。

自己的论点,举出现代艺术为例证,说现代艺术表达的是否定的情感,如“痛苦、沮丧、麻木、压抑等”也可以成为审美的因素。这里邓先生又一次混淆了不同的问题。说美感是自由的情感,是指情感的品格,是对现实情感的超越;而现代艺术所表达的否定的情感必须经过升华,成为审美意识即反抗异化的意识,这也是自由的情感。邓先生认为只要是情感的顺利传达和宣泄就是自由感,就是美感,那么无论是少女对爱情的执著,还是守财奴的贪欲,甚至婴儿饥饿时的啼哭,都是美感的表达,都是审美活动。如此抹杀审美意识与现实意识的本质区别,否定审美意识的自由性,把两者的区别说成是能否顺利表达、宣泄问题,这样的美学岂不成了生理学?按照邓先生的理论,艺术只是顺利表达、宣泄了随便一种情感,与自由的意识无涉,那么艺术还有什么意义呢?至于邓先生说的“‘对情感的情感’我们称之为‘美感’”,这个命题本身含混不清,也许可以理解为对情感的再体验,但如果这种情感的再体验没有审美理想的指导,没有升华为一种自由的意识,是不可能成为美感的。比如一个守财奴由于失去的金钱而痛苦不堪,后来痛定思痛,更加懊悔痛心,甚至想一死了之。那么这种“对情感的情感”难道就是美感吗?邓先生表述的美的定义竟然如此粗疏、如此肤浅,实在是新老实践美学体系的缺陷所致。这个体系无法容纳深刻的思想,无法揭示审美的本质。所以,要超越实践美学,走向后实践美学,以实现中国美学的现代化。

(原载《学术月刊》2004 年第 3 期)

评美学上的“厌食症”

——答杨春时先生

邓晓芒

最近又拜读了杨春时先生发表在《学术月刊》2004年第3期上的《实践乌托邦批判——兼与邓晓芒先生商榷》①一文。该文是对我在同一刊物2002年第10期上的《什么是新实践美学？——兼与杨春时先生商讨》的回应，而我的那篇文章又是对杨春时先生在该刊2002年第1期上的文章《“新实践美学”不能走出实践美学的困境——答易中天先生》的一个反响。与杨先生在读我的文章时的感觉相同，我在拜读杨先生文章时也“感觉并没有提出什么新的思想”。究其原因，我想恐怕是由于我们所讨论的确实是一个老生常谈的问题，虽然杨先生自认为自己提出的思想相当前卫，在我看来却并没有走出国内美学（包括旧实践美学）几十年来的误区。至于我，则不得不返回到自己15年前出版的一本书中去。虽然杨先生从未读过这本书（直到现在为止似乎仍然如此），但书中所讨论的问题毕竟属于美学ABC的范畴。此外，说到“概念、逻辑上的混乱”，虽然我在第一篇商榷文章中曾指出了不少，但仍然有兴趣来继续纠一纠，我想杨先生也不会反感的吧，谁叫我们都是“学者”呢？

---

① 参见杨春时：《实践乌托邦批判——兼与邓晓芒先生商榷》，《学术月刊》2004年第3期。下引该文，只注第几部分，不再另注篇名。

一、什么是“乌托邦”

杨先生的这篇文章有一个惊人的标题:“实践乌托邦批判”。但什么是“乌托邦”?考其原意,Utopia一词来自希腊文,意为“乌有之乡”。但“实践”是我们每天实际做着的事,人类的生存之本,怎么会成了“乌有之乡”呢?原来杨先生的意思不是说实践就是乌托邦,而是说实践一旦被“扩大”其“外延”,使之包含了“精神因素”,成为了“有意识的生命活动”和“自由自觉的生命活动”,就“成了乌托邦”,因为它“掩盖其物质性而赋予其精神性”,“吞没精神生产”。杨先生说:实践乌托邦是由于“拔高实践概念的内涵,把实践由现实的、异化的活动变成了超越性的、自由的活动”(第一部分)。这里至少有一个“概念、逻辑上的混乱”:我把“精神性因素”即超越性的自由活动包含在实践中,就会使实践成了乌托邦,而杨先生却使这种超越性的自由活动与实践完全脱钩,认为“实践作为物质生产在本质上与精神生产不同”,照此逻辑,马克思将共产主义纳入人类生产方式的必然发展规律之中的科学学说反而成了“乌托邦”?杨先生很欣赏法兰克福学派对现实的“大拒绝”,认为体现了他所谓的“生存超越本质”(第四部分)(顺便说说,杨先生把马尔库塞所提出的“大拒绝”误栽到阿多诺身上了),但人家马尔库塞公开承认自己主张“乌托邦”,并鼓吹从科学社会主义退回到傅立叶去,难道杨先生不知道?

为什么会产生这一歧见,我想与杨先生一个固执的看法有关,这就是“实践具有现实性,是异化劳动”(第四部分)。我不知道他这么说的根据到底何在。他举出的证据如马克思所说的“劳动的消极方面”,顶多只能证明劳动有异化的“方面”,却不能证明劳动仅仅只有这个方面,更不能证明这个方面就等于实践,或实践就等于异化劳动。与此相反,马克思多次对于仅仅从异化的方面看待实践的观点进行了批判。如在《关于费尔巴哈的提纲》第一条中马克思就明确指出:“他(指费尔巴哈)在《基督教的本质》一著中仅仅把理论的活动看作是真正人的活动，而对于实践则只是从它的卑污的犹太人活动的表现形式去理解和确定。所以，他不了解'革命的''实践批判'活动的意义。"①至于实践（至少在起源上）究竟能不能够包含精神生产的因素，马克思也说得很清楚："思想、观念、意识的生产最初是直接与人们的物质活动，与人们的物质交往，与现实生活的语言交织在一起的。人们的想象、思维、精神交往在这里还是人们物质行动的直接产物。表现在某一民族的政治、法律、道德、宗教、形而上学等的语言中的精神生产也是这样。"②因此，当我把实践从一种卑污的赚钱谋生活动"拔高"为一种具有精神因素的、因而是自我超越的活动，以便来解释人的审美活动和一切想象的起源时，这的确不是我的什么"新的思想"，而只不过是遵循了马克思的本意而已。正如马克思接着说："德国哲学从天国降到人间；和它完全相反，这里我们是从人间升到天国。这就是说，我们不是从人们所说的、所设想的、所想象的东西出发"，"甚至人们头脑中的模糊幻象也是他们的可以通过经验来确认的、与物质前提相联系的物质生活过程的必然升华物"③。杨先生却一方面禁止"人间"的东西"升到天国"，另方面独自呆在自己幻想出来的"超越性"天国中不肯下来；谁想从人间"升华"到他那里去，谁就被指责为"乌托邦"。

二、谁在把实践"非历史化"

不可思议的是，杨先生一面说我"像黑格尔一样，只讲劳动是

---

① 马克思此话所针对的是费尔巴哈《基督教的本质》一书第12章中的言论："如果人仅仅立足于实践的立场，并由此发出来观察世界，而使实践的立场成为理论的立场时，那他就跟自然不睦，使自然成为他的自私自利、他的实践利己主义之最顺从的仆人"，"功用主义，效用，乃是犹太教之至高原则"（见《费尔巴哈哲学著作选集》下卷，荣震华等译，生活·读书·新知三联书店，1962年，第145页）。像不像杨先生的实践观？

②③ 《马克思恩格斯选集》第1卷，人民出版社，1995年，第72、73页。

人的自我确证的本质,而回避劳动异化的现实”,这是“把实践非历史化,把实践从其历史形式中抽象出来,剥离其异化的性质,把它变成了抽象的劳动”,但就在同一页上,他又说我对实践活动“仅仅固守于历史主义的肯定立场,从而导致实践乌托邦”(第一部分)。我不知道杨先生在这里究竟想指责我什么:是把实践“非历史化”了呢,还是太“固守于历史主义立场”?这只能看作他“概念、逻辑上的混乱”的又一个表现。其实,着意把实践“非历史化”的正是他自己。例如他在这里提出对实践的评价有两种并行的“立场”,一种是“历史主义”的肯定的立场,一种是“哲学的”、“超越性的批判”的立场;“青年马克思”(和新实践美学)似乎体现了前一种不成熟的(“社会理想主义”的)立场,而“成年马克思才指出,真正自由的领域‘只存在于物质生产领域的彼岸’”,从而达到了杨先生所持的超越立场。这里所引马克思的话,杨先生在该文第三节和第四节中又再引了两次,其中第三节所引的比较完整一点:“事实上,自由王国只是在必需和外在目的的规定要做的劳动终止的地方才开始;因为按照事物的本性来说,它存在于物质生产领域的彼岸”,杨先生还由此得出结论道:“因此实践不能获致自由;只有超越物质实践,通过精神的创造,才能得到自由。”(第三部分)可见杨先生对这句话极为重视,这可看作他的“超越性批判立场”在马克思那里的主要文本依据。但要从马克思那句话里引出杨先生这一超越历史主义的“哲学的立场”,却并不那么容易。马克思那句话是在《资本论》第三卷第 48 章第Ⅲ节中说的,然而杨先生在这里的引用却完全撇开了语境。其实那句话的前面有关于资本为未来自由社会提供现实基础和“物质手段”的论述,而整段话的结尾部分则说:“在这个必然王国的彼岸,作为目的本身的人类能力的发展,真正自由的王国,就开始了。但是,这个自由王国只有建立在必然王国的基础上,才能繁荣起来。工作日的缩短是根本条件。”①在这里,“彼岸”一词所表明的“超越性”,显然并不是杨先生所说的那种非

① 《马克思恩格斯全集》第 25 卷,人民出版社,1974 年,第 926—927 页。

历史主义的超越性，而正是历史本身、实践本身所产生的超越性，即由实践的精神方面自由地支配其物质方面。难道谈及“工作日的缩短”是什么超越历史的“哲学的立场”吗？马克思所说的“自由王国”不仅是“历史主义立场”的必然结果，而且本身也仍然是“在必然王国的基础上”繁荣的。以为共产主义社会人们整天“超越”，无须工作，人人都成了吕洞宾，这充其量只是对“自由王国”的一幅漫画。杨先生在引文中这种掐头去尾的做法虽然省力，却经不起推敲。

也正是上述非历史主义的观点，使杨先生得出了“实践从诞生之日起，就是异化劳动”（第一部分）的结论。我们为了从人类实践的现实历史中去追溯异化劳动的起源，就必须把本来意义上的实践和异化了的劳动（异化了的实践）在概念中和历史中区分开来，杨先生却认为这就把实践和异化劳动两者看作了“两回事”，说“这不仅不符合事实，也不符合逻辑”（同上）。但过了两页，他又指责我犯了一个“低级的错误”，即我“把实践等同于劳动。正是由于抽除了实践的历史内容，把它变成了抽象的劳动，从而才有可能赋予其自由的性质”（第三部分）。这里有两点不解。一是，“把实践等同于劳动”（其实我们从来没有这样说，因为实践的概念显然比劳动概念大，如政治实践就不属于劳动），怎么就一定会导致“抽除实践的历史内容，把它变成抽象的劳动”？这难道“符合逻辑”吗？二是，现实的劳动不能赋予自由性质，抽象的（非现实的）劳动为什么就能？这难道“符合事实”吗？接下来，杨先生提到原始社会的劳动，说它既不是抽象的（自由的）劳动，也不是异化的（不自由的）现实劳动。他特意为这种劳动生造出“前实践劳动”这个概念来，并为这对概念辩护说，“实践具有自觉性、社会性”，而原始人的劳动“不是自觉地征服自然的活动。原始劳动是在血缘关系中发生的，血缘关系是自然的关系，没有形成社会关系（包括没有发生社会分工、没有生产资料及其占有制等），因此不是社会性的劳动”（同上）。这番辩护与这对概念同样不伦不类。马克思曾经把原始社会的血缘关系归结为“生命的生产”，认为“从历史的最初时期起，从第一批人出现时”，对基本生活资料的需要、在此基础上对发展的新的需要以及繁殖的需要这三方面就同时存在,因而“生命的生产,无论是通过劳动而达到的自己生命的生产,或是通过生育而达到的他人生命的生产,就立即表现为双重的关系:一方面是自然关系,另一方面是社会关系;社会关系的含义在这里是指许多人的共同活动,至于这种活动在什么条件下、用什么方式和为了什么目的而进行,则是无关紧要的。”①杨先生既然认定原始劳动没有社会关系而只有自然关系,就得为我们指出马克思的这段肯定原始劳动有这“双重关系”的话“错”在哪里。但杨先生对马克思的这段与他自己的看法针锋相对的话只字不提,却以紧挨马克思这段话的下面一段中的话为自己作证,即引用马克思关于人最初像牲畜一样服从自然界、从而具有“一种纯粹动物式的意识(自然宗教)”②的说法,并想由此证明原始人的劳动既不是“文明人类的社会实践活动,更不是什么‘自由自觉的生命活动’”(第三部分)。他反问道:“马克思在什么地方说过原始劳动是实践劳动?恐怕邓先生找不出来。”(同上)这话问得太幽默了!“实践劳动”(和“前实践劳动”)这种无聊的概念根本不是马克思的概念,“找不出来”,正说明了马克思的概念清晰严谨。

至于原始时代的生产劳动究竟具不具有“自由自觉”的性质,这是不能仅凭当时由生产力低下所带来的蒙昧和对自然界的依赖来断言的。自由有不同的等级,异化也有不同的程度。从必然王国到自由王国的进展是一个漫长的历史过程,在其中,必然中已包含有自由的成分,而自由又总是包含不自由的方面。但有一点是确定的,就是异化是伴随着私有制而发展起来的,这使得自由的不自由方面日益增长。到资本主义社会,异化发展到极端,不自由的方面就反过来使自由成为了一个空名,迫使“真正的自由”来一个

① 《马克思恩格斯选集》第1卷,第80页。

② 有意思的是,马克思在“自然宗教”旁边有一个注:“这里立即可以看出,这种自然宗教或对自然界的这种特定关系,是由社会形式决定的,反过来也是一样。”(《马克思恩格斯选集》第1卷,第82页注1)杨先生却回避了这个关键性的注,以免自然宗教和“社会性”发生关系。

向扬弃私有制的共产主义社会的飞跃，而这同时也是在更高层次上向原始公有制的（虽然那是低水平的）自由状态的复归。这种“否定之否定”的历史发展观，是马克思、恩格斯在许多地方都说过的。我在这里重提这种共产主义的 ABC，只是想说明，杨先生一拍脑袋想出的“前实践的劳动”，要想真正成为“当代学术研究的成果”，就得正视和面对这些“传统的政治经济学结论”，而不是自以为“得到了学术界的普遍认同”（均见第三部分）就可以沾沾自喜的。

其实问题本来很简单，马克思的说法是这样的：“生命活动的性质包含着一个物种的全部特性，它的类的特性，而自由自觉的活动恰恰就是人的类的特性。”①换言之，除非不是人，凡属于人类的都具有“自由自觉的活动”这一特性。该词组的德文原文为“die freie bewußte Tätigkeit”，直译为“自由的、有意识的（或被意识到的）活动”。在这里，“自由”是相对于动物而言的，因为“动物只是在直接的肉体需要的支配下生产，而人则甚至摆脱肉体的需要进行生产，并且只有在他摆脱了这种需要时才真正地进行生产”②。虽然原始人的意识还只是“动物式的意识”，但毕竟是意识，他们的生命活动已经和动物的本能活动不同，是“有意识的”（或译作“自觉的”）生命活动了③，他们已经能够“把自己的生命活动本身变成自己的意志和意识的对象”来加以策划了，所以“实际（原文为 praktische，可译为‘实践性的’）创造一个对象世界，改造无机的自然界，这是人作为有意识的类的存在物……的自我确证”④。杨先生否认原始人的劳动有“自由自觉的活动”的特性，否认他们的劳动具有实践性（包括实践的“自觉性、社会性”），莫非他以为原始人在劳动中是全凭本能、而且是无意识地（unbewußt，即“不自觉地”）活动？这种说法等于把原始人开除出了“人籍”，也等于切断了文

①② 马克思：《1844 年经济学—哲学手稿》，人民出版社，1979 年，第 50、50 页。

③ 马克思在紧接着上引关于“动物式的意识”的话后面，说到“人和绵羊不同”：“他的意识代替了他的本能，或者说他的本能是被意识到了的本能。”杨先生的引文却将它截去不用。

④ 马克思：《1844 年经济学—哲学手稿》，第 50 页。

明社会的历史根源。马克思对国民经济学家的一切批判都集中于他们把异化现象视为天经地义,把现实的劳动从古到今全都等同于异化劳动:“国民经济学家把劳动者只是看作劳动的动物,只是看作仅仅具有最必要的肉体需要的牲畜。”①马克思却要追溯异化劳动在分工和私有制中的历史起源,即探讨本来意义上的自由自觉的生命活动是如何一步步“被异化”的,又是如何必然随着异化根源的被扬弃而恢复其全面的本质含义的。他最终发现,“自我异化的扬弃跟自我异化走着同一条道路”②。而这一切工作,在杨先生的非历史主义眼光下全部都失去了意义。

三、如何用实践论说明审美的本质

实际上,对这个问题我们在《黄与蓝的交响》最后一章中,已经从“艺术发生学”和“审美心理学”两个方面进行了详细的说明和论证,可惜杨先生至今没有去读一读,以至提问只能停留在低水平上。例如,我在第一篇商榷文章中说道:“劳动的确是物质生产,但是否就与审美这种精神生活水火不容?”并举生产者(电脑使用者、农夫、陶工)对自己工具和产品的审美要求这种常识性的例子,来说明劳动包含有审美因素。杨先生却说:“一个小偷对偷来的东西(如一块美丽的金表)也可能产生一种美感,因此是否可以说审美包含于偷窃之中,甚至审美与偷窃是一致的呢?”(第五部分)其实,小偷对所偷东西的美感(如果有的话)完全外在于他的活动,因为金表既不是他的工具,也不是他的产品;“偷窃”也并不是劳动,偷窃既没有创造金表,也没有加工金表,所以这个例子与我所说的劳动与审美的关系完全风马牛不相及,更谈不上有什么“同样的逻辑”关系了。又如我们提出审美的定义:“审美活动是人借助于人化对象而与别人交流情感的活动”。杨先生连话都没有看清,首先想到的反驳竟是:“人化对象不是美”(第五部分),好像这个定义的

①② 马克思:《1844年经济学—哲学手稿》,第13、70页。

意思可以简化为“人化对象就是美”似的（由此可以看到这“一锅粥”到底是谁“搅成”的）。退一步说，就算如此，他据以反驳这个假想论点的论据也是站不住脚的。他承认“人化对象”与“人的本质对象化”是“一个意思”，但他却说“实践活动对世界的‘人化’也是一种异化，人化世界是现实的世界，这个现实世界不是审美对象。只有自由的精神活动创造的世界即超越现实的世界才是审美对象，即所谓美。”（同上）“世界的人化”（即“人的本质对象化”）就是“异化”，这是杨先生的又一个“当代学术研究的成果”！但杨先生似乎从未听说过马克思说过这样一些在美学界早已被引用过无数遍的话：“我们知道，只有当对象对人说来成为属人的对象，或者说对象化了的人，人才不致在自己的对象里面丧失自身。”“随着对象性的现实在社会中对人说来到处成为人的本质力量的现实，……一切对象也对他说来成为他自身的对象化，成为确证和实现他的个性的对象，成为他的对象，……因此，人不仅在思维中，而且以全部感觉在对象世界中肯定自己。”“另一方面，即从主体方面来看：只有音乐才能激起人的音乐感；……因为我的对象只能是我的本质力量之一的确证”，“只是由于属人的本质的客观地展开的丰富性”，那些“感受音乐的耳朵、感受形式美的眼睛”才“或者发展起来，或者产生出来。因为不仅五官感觉，而且所谓的精神感觉、实践感觉（意志、爱等等）……都只是由于相应的对象的存在，由于存在着人化了的自然界，才产生出来的。”“为了创造与人的本质和自然本质的全部丰富性相适应的人的感觉，无论从理论方面来说还是从实践方面来说，人的本质的对象化都是必要的。”①

够了！现在，我请问杨先生：马克思在这些话里面所提到的“对象化了的人”“人自身的对象化”“人化了的自然界”“从实践方面来说”的“人的本质的对象化”，究竟是指的“异化”呢，还是非异化？

之所以需要对杨先生这位著名美学家引用这么多连业余爱好

① 马克思：《1844 年经济学—哲学手稿》，第 78、79、80 页。

者都知道的话,实在是不得已而为之。这些话我们在《黄与蓝的交响——中西美学比较论》一书中都引了。但杨先生得的是美学上的"厌食症",他太"超越"了,对人间烟火一概不食。无怪乎在马克思那里作为一个褒义词的"现实化"一词,在杨先生这里倒成了贬义词。在杨先生看来,凡"现实"的都是"异化","对象化"就等于"异化",甚至连"对象的人化"也成为了"异化"。但马克思从未用"对象的人化"来说明异化,正相反,他认为异化只能是对象的"非人化",因为这时我的对象"属于别人",是"我所不可染指的、别人的所有物","表现为一种非人的力量统治着一切"①。他还把异化描述为人"把自己的生产变成他自己的非现实化,变成对他自己的惩罚"②。杨先生的"异化"概念则与马克思的"异化"概念完全相反,恰好是指"人化"和"现实化"。所以为了不"搅成一锅粥",我劝杨先生还是更耐心地去做一做"低级的、费力的概念清理工作"。

另一个问题涉及对我们关于审美的上述定义的具体解释,这种解释其实只要不是望文生义,而是依据我们在《黄与蓝的交响》中的论证,是不会发生误解的。我在《什么是新实践美学——兼与杨春时先生商榷》中单独提出这个定义,也正是示意杨先生去读我们的书的意思。不料杨先生根本就不去读书,而是直接发起感想来。他说:"借助于这个'人化对象'的情感交流也不是审美。因为这种情感仍然是现实的情感,而不是审美的情感。比如我做了一个拐杖送给一个残疾人,这个拐杖肯定是'人化对象',因为它是我的劳动产品;同时我也通过这个拐杖,表达了对残疾人的同情与关怀,因而是一种'借助人化对象而与别人交流情感的活动',但能说这是一种审美活动吗?"(第五部分)就凭这个例子,我就可以断言杨先生没有看过我们的书,因为我们在《黄与蓝的交响》第451页上就说道:"例如,我送你一件赠品,可以引起你的感激,他做一个侮辱性的手势,也可以引起我的愤怒","不过,这样产生的情感在两个人之间总是互相'错过'的。一件赠品所引起的收受人的感激之

①② 马克思:《1844年经济学—哲学手稿》,第94、53页。

情与赠送者的爱是两种不同的感情，母亲的溺爱也往往不能导致儿子的自爱，却可能引起他对母亲的轻蔑。在这种情况下，人的情感仅仅是指向一个对象”（而不是“对象化”），这“不能称之为情感的传达，因为它不是一种情感和另一种相同的情感相交换，而是和不同的情感相交换。”反之，“情感的对象化或对象的情感化（拟人化）使两个人的情感不再是单纯的互相指向而又互相错过，而是使两个人的情感一起指向一个第三者，经过这个第三者的陶冶和规范，两个人的情感处处相符、点点共鸣，这就是美感。”①在另一处我们写道：“正因为情感的‘交流’与‘传达’并非单指一个人的情感引起了另一个人的情感，而且是指一个人的情感引起了另一个人相同的情感，因此就必须借助于‘对象化’或者说‘拟人化’”。②所以，如果我在送给残疾人的拐杖上把我的关爱之情对象化为（如写上或刻上）一首优美的小诗，如果我把我的赠品加工成一件倾注着我的情感（使我的情感对象化）的艺术品，使我和他都能从中获得某种“共通感”，那么这个行为就在通常的关心和感激这两种不同情感的交换之外，还增添了一种相同趣味的共鸣，这就是美感。否则我完全可以买一件东西送人，收受人也完全可以凭礼物的价格而决定感激的程度，当然谈不上什么美感了。可见，杨先生的疑惑 15 年前我们早已经解决了，杨先生却还拿出来当作新武器使用。

我们把自己的美学称之为“传情说”③（而不是“移情说”或“表情说”），其中最吃紧的一个概念就是情感的“传达”（有时也称作“交流”）。传情不等于移情，传达也不等于表达，它着重于两个人之间（或人与人之间）相同情感的互相交流印证。杨先生的失误恰好就在这一点上，他直接把“传达”理解成了“表达”，并多次把我们的“传达”一词换成“表达”一词，这就把一种看来可笑的观点强加于我们了。如杨先生说：“邓先生认为只要是情感的顺利传达和宣泄就是自由感，就是美感，那么无论是少女对爱情的执著，还是守

①②③　邓晓芒、易中天：《黄与蓝的交响——中西美学比较论》，人民文学出版社，1999 年，第 451、470、473 页。

财奴的贪欲,甚至婴儿饥饿时的啼哭,都是美感的表达,都是审美活动。如此抹杀审美意识与现实意识的本质区别,……把两者的区别说成是能否顺利表达、宣泄的问题,这样的美学岂不成了生理学?按照邓先生的理论,艺术只是顺利表达、宣泄了随便一种情感……”(第五部分)。后面不用引了,由此已足可以看出杨先生通过偷偷将“传达”换成“表达”来篡改我们的意思(使之变成“一锅粥”)的手法。杨先生在这里还拿出了一件早已不是什么秘密的秘密武器:“邓先生可能不知道罗斯金的一句名言:‘少女可以歌唱失去的爱情,守财奴却不能歌唱失去的金钱。’”他的解释是:“因为对爱情的追求是自由的情感,所以可以成为美感;对金钱的追求是不自由的情感,所以不能成为美感。”(同上)其实,我在1986年(那时杨先生的“后实践美学”还远未诞生)发表于《哲学研究》上的一篇文章中早已引用了罗斯金这句名言,并对它作过一番与杨先生不同的解释:“情感本质上具有一种要通过一个对象、以致通过对象化而传达的倾向,有一种关系化、社会化的倾向。情绪本身却不能对象化,它是内在的、与物对立的,它或者是吞食对象(欲望),或者是逃避对象(恐惧),或者是无视对象(冷漠),因此,它也不能传达。正如一句格言所说的:少女可以歌唱自己失去的爱情,守财奴却不能歌唱自己失去的财产。”①读者自己可以比较一下这两种解释。我只想提一个问题:如果对爱情的追求就是杨先生所谓“自由的情感”,那么现在这种自由的情感已经“失去了”,就是说已经不“自由”了,少女为什么还要把这种“失去”唱出来?越唱不是越不“自由”吗?怎么还会有“美感”呢?

四、方法问题

最后想就方法谈几个问题。

关于逻辑和历史的一致。对马克思的这一原则杨先生自编了

---

① 邓晓芒:《关于美和艺术的本质的现象学思考》,《哲学研究》1986年第8期。

一套说法。他说:“邓先生不会不知道,‘逻辑与历史的一致’不是逻辑与历史的起点的一致,而是逻辑在历史行程中逐步展开,最后在历史的‘终点’得到实现。马克思所说的‘人体解剖是猿体解剖的钥匙’就是这个意思。按照这个原则,实践只是历史的起点,只是在它的发展并最终被扬弃时才与逻辑的东西一致。……这恰恰证明发生学不能代替逻辑的证明,实践不能证明审美的自由性;实践也不是‘逻辑的起点’,而只是历史的起点。”(第二部分)杨先生这段话倒有点像“混乱得一塌糊涂”的典范:据说逻辑与历史的“起点”不一致,而“实践只是历史的起点”,所以实践也不可能与逻辑一致;但实践“在它的发展并最终被扬弃时”却又能“与逻辑的东西一致”,可见,实践又不仅仅“只是历史的起点”,而且本身能“发展”,因而实践又能够在发展时“与逻辑的东西一致”;但实践在它“被扬弃时”已经“超越”到一个没有实践的“彼岸”去了,这时逻辑又与什么东西“一致”呢?至少不可能是与已被扬弃的实践和已被超越的历史一致——所以逻辑“最终”还是不可能与实践及其历史发展一致。

很难相信这笔糊涂账是马克思的“意思”。我们还是看看马克思究竟是怎样说的。马克思在《政治经济学批判导言》中说得很清楚:“人体解剖对于猴体解剖是一把钥匙。反过来说,低等动物身上表露的高等动物的征兆,只有在高等动物本身已被认识之后才能理解。因此,资产阶级经济为古代经济等等提供了钥匙。”①资产阶级社会从古代社会中继承了许多东西,其中一部分原来只是征兆的东西才发展到具有了充分的意义。如实践中的异化倾向,即劳动发展为“劳动一般这个抽象”(不是杨先生的“抽象劳动”,而是马克思的“抽象劳动”,即体现在商品中的“社会平均必要劳动”)的倾向,在历史的起点上还是潜伏着的,这时的劳动还只是“同具有某种特殊性的个人结合在一起的规定”②,即马克思所说的“具体劳

①② 《马克思恩格斯选集》第2卷,人民出版社,1995年,第23、22页。

动"①,它的"有用性"纯粹是偶然的,似乎没有什么规律可循。但这种具体劳动发展到资本主义社会,则显出其建立在抽象一般劳动之上的规律性,即"价值规律"。所以从这个立场回头再看历史从起点到今天走过的历程,我们对于自古以来的劳动的概念就有了一种"逻辑的"理解,发现历史在大量的盲目性中为某种逻辑必然性开辟着道路。所以恩格斯对此阐发道:"历史常常是跳跃式地和曲折地前进的,如果必须处处跟随着它,那就势必不仅会注意许多无关紧要的材料,而且也会常常打断思想进程。……因此,逻辑的方式是唯一适用的方式。但是,实际上这种方式无非是历史的方式,不过摆脱了历史的形式以及起扰乱作用的偶然性而已。历史从哪里开始,思想进程也应当从哪里开始,而思想进程的进一步发展不过是历史过程在抽象的、理论上前后一贯的形式上的反映……我们采用这种方法,是从历史上和实际上摆在我们面前的、最初的和最简单的关系出发,因而在这里是从我们所遇到的最初的经济关系出发。"②这也正是我们所理解的并在分析审美的本质时实际采用着的方法,即经过逻辑理解的发生学方法,难道有什么不对吗?

关于对立统一。我在第一篇商榷文章中曾批评杨先生"把现实性与超越性完全对立起来",杨先生的回答竟然是:"难道现实性与超越性不是对立的一对范畴吗?难道不应当把它们对立(区分)开来吗?难道邓先生的辩证法就是这样把对立的概念'统一'起来的吗?"(第四部分)我想反问一句:这难道是对问题的回答吗?我说他把现实性与超越性完全对立起来,当然没有否认它们是一对对立范畴,也没有否认应当把它们区分开来,否则我怎么能够说他把这"两个"范畴对立起来了呢?辩证法认为没有差异和对立就没有统一,反之,没有统一也就没有对立和差异。我指责的是杨先生的对立中没有统一,杨先生的回答却是"难道不应当有对立吗?"可见答非所问。我不知道杨先生认为应当"如何样"把对立的概念"统

①② 《马克思恩格斯选集》第2卷,人民出版社,1995年,第129、43页。

一"起来。很可能他根本就不认为对立的概念可以统一，但又不好公开批判辩证法，所以只好用"难道……是这样吗"的反问句式来代替批判。如他说："超越现实就是现实，这真是奇怪的逻辑！难道邓先生讲的'辩证法'就是这样吗？"（同上）我的回答是：的确是这样，一点也不奇怪。因为现实是"自我超越"的，现实只有通过自我超越才成其为现实，因为现实是历史发展着的，这是辩证法的常识。我不敢说杨先生对辩证法一窍不通。杨先生的思维方式当然更高超，我想把它称作"后辩证法"，他也许会很高兴的。但这种"后辩证法"无非是陈旧的（"前辩证法"的）"非此即彼"。如他在（第二部分）最后一大段话中一连开列了 12 个"是……而不是……"，简直像在做小学生的语法练习。所有这些"是……而不是……"都是值得商榷的，如生存本质和生存现状、超越性存在和现实存在、人的存在和实体性存在、个体的存在和群体的存在、精神性存在和物质性存在、主客同一和主客对立、自由和异化等等。当然，如果在杨先生看来辩证法不过是"一锅粥"，那么他能真正像分析哲学那样把"非此即彼"坚持到底也不错。可惜他连这也做不到，一进入具体分析，他总是不由自主地把各种概念和命题"搅成了一锅粥"，这一点我们已经领教了。

说了这么多，我这篇文章还是没有什么"新的思想"，虽然号称"新实践美学"，其实本文没有超过我自己 15 年前发表的观点，真是令人惭愧。就此打住。

（原载《学术月刊》2005 年第 5 期）

论审美超越

——兼向邓晓芒先生请教

章　辉

一

实践美学与后实践美学的论争已有些时日了。随着讨论的深入，双方的理论分歧、矛盾焦点越来越明显，这使我们有可能更清晰地认识争论各方的理论取向及其价值和缺陷所在。美学论争涉及的问题很多，其中对审美超越这一概念的内涵的理解所引发的分歧是最为人所注目的焦点之一。审美超越是后实践美学理论建构的关键，超越美学、生命美学、生存美学等对审美超越的理论阐述连篇累牍，并呈自得之意，而实践美学的维护者和发展者却站在理性主义或意识形态立场批评其为唯心主义、神秘主义。近来读杨春时、易中天、邓晓芒诸位的交锋之论，①发现仍是对这一概念的不同理解导致了批评者义愤填膺、倡导者无可奈何的状况。可以说，不理解审美超越就不能把握后实践美学的精神实质，建立在此基础上的批评就只能是无的放矢。问题的复杂性在于，对这一概念的理解不仅涉及理性本身，而且关系到个人的审美体验、生命体验乃至对东西文化差异的体认。本文试图对审美超越这一概念发表浅见，以求教于邓晓芒等诸位时贤。

首先，我们来看看各方对这一概念的不同表述。杨春时先生在

---

① 见《学术月刊》2002年第1、10期。

建构超越美学时说:“审美和哲学(作为审美的反思)就是超越性的解释,它超越现实意义世界,达到对‘本体’的领悟。”①审美是“超越现实的自由生存方式和超越理性的解释方式”,“它创造一个超理性的世界”。② 杨文中充满了“超越性”“自由”“终极体验”“超理性”“本真”“自为”“自我实现”等概念,这些说法其意相通,如何理解? 我以为,这些都是指审美活动的超越性,也就是审美活动的形而上性。

潘知常先生的生命美学对审美活动的超越性也极为推崇,其专著《诗与思的对话》就是关于审美活动的体系性论著。生命美学强调审美活动与实践活动的差异,认为审美活动是“生命的最高存在方式”,它“守望精神家园”,是“生命的澄明之境”“超越之维”。“审美活动正是对于人类自身生命的有限的明确洞察,……是生命的自我敞开、自我放逐、自我赎罪和自我拯救。”③它“是人类主动选择的活动方式,它以自由本身作为根本需要、活动目的和活动内容,从而达成了人类自由的理想实现”④。审美活动创造的彼岸世界“是人类从梦寐以求的自由理想出发,为自身所主动设定、主动建构起来的某种意义境界、价值境界”。⑤概言之,审美活动是生命最高意义的理想实现,这与超越美学的言说何其相似乃尔!

邓晓芒先生对“超越”的理解却与此不同。“超越”在邓晓芒那里指的是实践活动对现实的超越,实践的精神性对动物性本能的超越,他说:“人类精神生活的超越性正是从现实的实践活动中升华出来的,因为实践本身就具有自我超越的因子,这就是实践作为一种‘有意识的生命活动’和‘自由自觉的生命活动’,本身所固有的精神性要素。”⑥在《黄与蓝的交响》中,邓晓芒、易中天把超越理解为人的概念(知)、情感(情)、意志(意)对动物的表象、情绪和欲望的超越。而且,邓晓芒认为,“超越性并不只是审美所特有的属

①② 杨春时:《生存与超越》,广西师范大学出版社,1998年,第148、162页。
③④⑤ 潘知常:《诗与思的对话》,上海三联书店,1997年,第340、328、244页。
⑥ 见《学术月刊》2002年第10期邓晓芒文。

性,而是包括人类真、善、美在内的一切精神生活的属性;至于说审美的'超越感性和理性的品格',则并不一定是绝对必要的品格,审美也完全可以与感性和理性和谐共存。"①可以看出,邓晓芒、易中天是在实践的人类学品格中把握审美超越,我想杨春时对这种批评只能发出无可奈何之叹。学术论争就这样自说自话,交错而过,其原因我以为是邓晓芒没有站在对方立场对审美活动具有同情性的了解,这就导致了他无法把握审美超越的特定内涵,与许多批评者一样,其对审美超越的理解只能导致后实践美学要义的遮蔽。

二

那么,什么是审美超越呢?在理解审美超越之前,应该看看超越的形而上学内涵,它指的是人类精神所特有的对人类社会或个体自身存在的终极目标或终极价值的追问和把握,这种超越表现在宗教活动、哲学思辨和审美体验等精神领域。爱因斯坦说,画家,诗人,思辨哲学家和自然科学家,"他们都按自己的方式去做,个人都把世界体系及其构成作为他的感情生活的支点,以便由此找到他在个人经验的狭小范围里所不能找到的宁静和安定。"②这就产生了人类超越性的精神文明,人类正是在终极价值和信仰的光环照耀下不断超越自身去实现理想的。对有限的超越和无限的追求根源于人类本性,古埃及的巨大陵墓和木乃伊就是这种追求的见证。雅斯贝尔斯说:"生命就像在非常严肃的场合的一场游戏,在所有生命都必将终结的阴影下,它顽强地生长,渴望着超越。"③

精神超越活动表现在历史领域,是哲学家对人类理想蓝图的设计,柏拉图的理想国,康帕内拉的太阳城,弗朗西斯·培根的新大西岛,托马斯·莫尔的乌托邦,陶渊明的世外桃源,康有为的大同

① 见《学术月刊》2002年第10期邓晓芒文。

② 转引自李泽厚:《历史本体论》扉页,生活·读书·新知三联书店,2002年。

③ 雅斯贝尔斯:《存在与超越》,上海三联书店,1988年,第44页。

国等都是对人类终极性理想社会的设想。历史上一代代的思想者建构着人类社会的乌托邦,人们往往批评乌托邦为虚幻,但乌托邦对于人类文明有着巨大的意义。乌托邦如灯塔,它所展现的理想魅力极大地鼓舞着社会机制和道德原则,激励着人们为实现理想而奋斗,“乌托邦思想家为这个世界塑造了灵魂。……他们克服了利己主义和盲目的自私观念,高举社会协作的理想旗帜,从而使人类的能力得以无限提高和扩大。”[①]乌托邦的价值在于其理想性和终极性,波澜壮阔的法国大革命不就是在卢梭的回归自然的理想主义激情的指引下发生的吗?精神超越表现在哲学领域则是形而上学思辨体系的建构。年轻的柏拉图曾研究过赫拉克利特一切事物都处在变化之中,任何事物都无法逃避死亡和变化的学说,他为这种看法所苦恼,希望在永恒中找到一个躲避所,以逃避时间的无常和劫掠,因此,“关于永恒形式或理念的理论对他具有巨大的情感力量,因为理念是人能进入的永存的领域。”[②]在此意义上,美国学者巴雷特认为柏拉图的理性主义不能被视为冷静的科学研究,而必须被看成是一种充满激情的宗教学说,是一种向人许诺可以从死亡和时间中获得拯救的理论。中世纪经院哲学家让上帝创造世界,德国古典哲学的集大成者黑格尔则以理念的逻辑和历史的运动构筑了完备的形而上学。这些哲学家以形而上学的本体作为皈依以求得精神的“宁静和安定”。尼采宣布上帝死了,人们在解除束缚获得自由的同时也体验到了荒诞,为了重新赋予个体生命以意义,尼采又给人们“永恒循环”这一信仰,使荒诞的个体求得不朽。根源于人类本能的超越性追求在宗教活动中表现得最为明显,教徒殉教,把自己钉死在十字架上就是这种超越性行为的体现。宗教超越产生于生命短暂的悲剧意识和个体灭亡的痛苦沉思,教徒以复活节的死超越了自身生命的有限性,沐浴着上帝的永恒福祉,这种死不是来自形而下的精神或肉体痛苦,而是来自形而

① 乔·奥·赫茨勒:《乌托邦思想史》,商务印书馆,1990 年,第 267 页。
② 威廉·巴雷特:《非理性的人》,商务印书馆,1995 年,第 83 页。

上的超验追求。显然,科学理性对于狂热的宗教行为无能为力,科学能证明超验存在的虚无,但无法代替超越自身的形而上追求本身,这就是科学日益昌明而宗教仍大行其道的原因。

对审美的“超越”也要在这种意义上来理解。许多人认为,超越就是对动物的自然性或现有的物质和精神成果的超越,是对人的有限意志、有限理性和情感的超越,邓晓芒就是在这个意义上理解超越的。这种理解没有把握审美超越的独特性,它没有把审美活动与其他活动区别开来,因为科学活动、伦理活动等都以实践活动为基础并超越实践活动去探询人类实践所未触及的知识或意志领域,都是超越性的活动。审美的“超越”应理解为“超验”,与“形而下”相对应的“形而上”,与“理性”相对应的“超理性”,它与“超理性”“最高的生存方式”“自由的生存方式”“形而上追求”等等说的是一个东西,即是指审美活动对于人的生存意义的终极性建构。审美活动不仅超越现实的真善,而且超越个体生命的有限性,它建构着个体生命独特的精神性的超验意义。

审美超越以生命必死的悲剧性体验为根基。每个人的存在终归要不存在,这是我们面临的最大悲剧:“它是悲剧,因为每一个实体都意识到自己不过是这样一种存在:它们创造和呵护的价值,迟早总要被打败。”①在人的生命意识觉醒时都会有这种生存的焦虑性体验。这种体验具有偶发性,个体突然意识到:一百年前没有“我”,一百年后“我”将不会存在,现在的“我”是有血有肉的存在,但有一天“我”会化为灰烬,“我”是独特的,不可重复的,没有任何人、任何物可以拯救“我”,“我”一步步走向深渊,走向不可预知的虚无。站在宇宙的角度看生命,生命是荒谬的,毫无意义的,活着而没有意义,这对于“我”是一个最大的悲剧。这种生命体验不是观念性的,而是情感性的,是无法用语言把握的某种意绪。在理性看来,任何人都会死去,这是自然规律,冷静的理性最多带给我们些许无奈,而在茫茫深夜里的悲剧性体验则是颤栗性的,震撼性

① 艾温·辛格:《我们的迷惘》,广西师范大学出版社,2001年,第20页。

的，它给人无限的忧伤和悲怆。面对这个悲剧，任何现世的实践活动都无能为力，而审美所建构的超越性的形而上学王国却带给我们拯救的希望，因为美是在有限中“终于被表现出来的无限事物”。①审美提供了无限超越的契机，黑格尔说：“审美带有令人解放的性质”，“美的概念都带有这种自由和无限；正是由于这种自由和无限，美的领域才解脱了有限事物的相对性，上升到理念和真实的绝对境界”。②审美超越是由于意识到生命的有限性、一次性、独特性、必死性时所体验到的恐惧、颤栗和深渊感而求得的一次迈向永生的跳跃，它让悲剧性的个体在“此在”中体验“悦神”之福并沐浴着永恒的光辉。

审美活动是对于生命意义的一种体验和建构，因此精神性、超越性、理想性是它的特征。这里，我们可以把巴尔扎克和托尔斯泰做一比较，人们在两位伟大作家那里得到的审美享受是极为不同的。巴尔扎克的小说是形而下的世俗风情画的描绘，他用辛辣的嘲讽刺向了巴黎上流社会的男男女女，人们得到的是对丑恶人性的鄙夷的优越感，这就是喜剧的审美形态。但《人间喜剧》缺少了托尔斯泰对人类命运的悲天悯人的情怀，后者比前者更多的是其小说中的“整体宗教”，某种形而上的意蕴，而前者的现实主义提供的是人性的科学和某种时代生活的资料文献。与此相似，贝多芬的《命运交响曲》激起的是人们对现世困境抗争的勇气，是要扼住命运的咽喉的生死豪情，而柴可夫斯基的《天鹅湖》令人体验到爱情的绝望，生命的短促，世事的无常等超越性情绪。一般说来，审美的超越性体验在悲剧和崇高性的艺术中蕴涵较多，而在世俗的人情物态的写实作品中，人们更多地体验到日常情感。在现代西方美学中，英加登所说的“形而上学层”（Metaphysical Qualities）和贝尔的“有意味的形式”强调了前者，而杜威的经验主义美学关注的是审美情感的日常经验性。美的艺术的生命力来自这种超越性

① 谢林：《先验唯心论体系》，商务印书馆，1981年，第270页。
② 黑格尔：《美学》1，商务印书馆，1979年，第147、148页。

的形而上体验,而大众艺术之所以被称为快餐文化,就是因为缺少这种生命体验。

这么说来,审美活动不就是一种纯粹个人的形而上体验吗?回答是否定的,审美活动的超越性与现实的真善有着天然的关联。人类的本性就是在理想化观念化的指引下进行着创造。人们不断地超越自身,不断地追求终极,但这个终极却没有任何固定的模式,也没有一个清楚而确定的观念,它只是在指向自由的同时不断地反抗着异化和不自由,这一切通过审美活动来实现。在审美活动的理想化的光照下,我们体验着自由并意识到现实的不自由。审美活动追求着理想,它是创造新的价值的制动机。没有审美活动对未来的仰望,人类也许会死于机械因循和烦闷。审美活动所构造的自由王国诱惑着我们不断超越自身,去追求那个澄明的无碍的诗境。因此,审美活动并不是涅槃式的静观,它是一种导向实践的伟大力量。审美活动批判着现实,它让我们体验到完美的同时把不完美的现实推向理想之境,推向那个灯火阑珊处的乌托邦。现实中很少有完美,而美总是理想性的,终极性的。审美活动中凝聚着人类的至善和完满,“它如理想之火熊熊燃烧,就像是永恒的灯塔,照亮我们通往不断生成的善与美的境界的道路。”①此乃审美之大用。而宗教超越与此不同,它通过对现世的不自由的忍让和宿命式的认同,把这个乌托邦的实现推向彼岸和来世,宗教超越并不导致现世的实践行为。

后实践美学所说的审美“超越”不是对有限理性、有限能力的超越,而是指对终极目标与价值的追求。审美活动不同于科学活动和伦理活动,因为真善是服务于生命的有限性的现实活动,而一切现实都是非理想性的,人类总是不满足于现状要超越自身的局限去追求无限。审美超越就是在有限中追求无限,在非理想中实现理想,从而在精神上把握生命的绝对意义。说审美活动是生命活动,是指审美活动是对生命有重大意义的活动,是整个生命投入

① 艾温·辛格:《我们的迷惘》,第119页。

其中又享受生命的活动,是对生命的自我欣赏、自我观照和自我超越。审美用批判的眼光审视着现世的同时实现着对理想社会的追求,在不完美的世界中创造完美,在无意义的世界中寻求意义。在实践美学的讨论中,许多人认为,审美与实践不可分,审美超越以实践活动对现实的超越为前提,真善美在实践的基础上是统一的等等,这些言说都只看到了审美活动中的形而下的精神愉悦,而没有认识到审美活动中的形而上追求,仍然只认同审美是感性和理性的统一的古典观点,而没有认识到审美活动的超验性和超理性,这就是生命美学、超越美学、生存美学与实践美学、新实践美学区别的关键所在。李泽厚的实践美学认为,美是人类群体性实践活动的产物,是客观存在着的,美感是对美的反映,也就是说,对于个体而言,美是先在的,预成的,个体的美感只能被动地反映和认识它,审美活动的超越性就在实践美学的逻辑之外。

三

学界对审美活动的超越性的误解和遮蔽由来已久,其原因是多方面的,除了政治化的意识形态对学术研究的干预,以及论者被学术语言理性化,失去了感同身受的艺术和生命体验这两个因素以外,更主要的则是对中西文化不同的体认导致了对审美超越性理解的差异。审美超越既与生命和艺术体验有关,也与中西文化差异有关。在中国哲学里,个体生命在与自然或人伦血缘的延续的合一中寻求终极意义,原始的"天人合一"观念和整体主义文化给个人提供了安全感,个体没有因生命意识的觉醒而带来的焦虑性体验,这就导致了中国宗教意识和审美超越性的缺乏。西方文化与此相反,远古的血缘伦理关系很早就被阻断,个体作为社会契约性的原子要寻求生命的形而上意义只有两种途径:一是走向宗教体验,与上帝合一;一是走向审美超越,在审美体验中自己建构生命的意义。在古希腊,审美超越表现在理论上就是柏拉图的带有神秘色彩的"迷狂说"。在缺乏个体意识的中国文化里,审美活动的超越性很难为人所理解。我以为,邓晓芒的审美传情说就出自对中国传统文化的体认。审美传情说认为,审美是为了传情,是为了使个体情感获有社会普遍性,从而达到与他人共鸣,这正是中国古典伦理学美学的精神实质。实际上,邓晓芒的传情说与中国古代的"乐统同"、"乐者为同,礼者为异"的美学观具有某种相似性。四是审美体验的形而上学性本身只可意会,属于维特根斯坦所说的不可言说的神秘的东西,对其以理性语言加以言说只能勉为其难,这就很容易被人批评为神秘主义、唯心主义。比如贝尔的"有意味的形式"的命题,本来指印象派绘画形式背后的某种超越现实的形而上的"神韵"、"绝对",但我国学界贬其为"具有浓厚的神秘主义色彩"。①易中天、邓晓芒也是这样批评杨春时的,请看:"杨先生却笼而统之地诉之于人的'存在(生存)''哲学思辨''自由超越品格''形上诉求'等等玄秘莫测的字眼,难怪易先生要把这种思辨称之为'神秘主义'了。"②按照李泽厚的审美形态的划分,邓晓芒反驳杨春时所举的例子都属"悦耳悦目、悦心悦意"的审美愉悦层,而非"悦志悦神"的审美超越层。审美愉悦当然是对现实物质的精神性超越,但此超越是形而下的"器",非审美活动所特有的形而上的"道"。

后实践美学把美学研究的重点放在审美活动,以审美活动为中心重新结构美学体系,这是美学基本理论研究视角的重大转换,它使美学更关心人的存在,而这正是美学这门人文学科的"人文性"所在。超越美学的生存本体是否比实践本体更优越,其对实践美学的批评是否有偏执暂且不谈,但超越美学所大力强调的审美体验的超越性及其对个体生命的精神性意义正是实践美学所缺乏的,也是我国近半个世纪以来美学研究中被各种迷雾所遮蔽的理论盲点,更是包括生命美学在内的后实践美学给中国美学基本理论建设所做出的最大贡献。美学是对审美体验的反思,没有活生

---

① 蒋孔阳、朱立元主编:《西方美学通史》6,上海文艺出版社,1999年,第211页。

② 见《学术月刊》2002年第10期邓晓芒文。

生的审美体验，美学将变成令人生厌的抽象的逻辑语言的演绎或自然科学式的客观研究。人文学者在理论思考中没有渗入自己独特的生命体验，那就只能作鹦鹉式的知识的传承者，无助于理论的生命活力。现在，中国正从传统的伦理整合型社会走向现代的契约规范型社会，在没有宗教传统的文化中，审美的终极性体验更应得到阐发。

邓晓芒说，审美是为了传达情感以引起共鸣，但问题是，人为什么要传达情感？为什么要与他人共鸣？审美对于人生存的意义是什么？人们为什么要那么执着地追求美？“新实践美学”没有说明审美传情的心理动力机制，也没有说明审美情感的独特性。把美定位于人的情感领域，注重审美情感的社会普遍性在休谟、康德等人那里已经实现，说明美是情感不是认识只是对认识论美学把审美等同于认识的驳正，只是走出了美学研究的第一步，进一步的研究课题应该是：审美情感的独特性，它与其他情感如宗教情感的异同，它对于个体生命的意义，它的历史和现实形态，它的人类学根源等等，而这就必须对审美活动作深入的研究。

本文试图对审美超越作一浅显的论述，以期引起学界对这一美学命题的正视和重视。不当之处，请邓晓芒先生等学界诸贤批评。

（原载《人文杂志》2003 年第 6 期）

新实践美学的审美超越

——答章辉先生

邓晓芒

最近一个偶然的机会，读到章辉先生的文章《论审美超越——兼向邓晓芒先生请教》，之所以拖到将近五年之后才作这个回应，端赖自己孤陋寡闻。好在所讨论的问题并不受时间限制，并可趁此机会将笔者和易中天于20世纪80年代中期就已提出的新实践美学的观点，结合对它的一些误解更清楚地阐明出来。

一、何谓后实践美学的"审美超越"？

综观章辉的文章，是说我们的"新实践美学"没有能够理解到他和杨春时、潘知常等先生的"后实践美学"的一个核心概念，即"审美超越"的概念。例如，他说："不理解审美超越就不能把握后实践美学的精神实质，建立在此基础上的批评就只能是无的放矢。"①那么，到底什么是"审美超越"呢？章辉先是援引杨春时的说法，认为是指"审美活动的形而上性"，以及潘知常的说法，认为类似于指"生命最高意义的理想实现"。然后，他提出了自己的看法，这种看法分两个层次。一个是一般超越的"形而上学内涵"，"它指的是人类精神所特有的对人类社会或个体自身存在的终极目标或

① 章辉：《论审美超越——兼向邓晓芒先生请教》，《人文杂志》2003年第6期，下引此文不再一一作注。

终极价值的追问和把握,这种超越表现在宗教活动、哲学思辨和审美体验等精神领域。"另一个层次是基于这种一般超越之上的审美超越:"审美的'超越'应理解为'超验',与'形而下'相对应的'形而上',与'理性'相对应的'超理性',它与'超理性'、'最高的生存方式'、'自由的生存方式'、'形而上追求'等等说的是一个东西,即是指审美活动对人的生存意义的终极性建构。审美活动不仅超越现实的真善,而且超越个体生命的有限性,它建构着个体生命独特的精神性的超越意义。"应该说,在把一般的"超越"划分为两个概念层次这点上,章辉先生比杨春时和潘知常两位先生都有所改进。不过,到此为止,我们还是没有能够看出,章辉所说的"审美超越"和一般的超越,例如与"宗教活动"的超越、甚至与哲学的超越到底有什么区别;或者说,他的两个层次到底凭借什么能够清楚地划分开来。幸好他在后面一句不经意的话中点明了:"这种生命体验不是观念性的,而是情感性的,是无法用语言把握的某种意绪。"也就是说,审美超越不同于宗教超越、哲学超越的"独特性"就在于它是一种情感超越。笔者不太清楚章辉是否能够接受笔者的这样一种归纳,也许他会以为这种说法太一般化了,太"不超越"了。然而,离开了情感这一特殊规定,章辉(也包括杨春时、潘知常诸先生)如何能够将"审美体验"这一"精神领域"和其他精神领域如"宗教活动、哲学思辨"及伦理道德区别开来?当然,为了对此加以区分,章辉也作了两个论证。

论证之一是:审美活动"是一种导向实践的伟大力量。审美活动批判着现实,它让我们体验到完美的同时把不完美的现实推向理想之境,推向那个灯火阑珊处的乌托邦。……而宗教超越与此不同,它通过对现世的不自由的忍让和宿命式的认同,把这个乌托邦的实现推向彼岸和来世,宗教超越并不导致现世的实践行为。"这种说法的随意性是一目了然的。人的任何精神活动都有可能导向实践,宗教尤其如此。读读《圣经》就知道,基督教信仰就正是"批判着现实",并且"让我们体验到完美的同时把不完美的现实推向理想之境"的。而在今天,以宗教的名义所举办的慈善事业和公益事业也比比皆是。至少,宗教的“导向实践的伟大力量”并不比审美活动差。

论证之二是:“后实践美学所说的审美‘超越’不是对有限理性、有限能力的超越,而是指对终极目标与价值的追求。审美活动不同于科学活动和伦理活动,因为真善是服务于生命的有限性的现实活动,而一切现实都是非理想性的,人类总是不满足于现状要超越自身的局限去追求无限。审美超越就是在有限中追求无限,在非理想中实现理想,从而在精神上把握生命的绝对意义。”这种区分也是站不住脚的。先不说这里同样无法把审美超越与宗教超越区分开来,就说此处所针对的“科学活动和伦理活动”(真善),也并不就等于“服务于生命的有限性的现实活动”。章辉先生的这种说法显然是把科学等同于技术、把伦理道德等同于政治了。科学活动在西方从它诞生的那一天起,就不是用来“服务于生命的有限性的现实活动”,而是出于对宇宙的惊异和好奇而进行的一种无功利的自由探索活动。至于追求善的伦理活动,则只须举康德的“为义务而义务”的伦理学的例子,即可突破所谓“服务于生命的有限性的现实活动”的狭隘范围了。所以,想要通过是“服务于生命的现实活动”,还是“在有限中追求无限,在非理想中实现理想”,来区分审美超越和科学及伦理活动,是根本不可能的。

由此可见,章辉的“审美超越”概念,要么只能被理解为在人的生命体验上的“情感超越”,要么就会被理解为笼而统之的一般超越,而无法与其他形式的超越划清界线。而就前者来说,他的说法并未超出我们的新实践美学;或者说,新实践美学正是章辉所提到的那种情感上的“审美超越”论。

二、新实践美学不讲“审美超越”吗?

新实践美学是否就不讲“审美超越”?这涉及对新实践美学原理的准确把握,章辉显然并未做到这一点。在他看来,新实践美学的缺陷、或者说与后实践美学相比的不足之处就在于缺乏“审美超越”的视野。他说:“‘超越’在邓晓芒那里指的是实践活动对现实的超越,实践的精神对动物性本能的超越……把超越理解为人的概念(知)、情感(情)、意志(意)对动物的表象、情绪和欲望的超越。”显然,这里讲的是作为审美超越的基础的一般超越。但他由此得出我们的这种“实践的人类学品格”的超越观与后实践美学的审美超越观之间的争论是“自说自话,交错而过,其原因我以为是邓晓芒没有站在对方立场对审美活动具有同情性的了解,这就导致了他无法把握审美超越的特定内涵”。这就让人不解了。因为在他所引证的这些观点中,笔者还根本没有谈及什么是我们的审美超越观的问题,而只是谈及了什么是我们的一般超越观的问题。是章辉把这两种不同层次的超越观放在一起,然后又说它们“交错而过”。其实,在一般超越的问题上,我们和章辉并没有什么真正的分歧。将这两个问题混为一谈,可能是章辉这篇文章最终陷入“自说自话、交错而过”的症结。

所以,如果要讨论新实践美学是否对审美超越有“同情的了解”,就不能只抓住我们谈论一般超越的那些话,而必须摆出我们专门谈审美超越的大量论述。章辉在我们的《黄与蓝的交响》中刚刚读到谈实践精神对动物本能的超越的那些段落,也就是在我们的“艺术发生学的哲学原理”中作为起点的第一部分“生产劳动的艺术性因素”中有关人类知、情、意对动物的超越的那些论述①,就贸然断言我们根本不理解审美超越是怎么回事。至于我们在此基础上如何推导出审美的超越性来,又是如何界定这种超越性的,看来他并不知晓。

任何完整地读过《黄与蓝的交响》第五章(“新实践论美学大纲”)的人,都不难看出我们的美学体系的一个基本思路,这就是把审美的超越性从人类生产劳动的一般超越性中逻辑地引申出来。例如,当我们讨论“生产劳动的艺术性因素”以及“艺术因素与美感因素的同步发生”时,我们从来都不说这就是纯粹的艺术或美感,

① 邓晓芒、易中天:《黄与蓝的交响》,人民文学出版社,1999年,第404页。

而总是强调这里谈的只是艺术和美感的“因素”。因为它们这时还只是以原始巫术的形式与人类早期的知、情、意混杂在一起,只是与物质生产劳动有了最初步的分化苗头而已,当然还算不上是纯粹的“审美超越”。我们指出:“但正如艺术在此时还只是潜伏在生产劳动中一样,美感这时也与其他功利的、认识的、原始迷信的观念混沌一体。而当艺术从生产劳动中分化出来、独立出来的那一天起,美感也从其他观念中突现出来、明确起来。”①这就是人类审美精神从不完全的超越(经过原始巫术)进到完全超越的历史过程。这一过程的内在动力,就是马克思所特别看重的精神劳动和物质劳动的分工。

三、新实践美学的审美超越原理

尽管新实践美学没有直接采用“审美超越”这一术语,但无疑具有审美超越现实生活而追求理想境界的思想。比起后实践美学“超越性”“自由”“终极体验”等口号来,新实践美学最大的优势就是历史地澄清了这种审美超越的内在机制和原理。例如,我们从艺术发生学的哲学原理出发,阐明了艺术的超越性即纯粹性和独立性的形成“正是人与人之间的情感交往方式从其他交往方式,首先是生产方式中分化、独立和脱离开来的过程”②。这种审美超越性体现在不同时代、不同阶级和不同民族之间所发生的“共同美”之上,这种共同美使得马克思认为古希腊奴隶社会产生的艺术至今还是“一种规范和高不可及的范本”。所以,“各个阶级的成员也必然具有某些共同的文化传统、风俗习惯、民族心理、审美趣味,以至于某些带有永恒意义的精神特质(如对勇敢无畏的钦慕,对男女情爱的向往,对自我牺牲精神的崇拜,对自由生活的追求等等)。……从艺术品的这种本质性的社会功能来看,我们可以说,艺术是在一个异

①② 邓晓芒、易中天:《黄与蓝的交响》,第420页、421页。

化社会（阶级社会）中促进人性同化的因素。”①

不仅如此，我们还在对审美超越的心理机制从哲学人类学和现象学的高度进行了前人没有作过的分析。我们首先在审美意识中揭示了“自我意识和对象意识的同格结构”，也就是使对象统一于主体的结构。这种结构最初是由纯粹艺术的产生所带来的，其中发生了一种超越性的“逆转”现象：“作为一种独立的精神生产活动的艺术和审美的活动，与物质生产劳动具有某种共同性，它们都是主观世界和客观世界的统一，都是一种实践活动；但另一方面，艺术生产与物质生产又具有截然不同的特点，也就是说，艺术生产（和审美）中的主客观统一已经不像在物质生产中那样，必须使主观最终统一于客观，而是相反，客观必须要统一于主观了。”②而在审美心理学中，这种逆转也使得审美意识成为对物质生产活动中的“劳动意识”的一个颠倒：“这就是在自然向人生成的过程中所发生的一个大飞跃，它以自我意识为轴心出现了一个逆转：由非我决定自我转为了自我决定非我。这就是人的精神或主体能动性的秘密之所在。”③

当然，上述超越机制还不是严格意义上的审美超越机制，而只是一般意义上的超越机制，它也适用于宗教、哲学、道德等领域的超越。于是，我们接下来全面展开了审美超越的特有的心理机制。首先，作为自我意识的情感是一种“意向性的”或者说“有对象的”情感，本质上是一种“同情感”。其次，这种同情感超越具体对象而成为一种“主体间性”的情感，即一种“对象化了的”情感，或者说一种“传情”的情感，这就是美感。再者，这种传情而达致的美感经过感受上的“想象力的自由变更”的“本质还原”，形成某种“情感的格”，它超越具体的情感和美感而还原为形式化的“情调”，这种情调作为“有意味的形式”本身具有某种“直观明证性”，它隐含着人们“直观地品味到的那种寄托人类美好情感的可能性。敏锐地发现这种可能性，在尚未明确表示出来的形态中一下子从整体上把

①②③　邓晓芒、易中天：《黄与蓝的交响》，第431页、435页、443页。

握住(感受到)这种可能性,是人类在长期的艺术鉴赏中培养出来的一种形式直观能力,它刺激着人们在审美活动中的创造性的灵感,并为之指明一个对象化出来的方向。"①这样一种心理机制唯一地适用于审美超越,而不适用于宗教、伦理和科学(哲学)的超越(除非这些超越也带有某种审美超越的"因素")。这就是我们对审美和其他各个精神领域严格划分出来的一条分界线。

可以看出,在上述有关审美超越的现象学还原中,有一个不能最终还原掉的"现象学剩余",即一个人类主体性的"自我极"(Ichpol);一切意向性的对象化、主体间性和想象力的自由变更,无不是以这种自我极的能动性作为前提才得以可能。当年,海德格尔正是从胡塞尔的这种主体性的自我极中引申出了一个"此在"(Dasein)的形而上学,一种"有根的本体论";而我们则依据马克思早期手稿中的观点从这种主体性中引申出了一个"实践本体论"。我们的新实践美学正是以马克思的实践本体论为基点,吸收了胡塞尔和海德格尔的研究成果,在审美超越性问题上有了根本性的突破,这也是新实践美学与一切旧的实践论美学的根本不同之处。然而,遗憾的是,从章辉的文章中丝毫也没有看出他对我们这些观点的回应,甚至没有看出他对这些观点有任何熟悉或了解。

四、评后实践美学的"审美超越论"

章辉在其文末自豪地说:"后实践美学把美学研究的重点放在审美活动,以审美活动为中心重新结构美学体系,这是美学基本理论研究视角的重大转换,它使美学更关心人的存在,而这正是美学这门人文学科的'人文性'所在。……超越美学所大力强调的审美体验的超越性及其对个体生命的精神性意义正是实践美学所缺乏的,也是我国近半个世纪以来美学研究中被各种迷雾所遮蔽的理论盲点,更是包括生命美学在内的后实践美学给中国美学基本理

① 邓晓芒、易中天:《黄与蓝的交响》,第465页。

论建设所作出的最大贡献。”

这段话实在让人不敢苟同。首先,在“美学基本理论研究”中,“以审美活动为中心重新结构美学体系”决不是后实践美学的什么“重大转换”。例如,我们在《黄与蓝的交响》于1989年以《走出美学的迷惘》为名初次出版时,就已明确宣称我们是从审美活动,也就是从“情感交往(美感)出发,进入到艺术和美的分析,由此来建立我们的美学体系”的,并声明,正如马克思在分析物质交往活动时,发现“使用价值和价值体现了‘商品的二重性’”一样,我们在分析审美活动这一“精神交往活动”时,“艺术和美在这里也被看作审美活动的两个本质环节……的对象化表现”①。我们当时并未宣布这是我们对美学视角的一个“重大转换”,因为在我们看来,这实在算不得什么前无古人的事,历史上不少美学家都是立足于审美活动或以之为核心来展开美学研究的,他们早已经确立了美学的这一“人文性”方向,我们不过是由此出发对美和艺术的本质作出了更为合乎美感体验的推导而已。而章辉所“大力强调的审美体验的超越性及其对个体生命的精神性意义”,这也不过是西方美学中的一个重要的传统。

最后,章辉向笔者提出了几个重大的问题:“邓晓芒说,审美是为了传达情感以引起共鸣,但问题是,人为什么要传达情感?为什么要与他人共鸣?审美对于人生的意义是什么?人们为什么要那么执著地追求美?‘新实践美学’没有说明审美传情的心理动力机制,也没有说明审美情感的独特性。”章辉如果真正认真读过我们的《黄与蓝的交响》,我相信他决不会提出这种问题,因为我们在书中所要论述的正是这些“为什么”,并作出了既有实证层面,又有超越层面的回答。至于“审美传情的心理动力机制”及其“独特性”,我们在“审美心理学的哲学原理”一节中也作了极为详尽的分析,只是章辉没有耐心去读而已。

章辉还说,把审美置于情感的社会普遍性之上,这在休谟、康

① 邓晓芒、易中天:《走出美学的迷惘》,花山文艺出版社,1989年,第473页。

德等人那里已经实现,这只是“走出了美学研究的第一步,进一步的研究课题应该是:审美情感的独特性,它与其他情感如宗教情感的异同,它对于个体生命的意义,它的历史和现实形态,它的人类学根源等等,而这就必须对审美活动作深入的研究”。意识到这样一些问题应该关注,而不只是停留在一些空泛的口号上,这是章辉高于杨春时、潘知常诸先生之处。然而,所有这些他认为应该“进一步研究”的课题,在我们的书中都讨论到了,而在“后实践美学”的文献中倒似乎还的确是一片空白。为了免得做无用功,章辉是否先把国内美学界的其他人(包括新实践美学)究竟讨论过以及解决了哪些问题搞清楚了,再来有针对性地提出现在应该进一步研究的课题呢?

以上陋见,或有不周之处,敬希指正。

(原载《河北学刊》2008年第4期)

走向实践存在论美学

——实践美学突破之途初探

朱立元

当代中国美学的发展目前正处于一个十分微妙的发展阶段，一方面人们开始认识到传统美学存在着种种局限，力图克服这种局限，实现美学的新发展；但同时我们仍然受到传统美学思维方式的影响，未能完全突破传统的认识论思维方式和框架的束缚，因而未能获得真正突破性的大发展。目前我们正处于这样一个时期：中国美学酝酿着或者说正面临着取得新的重大突破的机遇，但如果我们不能进一步解放思想，在思维方式和研究方法上有所突破和创新，那么，美学研究的真正突破和进展就不可能实现。因此，探讨如何实现中国美学的突破性进展在当前就显得十分紧迫。我们一直关注并思考着这个问题，也做了一些初步的思考和尝试，现在把它发表出来，以期引起学界同仁的共同关注和讨论。

我们的基本观点是：中国美学要实现重大的突破和发展，一个最重要的途径恐怕就是要首先突破主客二元对立的单纯认识论思维方式和框架。

一、主客二元对立的认识论：阻碍中国当代美学突破的一个重要因素

20 世纪 50—60 年代，中国美学就迎来了一次大讨论，形成了以蔡仪、朱光潜、吕荧、高尔泰、李泽厚为代表的所谓美学四大派。

这四大派虽然成就不同、观点各异,但有一点却是共同的,那就是他们的讨论基本上都局限在一种主客二元对立的认识论思维方式和框架之中来讨论问题,都是把美作为一个先在的、现成的实体来认识:认为美在客观,是客观事物的一种属性,这是一种客体实在论;认为美在主观,是人的一种主观感受,这是一种审美主体实在论,把人看作一个早已存在的不变的审美主体;认为美在主客观的统一或者社会性与客观性的统一,实际上主张美就在于客观事物的属性恰好和一定的审美主体的感受相契合,这实际上是一种关系实在论。也就是说他们都是把"美"或者"美的主体"作为一个早已存在的客观对象来认识,因此,虽然争论得很热闹,也取得了一定的成果,但由于都是相同的认识论的思维路径,因而最后归结、上升到唯物主义与唯心主义之争,却未能在解决美学的基本问题上有大的突破。

"文革"以后,美学大讨论中各派的观点借助于对马克思《巴黎手稿》思想的阐释都有所坚持、发展和完善,但总的来说,还是在认识论的框架里来谈怎样认识美、"美是什么"等问题,没有新的重大的突破。而以李泽厚先生为代表的社会性与客观性相结合的美学理论,充分结合马克思《1844 年经济学—哲学手稿》的思想,用"自然的人化"的实践和历史"积淀"作为贯穿整个美学思想的基础,发展成了他的人类学本体论美学,形成了 20 世纪 80 年代在中国美学界中占主导地位的主体性"实践美学"。李泽厚先生的美学理论代表着"实践美学"的主流派别,他强调人的物质生产劳动、制造工具的基础地位和历史"积淀"的理性指导作用,把美和人的物质生产劳动实践结合在一起来研究美学,已经对认识论美学所局限的范围有所拓展,因此具有一定的生命力,影响是非常大的。但是,这一时期的实践美学仍然围绕着怎样认识美的本质这个中心论题研讨,没有真正跳出认识论的思维框架。当然,在实践美学后来的发展中,实践美学中的其他代表人物已经开始注意到如何超越单纯认识论美学模式的问题了,比如蒋孔阳先生以实践论为哲学基础、以创造论为核心的审美关系说美学就是试图超越认识论美学框架而进行的颇有成效的尝试。

进入20世纪90年代以来中国美学的发展处于一个急剧变化的时期，一种新的突破发展的可能性正在酝酿之中。已经有越来越多的学者开始意识到我们必须超越现有的美学研究模式，才有可能使中国的美学发展获得一个大的突破，并且开始做了一些尝试的工作。比如早在20世纪80年代后期刘晓波就以感性—个体反对理性—集体的方式拉开了对以李泽厚先生为代表的实践美学主流派进行批评的序幕；在90年代初陈炎先生又开始向"积淀说"发难；接着，杨春时先生也提出超越实践美学、走向"后实践美学"的主张；潘知常教授等人则提出了"生命美学"、"生存论美学"等来反对实践美学。与此同时，也有一批学者（包括笔者在内）对处于变化之中的实践美学作具体分析，从各个方面为实践美学中的合理因素辩护，当然也承认实践美学主流派的观点存在局限，需要改进和发展。这场美学大讨论表明已经有越来越多人不满于中国美学的现状，试图超越现有的美学模式，这预示着我们的美学正酝酿着某种革新和突破的可能性。但是，究竟应该怎样超越、突破，什么才是阻碍中国美学发展取得突破性进展的关键问题却仍是需要我们进一步研究的，必须抓住这个根本的症结，中国美学才有可能有一个真正的突破性发展。从对实践美学的论争中来看，人们还主要不满于实践美学过分强调集体性、理性、物质生产劳动的一面，因此想要给予与之对立的感性、个体体验性在审美中以应有的位置，但多数人对"美"的提问方式并没有从根本上发生变化；对实践美学主流派在认识论方面的局限虽然开始注意，有的也有批评，但多数人似乎还认识得不够深刻，还没有提到关键、要害的地位来认识。现在看来，这种反思和批评的工作当然是很必要和有意义的，但还没有从根本上抓住阻碍当代中国美学发展的核心问题，即主客二元对立的认识论思维方式问题，有的学者虽然也看到或提到这一点，但深入反思、分析还不够。多数人（包括我们在内）很长一个时期仍然是在认识论的思维框架范围之内来探寻美学学科的发展，所以难以有大的突破和创新。

90年代中期另一场争论更使我感到超越主客二分的认识论思维方式的迫切性。这就是关于巴黎手稿“美的规律”的争论。1997年陆梅林先生发表了《巴黎手稿探微》的文章,学界开展了争论,我也参加了这场论争,发表了自己对“美的规律”的看法,认为所谓“美的规律”是一条“属人”的规律,而并非截然与人无关的客观事物的属性,并非纯粹的自然规律,它是社会合力的结果,这样我把“美的规律”定位于社会历史的规律;认为社会历史规律的客观性主要体现在支配社会历史发展的规律在其发生作用的范围内,对每一个社会主体(个体)的意志和认知而言,具有不可阻挡的客观强制性。这样,“美的规律”就不再简单的只是一个在人之外固定不变地存在着的所谓“物”的自然规律、客观规律了。我这样的观点被一些坚持“美的规律”是客观事物的属性的客观派所批评。这次讨论使我感到,我们有的同志在思维方式上不是前进了,而是倒退了,倒退到五六十年代的水平了,还停留在简单的唯物、唯心对立的认识论思维模式中来讨论问题。这使我感到我们学界当前在研究学术问题思维方式的创新问题上仍然任重道远。因此,从新世纪中国美学的发展来看,我认为阻碍我们美学取得突破性进展的一个主要障碍就是那种主客二元对立的僵化的认识论思维模式。

二、超越传统的认识论:西方美学发展的历史趋势给我们的启示

从西方美学两千多年的历史发展来看,传统美学哲学基础一直是以一种主客对立的认识论占主导地位的。主客二分的科学分析式的认识方式向来是西方占主导地位的思维模式,以此获取关于外在世界和事物的可靠的知识也一直是西方人最重要的一个价值目标。对于美学研究来说,人们也是自觉地把美作为一个知识对象来认识。柏拉图就是自觉地把美作为一个自己要加以分析认识的对象来认识,只把对“美本身”的沉思、获取美的普遍知识作为寻求的目标,而不关心各种具体的“美的东西”,提出美是一种“理

念”;亚里士多德则认为艺术能引起我们愉悦,是因为我们在看到艺术模仿某物时,就想起了它模仿的是现实中的某物,从中获得了知识,从而把获取知识作为审美的第一价值标准。这样,求知的认识论心态成为人们美学研究的首要价值参照系和出发点。也因此,真实“模仿”自然、客观反映现实也就成了传统美学的一个主要价值标准。笛卡尔以来的理性主义思潮把人的理性“我思”作为认识外界客观事物的出发点和中心,确立了主体的中心性、优先性和基础性,这种认识方式的前提是主客体二分,即把要认识的对象作为客体与作为主体的人对立起来,这就使主客二元对立的认识论方式成了近代以来西方的一种主要认识方式和思维方式,当然也是美学研究的一个主要思维方式,它把“美”作为一个纯粹客观和固定不变的对象或概念来分析、研究和认识,从而总是追问“美是什么”?试图给“美”下一个确切的定义,获得对美的固定本质的认识。从柏拉图、亚里士多德到康德、黑格尔莫不是如此。

而从19世纪中期以来,西方美学发展的一个明显趋势,就是从各个角度、多方位地对传统的以追求客观知识为目标的、主客二元对立的认识论美学展开批评和反拨。唯意志主义哲学家叔本华认为当一个人“不是让抽象的思维、理性的概念盘踞着意识,而代替这一切的却是把人的全副精神能力献给直观,沉浸于直观,并使全部意识为宁静地观审恰在眼前的自然对象所充满,不管这对象是风景、是树木、是岩石、是建筑物或其他什么的。人在这时,按一句有意味的德国成语来说,就是人们自失于对象之中了”。①叔本华把这种失去理性认识状态的“自失”的“直接观审”作为真正的审美状态,让人与物直接消融在一起,而不是划出物我、主客体界限来认识,认为这种超越认识的“观审”才是真正的审美。叔本华以这种带有非理性色彩的直观方式反对传统主客二元对立的认识论美学。而直觉主义者克罗齐则认为:“知识有两种形式,不是直觉的,

① 叔本华:《作为意志和表象的世界》,石冲白译,商务印书馆,1982年,第249—250页。

就是逻辑的;不是从想象得来的,就是从理智得来的;不是关于个体的,就是关于共相的;不是关于诸个别事物的,就是关于它们中间关系的;总之,知识所产生的不是意象,就是概念。”①而审美既不是概念、不是理智、不是逻辑,也不是共相,审美就是直觉,当头脑中的直觉活动完成以后,艺术审美就完成了。克罗齐虽然仍把作为直觉的艺术和审美看成是知识的一种形式,但他实际上是以人的直觉活动颠覆了传统美学的主客二分的认识论思维方式。精神分析学大师弗洛伊德则把人行动的根本动力归结为人的性本能、无意识,认为“力比多”的无意识是人活动的力量源泉。对于诗人的审美创作来说,“同白日梦一样,艺术创作是过去儿童游戏的继续和代替。……诗人所完成的东西,是他最大的隐私”。②弗洛伊德把审美创造看作为艺术家的白日梦或者无意识的转移和升华,弗洛伊德这种研究美学的无意识精神分析方法,使传统的那种主客二元对立的科学分析的认识论研究方式受到极大的冲击。另一位对现代美学有着深刻影响的哲学家尼采强烈地批评那种认为知识和认识可以包治百病的“苏格拉底式乐观主义”,提出“真理比外观更有价值,这不过是一种道德偏见而已;它甚至是世界上证明的最差的假定”③。以此反对传统的真理—认识论,要求人们勇敢地停留于事物表面,去追求感性生命的强力意志,建立“生理学美学”,而不是去追求所谓事物的客观本质或真理的美学。在《权力意志》中尼采反复强调说:“要以肉体为准绳……因为肉体乃是比陈旧的灵魂更令人惊异的思想。无论在什么时代,相信肉体都胜似相信我们无比实在的产业和最可靠的存在——简言之,相信我们的自我胜似相信精神。”“根本的问题:要以肉体为出发点,并且以肉体为线索。肉体是更为丰富的现象,肉体可以仔细观察。肯定对肉体

① 克罗齐:《美学原理》,朱光潜译,《朱光潜全集》11,安徽教育出版社,1989年,第131页。

② 中国社科院美学研究室编:《美学译文》3,刘小枫译,中国社会科学院出版社,1984年,第336—337页。

③ 熊伟主编:《存在主义哲学资料选辑》上,商务印书馆1997年,第129页。

的信仰,胜于肯定对精神的信仰。”①尼采如此强调感性肉体的基础地位,深层原因就是对几千年以来西方思想中根深蒂固的追求客观知识的知识主义信念的反叛,对传统主客二元对立论认识方式所带来的弊端的深恶痛绝。以强调感性生存的美学方式来代替传统以求知为目的的主客二元对立的认识论的美学研究方式,这是西方现代美学发展中的一个重要的趋势。

存在主义哲学家海德格尔则把西方传统的这种认识论思维方式的弊病归结为“对存在的遗忘”。从存在主义的先驱克尔凯郭尔开始,存在主义就指出任何认识是人的认识,这就必须首先明确人的存在状况是怎样的,然后才能谈认识真理的问题。把对外物的认识分析转为对人的存在本身的优先性研究,使认识论走向存在论。克尔凯郭尔指出:“不管真理是被经验地定义为思维和存在的一致,或是被观念地定义为存在和思维的一致,重要的是每一个定义都应该审慎地指明存在意味着什么。”②而人的存在就意味着主体是一个生存着的个人,而“生存是一个生存的过程,因而,作为思维与存在的同一的真理概念是一种对抽象的幻想,就其真理性而言,它只是对造物的一种期待。”③因为认识是一个生存着的个体的认识,而生存是一个过程,是每时每刻都在改变着、流动着的个体,因而不可能有静止的“同一”,一切都是在人生存的过程中生成的,客观静止“同一”的认识是不存在的,这就无异于拔掉了传统认识论的根基。因此,克尔凯郭尔把哲学的中心转到对当前人的生存状态的感受上而不是对外在客观真理的认识上。海德格尔也认为传统认识论思想没有对主体自身的存在本身有所领悟就谈存在者的存在,实际上不能真正指明存在。他指出:“康德耽搁了一件本质性的大事:耽搁了此在的存在论,而这耽搁又是由于康德继承了笛卡尔的存在论立场才一并造成的。笛卡尔发现了我思故我在,就认为已为哲学找到了一个可靠的新基地。但他在这个基地的开

① 尼采:《权力意志》,张念东等译,商务印书馆,1991年,第152、178页。
②③ 熊伟主编:《存在主义哲学资料选辑》上,商务印书馆1997年,第13、21页。

端处没有规定清楚的正是这个思的存在方式,说得更准确些,就是我在的存在的意义。"①海德格尔把人的当下生存的"此在"状况作为一切存在论的基础,使人的存在论获得了优先地位,"其他一切存在论所源出的基础存在论必须在对此在的生存论分析中来寻找。"②人的存在是"此在",即一个特定的存在,通过自己的"操劳"在世界中存在,通过自己的"在世"与世界打交道,人,就是人生在世,没有抽象的人先在地存在某处,他就在世界中,也没有一个纯粹客观的世界在人的对面等待人来认识。人和世界都是在他(它)们的"交道"中存在的,因而,除了"正在"、"亲在"以外,没有客观固定不变的对象被同样固定不变的纯粹主体来进行所谓的真理性认识,真理就是"此在在世"这种当下生存的自行置入。海德格尔以"此在"正在(在世)的生存论的生成思想来超越西方传统的主客二元对立的认识论思维方式,给人们巨大的震撼和启发。

我们看到,试图克服传统认识论思维的弊病然后超越这种思维方式,成了西方现代美学寻求新的发展和突破的一个基本趋势,这种思维方式的根本改变使得西方现代美学获得了极大的突破性发展,它的丰富性、建设性和生长潜力几乎超过了以往全部美学观念的总和。这也给我们尝试突破当代中国美学发展的瓶颈提供了重要参照和启示,那就是一定要跳出单纯的主客二元对立的认识论的思维方式和框架。

三、以实践论与存在论的结合为哲学基础,走向实践存在论美学

如何才能跳出认识论的思维方式呢?结合我国当代美学的现状和世界美学发展的历史趋势来看,可能有多种超越的途径;而在现有的几派美学中,我认为还是实践美学仍有改革、更新的可能。

---

①② 海德格尔:《存在与时间》,陈嘉映、王太庆译,生活·读书·新知三联书店,1999年,第28、16页。

总体看来,实践美学虽有不足,但它并没有完全过时,特别是非主流派的蒋孔阳先生以实践论为基础、以创造论为核心的审美关系说,实际上已经开始寻找存在论的根基,尝试超越主客二元对立的思维方式,为我们树立了创造性地发展和建设实践美学的范例。如果我们能沿着这一思路前进,树立起"美"是当下生成的"人生在世"的一种状态、而不是现成的认识对象的观念,从而不把美作为一个在人以外早已存在的客体去认识,而是将实践论与存在论结合起来作为哲学基础,以此走向实践存在论的生成性美学,或许能作为当今美学突破的一条尝试之途。下面试对实践存在论美学的要点略作陈述。

1. 美是生成的而不是现成的

传统主客二分的认识论美学的一个基本立足点就是把"美"作为一个早已客观存在的对象来认识,预设了一个固定不变的"美"的先验存在,从而总是追问"美是什么"的问题。由于已经先在地把"美"设定为一个客观的实体,所以就必须找到一个唯一的答案,为"美"下定义;但实际上那个先在的"美"是不是存在以及是如何存在的,人们还并不清楚。这就无异于给一个还处于空无状态的东西下定义,从而使人们陷入了一个怎么说都可以却总是说不清、道不明的怪圈之中,说来说去,难以有大的突破。这里的要害是认识论的思维框架。我们要取得根本性的突破,就必须首先跳出一上来就直接追问"美是什么"的认识论框架,而是重点关心"美存在吗?它是怎样存在的?"这样一种存在论问题。因为只有"美"存在了,然后才能言说"美"是什么等其他问题,而传统美学不问美是否存在或怎样存在就直接问美是什么,绞尽脑汁给美下定义,结果陷入理论误区,因为连是不是有美都没有解决就问美是什么,这在逻辑上也说不通。因此,美的存在问题是美的首要问题。

那么,美是怎样存在的呢?我们认为没有一个客观固定的美先在地存在于世界某个地方。美是在人的审美活动中现时、当下生成的。美只存在于正在进行的审美活动之中,只有形成了人与世界的审美关系,美才存在。也就是说,从逻辑上说,审美关系、审美活动先于美而存在。没有审美活动，就没有美。美永远是一种“现在进行时”。

“美”不是“美的东西”。某个“东西”是存在的，但如果是“美的东西”则必须是在审美活动中才有“美的东西”存在。人对世界的“东西”有形成多种关系的可能性，人对某个东西可能是占有的欲望功利关系，也可能是纯粹客观的科学研究关系等等。在欲望的关系中，人要为自己而占有或者消灭那个“东西”，这时候没有“美”存在；在纯科学的研究关系中，人要分析那个“东西”的结构，这时候也没有美存在。当人以一种情感的非功利观照态度即以审美的方式来观照这个“东西”的形象时，可能有一种特殊的状态或感受出现在这个活动过程中，这时美就产生了。如海德格尔所言，一幅画和茶缸放在背包里，一部莎士比亚全集放在床头柜上，如果没有被人审阅欣赏，它与那些茶缸、堆放着的土豆在那时是具有同样“物性”的一个“物”而已，只有在审美观照之中它们才变得不一样，才有可能成为“美”而被人“审”。所以，审美关系不是现成的，而是生成的。

人与世界的关系有多种可能性，一个人自身也有多种可能性。在一天之中一个人有时可能是粗鲁的人，野蛮的人；而有时又可能是讲伦理道德的人、高尚的人；另一些时候可能是实事求是、讲究科学严谨的人；还有一些时候可能是情感的、非功利的人；等等。人不可能始终都是一种状态，更不可能只有一种状态。所以，没有一个一直都处于审美状态的“审美主体”存在。这个“审美主体”可能在不审美的瞬间是一个充满了原始欲望的萎缩卑鄙的人，这也是可能的，但这并不是说他这样一个主体在审美的时刻就不能成为一个“审美的主体”。主体就是一个主体，科学的主体、道德的主体、渺小的主体……而当他在审美的时刻里，他就是一个审美的主体。可见，审美主体也不是现成的，而是生成的。

同样，审美客体也不是现成、固定的。我们所谓的客体，是相对于主体人而言的，是人的对象、对立面。应当说，客体作为人的对象，它就是一个客体，是中性的。人与客体发生不同关系时，客体就成为不同性质的客体:比如,当人在对客体进行科学研究的时候,这个客体成为一个“科学客体”;而当人对这个客体进行欲望活动时,这个客体就又变成了一个“功利的客体”;当人对这同一个客体进行审美式的观照时,这个客体就成了一个“审美客体”。美就是在人的审美活动中、在人与世界形成审美关系时当下生成的。因此,我们可以说美同样不是现成的,而是生成的。

总之,从逻辑上说,“审美主体”和“审美客体”(包括“美”)都是在审美关系确立后,在审美活动中当下、同时生成的,没有一个早已存在的固定不变的“美的主体”或“美的客体”(广义的“美”)存在。在此,我们必须确立审美关系逻辑先在的原则。

再从人类历史发展的实际情况来看,“审美客体”“审美主体”也不是从来就有的,而是从无到有、在人类生产生活的长期实践中一步一步、历史地形成的。众所周知,大自然的山水在很长一段时间里就只是自然山水,并不是人类的“审美客体”,而且它还是作为人类的异己力量成为人类的“敌人”而存在的。在人类的孩提时代,人和自然的关系还处于一种敌对的关系之中,“羿射九日”“精卫填海”各民族的大洪水故事等都说明早期的“日”“海”“水”等自然事物都是人类的异己力量而不是审美的客体。正如马克思所说:“自然界起初是作为一种完全异己的、有无限威力的和不可征服的力量与人们对立的,人们同它的关系完全是像动物同它的关系一样,人们就像牲畜一样服从它的权力。”①人类早期与自然的关系主要是求生存、繁衍种族的实用功利关系,人类的活动也主要都是一种与艰苦的生活环境作斗争、求生存的实用活动;只是随着人类社会经济和文化、文明的发展,自然才慢慢与人建立起审美的关系,进入人类的审美视野,成为人的“审美客体”的。人类的审美活动就是这样从无到有,从简单到丰富不断生成的,而且只要人类和人类文明还存在,这种审美活动和(广义的)美就会继续生成下去、

---

① 马克思、恩格斯:《德意志意识形态》,《马克思恩格斯选集》1,人民出版社,第35页。

永远生成下去。在此意义上,我们可以说,审美活动、审美关系乃至“美”都是过程,都是生成的。历史实践告诉我们,“审美主体”“审美客体”也都是历史发展、生成的产物,它们不是从来就存在的一个客观事物,而是随着历史发展而逐步形成并不断丰富、发展的。

2. 审美活动是一种基本的人生实践

因此,我们可以说,审美活动是美学问题的起点,有关美的一切问题都在审美活动中产生,也应在审美活动中求得合理的解释。有关美的问题只有在审美活动正在进行的过程中才是现实的美的问题,才构成真正的美学问题。所以,追问那个抽象的美是什么,实际上也就是问在人类的无限丰富的实践活动中什么样的活动才是审美的活动?这就提出了审美活动与人生实践的关系问题。

人生实践是人的基本存在方式。人是通过实践而成为人的,人也应当通过实践而得到越来越全面的发展,越来越成为真正意义上的人。这应该构成我们美学理论的哲学基础。一切美学问题都应该在这个基础上加以思考和研究。人的存在或者生存,不是一个抽象不变的概念,更不是一个僵化的客体。人就生存、存在于他与世界交往、打交道的实践活动之中。同样,人的本质也不是抽象的、固定不变的,而是生成的;没有一种先验的、永恒存在在某个地方的人的本质。人是在他的实践活动中形成自己的本质特性的。人在世界中存在,人的一生总是在不断地同世界打交道、进行着各种各样的活动,人在活动中生存,不活动,人就不存在。这种活动就是人生的实践。以前我们对“实践”的界定主要着重其制造、使用工具这样一种的物质生产活动,或者把实践狭窄化为阶级斗争、生产斗争和科学实验,而把其他的林林总总的人生活动都排除在“实践”范围之外了。在亚里士多德那里,实践已不限于制作工艺的技术性活动,而是偏重于伦理道德活动;到了康德,他把人的认识活动分成三大块,即所谓的纯粹理性、实践理性与判断力,实践在他那里主要是指意志领域的道德活动,当然也包括人的一些其他活动,但是,审美的直观判断属于情感活动,因而不是意志领域的“实践”。这比我们今天许多学者仅仅把人制造和使用工具的物质生产活动以及生产斗争、阶级斗争、科学实验等社会性的“大活动”看成实践显然要广泛得多。这些“大活动”固然都是实践,但人的实践决不只限于这样的范围。首先,道德伦理的活动是人生的重要实践;还有包括艺术和审美活动在内的人的精神生产活动也不能排除在人生实践之外。其次,除了这种社会性、历史性的、有集体性特征的实践以外,还有许多个人性的实践活动,比如个人成长中青春烦恼的应对、友谊的诉求、孤独的体验等日常生活的“杂事”也都是人生实践的题中应有之义。人生实践的范围是非常宽广的。正是在这个意义上我们说人的基本存在方式就是人生实践。

进行审美活动是人生实践的一个基本内容。当人超越了生存的基本功利需要之后,就会产生进行审美活动需要,就会进行形形色色的审美活动,以便从对事物形象的直接观照中获得愉悦。它是个人的感觉、情感、直观、想象、联想、无意识等纯粹个体性的冲动和社会性的理想、追求、探索、创造等理性规范之间在瞬间的直接爆发;是个体与集体的综合,既是个人的创造性实践活动,也是社会性的历史活动。审美活动是众多的人生实践活动中的一种,是人的一种高级的精神需要,而且是见证人之所以为人的最基本的方式之一。它是人与世界的关系由物质层次向精神层次的深度拓展;它与制造工具、生产、科学研究等一样,是人类不可缺少的一种基本的人生实践。一句话,审美活动是人超越于动物、最能体现人的本质特征和生存方式的一种基本的人生实践活动。

3. 广义的美是一种人生境界

人生实践活动是极其丰富的,但这些丰富的实践活动并不是一个层面上的活动,它们是有着不同的层次的。有的是高层次的,有的是低层次的。有的活动是人满足自己最基本的肉体生存需要的活动,比如吃喝、睡眠等生理活动;有的是推动或者阻碍人类社会前进的重大活动,如社会经济改革或破坏、政治革命运动的成败、重要科技创造及其应用活动等。一般说来,满足单纯个人性的生物需要的活动是低层次的,满足推进人类社会进步的活动是高层次的;满足人的物质生活需要的活动虽然最为基本,但层次相对较低,而满足人的精神生活需要的活动则相对层次较高。但不论高低,这些分层次的活动却都是人的生存、存在所必需的活动,人不是只需要高层次的活动而不需要所谓低层次的活动的。人来源于动物就不可能完全消灭他的动物性,只是在一个人身上他的动物性的生物性和社会性的人性所占的比重不同而已,这种不同的比重就把人区分为无数不同的层次,这种不同的层次在一定意义上可以说就是不同的人生境界。我们所说的高的人生境界就是在基本的生物性存在之上,不断远离单纯的生物性而无限趋近于更加丰富的人性活动。因此,人的生存是讲境界的,人是一种境界性的生存。在现实生活中,人往往是有限性的生存,受制于生物性的感官功利的制约或者社会性的道德规范等强制而不自由,而审美活动则是在超脱于主体功利与外界规律基础上的一种精神的自由活动。审美活动是在人满足了基本的生物性生存基础之上的一种活动,是人的一种高层次实践活动的产物,是人不断脱离其单纯动物性存在的结果,是人的生存样态不断丰富的结果。因此,美是一种人生境界的展开,追求美就是追求更高的人生境界。广义的美实际上就是一种人生境界。

人的生存是讲境界的,也只有人的生存是讲境界的。在西方思想世界里,人的生存也是一直有着各种不同的境界的。在柏拉图那里,他重视理性贬低情欲,哲学家的生存是最高境界的,是"理想国"里的王;中世纪要人们抛弃感性,皈依上帝,虔诚的信仰生活是最高境界的生活;在康德知、情、意的世界里,把审美的"情"看作是连接智与意的中间环节,是向最高的道德境界的过渡环节;"美学之父"鲍姆嘉通在理性认识和感性认识的比较中,把审美看成一种低级的感性认识,仍然把理性认识的生活看作最高境界的生活;黑格尔把美、艺术看作通达最高的哲学境界、"绝对精神"的前奏;席勒把审美看作是介于"理性冲动"与"感性冲动"之间的一种"游戏冲动",把审美看作达到"理性人"的过渡环节;存在主义的先驱克尔凯郭尔认为人有三种境界:审美的境界、伦理的境界、宗教的境界,审美境界是达到信仰境界前的一个低级阶段,因为这时人全凭感情、感性而不是理智来处理事情；尼采则把人分成动物、人和“超人”三种境界，“人”仅仅是达到“超人”的一个桥梁，具有“强力意志”的超人才是最高的生存境界。这些思想家都把人的生存分成不同的层次境界，只是在西方传统思想里，一般都把知识、理性、道德、哲学式的生存作为最高境界的生存方式，审美并不是一个理想的生存境界，这是与西方几千年以来的“求真意志”分不开的。但西方思想发展到现代的一个趋势却是对传统的“求真意志”的批判，提高审美在人的生存中的层次，把审美作为拯救在现代技术社会中“异化”的人类的一剂良方，作为一个越来越高的人生境界来追求。

在中国，也是讲生存的境界的。孔子说：三十而立，四十不惑，五十知天命，六十而耳顺，七十从心所欲不逾矩。这实际上就是一个人的不同的人生境界，孔子是向往、赞同那种“从心所欲不愈矩”的自由的，“吾与点也”的那种颇具审美精神的从容境界。庄子所向往的是那种“相忘于江湖”、不“物于物”，“独与天地精神相往来”的物我两忘的自由境界，是一种“游刃有余”的心灵的“逍遥”。这种自由、这种“逍遥”在很大程度上是一种审美精神。中国人所向往的就是这样一种能进能退，“达则兼济，穷则独善”的自由境界，一种天、地、神、人自然和谐相处的境界，即我们传统所说的“天人合一”的境界。诚如冯友兰先生所言，人的境界有自然境界、功利境界、道德境界和天地境界，就如动物性的自然本能地生存，吃饭就吃饭，教书就教书，这是自然境界；而为了自己个人一定的目的而做某事了，这是功利的境界；为了更多的人、为了社会而做某事了，这是道德境界；而似乎没有什么目的却有着更大的目的，不刻意为了某个目的却符合人类生存的整体性目的，这就是天地境界，“从心所欲不逾矩”的境界。而这种最高境界往往是审美式的，或者是同审美状态息息相通的。因此，中国人的生存是讲境界的，而中国人的最高境界往往同时是审美的境界。

就字面意义来讲，“境”，边境，范围，界限的意思，一个省有省境，一个国家有国境；“界”，也是界线、范围的意思，一个县有县界，一个国有国界。境界的意思就是边界、范围的意思。境界高就是可以自由活动的界限宽、空间大;境界低就是界限狭窄,没有足够的大的空间。人生的境界高,就是人生的活动范围无限宽广,具有足够的活动空间,可以无限自由地展示无限丰富的人性。审美活动就是把人从单纯的生物本能活动中提升出来、大大扩展其生存空间的界限,扩展它与自然万物之间的关系的活动。审美活动把人的生存边界和界限大大扩展了,所以审美活动是人的一个高的境界。

四、《美学》:走向实践存在论美学的尝试

正是基于上面的这样一种认识,我们做了一些实际的尝试工作。在主编高校面向21世纪教材《美学》①的过程中,我们就力图实现我们对认识论美学框架体系的突破的设想。总体上说,是想建一个审美活动中当下生成的美学。

我们认识到,要想在美学原理的研究领域里有所创新和推进,最紧要的事情就是突破长期以来主客二分的二元对立的思维模式对我们的束缚。因此,我们在反思、总结过去几十年,特别是最近二十年国内美学研究的经验教训和取得的各种成果的基础上,以美是在审美活动中当下生成的实践生存论美学思想作为重新思考美学问题、寻求美学基础理论研究突破的切入点。我们借鉴吸收了西方现象学的某些合理思路,比较自觉地发展蒋孔阳先生以实践论为哲学基础、以创造论为核心的审美关系理论,努力超越主客二分的思维模式和认识论的理论框架,把美与人生实践紧密联系起来,将“审美是一种人生实践”“广义的美是一种特殊的人生境界”的主旨贯穿全书,以审美活动论为教材编写的中心和逻辑起点,然后从“审美形态论”“审美经验论”“艺术审美论”“审美教育论”等方面展开论述,整个教材从基本思路、逻辑框架到概念范畴等都有一定的创新。

我们这本由高等教育出版社出版的《美学》除导论外共分为五

① 朱立元主编:《美学》,高等教育出版社,2001年。

大部分：即审美活动论、审美形态论、审美经验论、艺术审美论和审美教育论。我们把审美活动论作为全书的逻辑起点和核心部分，它提出审美主、客体都是在审美活动中现时地、动态地生成的，审美活动是人类对自己生存方式的一种认同和确证，是人的一种存在方式，是人的一基本的、高级的人生实践活动。在此基础上的人生实践活动在不同层次上的展开，实际上就是各种不同的审美形态，从而把审美形态定义为"不同层次的人生境界的感性的、具体的表现"。审美经验论则强调审美经验必须当主体处在与对象的审美关系或活动中才会形成，它是审美活动中主体对审美对象的反应、感受和体验的过程和结果；审美经验的根本性质是实践，是与人生实践、审美实践活动不可分割地联系在一起的。审美经验不是传统所说的一种关于过去的回忆性的固定体验，而是在审美活动正在进行的过程中才有审美的经验，它是现时生成的。"艺术审美"是人类审美活动的集中体现，我们从存在论的新视角出发追问艺术是怎样存在的，从艺术活动的整体存在来界定艺术，开辟了艺术存在于从艺术创造到艺术作品到艺术接受的动态流程中这一新的解释路径。在审美教育论上，我们以提升人生境界，促进人生全面发展为出发点，指出要使审美活动与人生实践活动有机地统一起来，真正达到人生的最高境界，还要借助于审美教育。这样，我们以审美活动为起点，在审美活动的动态生成过程中把审美的主要问题连接在一起，形成了一个动态生成的体系。

《美学》只是我们初步的尝试，存在问题不少。我们深知，要真正实现我们美学研究的突破性发展还有很长的路要走，要与时俱进，回应时代提出的新挑战，美学界的同仁还需共同努力，继续探索。我们欢迎大家对我们的尝试工作提出批评指导，以便我们共同推进当代中国美学的建设。

（原载《湖南师范大学社会科学学报》2004 年第 4 期）

主体性美学与主体间性美学

——兼答张玉能先生

杨春时

中国美学在上个世纪80年代确立了以实践美学为代表的主体性美学的主流地位，而在90年代以后，以“后实践美学”为代表的主体间性美学崛起，预示着中国美学的现代转型。尽管主体间性美学受到了来自主体性美学方面的批评，例如张玉能先生的批评①，但是，主体间性美学取代主体性美学是历史的必然，也是美学理论自身现代发展的要求。为此，有必要对主体性美学与主体间性美学作进一步的阐释，并回答张玉能先生的批评。

主体性美学是启蒙时代的美学，作为现代性核心的启蒙理性成为主体性美学的基础。启蒙理性的基本精神是主体性，它肯定人的价值是最高的价值，认为人是自然的主宰，以人的理性来对抗宗教蒙昧和神本主义。在启蒙理性高涨的时代，美学也必然高扬主体性，成为主体性美学。主体性美学适应了启蒙的需要，它认为审美作为自由的活动是主体对客体的胜利，是自我伸张的结果，是人性的体现。康德建立了先验主体性的美学。他认为审美与一切精神活动一样，不是客体性的活动，而是以人的先验能力和先验结构为前提的主体性活动；审美作为情感活动是由认知到伦理、信仰的中介、由现象到本体的桥梁。席勒继承了康德的主体性美学思想，

---

① 张玉能：《主体间性是后实践美学的陷阱——与杨春时教授商榷》，《汕头大学学报》(人文社会科学版)，2004年第3期。

认为审美是由感性的人到理性的人的中介,审美克服了感性与理性的对立,摆脱了自然和社会对人的压迫,成为自由的精神活动。黑格尔建立了客观唯心主义的主体性美学体系。他把主体性倒置为理念,以理念的由低级到高级、由异化到自我复归的历史运动来肯定自由精神的胜利。他认为艺术与宗教、哲学是绝对精神的三种表现形式,因此"美是理念的感性显现",实际上认为美是以感性形式呈现的自由精神。青年马克思在历史唯物主义的基础上建立了主体性的哲学与美学。他的《1844年经济学—哲学手稿》集中地体现了他的主体性美学思想。马克思建立了以实践为基础的社会存在本体论,认为实践是人化自然的主体性活动,世界是人化自然的产物,实践可以克服异化,进入自由;美也是人化自然的产物,美是人的本质力量的对象化。可以说,主体性是贯穿整个近代哲学、美学的主线。

主体性美学具有重要的历史地位,是对古代客体性美学的超越。古代美学建立在实体本体论的基础上,实体本体论哲学认为世界的本原是实体,一切现象都是实体的表现,美也是实体的表现。因此,古代美学是客体性美学,即认为美是客观性的。古希腊的毕达哥拉斯学派认为数量关系是实体,而美就是数量关系的和谐。柏拉图认为理念是精神性的实体,而美是理念的属性,审美是灵魂对理念之美的回忆。同时,他又认为艺术模仿现实,现实模仿理念,因此艺术是对理念的再模仿。亚里士多德认为质料加形式构成存在,而个别的存在物是实体;艺术是对现实事物的模仿。他还说艺术的快感(美感)源于对个别事物的模仿而产生的求知欲望的满足和道德的净化。中世纪美学成为神学的附庸,上帝成为实体,而真、善、美都成为上帝的属性。古代客体性美学把美当作实体的属性,抹杀了审美的主体性,这种美学表明古代人类还没有自觉地确立自身的主体地位。近代主体性美学把审美看作主体构造、支配客体的活动,美是人类的创造物,从而肯定了人类的主体地位。这是历史的进步,体现了人类自我意识的觉醒和人的价值的提高。主体性美学配合了启蒙运动,推进了现代性的发展。主体性美学的理论贡献和历史作用应当予以肯定。

中国当代美学也经历了由客体性美学到主体性美学的历史进程。在上个世纪五六十年代,受苏联的唯物主义哲学的影响,以蔡仪的反映论美学(主张美是客观的自然属性,美感是对客观的美的反映)为代表的客体性美学占主导地位。在80年代的新启蒙运动中,以李泽厚的实践美学为代表的主体性美学成为主流,从而成为中国美学发展的一个新阶段。实践美学以主体性实践哲学为基础,认为实践创造了人类世界,也创造了美;美是人化自然的产物,或者说美是人的本质力量的对象化。李泽厚的实践美学的思想渊源有二,一是康德的先验主体性哲学,二是青年马克思的实践主体性哲学。他以马克思的实践论来改造康德的先验论,企图通过"积淀"说沟通二者,完成"后验变先验"的理论建构。实践美学高扬主体性,克服了反映论美学的片面客体性,推进了中国美学的发展。同时,实践美学与启蒙运动相呼应,甚至成为启蒙运动的先锋,具有不可抹杀的历史意义(新时期的"美学热"可为表证)。

无论是西方的主体性美学,还是中国的主体性美学,都是启蒙理性在美学上的体现,因此,都具有特定的历史意义和理论贡献,也具有特定的历史局限和理论缺陷。就历史局限而言,主体性美学肯定的现代性(启蒙理性),虽然推动了历史进步,但它并不是完美无缺的,恰恰相反,它本身存在着阴暗面。建立在主客对立基础上的片面的主体性导致人与自然、人与社会的冲突。这种冲突随着现代性的胜利而日益加剧,环境的毁坏,人与人的疏远化,都在诉说着主体性带来的灾难。因此,现代哲学、艺术展开了对于现代性(主体性、启蒙理性)的批判。就理论缺陷而言,主体性美学认为审美是主体性的胜利,而实际上在主体与客体对立的前提下,主体性无法解决认识何以可能、自由何以可能以及审美何以可能的问题。不仅康德的先验主体性或黑格尔的客观精神主体性无法解决审美何以可能的问题,实践美学同样无法解决审美何以可能的问题。审美作为自由的实现,并不是主体认识客体的结果,也不是主体征服客体的产物。从认识论的角度说,世界作为客体,并不能充分地被主体把握,它无论如何也是外在的客体,即康德的“自在之物”或胡塞尔的“超越之物”,按照狄尔泰的说法,主体只能对它加以“说明”,说明只是以另一种客体解释这一种客体,只是把问题推延了,而不能真正地“理解”。从实践论的角度说,世界作为客体,主体不可能彻底征服它,客体作为外在之物也会抵抗主体的征服,如自然对人类征服、索取、占有的报复,更不用说人对人的支配、征服所导致的暴力、冲突和异化。这样,主体性的真正胜利就不可能实现,主体性也不会带来自由。综合起来说,主体性不能解决审美何以可能的问题,因为审美是主体与世界之间对立的解决,是主体对世界的充分的把握,是主体与世界之间的充分和谐。因此,以主体性解释审美,就遇到了不可解决的理论困难。

现代美学完成了由主体性向主体间性的转向。现代哲学不再把主体性看作存在的根据,而是把存在看作自我主体与世界主体的共同存在,这就是说,主体间性成为存在的根据。现象学大师胡塞尔首先提出主体间性概念,他为了避免先验自我的唯我论嫌疑,企图寻找先验主体之间的可沟通性,他把基于“先验统觉”之上的主体之间达成共识的可能性称为主体间性。这种主体间性是认识论的主体间性,而不是本体论的主体间性,因为它仍然在先验主体构造意向性对象的前提下谈论先验主体之间的关系,而不是主体与对象之间的关系,仍然是先验主体性的哲学,而不是主体间性的哲学。但是,主体间性概念一经提出,就超出了主体性的框架,最终成为本体论的规定。存在哲学的代表人物海德格尔认为此在是“共同的此在”即共在,它具有主体间性的性质。但是,这种主体间性是此在的规定而不是存在的规定,仍然没有提升到本体论高度。只是在海德格尔晚期的哲学思想中,主体间性才具有了本体论的意义。他批判了主体性哲学,认为主客关系“是个不祥的哲学前提”,“人不是在者的主人,人是在的看护者”①。他批评了技术对人的统治和对自然的破坏;他提出了“诗意地安居”的理想,认为“安

① 海德格尔:《人,诗意地安居》,上海远东出版社,1995年,第11、13页。

居是凡人在大地上的存在方式”,“安居本身必须始终是和万物同在的逗留”,“属于人的彼此共在”。具体地说,就是“大地和苍穹、诸神和凡人,这四者凭原始的一体性交融为一”①。这种天、地、神、人四方游戏的思想体现了一种主体间性的哲学。伽达默尔以主体间性思想建构了现代解释学。他认为文本(包括世界)不是客体,而是另一个主体,解释活动的基础是理解,而理解就是两个主体之间的谈话过程。“在这种‘谈话’的参加者之间也像两个人之间一样存在着一种交往(Kommunikation),而这种交往并非仅仅是适应(Anpassung)。本文表述了一件事情,但本文之所以能够表述一件事情归根到底是解释者的功劳。本文和解释者双方对此都出了一份力量。”②他认为理解和语言行为都是一种游戏,而游戏是无主体的,游戏本身就是主体。这实际上提出了一种主体间性思想,即阐释者和文本在解释中失去了主体性与客体性,而融合为交互主体即游戏本身。他认为解释活动不是对文本原初意义的再现,也不是解释者原有意见的表现,而是主体的当下视域与文本的历史视域的融合。“视域融合”是主体间性思想在解释学领域的体现。巴赫金提出了“复调”理论和“对话”理论。他认为文本不是客体而是主体,作品展开了一个独立于作者和读者的世界,“这不是一个有许多客体的世界,而是有充分权力的主体的世界”③。对作品的阅读是两个主体之间的对话。总之,现代美学认为审美是主体间性的活动,而不是片面的主体性活动;主体间性思想贯穿了现代美学的发展历史。

现代主体间性美学克服了近代主体性美学的理论缺陷,解决了认识何以可能、自由何以可能以及审美何以可能的问题。前面已经说过,主体性不能说明认识何以可能、自由何以可能以及审美何以可能的问题。解决这个问题的途径当然不是退回到古代的客体

① 海德格尔:《人,诗意地安居》,上海远东出版社,1995年,第114—117页。

② 伽达默尔:《真理与方法》下,上海译文出版社,1999年,第495页。

③ 托多罗夫·巴赫金:《对话理论及其他》,百花文艺出版社,2001年,第322页。

性哲学上去，而只能是转到主体间性哲学上来。主体间性不仅是审美的规定，而且是哲学本体论的规定。所谓存在不是主体与客体的对立，而是主客不分、物我一体的“生活世界”。这个世界不是现实的、已然的、在场的世界，而是可能的、应然的、不在场的世界，不是现实的存在，而是作为本真的存在。那么如何才能拥有这个本真的存在，或者说这个本真的存在的根据何在？只能是主体间性。只有把现实存在的主体与客体的对立转化为自我主体与世界主体之间的平等交往，建立一个主体间的生活世界，才能达到本真的存在。这就是说，现实主体必须放弃片面的主体性地位，改变对世界的主人态度，把异化的、现实的人变成自由的、全面发展的人；同时，现实的、异己的客体世界也变成有生命的、与自我主体平等的主体世界。两个主体通过交往、对话、理解、同情融合为一体，成为自由的、超越的存在。马丁·布伯提出，本真的、自由的存在必须变“我—他”关系为“我—你”关系，即承认世界的主体性和存在的主体间性。大卫·格里芬提出世界的“返魅”，也是承认世界的主体性和存在的主体间性，是对主客关系的否定，是对启蒙理性的“祛魅”的反拨。现代生态哲学的兴起，就是对启蒙理性和主体性哲学的反思、对人与自然关系的重新定位。它认为人与自然的关系不是主体征服客体的关系，而应当是主体间性的关系，即把自然看成与人平等的主体，尊重自然、爱护自然，达到人与自然的和谐共存。当然，现实存在不可能真正是主体间性的本真的存在，这种本真的存在只有在审美中才能真正实现。审美的主体间性是最充分的主体间性，它克服了人与世界的对立，建立了一个自我主体与世界主体和谐共存的自由的生存方式。审美中世界不再是冷冰冰的死寂之物，也不再是与自我对立的客体，而是活生生的生命、主体，是与自我亲密交往、倾诉衷肠的知心者，不是“他”而是“你”。而自我也不再是异化的现实个性，而成为自由的审美个性。无论是艺术还是对自然的审美，都是主体间性活动。艺术品展开的世界不是客体，而是人的生活世界，我们不能像对待客体那样面对艺术品，而是把它当作真正的人的生活去体验，与之对话、交往，最后达到真正的理解和同情。贾宝玉、林黛玉不是客体,而是活生生的主体,我像对待真正的人那样对待他们,与他们共同生活,彼此同情、互相理解,最后成为一体。他们的命运就是我的命运,他们的哀愁就是我的哀愁,主体间达到了充分的同一。自然作为审美对象不是客体,而是有生命、有情感的主体,它与我们息息相关、互通声气,最后达到物我两忘、完全一体的境界。所以我会见花落泪,见柳伤情,达到情景交融之境界。审美作为对世界的最高把握,不是科学对客体的认识——它不能真正地把握世界,而是作为人文科学的理解,理解只能是主体间的行为,只有主体对主体才能理解,审美的交互体验、充分交流、互相同情达到了真正的理解,从而达到了对世界的最高的把握。审美意义正是通过审美作为自由的实现,不是客体支配主体,也不是主体征服客体,而是自我主体与世界主体的互相尊重、和谐共在。总之,审美之所以可能,不是客体性,也不是主体性,而是主体间性。

主体间性并不是对主体性的完全抹杀,而是在主体性基础上对主体性的超越。弗莱德·R.多尔迈在《主体性的黄昏》一书中指出:"事实上,依我之见,没有什么比全盘否定主体性的设想更为糟糕的了,因为真实的原因在于……我们无法采取一种有意宣布它无效的形式来开辟超越现代性的通路。"①主体间性也可译为交互主体性,也就是把片面的主体性变为交互主体性。一方面,主体间性只有在主体性确立的现实基础上才可能生成,如果在主体性没有发生的原始时代,人还屈服于自然的淫威之下,就不可能存在主体间性的创造,也不可能有审美活动。只是在主体性确立的历史条件下,主体间性和审美才有可能。就这一点而言,实践美学相对于客体性美学具有一定的合理性,因为它肯定了审美具有主体性的现实基础。另一方面,主体间性必须克服片面的主体性,即不仅肯定自我或人的主体性,也肯定世界的主体性;而且必须把片面的主体性升华为自由的交互主体性。从主体性发展到主体间性,表

① 弗莱德·R.多尔迈:《主体性的黄昏》,上海人民出版社,1992年,第1—2页。

明人与世界关系的自由，也表明人本身的提高。从美学角度说，主体间性美学的提出，表明美学理论的进一步完善、合理。

如果说西方美学在现代阶段才走向主体间性的话，那么中国美学在古代就已经具有主体间性了。这是因为，中国古代文化是"天人合一"的文化，人与自然、人与社会没有充分分离，主体与客体没有充分分化，也就是说，无论是客体性还是主体性都没有充分确立。这种文化背景下的哲学和美学，就只能是主体间性的了。中国哲学是和谐人际关系(仁)的伦理学(孔孟)，是天人感应的哲学(汉儒)，是人与自然平等对待的世界观(道家)。中国主体间性美学的核心是"感兴"论，即认为审美不是对客观世界本身美(美不能"自美")的反映，也不是主观世界的宣泄、主观情感的投射、移情，而是人与世界之间的情感互动。中国美学认为有一种非精神也非物质的生命力——"气"充塞天地之间，连接着人与自然。在审美活动中，人与世界之间发生一种气韵流动，沟通了二者：世界以其魅力感动了我("感")，我以激情回应世界("兴")。王国维的意境说，也是主张审美是主观的意与客观的境之间的契合、融合。中国美学没有建立西方那种形而上学的认识论体系，而是建立在直觉和情感体验的基础上，这也与它的主体间性性质有关。因为人与世界之间的关系是主体间性的，而不是主客关系，因此就不能形成像西方那样理智地考察美的认识论美学，而是通过体验、理解来把握审美的本质。中国诗歌多写景抒情，产生情景交融的意境，就是中国美学的主体间性的具体表现。中国美学的主体间性与西方的主体间性不同，前者建立在主客观没有充分分离、主体性没有充分确立的基础上，是前现代的主体间性；后者建立在主客观充分分离、主体性充分确立的基础上，是现代的主体间性。这种古典的主体间性曾经成为现代西方美学理论主体间性转向的思想资源(如海德格尔对中国古典哲学的接受)，而且现在仍然可以成为中西美学对话的基础和中国美学现代转型的关节点。同时，也必须实现古典主体间性向现代主体间性的转化。这个转化的前提是先实现主客观的分化和主体性的确立，然后再实现主体间性理论的建构。

中国美学已经走过了客体性阶段和主体性阶段，从而实现了这个前提，这表现为上个世纪 50 年代第一次美学论争中客体性美学(以反映论美学为代表)的支配地位的形成，以及 80 年代第二次美学论争中主体性美学(以实践美学为代表)的主导地位的确立。在上个世纪末到本世纪初发生的第三次美学论争即实践美学与后实践美学的论争中，建立了现代主体间性美学(以后实践美学为代表)，开始了现代转型。这个历史过程尚未完成，但一定会完成。

主体间性美学不仅克服了主体性美学的理论缺陷，具有现代性的理论意义，而且解决了现代人的精神需要，具有现代性的社会意义。

如果说主体性美学满足了启蒙时代张扬主体性的社会需要的话，那么在现代社会来临的历史条件下，它已经无法满足现代人的精神需要。在现代社会，恰恰是理性、主体性导致生存的困境，因此，主体性美学已经失去了意义。现代人面临的是另一些问题，主要是解除理性的压迫、克服空虚和孤独，寻求生存的意义。这就需要一种主体间性美学，它能解决人与自然、人与社会的冲突，为孤独的现代人寻求生存的意义。就此而言，中国美学的主体间性转向也是必要的。

(原载《汕头大学学报》2004 年第 6 期)

评"主体间性美学"

——兼答杨春时先生

张玉能

最近,杨春时进一步阐明了他的一个似是而非的观点:"在上个世纪末到本世纪初发生的第三次美学论争,即实践美学与后实践美学的论争中,建立了现代主体间性美学(以后实践美学为代表)。""主体间性美学取代主体性美学是历史的必然,也是美学理论自身发展的要求。"①在笔者看来,这样的宣称只不过是一种急功近利的炒作行为,其目的是为了快一点以后实践美学取代实践美学并充当中国当代美学的独尊之主。然而,把后实践美学命名为"主体间性美学"而把实践美学称为"主体性美学",并且力图以前者取代后者,这种观点是站不住脚的,它是历史叙事的错位,它是哲学观念的扭曲,它是美学理论的倒退。

一　历史叙事的错位

杨春时提出"主体性美学与主体间性美学",作为一种历史的叙事,其要旨在于:第一,把西方 17 世纪以来的美学与中国 20 世纪的美学描述为一部由主体性美学推进到主体间性美学的历史;第二,力图把实践美学划入主体性美学,而把后实践美学定位在主

① 杨春时:《主体性美学与主体间性美学——兼答张玉能先生》,《汕头大学学报》,2004 年第 6 期。

体间性美学,以说明后实践美学对实践美学的“超越”;第三,最终要把实践美学指称为“古典美学”,而把中国当代美学的“现代转型”指定在后实践美学的确立那里,把“后实践美学”规定为中国美学历史的必然发展。然而,这种描述和阐释实际上是历史叙事的错位。

众所周知,历史应该是根据历史事实建构起来的历史叙事,尽管历史的叙事是一种历史事实的重构,但是,历史绝不应该是一个“任人打扮的小姑娘”,历史叙事及其阐释必须是以历史的事实为依据的。所以,英国历史哲学家柯林伍德指出:“真正的哲学研究是对实际事实的研究,而不是对假设情况的研究。”①即使是像美国历史学家赫克斯特那样,主张历史是一种修辞,“历史的修辞本身之中存在着隐含的假设,它涉及认识、理解、意义和真实性的本质,以及为它们进行论证的方法”,也仍然认为:“就历史学家设法传达他们有关过去的知识而言,历史学是一门由原则约束的学科”;“实在对物理学家而言是指自然过程,对历史学家而言则是指过去发生的事情”②。从历史事实的实在出发,很明显,杨春时有关西方美学和中国当代美学的历史叙事就是一种歪曲美学历史的“历史叙事的错位”。

首先,把西方17世纪以来的美学描述为一部是由主体性美学推进到主体间性美学的历史,实在是完完全全地不顾历史的实在事实。

按照西方美学在西方社会、哲学、文化的背景下所演进的逻辑,从公元前6世纪到20世纪末,西方美学的发展大致可以划分为三大阶段:一、自然本体论美学阶段(公元前6世纪—公元16世纪),包括古希腊美学、古罗马美学、中世纪美学、文艺复兴美学,这是西方美学的传统的或古典的时期,它主要以自然本体论哲学为

---

① 柯林伍德:《某某哲学的观念,特别是历史哲学的观念》,陈新译,陈新:《当代西方历史哲学读本(1967—2002)》,复旦大学出版社,2004年,第5页。

② 赫克斯特:《历史的修辞》,陈新译,陈新:《当代西方历史哲学读本(1967—2002)》,第59—70页。

基础研究美学问题，因此着重在研究美和艺术的客体方面，以形而上的探讨为主要方面，奠定了诸如美的本质、美感的本质、艺术的本质等形而上的问题，在艺术上主张“模仿说”和镜子说；二、认识论美学阶段（17—19 世纪），包括新古典主义美学（也涵盖巴洛克、洛可可美学）、启蒙主义美学（又分为大陆理性派美学和英国经验派美学两大对立思潮）、德国古典美学，这是西方美学正式确立独立学科而大步发展的时期，它主要以认识论哲学为基础研究美学问题，因此研究的重点逐步地倾向于审美主体方面，以探讨认识论上的形而上问题为主，不过这些形而上问题主要是从主体方面来考虑的，这时的美学就被鲍姆加登定位在“研究感性认识的科学”，同时历史主义的观点和方法也兴盛起来，产生了“认识论转向”，并且这一时期的美学在启蒙主义美学中分裂为大陆理性派和英国经验派，而到了德国古典美学就努力将这对立的两派统一起来，是美学达到了独立发展以后的第一个高峰；正是在德国古典美学的基础上，在 19 世纪末进一步发展出马克思主义美学、俄国革命民主主义美学和西方现代主义美学和后现代美学；三、社会（人类）本体论美学（19 世纪末—20 世纪），它主要包括相互既对立又同步发展的马克思主义美学与现代主义美学和后现代主义美学，它以社会本体论或人类本体论为哲学基础研究美学问题，马克思主义美学以实践本体论为基础，西方现代主义美学主要以精神本体论为基础，辅之以形式本体论或符号本体论，因此形成了人本主义和科学主义两大对立思潮，前者主要有唯意志主义美学（尼采、叔本华）、生命美学（狄尔泰、奥伊肯）、直觉主义美学（柏格森、克罗齐）、精神分析美学（弗洛伊德、荣格）、存在主义美学（萨特、早期海德格尔）、现象学美学（英伽登、杜夫海纳、盖格）、早期法兰克福学派（马尔库塞、阿多尔诺、本雅明），后者主要有德国形式主义美学（赫尔巴特、齐美尔、汉斯立克）、实验美学（费希纳、蔡沁）、俄国形式主义美学（什克洛夫斯基、雅克布逊）、英美新批评和形式批评（瑞恰兹、贝尔）、法国结构主义美学（列维-施特劳斯、早期罗兰·巴特）、分析美学（早期维特根斯坦）等，这些思潮的共同特点主要是反传统、非理性、重形式或者重精神;到了 20 世纪 60 年代以后产生了"语言学转向",也就是进入了后现代主义美学时期,后现代主义美学主要以语言本体论为哲学基础研究美学问题,主要有解构主义美学(德里达)、崇高美学(利奥塔)、生存美学(福柯)、解释学美学(后期海德格尔、伽达默尔),它进一步反传统,彻底打破形而上学的玄思,由于把语言作为了人类和社会的本体,语言的能指的游戏决定着一切存在的意义,所以这些美学流派就反对本质主义、基础主义,主张多视角主义和不确定性,凸显丑的美学地位。

由此可见,杨春时对于西方美学史的叙述和阐释是简单化和错位的。如果说可以勉强将 19 世纪以前的西方美学主要概括为客体性美学与主体性美学,那么,绝不可以将西方 17 世纪以来的美学概括为主体性美学与主体间性美学,特别是 20 世纪以后的西方美学就绝不是一个"主体间性美学"可以概括得了的。

实际上,西方美学在十六七世纪之交完成了"认识论转向"以后就已经在酝酿着"人类本体论转向",其起点就是康德美学,进一步的发展就是席勒美学。康德美学把审美判断力从认识领域转向情感领域,席勒美学把美归入"实践理性"的范畴,就已经开始了"人类本体论转向",这时候西方美学就不仅仅是"主体性美学",而且已经在超越"主客二分的思维模式",走向主体与客体、主体与主体的统一,开始超越古典美学的"自然本体论"的"实在本体"而关注"关系本体",情感领域和实践理性范畴就是主体与客体、主体与主体之间关系的"主体间性"和"主客体间性"的场域。所以把"主体间性"仅仅作为现代西方美学的标志就是一种历史叙事的错位。

事实上,就是在康德和席勒的"人类本体论转向"的起点上,黑格尔进行了一个"绝对精神"(理念)的大统一,把认识论美学与人类本体论美学的萌芽统一在了精神实践的矛盾运动之中,给人们一个古代"形而上学"和近代认识论相融合的庞大美学体系。黑格尔的美学体系,一方面完成了认识论美学的进程,另一方面又以客观唯心主义推进了人类本体论美学的发展。而马克思主义创始人在《1844 年经济学—哲学手稿》《德意志意识形态》等著作中,以实践本体论颠倒了康德、席勒、黑格尔的唯心主义的人类本体论美学,容纳了古代的、近代的一切优秀美学遗产,建构了马克思主义的实践美学,并且与西方现代主义和后现代主义的美学相比较而存在,相斗争而发展,与时俱进。它在美学问题的研究和探讨之中,既注意了主体性,也注意了主客体间性,同时也关注着主体间性,马克思主义实践美学最注重"人对现实的审美关系",并且在社会关系之中探讨美学问题。怎么能说马克思主义实践美学是一种"主体性美学"呢?把20世纪20—70年代才逐步出现的"语言学转向"的后现代主义的"主体间性美学"作为标准来阐释和说明西方美学的发展,当然就会出现历史叙事的错位。

其次,把中国20世纪的美学描述为一部由主体性美学推进到主体间性美学的历史,同样也是一种历史叙事的错位,也是不合乎历史事实的。

根据历史事实和学者的考察,现代意义上的美学在中国是1904年王国维在《叔本华之哲学及其教育学说》中第一次引入的,而且,在全球化进程中,王国维、梁启超、蔡元培等人所引进的西方美学主要是康德、席勒的德国古典美学和叔本华、尼采的德国唯意志主义美学。这就是说,当中国有了独立的学科形态的美学的时候,中国的美学就已经走在了现代化或"现代转型"的途中。只是由于中国的国情处于民族危难之中,中国的美学发展在20世纪40年代之前主要就是几乎同步地介绍和运用西方现代主义美学(在国统区)以及俄国革命民主主义美学和苏俄式马克思主义美学(在解放区)。因此,可以说当时的美学是与西方美学(包括俄苏美学)的现代发展几乎同步的。20世纪五六十年代,中国当代美学进入了一个"美学热"和"美学大讨论"的时期。就是在这个时期中,中国当代美学形成了"四大流派"(吕荧、高尔泰的"主观派",蔡仪的"客观派",朱光潜的"主客观统一派",李泽厚的"实践派"),而以李泽厚为主要代表的实践美学脱颖而出,成为广受赞同的流派。以后,经过了"十年浩劫"的美学发展的空白,20世纪八九十年代又形成了新一轮的"美学热",也就是在这次新的美学热之中,实践美学得到长足发展,出现了刘纲纪的“自由显现的”实践美学、蒋孔阳的“实践—创造的”实践美学,周来祥的“辩证发展的和谐的”实践美学等等新的实践美学流派,从而使得实践美学成为了中国当代美学的主导潮流。同时在这个时期的90年代初期受西方后现代主义美学思潮的影响,形成了实践美学与后实践美学的论争,也进一步促进了实践美学发展到新的阶段,出现了朱立元、邓晓芒、张玉能等等“新实践美学”的流派。因此,实事求是地说,中国当代美学的发展早就是整个世界美学发展的一部分,而且与西方美学的发展早就是同步发展的,应该说,实践美学从20世纪五六十年代到八九十年代就已经与西方美学同步发展,只不过是作为与西方现代主义和后现代主义美学相对立的马克思主义美学的流派而同步发展的。因此,应该可以说,中国美学早在20世纪之初王国维等人的“启蒙审美主义美学”就已经走在了“现代转型”的路途之上了,而经过了20世纪20—40年代的发展,在“西方化审美主义美学”与“俄苏化审美主义美学”的传播过程之中,进一步实现着“现代转型”,到了20世纪八九十年代中国当代美学已经基本上完成了“现代转型”。这就是历史事实,可是杨春时为了突出他所主张的“后实践美学”的重要地位,故意作了历史叙事的错位表达,硬把中国美学的“现代转型”的历史重任错位地放在了“后实践美学”的脆弱的肩上。

二 哲学观念的扭曲

作为哲学观念,“主体间性”是有其具体的规定性的。主体间性(Inter-subjektivitaet)在胡塞尔的现象学中就是一个重要的策略性概念,为的是防止在进行了现象学还原以后所面对的事实的世界变成一个纯粹的唯我的意识世界,需要有一个先验的自我或世间的自我与他人的“共在体”或“共体化”,这样才可以构造出一个客观存在的“生活世界”。其实这里所说的“主体间性”不过是一种掩耳盗铃的自欺欺人的哲学“狡计”,它根本无助于消弭胡塞尔的主观唯心主义的本体论性质。但是，主体间性却对于哲学和美学在现代主义和后现代主义的反对启蒙主义以来的现代性的主体性哲学和美学提供了一个可以使用的武器，用“主体间性”这个武器恰好可以消解启蒙主义以来的现代性哲学和美学的“主体—客体”二元对立的主体性哲学，让哲学和美学回到人的“生活世界”，避免那种离开人类生活世界的客体与主体的隔绝和对立。这也就是我们多次说过的西方美学的发展大趋势：自然本体论美学（公元前5世纪—公元16世纪）→认识论美学（16—19世纪）→社会本体论美学（20世纪60年代以前的现代主义的精神本体论和形式本体论美学）→（20世纪60年代以后）后现代主义语言本体论美学。主体间性概念诞生于20世纪初现代主义的现象学哲学和美学中，用意正在消除主体与客体之间的对立和隔绝，让主体与主体之间的相互关系和相互作用来构造一个与人不可分离的生活世界，在现象学美学中构造出一个由作为主体的作家和作为主体的读者，甚至作为主体的作品之间的相互关系和相互作用的审美世界，从而排除那种离开审美意识经验的客体的存在。这些当然是有积极意义的。而到了后现代主义的“语言学转向”以后，语言的“主体间性”“对话”“交往”“沟通”“交流”的性质特点，使得后现代主义的哲学家和美学家进一步地运用“主体间性”来消解“主体—客体”二元对立的现代性的主体性哲学和美学，用主体之间的相互关系和相互作用来取代和消融主体与客体之间的相互关系和相互作用，在哲学和社会理论中就是哈贝马斯的“交往理性的理论”，在美学中就是本体论的解释学美学（海德格尔、伽达默尔），接受美学（姚斯），读者反应理论（霍兰德、伊瑟尔），解构主义美学（德里达、福柯）等，现在，中国的后实践美学也争先恐后地往里面挤。

关于这点，国内已经有不少的研究者做了一些概括。李文阁指出：“现代哲学是根本反对二元对立的，现代哲学之所以解构二元对立、主张人与世界的统一，正是为说明在人的现实生活之外并不存在一个独立自存的、作为生活世界之本原、本质和归宿的理念世界或科学世界。”①现代主义和后现代主义反对本质主义,主张生成思维,它具有许多特点,其中有一点就是“重关系而非实体”,它认为现实生活世界是一幅由种种关系和相互作用无穷无尽交织起来的画面,“其中的任何事物都不是孤立的,都处于与其他存在物的内在关系中:人是‘大写的人’,是‘共在’;人与自己的生活世界也是内在统一的,人在世中,而非居于世外。人无非就是社会关系的总和。大卫·格里芬就曾指出,后现代的一个基本精神就是不把个体看作是一个具有各种属性的自足实体,而是认为‘个体与其躯体的关系、他(她)与较广阔的自然环境的关系、与其家庭的关系、与文化的关系等等,都是个人身份的构成性的东西’。不仅人是关系,语言也是关系。单个词并不具有孤立的意义,语词的意义就是在与其他语词的关系中获得的。”②曹卫东在评述哈贝马斯的交往理性理论时指出:“为了克服现代性危机,哈贝马斯给出的方案是‘交往理性’。而所谓‘交往理性’(kommunilkative Rationalitaet),就是要让理性由‘以主体为中心’(subjektive orientiert),转变为‘以主体间性为中心’(intersubjektive orientiert),以便阻止独断性的‘工具行为’继续主宰理性,而尽可能地使话语性的‘交往行为’深入理性,最终实现理性的交往化。理性的交往化应当以‘普通语用学’(universale Pragmatik)为前提,在‘一个理想的语言环境’中,从分化到重组。”③哈贝马斯的“批判理论则把主客体问题转化成为主体间性问题,不但在主客体之间建立了协同关系,更要在主体之间建立话语关系。”“哈贝马斯把‘真理’的获得不是放到主体与客体之间,而是放到主体与主体之间;所依靠的不是‘认知’,而是‘话语’。”④沈语冰也说:“事实上,胡塞尔后期转向重视研究生活世界的问题,维特根斯坦后期强调在生活形式中确定语词的意义和否定私人语言成立的可能性,这说明西方自笛卡尔以来的带有唯我

①② 李文阁:《回归现实生活世界》,中国社会科学出版社,2002 年,第 152—153 页。

③④ 曹卫东:《交往理性与诗学话语》,天津社会科学院出版社,2001 年,第 8 页、第 12—13、69 页。

论色彩主体主义的哲学路线发生了一种转机，从人在世界上的主体际的交互活动的角度来研究自我、意识、社会和文化成了新风尚。哈贝马斯提出，要想解决这个问题，唯一的出路就是转换思路，实现意识哲学向语言哲学、主体性哲学向主体际哲学的范式转换。”①这些评述主要是以肯定主体间性概念及其积极作用为主的，当然也是有一定道理的。可是，杨春时在接过“主体间性”这个观念之后，却进行了合乎自己意图的任意的扩大和扭曲，把世界上的一切存在都变成“主体”，把本来是“回到生活世界”即人及其人化的世界的观念，扩大到非生活世界，弄出一个新的二元对立，即自我主体与世界主体的对立，并且声称自我主体与世界主体不经过人类的社会实践就是“共同的存在”。这样，人的自我与对象世界都成为了“主体”，可以由“我—他”关系变为“我—你”关系。

很明显，把世界上的一切存在都变成“主体”，“主体”的概念就不存在了。因为所谓“主体”就是相对于“客体”而言的，它们的共同基础就是“存在”。海德格尔所说的“在世界中的存在”（das Sein in der Welt），“存在于世界中”（in der Welt sein）都是指的“此在”（Dasein），即人这个主体及其存在，不过突出了主体与客体的相关性，也就是所谓“天、地、神、人”的统一的世界。如果说海德格尔果真是把世界中的一切存在都当作是“主体”，那么，其哲学观念的荒谬性也是不言而喻的，并不足以支撑“主体间性美学”。海德格尔并没有把一切都化为“主体”，他只是要消解“主客二分”的认识论哲学的思维方式，突出世界在“此在”之中的相关性。但是，他没有看到，要实现主体与客体之间以及主体与主体之间的统一除开人类的社会实践（物质生产、精神生产、话语实践）之外就没有别的任何道路。所以，他在晚期才把消除人（主体）与对象（客体）的对立寄托在“诗意的栖居”之上，甚至祈灵于“神启”，走向了神秘主义。用这种存在主义哲学来支撑“主体间性美学”，不也是十分荒谬

① 沈语冰：《透支的想象——现代性哲学引论》，学林出版社，2003 年，第 283—284 页。

的吗?

真正大力倡导"主体间性"的是后现代主义的哲学家们,但是,他们是在"语言学转向"的前提下来大谈"主体间性"的。他们把世界上的一切存在都化为语言的存在即"文本",所以,这样来谈"主体间性"是顺理成章的事情。语言作为话语实践当然是"主体间性"的,阅读之中,读者是主体,然而文本也是"潜在的主体",因为文本是作者这个主体的产物,作者作为主体就在文本的背后,作者是"不在场的主体"。但是,如果把这种语言的话语实践的"主体间性"扩大到一切事物之上,那就大谬不然了。伽达默尔的"理解"、"阐释"都是一种"语言游戏",巴赫金的"复调"、"对话"也是语言艺术的特征,它们当然具有"主体间性",但是,在人与自然存在物之间就不具有什么"主体间性",因为自然对象不可能成为有意识的、自由自觉的、主动作用的"主体"。只有唯心主义者可以把自然对象转化为"主体",也就是说只有在人的意识之中自然对象才可能成为与人这个主体相提并论的"主体"。所以,"主体间性"最早就是由胡塞尔提出来解决对象在不同的认识主体之中的差异(非同一性)的概念,只是到了西方后现代主义哲学那里才在"生活世界"、"语言游戏"、"理解"、"阐释"等等方面撒播开来,其用意就是要克服自然本体论哲学和认识论哲学的"主客二元对立"的思维方式,"形而上学"的理性主义、本质主义、普遍主义、基础主义及其确定性,以强调主客体的统一,提倡反理性主义、多视角主义、相对主义、虚无主义,突出不确定性。倒是杨春时有意地扭曲了"主体间性"概念,把世界上的一切存在都用"观念"的魔杖点化为了"主体",世界的一切存在都成为了"主体"似乎倒是"最""主体性的哲学",那么,这个世界也就都"主体化"、"观念化",甚至"妖魔化"了,那是一个"群魔乱舞"的世界,不可能产生什么"美"和"审美"以及艺术。

其实,要克服古代和近代的形而上学、主客二元对立的思维方式及其启蒙理性主义、本质主义、普遍主义、基础主义、绝对确定性,只有依靠以物质生产为中心的社会实践(物质生产、精神生产、话语实践)。只有在以物质生产为中心的社会实践之中,当人类按照自然的规律来实现自己生存和发展的目的、超越了物质的和精神的功利目的来对待自然、在社会关系(即主体间性)之中充分实现个体的意愿,也就是当人类的社会实践达到了一定的自由程度和自由境界的时候,这时自然人化了,人也自然化了,人与自然在社会实践的自由状态之中实现了双向对象化,于是就在人与自然之间生成了人对现实的审美关系。这种审美关系就是一种可以克服主客二元对立思维方式的境界和状态,它既是主客体的统一,也是主体与主体的统一,也就是实现了"主客体间性"和"主体间性",它的对象化显现就是美,它的主体化显现就是美感,它的主客体间性显现就是艺术创造,它的主体间性显现就是艺术鉴赏。

三　美学理论的倒退

由于错位地进行历史叙事、扭曲地运用哲学观念和概念,把现代视域之中的一切存在都化为"主体",却又顽固地否定社会实践的本体地位和决定作用,所以,"主体间性美学"就必然地倒退到西方美学史和中国美学史上曾经流行过的"主观论美学"的故道里去了,改头换面地重蹈覆辙。

英国当代美学家李斯托威尔在《近代美学史评述》中把西方 19 世纪末至 20 世纪 30 年代的美学分为主观论与客观论两大流派,并且对它们作了界定:各种主观论美学,"主要是指心理学的理论,它们所研究的一个主体,是对我们在周围世界中所发见的美进行创造或作出反应的个别心灵"。各种客观论美学是"另一些理论,它们以外在的、物质的客体作为研究的中心要点,而不管这一客体是人的手所塑制的艺术作品,或是运行于自然中的伟大力量有生命的或无生命的产品"。李斯托威尔列举了卡里特、克罗齐、科林伍德的"表现论",马歇尔、桑塔亚那、格兰特·艾伦、雷曼、詹姆斯·萨利的"快乐论",康德、席勒、斯宾塞的"游戏论",哈特曼、康拉德·朗格的外观论和幻觉论,弗洛伊德的"精神分析论",费希纳、屈尔佩、齐亨的“实验论”,里普斯、伏尔盖特的“移情论”,盖格尔的“现象学论”,鲍桑葵的“折衷论”作为“主观论美学”的代表。① 我们可以从这些现代主义的主观论的美学理论之中看到“主体间性美学”的身影。

“主体间性美学”认为:“自然作为审美对象不是客体,而是有生命的、有情感的主体,它与我们息息相关、互通声气,最后达到物我相忘、完全一体的境界。所以我会见花落泪,见柳伤情,达到情景交融之境界。审美作为对世界的最高把握,不是科学对客体的认识——它不能真正地把握世界,而是作为人文科学的理解,理解只能是主体间的行为,只有主体对主体才能理解,审美的交互体验、充分交流、互相同情达到了真正的理解,从而达到了对世界的最高把握。审美意义正是通过审美作为自由的实现,不是客体支配主体,也不是主体征服客体,而是自我主体与世界主体的互相尊重、和谐共在。总之,审美之所以可能,不是客体性,也不是主体性,而是主体间性。”②

这种“主体间性美学”真是神通广大,威力无穷。它可以不通过以物质生产为中心的社会实践就将自然界及其自然物化为“主体”,让这个“世界主体”与“自我主体”息息相关、互通声气,最后达到物我相忘、完全一体的境界。所以我会见花落泪,见柳伤情,达到情景交融之境界。花、柳就可以成为有生命的、有情感的主体,与“主体间性美学”的“自我主体”交互体验、充分交流、互相同情达到了真正的理解,从而达到了对世界的最高把握。其实,上述的“主观论美学”尤其是里普斯、伏尔盖特的“移情论”早就解说过这个过程,那就是人的心灵通过自己的生命和情感的投射把花、柳变成“有生命的、有情感的主体”,这才有了“主体间性”,也才有了审美境界。除此以外,难道还有什么合理的解说吗?

---

① 李斯托威尔:《近代美学史评述》,蒋孔阳译,上海译文出版社,1980 年,第 2、7—72 页。

② 杨春时:《主体性美学与主体间性美学——兼答张玉能先生》,《汕头大学学报》,2004 年第 6 期。

马克思在《〈政治经济学批判〉导言》中已经说得非常清楚了。人类对世界的把握只有三种方式：理论的（认识的）把握方式，实践的把握方式，实践精神的把握方式。①“主体间性美学”坚决地排除一切任何实践的把握方式，那么就只有通过“理论的（认识的）把握方式”来把握世界，使得自然界及其自然物成为“世界主体”，才能真正把握世界，也就是理解世界。这样的理解，除了是个人的纯粹的主观心灵的创造以外，还能是什么呢？“主体间性美学”不过是用“主体间性”代替了“主观论美学”的“心灵创造”，其“审美境界”也就是不折不扣的主观心灵的“直觉”“移情”“快乐”“游戏”“幻觉”及其折衷的大杂烩。因此，“主体性美学”的“人文科学的理解”无非就是“对我们在周围世界中所发见的美进行创造或作出反应的个别心灵”的“内心对话”，或者是在这个个体心灵之中的“物我相忘、完全一体的境界”。这不是“唯我主义”又是什么？所以可以无可置疑地说：“主体间性美学”就是倒退到了19世纪末20世纪初现代主义美学的“主观论”的老路上去了，重蹈覆辙，在“主体间性”的陷阱之中不能自拔。“主体间性美学”是美学理论的大倒退。

的确，中国古代的美学有所谓“主体间性”的传统，那就是“天人合一”“物我相忘”“天人感应”等等。但是，那些都是一些模糊的、笼统的、直观的诗意的描述，虽然有其思维和审美的合理因素，然而，如果不在人类的以物质生产为中心的社会实践之中进行改造，也只能是一些“审美乌托邦”。离开了人类的物质生产、精神生产、话语实践，过分地渲染这样的“天人合一”“物我相忘”“天人感应”等等所谓“主体间性”，那也只能是倒退到中国古代的自然经济的农业社会去享受“田园风光”和“诗意栖居”。这难道是现代的美学理论所要求的审美境界吗？

总而言之，“主体间性美学”不仅不是美学理论的完善化、合理化，而且是地地道道的倒退化、主观化。“主体间性美学”只不过是古今中外许多唯心主义的理论的大杂烩，不过是借用了一个现代

① 《马克思恩格斯选集》2，人民出版社，1995年，第19页。

唯心主义的时髦名词——“主体间性”来包装，所以，“主体间性美学”既不可能是中国美学的“现代转型”的标志，也不可能成为中国当代美学发展的主导流派。历史是无情的，时间是最伟大的批评家。还是让历史来见证，让时间来鉴别吧。

（原载《汕头大学学报》2005 年第 2 期）

关于实践美学发展的构想

朱立元

实践美学是中国当代美学史上最重要、最有影响的学派，特别是20世纪80年代以来上升为中国美学的主导学派。实践美学的主流派以李泽厚为代表，刘纲纪、蒋孔阳、周来祥为其中的非主流派。这一具有中国当代特色和原创精神的美学理论，致力于突破机械的反映论和非社会性的主客统一观念，而到人类的社会实践中，到人向人生成、自然向人诞生的历史进程中审察美与美感的发生、建构和流变，从而在人类学本体论层面对美与美感作了相当深刻的阐释和概括。但是，李泽厚的主流派实践美学也有其严重的不足和缺陷。一是把实践概念仅仅限于物质生产劳动，而把人类其他实践形态排除在外；二是偏重于美与美感在人类总体实践中的历史生成，而较为忽略它们在感性个体生存实践中的当下生成；三是有把美的本质与起源混为一谈的倾向；四是其人类学本体论的两个本体说，与其唯物史观一元论立场不尽一致，而且并未真正揭示本体论最核心的存在论层面的内涵意义；五是最重要的是在整体框架上还没有超越认识论美学，在一些重要的基本问题上还存在主客二分的认识论思考方式的痕迹，仍然脱离审美关系和审美活动，把美学理论聚焦在对实体化的客观的美的本质，以及作为对美的反映和认识的美感本质的探求上。这就使得李泽厚的主流派实践美学陷入了停滞不前的状况。

近年来，尽管实践美学遭遇到许多方面的批评和责难，但我并不认为实践美学已经过时。实践美学（无论是主流派还是非主流派)只要加以改造和完善,突破认识论的思路和二元对立(如主客二分)的思维方式,仍然具有强大的生命力和巨大的发展空间。就是说,李泽厚如果能在这个问题上突破自我,主流派实践美学仍有发展的天地;刘纲纪、蒋孔阳、周来祥等非主流派的实践美学思想亦然;特别是蒋孔阳的美学思想,不仅不是实践美学的"终结者",相反,却是实践美学的突破、更新和发展,为中国美学理论在新世纪的创新和突破指出了方向,奠定了基础,是实践美学内部走向变革与突破的先声。

蒋孔阳从四个方面为实践美学的未来发展指出了方向:第一,"审美关系"说:突破形而上学主客二分思维方式的孕育,将美(审美对象、客体)与美感审美主体)还原、放置到人与现实的具体的、生成的、变化的审美关系中去,这实际上在某种程度上已包孕着对形而上学实体化、现成论思维方式的超越。第二,"美在创造中":突破本质主义思路的酝酿,对本质主义"美"论的现成性、凝固性思维进行质疑和挑战。蒋孔阳美学论最核心的命题是"美在创造中"。我认为,在蒋孔阳所说的"创造"中包含着"生成"的意义,体现着对现成论思维方式的突破。第三,"人是世界的美":对美的存在论根基的探寻。这个命题把美和美感置回到无限丰富的生活之中来加以探讨,它说明:离开人,离开人的具体的审美实践活动,根本无所谓美。他揭示出:美是在人与现实的特定关系中生成和存在的;美的存在,美的意义,美的发生与创造,无不处在人的生存世界之中;只有在这个生存世界中,美之为美才得以绽露、显现出来。第四,美感论:开始从认识论思路超拔。蒋孔阳认为,美感是主体对审美对象的感受、体验、观照、欣赏和评价,以及由此而在内心生活中所引起的满足感、愉快感和幸福感,外物的形式符合了内心的结构之后所产生的和谐感,暂时摆脱了物质的束缚后精神上所得到的自由感"①。蒋孔阳的美感论不同于一般把美感仅仅看成审美主体对审美对象的反映、感受和体验,即主体对对象的靠拢和倾

① 蒋孔阳:《蒋孔阳全集》3,合肥:安徽教育出版社,2000年,第269页。

斜，而是同时强调了对象形式与主体心理的“符合”而形成和谐感，还指出审美应当能够给我们带来自由感，而且，把自由感看成是美感的最高状态、审美的最高境界。这些都明显超越了认识论美学的思路。

总之，美学在蒋孔阳这里成为一个以人为中心，以艺术为主要对象，以人生实践为本源，以审美关系为出发点，以创造—生成观为指导思想和基本思路的理论整体。这个理论整体体现出一种突破形而上学主客二分思维方式的最初尝试，也是为美学的一种新的存在论奠基。这一奠基活动把美从彼岸的“本体”世界、从抽象的永恒世界带回到具体的人生实践和无限丰富的审美现象中来，把创造—生成的思路引入美学研究中，从而把美理解为一个过程，这就开启和突破了追寻“美本身”的传统形而上美学之门。我们从蒋孔阳的实践美学理论中看到了希望，看到了一条通往未来的道路。

近年来，笔者在重新学习马克思主义唯物史观的同时，也反复研究了海德格尔等人的现象学思想，发现马克思的实践哲学中原本就包含着存在论的维度，只是我们过去没有给予充分注意罢了。于是，笔者尝试将马克思的实践论与存在论在人学基础上结合起来，并努力继承和发扬蒋孔阳美学思想中富有现代性、前瞻性，超越主客二分的认识论思维方式的生成论思想，提出了实践存在论美学的初步构想。我想，这也许可以作为在新世纪发展实践美学的一种尝试吧。下面，简要说明一下实践存在论美学的基本思路和主要观点。这里也包含着我们对实践美学进行发展的基本思路。

第一，深化对实践的理解。实践是人存在的基本方式，实践与存在揭示着人存在于世的本体论含义。“人在世界中存在”（海德格尔称为“此在在世”，张世英概括为“人生在世”）这个命题是海德格尔针对近代认识论主客二分思维方式无根的缺陷，所提出的一个基本本体论（存在论）命题。以此在的生存论即人生在世的存在论取代主客二分的认识论，为哲学、美学的发展指出了一条新路。

不过,“人生在世”并不是海德格尔的发明,马克思对此曾作过明确的表述:“人并不是抽象的栖息于世界之外的东西,人就是人的世界”①。只不过马克思没有直接以这一存在论思想来批判近代主客二分的认识论罢了。但是,马克思高于和超越海德格尔之处是用实践范畴来揭示“此在在世”(“人生在世”)的基本在世方式。在马克思看来,人不是作为一种现成的东西摆放在世界上,世界也不是作为一个现成的场所让人随意摆放;相反,人是从事实际活动的人,人“周围的感性世界决不是某种开天辟地以来就已存在的、始终如一的东西,而是工业和社会状况的产物,是历史的产物,是世世代代的结果”②。这就是说,人在世界中存在,就意味着在世界中实践;实践是人的基本存在方式;实践与存在都是对人生在世的本体论(存在论)陈述。我们用马克思主义实践论来阐释和改造“此在(人生)在世”的观点,结论显然是:实践活动就是人的在世方式,或者更准确地说,“人生在世”的基本方式就是实践。

这样,我们虽然仍然以实践作为美学研究的核心范畴,但突破了主客二元对立的认识论,转移到了存在论的新的哲学根基上。在实践问题上,我们与李泽厚的观点有着很大的区别。李泽厚把实践看得太狭隘了,他一直强调实践只能是物质生产劳动。实质上,马克思对实践概念的理解并不是那样狭隘。马克思在1845年《关于费尔巴哈的提纲》中,明确地用“人的感性活动”来定义、解释实践概念,并没有局限于物质生产劳动;而且还科学地指出,“社会生活在本质上是实践的”③。可见,不只是物质生产劳动,人的各种各样活动、人的整个社会生活都是实践的,都属于人类广大的人生实践范围。所以,我们理解的实践是广义的人生实践。它固然以物质生产作为最基础的活动,但还包括人的各种各样其他的生活活动,即包括道德活动、政治活动、经济活动,也包括人的审美活动和艺术活动。

第二,把实践美学的研究对象定位于人的审美活动,确定审美

①③ 《马克思恩格斯选集》1,人民出版社,1995年,第452页,第16—18页。

② 马克思、恩格斯:《费尔巴哈》,人民出版社,1988年,第20页。

活动是一种人的基本存在方式和基本人生实践。审美活动与其他实践活动一起构成了人类实践的整体,是人生实践不可缺少的有机组成部分。审美活动也是人的生存、发展实践的需要。审美活动是众多的人生实践活动中的一种,是人的一种高级的精神需要,而且是见证人之所以为人的最基本的方式之一。马克思提出,人要全面地占有自己的本质力量,强调自然的彻底的人道主义和人的彻底的自然主义的统一,就是要塑造健全的人、充实的人,而审美在人的整个实践过程中具有不可替代的作用。因此,审美活动不仅是人的存在方式之一,而且与制造工具、生产、科学研究等一样,是人类不可缺少的一种基本的人生实践;它是人超越于动物、最能体现人的本质特征的基本存在方式之一和基本的人生实践活动之一。

第三,引进现代存在论的生成思想来改造实践美学,确认美是生成的,而不是现成的。实践美学应该突破认识论框架,换一种提问方式,如"美是怎样生成并呈现出来的?"但是,要回答美的生成问题,必须从人的审美活动(即人与对象世界之间审美关系的现实展开)入手。我们觉得任何美作为审美对象都不是现成的,而是在审美活动、审美关系中现实地生成的。在此,我要提出"关系在先"("活动在先")的原则。就是说,从逻辑上说,是审美关系和活动在先,审美主客体(美和审美的人)都是在审美关系和活动中现实地生成的。"在先"不是指时间上的先后,而是逻辑上的先后。从时间上说,美、审美主体、审美活动三者都是同时进行和产生的,无法严格地去区分。而从逻辑上说,审美关系、审美活动先于美而存在。没有审美活动,就没有美。没有一个客观固定的美先在地存在于世界某个地方,美是在现实的审美关系和审美活动中生成的。这就是"关系在先"("活动在先")原则的基本含义。

第四,重建实践美学的人本关怀,确认审美是一种高级的人生境界。人在各种生存实践活动中,在与世界打交道的过程中,会有各种不同的经历和体验,这各种不同的经历和体验会有各种不同的层次和水准,进而形成不同层次的境界。就是说,在人与世界打交道的丰富复杂的过程之中,会形成不同层次的人生境界,其中就包含着审美境界。

怎样理解人生境界?首先,人生境界不是自然界进化而成的物质实体,也不是主体心灵自生的幻影,而是我们人与世界的相互依存和一体圆融;这种人与世界的统一关系着重体现在人对自身生存实践的觉解与对宇宙人生意义的体悟的不同程度、层次和水平上。其次,境界作为人与世界的交融统一,又不是认识论层面上的主客观统一,即那种外在的客观物理属性与内在的主观心理意识在认识上的统一,而是存在论层面上的统一,即在人与世界相互依存、双向建构的生存活动——人向人诞生、世界向人生成——的人生实践过程中所实现的统一。这种交融统一,体现为人与世界的实践关系。境界在人与世界的实践关系中生成。人生境界是人们通过自身锻炼修养、提高觉解水平而不断生成的。人生境界的生成取决于人们对自身生存实践及其意义的觉解。由于觉解的层次和程度不同,造成人生有多种境界、多重境界。不同的人,对生活的自觉和了解的程度是有区别的,因而,尽管每个人都面对着相同的宇宙,置身于大致相同的生活之流中,但是,生活对每个人却显示出不同的意义,每个人都因而处身于不同的人生境界中。我们认为,在人生实践当中,在人与世界打交道的过程中,会有各种不同的觉解程度和层次,会形成各种不同的人生境界,而审美境界则是其中一个较高层次的精神境界。审美境界较大程度上超越了个体眼前的某种功利性和有限性,而达到相对自由的状态。所以,我们认为,审美境界属于较高层次的人生境界。审美境界高于一般的人生境界,是对人生境界的一种诗意的提升和凝聚,也可以说是一种诗化了的人生境界。

当然,以上几点只是发展实践美学、克服实践美学自身弱点的最初尝试和最主要的构想与思路,许多问题都需重新思考,如审美活动的基本性质和历史发生、中西方重要审美形态、审美经验的构成与过程、艺术存在与活动、审美教育的目的与方式,等等。(可参阅笔者主编的《美学》修订版,高等教育出版社即将出版)

(原载《河北学刊》2007 年第 1 期)

文艺研究如何走向主体间性？

——主体间性讨论中的越界、含混及其他

吴兴明

国内文艺学界从 20 世纪 90 年代中期开始有人提出向主体间性转型①，此后断断续续有文章一直在探讨文学理论、美学如何从主体论转向主体间性论。迄今虽然积累尚浅，但已在诸多命题、理解上显示出失度。比如将主体间性推进到人和自然之间，认为主体间性包括人与人和“人与自然”，比如以现象学的“理解”为主体间性的经典样态，将存在论的理解误释为“本体论的主体间性”，比如把主体间性审美化并以此为根据来呼唤原始哲学的反现代性诉求，比如将劳动实践论误读为间性论，甚至以中国古代的“天人合一”为主体间性……在这些错位背后，隐含的一个偏向是将 80 年代以来主体性讨论的关切重心从“人际”（权利、正义）导转至“天人”（人与自然）。与此相应，另一种主体间性的泛化倾向则仅仅取“间性”视野的方法论含义而遗忘了它的规范性内涵。这样，空洞的“理解”、“同情”及审美主义抒发就差不多取代了对艺术的公共性维度、审美的政治维度和文化微观权力机制等的考察。而这一被取代的指向，原本是间性论美学矫正传统自律论美学的真正突破处。

错位关涉在知识表述、推进路向上所可能导致的偏差。作为一种思想立场和元知识话语，主体间性是对现代性危机的规范性回

① 参见金元浦：《文学解释学》，东北师范大学出版社，1997 年。

应:它以坚持现代性的方式来回应危机。因此主体间性是对现代性原则的结构补充。正如引入主体性是一次确立中国文化现代性的机会,引入主体间性也是一次在信念基础、元知识话语层面深度推进中国文化现代性的机会。失去了这一次机会,我们就容易被种种后现代倾向牵着走,神秘主义、审美主义、特殊主义就会大行其道。

所以,本文认为,有必要对文艺研究如何走向主体间性做一番清理。由于问题本身的复杂性,这里大体上只围绕两个层面来讨论:1.在向主体间性推进过程中主要的扭曲、失度及其根源。2.主体间性在中国语境下的独特针对性。至于在我们目前的水平下应该有什么样的推进思路和脉络分寸,显然还需要更专门的讨论来展开。

一、越界:从"人际"到"天人"

在向主体间性推进的诸种失当中,一个标志性的失度是把主体间性(intersub jectivity)扩展至人和自然之间,即把主体间性从人—人关系界域推展到天—人关系。

> 哲学的主体间性是本体论的规定,它认为存在不是客体的存在,也不是主体的孤立存在,而是主体间的存在,不仅包括人与人的关系,而且包括人与自然的关系。①
>
> 审美是主体间性的把握世界的方式,它把世界(包括人和自然)当作与自我主体交往的伙伴,与其进行对话、交流,达到充分的默契、理解和同一。②
>
> 主体间性理论把自然也看成是可以与人类交流、对话、沟

① 杨春时:《从实践美学的主体性到后实践美学的主体间性》,《厦门大学学报》2002年第5期。

② 杨春时:《从实践美学的主体性到后实践美学的主体间性》,《学术月刊》2002年第9期。

> 通的主体，而不是一个等待人类去开发征服的对象。①

显然，这里“主体”“主体间性”概念范围的扩大和含义的越界是明确、有意的。同样显然的是，说主体“不单单指人，还指世界”，将主体间性推展到人与自然乃至人与世界一切对象的关系之间是有悖于常识的，它超出了“主体”、“主体间性”概念公共含义的适用范围。正如雷蒙·威廉斯所指出，“subject 与 object 的用法所呈现出来的意涵普遍具有明确性”。威廉斯说，“subjectivity”作为一个新的衍生词具有批判客观主义的意味，它所针对的是客观主义对外在世界的一种错误关怀：“忽略了‘内在的’(inner)或‘个人的’(personal)世界”。据威廉斯考证，“subject”的中古英文为“soget”、“suget”或“segiet”。最接近的词源为古法文“suget”“soget”“subject”与拉丁文“subjectus”“subjectum”；可追溯的最早词源为“sub”(在……之下)与“jacere”(投、掷)。“后来的重要词义演变出现在德国的古典哲学里。大部分现代用法的区别源自此哲学。无论是将‘subject’与‘object’做出区别，或是企图去证明这两者具有基本的同一性，皆是根据其主要的意涵：‘subject’——主动的心灵或思考的原动力……”②《西方哲学英汉对照词典》这样定义“主体间性”：

> 如果某物的存在既非独立于人类心灵(纯客观的)，也非取决于单个心灵或主体(纯主观的)，而是有赖于不同心灵的共同特征，那么它就是主体间的。……主体间的东西主要与纯粹主体性的东西形成对照，它意味着某种源自不同心灵之共同特征而非对象自身本质的客观性。心灵的共同性与共享性隐含着不同心灵或主体之间的互动作用和传播沟通，这便是它们的

① 朱晓军：《美学研究的范式转换：从主体性到主体间性》，《理论学刊》2005 年第 7 期。

② 雷蒙·威廉斯：《关键词：文化与社会的词汇》，刘建基译，生活·读书·新知三联书店，2005 年，第 476—479 页。

主体间性。①

这与威廉斯对主体、主体性的理解是基本一致的。当然,据他们的研究,这一对主体、主体间性的理解也与胡塞尔、分析哲学、伽达默尔等人的理解相一致。“在胡塞尔看来,主体间的这些特性表明:人们与其说是建构了一个唯我论的世界,毋宁说是建构了一个共享的世界(Lebenswelt)……对分析哲学来说,主体间性是两个或两个以上的心灵之间的彼此可进入性”②。这样理解也与我们对主体、主体间性概念的理解大体一致:由于自然、物没有“主动的心灵或思考的原动力”,它构不成主体,无以形成主体间性。虽然主体间性并不能缩减为原子式主体的机械相加,但也决不意味着人与物或非人存在物之间可以构成主体间性。

就是说,上述对主体、主体间性适用范围的理解是一种普遍性的公共含义。据此,倘若有意要将主体间性扩展至人与自然之间,就要解释清楚:这种主张的独特根据是什么?仔细分辨,间性扩展论的根据主要有三:

1. 海德格尔晚期的存在论。认为海氏早年的“与他人共在”已经涉及了本体论的主体间性问题,“但仍然限于‘此在’的范围,没有进入存在本身。后期他提出了‘诗意地安居’、‘天地神人’和谐共在的思想,这就建立了本体论的主体间性”③。杨春时的所谓“本体论的主体间性”就是据此而提出来的。既然主体间性是本体性的,是世界的存在本体,那么当然,说人与自然、说万事万物之间的关系都是主体间性就是于理可通的。但是问题在于,这个推论的前提并不成立,因为它是建立在将存在本体等同于主体间性的基础之上。存在关系显然不等于主体间性,否则,主体间性论就会丧失自身的规定而等同于万物关系论,整个世界就会变成纯然由主

①② 尼古拉斯·布宁、余纪元编著《西方哲学英汉对照辞典》,人民出版社,2001年,第518页,第519页。

③ 杨春时:《本体论的主体间性与美学建构》,《厦门大学学报》2006年第2期。

体所构成的世界，而不是“天地人神”的大道天设。从存在论的角度讲，何者非存在？主客关系不仍然是一种存在关系吗？因此，无论如何海德格尔的“天地人神”都是无法理解为主体间性论的，他更没有由此建立什么“本体论的主体间性”。实际上我们知道，主体间性视野作为后形而上学的知识立场是反本体论的。海德格尔的“天地人神”四维一体以及艺术作为“之间”的“空间化”(Räumen)都不是讲主体之间，而是讲作为存在论的世界结构，“人”在这里不是沉沦的“共在”，而是大写的“人”①。

2. 阐释学的“理解”概念。与上面所说的将“存在”主体间性化的理解密切相关，间性扩展论者以伽达默尔等人的阐释学为根据，认为“存在是解释性的，而解释活动的基础是理解。理解只能在主体之间进行”②。这也是论者所谓“本体论主体间性”的核心根据。这里的“理解”概念，在前两句话里是指本体性的理解，在后一句话里是指日常性对他人的理解。我们知道，虽然现象学家们的“理解”可能是含义最为复杂的一个概念，但是具体到本体论阐释学的“理解”概念，“理解”的针对性又是大体明确的：“理解”(Verstehen)并不是指狭义的对具体文本的理解，而是“对存在的领会”。“对存在的领会”固然包含对文本、对他人的理解，但最根本的是对存在意义的领会(寻视繁忙)、对存在可能性的领会(筹划、时间性)、对天地之大道的领会(聆听)。海德格尔说，领会是本真的理解，而本真的理解是沉默与聆听③。这里的“理解”对象包括所有存在者，核心是存在者之存在。如果以此为根据，就不能说“理解只能在主体之间进行”。相反，海氏的阐释学作为“此在的现象学”④，基本的着

---

① 参见海德格尔《艺术作品的本源》和《艺术与空间》，《海德格尔选集》上卷，上海三联书店，1997年，第237—306、481—488页。

② 杨春时：《本体论的主体间性与美学建构》，《厦门大学学报》2006年第2期。

③ 在海德格尔看来，本真的理解是聆听，但不是听有声之言的人的表达，而是听语言作为“寂静之音”的言说(参见海德格尔《语言》，《海德格尔选集》下，第91—104页)。

④ 海德格尔：《存在与时间》，陈嘉映、王庆节译，生活·读书·新知三联书店，1987年，第47页。

力点就是去心理学化,他的“此在”、“必死者”、“天地人神”四维一体、人在理解中存在、语言的“纯粹所说”等,所直接面对的都是世界性,而不是另一个主体。但是如果所谓的“理解”只限定“在主体之间进行”,那么,理解的对象就是指他人,而不是“存在”,由此,就没有理由以“理解”为根据将主体间性的范围扩展到人和自然之间。而此时的“理解”(Verstand)是通常意义上较为固定、明确的日常性理解。在海德格尔看来,这种理解的功能与存在性的理解恰恰相反:它不是导致存在的领会而是导致遮蔽(常人言谈之“沉沦”)。至于所谓的“视域融合”和“阐释的循环”,当然是指以文本为中介、以“在主体之间进行”的理解为基础而通达与他人的“共在之域”。这是真正主体间性的。可是“共在之域”并不在人与自然之间,而是以自然为基础的社会世界。虽然自胡塞尔《〈笛卡儿的沉思〉第五沉思》(1929)以来,现象学家们对主体之间何以能相互理解的基础进行了艰苦的论证,最终仍然没有能解决认识的有效性如何能够从单子主体的直观明察转移到主体之间构成“同感”(Einfühlung),但是,有一点是明确的:在从现象学到阐释学的主要代表人物胡塞尔、海德格尔、伽达默尔等人那里,主体间性不包括人与自然。

3. 马丁·布伯的“我—你”关系论。这是间性扩张论者几乎人人要引证的。他们认为马丁·布伯是“更为彻底的主体间性理论家”,因为后者认为“存在是关系而非实体”。“而作为存在的关系本质上是一种‘我—你’关系,而不是‘我—他’关系”,这一至关重要的关系“包括人与自然的关系、人与人的关系以及人与神的关系”。“我—他关系是主客关系,是非本真的关系,而我—你关系是本源性的关系”①。查马丁·布伯的《我与你》(1923)及续篇《人与人之间》(1947),的确,他是把人与世界的整个关系分为两类:“我—你”关系和“我—他”关系。“我—你”关系的范围包括一切对象:“不仅与他人,而且也与自然界中与我们产生关联的一切生灵

① 杨春时:《本体论的主体间性与美学建构》,《厦门大学学报》2006年第2期。

和事物都处于'我—你'关系之中。"①但值得注意的是,马丁·布伯没有明确把"我—你"关系称之为"主体间性"。他的"你"含义是非常特别的。在1957年为《我与你》写的《后记》中,马丁·布伯很尖锐地追问过"我—你"关系的界限问题:"如果可以假定,当我们把自然界的生灵、事物当作'你'而与之相遇时,它们也向我们报之以某种相互性,那么,这种相互性究竟具有何种性质,我们有什么权力把相互性这一本原概念推广到它们身上?"②马丁·布伯考察的结果是:动物与人可以有交互性反应,但植物没有。"当然,我们在这里的确找不到动物个体的行为、举止,但存在的交互性却肯定是有的"。而"存在的交互性"的产生是有前提的:它依赖一种直接遭遇的信仰态度——"无条件地把自然界的生灵、事物当作'你'而与之相遇"。这是一种纯全、完满、不舍弃任何物的信仰的交互性,它"不减损任何物,不离弃任何物,将万有以及整个世界都纳入'你',赋世界以权利,给世界以真理"③,"不是让万有外在他而是万有进入他"——显然,这样的"我—你"关系不是主体间性,而是信仰之本体境界的归属与融入。马丁·布伯对"我—你"关系的探讨是作为宗教哲学家对本体价值状态的研究,它与主体间性交叉、兼容而并不等值。

上述考察可见,将主体间性扩展到人与自然之间,主要是基于一系列理解上的失误和偏差——直言之,是一种难以成立的越界。间性扩张论所援引的根据及其理解是没有说服力的。

二、窄化与偏移:审美主义的执著

导致思想越界的偏差当然不只是出于理论资源理解上的失误,更重要的是由于对主体间性本身把握的偏差。外部的越界是内部理解偏差的结果,这种偏差又进而导致了主体间性思想视野之关注重心的偏移:一种审美主义的精神关切取代了对社会人际的间

①②③　马丁·布伯:《我与你》,陈维纲译,生活·读书·新知三联书店,2002年,第107、108、第68、5页。

性考察。结果,"走向主体间性"似乎是虚晃了一枪,转眼间又变成了审美主义的执著歌颂。

首先,是对主体间性内涵理解的窄化和单面化。我们知道,主体间性是交互性的,即不同的个体之间互为主体性。这种交互、互为并不仅仅是在双方相互融入、肯定的意义上,也包括双方的差异、限制和相互的对象化、客体化,就是说,不仅"我—你"关系是主体间性,"我—他"关系仍然是主体间性,只要与"我"遭遇者自身是一个主体,有主体的位格(person)或者能力。更准确地说,他者的他性和斗争性乃是构成主体间性必不可少的一个维度。正如阿克塞尔·霍耐特的著名研究所揭示,"承认"与"认同"、"斗争"和"理解"是同等重要的主体间性的两个维度①。没有差异—斗争—承认的维度,就丧失了个体化与社会化之双向互动的动力机制,丧失了人际之边际约束的前提。所以查尔斯·泰勒指出,构成"自我主体"的基本条件就是他者的异己性,泰勒借用乔治·赫伯特·米德的话,将这样的他人称之为"有意义的他者"(significant others)。"有意义的他者对我们的贡献,即使是在我们的生命之初给予的,会无限地持续下去"②。哈贝马斯指出,真正的普遍主义要求每个人相互之间都平等尊重,"这种尊重就是对他者的包容,而且是对他者的他性的包容,在包容过程中既不同化他者,也不利用他者"③。霍耐特在研究黑格尔的主体间性理论时指出:"在黑格尔看来,一切相互承认的关系结构永远都是一样的:一个主体自我认识到在主体的能力和品质方面必须为另一个主体所承认,从而与他人达成和解;同时也认识到了自身认同中的特殊性,从而再次与特殊的他者达成对立……在这个意义上说,形成主体间伦理关系基

① 参见阿克塞尔·霍耐特:《体系再现:社会承认关系的结构》,《为承认而斗争》,胡继华译,上海人民出版社,2005年,第71—148页。

② 查尔斯·泰勒:《承认的政治》,汪晖、陈燕谷主编:《文化与公共性》,生活·读书·新知三联书店,1998年,第296—297页。

③ 于尔根·哈贝马斯:《道德认知内涵的谱系学考察》,《包容他者》,曹卫东译,上海人民出版社,2002年,第43页。

础的承认运动就在于和解与冲突交替运动的过程当中。"①"承认"不同于"认同"，在于"认同"是积极主动的交互肯定，而"承认"是通过斗争、由对立而导致的肯定。在社会学的意义上，"承认"就是主体在他者中的自我存在，是一种社会的"承认关系结构"。循此，对主体间性的理解将告别形而上学，走向社会化。

但是，在间性扩张论者的笔下，主体间性的交互性内涵极大地被狭窄化了，它基本上变成了同情、理解——一种主观价值态度的同义语。

> 只有把世界当作另一个自我，与之交往、对话，才能体验和理解世界……真正的主体间性在现实生活中并不存在，它只存在于超越的领域。审美作为超越的生存方式和体验方式，真正实现了主体间性。用主体性不能解释审美的本质，只有用主体间性才能解释审美的本质。②

这里几乎每一个断言都是成问题的。"真正的主体间性"在现实生活中不存在吗？（爱、团结和日常生活的交流互动是什么？）只有审美才"真正实现了主体间性"吗？（劳动或交换领域的互动是什么？）"只有用主体间性"才能解释审美的本质吗？（如何解释对不是主体的自然的审美？）这里有一个等式：真正的主体间性＝本真的存在＝审美＝交往、对话、体验、理解＝自由。在一些间性论者的笔下，经由这一系列等式的化约，主体间性实际上已被等同于审美的理解和同情。他们说，一方面，"审美是真正充分的理解"，只有"理解摆脱了主体对对象的不关心、偏见和工具性态度……从而使主客对立关系转化为主体间性关系"。另一方面，"同情本身也是主体间性的构成要素……同情就是自我与他我之间的价值同一

---

① 参见阿克塞尔·霍耐特：《体系再现：社会承认关系的结构》，《为承认而斗争》，胡继华译，第22页。

② 杨春时：《从实践美学的主体性到后实践美学的主体间性》，《厦门大学学报》2002年第5期。

以及情感的融通"①。因此,理解和同情——一者从认知的角度,另一者从情感价值的角度——构成了主体间性的主要活动形式和内容。这样,主体间性就在两个层面被狭窄化了:一在主观态度与社会世界的一体化相关内容上,主体间性之交互性活动/制约的广阔内容被缩减为一种主体态度;二在态度构成本身的复杂内涵上,将"理解"与"斗争"的双重维度缩减为"理解"。

进而,是社会视野的失落。主体间性内涵的狭窄化直接决定了社会视野被遮蔽,因为这里的"理解"不是在社会学的意义上意指一个交互行为的社会结构,而是在符号学或心理学的意义上意指一种主体行为的精神内容。将其等值于主体间性,所导致的直接结果是从精神态度而不是从行为结构或社会规则上去理解主体间性。间性扩张论特别论及过"社会学领域"尤其是文学的"主体间性",但是由于主体间性理解的狭窄化,论者对社会领域、文学的主体间性的具体描述主要是一种态度性理解的阐释。关于社会领域的"交往""对话""共在",关于"文学主体间性"的几个层次——"文学是本真的生存方式",文学是具有普遍意义的"自由个性的创造","文学把人当作主体","充分地实现了对人的理解"等等,都是着重于强调一种肯定性的理解②。按间性扩张论的逻辑,理解是存在性的,而存在性等于"本体论的主体间性",所以,理解是根本性的——不管在哪个领域,主体间性的主要内容都是理解。

那么,理解和主体间性究竟是什么关系?实际上从社会视野看,理解只是主体之间肯定性交互行为的意义领会和态度伴生物,它只是交互性社会互动的一个环节。马丁·布伯说:"我凝视一棵树……让发自本心的意志和慈悲情怀主宰自己,我凝神观照树,进入物我不分之关系中。此刻,它已不复为'它',惟一性之伟力已统摄了我"③。这是讲理解的融入。米德说:"当一个人模糊地感觉到他的面部表

---

① 杨春时:《审美理解与审美同情:审美主体间性的构成》,《厦门大学学报》2006年第5期。

② 杨春时:《文学理论:从主体性到主体间性》,《厦门大学学报》2002年第1期。

③ 马丁·布伯:《我与你》,陈维纲译,第5页。

情或身体姿势对另一个人的意义的时候，他的耳朵也以向邻居敞开的方式敞开，倾听他自己的手势语言。”而“成功的社会行为使人进入到这样一个领域：他对自己态度的意识有助于控制他者的行为”①。这是讲交互性行为。两相比较，显然后者所描述的内容才是真正交互性的。理解在什么时候才构成了一种互动行为呢？在面对文本、符号或面对他人的时候。此时的理解“通过解释，介入到参与者的自我理解和世界理解当中”，并同时“为修正他们为自我和他者的描述保留余地”②。对他人的理解反应、对符号意义的经验填充、阅读中的视界融合、阐释的循环、人与人之间的身心互动、共鸣与认同等等，都是交互主体性的。在这里，理解成为了社会世界交互活动中的一环，但仅仅是一环而不是全部。一旦面对物、自然，理解就变成了一种认知体验、主观感应和主体对自身命运领会的混合物。而社会世界的主体间性至少包括如下层面：1.主体间性作为共在世界而对个体的社会性塑造和融入，即前文所谓个体化与社会化的双向构成。它包括人在社会世界中所获得的肯定、理解、道德感、自我意识、社会人格、基于蔑视而开展的斗争、通过斗争而获得的承认、自尊心、责任意识、权利、社会身位、价值同感、独特性等等。2.作为共同体社会构成的公共世界，包括组织系统、符号世界、规则系统、约法体系、文化历史记忆和共享性价值等。比如法律关系，“与爱情不一样，法律代表了一种相互承认的形式”。“对于社会生活而言，法律关系之所以代表了主体间的基础，是因为它迫使所有的人依照合法的诉求来对待每一个主体”③。3.作为主体之间交互展开的基本社会活动——劳动、交往、政治、消费、科学文化活动等等。以劳动为例，分工就“暗含着个体劳动被转化为一种社会活动，不再以清楚明白的方式服务于他自己的需要，而是‘抽象地’服务于他人的需要……‘每一个人都满足许多人

① 转引自阿克塞尔·霍耐特：《为承认而斗争》，第80、79页。

② 于尔根·哈贝马斯：《道德认知内涵的谱系学考察》，《包容他者》，曹卫东译，第45页。

③ 阿克塞尔·霍耐特：《为承认而斗争》，第56页。

的需要，而满足个人许多特殊需要的是许多他人的劳动’”①。而社会世界主体间性的复杂性在于：每一个层面都既是主体间性的实现形式，又是主体间性的固化与制约。因此，生活世界的主体间性与社会系统的统治异化是主体间性理论无法回避的思想母题。

显然，这些极其广阔、复杂的内容不是理解、同情乃至对话、交往等几个简单的概念所能够概括的。如果仅仅固执于“理解”，就会导致主体间性视野之关注重心的偏移，对社会行为、体制、系统等等的结构分析和实证研究就会让位于态度宣传和情感宣泄，一种空洞的文人式道德情怀就会取代社会理论的规范分析和法理性批判。而这正是发生在间性扩张论中的情形。固执于“理解”，使间性扩张论对主体间性之社会维度的解释高度审美化，甚至根本就否认现实中有主体间性。这种倾向之严重，已经使间性扩张论沉溺于审美主义的价值宣讲而难于自拔：物我同一、天人交感、审美移情、通感、同情、直觉乃至联想、想象等统统都成了“主体间性”。在写作中、欣赏中，在作家与作品之间、读者与艺术形象之间、审美者与世界之间——凡是有艺术的地方就有主体间性，凡是有审美的地方就有主体间性，反之，无审美就无主体间性。“在现实生存中，人与世界的关系是主体与客体的关系；人与自然的关系是对抗的关系；人与人的关系也变成了主客关系……在审美活动中，自我进入另一种生存状态，人与世界的关系真正成为主体间的关系。人与自然的关系变成了我与另一个我的关系……人与人的关系也不再是互相隔膜的主体与客体的关系或不充分的主体间的关系，而成为真正的主体间的关系。”②在审美与“真正的主体间性”完全等同之后，真实社会世界的主体间性就已经被屏蔽了：审美与现实的关系被距离化和敌对化，除审美之外的社会世界的主体间性被勾销。

① 阿克塞尔·霍耐特：《为承认而斗争》，第 57 页。

② 杨春时：《从实践美学的主体性到后实践美学的主体间性》，《厦门大学学报》2002 年第 5 期。

由于将主体间性扩展至人与自然和社会内涵的减缩，间性扩张论实际上就将向主体间性推进的理论指向从人际之域导向了人与自然。这是一个十分关键的转移，经此转移，80年代以来主体性讨论对社会“人际”（权利、正义）的关切就被导转至了“天人”之间，而且在大多数间性扩张论者的论述中，迅速与自然美体验、与中国古代的“天人合一”融为一体。

> 以此为桥梁，主体间性理论又连接上了推崇民胞物与和天人合一思想的中国古代美学……这不仅体现在思想家如庄子的“天地与我并生，万物与我合一”和董仲舒的“天人感应”中，体现在民间“老天爷”的人格化称谓中，更体现在中国悠久的诗歌和文学传统中。①

于是，诸如“相看两不厌，惟有敬亭山”（李白），“我见青山多妩媚，料青山，见我亦如是”（辛弃疾），“数峰清苦，商略黄昏雨”（姜夔），乃至庄子的“齐物论”“逍遥游”，禅宗的“佛性论”“顿悟”等等都变成了“主体间性”②。而中国古代的“天人合一”则具有了矫正西方现代性危机的解毒功能。

三、间性泛化与规范性内容的失落

与间性扩张论相似的另一种情形是泛化：将主体间性沿文学理论的各部分作一种表层的推演，把“文学的主体间性”诠释成我们早已熟知的文学理论诸知识点。这种表浅的快餐式推演和弥漫表明了一种取舍：仅仅把“主体间性”理解为一种方法论上的方便法门。

---

① 朱晓军：《美学研究的范式转换：从主体性到主体间性》，《理论学刊》2005年第7期。

② 参见程金海：《主体间性与中国美学的拓进之维》，《学术研究》2005年第7期。

首先是最方便的举措：按艾布拉姆斯的“艺术批评坐标”，将“作品—世界—艺术家—欣赏者”①诸因素之间的循环关系一一归结为“主体间性”。这是很多谈论“文学的主体间性”的学者都做过的事，推演的顺序大同小异：作者与世界的关系是主体间性——“因为作家在进行艺术创作之前，也有一个观察和体验社会生活的过程。在这个过程中，作家也必须与世界建立起这种主体间的交流关系”②。作者与作品之间是主体间性——“在作品的创作和修订过程之中，作家与作品的主体间性是非常突出，因此才出现诸如‘春风又绿江南岸’，‘鸟宿池边树，僧敲月下门’之类的‘推敲’过程，这个过程就是个主体间性的交流、对话、沟通的过程”③。以此类推，读者与作者之间，作者与批评家之间，乃至读者和读者之间都是“主体间性”。其间，还把阐释学、符号学、文本理论、复调理论、互文本性等等作为引证依据而不断归入到如此这般“文学主体间性”的强大阵容之中。

但是我们知道，艾布拉姆斯讲的是“艺术批评坐标”的分类。作为对各种文学批评立足点（“坐标”）的总结，他的“分类”是归纳性、平面性的，并不是对作家与世界之间极其复杂的主体间性的分析展开。据此将与作品相关的诸因素之间的关系一一理解为主体间性，“主体间性”就被泛化了，而其中，牵强是显而易见的。比如，作者与作品之间有什么主体间性？读者和读者之间的主体间性是什么？在主体间性泛化的基础上，有论者提出了“复合间性”的概念：

> 当艾布拉姆斯提出“宇宙—艺术家—作品—观众”的四重奏时，人们尚没有意识到，这里面的“作品”究竟是单数的，还

① M.H.艾布拉姆斯：《镜与灯：浪漫主义文论及批评传统》，郦稚牛等译，北京大学出版社，2004 年，第 4—5 页。

② 苏宏斌：《论文学的主体间性——兼谈文艺学的方法论变革》，《厦门大学学报》2002 年第 1 期。

③ 张玉能：《主体间性与文学批评》，《华中师范大学学报》2005 年第 6 期。

> 是复数的？……但是，在“主体间性”和“文本间性”理论出现之后，这种理论的迷障就被消解了。不仅单一的文本成为了“互文性”的文本“群”，而且，单一的作者和读者亦俱化作“主体间性”的作者“们”和读者“们”。而作者们与文本群、读者们与文本群的交互关系，正是我们所说的“复合间性”的关系。①

他进而界定道：“所谓文学的‘复合间性’，意指在‘文本间性’与‘主体间性’之间的‘间性’。”就是说，由于诸文本之间有“文本间性”、作者们之间和读者们之间各自有“主体间性”，而文学“既不属于‘文本间性’，又不属于‘主体间性’，而是介于两种间性对话和交往的中介场里面”，所以它是一种“复合间性”。这些话，从主体间性的角度去看其实是很难理解的。什么叫“两种间性（的）对话和交往”呢？如果不是主体之间对话的文本延伸以及文学系统的制约，文本之间怎么构成对话、交往和制约呢？有“文本间性”和“主体间性”之间“对话”这回事吗？实际上，所有主体之间的交互行为都是有中介场域的：法律、语言、道德、影像、身体、货币、其他物质介质等等，因此，所有的互动都有介质的参与以及介质作为系统的制约、分解和延异。如果因为文学有文本间性就必须是一种“复合间性”，那就只能说所有的“主体间性”都是“复合间性”。但论者之所以如此看，是因为他把凡是“复数”都视为了“间性”，他真正关心的其实不是“主体间性”，而是“间性”。“可以说，文学活动的各个维度都具有了某种程度的‘间性’。质言之，‘间性’正是文学活动的特质之一，文学活动恰恰是一种不离于‘间性’的活动，我们所说的‘复合间性’只是‘文学间性’的子系统”②。这样，他与艾布拉姆斯的“坐标”分类就统一了，而“主体间性”也就明白地泛化为“间性”了。金元浦 2002 年出版的著作题目就叫《“间性”的凸现》。从 90 年代写文呼唤“走向主体间性”到 2002 年凸显“间性”，表明他的

①② 刘悦笛：《在“文本间性”与“主体间性”之间——试论文学活动中的“复合间性”》，《文艺理论研究》2005 年第 4 期。

“主体间性”最终落脚点是“间性”两个字。他列举了一系列极为复杂的“文学的‘间’性”：“文本间性（intertextuality）、主体间性（intersubjectivity，包括文学交流中的理论共同体、批评共同体及阅读共同体——群体间性）、文学与不同学科之间的学科间性（interdisciplanariaty）、后殖民时代的文学的民族间性（internationality）、各种不同文化之间的文化间性（interculturality）”①等等。遗憾的是，几乎在他所言及的每一个“间性”层面，都没有见到有扎实的推进和展开。仅就此而言，是不是可以说“间性”已成了一道可以迅速弥漫、占领各个领域的理论快餐呢？

关键是快餐化背后的失落。“主体间性”泛化、蜕变为“间性”，表明已失掉了它所蕴含的现代性价值立场：它从一种以现代性为基础而往前开掘的思想视野蜕变成了一种纯粹的方法论——万物关系论。而显然，关系论是无法作为克服现代性危机的思想立场和元知识话语的建构基础的，因为在“主体”和“间性”之至关重要的一体性构成中，它去除了“主体”，失掉了作为现代性根本立场的“人义论”含蕴。不管对“间性”作何解释——关系、系统还是差异/联系——只要“主体间性”蜕变为“间性”，它就丧失了作为现代性原则内在补充的基本含义，失去了在人义论背景下作为元知识话语所固有的主体性、启蒙理性和平等精神，它因此而蜕变成了一种由认知理性支持的方法，一种只具技术意义的知识。就是说，主体间性的深度价值立场和规范性内容丢失了。

主体间性的深度价值立场和规范性内容植根于交互主体性的关系直观。用哈贝马斯的话说，即来源于“隐含在交往行为或实践的形式化含蕴中未被损害的交互主体性的一般结构（the general structures of an unimpaired intersubjectivity）”②，一种可普遍推演的对称平等的相互关系（reciprocity）。哈贝马斯说，正是这些结构或

① 金元浦：《“间性”的凸现》，中国大百科全书出版社 2002 年，第 7 页。

② Jürgen Habermas, *Philosophical-Political Profiles*, Trans. Frederick G. Lawrence, Cambridge, Massachusetts: MIT Press, 1983, p.173.

关系的直观"确定了人类价值或人类生存规范的基础",由此关系的直观出发,可以推断出一系列交互性约束和自由延展的行为原则及规范。洛克的政府论、卢梭和霍布斯的社会契约论、黑格尔的社会总体性自由、罗尔斯的"原初状态"、德沃金的平等正义观、诺齐克的"边际约束"、汉娜·阿伦特的"交往的权力概念"(the communications concept of power)①、哈贝马斯本人的"交往理性"、霍耐特的"承认理论"等等,都是依据主体之间交互性对称的平等关系直观来建构社会正义或社会世界合法性的逻辑推论基础。社会的基本逻辑是人际关系,因此,社会世界法则的普遍性实质就是对称平等的交互性。它并不是意指那种出于认知逻辑的抽象一般性,而是意指出于主体间性视域的主体之间的平等交互性:普遍有效,意味着所有个体之间交互有效,其中没有特殊者。由此观之,"人生而平等"的自然法信念和康德的"普遍立法原则"②的真实基础其实也是主体间性的交互关系直观。这正是交互主体性突破主体哲学的奠基性意义之所在:它是一种深度价值立场的逻辑基础。但"主体间性"泛化为"间性",却从根本上抽掉了这一基础。

四、向主体间性推进的中国针对性

实际上,抽掉了主体间性价值立场的逻辑基础,也就抽掉了向主体间性推进的中国针对性。因为在总体上,当代中国向主体间性推进的独特针对性不是别的,就是 20 世纪 80 年代主体论指向的持续追加:启蒙精神的结构性推进和深化。我们的独特针对性在于,由于启蒙理性遭到严重扭曲,由主体哲学的思想模式而导致的症结隐患特别巨大。

首先,是启蒙原则中的主体性失落。该失落标示出中国现代性启蒙的结构残缺和扭曲,这在二十年前的主体性讨论中已经被反

① Hannah Arendt, *On Violence*, New York: Harcourt, Brace & World, 1970, p.41.

② 康德:《实践理性批判》,邓晓芒译,人民出版社,2003 年,第 39 页。

复揭示。值得注意的是,主体性失落意味着现代中国对启蒙原则的一种历史取义:取“科学启蒙”而排除主体性的价值立场。这是中国新文化启蒙逐渐形成的一个非常独特的取向。这一取义的特殊扭曲是,“科学”信念僭越并取代了启蒙理性。在中国现代文化的开端之初,“德先生”和“赛先生”在新文化阵营内部实际上很快就演变成了以“赛先生”来论证和包含“德先生”。比如,胡适就将他“依据于生物学及社会学的知识”而建立的包罗万象的人生观称之为“科学的人生观”①。长期以来我们相信,唯物主义之所以是最好的世界观,就是因为它是科学的世界观。由于新世界观被理解为“科学”,启蒙理性被极大地曲解成了“科学启蒙”:整个人类的思想史被理解为唯心论和唯物论斗争的历史,启蒙立场的人义论、自我立法变成了反封建迷信,个性解放变成了个人主义,启蒙理性变成了认知理性。而在认知理性的绝对客观化标准之下,主体哲学反而成了“唯心主义”,有长达半个世纪之久的对“抽象人性论”的持续性批判。表面上看,主体性失落是反主体性的,但实际上深层的学理根源可以追溯到主体哲学背景下启蒙理性的内部扭结。不管是认知理性还是价值主体性,都是主体性现代分化的产物。背谬的是,在主体性内部,作为启蒙原则的人本论价值观、人义论立场与作为启蒙原则之自我确证的理性立场所根据的是同一个主体性。用黑格尔的话说,就是作为现代原则的主体性之“自由”(freedom)和“反思”(reflection)的不同含义之间的双重缠绕。作为现代原则,“主体性”的首要含义是“人义论”的自由、自主②。但同时,作为启蒙原则,人是主体不仅意味着在人之上没有任何权威,而且意味着一切都必须经由人来立法、检验。由于在主体之外并无凭借,主体立法的基本方式是反思,由此决定了主体性作为启蒙原则的第二个含义:反思性,即主体之自我确证的内在理性要求。在此

① 胡适:《科学与人生观序》,祁剑飞、方松华编:《中国现代哲学原著选》,复旦大学出版社,1989年,第56页。

② 参见于尔根·哈贝马斯:《现代性的哲学话语》,曹卫东等译,译林出版社,2004年,第19—51页。

意义上,所谓“主体性”是指:“在理性面前,一切提出有效性要求的东西都必须为自己辩解”①。由此,主体性原则“在哲学中表现为这样一种结构,即笛卡儿‘我思故我在’中的抽象主体性和康德哲学中绝对的自我意识”。这是一种“认知主体的自我关联结构:为了像在一幅镜像中一样,‘通过思辨’把握自身,主体反躬自身,并把自己当作客体”②。于是,在主体性原则内部,价值主体(自由)和理性主体(反思性)之间的关系变成了认知主体与客体的关系,启蒙理性变成了认知理性对价值主体性的永恒的怀疑、分析和证明。这里的僭越在于,认知理性包容并担负了价值原则。而这个认知理性在知识领域担负主体性价值原则的僭越在现代中国经由革命而直接历史化——它不是在先有权利约法系统体制奠基和市民社会背景之下的现代性理论重构,而是用科学的思想武器指导革命的理念先行。一方面,在思想谱系中,分不清价值立场与认知理性、认知理性与具体科学之间的差异和转换,把现代性启蒙直接理解为“科学启蒙”并最终落实为某一种具体的学说,另一方面,在现实中又缺乏基本的公共生活土壤来矫正和调节革命理论的偏激。由此,使得某一种观念成为担负了全部现代化重任和人类未来的绝对力量。李泽厚、刘再复本来是要论证人本论价值主体性的,但是他们必须一再援引心理学或人类学等等“科学”来证明,诸多论证上的失度由之而产生。而作为启蒙立场之根本价值原则的主体性失落的直接结果,就是哈贝马斯所说的“自然法与革命之间的纽带”的“断裂”③。

第二,在价值论设中“主体”被固定诠释为大写的人。主体性价值立场当然无法真正泯灭,只要是社会人文论述,它就一定会指向一种价值立场。现代中国前仆后继的“主义”论述实质是种种内含普遍化要求的价值论设④。由于前述“科学启蒙”的信念,现代中

①② 于尔根·哈贝马斯:《现代性的哲学话语》,第 23 页。

③ Jürgen Habermas, *Theory and Practice*, Tran. John Viertel, Boston: Beacon Press, 1973, p.113.

④ 参见刘小枫:《现代性社会理论绪论》,上海三联书店,1998 年,第 198—219 页。

国价值论证的选择路径是:拒绝主体哲学的反思性建构整体,以其分裂演变的一个局部来通达对主观价值立场的论证。在长达半个多世纪的时间内,这个狭窄的论证通道就是反映论和劳动实践论。在两论中,反映论的意义在于确定"不以人的意志为转移"的认识的"客观性和真理性",实践论的意义在于完成历史目的论的客观性假设,证成"人类历史发展的客观规律"。两论的谐调在于,由于实践是"人类改造世界的客观物质活动",因此对在实践中人与人、人与世界的关系结构及其演变的认识也是客观的。而如我们所知,不管是认识关系还是实践关系,呈现的都是单一的主客体关系结构模型。由于"认识世界的目的在于改造世界",价值目标最终要落实到实践主体的目的性来承担。可是,具体劳动的目的是千差万别的,"要让劳动的目的合理性普遍化,就必须从社会或人类总体的角度来理解,因而实践哲学显现为一种社会的总体性立场"。这里,劳动主体的"人"是作为与自然相区别、相对应的人而出现的,因而"人"不是个体,而是人类。"'人'是主体,但是是大写的主体,是整个支配、改造自然的人类主体"①。由此确立了国内半个世纪以来对"主体""人"的固定解释——"大我"与"小我""公"与"私""社会性"与"生物性"等等的辨析、批判、论证,都是在这种社会主体的总体性视野下来展开的。

第三,社会设计的全面手段化。显然,在一个社会主体的总体性视野之下,社会的规划设计必然在整体上呈现为一种目的性逻辑,因此在当代中国,工具理性不只是像间性扩张论者所看到的那样,体现在人对外部自然的无度征服,更重要的是体现为约法系统、经济体制、社会组织乃至日常性控制等社会—生活世界的全面手段化。中国当代社会的设计是以主体哲学之单面的主客关系座架为依据的——换言之,它在思想的前逻辑背景和内在约束机制上,表现为交互主体性关系结构的损害或残破。而在 90 年

① 参见吴兴明:《实践哲学遮蔽了什么?——评李泽厚〈历史本体论〉的思想视野》,《文艺研究》2007 年第 8 期。

代之后,这种手段化扩展裂变为触目惊心的当代分化形式:一方面,在市场经济的背景之下仍然沿袭传统的总体性逻辑,将公共权力延伸到对实体经济的强大介入和掌控,此即公共权力机关对资源、信息、规则制订、市场空间的充分占有以及几乎所有公共领域的工具化;另一方面,是公权行使在各个环节上的大面积非法寻租。权力寻租不仅表明公权私用,更重要的是表明对权力的手段性理解和利用。由此导致的是在信仰和精神层面的断裂、变形和混乱。

当下我们必须考量的是,理论上来自内部的破除和推进从何处开始?本文认为,在元知识话语或思想基础上,现代性并没有给我们提供丰富的可选择性。无论是东方文明、文化异质性还是各种信仰支撑的深度寻求,都没有提供足以扩充或推翻启蒙理性的合理性论证。在元知识话语上,现代性的内在指向实际上只提供了一个克服危机的方向:走向主体间性。这意味着一种坚持现代性立场的基本选择:正视历史进程之不可逆转的现代分化,正视并肯认人自我立法的合理性,坚持现代性内部的一种推进。即坚持一种在人本论主体性原则基础上的修正论、完善论立场。不是泯灭主体性,像前面所说的间性泛化论和后现代的原始哲学那样,也不是主体性的越界扩张,像间性扩张论和种种神秘主义、审美主义、特殊主义那样,而是将主体性扩展到主体间性结构的完善和补充。自 80 年代以来,如何能够从群体的人落实到个体的人一直是中国思想界绕不开的结,以致学界称其为"第二次启蒙",但是正如张志扬所分析的,只要仍然是在主体哲学的框架之内,就没有走出种种中国式现代性背谬的希望①。

最后,以如下要点来提示我所体认的主体间性对中国当代社会的启示:

1.就启蒙原则的补充而言,如果是交互主体性,那么规范和价

① 参见张志扬:《启蒙思想中死去的与活着的》,《渎神的节日》,上海三联书店,1997 年,第 263—292 页。

值原则的有效性约束就不在人与对象世界之间,而在人与人之间。因此,价值原则的合理性不是要通过外在认知的客观性来证明,而是必须诉诸主体之间的平等协商、非强制性认同的效力。在此,认知内容的真实性只提供价值决断的信息参考。换言之,规范、价值原则的合理性不是来自认识的真理性,而是来自协商的平等性、开放性和充分性,即不是依靠认知理性,而是依靠交往理性。2.就价值论设的主体性根据而言,交互主体性意味着永远是个体之间的互惠、斗争、协同和交叉。既然是交互主体,就意味着主体之间。这里,群体是天然网络性、缝隙性、间性化的。在这里大写"主体"的假象自行解体:只有交互主体连接范围的大小,没有互动关系之外的超结构主体,否则就取消了主体之间的平等交互性。3.就社会设计和公共权力而言,既然是基于交互主体性,就不存在单一和被操纵的目的性。就像哈贝马斯在评论汉娜·阿伦特时所说,"这里基本的现象不是人的自我意志的工具化,而是在交往认同中公共意志的形成"①。约法、规则、政府、社会事业的根据在于公众参与的平等、开放、中立和共享。任何工具性操控都意味着主体间性制约的取消,意味着单一主体意志的限制,因而是系统对生活世界的侵越。4.对美学、文艺研究而言,交互主体性当然意味着对传统实践论、认识论和审美主义等主体哲学视野的推进和改造:不再仅仅从单向主体的心理体验、感受即传统感性/理性二元划分的感性学角度去展开,而是从美感、艺术的社会互动、同感、共契、符号、文本、意义化、公共性、传播及其与社会生产、控制、社会诸领域的连动等等维度去展开。主体间性的文艺研究意味着超越美学范式而走向社会范式。5.对天人关系而言,交互主体性意味着理性态度下的尊重。既然是主体间性,就意味着自然在主体间相互约束的有效性之外,因此,交互主体性承认人对自然改造、利用的外在性、强制性和无知性。这里惟一老实的态度是:不将人文意志强加于自

---

① Jürgen Habermas, *Philosophical-Political Profiles*, Trans. Frederick G. Lawrence, Cambridge, Massachusetts: MIT Press, 1983, p.172.

然，而以冷静的科学认知为根据来谨慎地交流、保存和看护。承认科学对自然干预的强制和局限，以切实有据的根据为根据，抵制环境保护的万物有灵论和当代神秘主义对自然理解的再度巫术化……

（原载《文艺研究》2009年第1期）

中国美学的现代转化

——从主体性到主体间性

杨春时

中国在上个世纪 80 年代确立了以实践美学为代表的主体性美学的主流地位，从而树立了一块美学发展的里程碑。在 90 年代以后，以“后实践美学”为代表的主体间性美学崛起，预示着中国美学的重大转变。主体间性美学取代主体性美学是历史的必然，也是美学理论自身现代发展的要求。为此，有必要对主体性美学与主体间性美学作进一步的阐释。

主体性美学是启蒙时代的美学，作为现代性核心的启蒙理性成为主体性美学的基础。启蒙理性的基本精神是主体性，它肯定人的价值是最高的价值，认为人是自然的主宰，以理性来对抗宗教蒙昧，以人本主义对抗神本主义。在启蒙理性高涨的时代，美学也必然高扬主体性，成为主体性美学。主体性美学适应了启蒙的需要，它认为审美作为自由的活动是主体对客体的胜利，是自我伸张的结果，是人性的体现。康德建立了先验主体性的美学。他认为审美与一切精神活动一样，不是客体性的活动，而是以人的先验能力和先验结构为前提的主体性活动；审美作为情感活动是由认知到伦理、信仰的中介，是由现象到本体的桥梁。席勒继承了康德的主体性美学思想，认为审美是由感性的人到理性的人的中介，审美克服了感性与理性的对立，摆脱了自然和社会对人的压迫，成为自由的精神活动。黑格尔建立了客观唯心主义的主体性美学体系。他把主体性倒置为理念，以理念的由低级到高级、由异化到自我复归的历史运动来肯定自由精神的胜利。他认为艺术与宗教、哲学是绝对精神的三种表现形式,因此“美是理念的感性显现”,实际上认为美是以感性形式呈现的自由精神。青年马克思在历史唯物主义的基础上建立了主体性的哲学与美学。他的《1844 年经济学—哲学手稿》集中地体现了他的主体性美学思想。马克思建立了以实践为基础的社会存在本体论,认为实践是人化自然的主体性活动,世界是人化自然的产物,实践可以克服异化,进入自由;美也是人化自然的产物,美是人的本质力量的对象化。可以说,主体性是贯穿整个近代哲学、美学的主线。

主体性美学具有重要的历史地位,是对古代客体性美学的超越。古代美学建立在实体本体论的基础上,实体本体论哲学认为世界的本原是实体,一切现象都是实体的表现,美也是实体的表现。因此,古代美学是客体性美学,即认为美是客观性的。古希腊的毕达哥拉斯学派认为数量关系是实体,而美就是数量关系的和谐。柏拉图认为理念是精神性的实体,而美是理念的属性,审美是灵魂对理念之美的回忆。同时,他又认为艺术模仿现实,现实模仿理念,因此艺术是对理念的再模仿。亚里士多德认为质料加形式构成存在,而个别的存在物是实体;艺术是对现实事物的模仿。他还说艺术的快感(美感)源于对个别事物的模仿而产生的求知欲望的满足和道德的净化。中世纪美学成为神学的附庸,上帝成为实体,而真、善、美都成为上帝的属性。古代客体性美学把美当作实体的属性,抹杀了审美的主体性,这种美学表明古代人类还没有自觉地确立自身的主体地位。近代主体性美学把审美看作主体构造、支配客体的活动,美是人类的创造物,从而肯定了人类的主体地位。这是历史的进步,体现了人类自我意识的觉醒和人的价值的提高。主体性美学配合了启蒙运动,推进了现代性的发展。主体性美学的理论贡献和历史作用应当予以肯定。

中国当代美学也经历了由客体性美学到主体性美学的历史进程。在上个世纪五六十年代,受苏联的唯物主义哲学的影响,以蔡仪的反映论美学(主张美是客观的自然属性,美感是对客观的美的反映)为代表的客体性美学占主导地位。在80年代的新启蒙运动中,以李泽厚的实践美学为代表的主体性美学成为主流,从而成为中国美学发展的一个新阶段。实践美学以主体性实践哲学为基础,认为实践创造了人类世界,也创造了美;美是人化自然的产物,或者说美是人的本质力量的对象化。李泽厚的实践美学的思想渊源有二,一是康德的先验主体性哲学,二是青年马克思的实践主体性哲学。它以马克思的实践论来改造康德的先验论,企图通过"积淀"说沟通二者,完成"后验变先验"的理论建构。实践美学高扬主体性,克服了反映论美学的片面客体性,推进了中国美学的发展。同时,它与启蒙运动相呼应,甚至成为启蒙运动的先锋,具有不可抹杀的历史意义(新时期的"美学热"可为表证)。

无论是西方的主体性美学,还是中国的主体性美学,都是启蒙理性在美学上的体现,因此,都具有特定的历史意义和理论贡献,也具有特定的历史局限和理论缺陷。就历史局限而言,主体性美学肯定的现代性(启蒙理性),虽然推动了历史进步,但它并不是完美无缺的,恰恰相反,它本身存在着阴暗面。建立在主客对立基础上的片面的主体性导致人与自然、人与社会的冲突。这种冲突随着现代性的胜利而日益加剧,环境的毁坏,人与人的疏远化,都在诉说着主体性带来的灾难。因此,现代哲学、艺术展开了对于现代性(主体性、启蒙理性)的批判。就理论缺陷而言,主体性美学认为审美是主体性的胜利,而实际上在主体与客体对立的前提下,主体性无法解决认识何以可能、自由何以可能以及审美何以可能的问题。不仅康德的先验主体性或黑格尔的客观精神主体性无法解决审美何以可能的问题,实践美学同样无法解决审美何以可能的问题。审美作为自由的实现,并不是主体认识客体的结果,也不是主体征服客体的产物。从认识论的角度说,世界作为客体,并不能充分地被主体把握,它无论如何也是外在的客体,即康德的"自在之物"或胡塞尔的"超越之物",按照狄尔泰的说法,主体只能对它加以"说明",说明只是以另一种客体解释这一种客体,只是把问题推延了,而不能真正地"理解"。从实践论的角度说,世界作为客体,主体不可能彻底征服它，客体作为外在之物也会抵抗主体的征服，如自然对人类征服、索取、占有的报复，更不用说人对人的支配、征服所导致的暴力、冲突和异化。这样，主体性的真正胜利就不可能实现，主体性也不会带来自由。综合起来说，主体性不能解决审美何以可能的问题，因为审美是主体与世界之间对立的解决，是主体对世界的充分的把握，是主体与世界之间的充分和谐。因此，以主体性解释审美，就遇到了不可解决的理论困难。

现代美学完成了由主体性向主体间性的转向。现代哲学不再把主体性看作存在的根据，而是把存在看作自我主体与世界主体的共同存在，这就是说，主体间性成为存在的根据。现象学大师胡塞尔首先提出主体间性概念，他为了避免先验自我的唯我论嫌疑，企图寻找先验主体之间的可沟通性，他把基于“先验统觉”之上的主体之间达成共识的可能性称为主体间性。这种主体间性是认识论的主体间性，而不是本体论的主体间性，因为它仍然在先验主体构造意向性对象的前提下谈论先验主体之间的关系，而不是主体与对象之间的关系；仍然是先验主体性的哲学，而不是主体间性的哲学。但是，主体间性概念一经提出，就超出了主体性的框架，最终成为本体论的规定。存在哲学的代表人物海德格尔认为此在是“共同的此在”即共在，它具有主体间性的性质。但是，这种主体间性是此在的规定而不是存在的规定，仍然没有提升到本体论高度。只是在海德格尔晚期的哲学思想中，主体间性才具有了本体论的意义。他批判了主体性哲学，认为主客关系“是个不祥的哲学前提”，“人不是在者的主人。人是在的看护者”①。他批评了技术对人的统治和对自然的破坏。他提出了“诗意地安居”的理想。他认为“安居是凡人在大地上的存在方式”，“安居本身必须始终是和万物同在的逗留”，“属于人的彼此共在”。具体地说，就是“大地和苍穹、诸神和凡人，这四者凭源始的一体性交融为一”②。这种天、地、

---

①② 海德格尔：《人·诗意地安居》，上海远东出版社，1995 年，第 11—13、114—117 页。

神、人四方游戏的思想体现了一种主体间性的哲学。伽达默尔以主体间性思想建构了现代解释学。他认为文本(包括世界)不是客体,而是另一个主体,解释活动的基础是理解,而理解就是两个主体之间的谈话过程。“在这种‘谈话’的参加者之间也像两个人之间一样存在着一种交往(Kommunikation),而这种交往并非仅仅是适应(Anpassung)。本文表述了一件事情,但本文之所以能够表述一件事情归根到底是解释者的功劳。本文和解释者双方对此都出了一份力量”①。他认为理解和语言行为都是一种游戏,而游戏是无主体的,游戏本身就是主体。这实际上提出了一种主体间性思想,即阐释者和文本在解释中失去了主体性与客体性,而融合为交互主体即游戏本身。他认为解释活动不是对文本原初意义的再现,也不是解释者原有意见的表现,而是主体的当下视域与文本的历史视域的融合。“视域融合”是主体间性思想在解释学领域的体现。巴赫金提出了“复调”理论和“对话”理论。他认为文本不是客体而是主体,作品展开了一个独立于作者和读者的世界,“这不是一个有许多客体的世界,而是有充分权力的主体的世界”②。对作品的阅读是两个主体之间的对话。总之,现代美学认为审美是主体间性的活动,而不是片面的主体性活动;主体间性思想贯穿了现代美学的发展历史。

现代主体间性美学克服了近代主体性美学的理论缺陷,解决了认识何以可能、自由何以可能以及审美何以可能的问题。前面已经说过,主体性不能说明认识何以可能、自由何以可能以及审美何以可能的问题。解决这个问题的途径当然不是退回到古代的客体性哲学上去,而只能是转到主体间性哲学上去。主体间性不仅是审美的规定,而且是哲学本体论的规定。所谓存在不是主体与客体的对立,而是主客不分、物我一体的“生活世界”。这个世界不是现实的、已然的、在场的世界,而是可能的、应然的、不在场的世界;

① 伽达默尔:《真理与方法》下,上海译文出版社,1999 年,第 495 页。

② 托多罗夫·巴赫金:《对话理论及其他》,百花文艺出版社,2001 年,第322 页。

不是现实的存在,而是本真的存在。那么如何才能拥有这个本真的存在,或者说这个本真的存在的根据何在?只能是主体间性。只有把现实存在的主体与客体的对立转化为自我主体与世界主体之间的平等交往,建立一个主体间的生活世界,才能达到本真的存在。这就是说,现实主体必须放弃片面的主体性地位,改变对世界的主人态度,把异化的、现实的人变成自由的、全面发展的人;同时,现实的、异己的客体世界也变成有生命的、与自我主体平等的主体世界。两个主体通过交往、对话、理解、同情融合为一体,成为自由的、超越的存在。马丁·布伯提出,本真的、自由的存在必须变"我—他"关系为"我—你"关系,即承认世界的主体性和存在的主体间性。海德格尔晚期把"此在的共在"转换为此在与世界的共在,提出了"天地神人和谐共在"的思想,从而把主体性哲学转换为主体间性哲学。大卫·格里芬提出世界的"返魅",也是承认世界的主体性和存在的主体间性,是对主客关系的否定,是对启蒙理性的"祛魅"的反拨。现代生态哲学的兴起,就是对启蒙理性和主体性哲学的反思、对人与自然关系的重新定位。它认为人与自然的关系不是主体征服客体的关系,而应当是主体间性的关系,即把自然看成与人平等的主体,尊重自然、爱护自然,达到人与自然的和谐共存。当然,现实存在不可能真正是主体间性的本真的存在,这种本真的存在只有在审美中才能真正实现。

建立主体间性需要打破主体与客体的界限,而这就要解决认识何以可能、价值认同何以可能的问题。在主体性存在中,客体是我的外在之物,物我之间不能沟通,主体不能充分把握世界。而在主体间性关系中,主体间的对话、沟通,表现为理解,理解最终打破了主客分界,沟通我与他者,达到了对世界的充分把握。理解使狄尔泰意识到传统认识论不能解决认识何以可能的问题,于是建立了古典解释学,提出了"精神科学方法论"的问题。他认为精神科学的对象是精神现象而不是物质现象,因此不是认知而是理解才构成精神科学的方法。所谓精神现象实际上就是主体性的存在者,精神科学考察的是主体与主体之间的关系。但古典解释学没有明确地建立主体间性的哲学基础，因此也没有彻底解决认识的可能性问题。伽达默尔把存在论的主体间性引入解释学领域，也把古典解释学发展为现代解释学。存在是解释性的，而解释活动的基础是理解。理解只能在主体之间进行，因此文本不是客体，而是主体，对文本的解释是对话，是历史主体之间的"视域融合"。如果说伽达默尔以理解作为主体间性的构成的话，那么舍勒建立了"情感现象学"，从同情角度建构主体间性。他把现象学的意向性内涵由理解转换为同情，用同情来沟通主体之间，克服主客对立，从而解决了价值认同的问题。

主体间性理论也解决了审美何以可能的问题。审美是自由的生存范式，也是超越的体验方式（理解与同情的充分实现）。审美的主体间性是最充分的主体间性，它克服了人与世界的对立，建立了一个自我主体与世界主体和谐共存的自由的生存方式。在这种生存方式中，我对世界的体验是充分的理解与同情，而不是外在的认知和价值的隔膜。审美中世界不再是冷冰冰的死寂之物，也不再是与自我对立的客体，而是活生生的生命、主体，是与自我亲密交往、倾诉衷肠的知心者，不是"他"而是"你"。而自我也不再是异化的现实个性，而成为自由的审美个性。无论是艺术还是对自然的审美，都是主体间性活动。艺术品展开的世界不是客体，而是人的生活世界，我们不能像对待客体那样面对艺术品，而是把它当作真正的人的生活去体验，与之对话、交往，最后达到真正的理解和同情。贾宝玉、林黛玉不是客体，而是活生生的主体，我像对待真正的人那样对待他们，与他们共同生活，彼此同情、互相理解，最后成为一体。他们的命运就是我的命运，他们的哀愁就是我的哀愁，主体间达到了充分的同一。自然作为审美对象不是客体，而是有生命、有情感的主体，它与我们息息相关、互通声气，最后达到物我两忘、完全一体的境界。所以我会见花落泪，见柳伤情，达到情景交融之境界。审美作为对世界的最高把握，不是科学对客体的认识，它不能真正地把握世界；而是人文科学的理解，理解只能是主体间的行为，只有主体对主体才能理解，审美的交互体验、充分交流、互相同情达到了真正的理解，从而达到了对世界的最高的把握。审美意义正是通过审美作为自由的实现，不是客体支配主体，也不是主体征服客体，而是自我主体与世界主体的互相尊重、和谐共在。总之，审美之所以可能，不是客体性，也不是主体性，而是主体间性。

如果说主体间性是现代西方美学的发展趋势的话，那么中国古典美学就已经具有了主体间性。由于天人合一哲学观念，中国古代哲学、美学没有割裂主体与客体，而是追求人与自然、人与人的和谐，从而建立了一个古典的主体间性的哲学和美学。在审美本质观方面，区别于西方美学的认识论，也区别于浪漫主义的表情论，中华美学是感兴论，它认为审美是外在世界对主体的感发和主体对世界的感应；而世界（包括社会和自然）不是死寂的客体而是有生命的主体，在自我主体与世界主体的交流和体验中，达到了天人合一的境界。孔子讲"兴于诗""诗，可以兴"，这个"兴"不是单纯的主观的情感，而是世界对主体的激发和主体对世界的感应。庄子认为审美是主体与世界之间的和谐交往："与人和者，谓之人乐；与天和者，谓之天乐。"《乐记》也认为："乐者，天地之和也"，"大乐与天地同和，大礼与天地同节"（《乐记·乐论篇》）。刘勰《文心雕龙》进一步集中地阐发了感兴论："情以物迁，辞以情发"，"是以诗人感物，连累不穷"，"人禀七情，应物斯感，感物吟志，莫非自然"，"睹物兴情""情以物兴""物以情观""神与物游"……刘勰指出了情之兴是感物的结果。钟嵘说："气之动物，物之感人，故摇荡性情，形诸舞咏。"（《诗品·序》）他也肯定了感物说。王夫之也说："夫景以情合，情以景生，初不相离，唯意所适。截分二橛，则情不足兴，而景非其景。"（《姜斋诗话·夕堂永日绪论内编》）他鲜明地反对把情与景、主观与客观分离，而强调二者是互感相生的。至于王国维"一切景语皆情语也"，它不过是重复了王夫之的"不能作景语，又何能作情语邪"。感兴论的实质是把世界当作有生命的主体，审美是自我主体与世界主体间的交互感应而达到的最高境界。中华美学认为审美不是主体对客体的认知和征服，不是自我膨胀和自我实现,而是自我与世界的互相尊重、和谐共处和融合无间。由于把自然当作交往的主体,中国艺术早在魏晋时期就发现了自然美,山水田园诗歌和绘画发达,而西方艺术对自然美的发现要在近代。同样,由于对人际关系的重视,中国诗歌也突出了友情、亲情、别离、思乡等人伦主题。在创作论上,中华美学认为艺术活动是主体与外物之间的交流、体验,而不是西方美学的感性认识。刘勰所谓"神与物游""神用象通""目既往还,心亦吐纳""情往似赠,兴来如答"就强调了作者与创作对象之间的交往关系。皎然讲"思与境偕",这个"偕"字道出了主体与客体间的共存、交往关系。在接受论上,中华美学也把艺术活动当作主体与作者之间的对话、交流,如孟子就提出了"以意逆志"说和"知人论世"说:"故说诗者,不以文害辞,不以辞害志,以意逆志,是为得之。""颂其诗,读其书,不知其人,可乎?是以论其世也。"(《孟子·万章章句上》)他认为可以从接受者领会的意义回溯到作者的思想,这实际上承认了艺术接受是接受者与作者之间的交流。中国古代美学的主体间性思想可以成为现代美学的主体间性转向的思想资源。在中国古代主体间性美学与西方现代主体间性美学的对话中,就可以建设中国现代的主体间性美学。

中国当代美学的发展趋势,就是从主体性到主体间性。近年来后实践美学与实践美学的争论,已经聚焦于主体间性与主体性的关系上来,从而使这场跨世纪的美学论争得以深化。从美学的内在理路上说,随着主体性哲学的退场,实践美学的基本信条已经被深刻质疑,诸如:美是人化自然的产物吗?美是主体性的胜利吗?主体性能导致自由吗?美的本质就是人的本质吗?人的本质究竟是什么?它是与自然、世界对立的吗?等等。这些问题在现代社会人的发展以及人与自然的关系的历史视域中已经有不同于启蒙时代的答案。无论是哲学、社会学还是生态哲学,都揭示着主体性的弊端,呼吁着主体间性。因此,新的美学不能无视现代思想的变化,受制于启蒙时代的理论局限。后实践美学作为中国的现代美学,建立在主体间性哲学的基础上,解决了认识何以可能、自由何以可能以及审美何以可能的问题，从而克服了主体性的实践美学的理论缺陷。后实践美学认为，生存不是主体与客体的对立，而是自我主体与世界主体之间的和谐共在。虽然现实的存在不能充分体现主体间性的本质，但本真的存在即审美作为超越现实的精神生活，体现了最充分的主体间性。它克服了人与世界的对立，建立了一个自我主体与世界主体和谐共存的自由的生存方式。审美中世界不再是冷冰冰的死寂之物，也不再是与自我对立的客体，而是活生生的生命、主体，是与自我亲密交往、倾诉衷肠的知心者，不是"他"而是"你"。而自我也不再是异化的现实个性，而成为自由的审美个性。无论是艺术还是对自然的审美，都是主体间性活动。自然作为审美对象不是客体，而是有生命、有情感的主体，它与我们息息相关、互通声气，最后达到物我两忘、完全一体的境界。所以我会见花落泪，见柳伤情，达到情景交融之境界。审美作为对世界的最高把握，不是科学的认识，它不能真正地把握世界；而是人文科学的理解，理解只能是主体间的行为，只有主体对主体才能理解，审美的交互体验、充分交流、互相同情达到了真正的理解，从而达到了对世界的最高的把握。审美作为自由的实现，不是客体支配主体，也不是主体征服客体，而是自我主体与世界主体的互相尊重、和谐共在。总之，审美之所以可能，不是客体性的胜利，也不是主体性的胜利，而是主体间性的实现。

从历史条件来说，主体性的实践美学所赖以产生的启蒙时代已经过去，市场经济的发展带来的现代社会已经来临，因此人的精神需要也发生了变化，从高扬主体性转化为批判主体性，从对主体性的信心转化为对主体间性的渴望。在这种时代背景下，主体间性的后实践美学取代主体性的实践美学就势在必然了。从世界美学的现代发展上看，主体性哲学和美学已经成为过去，当代哲学美学已经走向主体间性。如果说上个世纪 80 年代的中国美学的思想资源还是 19 世纪的西方美学包括青年马克思的《手稿》的话，那么当代中国美学已经面向现代西方美学，与世界美学的接轨也必然要求中国美学的主体间性转向。这就是说，当代中国美学的发展，就是扬弃曾经作为主流的主体性实践美学,在继承其合理成果的基础上,展开对它的学术批判,并且在主体间性哲学的基础上建构现代美学体系。在这个意义上,持续多年的实践美学与后实践美学的论争,就是中国美学现代转型的过程,因此其意义是不能低估的。我们有理由相信,随着这场争论的深入发展,一个可以与世界美学比肩的中国现代美学体系一定会出现。

(原载《湖北大学学报》2010 年第 1 期)

审美主体间性："越界"还是回归本源

——答吴兴明教授

杨春时

目前，主体间性理论已经进入我国的美学研究领域，成为美学建构的基础。但是，主体间性进入美学领域，不是简单的挪移，而带有创造性，即由认识论领域和社会学领域扩展到本体论领域。本体论的主体间性理论对哲学、美学具有根本性的意义，它解决了自由何以可能、审美何以可能的问题。但是，这种创造性的主体间性理论引起了异议。最近，吴兴明教授撰文，批评我的"本体论的主体间性"理论是"越界"，主张恢复主体间性的本来意义，即认识论的或社会学的意义。[①]我认为，开展关于主体间性的争论对正确、深入理解主体间性理论以及美学建设具有重要意义。因此，我认为有必要对吴教授的批评作出回应。

一、主体间性的本体论性质

主体间性仅仅属于认识论、社会学领域还是属于本体论领域，或者说，主体间性仅仅是指人与人的关系，还是指人与世界（包括社会与自然）的关系，这是争论的焦点。吴教授认为，主体间性是人与人的关系，并据此否认本体论的主体间性。他在引证了包括

① 吴兴明：《文艺研究如何走向主体间性？——主体间性讨论中的越界、含混及其他》，《文艺研究》2009 年第 1 期，本文引吴兴明文不再作注。

哲学词典在内的各种文献后说:“同样显然的是,说主体‘不单单指人,还指世界’,将主体间性推展到人与自然乃至人与世界一切对象的关系之间是有悖于常识的,它超出了‘主体’、‘主体间性’概念公共含义的适用范围。”确实,主体间性的提出,是胡塞尔为了解决现象学导致的唯我论而引入的,是指不同认识主体之间的关系;而后来的哈贝马斯,则在社会学领域提出了主体间性,即人与人之间的交往理性,它们都指人与人的关系,而不是人与世界的关系。但是,把主体间性规定为人与人的关系,也只是在认识论和社会学领域才成为“公共含义”,而吴教授对主体间性概念的界定也仅仅是复述上述现成的理论“常识”。但是,关于主体间性的研究,并不是如吴教授那样,靠查阅词典或者复述现成的理论,而应该从已有的成果出发,加以扩展、深化、创造,这才是学术研究的本义。因此,主体间性的这种“公共含义”是可以打破的,主体间性理论是可以“越界”的,即可以由认识论、社会学领域,扩展到本体论领域,由人与人的关系,扩展到人与世界的关系。

其实,本体论的主体间性并不是“越界”,而是回归本源。认识论、社会学的主体间性,还不是根本性的哲学理论,而只是其衍生样式。胡塞尔的认识论的主体间性,只是认识主体之间的关系,而其前提还是先验主体与对象的意向性构成,其本体论基础还是主体性。哈贝马斯的社会学的主体间性,还只是人与人的社会关系,而不是人与世界的根本性关系。无论是认识论的还是社会学的主体间性,其根据都在于本体论的主体间性。如果没有本体论的根据,它们也都无法存在和得到说明。为什么主体之间可以交流并且达成共识?从心理学、人性论都不能真正说明,而只能从人的存在中(即海德格尔的“此在在世界中存在”)得到说明。胡塞尔用所谓“移情”“先验统觉”等心理学方法来解释先验主体间性,被海德格尔批评为本末倒置。海氏从存在论出发,用“此在的共在”作了根本性的解释。虽然在现实中,人与世界的关系是对立的,或者说现实存在是主体性的(这只是主体间性的残缺样式),但本真的存在不是主体性的存在,而是主体间性的存在;人与世界的关系不是主客对立,而是主体间性的共在。从这种根本性的主体间性理论出发,才可以解释人与人的主体间性关系。这就是说,人与人的主体间性关系、认识论和社会学的主体间性都不是源而是流,后者只有从本体论的主体间性中才能得到说明。

为什么说主体间性是本体论的规定呢?本体论是研究存在的哲学基本理论,而存在的基本规定已经由古代哲学的客体性(实体本体论)和近代哲学的主体性(实体认识论)转化为现代哲学的主体间性(存在本体论)。所谓"存在",有诸多歧义。我认为,首先,存在不是存在者,这一点海德格尔已经指明。其次,存在也不是"社会存在",既不是非自我的存在、现实的存在。我认为,存在是自我与世界的源始同一,是自我与世界的本真的共在,而不是我与世界的对立。那么如何通达存在并且加以描述呢?这就要求进入一种超越的思想行程。对存在的把握,只能根据人的存在——生存,而生存方式包括现实生存,现实的生存是非本真的,它无法领悟存在的意义;也包括自由的生存,只有自由的生存才是本真的。经过超越性的努力——审美及其反思形式哲学,可以超越现实生存,转化为自由的生存,从而通达存在,也就是把握了存在的意义。这种超越性的领悟,就是要克服自我与世界的分离与对立,实现二者的同一。达到这个目标的途径,在逻辑上有三种可能,一是古代哲学的客体性路径:世界对自我的吞没;二是近代哲学的主体性路径:自我对世界的吞没;三是现代哲学的主体间性路径:变自我与世界的主客对立为主体与主体的互相沟通,并且最终达到完全的同一。再具体的说,就是通过根本性的理解与同情,克服自我与世界的时间性与空间性的间隔,达到自我主体与世界主体的融通。前两种路径都已经被证明为逻辑上的背谬,因为主体与客体的对立不能通过对立(客体吞没主体或主体吞没客体)而解决。逻辑上的推演证明,只有最后一种路径才是唯一的可能。因此,主体间性就成为存在的基本规定。

对这种论证,吴教授提出了反驳。他认为存在就是现实存在,是主客关系:"存在关系显然不等于主体间性,否则,主体间性论就会丧失自身的规定而等同于万物关系论,整个世界就会变成纯然由主体所构成的世界,而不是'天地人神'的大道天设。从存在论的角度讲,何者非存在?主客关系不仍然是一种存在关系吗?"认为存在关系是"万物关系"、"主客关系",说明了他的基本的哲学观念还停留于古典的实体本体论论,而没有进入存在论;或者混淆了本真的存在与非本真的存在。在现实存在中,人与世界是主客关系。但在本真的存在中,就是主体间性关系。他惊诧于这种主体间性世界"变成了纯然主体所构成的世界"。在他看来,存在就是主客对立,这是必然的,不可改变的、无法超越的,因此也没有什么本真的存在(他甚至认为海德格尔的"天地人神"四重存在也是主客关系或万物关系)。但是他忘了,海德格尔说过:"'主客体关系'是一个不祥的提法";"此在在世无论如何不是一个主体与一个客体共同现成存在"。人的存在是超越性的,审美作为超越性的存在消除了人与世界的对立,进入主体间性。在主体间性的存在中,人与世界互为主体,而这种主体已经不是与客体对立的片面的主体了。说他们是主体,是在另外一种意义上说的,即作为自由、全面的主体而言的。

吴教授认为,只有人才是主体,自然不能成为主体,人与自然的关系不是主体间性。吴教授执著于人和自然的是实体性,认为人永远是主体、自然永远是客体,人与自然的关系永远是主客关系。但是人、自然与世界上一切存在物一样,都在"此在在世"中存在,而不是实体性存在者。实体性的人和自然,主客对立中的人和自然,只是一种知性的建构。海德格尔反对把人和自然实体化,认为人和自然只是在此在在世中存在,"自然本身就需要一个世界才能来照面"。他断言:把自然实体化,使之脱离此在在世,"周围世界变成了自然世界",导致"空间性失去了因缘性质";"一统的自然空间上手者的合世界异世界化了",从而导致"单质的自然空间才显现出来"。①这就是说,只是在非本真的生存方式中,人才成为主

① 海德格尔:《存在与时间》,陈嘉映等译,生活·读书·新知三联书店,1987年,第138—139页。

体、自然才成为对象、客体。虽然在现实领域，由于生存的非本真性，自然（以及一切他者）还不是主体，人与自然的关系也不是真正主体间性的关系。但是我们谈论的是哲学本体论，不是社会学和认识论，因此作为本真的存在，自然可以复位而成为主体（例如在审美中），人与自然的关系就可以转化为自由的关系——主体间性。

只有人才是主体吗？不然。主体是一个历史性的概念，并不是主体一开始就是人。在西方古代哲学中，主体是实体，而实体并不是人。只是在近代哲学中，主体才成为人。根据雷蒙·威廉斯的考证，主体（subject）最接近的词源为古法文的 suget，soget，subject 与拉丁文的 subjectus，subjectum。在古希腊—罗马时期，subject 大致有三种意涵"（i）在统治者或君王管辖之下的人民；（ii）实体（substance）；（iii）探讨的素材主题。"①在钦定版的《圣经》里，subject 总具有"支配、统治之意"，因此在中世纪 subject 主要的意思是"基督的门徒"，与古希腊—罗马时期 subject 的第一种意涵相近。总之，古代的"主体"具有被动的意义，因而与现代的"主体"不同。

亚里士多德最早明确使用了"主体"一词，在《解释篇》中，亚里士多德说道："'共相'一词，在我的意思里是指具有可以用于述说许多个主体的这样一种性质的东西，'个体'一词在我的意思里是指不能这样加以述说的东西。"②亚里士多德在这里说到的"主体"并不具有后来认识论哲学意义上的"主体"的意思，而不如说就是我们一般所说的"实体"。由于古代的实体不是人，是人以外的实在，因此主体也不是人，而是人以外的实在。

根据海德格尔的考证，主体或主体性经历过两次变化，第一次是从希腊文的 hypokeimenon（基体）转变为拉丁文的 subiectum（一般主体），第二次是从 Subiectit（一般主体性）转变为 Subjektivitt（主体性），在这两次转变之后，主体性才成为近代哲学的基本概念的。

① 雷蒙·威廉斯著，刘建基译：《关键词——文化与社会的词汇》，第 474 页，生活·读书·新知三联书店，2005 年。

② 见罗素：何兆武、李约瑟译，《西方哲学史》（上卷）商务印书馆，1963 年，第 213 页。

关于第一次转变,海德格尔认为,虽然"也掩盖了希腊人所思的存在之本质",但还是"有着字面上忠实的翻译"①,它们都表示"放在下面和放在基底的东西,已经从自身而来放在眼前的东西"②,对它们的理解,"我们首先必须避开关于'人'的一般概念,因而也避开'自我'(Ich)和'自我性'(Ichheit)的概念。石头、植物、动物也是主体,即一个从自身而来放在眼前的东西,丝毫不亚于人。"③表达的是对存在者之存在的探寻。而第二次转变却产生了深远的影响,而这一转变的始作俑者就是现代哲学之父笛卡尔。海德格尔说:"通过笛卡尔,并且自笛卡尔以来,在形而上学中,人即人类'自我'(Ich)以占据支配地位的方式成为'主体'(Subjekt)。"④这种把人作为唯一主体的观点造成了整个形而上学的转向,主体性哲学取代客体性哲学而确立。

在现代解释学中,不仅人,而且一切文本和历史现象都成为解释学的对象,因此也就成为与解释者对话的另一个主体。面对解释学的主体间性,吴教授也不得不修正自己的观点,承认主体间性不仅仅在人与人之间,而且是在人与社会之间、人与文本之间。他说:"至于所谓的'视域融合'和'阐释的循环',当然是指以文本为中介、以'在主体之间进行'的理解为基础而通达与他人的'共在之域'。这是真正主体间性的。可是'共在之域'并不在人与自然之间,而是以自然为基础的社会世界。"这种退让给他的逻辑造成了缺口,主体由人变成了"社会世界"。但是,从哲学的立场看,自然也不是与社会隔绝的单纯自然,那只是一种知性的抽象;一切自然都是人化的自然,因此自然与一切社会现象一样,都是与人的存在相关联的,也是"生活世界"的一部分。因此,自然也是一种"文本"和社会现象,也是解释学的对象,因此就可能具有某种"主体性"。而人与自然的关系,在特定的领域中(例如审美),也可能具有主体间性。我们知道,在艺术中,自然成为特殊的审美对象,也成为特

①②③④ 海德格尔:《尼采》,孙周兴译,商务印书馆,2004年,第1067、773、773、774页。

殊的主体。伽达默尔在《真理与方法》中，就用很大篇幅论证存在着艺术的真理，并且认为审美是解释学的范例。在后现代哲学中，一方面是“主体的死亡”；另一方面，在“建设性的后现代主义”中，自然“复魅”而成为主体。总之，说主体就是人，是一种非历史性的说法。对于美学而言，这种说法尤其不妥，因为审美“对象”就是主体。吴教授想把自然从主体间性中排除出去，结果却适得其反，反而论证了自然与一切社会现象一样，可以成为阐释学的对象，从而具有了进入主体间性的可能。

我提出，主体间性的构成是理解与同情。而吴教授对这一点也不同意，认为理解与主体间性无关。他说：海德格尔的理解是对大道的本真的理解，而且它“所直接面对的都是世界性，而不是另一个主体。”因此，理解就不是主体间性的。构成主体间性的理解与同情，当然首先是指本真的理解与同情。海氏说：“领会可以是本真的领会……领会也可以是非本真的领会”，①但是，即使现实的理解（非本真的领会）即吴文所谓的“狭义的理解”也根源于本真的理解，因此现实的理解才有可能在一定程度上沟通主体之间。另一方面，具体的、现实的理解只是本真理解的“残缺样式”，因此才不能成为充分的理解，不能通达存在的意义，也不具有充分的主体间性。古典解释学的代表狄尔泰就已经指出，不同于自然科学对世界的“说明”，精神科学对“精神现象”的解释是“理解”，其主旨就是把解释规定为主体之间（人与精神现象）的理解。现代解释学继承了古典解释学，认为理解是解释的基础，解释活动具有主体间性，而这种理解是“狭义的”理解（对具体文本的理解），同时也根源于本真的理解。海氏把这种本真的理解与“狭义的理解”之间的关系规定为“解释学循环”：“生存观念与一般存在观念被设为此在阐释的前提，而我们又要通过此在阐释获得这些观念。”伽达默尔的现代解释学就是本于海德格尔的存在哲学，理解也成为解释学的核心范畴。伽达默尔的解释学并不是直接对“大道”的理解，而是对

① 海德格尔：《存在与时间》，陈嘉映等译，第178页。

文本的理解,但仍然具有主体间性。本真的理解不是无对象的玄想,而是具体理解的升华,如审美理解就是对具体“对象”理解的升华,达到对世界整体的理解、对存在意义的领悟。吴教授已经承认解释学具有主体间性,那么也就必须承认解释的基础——理解构成了主体间性,否则就陷入了自我矛盾。

主体间性理论有本体论的和认识论的、社会学的之分,吴教授仅仅承认后两者,而不承认前者。他从社会学的主体间性概念出发,批评我的主体间性理论“越界”。他认为不存在本体论的主体间性,理由是“实际上我们知道,主体间性视野作为后形而上学的知识立场是反本体论的。”他还列举海德格尔来证明。所谓主体间性视野是反本体论的说法,似是而非,并不准确。这涉及一个常识:现代哲学反对实体论的本体论,但建立了存在论的本体论。因为所谓“本体论”的本义,就是研究“存在”的理论。形而上学哲学的“存在”是实体性的(超级存在者),因此其本体论是实体本体论。存在主义哲学否定了实体本体论,恢复了存在的本义,因此是存在本体论。正是从存在的本体论出发,海氏才由此在的在世导向主体间性的人与世界的共在,伽达默尔才建立了现代解释学。其实,吴文中就出现了“本体论阐释学”的概念,而他又承认阐释学是主体间性理论,可见他对现代本体论哲学的否定仅仅是出于辩论的需要,并非严肃的思考。

吴教授认为我关于本体论的主体间性“是对主体间性内涵理解的窄化和单面化”。他的理由是:“不仅‘我—你’关系是主体间性,‘我—他’关系仍然是主体间性,只要与‘我’遭遇者自身是一个主体,有主体的位格(person)或者能力。更准确地说,他者的他性和斗争性乃是构成主体间性必不可少的一个维度。”吴教授关于主体间性的上述见解也囿于认识论或社会学领域,而没有达到哲学本体论领域。本体论的主体间性是充分的主体间性,而认识论的、社会学的主体间性是不充分的主体间性。在现实领域,由于现实生存的“沉沦”,因此人与世界对立,主体间性被障蔽,世界客体化。当然,这并不是说人与世界的主体间性关系完全消失,而只是说它成为主体间性的“残缺样式”，变得不充分了。这表现为自然成为客体，他人也沦为客体化的主体，也就是世界的主体性被剥夺了。这方面，海德格尔的“沉沦的共在”以及萨特关于“他人便是地狱”的论说，已经解决了。吴文所谓“不仅‘我—你’关系是主体间性，‘我—他’关系仍然是主体间性”之说，不过是指这种不充分的、非真正的主体间性，而不是充分的、真正的主体间性；这实际上就是片面的主体性。按照吴教授的说法，只要是主体之间的关系，不管是同一还是对立，都是主体间性，那么主体间性就不是一个规定性的概念，而只是一个描述性的概念，变成了社会关系的代名词，从而使主体间性理论失去了确定性的意义。正如主体性不能仅仅描述为主客关系，而要规定为主体作为存在的根据以及主体支配客体一样，主体间性作为对主体性的反拨，也不能仅仅描述为主体之间的关系，而必须规定为主体之间的可沟通性和同一性，而不包括反主体间性的、主体性的“我—他”关系。

二、现代美学的主体间性转向

现代西方哲学、美学的一个重要趋向，就是从主体性走向主体间性。我这样说，并不是把现代西方哲学、美学都归结为主体间性，也不是说具有主体间性思想的哲学家、美学家都自觉的肯定了主体间性理论，而只是说，在现代哲学、美学中，存在着主体间性的趋向；虽然有些人并没有自觉地建立系统的主体间性理论，甚至存在着主体间性与非主体间性的思想矛盾，但仍然有主体间性的思想线索可寻。因此研究主体间性理论的演进，应该透过表象而深入本质，才能在纷纭的论述中找到主导趋势。吴教授缺乏对现代哲学、美学发展的宏观视野，也未能够透视现代美学家的深层思想，只是挑选他们的个别论述中的差异，来否定他们的主体间性思想，进而否定现代哲学、美学的主体间性转向。我认为，没有什么标准的、完全的主体间性理论，只存在着各种特殊的、有“缺陷”的主体间性理论。尽管它们有种种不同，但都力图超越主体性理论，以主体与主体的融通关系取代主客对立关系,这是主体间性的基本的规定性。不仅存在着认识论的、社会学的和本体论的主体间性理论,就本体论的主体间性而言,也有自然主义、信仰主义、审美主义的不同取向。自然主义的主体间性理论代表如梅洛-庞蒂,主张在人的初始知觉或原始的"肉身化"中证明人与世界的同一性。信仰主义主体间性理论的代表如马丁·布伯、马塞尔等,力图论证通过对上帝的信仰而获致的爱,来实现人与世界的同一。审美主义的主体间性理论的代表人物如海德格尔、伽达默尔、巴赫金等,认为通过审美超越可以达到人与世界的同一。但是,吴教授对这些主要代表人物理论的主体间性倾向都寓予以否认,为此,有必要进行历史的考证。

西方近代哲学、美学是主体性的,这一点似乎没有疑义。但在现代哲学、美学中,开始了主体间性转向。席勒早已开端,他虽然服膺康德哲学,但在论述审美教育的过程中,不自觉的突破了主体性哲学,把审美规定为人与世界之间的自由的游戏,从而开了主体间性美学的先河。海德格尔完成了主体间性的转折。他的前期哲学虽然开始否定实体本体论,进入了存在本体论,因此具有主体间性的潜在趋向。特别是他提出此在的共在的思想,已经具有有限的主体间性(人与人之间的主体间性)。他从此在出发来追寻存在的意义,由于对超越性理解的局限,没有达到审美主义,也没有达到充分的主体间性。他获致的所谓存在的意义,不过是此在"先行到死"的决心,是摆脱公众意见的自我意识,因此还具有主体性倾向。后期他找到了超越此在局限的途径,包括审美主义、自然主义和信仰主义的途径,走向主体间性。他前期的"天命"还是主体性的,即此在的共在的命运:"我们用天命来标识共同体的历事、民族的历事","在同一个世界中相互共在……天命的力量才解放出来。"①而后期的天命演变为主体间性的,即人与世界的共在——"天地神人"的和谐存在之归宿。吴教授认为:"海德格尔的'天地人神'四

① 海德格尔:《存在与时间》,陈嘉映等译,第452页。

维一体以及艺术作为'之间'的'空间化'都不是讲主体之间，而是讲作为存在论的世界结构，'人'在这里不是沉沦的'共在'，而是大写的'人'。"不然，吴先生所说的"存在论的世界结构"，正是人与世界的和谐存在，即海氏所说的"本真的共在"，从而也是主体间性的存在。海氏认为本真的存在是"诗意地栖居"，而栖居是"终有一死的人在大地上的存在的方式"，"从一种源始的统一性而来，天、地、神、人四方'归于一体'"，"我们就把这四方的统一性称作四重整体(das Geviert)，终有一死的人通过栖居而在四重整体中存在。"①。至于说人是在的看护者，正是在四重存在的前提下而言的，意思是人应该保护人与世界的本真的共在、保护主体间性。当然，由于他后期思想的复杂与局限，因此这种主体间性思想也有含混性、不充分性，其中包括审美主义，也具有自然主义、信仰主义倾向；但主体间性思想也是确实存在的、不能否认的。

至于伽达默尔的解释学，吴教授承认了它的主体间性性质。但他又说，伽达默尔的解释学对象只是社会而不包括自然，因此不是"本体论的主体间性"。伽达默尔的解释学思想来源于海德格尔，其主体间性思想也来源于海氏。但他没有理解海氏的超越性思想(包括后期的审美主义)，而拘泥于解释的历史性。因此，他的解释学只以文本、社会为对象，没有形成本体论的主体间性理论。同时，他也缺乏审美解释的超越维度，只是把审美作为一般解释的范例。这样，自然也不能进入其解释学的视野。即使如此，其解释学理论也根源于海氏的存在论哲学，把文本、历史作为主体，从而超越了只承认人为主体的社会学的主体间性。因此，不能以伽达默尔理论的局限否定主体间性的本体论性质，而应该超越其局限、挖掘其主体间性思想的本体论根据，建立本体论的主体间性理论。

至于马丁·布伯的"我—你关系"说，吴教授承认具有一定的主体间性，但又认为它不完全是主体间性。他说："显然，这样的'我—你'关系不是主体间性，而是信仰之本体境界的归属与融入。

① 孙周兴选编：《海德格尔选集》上，第1191—1193页，上海三联书店，1996年。

马丁·布伯对'我—你'关系的探讨是作为宗教哲学家对本体价值状态的研究,它与主体间性交叉、兼容而并不等值。"我已经著文说明。马丁·布伯的主体间性理论是信仰主义的,人与世界的"我—你关系"是通过对上帝的信仰而达成的,因此是有局限的(比如审美维度的缺失等)。但无论如何,"我—你关系""将万有以及整个世界都纳入'你',赋世界以权利,给世界以真理"等思想,即使不是"标准"的主体间性理论,也是主体间性理论的一种建构方式。如果不心存偏见,对这一点是应该承认的。

不仅上述理论,现代主体间性理论的代表还有马塞尔(信仰主义)、接受美学家、巴赫金(审美主义)、梅洛-庞蒂(自然主义)以及"建设性的后现代主义"代表大卫·格里芬等。必须注意,梅洛-庞蒂认为自然与人都是"肉",因此也具有主体地位;大卫·格里芬也明确地提出自然的"复魅",自然成为与人拥有同样权利的主体。由此可以看出,主体间性理论已经成为现代哲学、美学的一个主要趋势。问题是不能像吴先生那样,胶柱鼓瑟地理解主体间性,吹毛求疵地否定主体间性哲学。

三、主体间性的美学意义何在?

吴教授否定了本体论的主体间性,也就否定了主体间性的哲学意义,而真正把它"窄化和单面化"为一种社会学理论。他用很大的篇幅论证主体间性的社会学意义,对此我无意讨论。本来就存在着主体间性理论的社会学应用问题,但它不能取代哲学的主体间性理论,而且哲学的主体间性理论是社会学的主体间性理论的基础。对于美学研究而言,更应该超越认识论的或社会学的视阈,而进入本体论的领域。以往国内美学界对主体间性理论的引入和应用,往往局限于认识论领域,把主体间性的美学意义局限于审美的共识问题,而忽略了审美何以可能的问题。而吴教授更局限于社会学领域,根本抹杀了审美本身的问题,他说:"主体间性的文艺研究意味着超越美学范式而走向社会范式"。这种审美取消论对美学、文艺学很少具有正面价值，而且简直是一种灾难。

吴教授否定审美的超越性，从而也就否定了审美的充分主体间性。在他看来，现实生存的主体间性就是充分的、真正的主体间性，而审美的充分主体间性则被看作是“审美主义的执著”。他质问我：“‘真正的主体间性’在现实生活中不存在吗？（爱、团结和日常生活的交流互动是什么？）只有审美才‘真正实现了主体间性’吗？（劳动或交换领域的互动是什么？）‘只有用主体间性’才能解释审美的本质吗？（如何解释对不是主体的自然的美？）。”这里确实存在着根本性的分歧，那就是承认不承认现实存在与审美超越的区别。他忘了，他几乎言必称的海德格尔认为，现实的共在是“沉沦”，是主客对立；而马克思对劳动或交换的异化性质进行了深刻的批判，因此所谓“爱、团结和日常生活的交流互动”、“劳动或交换领域的互动”都是非本真的共在或现实生存活动，都没有摆脱沉沦和异化，其主体间性至少是不充分的，严格地说，是主体间性的缺失。而只有在自由的审美领域，真正的主体间性才是可能的。因此，由席勒发端，从尼采（还是主体性的）到海德格尔、伽达默尔、接受美学、福柯等，审美主义成为现代哲学的一个主导趋势，而审美主义最终导致主体间性。这就意味着，社会学的主体间性不能取代哲学的主体间性，更不能取代美学的主体间性。

本体论的主体间性理论对美学具有根本性的意义，它扭转了建立在主体性哲学之上的美学建构的方向，解决了审美何以可能的问题。审美本质的问题实际上是一个自由的问题，因此审美何以可能的问题也就是自由何以可能的问题。主体性哲学认为自由是主体对客体的认识和征服。但这种思路无论在实践上还是逻辑上都被否定。在实践上，主体性的实现和扩张，并没有带来自由，相反，工具理性导致人与自然的对抗、生存家园被破坏，以及技术对人的支配；价值理性导致人与人的疏远、对立。在逻辑上，主体也永远不能彻底认识和征服客体，客体永远是一个外在的“自在之物”。所以，依靠主体性的胜利不能通达自由的存在。只有超越现实存在，把主客对立转化为主体与主体之间的沟通、融合，生存才可能是自由的。审美是超越主客对立、实现主体间性的途径。主体间性在审美中获得充分实现,这是由于审美是自由的生存方式,克服了自我与世界的对立,使自我成为自由的主体,世界成为另一个主体,主体间性得到完全实现。关于审美主体间性的充分性,也可以从审美实践中得到证明。在审美中,世界(包括自然)不是客体,而是主体,是与我们对话、沟通、共鸣的活生生的主体,我与世界之间的距离消失了,我中有"你","你"中有我,达到完全的同一。特别是在艺术中,艺术形象是完全的主体,与自我主体完全同一。这在巴赫金的复调理论、对话理论以及接受美学中有明确的论证。即使在自然审美中,自然也同样成为与自我呼应的主体,而不是如吴教授所说的自然不能成为主体。古往今来,这种审美经验几乎成为一种共识。所以中国美学才是"感兴"论,而不是表情论。它认为审美使"万物复情"而成为有生命的对象,于是才能达到情景交融,物我合一的境界。当然,由于主体性的未充分发育,在"天人合一"的文化格局中的主体间性理论,只是古典的主体间性而不是现代的主体间性。①

最后,请教一下吴教授,如果他承认了解释活动具有主体间性,那么在作为特殊的解释活动的审美中,人与世界是不是主体间性的关系?如果是,那么审美"对象"是否为主体?如果是,那么审美"对象"是否包括自然?如果是,那么,还能够说自然不能成为主体、不存在本体论的主体间性吗?这也回答了吴教授"如何解释对不是主体的自然的审美"的责问。

(原载《文艺争鸣》2010年第5期)

① 参见拙作《中华美学的古典主体间性》,《社会科学战线》2004年第1期。

“实践存在论”美学、文艺学本体观辨析

——以“实践”与“存在论”关系为中心

董学文　陈　诚

“本体论”(英文 Ontology，德文 Ontologie)一词，源于拉丁文，本义是关于世界“本体”、“本原”、“存在”的学说，其思想来自古希腊哲学。学界也有将其译为“存在论”的，这里的“存在”，应指世界上一切事物的客观存在。从这个意义上讲，“本体论”问题也就是世界观的问题。第一次使用“本体论”这个词的是德国经院哲学家郭克兰纽(Rudolphus Goclenius)，他将“本体论”当作形而上学的同义语。稍后的法国哲学家杜阿姆尔(Jean Baptiste Duhamel)也是在形而上学的意义上使用这一词汇。18 世纪初，德国理性主义哲学家沃尔夫(Christian Wolff)在其著作中给“本体论”以明确的界定，将其归属于抽象的形而上学范畴。虽然“本体论”是晚近才出现的一个词，但其前身——形而上学，即西方的“第一哲学”，却有着两千多年的历史。

“本体论”研究为美学、文艺学研究确立哲学的世界观和方法论。比如“文学本体论”，就是对文学本体问题的哲学探讨，是关于“文学是什么”的解答，因而成为一个基本的文学理论问题。本体论问题的解决，可以从根本上为文学理论其他问题的解决奠定基础。近些年来，有关“本体论”和“美学本体论”“文学本体论”的讨论很多，出现了形形色色的理论主张，诸如“形式本体论”“语言本体论”“实践本体论”“精神本体论”“人类学本体论”“实践存在论”等等，其实，这些概念只是对哲学本体论的套用，是本体论泛化的

表现,许多并非是本体论的。至于所谓“双本体”或“多本体”现象,则更是脱离或取消了“本体”的本意,走向了“本体论”的自我否定。

本文不准备对各种论说做全面的考察,只就“实践存在论”美学、文艺学本体观作某些理论的辨析。

一、关于“实践本体论”与“实践唯物主义”问题

美学、文艺学上“实践存在论”的提出,最先是从 Ontology(本体论)的翻译解释开始的,如果将 Ontology 译为“存在论”,“实践本体论”也就成“实践存在论”了。从 20 世纪 80 年代起,国内有关“实践本体论”的讨论就很多,也很激烈。“实践本体论”能够成为一个时期有影响的哲学、美学流派,其直接的依据就是所谓的“实践唯物主义”。而引起的争论,也源于对所谓“实践唯物主义”的不同解读。“实践唯物主义”究竟存在不存在,造成了相当长一段时间里的热烈探讨。

“实践唯物主义”的概念,持论者一致认为,源自马克思、恩格斯的文本。可是仔细分析不难发现,这种说法不过是对马克思、恩格斯著述原文的明显误读和有意歪曲。事实上,在经典作家那里,从来就没有“实践唯物主义”这个词汇(或曰概念),不论是早期著作还是中后期著作,他们的学说中压根儿就没有这样一种说法。中外主张“实践唯物主义”的论者,都认定这个概念来自《德意志意识形态》。那么,就让我们回到原典,来考察马克思、恩格斯与此相关的那段话。

德文的原文:[…] sich in Wirklichkeit und fürden prak tischen Materialisten, d. h. Kommunisten, darum hande lt, die bestehende Welt zu revolutionieren, die vorgefundnen Dinge praktisch anzugreifen und zu verä ndern.①

① Karl Marx, Friedrich Engels. *Kanl Marx Engels Band* 3. Berlin: Dietz Verlag Berlin, 1958, p.42.

英文的译文:[...] in reality and for the practical materialist i. e. the Communist, it is a question of revolutionizing the existing world of practically coming to grips with and changing the things found in existence.①

俄文的译文:[...] вдействител ъности и для прак тическ их материалистов, Т. е. для коммун истов, всё дело заключается в том, чтобы революционизи ровать сущ ествующ ий мир, чтобы п рактически выступитв против сущ ествуюущего положения вещей и изменить его.②

从德文原文和英文、俄文译文可以清楚地看到,这段话,即"[……]实际上,而且对实践的唯物主义者即共产主义者来说,全部问题都在于使现存世界革命化,实际地反对并改变现存的事物"。③中文版《马克思恩格斯全集》和《马克思恩格斯选集》的翻译,显然是准确的。这里的"实践的",都是"唯物主义者"的定语和形容词,不是"唯物主义"的定语和形容词,因此,根本就没有是某一种"唯物主义"类型的意思,也没有以"实践"为本体的意思,而是用来专指彻底的唯物主义者,即共产主义者的特征。这里的"实践的唯物主义者",其关键的使命也说得很清楚,就是要改变现存事物,使世界革命化。用马克思的另一种讲法,就是不仅用不同的方式解释世界,而问题在于是要改变世界的。④这里的"实践的"定语,联系到整个马克思主义学说,似可用特里・伊格尔顿的一句话来解释,即它"是一种关于人类社会以及改造人类社会的实践的科学理论;更具体地说,马克思主义所要阐明的是男男女女为摆脱一定形式的剥削和压迫而进行斗争的历史"。⑤这才是"实践的"本意,"实践的"

---

① Marx, Engels. *The German Ideology*, Moscow: Progress Publishers Moscow, 1976, p.44.

② К МАРКС И Ф. ЭНГ ЕЛЬС ТОМ 3. МОСКВА: ГОСУДАРСТВЕННОЕ ИЗДАТЕЛЬСТВО ПОЛ-ИТИЧЕСКОЙ ЛИТЕРАТУРЫ, 1955:42.

③④ 马克思,恩格斯:《马克思恩格斯选集》:第1卷.人民出版社,1995年,第75、61页。

⑤ 特里・伊格尔顿:《马克思主义与文学批评》.人民文学出版社,1980年,第2页。

灵魂。换句话说,“实践的唯物主义者”,就是在历史和现实中“行动的”唯物主义者,“知行统一”的唯物主义者,“参与社会变革的”唯物主义者。因为,“社会生活在本质上是实践的。凡是把理论导致神秘主义的神秘东西,都能在人的实践中以及对这个实践的理解中得到合理的解决”。①

从经典作家论述的原文和原意,是无论如何也得不出“实践唯物主义”这一概念的。将上面的那段话,抽去“实践的”这一修饰语中的“的”字,抽去“唯物主义者”这一词组中的“者”字,然后组成一种学说,称作“实践唯物主义”,并指认为是马克思主义的理论,看来是没有根据的,也是不实事求是的。

美学和文艺学上的“实践本体论”,看似以上述“实践唯物主义”为依据,走在唯物主义轨道上,但事实上,它的理论解释却完全落到了所谓的“实践”上面,确切地说,是落在了所谓“实践”的“能动性”上面。当“实践”的能动作用被人为地无限发挥,而对现实的物质基础却置若罔闻的时候,这种“实践”就有可能走向主体性的“精神实践”的危险。尤其是当把“实践”当作“本体”“本原”,把“实践”当作事物最终“存在”的时候,这时的“实践的唯物主义”,就多半变成了“实践的唯心主义”。这时的“实践”概念,也就与“实际地反对并改变现存的事物”的内涵没有什么关系了。此种观点,虽然同样也以“实践”作为出发点,但完成的却是一种非实践性的哲学。这种“实践”观,很难说是唯物主义的实践观,恐怕只能说是唯心主义的实践观了。倘“实践”或“行动”成为唯一的目的,“实践”不是为了认识和改造客观世界,思想也不是为了指导实践,而只是为了能引起某种行动,其结果的正确与否并不重要,重要的只是“效用”,那么,它就滑到带实用主义色彩的理论上去了。

“实践本体论”虽然仍以“实践”或“行动”为其唯一标准,但其理论结果,却给区分和辨别马克思主义与实用主义制造了困难,给理解辩证唯物主义实践观造成了麻烦。因之,有学者已经指出:

① 马克思、恩格斯:《马克思恩格斯选集》:第1卷,人民出版社,1995年,第60页。

“坚持和发展马克思主义，既要立足于实践观点反对传统的唯心主义并克服旧唯物主义的影响，又要始终不离唯物主义的基础，以科学的实践观反对实践的唯心主义。”①“实践本体论”的理论失误，其实质正在于它把主体和客体发生关系的活动，当成了事物的“本体”性存在，从而给以“实践”为遮掩的唯心主义打开方便之门。

在文艺学领域，“实践本体论”的典型表现就是张扬“文学主体性”。在“实践本体论”文艺学那里，“实践”消除了一切社会历史性的可能，完全沉入了心灵的“内宇宙”。人的心灵运动和精神实践创化出世间的一切存在，“实践本体”变成了纯粹超越性的“精神本体”，“实践本体论”也就变成了“主体性实践哲学”。毫无疑问，当“主体性”成为“实践”的代名词时，这种“实践”必然成为一种虚幻的精神高蹈和心灵自恋。这种本体论，已事实上返回到了马克思所说的抽象地发展了的唯心主义能动方面。因为，如果将“实践”作为辩证法与唯物论统一的基础，那就不是向马克思主义哲学的深处开掘，而是倒退到了马克思学说之前，为唯心论的入侵重新制造了条件。所以，从严格的哲学命题出发，应该说“实践唯物主义”和“实践本体论”概念，都是难以成立的。

当然，不赞成“实践唯物主义”和“实践本体论”的提法，并不等于否定“实践理论”和“实践”的能动作用。辩证唯物主义主张把人的一切对象性的活动“当作实践去理解”，主张人应该在实践中证明自己思维的真理性，承认手不仅是劳动的器官，还是劳动的产物，承认“语言是从劳动中并和劳动一起产生出来的”。②但是同时也承认，意识、语言和精神，本质上都具有物质性，都是劳动实践的产物。这就是马克思、恩格斯所说的：“‘精神’从一开始就很倒霉，受到物质的‘纠缠’，物质在这里表现为振动着的空气层、声音，简言之，即语言。语言和意识具有同样长久的历史；语言是一种实践

① 田心铭：《实践的唯物主义和实践的唯心主义——马克思主义和实用主义哲学的比较研究》，《北京大学学报》，1989 年第 1 期。

② 《马克思恩格斯选集》，第 4 卷，人民出版社，1995 年，第 376 页。

的、既为别人存在因而也为我自身而存在的、现实的意识。"①任何"实践"都具有一定的物质基础,如果"精神实践"能够成立的话,那也应该是如此,因为离开了客观存在的实践,是没有的。

实践是什么呢?实践是人的活动的总称,是外在客观自然界向人的生成的途径和方式,是人改造自然世界和建立社会关系的基础。实践是一种变革的力量,它推动社会和历史的变迁。实践决定着人的存在,即决定着"现实的历史的人"的存在,因而对于社会存在和人的存在来说,它具有根本性的意义。但是,实践不能决定物质的客观存在,不能决定世界的物质统一性问题,也不能涵纳人类的一切行为和世间的万物。因此,实践不能作为本体,也不具备本体的意义。比如,人的活动总是具体地表现为人的生存方式、生产方式。生产方式一方面被客观物质因素所决定,一方面又造成社会制度的样态,但就实践中生产方式与社会制度的关系来讲,虽说生产方式是决定性的,但也不是事物的本体。诚如恩格斯所说:"世界的真正统一性在于它的物质性,而这种物质性不是由魔术师的三两句话所证明的,而是由哲学和自然科学的长期的和持续的发展所证明的。"②这才是马克思主义的本体论和宇宙观。

这种"物质统一性",体现在物质的永恒存在性,运动构成物质的存在方式。"物质在其一切变化中仍永远是物质,它的任何一个属性任何时候都不会丧失,因此,物质虽然必将以铁的必然性在地球再次毁灭物质的最高精华——思维着的精神,但在另外的地方和另一个时候又一定会以同样的铁的必然性把它重新产生出来。"③这是不同于传统本体论的静止的、反辩证法的"终极实体"观念的。它表明,思维着的精神是物质运动的产物,而不是相反。对此的不同回答,形成了唯物主义和唯心主义的分水岭。因此,认为"思维对存在、精神对自然界的关系问题"是"全部哲学的最高问题"④的

---

① 《马克思恩格斯选集》,第1卷,人民出版社,1995年第81页。
② 《马克思恩格斯选集》,第3卷,人民出版社,1995年,第383页。
③④ 《马克思恩格斯选集》,第4卷,人民出版社,1995年,第279、224页。

界说,无疑是正确的。

二、关于马克思的“实践观”与海德格尔的“存在论”

在我国学术界,“实践存在论”是变种了的“实践本体论”,它较早出现于美学和文艺学领域。①“实践存在论”②从根本上讲也是个哲学问题,它直接承续了 20 世纪 80 年代以来对“实践本体论”、“实践唯物主义”的探讨。从美学上来看,“实践本体论”是依据所谓“实践唯物主义”才出现的,而“实践美学”则是以“实践唯物主义”作为自己的哲学基础,并且在“实践本体论”层面上建构了自身的美学体系。进入 90 年代之后,关于“本体”“存在”“本体论”“存在论”等问题的争论进行了很长时间,直到今日也没有停歇。面对“实践美学终结”的既成事实,在各种“后学”和所谓“存在论转向”的鼓动下,有论者开始提出“实践存在论”美学,并在其阐释过程中伴随着“实践美学”和“后实践美学”之间的争吵一同展开。“实践存在论”文艺学关涉到文学本体的哲学和美学解释,同样也是个文学理论的问题。如果说此前“实践本体论”、“实践唯物主义”的讨论,尚属于马克思主义哲学、美学范围内的对话,那么,有关“实践存在论”的探讨就已经大大超出了这个范围,变成了马克思主义与海德格尔存在主义之间的奇异结合。

从理论构成上看,美学、文艺学的“实践存在论”,是将马克思

---

① 朱立元:《当代文学、美学研究中对“本体论”的误释》,《文学评论》1996 年第 6 期。

② 有学者认为,在美学、文艺学研究中之所以会出现种种对本体、本体论范畴的误解、误用,追根溯源,即因为用“本体论”译 Ontology。因此,主张将 Ontology 译为“存在论”而非“本体论”。这样,原先的“实践本体论”也就相应成为了“实践存在论”,从而可以将海德格尔存在主义的“存在论”引入马克思主义的美学、文艺学研究。(参见朱立元:《当代文学、美学研究中对“本体论”的误释》见《文学评论》1996 年第 6 期)。在朱立元主编的《美学》(北京:高等教育出版社 2006 年版)教材中,海德格尔的“存在论”思想已清晰可见。到了朱立元著《走向实践存在论美学》(苏州大学出版社,2008 年),则已基本完成了从马克思主义实践观向海德格尔存在论的转向。

主义的"实践观"同存在主义尤其是海德格尔的"存在论"架构组合而成。"实践"与"存在"两个概念之间的关系及其理论上共生共融的可能性,是该理论阐释的内在需要。作为美学、文艺学的本体观,它需要适合于理论上的逻辑生成法则。因为任何科学的理论"绝不能是一些不相干的、偶然的和毫无联系的知识的堆积",在理论的框架内,"概念、范畴、术语和问题与问题之间要实现彼此的'系统地联系',必须'共同适合于逻辑上的包容关系'"。①可是,"实践存在论"美学、文艺学的内在矛盾及逻辑混乱,使其无法做到这一点。

马克思在《1844 年经济学—哲学手稿》中就初步阐述了"实践"观念。他区分了"理论领域"和"实践领域",认为前者是人的精神的无机界和精神食粮,后者则是指人的生活和人的实际活动。"在实践上,人的普遍性正表现在把整个自然界——首先作为人的直接的生活资料,其次作为人的生命活动的材料、对象和工具——变成人的无机的身体。""通过实践创造对象世界,即改造无机界,证明了人是有意识的类存在物,也就是这样一种存在物,它把类看作自己的本质,或者说把自身看作类存在物。"②这时的马克思,尚残留费尔巴哈人本主义的影子,还没有完全脱离关于人的"类本质"的思想。而这一点,正是马克思后来对费尔巴哈批评的主要内容之一。不过,马克思在此明确了实践活动是"创造对象世界,即改造无机界"的活动。正是通过这种实践,才奠定了人的本质存在,才承认实践创造了历史,也创造了美与艺术。

马克思真正确立科学的实践观,是在《关于费尔巴哈的提纲》③和《德意志意识形态》中完成的。这两部文献,集中批判了旧唯物主义包括费尔巴哈直观唯物主义和一切唯心主义的形而上学,将辩证唯物主义一元论及其历史观同一切旧唯物主义和唯心论区别

---

① 董学文:《文学理论学导论》,北京大学出版社,2004 年第 53 页。

② 《马克思恩格斯全集》,第 42 卷,人民出版社,1979 年;第 95—96 页。

③ 《关于费尔巴哈的提纲》,马克思列出了十一条,其中有八条是关于"实践"问题的,可以说,整个提纲就是马克思主义的"实践论"。

开来,把实践的改造与革命的能动作用,注入到了新的唯物主义体系之中。正因如此,才有恩格斯所做的它意味着一个新的天才世界观萌芽诞生的评价。

马克思所讲的"实践",是指人的物质劳动和革命实践,既包括最初的本源意义上物质活动和物质交往的含义,也包括在现实基础上社会活动和革命实践的含义。这里的"实践",不能理解为包容一切的活动和行为,也不能理解为是亚里士多德和康德意义上的形而上学的"道德实践"。如果借用康德的概念,认为真正属于本体意义上的实践,是属于"物自体"领域的"按照自由概念"的"道德实践",而不是只涉及现象领域和认识论的"按照自然概念"的实践,认为"实践"主要不指物质生产劳动,技术、生产只是认识论意义上的实践,"近代以来,随着自然科学的发展和工业革命的推动,把实践主要理解为物质性的技术生产的看法已经相当普遍,成为'流俗'见解,以至于需要康德来纠正",①那么,这种意见未必是妥当的。

是的,马克思说过"社会生活在本质上是实践的",但这不等于说整个社会生活在一切方面都是实践的。马克思主义的"实践",应与一切神秘主义的理论和形而上学的道德行为加以区分。"实践"是"现实的人"的物质实践与革命实践,是社会的历史的活动,不是神秘的玄想或抽象的思辨,也不是动物式的类存在物的活动。

恩格斯针对康德、休谟等人的"不可知论",曾经指出:"对这些以及其他一切哲学上的怪论的最令人信服的驳斥是实践,即实验和工业。""推动哲学家前进的,决不像他们所想象的那样,只是纯粹思想的力量。恰恰相反,真正推动他们前进的,主要是自然科学和工业的强大而日益迅猛的进步。"②现实的人类活动和物质生产,构成恩格斯所说的"实践",这一"实践"宣告了康德的不可捉摸的"自在之物"的完结,"自在之物"成了"为我之物"。正是这种"实践",

① 朱立元:《走向实践存在论美学》,苏州大学出版社,2008 年,第 109—110 页。
② 《马克思恩格斯选集》,第 4 卷,人民出版社,1995 年,第 225—226 页。

把被黑格尔唯心主义倒置了的唯物主义重新颠倒过来。列宁也郑重地指出,"实践"比所有形而上的经院哲学更为重要。"生活、实践的观点,应该是认识论的首要的和基本的观点。这种观点必然会导致唯物主义,而把教授的经院哲学的无数臆说一脚踢开。"①

正确地认识"实践",应当把它理解为是与"理论"尤其是形而上的思辨哲学不同的人类活动。在这一点上,甚至费尔巴哈也说过"神学的秘密是人本学,思辨哲学的秘密则是神学"。②辩证唯物论者有别于唯心论者和机械唯物论者之处,就在于他强调动机和效果的统一,承认"社会实践及其效果是检验主观愿望或动机的标准"。③实践与人们的主观意志、主观愿望、行为动机和无意识心理起码不是一回事情。被唯心主义能动地发展了的方面,并不构成彻底唯物论的"实践"因素。

马克思所说的"实践"活动是"对象性的",也就是"客观的",两者用的是同一个词 gegenständliche。"实践"的这种对象性、客观性而非抽象性、主观性特征,证明了意识的物质性、现实性和此岸性。这不同于旧唯物主义和纯粹的经院哲学,也不同于形而上学唯心论的道德行为。真正意义上的"实践"是现实的、变革性的行动。"实践"产生了人们的"意识"和"社会意识":"思想、观念、意识的生产最初是直接与人们的物质活动,与人们的物质交往,与现实生活的语言交织在一起的。人们的想象、思维、精神交往在这里还是人们物质行动的直接产物。……意识[das Bewuβtsein]在任何时候都只能是被意识到了的存在[dasbewuβte Sein],而人们的存在就是他们的现实生活过程。"④这就阐明了意识的起源、精神的生产、人的实践以及人的现实存在等根本性问题。在这里,马克思主义实践观的初步形态已基本成型。文学和艺术作为审美社会意识形式的产物,无疑是建立在这个实践观的基础之上的。

---

① 《列宁全集》第 18 卷,人民出版社,1988 年,第 144 页。
② 《费尔巴哈哲学著作选集》,上,商务印书馆,1984 年,第 101 页。
③ 《毛泽东选集》,第 3 卷,人民出版社,1991 年,第 868 页。
④ 《马克思恩格斯选集》,第 1 卷,第 72 页。

至此，马克思关于人的"类存在物"思想，已经转变为"现实的人"的理念，他已经将"人们的存在"看作是人们的"现实生活过程"。这样一来，他就跟把人的本质和存在引向各种神秘主义的理论划清了界线。人的本质不再是"类"本质，也不再是绝对孤立的个体存在，在其现实性上，只能是一切社会关系的总和。费尔巴哈关于人的抽象的"类"本质观，已经成了批判和扬弃的对象，这就意味着马克思已脱离了此前自己思想中某种人本主义倾向的阶段。

毋庸置疑，马克思的实践观确立了人的存在就是人的物质活动、物质交往以及人的现实生产和生活过程。包括人类社会在内的世界或宇宙的一切存在，只能是客观的物质存在，运动是其存在的方式。这就从根本上消除了将"存在"问题导向某种神秘主义或虚无主义的倾向，抛弃了传统形而上学所谓永恒不变的"终极本体"、"终极存在"的本体论思想，确立了自己的宇宙观和本体论。而这种宇宙观和本体论与海德格尔的"存在论"（或曰"基础本体论"）是完全不同的。

在海德格尔那里，他是试图通过"此在"(Dasein)的"生存"，一劳永逸地解决"存在"问题。在海德格尔那里，他的"存在"是个体的人的"存在"，并不涉及马克思意义上的"实践"问题。他的"存在"只是一种"领悟"和所谓"存在之澄明"，①并不是指"现实的人"的"实践"。而这种"领悟"或"澄明"，不过是一种主体心性的大彻大悟，是非人力所能为的。如果与马克思、恩格斯所说的通过人类劳动和实践而通达的"自由王国"相比较，那么海德格尔的"存在之澄明"②则是彼岸性的，是此岸性的彼岸向往。所以说，马克思的"实践"与海德格尔的"存在"之间，根本上是异质的。

---

① 孙周兴：《海德格尔选集》上，上海三联书店，1996年，第12页。

② "存在之澄明"是海德格尔"存在论"的一个术语，意指"真理的显现或敞开"。"他所谓'存在之真理'，乃是一种至大的明澈境界，此境界决非人力所为；相反，人只有先已入于此境界中，后才能与物对待，后才能'格物致知'，后才能有知识论上的真理或者科学的真理。此'境界'，此'存在之真理'，海氏亦称之为'敞开领域'或'存在之澄明'。"（参见《海德格尔选集》上，"编者前言"）

让我们看海德格尔的“此在”一词。“此在”一词是海德格尔由德语里表示中性的 das 和系词 sein 组合而构成的。“此在”具有功能上的专属性,是专为“存在”而设定的。“此在”是这样一种存在者,它通过领悟“存在”得以生存,它具有“存在论”上的优先性。“此在”的“烦”、“畏”、“焦虑”、“痛苦”或“死亡”等“根本情绪”,显示了“此在”的存在。除此之外,“此在”处于遮蔽状态,“此在”的遮蔽也就意味着“存在”的不显,世界处于一片黑暗之中。西方有位学者,以半开玩笑的语气说,对于“存在”问题,“读者可能不耐烦地问,存在又如何呢？经过这许多世纪,这个显然非常遥远而抽象的题目,真的还能告诉我们一些新的有意义(首先是对我们繁忙的现代人有意义)的东西吗？这种不耐烦本身来自一种对存在的态度或倾向性,我们对此总的说来是无意识的”。[①]“存在”在海德格尔那里,处于一种不可捉摸的神秘之域,当你想要抓住它的时候,它巧妙地逃脱了,而就在它逃脱的一瞬间,却又显示了其“存在”。海德格尔完全是抛开现实的存在者而去追问所谓“存在”的意义。

在海德格尔那里,“此在”的“生存”,只具有时间性,消除了外在一切历史性的可能。这同马克思所强调的人的现实性和历史性是大异其趣的。在海德格尔看来,劳动只是一种“通过作为主观性来体会的人来把现实的东西对象化的过程”。[②]这一读起来颇令人费解的哲学语言,实际上是否定了“劳动”(或曰“实践”)的客观性、对象性、开放性,而退回到了封闭的“存在”之境当中。因而,“存在主义的本体论不能不抛弃一切,而把人的本质以及人的现实的存在主义的构成要素(自由、状况、共存、在世、‘人’等),解释为超越全部社会偶然事件范围的超历史的范畴”。[③]

走向人类历史的解放之途,这是马克思主义实践观的未来指向。海德格尔的“存在论”,则蜷缩于个体审美的封闭境域以求超

① 威廉·巴雷特:《非理性的人——存在主义哲学研究》,上海译文出版社,2007年,第 224 页。
② 孙周兴:《海德格尔选集》上,第 384 页。
③ 卢卡奇:《存在主义还是马克思主义》,商务印书馆,1962 年,第 127 页。

脱,这根本上是反历史主义的,是与马克思主义的实践观刚好相反的。马克思主义的"实践论"与海德格尔的"存在论"内涵不同,指向各异,缺乏逻辑上的生成关系,因而是无法直接对接融合为"实践存在论"的。

客观地说,海德格尔的"此在"概念是非历史主义的,它取消了人的认识的可能性,剩下的只是主体心性的感觉和体悟而已。这一观念在西方文化中有其传统,即它是一种人本主义的思潮,带有非理性与反社会的性质。有学者明确指出,"它展示的是对现代文明的极端憎恶,彰显的却是一种尚古意识,主张回溯到前认识论阶段的'存在状态'。其目的是恢复和重建更加古老、更加原始的存在本体论",因而,海德格尔的"存在论","并非是本体论哲学的终结或完成,而仅仅是传统本体论的形态转变,在它那里超验本体论以更隐蔽的方式得到了复活与重建"。①这种分析不是没有道理的。

在"实践存在论"看来,这种超越性的境界,就是达到对宇宙人生觉解的最高层次。处于这一境界的人,不仅超越了个人,也超越了社会。这就与认为人的存在就是人的现实生活过程的观念背道而驰了。显然,海德格尔的"存在论",彰显的是现代一部分人无所寄托的精神漂浮状态和落寞情绪,是一种精英的、虚幻的哲学。那种认为马克思和海德格尔一道,实现了现代哲学的"存在论转向"的说法,是没有根据的。事实上,马克思的"实践"观念,正是海德格尔的"存在"所要极力回避的东西。海德格尔关于"此在"的本体论证明,是一种形而上学。海德格尔的"存在",只能依托"此在"而生成或显现,他所确立的"此在"的先验结构和世界筹划者的地位,实际上是确定了"此在"的极端主体性:在这个上帝不在场的世界,"此在"填补了上帝留下来的空位。海德格尔反对形而上学的二元论思维和近代以来的主体性哲学,自己却终究无法摆脱而深陷其中。这是一种悖论,但也是一个事实。

---

①　孙伯鍨、刘怀玉:《"存在论转向"与方法论革命——关于马克思主义哲学本体论研究中的几个问题》,《中国社会科学》2002 年第 5 期。

三、“实践存在论”美学和文艺学的理论失误

“实践存在论”美学、文艺学的内在逻辑结构,存在诸种矛盾和冲突。作为概念范畴,它自身缺乏统一整合的可能性。对其理论的解释,也不可避免地要在马克思的“实践观”与海德格尔的“存在论”之间摇摆与徘徊。而有些“实践存在论”主张者,在具体的理论阐释中,其真实的情形又是将马克思的实践观淹没和消泯在了海德格尔的“存在论”之中。在所谓“存在论转向”的意图之下,“实践存在论”美学、文艺学完成的则是对马克思主义美学、文艺学的实践观和历史唯物论的解构与颠覆。诚然,在“实践存在论”完成了对马克思主义学说的“海德格尔化”、马克思主义实践观的“存在论化”之后,势必也就同时完成了对自身的消解与破坏。

在“实践存在论”美学、文艺学看来,马克思主义的实践观是狭隘的,仅仅停留于物质生产方面,而没有把“实践”作为“人的存在”来看待。这里的“人的存在”,并不是现实意义上的人的存在,而是海德格尔的所谓“人生在世”,即包括诸如青春烦恼、友谊诉求、孤独体验之类的个人化情绪,连同“人”的情感、联想、潜意识、无意识、心灵体悟、道德心理等纯粹个体性的冲动,通通纳入到“实践”的范畴。“实践”在这里得以无限扩张,包容一切,这实际上就已经脱离了唯物史观的“社会实践”观念,走向了海德格尔的抽象的所谓的“存在”。当“实践”像有些论者说的那样成为一种情绪化体验的时候,当“审美主体的存在状态”“主要体现在惊异、体验和澄明三个基本环节及其起伏运动的状态中”①的时候,这种“实践”的观点,就已不是那种“必然会导致唯物主义”的“实践”,而是像海德格尔的“存在”那样,变成一种直觉的领悟、一种审美的救赎、一种唯心本体论的形而上学了。

可以这样说,“实践存在论”的美学、文学观,事实上是对马克

① 朱立元:《美学》,高等教育出版社,2006年,第116页。

思主义理论存在“人学空场”观点的换一种表述。它试图用个体性的人的“存在”或“生存”，去填充这个所谓的“人学空场”。这种做法，自20世纪80年代就已经出现。它认为马克思只关注人的社会性、集体性，而对个体的人的存在则漠然置之，“人”在马克思的思想中遭到了放逐。可事实上，在马克思主义学说那里，并不存在什么“人学”的“空场”问题。马克思早就指出过，“全部人类历史的第一个前提无疑是有生命的个人的存在”。“这些个人把自己和动物区别开来的第一个历史行动不在于他们有思想，而在于他们开始生产自己的生活资料。”[①]也就是说，人的“生存”并不在于对“存在”的领悟，而在于他们的生产和社会实践。这里所谈论的“人”，是“现实的历史的人”，是以“实践”为中介的“人”，是把他的“存在”连同他所处的社会历史环境和社会生活过程同时展现出来的“人”。现实的物质劳动和社会实践，是美和艺术的创造根源。存在主义宣扬，只有在一种孤独的玄思中才能实现所谓美的“显现”与“敞开”，那是虚妄的说教。

在马克思主义世界观中，世界的物质统一性和客观存在性，是不以人的意志为转移的。人类的社会历史，只能是这种客观存在的一部分，它不能超越于这种客观存在而走向所谓精神的自由。人类的实践，毕竟是有限的。从人的“存在”即“此在”出发来解读“存在”的意义，它的有效性只能限制在人的某些活动的范围之内，超出这个范围，就可能变成一种“唯意志论”的命题。譬如，面对珠穆朗玛峰和暴风雪、宇宙无限与暗物质、火山喷发和彗星相撞，我们如何从人的存在出发去解读存在的意义呢？看来，只能从客观存在出发去解释人的存在问题。倘若把马克思的本体论说成是“实践存在论”，认为马克思的哲学终结了传统的物质本体论，建构的是一种新的本体论，那就和马克思本体论的原意不相符合了。

哲学上“人学空场”的论调以及“实践本体论”，还有以此为依据的“文学主体性”观点，其理论意图是相同的，都是力求以唯心主

---

① 《马克思恩格斯选集》，第1卷，第67页。

义的人本论去改造辩证唯物论的一元论，以“主体性”心灵的隐秘世界和精神的无限空旷，涵纳直至消解马克思主义关于世界的物质统一性和客观存在性。“实践存在论”美学、文艺学对个体的“人的存在”的极度张扬，实际上已经走向了精神本体论和审美唯心论，走向了某种极端的个人主义。“实践存在论”美学、文艺学在马克思主义实践观外表的遮掩之下，通过反对主客二元对立和寻求个体生存为幌子，完成的则是对唯物史观和唯物辩证法的瓦解。

“实践存在论”美学、文艺学的具体做法是：先对马克思主义的实践观进行扭曲化、狭隘化，然后将“实践”观念加以泛化，接着同海德格尔的存在主义加以比对、结合，最后，生造出所谓的“实践存在论”体系来。到了这个地步，马克思主义的实践观的内容就已基本看不见踪影了。美学上的“实践存在论”者曾这样说：“人在世界中存在，就意味着在世界中实践；实践是人的基本存在方式；实践与存在都是对人生在世的本体论（存在论）陈述。”“实践存在论”“虽然仍然以实践作为美学研究的核心范畴，但是却突破主客二元对立的认识论，转移到了存在论的新的哲学根基上了”。①

这一概括的措辞是值得注意的。既然“实践”与“存在”都是对人生在世的本体论陈述，那么如果“实践”与“存在”是不同质的话，就造成了事实上的“双本体论”，取消了本体论的科学的陈述。既然“哲学根基”已经“转移”，从“旧的”辩证唯物主义认识论变成“新的”存在主义的存在论，那么这种美学的马克思主义属性也就需要怀疑了。毋庸讳言，这个理论结果未必是“实践存在论”坚持者所希望看到的。但它又确乎是明摆着的事实。这里，唯一可能的辩护性解释就是“实践”与“存在”的完全同一，“实践”彻底消融于“存在”之中。关于这一点，持论者的态度亦相当明确，即承认其理论“转移到了存在论的新的哲学根基上了”。不过，问题是这样“转移”之后，确立的“新的哲学根基”还能说成是马克思主义的哲学根基吗？海德格尔的“存在论”与马克思主义的“实践观”之间，距离

① 朱立元：《简论实践存在论美学》，《人文杂志》2006 年第 3 期。

是不是远了一些呢？完成了这种“突破”和“转移”的“实践存在论”美学、文艺学，会不会导致马克思主义美学、文艺学基本原理也要发生根本性的改变呢？所有这些，是不能不加以深思和考虑的。

如果是马克思主义的美学和文艺学，那注定是要建立在唯物史观和唯物辩证法的稳实基础之上的。它的“实践观”和“存在论”，是唯物的、现实的、具体的、历史的，而非孤立的、抽象的、玄思的、虚幻的。它明确主张“劳动创造了美”，人具有“按照美的规律来建造”的能力，并抛弃了亚里士多德、康德以来的所谓“道德实践”、“审美自由”、“超验存在”等的静态的唯心的美学观，也远离了一切把“美”导向神秘主义或不可知论的倾向，将“审美”、“美的存在”和“艺术”拉回到社会生活的大地上，揭示出在社会实践和劳动创造中生成美、感受美、发现美的真理。马克思的“艺术生产”理论、艺术“掌握世界方式”的概念，成为马克思主义美学、文艺学的核心范畴，其道理也在这里。存在主义的静态直观或纯粹心灵创造的美学观，以及那种强调主体体验和感悟的艺术论，在“艺术生产”理论面前已经暴露出其学说的先验性和虚幻性。

看来，关键还是美学、文艺学研究的理论前提问题。众所周知，唯物史观是“从现实的前提出发，它一刻也不离开这种前提。它的前提是人，但不是处在某种虚幻的离群索居和固定不变状态中的人，而是处在现实的、可以通过经验观察到的、在一定条件下进行的发展过程中的人。只要描绘出这个能动的生活过程，历史就不再像那些本身还是抽象的经验论者所认为的那样，是一些僵死的事实的汇集，也不再像唯心主义者认为的那样，是想象的主体的想像活动”。[①]可见，对这个理论前提的理解，是不能也无法用存在主义的“存在论”来加以涵括和阐释的。正是在这个意义上，可以说“美”既不是现成的东西，也不是想象的产物，世间没有一个美本体的问题。现今人们所说的“美”，只是一个具有代名词性质和意义的概念，分别指美的事物、审美价值、审美属性等等。而且，它

① 《马克思恩格斯选集》第1卷，第73页。

只能在实践中展开,其真正的本体只能是物质性的,实践则是其生成和创造的中介。审美活动从一开始就具有实践性与物质性,纯粹无功利、全然超越性的审美是不存在的。海德格尔的"存在论"美学、文艺学,排斥一切外在的现实性,曲解并利用了康德的审美无功利观点。在相当的一段时间里,有些理论是"以用马克思的思想来修正康德的姿态出现的,实际上完成的是一个用康德来修正当时流行的马克思主义观点的任务"。①"实践存在论"美学和文艺学产生的就是这种效果。"实践存在论"者虽然强调海德格尔的存在论没有达到马克思实践论的高度,但在实际的理论阐释中却刚好相反,完成的正是用海德格尔来修正甚或取代马克思主义的活计。

在美学上,马克思从来没有机械地将美定位为一个对象性的存在。美不是相对于主体而言的客体性,而是在实践的主客体双向运动与交流中产生的属性,因此,美绝不是所谓的"存在的澄明"或"审美的无功利"。艺术生产者通过将自己的本质力量注入到艺术品中,以"对象化的独特方式""物化"自己的劳动产品,确证和实现自己的个性,从而达到对世界的"艺术掌握"。这种"掌握"与海德格尔通过"物化之境"对"存在"的领悟是不同的。海德格尔对凡·高油画《农鞋》的解释,就是个典型的"存在"的"物化之境"。借助于某种"神之光辉"的反照,这双"农鞋"向农妇敞亮了世界的"存在",这是"存在"的"物化之境"。但"这种物化之境,虽然体现了形而上学的最高意境,但它更是形而上学的神化之境。这种一片光明的境界,实际上也是一片黑暗"。②这里的"存在"是一束没有光源的辉光,它照彻一切,唯独将自身留在黑暗之中。这就是"存在的形而上学"的理论弊端。

"实践存在论"美学、文艺学在完成对马克思主义实践观的消

① 董学文等:《中国当代文学理论(1978—2008)》,北京大学出版社,2008年,第10页。

② 仰海峰:《形而上学批判——马克思哲学的理论前提及当代效应》,凤凰出版传媒集团、江苏教育出版社,2006年,第131页。

解与消融之后，剩下的也就只有海德格尔的“存在论”了。至此，已经不是“实践”（劳动）创造美，而是美源自个体的“领悟”与“澄明”了。这时，人只能在一种“纯粹的美”的境域中孤独地祷求心灵的安宁，这事实上也就放弃了一切现实的社会生活，而走向人的所谓的超越性存在。这种超越性是在否定和弃绝其他一切外物存在的情形之下实现的，除了人的存在外，其他一切皆是无。可以这样讲，“根据海德格尔的说法，我们所真正接触的唯一本体的形式是人的存在。……只有人是真正存在的。动物活动，数理的事物持存着，工具在那里听我们使唤，外界呈现出来；但这些东西没有一项是存在的”。①这就将人自身绝对地封闭和孤立起来，并以作为体验超越性的“纯粹美”的标准。

常识告诉我们，即使是个体性的存在，人也不能跳脱固有的社会属性。是现实的生产、实践与社会关系，而不是什么超越性的精神或“存在”，造就了人的现实的社会本质。无论如何，人都只能是社会的人，即使是“离群索居”的人，亦是如此。很难想象一个个体的人，在脱去了社会物质生活和语言文化交往的维度之后，还会是什么样子。普列汉诺夫说：“凡是崇拜‘纯粹的美’的人，并不能因此就使自己不依赖于那些决定自己的审美趣味的生物学条件和社会历史条件，而只是多少有意识地闭眼不看这些条件罢了。”②海德格尔的“此在”和人的“生存”理论，缺乏的就是这种现实的可能性，因而从根本上是人本主义的，并重新走上了形而上学的老路。那么，以此来解释马克思主义的美学和文艺学的本体观，是难以行得通的。这便是“实践存在论”美学、文艺学的失误所在。

（原载《上海大学学报》2009 年第 3 期）

① 刘放桐：《现代西方哲学》，人民出版社，1981 年，第 552 页。
② 《普列汉诺夫美学论文集》，人民出版社，1983 年，第 840 页。

“实践存在论美学”的缺陷在哪?

董学文

在中国当代的美学格局中,“实践本体论美学”、“实践存在论美学”是近年比较活跃的一个流派。它在学界的影响和在教材上的反映,都是明显的。在当今多元共生的学术条件下,作为一种推进性和探索性的研究,它的存在本是极为正常的。美学研究可以而且应当有多种形态,多种面貌,这是学术的进步所需要的。但是,既然是“多元共生”,那就要顾及时代的因素以及整个学术的生态环境,不能盲目主观、自吹自擂,亦不能独此一家、别无分店。这也是学术发展所应遵循的规则。近来,有“新实践美学论”者撰文,认为“实践美学在新时期的前两个十年之中逐步上升为中国当代美学的主导潮流。可以说,实践美学已经成为了中国当代美学的主要标志,实践美学就是中国化的马克思主义美学,而且是中国当代可以参与世界美学对话的中国特色马克思主义美学流派”①。该文还特地指出,经过实践美学和后实践美学的论争,促进了实践美学的新发展,激发了一部分坚持和发展实践美学的美学学人的理论探讨,他们站在老一辈实践美学代表人物的肩上,努力开拓创新,把实践美学推向了新的发展阶段,于是新实践美学应运而生,并活跃在新时期后一个十年美学舞台上。“实践存在论美学”就是“新实践美学”其中的一个代表。

① 张玉能:《中国化马克思主义美学的考察》,《文艺报》2009 年 2 月 24 日。

"领抄袭当时苏联美学界的'社会说'派的论调"[①]，拼合起来，把所谓"实践美学"讲成是马克思主义美学的，这个问题至今也没有完全梳理清楚。站在这样"代表人物的肩上"，把"实践美学"再与存在论结合，推到"实践存在论美学"的阶段，并说是"提供了直接依据的，乃是马克思"[②]，这是不能不让人产生疑惑的。这种疑惑，至少有以下几点：

1."实践本体论"或者"实践"是不是"本体"和能不能作为"本体"，本来就存在严重的分歧。国内实践派美学的创立者到了上世纪80年代后期，也不再提"实践本体论"，而提的是"主体性的实践哲学""人类学本体论"，后来又提"历史本体论"。如今，沿着这个思路将"本体论"改成"存在论"，然后再将"实践本体论"变成"实践存在论"，认为"实践与存在都是对人生在世的本体论(存在论)陈述"[③]，这很难说是"实践美学"的新发展和新阶段。"存在论"和"本体论"在西文中虽然是一样的，都是"ontology"，"本体"概念在当下的语境中也已泛化，但汉语里"存在论"和"本体论"在实际使用上其内涵和侧重点都是有所不同的，那么，这么替换到底能否成立？

2."实践"的概念，在学界众说纷纭。但在马克思那里，它是有独特的规定性的。马克思说："费尔巴哈想要研究跟思想客体确实不同的感性客体，但是他没有把人的活动理解为对象性的活动。因此，他在《基督教的本质》中仅仅把理论的活动看做是真正人的活动，而对于实践则只是从它的卑污的犹太人的表现形式去理解和确定。因此，他不了解'革命的'、'实践批判的'活动的意义。"[④]如果没有领会错的话，那么可以说"实践"和"理论"是对应的，这样才可以明白马克思接着说"人的思维是否具有客观的真理性，这不是一个理论的问题，而是一个实践的问题。人应该在实践中证明

① 王善忠、张冰：《美学的传承与鼎新——纪念蔡仪诞辰百年》，中国社会科学出版社，2009年，第62页。

②③ 朱立元：《走向实践存在论美学》，苏州大学出版社，2008年，第9页。

④ 《马克思恩格斯选集》1，人民出版社，1995年，第58页。

自己思维的真理性,即自己思维的现实性和力量,自己思维的此岸性。关于离开实践的思维的现实性或非现实性的争论,是一个纯粹经院哲学的问题”。“环境的改变和人的活动或自我改变的一致,只能被看做是并合理地理解为革命的实践”①。显然,僧人念经不能说是实践活动,单相思不能说是实践活动,瞬间的审美感受不能说是实践活动,患臆想狂症不能说是实践活动,形而上学的思辨也不能说是实践活动。“实践存在论美学”把马克思的“实践”沟通现象学的“存在”,其实这两者差异很大。存在论的存在,讲的是个体精神性的活动,马克思的实践讲的是人类群体的改造自然和社会的物质性客观活动。海德格尔认为他的“存在”比马克思的“实践”更为本源,“实践”发源于“存在”。马克思主义和现象学,一者关注社会历史之谜,一者关注现代个体的自由问题,“实践”和“存在”这两个概念,在其各自的哲学体系中的地位、含义、功能很不相同,不可能沟通。倘若等同、沟通两者,其结果势必是走向现象学美学,抛弃传统实践美学的基本命题,那么实践美学至此也就终结了。这应当是常识。可“实践存在论美学”硬将一切“此在在世”(人生在世)的行为都看做是“实践”,这就把“实践”的内容过分广义化了。将“实践”规定为是“人的感性活动,是人的现实生活过程”②,并说这是马克思的观点,是不是多少曲解了《关于费尔巴哈的提纲》中有关“实践”阐述的原意了呢?

3. 到底有没有“实践唯物主义”这个概念,在马克思学说的探讨中,也是一个言人人殊的问题。这个概念的来源,无疑是从《德意志意识形态》中马克思称“实践的唯物主义者即共产主义者”这一句演化而来的,这句话接下来说的是“全部问题都在于使现存世界革命化,实际地反对并改变现存的事物”③。这里,“实践”后面有个“的”字,显然是“唯物主义”的形容词,再加上系词“即”和接下来的说明性文字,我们有理由说,实践的唯物主义者就是把唯物主

①③ 《马克思恩格斯选集》1,第58—59、75页。

② 朱立元:《走向实践存在论美学》,第11页。

义付诸实践的人，就是实际变革世界的行动的唯物主义者，就是彻底的唯物主义者，亦即历史唯物主义者。如果这里去掉“的”字，把它变成专有的以实践为本体的所谓唯物主义，变成一个区别于“历史唯物主义”的新名词，这是“西方马克思主义”中的某些人生造出来的。联系到“实践唯物主义”只有“实践”没有“唯物”的一些论述，我们就不能不怀疑：“马克思的实践唯物主义（即唯物史观）”①的说法，是不是缺乏可靠而有说服力的根据呢？

4. 从“实践本体论”开始，这种美学建构就力图取消马克思主义美学的“历史科学”的性质。“实践”这个古典概念，在黑格尔那里，已经是“先验主体”在“客体”对象世界上的精神劳动，已经建立在先验哲学的基础之上。如果用“实践”充当本体论，那就意味着历史不过是抽象的“人”的精神产物，“美”就是这种精神产物的一般感性属性，从抽象到抽象，“美”在复杂历史中的社会与阶级属性以及美的本身的多样性，就无法得到探讨了。时下，“实践存在论美学”里的“存在论”，应该说更多地带有海德格尔的意味，带有存在主义的味道，它更强调“实践”是抽象的主客体相互生成的存在方式，相比“实践本体论美学”，更强调抽象人性主体的“主观性”和“经验性”，而这里的“经验”，无疑还是抽象的，还是康德意义上的“共同感”。这种“实践存在论美学”，在理论上是不是比“实践本体论美学”在后退的路上走得更远了呢？

5. 马克思早期的美学思想，包括《1844年经济学—哲学手稿》中的美学思想，当然可以成为建设马克思主义新美学的理论资源。但是，对这种资源的开掘和利用，只有纳入成熟期的历史唯物主义和辩证唯物主义的阐释轨道，才能是科学的，符合马克思主义原理的。这不是制造“两个马克思”的神话，恰恰是尊重经典作家思想发展的历史事实。譬如，19世纪50年代之后，马克思基本上已经告别了资产阶级哲学和美学的问题性和提问方式，在他的思考中也很少再使用“实践”、“存在”这类古典哲学概念，即使谈“实践”，

① 朱立元：《走向实践存在论美学》，第1页。

也从未作“本体”看待,他谈“实践”,谈的都是历史斗争、历史条件下的生产,完全抛弃了抽象的“人”的精神活动。在《资本论》中,“实践”这个词就只出现过很少的几次,且已摆脱了主客体关系的先验范式。因此,要进入马克思主义美学本体论和实践观的探讨,就必须回到成熟期的马克思的文本之中,回到重要的历史的事实之中。“实践存在论美学”声称自己“虽然仍然以实践作为美学研究的核心范畴,但是却突破主客二元对立的认识论,转移到了存在论的新的哲学根基上了”①,那么,这种“哲学根基”都发生“转移”的美学建构,还能称得上是马克思主义美学吗?“存在论”——准确地说是海德格尔存在论——的“哲学根基”,在那种意义上能说成是马克思主义的呢?

6.理论无论如何创新,如何声称是“集体创作”,都必须守住唯物主义的底线,这是坚持理论科学性的最基础性条件。突破什么理论框架都可以尝试,唯独突破“唯物”和“唯心”的界线是不可取的。中外人类美学史上这类“突破”的教训,实在并不鲜见。那么,“实践存在论美学”从海德格尔理论那里获取的“重要的启示”是什么呢:“世界只是对人存在,离开了人,无所谓世界。譬如,人和世界的关系:没有人的时候,有没有自然界都值得怀疑,没有人,自然界充其量只是一种存在而已;有了人才有自然界,人和自然界是同时存在的,当周遭世界都成为人存在的环境、大地时,对人而言,世界才有意义。人与世界在原初存在论上不能分开,确信无疑的存在就是人在世界中存在,然后才能考虑其他问题。”②这种所谓“超越主客二分认识论思维模式”的美学观点,与典型的唯心主义究竟还保持了多大的距离?众所周知,“恩格斯直截了当地明确地说,他既反对休谟,又反对康德。但是休谟根本不谈什么‘不可认识的自在之物’。那么这两个哲学家有什么共同之点呢?共同之点就

① 朱立元:《简论实践存在论美学》,《人文杂志》2006年第3期。

② 朱立元:《走向实践存在论美学》,第8—9页。

是:他们都把'现象'和显现者、感觉和被感觉者、为我之物和'自在之物'根本分开。但是,休谟根本不愿意承认'自在之物',他认为关于'自在之物'的思想本身在哲学上就是不可容许的,是'形而上学'(像休谟主义者和康德主义者所说的那样)。而康德则承认'自在之物'的存在,不过宣称它是'不可认识的',它和现象有原则区别,它属于另一个根本不同的领域,即属于知识不能达到而信仰却能发现的'彼岸'(Jenseits)领域。恩格斯的反驳的实质是什么呢?昨天我们不知道煤焦油里有茜素,今天我们知道了。试问,昨天煤焦油里有没有茜素呢?当然有。对这点表示任何怀疑,就是嘲弄现代自然科学。"①列宁在这段有名的论述之后,得出结论:物是不依赖于我们的意识,不依赖于我们的感觉而在我们之外存在着的;在现象和自在之物之间没有而且也不可能有任何原则的差别。差别仅仅存在于已经认识的东西和尚未认识的东西之间。所谓二者之间有着特殊界限,所谓自在之物在现象的"彼岸(康德),或者说可以而且应该用一种哲学屏障把我们同关于某一部分尚未认识但存在于我们之外的世界的问题隔离开来(休谟),——所有这些哲学的臆说都是废话、怪论(Schrulle)、狡辩、捏造"②。拿列宁这段话与"实践存在论美学"的观念相比,后者是不是有点像"物体是感觉的复合"这种马赫理论的色彩呢?

7."马克思主义美学中国化",这是几代马克思主义美学工作者孜孜以求的理想和矢志不渝的夙愿。马克思主义美学中国化,就是唯物史观的美学原理同中国审美实际的结合,就是以解决中国的实际问题为中心,以建设社会主义核心价值体系为宗旨,以形成中国作风、中国气魄为特征。不能说凡是在当代中国产生的美学,就是"中国化"的美学,更不能说都是"中国化马克思主义美学"。因为,美学是不是"中国化",是不是"中国化马克思主义",这是有明晰而严格的规定的。"实践存在论美学"依据的"实践哲学"

①② 《列宁全集》18,人民出版社,1988年,第100页、100—101页。

本身是“西马”的东西,再“借鉴包括海德格尔在内的现代西方美学的思路,思考如何在维护现有实践美学的实践论哲学基础的同时,对其局限有所突破、有所改造、有所发展”①,完全没有考虑将近一个世纪马克思主义美学中国化的丰硕成果和真实进程。把这种与中国国情不搭界、脱离中国社会实际和真实价值诉求的美学学说,说成是“中国化马克思主义美学的主要标志”,是“中国化马克思主义美学的新形态,把中国当代美学的发展引向了一个新的高度”②,让人百思不得其解,是不是有点“冒名顶替”呢?

8. 坦率地说,无论是“实践本体论美学”,还是“实践存在论美学”“新实践美学论”,在理论上都是对马克思主义美学的误导和曲解。马克思主义美学和马克思主义哲学一样,绝不是一种抽象的、建立在先验范式基础上的唯心体系。研究马克思主义美学,其出发点还是应当回到历史和现实的维度中来,回到物质本体论的维度中来,回到人的社会存在及关系中来。恩格斯说过:“自然界用了亿万年的时间才产生了具有意识的生物,而现在这些具有意识的生物只用几千年的时间就能够有意识地组织共同的活动:不仅意识到自己作为个体的行动,而且也意识到自己作为群众的行动,共同活动,一起去争取实现预定的目标。现在我们已经差不多达到这样的程度了。观察这个过程,眼看我们星球的历史上还没有过的情况日益临近实现,对我来说,这是值得认真观察的景象,而且我过去的全部经历也使我不能把视线从这里移开。”③这是马克思主义美学研究的人类学前提。“实践存在论美学”强调的,却是“返回到人与世界最本原的存在,人和世界不可分割的一体,人就是世界中存在”;强调“人与世界在原初的不可分离性”,“人与世界不是先分,然后再寻求合的,而是先就是合,没有对立的”④;强调

---

① 朱立元:《走向实践存在论美学》,第342页。
② 张玉能:《中国化马克思主义美学的考察》,《文艺报》2009年2月24日。
③ 《马克思恩格斯选集》39,人民出版社,1974年第63页。
④ 王善忠、张冰:《美学的传承与鼎新——纪念蔡仪诞辰百年》,第8页。

“看到了包含在马克思实践观中的存在论维度”①。这有点像让人如蚯蚓在泥土中生存一样的在世上生存。那么，对照这两种宇宙观、人生观，究竟哪种是正确的呢？后者的思路，是不是有将美学学说引入歧途之嫌呢？

（原载《内蒙古师范大学学报》2009 年第 4 期）

① 王善忠、张冰：《美学的传承与鼎新——纪念蔡仪诞辰百年》，第 344 页。

全面准确地理解马克思主义的实践概念

——与董学文、陈诚先生商榷之一

朱立元

最近,拜读了董学文、陈诚先生全面批评本人的长文《"实践存在论"美学、文艺学本体观辨析——以"实践"与"存在论"关系为中心》一文,[①]首先表示欢迎,因为文章确实提出了一系列值得我们进一步思考的理论问题,有些问题我们以前至少还没有论述清楚。但同时觉得该文的批评难以令人信服,其中对我们一些重要的观点存在着极大的误解和曲解,甚至作出了与我们立意恰恰相反的解释,并把这种强加于人的解释进行上纲上线的政治化批判。由于董文涉及的内容太多,我们拟写两、三篇文章来加以应答和商榷,本文打算着重讨论如何全面、准确地理解马克思主义的实践概念。

一、应当以马克思主义的态度和学风来讨论学术问题

讨论学术问题、尤其是马克思主义理论问题的一个前提,是坚持马克思主义的态度和学风,而在我们看来,这一点恰恰是董文所缺乏的。

首先,在坚持马克思主义唯物史观的原则下,从不同角度对马

① 董学文、陈诚:《"实践存在论"美学、文艺学本体观辨析——以"实践"与"存在论"关系为中心》,《上海大学学报》2009 年第 3 期。

克思主义经典作家的理论观点进行不同的解读,这是继承和发展马克思主义理论精髓的必由之路,以“权威”的姿态和口吻,将自己缺乏具体论证的理解当作唯一正确的理解,将与其不同的理解都轻率地指责为错误的、唯心主义的,显然不是马克思主义的态度。而后者在董文中却随处可见,比如对马克思主义“实践”概念的理解,董文未作任何论证就武断地宣称:

> 马克思所讲的“实践”,……不能理解为包容一切的活动和行为,也不能理解为是亚里士多德和康德意义上的形而上学的“道德实践”。

这一论断、特别是后一句没有任何论证和说明,就把马克思的“实践”概念同从亚里士多德到康德的西方哲学史传统的血缘联系粗暴地一刀切断。没有人说马克思的实践概念直接就是或等同于这两位思想前驱的实践概念,但两者之间的承继、改造、发展的关系是不容轻易否定的(关于这个问题,下面将详细讨论)。在另外一处,董文进一步声称马克思主义应当是“抛弃了亚里士多德、康德以来的所谓‘道德实践’、‘审美自由’、‘超验存在’等的静态的唯心的美学观”。且不说把“道德实践”也作为“美学观”,与“审美自由”并列这种逻辑上的极度混乱,就说马克思主义为什么必须“抛弃”亚里士多德、康德以来的“道德实践”概念呢?“道德实践”又是在什么意义上被判定为“静态的唯心的美学观”呢?董文同样没有任何论证,哪怕是简单的说明。这样一种对马克思主义主观武断却又自以为是唯一正确的权威解释的态度,难道是马克思主义的态度和学风吗?笔者认为,这种居高临下的似乎不容置疑的论断和对别人的指责,除了显示出自己的浅薄以外,什么也不能证明。

其次,学术的发展需要批评,需要争鸣,我们同样真诚地欢迎平等的、讲道理的批评,在此前提下,我们更为欢迎那些尖锐的学术批评,因为唯有这样的批评才能真正地推动学术的发展,推动马克思主义的发展和马克思主义中国化的进程。然而,董文不仅以

"权威"自居,其行文称作"尖锐"已嫌其轻,简直是在"棒杀"了。比如,对于笔者提出的实践存在论美学观,董文一开始就排除在马克思主义范围之外,公然宣布"如果说此前'实践本体论''实践唯物主义'的讨论,尚属于马克思主义哲学、美学范围内的对话,那么,有关'实践存在论'的探讨,就已经大大超出了这个范围,变成了马克思主义与海德格尔存在主义之间的奇异结合"(对于这一结论性的评判,笔者将另撰文予以反批评,此处不赘)。套用董先生的句法,"如果说"这里还是有些学术讨论的意味的话(毕竟那个非马克思主义不得研究的时代已经过去了),"那么",后面的文字就"大大超过了这个范围":"'实践存在论'美学、文艺学对个体的'人的存在'的极度张扬,实际上已经走向了精神本体论和审美唯心论,走向了某种极端的个人主义。'实践存在论'美学、文艺学在马克思主义实践观外表的遮掩之下,通过反对主客二元对立和寻求个体生存为幌子,完成的则是对唯物史观和唯物辩证法的瓦解";接下去还有更让人吃惊的"帽子":"在所谓'存在论转向'的意图之下,'实践存在论'美学、文艺学完成的则是对马克思主义美学、文艺学的实践观和历史唯物论的解构与颠覆。"以至于他们担心(实际上是指责)"完成了这种'突破'和'转移'的'实践存在论'美学、文艺学,会不会导致马克思主义美学、文艺学基本原理也要发生根本性的改变呢?"如此的判断简直令人瞠目结舌,"极端个人主义""遮掩""幌子"……在这些似曾相识的词汇的描述中,笔者似乎已经不仅是远离马克思主义的"非马克思主义"了,而且是"反对"甚至"瓦解""解构"和"颠覆"马克思主义的罪人了。这样的"上纲上线"还是学术批评,还是马克思主义的学术批评吗?以"政治棍子"棒杀学术的年代已经过去了。笔者希望能够以学术争鸣的原则和态度,同董文进行学理的商榷,至于这些莫名其妙、在根本没有理解、甚至拒绝理解作为学术批评的对象——"实践存在论"究竟是什么的情况下,仅凭着"想当然"先扣上来的一顶顶大帽子则实在不敢领受。

最后,讨论包括马克思主义理论在内的所有的学术问题,都应当坚持实事求是的态度，应当按照小平同志关于全面、准确地理解毛泽东思想的教导来学习、理解马克思主义的精神实质，而不应当断章取义、随心所欲地任意诠释，因为后者决不是真正的马克思主义的态度。然而，董文恰恰是这样做的。试举一例：董文非常自信地宣称马克思主义美学、文艺学“明确主张‘劳动创造了美’”，但果真如此么？的确，此话确实出自马克思的《巴黎手稿》，但并不是马克思的观点，而是董文断章取义的“成果”。请看马克思说这句话的前后文：

> 国民经济学以不考察工人（即劳动）同产品的直接关系来掩盖劳动本质的异化。当然，劳动为富人生产了奇迹般的东西，但是为工人生产了赤贫。劳动创造了宫殿，但是给工人创造了贫民窟。劳动创造了美，但是使工人变成了畸形。……劳动生产了智慧，但是给工人生产了愚钝和痴呆。①

这里明明白白是对资本主义私有制下劳动异化的深刻批判，怎么能够把其中一句话断章取义地抽出来，说成是马克思的美学主张呢？这种断章取义的结果是，取消了马克思对资本主义异化劳动的批判，把资本主义的异化劳动美化成美的产生的一般规律，岂非咄咄怪事？！如果说以前在“左”的教条主义思想方法影响下出现这种再明显不过的误读还是可以理解的话，那么对号称熟读马克思主义经典的董先生来说恐怕就另有所图了吧。

这种断章取义的手法同样表现在对被批评者论著的批判上。比如，董文蓄意掐断前后文的联系，单单抽取和引用了笔者如下两句话：“人在世界中存在，就意味着在世界中实践；实践是人的基本存在方式；实践与存在都是对人生在世的本体论（存在论）陈述”；“虽然仍然以实践作为美学研究的核心范畴，但是却突破主客二元对立的认识论，转移到了存在论的新的哲学根基上了”，之后，便严厉指责实践存在论的“‘哲学根基’已经‘转移’，从‘旧的’辩证唯物

① 《马克思恩格斯全集》第42卷，人民出版社，1979年，第93页。

主义认识论变成'新的'存在主义的存在论"(即海德格尔的"存在论"),并且声称"持论者的态度亦相当明确的,即承认其理论'转移到了存在论的新的哲学根基上了'",进而责问道:"问题是这样'转移'之后,确立的'新的哲学根基'还能说成是马克思主义的哲学根基吗?"这种断章取义手段之拙劣,简直令人啼笑皆非。实际的情况是,以上董文所引的两句话出自拙著《走向实践存在论美学》第五章第二节"实践是人存在的基本方式"。①就在该书第三章第二节即专门从几个方面论述了马克思实践观与存在论的一体关系,即马克思实践观的存在论基础和他的存在论的实践论本质,提出"实践是人在世的基本方式"的观点;第五章第一节"实践存在论美学提出的根据"明确论述了其马克思主义(而不是海德格尔)的哲学根据:第一,在马克思的学说中,实践概念与存在概念有一种本体论上的共属性和同一性,两者揭示和陈述着同一个本体领域;第二,实践与存在揭示着人存在于世的本体论含义,是对近代以来主客二分思维方式的重要超越,并明确指出,"人生在世",并不是海德格尔的发明,实际上马克思早已经发现并作过明确的表述,马克思高于和超越海德格尔之处在于用"实践"范畴来揭示此在在世(人生在世)的基本在世方式。在此基础上,才有后面的论述"用马克思主义实践论来阐述和改造'人生在世'的观点"、强调实践是人存在的基本方式的那一段话和"转移到了存在论的新的哲学根基上了"这句话;而且,紧接其后的一段话是:"在人类思想史上真正科学地解决了主体与客体、人与自然之间关系问题的,是马克思所创立的实践哲学。马克思实践哲学的革命性意义首先表现在,它对传统形而上学作了彻底的颠覆。"②在这里,笔者明明白白表述和论证的是马克思的实践论和马克思的存在论的有机结合,而不是与海德格尔的存在论的结合;"突破主客二元对立的认识论,转移到了存在论的新的哲学根基上了"明明是指马克思哲学内在包含的存在论根基,而不是海德格尔的存在论,董文却无视笔者全书的

①② 朱立元:《走向实践存在论美学》,苏州大学出版社,2008年,第280页。

整体意图和反复论述，把实践存在论所依托的马克思哲学的存在论根基，硬说成是海德格尔的，而且把这种无中生有的颠倒强加于笔者，说是笔者"承认"的。这种批评的方式恐怕已经不是"断章取义"所能概括的了。

关于马克思实践论的存在论维度和根基问题，笔者将另文详细探讨。这里只想指出，以这样一种方式和态度来讨论学术问题，特别是马克思主义理论问题，本身就是远离马克思主义的。再如，董文指责实践存在论美学"先对马克思主义的实践观进行扭曲化、狭隘化，然后将'实践'观念加以泛化"，且不说这句话本身逻辑上的自相矛盾（既然"狭隘化"，怎么又"泛化"了呢?），此处只指出其刻意歪曲之意。这种歪曲在董文的另一处说得更加明白："在'实践存在论'美学、文艺学看来，马克思主义的实践观是狭隘的，仅仅停留于物质生产方面，而没有把'实践'作为'人的存在'来看待。"这实在是故意编造，强加于人。无论在笔者的相关论文，还是在《走向实践存在论美学》一书中，笔者明确批评的是李泽厚先生对马克思实践概念的狭隘理解，即仅仅理解为单纯的物质生产，而全力证明的是，马克思的实践概念乃以物质生产为基础，同时还包括人的其他的感性活动，特别是艺术和审美活动，并由此论证马克思的实践论与其存在论的一致性和一体性。董文却将笔者对李泽厚的批评说成是对马克思的批评，把笔者全力论证的马克思的观点指责为对马克思主义的批评。这种张冠李戴的捏造比断章取义更为恶劣，也更为拙劣。

以上三点，笔者认为是开展正常的学术讨论和争鸣最起码的前提、规则和要求，希望董、陈二位今后亦能遵守。

二、应当在西方思想史背景下考察马克思"实践"概念的完整内涵

众所周知，马克思的唯物史观或实践唯物主义哲学（董文对这一提法语义上的批评，早已被哲学界经过反复、充分的论证所否定，此处不论）主要是在批判地吸收和改造了德国古典哲学、特别

是黑格尔的客观唯心主义哲学和费尔巴哈的唯物主义人本学基础上形成的;实际上还不仅仅如此,在一定意义上它还是对古希腊以降整个西方哲学思想史批判性改造的伟大成果。青年马克思的博士论文《德谟克里特与伊壁鸠鲁自然哲学的差异》就是研究古希腊哲学的。作为马克思哲学核心概念的"实践"当然毫无疑问地与整个西方思想史上"实践"概念的基本含义及其演变有着不可分割的联系。认为马克思对"实践"的使用在语义上与西方思想史上对该词的使用完全不同或毫无关系,显然是不可设想的。

然而,如前所述,董文完全切断了马克思"实践"概念与从亚里士多德到康德(德国古典哲学)的整个西方哲学对"实践"概念的理解之间在语义上的血脉联系。董文在另一处还说,"马克思在《1844年经济学—哲学手稿》中就初步阐述了'实践'观念。他区分了'理论领域'和'实践领域'……",似乎这种区分是从马克思开始的。这句话一方面暴露出作者想要割断马克思"实践"概念与西方传统间的联系的企图,但另一方面也暴露了他们对于西方传统思想中实践观念的演变缺乏基本的了解。其实,我们可以找到大量证据充分地证明这种联系的客观存在,它根本不可能也不允许割断。

最早开始"区分了'理论领域'和'实践领域'"的不是马克思,而恰恰是被董文"抛弃"的两千多年前的亚里士多德。在《形而上学》(卷六)中,他将科学划分为三类:(1)理论的科学(数学、自然科学和第一哲学[也即形而上学]);(2)实践的科学(伦理学、政治学、经济学和修辞学);(3)创造的科学(创制学、诗学)。同样从科学分类角度区分了理论领域和实践领域。这一传统一直延续到18世纪欧洲的理性派,如被称为"美学之父"的鲍姆嘉登就在其《美学》一书中提出:"我们的美学像它的大姐逻辑学一样,可以作如下的划分:(Ⅰ)理论美学:它阐述和提供一般的规则(第一部分)……(Ⅱ)实践美学:研究在个别情况下如何运用的问题(第二部分)。"①可见,理论与实践的区分不仅仅体现在哲学/逻辑学学科的划分上,而且

① 鲍姆嘉登:《美学》,文化艺术出版社,1987年,第17页。

同样应用于美学这门新学科的划分上。整个德国古典哲学仍然继续了这个划分。康德从认识论和伦理学角度把理性分为“理论理性”和“实践理性”，而且突出了实践理性的优先地位：“纯粹思辨理性与纯粹实践理性结合在一个认识中时，如果这种结合并不是偶然的、任意的，而是先天地建立在理性自身上的，并因而是必然的；那么，后者就占了优先地位。”①这两种理性的区分背后，体现出康德所认为的人出于自由意志的道德实践高于单纯认知的理论，贯彻了其整个哲学的主体性取向。费希特不仅继承了康德的这一区分，并明确地从主客体之间的作用角度区分这两种活动，他把客体作用于主体称为理论活动，而把主体作用于客体或创造客体称为实践活动，突出了实践活动的主体能动性。谢林《先验唯心论体系》明确设定了一个从理论哲学到实践哲学再到艺术哲学的逻辑过程。黑格尔则在他的一系列著作中，同样继承了区分理论与实践这两个领域的传统思路，如在《逻辑学》中，他把“真的理念”（理论）和“善的理念”（实践）作为通向绝对精神的两个环节。再如在《美学》中，黑格尔谈到人认识自己、为自己有两种基本方式，“人以两种方式获得这种对自己的意识：第一是以认识的方式”即理论的方式；“其次，人还通过实践的活动来达到为自己（认识自己）”。②费尔巴哈的人本学唯物主义亦复如是，他认为，“理论所不能解决的那些疑难，实践会给你解决”；③当然，他这里并没有真正把实践作为检验真理的标准。可见，理论与实践两个领域的区分，是从亚里士多德到德国古典哲学、美学的整个西方思想传统一以贯之的，特别在德国古典哲学中更是统领全局的一组对立、对等的重要范畴。处于黑格尔和费尔巴哈巨大影响和思想氛围中的青年马克思在《巴黎手稿》中对理论与实践两个领域的区分正是西方思想传统的继承和延续。看不到或者不知道这一点，却十分轻率地切断马

① 康德：《实践理性批判》，商务印书馆，1960 年，第 124 页。

② 黑格尔：《美学》：第一卷，商务印书馆，1979 年，第 39 页。

③ 费尔巴哈：《费尔巴哈哲学著作选集》上，商务印书馆，1984 年，第 7 页。

克思的实践观与西方思想传统的血脉联系,是过于粗暴了;董文认为是马克思开始区分理论与实践两个领域,这不但完全歪曲了历史,而且虽然其表面上似乎抬高了马克思,实际上却把马克思从西方思想传统中隔离和割裂出来,切断了它的根,恰恰贬低了马克思。

西方传统对于理论与实践的区分,实际上就是思与行的区分,它提示我们,实践概念的原初本义乃是区别于理论认识的做、制作(创制)、行为、行动和后来扩展的"活动"的意思。而且,正是从亚里士多德的实践哲学开始,奠定了西方近代将理论与实践看成是一种应用关系(后者是对前者之应用)的理论雏形。在此背景下,让我们再来看看西方实践概念的基本含义及其演变情况。这是我们不可不识的理解马克思实践概念的传统依据和前提。

亚里士多德在自己的哲学思辨中,主要用"energeia"(通常译为"实现"或"现实",它是个合成词,直译为"在活动中")来表示"实践"。苗力田先生说:"energeia 是亚里士多德首先为哲学创制的一个流行百代、普及到现代生活的词语。它由 en(在内)和 ergon(业绩)两词合并而成,即是在业绩之中,把业绩造成。"①这是比较广义的实践概念。有学者考证,"亚里士多德曾在多种意义上使用过'实践'一词。在最广义上,是人存在表现的全部形式的总称。人的整个生活都为'实践',即与自己目的相一致的活动,包括了理论科学、工艺技术与狭义的'行为'",而狭义的"'实践(praxis)'主要指追求伦理德性与政治公正的行为,涉及人与人的关系,通过掌握'实践智慧(Phronesis)'达到'正确行为(Eupragia)'的境界"。②另有学者指出,作为表示"实践"的最主要术语的"energeia","其含义在不同的著作里也有所不同。在《形而上学》中,'energeia'表示自身就是目的的行为。……在《尼各马可伦理学》中,'energeia'的用

① 苗力田:《亚里士多德与〈尼各马可伦理学〉札记》,《中华读书报》,1998 年 7 月 8 日。

② 鲍永玲:《一个蔽而未明的"实践(Praxis)"问题》,《学术界》,2007 年第 2 期。

法则比较多样。它既可以表示有别于理论思辨活动和技艺创制活动的具有直接的价值意蕴的行为(按:主要指道德、政治活动),即前述三类活动中的实践活动,也可以用来表示同时包含着前述三类活动的人的总体上的活动”。[①]《尼各马可伦理学》的译者廖申白指出,在 energeia 之外,《形而上学》也出现了表达“实践”的另一个概念 πράξιζ(priaxis),“πράξἳζ:实践或行为,是对于可因我们(作为人)的努力而改变的事物的、基于某种善的目的所进行的活动。在亚里士多德的伦理学著作中,实践区别于制作,是道德的或政治的。道德的实践与行为表达着逻各斯(理性),表达着人作为一个整体的性质(品质)”。[②]

从以上资料可知,亚里士多德的实践概念的含义,有广义和狭义两种:

狭义的是指人的道德、政治的行为。亚里士多德明确指出,“实践的事务主要是与伦理的政治的目的性的行为和活动相关的事务”,[③]“我们是怎样的就取决于我们的实现活动的性质”。[④]还有一个旁证,在《政治学》中,亚里士多德也说:“实践(‘有为’)就是幸福,义人和执礼的人所以能够实现其善德,主要就在于他们的行为。”[⑤]很明显,这里的实践主要是指道德、政治的行为。

广义的是苗力田先生所说的“在业绩之中,把业绩造成”的活动,指与自己目的相一致的人的整个生活活动,主要包括道德、政治活动,工艺制作(创制)活动等,也包括理论活动在内。在西方思想史上前一种狭义的实践概念在相当长的时间内影响更为深远;但是,近代以后,广义的实践概念得到更为广泛的虽然是不十分明显的认同,这在德国古典哲学中表现得非常清楚。

下面来看康德的实践概念。康德将实践分为“遵循(或译‘按

① 曹小荣:《对亚里士多德和康德哲学中的“实践”概念的诠释和比较》,《浙江社会科学》2006 年第 3 期。

②③④ 亚里士多德:《尼各马可伦理学》,商务印书馆,2003 年,第 1 页注 3、第 49、37 页。

⑤ 亚里士多德:《政治学》,商务印书馆,1965 年,第 349 页。

照')自由概念的实践"和"遵循(或译'按照')自然概念的实践",即"道德地实践"和"技术地实践",①按康德的规定,这两种实践存在着根本差异,不能混淆:"按照(遵循)自然概念的实践"只涉及现象领域和认识论,涉及人与自然之间的关系和自然规律,表现为改造自然的活动;"按照(遵循)自由概念的实践"则属于物自体领域和本体论,涉及人与人之间的关系、人与社会之间的关系和行为规范。体现为依循和运用道德法则处理人类自身关系的实践活动。康德说:"如果规定这原因性的概念是一个自然概念,那么这些原则就是技术上实践的;但如果它是一个自由概念,那么这些原则就是道德上实践的。"②康德的意思是说,真正属于本体意义的实践,作为理性存在者的基本方式的实践,乃是"按照(遵循)自由概念"的道德实践,而不是"按照(遵循)自然概念的实践"。他用"法则"和"准则"来区分这两种实践,认为"按照(遵循)自由概念"意味着实践的因是自由因,即理性自己立法,实践的果是自由果,即个体凭自由意志自觉执行道德"法则",而不是技术性"准则"。康德指出:"如果我们假定纯粹理性在自身中包含着一个实践的、即足以规定意志的根据,那么就有实践的法则;但如果不是这样,则一切实践原则就会是准则而已。"③所以,"按照(遵循)自然概念的实践",那只能算作技术上的生产,认识论意义上的实践,人作为自然存在者的基本方式。它的因果性只不过是自然的因果必然性,那就只有技术性"准则"。显然,康德心目中真正的实践就是属于本体意义的、"按照(遵循)自由概念"的道德实践,而认为承认"按照(遵循)自然概念的实践"乃是对实践概念的流俗理解和误解。他明确指出,流俗把上述两种实践不加区分,混为一谈,"迄今为止,在以这些术语划分不同的原则,又以这些原则来划分哲学方面,流行着一种很大的误用","即人们把按照自然概念的实践和按照自

① 俞吾金:《一个被遮蔽了的"康德问题"》,《复旦学报》2003 年第 1 期。

②③ 康德:《康德三大批判精粹》,人民出版社,2001 年,第 395、395 页。

由要领的实践等同起来”。[①]由此可见，康德是坚持“按照（遵循）自由概念的实践”，即道德实践为真正的实践的观点，从而批评了把“按照（遵循）自然概念的实践”也当作真正实践的流俗见解。但这里也透露出另外一个信息，即近代以来，随着自然科学的发展和工业革命的推动，把实践主要理解为物质性的技术生产的这一“流俗”见解已经相当普遍，以至于需要康德来纠正。就是说，康德的时代，实践概念比之于亚里士多德时代在含义上已经扩大了，物质生产活动已经被纳入实践范围之中了，或者更准确地说，亚里士多德对实践概念的广义理解已经被广泛接受，其影响已经取代狭义理解上升到主导地位了。

再看黑格尔，黑格尔的实践概念首先是从绝对精神推演出来的。在他那里，实践追根究底乃是善的理念。他说：“善（实践）趋向于决定当前的世界，使其符合于自己的目的。”[②]又说，“这种包含于概念中的，相等于概念的，把对个别的、外在的现实之要求包括在自身之内的规定性，就是善”。[③]这里既继承了亚里士多德把“善”（道德政治活动）视为实践、康德把“按照（遵循）自由概念的实践”看作真正的实践的传统，又扩大到认识论的范围，把康德所谓的“按照（遵循）自然概念的实践”也纳入实践范围之中，认为实践即是主体的要求向外在现实的转化过程，是个别性和概念的普遍性的辩证统一过程。在论述这一过程时，黑格尔提出，人的能动性不仅表现在人的认识可以由现象到本质深化，而且表现在人能按照对事物本质的认识进行改造客观世界的实践，其中，黑格尔特别重视工具，列宁引用了黑格尔下面这段话并给予高度评价：“手段是比外在的目的性的有限目的更高的东西；——锄头比由锄头所造成的、作为目的、直接的享受更尊贵些。工具保存下来，而直接的享受却是暂时的，并会遗忘的。人因自己的工具而具有支配外部自

---

① 康德：《康德三大批判精粹》，人民出版社，2001 年，第 394 页。

②③ 黑格尔：《逻辑学》下，商务印书馆，1976 年，第 412、523 页。

然界的力量,然而就自己的目的来说,他都是服从自然界的。”①同时,主观的目的必须通过劳动工具才能转化为客观现实,人通过劳动工具才能支配自然界。在此,黑格尔更重视被康德所忽视的、视为“流俗”见解的那种人利用工具改造自然的生产劳动实践。不过,黑格尔对实践的理解比较宽泛,他有时把实践理解为包括吃喝在内的人的比较低级的感性欲望活动。他曾经把人与外在世界的关系分为三种:实践的、认识的和审美的,其中实践的关系是指“对外在世界起欲望”的比较低级的感性活动,即以感性个别事物的身份消灭(吃或使用)掉外界个别事物的具体感性存在,以满足感官的自然、生存的需求。②黑格尔的伟大之处在于并不贬低这种比较低级的实践,他承认人类与周围世界之间首先发生的是“自然需要”或“感性需要”,即“饥,渴,倦,吃,喝,饱,睡眠”,肯定这种感性实践保证人类的生存与延续,是人类追求自由的第一步,但是也指出这种感性实践还是不自由的,“这种满足在内容上还是有限的、狭窄的”。③黑格尔还对实践范畴从人的对象化的角度作了初步论述(这一点在马克思的《巴黎手稿》中得到了更加充分、深刻的论述)。黑格尔在谈到人复现自己、认识自己“实践方式”时指出:“因为人有一种冲动,要在直接呈现于他面前的外在事物之中实现他自己,而且就在这实践过程中认识他自己。人通过改变外在事物来达到这个目的,在这些外在事物上面刻下他自己内心生活的烙印,而且发现他自己的性格在这些事物中复现了,人这样做,目的在于要以自由人的身份,去消除外在世界的那种顽强的疏远性,在事物的形状中他欣赏的只是他自己的外在现实。”④在这里,实践就是人通过改变外在事物来实现自己的目的,就是人的对象化或对象的人化,也就是实现自由的活动。这里的实践就不仅仅局限于生产劳动,而是比较广义的人的对象化和自由的获得,特别是包括了艺术和审美活动。黑格尔在上引这段话后面紧接着说:“这种需

① 《列宁全集》第38卷,人民出版社,1979年,第202页。

②③④ 黑格尔:《美学》:第1卷,商务印书馆,1979年,第45、126、39页。

要贯穿在各种各样的现象里,一直到艺术作品里的那种式样的在外在事物中进行自我创造(或创造自己)。"①此外,黑格尔在论述主体(人)与他的外在自然有两种协调一致的统一方式时还指出,第一种是人不作用于自然的"单纯的自在的统一",第二种是人通过实践,把自身对象化的活动,他明确指出,这种实践"是明显地由人的活动和技能产生的,因为人利用外界事物来满足他的需要",而"这种需要和满足的范围是无限繁复广大的,自然事物则更是无限繁复的;只有在人把他的心灵的定性纳入自然事物里,把他的意志贯彻到外在世界里的时候,自然事物才达到一种较大的单整性。因此,人把他的环境人化了,……只有通过这种实现了的活动,人在他的环境里才成为对自己是现实的,才觉得那环境是他可以安居的家"。②马克思《巴黎手稿》中关于广义实践是人的本质力量的对象化和自然的人化的思想,与黑格尔这一"环境的人化"的观点显然有着内在的、直接的关系。

黑格尔还有一段话虽然没有直接标明是讲实践概念的,但实际上是对人的全部实践、生存活动范围的极为深刻的概括性描述,与他上述对实践的理解完全一致,兹引录如下:

> 只要检阅一下人类生存的全部内容,我们就可以看出在我们的日常意识里种种兴趣和它们的满足有极大的复杂性。首先是广大系统的身体方面的需要,规模巨大组织繁复的经济网,例如商业、航业和工艺之类,都是为着满足这些需要而服务的。比这较高一层的就是权利,法律,家庭生活,等级划分,以及整个的庞大国家机构。接着就是宗教的需要,这是每个人心里都感觉到而从教会生活中得到满足的。最后就是分得很细的科学活动,包罗万象的知识系统。艺术活动,对美的兴趣,以及美的艺术形象所给的精神满足也是属于这个范围的。……按照科学的要求,我们就得深入研究它们(按:指上

①② 黑格尔:《美学》第1卷,商务印书馆,1979年,第39、326页。

> 述各种需要和活动)的本质上的内在联系和彼此之间的必然性。因为它们不只是借效用就能联系在一起,而是相辅相成,这个范围的活动要高于那个范围的活动;因此,较低范围的活动努力要超出本范围,只有通过较广兴趣的较深满足,原先在较低范围里不能实现的到此才得到完满的解决。这才是它们的内在联系的必然性。①

联系黑格尔其他的相关论述来看这段话,可以发现,他将人类社会生活的基本需要及相应的活动(实践)分为由低到高的三个方面或层面:首先是物质、经济的感性、自然的需要和相应的商业、航业、工艺等活动;其次是家庭、法律、国家等较高层次的需要和相应的社会活动;第三是科学、文化、宗教、艺术方面的精神需要和相应的精神活动。而且他力图揭示这三个层面的需要和活动之间既"相辅相成",又由低到高不断超越本范围向较高范围发展的"内在联系的必然性"。黑格尔这些描述和猜想,明显突破了他自己那绝对精神自运动和只看到精神劳动而忽视物质劳动的基本思想,而具有了某些历史唯物主义思想的萌芽。当然,这在他的著作中是极为罕见的,只是偶尔爆发的几朵耀眼的火花而已,根本不占主流。而且这些看法不是出现在《逻辑学》中,而是出现在《美学》中,也是耐人寻味的。

笔者之所以大段引用黑格尔的论述,只是想表明,马克思对实践概念的理解,就范围而言,在黑格尔那里已经基本具备了;马克思没有、也不需要另起炉灶,赋予实践概念以全新的、与从亚里士多德到康德、再到黑格尔全然不同、毫无联系的语义。马克思实践概念的伟大发展和创新在于,他把康德视为"流俗"见解、而黑格尔只是偶尔承认为人类基本需要和活动的物质生产、劳动,看成人类实践中最基础、最根本的部分。

费尔巴哈人类学新哲学的实践观与黑格尔相比,反而有所倒

① 黑格尔:《美学》第1卷,第122页。

退。他心目中的实践与从康德到黑格尔的看法不尽相同,并不是指对象化的劳动或道德行为等社会实践,而只是指人的实际的、现实的、自然的生活,如他说自己的《基督教的本质》一书内容是病理学或生理学的,但"它的目的却是一种治疗或实践的",①便是实例。而且这种实践主要包含人的两种"类"的活动,一是人与人之间日常琐碎、平庸的交往,小商人的贩卖、牟利活动等等,也包括人与人之间的意见一致;二是与黑格尔所谓满足感性欲望的低级实践相类似的吃喝之类,他说,"吃和喝是普通的、日常的活动,因而无数的人都不费精神、不费心思地去做","吃和喝是一件大家喜爱的必要工作"。②但是,在黑格尔那里,吃和喝还具有保证人类的生存与延续的基础性地位,他天才地猜测到人首先要吃喝、生存,然后才有可能从事各种各样的精神活动,包括艺术和审美,因而具有历史唯物主义的萌芽因素;而费尔巴哈的吃和喝只不过是满足人的自然需要的生理活动而已。所以,马克思批评费尔巴哈的唯物主义是直观的唯物主义,他"对于实践则只是从它的卑污的犹太人的表现形式去理解和确定"。③

上述大量思想资料清楚地表明,马克思的实践概念,不是从天上掉下来的,也不是与西方思想传统、特别是德国古典哲学传统完全割断、毫无联系的,把马克思的实践概念想像成从零开始、从头做起,本身就是痴人说梦。恰恰相反,马克思的实践观,正是在这样一个思想理论传统和背景下,在吸收和改造了从亚里士多德到康德、黑格尔的实践观点的基础上形成的,并以此作为建构自己的实践唯物主义即唯物史观的思想资源和理论起点。

三、全面、准确地理解马克思的实践概念

"实践"是马克思唯物史观的核心范畴之一。在马克思著作

①②　北京大学哲学系《西方哲学原著选读》下,商务印书馆,1985年,第467、488页。

③　《马克思恩格斯选集》:第1卷,人民出版社,1995年,第54页。

中,有两点是十分清楚的:第一,马克思继承了从亚里士多德到德国古典哲学将"实践"与"理论"作为对应、对立概念的传统,在这一框架中,实践被视作与理论(认识)相对的人的"做"(制作)、行为、行动、生活、活动等,即认识(理论)的应用和实现,以及对现实世界的改变。第二,马克思从一开始就对实践作广义的理解和应用,他把物质生产劳动看成实践概念最基本、最基础的含义,这是毋庸置疑的;但他从来没有将实践的含义仅仅局限于单纯的物质生产劳动。关于这一点,我们将以马克思青年时期几部著作的相关论述为据,并结合其中后期著作加以说明。

早在《〈黑格尔法哲学批判〉导言》中,马克思批评德国实践政治派的错误在于"没有把哲学归入德国的现实范围,或者甚至以为哲学低于德国的实践和为实践服务的理论";①而对于费尔巴哈反对宗教异化的人本主义理论则给予高度评价:"德国理论的彻底性从而其实践能力的明证就是:德国理论是从坚决积极废除宗教出发的。"②马克思还重点考察和分析了"彻底的德国革命"所"面临着一个重大的困难",这就是,一方面,"理论在一个国家实现的程度,总是决定于理论满足这个国家的需要的程度",另一方面,在德国,"理论需要是否会直接成为实践需要"还成为问题,因为"德国不是和现代各国在同一个时候登上政治解放的中间阶梯的。甚至它在理论上已经超越的阶梯,它在实践上却还没有达到"。③这里实践概念的使用是比较广义的,更多地是指社会政治、宗教、伦理活动和斗争。

在《巴黎手稿》中,马克思的实践概念,一方面继续保持了这种广义的使用,而且作了更加深刻的论述:"理论的对立本身的解决,只有通过实践方式,只有借助于人的实践力量,才是可能的;因此,这种对立的解决决不只是认识的任务,而是一个现实生活的任务,

①③ 《马克思恩格斯选集》第1卷,人民出版社,1995年,第8、11页。

② 《马克思恩格斯全集》第42卷,人民出版社,1979年,第9页。

而哲学未能解决这个任务，正因为哲学把这仅仅看作理论的任务。”①这与稍后《关于费尔巴哈的提纲》的相关论述已经几乎相同。与此同时，另一方面，马克思对实践概念有了更为明确的界定，主要是把实践看作人的自由自觉的生命活动即感性的劳动。他说，“劳动这种生命活动、这种生产生活”是“产生生命的生活”，“而人的类特性恰恰就是自由的自觉的活动”，正是“有意识的生命活动把人同动物的生命活动直接区别开来”；劳动是对象性的，人“自己的生活对他是对象。仅仅由于这一点，他的活动产生自由的活动”；“通过实践创造对象世界”，“正是在改造对象世界中，人才真正地证明自己是类存在物。这种生产是人的能动的类生活。……因此，劳动的对象是人的类生活的对象化：人不仅像在意识中那样理智地复现自己，而且能动地、现实地复现自己，从而在他所创造的世界中直观自身”。②毫无疑问，这里的劳动主要是指物质生产劳动，这是马克思实践概念的最基本含义，也是马克思实践观之所以直接通向唯物史观的根本原因。但是，需要说明的是，即使在这里，马克思的实践概念也不是狭义的、单纯指称物质生产劳动，而是继承了上自亚里士多德、下至德国古典哲学的对实践概念广义使用的传统。姑且以下列四条材料予以证明：

第一，《巴黎手稿》明确把人的劳动实践含义从单纯精神性的“普遍”活动（包括政治、宗教、艺术等）扩大到感性的物质劳动，并以此作为人的本质力量对象化的主要部分。马克思说：

> 工业的历史和工业的已经产生的对象性的存在，是一本打开了的关于人的本质力量的书，是感性地摆在我们面前的人的心理学；对这种心理学人们至今还没有从它同人的本质联系上，而总是仅仅从外表的效用方面来理解，因为在异化范围内活动的人们仅仅把人的普遍存在，宗教或者具有抽象普遍本质的历史，如政治、艺术和文学等等，理解为人的本质力量的现

①②　《马克思恩格斯全集》第42卷，第127、96—97页。

> 实性和人的类活动。……在通常的、物质的工业中(人们可以把这种工业看成是上述普遍运动的一部分,正像可以把这个运动本身看成是工业的一个特殊部分一样,因为全部人的活动迄今都是劳动,也就是工业,就是自身异化的活动),人的对象化的本质力量以感性的、异己的、有用的对象的形式,以异化的形式呈现在我们面前。如果心理学还没有打开这本书即历史的这个最容易感知的、最容易理解的部分,那么这种心理学就不能成为内容确实丰富的和真正的科学。如果科学从人的活动如此广泛的丰富性中只知道那种可以用"需要"、"一般需要"的话来表达的东西,那么人们对于这种高傲地撇开人的劳动的这一巨大部分而不感觉自身不足的科学究竟应该怎样想呢?①

这段话内容极为丰富、深刻,此处仅就与本文有关的内容作几点说明:(1)"全部人的活动迄今都是劳动。"(2)作为人的本质力量对象化的劳动是广义的,首先和最根本的是体现在"物质的工业中"的物质劳动;其次,这种劳动还包括宗教、政治、艺术、文学等等活动,虽然长期以来仅只这类活动被"理解为人的本质力量的现实性和人的类活动"。(3)过去"人的心理学"由于只承认宗教、政治、艺术、文学等等人的精神性活动(虽然它们也是人的劳动实践的重要组成部分)而忽视更为基本的物质劳动、"撇开人的劳动的这一巨大部分",所以就不能成为"真正的科学"。这就证明,在马克思那里,人的艺术和审美活动,从来是人的实践活动的组成部分,虽然实践活动更为基础、更为根本的部分是物质劳动。

第二,《巴黎手稿》在比较动物与人的生命活动的区别时指出,"动物不把自己同自己的生命活动区别开来。它就是这种生命活动。人则使自己的生命活动变成自己的意志和意识的对象。他的

① 《马克思恩格斯全集》第42卷,第127页。

生命活动是有意识的”。[①]这句话很多人引用过，但往往忽视了这里“意志”和“意识”这个极为重要的提法。这里略作说明。在西方思想传统中，将人的心灵分为知（认知）、意（意志）、情（情感）三部分或三个领域的三分法由来已久，到康德，则分别以三大批判对应于这三个领域展开其哲学论述：《纯粹理性批判》主要讨论认识论，即人的认知，亦即马克思这里所说的“意识”；《实践理性批判》则着重讨论伦理学，即在自由意志指导下人的道德、政治等实践，亦即马克思这里所说的“意志”；《判断力批判》（上）主要讨论审美（美学）问题，其对应的心灵领域是情感。马克思这句话把人的劳动实践的对象化分别联系人的意识（认知）和意志（伦理道德）的有意识的能动活动来加以论述，有力地证明了马克思心目中的实践概念基本上是继承了从亚里士多德到康德、黑格尔的广义使用的传统，即把“遵循（按照）自由概念的实践”和“遵循（按照）自然概念的实践”，即“道德地实践”和“技术地实践”统统包括进去了，不同的是，马克思把后一种物质劳动实践提升到实践的最基础、最基本的地位上，这是“实践”范畴的革命性变化。

第三，《巴黎手稿》论述了作为人的本质力量的感觉，是在人的本质力量对象化的劳动实践中产生和发展起来的观点，强调“不仅五官感觉，而且所谓精神感觉、实践感觉（意志、爱等等），一句话，人的感觉，感觉的人性，都只是由于它的对象的存在，由于人化的自然界，才产生出来的。五官感觉的形成是以往全部世界历史的产物”。[②]这段话对于美学研究的重要性众所周知，此处不论。只想指出，马克思关于“精神感觉”和“实践感觉”的提法（用法）有助于我们准确理解实践概念的本义。关于“实践感觉”，马克思明确指“意志、爱等等”，显然意志、爱等等是直接指向实践的，这和上面第二点我们的理解完全一致；因此，所谓“精神感觉”应当是指向认知的感觉。这又从另一个方面证明了马克思所谓“实践感觉”的实践是包括人的伦理、政治等等活动在内的。

---

①② 《马克思恩格斯全集》第42卷，第96页。

第四,《巴黎手稿》中有一段话为美学界广泛引用:

> 诚然,动物也生产。它为自己营造巢穴或住所,如蜜蜂、海狸、蚂蚁等。但是,动物只生产它自己或它的幼仔所直接需要的东西;动物的生产是片面的,而人的生产是全面的;动物只是在直接的肉体需要的支配下生产,而人甚至不受肉体需要的影响也进行生产,并且只有不受这种需要的影响才进行真正的生产;动物只生产自身,而人在生产整个自然界;动物的产品直接属于它的肉体,而人则自由地面对自己的产品。动物只是按照它所属的那个种的尺度和需要来建造,而人懂得按照任何一个种的尺度来进行生产,并且懂得处处都把内在的尺度运用于对象;因此,人也按照美的规律来构造。①

这也是从动物生产与人的生产(劳动)的比较入手的。其中关键是“人甚至不受肉体需要的影响也进行生产,并且只有不受这种需要的影响才进行真正的生产”,这就是说,人的生产(劳动)是超越肉体直接需要的自由自觉的生命活动,是超越动物仅仅按自己物种的尺度生产的狭隘性和不自由性,是把自身本质力量、自身的“内在的尺度运用于对象”的自由、自为的活动,“因此,人也按照美的规律来构造”。这实际上不仅把审美活动内在地包含在人的生产劳动即实践活动中了,而且从存在论高度把审美活动看成人之为人的重要标志。

上述材料,还只是从劳动的积极方面、即劳动一般出发来讨论实践的广泛、丰富的内涵。但《巴黎手稿》实际上更主要的是从多方面考察和深刻剖析资本主义私有制下劳动的异化和异化劳动的非人本质,揭露受到资产阶级残酷剥削、压迫的工人阶级被异化的生存境遇,进而“从异化劳动对私有财产的关系可以进一步得出这样的结论:社会从私有财产等等解放出来、从奴役制解放出来,是

① 《马克思恩格斯选集》第1卷,第47页。

通过工人解放这种政治形式来表现的”，以此来倡导消除异化的共产主义现实运动。而从劳动——异化劳动——共产主义运动消除异化、人的解放，实践就包含着从物质劳动到阶级对立的社会关系、到社会的政治斗争、宗教、伦理等活动以及各种艺术、审美活动。正是在这个意义上，马克思指出“实践的人的活动即劳动的异化行为”，[①]又说，“异化借以实现的手段本身就是实践的”。[②]

稍晚于《巴黎手稿》的《关于费尔巴哈的提纲》，对实践概念的使用同样体现了本节开始时所概括的两点：

第一，《提纲》指出，“人的思维是否具有客观的[gegenstandliche]真理性，这不是一个理论的问题，而是一个实践的问题。人应该在实践中证明自己思维的真理性，即自己思维的现实性和力量，自己思维的此岸性”。[③]上文所引用的《巴黎手稿》关于理论与实践对立的那一段话与此基本意思完全一致。

第二，《提纲》通过批判包括费尔巴哈在内的旧唯物主义观点，概括出实践概念的广义理解和使用：“从前的一切唯物主义（包括费尔巴哈的唯物主义）的主要缺点是：对对象、现实、感性，只是从客体的或者直观的形式去理解，而不是把它们当作感性的人的活动，当作实践去理解，不是从主体方面去理解。因此，和唯物主义相反，能动的方面却被唯心主义抽象地发展了，当然，唯心主义是不知道现实的、感性的活动本身的。费尔巴哈想要研究跟思想客体确实不同的感性客体：但是他没有把人的活动本身理解为对象性的[gegenstanliche]活动。因此，他在《基督教的本质》中仅仅把理论的活动看作是真正人的活动，而对于实践则只是从它的卑污的犹太人的表现形式去理解和确定。因此，他不了解‘革命的’、‘实践批判的’活动的意义。”[④]这里，实践就是感性的人的活动，就是人的能动的对象性的活动。这实际上就是《巴黎手稿》用人的自由、自觉的生命活动——劳动（包括异化劳动）界定实践概念的另

①③④　《马克思恩格斯选集》第1卷，第44、61、54页。

②　《马克思恩格斯全集》第42卷，第99页。

外一种表述。《提纲》据此还指出,费尔巴哈“直观的唯物主义,即不是把感性理解为实践活动的唯物主义”,①这恰可证明,马克思心目中确实有将“实践(活动)的唯物主义”取代费尔巴哈“直观的唯物主义”的意图,而不是如董文所说的“实践的唯物主义”根本不成立或不存在。

第三,《提纲》对实践作了改变环境(内外在世界)这一更加广义的解释,指出,“环境的改变和人的活动或自我改变的一致,只能被看作是并合理地理解为革命的实践”。②这里,最重要的是把实践这种感性的人的活动、人的能动的对象性的活动,从其改变世界、环境的实际效果角度加以界定;更重要的是,马克思把这种改变环境(世界)的人的活动,同时看成人的“自我改变”的活动,这就无疑包括了人自身的内在精神世界的改变。

第四,《提纲》以极为明确的语言指出:“全部社会生活在本质上是实践的。”③这就是说,人们的全部社会生活活动、整个社会生活在一切方面都是实践的。

第五,《提纲》的实践观一言以蔽之,就是“哲学家们只是用不同的方式解释世界,而问题在于改变世界”。④前者局限于理论领域,后者就是实践的基本含义和全部功能,而且,如前所说,改变世界,不仅指外部世界(自然界和社会交往关系),而且包括改变人自身的心灵世界、精神世界。

在学界公认较为全面地体现马克思实践观、且明确提出“实践的唯物主义”提法的《德意志意识形态》中,对实践概念的上述种种理解不但没有任何改变,而且得到了更为准确、深刻的阐述。不过,如有的学者指出,与篇幅短小的《关于费尔巴哈的提纲》处处围绕“实践”立论不同,到了《德意志意识形态》中却出现了一个“奇怪的‘断裂’现象”,⑤即通篇论述中“实践”这个概念竟然十分罕见,

①②③④ 《马克思恩格斯选集》第1卷,第57、55、56、57页。

⑤ 崔唯航:《马克思哲学革命的存在论依据:马克思哲学革命的存在论阐释:从理论哲学到实践哲学》,中国社会科学出版社,2005年,第121页。

其原因在于实践概念在这两个文本中存在着一个从抽象到具体阐发的过程,从一般的逻辑层面上的总体性范畴,具体化为一个由丰富复杂的多层面构成的人类感性活动和行为的总体,也就是对实践范畴的具体的规定。还有学者在细读《德意志意识形态》文本的基础上,归纳出马克思、恩格斯从人类历史的角度把实践具体分解为物质生产、再生产、人自身的生产、社会关系及意识的生产五个层面;强调这五个方面不是五个不同的阶段,也不是各自独立的实体性存在,而是互相交织、互相依存、共同构成了统一的实践总体;认为马克思并没有把实践仅仅理解为物质生产,相反,这个总体性的实践其实就是指距离人们最近的"现实生活"或"人类活动",包括人的精神生活和活动:"事实上,马克思要回归的是人类现实生活总体,他不仅强调物质生活的重要性,而且十分看重人的精神生活,甚至认为在那个领域才有真正的自由。进言之,对马克思而言,实践其实是现实生活的'代用语',他凸显实践是为了回归现实生活总体。"①

笔者同意上述观点。不打算再重复引用《德意志意识形态》中人们已经引用得较多的论述,下面只引用几段有助于直接理解该书有关实践概念的话:

首先,在表述人区别于动物的根本标志是物质劳动实践时,它指出:"这些个人把自己和动物区别开来的第一个历史行动不在于他们有思想,而在于他们开始生产自己的生活资料。"②

其次,在论述人们的观念是由他们的实践活动最终决定时,它指出,"这些观念都是他们的现实关系和活动、他们的生产、他们的交往、他们的社会组织和政治组织有意识的表现";③又说,"而且人们是受他们的物质生活的生产方式,他们的物质交往和这种交往在社会结构和政治结构中的进一步发展所制约的"。④显然,这里

① 李文阁:《实践其实是指人的现实生活——实践唯物主义研究之反思》,《哲学动态》2000 年第 11 期。

②③④ 《马克思恩格斯选集》第 1 卷,第 67 页注①、第 72 页注①、第 72 页注②。

"实践"的含义十分广泛,不仅指人的物质生产劳动,还包括人们的各种交往活动和社会的、政治的活动,作为人们重要交流、交往方式的艺术和审美活动自然也包含在其中。

再次,与《提纲》中把革命的实践看作"环境的改变和人的活动或自我改变的一致"的观点相同,它强调,"发展着自己的物质生产和物质交往的人们,在改变自己的这个现实的同时也改变着自己的思维和思维的产物"。①

最后,它延续和发展了《提纲》对费尔巴哈直观的唯物主义的批判,其进一步指出:"甚至这个'纯粹的'自然科学也只是由于商业和工业,由于人们的感性活动才达到自己的目的和获得自己的材料的。这种活动、这种连续不断的感性劳动和创造、这种生产,正是整个现存的感性世界的基础,它哪怕只中断一年,费尔巴哈就会看到,不仅在自然界将发生巨大的变化,而且整个人类世界以及他自己的直观能力,甚至他本身的存在也会很快就没有了。"可见,自然科学的研究活动,这种精神劳动,也被置于人的实践活动的范围;它还指出,费尔巴哈"把人只看作是'感性对象',而不是'感性活动',因为他在这里也仍然停留在理论的领域内,没有从人们现有的社会联系,从那些使人们成为现在这种样子的周围生活条件来观察人们……他从来没有把感性世界理解为构成这一世界的个人的全部活生生的感性活动"。②请注意,这里又用了一个属于全称判断"全部",人所生活于其中的感性世界就是人的全部感性活动,这与《提纲》关于全部社会生活本质上是实践的观点明显是互相呼应和印证的。《德意志意识形态》关于实践概念还有一点值得我们高度重视,这就是提出分工、特别是物质劳动和精神劳动的分工乃是历史发展的强大动力的观点。这是全面、准确理解马克思"实践"概念所不可忽视的重要观念。

《德意志意识形态》用很大的篇幅对分工作了历史的考察,同时通过分工的演进和演变揭示了历史发展的奥秘。它首先指出:

①② 《马克思恩格斯选集》第1卷,第73、77—78页。

"分工起初只是性行为方面的分工，后来是由于天赋（例如体力）、需要、偶然性等等才自发地或'自然形成'分工。分工只是从物质劳动和精神劳动分离的时候起才真正成为分工"；在分析这种分工造成的阶级分化和社会对立时，它又说"分工不仅使精神活动和物质活动、享受和劳动、生产和消费由不同的个人来分担这种情况成为可能，而且成为现实"，[①]于是，国家作为与单个人利益对立的共同利益的代表形式产生了，"由分工决定的阶级"也产生了，"其中一个阶级统治着其他一切阶级"。[②]马克思、恩格斯进一步强调，"物质劳动和精神劳动的最大的一次分工，就是城市和乡村的分离。城乡之间的对立是随着野蛮向文明的过渡、部落制度向国家的过渡、地域局限性向民族的过渡而开始的，它贯穿着文明的全部历史直至现在（反谷物法同盟）。——随着城市的出现，必然要有行政机关、警察、赋税等等，一句话，必然要有公共的政治机构[Gemeindewesen]，从而也就必然要有一般政治"。[③]显然，在马克思看来，人的实践活动——劳动随着分工的出现，一开始就分为物质劳动和精神劳动，这既是真正的分工出现的标志，也是实践活动分化和展开的现实形态；不仅如此，实践的范围也同时由生产劳动扩大到人的社会交往关系和政治、伦理等其他活动领域。关于这一点，《德意志意识形态》指出，"到现在为止，我们主要只是考察了人类活动的一个方面——人改造自然。另一方面，是人改造人……国家的起源和国家同市民社会的关系"。[④]对这句话马克思加了边注："交往和生产力。"[⑤]十分清楚，人类的各种社会交往活动和交往关系（当然包括精神生产和交往活动）都属于实践活动的重要方面。正因为如此，《德意志意识形态》专门谈到"意识的生产"（实际上就是精神生产）。它在论及共产主义革命的实践运动时强调了这场革命的世界性，指出："只有这样，单个人才能摆脱种种民族局限和地域局限而同整个世界的生产（也同精神的生产）发生实际联系，才能获得利用全球的这种全面的生产（人们的创造）的能力。各个人

①②③④⑤　《马克思恩格斯选集》第1卷，第83、84、104、88、88页注①。

的全面的依存关系、他们的这种自然形成的世界历史性的共同活动的最初形式,由于这种共产主义革命而转化为对下述力量的控制和自觉的驾驭,这些力量本来是由人们的相互作用产生的,但是迄今为止对他们来说都作为完全异己的力量威慑和驾驭着他们。"①马克思加了边注:"关于意识的生产"。②这里再清楚不过地表明马克思把精神、意识的生产也看成人的"全面的生产"的不可缺少的组成部分,人的实践创造能力的一个重要方面。马克思总结道:"分工是迄今为止历史的主要力量之一,现在,分工也以精神劳动和物质劳动的分工的形式在统治阶级中间表现出来。"③上面我们引证的《德意志意识形态》关于分工、特别是关于物质劳动和精神劳动分工是历史发展的"主要力量"的论述,清楚地告诉我们,人的实践无论如何不能把精神劳动排除在外。

关于这一点,我们还可以从马克思 1857 年在《〈政治经济学批判〉导言》中找到根据。马克思在论及生产和消费的辩证关系、特别是生产与消费需要的关系时明确指出:

> 生产不仅为需要提供材料,而且它也为材料提供需要。一旦消费脱离了它最初的自然粗野状态和直接状态,——如果消费停留在这种状态,那也是生产停滞在自然粗野状态的结果,——那么消费本身作为动力就靠对象来作中介。消费对于对象所感到的需要,是对于对象的知觉所创造的。艺术对象创造出懂得艺术和具有审美能力的大众,——任何其他产品也都是这样。因此,生产不仅为主体生产对象,而且也为对象生产主体。④

这里有三点值得注意:第一,马克思显然把艺术生产也纳入劳动生产的范围,也作为人的实践的一部分;第二,他把艺术以及其

①②③ 《马克思恩格斯选集》第 1 卷,第 89—90、89 页注①、99 页。
④ 《马克思恩格斯选集》第 2 卷,人民出版社,1995 年,第 10 页。

他精神消费看成是“脱离了它最初的自然粗野状态和直接状态”的、精神性的消费;第三,艺术生产的成果——“艺术对象创造出懂得艺术和具有审美能力的大众”这一原则对于所有物质和精神的生产具有普遍意义——“任何其他产品也都是这样”。董学文先生是国内研究马克思艺术生产理论的专家,难道不认为艺术生产也是人的整个生产(物质和精神生产)的有机组成部分、从而也是人的社会实践的重要组成部分吗?不仅如此,在《资本论》中,马克思还对包括艺术生产在内的资本主义条件下的精神劳动给予更加具体的描述:

> 在非物质生产中,甚至当时这种生产纯粹是为交换而进行,因而纯粹生产商品的时候,也可能有两种情况:(1)生产的结果是商品,是使用价值,它们具有离开生产者和消费者而独立的形式,因而能在生产和消费之间的一段时间内存在,并能在这段时间内作为可以出卖的商品而流通,如书、画以及一切脱离艺术家的艺术活动而单独存在的艺术作品。(2)产品同生产行为不能分离。如一切表演艺术家、演说家、演员、教员、医生、牧师等等的情况。①

显然,这里各种艺术家的艺术活动和其他精神生产者包括进行宗教活动的牧师等的生产行为都不能不是实践活动。

至此,我们所做的,就是证明,在马克思那里,“实践”概念的使用从来是广义的,“实践”的意义实际上既包含了作为基础的物质生产劳动,也包含了政治、伦理、宗教等人的现实活动,还包括了艺术、审美和科学研究等精神生产劳动。董文对我们把马克思主义实践概念“扭曲化、狭隘化”的无理指责由此不攻自破,相反,真正无视马克思“实践”概念的使用、把马克思主义实践概念“狭隘化”的恰恰是他们自己。董文谈及实践概念时,说得很笼统,有时又自

① 《马克思恩格斯全集》第26卷第1册,人民出版社,1972年,第295页。

相矛盾。比如他们说:“实践是人的活动的总称”,这没有错,完全同我们的看法一样,据此,人的各种各样的社会活动都应当包括在内;但接下来说实践“是外在客观自然界向人的生成的途径和方式,是人改造自然世界和建立社会关系的基础”,就不准确了,实践仅仅是“基础”,而不就是“人改造自然世界和建立社会关系的”活动本身吗? 董文又说:“马克思所讲的‘实践’,是指人的物质劳动和革命实践,既包括最初的本源意义上物质活动和物质交往的含义,也包括在现实基础上社会活动和革命实践的含义。这里的‘实践’,不能理解为包容一切的活动和行为,也不能理解为是亚里士多德和康德意义上的形而上学的‘道德实践’。”这里的说法非常含混,除了“物质活动和物质交往的含义”外,也承认还有“在现实基础上社会活动和革命实践的含义”,那么具体有哪些社会活动呢?道德实践(虽然它用“形而上学”的帽子轻率地否定掉了)被排除了,其他的社会活动、特别是政治活动和科学、艺术、审美等精神活动却绝口不提,实际上也被排除了,剩下的“革命实践”用来解释实践的含义,既犯了逻辑上的同义反复错误,也没有正面说明此处“革命”的确切含义乃是改变世界(外部世界和人自己的精神世界),而不仅仅是一般理解的革命的政治斗争。尤其要指出的是,董文直接针对马克思关于“社会生活在本质上是实践的”观点加以曲解,声称“但这不等于说整个社会生活在一切方面都是实践的”。1995 年出版的《马克思恩格斯选集》中译本之《提纲》(也是董文参考文献中所列的版本)中的“社会生活”前有“全部”一词,但这个词在董文中恰恰没有出现,难道熟读马克思著作的董先生没有看到吗? “全部”难道不就是“一切方面”吗? 这表明,董文真实意图恰恰是竭力将马克思的实践概念狭隘化。正因为这样,董文紧接着就指责我们将马克思实践概念“泛化”。这种看似矛盾的批判,正好暴露出他们反对对马克思实践概念作广义理解,实际上也否定了马克思自己的实践概念的广义使用,而硬要拉到他们那种片面的、狭隘化的理解中去。

董文对笔者过去曾经说过的“个人性实践”作了反复的批判。

笔者在此需要作一个说明。大概五年以前，笔者在一篇题为《走向实践存在论美学》的文章中说过："除了这种社会性的、历史性的、有集体性特征的实践以外，还有许多个人性的实践活动，比如个人成长中青春烦恼的应对、友谊的诉求、孤独的体验等日常生活的'杂事'也都是人生实践的题中应有之义。"①当时主要的意图是对实践概念作人生实践的广义理解，但所举的例子并不妥当，而且把个人性实践与社会性实践割裂开来，也不正确。所以，此后不久笔者就放弃了这个说法，此后的相关论文、著作中已经改正。当然，笔者认为，个人性的日常实践活动还是存在的，并且是非常广泛的，但并非与社会实践无关，而是背后都有或隐或显的社会性。如"青春烦恼的应对"实际上主要是两性之间恋爱、婚姻方面的生活活动，这当然应当属于个人的人生实践中相当重要的方面，否认其实践性是不对的，但它同时也是人类社会实践的重要组成部分，即直接关乎人自身生命的生产。《德意志意识形态》对这个问题给予了极大的关注。它说："一开始就进入历史发展过程的第三种关系是：每日都在重新生产自己生命的人们开始生产另外一些人，即繁殖。这就是夫妻之间的关系，父母和子女之间的关系，也就是家庭。"这种人的生命的再生产（生育）与前述人的"物质生活的生产"都是人的实践的基本方面，所以马克思、恩格斯指出："生命的生产，无论是通过劳动而达到的自己生命的生产，或是通过生育而达到的他人生命的生产，就立即表现为双重关系：一方面是自然关系，另一方面是社会关系；社会关系的含义在这里是指许多个人的共同活动。"②人的这两种生产、两种活动（无疑包括恋爱婚姻、组织家庭和生儿育女的活动）都是人的社会实践活动。再如"友谊的诉求"其实就是交友的活动，这也应该属于社会人生实践的组成部分，当然，它也不仅仅是个人性活动，在不同时期不同的社会中，交友也是人的社会交往关系中极为重要的方面。笔者承认上述过去

① 朱立元：《走向实践存在论美学》，《湖南师范大学社会科学学报》2004 年第 4 期。

② 《马克思恩格斯选集》第 1 卷，第 80 页。

的说法不对,但仍然坚持实践应当是广义的人生实践这样一个观点。

毛泽东对“实践”也有清晰的并同马克思一致的广义阐述,可以看作对我们广义理解实践概念的明确支持。他指出,“人的社会实践,不限于生产活动一种形式,还有多种其他的形式,阶级斗争,政治生活,科学和艺术的活动,总之社会实际生活的一切领域都是社会的人所参加的。因此,人的认识,在物质生活以外,还从政治生活文化生活中(与物质生活密切联系),在各种不同程度上,知道人和人的各种关系”。①可见,人的实践活动既包括物质生产和生活,也包括精神生产和生活,实践应该是大于物质生产劳动的,它包括这两种生活活动的全部内容。难道说毛泽东对实践概念的理解也是“泛化”的吗?

笔者在董文引用过的《简论实践存在论美学》一文中明明白白地说道:“综上所述,我们理解的实践是广义的人生实践。它固然以物质生产作为最基础的活动,但还包括人的各种各样其他的生活活动,既包括道德活动、政治活动、经济活动等等,也包括人的审美活动和艺术活动。”只要不抱偏见的话,上面的大量材料充分证明,我们对实践概念的这种理解来自马克思的原著,并不是笔者的任意解释。这是笔者提出实践存在论美学的前提和依据之一。董文这方面的批判完全站不住脚,它要么不顾马克思原著的丰富含义,抱着自己固定不变的僵化理解硬把马克思实践概念的含义狭隘化;要么强加于人,把笔者全力批评的狭隘化理解硬套在笔者头上,然后加以指责。这难道是学术批评的正当方式和态度吗?

附带要指出的是,董文对马克思《巴黎手稿》采取了极不严肃的实用主义态度。在可以用来说明他们观点的地方,他们正面引用;但同时在好几个地方实际上在贬低和批评《手稿》。比如董文说写《手稿》“这时的马克思,尚残留费尔巴哈人本主义的影子,还没有完全脱离关于人的‘类本质’的思想。而这一点,正是马克思

① 《毛泽东选集》第1卷,人民出版社,1966年,第260页。

后来对费尔巴哈批评的主要内容之一”。这实际上已经不是什么“残留费尔巴哈人本主义的影子”了,因为据说后来这成了马克思批评费氏的“主要内容”了。可见董文实际上认为马克思的《手稿》在历史观上仍然是“人本主义”和唯心主义的。这并非我们生造。在另外一处,董文说得更加明白,“马克思关于人的‘类存在物’思想,已经转变为‘现实的人’的理念,他已经将‘人们的存在’看作是人们的‘现实生活过程’。这样一来,他就跟把人的本质和存在引向各种神秘主义的理论划清了界线。人的本质不再是‘类’本质,也不再是绝对孤立的个体存在,在其现实性上,只能是一切社会关系的总和。费尔巴哈关于人的抽象的‘类’本质观,已经成了批判和扬弃的对象,这就意味着马克思已脱离了此前自己思想中某种人本主义倾向的阶段”。这段话有两点是很有问题的:第一,认为《手稿》中马克思还停留在“人的‘类存在物’思想”阶段或水平上,《提纲》中才“转变为‘现实的人’的理念”,实际上他们根本没有看到马克思对异化劳动的批判已经深刻地揭示了人的现实关系;第二,董文又制造了两个马克思的神话,认为写《手稿》时的马克思尚处于“某种人本主义倾向的阶段”,后来才“脱离”了人本主义进入了马克思主义(阶级论? 唯物史观?)阶段。这跟西方马克思主义制造前后期两个马克思的神话如出一辙,虽然价值评判上可能相反。这涉及对《手稿》和《手稿》时期的马克思如何评价的原则问题。限于篇幅,本文只能点到为止,以后将另外撰文专门探讨。

(原载《上海大学学报》2009 年第 5 期。)

试论马克思实践唯物主义的存在论根基

——兼答董学文等先生

朱立元

近几个月来，董学文等先生连续发表了多篇文章，①集中从哲学基础方面批评笔者提出的走向“实践存在论美学”的构想。其主要理由是：“实践存在论”“泛化”了马克思的实践观，把完全不相容的马克思彻底唯物主义的“实践观”同海德格尔依托“此在”的存在主义的“存在论”“畸形地”组合在一起，从而“将马克思的实践观淹没和消泯在了海德格尔的‘存在论’之中，……在‘实践存在论’完成了对马克思主义学说的‘海德格尔化’、马克思主义实践观的‘存在论化’之后，势必也就同时完成了对自身的消解与破坏。”对于这些指责，我们已作了部分答复和反驳，②本文拟着重围绕马克思实践唯物主义哲学的存在论根基问题展开讨论，同时回答董学文等先生的指责。

---

① 如《“实践存在论”美学、文艺学本体观辨析》，《上海大学学报》2009 年第 3 期；《“实践存在论”美学何以可能》，《北京联合大学学报》2009 年第 2 期；《超越“二元对立”与“存在论”思维模式》，《杭州师范大学学报》2009 年第 3 期；《“实践存在论美学”的缺陷在哪？》，《内蒙古师范大学学报》2009 年第 4 期等。

② 参见朱立元：《全面准确地理解马克思主义的实践概念——与董学文、陈诚先生商榷之一》，《上海大学学报》2009 年第 5 期；朱立元、刘旭光：《略论马克思主义实践观的存在论维度——与董学文、陈诚先生商榷之二》，《探索与争鸣》2009 年第 10 期。

一、马克思"实践的唯物主义"的历史针对性和科学性

关于马克思"实践的唯物主义"是历史唯物主义的另一种表述的观点,已经被我国哲学界大多数学者所认同。但董学文等先生却根据德文原文的语法结构进行分析,认为这里"实践的"作为定语只是修饰唯物主义"者",而不适用于"唯物主义",所以只承认有实践的唯物主义者,而不承认有作为哲学思想的"实践的唯物主义"存在,并声称"这是'西方马克思主义'中的某些人生造出来的"。

其实,这种语言游戏式的解读并不高明。即使这里马克思主要说的是实践的唯物主义"者",但从逻辑上并不能否认既然有实践的唯物主义者,就有实践的唯物主义这样一种推理的合理性。比如说,"直观的唯物主义""自然的唯物主义""人本学的唯物主义""机械的唯物主义"等等,都可以加"者"而成为某一"主义"的倡导者或信奉者,去"者"则成为某一"主义"即思想、学说。这是常识。正是从常识出发,有学者明确指出,"马克思和恩格斯按照他们所强调的方面,在不同情况下分别称这种新哲学为'新唯物主义''现代唯物主义''实践的唯物主义''历史唯物主义''唯物辩证法'。毫无疑问,这些名称都能如实地表达马克思和恩格斯所要强调的马克思主义哲学的基本意义"。①还有一个重要证据是,马克思在《德意志意识形态》中紧接着提出"实践的唯物主义者"这个命题之后,并没有提出与之相反、相对立的"理论的"唯物主义"者"加以比较论述,而是马上直接对费尔巴哈的直观的唯物主义观点作出深入的批判,这个命题的实际使用语境恰恰证明"实践的唯物主义"是直接针对"直观的唯物主义"思想体系的,而不仅仅是从属于实践的唯物主义"者"的。

需要强调的是,马克思"实践的唯物主义"的提法是有明确的历史和现实针对性的。一方面,对于当时占主导地位的思辨哲学

① 刘放桐:《重释马克思哲学变革的革命性意义》,《河北学刊》2008 年第 6 期。

(黑格尔哲学、青年黑格尔派如布鲁诺·鲍威尔的"自我意识"论、麦克斯·施蒂纳的"唯一者"论及种种观念论哲学),马克思展开了多方面的深入批判,并明确指出:"在思辨终止的地方,在现实生活面前,正是描述人们实践活动和实际发展过程的真正的实证科学开始的地方。"①这样一种把思辨哲学从精神天堂拉到现实人间、着重描述人们的"实践活动"的"实证科学",难道不正是既"实践"又"唯物"的"实践的唯物主义"即历史唯物主义吗?另一方面,也是更重要、更直接的方面,针对当时唯物主义阵营内部以费尔巴哈为代表的直观的唯物主义哲学,马克思在充分肯定其坚持自然的唯物主义、批判黑格尔的思辨唯心主义、反对宗教异化的理论贡献的同时,对他的唯物主义的直观性、非实践性最终导向历史唯心主义的哲学立场进行了深刻的批判。在《关于费尔巴哈的提纲》中,马克思批评"费尔巴哈不满意抽象的思维而喜欢直观;但是他把感性不是看作实践的、人的感性的活动",②在此,马克思与费尔巴哈所持的是两种对立的感性观:前者是人的感性活动即实践,后者是感性的直观;不仅如此,马克思进一步把这两种感性观概括、上升为两种唯物主义哲学(思想、学说)的对立,指出,"直观的唯物主义,即不是把感性理解为实践活动的唯物主义"。③显然,前者是把感性理解为直观的唯物主义,即"直观的唯物主义",后者相反,"是把感性理解为实践活动的唯物主义"(不是"者"),同理可简称为"实践的唯物主义"。这不就是《德意志意识形态》中"实践的唯物主义者"提法的直接来源吗?这跟"西方马克思主义中的某些人"有什么相干呢?以上对两种错误思想学说(唯心主义的或直观的唯物主义的)辩证批判,凸显了"实践的唯物主义"的辩证性和科学性。

董文离开马克思提出"实践的唯物主义"哲学的具体历史语境和现实针对性,仅仅凭借简单的语法分析就想根本否定和取消这一表达马克思新哲学的科学名称,是完全站不住脚的。

---

①②③ 《马克思恩格斯选集》第1卷,人民出版社,1995年,第73、56、56页。

二、从存在论根基处重新认识马克思哲学变革的意义

由马克思创建起来的历史唯物主义即实践唯物主义的新哲学实现了划时代的伟大哲学变革,这一点恐怕没有人会有疑义。但对这种哲学变革的意义的认识和理解并不完全一致。从董学文等先生几篇文章看,他们一是更强调这种变革的唯物主义方面,而相对轻视其实践的方面,即使讲实践,也偏重于其客观方面,而忽视主体方面;二是只强调这种变革的认识论意义,而基本无视其本体论(存在论)意义。这不仅仅反映了他们认识上的片面性,而且实际上在某种程度上遮蔽和贬低了这种变革的革命性意义,其根源在于没有超越近代哲学的视界。

对马克思哲学变革的重新认识,我国哲学界走在了文艺学、美学界的前面,提出了一系列非常重要而深刻的观点。有学者精辟指出,"从这一变革的社会历史条件、思想和理论背景以及变革的过程都可以看出,这一变革的根本之点在于把社会实践的观点引入哲学,并当作哲学的根本观点","马克思明确地把唯物主义和辩证法都与人的'感性活动',即现实生活和实践联系起来","他的唯物主义的根本特点是从感性的、实践的观点去认识世界的","现实生活和实践的观点是整个马克思哲学的根本观点。它不仅因强调人的实践在认识中的决定作用而具有认识论意义,而且还因强调人的实践使物质的、自然的存在成为具有现实意义的存在而具有存在论(生存论)意义"。①这就把马克思实践观本有而长期被忽视的存在论思想(维度)揭示出来了,同时也揭示出马克思哲学变革的存在论意义。

承认不承认马克思新哲学有没有存在论根基,其哲学变革有没有存在论意义,这是一个能否全面、准确地理解马克思唯物史观的原则问题。有学者在回顾了一个多世纪以来对马克思哲学变革的

① 刘放桐:《重释马克思哲学变革的革命性意义》,《河北学刊》2008年第6期。

性质和意义的几种不同理解后指出，它们实际上“使马克思哲学的阐说陷于现代性意识形态的晦暗之中，亦即陷于现代(modern 近代)哲学的理解框架之中”，据此提出了“重估马克思哲学革命的性质和意义的任务”，并强调“这一任务将不可避免地要求存在论根基处之最彻底的澄清。马克思的哲学革命，从而经由这一革命而在哲学上的重新奠基，从根本上来说，纯全发端于存在论根基处的原则变动——若取消或遮蔽这样的原则变动，则马克思的哲学革命就是不涉及根基的或者本身是完全缺失根基的，从而也就谈不上什么真正意义的哲学革命。……只要这一革命确曾发生……，对它的任何一种判断和估价都不能不首先是并且最终是存在论性质的”。①笔者完全赞同这个观点。的确，如果不首先并最终从存在论根基处重新认识和解读马克思哲学变革的性质和意义，就有可能甚至必然陷入近代形而上学(既包括主观或客观唯心主义，也包括费尔巴哈及以前的一切旧唯物主义)的思维方式和阐释框架，从而自觉或不自觉地遮蔽和否认马克思实践唯物主义新哲学的存在论维度(根基)。

我国许多哲学家在这方面作了可贵而有说服力的探讨和阐释。有学者概括道，“这种变革的实质在于它使哲学的主题发生了根本的转换，即从‘世界何以可能’转向‘人类解放何以可能’，与此同时，哲学聚焦点从宇宙本体转向人的生存本体，从解释世界转向改变世界”；指出“为了解答‘人类解放何以可能’，马克思主义哲学必须探讨人的存在方式或生存本体”，即存在论(本体论)问题，经过详细论证，其结论是“在马克思的哲学视野中，实践不仅是人的生存的本体，而且是现存世界的本体”。②这一探讨，使我们清楚地认识到，马克思实践观确确实实立足于其存在论根基之上。另一位学者则从马克思把“自由自觉的生命活动”即劳动实践看作人的类

① 吴晓明:《重估马克思哲学革命的性质与意义》，《复旦学报》(社会科学版)2004年第6期。

② 杨耕:《重新理解马克思主义哲学所实现的哲学变革》，《光明日报》2009年5月19日11版“理论周刊”。

本性出发，指出"这意味着马克思完全是从'生存活动'而不是从'现成存在者'的角度来理解人的'本性'的"。换言之，马克思是从自由自觉的实践活动或生存活动来规定人的"生存性"本质，进而把人的本质看成是在实践中生成的，而非现成的、固定不变的，并揭示出人的生命活动具有"自由开放性"、"全面性和丰富性"、"自我创造、自我超越和自我否定本性"；作者着重揭露批判道，在资本的专制统治下，"使人彻底失去了上述自由自觉的生存品性，人沦为与物无疑的'现成存在者'"，正是通过这样一种存在论的现实剖析，作者认为，"马克思在哲学史上最早阐明了价值虚无主义的思想根源"，"深刻揭示了价值虚无主义的现实根源"。①两位学者的阐释侧重点不同，却不约而同地阐述了马克思实践唯物主义的存在论维度，或者说，从存在论根基处阐述了马克思的实践唯物主义，其目的就是消除资本主义现存世界的异化，解放全人类。

我们曾在多处说明，"实践存在论美学"虽然受过海德格尔存在论的某些启发，但真正使我们获得和转移到的存在论根基，并非海德格尔的，而是马克思的存在论。董文却完全不顾事实，口口声声指责我们所谓"对马克思主义学说的'海德格尔化'、马克思主义实践观的'存在论化'"。显然，在他们心目中，存在论是海德格尔的专利，只有海德格尔有存在论，马克思根本没有存在论。所以，当我们努力探讨马克思实践观的存在论维度时，他们或不屑一顾，或置若罔闻，却硬说我们"将马克思的实践观淹没和消泯在了海德格尔的'存在论'之中"，岂非咄咄怪事！

三、马克思"实践"概念的核心内涵

董文批评笔者"将'实践'规定为是'人的感性活动，是人的现实生活过程'，并说这是马克思的观点，是不是多少曲解了《关于费

① 贺来：《马克思的哲学变革与价值虚无主义课题》，《复旦学报》（社会科学版）2004年第6期。

尔巴哈的提纲》中有关'实践'阐述的原意了呢?”这里涉及如何全面、准确理解马克思唯物史观的核心概念之一“实践”的问题。

我们认为,马克思“实践”概念包含着极为丰富、深刻的内涵。在马克思的著作中,从不同角度、用不同方式和语言规定“实践”性质的命题或提法很多,如从人的主体能动性角度把实践规定为“自由自觉的生命活动”或“有意识的生命活动”;从人对世界或自然界的能动关系角度把实践规定为“创造对象世界,即改造无机界”①的活动,或“人的本质力量的对象化”、“自然的人化”等;从“改变世界”、而不仅是“解释世界”的角度,把“革命的实践”规定为“环境的改变和人的活动或自我改变的一致”;②从人类历史形成和发展的角度把实践规定为劳动和工业,说“全部人的活动迄今都是劳动,也就是工业”;③从资本主义条件下的异化劳动角度,实践又被规定为“人的活动在外化范围内的表现”或“作为生命外化的生命表现”;④如此等等。但在我们看来,在诸多对“实践”的规定中,“人的感性活动”是最为核心的规定,也是直接切入马克思实践观的存在论维度的关键点。

首先,把实践规定为“人的感性活动”的,不是笔者,而是马克思,是其历史唯物主义的天才纲领《关于费尔巴哈的提纲》(下称《提纲》)。《提纲》一开始就批评费尔巴哈不把“对象、现实、感性”“当作感性的人的活动,当作实践去理解”;《提纲》还批评费尔巴哈“把感性不是看作实践的、人的感性的活动”⑤,只要不抱偏见,都不能不承认,在这些表述中,马克思是明白无误地将“实践”界定为“人的感性活动”,并直接在这两个概念之间画了等号。这何尝有半点“曲解”?

必须指出,马克思将“实践”界定为“人的感性活动”有其明确的现实针对性:既针对黑格尔为代表的唯心主义只肯定人的精神活动的能动方面,而轻视甚至无视人的现实的、物质的感性活动,

①③④ 《马克思恩格斯全集》第42卷,人民出版社,1979年,第96、127、144页。
②⑤ 《马克思恩格斯选集》第1卷,第55、56页。

指出“唯心主义当然不知道真正现实的、感性的活动本身的”;更直接针对费尔巴哈及一切旧唯物主义的直观性,即“只是从客体的或者直观的形式去理解”“事物、现实、感性”,而忽视了它们的主观的、能动的方面。通过这两方面的批判,马克思把作为“人的感性活动”的实践看成主观和客观统一的活动,既不同于唯心主义绝对精神(思想客体)的自运动、自生展,只是“抽象地”“发展了能动的方面”;更不同于费尔巴哈只研究“跟思想客体确实不同的感性客体,但是他没有把人的活动本身理解为客观的(gegenständliche)活动”,而是强调既“从主观方面去理解”感性、事物、对象,把它们看作人的能动的感性活动,又把这种感性活动本身也看成“客观的”,因为这种感性活动无论就其受对象的制约而言,还是活动的过程和结果都是对象化、客观化的而言,都是“客观的”。所以,马克思将实践界定为“人的感性活动”正是抓住了其主客观统一的根本特征。

其次,马克思是从人的感性活动即实践出发,揭示人类历史发展的秘密。在《手稿》中,马克思的唯物史观作为历史科学正在孕育和构建之中。马克思批判地吸收了费尔巴哈关于“感性”的某些思想,但赋予其以实践和历史的新内涵,强调指出,“感性(见费尔巴哈)必须是一切科学的基础。科学只有从感性意识和感性需要这两种形式的感性出发,因而,只有从自然界出发,才是现实的科学。全部历史是为了使‘人’成为感性意识的对象和使‘人作为人’的需要(自然的、感性的)而作准备的发展史。历史本身是自然史的即自然界成为人这一过程的一个现实部分”。①联系上下文以及《手稿》的全部论述,可以肯定,马克思这里正是对于费尔巴哈对感性的直观性理解的批判性改造,正是从感性活动即实践的意义上,从人的本质力量的对象化或实现上重新解释了感性,并用以阐述人类历史的现实本质。紧接着上面这段话,马克思又说:“自然界是关于人的科学的直接对象。人的第一个对象——人——就是自

① 《马克思恩格斯全集》第42卷,第128页。

然界、感性;而那些特殊的人的感性本质力量,正如它们只有在自然对象中才能得到客观的实现一样,只有在关于自然本质的科学中才能获得它们的自我认识。"①这里人感性的本质力量在自然对象中客观的实现,不明白无误地就是说的"人的感性活动"即实践吗?

不仅如此,马克思还从这个角度集中考察了推动人类历史发展的劳动和工业。他明确指出:"全部人的活动迄今都是劳动,也就是工业,就是自身异化的活动";②因为"工业是完成了的劳动";③而对工业的本质,马克思明确"把工业看成人的本质力量的公开展示",④并仍然用人的感性活动来解释:"在通常的、物质的工业中,人的对象化的本质力量以感性的、异己的、有用的对象的形式,以异化的形式呈现在我们面前";由此,马克思进而得出了以下著名的结论:

> 工业的历史和工业的已经形成的对象性的此在(Dasein),是人的本质力量的打开了的书本,是感性地摆在面前的人性的心理学。⑤

这里,工业的历史就是人的感性活动即劳动实践所展开了的心理学。

再次,马克思也是从人的感性活动即实践入手,来揭露资本主义私有财产的异化本质,进而展示"共产主义是私有财产即人的自我异化的积极的扬弃"。⑥马克思对资本主义条件下"实践的人的活动即劳动的异化行为"的批判性考察,同样首先从"工人同感性的外部世界、同自然对象这个异己的与他敌对的世界的关系"入手,揭露出"工人同劳动产品这个异己的、统治着他的对象的关

①②③④⑥ 《马克思恩格斯全集》第 42 卷,第 129、127、115、128、120 页。

⑤ 《马克思恩格斯全集》第 42 卷,第 115 页。译文采用邓晓芒据德文本所作的改动,见邓晓芒:《马克思论存在与时间》,《哲学动态》2000 年第 6 期。

系”①以及其他三种异化关系的，并揭示出“异化劳动是私有财产的直接原因”②的秘密：“这种物质的、直接感性的私有财产，是异化了的、人的生命的物质的、感性的表现。私有财产的运动——生产和消费——是以往全部生产的运动的感性表现，也就是说，是人的实现或现实。”③马克思又从异化劳动同私有财产的关系进而推出伟大的革命性结论：“私有财产的积极扬弃，作为对人的生命的占有，是一切异化的扬弃”，④这就是共产主义的现实运动，其实质在于“社会从私有财产等等的解放，从奴役制的解放，是通过工人解放这种政治形式表现出来的，而且……工人的解放包含全人类的解放”。⑤

下面，再讨论马克思实践概念的另外一层重要含义——“人的现实生活过程”。这同样不是笔者的概括，而是马克思自己的观点。

这里首先要弄清马克思的“现实”和“生活”两个概念的基本含义及“现实生活”概念的主要含义。第一，在马克思那里，“现实”概念一是同“感性”概念相近，属于同一层次的概念，与抽象的“理性”概念相对立，是可以通过感官、感觉把握的；二是与抽象的“思想”、“观念”概念相对立，而是实际存在的、可以用经验观察到的；三是常常与“生活”概念近义或同义。如马克思在谈论货币的创造力时说道：“它把我的愿望从观念的东西，从它们的想象的、表象的、期望的存在，转化成它们的感性的、现实的存在，从观念转化成生活，从想象的存在转化成现实的存在。”⑥第二，“生活”概念在马克思那里，一是表示人的广泛的“日常生活”范围，实际上与“现实生活”同义；二是表示人的生产活动、生活活动、生命活动，与“活动”概念相近；三是表示人的以劳动生产为基础的实践活动，这三层意义常常交叉、混合使用。比如，马克思在谈到“人们用以生产自己必需的生活资料的方式”时指出，“它在更大程度上是这些个人的一定的

①②③④⑤⑥　《马克思恩格斯全集》第42卷，第94、101、121、121、101、154页。

活动方式,是他们表现自己生活的一定方式,他们的一定的生活方式";①这就将生产、生活、活动在同样意义上使用了;又如,马克思在谈到自然科学对人的生活的实践意义时指出,"自然科学却通过工业日益在实践上进入人的生活,改造人的生活,并为人的解放作准备",②这里人的生活和实践紧密地结合在一起了;再如,马克思在谈到法国工人阶级联合起来"这一实践运动"的"光辉的成果"时,充满热情地描述了他们的日常生活:"吸烟、饮酒、吃饭等等在那里已经不再是联合的手段,或联络的手段。交往、联合以及仍然以交往为目的的叙谈,对他们说来已经足够了;人与人之间的兄弟情谊在他们那里不是空话,而是真情,并且他们那由于劳动而变得结实的形象向我们放射出人类崇高精神之光。"③第三,"现实生活"的概念,更多地表示与观念、意识相对立的人的物质实践和其他生活实践。有学者专门研究了《德意志意识形态》中"生活"概念的各种使用,指出:"马恩则从'现实的生活'入手,在《形态》中从多种意义上使用了生活概念:首先,生活是维持人的生存的最基本的物质活动,即衣食住行;其次,生活就是生产实践,即劳动;再次,生活是人的全部生命活动,包括物质生产活动、社会活动、精神活动等;最后,生活即是人的日常生活。总之,马恩是以人的'生命活动'为出发点来使用生活概念的。"④我以为,这是符合马、恩原意的。而且,上述对"生活"概念四种意义上的使用,归结起来恰好是"实践"概念的主要含义。该文还专门用一节篇幅令人信服地论证了"生活的实践本质"。可以说,在马克思那里,"现实生活"与"实践"的含义是基本一致的。

基于以上的考察,可以看到,马克思正是运用"生活"或"现实生活"范畴,从多方面表述和阐述实践唯物主义的新历史观。他说,这个历史观赖以出发的"现实的前提""是一些现实的个人,是

① 《马克思恩格斯选集》第1卷,第67页。

②③ 《马克思恩格斯全集》第42卷,第128、140页。

④ 吴宁、张秀启:《〈德意志意识形态〉中的生活哲学思想》,《湖南文理学院学报》2008年第5期。

他们的活动和他们的物质生活条件”①；他又说，“一当人开始生产自己的生活资料的时候……，人本身就开始把自己和动物区别开来。……同时间接地生产着自己的物质生活本身”，②这实际上把人的物质生产实践看成他们的现实生活本身。在马克思看来，“现实生活”就是现实的人的实际生活、活动的过程。现实的人就是马克思所说的“现实中的个人”，“这些个人是从事活动的，进行物质生产的，因而是在一定的物质的、不受他们任意支配的界限、前提和条件下活动着的”，③也就是在一定物质条件下从事实际的、能动的物质实践的个人，是“处在现实的、可以通过经验观察到的、在一定条件下进行的发展过程中的人”，而“不是处在某种虚幻的离群索居和固定不变状态中的人”。④而“现实生活”就是“现实中的个人”的实际生活、活动的过程，是“那些发展着自己的物质生产和物质交往的人们，在改变自己的这个现实的同时也改变着自己的思维和思维的产物”的过程；“而且，从他们的现实生活过程中我们还可以揭示出这一生活过程在意识形态上的反射和回声的发展。”正是在生活就是实践这个意义上，马克思提出了“不是意识决定生活，而是生活决定意识”，⑤“意识（dasbewuβtsein）在任何时候都只能是被意识到的存在（dasbewuβtesein），而人们的存在就是他们的现实生活过程”⑥这个历史唯物主义的经典命题。这里，“人们的存在就是他们的实际生活过程”，正是十分鲜明地体现了马克思实践唯物主义的存在论根基。显然，在马克思那里，由于人们的“全部社会生活在本质上是实践的”，⑦所以“实际生活过程”、“物质生活过程”、“现实生活过程”都是同义的，都同样表述现实的人的能动的实践活动过程。在此，合乎逻辑的推论只能是：实践就是现实的人的基本存在方式。据此，马克思把历史唯物主义的“实证科学”任务确定为描绘出现实的人的能动的实践活动和生活过程，认为“只要描绘出这个能动的生活过程，历史就不再像那些本身还是抽

①②③④⑤⑥⑦　《马克思恩格斯选集》第1卷，第67、67、71—72、73、73、72、56页。

象的经验论者所认为的那样，是一些僵死的事实的汇集，也不再像唯心主义者所认为的那样，是想象的主体的想象活动”。①

综上所述，我们将实践规定为“人的感性活动，是人的现实生活过程”，是抓住了马克思实践观的核心含义，是完全符合马克思原意的。董文指责我们“歪曲”马克思原意是毫无根据、完全站不住脚的。令人啼笑皆非的是，董文在批评“实践存在论”时又肯定了“马克思主义实践观，明确了人的存在即人的现实生活和生产实践过程，这是对人类历史的产生、发展和变革起决定作用的唯一的东西”，这跟笔者反复强调的、而被董文指责为“歪曲”马克思原意的存在论观点不正好完全一致吗？

附带需要说明一点，董文批评我们对马克思实践概念理解既“狭隘化”，又“泛化”或“过分广义化”，对这种自相矛盾的指责笔者已作了反驳，这里只补充两点：第一，笔者曾针对李泽厚先生对“实践”过于狭隘的理解，提出广义的“人生实践”论：“我们认为，李泽厚的实践观不足有三：其一，把人类除物质生产活动以外的其他所有实践形态，包括审美活动全部排除在外，把极为丰富驳杂的人类社会实践狭隘化；其二，仅仅从人与自然的关系着眼来界说实践，而悬置了人与世界其他层面的关系；其三，也是更重要的一点，他对实践的理解仍然没有完全突破认识论的框架，而忽略了实践的存在论维度。……我们理解的实践是广义的人生实践。它固然以物质生产作为最基础的活动，但还包括人的各种各样其他的生活活动，既包括道德活动、政治活动、经济活动等等，也包括人的审美活动和艺术活动。”②这只是如实地将艺术和审美等精神生产活动纳入人生实践范围内而已，没有丝毫轻视或贬低物质生产实践的意思。第二，有意思的是，最近董文似乎也将其限定于“物质实践和物质交往”的对“实践”的狭隘理解，悄悄向我们的“泛化”或“过分广义化”的理解靠拢了，作者将作为精神活动的艺术生产也纳入

① 《马克思恩格斯选集》第1卷，第73页。

② 《简论实践存在论美学》，《人文杂志》2006年第3期。

“实践”范围，提出所谓“艺术实践论”，说“这是一种与一般的物质实践既有相同性又有差异性的实践活动”。我们不禁要问：你们对马克思“实践”概念到底有没有一以贯之的严肃理解？在同一时期，甚至同一篇文章中出现这种前后矛盾的观点，难道是对马克思主义严肃认真的态度吗？

四、马克思实践观的存在论维度不容否定

董文为了否定“实践存在论”的马克思主义理论依据，不惜生造前后期“两个马克思”的神话，说“19 世纪 50 年代之后，马克思基本上已经告别了资产阶级哲学和美学的问题性和提问方式，在他的思考中也很少再使用‘实践’、‘存在’这类古典哲学概念”就是一个典型例子。事实果真如此吗？否。号称马克思主义理论家的作者应该不会忘记马克思于 1859 年发表的《〈政治经济学批判〉序言》这篇经典著作吧。在该文中，马克思对唯物史观作了最为经典和权威的表述，其中“物质生活的生产方式制约着整个社会生活、政治生活和精神生活的过程。不是人们的意识决定人们的存在，相反，是人们的社会存在决定人们的意识”，①它同《手稿》《提纲》和《德意志意识形态》一样，体现出马克思唯物史观的存在论根基；同年恩格斯《卡尔·马克思〈政治经济学批判〉》一文，在引用了这两句话后强调指出，这个原理“不仅对于理论，而且对于实践都是最革命的结论”。在马、恩 1859 年的重要著作中，“实践”和“存在”这两个所谓“古典哲学概念”不但依然使用着，而且依然作为表述唯物史观最重要内容的范畴在使用。这有力证明了“两个马克思”的神话的破产。顺便指出，董文说“19 世纪 50 年代之后，马克思基本上已经告别了资产阶级哲学和美学的问题性和提问方式”，那么上述对“实践”和“存在”这两个所谓“古典哲学概念”依然使用，是否意味着仍然没有告别资产阶级哲学和美学的问题性和提问方式

① 《马克思恩格斯选集》第 2 卷，人民出版社，1995 年，第 32、38 页。

呢？更令人不解的是，此话背后暗含着马克思在40年代基本上还保持或沿用了“资产阶级哲学和美学的问题性和提问方式”的判断，那么，这个判断是否也适合于从《提纲》、《德意志意识形态》、《神圣家族》到《共产党宣扬》、《雇佣劳动与资本》等马克思40年代的伟大著作呢？这可是个大是大非的问题，作者竟然轻率地作出如此荒谬的论断，实在是匪夷所思。

董文还借口汉语里“存在论”和“本体论”在实际使用上内涵和侧重点有所不同，指责我们用“存在论”“替换”“本体论”是不能成立的。这里需要澄清两点：一是许多重要哲学概念在实际使用上其内涵和侧重点都有所不同，不独ontology如此。以“实践”而言，正因理解的不同，才造成学界长期的争论，才造成董文解释上的自相矛盾。这里并不存在“替换”问题。二是就学术而言，不能仅仅跟着人们不一致的实际使用走，而应该力求准确辨析这两个概念的真实内涵，有可能因为理解不同而发生争论，但概念本身的准确内涵及其历史演变应该是有客观依据的。以海德格尔的存在论而言，译成“本体论”就不那么准确了，这同我们一般理解的“本体论”、“本体”也并非没有关系。问题是，马克思有没有Being意义上的存在论思想？他的实践观有没有存在论的根基？对此问题的回答要靠事实说话，而不是简单用译名“替换”的指责所能解决的。

此前，笔者曾尝试对马克思实践唯物主义的存在论思想作过若干探讨，[①]这里再从几个方面作进一步论述。

在《巴黎手稿》中马克思有一段直接谈存在论(ontologisch)的话，值得我们认真学习、思考：

> 如果人的感觉、情欲等等不仅是[狭]义的人类学的规定，而且是对本质(自然界)的真正本体论的(ontologisch)肯定；如

① 参见朱立元、任华东：《试论马克思实践观的存在论内涵》，《河北学刊》2007年第4期；朱立元：《略谈马克思实践观的存在论维度及其美学意义》，《马克思主义美学研究》第11辑；朱立元、刘旭光：《略论马克思主义实践观的存在论维度》，《探索与争鸣》2009年第10期。

> 果感觉、情欲等等仅仅通过它们的对象对它们来说是感性的这一点而现实地肯定自己，那么，不言而喻：(1)它们的肯定方式决不是同样的，勿宁说，不同的肯定方式构成它们的此在(Dasein)、它们的生命的特点；对象对于它们是什么方式，这也就是它们的享受的独特方式；(2)凡是当感性的肯定是对独立形式的对象的直接扬弃时(如吃、喝、加工对象等)，这也就是对于对象的肯定；(3)只要人是人性的，因而他的感觉等等也是人性的，则别人对对象的肯定同样也是他自己的享受；(4)只有通过发达的工业，即通过私有财产的媒介，人的情欲的本体论的(ontologisch)本质才既在其总体性中又在其人性中形成起来；所以，关于人的科学本身是人的实践上的自我实现的产物；(5)私有财产——如果从它的异化中摆脱出来——其意义就是对人来说既作为享受的对象又作为活动的对象的本质性对象的此在(Dasein)。①

这段话比较长，此处不展开分析，只想着重说明几点。第一，马克思在这里两次提到的 ontologisch 肯定是西方哲学传统直至海德格尔的“存在论”(或是论、在论)问题，而不完全是中译文中人们一般理解的“本体”含义的“本体论”问题。第二，这里两次使用了被董文误以为海德格尔最初使用的 Dasein(“此在”，或译“定在”、“亲在”等)这个现代存在论的重要概念，也有力证明了马克思哲学存在论维度的客观存在，不是任何人能够随意否定的。第三，这里，ontologisch 是与“人类学的”(或译“人本学的”)相对使用的，“不仅……而且……”的句式则表明马克思把“存在论”的肯定看得高于“人类学”的肯定。第四，马克思的“存在论的”肯定，是从人与对象世界的“感性”关系，更确切地说感性活动的关系来肯定自己的：“感觉、情欲等等仅仅通过它们的对象对它们来说是感性的这

① 译文据邓晓芒：《马克思论存在与时间》，见邓晓芒：《实践唯物论新解：开出现象学之维》，武汉大学出版社，2007 年，第 305—306 页。

一点而现实地肯定自己”。在《手稿》另一处,马克思还从存在论根基处说到人的“激情”:“人作为对象性的、感性的存在物……所以是一个有激情的存在物。激情、热情是人强烈追求自己的对象本质力量。”①因此,人的感觉、情欲、激情、热情正是人追求使自己本质力量对象化、在对象世界中实现自己或者“现实地肯定自己”的内在动力。可见,马克思这里讲的正是人的本质力量对象化即感性活动亦即实践,才构成人的存在论(而不仅仅是人类学)的根基。这难道还有什么疑义吗?而且,从《手稿》乃至《提纲》和《德意志意识形态》来看,马克思对人和世界的本质和关系都不仅是从人类学角度,更是从存在论的根基处加以论述的。第五,据此,马克思哲学的存在论是与其实践观紧密结合在一起的,其存在论以实践观为依据,而实践观以存在论为根基,两者合为一体、不可分割。这也正是我们构想实践存在论美学的马克思主义理论基础。我确实说过,“实践存在论美学仍然以实践论作为哲学基础,但将其根基从认识论转移到存在论上”,但需再次强调的是,这个存在论根基,绝非董文硬加给笔者的“海德格尔的存在论”,而是马克思的与实践观合为一体的存在论。

董文批评“实践存在论美学”里的“存在论”,“更多地带有海德格尔的意味,带有存在主义的味道”的理由是,“它更强调‘实践’是抽象的主客体相互生成的存在方式,相比‘实践本体论美学’,更强调抽象人性主体的‘主观性’和‘经验性’,而这里的‘经验’,无疑还是抽象的,还是康德意义上的‘共同感’”。这种批评实在是无中生有、强加于人。强调实践是“主客体相互生成的存在方式”正是马克思的一系列著作中贯穿的存在论的基本思路和观点,何“抽象”之有?这个问题下面还要详论。至于“更强调抽象人性主体的‘主观性’和‘经验性’”的指责更是莫名其妙:一则笔者有关论著极少强调这两个“性”,特别是“经验性”;二则这个批评跟质疑“主客体相互生成的”批评自相矛盾,既然是主客体“相互生成”,又怎么可

① 《马克思恩格斯全集》第42卷,第169页。

能只强调其中一方"主观性"呢? 遗憾的是,董文中这种自相矛盾的批评委实太多了! 而且董文有时似乎忘记了对我们的批评,而同样肯定了主客体"相互生成"说,比如他说,"以'实践'为中介,实现主体与客体、人与世界互动与互容,马克思主义的实践观超越了传统形而上学的二元论和近代认识论哲学的纯粹理性思维",这岂不是自相矛盾吗?

五、马克思哲学的根基是与实践观一体的存在论,而不是抽象的"物质本体论"

笔者认为,我们与董文最主要的分歧之一在于,董文依据上述反对用"存在论""替换""本体论"的理由,实际上把马克思极为深刻、丰富的存在论思想"替换"为"物质实体论""物质一元论"或"物质本体论"。董文认为我们没有"守住唯物主义的底线",而是"突破'唯物'和'唯心'的界线",陷入了否定"物质第一性"的唯心主义泥潭。董文一方面批评"实践一元论"认为世界和人类社会依据"实践"而存在,"实践"是世界的本原和本体,从而就以"实践一元论"代替"物质一元论",取消了世界的物质统一性;另一方面明确主张研究马克思主义美学,"其出发点还是应当""回到物质本体论的维度中来",因为据说本体论或存在论里的"存在","应指世界上一切事物的客观存在"。

笔者首先要声明:我们从来没有怀疑"世界的物质统一性",没有怀疑物质(自然界)先于(人的)意识而存在。相对于人的主观意识,物质(自然界)的先在性、客观性是不容置疑的。问题是,这是在物质与意识、思维与存在的关系即认识论范围内提出的问题,而非存在论的提问范围和方式。实际上,董文一开始就把"存在论"问题偷换成"认识论"问题,即把"存在问题"首先看成世界与人的认识、存在与意识的关系问题,把相对于人的意识而言的物质世界在时间上的先在性看成是"存在论"的核心问题,而实际上恰恰把一切存在者(包括自然界和人)的存在(问题)遮蔽了。换言之,在还没有弄明白“存在论”究竟追问什么问题的时候,就想当然地判之为“唯心主义”。董文引用了恩格斯如下一段话来批评我们的所谓的“唯心主义”观点:

> 自然界用了亿万年的时间才产生了具有意识的生物,而现在这些具有意识的生物用几千年的时间就能够有意识地组织共同的活动:不仅意识到自己作为个体的行动,而且也意识到自己作为群众的行动,共同活动,一起去争取实现预定的目标。现在我们已经差不多达到这样的程度了。观察这个过程,眼看我们星球的历史上还没有过的情况日益临近实现,对我来说,这是值得认真观察的景象,而且我过去的全部经历也使我不能把视线从这里移开。①

这一方面是文不对题,因为我们根本没有否认自然界先于人的意识而产生;另一方面,从第二句起,该段文字恰恰强调了人的有意识的实践活动创造了“我们星球的历史上还没有过的”、与原先没有人的自然界完全不同的“人的世界”,实际上已经通过“实践”把问题从认识论引向了存在论,并且强调要“认真观察”这个“人的世界”的“景象”。在马克思那里,“实践”不仅是认识论范畴,更主要、更基本的是存在论范畴。下面,让我们看看马克思是怎样从“关系”角度论述人与自然界、人与世界的存在论关系的。

首先,马克思认为,人与动物的重要区别之一是人有“关系”,动物没有。他指出,“凡是有某种关系存在的地方,这种关系都是为我而存在的;动物不对什么东西发生‘关系’,而且根本没有‘关系’;对于动物说来,它对他物的关系不是作为关系存在的”。②可见,在存在论的意义上,人也是“关系”的动物,人一旦从动物界分离出来,就有了“关系”——人与动物、人与自然、人与人等等关

① 《马克思恩格斯全集》第39卷上,第63页。

② 《马克思恩格斯选集》第1卷,第81页。

系——这些关系也就是人之为人、人高于和超越于动物的重要标志。比如,人与自然的关系,在人刚刚从动物界分离出来之际,是一种敌对的关系;自然界作为人的对立面,在很大程度上还没有成为人的实践活动的对象,没有成为人的本质力量的实现和确证,“自然界起初是作为一种完全异己的、有无限威力的和不可制服的力量与人们对立的,人们同自然界的关系完全像动物同自然界的关系一样”。①当然,随着人的实践活动的展开和发展,人与自然的关系也发生着日新月异的变化。恩格斯指出,“随着完全形成的人的出现而产生了新的因素——社会”,②在社会中,人的物质实践的集中体现——工业——推动着这种关系的不断改变,“在工业中向来就有那个很著名的‘人和自然的统一’,而且这种统一在每一个时代都随着工业或快或慢的发展而不断改变,就像人与自然的‘斗争’促进生产力在相应基础上的发展一样”。③

其次,马克思根据上述“关系”说的思想全面论述了人与自然界的存在论关系。第一,他指出,“人同自然界的关系直接就是人和人之间的关系,而人和人之间的关系直接就是人同自然界的关系”,“这种关系通过感性的形式”,即人的感性活动(实践)“表现出人的本质在何种程度上对人说来成了自然界,或者自然界在何种程度上成了人具有的人的本质”。④显然,马克思不把人和自然界看成现成的、互相分离、孤立不变的存在物,而是看成通过人的感性实践活动互相作用、互相生成的社会关系。这里,自然界与人的存在是互为前提的,脱离了人的自然界和脱离了自然界的人在存在论上都是不可能和不存在的。

第二,马克思认为,由于人直接是自然的存在物,“人靠自然界生活”,“人是自然界的一部分”,⑤同时又是“社会存在物”⑥;而“社会”的含义又紧密联系着人的实践活动,马克思说,“我”即使作为

①③　《马克思恩格斯选集》第1卷,第81、76—77页。

②　恩格斯:《自然辩证法》,人民出版社,1971年,第153页。

④⑤⑥　《马克思恩格斯全集》第42卷,第119、95、122页。

个人,“我也是社会的,因为我是作为人活动的”,“而且我本身的存在就是社会的活动”。①所以,马克思又在这个意义上把社会(活动)看成人与自然的统一的存在论根据:

> 只有在社会中,自然界对人说来才是人与人联系的纽带,才是他为别人的存在和别人为他的存在,才是人的现实的生活要素;只有在社会中,自然界才是人自己的人的存在的基础。只有在社会中,人的自然的存在对他说来才是他的人的存在,而自然界对他说来才成为人,因此,社会是人同自然界的完成了的本质的统一,是自然界的真正复活,……②

这里说得再明白不过,只有在人类社会和社会的人的实践中,自然界才真正作为属人的自然界而进入人的现实生活,“才是人自己的人的存在的基础”。如果离开了社会的人和人类社会,自然界也就不成其为真正的自然界了,而只能成为无意义的存在物。关于这一点,马克思更清楚的表述是,“如果把工业看成人的本质力量的公开展示”,即看成人的实践活动成果的显现,“那么,自然界的人的本质,或者人的自然界的本质,也就可以理解了”,“在人类历史中即在人类社会的产生过程中形成的自然界是人的现实的自然界,因此,通过工业——尽管以异化的形式——形成的自然界,是真正的人类学的自然界”。③这里马克思特别强调的,一是把相对于人而言的自然界看成有一个从无到有的“形成”或“生成”过程,而非在人以前就已经“存在”的“现成存在物”;二是把自然界对人的生成过程纳入到人类社会的历史中,而把人类历史看成“自然史”即“自然界成为人的这一过程的一个现实部分”。④这样,这个自然界就是人的自然界或“人类学的自然界”,是在人类社会中生成的自然界。离开了人或人的实践活动,这个自然界就不复存在。

① 《马克思恩格斯全集》第42卷,第122页。

②③④ 《马克思恩格斯全集》第42卷,第122、128、128页。

第三，据此，马克思以实践为中心和出发点，对人与自然的存在论关系，得出了极为清楚深刻的生成论结论，强调指出，无论人还是自然界，原初都非二分或对立的现成存在物，而都是通过劳动实践历史地生成的："整个所谓世界历史不外是人通过人的劳动而诞生的过程，是自然界对人说来的生成过程，所以，关于他通过自身而诞生、关于他的产生过程，他有直观的、无可辩驳的证明。因为人和自然界的实在性，即人对人说来作为自然界的存在以及自然界对人说来作为人的存在，已经变成实践的、可以通过感觉直观的"。[①]可见，人与自然界都不是现成的、固定不变的存在物，它们的现实存在都是通过实践而历史地生成的。在此，马克思贯穿生成性思维的存在论思想正是通过其实践观得以展开和呈现的。马克思也正是借助生成论超越了主客二分的认识论思维方式，达到了实践观与存在论的有机结合。

再次，马克思将这一人与自然关系的存在论思路贯彻到了对人与（整个）世界的关系的论述中。马克思明确指出："人不是抽象的蛰居于世界之外的存在物。人就是人的世界。"[②]就是说，在原初意义上，人与世界是一体的、不可分割的，人不能须臾离开世界，只能在世界中存在，没有世界就没有人；同样，世界也离不开人，世界只对人有意义，没有人也无所谓世界；同世界不是与人无关、离开人而独立自在、永恒不变的现成存在物一样，人也从来不是离开世界和他人的、固定不变的现成存在者，而是在"现实的生活过程"中存在和发展的。正是人的"这个能动的生活过程"即实践，将人与世界建构成不可分割的一体，也构成了人在世界中的现实存在。所以，马克思的"人就是人的世界"的概括，典型地体现了现代的存在论思想。可是，董文在引用了笔者以前文章中同样内容的一段话后说这是"典型的唯心主义"观点。笔者在说明人与世界原初的一体关系时确实说过，"譬如，人和世界的关系：没有人的时候，有没

---

① 《马克思恩格斯全集》第 42 卷，第 131 页。

② 《马克思恩格斯选集》第 1 卷，第 1 页。

有自然界都值得怀疑,没有人,自然界充其量只是一种存在而已;有了人才有自然界,人和自然界是同时存在的,当周遭世界都成为人存在的环境、大地时,对人而言,世界才有意义。人与世界在原初存在论上不能分开,确信无疑的存在就是人在世界中存在,然后才能考虑其他问题”,然而,这段话中的一个前提是“没有人的时候”亦即人类形成或产生以前,比如在2.5亿年前的恐龙时代,现在被我们称之为“自然界”的一切事物、存在物都只不过存在着而已,它们不是作为人的生存环境或作为相对于人而言、与人相互作用和相互生成的对象世界而存在的,更非现在意义上的人的(人类学的)自然界(世界)。正是在这个特定意义上,没有人,也就没有相对于人而言的世界(自然界),它们存在着,也只是存在着而已,但并非真正作为与人相关的世界(自然界)而存在的,不是今天意义上的现实的、人(生活、实践于其中)的世界(自然界)。这丝毫不涉及世界相对于人的意识而言的先在性、客观性问题,因为在人还没有的时候,哪里来人的意识?没有人的(主观)意识,又哪来什么“客观存在”?所以,董文所谓“典型的唯心主义”的指责不但毫无道理,而且恰恰暴露出他们主张的物质本体论是游离于人和人的社会实践的抽象的自然主义的本体论。对此,下文还要论述。

董文还把马克思“人就是人的世界”的命题与海德格尔的“此在在世界中此在”的命题等量齐观,实际上贬低了这个存在论命题的深刻性。人与世界是不可分的。一方面,人就存在于世界之中,而不在“世界之外”,这似乎与海氏的“此在在世”基本一样;但另一方面,“人就是人的世界”就在三点上高于海德格尔:第一,世界只有一个,就是“人的世界”,没有人以外的世界,自然界只有进入人的社会实践,才成为“人的世界”;第二,“人就是人的世界”中的人和世界都不是孤立的、现成的存在物,人乃是实践着的现实的人,世界是人通过实践活动不断改变着的,同时又不断确证着人的本质力量的属人的对象(自然界),是人与对象通过实践互动共生的、不断生成着的世界。在马克思看来,现存的“人的世界”——人类生活的对象世界、现实的感性世界——“不是某种开天辟地以来就直接存在的，始终如一的东西，而是工业和社会状况的产物，是历史的产物，是世世代代活动的结果。……甚至连最简单的'感性确定性'的对象也只是由于社会发展、由于工业和商业交往才提供给他的。"①第三，"人的世界"就是人的实践活动创造的世界，它是由工业等人的感性的实践活动创造、建构起来的，"这种活动、这种连续不断的感性劳动和创造、这种生产，正是整个现存的感性世界的基础，它哪怕只中断一年，费尔巴哈就会看到，不仅在自然界将发生巨大的变化，而且整个人类世界以及他自己的直观能力，甚至他本身的存在也会很快就没有了"。②这清楚地说明，人的（现存的感性）世界的基础是劳动实践，只有在实践中，整个"人的世界"，包括人和自然界的如此这般的存在，才显现出来。倘若劳动实践一旦中断，整个"人的世界"包括每个个人都将不复存在。可见，劳动实践是人和世界存在的前提，人的存在和世界的存在都不是自在、自明的。我们认为，这就是马克思实践观的存在论维度的核心内涵。

董文在"人的世界"问题上指责我们否定了物质第一性（统一性和客观性），实际上恰恰犯了费尔巴哈直观的唯物主义的错误。诚然，马克思肯定了相对于人的"外部自然界的优先地位仍然会保存着"（物质第一性），但他紧接着强调，"这种区别只有在人被看作是某种与自然界不同的东西时才有意义"。这就是说，这种外部世界的优先性只有在人已经把自己与自然界区别开来、把自然界作为自己的认识和实践的对象时才有意义。如果自然界还没有作为与人发生认识和实践关系的对象时，这种优先性就毫无意义。在人类产生之前，这种优先性（客观性）更加无从谈起，因为它的前提都不存在了。正是在这个意义上，马克思尖锐地指出："被抽象地孤立地理解的、被固定为与人分离的自然界，对人说来也是无。"③马克思也是从这一实践观和存在论一体化的思路出发，深刻地批评费尔巴哈在"人的世界"问题上的直观的、自然的唯物主义，他批

①② 《马克思恩格斯选集》第1卷，第76、77页。

③ 《马克思恩格斯全集》第42卷，第178页。

评费尔巴哈“从来不谈人的世界,而是每次都求救于外部自然界,而且是那个尚未置于人的统治之下的自然界”①;并一针见血地指出,“先于人类历史而存在的那个自然界,不是费尔巴哈生活于其中的自然界,这是一些除去在澳洲新出现的一些珊瑚岛以外今天在任何地方都不存在的,因而对于费尔巴哈来说也是不存在的自然界”。②马克思说得何等深刻啊!在某种意义上就好像直接针对董文说的。“先于人类历史而存在的那个自然界”或“物质”,与人无关,不属于“人的世界”,因为人还没有产生,所以不存在对人的“优先地位”问题,就存在论而言,不存在唯物、唯心的问题。

纵观几篇董文,他们主张“回到”的“物质本体论”中的“物质”,是脱离了人和人的实践活动的抽象的“物质”。这种抽象的“物质本体论”曾遭到马克思的批评。马克思指出:“只有当物(diesache)按人的方式同人发生关系时,我才能在实践上(praktisch)按人的方式同物发生关系。”③这一从人的实践出发进行的批评,指出物质如果不“按人的方式”即实践方式同人发生关系,或者说,人以外或人产生以前的、从未进入人的实践活动(或视野)的物质,根本无所谓先在性、客观性,因而不具有“本体论的意义”,不能成为“本体”。马克思实际上否定了那种视人和人的实践无关的抽象的“物质本体论”。可与此相印证的是,马克思还批评了自然科学研究中存在的“抽象物质的(abstract materielle)”观点,认为该物质观就其实质而言,“或者不如说是唯心主义的方向”,因为这种抽象的物质观拒绝“把工业看成人的本质力量的公开的展示”,不承认“自然界的人的本质,或者人的自然界的本质”,一句话,否认物质与人的实践活动的关系,否认自然界与人类历史不可分割的关系,否认自然科学和人的科学是“一门科学”,④实质上否认一般唯物主义和历史的不可分割的关系。这才是真正的唯心主义。正如马克思批评费尔巴哈直观的唯物主义时指出,“当费尔巴哈是一个唯物主义者的时

①② 《德意志意识形态》,人民出版社,2003年,第41—42、21页。

③④ 《马克思恩格斯全集》第42卷,第124页注2、第128页。

候,历史在他的视野之外;当他去探讨历史的时候,他不是一个唯物主义者。在他那里,唯物主义和历史是彼此完全脱离的”。[①]可见,同费尔巴哈一样,董文用抽象的物质本体论即一般唯物主义对实践存在论美学所做的批判中“唯物主义和历史是彼此完全脱离的”,这不但不符合马克思实践唯物主义即历史唯物主义的观点,且实际上把马克思主义降低、倒退到了费尔巴哈直观的、自然的唯物主义和一切旧唯物主义的水平。这就是问题的关键所在。

(原载《复旦学报》2010 年第 1 期)

① 《马克思恩格斯选集》第 1 卷,第 78 页。

“实践存在论美学”的哲学基础问题

董学文

20世纪90年代中后期，伴随着社会形势的变化和大量西方现代、后现代理论的译介，我国出现了一股反思和批判“实践美学”——尤其是李泽厚“实践美学”理论体系的潮流。这股潮流主要是力求克服先前“实践美学”的某些缺陷，分析“实践美学”的某些不足，进而发起一场所谓“超越实践美学”或“走向后实践美学”的活动。这一理论活动，自然难免同另一些依然坚持和发展“实践美学”观点的学者在学理上产生分歧与论争。而正是这场论争，不仅烘托了“后实践美学”①的强猛来势，而且也催促了“新实践美学”的应运而生。在“新实践美学”内部，有相同的表述，“实践存在论美学”则是它其中的一种。

有学者说：“经历了实践美学与后实践美学论争以及实践美学与‘第三力量’的驳诘，实践美学发展到了新实践美学的阶段”。指出是“后实践美学”“这些反思和批判实践美学的美学理论流派，激发了一部分坚持和发展实践美学的美学学人的理论探索，他们站在老一辈实践美学代表人物的肩上，努力开拓创新，实实在在地把实践美学推向了新的发展阶段”②。这个判断的前半部分，应该是

① “后实践美学”概念，学术界一般是指论争中的“超越美学”“生存美学”“主体间性美学”“生命美学”“体验美学”以及“存在美学”等。它们的逻辑起点和具体观点不一定相同，但在反思和批判“实践美学”特别是李泽厚的“实践美学”方面，却基本是一致的。

② 张玉能：《中国化马克思主义美学的考察》，《文艺报》，2009年2月24日。

没有争议的；这个判断的后半部分，其准确性就值得怀疑了。

“实践存在论美学”论者的理论探索，确乎是“站在老一辈实践美学代表人物的肩上”，特别是李泽厚的肩上，这是有目共睹的。可问题的关键是，他们在与“后实践美学”的论争中，在反拨“实践美学解构论”“实践美学终结论”的诸种观点中，通过自己的“开拓创新”，到底是“实实在在地把实践美学推向了新的发展阶段”，还是实实在在地把“实践美学”拉向了后退？这确是需要在学理上加以论辩清楚的。

一、“实践存在论美学”发展演变的路径

无疑，“实践存在论美学”是由“实践美学”经“后实践美学”发展而来的。它的发展路径虽说有几个方面，但主要是通过改造“实践”这一概念，通过赋予“实践”概念以西方现代哲学的某些内涵，通过反对主客二分的认识论来加以实现的。关于这一点，笔者已经撰写了一些相关的文章。①它的最根本的方法，就是试图以现象学的存在主义思想，来修改、沟通传统的实践观和辩证唯物论意义上的“实践”概念。如此一来，不仅“实践美学”的哲学根基发生了移动和变化，而且其审美理论中也就自然填充了许多个体性、超越性、非理性等现代西方美学的因素和成分。这样的理论建构与致思方式，表面上看是新颖的，实际上则是很陈旧的。

“实践存在论美学”论者不承认事物的客观先在性，主张用“生成论”思想来超越形而上学思维方式，主张在“审美活动中‘关系在先’”②。这

① 参见董学文：《“实践存在论美学”何以可能》，载《北京联合大学学报（人文社会科学版）》2009 年第 2 期；董学文、陈诚：《“实践存在论”美学、文艺学本体观辨析——以“实践”与“存在论”关系为中心》，载《上海大学学报》2009 年第 3 期；董学文：《“实践存在论美学”的缺陷在哪》，载《内蒙古师范大学学报》2009 年第 4 期；董学文：《对“实践存在论美学”的再辨析——兼答复一种反批评的意见》，载《上海大学学报》2010 年第 2 期，等等。

② 朱立元：《走向实践存在论美学》，苏州大学出版社，2008 年，第 55 页。

就从根本上抹煞了“实践”在审美活动中的价值和意义。众所周知,审美关系论的哲学根基,一般来讲有两种:一种是带社会性的主客观统一的实践论;一种是带生成性的现象学存在论。这两种哲学根基的属性,是完全不能等同的。前者是一种带有唯物史观性质的美学思路,后者则是不区分美和美感、只谈审美活动的现代人学意义的美学思路。或者直白地说,前者是唯物主义的美学思路,后者是唯心主义的美学思路,两者是无法融合、会通的。

“实践存在论美学”既然强调“审美活动中‘关系在先’”,那么它就不可避免地回避审美活动中的“事物在先”原则,不可避免地借助于现象学,借助于海德格尔存在主义,从所谓的抽象的“存在”(与“此在”)中推演出审美活动的“自由”,推演出“实践”的所谓“存在论维度”,把哲学和美学的本体论问题“存在论”化,似乎以为这样就能超越和解决审美关系中的“主客分离”问题。其实不难发现,正是这个陈旧的思路,导致“实践存在论美学”向中外传统的体验论和直觉论美学靠拢,而将科学的实践论美学即辩证唯物的运动物质本体论美学置于脑后。毫无疑问,倘若如“实践存在论美学”那样,主张审美关系是“逻辑在先”,只能在审美关系中谈论美、美感及审美主客体等美学基本问题,那么马克思主义美学的实践观实质上就被无情地抛弃了。

“实践存在论美学”在历史观上几乎没有任何推进,相反,它转了一圈又回复到了一种个体人性和个体人道主义历史观的轨道。所不同的,只不过是用存在论的语言又打扮了一番而已。应该承认,唯物史观的出发点和归宿从来不是抽象的个体的人,而是群体的人即人类社会。当然,这并不意味着唯物史观不重视个体的人的问题。个体的人的问题,唯物史观也是要解决的,不过它是在首先解决社会、阶级、群众问题的过程中来解决个体的人的问题的。摆脱社会而将人抽象地摆在第一位,从来不是唯物史观的传统,而是人本主义的传统。历史表明,重视群体的人即人类社会,这不是唯物史观的局限,而正是它先进的地方。可惜,“实践存在论美学”在这一点上恰恰走上了与马克思主义相反的途径。

这里有事实为证。"实践存在论美学"论者明确说："承认一切时代存在着本质上区别于动物的普遍的、一般的人，存在着普遍的、一般的人性和人的类本质，即人的自由自觉的生命活动（实践），承认这就是人区别于动物的类的共同性或'人的一般本性'，乃是马克思主义的观点。……因此，从这个意义上说，马克思主义的以人为本的观点，就是指以区别于神和动物的普遍的、一般的人为本，而不是什么以'民'为本（其实，'民'本身也是一个抽象的、一般的概念）。"①

这段话至少有两点是值得斟酌的：其一，这种对"一般人性""类本质""共同性"加以强调的人的本质规定观，同马克思关于"人的本质不是单个人所固有的抽象物，在其现实性上，它是一切社会关系的总和"②的界定思想是矛盾、冲突的；其二，马克思主义以及中国共产党提出的"以人为本"观点，绝不是"指以区别于神和动物的普遍的、一般的人为本"，而确乎是"以人民为本"的。"以人为本"是科学发展观的核心，而中国共产党十七大报告规定的它的内涵是："全心全意为人民服务是党的根本宗旨，党的一切奋斗和工作都是为了造福人民。要始终把实现好、维护好、发展好最广大人民的根本利益作为党和国家一切工作的出发点和落脚点，尊重人民主体地位，发挥人民首创精神，保障人民各项权益，走共同富裕道路，促进人的全面发展，做到发展为了人民、发展依靠人民、发展成果由人民共享。"③这才是"以人为本"的真义。这里哪有一丝一毫"不是什么以'民'为本"的意思呢？为了防止"以人为本"的提法遭到曲解，胡锦涛同志在新进中央委员会的委员、候补委员学习贯彻党的十七大精神研讨班上的讲话中说："我们提出以人为本的根本含义，就是坚持全心全意为人民服务，立党为公、执政为民，始终

① 朱立元：《走向实践存在论美学》，第154—155页。

② 《马克思恩格斯选集》1，人民出版社，1995年，第56页。

③ 胡锦涛：《高举中国特色社会主义伟大旗帜　为夺取全面建设小康社会新胜利而奋斗——在中国共产党第十七次全国代表大会上的报告》，人民出版社，2007年，第15页。

把最广大人民的根本利益作为党和国家工作的根本出发点和落脚点,坚持尊重社会发展规律与尊重人民历史主体地位的一致性,坚持为崇高理想奋斗与为最广大人民谋利益的一致性,坚持完成党的各项工作与实现人民利益的一致性,坚持发展为了人民、发展依靠人民、发展成果由人民共享。以人为本,体现了马克思主义历史唯物论的基本原理,体现了我们党全心全意为人民服务的根本宗旨和我们推动经济社会发展的根本目的。"①可以说,这里明确地指出了以人为本即是以最广大人民的根本利益为本。②

"实践存在论美学"论者说:近年来随着"以人为本"成为主流话语的关键词之后,"理论界对这个口号(命题)也改变了正面反对和批判的态度,而采取了重新阐释的策略,即把'以人为本'的'人'解释为广大人民群众即'人民',于是这个命题实际上变成'以民文本'了。但是,'以民为本'与'以人为本'之间可以画等号吗?符合马克思主义的原意吗?③笔者看来,这个替换忽略了马克思主义人学理论内在地包含人道主义和人本主义的基本原则,从而把马克思主义与人道主义、人本主义人为地对立起来,似乎人道主义、人本主义成了西方资产阶级的专利。笔者认为,这是认识'以人为本'思想的一大误区。"

显然,解读的差距是很大的。为什么会有这个差距呢?其实我认为道理并不复杂,因为将"以人为本"解释成以人民为本,那是唯物史观;若将"以人为本"解释成以"一般的人"、个体的人为本,那是唯心史观。《走向实践存在论美学》一书是2008年出版的,作者理应是熟悉、了解当时的理论环境和理论背景的,但依然坚持"以人为本"就是要解读成是以"普遍的、一般的人"为本,而不是"以'民'为本",这却是让人不好理解了。

---

① 胡锦涛:《把党的十七大精神学习好贯彻好》,《人民日报》,2007年12月17日。

② 国防大学中国特色社会主义理论体系研究中心:《贯彻落实科学发展观的根本出发点和落脚点》,《人民日报》,2010年2月2日。

③ 朱立元:《走向实践存在论美学》,第148页。

二、“实践存在论美学”是一种新的人本主义美学

我们说“实践存在论美学”严格讲来是一种新的人性论和人本主义美学,正是在上述意义上判断的。这种美学学说,20 世纪 80 年代曾经热闹过一阵子,近些年又有了新的表现与复活。如果说 20 世纪 80 年代的人本主义美学更多的是强调美学的人学性质,强调人类学实践本体论,那么这次复活和表现的特征,则是不顾历史事实断章取义、明目张胆地把马克思打扮成一个彻底的人性论者和人道主义者。

“实践存在论美学”论者认为:“马克思明确地肯定了区别于动物的一般的、族类的人的存在,并把自由、自觉的生命活动(实践)看作人的类本质或一般本质。换言之,人有着可以抽象的、区别于动物的一般的、普遍的、人的族类性和共同性,即人的一般本性或普遍人性。”①这种表述,已经与马克思的科学表述相距甚远,已经把马克思描绘成一个不折不扣的抽象人性论者。如果不是利用和曲解马克思早期著作中个别还没有升华到历史唯物主义的言论,怎么会得出这样与马克思后来的论述很不一致的结论呢?马克思在《资本论》中是这样说的:“如果我们……想根据效用原则来评价人的一切行为、运动和关系等等,就首先要研究人的一般本性,然后要研究在每个时代历史地发生了变化的人的本性”②。这是从政治经济学研究方法的意义上讲的,这和“实践存在论美学”论者说马克思“明确地肯定”“人有着可以抽象的、区别于动物的一般的、普遍的、人的族类性和共同性,即人的一般本性或普遍人性”,完全不是一回事,不在一个层面上。“实践存在论美学”论者所以念念不忘强调“普遍人性”,随时随地否定人的本质“是它的社会特

① 朱立元:《走向实践存在论美学》,第 15 页。

② 马克思:《资本论》第 1 卷,人民出版社,2004 年,第 704 页。

质”[①],是因为这种理论尽管不新鲜,但它可以用来为抽象的、泛化的“实践”概念服务,可以为存在论的“此在”个体的人服务,可以为论证是马克思奠定了现代存在论的理论基础服务,可以为曲解辩证唯物主义的物质本体论服务。这一点,只要联系一下“实践存在论美学”将抽象的“一般本性或普遍人性”与海德格尔存在主义结合起来,便可以看得一清二楚。

反过来讲,马克思是不是不涉及人的“一般的”、“普遍的”、“族类性”的东西呢?显然不是。马克思只是主张把“一般的”、“普遍的”、“族类性”的东西,“看作现实有限物的即存在的东西的、被规定的东西的现实本质”,或者说“把现实的存在物看作无限物的真正主体”。[②]离开了现实的规定性,将人的观念同人的现实存在割裂开来,将人的本质与属性共性化、普遍化、一般化,那就离开了本质界定历史原则、社会原则,必然导致一种神秘化或生物化的倾向。这种人性观与马克思主义人性观是不相干的。马克思正是不完全否定抽象的“人”,而是批判和扬弃费尔巴哈“停留于抽象的‘人’”[③],进而看到了现实存在着的、活动的人,这才有唯物主义历史观的诞生。一种美学理论,倘若其主要论述中是以“普遍的人”、“人的一般本性”为基石,那再怎么说这是“马克思主义美学流派”,是“马克思主义美学的新形态”[④],也是缺乏说服力的。

三、“实践存在论美学”从“存在论”切入的哲学根基

由于“实践存在论美学”的根基是人性论和人本主义,因之,它在本体论陈述上必然坚持所谓“人”的优先地位,而反对所谓“物质”的优先地位。这个区别,自然地把它自己推到唯物主义的对立面。尽管“实践存在论美学”论者也称要以唯物史观为基础,要批

---

① 《马克思恩格斯全集》第3卷,人民出版社,2002年,第29页。

② 马克思:《资本论》第1卷,人民出版社,2004年,第32页。

③ 《马克思恩格斯选集》第1卷,人民出版社,1995年,第78页。

④ 张玉能:《中国化马克思主义美学的考察》,《文艺报》,2009年2月24日。

判地吸收借鉴海德格尔后期存在论中的合理因素，但是，在实际上它的理论依据已经转到了海德格尔的存在论哲学的根基上。

“实践存在论美学”论者在主编的《美学》教材中说：“建立美学的哲学基础，在我们看来，要从人生在世这一存在论维度切入。”[①]在有关的一些论著中也重申：“实践存在论美学”“虽然仍然以实践作为美学研究的核心范畴，但是却突破主客二元对立的认识论，转移到了存在论的新的哲学根基上了”[②]。这些都确切无疑地表明，“实践存在论美学”的哲学基础已经发生了大的转移，而这种转移，是朝着离辩证法和唯物史观越来越远的方向运动的。

“实践存在论美学”论者认为：“海德格尔的基本本体论中人的存在（此在）具有突出的优先地位，可以说其本体论的核心与基础就是对人的存在即此在的探究，并由‘此在’进而追问存在的意义。这一本体论新思路对我们当前哲学、美学的研究极富启迪性。笔者据此提出了实践美学以实践为人的基本存在方式，故其哲学基础为实践存在论的观点。”[③]该论者之所以认同并接受海德格尔的观点，从此段的论述中不难看出，主要是认为海德格尔所论的“存在”完全排除了存在者，“存在即此在”，并且只能由“此在”来“追问存在的意义”。在这种思路下，存在的优先性、物质的第一性、主观客观对立统一的存在方式，就都烟消云散了。

本来，在海德格尔那里“存在”已被弱化成了一种游戏式的同义反复，即存在之所以不是具体存在物，只是因为它是存在。这样，“所谓的存在问题便凝结成一种无维度的点：凝结成它认为是唯一嫡出的存在的意义。它成了一种禁令，禁止超越这一点，最终禁止越出这种同义反复之雷池一步。这种同义反复在海德格尔的文章中表现为：自我显示的存在反反复复地只是谈论‘存在’。……正像一种在水中按葫芦的动作一样，作为一种荒唐的仪式，得一遍又

① 朱立元：《美学》，高等教育出版社，2006年，第55页。
② 朱立元：《简论实践存在论美学》，《人文杂志》，2006年第3期。
③ 朱立元：《走向实践存在论美学》，第141页。

一遍地去做才行。存在哲学和它很喜欢的神话共有这种重复的仪式”。①“实践存在论美学”看来完全接受了这种“无意义”的所谓的“存在的意义”,只能说明它在向着非唯物主义方面靠拢。

我们不妨看看在这个问题上哈贝马斯的意见。他说:“尽管海德格尔在迈出第一步时摧毁了主体性哲学,并用使主客体关系成为可能的关联架构取而代之。但在走第二步时,当他力求使周围世界按照自身的呈现过程合理化时,他又坠回到主体性哲学的窠臼,因为这时以唯我论方式建立起来的此在重又占据了先验主体性的位置。”②“实践存在论美学”循着海德格尔的脚步,同样强调“人的存在的优先地位”,强调“人的存在即此在”,实际上是也变成了一种先验主体性哲学美学。它非但没有摆脱其所反对的主客二元的思维方式,不过是给先验主体性理论炮制了一种海德格尔化的存在论式的表现形式罢了。唯物主义告诉我们,“人并没有创造物质本身。甚至人创造物质的这种或那种生产能力,也只是在物质本身预先存在的条件下才能进行。”③如果把这种思想换成“实践存在论美学”的“世界只是对人存在,离开了人,无所谓世界,……没有人的时候有没有自然界都值得怀疑”④的思想,那么,主客二元的思维不但没有改变,反而唯物主义的成分也看不见了。唯物主义承认,人的连续不断的生产活动和现代工业使整个感性世界发生了巨大变化,但也承认,这种变化只是发生在有限的范围内,且“外部自然界的优先地位仍然会保持着”。⑤“实践存在论美学”强调人的实践作用本是没有错的,但将“此在”的个体人放在“突出的优先地位”,就又回到了片面的狭隘的人本主义立场上去了。这不能

① 阿多尔诺:《否定的辩证法》,张峰译,重庆:重庆出版社,1993年,第112—113页。

② Juergen Habermas: “Fredrick Lawrence trans”, *The Philosophical Discourse of Modernity*. Cambridge: The MIT Press, 1987, p.147.

③ 《马克思恩格斯全集》第2卷,人民出版社,1957年,第58页。

④ 朱立元:《走向实践存在论美学》,第8—9页。

⑤ 《马克思恩格斯选集》第1卷,第77页。

说是一种理论的进步,而只能说是一种理论的退步。

可以看出,“实践存在论美学”试图以现代存在论超越传统本体论,反而更加牢固地陷入了形而上学的圈套。它不分青红皂白地将马克思的运动物质本体观当作传统的实体本体论加以否定,似乎只要出现“本体论”的字样,就一定是机械的唯物本体论,就一定是形而上学,这就成了另一种形式的独断论表述。“实践存在论美学”论者无视马克思对物质概念的全新阐释,无视辩证的历史的物质观对现代哲学的奠基意义而一概加以拒斥和批驳,实则又犯了偷换概念的错误。其实,“物质科学是一切科学的基础”,“从现代科学技术发展和当前科技发展态势分析,物质科学研究是科学发展的制高点,充满了原始创新的机会”①。物质科学的前沿突破推动着人类的科学变革和技术进步,21 世纪最大的科学之谜也许就是暗物质和暗能量的研究。这是现代科学思想的精华,也可看作是对否定物质本体论思想的有理有力的回答。

科学告诉我们,如果我们以本体论的视角考察和透视马克思的物质观念,并且将经典作家的本体论阐释同最现代科技成果的理念结合起来,那是不会得出探讨本体论乃是要尝试恢复旧唯物论本体观,复兴形而上学思维的结论的。哈贝马斯说得好:“并非一切以‘本体论’名义出现的东西都是这种复兴尝试的产物,过去如此,现在依然这样”。②马克思的辩证运动物质本体观,与传统的实体本体论有着质的不同,两者是不能像“实践存在论美学”论者那

---

① 什么是物质科学?中科院院士、中国科学院常务副院长白春礼说:“物质科学致力于研究物质的微观结构及其相互作用规律,它不仅是一切科学的基础,而且可以衍生出一系列新的技术原理,为新材料与新器件的研发提供新的知识基础。物质世界的层次对应于基础学科的分类,主要有天文学、空间科学、地球科学、生命科学,乃至材料科学、物理、化学、纳米科技、高能物理、粒子物理等。虽然这些基础学科的分级并不都在一个层次上,但这些学科研究对象的尺度从大到小,所对应的科学前沿分别为宇宙的起源与演化、生命的本质、物质的本质与基本结构等。物质世界是分层次的,每个层次均有各自的特征和发展规律。一旦对这个层次的特征和规律有了新的认知,科学与技术都将发生革命性的变化。”见《人民日报》2010 年 3 月 1 日《物质科学充满原始创新机会》一文。

② 哈贝马斯:《后形而上学思想》,曹卫东等译,南京:译林出版社,2001 年,第 247 页。

样等同视之的。

四、“实践存在论美学”对辩证唯物美学观和历史观的偏离

海德格尔思想和学说中有用的东西,诚然是可以而且应当批判地借鉴的。但如果像有的“实践存在论”者那样,认为海德格尔的理论是“提示我们进入真正理解马克思哲学革命性变革的路标”①,同时又把“实践存在论”美学这种与海德格尔思想融合的学说称作“中国化马克思主义美学的主要标志”“中国当代美学的主导潮流”②,那就大可不必了。因为这样弄得不好,是很容易构成一种莫大的讽刺的。

把马克思早期的某些思想同海德格尔的存在论思想结合起来,这种做法并不始于中国,20 世纪西方学者包括马尔库塞和弗·杰姆逊等人在内,就已经开始进行过此类的试验。在德国,甚至产生过所谓的“海德格尔马克思主义”学说。那么,这种做法于 21 世纪之初在中国出现,其原因是什么呢?有学者把它看作是中国当前思想理论界一种流行思潮的产物;有学者把它归结为市场经济发展与活跃的必然结果,因之导致这种美学理论“不仅进行了唯心主义的改装,而且使其负载了自由个人主义价值观”③;有学者把它归结为海德格尔“此在再世”说在中国的余绪,因此推动了美学的“存在论转向”④;有学者则把它归结为是受东欧特别是南斯拉夫“实践派”哲学泛滥的影响,所以也否认马克思主义哲学是“辩证唯物主义”,强调“实践”是马克思主义的“出发点”“核心范畴”,强调“实践

① 宋伟:《马克思主义美学的哲学基础及其当代理解——关于“实践存在论美学”论争的论争》,《上海大学学报》,2010 年第 1 期,第 103 页。

② 张玉能:《中国化马克思主义美学的考察》,《文艺报》,2009 年 2 月 24 日。

③ 侯惠勤:《历史唯物主义研究要为中国特色社会主义服务》,《高校理论战线》,2009 年第 10 期。

④ 李存晰:《海德格尔“此在在世”说的中国余绪》,2009 年 11 月 29 日北京“哲学、美学和文艺学本体论问题学术研讨会”论文。

哲学”“实践一元论”“辩证的人道主义”等,申论“人在本质上是一种实践的存在”,其关键词也是“自由”和“创造”,“自我决定”和“自我完成”①,等等。这些判断,应当说都是有一定道理的。

不过,我认为,近些年之所以冒出各式“新实践美学”,尽管有整个“实践美学”探讨沿革的无形制约,但其根本原因还是某些学者对马克思主义哲学、美学越来越疏远、越来越鄙视、越来越缺乏信任造成的。有些人认为,在国际社会主义运动实践过程中出现的许多负面问题,根源就在于辩证唯物主义哲学讲“物质本体论”,讲客观规律而“漠视主体”“见物不见人”,所以需抛弃辩证唯物主义,另起炉灶。有些论述,将科学的唯物史观贬斥为“在近代思维模式中的‘经济决定论’的历史观”和“形而上学的唯物主义在历史领域中的移植”,因之主张“要去除笼罩在历史唯物主义之上的这种由近代思维模式所造成的遮蔽,就需要再度深入历史唯物主义所由出的那场哲学革命,亦即再度深入这场革命所展示的新的存在论境域”②。而对唯物史观所进行的现代存在论解读,则被当成是克服唯物史观缺欠和其作用“蔽而不明”的手段。在这样的氛围下,有些哲学、美学论者开始对马克思主义哲学进行重新判定和重新解读,就不足为奇了。

譬如,近来有“实践存在论美学”维护者,竟然把“辩证唯物主义和历史唯物主义”哲学武断地称之为“斯大林主义”“极权主义”“敌视人”的学说,称之为“前苏联模式的官方正统马克思主义”,“成为斯大林主义铁血政治得以实施的理论同谋”;认为“辩证唯物主义和历史唯物主义”是“近代形而上学的极端形式”,它“正如‘古拉格群岛’与‘奥斯维辛集中营’共同完成了‘现代性与大屠杀’的形而上学恐怖与暴力”一样;认为它是“将活生生的人类历史客观化、自然化、规律化、必然化、实体化,将历史发展进程规定为铁血

① 张守民:《前南斯拉夫“实践派”的“实践哲学”及其泛滥的教训》,《高校理论战线》,2010 年第 1 期,第 45—52 页。

② 王德峰:《海德格尔与马克思:在历史之思中相遇——论历史唯物主义的存在论境域》,《天津社会科学》,1999 年第 6 期。

的客观必然规律,偷换了马克思历史观的原初内涵,改换了马克思哲学的历史原貌"①,必须加以批判、颠覆、推倒和摒弃;认为任何想把马克思主义哲学从这种"近代形而上学改写或涂抹中拯救出来",就得实现"实践论哲学"与海德格尔"存在论哲学"的"境域融合",这才会使中国当代美学"进入去蔽澄明的境界"②。

这种指鹿为马的意见,无疑显得很粗暴,但它却言之凿凿地暴露了"实践存在论美学"在哲学底蕴上的一种内在取向。"实践存在论美学"维护者明确指出:哲学、美学、文学理论等领域展开的"实践存在论"或"实践生存论"的讨论,"其实质关涉到如何理解马克思主义以及美学、文学理论研究应该建基于何种马克思哲学基础之上等基本理论问题"③。这就表明,上述意见乃是"实践存在论美学"欲"建基"的"哲学基础"的一个选项。

上述这种多少有些超出学术讨论范围的论断,我不准备在这里多做分析。我想,只要引述下面一段文字来说明这种意见的站不住脚,也就足够了。十七届四中全会通过的《中共中央关于加强和改进新形势下党的建设若干重大问题的决定》(2009 年 9 月 18 日)中,在谈到建设马克思主义学习型政党,提高全党思想政治水平时,明确要求全体党员和干部,要"牢固树立辩证唯物主义和历史唯物主义世界观和方法论"。面对如此确切无疑的表述,不知"实践存在论"美学、文艺学的提倡者与维护者该作何感想、是否尴尬?

五、"实践存在论美学"混淆了马克思早期与成熟期思想的界限

哲学基础的变更,的确使"实践存在论美学"把挖掘马克思"实

①②③ 宋伟:《马克思主义美学的哲学基础及其当代理解——关于"实践存在论美学"论争的论争》,《上海大学学报》,2010 年第 1 期,第 89—92 页、第 100—105 页、第 89 页。

践”学说中的所谓“存在论内涵”，作为了自己主要的学术使命。“实践存在论美学”认为：实践是人的现实的、具体的、历史的生存在世方式；实践包含人类各种各样的活动形态，由物质生产实践、社会改革、伦理道德实践、精神实践等多层面、多维度的活动方式组成，可以视作广义上的人生实践；实践是人与自然、人与社会、人与自我交往的基本方式。①这样一来，马克思主义实践理论的批判性和革命意义就不复存在了。

本来，马克思是反对从虚空出发的本体论哲学的，是“坚决抵制一切关于开端和主体的哲学，不管是理性主义、经验主义还是先验哲学”②的。可为什么一个时期来“存在论”“生存论”哲学会如此热闹呢？难道马克思主义美学、文艺学的发展非得走与存在论的“境域融合”之路不可？问题的根子恐怕还是在于要塑改马克思的形象，把马克思打造成一个自始至终的人性论者、人道主义或人本主义者。只要稍许考察一下“实践存在论美学”引用有关马克思的语言文字，就不难发现，在那里是完全不去划清马克思主义同人道主义之间的界线的，是跟在西方某些热门观念和思潮后面亦步亦趋的。

我国著名马克思主义哲学史家黄楠森说：马克思正是批判和扬弃了人道主义世界观（包括其价值观和历史观），马克思主义学说才真正出现。马克思主义是超越了人道主义和人本主义的。“马克思青年时期曾经是人道主义者，当他用唯物主义历史观取代人道主义历史观时，即从空想社会主义过渡到科学社会主义，这就是马克思主义的诞生。”③这个判断在学界具有相当的共识性，而且也是符合实际的。如果这个意见能够成立，那么把马克思处在人道主义或空想社会主义时期的某些言论拿来当成马克思主义，就是

① 朱立元、任华东：《马克思实践观的存在论内涵》，《河北学刊》，2008年第2期。

② 阿尔都塞：《在哲学中成为马克思主义者容易吗》，陈越：《哲学与政治：阿尔都塞读本》，吉林人民出版社，2003年，第187页。

③ 黄楠森：《关于人道主义与异化问题的讨论》，《北京大学学报》，2010年第1期。

欠妥当的;如果把马克思早期个别还不是马克思主义的论述拿来同现代西方某些资产阶级学说拼合起来,说成是对马克思主义的创新,那就更不妥当了。

"实践存在论美学"利用马克思的言论,主要靠的是《1844 年经济学——哲学手稿》。"手稿"当然可以利用,但须对内容加以分析辨别。因为"青年时期的马克思最初接受的社会主义思想就是这种空想社会主义,他所持的历史观仍是这种以人的本质来解释历史的人道主义历史观,马克思在其《1844 年经济学——哲学手稿》中有明确的表达。他认为历史发展到今天的资本主义社会是人的本质异化的结果,下一步将是异化的扬弃,即私有制为公有制、资本主义为社会主义所取代。但马克思所理解的人的本质与过去不同,它不再是理性而是劳动、实践,人的本质的异化不是什么理性的迷误,而是劳动的异化"。这是该理论中的"唯物主义因素",但"劳动异化理论的思想仍然是人道主义历史观的思想"①。"手稿"中一些思想能够和存在主义思想融合,就是一个证明。

马克思主义创始人在《德意志意识形态》中批判了这种唯心史观,批判人的本质的异化或人的自我异化的观点,提出了唯物主义历史观,这时的历史观与异化理论所表现的历史观已根本不同。马克思和恩格斯以后的理论工作,都是沿着唯物主义历史观的逻辑前进的,早期著作中的人道主义观点和"异化"概念,后来再没有谈论过。"实践存在论美学"论者一直将"手稿"等早期著作奉为思想与理论的渊薮,对其成熟期的著作视而不见,讳莫如深,这其实依然是在步西方某些学者研究理路的后尘。

诚然,"马克思主义是马克思的观点和学说的体系"。②但应当看到,马克思的言论和思想,是不能无条件地都作为马克思主义思想看待的。马克思的思想和马克思主义应是两个密切相关又有区

① 黄楠森:《关于人道主义与异化问题的讨论》,《北京大学学报》,2010 年第 1 期。
② 《列宁选集》第 2 卷,人民出版社,1995 年,第 418 页。

别的概念。倘若尊重事实,我们就会发现,马克思并不是天生的马克思主义者。“马克思主义的产生晚于卡尔·马克思本人之成为有思想的认识主体,马克思本人的思想并非都属于马克思主义的范畴,而是由一个从非马克思主义到马克思主义的发展过程。马克思的著作并非都是马克思主义著作。马克思主义世界观在《关于费尔巴哈的提纲》中萌芽,在《德意志意识形态》中成熟,在《共产党宣言》中问世。而在这之前,马克思曾经是一个热情奔放地立志‘为人类而工作’①的青年学生,曾经是一个青年黑格尔派的唯心主义者,他的思想曾经在恩格斯所称的‘我们的狂飙时期’②经历了从革命民主主义到共产主义的转变,经历了‘离开黑格尔走向费尔巴哈,又超过费尔巴哈走向历史(和辩证)唯物主义’③的过程。马克思和恩格斯合著《德意志意识形态》的动因,就是‘以批判黑格尔以后的哲学的形式’,‘把我们从前的哲学信仰清算一下’。④马克思早期的一些著作,既包含着日益增长的超越前人的思想成果,在其不断发展中越来越接近于世界观中的革命变革,又带有不应忽视的非马克思主义思想的痕迹,因而不同于成熟的马克思主义著作。”⑤譬如,“实践存在论美学”倚重的《1844 年经济学——哲学手稿》,“就具有明显的过渡性,它所体现的马克思的思想,是马克思主义正在形成但又尚未成熟的过渡形态。忽视其中已经产生的宝贵思想财富,或将其中表现出费尔巴哈人本主义思想痕迹的论述当作马克思主义的观点来引用,都是片面的、非科学的。”我们“更不能将马克思早期不成熟的思想当作马克思思想的高峰,将早期著作中的一些论述当作曲解马克思主义的口实,用‘青年马克思’反对‘老年马克思’”。⑥如果一见到这样的意见,便认为是在“制造‘两

① 《马克思恩格斯全集》第 1 卷,人民出版社,1995 年,第 459 页。
② 《马克思恩格斯选集》第 4 卷,人民出版社,1995 年,第 212 页。
③ 《列宁全集》第 55 卷,人民出版社,1990 年,第 293 页。
④ 《马克思恩格斯选集》第 2 卷,人民出版社,1995 年,第 34 页。
⑤⑥ 田心铭:《关于马克思主义观的十二个关系问题论纲》,《高校理论战线》,2010 年第 4 期。

个马克思'的新神话"①，坚持马克思还有个所谓"存在论"立场，那就只好请论者反躬自问，是不是自己在制造"两个马克思"了。

六、"实践存在论美学"违背了马克思主义美学中国化的原则

马克思主义美学的中国化和时代化，是在实践中推进的理论创造过程。马克思主义美学的中国化和时代化，归根结底是在中国的审美实践中实现的，是有其深厚的本土实践基础和时代语境的。马克思主义美学的中国化和时代化，应该包括着内容和形式的两个方面，应是这两个方面的统一。推进马克思主义美学的中国化和时代化，要在我国革命、建设和改革的实践中，一面结合国情创造性地运用马克思主义美学的基本原理，一面在新的实践中回答和解释历史与时代提出的新课题，做出新的理论概括，并结合源远流长的传统文化和批判借鉴西方先进文化，赋予理论以人民群众喜闻乐见的作风和气派，使其融入到中国当代文化建设之中，成为有生机和活力的中国特色社会主义文化的一个组成部分。

马克思主义美学是一门科学，科学是老老实实的学问。马克思主义美学研究不能像商业行为那样，追求卖点，追求抢眼，追求时尚。如果马克思主义美学中国化和时代化的探索，离开马克思主义美学的普遍原理，不同中国的国情和审美实际结合，而只是用西方脱离现实的精英化的现代、后现代哲学、美学学说来加以嫁接、杂糅或混融，那么，这种探索是违背马克思主义美学中国化和时代化的合理路径的。近年在关于美学的讨论中，有些论者似乎认为辩证唯物主义认识论美学不是真正的马克思主义美学，认为马克思主义美学中缺乏人学和人道主义的维度，认为马克思主义美学的观念需要用"存在论"和"生存论"来加以替换和补充，认为马克

① 朱立元、张瑜：《不应制造"两个马克思"的新神话——重读〈1844 年经济学——哲学手稿〉兼与董学文、陈诚先生商榷》，《社会科学战线》，2010 年第 1 期。

思主义美学的精髓直到晚近才被某些“西马”理论家解读出来，因之马克思主义美学的精华只能到马克思早期著作中去寻找，认为其后的列宁、毛泽东等民族化、大众化、时代化的美学思想都是偏离马克思主义美学思想的产物，所有这些观点，至少可以说都是理论脱离实际、主观和客观分离、不够实事求是的。

马克思主义与存在主义之间不能说没有联系。这种联系，我们不仅可以从马克思主义美学由传统形态向当代形态转化过程中所形成的某些特点中看到，而且也可以从“新实践美学”对马克思主义美学的某种“改造”中看到。在“存在论”“生存论”美学论者那里，对“实践”的表述、对“本体”的解析、对“意识形态”的认知以及对“审美”的解读，都越来越宽泛和灵活。“存在论”、“生存论”美学相当有意识地剔出了美学中可能存在的所谓主客二分的认识论成分，剔出物质本体论、经济决定论和超出人本分析的阶级与阶层理论因素，这就使马克思主义美学与当代西方各种美学学说的接触面和融会面大大拓宽。可是，这样做的结果，也使得马克思主义美学原有的科学性和革命性明显减弱，使得号称马克思主义美学“新发展”的理论，同各种非马克思主义美学学说之间有了更多更便捷的通约性。马克思这位批判的和革命的美学家，由于被以意为之地放到现象学和存在主义哲学基础上去解释，也就被重塑和改造成一位海德格尔式的存在论先驱，一位主观至上的抽象的人道主义者。这是“新实践美学”论始料所不及的。

通过理论分析我们还可以发现，近年“新实践美学”的理论轨迹，是从明显的意识形态批判转向了康德主义和存在主义的话语分析，从对物质实践观点的肯定转向了对纯精神领域的探索，从对现实生活的美学诉求转向了在学术概念领域的反抗。这一取向，尽管表面上似乎拓展了马克思主义美学的论题域，但由于它抛弃了马克思主义美学最基本的东西，忽视了对物质实践领域的界说，因而不可避免地向唯心史观方向摇摆和滑动。这是不以研究者的意志为转移的。我们可以套用西方学者对“新历史主义”的评语来评判“新实践美学”，即那是“对一种明显的马克思主义观点的海德格尔式的转换”①,是格林布拉特说的“一种变节蜕化了马克思主义”②。

毋庸讳言,这些年我国美学理论的巨大变化和进展,引出了对马克思主义美学的种种看法,也产生了各式各样的马克思主义美学观。尽管这其中的见解可能相互抵触和分歧,有些认识已离开了辩证唯物主义和历史唯物主义,但大多数人还是喜欢将自己的理论挂上马克思主义的牌号。这既说明了马克思主义美学的旺盛生命力,同时也带来了需要进一步辨析“什么是马克思主义、怎样对待马克思主义”③的理论任务。

我们当然希望马克思主义美学在新的历史条件下有较大的发展,马克思主义美学的中国化和时代化步伐迈入新境界。但我们也希望这种发展能切切实实是符合马克思主义的,希望它的中国化和时代化进程能一步一个脚印地与中国的实际结合起来。只有这样做,对于马克思主义美学的本质、规律、特点、作用以及如何对待的态度,才会有一个科学的把握。

马克思主义美学不是书斋里的脱离实际的学说,不是可以任意地同其他美学学说糅合或拼凑的知识体系。马克思主义美学是无产阶级和劳动群众从审美上掌握世界和改造世界的思想武器。如果把中国化的马克思主义美学变成同各种非马克思主义美学学说一样的只是抽象地甚至自我地解释某些审美现象的工具,离开理论和实践的统一去谈论它,那么,马克思主义美学的真正灵魂就被去掉了,它的活力也就被窒息了。

(原载《北京联合大学学报》2010 年第 2 期)

---

① 林特利查:《福柯的遗产:一种新历史主义》。载《新历史主义与文学批评》,北京大学出版社 1993 年,第 151 页。原文是“……福柯式的转换”。

② 盛宁:《新历史主义》,台北:台湾扬智文化事业公司,1996 年,第 126 页。

③ 在纪念党的十一届三中全会召开 30 周年大会上的讲话中,胡锦涛总书记将改革开放以来党的全部理论和全部实践归结为对四个重大理论和实际问题的创造性探索和回答,其中,列在首位也是第一次以明确的形式郑重提出的就是“什么是马克思主义、怎样对待马克思主义”的问题。见胡锦涛:《在纪念党的十一届三中全会召开 30 周年大会上的讲话》,人民出版社 2008 年。美学上亦应如此。

实践存在论美学的形成及其问题

——当代美学范式迁移的个案考察之一

张 弘

20 世纪 90 年代的中期，称得上是中国当代美学发展史上的一个重要生长点。当时对实践美学进行的反思及批评，不仅规模空前，而且卓有成效。在应对各种批评意见的同时，实践美学既坚持自己的基本立场，也吸收不同观点和其他思想资源，实际已走出了原有理论界域。这其中，逐步形成并在新世纪伊始正式提出的实践存在论美学，是较有代表性的。它的衍生过程、学理范式和观念方法，均相当典型。我们从来认为，中国美学的未来建设不应该也不可能重演以往一家独尊的局面，需要的是各种美学新范式的共同兴盛和彼此的平等对话与商榷。本着这样一种立场，本文拟从范式迁移即学术演进的角度，对实践存在论美学的形成及其理论特征作一番追溯和探讨。相信这既有助于全面理解实践存在论美学的构成，也有利于本世纪虽艰难但仍在前行的美学理论进程。

一

实践存在论美学的提出，首先见于朱立元门下的青年学者刘旭光《实践存在论美学新探》一文，该文大有代为立言之意，一再说，“朱先生……所阐释的实践本体论美学已经可以更名为实践存在论美学”。①

---

① 刘旭光：《实践存在论美学新探》，《学术月刊》2002 年第 11 期。

一年后，朱立元明确表态认可，他在一篇论文的一条注释里，首肯了刘文的建议，同意用“实践存在论”代替“实践本体论”，并以此把他的老师蒋孔阳、他本人和他的学生们的观点同李泽厚、刘纲纪等人的实践本体论区分开来，再次参照海德格尔的基础存在论，说明了实践存在论的哲学基础。[①]至此，实践存在论美学正式告别了实践论美学的原有形态，即实践本体论美学。后经营数年，朱立元等主编的“实践存在论美学”丛书又在 2008 至 2009 年间推出，成为其成果的总汇。

实践存在论美学总体上的理论规划，正如其命名显示的，即让实践范畴带上存在范畴的意指，合实践与存在于一体。由此作为其理论架构之哲学根据的实践论，实际内涵已有变化，既摆脱了主要由李泽厚引申的本体论意义，也改变了其历来所具有的、它一度曾加以恢复的认识论意义。

文革结束后的美学思潮，曾为争取艺术审美不再受制于政治意识形态的独立地位作过探索。“美的本质、根源来于实践”（李泽厚语）的提法，当时是和“实践是检验真理的标准”的提法呼应的，包含着冲破思想教条的积极内容。在这点上，实践美学充分体现了时代性。它从实践的角度突出了人在审美过程中的主体地位，顺应了新时期的人文关怀和主体性思潮。理论上它不再把美看做自然的物质属性或精神的观念实体，而是把美当做通过实践而实现的对象，期待着克服主观美学或客观美学各自的片面性。但美学的进一步思考随即揭示了实践本体论美学的不足之处，因为它仅仅一般地主张美是现实的实践的产物，把审美局限在理性的社会活动和单纯的现实活动范围内。而审美实践是不同于物质生产和社会群体活动的，即使受到后者影响，也因它属于自由的精神生产，不可能全部受后者制约。所以在审美特性的把握上，实践本体论美学是有缺失的。不仅如此，实践本体论美学继续把美学看成

① 朱立元：《寻找存在论的根基：蒋孔阳美学思想新论之二》，《学术月刊》2003 年第 12 期。

是一门寻问美的抽象化本质即美的本体的学问，由此反而和真正现实中的审美活动造成了隔阂。即使换个说法，认定美是“人的本质力量的对象化”，那也是把人的本质力量当成了某种先在的东西，审美不外是这一先在的东西的显现与外化。这样的观点仍然是形而上学的本质主义。正由于此，进入20世纪90年代，实践美学受到了来自各个方面的批评。

针对批评，朱立元作为实践美学的代表，作出了三点回应。一是弱化实践本体论的形而上学本质主义的色彩。他把“美的本质、根源来于实践”的说法，解释为实践只是实践论美学的哲学出发点，而不是美学的真正逻辑起点，更不是美学的基本范畴或美的根本性定义，同时表明实践美学并不抹煞审美的超越性、精神性和个体性。二是恢复实践范畴原有的认识论意义，将其扩展为本体论和认识论的双重结构。他主张，实践原本属于认识论范畴，经由李泽厚、蒋孔阳的美学论证而上升为本体论范畴，但审美有认识因素，必然与认识论意义的实践相关联，因此实践论美学的哲学基础应当是实践本体论与实践认识论的统一。于是实践转化成达到美的一种中介。三是把实践向着存在的范畴延伸，但这个存在范畴的真正意义是生存。他提出，人与现实的审美关系（包括其他一切关系），都建立在“实践的存在方式基础”上，由其派生和最终决定。从这里开始，实践本体论美学逐渐向实践存在论美学转变。为促成这一转变，朱立元又对本体概念另行阐释。原先他有关“本体”的说法还侧重在“所自何来”的“本源”上，现在转而指责如此理解是误会了本体及本体论的原意，提出应“把‘本体论’理解为存在（‘有’‘在’或‘是’）论即研究存在的学说”，同时把存在论说成“人的社会存在的理论”，当然“‘社会存在’的主要内容即人们的实践活动”。[①]通过将本体性的实践范畴引向作为社会存在方式的实践，他为避免实践本体论美学的形而上学本质主义尽了最大努力。

不难发现，尽管朱立元把“实践本体论与实践认识论相统一”

① 朱立元：《实践美学哲学基础新论》，《人文杂志》1996年第2期。

的实践美学的“哲学基础新论”又概括为“唯物史观”,但对他具有决定性意义的理论依据是海德格尔。他公开承认自己受海德格尔存在论哲学的影响,说:“笔者本人之所以说‘哲学本体论的核心问题应是人的存在问题’实乃由海氏的基本本体论获得的启示。”[①]他进而要求将“本体论”这个概念词一律改为“存在论”。

不过朱立元对存在论哲学与海德格尔思想的理解和阐释,均有一定程度差距。首先,本体论和存在论的西语词汇虽是同一个(Ontologie),但西方哲学史上确有将本体论作为本质或本源之学的阶段,“本体论”的译名也因此沿用已久。只是为了突出海德格尔现代本体论的特点,中译者才将其改为“存在论”,并得到多数人认可。朱立元要求将所有历史阶段不同形态的“本体论”一律改称“存在论”,未免失之简单笼统。其次,海德格尔本人从来未曾把“人的存在问题”当做哲学本体论的核心问题,即使在《存在与时间》的“基本本体论”即基础存在论中,也特别不能容忍把他有关此在的存在论分析混同于人类学、生理学、心理学等各种形式的生存论学说,并不止一次地作过说明。因此朱立元认为以海德格尔为代表的“现代本体论”是“生存论哲学”,“本体论的现代形态”的特点“主要表现在把存在的一般研究集中到人的存在即此在的研究上”,“此在”概念是“现代人本主义思路的开启”等,[②]均是根据海德格尔关于存在问题的生存论分析立论的,不够全面,反映了以人文意味的“生存”来解读思辨意味的“存在”的倾向。最后,朱立元将本体论或存在论的方法说成是“用纯逻辑方法进行的范畴推演与原理、体系的构造”,也明显有悖于海德格尔始终一贯的反理性逻辑的立场。为此,学术界出现了不同观点的商榷意见。

尽管如此,无可否认的是,实践美学已开始调整自身理论基础,借鉴和吸收海德格尔的存在论哲学。这一个从实践本体论向实践存在论的转变和后实践美学的其他各种理论动向一样,充分

①② 朱立元:《当代文学、美学研究中对“本体论”的误释》,《文学评论》1996 年第 6 期。

地标示出中国当代美学建设过程的学术范式正在经历迁移。

二

实践美学声称自己的哲学基础是“唯物史观”，并将马克思主义经典的阐释作为本身理论建构的基本方法，这是它为自身获取合法性，并从同样以马克思主义为旗帜的反映美学那里夺取主导地位的关键手段。我们知道，新中国成立后正统的美学地位原来是由反映美学占据的，它同样根据马克思主义经典论述来构建美学理论，中心原理是主张忠实再现生活的唯物论的反映论。由于分有了意识形态的优势，这种唯物论的美学观在20世纪50年代的美学论争中，曾以“政治上正确”的绝对权威面目出现。实践美学的理论焦点，如前所述，已转到了主体能动的实践功能上，不过它继续高举以马克思主义为指导的大旗，同样也讲“唯物史观”，因而被认为是对马克思主义美学的新发展，得以和反映美学相抗衡，并逐渐形成为80年代中国美学的新主流。这一点微妙之处，即便演变至今日的实践存在论美学，仍然是心领神会的。它继续反复声明，把实践本体论提升为实践存在论靠的是“把实践与历史唯物论相结合”，其“理论根基是对马克思主义经典文本的再阐释”。①

但和实践美学真正有关的其实是马克思主义的实践哲学，或更确切说，是特定形势下重新发现和复兴的实践哲学。虽然马克思的《费尔巴哈论纲》早就揭示了实践在克服唯心论和旧唯物论方面的重要意义，但长期以来马克思主义的基本内容被界定为历史唯物论和辩证唯物论，包含于其中的实践哲学并未受到足够注意，也并不被当做马克思主义的主导形态。尽管国际上前有卢卡契的探索、后有南斯拉夫“实践派”的活跃，国内学术界直到80年代初，才兴起研究和提倡马克思主义实践哲学的热潮，并提出了实践唯物主义，作为对原先由前苏联提出、由我们接收的历史唯物主义和辩

① 刘旭光：《实践存在论美学新探》，《学术月刊》2002年第11期。

证唯物主义的补充。正是在此背景下,李泽厚、刘纲纪、蒋孔阳等人的各种美学观,才明确地把实践当做美学体系的哲学出发点,把美定义为社会历史实践的产物。

我们曾指出,新中国成立后确立了历史唯物论的主导学术范式,①而实践唯物论及实践美学的提出,表明这一范式已有变化。尽管"历史唯物论"的提法一脉相承,但"历史"不再是事物或事物的逻辑自行呈现自己的历时形态,不再是那种外在于(甚或凌驾于)人类的决定性力量。相反,"历史"首先表现为人的实践活动,表现为人的实践活动的过程与后果。人的作用的这一突出,无疑来自对文革中各种人性扭曲现象的反思。这一点,在当时周扬和胡乔木就人道主义发表的两种观点中得到了不同角度的反映。与此同时,马克思《1844 年经济学—哲学手稿》中译本首次在当时出版也适逢时机。②这部青年马克思的著述手稿,还保留着浓重的费尔巴哈式人道主义的痕迹,正好引起国内学界部分人的强烈共鸣,诸如"美是人的本质力量的对象化"、"人是世界的美"等见解纷纷产生。

这就是为什么实践美学的理论根据不是来自马克思的全部著作,尤其后期著作,而主要来自《1844 年经济学—哲学手稿》这样的前期著作的原因。我们知道,自从 20 世纪 30 年代这部手稿问世后,国际学界就围绕着马克思思想道路的评价问题展开了激烈争论。面对着那种凭借青年马克思而指责后期马克思"为了经济学而牺牲哲学、为了科学而牺牲伦理学、为了历史而牺牲人"的外部攻击,马克思主义者能够作出的回应,要不就是承认青年马克思还不是真正的马克思,要不就是强调双方的一致性。③国内学界以往的做法是前者,即不以马克思的前期著作为真正意义上的经典,现在实践美学的做法却颠倒了过来,把前期著作当成了最有资格代

① 张弘、夏锦乾:《科学理性的命运与范式演进——关于 20 世纪中国学术现代转型进程的反思》,《江海学刊》2001 年第 3 期。

② 刘丕坤译本和据刘译本校订的中央编译局译本均出版于 1979 年,实际见书在 1980 年。

③ 阿尔都塞:《保卫马克思》,商务印书馆,1984 年,第 32 页。

表马克思主义的宝典。

从历史唯物论到实践唯物论,从后期马克思到前期马克思,实践美学所遵循的理论范式变化痕迹明显。这方面的变化,还体现在美学学科的学理规定上,即美学把自身看成一门何种性质的学科。反映美学把自己当成认识论性质的学科,它要解决的中心问题是如何认识客体的美与如何再现这一对象化的美,对它而言美作为客观存在是不容置疑的前提;实践美学则把自己当成本体论性质的学科,它要解决的中心问题是解释美是什么或美来自何处,对它而言美的本体性说明至关重要。所以实践美学为了动摇反映美学,还必须从更深的学理层次引入本体论。为此,它还需要别的理论资源。在这点上,文革结束后经过李泽厚再度诠释的康德哲学恰逢其时,在为主体性理论提供范式的同时,也提供了本体论的范式。当然,整个提供过程不可避免是又一种"误读",这从接受美学的角度看倒是正常的。我们知道,康德看待本体问题有一种新的视野,他的"本体"概念有双重含义:一在否定的意义上,它是指不属于感性直观的、为感性直观无法企及的对象事物;二在肯定的意义上,它可以被认为是因把握不以现象存在的对象的需要而通过理智直观假设的范畴。但从肯定意义上设定的"本体"概念仍潜伏着矛盾,因知性只是感性直观的思维形式,不能用于非感性直观,范畴的应用同样不能扩展到经验对象之外。据此康德强调:"我们称之为'本体'的,必须理解为仅仅是在否定意义上的那种存在。"①本体并非感性对象的事物,它是通过纯粹知性才被当成事物自身的,它的意义和必要性在于表明感性直观或感性知识的有限。所以在总体上,"本体概念纯粹是一个限界的概念,其作用是阻止感性的僭妄;因而它仅仅是否定应用性质的。"②本体的功能主要在划界,而作为对象的本体,"和虚空的空间相同","其自身并不含有或暗示超出经验的原理的范围之外的其他任何知识对象"。③正因

①②③　康德:《纯粹理性批判》,B309、B310—311、A260&B315,见蓝公武中译本,商务印书馆,1960年,第216、217、220页。

为此,康德所说的"本体"是经验现象意义上的 noumena,而不是传统意义上作为事物本质存在体的 ον 或 οντα。那种作为至上存在体的本体即 ον 或 οντα,康德同意休谟的观点,认为完全不可能予以证实。

但新时期的本体论思潮,包含着一个有针对性的现实冲动,即想还审美与文学艺术一个独立的地位。当时文艺学美学本体论问题的讨论也是学界热点,这是由于新中国成立后确立的意识形态权力话语在相当长时间内把文学艺术当做政治和经济的纯粹附庸,并在文革时期发展到了极端,因而需要一种反拨。所以从李泽厚开始,就有意无意地不顾康德的"本体"主要是一种限界,即其所谓"虚空",而使之实体化,由否定性的意义转向肯定性的意义,对现象界中的本体作了本质主义的改造。这一点因 noumena 和 ον 或 οντα 以及 substance 中文译名均作"本体",从而泯灭了其中的区别,更加毫无障碍。李泽厚就一再说:"本体是最后的实在,一切的根源。"(《哲学答问录》)"所谓本体即是不能问其存在意义的最后实在,它是对经验因果的超越。"(《关于主体性的第三个提纲》)在《批判哲学的批判》中,他虽承认康德所说本体即现象界中的物自体,但又对"本体—物自体"作了不确切的解释。他说:"康德的不可知的'物自体'实际又有两个方面。一个是属于对象—客体方面的,即上述的客观的物质世界的本质。……另外还有一个主体方面的,即……'先验自我',亦即作为'统觉综合统一'的'自我意识'。"①他不仅以本质主义实体观看待康德的"本体",并从主客二元论出发将"本体—物自体"分判为二,把"先验自我"算作"物自体",从而违背了康德原意。

本体论美学试图独立于意识形态来说明艺术审美和文学特性,对认识论美学造成了冲击,但其本质主义的形而上学特点又受到各方面的批评。有人认为,文艺学美学的本体论研究"是误入歧途

① 李泽厚:《批判哲学的批判》(再修订本),《李泽厚十年集》第 2 卷,安徽文艺出版社,1994 年,第 259 页。

的表现”,原因在于它追究“世界第一原因”,属于哲学而不属于文艺学美学的范围,这种形而上学本质主义化的本体论应当放弃。[①]也有的认为,实践论美学只有本体论的内容,而缺乏“解释学”的基础,只以“实践”说明了美与审美是什么,而没有把审美当成意义创造的解释方式来理解。[②]还有人指出,实践美学根据马克思的“手稿”把美规定为“人化的自然”,是想象、抽象和推论的产物,无非在人和人生活其中的世界之外,先行设定了另一个类似上帝的“自然”,然后才从不同方向加以人化,可见实践美学的“实践本体论”其实是“自然本体论”,这暴露了它逻辑上的混乱,也反映了它形而上学的话语特征,最终导致实践论美学陷入“本体论之误”。[③]

应该说,朱立元把实践美学从本体论引向存在论,也是出自纠正“本体论之误”的规划。他从康德转向海德格尔,表明海德格尔的存在论已取代李泽厚式的康德本体论,充当了当代美学建设最普遍的参照坐标。无论后实践美学或实践美学,都十分重视海德格尔,这取决于中国当代美学发展过程中的需要,是为解决中国问题的一种“移用”或“习得”(Aneignung),并非盲目的照搬。但朱立元的问题,如前所说,在于他始终从生存论的角度来看待海德格尔的存在论哲学,把它混同于萨特人本主义性质的存在主义。存在等于生存,在人生实践中生存,实践也即人生实践——这个基本观点,他在阐述蒋孔阳的美学观时仍无改变。

三

实践存在论美学在形成过程中最关键的一个发挥,就是把原先包括在实践本体中的“生存”或“社会存在”之意,通向了更具思辨意味的“存在”。这是其理论体系的自我补救,同时也不可避免地

---

① 于茀:《关于文艺学美学领域的本体论问题》,《文艺研究》1993 年第 2 期。
② 杨春时:《超越实践美学,建立超越美学》,《社会科学战线》1994 年第 1 期。
③ 潘知常:《实践美学的本体论之误》,《学术月刊》1994 年第 12 期。

暴露出新的问题。经过这样的发挥,实践存在论使用的“实践”概念变得更为多义,或更概括地说,衍生出二重意义。一方面,保持了原有的“生存”或“社会存在”之意,或“实践”和“人的现实存在”相提并论,或直接指人的存在状态或人的存在。这一层意思不妨概括为“生存存在”,显然更多继承了朱立元早先的见解。另一方面,“实践”新增加了更抽象也更普遍的“存在”意义,被称为“源域”,它具有“物我融通互动、生生不息”的特点,但又是“历史性的、现实的”,在它之中,“世界向人敞开,而人也向世界敞开自身,并且在相互敞开中相互进入、相互推动,使物我处于一种不断生成状态”。①这一层意思与前有别,我们概称“哲理存在”,它是实践存在论对实践概念补充的最重要的意蕴。

但经过这样扩充,“实践”概念的原有内涵几乎全部被替换,它业已在不断增值中丢失了本来意义。实践存在论美学有一个反复出现的奇怪提法:“实践同历史唯物论相结合”,原因也在此。稍有马克思主义常识的人都知道,实践乃历史唯物论的固有范畴,包括刘旭光引用的朱立元文章,都明明白白地声称,要把美学“建立在以实践为核心范畴的唯物史观的基础上”,②承认实践是历史唯物论的核心范畴。那“实践同历史唯物论相结合”指的什么?难道唯物史观本身已包含的内容,还需要另行结合?当然不是,而是欲把“哲理存在”和“历史唯物论”扭合在一起。

实践美学在引入海德格尔存在论的同时,必须面对它原有的理论基础,即马克思主义的历史唯物论,那是它不可弃掷也不打算弃掷的。如何使这二者达到协调与和谐?这是范式迁移过程中的大问题。实践存在论的做法是口头坚持历史唯物论的“理论根基”,将海德格尔的存在论摆在“启迪而已”的位置,其实却要靠海德格尔来“夯实”其“理论根基”。这个矛盾,是所有既坚持实践美学的基本立场,又想结合新的理论学说的尝试绕不过去的难题。时至今日,蒋孔阳被推举为实践存在论美学的奠基人,当涉及其观点的

①② 刘旭光:《实践存在论美学新探》,《学术月刊》2002 年第 11 期。

理论根据时,面临着同样问题:既不可能抹去他同马克思《1844 年经济学—哲学手稿》紧密的思想渊源,又须用海德格尔的存在论(应读为"生存论")重新阐释他的见解,二者的统一对实践存在论美学的学理根据和体系结构都至为关键。但就目前已问世的相关论著而言,除反复强调双方的结合外,尚未提供有说服力的论证。

实践存在论把具有哲理存在意义的实践表述为"源域",应该说进了一步,但仍有不足。"域"的提法,消解了实践或存在的实体性,但限定以"源",等于继续在说实践是"本源",是"本体"。当然,何谓"本源"或"本体",取决于如何阐述。然而实践存在论认为:"'实践'范畴是德国古典哲学乃至整个西方形而上学最高的和最终的范畴。"①这一"最高的和最终的范畴"的规定,泄露了"实践"被赋予的真实身份,它在扩展为"域"的同时仍维持着形上化和绝对化。这足以证明,实践存在论美学继续深深地陷身于本质主义。实践存在论美学曾再三强调,要和认识论美学,包括李泽厚"尚未跳出认识论的框架"的实践论美学划清界线,却恰恰忘记了还要同传统的本体论彻底脱离关系。

实践存在论还把"生成"之意结合到实践概念中去,强调"生成"是实践概念的"精义"。这又一发挥,显然也吸收了海德格尔将"存在"和"生成"贯通一体的理论筹划。但海德格尔把二者的贯通一体建立在"本有"的"缘构自发生"上,那么实践的生成也是某种"自发生"吗?朱立元在阐发蒋孔阳的美学观时是这样说的:"无论是'生成'还是'过程'都不是抽象的,它总是和人的具体的生存实践活动联系在一起的。蒋先生说美是多种因素多层积累的突创,我认为这种突创实际上是在多种因素和多层积累进入了人的生存实践活动中后才可能发生的,或者说,这些因素和积累只有成为了人生实践活动的一个环节或因素后,才有可能发挥自己的作用与影响,才有可能通过突创和飞跃催生美、突显美,使美脱颖而出。"②

① 刘旭光:《实践存在论美学新探》,《学术月刊》2002 年第 11 期。

② 朱立元:《寻找存在论的根基:蒋孔阳美学思想新论之二》,《学术月刊》2003 年第 12 期。

得出这样的结论应在情理之中,因为实践乃属人的范畴,不可能自生成,其中预设着人的优先地位。在实践义域中的“生成”,只能意味着人类实践活动之发生或产生。这样一来,“本体”也好,“源域”也好,“存在”也好,“生成”也好,最终仍回到并归结为人的问题。在实践概念被不断放大的过程中,它本身早就显得什么都是、又什么都不是,唯一剩下的只有割不断的人类中心主义的情结。实践存在论美学想要否认这点,是很困难的。更重要的是,这实际也解构了实践的“源域”的性质,因为实践之上尚有人,它还没有资格被称为“最高的和最终的”东西。

还有一个重要方面需要澄清:“实践”作为“最高的和最终的范畴”,并非如实践存在论美学所认为的,是德国古典哲学乃至整个西方形而上学的产物。西方哲学史告诉我们,亚里士多德之前希腊文献中的“实践(praxis)”还不是专门的哲学概念,它在亚里士多德的著述中出现时,起初也是个多义的词。亚里士多德的形而上学不同于柏拉图的爱智之学,但由相当于柏拉图“善的理念”的绝对动力因,即“不动的第一推动者”充当了其最高和最终的范畴。可见在西方形而上学的开端之处,实践并非最高和最终的范畴。在亚里士多德的《尼各马科伦理学》和《欧德米亚伦理学》中,实践被赋予人类活动的意义,人也以此和动物相区分,这就是“实践”这个概念以后沿用下来的基本涵义。但在亚里士多德知识科学的构成中,研究“存在有待实现的事物”,即具有潜在的能和特质的事物的实践科学或实践哲学(实际即政治学和伦理学),地位低于理论科学;理论科学中最高的形而上学,才研究不变不动的永恒本体。中世纪的经院哲学以神学信仰为特征,兼有新亚里士多德主义和新柏拉图主义的理论倾向,一样不以实践为终极范畴。到德国古典哲学的奠基人康德,已对传统形而上学提出质疑。“批判”,也即先天判断的概念(而不是被他严格控制在伦理学的范围内的实践),构成了康德哲学的最高和最终的范畴。以后的费希特、谢林、黑格尔、叔本华,最高和最终的范畴分别是“自我”(Ich)、“原我”(Urselbst)、“绝对精神”和“意志”,实践的概念均被界定在有限的范围里。如果按海德格尔的见解把尼采当成形而上学的最后一人,尼采哲学的最高和最终范畴也不是实践而是“权力意志”。可见从德国古典哲学的情况看,以上说法同样无法成立。

马克思主义的实践哲学重视实践,但同样不是在“最高的和最终的范畴”的意义上。马克思和恩格斯的哲学关注主要在认识论,他们把德国古典哲学中原来头足倒置的辩证法解放出来,使其成为认识的科学和思维的科学,并欢呼随着辩证法的胜利,“关于最终解决和永恒真理的要求就永远不会提出了;……人们也不再敬重还在不断流行的旧形而上学所不能克服的对立,即真理和谬误、善和恶、同一和差别、必然和偶然之间的对立了。”①正如恩格斯所说:“现在,真理是包含在认识过程本身中,包含在科学的长期的历史的发展中,……这不仅在哲学认识的领域中是如此,就是在任何其他的认识领域中以及在实践行动的领域中也是如此。”②这表明,在马克思主义的奠基人那里,关于真理的本体论已经转化为认识论问题。严格意义上的实践范畴,是他们作为科学的认识论,即克服由思维规定的主客观对立的认识论而提出的。这也正是实践存在论只能转向西方形而上学寻找“最高和最终范畴”的说法之根据的原因。

实践从来没有也不可能充当形而上学的最高范畴,一定程度上,是由形而上学的性质限定的。康德说过:“形而上学的知识这一概念本身就说明它不能是经验的。形而上学知识的原理(不仅包括公理,也包括基本概念)因而一定不是来自经验的,因为它必须不是形而下的(物理学的)知识,而是形而上的知识,也就是经验以外的知识。”③海德格尔《形而上学导论》开卷也说得十分明白,形而上学的基本问题必须具有最广泛、最深刻、最原始的性质,才构成其“首要性”。因此存在论哲学认为,“存在之为存在的问题乃是

①② 《马克思恩格斯选集》第4卷,人民出版社,1997年,第240、212页。

③ 康德:《未来形而上学导论》,商务印书馆,1978年,第17页。

形而上学的涵盖一切的问题”。①反观实践的问题,并不具备和存在一样的最广泛、最深刻、最原始的性质。按照存在论哲学的观点,实践是存在者,对存在者的追问只能是具体科学(如政治学和伦理学)的问题。具有具体的存在者内涵、来自经验世界、作为“生存存在”的实践,要被蒸滤为存在论意义的“哲理存在”,提升为本质主义的“源域”或“本体”,以充当形而上学的“最高和最终范畴”,从根本上说是困难重重的。

实践存在论美学意欲从海德格尔的思想资源中找到拓展自己的可能性,这无可非议,但关键是要找到历史唯物论和存在论哲学的适切结合点。即便它所主张的历史唯物论实际是实践唯物论,它所理解的存在论哲学是生存论分析,也不能满足于将实践的范畴和存在的范畴链结到一块就算解决了问题。在这一点上,实践存在论实际更倚重的是一种自由诠释的方法,它“其实与其说是在探求本真意蕴,不如说是在赋予‘ontology’一词以新的意蕴”。②换言之,实践存在论现在已不再关心本体论或存在论(即 Ontology)究竟有些什么理论内容等问题,在哪些环节能够衔接与转换,相反准备像对待实践范畴那样,自由地给它添加新东西,而毫不考虑它的“本真意蕴”究竟何在。

然而,如此这般的自由诠释,却有违实践存在论美学的初衷。不要忘记,朱立元尝试引入存在论哲学的第一步,就将“误释”列为靶子,把有关的“误读”、“误解”通通打入禁绝扫荡的范围。这一“学术上正确”的身份,先在地规定了它不可能认可后现代的解构理论,也不准许它从文本外对海德格尔进行“误读”或“误解”。如果说这束缚了实践存在论美学的手足,那也并非因为别人、而因为它自己。即便有什么特定的“理论针对性”,也必然限定了实践存在论美学提供的,必须是学界认可的唯一正确的解释,而绝不允许将海德格尔的存在论哲学也当成随手的“工具箱”,凭需要打开使

① 海德格尔:《路标》,商务印书馆,2000 年,第 139 页。

② 刘旭光:《实践存在论美学新探》,《学术月刊》2002 年第 11 期。

用。但实践存在论在衍生的过程里,轻易就把原先正误纠错的系统论证,转变成了“赋予新意蕴”的自由激活。例如为了证明被放大的实践概念有“纯粹的生成和超越”之意,论者竟引了海德格尔辨析过的希腊词语 Physis 做依据,而根本不考察“实践”相应的希腊词语应当是 Praxis,后者自有别的意义所指。①或许实践存在论美学在方法论上果真已滑入后现代的解构方法,但那样事情也并不好办,因为实践存在论美学好不容易“夯实”的理论“基础”,随之又将动摇乃至最后瓦解。

说到底,实践存在论美学的根本问题,乃在于它是一种“自上而下”的美学,它始终是把某个特定观念当成“第一原理”(具体说即是来自经典著作的“实践”),再据以探讨美和艺术审美的。它对海德格尔存在论的接受和阐释,也是从继续维护这个“第一原理”的权威性出发的。它在理论范式上的两难处境,它在方法论上的左右支绌,都来源于此。即使再有什么自由诠释或加上多少“新的意蕴”,也永远只可能是对它自身那种本本主义的理论立场的修修补补。它不懂得,存在论哲学的精髓和要义是“是其所是”,即按照事物的本来面貌把握事物本身。在美学领域,就要求我们真正面向艺术审美的本身。只有这样,才会提供充分的可能,在新世纪开拓出一片当代美学的新前景。

(原载《厦门大学学报》2010 年第 3 期)

① 刘旭光:《实践存在论美学新探》,《学术月刊》2002 年第 11 期。

身体—主体的缺席与实践美学和后实践美学的共同欠缺

王晓华

实践美学虽然对当代中国文化产生了巨大影响，但其逻辑上的欠缺也使它成为批评和挑战的对象。从杨春时 1994 年发表《走向“后实践美学”》起，后实践美学与实践美学的论争已经持续近二十年了。意味深长的是，曾一度咄咄逼人的后实践美学并未将挑战的气势转化为论战的优势，其与实践美学的博弈至今仍处于僵持状态。在我看来，造成这种状况的根本原因是：后实践美学非但没有克服实践美学的最重要欠缺，而且将这种欠缺带到自身的理论建构中。

从逻辑上讲，实践美学的最大欠缺是对身体—主体的忽略。实践之区别于精神活动，在于其实在品格。作为实在的活动，它只能由实在者承担。这实在者就是身体。身体是实践的承担者，实践的主体是身体。离开身体—主体来谈论实践，就无法敞开其真正的实在性，以实践为原初范畴的美学建构便会处于悬空状态。吊诡的是，对身体—主体的忽略却是实践美学一以贯之的特征：无论是李泽厚的“主体性实践美学”，还是邓晓芒、易中天、张玉能等人倡导的新实践美学，都没有从身体—主体出发来阐释实践（劳动）。杨春时敏锐地发现了实践美学的这种悬空品格，指出不重视身体性的实践美学“仍属于意识美学”。①令人遗憾的是，他本人在建构

① 杨春时：《意识美学与身体美学的对立之消解》，载《浙江工商大学学报》，2009 年第 1 期。

后实践美学时并未因此明确承认身体是实践、生存、审美的主体，而是回到了二元论立场："应该超越意识美学与身体美学的对立，既承认审美的精神主导性，也承认审美的身体性，从而成为身心一体的现代美学。"①既然精神在审美过程中是主导性的，那么，身体就注定是从属性的存在，所谓"身心一体的现代美学"归根结底是精神美学。在不承认身体的主体性这点上，杨春时的后实践美学与实践美学并无二致。

以实践为原初范畴而又回避身体的主体地位，这本身就是自我矛盾的理论立场。实践美学属于唯物主义理论家族，而唯物主义认为精神不过是物质的活动—功能，因此，从唯物主义出发的实践美学理应承认身体的主体地位。将意识归结为身体（物质存在）的功能却又以机械论的态度对待身体，是传统唯物主义的重要缺陷。由于这种缺陷的存在，提倡物质一元论的当代西方哲学家"更倾向于使用物理主义（physicalism）这个术语"，以之表示物质自身就可以运动和发展。②马克思提倡实践概念的本来意图就是克服"从前的一切唯物主义的主要缺点"，但他因为聚焦于宏观的社会经济结构而未展开其在《1844 年经济学—哲学手稿》中提出的"肉身的主体"概念。③到了 20 世纪，越来越多的生理学、心理学、哲学研究表明精神不过是身体的功能，与独立精神实体（如灵魂）相关的观念群则常常被摒弃。④正是在这种语境中，西方马克思主义的代表性人物梅洛-庞蒂写下了《知觉现象学》，正式以身体—主体（body-subject）概念取代精神—主体（mindsubject）范畴。⑤对于梅洛-庞蒂的上述思路，美国学者丹尼尔·科拉克（Daniel Kolak）和英国哲学家西门·布莱克本（Simon Blackburn）都给予了高度评价，认为它

---

① 杨春时：《意识美学与身体美学的对立之消解》，载《浙江工商大学学报》，2009(1)。

②④ Simon Blacknurn, Oxford Dictionary of Philosophy, Oxford & New York: Oxford University Press, 1994, p.287、357.

③ 马克思：《1844 年经济学—哲学手稿》，第 50 页，人民出版社，1979。

⑤ 莫里斯·梅洛-庞蒂：《知觉现象学》，第 140 页，商务印书馆，2001。

标志着西方身心观的根本转折。[①]遗憾的是,梅洛-庞蒂尽管在汉语学术界声名显赫,但其身体—主体思想却未获得中国主流学者的恰当评估,实践美学和后实践美学也没有因为他的影响而在实践概念和身体—主体范畴之间建立正面的理论关联。这种原初性的欠缺既使实践美学在逻辑起点处和建构过程中遇到了困难,也使后实践美学无法真正超越实践美学。

一、身体—主体的缺席与实践美学的逻辑悖论

实践是实践美学的逻辑起点。李泽厚曾明确表示自己"从实践出发研究人的认识"[②]。邓晓芒、易中天、张玉能等新实践美学的倡导者也都将实践当作原初范畴。然而,实践并非自明性的概念,以实践为逻辑起点和原初范畴的美学建构首先应该回答:何谓实践?恰恰是在阐释实践概念的过程中,实践美学暴露了其在逻辑起点处就已生成的悖论。

从逻辑上讲,实践总是某个主体的实践。要回答"何谓实践"?就不能不回避"谁在实践"。吊诡的是,实践美学并未深入探讨主体问题。在李泽厚、邓晓芒、张玉能等人给出的实践定义中,主体不是被含混地等同于"人"或"人类",就是被忽略了:(1)"人类以其使用、制造、支配工具的物质实践构成了社会存在的本体"(李泽厚)[③];(2)"实践又是一种有意识、有目的、有情绪的物质生产活动"(邓晓芒)[④];(3)"实践是一种多层次累积的结构"(张玉能)[⑤]。这种倾向发展到极端状态时,实践本身直接被当作活动的承担者:

---

① Daniel Kolak, *Lovers of Wisdom*: *An Introducton to Philosophy with Integrated Readings*, Beijing: Peking University Press, 2002, pp. 544—545; Simon Blacknurn, Oxford Dictionary of Philosophy, Oxford & New York: Oxford University Press, 1994, p.45.

②③ 李泽厚:《美学四讲》,天津社会科学院出版社,2002 年第 45、48 页。

④ 邓晓芒:《什么是新实践美学?》,载《学术月刊》,2002 年第 10 期。

⑤ 张玉能:《新实践美学论》,人民出版社,2007 年第 5 页。

> 人类社会实践在长期活动中,由于与多种多样的自然事物、规律、形式打交道,逐步地把它们抽取、概括、组织起来,成为能普遍适用、到处可用的性能、规律和形式,这时主体活动就具有了自由,成为合规律与合目的性的统一体。①

按照这种表述,与事物打交道的主体就成了“人类社会实践”。可是,“人类社会实践”是一种活动,不是独立的主体,断言“人类社会实践”与什么打交道显然说不通。实践美学家之所以提出如此含混的命题,是因为他们的主体观出了问题:将主体认作“人”或“人类”,而人类的基本生存活动又是实践,因此,他们时常将人类与实践画上等号。然而,人、人类、实践皆是共名,以人类和人类实践为主体不但遮蔽了主体的个体性,而且无法在身心观层面明确回答“谁在实践”这个关键问题。这种遮蔽和回避对实践美学来说是个重要的欠缺。它最终将其理论建构置于不可解的逻辑困境中:在谈及审美的起点和原则时,以“人”“人类”“实践”等为原初范畴尚可自圆其说,但在进入审美的感性、个体性、心理性层面以后却不能不触及审美的精神性,身心问题再次凸显出来;由于未敞开实践与身体—主体的原初关系,实践美学家难以找到将物质实践与精神性审美统一起来的现实路径;它先是选择将社会存在和文化—心理本体并列的二元论立场,而后索性将心理本体当作审美的主体;于是,便有了实践美学蜕变为精神美学的逻辑悖论。

早在李泽厚阐释主体性哲学的基本内涵时,上述悖论就已经显现出来:“人类主体性既展现为物质现实的社会实践活动(物质生产活动是核心),这是主体性的客观方面即工艺—社会结构即社会存在方面,基础的方面。同时主体性也包括社会意识亦即文化心理结构的主观方面。”②在这里,社会实践被等同于“主体性的客观方面即工艺—社会结构即社会存在方面”。可是,既然实践是人类社会生活的本体,那么,社会意识就只能从属于它,为何又将工

①② 李泽厚:《美学四讲》,天津社会科学院出版社,2002年,第78、43页。

艺—社会结构(等同于社会实践)和文化—心理结构并列起来呢?显然,双重本体说的出现表明实践美学的逻辑体系出现了内部分裂。造成这种分裂的根本原因是实践美学找不到将实践/审美、社会/个体、理性/情感统一起来的东西,只好采取“恺撒的归恺撒,耶稣的归耶稣”的二元论建构策略。对此,实践美学阵营内部某些具有反思精神的学者已有领悟:

> 用传统实践范畴解决不了美的本质问题,主体性实践美学……于是搁置或抛弃实践观点,转向“心理本体”或“感性生命本体”,结果便形成了美的根源的客观社会性与美的本质的主观心理性的二元对峙。①

更加令人遗憾的是,由于未找到能将物质活动和精神活动统一起来的主体,觉察到了上述问题的实践美学家同样找不到消除二元对峙的方法。为了避免重蹈二元对峙的覆辙,后起的实践美学家普遍试图用三分法代替李泽厚的二分法。例如,张玉能将实践划分为物质交换层、意识作用层、价值评估层,认为三者的关系是:“从相互作用的角度来看,实践的物质交换层,既是实践的意识作用层和实践的价值评估层的基础,又受到两者的指导和制约。”②可是,这种划分方法岂不是同样将实践的物质之维和精神之维分置两端,这与李泽厚的双重本体论又有何区别?再如,陶伯华将实践主体的活动划分为精神意向活动、工具技术活动、人际交往活动,但这种三分法依旧把精神活动与社会实践放在不同的层面,仍是将精神意向活动当成审美的承担者。③事实上,只要不找到能将物质活动和精神活动统一起来的主体,就不能消解二元论,这在邓晓芒和易中天的表述中体现得极为明显。他们为了消除双重

①③ 陶伯华:《美学前沿——实践美学新视野》,中国人民大学出版社,2003年,第147、159页。

② 张玉能:《新实践美学论》,第6页。

本体的悖论，强调“实践作为一种‘有意识的生命活动’和‘自由自觉的生命活动’本身所固有的精神要素”，断言意识具有三重超越性：

> 1.意识使动物也有的对客观外界的直观的“表象”，上升到了人的“概念”；2.意识使动物也有的对自己生存必需的物质对象的“欲望”，上升到了人的有目的的自觉“意志”；3.意识还使动物也有的由外界环境引起的盲目的“情绪”，上升到了人的有对象的“情感”。①

经过如此这般的话语转换，意识就又像李泽厚的文化—心理结构那样成为事实上的主体，实践美学的的确确蜕变为杨春时所说的意识美学。尽管邓晓芒强调意识的超越性“最终仅仅是实践的产物”，但这种强调更多地是一种立场表述而非具体的阐释，实践美学的问题依旧存在。

从本文作者的角度看，实践美学之所以在逻辑起点处就生发出不可解的悖论，根本原因在于对身体—主体的忽略。实践是一种实在的活动，实在者才能实践，因此，实践的主体只能是实在的身体。离开了身体—主体，实践不过是个空洞的概念。只有敞开了实践对身体—主体的原初归属关系，相应的逻辑悖论才能被真正消解：(1)身体是生存实践的主体，审美活动不过是生存实践的内部构成(内部过程)，超越性归根结底是身体—主体的超越性；(2)对于身体—主体来说，最根本的活动都发生于实在者与实在者关系的层面，凡是演绎这种关系的活动都从属之，因而实践中的心理—文化结构与工具—技术结构的对峙仅仅是美学家的虚构；(3)任何实在者在某个时刻都在宇宙中占据独一的位置，身体—主体与其他实在者的位置无法重合，不可能随心所欲地将自己的意志对象化，只能在顺应后者自立性的前提下建构属己的世界，而审

① 李泽厚：《美学四讲》，第 48 页。

美则诞生于这种建构实践。

二、离开了身体—主体的实践美学难以敞开审美的发生机制

除了在逻辑起点处的悖论外,实践美学对审美发生机制的解释也有牵强乃至矛盾之处,受到了后起美学家的广泛批评。从本文的立场上看,这种困境同样源于身体—主体在其体系中的缺席。

在探讨美感和审美能力的生成机制时,李泽厚曾提出著名的积淀说:

> 要研究理性的东西是怎样表现在感性中,社会的东西怎样表现在个体中,历史的东西怎样表现在心理中。后来,我造了"积淀"这个词,就是指社会的、理性的、历史的东西累积沉淀成了一种个体的、感性的、直观的东西。①

"积淀说"的提出固然使中国美学研究从侧重于客体的范式转向对主体的研究,但其缺陷也是明显的:(1)过于强调个体—主体的被动接受而忽略其主动建构,"没有进一步揭示个体审美心理的共时性结构","可能导致心构的遗传决定论和宿命论";②(2)积淀这种很可能不确切的比喻至多说出的是生存实践的结果,而非审美心理生成的具体机制。这两种欠缺都与身体—主体的缺席直接相关:其一,由于与具体的、感性的、此在的身体—主体失去了联系,李泽厚的实践概念无法指称个体的生存,难以敞开个体在审美心理生成过程中的主动性;其二,这种分离最终使实践概念只能表征无主体的活动,从无主体的实践出发自然不可能揭示主体审美心理的生成机制,只能以模糊的比喻来表达自己的大体思路。新实

① 李泽厚:《美学四讲》,第133页。
② 邱明卫:《建构——积淀与超越的中介》,载《学术月刊》,1994年第4期。

践美学的建构者部分地意识到了李泽厚实践概念的空泛品格，但依旧未发现实践对身体—主体的原初隶属关系，其推理最终没有通向对前者的实质性超越。比如，邓晓芒一方面指责李泽厚“从实践中排除了人的主观因素”，一方面又含混地将实践界定为“主客观的统一”，实际上又恢复了前者的主—客二分的思维样式，并因此合乎其自我逻辑地宣称“审美活动是借助于人化对象而与别人交流情感的活动”。①这种阐释至多部分地克服了旧实践美学对个体主体性的忽略，仍未言明审美主体的具体身份和审美生成的具体机制。“人化对象”说不仅停留在传统实践美学的语境中，而且同样失于笼统：“人化”即对象化是怎样发生的？身体在对象化过程中究竟是主体，还是仅仅是行使物质生产功能的中介？倘若身体是实践的主体，那么，身体性对人化对象活动有何具体的规定？对于这些问题，邓晓芒没有给出答案。再如，为了消解“人化对象”的单面思维，张玉能提出了“客体的主体化和主体的客体化”的双向对象化概念，认为“正是这种实践的双向对象化决定了审美活动中美和美感的同生共在”。②客观地讲，双向对象化说显现了审美生成机制的复杂性，确实优于先前的“人化对象”理论，但它没有回答两个关键问题：双向对象化如何可能？它究竟是怎么发生的？其机制是什么？不深入到具体的主体层面，这个问题显然是无法回答的，而张玉能将物质与精神分立的做法又意味着他没有重构真实的主体，所以，他对审美发生机制的阐释最终未完成对实践美学的实质性超越。

越是落实到细节处，实践美学的欠缺就显现得愈加明晰。形式是实践美学的重要范畴。李泽厚曾将美定义为自由的形式：“自由的形式就是美的形式。就内容而言，美是现实以自由形式对实践的肯定，就形式言，美是现实肯定实践的自由形式。”③强调美与形式的联系是现代美学的重要理路，实践美学重视二者的关系说明

①③　李泽厚：《美学四讲》，第73、48页。

②　张玉能：《新实践美学论》，第53页。

它深入到了美学建构的细节层面。不过,在审美与形式的关系已经受到普遍肯定的当代,再简单地肯定之并无太大的意义,更重要的是揭示形式生成的具体机制。由于脱离了身体—主体谈论形式感的生成,实践美学的答案依旧显得空泛。在论述形式生成的具体路径时,李泽厚又提出了"社会劳动"中的"抽象说":

> ……原始人在漫长的劳动过程中,对自然的秩序、规律,如节奏、次序、韵律等掌握、熟悉、运用,使外界的合规律性和主观的合目的性达到统一,从而产生了最早的美的形成和审美感受。也就是说,通过劳动生产,人赋予了物质世界以形式,尽管这形式(秩序,规律)本是外界拥有的,但却是通过人主动把握、"抽离"作用于物质对象,才具有本体的意义的。虽然原始人群的集体不大,活动范围狭隘,但他之所以不同于动物群体,正是在这种群体在使用、制造工具的领导生产过程中建立起来的"社会劳动"关系。只有在社会性的劳动中才能创造美的形式。①

将美的形式与社会劳动联系起来,无疑具有重要意义:如果对形式的有意识把握为人所独有,那么,它必然产生于人独有的活动,而能进行复杂的"社会劳动"恰恰是人区别于其他物种的基本特征,因此,上述说法至少揭示了形式感和形式意识产生的部分机制。不过,更重要的问题是:美的形式如何产生于社会劳动中的?对此,李泽厚的回答是:抽离于物质对象(对自然规律的形式化抽离)。可是,抽离究竟是怎么进行的呢?为什么动物不能抽离?抽离缘何偏偏发生于社会劳动中?由于离开了身体—主体来谈论社会劳动,李泽厚只好不断重复其"积淀说"和"抽离说",始终没有给出具体的答案。新实践美学的几个代表人物——邓晓芒、易中天、

① 李泽厚:《美学四讲》,第202页。

张玉能等——虽然更加强调实践的建构功能和超越性,但均未回答上述关键问题。事实上,不具体化到个体—主体层面,就无法真实地重构人的社会实践,自然难以解释形式感在社会实践中具体的诞生机制。

实践美学之所以在解释审美机制时陷入困境,根本原因是离开了身体—主体来研究实践和劳动。倘若敞开实践对身体—主体的原初隶属关系,那么,我们就不但能化解上述困境,而且可以敞开“美的形式”与“社会劳动”的基本关系:(1)作为实在者,身体—主体在某个时刻只能占据一个位置,故为了形成一个活动体系,人必须与其他身体—主体合作,也就是说,实践原始地是社会性的;(2)联合中的人生产出变化的活动结构并以这结构同化对象(涵括)对象的结构;(3)在生产出各种活动结构的同时,人不断对其进行运演(包括抽象),这种运演使人获得了各种基本形式;(4)形式感产生于联合着的身体—主体对其活动结构的运演,“美的形式”便出现在此过程中。当然,以上演绎仅仅是众多可能的演绎之一,本文以它为例是想说明:只有回到身体—主体,实践美学才能具体地解释审美的诞生机制。

三、未回归身体—主体的后实践美学无法克服实践美学的欠缺

实践美学的欠缺源于对身体—主体的遗忘,因此,只有回到身体—主体,才可能超越其局限。可以通过分析后实践美学的两个重要派别——超越美学(生存美学)和生命美学——来证明这点。

杨春时是最早提出后实践美学的学者之一,其倡导的超越美学亦成为后实践美学的重要流派。他反思实践美学对总体性社会实践的推崇,强调审美是超越共性、现实、劳动的“自由精神生产”。为了克服实践美学的欠缺,他认为美学建构应该从比实践概念更基本的范畴出发。经过推理,他将“人的存在即生存”设定为超越

美学的逻辑起点：

> 人的社会存在即生存，万事万物都包括于生存之中，它是第一性存在，是哲学反思唯一能肯定的东西，因而也是美学的逻辑起点。生存以实践(物质生存活动)为基础，但又超出实践水平，更为全面、丰富。我们以生存论为美学的逻辑起点，推导出美学范畴体系和审美的本质规定。①

以人的生存为逻辑起点，这本身并无逻辑上的不通之处。问题的关键是：是谁在生存？生存的基本规定是什么？从杨春时的表述来看，超越美学的生存概念“以实践为基础”。既然以实践为基础，就应该承认实践者——身体—主体——的地位，然后才能现实地超越实践美学。令人遗憾的是，超越美学并未抵达这个结论，而是表示自己“既承认审美的精神主导性，也承认审美的身体性”。②显然，在主导性的精神面前，身体只能是第二性的存在，属于精神升华和超越的对象，当然没有资格荣登主体之位。正因为有了这样的逻辑前提，杨春时在列举了自然生存方式、现实生存方式、自由生存方式之后，很快就得出了结论：“审美及其反思形式是不依附于物质生产的‘自由精神生产’。”③在这个表述中，关键词无疑是“精神生产”。然而，经过如此这般的转换之后，超越美学岂不成了杨春时所反对的“意识美学”？它难道不是与他所批评的实践美学殊途同归了吗？产生这种情况的根本原因是：超越美学的生存概念同样脱离了身体—主体，因而只能指称人的精神生活；于是，在具体的理论推演中，“生存”马上被“精神”所取代，超越美学(生存美学)则显现为精神美学。由此，我们可以合乎逻辑地推论：倘若超越美学不克服实践美学的根本欠缺——对身体—主体的遗忘，它

① 杨春时：《走向“后实践美学”》，载《学术月刊》，1994年第5期。

②③ 杨春时：《意识美学与身体美学的对立之消解》，载《浙江工商大学学报》，2009年第1期。

就无法完成对实践美学的全面超越。

同样的问题也出现在生命美学中。作为生命美学的倡导者，潘知常曾表示自己要“从实践活动原则转向人类生命活动原则”，让美学在“人类生命活动的地基上重新构筑自身”。①与杨春时一样，他不仅强调自己的美学建构从生存（生命）出发，而且强调审美活动对实践的超越：“审美活动也不就是实践活动，而只是实践活动的超越（正是因为实践活动的不自由，才导致了审美活动的诞生……）。”②甚至，生命美学的宣言与超越美学也极为接近：

> 生命美学以生命这一更具本源性的范畴为人的审美活动注入活力，以对实践这一物质活动的超越切近了审美作为一种促成的精神活动的实质，以审美的一元性超越了实践主体与实践对象的二元对立。也就是说，和实践美学相比，这应该是一种更具本源性的美学，是一种靠对生命的体验和直观“直指本心”的美学，是一种首先抓住美的超越性这一本质性的规定然后重新向现实敞开的美学。③

恰由于生命美学与超越美学的同构性，它也与前者面临着同样的问题：生命属于谁？是实践着的身体—主体，还是超越性的精神？如果是后者，它如何解释自己与实践美学（最终诉诸心理本体）的区别，怎样敞开超越实践美学的具体机制？从现有的资料来看，潘知常所说的生命活动并未落实到身体—主体，其生命美学依然是“直指本心”的精神美学。与其说这种避开身体—主体的美学是后实践美学，毋宁说它把实践美学强调精神主体性的维度最大化了。事实上，在其后期建构中，实践美学的代表性人物李泽厚表

① 潘知常：《诗与思的对话》，第188页，上海三联书店，1997年。

② 潘知常：《生命美学论稿》，第56页，郑州大学出版社，2002年。

③ 潘知常：《超越主客与美学问题》，载《学术月刊》，2000年第11期。

达了同样的思路:

> 回到人本身吧,回到人的个体、感性和偶然性吧!从而,也就回到现实的日常生活中来吧!不要再受任何形上观念的控制、支配,主动来迎接、组合和打破这积淀吧。艺术是你的感性存在的心理对映物,它就存在于你的日常经验中,这即是心理—情感本体。①

尽管上述思路同样表达了晚年李泽厚对其实践美学体系的反思,但它并未完成真正的自我超越,而是将身心二元中的一方——精神——发展为主导性的概念。于是,心理—情感成为日常经验的主体,身体被彻底放逐了。与后期李泽厚的思路一样,“直指本心”的生命美学也最终将精神性存在当作了本体,它所说的整体性和诗性都是精神本体的特征。从根本上说,这种以精神为主体的美学是“非”实践美学而不是“后实践美学”。

超越美学和生命美学是后实践美学的两个重要流派。它们折射出后实践美学的总体欠缺——绕过了身体—主体谈论对实践美学的超越,因而其思路并未真正超越前者的逻辑脉络。真正的后实践美学应该以扬弃的态度对待实践美学,亦即将其合理性涵括在自己的理论建构中。实践美学的主导范畴是实践,实践是人与世界实在的生存论关系,审美就从属于这种实在的生存论关系整体。如果绕过这种实在的生存论关系,那么,所建构出的就仅仅是“非实践美学”。要从人与世界的实在关系出发,就不能不找到建构此实在关系的主体。这就是本文所说的身体。身体不是惰性的存在,不是精神的临时居所,不是审美发生的场地,而是具有自我设计、自我创造、自我领受功能的主体。实践、生存、生命活动都属于它。只有在敞开了实践、生存、生命对身体—主体的原始归属关系之后,人才能真正破解审美之谜。

---

① 李泽厚:《美学四讲》,第270页。

离开了实在的身体—主体来谈论实践、生存、生命是实践美学和实践美学的共同欠缺。要克服这种不足,美学研究就不能不回归感性的、此在的、实践着的身体—主体。这并不是说回归身体—主体可以解决相应美学建构所面临的所有问题,而是强调此乃超越实践美学和后实践美学欠缺的必经路径。

(原载《学术月刊》2011 年第 5 期)

“实践存在论美学”不是“后实践美学”

——向王元骧先生请教

朱立元

最近拜读了王元骧先生的《“后实践论美学”综论》①，对后实践美学进行了比较系统的批评。但是，令人惊讶的是，他竟然把我们正在思考、探索的实践存在论美学也归入后实践美学，并进行了多方面的批评。对于从学理上进行批评和争鸣，我们历来是欢迎的，元骧先生的批评也不例外，我们真诚地表示欢迎。

元骧先生是笔者非常敬重的一位有自己独立思想的学者。对他的批评笔者原本不打算回答，但是考虑再三，因为其批评涉及一系列重要的原则问题，所以最终决定还是提出来向元骧先生请教。

一

元骧先生把实践存在论美学归为后实践美学的理由是它与后实践美学有着“直接的亲缘关系”，他说：

> ……虽然“实践存在论美学”的出现在时间上稍迟于“新实践论美学”，但在思想观点上与“生命美学”、“生存美学”似乎有着更为密切的联系。因为在“实践存在论美学”看来，“生命

① 王元骧：《“后实践论美学”综论》，《学术月刊》2011年第9期，本文所引元骧先生的论述，均出自该文，不再一一注明。

> 美学”、“生存美学”批评“实践论美学”的理由,如认为“实践论美学”把实践直接作为美学的基础,跳过许多中介环节,直接推论到美学基本问题;审美强调超越性,而实践没有超越性;审美强调个体性,而实践往往是群体的、集体的、社会的活动;审美强调感性,而实践强调理性,带有目的性等,都“不无合理、可取之处,有的批评甚至有振聋发聩的功效”,因而都为“实践存在论学”的代表作《走向实践存在论美学》所吸取和继承……

笔者认为这段话对笔者对于后实践美学的基本看法有极大的误解,其引文明显有断章取义之嫌。为了说明问题,只能将那段拙文原原本本地引用如下:

> ……1994年,杨春时先生发表《走向“后实践美学”》一文,对实践美学提出了十点批评。杨先生认为,李泽厚的实践美学存在的主要问题是:把实践直接作为美学的基础,跳过了很多中介环节,直接推论到美学基本问题;审美强调超越性,而实践没有超越性;审美强调个体性,而实践往往是群体的、集体的、社会的活动;审美强调感性,而实践强调理性,带有目的性。一开始,我为李泽厚先生辩护,先后发表了两篇文章与陈、杨两位先生商榷。然而,随着讨论的深入,我发现,李先生的实践美学并非十全十美、无懈可击;而后实践美学似乎破多立少,暂时还无法抗衡、更无法取代实践美学,但他们对实践美学的批评仍然不无合理、可取之处,有的批评确有振聋发聩的功效,虽然从整体上说,我认为他们的批评还未能切中实践美学的要害。这场实践美学与后实践美学长达数年的争论引起了我认真而深入的反思,促进我重新学习有关的马克思主义经典著作,研读西方现当代哲学、美学尤其是现象学的论著,思考当代中国美学应当如何走出沉闷、停滞的现状,真正有所突破、有所推进①。

① 朱立元:《我为何走向实践存在论美学》,《文艺争鸣》2008年第11期。

显而易见,笔者前面只是对后实践美学批评实践美学的观点作一个客观的介绍,并没有任何肯定的评价,实际上笔者对这些观点当时就进行了批评和商榷,而且至今对这种批评和商榷的观点仍没有改变,这也正是笔者至今仍然维护实践美学基本理路的原因所在。然而,元骧先生却跳过接下来那一段笔者关于后实践美学对李泽厚实践美学批评的总体评价(肯定他们的批评中有局部合理成分和个别振聋发聩之处,同时指出他们"破多立少,暂时还无法抗衡"实践美学,而且"从整体上说,我认为他们的批评还未能切中实践美学的要害"),毫无根据地直接推出后实践美学的上述批评观点"都为'实践存在论学'的代表作《走向实践存在论美学》所吸取和继承",这种想当然的结论真是不知从何说起。不知元骧先生能否举出哪怕一个例子来证明笔者直接"吸取和继承"了后实践美学的某一个观点(更不要说许多观点"都"如此了)? 相反,后实践美学批评实践美学的一个基本理由就是"实践"缺乏审美所需要的"超越性",而他们对"实践"的理解(单纯的物质生产劳动)其实倒是与李泽厚先生、王元骧先生的观点完全一致。而实践存在论美学对"实践"和"超越性"的理解与他们两者都不一样,笔者还专门撰文回答后实践美学关于实践美学的"实践"缺乏"超越性"的批评①。另外,笔者对李泽厚先生的实践美学的批评也完全不同于后实践美学的批评②。实际上,笔者迄今始终与后实践美学保持着清晰的距离。

由此可见,元骧先生在没有任何根据(只有断章取义的"引用")的情况下硬说实践存在论美学和后实践美学存在"直接的亲缘关系"、向后者"投靠",并硬将实践存在论美学"扩容"到后实践美学中去,这是一个多么经不起推敲的误判啊!

二

元骧先生对实践存在论美学的批评首先是关于"实践"概念的

① 朱立元、刘阳:《论审美超越》,《文艺研究》2008 年第 2 期。

② 朱立元:《评李泽厚的"两个本体论"》,《哲学研究》2010 年第 2 期。

理解,他关于实践存在论美学已经“与马克思主义‘实践’原则分道扬镳”同样是缺乏根据的,令人难以接受的。他说:

> ……“实践”这一概念在我看来,从最宽泛的意义上说就是指与知(认识)相对的“行”。……马克思则是从历史唯物主义的观点,把实践理解为感性物质活动首先是生产劳动,认为这是人类会得以存在和发展的现实基础,并强调必须“从物质实践出发来解释观念的东西”。“实践论美学”就是按照这一思想原则来研究美学的。但“实践存在论美学”似乎并没有认识从历史唯物主义视角理解实践对于建设马克思主义美学的特殊意义,认为这等于“把人的其他各种活动完全排除于外”,是“对马克思关于实践的看法的严重误解”,从而以亚里士多德的伦理学和康德哲学思想为例,来证明“从西方的思想背景来看,实践从来就不是单纯指物质生产劳动,而且主要不是指生产劳动”。这就抽去了物质生产活动在马克思的“社会存在”学说中的基础地位……

元骧先生对马克思主义“实践”概念的原则上没有错,但是同李泽厚一样,有狭隘化之嫌。马克思在《关于费尔巴哈的提纲》中明明说实践是人的“感性活动”,并不仅仅局限于物质活动(生产劳动),这个活动的范围是极为广泛的,所以他接着科学地指出“全部社会生活在本质上是实践的”①。但是元骧先生却将实践范围缩小为“感性物质活动”,也就是同李泽厚一样把物质生产劳动作为实践的唯一含义,这就会把人的精神活动、精神劳动、审美活动、艺术活动都排除在人类实践之外。这既不符合西方思想传统对实践的理解,也不符合马克思以及后来的毛泽东的实践观。毛泽东对实践的界定更明确,仿佛就是针对元骧先生说的:“人的社会实践,不限于生产活动一种形式,还有多种其他的形式,阶级斗争,政治生

① 《马克思恩格斯选集》第1卷,人民出版社,1995年,第56页。

活,科学和艺术的活动,总之社会实际生活的一切领域都是社会的人所参加的。因此,人的认识,在物质生活以外,还从政治生活文化生活中(与物质生活密切联系),在各种不同程度上,知道人和人的各种关系。"[①]可见,人的实践活动既包括物质生产和生活,也包括精神生产和生活,实践应该是大于物质生产劳动的。除物质生产劳动之外,它还应该包括变革现存制度的革命实践、政治实践、道德实践、审美和艺术实践以及广大的日常生活实践等等。说这种观点是"对马克思关于实践的看法的严重误解"有什么不对呢?

元骧先生还引用笔者关于"从西方的思想背景来看,实践从来就不是单纯指物质生产劳动,而且主要不是指生产劳动"一语来批评实践存在论美学"就抽去了物质生产是马克思的'社会存在'学说中的基础地位"。其实,这种因果关系的推理同样是断章取义的。笔者之所以以亚里士多德、康德为例,来梳理西方哲学传统中对"实践"概念的理解,主要是想说明马克思的实践观,并不是无根的、从天上掉下来的,而是在西方有关实践问题的思想理论传统和背景下,批判地吸收和改造了从亚里士多德到康德、黑格尔的实践观点的基础上形成的,并以此作为建构自己的实践唯物主义即唯物史观的思想资源和理论起点的。元骧先生这种跳跃式"引用",似乎暗示笔者对实践概念的解释跳过了马克思,直接来自西方传统理论,因而"就抽去了物质生产是马克思的'社会存在'学说中的基础地位"。这样的批评明显是对笔者观点的曲解。这里需要特别强调的是,笔者对马克思"实践"概念的理解,不但是来自马克思著作中大量相关的第一手资料[②];而且,丝毫没有降低物质生产劳动在广义实践中的基础地位。笔者在多篇文章和《走向实践存在论美学》一书中,反复指出,马克思对西方传统实践观有重大的推进和发展,"把物质生产劳动看成是实践的核心基础即是这种推

① 毛泽东:《实践论》,《毛泽东选集》第1卷,人民出版社,1966年,第260页。

② 朱立元:《全面准确地理解马克思主义的实践概念》,《上海大学学报》2009年第5期。

进、发展的体现”;“在马克思那里,‘实践’概念的使用从来是广义的,‘实践’的意义实际上既包含了作为基础的物质生产劳动,也包含了政治、伦理、宗教等人的现实活动,还包括了艺术、审美和科学研究等精神生产劳动”。笔者的意思非常清楚,马克思实践观对传统实践观既有继承、吸收的一面,即它的广义性;又有重大的突破与超越,即“把康德视为‘流俗’见解、而黑格尔只是偶尔承认为人类基本需要和活动的物质生产、劳动,看成人类实践中最基础、最根本的部分”①。笔者实在不明白,这样一种完全来自马克思本人的实践观点,怎么就“与马克思主义‘实践’原则分道扬镳”,“就抽去了物质生产是马克思的‘社会存在’学说中的基础地位”呢?

三

元骧先生紧接着上文说道:

> ……把它(按:指实践)与“存在论哲学”中的“存在”概念混淆在一起,认为“在马克思的学说中,实践概念与存在概念有一种本体论上的共属性和同一性,两者揭示和陈述着同一本体领域”,它们的“根本取向”,“都是走向现实的人生和实际生活”,“马克思的历史唯物主义,或者说实践的唯物主义,就是以存在论意义上的社会存在为基础的”。从而试图把马克思的“实践论”与海德格尔的“存在论”融合在一起。这恐怕只能是一朵不结果的花。

不难看出,这段话的因果关系也是完全站不住的。从元骧先生所引笔者关于马克思的实践观与其存在论的一致关系的论述中,怎么能又一次跳跃式地推出笔者“试图把马克思的‘实践论’与海

① 朱立元:《全面准确地理解马克思主义的实践概念》,《上海大学学报》2009年第5期。

德格尔的'存在论'融合在一起"的结论呢?这里的问题,一是错误地把存在论看成海德格尔的专利,好像除了海德格尔以外,他以前就没有存在论了,这是根本不符合西方哲学史的实际的;二是完全无视甚至抹杀客观存在着的、马克思与实践观紧密结合的存在论思想,这个思想在《巴黎手稿》中有直接的表述,而且贯穿于马克思后期的主要著作(包括《资本论》)①。在《巴黎手稿》中马克思有一段直接谈存在论的(ontologisch)话,值得我们认真学习、思考:

> 如果人的感觉、情欲等等不仅是〔狭〕义的人类学的规定,而且是对本质(自然界)的真正本体论的(ontologisch)肯定;如果感觉、情欲等等仅仅通过它们的对象对它们来说是感性的这一点而现实地肯定自己,那么,不言而喻:(1)它们的肯定方式决不是同样的,毋宁说,不同的肯定方式构成它们的此在(Dasein)、它们的生命的特点;对象对于它们是什么方式,这也就是它们的享受的独特方式;(2)凡是当感性的肯定是对独立形式的对象的直接扬弃时(如吃、喝、加工对象等),这也就是对于对象的肯定;(3)只要人是人性的,因而他的感觉等等也是人性的,则别人对对象的肯定同样也是他自己的享受;(4)只有通过发达的工业,即通过私有财产的媒介,人的情欲的本体论的(ontologisch)本质才既在其总体性中又在其人性中形成起来;所以,关于人的科学本身是人的实践上的自我实现的产物;(5)私有财产——如果从它的异化中摆脱出来——其意义就是对人来说既作为享受的对象又作为活动的对象的本质性对象的此在(Dasein)。(参看《1844 年经济学—哲学手稿》刘丕坤译,第 103 页,译文据德文本有所改动。)②

---

① 孙正聿:《〈资本论〉的存在论思想》,《中国社会科学》2010 年第 2 期。

② 邓晓芒:《马克思论存在与时间》,《实践唯物论新解:开出现象学之维》,武汉大学出版社,2007 年,第 305—306 页。

笔者曾经在好几篇文章中对这段内容极为丰富和深刻的话做过探讨，限于篇幅，这里仅作些简要的阐释。

马克思这里论述 ontologisch（亦即“存在论的”）问题时，没有遵循传统“本体论”的实体主义思路和方法去规定“存在”，而是总体上在与自然的实践关系中谈论人的存在问题。第二，马克思把“存在论”与人类学对比起来谈，认为仅仅从人类学角度谈论人的感觉、情欲等等是不够的，必须从“存在论”视角把人的感觉、情欲等看成是对本质（自然界）的真正肯定，即人是通过他对自然对象的“感性的肯定”——实践活动——来达到“人的实践上的自我实现”的，而这在马克思看来，乃是“真正本体论的”（即“存在论的”）。很清楚，马克思的“存在论”思想一开始就与其“实践观”紧紧地结合在一起。第三，马克思强调，只有通过“发达的工业”（而不是手工的、作坊的不发达工业），即资本主义私有制（异化劳动）下的大工业，“人的情欲的本体论的（ontologisch，存在论的）本质才既在其总体性中又在其人性中形成起来”（《马克思恩格斯全集》42 卷第 150 页译文为“……才能在总体上、合乎人性地实现”）。我们认为，这里至少包含两层意义：一是人的（情欲）“存在论的”本质不是从来就有的、固定不变的现成存在者，而是生成的、有一个形成和发展的过程的；二是资本主义私有制的异化劳动为一切私有财产和异化的积极的扬弃、为人类解放、为对人的“存在论的”本质的全面占有和人性的复归在总体上准备了现实的条件。第四，值得注意的是，这段话里已经两次出现和使用了“此在”（Dasein）这个往往被误以为是海德格尔创造词：首先，这个“此在”乃是人的生命活动和感性存在的种种特定的方式；其次是讲在共产主义消除了私有财产的异化性质以后，就同时成为人的享受对象和活动对象的一种特定存在，它既是人的实践（包括享受）活动的对象，又是人的本质力量在对象中的凝定和体现，是人通过实践实现的“对象性的此在”。可见，马克思使用“此在”（Dasein）这个词，虽然与海德格尔大不一样，但确确实实是在“存在论”、而不是传统“本体论”的意义上使用的。由此可知，正是马克思，实际上开创了西方现代存在论（包括海德格尔的现象学存在论)的新路向,或者说为现代存在论奠定了基础。

笔者在许多文章中强调,实践存在论美学虽然曾经受到过海德格尔现象学存在论的启示,但并不是像元骧先生所说的“试图把马克思的‘实践论’与海德格尔的‘存在论’融合在一起”,而是实事求是地发现和学习那长期被遮蔽了的马克思实践观中的存在论维度和思想,这种存在论思想如上所引,是白纸黑字客观存在着的,不容轻易否定的,而且确确实实是现代意义上的。实践存在论美学正是以此为自己的理论根据和基础的。下面我们还可以从《德意志意识形态》中举一个旁证。在该著作中,马克思恩格斯直接使用“实践”概念不多,而更多地使用与“实践”概念基本同义的“生活”或“现实生活”范畴,来表述和阐述实践唯物主义的新历史观。他们指出,“不是意识决定生活,而是生活决定意识”,“意识[das bewußtsein]在任何时候都只能是被意识到的存在[das bewußte Sein],而人们的存在就是他们的现实生活过程”。在这个历史唯物主义的经典命题中,这个“存在”(当然是社会存在)概念,马恩用的正是Sein(英文being)这个存在论的核心词,这个“存在”不是一个已经完成的现成的存在者(物),而是在进行中、未完成的过程,因此,马恩才说“人们的存在就是他们的实际生活过程”。这十分鲜明地体现了唯物史观的存在论根基。在此,合乎逻辑的推论只能是:实践就是现实的人的基本存在方式;进而言之,作为人的重要的精神性实践的艺术和审美活动,当然也是人不可缺少的基本存在方式之一,基本人生实践之一。其实马克思对“实践”范畴的界说中早已有了同样超越实体性思维然却更为深刻的存在论(不仅仅是认识论)思路。

据此,我们认为,元骧先生宣称实践存在论美学“与马克思主义‘实践’原则分道扬镳”的论断是更大的误判。

四

元骧先生对海德格尔存在论的概括和批判,在笔者看来,也有不准确、不妥当之处。他说,马克思的作为历史出发点的人,是处在一定现实关系中的"从事实际活动中的人",这完全正确;但他说,海德格尔的"在世界中存在"的、"与他人共在的人是与他人("常人")、社会处于对立地位的、完全是个体的、心理的人"则有一点武断。

事实上,海德格尔的"此在"不仅仅是个体的人,同时也与他人共同存在即"共在",也即我们所说的社会性的存在。不知元骧先生为何说这种"共在"是与他人和社会处于对立地位的。海德格尔明确指出:"我们用共同此在这个术语标识这样一种存在:他人作为在世界之内的存在者就是向这种存在开放的。……此在本质上是共在——这一现象学命题有一种生存论存在论的意义"①。这里此在明明是向他人开放,而不是与他人"对立";他甚至认为个体的单独存在即"独在"也是共在的一种特殊形式:"假使他人实际上不现成摆在那里,不被感知,共在也在生存论上规定着此在。……独在是共在的一种残缺样式,独在的可能性恰是共在的证明"的结论是:"此在作为共在在本质上是为他人之故而'存在'。这一点必须作为生存论的本质命题来领会。即使实际上某个此在不趋就他人,即使它以为无需乎他人,或者当真离群索居,它也是以共在的方式存在"②。这充分证明,海德格尔是将"共在"即社会性作为个体"此在"的本质规定,作为他"此在在世"的存在论核心命题中不可或缺的一个环节,而不像元骧先生所说的那样是完全与他人、社会对立的纯粹个体。

可能由于元骧先生对海德格尔存在论思想的一些关键术语如"沉沦""操心""畏""烦"等理解有偏差,导致元骧先生把海德格尔存在论思想中的"人"等同于不但"个体的"、而且"心理的"人。在海德格尔的文本中,笔者认为,"沉沦""操心""畏""烦"等术语,不能等同于汉语语境中理解的堕落、烦恼、孤独、恐惧等意义,甚至并

①② 海德格尔:《存在与时间》,陈嘉映、王庆节合译,生活·读书·新知三联书店,1999年,第139—140、143页。

非完全指的是个人的某种心理体验。在《存在与时间》中,这些术语根本不带有悲伤和哀婉的成分,而是一种中性的词语,它们仅仅在生存论上指出了“人生在世”的运作形态。

比如在谈到“沉沦”的概念时,海德格尔就特别指出,“这个名称并不表示任何消极的评价,而是意味着:此在首先与通常寓于它所操劳的‘世界’。这种‘消散于’多半有消失于在常人的公众意见中这一特性”①。由此看来,把“沉沦”理解为个体的某种消极的心理体验,显然误解、甚至曲解了海德格尔的初衷。这种沉沦式的此在恰恰是与他人共在的存在,这种存在具有一定的社会意义。这种沉沦式的此在展现了人生在世的生动性和具体性,从封闭的个体的牢笼中逃离。海德格尔写道:“此在作为沉沦的此在,已经从作为实际在世的它自己脱落;而它向之沉沦的东西却不是在它继续存在的过程中才刚碰上或才刚不碰上的某种存在者,而是本来就属于它的存在的世界。沉沦是此在本身的生存论规定;它根本没有谈及此在之为现成的东西,也没有谈及此在‘所从出’的存在者的现成关系,或者在事后才与之 commercium(打交道)的存在者的现成内容。”②在这段话里海德格尔鲜明地指出,存在论视野中的人,不是一个抽象的人,也不是一个实体的人,而是被外在的世界和他人包围并寓于其中的人。沉沦式的此在具体体现为闲言和好奇,“在这些方式中透映出日常存在的存在方式”。③“在世总已沉沦。因而,可以把此在的平均日常生活规定为沉沦着开展着的、被抛地筹划着的在世,这种在世为最本己的能在本身而‘寓世’存在和共他人存在”。④沉沦说到底就是此在在世、在社会中与他人“共在”的存在方式,这跟上面对“共在”的阐释完全一致。由此看来海德格尔的“人”(此在),具有一定现实性和社会性,将其完全看成“个体的、心理的人”至少存在着一定的误读。

同样,“操心”在海德格尔的存在论中并非就是指人的某种个人

①②③④ 海德格尔:《存在与时间》,陈嘉映、王庆节合译,第 204、204、205、210 页。

心理的行为,海德格尔特别指出:"'操心'这个术语指的是一种生存论存在的基本现象……操心的规定是:先于自身的——已经在……中的作为寓于……的存在"。①他说,人生在世的本质就是操心,操心在现实中体现为两种存在形态:人们对手上事物的劳作可以被把握为操劳;而与他人的在世照面、与他人的共同在此则可称为操持。

再如海德格尔所谓的"畏","畏"并非指的恐惧和害怕,也不是与世隔绝,"畏"是人生在世的一种现身情态,而且这种现身情态别具一格。这种别具一格并不是指人沉迷于自我的世界不能自拔,而是剔除任何的实体和抽象的概念,更具体更本真地去接近在世界中存在。"有所畏源始地直接地把世界作为世界开展出来"。②如果从自我的角度去认识海德格尔的"畏",这恰恰违背海德格尔的初衷。存在论的"畏"中的确带有"个体性"、"唯我性"的标签,但是这只不过是为了达到在世界之中存在的一种策略,它的实质意义是更具体更鲜活地与他人和世界共同在此。海德格尔写道:"畏如此把此在个别化并开展出来成为'solus ipse'(唯我)。但这种生存论的'唯我主义'并不是把一个绝缘的主体放到一种无世界地摆在那里的无关痛痒的空洞之中,这种唯物(我?)主义恰恰是在极端的意义上把此在带到它的世界之为世界之前,因而就是把它本身带到它在世界之中存在的本身之前。"③如果把一件商品的标签当成是商品本身,这本身就是大错特错,正如同把"畏"的个体性标签当成"畏本身",得出的结论可想而知。

五

笔者上面并不是想为海德格尔辩护,而主要是想说明,元骧先生仅仅依据对海德格尔的某些误读,就将海德格尔的存在论说成是实践存在论美学的理论基础,实在是没有任何根据的。元骧先生只引了笔者"虽然仍然以实践作为美学研究的核心范畴,却突破

①②③　海德格尔:《存在与时间》,陈嘉映、王庆节合译,第226、216、218页。

主客二元对立的认识论,转移到了存在论的新的哲学的根基之上”一句话,没有作任何论证,就直接推出“这实际上就是放弃马克思主义实践论转而以海德格尔的存在论作为他们美学的思想基础。这样,作为活动主体的人,也就不再是社会的个人,而只能是个体的、心理的、非理性的人了”这句话,逻辑上根本经不起推敲。首先,笔者在上文以及在《走向实践存在论美学》一书中都清楚地说明实践存在论美学的存在论根基不是来自海德格尔(虽然受到过启发),而是来自马克思。但在元骧先生那里,似乎一讲到存在论,就只有海德格尔一人独有,这实在令人难以理解。其次,即使海德格尔的人是个体的、心理的、非理性的人(上文已经证明并非如此简单),为什么在以社会实践作为人存在的基本方式(人当然是社会的人)的实践存在论美学中,人就“只能是个体的、心理的、非理性的人了”,这个逻辑的必然性来自何处?再次,元骧先生于是将被他曲解了的实践存在论关于“人”的观点作为靶子进行一系列批评。但是,批评的前提错了,批评也就颇成问题了。

元骧先生还说,“按‘实践存在论美学’所倡导的‘生成论’的思想和‘活动优先的原则’,也就必然否认在个人审美活动之外有相对独立的‘审美客体’的存在,把它看作与‘审美主体’一样,都是‘在审美活动中当下、现时生成的’”;又说,“就以审美经验论与美的认识论对立起来否定美的客观性这一点来说,‘实践存在论美学’与‘生命美学’、‘生存美学’是完全一致的”。笔者认为,这里有三点需要澄清。

第一,生成论何以“必然”否认个人之外有相对独立的“审美客体”的存在?事实上,笔者从来没有否定过审美对象的相对客观性。是的,笔者多次强调,任何美作为审美对象都不是现成的,而是在审美活动中现实地生成的。但同时,笔者在举了杜夫海纳说博物馆闭馆后,没有人欣赏时,里面的画就不是审美对象了的例子后,明确指出,“当然这幅画潜在的审美价值还是存在的”①。也就是说,这幅画的审美潜质是独立于个人而客观存在的。这与元骧先生认为虽然艺术品没有通过人的审美活动而成为实际的审美对

① 朱立元:《走向实践存在论美学》,苏州大学出版社,2008年,第303页。

象,却“并没有排除《莎士比亚全集》、博物馆关闭后那里存放的名画,以及与人的视觉未曾相遇时那深山里的花的存在”的说法有什么不同呢?奇怪的是,元骧先生只引用我前面这句话,而“忽视”了同一页上的后面这句话。

接着,他进一步指出:“这是我们在审美活动中之所以能获得美感的前提条件”。这一点我完全赞同。事实上,笔者主编的《美学》早就对此作了比较全面的论述,该书在具体概括了审美对象必须拥有的若干“构成审美条件的某种物质因素”即“审美对象的形式规律”后指出,“事物一定的感性物质因素作为构成审美对象的自身条件,决定了审美对象必然具有一种客观性,因而审美对象并非主体心造的幻影,它不是某种可有可无的东西,也不是某种可以由主体任意摆弄的东西”。更重要的是,笔者认为,对象的这种审美物质属性、价值或潜质本身,也不是从来就有、固定不变的,按照实践存在论美学的主张,它也是在人的长期社会实践中历史地生成的:“事物的某种物质因素之所以能成为一种审美的条件,并不是自然给定、天生自在的,而是在人的实践活动中逐渐生成的。这就是说,通过实践活动,事物的自然物质属性在与人的关系中向人显示出了一种新的精神意义。……正是在此基础上,客观事物的某些形式特征由于与人的活动相契合,成为人类表现自己生命活动不可缺少的对象,从而它们才渐渐具有了审美的性质和意义”①。笔者不知道元骧先生是否同意这个观点?是否仍然认为实践存在论美学不是与实践美学,而是“与‘生命美学’‘生存美学’是完全一致的”?

第二,实践存在论美学明确区分了审美活动中现实地生成的审美主体包括历史形成的人类总体和具体审美活动中生成的感性个体两大类。而元骧先生似乎没有看到这一重要区分,而是硬说实践存在论美学只承认“个人审美活动中所形成的微观的审美关系”。这至少是不客观的。笔者在比较实践美学与实践存在论美

---

① 朱立元:《走向实践存在论美学》,苏州大学出版社,2008年,第128—129页。

学的区别时明确指出：

> ……关于审美现象的生成性的理解。实践美学主张美与美感是在人类漫长的实践中生成出来的，人类实践发生之前，没有美与美感的存在。这一点我们完全赞同。但是，实践美学所说的生成仅限指人类总体的历史生成。如果只承认这种生成，便有可能给现成论留下地盘。实践存在论美学则不同。它所理解的审美现象的生成，除了人类总体的历史的维度，还有感性个体的当下维度。这也就是说，在实践存在论美学看来，美与美感不仅是在人类总体的实践中历史地生成出来的，而且是在感性个体生存实践中当下生成的。对于人类总体来说，离开历史实践就不会有美与美感的发生；对于感性个体来说，离开他的生存实践就不会有审美现象的出现。美与美感的终极处没有任何现成性可言……①

一方面，从人类历史发展的实际情况来看，“审美客体”“审美主体”都不是从来就有的，而是在人类生产、生活的长期实践中，一步一步、从无到有、从简单到丰富，历史地形成的，而且只要人类和人类文明还存在，这种审美（关系）活动以及在活动中历史地生成的（广义的）美和审美主体就会继续生成下去、永远生成下去。在此意义上，我们可以说，一切审美主体和审美客体也都是历史发展、生成的产物。这种主体指的就是“人类总体”意义上的审美主体。它在宏观上决定和制约着感性个体的审美活动。这一点，我们与元骧先生并无分歧。只是元骧先生没有看到或者不愿意承认实践存在论美学原本就有这个观点。这也是我们至今仍然维护实践美学基本理路的主要原因。

另一方面，我们必须同时强调，任何具体的审美活动只能由一个个具体的个体、而不是抽象的人类总体来进行。不能想象，任何

① 朱立元：《走向实践存在论美学》，苏州大学出版社，2008年，第325页。

具体、现实的审美活动能够由超个体的社会群体来进行。当然，每一个进行审美的个体都必然是社会关系中的人、社会的人，而不是纯粹的脱离社会和社会关系的生物性的个体。笔者明确地说，审美活动“是个体与群体活动的统一，既是个人的创造性实践活动，也是社会性的历史活动”。又说：“处在审美关系中的主体(人)，不是单个人的抽象物，而是一切现实的社会关系的总和，是自然性与社会性、物质性与精神性、现实性与历史性的多重统一，处在审美关系中的客体(世界)，同样不是孤立的、单独的物质实体，而是包含着自然的、社会的、人文的多种因缘的汇合”①。显然，实践存在论美学的“生成论”决不仅仅指审美个体的现实生成，更是指审美主体作为人类总体的历史生成。怎么能无视这些明明白白的论述，而把实践存在论美学的审美主客体都是在审美活动中现实地生成的观点说成是脱离宏观的社会历史关系的纯粹个体主观的心理体验呢？

第三，也不能将“审美仅仅是心理个体的非理性体验”的主张强加给实践存在论美学。我们认为，审美经验不仅仅是审美个体(主体)的心理活动、体验形成的审美意识，而是在审美活动中主客体相互作用在主体心理层面的一种动态关系：

> ……我们认为，把审美经验等同于主体的审美意识或审美意识的一部分是不妥的。审美经验是在审美活动中，伴随着审美对象与主体同时生成，主体在全身心的投入中对审美对象的反应、感受或体验。它是审美主客体之间的一种活生生的动态关系，而不仅是主体的意识或精神。换言之，审美经验既不能完全归结为主体的审美意识，也不能完全归结为对象固有的审美属性，而是由审美活动建构起来的、主客体之间的一种精神性关系，一种主体知觉对审美对象生成过程的忘我投入时的反

① 朱立元：《走向实践存在论美学》，第291、312页。

应和感知。①

这与前面所说的审美主客体都是在审美活动中现实地生成的观点完全一致,或者更确切地说,审美经验就是这种生成说的具体体现。这里的主体无论如何不能简单地归结为纯粹个体的心理活动,更不能归结为个体心理的非理性活动。笔者虽然指出审美经验的"非理性的显性特征",但同时,强调了"从总体上讲,审美经验是理性因素和非理性因素的统一","理性因素作为一种根深蒂固的思维'悟性'从根本上、暗中控制和掌握着人的各种经验形式(包括审美经验形式),审美经验只是在其显性的表征方面凸显一定的非理性特征。可以把理性因素比作一种'后台'操作,把非理性现象视作'前台'或'表面'特征。这两个方面的关系是前者决定并最终解释和支配后者,前者起着主导性作用。"②笔者不禁要问,这里有半点非理性主义的成分吗?

总而言之,在实践存在论美学看来,具体的、现实的审美活动只能在个体身上发生,但是每个个体都是社会的人,社会关系中的人;每一个具体的审美主体只能在具体的审美活动中与审美对象同时现实地生成,而不是现成的、已然的、固定不变的存在;审美经验当然必定通过主体的心理活动得到体现,但是,并不是个体主观心理决定的,而是由审美活动建构起来的主客体之间的一种动态的精神性关系;审美经验不是纯粹非理性的心理活动和体验,而是理性因素和非理性因素的统一。这种生成论、建构论的主张,乃是我们希望突破和发展实践美学的尝试。

最后,笔者想提一下,元骧先生对"主客二分"认识论的辩护。笔者并不否定,没有主客体的二分,任何认识都不可能发生。笔者只是想指出,主客体在原初是没有二分的,只是通过实践活动,人从自然界脱离出来,形成自我意识,自然界才成为人的实践和认识的对象,才有了主客体的二分。从存在论上看,这种主客二分也是

①② 朱立元:《美学》(修订版),高等教育出版社,2006年,第280、272页。

在实践中生成的。其实，元骧先生文章第一部分对此有一段很精彩、深刻的论述，笔者完全赞同。但是将主客二分作为认识论的预设前提就不对了，就是现成论，就是二元对立的一种形态了。

笔者自认为已经把该说的都说了。如果元骧先生继续进行反批评，笔者也不打算回应了。

（原载《辽宁大学学报》2012 年第 3 期）

从“实践美学”到“生活美学”

——当代中国美学本体论的转向

刘悦笛

在所谓的“思想淡出、学术凸显”现时代，当代中国美学究竟如何走出自己的发展之路？如果美学只关注思想的建树，那它应走的就是“主义”先入为主再来解决问题的形而上理路；如果美学仅关注学术的建构，那它似乎更应走的是“多谈些问题，少谈些主义”的实证化路线。然而，当代中国美学始终是两条腿走路的，思想建树与学术建构是并进的，并形成了相互推动的态势，从 1949 年至今的当代中国美学都是如此。①如果我们将“主义”理解为某种所力主的思想、宗旨或学说体系的话，那么可以肯定，当代中国美学并不缺少“主义”，从“实践论美学”到“生活论美学”都表征为某一种特定的“主义”。

一、“主义之争”的学术积淀

20 世纪 50、60 年代的“美学大讨论”，作为在政治夹缝当中滋生出来的学术之争，代表了当时的中国美学所能达到的最高水准。尽管这场论争表面上呈现为“主义之争”，但是，所深入探索的学术

① 我们将“中国近代美学”断代在 1840—1918 年，“中国现代美学”断代在 1919—1948 年，“中国当代美学”断代为 1949 年至今。参见刘悦笛、李修建：《当代中国美学研究（1949—2009）》，中国社会科学出版社，2011 年，第 1—6 页。

思想还是深刻地影响了 80 年代之后的中国美学界。

如今看来,这场论争的逻辑起点是,车尔尼雪夫斯基的“美是生活”的思想。这是因为,其一,车尔尼雪夫斯基这个思想在当时的美学界占据了核心的地位,《生活与美学》成为 20 世纪 50、60 乃至到 70 年代的美学“经典中的经典”,甚至占据了西方美学史的重要位置。其二,车尔尼雪夫斯基的思想成为当代中国美学的“历史起点”,中国美学家致力于对其进行改造,一方面抛弃其身上的费尔巴哈的“自然性”倾向,另一方面凸显其与马克思主义的“社会性”关联。其三,从车尔尼雪夫斯基美学出发,根本目标是为了建设“中国化”的马克思主义美学体系,这种思想体系的建设既要立足于本土又与时俱进地发展。“美是生活”更关系到美的本质问题的解决,这在当时被视为“符合唯物论”的正确的解决方式,同时也是马克思主义美学建设的出发点。

从 1954 年开始的“美学大讨论”,正是在普遍接受了“美是生活”的思想之后,对车尔尼雪夫斯基思想实现的突破。李泽厚的实践论美学的萌芽,也是脱胎于“美是生活”思想的。按照李泽厚 1959 年完成的《蔡仪〈新美学〉的根本问题在哪里》的理解,“美是生活”说不但是反对“唯心论”的有力武器,而且也是反对“机械唯物论”和“形式主义”美学的有力武器。①一方面,李泽厚并不满意吕荧借助车尔尼雪夫斯基美学的“漏洞”而走向了观念论,另一方面,更不满意蔡仪回到直观的唯物主义的趋向,“马克思主义美学的任务就在于:努力贯彻车尔尼雪夫斯基的这条唯物主义美学路线,用历史唯物主义的关于社会生活的理论,把‘美是生活’这一定义具体化、科学化”②,李泽厚就是从这一逻辑起点出发来建构他的美学的。

在李泽厚那里美学的改造是从“社会生活”直接入手的,他依据马克思的理解,将这种社会生活理解为“生产斗争和阶级斗争的

① 李泽厚:《美学论集》,上海人民出版社,1980 年,第 120—125 页。

② 李泽厚:《论美感、美和艺术(研究提纲)》,《哲学研究》1956 年第 5 期。

社会实践”。在早期李泽厚那里,生活与实践两个词往往可以相互替换并常结合为“生活实践”这个新词,因为只有“从生活的、实践的观点”出发才能解决根本问题,“当现实肯定着人类实践(生活)的时候,现实对人就是美的”。①由此出发,李泽厚从历史发展的高度给予了“美”以崭新的界定:“美是人类的社会生活,美是现实生活中那些包含着社会发展的本质、规律和理想而用感官可以直接感知的具体社会形象和自然形象。”②简言之,美是蕴藏着真正的“社会深度”和“人生真理”的生活形象,这皆说明了实践美学的早期形态是脱胎于生活论美学的。

按照通常的理解,“美学大讨论”的论争焦点就在于唯心主义与唯物主义之争,这种思路主要还是来自“哲学基本问题”的论争:“对马克思主义理论家来说,评论某一美学观点的主要标准,要看它如何回答美学中的哲学基本问题,以及看它如何对待反映论。马克思列宁主义美学根据这一特征,来区分唯物主义美学和辩证唯物主义美学,主观唯心主义美学和客观唯心主义美学”③,这个判断也基本上符合中国50年代的历史实情。但是,还应看到,到了60年代早期,论争的核心实际上转移到了另一个方向上去了,这是被普遍忽视的历史事实。

在50年代的“主客之争”后,当时的中国美学界已经取得了基本的共识,那就是美是客观的,尽管并不是每一派都“在客观上”能成为客观论,但是“在主观上”却都在试图向这种主导取向靠拢。而到了60年代,“自然性与社会性”之间的争辩更加凸显出来。④在这种更高层面的探讨当中,可以如此总结60年代所形成的美学流

① 李泽厚:《美学论集》,上海人民出版社,1980年,第143、146页。

② 李泽厚:《美的客观性和社会性》,《人民日报》1957年1月9日。

③ 亚·伊·布罗夫:《美学:问题和争论》,张捷译,文化艺术出版社,1988年,第11页。

④ 刘悦笛、李修建:《当代中国美学研究(1949—2009)》,中国社会科学出版社,2011年,第61—69页。当代中国美学的“美的本质观”的历史线索,可以归纳为:20世纪50年代的“主观—客观”之辩、60年代的“自然性—社会性”之辩、80年代的“实践论—生命化”之辩、90年代的“本质主义—反本质主义”之辩。

派之分殊,蔡仪坚决坚持的是从“自然性”去拷问美的本质,而朱光潜和李泽厚则力主从“社会性”去加以追问。然而,他们所理解的“社会性”却大异其趣。朱光潜曾批判李泽厚所用的“社会性”一词极其不明确,更不能把社会性看作单纯的客观属性,因为“首先它们把‘自然性’和‘社会性’绝对对立起来,排除了自然性而单取社会性,这就足见他们对人与自然的关系的看法还是形而上学的”①。但实际上,朱光潜所谓的意识形态、心理情感方面的诉求,在后来恰恰转变为一种“主观的社会性”,这又与吕荧表面上的社会性而本质上的主观性不同,毕竟还是接纳了“社会性”的重要内涵在其思想当中。与这种“主观的社会性”相反,李泽厚所主张的则是一种“客观的社会性”。

如果按照这种区分标准再来勘查“美学大讨论”当中所形成的派别,可以说,主观派并没有进入到这种论争的立论层面。事实上,也由于主观派论者的自身的政治原因及其立论的难以继续深化,这一派基本上在50、60年代交接的阶段便偃旗息鼓了。从这种视角来看,“美学大讨论”所形成的派别可以这样来看,在50年代晚期,蔡仪无疑是“自然派”的代表,李泽厚的确是“社会派”的代表,而“自然与社会统一派”的代表则是朱光潜和洪毅然。

与苏联的美学论争比照,中国美学的“客观派”、“社会性与客观性统一派”、“主客统一派”,分别与他们相互对应,因为他们在“自然派”(认定美的本质在于事物的“自然属性”)与“社会派”(认定事物的社会性使得自然事物获得“美的属性”)之外,也有一派主张美的本质就在于“自然属性与社会属性的统一”,大致相对于我们的“主客统一派”。但是,苏联美学论争中却并不存在“主观派”,或者说,主观思想在当时的苏联并没有存在的空间,而且后来“社会派”也逐渐获得更多的肯定,这个派别也被称为所谓的“新审美派”,在该流派当中,尽管后来出现了“活动论”的取向,但是始终没有发展为实践的观点,而这种“实践派”的观点在80年代开始就

① 朱光潜:《美学中唯物主义与唯心主义之争》,《哲学研究》1961年第2期。

成为了中国美学界的主流思想。

二、实践学派的“实践主义”

当代中国美学最值得肯定的是,在中国的“社会派”兴起之后的20世纪60年代,逐渐形成了“实践派”的思想萌芽,而苏联在“自然派与社会派之争”后则并没有发展出实践的观点,这也可能与中国注重实践的传统思维方式有关,这也是当代中国美学对于世界美学所做出的独特贡献。

李泽厚作为“实践美学”的核心角色,实现了“社会性”观点向“实践论”观点的转向,实际上在20世纪80年代已经形成了一种占主导地位的“实践主义”思潮。李泽厚的早期观点代表了“社会性”的主要取向,他既反对到“自然性”当中去寻美,反对美与人无关的“见物不见人”的观点,也反对那种将美等同于美感的论点,反对美只与人的心理活动、社会意识相关的论点,而直接建构了一种“客观性与社会性”相统一的观点。但这只是李泽厚美的本质观建构的第二步,更重要的第三步的建构是“实践观”的引入,第一步则在于承认美是客观的。这也恰恰构成了李泽厚美学原论的核心观点得以成熟的“三步曲”,也就是从“客观论”出发,再将“社会性”与“客观性”结合起来,从而走向“实践观”。

自从20世纪80年代中期以后,当代中国美学权力话语逐步明朗起来,“主体性的实践”作为内在相关的权力话语占居了主流,而且,无论是主体还是实践,在终极上被归结于“自由”问题,这恰恰是思想界转变的历史结果。李泽厚所倡导的“实践美学”的确得到了越来越多的赞同,并由此成为美学界的唯一的主流思想。这是由于,“实践主体性”有力配合了思想解放的进程,所以从社会情境的角度也使得“实践美学”最终上升为主潮。李泽厚立足于中国传统思想的基础之上,用康德思想来阐释马克思主义的实践观,由此提出了“人类学本体论哲学”的基本模式。在这种哲学建构的基础上,李泽厚明确将美及其相关问题皆归之于人类的实践活动本身,这种美学思想无疑是“实践主义”哲学的理论延伸。

在这种“实践主义”的坚实哲学基础上，早期的李泽厚从英文版接受了青年马克思《1844年经济学—哲学手稿》观点的同时，继续推导出自己的美学观：“自然人化说正是马克思主义实践哲学在美学上(实际上也不只是在美学上)的一种具体的表现或落实。就是说，美的本质、根源来于实践，因此才使得一些客观事物的性能、形式具有审美性质，而最终成为审美对象。”①由此可见，李泽厚的思想历程，并非是许多论者所见只是“从美学到哲学”，而始终是“从哲学出发”推导出其一系列的美学观、伦理观、认识论和存在论的。在这个意义上说，李泽厚的哲学和美学始终都是“为人类而思考”并不过分，所以，他的《美学四讲》被译成英文的时候加上了个副标题：“通向人类的观点”，同时也可见其思想内部的哲学人类学的某种底蕴。②

李泽厚从“自然的人化”的基点出发，进而提出了“人化的自然”的观点，到了晚年则提出了“人的自然化”的崭新命题：“人自然化是建立在自然人化的基础之上，否则，人本是动物，无所谓‘自然化’。正是由于自然人化，人才可能自然化”③，这就从反向的角度对早期思想进行了纠偏。从本体论的角度来看，李泽厚一方面强调了所谓的“工具”本体，也被称之为“工具—社会”本体；另一方面，不同于早期仅仅强调工具操作的维度，晚期的李泽厚还增加上了“情感—心理”本体作为补充，这就是引发了诸多争议的所谓“双本体论”的难题。从早期对“社会性”的关注，到后来走向“实践观”，李泽厚本人通过列表来看待主客之间的互动与互化，并展现出“双本体论”的内在结构，这也为晚期李泽厚提出“情本体”的思想铺平了道路。

“实践主义”之所以得以形成，最初在于“旧实践美学”的发展与

① 《李泽厚哲学美学文选》，湖南人民出版社，1985年，第463页。

② Zehou Li and Jane Cauvel, *Four Essays on Aesthetics*: *Toward a Global Perspective*, Lexington Books Publication, 2006.

③ 《李泽厚近年答问录》，天津社会科学院出版社，2006年，第57页。

分化。根据早期实践主义的话语结构与整体谱系，如果按照与实践美学创始人李泽厚的远近关联来看，可以列出这样的理论代表之序列：李泽厚——赵宋光——杨恩寰——刘纲纪——周来祥——王朝闻——朱光潜——蒋孔阳。在李泽厚与赵宋光之间，联通的中介就是“人类学本体论”；在赵宋光与杨恩寰之间，联通的中介就是“合目的性与合规律性的统一”；在杨恩寰与刘纲纪之间，联通的中介就是掌握必然的“社会性”；在刘纲纪与周来祥之间，联通的中介就是“自由”；在周来祥与王朝闻之间，联通的中介就是“审美关系”；在王朝闻与朱光潜之间，联通的中介就是“主客合一”；在朱光潜与蒋孔阳之间，联通的中介就是“创造”性的活动，由此，就可以相对完备地深描出中国化的“实践主义”的美学学派的整体图景。①

质言之，用更准确的说法来说，“实践美学”应该是“实践论美学”，这是因为，“实践的美学”并不等于“美学的实践”，实践论美学是将实践哲学发展到美学领域所形成的美学思想，并汇成了“实践主义”的思想主潮。在美学的基本原理方面，20 世纪后半期实践美学所取得的成就在中国是最大的，它可以被认为是 20 世纪中国美学当中影响最大的美学学说，并曾对当代中国的思想启蒙起到重要的推动作用。然而，这三十多年来，中国学者们仍然在“实践美学的基本范式”上做文章，即使有所推进也是在“实践与生存的张力”领域内实施的，目前尚没有更新的美学思想模式出现。实践美学也确实面临着两方面的挑战，一方面的确如许多学者所指，实践美学是建基在“主体性哲学”思想基础上的，而这种主体性思想基本属于“现代性”的范畴，因而实践美学需要用存在哲学抑或后现代思想的武器来加以超越，从而拯救其思想中的理性与感性、个体与群体之分裂；另一方面，实践美学难以对市场经济确立以来的社会和文化现实给出理论的阐释，尤其是丧失了对当代审美文化的分析能力，前者是理论的缺失，而后者则是面对现实的无力，这就

---

① 关于“旧实践美学”学派的系统构成，参见刘悦笛、李修建：《当代中国美学研究(1949—2009)》，中国社会科学出版社，2011 年，第 96—105 页。

需要“主义”的继续转向。

经过了十多年的发展,在20世纪80年代中期实践美学进入到鼎盛时期,完全主导了中国美学界的整个发展局面。然而,实践美学的整体缺憾,也随着新的视角的出现而更多地被折射出来,这种新的视角就是“生存论”的视角。于是,新的美学思潮就是从批判实践美学的理论缺陷出发,从而试图找到新的方向,这种兴起于90年代后的美学新潮一般被称之为“后实践美学”。

三、“生存主义”的本体转向

从“后实践美学”思想的“生存论转向”来看,他们都毫无例外地接受了海德格尔美学的深刻影响,试图用“生存论本体”来取代或者部分取代“实践论本体”。当然,在这个意义上,在当代中国美学的“生存论转向”的内部,主要还是倾向于“生命论”取向的,也包括某些趋近于“存在论”的要素:关注“生”而非追问“在”,的确才是中国生存论美学的主流。由外而内地看,后实践美学可以被视为是一种致力于“海德格尔中国化”的美学形态,多位论者试图用海德格尔的存在论来改造在中国占据主流的“实践本体”的美学思想;由内而外地看,这种激进的改造更像是用西方理论来改造“西化理论”,用存在主义资源来重新阐释中国美学基本原理,但从深层来说,这种原本来自西方的美学资源之所以在中国得到重视,恰恰在于本土思想当中本然地孕育着生命论的意蕴。与之类似的是,实践美学之所以成为一种本土化的思想,并由此超越了南斯拉夫的实践派,就在于这种思想与中国本土的“实用理性”的思路是内在相通的,与后实践美学的诸形态相比较,实践美学才更是一种“中国本土化”的美学理论形态。

非常有趣的是,伴随着当代中国美学的“生存论”转向的大潮,当代中国美学的弄潮儿在新的世纪到来之后,不再是后实践美学的诸多人物,反倒是“新实践美学”的代表人物。我们所说的广义的“新实践美学”指的是,实践美学在新旧世纪转折时代出现的一种新的形态。这种形态的出现既不同于20世纪80年代的“旧实践美学”流派,也基本上是在90年代兴起的“后实践美学”之后出现的得以“更新”了的实践美学。在此种意义上,“新实践美学”似乎是实践美学在新世纪的回潮,但决不是“旧实践美学”的重复,有些形态如“实践存在论美学”反倒是吸纳了与“后实践美学”同样的思想资源,也就是海德格尔意义上的存在论的哲学思想。

更为悖谬的是,后实践美学与实践存在论美学这两种“生存论”转向的产物,看似迥然有异,甚至在后实践美学开始出场的时候还曾“剑拔弩张”,但是,在不同的理论的标签下它们居然具有了非常近似的思想实质。在某种意义上,这意味着“后实践美学”是表面上走出实践论,内在却始终离不开实践论,“新实践美学”则在表面上坚持实践论,但却内在地开始消解之。在许多时候,极端的“后实践美学”反倒走的是更为纯粹的道路,也就是以“生存本体”来彻底取替“实践本体”,但大部分的后实践美学论者反倒是承认生存或生存的实践基础的,相应之下,在许多“新实践美学”论者那里则出现了——力图拼合“实践本体”与“生存本体”——的二元论的问题。更有趣的是,“新实践美学”转而批判晚年的李泽厚所提出的“情本体”思想,与他早年的工具本体思想的并置,也是一种充满矛盾的“二元论”。但是,李泽厚却明确标举出自己的“双本体”论,并进行自我辩护,他所意指的本体并非西学being意义上的ontology,然而,新实践美学论者在西方意义上使用本体概念时,却没有一位宣称自己是二元论者,反倒是要消解二元论的。

无论如何,这种“旧实践美学”、“后实践美学”、“新实践美学”及其新近的“生活美学”并存的共生局面,恰恰呈现出当下的中国美学格局的复杂性与丰富性。在20世纪80年代初期,“旧实践美学”最初并没有呈现出“本体论”的视野,该派论者更多追问的仅仅是“美的本质”的问题。在李泽厚的“人类学历史本体论”与赵宋光的“人类学本体论”相继提出之后,有个替代性的趋势出现了,也就是将“美的本质”与“美的本源”问题区分开来加以追问,从而逐渐进入到了本体论的疆域。随后实践美学从20世纪90年代初期一开始置疑实践美学的时候，它的基本提问方式就是本体论的，这显然是深受欧洲存在论思想的巨大影响的产物。同样，新实践美学在"实践复兴"的旗帜下，更多采取了本体论的视角来阐发实践思想。

当代中国美学的"生存主义转向"，本应包括"生命论"与"存在论"两个层面，前者是存在者的层级，后者则是海德格尔意义上的存在论的层级，但是中国美学的思想转向主要与前者相关，当然也有部分涉及后者的成分。按照海德格尔的理解，他所谓的"基础存在论"（fundamental ontology）具有"生存论—存在论"的双重意味，这意味着，它既是存在者的，也是存在论的，前者是对此在的实际生存的解析，后者则是对生存可能性的普遍化的解析。中国化的以生命为主导的思想，无论是人生论、生命论还是（被宣称为）生存论，都只是对于实际生存的深入探讨，大都尚未深入到存在论的深层。或许可以这样说，西方的传统形而上学将存在当作了实体（entity）式的存在者，而中国化的生存论的哲学与美学则是反过来——将存在者当成了存在。然而，即使海德格尔的存在论是为了追问存在（being）问题的唯一存在者，"存在"总是存在者的存在，但这还是与中国注重生成（becoming）的思想传统是异质的。由此可以推论说，不能仅囿于生存论的维度来推动中国的哲学与美学，因为海德格尔本人就是通过此在的"生存"来追问"存在"问题，要将"存在"问题还原到此在的"生存"境域当中去，这背后的思想探索轨迹与境界结构类分，却并没有被"实践—后实践美学"范式内的哲学与美学深入地习得，这也使它们最终只能停留在"存在者"的层级。

质言之，无论是更新的"实践存在论"、诸如"生命美学"之类的后实践模式，还是李泽厚晚年的"情本体"论，无非都是"生存本体论"的三种不同形态而已。更有趣的是，这三种美学形态都试图去嫁接马克思的思想与欧洲的存在论的思想。差异在于，与李泽厚立足本土来化育思想不同，"实践美学"与"后实践美学"的支持者都是以一种"西式话语"来言说美学，从而使得传统美学话语在其中丧失了言说空间，如何使得中国美学成就为具有"中国性"的美学就成为了新的问题。①

四、回归生活的“生活主义”

新世纪出场的“生活美学”,无疑就是在这种“本体论转换”视野中出现的最新思潮,它试图超出“实践—后实践”论争的既有模式,而力求在“生活本体”上来重构一种“中国化”的美学思想。当然,生活本体论所谓的“本体”既指本根之“本”,也指体用之“体”,它是建基在本土化思想的基础上的,已经摆脱了早期实践论与后实践论对西方意义上的本体论的迷恋,从而逐渐趋成一种立足本土的“生活主义”。

进入21世纪的头十年间,随着与国际美学前沿的发展愈来愈同步,“美学本体论”的发展正在酝酿着一场新的创新,日常生活美学的新浪潮在国际美学界同时兴起。②如果说,欧美的美学提出“生活美学”是为了超越分析美学传统的话,那么,在中国所提出的“生活美学”则是为了直接超越实践美学范式所形成的主流传统。当前中国学界的部分学者,力求回归到现实的“生活世界”来重构美学,“生活美学”由此成为未来中国美学的一条可行之路。“生活美学”在中国建构的基本任务,并不仅仅限于超出实践与后实践的基本范式,同时,作为与国际美学得以同步发展的新的美学思想,它另外的重要职能还在于要将美学原论建基在中国传统的思想根基之上,所以,如何建构一种“中国化”的“生活美学”问题被提了出来。③

在目前中国的美学界,“生活美学转向”正在逐渐成为一种共识,正在形成一种主潮,正在形成一种新走向。“生活美学”主张美

---

① 刘悦笛:《何谓美学“中国化”》,《人民日报》2012年1月12日。

② Andrew Light and Jonathan M. Smith eds., *The Aesthetics of Everyday Life*, Columbia University Press, 2005; Yuriko Saito, *Everyday Aesthetics*, Oxford University Press, 2007; Katya Mandoki, *Everyday Aesthetics: Prosaics, the Play of Culture and Social Identities*, Aldershot, England: Ashgate, 2007.

③ 刘悦笛:《重建中国化的“生活美学”》,《光明日报》2009年8月11日。

学向生活回归,这被认为是非常重要的美学新突破,而生活美学传统在中国可谓是源远流长。在这个意义上,中国美学界一定会对全球美学的新进展做出更为独特与难以替代的贡献。在当前国际美学的发展主潮当中,日常生活美学也被视为是在“环境美学”之后,继续发展与突破“分析美学传统”的重要方向之一。更为重要的是,“生活美学”在中国的提出是与西方同步发展起来的,这就走了一条不同于从“艺术哲学”到“环境美学”的研究道路,我们是先借鉴西方再重建自身的。所以说,“生活美学”的意义也不仅仅囿于中国,同时它也是推动国际美学发展的新兴力量,它恰恰构成了东西方美学互补与互动,从而成为共建全球美学的桥梁。

“生活美学”研究在中国全面兴起的重要“标志”主要有两个:一个就是由国际美学学会(IAA)主办、第一次在中国召开的第18届世界美学大会上开设了“传统与当代:生活美学复兴”与“日常生活美学”的两个专题会场。另一个重要标志,则是《文艺争鸣》、《艺术评论》、《光明日报》纷纷推出的“生活美学”专题,其中,以《文艺争鸣》连续推出的“新世纪中国文艺学美学范式的生活论转向”的八期系列专辑最为引人注目,从范式转向、西方美学、中国美学、生态美学与文化研究等视角发表了百余篇“生活论转向”的论文。2012年在长春举办的“新世纪生活美学转向:东方与西方”国际学术研讨会则通过东西对话的方式将具有“新的中国性”(Neo-Chineseness)的生活美学推向了国际的美学舞台。

在“生活美学”中得以转变的不仅是传统的“审美观”,而且还有旧的“生活观”。有一种重要误解在于:生活美学直接等同于“日常生活美学”。日常生活美学的确是最新兴起的一种思潮,它是直面当代“日常生活审美化”而产生的,将重点放在大众文化转向的“视觉图像”与回归感性愉悦的“本能释放”方面,从而引发了很大的争议。然而,“生活美学”尽管与生活美化是直接相关的,但是当代文化的“日常审美化”与当代艺术的“日常生活化”对生活美学而言仅仅是背景而已。“生活美学”更是一种作为哲学理论的美学新构,而非仅仅是文化研究与文化社会学意义上的话语构建。这意味着,生活美学尽管是“民生”的美学,但却并非只是属于大众文化的通俗美学,而日常生活美学却成为了只为大众生活审美化的“合法性”做论证的美学。在理论上,它往往将美感等同于快感,从而流于粗鄙的“日常经验主义”。所以说,作为哲学建构的“生活美学”是包含“日常生活美学”的,或者说,“日常生活美学”只是“生活美学”的有机构成部分或者当代文化形态而已。

所谓“生活美学”或“生活论转向”,被大多数学者理解为一种将“生活世界”与“审美活动”沟通甚或统一起来的努力与探讨。生活美学主张美学向生活回归,着力发掘生活世界当中的“审美价值”,提升现实生活经验的“审美品格”,志在增进当代人的“人生幸福”,这被认为是非常重要的美学新突破。可以说,“新世纪以来,生活论转向开始成为文艺学美学的重要话题,以‘日常生活审美化’启其端,而‘生活美学’承其绪”①,并从新世纪开始得到了全面的发展。在中国“美学本体论”的历史逻辑的转换逐渐展开的时候,可以看到,从“实践论”“生存论”到“生活论”的哲学基础之根本性的转换。如果说,李泽厚所奠定的是实践美学的“人类学历史本体”,而大多数论者则直接持“实践本体论”的话,那么,后实践美学论者所执著建构的就是一种“生存论本体”,而最新出现的“生活美学”实际上走向了一种“生活本体论”,而这种“生活美学”正在主导新一轮的中国美学的转向。

总而言之,思想的建树与学术的建构,在当代中国美学发展那里始终是并进的,由此形成了互动的格局。从“实践论美学”“生存论美学”走向“生活论美学”,恰恰构成了当代中国美学的“本体论之变”,它们分别代表了当代中国美学的“实践主义”“生存主义”与“生活主义”三种思潮。

(原载《哲学动态》2013 年第 1 期)

① 北京师范大学文艺学研究中心编:《文艺学新周刊》第 89 期,“美学研究的生活论转向”导言部分,http://wenyixue.bnu.edu.cn/。

再谈“实践存在论美学”

王元骧

一

我一直以为在学术探讨上个人的认识难免会有局限，很需要通过同志式的商讨来使自己的认识得到提高和完善；并认为缺少学术争鸣是当前我国学术研究表面上虽然繁荣，却难以深入开展，有所建树的主要原因之一。美学研究同样如此。我就是在这一思想指导下撰写《“后实践论美学”综论》（刊于《学术月刊》2011 年第 7 期）一文的。我对于自己的观点也并非有绝对的把握，一直期待对方的回应来促使我进行再思考。所以，当有同志告诉我已从《辽宁大学学报》哲学社会科学版 2012 年第 3 期上，看到朱立元先生的回应文章《“实践存在论美学”不是“后实践论美学”》①，我就很高兴地去图书馆粗粗地拜读了一遍。但由于所得的印象是在这篇文章中朱立元先生主要是为自己的观点辩护，并根据自己的推想假设一些问题，如认为我把“实践”仅仅理解为“物质生产劳动”，“存在论”只是海德格尔的“专利”以及我对海德格尔的“畏”“烦”“沉沦”等术语“可能”会有的理解，来对我进行反驳，没有完全抓住彼此认识分歧的实质性问题来开展分析和论证。尽管《辽宁大学学报》在发表朱立元先生文章时加了一个极具倾向的“编者按”，但我相信对这个问题真正有兴趣的读者定会对照我的文章作出自己的

① 文中引朱立元先生的话，凡未加注脚的，均出自此文，下不另注。

判断,就一直没有想作回应的打算。直到最近中国人民大学报刊复印资料《美学》2012 年第 9 期把这篇争鸣文章连同辽大学报的“编者按”以显赫的头条位置予以转载,才让我觉得再不对自己的意见作进一步的申述是达不到我所期望的开展学术争鸣的目的了,所以很有必要把自己的观点再具体展开一下,以期大家能真正针对我的实际思想来开展批评。

朱立元先生在反批评文章中最关键的部分,是援引了我以下一段对“实践存在论美学”的评论而发的:

> ……把它(按:指实践)与“存在论哲学”中的“存在”概念混淆在一起,认为“在马克思的学说中,实践概念与存在概念一种本体论上的共属性和同一性,两者揭示和陈述着同一本体领域”,它们的“根本取向”,“都是走向现实的人生和实际生活”,“马克思的历史唯物主义,或者说实践的唯物主义,就是以存在论意义上的社会存在为基础的”。从而试图把马克思的“实践论”与海德格尔的“存在论”融合在一起。这恐怕只能是朵不结果的花。

其实这段引文并不完整,文前还有一段作为这一结论的理论依据的重要的分析被拆开了。现补充如下——

> “实践”这一概念在我看来,从最宽泛的意义上说就是指与“知”(认识)相对的“行”,它的含义十分丰富,有的从伦理学的观点、有的从认识论的观点、也有的从存在论的观点对之作过种种不同的解释。与这些解释不同,马克思则是从历史唯物主义的观点,把实践理解为感性物质活动首先是生产劳动,认为这是人类社会得以存在和发展的现实基础,并强调必须“从物质实践出发来解释观念的东西”。“实践论美学”就是按照这一思想原则来研究美学的。但“实践存在论美学”似乎并没有理解从历史唯物主义视角理解实践对于建立马克思主义美学

> 思想体系的特殊意义,认为这等于“把人的其他各种活动完全排除于外”,是“对马克思关于实践的看法的严重误解”,从而以亚里士多德的伦理学和康德哲学思想为例,来证明“从西方的思想背景来看,实践从来就不是单纯指物质生产劳动,而且主要不是指生产劳动”。这就抽去了物质生产活动在马克思的“社会存在”学说中的基础地位。

紧接其后,才是朱立元先生援引的作为对我反批评的根据的那段文字。在摘引了那段文字之后,朱先生写道:

> 不难看出,这段话的因果关系也是完全站不住的。从元骧先生所引笔者关于马克思的实践观与其存在论的一致关系的论述中,怎么能又一次跳跃式地推出笔者“试图把马克思的‘实践论’与海德格尔的‘存在论’融合在一起”的结论呢?这里的问题,一是错误地把存在论看成海德格尔的专利,好像除了海德格尔以外,他以前就没有存在论了,这是根本不符合西方哲学史的实际的;二是完全无视甚至抹杀客观存在着的、马克思与实践观紧密结合的存在论思想,这个思想在《巴黎手稿》中有直接的表述,而且贯穿于马克思后期的主要著作(包括《资本论》)……很清楚,马克思的“存在论”思想一开始就与其“实践观”紧紧地结合在一起。

我觉得这样理解我的批评是有些情绪化,而不够客观、冷静和实事求是的。我自问我的治学态度还算是严谨的,绝不会断章取义地编织对方所没有的思想来开展批评,更不会凭着自己的主观臆测,把别人所没有的东西强加在他们的头上来贬损对方,因为这不仅是一个治学态度的问题,而且还关系到个人的学术品德。所以为了明确问题的实质,我想把我在阅读“‘实践存在论美学丛书’的担纲著作”的朱立元先生的《走向“实践存在论美学”》过程中,为何会形成这样的论断的认识过程具体地说一说。

朱先生对“实践存在论美学”的理论阐述主要集中在该书的第五章。在谈到马克思学说中“实践”概念与“存在”概念具有本体论的共属性和同一性时，他认为：“实践是人存在的基本方式……所谓人的存在，就是海德格尔的‘此在之世’，也就是‘人生在世’”；“人生在世的基本方式就是实践”；“海德格尔把人和世界看成是一体的……而不像认识论思维方式那样看成主客二分的，认为世界外在于人”；并表明他论证“实践”与“存在”这两个概念“本体论的共属性和同一性”，就是为了“突破主客二元对立的认识论转移到存在论的新哲学的根基之上”①。所以在我看来，这新哲学的根基只能是指海德格尔的存在论。这在逻辑上似乎并没有不能成立之处。我认为，正是这种理论上的混淆，才导致在一系列具体论述中与“实践论美学”的精神分道扬镳，而与“后实践论美学”趋向一致。

我认为“实践论美学”最主要的贡献就在于把历史唯物主义的实践观引入美学研究，改变了传统美学研究的思维方式：既不完全以物的自然属性，也不仅从人的主观情感方面来寻找美的根源，而是从社会历史的角度来说明美就其本质来说乃是在人类实践活动中，首先是物质生产劳动过程中所形成的物与人之间的一种关系属性。基于这一认识，我在原则上同意朱立元先生“审美生成论”的同时，又感到他没有分清社会的、历史的“生成”和个人的、心理的“生成”之间的区别，而往往把两者混淆，以个人的、心理的关系来排除社会的、历史的关系。如他认为：

> ……关于审美现象的生成性的理解。实践美学主张美与美感是在人类漫长的实践中生成出来的，人类实践发生之前，没有美与美感的存在。这一点我们完全赞同。但是，实践美学所说的生成仅限指人类总体的历史生成。如果只承认这种生成，便有可能给现成论留下地盘。实践存在论美学则不同。它

---

① 朱立元：《走向“实践存在论美学”》，苏州大学出版社，2008年，第279—280页。

> 所理解的审美现象的生成,除了人类总体的历史的维度,还有感性个体的当下维度。这也就是说,在实践存在论美学看来,美与美感不仅是在人类总体的实践中历史地生成出来的,而且是在感性个体生存实践中当下生成的。对于人类总体来说,离开历史实践就不会有美与美感的发生;对于感性个体来说,离开他的生存实践就不会有审美现象的出现。美与美感的终极处没有任何现成性可言……①

我认为这分析是不周密的:它不仅没有说清两者的关系,并认为承认"人类总体生成""便有可能给现成论留下地盘",这岂不有意无意地把"生成"看作只是"在感性个体生存实践中当下生成"而把"人类总体实践"过程中所形成的审美关系排除在外?这显然是由于朱先生没有看到在马克思主义哲学中认识与实践的相互作用、互为前提的关系,以反对主客二分为理由,把两者对立起来而得出的结论。而以我之见,在这两种生成之间,人类总体的实践对于审美关系的形成,相对于个人审美活动中所发生的主客体之间审美关系而言,不论从历史的还是逻辑的来看都是先在的。虽然对于审美关系的这种社会历史的研究不可能直接解释具体的审美现象,却是使美学研究走上科学道路的不可缺少的理论前提。它向我们表明,正如只有具有审美感官的人才能成为审美主体那样,也只有在人类总体实践中被"人化"的自然才有可能成为审美对象,它对于个人的审美活动来说总是客观地存在着的。惟有客观世界中存在着由于自然被"人化"所形成的美的对象,才会有个人的审美感知和审美体验的发生。这就决定了我们在考察个体的审美活动的时候,不可能完全否定和排斥认识的成分,否则,就等于否定了美的客观性和社会性,审美判断也就没有客观标准和普遍有效性可言了。

当然,审美不同于认识,它是一种情感活动。情感是客观事物

① 朱立元:《走向"实践存在论美学"》,第324—325页。

能否满足人的主观需要所产生的态度和体验,它不属于事实意识而是一种价值意识。它不仅受到主体的兴趣、爱好、文化教养等稳定因素的支配,也往往会受到主体的心境、情绪、联想等偶然的、不稳定的因素的调节。在具体审美活动中,呈现在人们意识中的并不都是客观事物的物象,而往往是它在人们心目中所产生的主观意象。这就使得审美客体在人们的意识中会出现种种的变异,不仅同一审美对象在不同审美主体那里会有不同的态度和评判,即使是同一审美主体在不同的条件和环境中,所产生的感受和体验也往往并不完全相同。它不像认识的成果那样可以彼此互证。所以,不充分揭示审美作为情感活动的这一特征,对于具体的审美现象就无法作出有说服力的解释。但如果把这些现象无限地夸大,认为如果承认了美是在人类总体实践中历史生成的,就"有可能给现成论留下地盘",而把审美客体看作都是在个人审美过程中当下、即时生成的,甚至认为没有欣赏也就没有美的存在,这岂不把美看作纯粹是个体审美经验的产物,而完全否定了审美对象的客观社会性和相对独立性?因此,我认为若要真正认识"实践论美学"对于美学研究的历史功绩并在此基础上加以发展,就不能仅仅在原则上承认"美与美感是在人类漫长的实践中生成出来的,人类实践发生之前,没有美与美感的存在",而更要把这一认识落实到"感性个体当下的维度"中,把历史地形成的宏观的、社会的审美关系,与个人具体审美活动中所形成的微观的、心理的审美关系这两者有机地统一起来。但是这不仅被朱立元先生不应有地忽视了,而且在分析具体审美活动时,往往自觉不自觉地把两者分割开来,甚至对立起来,以超越主客二分的认识论的美学观为理由,强调审美判断的个体的、心理的特征来否定美的客观社会性和相对独立性;并试图从海德格尔那里寻找自己理论的支点,认为:"他的开端即是结果的思路,为我们指出了一个思想的新境界和存在的本然状态——'在之中'一切都是活泼泼的,万物浑然一体、相辅相成,总是处在一种生机勃勃的涌动之中;没有僵化的体系,也没有现成化的方法,万事万物总处在一种缘发状态和当下生成之中,处在永不停息的运动之中。”①如果按这一思想来解释个体的审美活动,那就必然会导致以审美经验论、审美心理学来否定审美的哲学和美的本体论,也就等于说审美完全是在个体的意识活动中生成的,审美活动是不需要有任何前提条件的。这不就等于完全中断了实现两者统一的通路,把美看作只不过是审美判断的派生物?这正是“后实践论美学”理论的基本特征。虽然两者的思想出发点不同,按“实践存在论美学”的主观意图来说,还是想在马克思主义的实践论的基础上把美学推向前进的,但由于把实践与认识、社会历史的观点与个体心理的观点分割开来,其结果也就走上了殊途同归的道路。因此我把“后实践论美学”加以扩容,把“实践存在论关系”也包括在内。这一归纳使朱立元先生深感委屈,难以接受,我完全可以放弃,因为我觉得我们看待问题主要应该着眼于实质而不必过多地周旋于冠名。

以上所谈的只是在审美判断这一具体问题上我与朱立元先生认识上的一些差别;如果从深层次原因来看,更涉及“物质生产劳动”是否是马克思主义哲学中“实践”的基本内涵以及海德格尔的“此在”是否是“社会的人”的不同理解,亦即前文所引朱立元先生认为我的两大“错误”。为了使讨论深入开展,我觉得有必要进一步谈谈我对这两个问题的认识。

二

先从马克思主义哲学中“实践”能否被解释为“此在在世”,以及“物质生产劳动”是否是马克思主义哲学,具体地说,是从历史唯物主义中“实践”的基本内涵说起。

我在《“后实践论美学”综论》中曾明确地谈到“实践”这一概念的内容非常丰富,从最根本、“最宽泛的意义上来说就是指与‘知’(认识)相对的‘行’”。所以我认为朱立元先生在文中引用毛泽东

---

① 朱立元:《走向“实践存在论美学”》,第299页。

《实践论》中关于“实践”的论述:“人的社会实践,不限于生产活动一种形式,还有多种其他形式,阶级斗争,政治生活,科学和艺术的活动,总之社会实际生活的一切领域都是社会的人所参加的”①,而表明“实践是大于物质生产劳动的”,这与我的理解并没有什么矛盾;我更没有说过朱立元先生认为“实践的概念大于生产劳动的概念”是“对马克思关于实践的看法的严重误解”。这话是朱立元先生自己针对李泽厚把实践理解为物质生产劳动而认为“把人的其他各种活动完全排除在外”时说的。从他反批评的文章的意思来看,实际上是借之来批评我“同李泽厚一样把物质生产劳动作为实践的唯一含义”的;而现在反过来竟把它转嫁到我头上,变为我批评他的话,这是不是显得太随意了? 那么,我们到底应该怎样理解历史唯物主义哲学中“实践”观的特定内涵? 这里,不妨从“实践”这一概念在西方哲学史上的历史演变说起。

在西方哲学史上,“实践”这一概念最早出现在亚里士多德的著作中,他按人的心理结构是由理智、意志、情感构成的观念,把实践理解为意志的活动。意志是确立目的,凭借一定手段来改造对象,在对象世界中实现目的活动,所以它与认识相对。如果说认识把人与世界二分,使人从原本与自然浑然一体的状态中解放出来,把自然界作为人的意识和意志的对象,而使客观对象转化为人的主观意识,那么,实践则把人们在认识过程中通过评判、选择所确立的目的,化为自己活动的动机,以求通过自己的活动使目的在对象世界得以实现,使主观意识与客观对象重归统一。因此,我认为它与认识不是完全对立,而是互相转化、互为前提的,它既是认识活动的基础,又以认识过程中形成的目的为指引。马克思在谈到建筑师的活动不同于蜜蜂时说:“他不仅使自然物发生形式变化,同时他还在自然物中实现自己的目的,这个目的是他所知道的,是作为规律决定着他活动的方式和方法的,他必须使他的意志服从

① 《毛泽东选集》第1卷,人民出版社,1991年,第283页。

这个目的。"①表明实践活动总是包含着内部和外部两个环节,凡是不以认识为前提的无目的、非理性的盲目的冲动,或不求通过改造对象、在对象世界实现自己目的的纯意识的活动,都不能算作真正意义上的实践活动。有些哲学家不承认实践是一种感性物质活动,如王阳明认为"一念发动处便是行",黑格尔认为理念的自我运动即创造世界,以及卢卡奇早年所认为的"正确的意识就意味着对它自己对象的改变"等,都只能说是一种唯心主义的实践观,而非对"实践"的完整而准确的理解。"实践存在论美学"在"实践的概念大于生产劳动的概念"的名下,把"实践"的概念无限扩大,把审美这种"观照"活动也看作是一种"实践",甚至是"一种基本的人生实践"②,我觉得似乎与这些观点有些相似。

由于实践的内容非常广泛,涉及本体论、认识论、价值论、伦理学、人学,甚至是创制活动等诸多领域,像亚里士多德、康德、黑格尔、费尔巴哈、卢卡奇等都在他们的哲学著作中讨论过"实践"的问题。但是在传统的西方哲学中,主要似乎是从个人的道德行为方面来理解的,如亚里士多德的《尼各马可伦理学》、康德的《实践理性批判》等都是这样的。马克思主义哲学中"实践"的内涵则与上述的理解不同。在我看来,它主要是指人类的总实践,且特别是指物质生产劳动而言的。这是由于历史唯物主义是探究人类社会发展客观规律的学问,它从对人类社会结构的深入分析中发现,人们"为了生活,首先就需要吃喝住穿以及其他一些东西。因此第一个历史活动就是生产满足这些需要的资料,即生产物质生活本身"③。这是"不以一切社会形式为转移的人类生存条件"④,23 也是人类社会发展和变革的最根本的动因,是世界从自然向社会生成的中介,并在这一基础上来理解和解释人类精神和文化活动的种种现

①④　马克思:《资本论》,《马克思恩格斯全集》第 23 卷,人民出版社,1972 年,第 202, 56 页。

②　朱立元:《走向"实践存在论美学"》,第 280 页。

③　马克思和恩格斯:《德意志意识形态》,《马克思恩格斯选集》第 1 卷,人民出版社,1995 年,第 79 页。

象。因此,卢卡奇认为:“在作为社会的价值范畴中立刻展示出社会存在的根本基础,即劳动。”①朱立元先生认为,“实践论美学”“强调实践是物质生产劳动”的基础地位是“对马克思关于实践看法的严重误解”,“从西方的思想背景来看,实践从来就不是单纯指物质生产劳动,而且主要不是指物质生产劳动”;并认为“马克思对于实践概念的理解来自西方传统思想理论,特别是继承、改造了康德以降的德国古典哲学的实践观”而来的②。这虽然都是事实,但他却不应有地忽视了在德国古典哲学中,尽管康德、黑格尔、费尔巴哈等都谈论“实践”,但具体含义却完全不同——康德指的是人的指令性的道德行为,黑格尔指的是理念的自我创造运动,费尔巴哈指的则是应对日常事务的操作性行为,被马克思称之为“卑污的犹太人活动的表现形式”,而且在具体分析中只谈到亚里士多德和康德,而只字不提黑格尔,给人的印象是“实践”的内涵似乎只是伦理学的,只限于个人的道德行为,马克思的实践观似乎主要是从亚里士多德和康德那里继承来的。我认为这与事实是大有出入的。在我看来,马克思的“实践”的思想渊源实际上主要来自黑格尔。黑格尔认为世界是由理念的自我运动产生的,黑格尔的“理念”实际上是指人的意识的外化,如果把它颠倒过来,也就是说世界是由人的活动所创造的。因此,马克思在谈到黑格尔的“意识”和“自我意识”时认为:“作为推动原则和创造原则的否定辩证法的伟大之处首先在于,黑格尔把人的自我产生看作一个过程,把对象化看作非对象化、看作外化和这种外化的扬弃;因而他抓住了劳动的本质,把对象性的人、现实的因而是真正的人理解为他自己劳动的结果。”“劳动是人在外化范围内或者作为外化的人的自为的生成。”但是,由于“黑格尔唯一知道并承认的劳动是抽象的精神的劳动”,他把以往“其他哲学家做过的事情——把自然界和人类生活的各个

① 卢卡奇:《关于社会存在的本体论》上,白锡堃等译重庆出版社,1993年,第671页。

② 朱立元:《走向“实践存在论美学”》,第281—282页。

环节看作自我意识的以至抽象的自我意识的环节”①，这样就使得他的哲学走向了唯心主义。因而马克思在吸取黑格尔“劳动”学说的精华时，又把它重新颠倒过来，变“抽象的精神劳动”为“物质生产劳动”，为他所创造的历史唯物主义提供科学的理论基础，赋予“实践”这个概念在历史唯物主义视域中所特有的内涵，并以此作为解释人类社会、历史、文化现象的最终根源。正是出于“在马克思那里，劳动到处都处于中心范畴，在劳动中所有其他规定都已经概括地表现出来”这一认识，卢卡奇认为“人的存在的生产和再生产相对于其他功能的优先地位也是本体论上的”②，是人类社会得以存在和发展的基础，所以他把马克思的存在论称之为“社会存在本体论”。我认为这就是“实践论美学”把“实践”理解为主要是“物质生产劳动”的理论依据，否定了这一点，那么“实践论美学”的基础也就完全塌陷了。

在美学上，我之所以一直坚持“实践论美学”的立场，是因为它解决了曾经在我头脑中存在的这样一个困惑：从审美文化史来看，为什么我们今天许多为之倾倒的被视为美的事物，如山水花鸟等，在上古人甚至中古人那里却都并不以为是美的？反映在绘画史上，在我国隋代以前，还未曾出现以山水花鸟为题材的绘画，像在顾恺之的《洛神赋图》、南朝砖画《七贤荣启期》中，山水林木还只是作为人物的背景和陪衬出现，直到隋代画家展子虔的《游春图》中，山水才独立地成为绘画的题材，在它之后，山水画才广泛地流行起来。而花鸟画的流行则更迟，还要到五代以后。至于在欧洲绘画史上，风景作为题材一般还认为是从17世纪荷兰风景画派开始的。这说明在此之前山水风景还没有独立地成为人们的审美对象。为什么会出现这种情况？原因可能比较复杂（如在欧洲，自然长期以来被神秘的宗教观念所笼罩），但我认为，从根本上可以按“实践论美学”的观点找到有效的答案：正是由于物质生产劳动改

① 马克思：《1844年经济学—哲学手稿》，人民出版社，1985年，第120—121页。
② 卢卡奇：《关于社会存在的本体论》上，白锡堃等译，第642、665页。

变了人与自然的关系:从客观对象方面来看,使自然得以“人化”,与人的关系从“自在的”变为“为我的”,对立的变为和谐的,疏远的变为亲密的;从主观条件方面来看,使人的感官从“自然的感官”变为“人化的感官”,亦即文化的、具有审美能力的感官,使人们看待自然的方式,从原来单纯实用的、功利的态度变为超功利的、观赏的态度。这样,才会有审美关系的发生。这就改变了以往美学研究中较为流行的两种观念和方法:或是把美看作纯粹的一种自然属性,像自古希腊直到近代的许多美学著作那样,仅在比例、对称、均衡、变化统一等物理事实方面来进行考察,或是认为美是由人的主观情感所赋予的,像现代不少美学著作那样,从移情、距离、表现等个人心理活动方面来寻找答案,所造成的解释上的种种困难,把美看作人类社会实践,特别是生产劳动过程中所形成的一种文化现象,一种事物对于人的价值属性,同时也表明这种价值是一种客观的、社会的价值,而不只是主观的、个人的价值。所以,对于“审美关系”,我认为首先应该是指客观的、社会的关系,而非主观的、心理关系;首先应该从美的哲学、美的本体论意义上理解,而非从审美经验论、审美现象学、审美心理学的意义上理解。尽管在平时的审美活动中,我们与对象之间所直接发生和建立的都只能是个体的、心理的关系,但是,应该看到在个人的审美意识深处,无不潜伏和折射着深刻的历史文化内涵。也就是说,惟有人类在长期社会实践中与对象之间建立了一种历史的文化的审美关系,才可能有个体的心理的意义上的审美关系的发生。唯此,我们在研究审美活动时,才能确保审美判断的客观社会性和普遍有效性,避免迷失于个人感觉,走向主观主义和相对主义;我们的美学也才会有历史深度和理论深度。

但是,这一点似乎并没有在“实践存在论美学”中得到体现,它不仅以“有可能给现成论留下地盘”为理由,对个人审美活动之外的历史地形成的相对独立的审美客体的存在作抽象的肯定而具体的否定,否定审美关系作为一种主客体的关系所包含的固有认识的成分,把情感判断与认识判断对立起来,以前者来否定后者;并认为不这样就是“先在地把‘美’设定为一个客观的实体”等于回到“传统主客二分的认识论美学的……怪圈之中”①,而按海德格尔的“存在”理论来加以解释,把对“实践”的理解“转移到了存在论的新哲学的根基上了”去。与上文联系起来,这里所谈的“新哲学根基”的“存在论”,以我的理解只能是指海德格尔的“存在论”。我认为作为海德格尔的“存在”即“此在在世”,是个人的生存活动,他所说的人也主要是个体的、心理的人。这不仅与马克思的参与物质生产劳动的人类总体的“人”完全不同,也与他所说的处于实际生存活动中的由社会造成的“社会性的个人”也是不完全相同的。要把它与马克思以人类总体实践为内容的“实践论”以及在此基础上建立的“社会存在”的理论加以融合,是很难有什么结果的。

三

这就关涉到我们所要探讨的第二个问题,即海德格尔的“此在是不是心理的、个体的人”,“与人共在”能否理解为人的社会性?

“存在论”的概念由古希腊埃利亚学派哲学家克塞诺芬尼和巴门尼德首创,并为后世的许多哲学家继承。这里的“存在”,按一般的理解就是指与“无”相对的“有”,即实际存在着的东西,包括物质的和精神的两方面。但在19世纪以前,一般是按静态的观点把它理解为一种实体;而到了19世纪中叶,在现代物理学和生物进化论等思想的影响和启示下,对于“存在”的理解的思维方式也从静态的转向动态的,把“存在”看作是一个生成的过程。我在《“后实践论美学”综论》第一节就对此作过具体的论述。在这一点上,我与朱立元先生的认识是没有什么分歧的,也完全赞同他说的“存在论不是海德格尔的专利”,“马克思的‘存在论’思想一开始就与其‘实践观’紧紧地结合在一起的”观点。但我认为马克思所说的“存在”,是建立在以物质生产劳动为核心内容的“实践”的基础上,亦

① 朱立元:《走向“实践存在论美学”》,第303页。

即卢卡奇所说的“社会存在”,是人类总体实践的产物;它本质上不同于海德格尔所指的个人存在,即“此在在世”,这种“存在论”实际上是一种个人的生存论。在某种意义上说,这也是“存在主义”哲学共同的思想特征。所以我认为海德格尔的此在是个体的、心理的人,是与社会处于对立的地位的。朱立元先生认为我的理解是“武断”的,是由于我对海德格尔的“误读”所致。他认为:“海德格尔的‘此在’不仅是个体的人,同时也与他人共同存在即‘共在’,也即我们所说的社会性的存在。”“海德格尔是将‘共存’即社会性作为个体‘此在’的本质规定,作为他‘此在在世’的存在论核心命题中不可缺少的一个环节。”以此来说明“此在”仍是社会性的个人,而我觉得,这种理解是需要进一步研究的。

其实,认为海德格尔的人是个体的人的观点早已普遍存在,而非我的发现。巴雷特谈到,在西方“对海德格尔式的人最常见的批评是,这个人是孤独的不是集体的人,他的真实存在是在他认同自己而不是同他人的关系上确定的。提出批评的有雅斯贝尔斯、布伯、别尔嘉耶夫、马萨尔一类的存在主义者,萨特也以略为不同的形式提出过”①。在国内,多数学者也认为“海德格尔否定人的社会性,认为社会关系使人丧失个性”②。但我认为海德格尔的“此在”是个体的心理的人,并非盲目听从,人云亦云,而是认为要真正把“社会性”视作对人的本质规定,仅仅从外部关系、“在世界中存在”、“与他人共在”来表述,是不足以说明问题的;还应该从外部关系对于人的内在本质所起的作用和影响,即“社会本身生产作为人的人”③方面去解释。我认为我们通常所说的“社会性”,不仅不同于“自然性”,也不同于“集群性”,它是在人进入社会以后,有了社会意识与自我意识,也即意识到了个人与社会的关系之后才获得

① 巴雷特:《非理性的人》,杨照明等译,商务印书馆,1995 年,第 232 页。
② 袁贵仁主编:《对人的哲学理解》,河南人民出版社,1994 年,第 346 页。
③ 马克思:《1844 年经济学—哲学手稿》,第 78 页。

的一种本质属性。它不是先天具有而是在社会生活中生成的。社会"是人们交互活动的产物"①,正是在人们交互活动的过程中,使得历史积淀下来的文化有可能转移到个人的身上,使人超越自然个体得以社会化而赋予人以社会的属性。我觉得,这样的理解与海德格尔仅仅从外部关系着眼的"共同此在"是完全不同的。

海德格尔的著作晦涩难解,我对海德格尔更没有作过专门研究,对他的思想不敢说就有了准确而透彻的了解;但是,既然涉及了这个问题,也不妨顺便谈谈我的一点肤浅的认识。海德格尔深受胡塞尔的现象学哲学影响,他反对从观念出发,认为应该从"此在在世",亦即人的生存状态出发来研究人:人的生存境遇是不确定的,没有预先规定而一切都有可能,它需要人们自己去选择和筹划;现在"上帝死了",人的存在已失去了精神上的支撑和依靠,这样就把人带到茫然失所、惶惑不安的生存危机之中。这种情绪状态就是他说的"畏","畏所为而畏的东西把自身暴露为畏对之生畏的东西:在世",展开了我们茫然失所的实情。它使人为了逃避痛苦而在大多数人的反应中寻求归宿。他把这种状态称之为"跌落",认为"跌落"这种运动不断地把此在从本真性拽开,"跌落到非本真地存在于常人之中的无根基状态中去","这样的不断从本真性拽开而总是假充本真性,与拽入常人的境界合在一起",从而以欺骗的方式满足于虚假的存在而走向"沉沦"。认为"沉沦于'世界'就意指混迹在这种杂然共在之中",沉沦于常人就是在它本身面前逃避。因此,他把"诱惑、苟安、异化、自拘(拘执)"都视作沉沦特有的存在方式,是"此在"的本真性的丧失。这就是他对人的"现身状态"的一种理解。这表明,他的"与人共在"的人不仅与马克思所说的处在一定历史条件和社会关系中的作为"社会关系的总和"的人不同,而且认为这种"与人共在"的方式使人"从本真性拽开",

① 马克思:《致巴·瓦·安年柯夫》,《马克思恩格斯选集》第4卷,第320页。

“其本身就是那个在最初错失自身和遮蔽自身的东西”①,这里丝毫看不出他以“社会性作为个体‘此在’的本质规定”的意思。出于这一认识,我认为海德格尔的“此在”是个体的,是与他人处于对立状态的人,是与我们通常所理解的社会性的人是没有共同之处的。对于朱立元先生以“沉沦说到底是此在在世、在社会中与他人‘共在’的存在方式”为理由来说明海德格尔的“与人共在”即社会性,按我目前的认识水平来说,是难以认同的。

那么,海德格尔的“此在”是否是心理的人?心理是心理学研究的对象,心理学有不同的派别,除了实验心理学、经验心理学之外,至少还有哲学心理学。像以维戈茨基、鲁宾斯坦、列昂节夫为代表的苏联心理学研究中的“文化历史学派”,在我看来就是一种哲学心理学。它与实验心理学和经验心理学的不同,就在于不是把人看作原子式的个人,对人的心理现象和心理活动仅作孤立的经验的分析和描述,而是把它提到哲学的高度进行研究。海德格尔虽然从人的现身的情绪状态出发来研究人,但他认为以往的心理学由于其实证的倾向,“都不曾为我们自己所是的这种存在者的存在方式问题提供出意义明确的、在存在论上加以充分论证的答案”②。这说明他所着眼的人的心理现象的研究也不是经验的而是哲学的。尽管他与苏联文化历史学派在思想观念和思维方式上完全不同,后者是以“活动”为依据来解释人的心理现象,而他则是从心理现象出发来研究人的生存状态,但这至少也可以说是一条值得试探的研究人的道路。问题在于他从对“此在的现身情态”“畏”的分析入手进入对人的生存问题的哲学思考时,就像克尔凯郭尔按照基督教的“原罪”说来解释那样,把“畏”的心理发生的根源完全看作是先天的。他把“此在”看作是女神“烦”(德文 Sorge,一译“操心”)的作品,是女神“烦”用胶泥所造:“‘烦’最先造出了这个玩艺儿,那么,只要他活着,‘烦’就可以占有他。”“烦”不仅成了“一种

①② 海德格尔:《存在与时间》,陈嘉映译,生活·读书·新知三联书店,1987 年,第 213、218、223—230、381、160,62 页。

生存论的基本现象”，也是“畏”的根源，“只要这一存在者‘在世’，它就离不开这一源头，而是由这一源头保持、确定和始终统治着的”。这决定了“烦作为源始的结构整体性在生存论上先天地处于此在的任何实际‘行为’与‘状况’‘之前’，也就是说，总已经处于其中了。因此这一现象绝非表达‘实践’行为先于理论行为的优先地位”①。尽管海德格尔对于人的现身情态的分析确实反映了当今资本主义社会中人的一种现实的处境，但是他割断了人的心理与现实的联系，不是从现实社会中去寻找原因，而认为这是人与生俱来、先天具有的。这就是我认为他的“人”不仅是个体的，而且是心理的而绝非社会的人的理由。由于我的《“后实践论美学”综论》一文涉及四家的观点，限于篇幅，对于这个问题的论述未曾展开，也未曾提到“畏”、“沉沦”、“烦”（亦即“操心”）等问题。朱立元先生在文中说：“导致元骧先生把海德格尔存在论思想中的‘人’等同于不但‘个体的’而且‘心理的’人”，“可能由于元骧先生对海德格尔存在论思想的一些关键术语如‘沉沦’、‘操心’、‘畏’、‘烦’等理解有偏差”，而把根据他的主观揣测所作的阐释当作是我的理解来进行批评。由于这并非我的实际思想，我就在此谢绝而不敢据为己有了。我不敢说我这里的对这些术语的理解都准确无误，但对于朱立元先生以“海德格尔是将‘共在’即将社会性作为‘此在’的本质规定”，而认为海德格尔的“此在”是社会性的人为理由来批评我把此在视为心理的人，这理论前提是否能够成立，我觉得还是可以讨论的。

按我的认识，在对于人，对于“人的生存活动”的理解上，不论从思想观念还是思维方式来说，海德格尔与马克思都是不同的。要想把这两种完全不同，甚至对立的“存在”理论直接加以融合几乎是不大可能的。若是再将马克思建立在人类总体实践基础上的“社会存在本体论”“转移到了（海德格尔的）存在论的新哲学的根基上去”，那么，其结果必然会抛弃以历史唯物主义的实践观在美

① 海德格尔：《存在与时间》，陈嘉映译，第231—242页。

学研究中的指导地位,而对于审美关系的理解就必然会导致以个体的、心理的关系来否定社会的、历史的关系,以美的主观价值来否定客观价值,以审美心理学来否定美的哲学,以美感论来否定美的本质论,这就有意无意地与“后实践论美学”走到一起了。

我深感学术研究工作的艰难,在个人思考的过程中难免会出现种种偏差和失误,很需要学界同仁本着务实求真的精神来共同探讨,把我国的学术研究,包括美学研究推向前进。从中西学术思想史来看,凡是学术上大发展、大繁荣的时代,都是百花齐放、百家争鸣、思想空前活跃的时代。我们今天要发展我国的社会主义学术和文化,同样也需要形成这种学术争鸣的风气,需要每个有社会责任心和使命感的学者的共同努力。这也是我们对学术所应有的虔敬之心的一种体现。所以我认为,真正的学术商讨就应该排除一切私心杂念,本着对学术尊重和负责任的态度进行。我之所以花时间认真阅读对方的著作,并提出我的意见来进行商讨,这本身就表明我对这些学术成果的尊重;要是我感到完全没有价值,就不会在这上头花费力气了。看了朱立元先生的反批评之后,我也对自己的文章的观点和批评的方式作了反思,迄今还是感到都是对对方观点所作的具体分析和纯属学理的研讨,也没有给对方下过什么武断的结论,所感遗憾的只是个别用语尚欠斟酌。但是由于我对有些问题的论述未能充分展开,导致朱立元先生种种误解和曲解,所以本着对学术负责的态度,再撰文把问题说得透彻一些。我并不认为自己真理在握,很愿意能继续得到大家的批评、指正,只是希望在批评时尽量做到实事求是,针对我的实际思想来发言。

(原载《中山大学学报》2013 年第 3 期)

略论实践存在论美学的哲学基础

朱立元

与其他人文学科一样，美学也应当有自己的哲学基础。现在有些标榜“××美学”的论著或者通俗书籍虽然也涉及一些实用的美学问题，但严格说来算不上真正的美学理论，最主要的原因就在于它们缺乏美学应有的哲学基础。美学本是哲学的一个分支学科，鲍姆加登创立美学，就是为弥补理性派哲学缺少感性认识部分这一缺憾，美学作为“感性学”就是整个哲学的一个新的组成部分。在美学史上，从来没有脱离一定哲学基础和背景的美学理论，哪怕到了20世纪后期西方美学流派多元纷争之际，凡称得上独立的“美学”理论或学说的，也都有自己的哲学立场和主张。所以，笔者早在上世纪90年代初期就明确反对“泛美学”倾向，强调美学不能丧失自身的哲学品格。这一观点至今没有改变。

所谓美学的哲学基础，在我看来，就是指美学为了深刻掌握自己的研究对象，顺利实现自身的研究目的，有效地选择自己的研究方法，所必须持有的一种哲学的宏阔视野、哲学的终极目标、哲学的思维方式和哲学的理论根基。这是使美学理论具备哲学品格和深广度的保证。

近些年来，为了推动实践美学的革新和发展、促进我国当代美学建设，一部分美学工作者开始了建构新的美学理论的尝试。笔者提出走向实践存在论美学的主张，就是这种尝试之一。这自然也涉及一个哲学基础的问题。前几年，同批评实践存在论美学的学者的争论，实际上主要分歧就在哲学基础问题上。本文不打算与不同意见争鸣,只想就实践存在论美学的哲学基础问题正面阐述一下自己的看法。不当之处,欢迎批评。

一

笔者现在设想的实践存在论美学,主观上力图以马克思实践的唯物主义为哲学基础,突破和超越导致当代美学陷于主客二分的单纯认识论的哲学思路。至于是否做到了,还有待检验。需要说明的是,我们并不认为以李泽厚先生为代表的实践美学已经过时、需要推倒重来,而是仍然坚持实践美学的大方向,但在哲学基础上却与李泽厚先生的"主体性实践"哲学有重要区别。

在笔者看来,马克思主义现代美学的哲学基础就是马克思实践的唯物主义即唯物史观。遵循马克思实践的唯物主义,就应从存在论根基处着眼,运用关系论和生成论的思维方式,重新考察和审视一系列美学基本问题。就是说,其根本特征在于将美学的哲学基础从近代以来单纯的认识论转移到马克思以实践为中心的现代存在论根基上,在思维方式上,由主客二分和现成论转换为关系论和生成论,这是笔者思考实践存在论美学的哲学基础的基本出发点和思路。

首先,也是最根本的,马克思实践的唯物主义即唯物史观,不能局限于仅仅从近代认识论角度加以把握,而首先或者主要应当从存在论(Ontology,亦译本体论)视角来理解。实践的唯物主义的哲学根基主要不是认识论,而是存在论。当然,存在论无疑天然地包含着认识论在内。

马克思的现代存在论思想是对近代西方由笛卡尔开启的主客二分的认识论形而上学传统的批判和超越。众所周知,笛卡尔提出的"我思故我在"的著名命题,在确立人的主体性的独立地位的同时,也确立了人与世界各自的现成存在和两者的二元对立:世界被分为现成存在的主体与现成存在的客体两部分,同时,具有独立性的主体自身也被分成感性与理性的对立二元。如此一来,人与世界之间的无限复杂多样的存在关系就被简化为现成主体对现成客体的单纯认识关系,全部哲学则围绕"我是怎样思维和认识世界"这样一个单纯认识论问题来展开思考。在这种主客二分的单纯认识论思维模式下,真正的存在论问题却被有意无意地遮蔽、甚至取消了。这正是近代理性主义和经验主义哲学的失足之处,也是包括费尔巴哈在内的一切旧唯物主义的失足之处。

马克思实践的唯物主义恰恰以独特的方式在存在论维度上突破和超越了这个将主、客体现成两分的单纯认识论的思维模式,而将之转移到以实践为核心的存在论(本体论)的根基之上。在马克思看来,人和世界、和自然本来就是同为一体、不可分割的。马克思明确指出:"人不是抽象的蛰居于世界之外的存在物。人就是人的世界。"①他还说:"自然界,就它本身不是人的身体而言,是人的无机的身体。人靠自然界生活。这就是说,自然界是人为了不致死亡而必须与之不断交往的、人的身体。所谓人的肉体生活和精神生活同自然界相联系,也就等于说自然界同自身相联系,因为人是自然界的一部分。"②就是说,在原初意义上,人与世界是一体的、不可分割的,人只能在世界中存在,没有世界就没有人;同样,世界也离不开人,世界是人的世界,世界只对人有意义,没有人也无所谓世界。所以,马克思的"人就是人的世界"的概括,典型地体现了现代存在论思想。

后来海德格尔对存在的意义的追问,也是从存在论(本体论)的高度对西方形而上学传统中主客二分的单纯认识论进行了深刻的批判。他指出,笛卡尔把未加证明的"我思故我在"这个命题当作自己哲学的出发点,并进而推出思维的理性(主体)能够认识世界(客体),发现可靠、正确的知识。可是这一命题及其认识论推演,已内在地包含着思维/存在、主体/客体、精神/物质等的二元对立;而且,在这种对立中,体现出笛卡尔对对立的一方(一元)的优

① 《马克思恩格斯选集》第1卷,人民出版社,1995年,第1页。
② 《马克思恩格斯全集》第42卷,人民出版社,1979年,第95页。

先或绝对地位的潜在肯定,如上述诸二元对立中对思维、主体、精神等决定作用的肯定。这样就造成了思维方式上的二元对峙、一元优势的僵化程式。海德格尔一针见血地批评笛卡尔开启的这种“知识形而上学”是建立在一种“不证自明”的现成的主客对立的关系上的,指出笛卡尔以为发现了“我思故我在”,“就认为已为哲学找到了一个新的可靠的基地,但是他在这个‘激进的’开端处没有规定清楚的就是这个能思之物的存在方式,说得再准确些,就是‘我在’的存在的意义”,因而“在存在论上陷入全无规定之境”①。也就是说,这个命题在存在论上是缺乏根据而难以成立的。海氏认为,对一切存在问题的探寻,必须从“此在”(Dasein)(人)的生存领会中获得,“一切存在论所源出的基础存在论必须在对此在的生存论分析中来寻找”②。海德格尔将“此在在世”看作人的存在、看作此在的基本结构,世界因人而有意义,世界在人之中;人是世界的一部分,人在世界中存在,人与世界在原初意义上是合为一体的。海德格尔就是在“此在”的生存论的探讨中,奠定了此在的基础本体论(存在论)的地位。可见,海氏的基础存在论思想并没有超过马克思存在论的基本理路。

这里需要强调的是,马克思不但早在海德格尔之前就已经提出了现代存在论的思想,而且不同于、远高于海氏的基础存在论。因为,马克思的现代存在论思想是建立在“实践”的基础上,通过“实践”来实现的,而非海氏对此在的“生存论的分析”。“实践”是唯物史观的核心和理论基石。在《关于费尔巴哈的提纲》中,马克思将“实践”界定为“现实的”“感性的人的活动”③,而对“对象、现实、感性”等一切人、社会、历史和自然界,必须从人的“实践”出发去理解。人的“实践”活动是在人与世界的一种对象性关系中展开的,

---

① 海德格尔:《存在与时间》,陈嘉映、王庆节译,生活·读书·新知三联书店,1987年,第31页。

② 海德格尔:《存在与时间》,陈嘉映、王庆节译,生活·读书·新知三联书店,2012年,第16页。

③ 《马克思恩格斯选集》第1卷,人民出版社,1995年,第54页。

也就是说在实践中，人实现了本质力量的对象化和自然的人化，从而真正占有了对象；同时人在与事物的对象性（实践）关系中也生成并确立了自身的存在。显而易见，马克思的存在论是以实践为中心、为基础的。因此，实践存在论美学不是像有的学者所说的那样以海德格尔的现象学存在论为哲学基础，而是自觉地建立在马克思以实践为核心的现代存在论的哲学根基上，努力超越主客二分的单纯认识论的思路。

当代中国美学各派，在笔者看来，也存在着类似近代单纯认识论的某些失误。不但是客观派，而且李泽厚的实践美学也把美学的基本问题归结到单纯认识论的框架里，而忽视了其存在论的根基。李泽厚早期在《论美感、美和艺术》(1956)中就说过："美学科学的哲学基本问题是认识论问题。美感是这一问题的中心环节。从美感开始，也就是从分析人类的美的认识的辩证法开始，就是从哲学认识论开始，也就是从分析解决客观与主观、存在与意识的关系问题——这一哲学基本问题开始。"①后来，李泽厚对这个问题的看法似乎有所改变，但一直到上世纪80年代末的《美学四讲》中仍然没有放弃或否认把美和美感作为主客关系置于认识论框架内的基本思路。这样就有意无意地将美学的存在论维度忽视或者遮蔽了。这必然会对美学理论造成一系列内在的缺陷和问题。我们提出实践存在论美学的主要目的就是想要弥补和克服这种存在论维度缺位的问题。

也许有人会提出，你们说马克思已有以实践为中心的存在论思想，有没有直接的根据？笔者的回答是肯定的。的确，我们已经指出，在马克思的著作中，很少看到存在论（本体论）字眼，但是只要认真阅读，我们就能够发现。在《1844年经济学—哲学手稿》中，马克思就有一段直接谈论和表达他对存在问题看法的话：

如果人的感觉、情欲等等不仅是[狭]义的人类学的规定，

① 李泽厚：《美学论集》，上海文艺出版社，1980年，第2页。

> 而且是对本质(自然界)的真正本体论的(ontologisch)肯定;如果感觉、情欲等等仅仅通过它们的对象对它们来说是感性的这一点而现实地肯定自己,那么,不言而喻:(1)它们的肯定方式决不是同样的,勿宁说,不同的肯定方式构成它们的此在(Dasein)、它们的生命的特点;对象对于它们是什么方式,这也就是它们的享受的独特方式;(2)凡是当感性的肯定是对独立形式的对象的直接扬弃时(如吃、喝、加工对象等),这也就是对于对象的肯定;(3)只要人是人性的,因而他的感觉等等也是人性的,则别人对对象的肯定同样也是他自己的享受;(4)只有通过发达的工业,即通过私有财产的媒介,人的情欲的本体论的(ontologisch)本质才既在其总体性中又在其人性中形成起来;所以,关于人的科学本身是人的实践上的自我实现的产物;(5)私有财产——如果从它的异化中摆脱出来——其意义就是对人来说既作为享受的对象又作为活动的对象的本质性对象的此在(Dasein)。①

这段话内容极为丰富和深刻,限于篇幅,这里只着重说明两点:第一,马克思在这里两次提到了 ontologisch(本体论的或存在论的),也两次使用了被某些学者误以为是海德格尔最初使用的 Dasein("此在",或译"定在"、"亲在"等)这个现代存在论的重要概念,这不仅有力证明了马克思存在论思想的客观存在,而且也表明了马克思决不是按照传统本体论学说的实体主义思路和方法来讨论存在问题的,而是在现代存在论的视域,即回归现实生活的新境域中展开对存在问题的阐述的;当然,马克思的 Dasein 含义也不同于海德格尔的"此在"概念。第二,马克思在这里把"存在论的"与"人类学的"对比起来谈,把对自然的"存在论的"肯定看得高于"人类学的"肯定。他认为仅仅从人类学角度谈论人的感觉、情欲等等是不

① 译文据邓晓芒《马克思论存在与时间》,见邓晓芒《实践唯物论新解:开出现象学之维》,武汉大学出版社,2007 年,第 305—306 页。

够的，必须从“存在论的”视角把人的感觉、情欲等看成是对本质（自然界）的真正肯定，即“感觉、情欲等等仅仅通过它们的对象对它们来说是感性的这一点而现实地肯定自己”，也就是说，人是通过他对自然对象的“感性的肯定”——对象化的感性活动（实践活动）来达到“人的实践上的自我实现”的，而这在马克思看来，乃是“真正本体论的”（即存在论的）。

这清楚地说明，其一，马克思的的确确表明有自己的存在论思想，而不仅仅是认识论思想，这一点是客观存在的，任何人都不能轻易否定的；其二，马克思的存在论思想完全不同于基于实体思维的西方传统本体论学说，它是在人与对象世界（自然界）的关系中展开，这一点开启了现代存在论的新思路，这完全不同于有的学者硬把马克思的本体论思想说成是实体性的物质本体论；其三，马克思的存在论思想也不同于现代西方其他存在论学说（包括海德格尔的现象学基础存在论），它是与人的实践活动紧密结合在一起的，这正是马克思存在论思想最独特和高于其他存在论学说之处，这一实践观与存在论结合一体的思路不仅贯彻于《巴黎手稿》全文，而且也贯彻到马克思以后的全部著作中。这就是马克思正面、直接阐述其以实践为中心的存在论思想的证据，也正是我们提出“实践存在论美学”最直接的理论依据。

概而言之，马克思的存在论是以实践论为基础的，而马克思的实践论则内在地含摄着存在论维度，两者是紧密结合的。马克思的实践概念与存在概念是内在融通的，是用实践范畴来揭示人在世界中存在的基本方式。实践的根本内涵就是指人的最基本的存在方式。人的历史、现实的存在，以及环绕在人类周围的感性世界（包括人化和未人化的自然界、物质生产和生活的各种条件、社会机构、政治制度、文化设施、人伦体制等等）的存在，都是在漫长的历史实践中不断生成、建构出来的。人是实践的存在者。人的存在过程，就是人通过实践开显自身的存在意义和周围世界的存在意义的历史过程。人的理想存在状态，也只能通过实践才能达到。

这里不能不指出，人类理想状态的达到，决不是一帆风顺的，人的实践活动总是、或者说绝大多数情况下是在非理想状态下进行的。在某种意义上,理想作为人的目标(目的)总是引导实践的内在动力,实践总是不断克服和超越非理想状态的活动过程。在马克思提出其以实践为中心的存在论的《巴黎手稿》中,着重批判的就是当时社会的非理想状态——资本主义私有制下人的全面异化的现实。马克思指出,要通过工人阶级的社会革命,来彻底地消除异化,实现人类解放的伟大理想。所以,马克思的存在论是实践的、革命的存在论。在哲学上,它是对本质上为异化状态辩护的整个西方传统形而上学的批判和解构。海德格尔在这一点上可能受到马克思的直接启示。他的现象学存在论把西方形而上学的历史归结为存在遗忘或遮蔽的历史,而形而上学对存在遗忘或遮蔽,在海氏那里,就是被形而上学掩盖、巩固起来的世界的“无家可归的状态”。他认为,这种“无家可归的状态”在马克思视域中,集中表现为人的异化状态。海氏从马克思对资本主义条件下异化状态的无比犀利、深刻的批判,看到了这种批判对整个传统形而上学颠覆和解构的伟大意义,从而给予了极高的评价,他说:“无家可归状态变成了世界命运。因此有必要从存在的历史的意义思此天命。马克思在基本而重要的意义上从黑格尔那里作为人的异化所认识到的东西,和它的根子一起又复归为新时代的人的无家可归状态了。这种无家可归是从存在的天命中在形而上学的形态中产生,靠形而上学巩固起来,同时又被形而上学作为无家可归状态掩盖起来。因为马克思在体会到异化的时候深入到历史的本质性的一度去了,所以马克思主义关于历史的观点比其余的历史学优越。”①海氏的这一评价,最后落到对马克思唯物主义历史观的肯定上,认为唯物史观优于其他各种历史观。这是相当中肯的。

综上所述,马克思以实践论为中心的现代存在论思想为实践存在论美学奠定了哲学根基。实践存在论美学就是要由这个哲学基础出发,深入到人与世界的关系中,深入到人的生存实践即人生实

① 孙周兴:《海德格尔选集》上,上海三联书店,1996年,第383页。

践中，开启美学研究的新视野。这也就提出了实践存在论美学哲学基础的另一个重要方面——关系论和生成论。

二

所谓关系论，在哲学层面上主要归结为人和世界的关系问题。从上面所述可知，现代存在论的核心是探讨人与世界的存在关系问题。海德格尔的"此在在世"、马克思的"人就是人的世界"，都是如此。在笔者看来，存在论内在地含摄着关系论，在特定意义上甚至可以说存在论也就是关系论。

根据马克思主义的观点，在某种意义上可以说，人是"关系"的动物，人高于其他动物的最重要标志之一，是人与世界发生了动物所没有的"关系"。马克思、恩格斯在《德意志意识形态》中论述人类历史的发生、发展时，就是从对人的各种交往关系（包括人与自然、与社会等的关系）的历史生成和发展的考察入手的。他们明确指出："凡是有某种关系存在的地方，这种关系都是为我（按：指"人"）而存在的；动物不对什么东西发生'关系'，而且根本没有'关系'；对于动物来说，它对他物的关系不是作为关系存在的。"很清楚，第一，"关系"只是对人而言的，只有人才有的，动物是不存在任何关系的；因此，第二，人与世界（包括自然界、其他事物和他人）的一切关系都只能是属人的关系；第三，人与世界的所有关系，全部是社会的关系，包括人与自然的关系亦然。马克思、恩格斯指出，人的"意识一开始就是社会的产物，而且只要人们存在着，它就仍然是这种产物"①。可见，人一开始就是，而且永远是生活在各种各样的社会关系中间的。马克思的现代存在论依托于对人的各种关系的论述，关系论是其存在论的必然延伸和展开。

需要强调的是，马克思在论证其实践的唯物主义即唯物史观时，就是从其以实践为中心的存在论出发，通过"交往关系论"来展

① 《马克思恩格斯选集》第 1 卷，第 81 页。

开的。马克思、恩格斯指出:“全部人类历史的第一个前提无疑是有生命的个人的存在。因此,第一个需要确认的事实就是这些个人的肉体组织以及由此产生的个人对其他自然的关系。……任何历史记载都应当从这些自然基础以及它们在历史进程中由于人们的活动而发生的变更出发。”①就是说,这个唯物主义的新历史观是从个人的存在、从他们(本身是自然的一部分)对其他自然的关系(只有人才有“关系”)及他们的实践活动即生产活动出发的,“而生产本身又是以个人彼此之间的交往[Verkehr]为前提的。这种交往的形式又是由生产决定的”②。“由此可见,事情是这样的:以一定的方式进行生产活动的一定的个人(手稿的最初方案:‘在一定的生产关系下的一定的个人’。——编者注)发生一定的社会关系和政治关系”③。这样,在马克思、恩格斯那里,实践为中心的存在论就派生出,或者更确切地说是内在地包含着社会关系论的。他们进而论述人们的交往关系是由物质交往关系产生并最终决定“精神交往”(包括想象、思维等)关系的:“思想、观念、意识的生产最初是直接与人们的物质活动,与人们的物质交往,与现实生活的语言交织在一起的。人们的想象、思维、精神交往在这里还是人们物质行动的直接产物。……这里所说的人们是现实的、从事活动的人们,他们受自己的生产力和与之相适应的交往的一定发展——直到交往的最遥远的形态——所制约。”④在此基础上,马克思、恩格斯将下述新唯物史观的著名表述最终落实到实践的存在论根基处:“意识[das Bewußtsein]在任何时候都只能是被意识到了的存在[das bewußte Sein],而人们的存在就是他们的现实生活过程。”⑤此处,“存在”概念没有使用静态的 die Existenz(existence)而是动态的 sein(being)来表达,清楚地表明他们是在现代存在论视野中表述唯物史观的;而且,还直接用人们的“现实生活过程”即实践活动过程来阐述他们的“存在”方式。由此可见,马克思实践的唯物主义即唯物史观,本质上就是以实践为中心的现代存在论;这种现代存在

①②③④⑤ 《马克思恩格斯选集》1,第 67、68、71、72、72 页。

论内在地包含着“交往关系论”，同时，又依托着“交往关系论”的展开而得到论证。两者是互动互生、一体两面的。

以上述“交往关系论”为出发点，人与世界的关系，根本上是一种生存关系。生存关系包括人与自然、人与社会、人与人、人与自我的关系等，其中人与自然的关系是最基础的，人与社会、人与人、人与自我等关系乃是在人与自然关系的基础上形成和发展的，是人与自然关系的社会折射；当然，反过来说，人与自然关系本质上也是人的社会关系，并受到社会关系的制约。

这里先着重看一看人与自然的关系。马克思在谈及人类童年时期与自然界的关系时曾深刻指出：“自然界起初是作为一种完全异己的、有无限威力的和不可制服的力量与人们对立的，人们同自然界的关系完全像动物同自然界的关系一样，人们就像牲畜一样慑服于自然界，因而，这是对自然界的一种纯粹动物式的意识（自然宗教）。但是，另一方面，意识到必须和周围的个人来往，也就是开始意识到人总是生活在社会中的。”马克思在此加了边注，明确指出：“自然界和人的同一性也表现在：人们对自然界的狭隘的关系决定着他们之间的狭隘关系，而他们之间的狭隘关系又决定着他们对自然界的狭隘的关系，这正是因为自然界几乎还没有被历史的进程所改变。”①据笔者的理解，马克思这段话至少有以下几层意思：第一，这是对人刚刚开始脱离动物界之际人与自然（世界）最初关系的一种描述。第二，这种关系是对立关系和同一关系的辩证统一：一方面，自然界作为异己的、不可制服的力量统治着人们，与人相对立；而另一方面，人与世界的同一表现在人无条件服从自然力量，人作为社会主体还没有完全超越动物，与自然形成独立、能动的对峙关系。这就是“人们对自然界的狭隘的关系”。第三，这种原初的人对自然界的狭隘关系决定着人与人之间狭隘的社会关系，反过来，人们之间的狭隘社会关系也决定着他们与自然界的狭隘关系，两者之间是互生互动、相互决定的。第四，人与自然的

① 《马克思恩格斯选集》1，第 81 页。

这种狭隘关系的突破需要依靠人通过物质实践活动这一“历史的进程”来改变自然界,使自然界逐步按照人的目的、意志发生改变。第五,正是实践活动最初创造、生成了人自身,也同时生成了与人对立的自然界,生成了人与自然界的主客对峙关系。换言之,人与自然界的主客分立关系不是从来就有、永恒不变的,而是在实践中、通过实践活动历史地生成的。这就是发生学上人与自然(世界)之间相互依存、双向建构、生成发展的存在论关系。第六,人与自然关系的历史生成同时也生成和改变着人与社会、人与人、人与自我等社会性关系。换言之,人与自然(世界)的关系,一开始就是受到社会形态制约的,本质上也是一种社会关系;同样,不同的社会形态也受到人与自然关系的制约,反映着人与自然关系的历史变化。这六点,也可以概括为“关系生成论”。它就是马克思运用唯物史观的“关系生成论”来分析史前时期人与世界(自然界)特定关系的范例,同时,也适合于对全部人类历史中人与世界关系的考察和分析,因而具有普遍意义。

在上述最初人与自然界的主客分立关系(以及人与社会、人与人、人与自我等关系)历史地形成之后,在漫长的历史进程中,由于人对世界的不同认识、不同态度、不同处置方式,这些关系便呈现出多种多样的模式,而且,各种各样的关系不是固定不变的,而总是处在不断发展变化的过程中。如人与自然之间至少存在两种互相对立的关系模式,一种是人对自然的斗争和征服,发展到工业社会以后,更出现了某些对自然的无节制的宰割、掠夺、滥用和破坏的情况;另一种是人顺应自然,与天地万物融为一体、和谐共存,但也有可能使生产力发展相对迟缓、滞后,人更多受自然力、自然灾害的支配,贫困艰苦的生存状态长期得不到改变。再如就人与人、人与社会的关系来看,中国原始儒家强调个体对社会历史的责任感,把仁、忠、孝以及“己所不欲,勿施于人”等等作为处理人与人、人与社会关系的规范和指导原则,而中国原始道家却追求另一种关系模式,人与人之间始终保持为一种虚静、自然、素朴的状态;西方基督教强调“爱你的邻人”,讲求人与人的和睦相处;马克思通过对资本主义社会赤裸裸的金钱关系的分析,揭示出它在本质上是一种异化了的社会关系;萨特以“他人就是地狱”的名言,表达了他对现代资本主义世界人与社会异化关系的一种特殊体认;如此等等。再就人和自我的关系来看,在西方中世纪,神学一再告诫人们,身体是恶的,是原罪,人必须折磨自己的身体才能使灵魂升入天堂;文艺复兴以后,解剖学产生,人们又把自己的身体视为机械;19 世纪末至 20 世纪初,弗洛伊德等心理分析学家揭示了人的潜在生命欲望,使人与自我的关系骤然变得复杂起来;在今天,身体似乎已与灵魂紧密结为一体,不再是自我的耻辱,许多艺术家甚至试图调动身体诸种感觉,重新体认、揭示和阐发身体与世界的关系和人自身的存在状态;如此等等。以上种种人与世界的关系不但错综复杂、极为多样,而且都处在历史的生成、变化过程中。没有一种关系是恒定不变的。可以说,生成性、变动性、历史性是人与世界关系的根本特征。

必须强调指出,马克思是通过实践来展开其关于人与世界的动态生成的同一(一体)关系的。在马克思看来,既不存在永恒不变的“抽象的人”,也不存在亘古如一的“抽象的世界”。把人与世界结合为一体的是实践。在《关于费尔巴哈的提纲》中,马克思在批评唯心主义不懂得“真正现实的、感性的活动本身”(即实践)的同时,又着重批评了以费尔巴哈为代表的旧唯物主义,指出它们的主要缺点是“对对象、现实、感性,只是从客体的或者直观的形式去理解,而不是把它们当作人的感性活动,当作实践去理解,不是从主体方面去理解”①。费尔巴哈以激烈的姿态反叛唯心主义哲学,却不料在对“人”所作的自然的、肉体的、生理的人的本质的界定中不自觉地走向了形而上学。原因在于,费尔巴哈同唯心主义一样,犯了主客二分的错误,他虽然正确地批评了唯心主义对世界客观性的否定,却同时否定了人的活动的主体性,即否定了人正是通过实践活动建构起人与世界不可分割、相互交织的一体关系的,因此,

① 《马克思恩格斯选集》第 1 卷,第 54 页。

他虽然一再强调人的感性本质,却不懂得作为真正感性活动的实践,不懂得正是实践“这种活动、这种连续不断的感性劳动和创造、这种生产,是整个现存感性世界的基础”①。正是人的“这个能动的生活过程”即实践,将人与世界建构成不可分割的一体,也构成人在世界中的现实存在。更重要的,马克思认为,人与世界的统一是通过不断的实践活动达到的,人是在世界中从事实际活动的人,而人“周围的感性世界决不是某种开天辟地以来就已存在的、始终如一的东西,而是工业和社会状况的产物,是历史的产物,是世世代代的结果”②。人正是在这种实践活动中诞生、发展、获得自己现实的社会存在的,而世界也是在实践活动不断得到改变,愈益成为人的世界。人的生活世界,即人与世界统一的“人的世界”本就生成于实践、奠基于实践、统一于实践。因此,马克思“人就是人的世界”的命题必须在上述“关系生成论”的意义上加以理解。

还要看到,从“关系生成论”出发,人与世界在实践中的统一是一个不断创造的、生成的过程,而非静止的现成的、一蹴而就完成的;在此过程中人与世界相互牵引、相互改变,在自然与社会的互动中推动着文明的进程。正如马克思所说,通过劳动,“人就使他身上的自然力——臂和腿、头和手运动起来。当他通过这种运动作用于他身外的自然并改变自然时,也就同时改变了他自身的自然,使他自身的自然的沉睡着的潜力发挥出来,并且使这种力的活动受他自己的控制”③。就人与自然的关系而言,一方面人通过实践活动不断改造自然、创造新的自然,创造着人类生存的新环境;另一方面,人本身就是在实践中、并通过这种实践活动而逐步脱离自然界(动物界)成其为人的,而且,通过进一步的实践不断改造人自身(“自我改变”),改变人自身的“自然”和心灵,使人一步步摆脱原始状态而走向现代。人的生存环境与人自身的双重改变乃是在历史性的、社会性的实践中不断实现的。从实践出发,不仅可以寻找

①③ 《马克思恩格斯选集》1,第77、55页。

② 马克思、恩格斯:《关于费尔巴哈的提纲》,人民出版社,1988年,第20页。

到人类自我创生的证明,而且可以寻找到属人的自然界产生的证明。同时,马克思指出,人的存在与世界的存在又是在实践中双向建构、同步发展的,“只是由于人的本质的客观地展开的丰富性,主体的、人的感性的丰富性,如有音乐感的耳朵、能感受形式美的眼睛,总之,那些能成为人的享受的感觉,即确证自己是人的本质力量的感觉,才一部分发展起来,一部分产生出来”①。正是在这个意义上,马克思才得出“整个世界历史不外是人通过人的劳动而诞生的过程,是自然界对人说来的生成过程”②这样一个“关系生成论”的伟大结论。

同样,在人的本质问题探讨上,马克思也应用了“关系生成论”。他精辟地指出:“人的本质不是单个人所固有的抽象物,在其现实性上,它是一切社会关系的总和。”③一般认为这是马克思关于人的本质的一般的、普遍的定义。笔者认为不妥。因为,一旦肯定这是人的本质的定义,实际上就把人的本质固化、抽象化、实体化了。而马克思这里前一句话就是反对将人的本质固化、抽象化的。他强调的是每一个现实的人的现实的本质是“一切社会关系的总和”。由于“一切社会关系”实际上就是人与世界的全部关系,因为任何社会关系都是处在不断变动中的,“一切”社会关系及其总和更是永恒变动着的,人就是生存于、存在于这种社会关系的不断变动中,每个个体人的本质也就是在这种种社会关系的复杂变动中不断生成和发展的,所以,每个个体人的本质,都不是、也不可能是先天就有的、现成固定的,而是不断生成和变动的。这里,马克思正是通过社会关系的生成论来论述其人的本质观,同时也就论述了他的人的存在观。笔者前面所说“人是关系的动物”也正是在“关系生成论”这个意义上讲的。

笔者认为,实践存在论美学就是从上述实践的“关系生成论”

①② 马克思:《1844年经济学—哲学手稿》,人民出版社,2000年,第87、92页。
③ 《马克思恩格斯选集》第1卷,第60页。

出发,来考察人和世界的一体(而不是二分、对立)关系。这种人和世界的一体关系,最核心、最集中地体现为“人生在世”(此处借用张世英教授概括海德格尔“此在在世”的存在论命题的说法)的状态。所谓人生在世,简言之,即人在世界中存在或人生存在世界中;展开说,即人与世界在相互依存、融为一体的关系中双向建构、生成发展的关系。按照“人生在世”的关系论观点,人跟世界是不能分离的。如前所述,一方面,人生存在世界之中,世界原初就包括了人在里面,人是世界的一部分;另一方面,世界只对于人才有意义,如果没有人,这个世界也就毫无意义,而且根本就无所谓“世界”。而“在世”就是人与世界打交道,人一直处于跟世界不断打交道的关系中,在打交道的过程中,人就现实地生成了,在继续打交道的过程中,人(社会)又不断地获得发展;而在人生成、发展的同时,也不断带动世界发生变化。这种打交道的过程乃是人与世界双向建构的过程;实际上也就是人通过有意识的活动与世界发生、建立各种各样关系的过程,按照马克思主义的观点,这其实就是社会实践。我们用马克思以实践为核心的存在论和关系生成论来阐释“人生在世”的观点,就消解了主客二分的现成论思维方式,使人与世界的一体关系建立在实践活动基础上的不断生成过程中;实践显然就是人的在世方式,或者更准确地说,人生在世的基本方式就是实践。于是,“关系生成论”构成了实践存在论美学哲学基础的又一重要方面。

由此可见,从根本上说,美学所遭遇到的一切哲学问题都导源于人生在世这一人与世界存在关系的总问题。因而美学的哲学基础应当从马克思以实践为中心的存在论及关系生成论出发,突破主客二分的现成论思维方式,深入到人与世界一体的本真关系中,深入到人的生存实践即人生实践中,深入到人与世界双向生成的境域中,体悟、反思和探讨人类无限丰富和永恒变动的审美关系和审美现象。这就是人生在世的关系论所展示出来的美学研究的哲学视野,这也就是实践存在论美学所依托的哲学基础。

三

以上我们论述了实践存在论美学的哲学基础。接下来就需要讨论这一哲学基础在美学上的体现和展开。我以为，其中一个核心问题，就是在肯定人生实践是人存在的基本方式或在世方式的基础上，进一步肯定审美活动是人生实践中一个基本的、必不可少的组成部分，从而肯定审美活动也是人的基本活动和基本存在方式之一。

我们讲审美活动是人类的基本活动和基本存在方式之一，实际上是讲审美活动在人类所有活动中的地位问题。人生存于这个世界之上，处于不断的生活实践之中。前面已经说过，人的基本的存在方式或在世方式就是实践活动，物质生产活动是最基础性的实践活动，但不是全部，而审美乃是这种人生实践活动的一种较高层次的精神活动形态、一个极为重要的组成部分。

人类的产生证明了这一点。人的族类的形成和诞生是实践活动的产物，但这种实践不能仅仅理解为单纯的物质生产，不仅仅是狩猎或采集，也有原始的宗教活动、巫术活动，人与人之间的交往活动，部落与部落之间交往（包括战争）的活动，它们都不能简单地归结为物质实践。还有原始的审美活动，比如被称为“史前的西斯廷教堂”的西班牙阿尔塔米拉洞窟壁画和被称为“史前的卢浮宫”的法国拉斯科洞窟壁画，这些画的产生在原始社会里主要不是今天意义上的艺术和审美活动的成果，它们本身可能主要是作为原始巫术活动的一种方式、一种展示，同时也包含生产活动的目的和因素（比如交感巫术的实用目的），但它们也能说明人开始具有某种形式感，它是审美活动的基础，就是说它们已经具有了今天所说的审美的萌芽和因素。所以人类实践活动一开始就是综合性的，就包含着多方面的因素，其中也包括审美因素。很明显，审美活动就萌发于人类的生存实践。随着考古发掘的不断深入，大量的出土文物都无可辩驳地说明，审美起源于人类的生存与发展的实践活动之中。后来，审美活动逐渐从人类其他实践活动中独立出来，但它仍然是人的整个实践活动（或者说人生实践）的一个有机组成部分。换一个角度说，审美本身就是一种人生实践。审美活动跟其他实践活动一起构成了人类实践的整体。

审美活动之所以产生和发展，是有其必然性的，是由于人的生存与发展的实践需要审美。鲁迅先生曾经说过，人们“一要生存，二要温饱，三要发展”，人仅仅维持生存即活着是远远不够的；温饱无非使人在物质上生存得好一点，但仍然是不够的，因为人的生存还有精神上的需要，所以我们还要发展。而审美正是满足人的精神需要和享受的重要方式之一。从大的方面看，审美活动极大地推动着人类社会的发展和文明的进化。我们假设社会的物质生产取得了很大进展，但如果没有审美活动，人类的文明就存在极大缺憾，就成为“跛脚”的文明，实际上也不可能促进物质生产的发展，更不可能促使文明向更高的层次前进。从小的方面看，审美活动有助于个人超越现实的有限性、功利性，获得更大的精神自由。不管什么人，在现实生活中都有可能会遇到各自的烦恼，不会一直一帆风顺。每个人都有是有局限性的，在整个社会生活中我们没有办法超越自身有限的生存，往往是不自由的，甚至可以说不自由是人生的常态。在这种情况下，人们就需要审美活动，需要借审美活动来帮助我们摆脱有限性，获得现实中得不到的精神自由和享受。所以古人说“宁可食无鱼，不可居无竹”。

随着社会的发展，人们对文明的要求程度越来越高，人们的文化素养也越来越高，这时候，人们对审美的需求也就越来越强烈。进入现代社会，现代人对审美的要求，比起古人，实际上是更加强烈了。在现代西方，科技越来越发达，人们的物质生活越来越丰富，但物质生活的片面发展对人们精神的压抑却越来越强烈，科技主义对人文精神的挤压也越来越强烈，异化现象越来越严重、越来越全面，极大地扭曲了人的生命、人的精神，使人性和人格分裂，使人成为马尔库塞所说的“单面人”。这种现状也就越需要精神生活尤其是审美活动的补偿和调节。从某种意义上说，审美对于现代人的发展而言更加重要。没有审美，人就会缺乏健全、充实的精神生活，人性和人格就会被扭曲、分裂、异化。黑格尔曾经批判物质主义，强调人的精神对于物质而言的重要性，认为精神的贫乏比物质的贫乏更可怕。马克思提出人要全面地占有自己的本质力量，强调自然的彻底的人道主义和人的彻底的自然主义，就是要塑造健全的人、充实的人、全面发展的人。而审美活动在这个过程中有着不可替代的巨大作用。正因为人的生存和发展需要审美，所以审美活动必然要进入人生实践，成为人生实践必不可少的重要组成部分。

审美实践一方面是人的生存与发展的需要，另一方面它也以人生实践为源泉。审美的创造与欣赏都离不开人生实践。审美活动需要在实践中不断汲取营养，才能丰富和发展起来。就艺术创造这种审美活动来讲，要取得真正的成功，总要扎根于现实生活，只有从现实生活中激发灵感、获得素材，创造才能成功，才会有比较长远的生命。比如法国艺术家罗丹的雕塑《思想者》之所以取得巨大成功，就是因为他截取了生活的一个瞬间，生动地刻画了那位陷入深深沉思的哲人的神情体态。如果离开了对现实的深入的观察与摹刻，离开了具体的人生实践，就不可能创造出如此成功的艺术品。又如齐白石老人的绘画作品，水、莲花、蝌蚪、鱼这些东西在寥寥数笔中被栩栩如生地刻画出来，这已经超越了对具体事物的描摹，而成为一种对人生、对生命的体验，成为人生实践的升华。这两个例子都说明，艺术活动是和人生实践紧密结合在一起的，审美活动是扎根于人生实践之中的，是我们人的基本的生存方式之一。整个人类要想健全发展，审美活动这种人生实践就是不可或缺的。

总之，审美活动是众多人生实践活动中的一种，是人的一种高级的精神需要，而且是见证人之所以为人的最基本的方式之一；它是人与世界的关系由物质层次向精神层次的深度拓展，也是人超越于动物、最能体现人的本质特征的基本存在方式之一和基本的人生实践活动之一。

实践存在论哲学基础在美学上的另一个重要体现是美学研究

的对象发生了重要变化,从把探究美和美的本质当作美学的主要对象和出发点的现成论思路,转换成把探讨人对世界的审美关系及其现实展开——审美活动、审美实践——作为美学研究主要对象的生成论思考方式。

目前多数美学原理的教材都把主要研究对象确定为美和美的本质问题,它们往往把追问"美(的本质)是什么"作为美学研究最核心的问题,把美论即为美下定义作为整个美学的理路出发点即逻辑起点;其次是由美论推出美感论,把美感作为对美的一种特殊认识和感受。殊不知这种提问方式和思考理路本身就陷入了主客二分的单纯认识论和现成论的思维框架,从而有走向本质主义的危险。因为当我们这样提问时,实际上就是把"美"作为一个早已客观存在的对象来认识,预设了一个固定不变的"美"的先验存在,即预设了美已经是一种现成的存在物或实体了,这就把美作为一个现成事物固定下来,把它从它的运动发展之流和所处关系中截取下来,让它以静止、孤立的面貌面对我们,让我们对其进行确定性的考量、进行本质主义的追问,进而对美下一个普遍适用、固定不变、放之四海而皆准的定义。这种对美的现成论的本质主义追问方式就是一种二元对立的思维方式。

而实践存在论美学的"关系生成论"思路则相反,认为美是生成的,而不是现成的。美学研究当然不能回避美和美的本质的问题。笔者并不认为不能讨论美的本质问题,但是不应该把美的本质实体化、固定化、抽象化。过去对美的本质的讨论,对美学研究也起了一定的作用,但是,由于脱离了美不断生成的动态关系,因而很难得到为美学界普遍认同的共识,最终只能落入柏拉图预言的"美是难的"的困境。如果思路不变,一心一意要为美下一个永恒不变、普遍适用的定义,或者说要找到这样一个现成的美的本质,恐怕是不可能的。所以我们应该突破主客二分的单纯认识论思维框架和本质主义的思考方式,立足于"关系生成论"的思考理路,换一个提问方式,即可以问"美是怎样生成并呈现出来的"。而要回答美的生成问题,必须从人的审美活动(即人与对象世界之间审美关系的现实展开）入手。因为任何美作为审美对象都不是现成的，而是在审美活动、审美关系的展开中现实地生成的。这样一种提问方式的转换，实际上也就是美学研究对象的转换，即由把追寻现成的美和美的本质作为主要研究对象，进行本质主义的静态研究，转换成把不断生成的人与世界的审美关系即审美活动作为美学研究的主要对象，进行"关系生成论"的动态研究。这样一种美学研究对象的转换，会带来整个美学理论的思路、框架、结构和一系列范畴、概念的变化。笔者主编的《美学》教材就力图体现这个重大变化。

关于实践存在论美学的哲学基础，还涉及许多其他问题，限于篇幅，只能留待以后了。

（原载《湖北大学学报》2014 年第 5 期）

实践转向与身体美学

——身体美学与身体自由和身体整体

张玉能

马克思的《关于费尔巴哈的提纲》(1845年春)不仅宣告哲学和美学由"解释世界"转向了"改变世界"①,而且在实践的基础上关注人与自然环境、人与自身的关系。马克思说:"环境的改变和人的活动或自我改变的一致,只能被看做是并合理地理解为革命的实践。"②实质上,马克思在这里也指明了实践转向与人的自我身体的密切关系,蕴含着身体美学的实践基础。同时,马克思和恩格斯还把人的自身生产视为物质生产的一个方面,提出了"两种生产的理论"。这就形成了马克思主义的"现代实践转向"与身体美学产生的契机。20世纪90年代西方当代理论中进一步出现了"后现代实践转向"。所谓实践转向就是一种"实践进路",而"实践进路宣扬一种独特的社会本体论:社会是围绕着共有的实践理解而被集中组织起来的一个具身化的、与物质交织在一起的实践领域。"③实践转向关注的焦点在于"转向实践",其中一个重要方面就是,由实践理论转向实践分析。这种"实践分析"的趋向,就是"少关注理论的范畴,多关注对特殊实践现象的分析"④。这种"实践转向"对于当代身体美学的产生和发展具有非同寻常的指导意义。

---

①② 中国作家协会、中央编译局:《马克思恩格斯列宁斯大林论文艺》,作家出版社,2010年,第49、48页。

③④ 西奥多·夏兹金、卡琳·诺尔·塞蒂纳、埃克·冯·萨维尼:《当代理论的实践转向》,苏州大学出版社,2010年,第4页、中文版序言第1—3页。

一、身体美学与身体自由

诚如历史事实所呈现的那样，在私有制社会中，统治阶级总是要想方设法控制被统治者和某些持不同政见者和反抗者，而身体的控制则是一个极其重要的方面，因而身体的规训就成为了统治阶级密切注意的一个焦点。为了巩固自己的统治地位，统治阶级设立了学校、工场、军营、医院、修道院、精神病院、监狱、礼法、刑法、刑具、刑场等等来规范和培训合乎统治者要求的人及其身体。法国思想家福柯在《规训与惩罚》一书中指出18世纪社会对身体规训的新颖之处："当然，人体成为如此专横干预的对象，并非史无前例。在任何一个社会里，人体都受到极其严厉的权力的控制。那些权力强加给它各种压力、限制或义务。但是，在这些技术中有若干新的因素。首先是控制的范围。它们不是把人体当做似乎不可分割的整体来对待，而是'零敲碎打'地分别处理，对它施加微妙的强制，从机制上——运动、姿势、态度、速度——来掌握它。这是一种支配活动人体的微分权力(infinitesimal power)。其次是控制的对象。这种对象不是或不再是行为的能指因素或人体语言，而是机制、运动效能、运动的内在组织。被强制的不是符号，而是各种力量。唯一真正重要的仪式是操练。最后是控制的模式。这种模式意味着一种不间断的、持续的强制。它监督着活动过程而不是其结果，它是根据尽可能严密地划分时间、空间和活动的编码来进行的。这些方法使得人们有可能对人体的运作加以精心的控制，不断地征服人体的各种力量，并强加给这些力量以一种驯顺—功利关系。这些方法可以称作为'纪律'。许多规训方法早已存在于世，如在修道院、军队、工场等。但是，在17和18世纪，纪律变成了一般的支配方式。它们与奴隶制不同，因为它们不是基于对人身的占有关系上。纪律的高雅性在于，它无需这种昂贵而粗暴的关系就能获得很大的实际效果。它们也不同于'服役'。后者是以主人的个人意志'为所欲为'这种形式确立的，是一种全面持久、不可分解的、无限制的支配关系。它们也不同于附庸关系。后者是一种高度符号化的但又保持一定距离的依附关系，更多地涉及劳动产品和效忠仪式标志，而较少地涉及人体的运作。此外，它们也不同于禁欲主义以及修行式‘戒律’。后者的目的在于弃绝功利，而不是增加功利。虽然后者也包括对他人的服从，但是其主要宗旨是增强每个人对自身肉体的控制。纪律的历史环境是，当时产生了一种支配人体的技术，其目标不是增加人体的技能，也不是强化对人体的征服，而是要建立一种关系，要通过这种机制本身来使人体在变得更有用时也变得更顺从，或者因更顺从而变得更有用。当时正在形成一种强制人体的政策，一种对人体的各种因素、姿势和行为的精心操纵。人体正在进入一种探究它、打碎它和重新编排它的权力机制。一种‘政治解剖学’，也是一种‘权力力学’正在诞生。它规定了人们如何控制其他人的肉体，通过所选择的技术，按照预定的速度和效果，使后者不仅在‘做什么’方面，而且在‘怎么做’方面都符合前者的愿望。这样，纪律就制造出驯服的、训练有素的肉体，‘驯顺的’肉体。纪律既增强了人体的力量(从功利的经济角度看)，又减弱了这些力量(从服从的政治角度看)。总之，它使体能脱离了肉体。一方面，它把体能变成了一种‘才能’‘能力’，并竭力增强它。另一方面，它颠倒了体能的产生过程，把后者变成一种严格的征服关系。如果说经济剥削使劳动力与劳动产品分离，那么我们也可以说，规训的强制在肉体中建立了能力增强与支配加剧之间的聚敛联系。”①既然如此，在“后现代实践转向”的语境下，后现代时代身体美学的实践分析还将由身体规训的实践分析转向身体自由的实践分析，不仅关注人类身体的社会化实践，而且关注人类身体的审美化实践。因为按照马克思、恩格斯的《共产党宣言》的设想，人们在后资本主义社会中的理想是，每一个人的自由是一切人的自由的前提条件。后现代主义者虽然并不完

① 米歇尔·福柯:《规训与惩罚》，刘北成，杨远婴译，生活·读书·新知三联书店，1999 年，第 155—156 页。

全赞同马克思主义,但是在每一个人都应该有自由这一点上却是基本一致的。因此,身体美学的实践分析就应该比福柯的资本主义批判更进一步,追求人的身体的审美化实践及其自由。

人的身体的审美化实践及其自由首先表现在人的身体的外在方面,在消费社会和消费文化中尤其如此。布莱恩·特纳在《身体问题:社会理论的新近发展》一文中指出:"20 世纪增长的消费文化和时尚产业特别重视身体的表面。消费社会重视强健/美丽的身体,在这个消费社会的成长过程中,我们可以看到西方价值发生了历史性变化。西方价值先是因为一些苦行原因强调内心控制,现在则因为审美目的而强调对身体表面的操控。这种身体的变化代表了西方价值的世俗化倾向,在此,饮食的目的以前是用来控制精神和灵魂生活,现在的目的则是为了更加性感和长寿。为了对身体进行控制而设置的饮食管理,其最初的宗教表白通过医学化的作用转变成了世俗的健康和卫生道德。"①其实,在全球化语境下,处于前现代、现代、后现代杂呈的中国社会同样也发生了人们的价值观念和审美观念的变化。"与消费主义密切相关的是,人们对身体的审美性质日渐重视了,而这则是从长相的角度来强调苗条和自我调控。身体成为趣味和区分的一个重要特征,根据这种区分,对人的形式的管理成为文化资本或身体资本主要方面的一部分。(布尔迪厄,1984)"②我们可以看到,人们对自己的身体的审美性质和审美选择越来越重视,于是,社会上瘦身保健业、减肥保健品、装饰奢侈品、长寿保健品、美容美体会所应运而生,生意兴隆,成为时尚。不仅如此,这种身体表面上的审美化实践也成了一种人们的社会身份的区分标志:人们往往可以从每一个个体或者某一个群体成员的穿衣打扮、休闲生活、饮食习惯等审美化实践来识别他们的身份地位和阶级属性,比之于以往的经济标志和政治标志更加明显,所谓白领和蓝领的区分,所谓舍宾一族、健美一族、时尚一

①② 转引自汪民安,陈永国:《后身体:文化、权力和生命政治学》,吉林人民出版社,2003 年,第 19 页。

族等等,都是把身体的审美化实践作为人们身份的符号或象征。不过,这里应该注意达到身体的审美化实践的合规律性与合目的性相统一的自由境界,否则会适得其反,造成一种所谓的时髦病态或时髦病态美,不利于人的身体的自由健康发展。

因此,另一方面,人的身体的审美化实践及其自由更多地表现在审美实践和艺术实践之中。在我们看来,美学是以艺术为中心研究人对现实的审美关系的科学,而身体美学当然也应该以艺术为中心,研究人对自身身体的审美关系。实际上,人类的审美实践和艺术实践在自身身体上的表现是比较早的,而且也比较多。诚如人体文化研究学者刘峻骧所说:“人体文化是人类文明的母体、先声和必然归宿。”“人类的历史是不断认识自然,同时不断认识自身、完善美化自身的历史,一切科学技术和学说,最终都是为了这个目的。艺术,这朵人们踩着她升入明净幸福天国的五彩祥云,在她氤氲成雾之际,就是从对人类自身的美的认识和追求开始的。其实,衣、食、住、行,一切文化,它的发轫之始,都是从人体自身的保护和认识,满足和雕饰开始的,正由于此,笔者才把人体文化称为人类一切文明的母体和先声。”①一方面,人们的审美实践和艺术实践最直接关注的对象就是人的身体本身,对自己身体的审美和艺术的加工改造可以使人类在想象中变得更加强大,可以更好地利用和改造大自然;这样就形成了诸如刺面、文身、穿耳、面具、装饰之类的原始艺术与原始宗教相结合的身体审美和身体艺术。这在山顶洞人的贝壳项链等装饰物中,在原始部落的大部分人的脸面、身体上就可见一斑。另一方面,人的身体本身就是一种审美实践和艺术实践的直接物质媒介和表现手段,这样就形成了诸如歌唱、舞蹈、百戏(杂技)、人体雕塑、人体岩画和洞穴壁画之类的审美实践和艺术实践及其审美类型和艺术类型。这在马家窑出土的舞蹈纹饰彩陶盆的群舞象形之中,在遍布世界各地的岩画和洞穴壁画之中也表现得一目了然。人类的人体雕塑、人体岩画、舞蹈、歌

① 刘峻骧:《东方人体文化》,上海文艺出版社,1996年,第7—8页。

唱、百戏（杂技）之类的艺术，往往起源于劳动之中或者劳动之余的“象形取意”。“象形”就是以人体动作，模拟客观事物的形象，既可是飞禽走兽，花木鱼虫等生物，亦可是云雷湖海山河金石，甚至是客观现实中并不存在的想象中的神佛灵物，抑或是人的特定的形态处境。“取意”则是指象形动作中所蕴含的意义①。这样人们就可以以这种“象形取意”的方式，在想象中实现强大自身力量以征服、改造大自然的目的；所以，原始人的这种“象形取意”的人体实践活动，恰恰是人类最早的原始艺术与原始宗教相结合的实践起源。它要么是为了完成物质生产（生活资料的生产和人的自身生产）的功利目的，要么是为了完成生产劳动之余的演练、休闲、娱乐、游戏、审美的目的；前者更多的是原始宗教的缘起，后者更多的是原始艺术的根源；它的较早的身体艺术表现形式就是文身、刺面、穿耳、装饰、面具、歌唱、舞蹈、百戏（杂技）、人体雕塑、人体岩画和洞穴壁画等等具有巫术、审美、休闲、游戏等等目的和功能的身体实践活动。因此，只有对它们进行身体美学的实践分析，才可能真正地发现人的身体的审美化实践及其自由表现形式。

二、身体美学与身体整体

毋庸置疑，人的身体只有在实践活动中才可能是一个完整的整体，而在实践活动中人的手脑并用，五官感觉器官也会相互配合，人的感性活动与理性活动也会相互渗透，才能够真正实现身心一体，真正打破自法国哲学家笛卡尔以来的身心二元论和二元对立的思维方式。因此，从马克思主义的“现代实践转向”到“后现代实践转向”都在拒斥形而上学，反对身心二元论和二元对立的思维方式；实践转向和实践分析当然就必然促使身体美学追求在审美实践和艺术实践中塑造物质身体、符号身体、精神身体相统一的完整的人类身体整体。

① 刘峻骧：《东方人体文化》，第119—120页。

我们认为,人的身体在身体美学的范畴内应该有三个层次:物质身体(肉体存在)、符号身体(身体符号)、整体身体的人,那么,人对身体的审美关系也应该有三个层面:人体的美和审美、身体符号的美和审美、整体人的美和审美①。而且,从实践转向和实践分析的角度来看,这三个层次的审美关系都表现为审美实践和艺术实践,都是人类的一般生产(物质生产、话语生产、精神生产)的审美化和艺术化。

所谓物质身体(肉体存在)生产的审美化和艺术化当然就包括了人的自身生产和人体美生产,它们都与马克思所谓"按照美的规律来构造"和高尔基所谓"性的美学"密切相关,而且是人类的生产发展必不可少的前提。那么,作为研究人对自身身体的审美关系的身体美学,自然就必须密切关注人的肉体、肉体欲望以及与之相关的性和暴力等等,然而这些人的肉体、肉体欲望、性和暴力等等对人的关系在身体美学范畴内必须上升和升华为审美关系的形象的自由显现。而且也不能停留在肉体(物质身体)的层面上,还必须深入到它们的符号层面,阐发它们的内在蕴涵和象征意义。这样就可以顺理成章地过渡到人的符号身体的话语生产的层面。所谓人的身体符号的生产是人的自身再生产的话语实践,或者称之为人的身体的话语生产,它是在人的自身生产的物质生产的基础上进行的对人的自身身体的审美化和艺术化的话语生产,其主要内容有文身、刺面、穿耳、发型、美容、美体、妆饰、服饰等等。如上所述,这些身体符号的生产是人类社会早期就已经开始了的,而且一直延续到今天成为消费社会和消费主义审美观的一个重要方面;它一般都不过是在人的肉体(物质身体)之上施行某种修饰、打扮、造型,以彰显出一定的符号蕴含和象征意义,构造出某种具有符号蕴含和象征意义的感性形象来显示人的某种社会身份和社会价值,并超越其中的功利性目的而实现人们的审美目的,以满足人们的审美需要。但是,在社会实践中,尤其是在审美实践和艺术实

① 张玉能:《身体美学与人的全面发展》,《上海文化》2007年第2期。

践中，人的肉体存在和符号身体并不是二元对立和灵肉相分的，而是物质和精神对立统一，身心一体的。那么，人的身体的美和审美同样也不是二元对立，灵肉相分的，人的身体的肉体的美和审美同身体符号的美和审美也绝不会是完全分立或者简单相加，而是人们完整地把握一个作为他者（审美对象），完整的人的身体与人发生审美关系的完整过程；这样来看，在实践转向和实践分析中身体美学研究的对象不仅是肉体、肉体欲望所形象显现的人体美和审美，还应该包括身体符号所形象显现的身体妆饰和服饰的身体的美和审美，最后更加有必要关注作为整体的人对人的审美关系所显现出来的人的身体的整体美。这个整体人的美或者人的身体的整体美及其审美，除了显现为物质身体（肉体存在）和符号身体的外在美（语言美、行为美、服饰美）及其审美和艺术，还少不了以审美和艺术的形象显现出精神意蕴的内在美（思想美、情操美、心灵美）。一方面，人的身体的外在美是人的内在美的形象显现的物质基础，这种内在美不可能独立于人的外在美而存在，另一方面，外在美必须与内在美一起生成为作为整体身体的“整体人的美”，并融汇于人对自身的认知关系和伦理关系之中，以达成人的全面自由的发展。因此，身体美学在实践转向和实践分析的语境下，所谓的“身体转向”也就是这种“实践转向”中的一个维度，在这种实践转向之中身体美学的终极宗旨就只能是人的自由全面发展①。

（原载《青岛科技大学学报》2013 年第 3 期）

① 张玉能：《身体美学与人的全面发展》，《上海文化》2007 年第 2 期。

生命美学:从"本质"到"意义"

——关于生命美学的思考

潘知常

30年前,1984年的岁末,我撰写了自己关于美学思考的第一篇论文:《美学何处去》。始料不及的是,论文在1985年初发表后①,竟然引发了在当时一统当代美学天下的实践美学之外的生命美学的诞生。而在今天,就生命美学的研究而言,不论是认同于生命美学的同行者,还是发表关于生命美学的论著、论文,都已经蔚为可观②。也因此,应该实事求是地说,已经没有人能够否认,生命美学,作为当代美学的成果之一,业已在美学界为自己赢得了应有的学术地位。

不过,随之而出现的问题却是,应该如何去界定生命美学的特定取向、根本内涵?不难想象,三十年来,这类的问题在各种场合我都每每会被问及。而我的回答,则是从朦胧到清晰、从宽泛到具体,最后的概括则是:借助于胡塞尔"回到事实本身"的说法,生命美学是从理论的"事实"回到了前理论的生命"事实",是从生命经验出发对于美学的重构,也是在超越维度与终极关怀基础上对于美学的重构。因此,生命美学就是生命的自由表达,就是研究进入审美关系的人类生命活动的意义与价值之学、研究人类审美活动的意义与价值之学。然而,就认真的学术讨论而言,这样的回答毕

---

① 潘知常:《美学何处去》,《美与当代人》1985年第1期。

② 林早:《二十世纪八十年代以来的生命美学研究》,《学术月刊》2014年第9期。

竟失之简略。现在适逢《贵州大学学报》的约稿，在此不揣简陋，试做具体说明如下。

一

人与世界之间，在三个维度上发生关系。首先，是“人与自然”，这个维度，又可以被叫做第一进向，它涉及的是“我—它”关系。其次，是“人与社会”，这个维度，也可以被称为第二进向，涉及的是“我—他”关系。同时，第一进向的人与自然的维度与第二进向的人与社会的维度，又共同组成了一般所说的现实维度与现实关怀。

现实维度与现实关怀面对的是主体的“有何求”与对象的“有何用”，都是以自然存在、智性存在的形态与现实对话，与世界构成的是“我—它”关系或者“我—他”关系，涉及的只是现象界、效用领域以及必然的归宿，瞩目的也只是此岸的有限。因此，只是一种意识形态、一个人类的形而下的求生存的维度。而且，置身现实维度与现实关怀的人类生命活动都是功利活动。

以实践活动为例，它以改造世界为中介，体现了人的合目的性（对于内在“必需”）的需求，折射的是人的一种实用态度。而且就实践活动与工具的关系而言，是运用工具改造世界；就实践活动与客体的关系而言，是主体对客体的占有；就实践活动与世界的关系而言，是改造与被改造的可意向关系。不言而喻，尽管实践活动对人类至关重要，但是却并非最为重要，也并非唯一重要，因为在其中人类最终所能实现的毕竟只是一种人类能力的有限发展、一种有限的自由，至于全面的自由则根本无从谈起。在实践活动中，人类无法摆脱自然必然性的制约——也实在没有必要摆脱，旧的自然必然性扬弃之日，即新的更为广阔的自然必然性出现之时，人所需要做的只是使自己的活动在尽可能更合理的条件下进行。正如马克思所说：“不管怎样，这个领域始终是一个必然王国。”①

① 《马克思恩格斯全集》第25卷，人民出版社，1974年，第927页。

再以认识活动为例,它以把握世界为中介,体现了人的合规律性(对于“外在目的”)的需要,折射的是人的一种理论态度。而且,就认识活动与工具的关系而言,是运用工具反映世界;就认识活动与客体的关系而言,是主体对客体的抽象;就认识活动与世界的关系而言,是反映与被反映的可认知关系。不难看出,理论活动是对于实践活动的一种超越。它超越了直接的内在“必需”,也超越了实践活动的实用态度(理论家往往轻视实践活动,也从反面说明了这一点)。不过,它所能实现的仍旧只是一种人类能力的有限发展、一种有限的自由,至于全面的自由则根本无从谈起。因此,假如说实践活动的失误在于目的向手段转化,那么认识活动的不足就在于:主客分离。也因此,在现实维度与现实关怀的基础上,生命活动本身往往只能处于一种自我牺牲(放弃成长性需要)和自我折磨(停滞缺失性需要)的尴尬境地,由此去建构美学,无疑是不可能的。

西方美学的困惑,无疑就在这里。

我们看到,从“美是难的”到“美感是难的”,再到“美学是难的”,西方美学历史上的很多美学家对于美学问题的思考都是以失败告终,究其原因,其实都是因为他们在现实维度与现实关怀的基础上去建构美学,斤斤计较于此岸的有限以及人类的形而下的求生存,于是,尽管答案各异,但是根本的思维模式却是不约而同的,这就是他们都始终坚信:在审美活动的背后,存在着一个终极根据。而西方美学的全部历程,其实也就都是执着地去思考这个终极根据的历程。显然,这就是“柏拉图之问”的意义。遗憾的是,本来执着地去思考这个终极根据其实并没有错,错的仅仅是,竟然误以为这个终极根据就是:“本质”。结果,在古代是“美的本质(理式)”,最有代表性的是柏拉图美学;在近代是“美感的本质(判断力)”,最有代表性的是康德美学;“艺术的本质(理念)”,最有代表性的是黑格尔美学。

中国美学也是如此,本来,在上个世纪初,在王国维刚刚举起美学大旗的时候,他对美学还是充满信心的。他强调中国美学“无独立之价值""皆以侏儒倡优自处,世亦以侏儒倡优畜之""多托于忠君爱国劝善惩恶之意""自忘其神圣之位置与独立之价值,而葸然以听命于众"①,是"餔餟的""文绣的"美学②,而为了从根本上改变"我国哲学美术不发达"的现状,还在1906年的时候,王国维就在《论哲学家和美术家之天职》一文里发出了对于"纯文学"、"纯粹之美术"以及文学艺术的"独立之位置"、"独立之价值"的呼唤。王国维关于从"使命"到"天命"、从"忧世"(家国之戚)到"忧生"、从"政治家之眼"到"诗人之眼"(宇宙之眼)的企盼,更无疑就是这一呼唤的足以令人"眼界始大"的美学指向。也因此,他找到了"忧生"这个逻辑起点("忧生"既是美学的创造动因,也是美学的根本灵魂),而从个体生命活动出发对审美活动加以阐释,就正是王国维所馈赠我们的独得之秘。无疑,在此后的探索中,倘若我们由此振戈而上,大胆叩问生命,就肯定会有美学的不断进步;而倘若我们由此倒戈而退,不再叩问生命,则也就肯定会一事无成。

遗憾的是,在王国维身后,我们所看到的,却恰恰是"倒戈而退"。

一个令人痛心的事实竟然是:20世纪美学历史的发展偏偏与我们开了一个不大不小的玩笑。面对王国维所开创的弥足珍贵的生命话语,能够在其中"呼吸领会者",在20世纪的中国,竟然寥寥无几。以李泽厚的实践美学为标志,20世纪中国美学最终转向的仍旧是"忧世"的陷阱!叶嘉莹先生不无痛心地说:"如果社会主义时代的学者,其对学术之见地,和在学术研究上所享有的自由,较之生于军阀混战之时代的静安先生还有所不如,那实在是极大的耻辱和讽刺。"③此话或许言重,但是无论如何,20世纪中国美学的不尽如人意完全可以从"忧生"起点的迷失得到深入的解释④。而

---

① 《王国维文集》第3卷,中国文史出版社,1997年,第3页。

② 《王国维文集》第1卷,中国文史出版社,1997年,第24—25页。

③ 叶嘉莹:《王国维及其文学批评》,广东人民出版社,1982年,第488页。

④ 李泽厚先生深刻地发现了现代中国救亡压倒启蒙的历史主题,在20世纪80年代曾经引起众多的思考,但是如今想来,就实在肤浅。因为他并没意识到:即使是在启蒙中也还存在着一个更为深刻的"忧世"压倒了"忧生"的问题。

且,只要我们考察一下王国维与叔本华(中国美学的起点正是从与西方现代美学的对话开始)、鲁迅与尼采、宗白华与歌德、朱光潜与克罗齐、李泽厚与黑格尔(李泽厚为什么反而会退回到西方传统美学,其中的奥秘颇值深究),世纪末的生命美学与以海德格尔为代表的现象学美学……这一系列循环往复的血脉相连的思想历程,考察一下从朱光潜到李泽厚的从西方现代美学(以及中国美学传统)的倒戈而退,考察一下 20 世纪中国美学的百年历程所走过的从"忧生"美学(生命美学)到"忧世"美学(反映论美学、实践美学)再到"忧生"美学(生命美学)与"忧世"美学(反映论美学、实践美学)的彼此势均力敌甚至开始逐渐胜出的艰难曲折进程,考察一下经历了最为早出但又最早衰落(实际是被人为地贬到边缘,其中的过程颇值探询)的曲曲折折,生命美学如何直到 20 世纪 80 年代才终于得以正式走上美学的前台,迷失的美学讲坛也才因此而重获神圣的尊严……就可以意识到我们的美学所蒙受的"耻辱和讽刺"是何等的令人痛心!

我必须强调,上面所提及的朱光潜、宗白华、李泽厚等等,都是 20 世纪的美学栋梁,而且也都非常值得我们后学尊敬。然而,当然也无须为尊者讳,在他们的美学研究中,也确实存在着一个共同的美学误区。这就是都往往习惯于一个错误的理论界定:审美活动是"人的本质力量的一种对象化活动",由此,审美活动就始终是在现实维度与现实关怀的基础上去加以建构的,也始终是在斤斤计较于此岸的有限以及人类形而下的求生存基础上去加以把握的。这意味着,一方面从根源的角度而言,审美活动是一种创美活动,它使得美作为人的本质力量被凝固在对象之中;另一方面从本质的角度,审美活动又是赏美活动,它无非就是对于外在对象的观照,并且因为在外在对象身上看到了人的本质力量而产生审美愉悦。

显然,这实在是一个意味深长的失误。马克思的"人的对象化"与"对象的人化"指向的其实都只是人的确证,而不是物化。可是,在上述那些美学家那里,却偏偏被颠倒过来了,其结果就是把美实体化。然而，美当然与对象世界有关，但是却并非对象世界。离开了审美对象与审美活动的关系，只从审美对象身上去寻找美的本质，就势必落入认识论框架，势必以理解物的方式去理解美，势必在审美活动所建构的审美对象身上抽象掉人的价值本身。

具体来看，在后实践美学出现之前，国内的所谓四派美学观点，实际都是从"美是否是客观事物的属性"来划分，或者把客观绝对化，把主观统一于客观，认为主观源于客观（蔡仪、李泽厚。当然两者又有区别，以花为例，李泽厚认为"美是花的社会属性"，蔡仪认为"美是花的自然属性"），或者把主观绝对化，客观统一于主观，认为客观源于主观（高尔泰），或者强调主客观的统一（朱光潜），然而这种主客观统一不是从本源的角度出发，而只是把两个已经分裂的东西连接起来而已，充其量只是一种外在的缝合。结果不但不能战胜主观派、客观派，而且最终只能走向主观派（叶秀山先生就认为：朱光潜先生的主客观统一实际是"统一于主观方面"）。至于它们在文艺学中的典型表现，则显然就是反映论。然而，不论给反映论加上什么定语，例如能动的、审美的、创造的，都仍旧丝毫不能改变以主客二分为基础的反映论的本质。由此，在中国，四派不同的美学观点却在理论怪胎"形象思维"的问题上出现惊人的一致，就不会令人惊诧了。

也因此，必须看到，百年来我们的美学一直走在一条错误的道路上。尽管在相当长的时间内，我们经常为百年来中国学术舞台上绝无仅有的三次美学热潮而自豪，经常为中国美学界中美学教授的队伍之庞大、美学成果之丰硕而欣喜，更经常为中国的大学中美学课程的普及程度之广泛而骄傲（据统计，1981 年以来，出版了 200 多种美学原理教材），反映论美学、实践论美学之类不同学说的相继登场以及王国维、朱光潜、宗白华、李泽厚等美学名家的出现，也每每让我们津津乐道。然而，随着世纪末的临近与新世纪的降临，随着最后一次美学热的由"热"转"冷"，我们却日益发现：我们仍旧要为百年来我们的美学智慧进步之缓慢而痛心疾首！

一切都无法掩盖一个基本的事实：自上个世纪之初发端的中国

美学并没有“接着王国维讲”,而是逐渐远离了王国维所开辟的美学道路。而这也就是我从1984年开始,以《美学何处去》一文作为“投名状”,开始了自己的生命美学的艰难探索的根本原因。因为在我看来,只有接着令人“眼界始大”的王国维讲,才有未来的中国美学。而且“接着王国维讲”,在中国就是“接着”从《山海经》开始的庄子、禅宗、王阳明乃至《红楼梦》讲;在西方就是接着令人“眼界始大”的从康德开始的现象学存在主义美学讲,诸如海德格尔、梅洛庞蒂、盖格尔、杜夫海纳等等。

无疑,不如此,就无法走出美学的误区;不如此,也就无法完成真正的令人“眼界始大”的全新美学。

二

还回到本文一开始就讨论的问题上来,在我看来,前此出现的美学误区,误就误在忽视了人与世界之间事实上还存在的第三个维度,这就是:人与意义的维度。这个维度,应该被称作第三进向,涉及的是“我—你”关系。它所构成的是所谓的超越维度与终极关怀。

置身超越维度与终极关怀的人类生命活动是意义活动。人类置身于现实维度,为有限所束缚,但是,却又绝对不可能满足于有限,因此,就必然会借助于意义活动去弥补实践活动和认识活动的有限性,并且使得自己在其他生命活动中未能得到发展的能力得到“理想”的发展,也使自己的生存活动有可能在某种层面上构成完整性。由此,正是意义活动,才达到了对于人类自由的理想实现。它以对于必然的超越,实现了人类生命活动的根本内涵。

同样,从美学的角度,长期以来西方古代与中国当代的美学家们都误以为美学所要探索的终极根据就是“本质”,然而,这其实都必须要归咎于他们所置身的现实维度与现实关怀,以及因此而形成的“认识—反映”框架(西方古代美学是通过客观知识来探求真实存在,具体阐释请参见另文)。可是,倘若转而置身超越维度与终极关怀,并且从“价值—意义”框架来看,则就不难发现,美学所要探索的终极根据恰恰不应是什么“本质”,而只应是“意义”。这样,只要我们从“本质”的歧途回到“意义”的坦途,长期以来的美学困惑也就迎刃而解了。换言之,我们不妨简单地说,“本质”确实是“难的”,因为它根本就是一个虚假的美学问题,但是“意义”却不是“难的”,因为它完完全全是一个真问题,一个真正的美学问题。

这也就意味着:前此的美学都是“本质”的,对它而言,意义是一个盲点,可是真正的美学却是“意义”的。

意义,应该是出自人类生命的根本需要。从表面看,人的生命活动似乎与动物的生命活动庶几相似,然而,这却是一种极大的误解。例如,人和动物虽然都和物质世界打交道,但实际并不相同。动物所追求的,只是物质本身,人却不但追求物质本身,而且要追求物质的意义。这意义借助物质呈现出来,但它本身并非其中某种物质成分,而是依附于其中的能对人发生作用的信息。因此,人就不仅仅生活在物质世界,而且生活在意义世界。进而,人还要为这意义的世界镀上一层理想的光环,使之成为理想的世界,从而又生活在理想的世界里。并且,只有生活在理想的世界里,人才真正生成为人。

由此,意义先于事物,应该也必须成为阐释审美活动的必经途径,一种生存论的阐释路径。在这里,“此在与世界”的关系先于“主观与客观”的关系;人与世界的生存关系,也先于人与世界的认识关系。而且,人无需进入先验自我,而是进入生活世界,在这当中万事万物自有意义,无需实践创造,也无需认识,而只需人去领悟。也因此,这意义居于实践活动之前,先于主客观,但却并不高于主客观,构成了一个我思维之前的世界,亦即我生活的世界。

由此,审美活动也就只能是一种使对象产生价值与意义的活动,一种解读意义、发现意义、赋予意义的活动。在审美活动中,人与世界之间是一种意向关系,也就是意义关系,而不是实体的关系。例如,根本并不存在“艳阳”“明月”,而只存在我们在关系性、意向性中观察到的形态各异的太阳的世界与月亮的世界。“天可问,风可雌雄”,“云可养,日月可沐浴焉”,而且还不妨“碧瓦初寒外”“晨钟云外湿”,在审美活动中所呈现的就是这样一个“条件色”的世界而并非“固有色”的世界。

以西方美学为例,从康德开始,途经胡塞尔意向—现象学到海德格尔的生存—现象学,走过的正是从“本质”到“意义”的道路。其中,康德对于“现象”的关注首开先河(继而有叔本华的“表象”),不过,在他那里现象与物自体毕竟还是分开的。胡塞尔不同,在他看来现象就是本质。而且,他与继康德之后的叔本华、克罗齐也不同,不但以非理性的主体否定了外在的客体,而且最终也否定了非理性的内在主体。世界、生命因此而成为无底的深渊(所以他所强调的“回到事物本身”就是回到背后没有什么“本质”之类的东西存在的事物本身)。结果,鲜活、灵动的生命反而得以从西方千年以来的主客分裂、束缚中飞升而出。

这就是说,胡塞尔第一次为人类展现出了一个“活的世界”。在他看来,自然科学自然尽管势力强大,然而无论如何也无法把世界全部瓜分,无论如何也还存在着被瓜分之后的“剩余者”。这“剩余者”,就是他的现象学所要面对的活的世界。“我们处处想把‘原初的直观’提到首位,也即想把本身包括一切实际生活的(其中也包括科学的思想生活),和作为源泉意义形成的、前科学的和外于科学的生活世界提到首位。”①“生活世界是自然科学的被遗忘了的基础”②。更重要的是,这“剩余者”并没有丧失什么,不但没有丧失,而且反而为人类赢得了极为可贵的自由(这使我们想起胡塞尔在《笛卡尔沉思》中说的:人们失去了整个世界,以便在“普遍的自身规定”中重新赢得它)。这样,胡塞尔就以他的勇敢探索,为人类打开了一扇自由的大门,一片广阔的田野——意识的田野。

平心而论,胡塞尔在超越主客关系的历史进程中实在是功不可没。不过,也并非大功告成。其中,一个最为关键的问题在于:现

①② 胡塞尔:《欧洲科学危机和超验现象学》,张庆熊译,上海译文出版社,1988年,第70、58页。

象与本质之类的对立只有在认识论范围内才存在，但是在本体论范围内则根本就不存在，胡塞尔却以为一切都只能在认识论范围内解决，于是仍旧力图在主体中解决，结果又重蹈了传统的或者主体或者客体的解决方式。最后，方法尽管有所更新，但是问题却仍旧没有解决。

而海德格尔的卓越之处就恰恰表现在这里。他果断地从知识论转入了生存论，取消了人的认识活动在西方哲学史中两千年的统治地位。率先宣布了从主客关系出发的思路的终结，转而走上了从超主客关系出发的全新的思路①。显然，这就是海德格尔为什么要在《语言的本质》中征引格奥尔格的诗句“这些是烈火的征兆，不是信息”的深刻含义。由此，区别于胡塞尔的从知识与科学的事实“还原”到意识的事实，海德格尔则是进而从意识的事实“还原”到了生命的事实，也就是从理论的领域“还原”到了前理论的生命领域。难怪直到 20 世纪 20 年代中期，海德格尔在谈论哲学问题的时候，都更多地使用的不是“存在”概念，而是“生命”概念。原来，海德格尔的工作就是要把现象学理解为生命的元科学，就是要针对西方哲学从未能把握住事实上的生命经验这一痼疾，从根本上颠覆西方形而上学的传统②。

而从美学来看，在从康德开始途经胡塞尔意向—现象学的海德格尔的生存—现象学的大旗下，也集结了西方的众多的美学大家，在他们的美学研究中，西方的美学顺利达成了自身的世纪转型。“奥卡姆的剃刀”不复存在，“现象学的刷子”却得以大行其道。美从名词摇身一变而为形容词，审美对象也从“血亲”关系摇身一变而为“血缘”关系，转而从隐性位置，凸显为显性位置（美则从显性位置下降为隐性位置）。而且，它并非自上而下也不是自下而上，不是主观的东西，也不是心理的东西，不是观念客体，也不是实在客体，而是作为意识的意识、经验的经验的意向性活动（不是意识

① 参见笔者在《生命美学论稿》中的相关讨论。郑州大学出版社，2002 年。
② 参见张汝伦：《〈存在与时间〉释义》的前言部分。学林出版社，2012 年。

的基本结构，而是此在的基本结构）所创造的意义——意向性客体。顺理成章，西方美学因此而把“主客体交融”这个关键展开为全部的研究内容，主客相互从属相互决定的“在直观中呈现出来的东西”，也在这一美学中被正面地加以关注。

同样，在中国当代美学之外，在中国古典美学中也存在着这一取向，这就是从叶嘉莹先生就开始注意到的从“境界说”到“现象学”。遗憾的是，叶嘉莹先生毕竟并不从事美学基本理论的研究，因此也未能对这一重要线索详加阐释。对此，从20年前开始我则已经多次撰文予以阐释，例如，《中国美学的现象学诠释——中国美学与西方海德格尔现象学美学》《在思想的道路上——中国美学与西方海德格尔现象学美学》《儒家·道家·海德格尔》《道家·禅宗·海德格尔》《海德格尔的“存在”与中国美学的“道”》《海德格尔的“真理”与中国美学的“真”》《从庄玄到禅宗：中国美学的智慧——中国美学与西方海德格尔现象学美学》，以及专著《王国维：独上高楼》，等等①。

无疑，从“境界说”到“现象学”，也正是王国维作为世纪美学的领军人物的远见卓识。当然，因为时间的差异（现象学领军人物胡塞尔的《逻辑研究》于1900年出版，海德格尔的《存在与时间》则于1927年出版），可王国维的《人间词话》却发表于1908年），王国维没能与西方的现象学美学邂逅，而只能借道于西方的叔本华美学，但是就王国维所推崇的“境界说”而言，在西方美学中与之对应的，却偏偏应该是西方现象学美学——尤其是海德格尔的生存—现象学美学，例如，在他看来“一切境界，无不为诗人设。世无诗人，即无此种境界。夫境界之呈于吾心而见诸外物者，皆须臾之物。惟诗人能以此须臾之物，诸不朽之文字，使读者自得之。遂觉诗人之言，字字为我心中所欲言，而又非我之所能自言，此大诗人之秘妙

① 参见潘知常：《中国美学精神》（江苏人民出版社，1993年）、《中西比较美学论稿》（百花洲文艺出版社，2000年）等。

也。”①这里的“呈于吾心而见诸外物”的境界，其实就是奠基于人与意义维度的意向性、意义性的世界，是“在直观中呈现出来的”世界，是被分割前的“未始有物”但又“诗意地存在着”的世界，也是“在认识以前而认识经常谈起的世界”②。

这样，不论是西方美学还是中国古典美学，我们看到，都遥遥指向了一个方向，这就是“意义”。而这也正是笔者在30年中所孜孜以求的指向。生命美学为自己的美学研究建立的，就是一个“价值—意义”框架。在生命美学看来，审美活动是进入审美关系之际的人类生命活动，它是人类生命活动的根本需要，也是人类生命活动的根本需要的满足，同时它又是一种以审美愉悦（“主观的普遍必然性”）为特征的特殊价值活动、意义活动，因此美学应当是研究进入审美关系的人类生命活动的意义与价值之学、研究人类审美活动的意义与价值之学。进入审美关系的人类生命活动的意义与价值、人类审美活动的意义与价值，就是美学研究中的一条闪闪发光的不朽命脉。

三

进而，意义活动又构成了人类的超越维度，它面对的是对于合目的性与合规律性的超越，是以理想形态与灵魂对话，涉及的只是本体界、价值领域以及自由的归宿，瞩目的也已经是彼岸的无限。因此，超越维度是一个意义形态、一个人类的形而上的求生存意义的维度，用人们所熟知的语言来表述，则是所谓的终极关怀。

这当然是因为，对于“意义”的追求，将人的生命无可选择地带入了无限。维特根斯坦说：“世界的意义必定是在世界之外”③。人生的意义也必定是在人生之外。意义，来自有限的人生与无限的

① 参见王国维：《清真先生遗事尚论》。

② 关于王国维与西方现象学美学的关系，参见笔者：《王国维：独上高楼》（文津出版社，2005年）。

③ 维特根斯坦：《逻辑哲学论》，郭英译，商务印书馆，1985年，第94页。

联系,也来自人生的追求与目的的联系。因此,没有“意义”,生命自然也就没有了价值,更没有了重量。有了“意义”,才能够让人得以看到苦难背后的坚持,仇恨之外的挚爱,也让人得以看到绝望之上的希望。因此,正是“意义”才让人跨越了有限,默认了无限,融入了无限,结果也就得以真实地触摸到了生命的尊严、生命的美丽、生命的神圣。而这也就意味着,意义活动还必将进而建立与超越维度、终极关怀之间的联系。

至于审美活动,它既奠基于超越维度与终极关怀,当然也同样是人类的意义活动,因此也同样禀赋着人类的意义活动的根本内涵。例如,马克思指出,“假定人就是人,而人同世界的关系是一种人的关系,那么你就只能用爱来交换爱,只能用信任来交换信任,等等。”①无疑,这也就是意义活动的假定。在意义活动中,必须“假定人就是人”,必须从“人就是人”“人同世界的关系是一种人的关系”“只能用爱来交换爱,只能用信任来交换信任”的角度去看待外在世界,当然,这样一来,也就必然从自己所禀赋的人的意义、人的未来、人的理想、人所向往的一切的角度去看待外在世界。于是,超越维度与终极关怀的出场也就势在必行。因为所谓超越维度、所谓终极关怀,无非也就是“人就是人”“人同世界的关系是一种人的关系”“只能用爱来交换爱,只能用信任来交换信任”,无非也就蕴含着自己所禀赋的人的意义、人的未来、人的理想、人所向往的一切。无疑,这一切也都是审美活动的根本内涵。

当然,作为人类意义活动的一种,审美活动既存在异中之同,更存在同中之异。例如,一般而言,终极关怀是不需要去主动地在想象中构造一个外在的对象的,而只需直接演绎甚至宣喻。例如,哲学是将意义抽象化、宗教是将意义人格化,而且它们的意义生产方式是挖掘、拎取、释读、发现(意义凝结在世界中)。但是,审美活动却不然,尽管同样是瞩目彼岸的无限以及人类的形而上的生存意义,但它却是通过主动地在想象中去构造一个外在的对象来完

① 《马克思恩格斯全集》第42卷,人民出版社,1979年,第112页。

成的,是将意义形象化。而且,它的意义生产方式也是创生、共生的,不是先“生产”后“享受”,而是边“生产”边“满足”。这是因为在宗教、哲学等作为终极关怀的意义活动中,其表达方式大多都为直接演绎甚至宣喻,然而彼岸的无限以及人类的形而上的生存意义却又毕竟都是形而上的,都是说不清、道不明的。可是,人类出之于自身生存的需要,却又亟待而且必须使之“清”、使之“明”,那么究竟如何去做,才能够使之“清”、使之“明”呢?审美活动所禀赋的,就正是这一使命。

再如,宗教活动也与终极关怀有关,但是,这终极关怀却又是一个精神与肉体的剥离器,在其中灵魂与身体、精神与现实都被剥离得截然分明,有限与无限也都被剥离得截然分明。但是,审美活动却不同,在任何时刻,它都不会把灵魂与身体、精神与现实截然两分,也都不会把有限与无限截然两分。它的使命只是见证,是在身体中见证灵魂,在现实中见证精神,也是在有限中见证无限。也因此,在宗教活动中,尽管也是终极关怀,但是却不需要主动地在想象中去构造一个外在的对象,审美活动则不然,它需要主动地在想象中去构造一个外在的对象(犹如在这里自我必须对象化、终极关怀也必须对象化)。而且,宗教是以神为本体;在审美活动,却是以人为本体。宗教的神本体是对人的本体的否定,例如基督教,救赎要靠神恩,是对于人的自由意志的否定的结果,审美活动不然,它是以人为本的,是爱的救赎,是对于人自身的有限的超越,也是对于人的自由意志的提升。

也因此,区别于一般的意义活动,审美活动走向的是一条为了见证自我而创造非我的世界的特殊道路。它深知,在非我的世界中只能见证自己的没有超越必然王国的本质力量、有限的本质力量,而审美活动亟待完成的,却是见证人类的全部的本质力量、理想的本质力量。而要做到这一点,审美活动亟待去做的,就无疑并非通过非我的世界来见证自己,而是为了见证自我而创造非我的世界——而且,还必须把这个非我的世界就看做自我。换言之,审美活动是主动地在想象中去构造一个外在的对象,并且藉此呈现人对世界的全面理解、展示人之为人的理想自我，然后再加以认领。因此，审美活动可以借助于中国美学所体察到的“无理而妙”来表达，在审美活动中人类瞩目的彼岸的无限以及形而上的生存意义无疑同样不可“理”喻，但是却又不难轻而易举地尽展其中的无穷“玄妙”。

由此，区别于实践活动、认识活动，审美活动是以理想的象征性的实现为中介，体现了人对合目的性与合规律性这两者的超越的需要。它既不服从内在“必需”也不服从“外在目的”，不实际地改造现实世界，也不冷静地理解现实世界，而是从理想性出发，构筑一个虚拟的世界，以作为实践世界与认识世界所无法实现的那些缺憾的弥补。

而依照我在前面的讨论，假如实践活动建构的是与现实世界的否定关系，是自由的基础的实现；认识活动建构的是与现实世界的肯定关系，是自由的手段的实现，那么，审美活动建构的则是与现实世界的否定之否定关系，是自由的理想的实现。进而，审美活动是对于人类最高目的的一种“理想”的实现。通过它，人类得以借助否定的方式弥补了实践活动和科学活动的有限性。假如实践活动与认识活动是“想象某种真实的东西”，审美活动则是“真实地想象某种东西”。假如实践活动与认识活动是对无限的追求，审美活动则是无限的追求。假如实践活动是实际地面对客体、改造客体，认识活动是逻辑地面对客体、再现客体，审美活动则是象征地面对客体、超越客体。在其中，人的现实性与理想性直接照面，有限性与无限性直接照面，自我分裂与自我救赎直接照面，马克思说的“真正物质生产的彼岸”，或许就应该是审美活动之所在？而且，就审美活动与工具的关系而言，是运用工具想象世界；就审美活动与客体的关系而言，是主体对客体的超越；就审美活动与世界的关系而言，是想象与被想象的可移情关系。因此，假如实践活动与认识活动是一种现实活动，审美活动则是一种理想活动，在审美活动中折射的是人的一种终极关怀的理想态度。

事实也确实如此，在人类形形色色的生命活动中，多数是以服膺于生命的有限性为特征的现实活动,例如,向善的实践活动,求真的认识活动,它们都无法克服手段与目的的外在性、活动的有限性与人类理想的无限性的矛盾,只有审美活动是以超越生命的有限性为特征的理想活动,它成功地消除了生命活动中的有限性——当然只是象征性地消除。作为超越活动,审美活动是对于人类最高目的的一种“理想”实现。例如,在求真向善的现实活动中,人类的生命、自由、情感往往要服从于本质、必然、理性,但在审美活动之中,这一切却颠倒了过来,不再是从本质阐释并选择生命,而是从生命阐释并选择本质,不再是从必然阐释并选择自由,而是从自由阐释并选择必然,也不再是从理性阐释并选择情感,而是从情感阐释并选择理性……这一切无疑是“理想”的,也只能存在于审美活动之中,但是,对于人类的生命活动来说,却因此而构成了一种必不可少的完整性。

而这也正是康德在审美活动中所发现的“谜样的东西”:“主观的普遍必然性”(“主观的客观性”)。在黑格尔看来,这是美学家们有史以来所说出的“关于美的第一句合理的话”。具体来说,审美活动能够表达的只是“主观”的东西,但是它所期望见证的东西却是“普遍必然”的东西;审美活动能够表达的只是“存在者”,但是它所期望见证的却是“存在”;审美活动能够表达的只是“是什么”,但是它所期望见证的却是“是”;审美活动能够表达的只是“感觉到自身”,但是它所期望见证的却是“思维到自身”;审美活动能够表达的只是“有限性”,但是它所期望见证的却是“无限性”。

而且,审美活动就因为在创造一个非我的世界的过程中显示出了自己所禀赋的人的意义、人的未来、人的理想、人所向往的一切的全部丰富性而愉悦,同样,也因为在那个自己所创造的非我的世界中体悟到了自己所禀赋的人的意义、人的未来、人的理想、人所向往的一切的全部丰富性而愉悦。结果,审美活动因此而成为人之为人的自由的体验;美,则因此而成为人之为人的自由的境界。由此,人之为人的无限之维得以充分敞开,人之为人的终极根据也得以充分敞开。最终,审美活动的全部奥秘也就同样得以充分敞开。

不言而喻,生命美学所关注的恰恰就是这个“谜样的东西”。在生命美学看来,唯有立足于超越维度与终极关怀,才能够破解这个“谜样的东西”,也才能够重构美学。而这也就正是我在30年中所孜孜以求的。1991年,我把自己关于生命美学的想法做了第一遍的梳理,出版了《生命美学》(河南人民出版社);1996年,我把自己关于生命美学的想法做了第二遍的梳理,出版了《诗与思的对话——审美活动的本体论内涵及其现代阐释》(上海三联书店);2002年,笔者又出版了《生命美学论稿》(郑州大学出版社),这意味着我再次把自己关于生命美学的想法又重新梳理了第三遍;2009年,笔者在江西人民出版社出版了《我爱故我在——生命美学的视界》,继而,2012年笔者又把自己关于生命美学的想法重新梳理了第四遍,出版了《没有美万万不能——美学导论》(人民出版社)。最近,2014年底,又在广西师范大学出版社出版了笔者的《头顶的星空——美学与终极关怀》。此外,在关于美学基本原理的六本专著之外,为了把这个“谜样的东西”展开在“从境界说到现象学”的历史事实之中,我还出版了中西比较美学方面的专著十二部。当然,这一切都并不意味着探索的结束,而仅仅意味着开始。不过,毕竟还要加以说明的是,它们的指向却都是一致的。本文的讨论,无非就是对于这一指向的提炼与概括。也因此,在阅读了本文之后,如果能够激发关注生命美学者的进而去阅读这些专著的兴趣,那么,笔者撰写本文的目的也就达到了。

(原载《贵州大学学报》2015年第1期)

美学的重构:以超越维度与终极关怀为视域

——关于生命美学的思考

潘知常

一

生命美学诞生于20世纪80年代。

关于生命美学,多年以来,我一般都是这样加以表述:在生命美学看来,美学是一门关于人类审美活动的意义阐释的人文科学。或者,美学是一门关于进入审美关系的人类生命活动的意义阐释的人文科学。所谓审美活动,亦即一种自由地表现自由的生命活动。它是人类生命活动的根本需要,也是人类生命活动的根本需要的满足。而要深刻理解生命美学,必须重返20世纪80年代的美学现场。

20世纪80年代,实践美学曾经一统天下。也许是因为从90年代以来实践美学遭受到后实践美学(超越美学、生命美学)的致命阻击并从此一蹶不振的缘故,诸多学者在谈及实践美学的时候,往往不屑一顾,即便是仍旧停留在实践美学学派中的学者们,也会打出拓展、转型等更新换代的旗号(诸如新实践美学、实践存在论美学)。从美学学术史的角度看,实践美学的意义是十分重大的。正是从实践美学开始,中国现当代美学才第一次从意识形态属性的认识论美学中艰难地挣脱出来。

重温朱光潜先生早在1949年8月于《周论》周刊发表的《自由

主义与文艺》一文中就已经慨然宣称:"文艺不但自身是一种真正自由的活动,而且也是令人得到自由的一种力量",应该不难想象,实践美学的问世究竟意义何在。自兹以后,中国的美学家们再也不希望美与艺术仅仅成为意识形态的传声筒、宣言书了。但是,实践美学的进步意义也就局限于此,它战战兢兢提出的所谓"主体性"概念,仍旧是在"跪着"研究美学,仍旧是在现实维度与现实关怀的基础上建构美学,应该是实践美学未能有更大作为而且不得不半途而废的关键。

例如,不论实践美学内部有多少具体分歧,强调"人的本质力量的对象化",却是其共同之处。可是,由于现实维度与现实关怀使然,所谓的本质力量,也只能是没有超越必然王国的本质力量、有限的本质力量,这样的本质力量,可以"对象化"为人造自然,可以"对象化"为社会成果,但却不可能"对象化"为美。确实,马克思谈到过:人的本质是一切社会关系的总和。但是他在谈及这个问题的同时,特别强调要加上一个必不可少的限定语:"在其现实性上",这意味着:"现实性"反映的是人类本性中的现实性、确定性的一面,即对必然的把握的一面。这无疑是对人的一种界定,但是,却并不意味着他认定人只能如此。准确地说,马克思是从历史性、现实性、可能性三个方面来强调人的本质的:在历史性上,人是以往全部世界史的产物;在现实性上,人是一切社会关系的总和;在可能性上,人是自由生命的理想实现。其中的"可能性"涉及"超越维度与终极关怀",关于人类审美活动的一切考察应该源于、立足于"可能性",也就是"超越维度与终极关怀"。

再如,实践美学为了批判文革挟裹而来的"极左余孽",非常喜欢讨论所谓的"异化"。但是,马克思的"异化"概念与卢梭的"社会异化"、黑格尔的"理念异化"、费尔巴哈的"宗教异化"其实存在巨大区别。从一开始,马克思的"异化"概念就主要是侧重经济问题,这从《1844 年经济学—哲学手稿》的书名中刻意把"经济学"放在"哲学"的前面就可看出。而在后来的《大纲》、《资本论》里,"异化"概念与劳动价值理论、剩余价值学说的联系就更加密切了。而且,在学习马克思“异化”概念的时候,学者一般都会总结说:其间存在着两个必需的前提:商品生产的具体劳动与抽象劳动的分裂;使用价值与价值的分裂。显然,这也是纯粹经济学的前提,它们是在资本主义社会出现的,而且也是在资本主义社会才得以同时具备的。因此,马克思认为资本之谜即异化之谜,但是这里的“异化”只是一种具体的不自由,是一种现实的批判,也还没有上升到一般的不自由的高度,更没有从“可能性”也就是“超越维度与终极关怀”的层面详细讨论。实践美学由此进行的宽泛理解乃至美学发挥,是并不适宜的。因此,借助于“人的本质力量的对象化”“美的规律”“劳动创造了美”“自然的人化”等“异化”劳动概念来讨论美学、建构美学,乃是对于美学的片面理解,而且与真正的美学研究渐行渐远。

作为实践美学“核心话语”的“主体性”概念,也是从这里开始失足。因为希望能够有为出现“改革开放”转机的国家与民族大声疾呼的权利,希望能够“为现实而美学”、“为现代化而美学”,就必须摆脱过去毫无自主性的困境。“国家兴亡,匹夫有责”。实践美学孜孜以求地论证的,就是每一个人都有权利为“改革开放”、为“现代化”仗义执言。进入21世纪之后,实践美学的领军人物李泽厚先生干脆把他的哲学与美学称为“吃饭”哲学、“吃饭”美学,应该说,实践美学的全部底蕴都被和盘托出。

而生命美学之所以能够在20世纪80年代应运而生,之所以不惮“虽千万人,吾往矣”,究其根本,也正是因为看到了实践美学的这一根本缺憾。在生命美学看来,人的审美权利是天赋人权,也是神圣不可侵犯的。美学之为美学,就是基于对于人的审美权利的捍卫与呵护,就是基于对人的审美权利的大声疾呼。因此,倘若说实践美学关注的是人的“主体角色”,生命美学关注的,则是人的“自由存在”。如果美学研究只是以“吃饭”为主,那么就要证明每一个人在当代社会的角色存在的合理性,以及他的发言权的合理性,就会顺理成章走向实践美学的道路。可是,如果美学研究转而以“人的审美权利神圣不可侵犯”为主,那么就要证明每一个人的自由存在,证明每一个人的审美权利都是神圣不可侵犯的天赋人权。从主体存在思考美的奥秘,就必然走向对于“必然”的把握,从自由存在思考美的奥秘,则必然走向对于“超越”的把握;从主体存在思考美的奥秘,就必然走向对于“吃饭”问题的把握,从自由存在思考美的奥秘,则必然走向对于“人类的审美权利神圣不可侵犯”的把握;从主体存在思考美的奥秘,就必然走向对于“现实维度与现实关怀”的把握;从自由存在思考美的奥秘,则必然走向对于“超越维度与终极关怀”的把握。

犹如认识论美学是把审美活动直接还原为认识活动,实践美学则是把审美活动直接还原为实践活动,然而,事实上审美活动是不可还原的。假如实践美学关注的是人是“什么”,生命美学关注的则是人之所“是”;假如后者指的是人的最高价值,前者则指的是人的次要价值;假如后者指的是人之为人的生成性,前者则指的是人之为人的结构性。假如人的最高价值和人的次要价值的区分着眼于生命的存在方式(审美活动“是什么”),人之为人的生成性和人之为人的结构性的区分则着眼于生命的超越方式(审美活动“如何是”)。生命美学问世之初,特别强调马克思所指出的人所具有的“为活动而活动”、“享受活动过程”、“自由地实现自由”的本性,道理也就显而易见了。

实践美学普遍存在的缺陷是错误地将自由理解为消极自由(所谓对于必然的顺从)而不是积极自由。消极自由只是对自由的一种空洞规定,实际却没有任何积极内容,这一点,在霍布斯、斯密、休谟、康德、费西特那里都可以看到。积极自由就全然不同了,“人不是由于有逃避某种事物的消极力量,而是由于有表现本身的真正个性和积极力量才得到自由”①,这就是积极自由,也就是生命美学所孜孜以求的“有表现本身的真正个性和积极力量”的“自由”。

马克思指出,“假定人就是人,而人同世界的关系是一种人的关系,那么你就只能用爱来交换爱,只能用信任来交换信任,等

① 《马克思恩格斯全集》第2卷,人民出版社,1957年,第167页。

等。"①生命美学就是从这一"假定"出发。它假定:在审美活动中,"人就是人","人同世界的关系是一种人的关系",因此,"只能用爱来交换爱,只能用信任来交换信任",于是,在审美活动中,人自己所禀赋的人的意义、人的未来、人的理想、人所向往的一切就全然得以彰显。"人是目的"的出场也就势在必行。因为,所谓"人是目的",无非也就是"人就是人"、"人同世界的关系是一种人的关系"、"只能用爱来交换爱,只能用信任来交换信任",无非也就蕴含着自己所禀赋的人的意义、人的未来、人的理想、人所向往的一切。无疑,这一切都是审美活动的根本内涵,而且是生命美学亟待研究与揭示的美学内涵。正如在介绍陀思妥耶夫斯基的作品的时候,索洛维约夫说过的:"他相信的是人类灵魂的无限力量,这个力量将战胜一切外在的暴力和一切内在的堕落。他在自己的心灵里接受了生命中的全部的仇恨,生命的全部重负和卑鄙,并用无限的爱的力量战胜了这一切,陀思妥耶夫斯基在所有的作品里都预言了这个胜利。"②这也正是生命美学所希望"预言"的东西。生命美学之为生命美学,也无非就是"在所有的作品里预言了这个胜利。"

二

超越维度与终极关怀呈现的是一种全新的视域,它所导致的必然是美学的全新建构。

首先,是美学的内容的全新建构。

美学的内容,涉及的是"研究什么"。它是对于美学的特定视界的考察,是美学之为美学的根本规定。美学研究的是美、审美与艺术,应该是学界的共识。但是,由于没有意识到现实维度、现实关怀与超越维度、终极关怀的根本差异,因而,长期以来都是在美、审美、艺术与人类现实生活之间关系的层面上打转,后来实践美学

① 《马克思恩格斯全集》第42卷,人民出版社,1979年,第112页。

② 索洛维约夫:《神人类讲座》,张百春译,华夏出版社,2000年,第213页。

发现了其中的缺憾，就进而把人类现实生活深化为人类实践活动，从而避免了美、审美、艺术成为抽象的意识范畴的隐患，但是，却仍旧没有回答美、审美、艺术的独立价值这一根本问题。这是后来实践美学被普遍批评而且逐渐式微淡出的根本原因。

生命美学的贡献在于：把美、审美、艺术从维系于客体的人类现实生活转向了维系于主体的人类精神生活，从现实维度、现实关怀转向超越维度、终极关怀对美、审美、艺术加以阐释。美、审美与艺术并非意在认识生活，而是借酒浇愁、借花献佛，意在借用现实生活来表现不可表现的灵魂生活、精神生活这一根本奥秘也就昭然若揭。美、审美、艺术并不是与人类现实生活“异质同构”，而是与人类精神生活“异质同构”。是人类的精神之花，也是人类的精神替代品。马克思说，“艺术创造和欣赏都是人类通过艺术品来能动的现实的复现自己”，“从而在创造的世界中直观自身。”①这句话我们经常引用，但是，实事求是地说，只有把美、审美、艺术从维系于客体的人类现实生活转向维系于主体的人类精神生活，从现实维度、现实关怀转向超越维度、终极关怀，我们才真正理解了何为美。

在美学界，人们会经常言及自由。例如，“美是自由的形式”(李泽厚)、“美是自由的象征”(高尔泰)，而我自己也从上世纪 90 年代之初就提出：“美是自由的境界”。可是，由于没有严格区分人类现实生活与人类精神生活，也没有严格区分现实维度、现实关怀与超越维度、终极关怀，因此自由之为自由，也就没有被充分理解。在这里，它关涉的只能是马克思所指出的人所具有的“为活动而活动”“享受活动过程”“自由地实现自由”的本性。阿·尼·阿昂捷夫也指出：最初，人类的生命活动“无疑是开始于人为了满足自己最基本的活体的需要而有所行动，但是往后这种关系就倒过来了，人为了有所行动而满足自己的活体的需要。”②在这里，“为了满足自己最基本的活体的需要而有所行动”，就是指的对于必然的把

① 《马克思恩格斯全集》第 46 卷，人民出版社，1979 年，第 96 页。

② 阿·尼·阿昂捷夫：《活动·意识·个性》，李沂等译，上海译文出版社，1980 年，第 144 页。

握,“人为了有所行动而满足自己的活体的需要”,则是指的对于必然的把握的基础上所实现的自我超越。它们涉及的或者是人类现实生活,或者是人类精神生活,或者是现实维度、现实关怀,或者是超越维度、终极关怀。也因此,对于美、审美、艺术的阐释,倘若不是从对于必然的把握的基础上所实现的自我超越出发,就都是完全不得要领的。

以审美活动与其他生命活动的区别为例,由于维系于客体的人类现实生活与维系于主体的人类精神生活以及现实维度、现实关怀与超越维度、终极关怀始终混淆不分,因此,对于审美活动的认识,也就始终停留在“悦耳悦目”“悦心悦意”“悦志悦神”的为实践活动、道德活动等而“悦”的层面,可是,对于审美活动的本体属性,却始终未能深刻把握。然而,只要从维系于客体的人类现实生活与维系于主体的人类精神生活以及现实维度、现实关怀与超越维度、终极关怀的不同层面出发,对于审美活动的本体属性,就不难有所了解。

审美活动关注的已经全然不是“活着”,而是“如何活着”,也不是是否吃得饱穿得暖,是否“茅屋为秋风所破”,而是是否活得有“尊严”、有“人味”,在这里,重要的不再是“财务自由”,而是“诗与远方”。而且,也正是在“尊严”“人味”和“诗与远方”中,我们意外地发现了平等、自由、博爱等价值的珍贵。这样一来,我们也就不再可能置身于在进入审美活动之前所曾经置身的低级的和低俗的东西之中了。我们被有效地从动物的生命中剥离出来。为人们所熟知的从希腊美学开始的对于人类精神生命的悲剧“净化”说,道理就在这里。当一个人把人生的目标提高到自身的现实本性之上,不再为现实的苦难而是为人类的终极目标而受难、而追求、而生活,他也就进入了一种真正的人的生活。此时此刻,他已经神奇地把自己塑造成为一个真正的人,并且意味深长地发现:人就是人自己所塑造的东西;为了这一切,人必须从自己的终极目标走向自己。

由此,不难发现,我们过去只注意到审美活动的非功利性,是何等的谬误。由于错误地将审美活动置于它所不该置身的现实维度与现实关怀层面,结果,作为审美活动的本体属性的人的自由存在从未进入美学视野,进入的,仅仅只是作为第二性的角色存在(例如,主体角色的存在),因此,在审美活动中,自由偏偏是缺失的。人是目的、人的不可让渡、不可放弃的绝对尊严、终极意义也是缺失的。为此,人们甚至不惜把竭力突出主体角色(例如实践美学)、突出"非功利性"的失误归结为康德美学的贡献,其实,这却恰恰源于对康德美学的一知半解。正如海德格尔批评的:"康德本人只是首先准备性地和开拓性地作出'不带任何功利'这个规定,在语言表述上也已经十分清晰地显明了这个规定的否定性;但人们却把这个规定说成康德唯一的、同时也是肯定性的关于美的陈述,并且直到今天仍然把它当作这样一种康德对美的解释而到处兜售。""人们没有看到当对对象的功利兴趣被取消后在审美行为中保留下来的东西","人们耽搁了对康德关于美和艺术之本质所提出的根本性观点的真正探讨。"①这个"耽搁",可以从席勒把康德的崇高误读为优美,把康德的精神、信仰误读为世俗、交往,把康德的超验误读为经验看到,也可以从黑格尔进而把康德的本体属性的审美误读为认识神性的审美看到。然而,究其实质,从康德开始,西方美学对于审美活动的思考的真谛却始终都在于:"人的自由存在"。因此,我们在关注康德的所谓"人为自然界立法"之时,应该关注的,就不是他如何颠倒了主客关系,而是他对于"人的自由存在"的绝对肯定。"人的自由存在"是绝对不可让渡的自由存在,也是人的第一身份、天然身份,完全不可以与"主体性"等后来的功利身份等同而语,所以,康德才会赋予人一个"合目的性的决定","不受此生的条件和界限的限制,而趋于无限。"②才会认定:审美"在自身里面带有最高的利害关系"③,才会要求通过审美活动这一自由

① 海德格尔:《尼采》上,孙周兴译,商务印书馆,2014年,第129页。

② 康德:《实践理性批判》,韩水法译,商务印书馆,1999年,第177—178页。

③ 康德:《判断力批判》上,宗白华译,商务印书馆,1964年,第45页。

存在“来建立自己人类的尊严”①。

这当然是因为超越维度与终极关怀层面的存在。正是由于超越维度与终极关怀层面的存在，人与现实的关系让位于人与理想的关系。人首先要直接对应的是理想而不是现实，而且，人与现实的对应，也必须要以与理想的对应为前提。可是，人与理想之间的直接对应，无疑就是自由者与自由者之间的直接对应，因此，人也就如同神一样，先天地禀赋了自由的能力。所以，人有（存在于）未来，而动物没有，动物无法存在于未来；人有（存在于）时间，而动物没有，动物无法存在于时间；人有（存在于）历史，动物没有，动物无法存在于历史；人有（存在于）意识，动物没有，动物无法存在于意识。这样，人与理想的直接对应使得人不再存在于自然本性，而是存在于超越本性，不再存在于有限，而是存在于无限，不再存在于过去，而是存在于未来。于是，人永远高出于自己，永远是自己所不是而不是自己之所是。

这里的人的存在，其实就是自由的存在。置身于人与理想的直接对应，每个人都不再经过任何中介而与绝对、神圣照面，每个人都是首先与绝对、神圣相关，然后才是与他人相关，每个人都是以自己与理想之间的关系作为与他人之间关系的前提，于是，也就顺理成章地导致了人类生命意识的幡然觉醒。人类内在的神性，也就是无限性，第一次被挖掘出来。每个人都是生而自由的，因而每个人自己就是他自己的存在的目的本身，从他自身展开自己的生活，自身就是自己存在的理由或根据；也因此，他只以自身作为自己存在的根据，而不需要任何其他存在者作为自己存在的根据。所谓社会关系，在生而自由而言，也是第二位的，自由的存在才使得一切社会关系得以存在，而不是社会关系才使得个人的自由存在得以存在。

美学之为美学，必须以自由为核心，以守护“自由存在”并追问“自由存在”作为自身使命，以尊重和维护每一个体的自由存在、尊

① 康德：《论优美感和崇高感》，何兆武译，商务印书馆，2001 年，第 3 页。

重和维护每一个体的唯一性和绝对性、尊重和维护每一个体的绝对价值和绝对尊严作为自身使命。而这也正是生命美学始终不渝的选择。正是由于生命美学的不懈努力,在中国,“人的自由存在”才第一次得以真正进入了美学。

三

其次,是美学的方式的全新建构。

美学的方式,涉及的是“怎样研究”。它是对于美学的特定范型的考察,是美学之为美学的逻辑规定。

由于超越维度与终极关怀所呈现的全新的视域,美学研究必然出现考察角度的转换。具体来说,就是从考察美、审美、艺术与现实生活的认识、反映关系转向考察美、审美、艺术与精神生活的象征、表现关系。

超越维度与终极关怀的层面,作为一个全新的逻辑支点,将人类的精神生活凸显而出,也将人之为人的无限本质和内在神性凸显而出,生命的精神之美、灵魂之美,被从肉体中剥离出来。它是生命的第二自然,也是生命的终极意义、根本意义。联想威尔逊所指出的,“人类社会的进化是沿着遗传的二元路径进行的:文化路径和生物学路径。”①我们不难意识到,精神生活,意味着人类的遗传信息之外的文化信息。人类只是一个半成品,犹如爱默生所言,人长着一张粗糙的脸。是文化信息才使得人一步一步地完成从动物到人的不断提升,而这恰恰也就提示着我们:精神生活有着至关重要的作用。

然而,我们的美学却往往只关注到人类的现实生活,并且把美、审美、艺术作为现实的形象化、思想的形象化、真理的形象化,由此走入了心物二元对立的困境。这无疑隐含着对于美、审美、艺术的严重误解。事实上,美、审美、艺术只是人类精神生命的象征与表现。它是借酒浇愁、借花献佛,也就是借现实生活之“酒”浇精

① 威尔逊:《论人性》,方展画等译,浙江教育出版社,2001年,第7页。

神生活之“愁”、借现实生活之“花”献精神生活之“佛”。现实生活之所以被引入美、审美、艺术,其实不是因为它的重要,而是因为精神生活的无法言喻。也因此,现实生活在美、审美、艺术中的显现,其实并不是简单的转移、位移,而是复杂的提纯、转换。同样,美、审美、艺术的真正价值也不在于它的认识与反映,而在于它的象征与表现,在于它对于无法言喻的精神生活的象征与表现,在于它借用现实生活塑造的精神王国。中国美学反复强调的“象外之境”、“言外之意”,其不朽的美学贡献也就在这里。“象外”的“境”“言外”的“意”,强调的就是精神之花、精神替代品,它告诉我们,美、审美、艺术不是与现实生活异质同构,而是与精神生活异质同构,必然是也仅仅是精神生活的象征与表现。

而这就再一次涉及对于审美活动的根本属性的阐释。如前所述,在超越维度与终极关怀的层面,审美活动涉及的是对于必然的把握的基础上所实现的自我超越与“人的自由存在”,它是对于必然的把握的基础上所实现的自我超越与“人的自由存在”的象征与表现。为王国维等美学家所孜孜以求的美、审美、艺术的“独立之位置”“独立之价值”,也就在于:它是通过“象外”的“境”“言外”的“意”对于生命的自由表现,对于人类精神生活的自由表现,亦即客体形象对自由生命的表现。这正是美、审美、艺术的奥秘之所在,也是美、审美、艺术与人类的内在关联之所在。美、审美、艺术因此而成为人类的特殊存在方式。“大多数人是不提炼自己主观印象的”,高尔基发现:他们“总是运用现成的形式”,但是艺术家却要“找到自己,找到自己对生活、对人、对既定事实的主观态度,把这种态度体现在自己的形式中,自己的字句中。”因此,“艺术家是这样一个人,他善于提炼自己个人的——主观的——印象,从其中找出具有普遍意义的——客观的——东西,他并且善于用自己的形式表现自己的观念。”①这才是真正地道出了审美中的自由的特殊本质与秘密。

① 高尔基:《文学书简》上,曹葆华等译,人民文学出版社,1962年,第426页。

“象外”的“境”“言外”的“意”,就是人们所常常言及的“形式”。不过,这“形式”又与实践美学所提倡的“有意味的形式”不同。在实践美学中,“有意味的形式”被借以说明“形式里积淀了内容”,因此,“有意味的形式”就是美。可惜,这种阐释只能用来解读工艺品的形式,却无法用来阐释美、审美、艺术的形式,无法用来解读审美现象。这是因为,形式中的“意味”,是双向建构、双向创造的,既类似于“找对象”,也类似于“谈恋爱”;既“随物婉转”,又“与心徘徊”。它并非是先在、永恒的,更非事先积淀,而是在形式创造的现场即时即兴地不断加以生成。换言之,这“意味”不是先“生产”后“享受”,而是边“生产”边“享受”,是在“形式”的形成中形成的。“艺术对于先于它并独立于它的那种现成的形式是毫无关系的。而宁可说艺术活动从开始到结束都只存在于形式的创造中,只有在这种情况下,形式才真正获得它的存在。”①兰德尔在剖析交响乐的存在意义时也指出:“所有这些不同语言的表现——谱写出的交响乐、演奏出的交响乐、录制的交响乐、复制的交响乐、听到的交响乐——共有的是这样一种东西!它使我们能够说,每一种语言表现出的都是同一首交响乐,它使交响乐成了‘这一首’而不是其他的。确定这首交响乐的是一种特殊的结构,无论这首交响乐是以什么方式表现出来的,只要没有这种结构,它就既不可能是‘这一首’交响乐,也无法被设想为这首交响乐,也不可能通过任何语言被表达为这首交响乐。”②“这一首”,是这首交响乐的特定内容,但同时也是这首交响乐的特殊形式。其中,内容与形式是完全同一的,甚至,内容就是形式,形式也就是内容。或者说,内容已经完全转化为形式。而在形式之外则一无所有。于是,特定的形式,也就成为特定生命的自由表现、成为人类特定精神生活的自由表现。海德格尔之所以把真理的原始显现(在作品中形成的真理,作品就是真理)称为“艺术真理”,并且区别于具有派生性质的“理论真理”,正

① 朱狄:《艺术的起源》,中国社会科学出版社,1982 年,第 100 页。
② 李普曼:《当代美学》,邓鹏译,光明日报出版社,1986 年,第 147 页。

是这个意思。中国美学突出强调“神似”，而不强调“形似”，也正是这个意思。

同时，超越维度与终极关怀所呈现的全新的视域，还会推动美学的研究方法从形而上学的思辨转换为形而上的辩证分析。

既然美都是在“有意味的形式”的创造中生成的，既然在形式之外、形式之前、形式之上，都没有美，那么，美学研究所亟待追问的，就是美究竟何在，美存在于何处，美以何种方式存在，美如何存在。而这就意味着：“形式之外无内容”。譬如《海上钢琴师》中的钢琴神童，他的生命中只有八十八个钢琴键，因此，他所创造的美，也就都与这八十八个钢琴键有关。所谓的美学分析，就是要分析这八十八个钢琴键是怎样把美创造出来的。遗憾的是，在美学界充斥了大量的粗放式的形而上学的思辨研究，一谈到美，就是天人合一、物我一如、情景交融，即便是一些美学大家也不能例外。一旦离开那八十八个钢琴键，而大谈天人合一、物我一如，却对美究竟何在、美存在于何处、美以何种方式存在、美如何存在等问题根本不做回答，又怎么能被称作美学研究？那只是在写美学散文！而我们的美学研究普遍忽视了这个问题，结果是，我们的美学研究成果作家不看、艺术家也不看。像中国美学的研究论著，只要一讲到作品，就是情景交融，空洞之极。

在“有意味的形式”的创造中生成的美也不同于宗教与哲学。它并非低级，黑格尔的失足就在于对此的蔑视。我们经常会说：形象大于思想。其实，如果在理论思维的概念形式中，“意味”能够更准确、更纯粹地予以表达，又有什么必要借助于形式的象征与表现？形象的“大”就“大”在它是人从自己所不是而不是自己之所是、从无限而不是从有限、从未来而不是从过去，总之，从高出于自己的自己所直观到的“意味”。同时，形象的“大”还“大”在它是激起情感，而不是传达情感。卡西尔指出：“有了艺术的形而上学的合法根据，而且还有神化的艺术，艺术成了‘绝对’或者神的最高显现之一。”①马克思也指出：“人只有凭借现实的、感性的对象才能表

① 刘小枫：《德语美学文选》上，华东师范大学出版社，2006 年，第 400 页。

现自己的生命”。①“‘绝对’或者神的最高显现”是什么?人“凭借现实的、感性的对象”又表现了什么样的“自己的生命”?形象不是思想、认识的注脚。对于“形象大于思想”中的“大”的探讨,对于美、审美、艺术中的“大于”思想的内涵的形而上的辩证分析,正是我们亟待展开的美学研究工作。

美、审美、艺术与现实生活的关系类似于地球的“公转”与“自转”,也类似于“粮食”与“酒”。长期以来,我们仅仅满足于指出了其中的“公转”,满足于指出“酒”与“粮食”的关系。但是,“自转”自身的内在奥秘,“酒”自身的内在奥秘,却被我们有意无意地忽视了。韦勒克、沃伦早就提示:“多数学者在遇到要对文学作品作实际分析和评价时,便会陷入一种令人吃惊、一筹莫展的境地。”②这种“令人吃惊、一筹莫展的境地”在西方存在,在中国也同样存在。至于个中原因,则当然不是一句“美学研究者的懒惰”就可以搪塞的。因为,它是出自超越维度、终极关怀的层面的缺失。

歌德指出:“文艺作品的题材是人人可以看见的,内容意义经过一番努力才能把握,至于形式对大多数人是一个秘密。”③那么,“形式”为什么竟然会“对大多数人是一个秘密”?个中原因在于:形式本身,不像我们以为的那样仅仅只是中介,而且还是完全透明的。西方人经常说:艺术是人与自然相乘。何谓“相乘”?那就是1×1不等于1,而是大于1。换言之,日常生活中的符号传达与美、审美、艺术中的形式表现尽管都属于波普所揭示的“世界三”,可是,内涵却大不相同。我们不关注美学的形而上的辩证分析,正是因为忽视了其中的区别。

符号传达与超越维度、终极关怀的层面并不相关。它类似于人体挂图,仅仅只是联系于人类现实生活的中介、手段,是对概念的图示、证明与指称,意在传达背后的目的,也仅仅意在传达。其中,

---

① 《马克思恩格斯全集》第2卷,第168页。

② 韦勒克·沃伦:《文学理论》,刘象愚译,江苏教育出版社,2005年,第155—156页。

③ 王岳川:《宗白华学术文化随笔》,中国青年出版社,1996年,第123页。

能指与所指同时具备，所谓的意义也是指称出来的，并且是用形象比喻某种观念，完全透明，没有独立存在的价值，充其量只是一种传达的手段和工具，在符号之外的意义才是最重要的东西。然而，众多的美学家却偏偏都是在符号传达的意义上来研究美、审美、艺术。即便大家如卡西尔、苏珊·朗格，也未能幸免。因为符号之外的意义是已知的，所以没有必要对符号本身进行辩证分析，更没有必要进行形而上的辩证分析。可是，形式的象征与表现就不同。它与超越维度、终极关怀的层面直接相关，并且联系于人类精神生活，没有所指，只有能指，形式本身就是意义，而且不透明，禀赋着独立存在的价值，在不断地生成。因此无法认知，只能体验。从而对形式的象征、表现本身倾尽全力地进行辩证分析，就是必须的也是必要的。

更加重要的是，还必须对形式进行形而上的辩证分析。这是因为，美、审美与艺术是“把自然的东西弄成一个心情的东西”①，也是“借他人之酒杯，浇自己之块垒”。因此，在形式中借用的现实生活的信息并不重要，重要的是形式所提供的“象外之境”“言外之意”。大卫·埃尔金斯认为：“当我们被一首曲子打动，被一首诗感动，被一幅画吸引，或被一场礼仪或一种象征符号所触动时，我们也就与灵魂不期而遇了。”②野村良雄断言：“总的说来，很难否认在音乐中有着某种超音乐的东西，那么，这种东西究竟是什么呢？”“德国是高度追求纯音乐与绝对音乐性质的东西，而把音乐当成一种哲学式的东西来掌握的。”③精神分析理论家兰克则指出：“艺术家不可能心平气和地与其作品以及接受作品的社会打交道。艺术家的贡献永远针对创造自身，指向生活的基本意义，指向上帝。”④可是，我们误以为这一切都是现实生活的直接转移或移位，而忽视了其中

① 《费尔巴哈哲学著作选集》下，荣震华等译，人民出版社，1984 年，第459 页。
② 大卫·埃尔金斯：《超越宗教——在传统宗教之外构建个人精神生活》，顾肃等译，上海人民出版社，2007 年，第 41 页。
③ 野村良雄：《音乐美学》，张前译，人民音乐出版社，1991 年，第 60—61、90 页。
④ 贝克尔：《拒斥死亡》，林和生译，华夏出版社，2001 年，第 200 页。

存在着“粮食”与“酒”的区分,忽视了其中的提纯、转换,更忽视了形式创造其实是一种形而上的创造能力,一种对于大于思想的形象的创造能力。它“在一刹那的时间里表现出一个理智和情绪的复合物东西。”①这“复合物东西”是一个想象空间、意义空间、价值空间,简而言之,是一个自由的境界(这正是我始终把美之为美界定为“自由的境界”的原因)。在美学研究中,我们的工作不仅是进行辩证分析,把那些参与“自由的境界”的形成的要素一并指认出来②,而且还要把在作品中形成的“自由的境界”本身指认出来。在我看来,这正是我们美学研究中的缺失,也正是我们在美学研究中亟待展开的工作。

四

超越维度与终极关怀呈现的全新的视域,也推动着生命美学本身的全新建构。

生命美学,在中国现当代美学中源远流长。王国维,是中国现代美学的第一人,同时也是中国生命美学的第一人。在他之后,还有鲁迅、张竞生、宗白华、方东美、吕澂、范寿康、朱光潜(早期),等等,此后,因为种种原因,出现了暂时的中断,但是从上世纪 80 年代开始,在对前辈学人的生命美学研究几乎是一无所知的情况下,生命美学又再度登场。1984 年年底,我写了《美学何处去》,正式提出了生命美学的构想……迄今,生命美学的发展已经蔚为大观。就以范藻教授的统计为例:

进入中国国家图书馆网络主页,在文津搜索系统里,“全部字段”栏中分别输入“生命美学”“实践美学”“实践存在论美学”“新实践美学”“和谐美学”,查询结果如下:

---

① 彼得·琼斯:《意象派诗选》,裘小龙译,漓江出版社,1986 年,第 152 页。

② 诸多形式的要素都是“创造过程本身的必要要素”,因此要去辩证分析它们自身所出现的提纯与转换。参见卡西尔:《人论》,第 242 页,甘阳译,上海译文出版社,2013 年。

有关生命美学及其相关主题的专著有 58 本;论文达 2 200 篇,其中有少量的研究艺术的"生命意识"的论文;在报纸上发表的文章也有 180 篇。

有关实践美学及其相关主题的专著有 29 本;论文 3 300 篇,如果将其中的后实践美学、新实践美学和"社会实践"意义上研究文学、艺术、教育和文化的论文剔除的话,这个数字将大大降低;在报纸上发表的文章 200 篇。

有关实践存在论美学及其相关主题的专著有 8 本;有论文 200 篇;在报纸发表的文章 20 篇。

有关新实践美学及其相关主题的专著有 8 本;论文 450 篇;在报纸上发表的文章 23 篇。

有关和谐美学及其相关主题的专著有 12 本;论文 1 900 篇;在报纸上发表的文章 62 篇。①

当然,任何统计都可能是有缺陷的,这个统计或许也是如此。长期以来,国内的美学界在面对美学研究成就的时候,往往仅凭主观印象或几篇评论文章,并不能够反映真实的情况。现在这个统计只用"专著"、"论文"等来"投票",比较翔实可信。

在这个统计当中,生命美学的异峰突起,理应引起足够的重视。因为与其他美学主张大多出自同一师门并且往往只是师徒相传不同,也与实践美学只在某一时间段形成高峰不同,生命美学既不是同一师门、师徒相传,也不是在某一时间段形成高峰,而是在中国现当代美学历程中始终存在,一波连着一波,学术影响不断扩散。我甚至因此而认为:在中国现当代美学史中,生命美学应该是元美学,也应该是主流美学。考虑到实践美学与东欧马克思主义美学(列宁、卢卡契)之间的关系,以及生命美学与西欧马克思主义美学(法兰克福学派)之间的关系,考虑到从康德到尼采、海德格尔、福柯乃至整个法兰克福学派、现代主义美学与后现代主义美学

---

① 潘知常、范藻:《"我们是爱美的人"——关于生命美学的对话》,《四川文理学院学报》2016 年第 3 期。

的生命美学谱系，我们更应该因此而认为：在中国的现当代美学史中，生命美学应该是元美学，也应该是主流美学。

在跨度长达一百年左右的时间里，没有人刻意组织，也没有师门的一脉相传，研究者甚至彼此互不相识，生命美学为什么竟能波澜壮阔而且至今未已呢？又为什么能够创造出生命美学研究者发表论文排名第二，生命美学研究者出版的美学专著排名第一的优异成绩？我们必须要问，这么多人、这么多的研究成果，其中的万语千言又都在思考什么？原因十分简单，这就是所有的生命美学的研究者都觉察到了“人及其生命的意义”这个核心，觉察到了超越维度和终极关怀的存在。

这一点，仅从生命美学名称中的“生命”二字就可以看出。尽管正式提出“生命美学”是由于1991年我的《生命美学》一书的出版。可是，对于“生命”现象与美学之间关系的关注，却堪称中国现当代美学的主旋律。从王国维的“生命意志”、鲁迅的“进化的生命”、张竞生的“生命扩张”、宗白华的“生命形式”、方东美的“‘广大和谐’的生命精神”、吕澂的美是“主体生命和情感在物象上的投射”、范寿康的美的价值就是“赋予生命的一种活动”、朱光潜(早期)的“人生的艺术化”……到当代的潘知常、封孝伦、范藻、黎启全、陈伯海、朱良志、姚全兴、成复旺、雷体沛、周殿富、陈德礼、王晓华、王庆杰、刘伟、王凯、文洁华、叶澜、熊芳芳等对于生命美学的提倡，作为核心范畴的“生命”，在其中频繁出现。它意味着：一代又一代的美学家都已经逐渐意识到，也都在孜孜以求着美、审美、艺术与维系于主体的人类精神生活的联系，也都不约而同地把美、审美、艺术看作人类的精神之花朵、生命之花朵。相对于把美、审美、艺术与维系于客体的人类现实生活联系起来，把美、审美、艺术看作实践活动的花朵，生命美学也许更加接近超越维度、终极关怀，也更加接近美、审美、艺术的真相。

当然，对于超越维度、终极关怀的领悟也还需要一个漫长的过程，并不能一蹴而就。但是，十分可贵的是，在中国现当代美学历程中，一代又一代的美学家们始终在这条路上艰辛而行。例如，在

20 世纪，没有哪个美学家比王国维、鲁迅走得更远。在 20 世纪美学的历程中，他们的思想探索就犹如美学先知，弥足珍贵。

宗白华与方东美的美学思考也应该放在这样的美学背景下来思考。在宗白华看来，美学之为美学，应该是奠基在“宇宙生命论”之上的。由于“哲学就是宇宙诗”，因此可以在宇宙大化的流行之中体会生命存在的意义和价值，“优游”于大自然的生命节奏中，“游心太玄”，以心灵体悟宇宙。而方东美则提倡“广大和谐”的生命精神，固守着人类生命与宇宙大生命的合流同化。这是以一种特殊的中国方式对于超越维度、终极关怀的探索与寻觅，也正是我们今天所孜孜探索的生命美学的一个重要组成部分。当然，由于时代的久远，他们的美学探索中还存在着自然思维的明显痕迹，也还没有完全摆脱中国传统美学对于自由的“自在”的理解，不过，这也是我们无法苛求于前辈美学大家的地方。

至于上世纪 80 年代以来的生命美学，则显然是在王国维、鲁迅、宗白华、方东美的身后“接着讲”的。从上世纪 80 年代开始，我在一系列的论著中始终强调：个体的诞生必然以信仰与爱作为必要的对应，对于美学的研究必须以超越维度与终极关怀作为必要的对应，因此，为美学补上超越的维度与终极关怀，也是生命美学始终一贯的努力所在。这就是说，美学要从“人性”之问、“现实维度”之问、“忧世”之问、“仁爱”之问、“现实关怀”之问转向“神性”（灵性）之问、“信仰维度”之问、“忧生”之问、“爱”之问、“终极关怀”之问。借用里尔克的一首诗，首先是“认清痛苦”（个体的觉醒），继而是“学成”爱（信仰的觉醒），最终走向“神性之问”、“超越维度之问”与“终极关怀之问”。由此生命美学的“帷幕”得以彻底“揭开”。

毋庸置疑，在 20 世纪中国，实践美学影响很大，也理应得到尊重，可是，它是从上世纪五六十年代才开始，80 年代逐步正式定型，但又从上世纪 90 年代开始就实际上宣告了鼎盛时代的终结，后来的继承者，完全赞同实践美学而且照搬作为实践美学领军人物李泽厚先生的美学主张的论文和论著几乎无法看到，他们大都另立门户,已经是以“新实践美学”“实践存在论美学”的旗号独立发展了。而且,即便是主将李泽厚,实际上也放弃了实践美学的基本立场,毅然宣布,要开始回归“生命”了。例如,2012 年上海译文出版社推出了李泽厚的《中国哲学如何登场》,在其中,他强调:“回归到我认为比语言更根本的‘生’——生命、生活、生存了。中国传统自上古始,强调的便是‘天地之大德曰生’,‘生生之谓易’。这个‘生’或‘生生’究竟是什么呢?这个‘生’,首先不是现代新儒家如牟宗三等人讲的‘道德自觉’‘精神生命’,不是精神、灵魂、思想、意识和语言,而是实实在在的人的动物性的生理肉体和自然界的各种生命。”显然,李泽厚先生已经不但从“实践本体”退到“情感本体”,而且又再退到(应该是回归)“生命本体”。李泽厚先生晚年变法,重新回到将美、审美、艺术维系于精神生活的正确道路上来。尽管,他距离超越维度与终极关怀还路途遥远。

超越维度与终极关怀的匮乏,也是国内的美学研究未能获得长足进展的关键所在。

2014 年年底北京的学者专门开会,对“美的神圣性”予以认真讨论。我在 1991 年出版的《生命美学》中就已经对“美的神圣性”予以正式提倡,可是,一直知音稀少,孰料在二十年后终于有了回响。但是,我看到众多的美学家们竟然认为:中国的“万物一体”就是神圣美,中国的天人合一、意象说就是神圣美,这实在是让人难以置信。“美的神圣性”,是在西方基督教影响下的美学成果,也是在超越维度与终极关怀背景下的美学成果,怎么在超越维度与终极关怀一直都未能出现的古老中国古已有之了呢?因此,在我看来,正是由于超越维度与终极关怀的匮乏,国内关于“美的神圣性”的讨论事实上并未能够深入下去。

生态美学应该主要是研究环境问题的,也应该属于环境美学的范围,在这方面,国内的美学研究应该说已经成果丰硕,可喜可贺。但是,现在国内的生态美学研究却存在一种值得商榷的取向:它竟然越门墙而出,不是研究环境问题,而是转而针对美学基本问题,而且动辄宣称美学基本问题的研究已经被它的研究统统改朝换代了。这显然不太妥当。而且,对研究生态的学者讲美学,对研究美学的学者讲生态,这样的生态美学研究未免也有点匪夷所思。可是,为什么会如此?因为美学研究本身远离了超越维度与终极关怀,置身现实维度与现实关怀的美学就会走上实用美学的道路,也即“学以致用”的道路。由此视角出发,生态美学对于美学基本理论的僭越,自然也是必然的。

美学界有一些学者从美学研究退出,转向了文化研究。但是,他们却还是坚称自己所做的是美学研究。如果把文化研究当做美学内容的拓展,那无疑是有益的。如果把文化研究当作美学学科的转型,那则无疑是有害的。美学研究与文化研究彼此之间当然存在交叉,但是,更有不同。简而言之,只有文化中的美丑等问题才是美学研究,至于文化中的意识形态问题、阶级阶层女性民族等问题,则显然与美学没有什么勾连。而且,美不能独立存在,必须要结合对象的存在而存在,例如结合艺术作品的存在而存在,结合文化现象的存在而存在。因此,借助艺术和文化来探讨美和审美,是必须的。可是,这却并不意味着我们就必须转向文化研究。因此,强调美学研究向文化研究转型,只会带来美学的迷途,也只意味着对于美学根本困惑、时代难题的逃避,不会带来美学的新生。如果不是因为超越维度与终极关怀的匮乏,又怎么可能会挟裹美学堕入文化研究的迷津?

“日常生活审美化”研究,这样一种在消费经济与非理性化时代才得以出现的美学路径,如果作为美学研究的辅助,无可厚非,并且可以理解。但是倘若以此作为美学的转型,则令人深深不安。无论如何,美学都是在超越维度与终极关怀层面出现和发生作用的,离开了这个层面,就无所谓美学。一旦错误地将审美活动置身于它所不该置身的现实维度与现实关怀层面,无疑就会导致作为审美活动的本体属性的“人的自由存在”逸出美学视野,继而进入美学视野的,也就只是作为第二性的角色存在,而且,是连实践美学的“主体”角色都不如的“世俗”角色。

美育研究在中国实效并不大,有目共睹。原因何在?其实质就在于我们的美学远离了超越维度与终极关怀，还是停留在“非功利性”层面，而没有进入“人的自由存在”。一旦进入“自由存在”，就不难发现，事实上，真正的美育应该是对于人之为人的神圣不可侵犯的自由权利的维护与呵护。我们之所以要关注美育，也无非是因为我们希望通过审美活动这一自由存在“来建立自己人类的尊严”①。

例如，在美育教育中，“审美权”的给予就要比某些审美技巧、机能的学习更加重要。1948 年通过的《世界人权宣言》第 27 条对艺术的具体规定为：“(一)人人有权自由参加社会的文化生活，享受艺术，并分享科学进步及其产生的福利。(二)人人以由于他所创作的任何科学、文学或美术作品而产生的精神的和物质的利益，有享受保护的权利。”不难发现，其中，审美也是人们的一项基本权利，是基本人权的重要组成部分。可是，现在我们的审美却每每被“他者”越俎代庖，是“他者”去安排我们看什么和不看什么、安排我们听什么和不听什么，也是“他者”在要求我们只能这样去审美和不能那样去审美……在这样的情况下，美育又何以可能？因此，真正的美育研究必须从“审美权”的给予开始，也必须从拒绝“审美权”的被剥夺开始。遗憾的是，这一点，在美育教育中还很少被提及，更不要说被关注、被重视了。

正如恩斯特·卡西尔所说：“艺术并不是对一个现成的既与的实在的单纯复写。它是导向对事物和人类生活得出客观见解的途径之一。它不是对实在的模仿，而是对实在的发现。”②也因此，美育对于某些审美技巧、机能的学习，就必须让位于对于自由生命的存在的唤醒。某些审美技巧、机能的学习之所以也是美育的题中应有之义，完全只是因为它可以让审美创造者更为清楚地洞悉应该如何在审美创造中完成形象表现，审美特征是如何增值的？审美结构是如何优化的？等等。而且，如何引导审美欣赏者自觉地

① 康德：《论优美感和崇高感》，第 3 页。

② 恩斯特·卡西尔：《人论》，甘阳译，上海译文出版社，2013 年，第 244 页。

利用艺术形式将自我对象化,自我肯定、自我享受、自我实现、自我超越、自我塑造,才是美育之为美育的关键之关键。柯勒律治指出:“我们知道某人是诗人,是基于他把我们变成了诗人这一事实;我们知道他在表现他的情感,这是基于他在使我们能够表现我们自己的情感这一事实。”①对此,我们必须深长思之。

也因此,超越维度与终极关怀不应该仅仅只是生命美学的抉择,而应该成为当代中国美学的共同抉择。无疑,在一个宗教信仰匮乏的国度,要将这样一个抉择贯彻到底,一定分外艰难。可是当我们听到苏格拉底疾呼审美活动是在“代神说话”、“不是人的而是神的,不是人的制作而是神的诏语”;②当我们获悉费希特倡导:“只有那具有宗教感的眼睛才深入了解真正美的王国”;③当我们知道黑格尔在《哲学讲演录》中提示:“人从‘彼岸’被召回到精神面前”是基督教在信仰建构中的巨大贡献④,而“后来在哲学中这个原则才又以真正的方式再现”;⑤当我们得知海涅曾经欣慰地将“在哲学中这个原则才又以真正的方式再现”的成果之一——康德美学称之为“精神革命”⑥,就不难意识到:除了毅然置身于超越维度与终极关怀,当代中国美学别无选择。

胡塞尔的毕生努力都是围绕着他对自己提出的那个问题:我如何才能成为一个有价值的哲学家?

美学也如此,生命美学更是如此,它也必须围绕着这个同样的问题。

至于答案,则无疑显而易见。

只要我们毅然置身于超越维度与终极关怀,那么,我们也就可

① 科林伍德:《艺术原理》,王志元等译,中国社会科学出版社,1985年,第121—122页。

② 柏拉图:《柏拉图文艺对话集》,朱光潜译,人民文学出版社,1983年,第8—9页。

③ 费希特:《人的使命》,梁志学等译,商务印书馆,1982年,第138页。

④⑤ 黑格尔:《哲学史讲演录》第3卷,贺麟等译,商务印书馆,2014年,第409、415页。

⑥ 海涅:《论德国宗教和哲学的历史》,海安译,商务印书馆,1974年,第96页。

以问心无愧地说:我们已经成为一个有价值的美学家。

同样,只要我们的美学毅然置身于超越维度与终极关怀,那么,我们也就可以问心无愧地说:我们的美学也已经成为一种有价值的美学。

(原载《西北师大学报》2016 年第 6 期)

第五辑

总结：第三次中国美学论争的历史经验

跨世纪历史性转换的前奏

——美学转型问题研究综论

周均平

一、美学转型的多元取向和多种建构

在国内90年代美学转型的多声部大合唱中，我们认为最有影响、最值得注意的是围绕着对“实践美学”的反思提出来的“改造完善实践美学取向”、“超越实践美学取向”以及与关于实践美学的论争既有密切联系、又有相对独立性的“审美文化取向”、“中国古典美学取向”和“辩证和谐美学取向”五大取向。其中任何一种取向，都包含着倡导者对现有美学状况的反思和对原有观点体系的估价、对所取方向历史和逻辑的论证、对该方向发展的初步设想或整体建构，有的还涉及其他取向对该主张的评论或批评。下面我们循此思路择要予以述评。

（一）“改造完善实践美学取向”

这是在关于“实践美学”的论争中出现的代表性观点。讨论初期可细分为坚持派和改造派。但随着讨论的深入，坚持派也注意到了“实践美学”的缺陷，提出发展、修正的看法，两派认识趋于合流。有鉴于此，我们依据最新的相关言论的相似方面，把这种观点概括为“改造完善实践美学取向”。

该派认为，“实践美学”在50年代美学大讨论中开始发轫并逐渐占据主导地位，到80年代的美学热中则进一步聚集了众多学者的研究力量，形成了相对完整的美学体系和蔚为壮观的宏大气势。

究其原因,是由于它找到"实践"这一联系审美主体与审美对象的中介环节,找到了沟通物质世界与心灵世界的真正桥梁,从而得以超越是对象决定主体还是主体决定对象的二元对峙局面,在真正意义上实现了主客观统一论者所未能达到的目的。正因为此,"实践美学"是迄今为止国内最有理论价值,也最有发展前景的一派学说。该派也承认,已有的"实践美学"成果确实存在着某些缺陷,甚至较为严重的问题。如有的指出:"在实践的性质上过多地强调主体的群体特征而忽视其个体的独特价值;在实践的过程中过多地强调理性的必然法则而忽视其感性的偶然作用;在实践的结果上过多地强调历史的积淀功能而忽视其现实的突破意义。"①有的认为:论争中学者们"对'主体性实践美学'与'人类学本体论美学'本身就隐含着逻辑上不可克服的自相矛盾,'积淀说'背后日益滋长的文化保守主义倾向,片面强调审美活动中的理性、群体性、人类性的批评,都是切中要害"的。②有的指出:"实践美学存在种种结构上的缺失。"③然而这些学者在指出上述缺憾的同时,又一致认为,这些问题只能在"实践美学"的内部,即在"实践美学"的根本基点上和总体框架内加以纠正,不应该也不可能在诸如"生存"和"生命"等前实践范畴内得到解决。作为一定历史条件下的思想体系,"实践美学"也许终将被更高的理论形态所超越,但这种超越必须建立在更高的哲学背景上,而在此之前,改造较之超越更为稳妥。

如何改造完善"实践美学"呢?该派从不同角度提出了初步设想。有的从宏观上提出:第一,为其确立真正的实践本体论(而非主体性实践哲学或人类学本体论)的哲学基础;第二,对"实践"概念进行新的阐释,不局限于物质生产实践,而是人生实践,即人在世界中的全部生存活动及方式;第三,在人生的实践基础上展开人与世界的审美关系,即审美活动的方方面面。④有的在强调对"实

① 陈炎:《实践美学与实践本体》,《学术月刊》1997年第6期。

②④ 朱立元:《在具体分析的基础上修正实践美学》,《光明日报》1997年7月12日。

③ 王德胜:《实践美学需要发展而非超越》,《光明日报》1997年7月12日。

践美学”的主要命题进行必要的清理和重新厘定的同时,着重论析了“实践美学”的进一步发展对重建哲学本体论的重要意义:“它既不是从经验出发,用有限的现象来描述或囊括无限的本体;它也不是从主观幻想出发,用超验的幻想来解释或界定存在的意义;它要真正抓住人与自然、人与社会之间的中介环节,从‘实践’入手而将破碎的世界重新统一起来。由实践而造成的有限与无限、经验与超验、现象与本体之间的逻辑鸿沟,也只有通过‘实践’,在现实上观念上和情感上加以填平。而‘实践’既是群体的也是个体的,既是理性的也是感性的,既是自然的也是社会的,既是承继历史的也是面向未来的……真正的实践本体论绝不应是一种外在于感性个体的文化宿命论,而是与‘此在’的‘在世结构’密切相关的文化承继论和文化发展论。正因如此,‘实践美学’的最大意义不在美学本身,而是从美学角度为实践本体论所提供的支持。”①

(二)“超越实践美学取向”(后实践美学)

这种取向萌芽于80年代初对“积淀说”的批评,初显于80年代末对“积淀说”的“突破”,深化于90年代初重评“积淀说”和“突破说”的讨论,渐成声势于1994年《超越实践美学,建立超越美学》论文的发表。虽然前后历史语境、具体观点和表述形式均有较大变化,但理论核心和基本倾向并无实质区别,这就是:从人的生命存在本身探寻美的根源,超越理性主义,还人以个人的感性的本体。总起来看,该派也在不同程度上承认“实践美学”有其历史功绩和合理性。它与“改造完善说”的最大不同,在于认为“实践美学”的哲学基础和基本观点都存在着根本性的缺陷,不可能在其学派或理论体系的范围内真正解决,因而必须打破“实践美学”体系,彻底超越“实践”这一核心范畴,确立诸如“生存”“生命”“存在”等新的逻辑起点,建构超越乃至取代“实践美学”的新的美学形态。具体分析,该派各代表人物对“实践美学”的基本估价和提出的具体观点并不完全一致,甚至有较大差异,下面分别论列。

① 陈炎:《改造并完善实践美学》,《光明日报》1997年7月12日。

1.“生存美学”认为,“实践美学”存在着在其体系内不可克服的十大缺陷:残留着理性主义的印记;具有现实化的倾向;强调实践的物质性(物质化倾向);强调实践的社会性(非个性化倾向);未消除主客对立的二元结构;在实践与审美关系上的决定论模式;实践与美的实体化、客观化倾向;实践范畴导致审美片面的生产性、创造性,忽视消费性、接受性;缺乏解释学基础,只有实践本体论基础;以一般性命题(如“人的本质力量的对象化”等)代替审美的特殊规定性。这诸多方面的缺陷,不可能在“实践”的基础上克服,应当以“生存”作为美学的新的逻辑起点和本体论基础,并由此推出整个美学体系。在人的三种生存方式和对应的三种解释方式中,只有超越现实的自由生存方式和超越理性的解释方式才是审美,因而审美的本质就是超越。这样,审美就获得了新的质的规定:它是超理性的;是超现实的;是纯精神的;是个体性的;是消除了主客对立的;是具有自身的性质、规律的;是自我创造的;是生产与消费、创造与接受的同一,具有了本体论与解释学相统一的哲学基础;而“超越现实的自由存在方式和超越理性的解释方式”的命题,则提示了审美的特殊本质,或者说审美的特殊本质就是超越。①

2.“生命美学”的基本观点,早在1991年出版的《生命美学》中就已有较为系统的表述。近年来又有所补充和深化。“生命美学”认为,美学的重建应从中国当代美学的局限性开始。中国当代美学的局限性表现在由理性主义的思路所导致的把实践活动与审美活动简单地等同起来。因此应拓展美学的指导原则即把实践活动的原则扩展为人类生命活动原则,实现美学研究中心的转移,即从实践活动与审美活动的差异性入手,以人类超越实践活动的超越性生命活动作为逻辑起点,在人类生命活动的地基上开始美学的

① 参见杨春时:《超越实践美学,建立超越美学》,《社会科学战线》1994年第1期;《走向后实践美学》,《学术月刊》1994年第5期;《再论超越实践美学——答朱立元同志》,《学术月刊》1996年第2期。

历史性重建。①

3."存在论美学"认为,20世纪的哲学从以"我思"为中心的认识论转向了以语言为中心的存在论,因此,走向以语言为中心的存在论美学就成了必然的趋势。语言中心的存在论是和海德格尔等人的名字联系在一起、以现象学为出发点的基础存在论。把立足点转移到基础存在论上来后,存在论美学与传统美学相比,就从二元论转到一元论,从形而上学转到了现象学,从认识论转到了存在论,从而把美与审美纳入另一种理论视野,具有明显的多方面的理论优势和传统美学所不具有的诸多新作用。②

4."修辞论美学"认为,目前美学的困境及摆脱这种困境的压力,要求把认识论美学的内容分析和历史视界、感兴论美学的个体经验崇尚、语言论美学的语言中心立场和模型化主张综合起来,相互倚重和补缺,建立一种新的美学。这实际上就是修辞论美学所要达到的修辞论视野。即任何艺术都可以视为话语,而话语与文化语境有互赖关系,这种互赖关系受制于更根本的历史。这种新的综合过程就称为"修辞论转向",这种新的美学就是"修辞论美学"。③

对"超越美学"或"后实践美学",不少学者提出了批评意见。初始集中在"生存美学"上,以后扩展到对"生命美学"、"存在论美学"以及"后实践美学"的整体性批评。概括来看,批评集中在以下三方面。第一,"超越美学"对"实践美学"的基本观点有很多误解甚至曲解。④第二,"超越美学"提出来用以取代实践范畴的生存、生命、存在等难以成立,取代不了也超越不了"实践美学"。如有的指

① 参见潘知常:《实践美学的本体论之误》,《学术月刊》1994年第12期;《美学的重建》,《学术月刊》1995年第8期;《生命美学》,河南人民出版社,1991年版或1995年修订版。

② 张弘:《存在论美学:走向后实践美学的新视界》,《学术月刊》1995年第8期。

③ 王一川:《走向修辞论美学》,《天津社会科学》1994年第3期。

④ 参见朱立元:《"实践美学"的历史地位与现实命运》,《学术月刊》1995年第5期;张玉能:《坚持实践观点,发展中国美学》,《社会科学战线》1994年第4期。

出:生存等范畴含有理论上的主观设定的任意性和理想化,缺乏足够的历史证明。①有的认为:如上前三种美学的理论基础即生存哲学,或是强调生存自由的无意识性如“超越美学”,或是强调存在表象的经验性如“存在论美学”,或是强调生命自由的理想性如“生命美学”,都不过是强调生命、生存、存在的某一非本质方面,并非生命、生存、存在的基础②。第三,“超越美学”以生存、生命、存在作为本体论基础取代“实践”,是一种倒退。如有学者指出:“后实践美学”不是对“实践美学”的真正超越,而恰恰是一种后退,因为所谓“生存”或“生命”,不仅无法区分知情意或真善美的不同,甚至无法区别人与动物的不同。从这一意义上说,所谓“后实践美学”,有着从马克思退回到费尔巴哈之嫌③。有的说得更为直截了当:“说到底,‘超越美学’不过是一种回归或还原美学,一种回复到原始感性的生存美学。这绝不是对‘实践论美学’的超越,而是一种倒退。”④

(三)“审美文化取向”

审美文化研究是美学转型中一个引人注目的发展趋向。

国外审美文化研究起步较早。前苏联学者至迟在50年代已开始使用“审美文化”概念,并取得了具有一定特色的研究成果⑤。在西方,审美文化研究是随着由工业社会向后工业社会,由现代文化思潮向后现代文化思潮的发展而产生的。但西方学者往往不直接使用审美文化概念。国内首次在严格的意义上使用这一术语是1988年出版的《现代美学体系》。但审美文化真正成为重要的学术问题乃至美学发展的一个主要取向,则是90年代以来,围绕着美学的困境和出路的讨论而形成的。几年来,热度不断升高,取得较

① 王德胜:《实践美学需要发展而非超越》,《光明日报》1997年7月12日。

②④ 杨恩寰:《实践美学断想录》,《学术月刊》1997年第2期。

③ 参见陈炎:《实践美学与实践本体》,《学术月刊》1997年第6期;《改造并完善实践美学》,《光明日报》1997年7月12日;《试论“积淀说”与“突破说”》,《学术月刊》1993年第5期。

⑤ 金亚娜:《苏联的审美文化研究》,《国外社会科学》1991年第3期。

大发展。特别是中华美学学会于1994年成立了审美文化专业委员会,更有力地推动了审美文化研究的蓬勃发展。

近年来的审美文化研究涉及审美文化的概念、对象和范围,审美文化研究与美学学科和美学史的关系,审美文化的作用、理论建构和发展前景等诸多问题,这里只能勾勒几个问题研究的轮廓。

关于审美文化概念的界定,根据界定的方式、角度等的不同,大致可归纳为以下几种类型。侧重从审美文化的范围构成概括的,如“所谓审美文化,是指人类审美活动的物化产品,观念体系和行为方式的总和”①。也有人认为审美文化是人类文化的审美层面,是指人以审美的态度来对待各种文化产品时出现的一种精神现象②。侧重从审美文化与文化的联系和区别概括的,如认为审美文化是文化与美的结合,是对于文化高标准的要求③。侧重从历史发展角度概括的,如认为审美文化是人类文化发展的高级阶段,是社会发展到后工业社会历史阶段的产物,此时艺术与审美已渗透到文化的各个领域,并起支配作用④。根据历史与逻辑的统一原则进行概括的,如认为“审美文化是现代文化的主要形式,也是高级形式,它把超功利的愉悦性原则渗透到整个文化领域,以丰富人的精神生活”⑤。

在审美文化研究的对象和范围问题上,围绕着既有联系又有区别的三个焦点,形成了相互抵触的不同观点。围绕着文学艺术在审美文化中的地位,形成了艺术中心论和反艺术中心论的分歧。“艺术中心论”认为,审美文化应以艺术为中心、主体⑥或主导⑦。“反艺术中心论”则认为,审美文化概念表现了审美——艺术活动向日常生活的泛化,这个转换是审美文化的基础,也是当代美学与

① 叶朗主编:《现代美学体系》,北京大学出版社1988年,第259页。

②⑦ 夏之放:《转型期的当代审美文化》,作家出版社1996年。

③ 蒋孔阳:《杂谈审美文化》,《文艺研究》1996年第1期。

④⑤ 聂振斌:《什么是审美文化》,《北京社会科学》1997年第2期。

⑥ 周来祥:《东方审美文化研究·前言》第1辑,广西师范大学出版社1996年。

传统美学的区别点①。生活与审美同一、生活与艺术同一是当代审美文化最关键的观念②。围绕着审美文化适用的时限形成了强调当代性、现实性、当下性和主张可广泛运用到人类文化始终的分歧。前者认为:审美文化是历史运动的产物,是对当代文化的规定性表述③。后者则指出:审美文化概念不仅适用于现当代,也适用于古代④。围绕着审美文化在当代的横向领域形成了其是否等于大众文化的分歧。一种意见认为,当代审美文化就是指大众文化⑤。一种意见认为审美文化不等于大众文化⑥。

关于审美文化研究与美学学科的关系,有两种主要看法。一种意见从学科分化交叉的角度,把审美文化研究视为美学与文化学的结合,是美学和文化学的分支学科或交叉学科。已有的"审美文化学"著作大都持此观点。另一种意见从层次关系的角度,借用结构主义的话语,认为审美文化研究与美学的关系类似于语言与言语的关系。前者是抽象理论层面的概括,后者是具体实存的现象层面,是指以文学艺术为核心,具有审美价值的具体文化形态,两者不能截然对立⑦。

在审美文化理论的建构问题上存在着两种基本倾向。一种倾向主张与西方理论批评化接轨,主要把审美文化研究看作直接介入现实的话语方式,看作一种特定形式、特定层面的文化批评,因而不注重系统理论的建构。另一种倾向则主张把审美文化研究视为一门学科建设,因而往往提出种种初步的理论构想。

审美文化之所以受到全社会和美学界的高度重视,是与它多方面多层次的功能效用直接联系在一起的。审美文化的功能包括审美文化本身的功能和审美文化研究的功能两个既有联系又有区别的问题,学者们对它们分别作出了各有特色的概括和阐述。关于

---

① 肖鹰:《当代审美文化的界定》,《学术季刊》1994 年第 4 期。

② 潘知常:《反美学——在阐释中理解当代审美文化》,学林出版社,1995 年。

③⑤⑦ 见马宏柏:《审美文化与美学史讨论会综述》,《哲学动态》1997 年第 6 期。

④ 朱立元:《审美文化只适用于现当代吗?》《深圳特区报》1997 年 7 月 9 日。

⑥ 滕守尧:《大众文化不等于审美文化》,《北京社会科学》1997 年第 2 期。

审美文化自身的功能,有学者认为它具有满足我们的爱美天性,满足情感交流的需要,满足自我表现的需要三种功能。①有学者则把审美文化的功能概括为直接功能和间接功能两种。②审美文化研究的功能包括社会功能和学科发展建设功能。关于前者,学者们普遍强调了在世界文化冲突与融和、国内市场经济确立与发展的条件下,审美文化的人文导向功能,与科技文化的融合互补功能以及促进社会进步和精神文明建设等功能。关于后者即审美文化研究对美学学科发展和转型的作用,学者们分歧很大。有些学者认为审美文化研究代表了美学转型的方向,是美学新的生长点、新形态,它在一定意义上预示着经典美学话语和理论形态的终结。有些学者则认为审美文化不能代替当代美学的全部,美学的提高主要还得靠基础理论研究,过于强调审美文化的意义,只会导致美学的消解。有的甚至根本否定使用"审美文化"术语的必要性。

(四)"中国古典美学取向"

近年来,中国当代文论的"失语症"和"话语重建"成为热门话题。何谓"失语症"? 如何"重建"? 众说纷纭。一种代表性意见认为,"失语症"是一种文化上的病态,它主要表现在中国当代文论完全没有自己的范畴、概念、原理和标准,每当我们开口言说的时候,使用的全是别人的也就是西方的话语系统。这种情形由来已久,自"五四"反传统浪潮肇始,就造成了我们原有的几千年的完整而统一的传统的断裂和失落,使我们失去母语,陷入失语状态,从而丧失了在中西对话上的对等地位。要消除这种"病态",就必须恢复断裂的传统,找回失落的话语体系,直接发扬光大。"中国古典美学取向"的出现显然与这种刻意回归传统的倾向有相互呼应的密切关系。总起来看,这种取向反对以外来文化、美学作为构建中国美学体系的基础,强调重视中国传统美学和审美文化自身的特点,以中国传统美学、审美文化为依托,建构美学和审美文化体系。

① 蒋孔阳:《杂谈审美文化》,《文艺研究》1996 年第 1 期。
② 夏之放:《转型期的当代审美文化》,作家出版社,1996 年。

但具体看法各异。

季羡林先生认为,美学的"根本转型就是把西方的那一套根本丢掉"。他在正面回答美学转型转向何处的论文中指出:中国美学家跟着西方美学家跑得已经够远、够久了。既然已经走进了死胡同,唯一的办法就是退出死胡同,改弦易张,另起炉灶,建构一个全新的美学框架,扬弃西方美学中无用的、误导的那一套东西,保留其有用的东西。把眼、耳、鼻、舌、身所感受的美都纳入美学框架,把生理和心理所感受的美冶于一炉,建构成一个新体系。这是大破大立,而不是修修补补。这是美学的根本转型,目的是希望中国学者开创一门有中国特色的美学①。

有的学者则提出:由于"实践美学"和"后实践美学"都是在外来文化的基础上建立起来的美学体系,所以越来越陷入重重困境。有鉴于此,美学研究应该以中国古典文化和传统美学超越感性和超越理性的悟性思维方式去重建美学体系②。

(五)"辩证和谐美学取向"

"辩证和谐美学"并非 90 年代提出的,但由于它本身一直处于动态建构之中,其学说体系已包含了美学和审美文化的现代转型问题,而其代表人物目前又积极投入美学转型问题的讨论,并提出有鲜明特色的见解,故将它列为代表性取向之一是持之有据的。

该派学者认为,时下提出的各种转型理论都有局限和弱点。"实践美学"(应为自由美学)和"后实践美学"(应为生命美学)共同的不足,就是在思维方式上仍停留在对象性思维阶段,都把美归结为单纯的客观存在。前者是主体的物质实践,后者是主体的生物性存在。这并没有真正解决美的特殊本质问题。因为并非所有的主体实践的产物都是美的,也并非所有的生命都是美的。这种思维方式的另一个局限,就是认为只有实践或只有人的生物性存在

---

① 季羡林:《美学的根本转型》,《文学评论》1997 年第 5 期;《对 21 世纪人文学科建设的几点意见》,《文史哲》1998 年第 1 期。

② 张立斌:《实践论、后实践论与美学的重建》,《学术月刊》1996 年第 3 期。

是本源的、本体性的,而看不到主客体的客观关系也是物质的、本源性的、本体性的,看不到本源性、本体性是有不同层次的。对审美领域来说,主体实践、生命存在都不是本体性的,美的本体已进入主客体的审美关系系统了。让美学转向审美文化理论,这既解决不了美学的困境,也不能建立新型的美学理论,它只不过扩大了美学研究的范围和领域。该派学者也不同意直接从东方和古代美学中寻找东西作为现代形态的美学体系的基础,把现代的美学问题研究简单地变成对传统的反思和寻根。因为古典美学从问题的深度、广度和复杂程度方面都不如近代美学,简单地恢复到古典美学上去,不可能建立真正现代形态的美学体系。

在"辩证和谐美学"看来,要真正实现美学转型必须搞清什么是型、转什么型、如何转三个问题。"型"包括具有新的范畴,范畴的内在结构模态是什么,这一模态结构在意识形态视野中是什么性质三层含义。解决转什么型的前提是明确美学过去是什么型、现在是什么型、将来又应该是什么型。过去的型是以素朴和谐美为理想、以中国古典美学和艺术为代表、包括了由壮美经优美到萌芽崇高历史嬗变过程而趋向近代的古代的型。近代的型在其典型形态上主要指西方而言,它自康德提出崇高这一划时代的概念,打破古代和谐的圆圈模态以来,已完成了由崇高到丑再到荒诞的三部曲。我们应该转向的未来的型是充分扬弃古代、近代的型整合而来的新型的"辩证和谐美学"。美学的现代转型,也就是要突破古典素朴和谐的美学观念,吸收综合近代西方形而上学的对立的美学观念,走向一种更高的辩证和谐的美学观念。要完成这一美学的现代转型,克服时下种种理论的缺陷,关键在于思维方式的突破,关键在于理论家的思维模式能不能转变到代表当今人类思维发展最高水平的辩证思维模式上来。这是心理模式的转型,是整个文化模式的转型,从根本上说也是古代人经近代人向现代人的转型。①

---

① 参见周来祥:《古代的美、近代的美、现代的美》,东北师范大学出版社,1996 年;《文化转型期的中国美学》,《社会科学家》1997 年第 2 期;《关键在于思维方式的突破》,《光明日报》1997 年 7 月 12 日。

二、美学转型研究的意义、问题和前景

审美鉴赏强调距离感,距离太近会因功利感过强而不易准确评价,太远则缘缺乏深入体验而难以引起共鸣。对学术问题的评价可能也是如此。由于美学转型研究就发生在目前,并且各种观点仍处在动态发展之中,因而很难准确全面地把握其意义和价值。但就已有的情况来看,笔者认为至少有以下几点是可以明确指出的。

首先,美学转型问题的研究,打破了美学由热转冷后的沉寂,改变了80年代后期"实践美学"一枝独秀的格局,尤其是在本体论研究方面,使美学再显生机和活力,初步呈现出多元并存、竞争发展的态势。虽然前述取向并非都是反对"实践美学"的,但它们的理论主张显然各有独特之处,即使在本体论意义上,大多也都可备一说。而且这些取向大多派中有派,极为丰富。如"改造完善实践美学"中就有侧重坚持、捍卫和侧重改造、完善的不同倾向。聚集在"超越实践美学"旗帜下的各种观点虽然有共同性,但各自的理论渊源、具体阐释亦不尽一致。"审美文化取向"中至少也有强调审美文化批评和强调审美文化学科或文化美学的不同。虽然这些观点多数仍处于初创阶段,但假以时日,真正有现实土壤和理论生命力的学说定会渐成气候乃至蔚为大观。这就宣告了旧有状况的终结和多元并存新格局的诞生,为美学的再度发展营造了气氛,提供了生机,注入了活力。

其次,美学转型问题的研究,为美学走向更高层次的整合融汇,奠定了雄厚的基础。美学转型研究中的多元并存的论争态势,促使每个美学流派、每种美学观点都不得不更加审慎地反思自身、审视别人,在相互论争中取长补短、相互促进。例如,"改造完善实践美学取向"在论争初始,除个别学者一开始就清醒地认识到"实践美学"的诸种弱点外,大多为坚持捍卫"实践美学"原有理论而对"超越美学"的所谓误解和曲解进行反驳,几乎没有承认"实践美

学”有什么缺陷,也没有从理论根基上对“超越美学”提出最有力的批评。但随着讨论的深入,随着“实践美学”对自身的冷静反思和对“超越美学”的精心审视,出现了诸多明显变化:由起始集中在对“超越美学”代表人物的指名商榷上,到后期把批评的范围扩大到“生命美学”和“存在论美学”,并提出切中要害的批评;由起始多数不承认“实践美学”有明显的理论缺失,到明确接受“超越美学”的某些批评,有的甚至把“超越美学”的一些核心概念,如生存、生命等也吸收到“实践美学”中来;由初始重在批评和反批评,到后期更多地提出修正、改造、发展、完善“实践美学”的构想。就连没有直接介入论争的原“实践美学”的代表人物,也在近些年的论著中大谈感性、个体、偶然,悄然地调整着自己的理论重心。反观“超越美学”,也有类似情况。“超越美学”的某些代表人物初始时咄咄逼人,锋芒毕露,但后期也不得不对“实践美学”采取更为谨慎的态度,一再表示要以“实践美学”为超越的基础,并在自己话语系统里给实践以重要的地位。至于各种取向间理论术语的互用、研究领域的交叉,更是显而易见的。如果说“文革”前的美学大讨论形成了中国当代美学四派并存的理论格局,80 年代大讨论各派既分立又趋同,最终确立了吸收包含了更多积极成果的“实践美学”的主导地位,那么,这次美学转型研究所形成的多元取向和多种建构,也肯定会相互促进,相互交融,推动我国美学理论在一个新的基点上,实现更高层次的整合。

再次,美学转型研究,推动美学以前所未有的广度和深度走向现实生活,切入审美实际,在我国“两个文明建设”中发挥更大的作用。“文革”前的美学大讨论主要是在美学界、学术界进行的,基本上停留在理论探讨上。80 年代的特定历史环境虽然使美学受到全社会的高度重视,几度掀起美学热潮,但也主要表现在美学理论的普及和实用部类美学的扩展上,不少美学家仅仅满足于理论的自我完善,而较少真正接触现实生活和不断发展变化的审美实际,无论在走向现实生活的理论自觉性上,还是在切入审美实际的具体途径及操作手段上,都存在着明显的缺憾,直接影响了美学社会作用的发挥。这既是美学由热转冷的重要原因,也是90年代促使美学转型的主要缘由。尤其是80年代末以来愈来愈明显的生活与审美、生活与艺术的相互渗透趋向或曰生活审美化、审美生活化趋向,给予美学巨大的影响。虽然断言目前中国已实现了生活与审美、生活与艺术的同一尚嫌过早,但生活与审美的互渗趋同确实达到了前所未有的程度。这样就使转型研究中的各种取向、各种观点都不能不更自觉地考虑自己的理论主张与现实生活和审美实践的对应关系,有些研究取向,如审美文化批评理论,则旗帜鲜明地以强烈关怀现实、直接介入现实生活为主旨,不仅理论的自觉性大大提高,而且介入现实的手段、途径也更为丰富、有效。这就使美学在与现实联系的深度和广度上,均超出以往。

最后,美学转型研究,为中国美学与世界美学的对话与交流,创造了更为有利的条件。如果说"文革"前和80年代的美学论争,更多是在国内背景下,在马克思主义理论范围内,以《1844年经济学—哲学手稿》为中心进行的,那么,90年代的美学转型研究则主要是在世界文化冲突与融合的跨世纪背景下展开的。论争中,世界文化和美学发展的现状及趋势是不同论者立论的着眼点或参照系。这样,就必然有利于我们清醒准确地认识中国美学的特点,认识中国美学在世界美学格局中的位置,更自觉地寻找中国美学自己的声音,建构既能与国际美学沟通,又具有中国特色的现代美学理论体系。

当然,美学转型问题研究中也存在着诸多值得引起重视的问题。如在对待马克思主义的问题上言必引经据典和无根据地怀疑指斥同时并存;在对待西方现代哲学文化、美学理论上,笼统否定、绝对排斥和盲目搬用、生吞活剥兼而有之;在对待中国传统文化和美学理论上,同样存在着狭隘的民族主义和民族虚无主义两个极端。至于学风上的不良现象更是有目共睹。这些问题的存在,严重影响了美学转型研究健康深广地发展,是今后应正确加以解决的。

中国美学的现代转型是一个巨大的世纪性课题,面对如此重要的课题,学者们潜心研究,踊跃参与,各抒己见,百家争鸣,是理所当然的。中国美学的现代转型也是一个巨大的世纪性难题,面对如此难解的问题,任何设想都显得不够完善,任何建构都似乎难尽人意,也是可以理解的。然而,就是在这百家争鸣之中,就是在这瑕瑜互见之中,却奠定了美学未来辉煌的基础,吹响了其跨世纪历史性转换的前奏。

(原载《文史哲》1998 年第 3 期)

20 世纪中国美学论争的历史经验

杨春时

回顾中国美学的世纪历程，有一个很重要的现象值得研究，这就是持续不断的学术论争贯穿其中。在 20 世纪上半叶，中国美学处于引进、草创阶段，还谈不上真正意义上的学术论争；虽然也有蔡仪在 40 年代对朱光潜美学的批评，但终究没有形成全国范围的学术论争。但是到了下半叶，随着意识形态变革和美学转型，就不断展开了全国范围的论争。半个世纪以来最重大的美学论争有三次，第一次是 50—60 年代关于美的主客观性的大讨论；第二次是 80 年代的关于美的本质的大讨论和“美学热”；第三次是 90 年代的关于“超越实践美学”的论争。这三次美学论争都有意识形态变革的背景、学术转型的内因和知识增长的基础，并且直接推动了中国美学的发展。在这个意义上可以说，中国现代美学史就是学术论争史。在世纪交替之时，总结 20 世纪美学论争的历史经验，对于下一世纪中国美学的发展具有借鉴意义。

一、美学论争与学术转型

50 年代的美学论争，实际上是一个由古典到现代的学术转型过程。中国古典美学基本特征是理性主义，即把审美当作理性精神指导下的感性活动，这个理性就是道德理性。所谓美善相乐、文以载道、以理节情等就是这种美学观的体现。当然，除了这种儒家思想影响下的主流学派以外，还有道家、禅宗思想影响下的一派，即把审美当作归返自然的感性活动,但这种美学思想也没有超越理性界限,只是在一定程度上偏离、逃避理性,但没有走到非理性那么远。总之,中国传统美学的核心精神是集体理性,体现了古典时代的审美理想,即个性未充分发展、未挣脱理性襁褓时代的审美理想。

现代美学体现了现代人的审美理想,即个性充分发展、冲破理性规范、反抗现代性的审美理想。因此,现代美学以重个体、超理性为基本特征。中国古典美学的现代化,是受西方美学冲击的结果。五四前后,已经有王国维、蔡元培、朱光潜、宗白华等引进西方现代美学,并且融合中国美学思想,加以创造、发展,形成了中国现代美学的雏形。其中要特别提到朱光潜,他系统地介绍了西方美学的历史,并且有了自己的理论创造。但是,他的美学观主要是糅合了康德、叔本华、克罗齐等人的美学思想,其学术思想渊源主要在西方。20 世纪前半叶可以看作中国传统美学向现代美学转型的起步阶段。

但是,在 20 世纪下半叶,中国美学的现代转型过程中断了,前半个世纪引进的西方美学被 50 年代以后传入的苏联美学取代了,这就是 50—60 年代发生的第一次美学论争。

苏联美学是建立在唯物主义反映论基础上的美学,美被当作一种客观属性,审美成为美的反映。苏联美学在中国的服膺者为蔡仪,他 40 年代的《新美学》就是苏联美学的翻版。50 年代中期,苏联发生了"非斯大林化"运动,苏联哲学也有所变化,主要是由强调客观规律的辩证唯物主义体系向强调主体性的历史唯物主义体系倾斜,由反映论向实践论倾斜。于是美学也由强调客观反映转向强调主体性,美被当作实践的产物,人的创造物。这种美学思想也传播到中国来,其代表是李泽厚。不管前期的苏联美学还是后期的苏联美学,都带有浓厚的古典美学色彩,即偏重集体理性。前期的苏联美学把客观自然规律当作美的本质,主体性被抹煞,这是古典自然哲学和机械唯物论的美学。后期苏联美学肯定了主体性,但这个主体性是集体而非个体,它强调的是社会而非个人;这个主体性是理性化主体,审美仍然是理性精神主导下的活动。因此,苏联美学是属于古典形态的美学体系,与强调个体性、超理性的西方现代美学有质的不同。

50年代后期,展开了对朱光潜"资产阶级美学思想"的批判,这实质上是苏联美学思想对西方美学思想的争战。蔡仪成为这场批判的主将,便具体地证明了这一点。这场美学论争有三个后果,一是苏联美学取代了西方美学,主导了中国美学发展;二是中国美学现代转型过程被打断,现代美学思想成果被清除,回归到苏联式的古典美学形态中;三是苏联美学内部发生分歧,批判朱光潜美学思想运动转化为苏联美学体系内不同派别的争论。

在批判朱光潜美学思想的过程中,朱光潜作了自我批判,宣布放弃渊源于西方的"资产阶级美学思想",改宗苏联的美学思想,由此这场批判失去了对手。同时,批朱各派在关于美的主客观性问题上发生分歧,并展开了争论,朱光潜也加入了这场讨论。于是批朱运动就转化为一场学术论争,虽然它基本上是在苏联美学体系框架内进行的。讨论中形成了四个派别:

客观——自然派,以蔡仪为代表,主张美是客观的自然属性,"美是典型"。

客观——社会派,以李泽厚为代表,主张美是一种社会属性,是人类集体创造的对象,因此对于个体而言是客观的。

主观派,以吕荧、高尔泰为代表,主张美是主观的感觉,不存在客观的美。

主客观统一派,以朱光潜为代表,主张美是客观事物的属性符合主体需要,因而美是主客观统一的产物。

在这四派中,除了主观派以外,其他三派都属于苏联美学体系。朱光潜后来用实践观点论证美是主客观统一,说明他已经接受了苏联美学。他虽然与李泽厚、蔡仪有所不同,更多地从主客体之间的关系来说明美学的主客统一性质,但已远离了他原有的美学思想(如认为审美是直觉等)。主观派虽然没有服膺苏联美学,但也没有找到现代美学的理论根据,而更多的是依据审美经验,因而也大体上属于古典的经验美学形态。后来，主观派受到政治上不公正待遇，表明非苏联化的美学思想的不合法性。

50—60年代美学论争，一方面中止了中国美学的现代转型进程，同时又在新的基础上开始了现代性的跋涉。这个过程注定是艰难的，因为它是通过苏联美学体系的内部分裂起始的。由于政治斗争的障碍，50—60年代没有完成这个新的转型，80年代才重新开始了向现代美学的进军。

80年代在思想解放的背景下，开展了第二次美学论争。50—60年代形成的四派美学在80年代都有所发展，形成了各自的理论体系。蔡仪美学突出了反映论，把审美当作客观美的反映活动，形成了反映论美学。李泽厚一派从马克思《1844年经济学—哲学手稿》中找到了哲学基础，即把审美建立在实践活动的基础上，并且把审美当作“人化自然”的产物。他还进一步提出了“积淀”说，认为审美心理（以及总体的文化—心理结构）都是实践的积淀物。由此李泽厚建立了自己的实践美学。蒋孔阳、刘纲纪等实践派美学代表人物也形成了自己的理论特色。高尔泰的主观派美学则把审美与人类自由联系起来，提出了“美是自由的象征”的命题。朱光潜也接受了实践观点，把审美当作一种特殊的实践即艺术生产，从而为美是主客观统一说建立了理论体系。80年代各派论争的特点是均把马克思的《手稿》作为经典。李泽厚、朱光潜实际是实践美学的两种派别，而高尔泰也从《手稿》中汲取思想力量。蔡仪虽然反对实践美学，认为《手稿》是马克思早期著作，带有人本主义残余，也仍然企图在《手稿》中寻找对自己有利的东西，如对马克思的“内在固有尺度”一语，他就力图解释为物自身的尺度。总之，80年代美学论争的主导倾向是向“原初”的马克思回归，这是马克思主义美学内部的自我改造。传统马克思主义美学的非主体化倾向已经阻碍美学发展和人的解放，而实践美学则向主体性回归，并以此为起点，重新启动美学的现代转型运动。这就是80年代美学论争的实质。

上述四派的论争，集中在美的本质问题上，而最有代表性的是李泽厚的实践美学与蔡仪的反映论美学的对立。蔡仪美学在50—60年代没有多大发展,而李泽厚则明晰地形成了美是“人化自然”的产物以及实践积淀为审美心理结构等理论,蒋孔阳等则提出了“美是人的本质力量对象化”命题。相比之下,实践美学的理论优势是明显的,特别是80年代呼唤主体性的气氛中,实践美学更具有感召力。蔡仪的反映论美学不能适应理论转型的趋势,因此在争论中逐渐失势。这次美学论争的结果造成了实践美学的主导格局,几乎人人都成了实践美学的拥护者。80年代的美学热实质上是实践美学热。

80年代美学论争使中国美学恢复了对主体性的肯定,但这只是找到了美学现代转型的起点,而不是终点。因为这种主观性仍然是集体主体和理性主体,这是由实践的集体性和理性活动性质所决定的。要向现代美学转型,还需要新的美学变革,包括新的美学论争。

90年代,由于社会现代化的加速进行,以及现代西方美学思想的影响,中国美学的现代转型进程加速,体现为“后实践美学”对“实践美学”的批判。

早在80年代后期,就有人从个体感性出发,批判“积淀说”的集体理性倾向,认为不是集体理性积淀为个体感性,而是个体感性反抗,突破集体理性。90年代初期,杨春时发起了“超越实践美学”的论争,对实践美学进行了总体性批判。他首先肯定实践美学对于反映论美学的理论合理性和历史地位,同时也指出其理论缺陷以及被扬弃的历史必然性;其次,他不仅仅批判李泽厚的“积淀说”,还对实践美学的根基——实践本体论加以批评,指出从实践范畴出发推导出美学体系,必然以实践的集体性、物质性、理性、现实性抹煞审美的个体性、精神性、超理性和超现实性。潘知常也著文批评实践美学,指出它混淆了审美起源问题和审美本质问题,把实践当作审美本质和决定性因素,抹煞了审美的自由性质。张弘则指出实践美学仍然没有摆脱主体与客体、感性和理性、必然与自由的二元对立,这是古典哲学的命题。在这个前提下用实践去统一对立的双方,不能正确地揭示审美的本质。另一方面,实践美学一方如刘纲纪、杨恩寰等也参加了论争,他们坚持实践美学的基本观点,认为只有实践才能科学地揭示审美的起源和本质以及审美的发展,并反驳了对实践美学的批评,认为实践美学没有抹煞个性,不是理性主义,而是强调在实践基础上达到的社会性与个体性,理性与感性的统一。讨论中还出现了第三种观点,朱立元、王德胜、陈炎等人认为实践美学作为马克思主义美学的基本框架是合理的,但存在着许多严重缺陷,特别是李泽厚的"积淀说"弊病更多,更需要加以改造、修正。总之,实践美学只有在批判基础上发展才有出路。

持续数年的"超越实践美学"的论争打破了实践美学的一统天下,造成了实践美学与后实践美学对峙的局面。实践美学仍然是当代美学中势力最大的一派,但后实践美学已经崛起,并与之分庭抗礼了。后实践美学是一个多元的体系,远没有实践美学那样统一,可以说这个新的多元体系尚未成熟,仅初具轮廓,但它已经显示了现代美学的鲜明特征,这就是针对实践美学的集体理性倾向而表露出来的强烈的个体性和超理性特征。杨春时提出了他的"生存—超越美学",主张从生存(个体存在和解释活动)出发,把审美当作超现实的生存活动和解释活动,超越性是审美的本质特征,超越即自由。潘知常建立了生命美学体系,认为审美的根据在于人的生命及其超越之中。张弘则主张建立存在论美学。王一川则提出了修辞论美学构想。很明显,后实践美学深受西方现代哲学和美学的影响,已经走出了古典美学的范畴。这与从马克思早期著作中寻找根据的实践美学的价值取向不同。在这个意义上,90年代后实践美学与实践美学的论争,是古典与现代之争,是中国美学的现代转型的表现。当然,实践美学仍有自己的发展空间,它如何适应现代转型要求,如何修正、发展自己,有待于实践美学家的努力。而后实践美学如何在吸收现代西方美学成果的基础上,建设成熟的、中国化的美学体系尚有很长的一段路要走。中国美学的现代转型刚刚开始,远没有结束。

二、美学论争与意识形态变革

半个世纪以来,中国的学术论争几乎都有意识形态的背景,有时就是一种意识形态斗争。这既由于美学作为哲学分支学科和艺术哲学,很难超然于意识形态之外,也由于在中国意识形态渗透于一切学术领域,美学也难逃意识形态斗争的影响。从消极方面说,意识形态斗争,特别是"左"的思潮干扰美学论争,使其变成政治批判。从积极方面说,美学积极介入意识形态变革,从而也争取自己的独立、自由。不管哪一种,中国美学论争与意识形态斗争结下了不解之缘,而研究20世纪的美学论争,就必须从意识形态斗争的视角加以考察。

第一次美学论争的意识形态背景是苏联意识形态与西方意识形态的斗争,以及苏联意识形态内部的变革。五四以后,西方的自由主义思想在知识界有很大影响,而与30年代形成的苏联意识形态相冲突。经过延安整风,革命队伍内部清除了自由主义思想,但在国统区广大知识分子中,自由主义仍有很大市场。解放以后,开展了思想改造运动,肃清自由主义影响,同时也在各个学术领域批判西方学术思想。苏联意识形态适应其"国家社会主义"体制,强调阶级意识、集体主义,反对自由主义、个人主义。在哲学领域,苏联哲学把自然、社会规律当作黑格尔"绝对精神"似的主体,而把主体特别是个体当作其工具、支配物。在美学领域,苏联美学也渗透了反主体性,非个体性的思想。50年代对朱光潜美学思想的批判,就发生在这种背景下。朱光潜在美学领域代表了五四以来的"西方资产阶级意识形态",他的审美超功利、超现实,以及对生活采取静穆观照的审美态度,也体现了自由主义、个人主义思想,与强调阶级斗争,为政治服务的意识形态相对立。因此,把朱光潜当作批判的靶子就不足为怪了。批朱既然一开始就是一场意识形态斗争,也就没有学术讨论的气氛。而朱光潜在强大的政治压力下作了政治检查《我的文艺思想的反动性》,放弃了自己的美学观念。

朱光潜代表的现代美学思想的败北，并不仅是学术思想交锋的结果；苏联美学思想取得霸权地位，也不仅由于其在学术上的优势，而是意识形态对学术的制约所致。

50—60年代的美学论争，而是意识形态干扰学术讨论，也有积极的方面，就是美学论争促进意识形态变革，甚至走到意识形态变革的前面。因为美学并不是意识形态的附庸，它作为自由的学问也会顽强地抑制意识形态的压制，积极地为人的解放而呼吁。而在中国这种自由品格只能以非常隐晦曲折的形式表现出来，但它毕竟发生了。

当批朱运动开展起来，朱光潜主动进行自我批判之时，苏联美学思想内部的分歧暴露出来。从表面上看，各派在美的主客观性问题上发生争论，形成不同派别，而实际上这是苏联新旧两种意识形态斗争的反映。苏联30年代形成了斯大林的哲学体系，这个体系是物质本体论和反映论哲学，抹煞个体性，这适应了苏联国家社会主义体制下的意识形态，即对于人的压制和反人道主义性质。50年代中期苏联开始了“非斯大林化”运动，人道主义在一定程度上被肯定，在哲学领域反映为对主体性的肯定，历史唯物主义与辩证唯物主义的二元体系发生向前者的倾斜，美学也由肯定美的自然属性转向肯定其社会属性。苏联意识形态的变革在中国首先在美学领域反映出来，因为中国对“非斯大林化”运动并不十分赞同，意识形态和哲学的变革被延迟，而美学论争则敏感地透露出这种变革的信息。当然，美学论争的各派并未意识到这场论争的意识形态意义，他们只是在学术领域内讨论，但事实上不自觉地做了意识形态变革的工具。对意识形态的自觉是在80年代，李泽厚以及高尔泰等自觉地把美学当作思想解放的武器，而蔡仪也自觉地把美学当作坚持传统马克思主义的阵地。总之，50—60年代美学论争不自觉地反映了马克思主义体系内部的两种意识形态的斗争，而且成为这种斗争最敏感的领域。这场美学论争对意识形态变革的促进被1957年反右派斗争所阻碍了，并没有得出现实的果实。从此以后，中国意识形态向“左”的方向急剧滑落，直至“文革”深渊。直到80年代这场学术论争才得以继续发展,并在意识形态领域结出果实。

80年代美学论争一定程度上可以看作是50—60年代美学论争的延续,而且其意识形态意义也得以彰显。80年代是改革开放、思想解放的高潮期,对来自苏联的“国家社会主义”体制和传统意识形态进行了改造。意识形态变革是在马克思主义体系内发生的,尽管科学、民主和人道主义思想重新得到了张扬、传播,但总体上仍在马克思主义框架内进行,或者说是在马克思主义中找到了根据。新意识形态的合法性也在于此。这种新马克思主义的意识形态就是肯定人的价值,肯定人道主义,在哲学上就是肯定主体性。马克思《手稿》的重新翻译出版,为这种新的意识形态和哲学提供了思想资源。于是中国就发生了哲学变革,李泽厚的主体性实践哲学或人类学本体论哲学就应运而生。在美学领域,李泽厚代表的50—60年代的客观——社会派发展为实践美学。80年代伴随着《手稿》热,也形成了持久不衰的美学热。究其原因,主要不是一种学术兴趣,而是对意识形态的关注。对主体性、人道主义的肯定,在哲学领域遇到的阻力比较大,而在相对自由、超脱的美学领域阻力较小,因此各个学科、各行各业的人都来探讨美学问题,形成了盛极一时的美学热。只有在审美的自由理想面前,才最鲜明地突显出人类生存的主体性。美学的人道主义性质,使其成为思想解放运动的主战场之一。

80年代美学论争主要在李泽厚派的实践美学与蔡仪派的反映论美学之间展开,朱光潜、高尔泰虽然与李泽厚派有分歧,但他们也都以《手稿》为经典,都主张人道主义、主体性,因此本质上与李泽厚派是一致的。李泽厚用美学思想来肯定主体性、人道主义。高尔泰以审美的名义呼吁个体自由。朱光潜虽较少涉及意识形态,但其美学思想鲜明地体现着对人的关怀。相形之下,蔡仪美学固守机械唯物论,并且指斥李泽厚等美学思想为唯心主义。一般地说,80年代美学论争还限制在学术领域内,尽管在学术的硝烟后面是意识形态的武器。总之,80年代美学论争带有自觉的意识形态变革意识,而且成为意识形态变革的先锋,这是中国社会文化的特殊性造成的特殊现象。

90年代的美学论争具有完全不同的意识形态背景。尽管90年代意识形态色彩淡化,美学论争具有更强的学术性,但仍然隐含着意识形态变革的意义。90年代,思想解放运动为市场经济运动所淡化,思想文化氛围为之一变,文化激进主义退潮,文化保守主义高涨。李泽厚等由文化激进主义转向文化保守主义,对曾经主张过的自由主义也加以反思、批判,转而主张回归集体理性。这表明一部分80年代启蒙知识分子对开始到来的现代性的焦虑心态。在这种文化思想背景下,实践美学也日益突显出其前现代性,即其集体理性倾向。与此相对,一部分80年代启蒙知识分子开始走出古典启蒙主义,向现代哲学、美学迈进。实践美学队伍发生分裂,有的回归传统,有的走向现代。"后实践美学"与"实践美学"的论争,实际上是现代人与古典人的论争,是现代性与前现代性的论争。实践美学作为苏联意识形态的一端,完成了其促进意识形态变革的使命。后实践美学尖锐批评实践美学对个体性、非理性的压制,实际上反映了现代意识形态对古典意识形态的扬弃。实践美学的拥护者多为老年学者,后实践美学拥护者多为中青年学者,这种代沟也反映了现代与古典意识形态的区别。

三、美学论争与知识增长

任何学术论争,不仅有意识形态变革的背景和学术转型的内因,还有知识增长的基础。学术理论更新要有相应的知识积累作前提。哪一种理论体系拥有了最大的知识含量,拥有最新知识体系的支持,它就能在学术论争中处于优势。美学是一个综合学科,不仅是哲学分支,而且包含着心理学、人类学、符号学、文艺学、社会学等学科的知识。美学变革也是一种知识更新和知识增长。美学论争也促进了知识更新和知识增长。中国现代美学论争也是知识学意义上的竞争,旧的美学体系容纳不了新的知识增长,于是被知识含量更高的新的美学体系所击败,并取而代之,这是基本的发展趋势。

第一次美学论争前期是批判朱光潜的美学思想,由于这种批判是一种意识形态的讨伐,它很少具有学术意义,因此,谈不上知识增长。朱光潜美学吸收了西方近现代美学和心理学、文艺学的丰富知识,有相当的学术价值。苏联美学建筑于苏联哲学的基础上,而苏联哲学是排他性的,它被当作关于自然、社会、思维的总的规律的科学,具体地说,就是科学的科学,一切科学问题都在这个体系里解决了,科学不过是其仆从、工具。这样,苏联美学必然缺少科学知识的内涵,变得简单独断,不能容纳心理学、人类学、符号学、社会学、文艺学等学科知识。蔡仪的所谓"唯物主义美学"缺乏知识学价值,除了物质第一性、意识第二性,美感是对美的反映等教条以外,就只有一些牵强的经验证据,至于各种科学知识的支持成分甚少。这样,就产生了诸如美是典型等肤浅的命题。

第一次美学论争后期转入关于美的主客观性的争论,缺乏知识内涵的局面也没有多大改变,因为论争各派基本上没有走出苏联美学范围,因此也就很难容纳其他学科知识。特别是 50—60 年代,诸如现代心理学、人类学、文艺学、符号学等还是"资产阶级学术",是不敢涉足的禁区。这场争论基本上是在认识论领域内进行,争论的"美的主客观性问题"就是一个认识论范畴内的问题,而价值论方面的问题被摒除。李泽厚虽然反对蔡仪的美学观,但他的"美是客观的社会属性"命题也是在认识论范围内作出的,它所蕴含的价值论问题被掩盖了。朱光潜提出了价值论问题,认为美是人对事物的一种评价。并归为意识形态论,但也没有充分展开,最后还是陷在"美是主客观统一"的认识论中。由于缺乏价值论体系支撑,第一次美学讨论只能在认识论框架内进行,也没有可能深入到各个学科领域内,因而知识学意义削弱,各派都没有显示出太大的理论优势。

80 年代第二次美学论争,打破了 50—60 年代的认识论框架,从而引进了众多的学科知识,促进了知识的增长。80 年代各派美学虽然仍在50—60年代理论起点上建构,但已经突破认识论局限,而深入到本体论层次和扩展到价值论领域。尤其是李泽厚的实践美学,找到了实践哲学(或人类学本体论)基础,而实践哲学以其主体性与多种新学科知识兼容,如向人类学、社会学知识的开放、吸收;而他的“积淀说”则明显地吸收了荣格的集体无意识理论,皮亚杰的发生认识论和克乃夫·贝尔的“有意味的形式”说,具有诸如心理学、符号学、人类学的知识内涵。李泽厚的实践美学在80年代成为主流学派,除了其价值取向外,知识含量大,能够容纳众多现代新学科知识,也是重要的原因。其他如朱光潜、高尔泰也使自己的理论体系包含着更多的知识,从而也富有生命力。

90年代“超越实践美学”也建立在知识增长的基础上。80年代美学论争,造成了美学体系(首先是实践美学)的开放性,多种现代新学科知识被引进,不但充实了实践美学等美学体系,增强了其生命力,同时还冲破了旧的美学体系,为新的美学体系开路。实践美学包容了众多现代新学科知识,造成了知识与体系的矛盾。即以李泽厚核心学说“积淀说”为例,它虽然暂时弥合了实践与审美的裂缝,但随着美学研究的深入,很快就暴露出其不合理性。说人类历史实践积淀为文化——心理结构,那么这种积淀是如何发生呢?是一种生化过程吗?而且,荣格的“集体无意识”是指原始心理结构转化为现代人的深层心理结构,原始活动并不包括现代实践,原始时代也没有实践(原始劳动不是实践劳动)……这一切都产生了问题,更重要的是,现代哲学和人文科学都肯定个体性和非理性(超理性)一面,这与实践美学的集体理性倾向相冲突。于是,美学界中青年学者开始质疑实践美学,并建构新的美学体系——后实践美学。

在后实践美学与实践美学的论争中,新的美学理论更充分地吸收了现代美学和其他人文社会科学知识,因而也就更具有理论上的优势。由于后实践美学的哲学基础就是现代哲学,如存在哲学、解释学、生命哲学、语言哲学等,因而与现代科学知识有天然的亲和性,如杨春时的生存——超越美学运用了存在哲学、解释学的理论,而且还把心理学、符号学、人类学知识融合进去,从而具有丰富的知识内涵。潘知常、王一川等都充分运用现代西方哲学和人文社会科学知识,建构自己的美学体系。相比之下,李泽厚虽然也努力吸收现代哲学和人文社会科学知识,但这些知识与实践哲学体系总有抵触,运用起来显得牵强,有时只能对西方理论加以变造甚至曲解。如他引述海德格尔哲学,认为海德格尔肯定群体存在的第一性,这就不符合原意,因为海德格尔恰恰认为个体存在才是本真的存在。这样,西方现代哲学知识不但不能为他的实践美学辩护,反而起到了相反的作用。这样的例子还有不少,这是体系与知识的矛盾使然。后实践美学由几个中青年学者发动,对主流学派实践美学进行挑战,最后形成分庭抗礼局面,除了其美学体系的价值取向适应了现代性的需要外,它对现代知识的充分开放性和包容性也是重要的原因。

四、美学论争的历史经验

20世纪中国美学论争不但促进了美学发展,而且留下了丰富的历史经验。在中国美学即将跨入下一个世纪之时,总结这些历史经验,对于中国美学的现代发展是非常重要的。

第一个历史经验是,学术论争必须有一个宽松的社会环境,首先需要意识形态的宽容。学术讨论要求学术独立,不受意识形态干预,不能借助意识形态力量抑此扬彼。意识形态对学术要宽容,容许学术派别存在。在"左"的思潮影响下,意识形态干扰正常学术讨论,甚至以政治批判代替学术讨论,运用意识形态权威压制一种学术观点,扶植另一种学术观点,造成了学术事业的挫折。50—60年代对朱光潜美学的批判,就属于这一种情况,结果使五四以来形成的中国现代美学萌芽遭到摧折。在以后的美学讨论中,意识形态也不同程度上干扰着学术论争,有的派别就使用意识形态语言进行政治批判,降低了学术论争的水平。90年代,由于习惯力量,仍有人对不同意见加上"唯心主义""非马克思主义"等意识形态标签。这种思维方式应该终结。必须使学术论争严格地在学术领域内进行,严格使用学术语言,不允许扣政治帽子。只有这样,学术讨论才能健康发展。

第二个历史经验是,必须改变引经据典的论争方式和注经解经的研究方式,依靠理论本身的力量展开学术论争。由于受传统注经解经方式的影响,中国美学论争往往不注重思想本身的逻辑性和是否符合实际,而注重对经典的逐字逐句的解释,从文字中寻找根据。在50年代美学论争中就有这个倾向,在80年代美学论争中这种倾向有所发展。例如,对《手稿》的解读,必须从历史的语境出发,全面、具体地加以理解,并以发展的眼光考察之,而不必对《手稿》中的一字一句进行演绎、考证。如马克思讲“劳动创造了美”,并不是讲美的起源,许多人却当作独立命题加以演绎,成为审美起源的理论。又如对于“内在固有的尺度”,各派解释不一,争论不休,都把它当作自己观点的合法性的根据。把理论基石放在经典解读上不是合理的科学方法。应当从事实出发,找出逻辑起点,而不是从结论出发进行演绎。90年代这种倾向有所扭转,但也产生了对现代西方美学的经典崇拜。引述发挥多,批判分析少的情况仍然存在。必须转变注经解经的研究方法和引经据典的论争方式,代之以科学的研究方法和实事求是的论争态度,学术事业才能健康发展。

第三个历史经验是不能以学术论争代替学术研究,学术论争建立在扎实的学术研究基础上才是有价值的。中国美学论争不断,热点频出,固然是一件好事,它推动了美学发展。但另一方面也必须看到,这种论争频繁,持久发生,也有不正常之处:一是意识形态斗争的影响,而不完全是学术发展的需要,这在50—60年代和80年代都有所体现;二是缺乏长期、坚实的学术研究准备,仓促上阵,争论不休,最终解决不了问题。50—60年代关于美的主客观性问题的争论,80年代关于美的本质问题的争论,都有这个问题。尤其是知识积累不够,对现代哲学、美学和人文科学、社会科学知之甚少,争论不休更属无益。在这种情况下应该认真译介、学习、消化、思考,而不是发起争论,待知识和理论准备充足了,再进行讨论,才可能有所收获。当前,中国美学研究尚没有形成成熟的现代理论体系,更需要打好基础,下长期功夫,自甘寂寞,面壁十年,才有可能出现让世界承认的成果。

(原载《厦门大学学报》2000 年第 1 期)

再谈生命美学与实践美学的论争

潘知常

一、"生命美学叩击世纪之门"

90年代伊始，生命美学与实践美学之间由于美学取向的根本差异，在《文艺研究》《学术月刊》《光明日报》等著名报刊上展开了旷日持久的争论，并且取代自50年代开始的美学界四大学派之间的论战而成为90年代中国美学界最为重要、最为引人瞩目的论战之一。对此，著名美学家阎国忠先生曾经专门撰写长篇论文，就实践美学与生命美学之间的论战加以述评，并断言：这场论战"虽然也涉及哲学基础方面问题，但主要是围绕美学自身问题展开的，是真正的美学论争，因此，这场论争同时将标志着中国(现代)美学学科的完全确立。"①这，对于在论战中的双方而言，都无疑是一个公允的评价。因此，尽管目前这场论战还远未结束，而且势必延续到21世纪，但它在激活生命美学与实践美学双方的理论智慧，在推动中国美学的世纪转型以及在把一个充满活力的中国美学带入21世纪方面所禀赋着的内在功能，却已经和正在显示出来。

美学界一般认为，中国20世纪美学分别在世纪初、60年代、80年代出现了三次美学热潮，这三次美学热潮造就了以朱光潜为代

---

① 阎国忠：《关于审美活动——评实践美学与生命美学的论争》，《文艺研究》1997年第1期。同时，请参见我的论文《生命美学与实践美学的论争》，载《光明日报》1998年11月6日。

表的第一代美学家,以李泽厚为代表的第二代美学家,以及正在茁壮成长之中的第三代青年美学家。同时,中国 20 世纪美学经过 100 年的艰难探索,经过世纪之初的对于西方美学的介绍以及 60 年代的四大学派的论战之后,从 80 年代开始,也逐渐形成了三种不同的理论取向,这就是:从认识活动的角度考察审美活动的反映论美学、从实践活动的角度考察审美活动的实践论美学、从生命活动的角度考察审美活动的生命论美学,或者,也可以称之为前实践美学、实践美学、后实践美学。①三者之中,对于反映论美学、实践论美学,人们耳熟能详,不论是它们的来龙去脉,还是它们的基本内容,都可以倒背如流。然而,对于生命美学,由于它的年轻,因此人们尽管并不陌生,然而倘若论及它的来龙去脉和基本内容,应该说,就并非尽人皆知了。因此,要论及生命美学与实践美学的论战,就不能不从生命美学本身谈起。

关于生命美学,目前美学界对它的界定主要是在两个层面上。其一是在广义上加以界定。生命美学即后实践美学,包括在实践美学之后出现的生存美学、生命美学、体验美学、超越美学等等,在此意义上,生命美学代表着一种美学思潮,而并非某一具体的美学理论。其二是在狭义上加以界定,即指某一具体的美学理论(本文所说的生命美学,统统是指的后者)。而在目前关于生命美学与实践美学的论战中,由于没有弄清楚这样两个层面,有些争论者在讨论问题时,把生命美学与生存美学等后实践美学等同起来,却忽视了他们彼此在区别于实践美学这一共同性之外的大量的差异,以致造成了不少以讹传讹的误解,也在论战中形成了不必要的内耗。从时间上说,早在 80 年代后期,就有学者专文对之加以评述,并把生命美学称为“中国当代美学的第五派”。据封孝伦教授《20 世纪中国美学》(东北师范大学出版社 1997 年)以及他的《从自由、和谐

① 参见封孝伦:《20 世纪中国美学》,东北师范大学出版社,1997 年;《第四届全国美学会议综述》,载《文艺研究》1994 年第 1 期;以及《光明日报》1997 年 7 月 2 日所载周来祥的文章,等。

走向生命——中国当代美学本质核心内容的嬗变》一文[①]介绍,早在世纪初,就有范寿康、吕澄、宗白华等的对于生命美学的大力提倡,自 50 年代迄 80 年代,又有蒋孔阳、高尔泰、周来祥等一批著名美学家的积极支持,更有众多美学学者的积极响应。到了 90 年代,则即便是对生命美学持反对态度的学人,也不得不承认,生命美学已经从昔日的边缘状态逐渐进入美学界所瞩目的前台,不但更"为一些学人所看好",而且被认为"孕育着美学走出理论困境的生机"。由此不难看到,生命美学与生存美学等后实践美学之间,是存在着鲜明的差异与界限的。不宜混同,也不应混同。

而从美学界的反响来看,对于生命美学,尽管像对反映论美学、实践论美学一样评价各异,但是对于它的出现本身却大多给以积极的肯定与回应。对此,我们不难在中国当代美学史的研究者的笔下看到。例如封孝伦教授曾评论云:"'生命'确实对审美研究有着巨大的潜力,而且笔者认为,捉住了生命,也就捉住了美的真正内涵。当我们把人的生命的秘密揭开,美的秘密,也就自在其中了。"[②]就在《20 世纪中国美学》的最后一章中,更对生命美学的百年历程、内涵作出了详尽的评述。另一方面,更为值得注意的是,一些坚持实践美学观点的美学家,也同样对生命美学的出现予以实事求是的认可。例如朱立元教授曾评价说:"除了原有四派外,新时期又涌现了一些有影响的、与四派不同的美学学派或观点。……在 80 年代中后期,一些中青年在吸收西方现当代美学新成果的基础上,也提出了与原有几派美学从思路、方法到范畴全然不同的新的美学理论构架,如系统美学、体验美学、生命美学、接受美学、审美活动论美学、心理学美学、语言美学、符号论美学等等。"[③]丁枫教授也评价说:当代美学的进步还"体现在美学体系的重新建构,诸如建立生命美学、体验美学、自由美学、超越美学,等等。这是美学内涵的

①② 封孝伦:《从自由、和谐走向生命——中国当代美学本质核心内容的嬗变》,载《新华文摘》1995 年第 11 期,同时又载人大《美学》复印资料 1995 年第 12 期。

③ 朱立元:《"实践美学"的历史地位与现实命运》,载《学术月刊》1995 年第 11 期,同时又载人大《美学》复印资料 1996 年第 1 期。

递嬗和深化,是以新的视角,来回答新的提问”。①

就我本人而论,从1985年发表《美学何处去》②,1990年发表《生命活动:美学的现代视界》③,提出生命美学的基本构想,到1991年出版《生命美学》(河南人民出版社)④,再到1997年出版作为关于生命美学的最新思考的《诗与思的对话》(上海三联书店1997年版),应该说,是始终坚持了从生命活动的角度考察审美活动这一生命美学的基本取向的。对此,美学界的同仁、专家在总结中国当代美学的学术进展之时,也都曾给以认真的关注和热情的鼓励。例如,阎国忠教授就曾专门撰文就生命美学与实践美学之间的差异予以认真的讨论⑤。而且,在他的《走出古典——中国当代美学论争述评》一书中对生命美学的出现及其基本内容也予以详尽的介绍,并指出:“潘知常的生命美学坚实地奠定在生命本体论的基础上,全部立论都是围绕审美是一种最高的生命活动这一命题展开的,因此保持理论自身的一贯性与严整性。比较实践美学,它更有资格被称之为一个逻辑体系。”⑥

---

① 见《社会科学战线》1996年第1期,又载人大《美学》复印资料,1996年第1期。

② 《美与当代人》1985年创刊号。

③ 《百科知识》1990年第8期。

④ 此外还有《为美学定位》,载《学术月刊》1991年第10期;《建立现代形态的马克思主义美学体系》,载《学术月刊》1992年第11期;《实践美学的本体论之误》,载《学术月刊》1994年第12期,本文原题为《美学的困惑》,现名为发表时编辑所改;《美学的重建》,载《学术月刊》1995年第8期;《关于审美活动的本体论内涵》,载《文艺研究》1997年第1期,等等。

⑤ 《关于审美活动——评实践美学与生命美学的论争》,载《文艺研究》1997年第1期。令人略感遗憾的是,该文中所引的国内关于生命美学的看法,均出自我的《反美学》(学林出版社1995年)一书,由于该书主要是对于西方当代审美文化的考察,其中的观点大多并非我本人关于生命美学的正面观点,而是对于西方当代美学的一些评述、阐发,因此,难免会影响读者对于生命美学的理解以及文章作者对于生命美学的全面评价。

⑥ 阎国忠:《走出古典——中国当代美学论争述评》,安徽教育出版社,1996年,第410页。同时可参见封孝伦:《从自由、和谐走向生命——中国当代美学本质核心内容的嬗变》,载《新华文摘》1995年第11期,同时又载人大《美学》复印资料1995年第12期。

当然,生命美学的历程并不平坦,生命美学本身也还并不成熟,甚至还可能有其幼稚之处,确实还有待继续艰苦努力,然而,另一方面,我也曾经多次说过,对于一个新理论来说,在某种意义上,不成熟甚至幼稚,并非是它的缺点,而是它的优点,至于它的成熟,则是完全可以预期的。

二、实践美学对于马克思主义实践原则的阐释存在严重偏颇

生命美学的出现,一直是以与实践美学之间的彼此激烈论战而引人瞩目。那么,生命美学为什么要在实践美学之外去探索新的理论取向?其中的原因,显然并不是由于实践美学对于马克思主义实践原则的抉择,而是由于:首先,它对于马克思主义的实践原则的理解有误;其次,它对于审美活动的特殊性的理解有误。而生命美学这一新的理论取向则可以较好地解决这两个问题,从而把美学研究进一步推向深入。

所谓对于马克思主义的实践原则的理解有误,涉及对于马克思主义的实践原则的理解问题,必须强调,事实上,论战的双方都并不反对马克思主义的实践原则,根本的分歧在于如何理解这一原则。众所周知,在美学界,事实上存在着三类与实践原则相关的美学,一类是马克思本人的"实践的唯物主义"的美学,一类是以马克思主义实践原则作为自己的某种理论基点的种种美学(其中也包括生命美学),第三类是80年代风靡一时的"实践本体论美学"(即过去的客观社会派的演变,以李泽厚、刘纲纪先生为代表)。美学界所谓"实践美学"从来都是指的"实践本体论美学",生命美学所与之商榷的"实践美学"也只是"实践本体论美学"。因此对实践美学的批评完全不同于对马克思本人的"实践的唯物主义"的美学的批评。这样,我们看到,正如生命美学所早已反复指出的,生命美学之所以要对实践美学提出批评,并不是由于实践美学以马克思主义实践原则作为自己的理论基点这一正确选择——在这个方面,

生命美学与实践美学并无分歧,而是由于实践美学对于马克思主义实践原则的阐释有其根本的缺陷。

具体来看,表现在两个层面,首先,是对于马克思主义实践原则的阐释本身中所存在的严重偏颇。例如,实践美学往往只强调实践活动的积极意义,却看不到实践活动的消极意义,但实际上这两重意义都正是人类实践活动的应有内涵。事实上,实践活动不会只以一种理想状态存在,人们常说的所谓异化活动,不论产生多么消极的后果,也不能仅仅被掩饰为自然的异化、神的异化,而只能被真实地理解为实践活动本身的异化。正是在这个意义上,马克思才强调说:劳动创造了美,但也创造了丑。“劳动创造了宫殿”、“劳动为富人生产了奇迹般的东西”①;“劳动变化了他自己的自然”②;“劳动产生了智慧”③。但是另外一方面,劳动也“给工人创造了贫民窟”;劳动“使工人变成畸形”;劳动“给工人生产了愚钝和痴呆”。④再如,实践美学在对于实践活动的阐释中片面地强调了人之为人的力量。它强调“人是大自然的主人”,并且以对于大自然的战而胜之作为实践活动的标志。然而,这种“强调”和“战而胜之”哪里是什么实践活动,充其量也只是一种变相的动物活动。因为只有动物才总是幻想去主宰自然、主宰世界。就像猫主宰着老鼠那样。又如,就以实践活动与审美活动之间的关系而言,实践美学也存在着夸大了实践活动作为审美活动的根源的唯一性的缺憾。然而,实践活动毕竟只能改造自然而不能创造自然,因此,恩格斯才强调:只是“在某种意义上不得不说,劳动创造了人本身。”⑤在什么意义上呢?在“整个人类生活的第一个基本条件”的意义上。然而,这却并不意味着“劳动是一切财富的源泉”,而恰恰意味着“劳动和自然一起才是一切财富的源泉”。因此,必须指出,只是在审美活动的后天性的基础上,即审美活动的诞生是后于自然进

①③④ 《马克思恩格斯全集》第42卷,人民出版社,1979年,第93页。

② 马克思:《资本论》第1卷,人民出版社,1956年,第194页。

⑤ 《马克思恩格斯全集》第20卷,人民出版社1979年,第509页。

化这一普遍规律但却并不先于实践活动这一特殊规律的基础上,实践活动才是审美活动的根源;然而在审美活动的先天性的基础上,即审美活动的诞生是先于实践活动这一特殊规律但却并不先于自然进化这一普遍规律的基础上,自然进化才是审美活动的根源。而实践美学对于实践活动的错误理解,所导致的却恰恰是对于审美活动的先天性的忽视。

其次,是对于马克思主义实践原则的阐释背景中所存在的严重偏颇。犹如李泽厚先生往往从黑格尔去阐释康德,实践美学也存在着从传统的理性主义、目的论、人类中心论、审美主义等知识背景的角度去阐释马克思主义实践原则的缺憾。上述实践美学的片面强调实践活动的积极意义、片面强调人之为人的力量、片面强调实践活动作为审美活动的根源的唯一性等等缺憾,实际上不就正是传统的理性主义、目的论、人类中心论、审美主义等偏颇所导致的必然结果吗?

在这里,尤为值得一提的,是理性主义与非理性主义的问题。生命美学对于实践美学的从传统的理性主义出发去阐释实践活动的偏颇的批评,并不意味着生命美学认为马克思主义的实践原则本身也是理性主义的。个别学者在论战中把这根本不同的两者有意无意地扯在一起,显然是错误的。另外,生命美学对于实践美学的从传统的理性主义出发去阐释实践活动的偏颇的批评,也并不意味着生命美学就是要从非理性主义出发去提倡非理性的生命活动。在生命美学看来,第一,仅仅是针对实践美学对于非理性活动的藐视,生命美学才强调不但要重视理性活动的重要性,而且要重视非理性活动的重要性。并且强调指出:非理性主义是错误的,但非理性则是非常重要的。人类在理性主义的旱地上毕竟停留得太久了,以至于总是喜欢把批评理性的局限性的人说成是“反理性”。而且,批评理性的局限的生命美学也确实经常指出所谓“人”的死亡,但它不是指的有血有肉的人的死亡,而是指的“被主观主义地理解了的‘人’的死亡”。消解掉这些思想的累赘,其结果是,人类反而更加自由了。更重要的是,只有当理性能够认识非理性的时候,理性才称得上是理性,如果理性只能认识理性,只能停留在自身之内,那么走向灭亡的就应该是理性本身。何况,需要强调的是,有人一看到“非理性主义”之类字眼就以为一定是根本否定理性的,实际不然,即便是非理性主义也仍然是一种理性思维,只是在学理上否定理性主义对于理性的奉若神明而已。它着眼于揭露理性主义的有限性、非完备性,其目的则是试图恢复一个有弹性的世界、一个能够在其中遭遇成功与失败的世界,因此同样是非常严肃的学术讨论。而在非理性主义的背后,则意味着人类的一场新的思想历程,这就是:从理性万能经过对于理性的有限性的洞察,转向对于非理性的认可;从理性至善经过对于理性的不完善性的洞察,转向对于理性并非就是人性的代名词的承认;从乐观的历史目的论经过对于历史的局限性的探索,转向对于一种积极的人类历史的悲剧意识的合理存在的默许。总之,是从传统理性走向现代理性,从理性主义回到理性本身。

第二,更为重要的是,生命美学对于非理性的强调,意味着对于理性与非理性的关系的重新思考。在生命美学看来,理性与非理性不但有对立的一面,而且还有统一的一面。因此,最为重要的不是在其中妄自取舍,而是在更高的意义上重新理解它们之间的关系。之所以如此,原因很简单,理性与非理性只是一个非常相对的概念。因为,极端的理性与极端的非理性是相通的。理性的极点必然是非理性,非理性的极点必然是理性。同时,理性与非理性不但是相通的,而且是相辅的。生命活动中只有以理性或者以非理性为主的活动,没有纯粹理性或者非理性活动。这恰似磁铁中的S极与N极事实上根本无法分开一样。纯粹的理性、纯粹的非理性在人类生命活动中都并不存在,所以中国人经常说“合情合理”。而在审美活动中,就更是如此了。这样,在论战中真正的失误就不在于要不要理性或者要不要非理性,而在于只要理性或者只要非理性。例如,非理性主义对理性主义的批判就是如此。有人一看批判理性主义就以为是要批判理性,这是典型的无知。实际上非理性主义批判的只是对理性的神化,或者说,它批判的只是理性的异化物即泛逻辑思维模式。因此,正是在非理性中我们看到了其中蕴含着的理性的根本精神。而且归根结底,非理性的胜利还是人类理性的胜利。它的重大意义在于启发我们重新思考理性与非理性的关系,在于通过非理性层面扩展出新的研究领域。例如有助于揭露审美活动的否定方面,进一步展开审美活动的应有内涵,并且从非理性方面来进一步规定审美活动,等等。这样,既然没有非理性的理性是苍白的,没有理性的非理性是盲目的,两者必须彼此包含,彼此补充,那么作为矛盾的积极扬弃,就应该是学会比理性主义更会思想,而不是简单地拒绝思想。而生命美学之所以强调非理性的重要性,也正是由衷地希望比此前的美学探索更会思想,而不是简单地拒绝思想。

三、生命美学并非是从实践原则的"倒退"

实践美学的失误,除了表现在对于马克思主义的实践原则的理解的偏颇之外,还表现在对于审美活动的特殊性的理解的偏颇上。生命美学为什么一定要强调从生命活动入手去考察审美活动呢?在《生命美学》与《诗与思的对话》中我已经反复作出说明:生命活动是一个与人类自由的实现相对的范畴,而实践活动、理论活动、审美活动则无非是它的具体展开(犹如自由也相应地展开为基础、手段、理想等三个重要维度一样),其中,实践活动对应的是自由实现的基础,理论活动对应的是自由实现的手段,审美对应的是自由实现的理想。或者说,实践活动是实际地面对世界、改造世界,理论活动是逻辑地面对世界、再现世界,审美活动则是象征地面对世界、超越世界。因此,从生命活动入手,就可以进而把审美活动作为生命活动的一种特殊类型来加以把握,并且从作为人类自由生命活动的理想实现这一特定角度,去考察审美活动本身。

不可思议的是,从论战中的文章看,个别学人显然从未认真阅读过生命美学的有关论著甚至有关论文,加之缺乏严谨求实的学风,竟然无视生命美学的上述基本思路,望文生义地在生命美学的

“生命”两字上大作文章,把生命美学曲解为是对于离开实践活动的生命活动的强调,甚至是对于人的非理性、动物性的强调,或者竟然把生命美学与西方的生命哲学等同起来,结果是断言生命美学否认马克思主义实践原则对于美学研究的指导作用,是从实践原则的“倒退”,这显然是极为随意的,而且与生命美学根本风马牛不相及。实际上,暂且不说中国传统美学与西方现、当代美学都是从生命活动出发去考察审美活动的这一美学史的基本事实(因此,生命美学较之反映美学、实践美学要远为能够得到中外美学的思想传统的支持);也不说生命美学与西方所谓生命哲学、生命美学有根本区别;更不说把生命美学的“生命”理解为对于动物生命的强调、对于非理性的强调,在美学知识上是何等的贫乏,我们只要看看马克思本人对于生命活动的论述,一切也就释然了。

在生命美学看来,它强调从人类生命活动的角度考察审美活动,其最为真实、最为深刻的思想背景,不是来自别的什么地方,而正是来自马克思主义美学本身。从生命活动的角度考察人类自身,在马克思的著作中有着大量论述。例如:马克思强调,“任何人类历史的第一个前提无疑是有生命的个人的存在。”①“生命活动的性质包含着一个物种的全部特性、它的类的特性,而自由自觉的活动恰恰就是人的类的特性。”“动物是和它的生命活动直接同一的。它没有自己和自己的生命活动之间的区别。它就是这种生命活动。人则把自己的生命活动本身变成自己的意志和意识的对象。他的生命活动是有意识的。这不是人与之直接融为一体的那种规定性。有意识的生命活动直接把人跟动物的生命活动区别开来。”②并且,就一般意义而言,“我的劳动是自由的生命表现,因此是生活的乐趣”,我“在活动时享受了个人的生命表现”,“我在劳动

① 《马克思恩格斯全集》第3卷,第23页。

② 马克思:《1844年经济学—哲学手稿》,刘丕坤译,人民出版社,1979年,第50页。

中肯定了自己的个人生命"①,劳动是人的"正常的生命活动"②、是"生命的表现和证实"③,就现实意义而言,"在私有制的前提下,它是生命的外化,……我的劳动不是我的生命。"④"他的生命表现为他的生命的牺牲,他的本质的现实化表现为他的生命的失去现实性"⑤,"人同自己的劳动产品、自己的生命活动、自己的类本质相异化这一事实所造成的直接结果就是人同人相异化。"⑥资本主义生产"已经多么迅速多么深刻地摧残了人民的生命根源"⑦,"因此,私有财产的积极的扬弃,作为对人的生命的占有,是一切异化的积极的扬弃"⑧等等。

事实证明,至今为止,似乎还没有人会把马克思在谈及人类时所说的"生命活动"与动物的生命活动混同起来,会认为马克思只要提及生命活动,就肯定是提倡动物性、非理性,会把马克思对于人类生命活动的考察降低到西方生命哲学、生命美学的水平上。那么,当我们沿着马克思所开辟的思想道路,把从人类生命活动的角度考察审美活动的美学,约定俗成地称之为生命美学(恰似因为强调从实践活动的角度考察审美活动而被约定俗成地称之为实践美学),又有什么可以非议之处呢?何况,强调人类生命活动并不必然意味着对于实践在人类生命活动中的地位的排除,难道马克思在使用"生命活动"来描述"人的类特性"时是"排除"了实践在人类生命活动中的地位吗?显然没有。为什么当生命美学使用生命活动这一术语时就是对于实践在人类生命活动中的地位的"排除"呢?实践活动是生命活动的基础,也是生命活动的重要内容,同时还是人类与动物相互区别的关键之所在,离开实践活动,何谈人类的生命活动?这难道不是生命美学所反复强调的基本原则吗?而我本人也反复强调:"假如人类进化是审美活动成为可能的一般基础,人类实践则是审美活动成为可能的特殊基础。确实,以制造并

①④⑤⑥⑧　《马克思恩格斯全集》第 42 卷,第 38、36、124、97、121 页。
②⑦　《马克思恩格斯全集》第 23 卷,第 60、300 页。
③　《马克思恩格斯全集》第 25 卷,第 921 页。

使用工具为特征的实践活动,在使审美活动成为可能中起到了极为特殊的作用。""最终,它不但奠定了审美活动的物质前提(物质文明的诞生),而且奠定了审美活动的感性前提。"①不过,从另外一方面看,人类的生命活动又毕竟并非只是实践活动,在其中,还存在着一种生命活动的特殊类型——审美活动。它有其特殊的价值、特殊的内容、特殊的功能、特殊的规律、特殊的意义,从生命活动类型的角度而言,它既不与实践活动重叠,也不与认识活动重叠,从生命活动的价值类型的角度而言,它既不与求真活动相重叠,也不与向善活动相重叠,从生命活动的超越类型的角度而言,它既不与现实超越重叠,也不与宗教超越重叠,它是自由内化为人的本性、内化为人的需要的结果。而且,更为重要的是,美学之为美学所要研究的又毕竟只是作为一种生命活动的特殊类型——审美活动。

80年代问世的生命美学的全部历程证明,它从未忽视过对于马克思主义实践原则的强调,也从未片面强调过人的非理性、动物性,更时时都在注意划清生命美学与西方生命哲学的界限。至于生命美学与实践美学之间的区别,在我看来,就在于:实践美学把实践原则直接应用于美学研究;生命美学则只是间接应用于美学研究。生命美学强调,在美学研究中,要从实践原则"前进",把它转换为美学上的人类生命活动原则,并且在此基础上,从把审美活动作为实践活动的一种形象表现(实践美学),转向把审美活动作为以实践活动为基础的人类生命活动中的一种独立的以"生命的自由表现"(马克思)为特征的活动类型,并予以美学的研究。而实践美学只是从"人如何可能"(实践如何可能)的角度去阐发"审美如何可能""美如何产生"(客体为什么会成为美的)、"美感如何产生"(主体为什么会有美感)以及"实践活动与审美活动的同一性"的实践美学的考察,是从"审美活动与实践活动之间的同一性、可还原性"开始的对于人如何"实现自由"(马克思)的一种非美学的考察。所以它才会如此强调"美的本质、根源来于实践"这样一个

① 潘知常:《诗与思的对话》,上海三联书店1997年,第74—75页。

基本立场(实践美学的贡献与偏颇也都可以从这句话中看到)。然而,在美学研究中,完全可以假定人已经可能,已经在哲学研究中被研究过了,而直接对审美如何可能加以研究。打个比方,人当然是从动物进化而来,但假如认为对于动物的研究就可以僭代对于人本身的研究,岂非本末倒置?实践美学的局限恰恰在于把“人如何可能”与“审美如何可能”等同起来,并且以对前者的研究来取代对于后者的研究。因此实践美学往往从“实践活动如何可能就是审美活动如何可能”这样一个内在前提出发,把“审美活动如何可能”这类美学意义上的问题偷换为“审美活动如何产生”这类发生学意义上的问题,把对于审美活动的“性质”的研究偷换为对于审美活动的“根源”的研究,其结果,就是在实践美学中真正的美学问题甚至从来就没有被提出,更不要说被认真地加以研究了(须知,作为一种理论思维,对于美学而言,最为重要的不是“因为什么”,而是“如何可能”)。生命美学与实践美学的区别正是在这里。它强调在美学研究中必须将“人如何可能”与“审美如何可能”分离开来,将“人如何可能”深化为“审美如何可能”,在生命美学看来,“实践如何可能”并不直接导致“审美如何可能”。审美活动虽然与实践活动有着密切的关系,但却毕竟不能被简单还原为实践活动,实践活动是审美活动得以产生的必要条件,但却毕竟并非审美活动本身。没有它,不会有审美活动,但只有它,也不会有审美活动。实践活动虽然规定了审美活动的“不能做什么”,但却并没有规定审美活动的“只能做什么”,在“不能做什么”与“只能做什么”之间还存在着一个广阔的“生命的自由表现”的空间,一个人类的理想本性、最高需要、自由个性的理想实现的领域、一个无穷的自由地体验自由的天地。而这,正是审美活动的广阔疆域,也正是美学之为美学的独立的研究对象。因此,生命美学强调的是“审美活动如何可能”(审美活动如何为人类生命活动所必需)、“美如何可能”(美何以为人类生命活动所必需)、“美感如何可能”(美感何以为人类生命活动所必需),是从“审美活动与实践活动之间的差异性、不可还原性”开始的对于人如何“自由地实现自由”(马克思)的一种美学的考察。显而易见,只有如此,美学才真正找到了只属于自己的问题,也才真正完成了学科自身的美学定位。

四、生命美学与实践美学:从对抗到对话

在20世纪的最后一个十年,出现生命美学与实践美学的论战,显然并非偶然。在我看来,这正意味着当代中国的美学界已经真正进入了一个战国时代,更意味着在世纪之交迫切需要人类具备更为博大的美学智慧。也因此,当我们面对这场论战之际,就必须超越生命美学或者实践美学之间的谁是谁非,把目光转向美学提问方式的转型和美学问题的转型这一根本问题上来,以求得在论战中的共同的美学收获。

遗憾的是,美学界在这个方面却并未达成应有的共识。实践美学有其特定的内涵,那种以自己对实践原则的理解来僭代实践美学对实践原则的特定理解并且宣称是在"改造"实践美学(并且宣称出现了一个"改造实践美学学派")的做法,我个人认为在论战中不宜提倡。须知,实践美学是有其特定的理论框架的,对它的"改造"也必须遵循这一框架,因此并不是任何一种以马克思主义实践原则作为自己的某种理论基点的美学都可以被称之为"实践美学"的——哪怕是被"改造"后的"实践美学"。那么,从实践美学的内部出发的对于实践美学的改造呢?尽管这无疑是一种积极的态度,但是我也并不完全赞成。因为这种做法只是在实践美学内部才是有效的,而且是积极的。但是假如从这一看法出发去看待美学研究本身,以为经过"改造"后的实践美学仍旧应该承担起包打天下的使命,并且因此而拒绝与其他的任何美学观点对话,那显然是不明智的。至于"超越"实践美学的提法,我也并不赞成。因为假如实践美学等于美学,那显然无从超越也不能超越。假如实践美学只是美学中的一种,那显然无须超越也不必超越。

那么,为什么会出现上述做法呢?除了个人的某些原因之外,一个共同的原因,还是在争论的双方中都存在着一种"是非对错"

“谁胜谁负”“定于一尊”甚至“唯我独尊”的传统心态,这无疑是极为狭隘的。在我看来,这场论战的意义不在对抗而在对话,其目的也不是砌墙而是造桥,是让不同的美学观之间可以交流,在宽容中找到一些边界,让不同的美学可以共生,而不是画地为牢让它们拼一个你死我活。在当代美学看来,美学只能立足于有限性的立场。美学的范式是个体化的,不同的美学范式,使得不同的美学之间既不能同一,也不能通约,而且任何一种美学的研究成果也必然是“洞察”与“盲点”共存。这意味着:美学研究没有绝对的出发点。一种理论类型的高下优劣不应以另外一种理论类型为标准或参照系来判断,不论这种理论类型是来自传统,还是来自某种预设的理论标准,而应视它本身的实践价值即对人类审美活动的有效阐释的深度与广度而定。

从历史上看,不同美学的形成过程,完全是相互交流的结果。在美学界不可能存在高高在上的美学法官。其中的原因十分简单,美学是一个系统,对于系统来说,最为重要的不是中心,而是系统的秩序。何况,考察审美活动是所有美学体系的共同的心理根源,至于采取何种方式则决定于不同的思维方式,因此,真正的美学进步,表现在不同美学之间都自觉地保持着一种平等共存(而不是超越)和对话(而不是对抗)的关系。不同的美学之间彼此都因为自己存在局限而被对方所吸引,又因为自己存在长处而吸引对方,从而各自到对方去寻找补充,并自觉地从昔日的“不破不立”或“先立后破”的做法转向“立而不破”。而生命美学之所以要与实践美学进行美学对话,正是要找到在彼此之间都存在着的美学边界、找到只属于自己的独立的新的美学天地,以便更好地进行美学研究。“我欣赏我所提供的这一阐释模式,但是,我同时也尊重别人所提供的其他阐释模式。”这,就是生命美学的选择,同时,也应该是美学本身的选择!

(原载《学术月刊》2000年第5期)

实践美学与后实践美学论争的意义

杨春时　林朝霞

20 世纪 90 年代展开延续至今的实践美学与后实践美学之间的论争，标志着中国美学由古典到现代的转型。这场论争的意义在于，由实践本体论转向生存本体论，由主体性转向主体间性，由世俗现代性转向反思—超越的现代性。

一、实践本体论还是生存本体论

实践美学的哲学基础是实践本体论，而后实践美学的哲学基础是生存本体论，这是它们的根本区别，实践美学的要害也在这里。

实践作为物质生产在本质上与精神生产不同（因此历史唯物主义才强调实践对于精神生产的基础作用），而且实践也不是人的全部生存活动。这样实践美学就遇到了致命的困难，即物质实践如何能够成为哲学和美学的基本范畴，因为很明显，物质生产活动不但不是人类生存活动的全部内容，而且也不是人类生存活动的最高形式。实践美学解决这个困难的办法首先是诉诸决定论，强调物质实践即劳动创造和决定了审美活动。实践美学强调，实践产生美，实践决定美、包含美，总之，实践论是美学的哲学基础，审美的性质可以从实践中得到说明，审美与实践具有同质性。但是，实践虽然是审美的物质现实基础，但实践不能决定审美的性质，相反，审美超越现实，也超越实践，具有非决定论的性质。这就是说，审美与实践不具有同质性，审美的性质不能从实践中得出，审美是自由的精神活动,而实践是不自由的物质生产。

为了解决实践与审美的非同质性,实践美学又产生新的动向即偷换命题和扩大概念的外延,提出实践包含精神活动,从而也包括审美。但是,实践是物质生产活动,它不能吞没精神生产,否则历史唯物主义就失去了意义;实践也不等于人的存在(生存),否则人就成为经济动物,丧失精神性。因此,实践不能包含审美,也不能成为哲学和美学的基本范畴,从而实践美学也就失去存在的根基。作为实际的生存活动,审美与劳动可能有渗透,劳动中可能发生审美活动。但这不等于劳动与审美的等同,恰恰相反,劳动中的审美活动正是对劳动本身的超越。作为两个概念,审美与劳动必须在逻辑上予以区分,界定两者不同的内涵。如果借口劳动与审美有关联,就把两者等同,就无法从事理论研究。显然,审美与劳动有不同的性质,审美是自由的精神活动,劳动是现实的物质生产,审美的本质不包含于劳动的本质之中。实践美学家显然没有把逻辑的分析与实际的情况区分开来,没有对实践进行理论的抽象,而这是理论研究的基本要求。如果把两者混为一谈,就无法进行理论研究,就会把不同的概念搅成一锅粥。

另一个难以回避的事实是实践具有现实性,是异化劳动,而审美具有超越性,是自由的活动,这样,实践美学由实践来说明审美的性质就遇到第二个致命的困难。于是,实践美学只好拔高实践概念的内涵,把实践由现实的、异化的活动变成超越性的、自由的活动,但这同样是行不通的。实践具有正负两面性,既作为人类征服自然的能力,是推动社会发展的基本动力;又是一种不自由的、片面的、异化的劳动。而且,实践的正面性又是通过其负面性实现的,即在异化形式中实现历史的进步。所以,片面地崇拜实践、拔高实践,只是理性主义的乐观精神的体现。这种理性主义的乐观精神是启蒙时期所特有的。马克思曾经批评黑格尔:“他把劳动看做人的自我确证的本质;只看到劳动的积极方面,而没有看到它的消极方面。”①中国20世纪80年代的新启蒙运动也受到启蒙主义理性精神的影响,从

① 马克思:《1844年经济学—哲学手稿》,刘丕坤译,人民出版社,1979年,第116页。

而形成对实践的乐观肯定。在现代社会中,实践或异化劳动的负面性日益突出,对实践的乐观态度也随之消失,代之以对现代性的批判。实践美学像黑格尔一样,只讲劳动是人的自我确证的本质,而回避劳动异化的现实。实践美学把实践非历史化,把实践从其历史形式中抽象出来,剥离其异化的性质,把它变成抽象的"劳动"(甚至原始劳动也成为实践的形式之一),进而认为劳动创造了人、又推动历史发展,从而成为"自由自觉的生命活动"。这种劳动崇拜是建立实践乌托邦的基础。在实践美学家看来,实践只有正面的自由属性,没有负面的异化属性;异化只是其非本质的历史形式,迟早会被克服。这不仅导致一种劳动崇拜和实践乌托邦,也导致一种社会乌托邦。马克思确实一方面指出劳动本应是人的本质的确证,同时又指出现实劳动的异化性质。他认为可以经由社会革命消除劳动异化,恢复劳动的自由本质,这体现了青年马克思的社会理想主义。实际上,正如马克思所说的,劳动是对象化的过程,而对象化就是异化;实践自诞生之日起,就是异化劳动,而且这种异化的性质不会在现实中消失。所以,成年马克思才指出,真正自由的领域"只存在于物质生产领域的彼岸"。对于历史性的实践活动,有两种评价的立场。历史主义的立场肯定其推动社会进步的正面性,哲学的立场则批判其异化的负面性。哲学是超越性的批判之学,它应当从生存的自由本质即超历史主义的高度批判实践,而不是仅仅站在历史主义的高度肯定实践。实践美学放弃哲学的批判立场,而仅仅固守于历史主义的肯定立场,从而导致实践乌托邦。实践乌托邦天真地认为历史实践不但推动历史发展,而且能够实现人的全面发展,消除人与世界的对立,从而实现自由。但是他们忘记了正是在脱离原始社会以后的社会历史实践中,才产生了人的异化、人与世界(社会、自然)的对立以及人的片面发展;而且,正是由于异化导致自由的缺失,从而才激发对自由的追求。因此,不是实践直接带来自由,而是实践即异化劳动产生的不自由,才产生对自由的意识。马克思在肯定实践推动历史进步作用的同时,严厉地批判异化劳动,"劳动者同自己的劳动产品的关系就像同一个异己的对象的关系一样"①。马克思对劳动异化的批判，也是对实践的负面性质的批判。脱离历史性的、绝对肯定的实践并不存在，现实的实践就是异化劳动。实践美学一方面绝对肯定实践；另一方面又承认异化劳动，似乎实践与异化劳动是两回事。这不仅不符合事实，也不符合逻辑。

后实践美学建立在生存本体论的基础上，生存范畴克服了实践概念的局限性，具有本体论的性质。生存的超越性只能由生存体验确证，经过现象学的体验和反思，就会领悟，生存不是已然的现实，而是一种超越的可能性；它不是指向现实或实践，而是指向超验的、形上的领域。正如马克思所说的，"自由王国只……存在于真正物质生产领域的彼岸"②。我们总是不满足于现实而有终极价值的追求，它被表述为自我实现、终极关怀、本真的存在、自为的存在、形上的追求等。它没有确定解答，而只是超越的过程。生存的超越本质并不直接体现于现实活动中，它只是发生于现实生存的缺陷中，即由于现实生存的不完善性（异化的存在），人才努力超越现实。这种努力最终在充分的精神活动即审美活动中（同时也包括哲学思辨和信仰中）得到实现。同时，审美作为生存超越本质的实现，也具有超越性，而由此就可以合乎逻辑地推导出诸审美规定性。这些审美规定性如主客同一、知情合一、感性与理性对立的克服、现象与本质对立的消失、超越时空还有康德提出的审美的四个二律背反等，都源于审美的超越性。诸审美范畴如优美、崇高、喜剧、丑陋、荒诞、悲剧等也是对现实的超越性理解，从而获致对生存意义的自觉把握。当然，由生存范畴到审美范畴有若干中间环节，包括由自然（原始）的生存方式到现实的生存方式，到自由的生存方式的历史—逻辑的演变。由此可见，生存范畴已经包含着审美范畴，从生存范畴中可以推导出审美范畴，审美是生存的超越本质

① 马克思：《1844年经济学—哲学手稿》，刘丕坤译，人民出版社，1979年，第45页。

② 《马克思恩格斯全集》第25卷，人民出版社，1974年，第926页。

的实现。这也就是说,生存范畴是美学的逻辑起点。

二、主体性还是主体间性

实践美学是主体性美学,而后实践美学是主体间性美学,它们的分歧在于审美是主体性还是主体间性的问题。实践美学认为美是主体性的产物,因为主体的实践创造人类世界,也创造美;美是人化自然的产物,或者说美是人的本质力量的对象化。主体性美学的基础是作为现代性核心的启蒙理性。启蒙理性的基本精神是主体性,它肯定人是最高的价值,以人的理性来对抗宗教蒙昧和神本主义。主体性美学认为审美作为自由活动是主体性的胜利,从而适应启蒙的需要。康德建立先验主体性的美学,席勒继承了康德的主体性美学思想,并且把审美当做成为自由人的途径。黑格尔建立客观唯心主义的主体性美学体系。他的"美是理念的感性显现"的命题,实际上是认为美是以感性形式呈现的自由精神。青年马克思在实践论的基础上建立主体性的哲学与美学。总之,主体性是贯穿整个近代美学的主线。

主体性美学具有历史局限和理论缺陷。就历史局限而言,主体性美学肯定的现代性——启蒙理性本身存在着阴暗面。建立在主客对立基础上的片面的主体性导致人与自然、人与社会的冲突。这种冲突随着现代性的胜利而日益加剧,环境的毁坏、人与人的疏远化,都在诉说着主体性带来的灾难。因此,现代哲学、艺术展开对于主体性、启蒙理性的批判。就理论缺陷而言,主体性美学认为审美是主体性的胜利,而实际上在主体与客体对立的前提下,主体性无法解决认识何以可能、自由何以可能以及审美何以可能的问题。审美作为自由的实现,并不是主体认识客体的结果,也不是主体征服客体的产物。从认识论的角度说,世界作为客体,并不能充分地被主体把握,它是外在的客体,即康德的"自在之物"或胡塞尔的"超越之物",按照狄尔泰的说法,主体只能对它加以"说明",而不能真正地"理解"。从实践论的角度说,世界作为客体,主体不可能彻底征服它,客体作为外在之物也会抵抗主体的征服,如自然对人类征服、索取、占有的报复,更不用说人对人的支配、征服所导致的暴力、冲突和异化。这样,主体性的胜利就不能导致自由。审美是自由的生存方式,以主体性解释审美,必然遇到不可解决的理论困难。

现代哲学不再把主体性看做存在的根据,而是把存在看做自我主体与世界主体的共同存在,这就是说,主体间性成为存在的根据。在这个基础上,现代美学完成由主体性向主体间性的转向。现象学大师胡塞尔首先提出主体间性概念,但这种主体间性是认识论的主体间性,而不是本体论的主体间性,因为它仍然在先验主体构造意向性对象的前提下谈论先验主体之间的关系,而不是主体与对象之间的关系。海德格尔认为此在是"共同的此在"即共在,它具有主体间性的性质。但是,这种主体间性是此在的规定而不是存在的规定,仍然没有提升到本体论高度。只是在海德格尔的哲学思想中,主体间性才具有了本体论的意义。他首先提出了此在的在是"共在"的思想;晚年又提出了"诗意地安居"的理想:"大地和苍穹、诸神和凡人,这四者凭原始的一体性交融为一"①。这种天、地、神、人四方游戏的思想体现一种主体间性的哲学和美学。伽达默尔以主体间性思想建构现代解释学。他认为文本(包括世界)不是客体,而是另一个主体,解释活动的基础是理解,而理解就是两个主体之间的谈话过程。这实际上提出了一种主体间性思想,即阐释者和文本在解释中失去主体性与客体性,而融合为交互主体即游戏本身。他认为解释活动不是对文本原初意义的再现,也不是解释者原有意见的表现,而是主体的当下视阈与文本的历史视阈的融合。"视阈融合"是主体间性思想在解释学领域的体现。巴赫金提出了"复调"理论和"对话"理论。他认为文本不是客体而是主体,作品展开一个独立于作者和读者的世界,"这不是一

① 海德格尔:《人,诗意地安居》,上海远东出版社,1995 年,第 114—115 页。

个有许多客体的世界,而是有充分权力的主体的世界"①。对作品的阅读是两个主体之间的对话。

后实践美学作为中国的现代美学,它建立在主体间性哲学的基础上,解决了认识何以可能、自由何以可能以及审美何以可能的问题,从而克服主体性的实践美学的理论缺陷。后实践美学认为,生存不是主体与客体的对立,而是自我主体与世界主体之间的和谐共在。虽然现实的存在不能充分体现主体间性的本质,但本真的存在即审美作为超越现实的精神生活,体现了最充分的主体间性。它克服人与世界的对立,建立一个自我主体与世界主体和谐共存的自由的生存方式。审美中世界不再是冷冰冰的死寂之物,也不再是与自我对立的客体,而是活生生的生命和主体,是与自我亲密交往、倾诉衷肠的知心者,不是"他"而是"你"。而自我也不再是异化的现实个性,而成为自由的审美个性。无论是对艺术还是自然的审美,都是主体间性活动。艺术品展开的世界不是客体,而是人的生活世界,我们不能像对待客体那样面对艺术品,而应把它当做真正的人的生活去体验,与之对话、交往,最后达到真正的理解和同情。贾宝玉、林黛玉不是客体,而是活生生的主体,我像对待真正的人那样对待他们,与他们共同生活、彼此同情、互相理解,最后成为一体。他们的命运就是我的命运,他们的哀愁就是我的哀愁,主体间达到了充分的同一。自然作为审美对象不是客体,而是有生命、有情感的主体,它与我们息息相关、互通声气,最后达到物我两忘、完全一体的境界。所以我会见花落泪、见柳伤情,达到情景交融之境界。审美作为对世界的最高把握,不是科学的认识,它不能真正地把握世界;而是人文科学的理解,理解只能是主体间的行为,只有主体对主体才能理解,审美的交互体验、充分交流、互相同情达到真正的理解,从而达到对世界的最高把握。审美作为自由的实现,不是客体支配主体,也不是主体征服客体,而是自我主体与世界主体的互相尊重、和谐共在。总之,审美之所以可能,不是

① 托多罗夫·巴赫金:《对话理论及其他》,百花文艺出版社,2001年,第322页。

客体性,也不是主体性,而是主体间性。

三、世俗的现代性还是反思—超越的现代性

美学作为一种哲学形态,植根于人的生存方式,它必须解答人类生存面临的根本问题。古典美学建立在古典生存方式基础上,这是一个田园牧歌时代,人与自然、个体与社会、理性与非理性尚未发生对抗,审美理想就是天人合一、主客和谐,人们追求优美的风范,给人生涂上诗意的光辉。古代美学以实体本体论作为美学的基础,美与最高本体相联系,这表明主体性尚未确立。在由古代向现代的过渡期(近代),现代性已经发生,但尚未取得主导地位,这是一个英雄时代,人们呼唤现代性,为科学、民主而斗争,它的审美理想就是主体的解放,人们崇尚崇高美,给人生涂上理性的光辉。近代美学就以世俗的现代性即理性—主体性作为审美的根据,如康德、黑格尔的美学。在西方现代社会,现代性已经成为人类生存的桎梏,主体性已经走到了它的反面,理性已经失去了往日的光辉,人类进入一个散文化时代。在这个时代,由于物质生存条件的改善和个体的独立,不是社会斗争而是个体生存意义成为突出问题。现代性除了世俗层面以外,还有反思—超越的层面,而现代形态的哲学、艺术以及宗教就成为反思—超越的现代性,它们批判世俗的现代性,从而守护着人的自由精神。现代美学必须植根于反思—超越的现代性,进行世俗现代性的批判。现代美学必须面对人类精神世界的苦恼,回答个体生存意义问题。在散文时代,没有苦难,也就没有崇高,审美理想转向反世俗的现代性,反理性、反主体性。西方 20 世纪艺术实际上就是对散文现代性挑战的回应,它在平庸的生活中对抗物质主义的压迫,解除人的空虚和孤独,顽强地寻求生存的意义。西方现代美学体现了反思—超越的现代性,存在主义美学、结构主义美学、解构主义美学都体现了这种反(世俗的)现代性。20 世纪 80 年代形成的实践美学曾经作为中国当代美学的主流,它呼吁现代性,从而适应了由传统社会向现

代社会转化时代的历史要求。新时期是接续五四传统的启蒙时期,科学、民主成为时代的主题。这是一个英雄时代,需要美学论证人的崇高、理性的伟大。于是,实践美学应运而生。它从主体性实践哲学出发,论证审美活动的主体性,讴歌理性精神。在实践美学者看来,历史必将克服异化而走向人性的复归,审美将成为人的现实的生存方式。它充满了理性主义的乐观精神,体现了启蒙时代的崇高理想,成为思想解放的理论基础之一。

在散文时代,人的生存状态正在发生根本性的变化,现代性带来社会发展的同时,也给人的生存造成困境。首先,计划经济体制下的集体性生存被打破,走向个体性生存。其次,在商品关系下,有可能发生人与人关系的疏远化。最后,理性与非理性发生冲突,精神困扰突出,生存意义问题被尖锐地提出来。在这个历史条件之下,实践美学所讴歌的实践以及现代性包括理性、主体性都失去理想的光环,它不能解决现代人的精神需求。现代人的生存境遇要求美学做出不同于传统的理性主义的解答。在散文化的冲击下,传统审美理想瓦解,崇高精神沦落,它像堂吉诃德一样受到了嘲弄。王朔调侃传统价值,《废都》撕破理性的面纱,"新写实"直面平庸人生,似乎都预示着一个旧时代的结束和一个新时代的来临。在散文化的挑战下,美学应当如何回应,如何帮助人们度过精神黑暗的时代,这是必须解决的问题。美学作为审美活动的理论总结,不是时代的应声虫,而是要超越现实,成为批判的武器。因此,在发展现代性的同时,必须对现代性保持警惕和反思的态度。中国现代美学必须回应散文化的挑战,对现代性进行审美批判,在商品化和理性主义的压迫下,维护人的自由,守护人的精神家园。当前,作为社会现代性的反弹,审美现代性已经产生,这表现在现代文艺思潮的发生,也表现为大众审美文化的兴起。审美现代性应当得到美学现代性的肯定,而作为主流学派的实践美学基于集体理性,不能回答现代性的挑战,不能解除现代人的精神负担,这意味着美学必须发生变革,它应当走出前现代阶段。后实践美学与实践美学的论战,应该看做中国美学现代转型的表现。后实践美学力图回应现代性的挑战,诉诸个体性和超越性,以解除现代人的精神困扰。因此,在与实践美学的论争中,后实践美学崛起并得到了长足的发展,成为与实践美学对峙的主流学派。

(原载《学习与探索》2006 年第 5 期)

实践美学与后实践美学在论争中发展

林朝霞

实践美学可以溯源于20世纪50年代的第一次美学论争，而它的正式诞生则在20世纪80年代的第二次美学论争中。它在与反映论美学、主观论美学的辩驳中显示了理论优势。实践美学依据马克思主义的实践论哲学，把实践作为美学的逻辑起点，具有相对完整的逻辑体系和理论架构；同时它从实践的主体性和能动性出发，肯定了审美的主体性和能动性，与80年代争取现代性的启蒙思潮相呼应，从而发展为新时期主流美学。进入90年代，市场经济的崛起，启蒙思潮消退，现代性的负面影响初现端倪，现代人的生存危机开始凸显，对现代性的反思批判也随之发生。在此背景下，实践美学遇到了后实践美学的挑战，发生了延续至今的第三次美学论争，形成了实践美学与后实践美学以及后来的新实践美学多元并存的局面。阎国忠称这场旷日持久的论战"主要是围绕美学自身问题展开的，是真正的美学论争"①。实践美学、后实践美学、新实践美学在这场论争中相互碰撞、对话，产生了互相促进的效果。其中，后实践美学借鉴西方现象学、存在论、解释学等思想资源，不断发展、完善。实践美学则步入了反思阶段，回应后实践美学的批评，力图通过自我调节来弥补和修复理论缺陷。而新实践美学则对实践美学和后实践美学各有批判，试图改造实践美学，

---

① 阎国忠：《关于审美活动——评实践美学与生命美学的论争》，载《文艺研究》1997年第1期。

在实践观的基础上,重建新的实践美学理论体系。

一、实践美学的突围

实践美学以实践论为基础,以实践为逻辑起点建立理论体系,因此,只要合乎这个基本点,就属于实践美学的范围。严格地说,实践美学并不是李泽厚的一家之言,而是包括李泽厚、蒋孔阳、刘纲纪等人的美学理论。但是,因为李泽厚的美学思想最具体系、影响最大,所以他一直被视为实践美学的代表。20世纪90年代前后,后实践美学主要批判李泽厚的实践美学。1988年,刘晓波用个体一感性理论批判李泽厚"积淀说"的集体一理性倾向,认为它的实质是理性主义和文化保守主义。他的批评虽然敏锐而尖刻,但主要针对积淀说而不是整个实践美学体系;而且批判的武器是感性主义,而不是现代美学思想,故而杀伤力有限,不足以威胁实践美学的霸权地位。进入90年代,后实践美学从本体论出发全面批判和诘难实践美学,揭露其内在的理论缺陷。杨春时首先发难,批判实践美学的哲学基础——实践本体论,指出实践美学注重审美的理性,忽略审美的超理性;注重审美的现实性,忽略审美的超现实性;注重审美的物质性,忽略审美的精神性;注重审美的社会性,忽略审美的个体性以及混同审美活动与现实实践活动、没有彻底摆脱主客对立关系等①。张弘认为,实践美学最致命的缺陷在于抹煞了审美活动和生产劳动等其他社会实践的根本区别,而导致这一结果的根本原因在于"其运思的实质性根据,仍是将自身和存在对立起来的思维,即笛卡儿所说的'我思'"②。而潘知常则从美学的根本问题、逻辑起点、提问方式等各个角度质疑实践美学,认为实践美学的根本缺憾在于将美的本质与美的根源混淆起来,把美的

① 杨春时:《超越实践美学,建立超越美学》,载《社会科学战线》,1994年第1期;《走向"后实践美学"》,载《学术月刊》1994年第5期。

② 张弘:《存在论美学:走向后实践美学的新视界》,载《学术月刊》1995年第8期。

根源作为美学的根本问题①;其次,实践美学以实践为逻辑起点,受制于理性主义、目的论和人类中心论,片面强调实践的积极意义、人的本质力量和实践作为审美根源的唯一性②;最后,实践美学用经验归纳和逻辑演绎的方法追问美、美感是什么以及从何而来的问题,本质上没有摆脱自然科学的提问方式和知识论阐释框架③。

后实践美学既动摇了实践美学的绝对合法性,又为实践美学的自我完善提供了参照系。在后实践美学的审视和逼问之下,实践美学在为自己进行辩护的同时,也开始反思自身缺陷,力图有所改进和发展,以期实现与现代美学的接轨。

首先,李泽厚在实践本体论的基础上,汲取西方现代美学思想,修复和完善自己的实践美学体系。李泽厚前期主要强调工具本体的决定意义,用制造工具来回答人何以可能、认识何以可能、伦理道德和审美何以发生的问题,提出了影响巨大的"自然人化"理论和"积淀说"。在后实践美学的冲击之下,李泽厚后期意识到个体感性、精神性和超越性对审美的重要性,由强调工具本体转向"情本体",强调情感一心理本体对工具本体的反抗。他说:"回到人本身吧,回到人的个体、感性和偶然吧。从而,也就回到现实的日常生活(every day life)中来吧!不要再受任何形上观念的控制支配,主动来迎接、组合和打破这积淀吧。艺术是你的感性存在的心理对映物,它就存在于你的日常经验(living experienee)中,这即是心理——情感本体。"④他进一步提出审美包括悦耳悦目、悦心悦意、悦志悦神这三个循序渐进的层次,而它的最高境界便是超越性的精神愉悦,"是整个生命和存在的全部投入……似乎是参与着神的事业",因为"人作为感性生命的存在,终归是要死亡的,个体的

① 潘知常:《实践美学的一个误区:"还原预设"——生命美学与实践美学的论争》,载《学海》2001年第2期。

② 潘知常:《再谈生命美学与实践美学的论争》,载《学术月刊》2000年第5期。

③ 潘知常:《超越知识框架:美学提问方式的转换——关于生命美学与实践美学的论争》,载《思想战线》,2002年第3期。

④ 李泽厚:《美学四讲》,载《美学三书》,天津社会科学出版社,2003年,第547页。

生命都在有限的时空之中,因此人追求超越这个有限,追求超越这个感性的个体存在,而期待、寻求那永恒的本体或本体的永恒"①。他对审美最高境界的体认,与后实践美学有异曲同工之处。但是,他并没有抛弃一贯的理性思路,没有最终走向审美超越论,而是走向情感主义。他认为在缺乏宗教情怀的背景下,应该用渗透着儒家意识的"新感性"来建构中华美学的情本体。他说:"既无天国上帝,又非道德伦理,更非主义理想,那么,就只有以这亲子情、男女爱、夫妇恩、师生谊、朋友义、故国思、家园恋、山水花鸟的欣托、普救众生之襟怀以及认识发现的愉快、创造发明的欢欣、战胜艰险的悦乐、天人交会的归依感和神秘经验,来作为人生真谛、生活真理了。为什么不就在日常生活中去珍视、珍惜、珍重它们呢?为什么不去认真地感受、体验、领悟、探寻、发掘、敞开它们呢?"②同时,他也意识到工具理性的负面影响,提出了与"自然的人化"截然相反的"人的自然化"概念,构想人与自然双向互动、相互制衡的和谐关系。他说:"'人的自然化'实际正好是'自然的人化'的对应物,是整个历史过程的两个方面。'人的自然化'包含三个层次或三种内容,一是人与自然环境、自然生态的关系,人与自然界友好和睦,相互依存,不是去征服、破坏,而是把自然作为自己安居乐业、休养生息的美好环境;二是把自然景物和景象作为欣赏、欢娱的对象……三是人通过某种学习,如呼吸吐纳,使身心节律与自然节律相吻合呼应,而达到与'天'(自然)合一的境界状态。"③可见,李泽厚积极探寻实践美学的现实出路,提出"情本体""新感性""人的自然化"等重要范畴,以修复"自然的人化"理论和"积淀说"的人类中心主义、物质主义、理性主义等缺陷。必须看到,李泽厚对实践美学的发展,顺应了美学的现代发展趋势,也发展了实践美学。但与此同时,也产生了新的问题,造成了实践美学体系内部的矛盾和裂痕。

---

① 李泽厚:《美学四讲》,载《美学三书》,第498—499页。

② 李泽厚:《哲学探寻录》,见《世纪新梦》,安徽文艺出版社,1998年,第30—31页。

③ 李泽厚:《己卯五说》,中国电影出版社,1999年,第157页。

“工具本体”与“情本体”的共存,让人不得不质疑“本体”的内涵。李泽厚自己也承认本体就是“讲最后的实在,最根本的东西”[①],那么一个理论体系内部何以出现两个“本体”? 如果承认“工具本体”在先,“情本体”在后,那么就重新落入“积淀说”的窠臼;如果不承认“情本体”为派生的,甚至认为“情本体”反抗“工具本体”,反抗积淀,那么就与自己的理论基础——实践哲学相冲突,也难保不偏离实践美学,滑入后实践美学的边界。“自然的人化”与“人的自然化”的共存,同样让人伤透脑筋。“人的自然化”不是“自然的人化”的派生物,不是实践的结果,而是对实践的否定和超越,强把两者连为一体只能造成体系内部的紊乱。而且,他的“情本体”论向儒家的情感伦理回归,实际上美化了世俗的情感,也不能解决现代人的生存困境。因此,李泽厚对实践美学的修正,并没有最终完成,还有很大的发展空间。

后实践美学的批判,也使其他实践派美学家意识到修复和改进实践美学的必要性。他们试图打破实践的狭义定义,扩充它的内涵和外延,将它改造成一个更具包容性的概念,从而将精神活动容纳进去,从中推衍出审美。张玉能认为,实践应该包含物质生产、精神生产和话语实践三个部分。[②]杨恩寰认为,应将符号的内容增加到实践范畴内,那样实践就包括劳动、科学和审美了。[③]徐碧辉认为,应将主体之间的交往和精神性的活动,如艺术、审美、宗教加入实践中去。[④]这些努力都为实践美学的发展开辟了通道。但是,问题在于,单纯扩充实践的内涵虽然可以回避实践的物质性与审美的精神性的矛盾,却带来了新的问题,因为实践是区别于精神活动的概念,混同两者不仅在逻辑上有矛盾,也混淆了马克思的历史唯物主义与其他学说的关系;而且由于否定了实践的超越性,仍旧无法将审美与其他实践活动区别开来,解释审美的特殊本质问题。

---

① 李泽厚:《美的历程——李泽厚访谈录》,载《文艺争鸣》,2003 年第 1 期。

② 张玉能:《实践的类型与审美活动》,载《吉首大学学报》,2001 年第 12 期。

③④ 参见徐碧辉:《“实践美学的反思与展望”国际学术研讨会综述》,载《阴山学刊》,2005 年第 3 期。

二、新实践美学的突破

后实践美学与实践美学的论战,也导致实践美学的分裂。同属于实践美学阵营的朱立元、易中天、邓晓芒等人自觉与李泽厚实践美学划清界限,重新解释实践概念,试图另立门户,建立新实践美学。2002年,易中天、邓晓芒加入实践美学与后实践美学的论争,对实践美学与后实践美学都有所批判,旗帜鲜明地提出了"新实践美学"。易中天认为,实践美学提出"客观性与社会性的统一",既不合情又不合理,"终将作为一个被扬弃的环节而退出历史舞台"①,而后实践美学则一厢情愿地以为审美能够达到自由生存状态和解决生存意义问题,其实只是把审美理想化和神秘化了,亦不可取。在此基础上,他以劳动作为美学体系的逻辑起点,认为劳动蕴含了艺术和审美的因素,正是劳动的情感性以及这种情感的可传达性和必须传达性使艺术和审美的发生成为可能,并使它们获得本质规定性。劳动使人获得了一种心理能力,即通过确证感的体验,在一个属人的对象上确证自己的属人本质。这也是审美的本质。在这个过程中体验到的确证感就是美感。邓晓芒在《什么是新实践美学》一文中进一步阐明实践、超越性、生存、审美在新实践语境里的意义内涵,认为实践(包括原始劳动)不仅是"客观现实的物质性的活动",而且是"有意识、有目的、有情感的物质性活动",既突出实践的物质性、现实性因素,又突出它的精神性和主观性因素,以区别于实践美学,也避免实践美学不得不采用双重本体的尴尬处境;又认为超越性源于人类自由自觉的生命活动,即实践,提出"人类实践活动所不可分离的'知、意、情'三维特点,就是其对动物的活动所具有的超越性的最根本的体现",反对超越美学将超越性与现实性截然对立的做法;并提出生存即劳动,审美即人借助于人化对

① 易中天:《走向"后实践美学"还是"新实践美学"——与杨春时先生商榷》,载《学术月刊》2002年第1期。

象而与别人交流情感的活动的观点。①与实践美学相比,新实践美学将实践还原为劳动,提出劳动是艺术和审美的第一推动力;并且扩充实践的内涵,提升实践的品格,充分肯定劳动的情感性、精神性和属人性,弥补了实践美学偏重理性、物质性和社会性的缺陷,从而对实践美学有所突破。但是,新实践美学也没有脱离实践美学的基本理论框架,因此也难以克服实践美学的理论缺陷。新实践美学的论证前提是劳动、是自由自觉的类活动,这无疑否认了人类有史以来的异化劳动,有美化实践之嫌。因此杨春时认为"新实践美学不能走出实践美学的困境",②并且批评新实践美学建立了一个"实践乌托邦"。③同时,新实践美学将审美确定为人的自我确证,将美感确定为确证感,将美确定为对象化的情感,这都没有摆脱实践美学的理性主义。

朱立元继承和发扬了蒋孔阳的实践美学,并在此基础上建构实践存在论美学。他认为,蒋孔阳的实践美学强调美在创造、美在关系;美感是自由感,它打破现成论、趋向生成论,反对认识论,具备存在论的纬度,本质上区别于李泽厚的主体性实践美学(又称人类学本体论美学)。他说:"美学在蒋先生这里就成为一个以人为中心,以艺术为主要对象,以人生实践为本源,以审美关系为出发点,以创造—生成观为指导思想和基本思路的理论整体。这个理论整体体现出一种突破形而上思维方式的尝试,也是对美学的一种新的存在论奠基。"④同时,朱立元认为,实践美学的根本症结就在于将实践限定为生产劳动,改进实践美学的首要任务便是重新解读"实践"概念,将它扩展为"人生实践"。他提出,实践在亚里士多德、康德、黑格尔、马克思那里都不限指生产劳动,实践具有丰富的

① 邓晓芒:《什么是新实践美学——兼与杨春时先生商讨》,载《学术月刊》2002 年第 10 期。

② 杨春时:《新实践美学不能走出实践美学的困境》,载《学术月刊》2002 年第 1 期。

③ 杨春时:《实践乌托邦批判》,载《学术月刊》,2004 年第 3 期。

④ 朱立元:《蒋孔阳的美学思想:寻找存在论的根基——蒋孔阳美学思想新论探之二》,载《学术月刊》2003 年第 12 期。

内涵和外延,囊括了人与世界关系的方方面面,即人与人、人与自然、人与社会的关系,是人的社会性、历史性的存在方式,其表现形态包括物质生产,也包括变革社会政治道德制度的革命实践,还包括感性个体的生存活动。①朱立元在挖掘蒋孔阳美学思想和重新阐释"实践"这个逻辑起点的基础上,提出实践存在论美学。他在《走向实践存在论美学——实践美学突破之途初探》一文中,跳出主客二元对立的思维方式,实现了哲学基础从认识论到实践存在论的转换,以审美活动作为美学研究的出发点,把审美活动看作基本的人生实践,看作个体积极参与的、动态生成的过程,看作一种高级的人生境界,重视审美的独立性、个体性、生成性、超越性。②可见,朱立元为突破传统实践美学的局限和实现古典美学的现代转型做了十分有益的尝试,并在一定程度上克服了传统实践美学重物质性、社会性、现实性而轻精神性、个体性、超现实性的弊病。但是,朱立元仍难以摆脱实践论体系的困扰。他的存在不是超越性的存在,而是实践基础上的现实存在,因此,他强调审美是自由的存在方式、高级的人生境界,却又不经意中回到"自然的人化"、"人的本质力量对象化"的论证思路上。他强调个体情感、想象、直觉、无意识对审美的作用,却又突出社会存在、社会意识对个体存在、个体意识的规训作用,从而造成实践存在论内在的逻辑裂痕。

三、后实践美学的深化

后实践美学在与实践美学的论争中崭露头角并走向深化。后实践美学是个笼统的称呼,因兴起于实践美学之后而得名,实际上是多元的体系。它包括超越美学、生命美学、体验美学、存在论美学以及否定主义美学等多个派别。它在哲学基础上实现了从实践

① 朱立元、刘泽民:《"实践"范畴的再解读》,载《人文杂志》2005年第5期。

② 朱立元:《走向实践存在论美学——实践美学突破之途初探》,《湖南师范大学学报》(社会科学版),2004年第4期。

论到存在论的转换,在思想资源上实现了青年马克思到西方现代美学的转换,在时代精神上响应了从呼吁主体性到反思主体性的转变。杨春时的生存—超越美学认为,生存是本体论的范畴,生存是超越性的,审美是超越性的实现,审美的本质是超越,是对生存意义的体验;潘知常的生命美学认为,存在是生命本体,审美活动是以实践活动为基础同时又超越于实践活动的生命活动,是最高最自由的生存方式,它思索和揭示人的生存之谜①;张弘的存在论美学认为,审美是存在意义的显示,而美就是审美方式的实现。王一川的体验美学认为,艺术和审美是个体生命直觉和体验的结晶,超乎日常理性和逻辑之上。后实践美学拥有巨大的理论潜能和鲜明的现代意识,但还很不够成熟、完善。后实践美学在批判实践美学的同时也遭到了实践美学和新实践美学的猛烈攻击。而相互间激烈的理论碰撞不仅为实践美学的突围提供可能,而且为后实践美学的理论深化创造历史契机。

在与实践美学的辩驳过程中,后实践美学意识到,从主体性美学向主体间性美学的转换、摆脱主客二元对立思维模式是批判实践美学的关键,也是建立现代美学体系的根本方向。实践美学属于主体性美学范畴,它建立在实践本体论的基础上,认为社会实践是人对世界的改造、征服,是人的本质力量的对象化活动,美是人的创造力和本质的实现。这样,实践美学就无法完全走出主客二元对立的认识论传统,也无法切中审美的本质(实践美学将审美本质等同于人的本质)。后实践美学必须克服主客对立关系,超越主体性,转向主体间性,才能根本上与实践美学划清界限。因此,可以说,主体间性理论的提出,是后实践美学理论的重要表征。

20世纪90年代末,“主体间性”概念已被引入美学、文艺学领域,但仅限于认识论的主体间性和社会学的主体间性,而不是本体

① 潘知常1990年发表《生命活动:美学的现代视界》,1991年出版《生命美学》(河南人民出版社),1997年出版《诗与思的对话》(上海三联书店)。

论的主体间性,因此对美学体系的建构影响不大。①从 2002 年起,杨春时发表系列文章,系统地阐述本体论的主体间性以及对文学、美学理论建构的意义,引起学界的关注。他在《文学理论:从主体性到主体间性》一文中,先从本体论和人文学方法论等方面分析主体间性的含义,提出文学理论应从主体性转向主体间性的观点。他认为,主体间性文学理论突破了主体性文学理论的局限,不是把文学活动看作主体对客体的认识和征服,而是把它看作自我与世界的共在和自由的生存方式,从而切中文学活动自由自觉的本质。②他在《从实践美学的主体性到后实践美学的主体间性》中,将实践美学和后实践美学的本质分歧归结为实践美学的主体性和后实践美学的主体间性。实践美学的基础是主体性哲学,主体性美学不能解决审美何以可能的问题,包括审美作为自由的活动何以可能以及审美作为真理的体验何以可能的问题。而只有主体间性美学才解决了审美何以可能的问题,因此现代美学必然转向主体间性。后实践美学是主体间性美学,它不是把存在看作主体对客体的支配,而是看作自我主体与世界主体的共在,不是把审美看作主体性的胜利,而是看作充分主体间性的实现。③继而,他与文学主体性理论的始作俑者刘再复针对文学主体间性问题展开对话。刘再复积极回应杨春时关于文学超越性和主体间性的提法,认为文学主体性研究的深化必然遭遇主体间性问题,有对主体性理论进行反思和补充的必要。他从强调"个体主体性"和"对象主体"的基础上,进而提出"内在的主体间性"研究的重要性。④2004 年,杨春时接连发表《论生态美学的主体间性》《中华美学的古典主体间性》以及《论文学语言的主体间性》《审美理解与审美同情:审美主体间性的构成》《本体论的主体间性与美学建构》等文章,使主体间性美

① 参阅金元浦:《文学解释学》,东北师范大学出版社,1997 年。

② 杨春时:《文学理论:从主体性到主体间性》,载《厦门大学学报》,2002 年第 1 期。

③ 杨春时:《从实践美学的主体性到后实践美学的主体间性》,载《厦门大学学报》,2002 年第 5 期。

④ 刘再复、杨春时:《关于文学的主体间性的对话》,载《南方文坛》,2002 年第 6 期。

学初成体系。他提出主体性美学不能解释人与自然的审美关系何以可能的问题,而审美是人与自然的主体间性的实现,因此生态美学的哲学基础只能是主体间性哲学。①他又详析了中华美学的古典主体间性,指出中国古代美学不是客体性美学,也不是主体性美学,而是主体间性美学。在天人合一的世界观、主客未分的思维方式基础上,形成了感兴论的文艺观,这是一种前主体性的、古典的主体间性美学。②随后,他又转向对文学语言的考察,论述文学语言的主体间性。他指出,文学语言克服了日常语言的实用性、工具性、抽象性,成为诗性的言谈,使人回到存在的家园,恢复人与世界的对话关系,使存在的意义得以呈现。③2006 年,他继续深化主体间性研究,区分认识论的主体间性、社会学的主体间性以及本体论的主体间性,认为胡塞尔考察了认识主体之间的同一性,形成了认识论的主体间性;哈贝马斯考察了社会生活中人与人的同一性,形成了社会学的主体间性。而海德格尔、伽达默尔等考察人与世界的同一性。形成了本体论的主体间性。他主张将本体论的主体间性作为现代美学建构的哲学基础。④他还在另一篇文章中考察了审美主体间性的基本构成:审美同情与审美理解,指出西方美学受认识论传统影响,重视审美理解而忽视审美同情,而中国美学偏向审美同情而忽视审美理解,中西主体间性美学可以达到互补。⑤

杨春时建构主体间性美学的努力,使主体间性成为美学研究的前沿,并成为美学争论的新的焦点,实践美学与后实践美学之争进入主体性与主体间性论争的新阶段。张玉能相继发表多篇论文,全面批评主体间性美学。他在《主体间性是后实践美学的陷阱》一文中指出,主体间性美学有三大问题:一、改变“主体”的本质规定

① 杨春时:《论生态美学的主体间性》,载《贵州师范大学学报》2004 年第 1 期。
② 杨春时:《中华美学的古典主体间性》,载《社会科学战线》2004 年第 1 期。
③ 杨春时:《论文学语言的主体间性》,载《厦门大学学报》2004 年第 5 期。
④ 杨春时:《本体论的主体间性与美学建构》,载《厦门大学学报》2006 年第 2 期。
⑤ 杨春时:《审美理解与审美同情:审美主体间性的构成》,载《厦门大学学报》2006 年第 5 期。

性，将对象世界看作“与自我一样的主体”；二、把审美推入超验的彼岸世界，使之变得虚无缥缈；三、陷入后现代主义否定一切的虚无主义。[①]他在《评主体间性美学——兼答杨春时先生》一文中，进一步反驳将实践美学归属于主体性美学的观点，并集中火力抨击主体间性理论，认为它将世界上的一切存在都变为“主体”，或幻化为主体，势必导致“主体”的消亡，以及陷入唯我论，是美学理论的退化。[②]而张弘、苏宏斌等人则从不同角度声援了主体间性理论。苏宏斌在《论文学的主体间性——兼谈文艺学的方法论变革》一文中认为，对文学主体间性的探讨有助于文艺学摆脱本质主义和形而上学的思维方式，带动文艺学方法论的变革。[③]他在《论现象学的主体间性文艺思想》中侧重考察萨特、乔治·普莱和杜夫海纳三位现象学家对主体间性问题的论述，从中梳理出现象学领域里的主体间性理论的发展脉络。[④]张弘在《主体间性：走出审美现代性的悖谬》中认为，审美现代性是对理性主义的有力反驳，但却滑入偏重感性的另一极端，向“身体性”堕落，只有引入主体间性范畴，才能克服审美主义的内在缺陷，顺利走出审美现代性的困境。[⑤]

后实践美学因为发现了实践美学主体性的缺陷而走向了主体间性美学，同时，也因为发现了实践美学超越性的缺失，而寻找美学形而上维度。其中潘知常走上了信仰主义的道路。潘知常在深化生命美学研究的过程中意识到，信仰的阙如导致了中华美学的失重。他指出，自西学东渐以来，中国引入科学以解决人与自然的关系，引入民主以解决人与社会的关系，唯独没有引入信仰以解决人与自我的关系，甚而把科学和民主绝对化与神话化，让形而下者

① 张玉能：《主体间性是后实践美学的陷阱》，载《汕头大学学报》，2004 年第 3 期。

② 张玉能：《评主体间性美学——兼答杨春时先生》，载《汕头大学学报》，2005 年第 2 期。

③ 苏宏斌：《论文学的主体间性——兼谈文艺学的方法论变革》，载《厦门大学学报》，2002 年第 1 期。

④ 苏宏斌：《论现象学的主体间性文艺思想》，载《华中师范大学学报》，2005 年第 1 期。

⑤ 张弘：《主体间性：走出审美现代性的悖谬》，载《厦门大学学报》，2002 年第 3 期。

跻身形而上领域,从而导致中国美学在现代转型过程中缺乏超越性的思想资源。那么,为了弥补中国美学的形而上空缺,应树立信仰之维、爱之维。①他的观点也得到了其他后实践美学学者的支持……与潘知常有所不同,杨春时则坚持审美的超越性本质,认为审美超越与信仰虽然同属于形而上的维度,但审美具有自由的性质,而信仰则不是;认为实践美学属于世俗的美学,而后实践美学属于超越的美学。②

后实践美学还积极面对现代语言学转向,开辟了语言学的维度。传统认识论美学追踪现象背后的本质、语言背后的意蕴,把语言视为思想的工具、形式、容器,漠视语言自身的独立性和构成意义的功能。而后实践美学则高度重视现代西方语言哲学,反对把语言视为从属的、第二性的东西,坚持语言自身的独立价值,甚至将语言上升为存在的家园。王一川在体验美学基础上提出了"修辞论"美学,把认识论美学的内容分析和历史视界、感兴论美学的个体体验、语言论美学的语言中心立场和模型化主张这三者综合起来,相互倚重和补缺,建立崭新的美学体系。③

发生于20世纪50年代的第一次美学论争,产生了四个主要的美学流派,但是在极"左"思潮打压下归于沉寂。发生于20世纪80年代的第二次美学论争,形成了实践美学一派独大的局面。而发生于20世纪与21世纪之交的第三次美学论争,则形成了各种美学流派多元并存的局面。这是一种正常的、具有现代性质的学术格局。各种学派在论争中互相砥砺、互相促进、互相补充,共同构成当代美学的交响乐章。

(原载《学术月刊》2007年第4期)

① 潘知常:《为信仰而绝望,为爱而痛苦:美学新千年的追问》,载《学术月刊》2003年第10期。

② 杨春时:《世俗的美学与超越的美学》,载《学术月刊》,2004年第8期。

③ 王一川:《走向修辞论美学——90年代中国美学的修辞论转向》,载《天津社会科学》,1994年第3期。

实践美学与超越实践美学的意义

——以李泽厚的美学思想转变为中心

李咏吟

一、实践美学之争:从三维层面展开

中国的实践美学之争,实际上,涉及三个问题:一是对马克思主义美学的本质和发展如何做出新解释,二是如何通过实践美学给人的现实生命活动以恰当的价值定位,三是如何确立当代美学的发展方向。从现代中国美学思想发展史的事实来看,实践美学观念,是在马克思主义美学的探索过程中形成的,俄苏实践论美学思想直接推动了中国实践论美学思想的建立,毛泽东将马克思主义的实践观念赋予中国化内容,使得马克思的实践观念与中国本有道德实践观念结合在一起,奠定了实践论思想的中心地位。朱光潜通过对《1844 经济学—哲学手稿》的解读,从主客体关系入手,确立了实践论观念在现代中国美学的主导地位,强调实践对生活与世界的改造与审美创造意义。不过,真正使实践论美学在中国现代美学探索过程中发挥重大影响的,还是李泽厚的美学解释。他把马克思主义美学与康德美学的实践论思想有机地结合在一起,使得实践论美学思想在中国思想、西方思想和马克思主义学说中获得了内在的融通。有关实践美学的讨论,最为中心的环节往往离不开李泽厚的有关思想,所以,实践论美学的论争,就是对李泽厚有关马克思主义美学的解释或对中西美学的解释"是否深刻地理解了美的本质"这一问题的论争。

李泽厚美学解释的价值就在于:他能综合东西方美学包括马克思美学的思想精华,结合中国艺术传统,对现代中国社会实践进行创造性的解释。李泽厚的美学解释,实际上,就在于他的包容性与不确定性,他对社会问题与个人价值的关注以及对中国古典美学思想的一些诗性发挥。李泽厚思想的这种不确定性,表明他是一个极其聪明的解释者,同时,也表明他不是一个真正坚定的思想家,因为在他的思想的多维游动中,往往失去了对思想确定性的把握,他的思想始终缺乏一个坚实的思想地基。应该说,李泽厚的早期实践论美学,非常重视生产实践活动对自然的改造,即强调"自然的人化"和"人化的自然"的意义;后期的实践论美学思想,则重视人的感性体验与生命欲望的自由表达。实践论美学,在李泽厚那里有很大的延伸空间,也是有意义的思想探索,尽管李泽厚并没有明显地提及这一主题词作为自己的思想纲领。从李泽厚的实践论美学思想中,也可看出,他并没有把理性立法或实践智慧视作美学的根本问题,更多地集中在人的"对象化活动"或"生产劳动活动"这一问题上。

基于此,之所以说 20 世纪 80 年代以来的美学论争,并未从真正意义上超越李泽厚的美学构想,是因为有三个基本理由作为依据。

首先,实践问题并没有得到真正说明。实践论思想的形成,主要基于人的生存活动的反思:古典哲学中的实践观比较关注精神层面的问题,所以,实践的道德指向成为第一位的问题;马克思主义的哲学观,比较关注现实生活与科学理性问题,所以,改造世界与人的本质力量对象化成为第一位的问题。作为现实生活哲学意义上的实践观念,与美学理解与创造中的实践观念,应该具有明确的区分。李泽厚从唯物论思想出发,早期的实践论思想,比较重视人的社会现实活动的价值创造,未能充分考虑个人的生存境遇和生存需要,这显然是有欠缺的。论争者往往未能充分意识到:改造社会生活与人的本质力量自由确证,是当时社会的主导取向,即重视社会群体而轻视个体;李泽厚的实践论美学,强调社会性与个人性的统一,显然考虑到了社会价值观念和民族文化对审美的影响,而不是简单地在主观与客观问题上争辩。争论者看到了早期李泽厚思想中重社会轻个人、重理性轻意志的主观倾向,但是,又走到了思想的另一个极端,即重个人轻社会、重意志轻理性,这显然不足以真正否定李泽厚思想的价值。因而,从这个意义上说,实践论美学的争论,只是两种不同立场的表达。

其实,李泽厚的一些基本观点的提出,都有其思想渊源。在他的美学观念中,可以发现俄苏社会学派的美学观、荣格的文化心理观、马克思主义的实践观、康德的主体论思想,皮亚杰的发生认识论观念,乃至福科的新历史观和存在主义的生存观的影子。这就是说,李泽厚美学的思想方式,力图综合多种思想,在现代性思想语境中,寻找美学思想的独创。他特别善于将创新性的西方思想观点和古代中国思想传统进行当代解释,显示出当代性思想的创造性要求,但是,他的思想永远都在变化,这样,作为整体的李泽厚美学思想显示出不可调和的矛盾。李泽厚触及了美学的根本价值问题,但并未将实践的观点贯穿其美学思想的始终。

其次,对中国美学实践精神的理解不能全盘否定。李泽厚的实践论美学思想,具有多重理论根源,既有马克思的思想传统,又有中国古典哲学和近世变法思想的传统,还有西方近代自由主义思想和现代主义思想的传统。他的实践论思想本身,体现了综合与调和的思想包容意向。作为实践美学的批判者,刘小波只是简单地看到李泽厚在解释传统时的保守性特征,或者说,他不赞同李泽厚对儒家思想和道家思想的欣赏与认同乃至诗性解释。所以,刘晓波在批判李泽厚的实践论思想根源时,对其思想中的中国文化因素有着强烈的敌视。刘晓波指出:“通过与李泽厚对话,我要说明:在中国,反封建在思想启蒙层次上的关键仍是鲁迅所提出的改造国民劣根性,特别是知识分子身上的国民劣根性”①。其实,民族精神的重塑,或者说,中国美学精神的重建,显然,不只是民族劣根

① 刘晓波:《选择的批判:与李泽厚对话》,上海人民出版社,1988年,第9—10页。

性批判的问题,美学,在很大程度上,就是要建立民族的审美观念和自由信仰,以审美动力,构造民族生活的自由文化精神,最后,通过美的自由追求,构造自由而富有生机的文明。

应该看到,李泽厚对中国古典美学思想的理解并没有自觉的主体性选择,他更多的是在解释中国古典美学思想的丰富性,或者说,从辩证法的观点出发,充分肯定每一思想的合理性。李泽厚更多的是杂取中国古典美学思想的精华,例如,儒家的仁爱礼乐与浩然正气观念,道家的宗法自然和独与天地精神相往来的思想,禅宗的佛禅明月之境,以及由这些思想延伸出来的具体的文学艺术作品所具有的放逸精神。他确实没有从根本上解决人的法权自由地位与独立平等正义的道德理想信念问题,因为所谓的古典审美智慧往往是在没有基本公民权利的前提下的自我放纵。批判者的思想立场与价值取向,决定了他不可能理解中国古典美学的根源性意义。

第三,存在论的分析包含着对个人价值和个人意志的重新肯定。李泽厚的实践论美学思想不是一维的,或者说,并不是确定不变的,也没有内在的统一性,而是从多维层面对美的各种属性的正视。在《关于主体性的第四个提纲》中,李泽厚提出了十个命题:即:"人活着"是第一个事实。"活着"比"为什么活着"更根本,因为它是一个既定的事实。"人活着"是什么意思。可见,"人活着"的第一个含义是人如何在活着,即人如何衣食住行的。那似乎无穷尽的、恒等的、公共的时间从而也是"第一义"的,它的普遍必然性实乃客观社会性,由此,历史和历史性才有客观的和必然的意义。语言、逻辑、思维也是人"与他人共在",亦即人类群体生存,在这世界中的需要、规范和律令。它与自然无关。于是,建构心理本体,特别是情感本体。生命意义、人生意识不是凭空跳出来的。这也就是中国哲学的传统精神,以儒为主,儒道互补,以乐为美,以生生不已为人要义和宇宙精神,因为人毕竟总是个体的,所有这些涉及命运。①

① 《李泽厚十年集》第2卷,安徽文艺出版社,1994年,第499—503页。

从这种纲领性论述中,可以看到,李泽厚的思想取向十分复杂。他并未找到自己的独创性话语系统,他试图在思想的历史语境中综合并提出新思路。这个提纲,只能看作是价值立场与思想倾向的表达,并未提供新的思想之可能,更没有对人的生命存在与美的文明创建意义形成深刻认识。

二、实践美学与审美文化价值选择之争

在20世纪80年代初期,李泽厚提出的许多问题,在80年代后期乃至90年代初期,仍能发挥积极的作用,这说明他的研究确有纵深眼光,具有先锋性与预见力。①他力图在东西古今的多方会谈中,找到一条合乎现实发展可能性的道路。他对主体性、心理学和文化学的提倡,确实具有一定的开创性和先锋性;他对中国思想史的个案分析和批判,显示了李泽厚思想的复杂视野。这种思想的互补,使李泽厚的美学思想也比较复杂,大多数批判者,则较少在不同思想上做出李泽厚这样切实的努力,因此,批判与论争的悬空也是很自然的。

关于实践论美学的论争,批判者往往没有真正形成自己的论题,而是抓住李泽厚的一些命题进行局部批判。其实,李泽厚关于美学的一些论题,虽语出有据,并受制于特定时期的历史意识形态,而且没有真正通过本位话语予以表达,但是,20世纪80年代,他对新思想的借鉴和发明总能开风气之先。在20世纪70年代末期和80年代初期,李泽厚便开始重视皮亚杰、海德格尔乃至德里达、福科的思想,这些思想,后来在中国引发过后现代主义思潮,这说明,他在中西思想融合方面,总有自己的前瞻眼光。他对美学争辩的厌恶和对美学原典的重视,也显示了切实的思想实绩,这对于开拓美学新思维,超越一些僵死的命题,无疑是有突破性的。20世纪80年代以来的这些美学论争,实质上,是"缺席的批判"。这一

① 《李泽厚十年集》第2卷,第459—474页。

“缺席的批判”，一方面标志着当代美学价值论争还停留在非中即西的二向思维上，另一方面也表现出当代美学在文化价值选择上的二难境遇。这一争辩的核心问题是：如何评价存在的意义？如何确立个体自由的价值？即个体在社会中的位置，个体在人类生活实践中的地位，应该成为思想者关注的焦点。作为个体的人生活在这个世界上有着特别艰难的选择。

在中国文化语境中，实践论美学的核心，不仅要解决生产实践与人的本质力量对象化问题，而且，要解决个性解放与生命自由问题。实际上，在民主与自由的前提下，实践论美学更为重要的是要解决道德自律与文明的审美律法问题，因为个性解放与生命自由是法律已经解决的问题，倒是“道德自律”与“文明求美”需要个体的自觉认同。这可能是中西文化冲突的核心所在，即我们还没有真正从政治法律制度上解决自由平等正义等问题，社会的不公与社会的等级差异以及社会的权力高于法律等，始终制约着我们文明的美的法则的建立。作为个体的人，在情理冲突中如何达成自由解放，是我们的美学论争的实质内容，其实，这多少是对现实无能为力而选择的精神超越策略。基于生命现实与生命自由之间的矛盾，基于感性与理性之间的矛盾，基于宗教信仰与科学理性的矛盾，有人提出和谐原则，有人提出冲突原则，这是两种不同的实现自由的策略。前者以顺应和妥协达成和解，求得心理上的和谐；后者则以反抗与斗争达成自由，求得个体的畅适。

李泽厚与刘晓波的冲突在于：李试图以和谐之境达成个性解放与自由，颇类似于魏晋风度，或者说，根本没有超越儒家人格规范；刘晓波则试图以反叛、对抗、斗争、破坏等策略，达成个性的解放与自由。显然，李泽厚的现实策略与中国文化的内在精神相一致，而刘晓波的现实策略则带有西方自由主义的意味，这是无法根本和解的思想冲突。如果看不到这一点，当代的美学争辩也就失去了意义。一旦关注这一点，当代的美学争辩，就会具有现实的积极意义。

三、超越实践美学必须回归生活意义的诗性确证

实践美学与超越实践美学之争,不应是关于概念的争论,也不应是关于美学前途的争论,而应是关于文明与人的价值的思考。这样,当代中国的许多美学争论,没有涉及美学的根本问题。李泽厚美学思想的内在困境,其实,他自身也深刻体认到了。现在,可以讨论这样一个问题,即:在东西方美学思想的历史语境中,李泽厚的美学思想处于什么样的地位呢?在他自己看来,也是极其矛盾的。他在不断的冲撞中寻求自身思想的合理解决,他的理论轨迹正是这种心灵冲突的表征。如果硬要以所谓"积淀说"来概括他的思想也是极其困难的,因为任何简化了的思想概念都不可避免地要带来许多新问题。因此,无论是"实践美学"与"后实践美学"之争,还是"积淀说"与"突破说"之争,在我看来,都不足以真正把握李泽厚美学的内在实质。许多有识之士已经看到:李泽厚的美学与哲学达成了他自身的圆满和完善,同时,又形成"思想的终结",虽然古今思想家皆然,但李泽厚的本位话语之缺乏,使这种思想的封闭性更加突出。

李泽厚面临着思想的转向,这可能转向自身思想的反面,而达成新的途径,也可能转向自身思想的重复,继续形成分裂性困境。他晚年发表的《我的哲学提纲》和《第四提纲》,似乎仍是在思想综合中寻求生存话语表达,因而,从总体上看,李泽厚的思想已成定势,难有根本性转折。基于这一点,对李泽厚思想的阐释与批判也应深入,而不应满足于外在的概念和命题争辩。无论是李泽厚的近期思想,还是先前的思想,在我看来,普遍呈现出多重分裂性困境。这一方面展示了思想的真实和思想家的真实,另一方面也反映了时代的哲学和美学正处于分裂状态之中,必须寻求解决问题的新的途径。当代思想确实处于剧烈冲突之中,不同话语之间的交流是特别困难的。在西方文化语境中,马克思主义与存在主义和弗洛伊德主义的融合,对交往、解释和实践的重视,正预示着一

条现代性实践哲学的道路。①

实践论美学思想的发展,在东方文化语境中,一方面必须应对西方后现代主义话语的冲击,一方面又必须在传统文化中寻求某种内在价值依据,于是,儒家、道家文化得以进行重估,文化保守主义和文化自由主义正在形成气候。就实践美学的创见而言,李泽厚承受着三重压力:一是马克思主义理论话语的压力,二是中国古典理论话语的压力,三是西方现代理论话语的压力。这三种不同的话语,在三种不同的文化语境中形成。李泽厚的基本立场,是试图以马克思主义美学话语为主导,包容西方现代美学话语和中国古典美学话语,从而形成综合性的当代美学话语创造,这样,三大话语系统的冲突构成了李泽厚美学话语的分裂性困境。李泽厚一方面必须面对三大话语系统及其复杂观念问题,另一方面则必须面对个体生存问题,个体生存问题的解决如何借助理论话语予以表达,是哲学家与美学家的当前课题。面对个体生存问题,面对美学的分裂性困境,李泽厚选择了分裂性表达策略。他早期的美学思想,基本是以马克思主义美学话语为主导来解决审美本质属性,从而确立个体之归属的。在李泽厚看来,"美是美感的客观现实基础","美感的矛盾二重性,简单说来,就是美感的个人心理的主观直觉和社会生活的客观功利性质,即主观直觉性和客观功利性。美感的这两种特性是互相对立矛盾着的,但它们又相互依存不可分割地形成美感的统一体"②。正是基于此,李泽厚既强调美感的社会历史性质,又强调美感的心理特质,反对把美感看作与一切社会生活根本无关的本能式心理活动。在此基础上,他提出了"美是人的本质力量对象化"和"自然的人化"或"人化的自然"等美学命题。客观地说,李泽厚的这些美学观点的辩证法特色,体现了马克思历史唯物主义美学的一般要求。也许由于这种理论上的确定

① 刘小枫对此颇为重视,在《审美主义与现代性》中,他作了新的阐释。参见《现代性社会理论绪论》,上海三联书店,1998 年,第 299—350 页。

② 李泽厚:《美学论集》,上海人民出版社,1983 年,第 1 页。

性,导致李泽厚再也不可能对马克思主义美学做出新的富有创造性的阐释,他无法超越同时代的一般理论水平和意识形态局限。于是,他转向中国古典美学话语的探讨。

其实,中国古典美学话语表达,是无法真正与马克思主义美学话语融通为一的,因此,李泽厚中晚期的美学思想,摇摆于西方现代美学话语和中国古典美学话语之间。当他关注个体的解放和自由时,他看到了西方美学话语的合理性,他不仅崇尚卢梭的自然主义、自由主义,也崇尚康德、席勒的主体性理论;不仅崇尚皮亚杰的发生认识论,也赞同福科的新历史主义,把压抑了的历史话语系统重新释放出来,恢复个人快乐,让个体欲望得到满足,崇尚个性解放与个人自由的合法地位。人的个性、人的潜在欲望得不到释放,势必构成对理性的反叛,因此,李泽厚虽未特别赞赏尼采、叔本华、柏格森、狄尔泰的生命哲学精神,但他看到了生命哲学精神的合理之处,因而,他才高唱个性解放万岁,同时,存在哲学对个体生存的困境,对个体存在心理的关注也就特别合乎李泽厚的理论取向。他早期美学中所忽略的忧、烦、荒诞、丑、焦虑、怪异、异化等问题,在他中晚期美学中都得到了高度重视。李泽厚指出:"人类学本体论的哲学(主体性实践哲学)在探讨心理本体中,当然要对'生''性''死'与'语言'以充分的开放,这样才能了解现代的人生之诗。"在这一前提下的哲学美学,便也属于人的现代存在的哲学。它关心的远不止是艺术,而涉及整个人类、个体心灵、自然环境,它不是艺术科学,而是人的哲学。①这些话语表达,与他早期的美学话语之间,有其内部冲突。对这一观念的强调,无法在理性主义与非理性主义之间求得和解,因此,针对这一美学话语的非理性主义价值意向,他又不得不转向东方情感主义与神秘主义传统。在《华夏美学》中,他以儒家精神为主导而展开论述。对于中国美学文化中的礼乐传统、孔门仁学精神,对于中国美学对生命的反思和形而上学式体悟,李泽厚以充满乐观主义精神的理解方式进行诠释。可

① 《李泽厚十年集》第1卷,安徽文艺出版社,1994年,第453页。

以说,回归中国美学话语,李泽厚美学才得到了“内在的逍遥”。

因此,面对群己之辩,面对情理冲突,面对身心困境,李泽厚逐渐认同并接受了“天人合一”的福乐智慧。个体的心灵放纵与快适,个体对社会使命和忧患意识的消解,在李泽厚所体悟到的“逍遥游”式审美人生态度中获得了升华,然而,他也知道,中国文明的礼乐本质,不可能把中国人领向自由之路,而只能沉溺于古典礼乐的传统中。①这种意义上的审美精神,是与西方审美精神根本背离的,于是,李泽厚在这种思想综合和美学综合中不断面临着分裂性困境。这不只是中国文化与西方文化的分裂,也不只是马克思主义与传统主义和自由主义之间的分裂,而且也是身心分裂、人格分裂、思想分裂。

李泽厚无法找到思想的坚定性,他犹豫、徘徊在这种思想的三重性上。在分裂中言说,这是李泽厚的聪明选择。可见,面对思想分裂,李泽厚在本质上不是采取西方哲学家式思维,而是选择了中国哲学家式妥协思维。西方哲学家往往在分裂中做出极端的选择,开辟出一条新生路,而李泽厚则力图弥补分裂,在分裂性话语的并存中领略个体生存的智慧,领略个体生命快乐之道。有论者指出:“对于李泽厚来说,实践就像是转换的结构,外在的、偶然的、自然的东西经由实践而转换成内在的、普遍必然的、观念的东西,同时,动物的、被动的构架经过转换成为人类的、主动的心理形式”②。从一分析中,可以看到,李泽厚总是把复杂的问题从实践方面加以简化处理。在李泽厚看来,分裂是必然的,所要做的是如何弥合分裂。正因为李泽厚美学所选择的是这种折中道路,使他与其他美学之间就必然形成尖锐性对抗,所以,大可不必纠缠于李泽厚美学。纠缠于李泽厚美学是不会有新美学诞生的,同时,这一美学也无法真正消解,它有自身的合理性与圆满性,只有绕过李泽

---

① 《李泽厚十年集》第1卷,第211—245页。

② 赵汀阳:《美学和未来美学:批评与展望》,中国社会科学出版社,1990年,第123—124页。

厚，才有可能开拓出新的美学。唯有如此，美学争辩，就不会拘泥于字面句法和理论判断，而会回归到美学的根本问题上来，为人类、为个体找到一条通往现实的合法的审美道路。

实践美学，实际上，就是要为生活现实提供智慧，就是要为人类认识自然改造自然提供精神自由立法，就是要为文明发展提供内在思想动力。李泽厚的实践美学解释，奠基于马克思的美学立场时，他看到了人的社会实践的意义，因为人的物质实践活动体现了人的实践创造力和技术创造力，这在社会发展过程中是无法回避的因素；当李泽厚基于中国儒家和道家立场时，他对自由与生命和伦理和谐的强调，消解了儒学的冷峻和道家的享乐倾向，而使礼乐和谐精神与自然生命理想观念获得了统一，这无疑肯定了中国古代实践美学思想的合理性。实际上，李泽厚的美学解释中充满了对价值感和生命自由意识的崇拜，但是，当他面对基于商业文明的审美文化时，他只能哑然失语了，因为这里看不到价值感与社会共同归属感，只有纯粹的个人欲望自由主义，所以，他的实践美学也无法面对这一转变。

因此，后实践美学，如果回到马克思，必须超越李泽厚的实践论美学已有的合理解释；如果消解马克思，就只能是对后现代主义思想的进一步屈服。有无新的道路好走，后实践论美学也经受着考验，因为我们的价值观念毕竟无法解释基于商业冲动的艺术生产与艺术消费时尚，虽然这种基于肉身的生活美学比实践智慧和道德自律对人们更具吸引力。回归生活意义的诗性确证，不能只是基于个体的需要，更为重要的是，我们要把文明的美学要求看作是所有的共同价值目标，这种文明生活的诗性美丽，不是对人的感性的压迫，也不是对人的感性的放纵，而是让人在充分的创造与享受中得到文明的自由和谐。自然，这也应看作是实践论美学与后实践论美学的最终目的所在，因为实践论美学与后实践论美学，从其承担的文明重建的思想任务来说，就是要构建自由美丽的社会，让每一个体在其中感受到自由，让每一个体的生命创造力能够得到自由发挥。

（原载《求索》2007 年第 6 期）

李泽厚晚期美学思想与中国第三次美学论争

宋　妍

自20世纪五六十年代的美学大讨论的展开与七八十年代“美学热”在学术界的兴起,李泽厚的美学思想体系构筑了其基本的理论框架与学术观点。与此同时,对其美学思想的质疑与批评也不绝如缕。总的来说,学界认为李泽厚早中期美学思想的矛盾性与缺陷性主要体现在以下五个方面:一,哲学观念的一元化与方法多元化的矛盾;二,把人类学混同于美学的矛盾;三,工具本体与心理本体(情感本体)的矛盾;四,积淀说内部矛盾:理性与感性、群体与个体的矛盾;五,人类中心与世界共存的矛盾。针对这些批判的声音,李泽厚在对其早中期美学思想进行辩护的同时也开始转变思路,在美学理论方面,由早期的“自然人化”和“工具本体”转向了晚期的“人的自然化”和“情本体”,在思想史研究方面则提出了“实用理性”、“乐感文化”、“巫史传统”与“儒道互补”等充分体现中国传统美学思想精髓的重要范畴。伴随着李泽厚美学思想体系的转型,学术界又掀起了新一轮的美学探讨与争论,以杨春时为代表的后实践美学阵营依然一针见血地指出了李泽厚晚期美学思想的矛盾性与缺陷性,以其为先声,学术界展开了继20世纪五六十年代、七八十年代的两场美学论争之后的第三次美学论争。这场美学论争促成了李泽厚美学思想趋于成熟与完善,而其本身也促进了中国美学学术事业的发展。

一、李泽厚晚期美学思想的转向

正是由于后实践美学的异军突起，以及包括实践美学阵营在内的整个美学界对李泽厚美学思想体系的质疑、批判、调整和改进，才使李泽厚对自己的美学思想体系也开始进行深入的反思，并且寻找新的理论方向拓展自己的美学体系。李泽厚在描述自己的理论思路的时候，把以儒家为标志的中国文化传统作为其美学研究的终点和归宿，而他的《美的历程》、《华夏美学》、《中国思想史论》三卷本、《己卯五说》等著作则正是他这一理论思路的实践。由此，李泽厚的美学思想发生了转向，由早期的"自然的人化"和"工具本体"转向了晚期的"人的自然化"和"情本体"。这一转向，既有现实环境的原因，也是其理论自身发展的需要。

李泽厚选择了中国思想史和美学史进行研究，究其原因，大概有三。第一，自工业革命始，人们在享有科学技术所带来的各种显赫成果的同时，一方面，物质生活逐渐丰富；另一方面，个体精神却在这个被权力、金钱和技术异化了的现实社会中逐渐走向孤独和绝望的边缘，人与人、人与自然、人与世界的关系也变得越来越陌生和冷漠，于是，越来越多的个体都希望"回归"到充满人情味的伦理关系之中去享受人与人、人与自然、人与世界的和谐共存。面对此种现状，李泽厚认为，"保留着氏族传统的孔子仁学，以亲子之爱为辐射轴心的伦理观念和实践理性，提供了一份可资借鉴的历史遗产，这个遗产至今仍部分地保存在十亿人口的中华民族的文化心理结构之中。"结合中国本身的历史及现状进行考察，国人在对旧有的价值体系进行怀疑、批判、否定的同时，却又陷入了思想和道德危机的深渊而找不到前进的方向，重建包括道、屈、禅在内的，以儒学为主的传统的文化心理结构可谓重要之举。这样，李泽厚选择研究中国的思想史和美学史作为切入点便是顺理成章的事情了。

第二，中国古典美学思想具有朴素的主体间性思想，即把包括整个自然界在内的外在客体世界当作与自身一样的有生命、有思想、有情感的另一个活生生的主体,两个主体在审美体验中浑然一体,融合无间,这也就是中国古典美学中的"天人合一"的思想。它反映的是人与人、人与自然、人与世界的和谐与共在。李泽厚在这里找到了灵感,一方面既是由于美学界的不同派别对他的"工具本体论"以及"自然的人化"说对人的实践力量的过分追捧所导致的人与世界关系的疏离和恶化的反省与思考,另一方面更直接促成他从"工具本体"和"自然的人化"转向"情感本体"和"人的自然化"。因而,选择中国古典美学思想作为研究的思想资源便成为首选。

第三,薛富兴认为,李泽厚之所以选择中国古代思想、中国美学史,不但是因为李泽厚之前的学术基础,更主要的原因在他看来可能是:"一个与自己所生存时代有所期许的思想家,要想让自己的思想成果获得本民族人们的认同,还是联系自己本民族文化实际的好。一个思想家,即使其异域文化学养再好,如果他一辈子只研究异域文化,只拿异域文化来支撑自己的理论创造,在其同胞的眼里,他只会做一个让人敬而远之的文化怪物,绝难以获得广泛的认同。"①薛先生的看法可谓一语中的。

最后,需要强调指出的是,李泽厚晚期美学思想的转变除了其理论自身原因之外,也与当时的时代背景相关。20世纪90年代,新启蒙运动终止,启蒙主义思想退潮,西方现代主义、后现代主义与各种反理性主义思潮大量涌入中国,李泽厚不赞同这种种"新潮流",主张中国在三十年内应该"走出一条自己的路",反对亦步亦趋地模仿西方,无论在经济上、政治上或文化上。同时,由于受到后殖民主义、新儒学思想的影响(虽然他批评新儒家,这点在下文将有所阐释),李泽厚提倡新保守主义,主张回到传统文化中去寻找与现代性相适应的思想资源,并在此基础上,提出了"情本体"。

---

① 薛富兴:《新儒家,李泽厚:主体性实践哲学要素分析》,《大理学院学报》2002年第1期。

二、李泽厚晚期美学思想体系中的主要范畴

(1)“人的自然化”的提出

“人的自然化”范畴的提出标志着李泽厚晚期美学思想的重大转向，随着它的提出，李泽厚美学思想由早期的“工具本体论”转向了晚期的“心理本体论”，从而奠定了其美学思想体系的“情感本体”的最终归宿。“人的自然化”的提出和“自然的人化”一样，也是一个渐进的过程。而它的内涵则是在《美学四讲》中确定的。在《美学四讲》中，“人的自然化”是指本已“人化”、“社会化”了的人的心理、精神又返回到自然去，以构成人类文化心理结构中的自由享受。“‘人的自然化’实际正好是‘自然的人化’的对应物，是整个历史过程的两个方面。人的自然化，包含三个层次或三种内容，一是人与自然环境、自然生态的关系，人与自然界的友好和睦，相互依存，不是去征服、破坏，而是把自然作为自己安居乐业、休养生息的美好环境，这是‘人的自然化’的第一层(种)意思。二是把自然景物和景象作为欣赏、欢娱的对象，人的栽花养草、游山玩水、乐于景观、投身于大自然中，似乎与它合为一体，这是第二层(种)含义。三是人通过某种学习，如呼吸吐纳，使身心节律与自然节律相吻合呼应，而达到与“天”自然合一的境界状态，如气功等等，这是‘人的自然化’的第三层(种)含义，包括人体特异功能对宇宙的‘隐秩序’的揭示会通，也属于这一层(种)的‘人的自然化’。”①

在将“人的自然化”的内涵划分成三个逐级深入的层次之后，李泽厚又在《历史本体论·己卯五说》中将“人的自然化”做了软件与硬件之分。“人的自然化”的硬件是指《美学四讲》中归纳的“人的自然化”的三个层次，因为与外在自然息息相关，所以又称为人的外在自然。李泽厚在此声明，他的“人的自然化”是以“自然的人

---

①　李泽厚：《美学四讲》，北京：生活·读书·新知三联书店，1999年，第81页。

化”为历史前提的,区别于尼采的历史虚无主义的态度。“人的自然化”的软件则指已经社会化了的人的心理与自然达成融洽,产生审美享受,因此“人的自然化”的软件是一个美学问题。①

那么,“自然的人化”与“人的自然化”之间的关系如何呢?首先,“自然的人化”是“人的自然化”的前提和基础,“人的自然化”是“自然的人化”的深入和发展,理论上它们同属于一个理论体系,都与“自然”密切相关,并且只有经过“自然的人化”的阶段,才能达到“人的自然化”的境界和归宿。如果说,“自然的人化”侧重的是人对外在自然与内在自然的改造和利用,那么,“人的自然化”则侧重于人在“自然的人化”发展到一定程度的情况下向自然的回归,人与自然之间的和谐融洽的关系。因此,可以说,“人的自然化”是对“自然的人化”中所表现出来的人类中心主义倾向的批判和改进,最终达到“天人合一”的境界。其次,李泽厚在《人类学历史本体论》一书中,从现代性的角度出发,认为“自然的人化”具有启蒙现代性的特征,而“人的自然化”则具有审美现代性的倾向,并且说:“中国应该在批判资本主义工业文明的背景下进行工业化和现代化,用反现代性或所谓审美现代性来解读启蒙现代性或科学现代性,这也正是在自然人化基础上来寻求人自然化。”②对此,李泽厚在他的《关于主体性的第三个提纲》一文中总结概括了“自然的人化”与“人的自然化”之间的异同:“自然的人化就内在自然说,是人性的社会建立,人的自然化则是人性的宇宙扩展。前者要求人性具有社会普遍性的形式结构,后者要求人性能‘上下与天地同流’。前者将无意识上升为意识,后者将意识逐出无意识。二者都超出自己的生物族类的有限性。前者主要表现为集体人类,后者主要表现为个体自身,它的特征是个体能够主动地与宇宙自然的许多功能、规律、结构相同构呼应,以真实的个体感性来把握、混同于宇

① 李泽厚:《历史本体论·己卯五说》,生活·读书·新知三联书店,2003年,第263页。

② 李泽厚:《人类学历史本体论》,天津社会科学院出版社,2008年,第300页。

宙的节律从而物我两忘、天人合一。”①

（2）实用理性与乐感文化

在李泽厚的晚期美学思想中，有两个非常重要的范畴，分别是“实用理性”与“乐感文化”，它们是李泽厚晚期美学思想转向中充满中国智慧的重要范畴，也是李泽厚对中国传统美学所作出的独特贡献，同时，它们还是通向李泽厚美学思想归宿之情本体与心理本体的中介。如果说，“实用理性”体现了中国传统美学的思维方式，那么，“乐感文化”则体现了中国传统美学的基本状貌和独特气质。

李泽厚在《历史本体论·己卯五说》中界定了“实用理性”的内涵和性质：“不是先验的、僵硬不变的绝对的理性（rationality），而是历史建立起来的、与经验相关系的合理性（reasonableness），这就是中国传统的‘实用理性’，它即是历史理性。因为这个理性依附于人类历史（亦即人类群体的现实生存、生活、生命的时间过程）而产生，而成长，而演变推移，具有足够的灵活的‘度’。”②还是在这本书里，李泽厚又说：“‘实用理性’恰恰是将理性作为现实生活的工具来定位理性，重视的是功能（function）而不是实体（substance），也从不把理性悬之过高，作为主宰。”③李泽厚由此得出“实用理性”只是以理性作为工具，而与生活联系更为密切的观点。最后他还总结到：“‘实用理性’不是先验的理性，也不是反理性，它只是非理性的生活中的实用合理性。它是由历史所建构的。”④从这几段表述中，我们可以看出李泽厚在解释“实用理性”的性质时存在着一定的矛盾。实用理性到底是理性、合理性，还是非理性？我们不得而知。

在《中国现代思想史》中，李泽厚揭示了实用理性深刻的历史根源。主要表现在以下三个方面：第一，以氏族血缘为社会纽带，

---

① 李泽厚：《实用理性与乐感文化》，生活·读书·新知三联书店，2005年，第240页。

②③④ 李泽厚：《历史本体论·己卯五说》，第43、39、44页。

使人际关系(社会伦理和人事实际)异常突出,占据了思想考虑的首要地位;第二,长期农业小生产的经验论促使实用理性顽强保存;第三,中国四大实用文化——兵、农、医、艺的影响。本文在对实用理性进行考察之后,将实用理性所产生的影响归纳为如下五点:第一,"实用理性"对中国的辩证法思维产生了深刻的影响。在其影响下,中国的辩证法是处理人生的辩证法而不是精确概念的辩证法,是互补的辩证法而不是否定的辩证法。它的重点在揭示对立项双方的补充、渗透和运动推移以取得事物或系统的动态平衡和相对稳定,而不在强调概念或事物的斗争成毁或不可相容。总之,在"实用理性"的影响下,中国的辩证法思维注重和谐、平衡、稳定,排斥冲突、不稳和动荡;第二,正是由于"实用理性"重视从长远的系统的角度来客观地考察思索和估量事事物物,而不重眼下的短暂的得失胜负成败利害,这使它区别于其他各种实用主义。可见,"实用理性"影响下的中国传统文化中所体现出来的历史意识很深厚;第三,"实用理性"把自然哲学和历史哲学铸为一体,使历史观、认识论、伦理学和辩证法相合一,成为一种历史(经验)加情感(人际)的理性,这正是中国哲学和中国文化的一个显著特征;第四,"实用理性"既阻止了思辨理性的发展,也排除了反理性主义的泛滥,它以儒家思想为基础构成了一种性格——思想模式,使中国民族获得和承续着一种清醒冷静而又温情脉脉的中庸心理:不狂暴、不玄想、贵领悟、轻逻辑、重经验、好历史,以服务于现实生活,保持现有的有机系统的和谐稳定为目标,珍视人际、讲求关系,反对冒险,轻视创新……由此可见,"实用理性"秉承了中庸思想的精神理念,一切以是否符合实际需求和需要为标准,以维持平衡和稳定为目标,因而缺乏超越性的思维和形而上的追求,在需要纯粹思辨和逻辑推演的哲学和科学领域落后于西方国家。这便是实用理性这个范畴的自身缺陷。

与"实用理性"同样重要的范畴是"乐感文化"。"乐感文化"建立在"实用理性"基础上,反映了中西两个世界、两种传统,两种文化本质上的不同。乐感文化即是在中国"一个世界"的文化传统中建构起来的。李泽厚从中国美学的以乐为中心的最基本的美学特征引申出"乐"的哲学内涵："'乐'不以另一超验世界为皈依，而以追求现世幸福为目标为理想。儒家的礼乐是巫术活动的理性化、规范化。礼是指管理社会、维持社会秩序的规章制度，而乐则帮助人们在情感上和谐起来。"①与西方的"罪感文化"不同的是，"乐感文化"的核心思想是：人生艰难，又不仰仗上帝，只好自强不息，依靠自身的力量去创造自己的生活。天行健，人也行健，这种依靠自身的肩膀、承认悲乐全在于我的本体精神，才是强颜欢笑和最为深刻的悲剧。这一点，是李泽厚研究中国美学史的重大成果，贯穿在他的美学史著作之中。②这里需要强调指出的是，"乐感文化"并非提倡盲目乐观，而是包含有大的忧惧感受和忧患意识。这是中国人在不以宗教为倚靠的背景下，依靠自身树立起来的积极精神、坚强意志、韧性力量来艰苦奋斗、延续生存的状况。

总之，李泽厚对中国传统文化心理结构中"实用理性"、"乐感文化"的揭示，可谓把握住了中国数千年文化艺术的精髓和命脉，并且他还能将其融入自己的美学体系，更属难得。在他的概括和解释下，中国数千年的丰富而又复杂的文化艺术现象都能得到理论上的阐释。而由他首次提出的"乐感文化"更是贯穿于他的整个美学思想体系之中。对此，刘再复先生将他的"乐感文化"概括为以下四个要点："其一，肯定此生此世的价值，肯定生的快乐。不是生而有罪（基督教），不是生而悲苦（佛），不是生而有错（老子：'大患'），而是生而有趣。用李泽厚的话说，不以另一个超验世界为指归，它肯定人生为本体，以身心幸福地生活在这个世界为理想、为目的。'乐感文化'重视灵肉不分离，肯定人在这个世界的生存和生活。即使在黑暗和灾难年代，也相信'否极泰来'，前途光明，这光明不在天国，而在这个现实世界中。其二，确认生命价值在于生命本身的奋斗和进取，即在于用乐观的态度去争取未来，天地健，

① 李泽厚：《历史本体论·己卯五说》，第53—54页。
② 刘再复：《李泽厚美学概论》，生活·读书·新知三联书店，2009年，第54页。

人亦行健,人生不是仰仗外力不是仰仗上帝的肩膀,而是君子自强不息。其三,确认生命最高的乐趣在于情感的快乐,而不是物欲的快乐也不是道德的快乐,换句话说,在中国礼乐系统中,处于最高地位的乐,其核心意思是同天地和谐的情感愉悦。乐感文化是'情本体'文化,不是理本体文化。其四,'乐'不是盲目乐观,是正视忧患又超越忧患的快乐,进而又是感到与宇宙、自然和谐共生的至乐。忧患中有悲凉感,但少有绝望感。"①诚如刘再复所言,"实用理性"与"乐感文化"揭示了中西文化的根本差别,李泽厚提出这两个范畴可谓是对中国人文社科界的巨大贡献,揭示出了潜藏在中国人文化心理结构深处的重要精神特质。

(3)"情本体"的建设

李泽厚晚期美学思想中最大的转变,莫过于从早中期提出的"工具本体"转向了晚期的"情本体"。"情本体"实质上也就是与"工具本体"相对的"心理本体",只不过用"情本体"的称呼更加切近"心理本体"的实质,因此,学术界也就比较广泛地接受"情本体"的提法。另外,"情本体"也是"乐感文化"的核心,刘再复先生就认为,李泽厚提出"实用理性"与"乐感文化"并非他学术生涯中的最大贡献,而其揭示了中国文化的情感真理才算是他对中国文化界与人文社科界的最大贡献。可见,"情本体"在李泽厚晚期美学思想体系,乃至他的整个美学思想体系中的重要地位。

"情本体"之所提出,既有现实方面的需要,也与李泽厚美学体系自身逻辑发展有密切关系。首先,"情本体"的提出正是为了制约"工具本体"的过度膨胀所引发的人与世界的紧张关系。其次,"情本体"的提出也是"人类学历史本体论"的归宿。在《哲学探寻录》中,李泽厚说:"'心理本体'('人心'—'天心'问题)将取代'工具本体',成为注意的焦点。"②在《美学四讲》的最后,李泽厚则干脆喊出"'情本体'万岁的口号。

①② 刘再复:《李泽厚美学概论》,生活·读书·新知三联书店,2009年,第56、11页。

那么,“情本体”的内涵究竟是什么呢?通过考察和研究,我们发现,“情本体”的内涵包含了亲子情、男女爱、夫妇恩、师生谊、朋友义、故国思、家园恋、山水花鸟的依托、普救众生之襟怀以及认识发展的愉快、创造发明的欢欣、战胜艰险的悦乐、天人交会的归依感和神秘经验等等,囊括了世俗社会里人的一切关系和存在的情感,体现了中国传统文化之不同于西方传统文化的此岸和彼岸相分离的“两个世界”的理论面貌而呈现出“体用一源”“体用无间”的“一个世界”的理论面貌。

“情本体”是李泽厚晚期美学思想中最有建树意义的核心范畴。它是中国“乐感文化”的中心,也是中国文化的情感真理,并且还为身处前现代、现代、后现代各种思潮困扰而找不到情感依托和前进方向的中国人提供了安身立命的依据和根本。但是,“情本体”也并非十全十美,在“工具本体”与“情本体”是否能并存,它们之间存在哪些矛盾这些问题,学术界多年来可谓争论不休。本文还认为,即便“情本体”真能脱离“工具本体”的桎梏而成为其美学思想体系的归宿和最终本体,就单论“情本体”之中的“情感”因素的内涵就可以发现很多问题了。首先,这些以世俗人伦之情为基础的“情感”真能成为李泽厚美学思想体系乃至现代人的信仰和依托吗?其次,从理论自身发展的逻辑来看,以人伦之情为主的“情本体”具有世俗性、复杂性、现实性的特征,这样一个范畴能成为哲学美学思想体系的理论基点吗?再次,“情本体”与李泽厚美学思想体系中的几大重要范畴,诸如“积淀”“自然的人化”“自由”等也存在着逻辑上的矛盾。李泽厚晚期美学思想的矛盾性也成为后实践美学对其继续进行批判的主要原因,如杨春时和本文作者就在《“情感乌托邦”批判》一文中对李泽厚在其“情本体”基础上所构建起来的“情感乌托邦”进行批判,指出“情本体”不能解决现代人的生存困境,也无法抹杀现代人的个体意识,因此也不是人的精神家园。而只有具备超越性特征的审美才能完成这个历史使命。

此外,李泽厚在其晚期美学思想体系中还提出了“度”“巫史传统”“儒道互补”等范畴,丰富、发展和完善了他的整个美学思想体系,使其美学思想在美学概论和美学史论两方面达到了较为完美的结合。

三、李泽厚晚期美学思想的矛盾性及实践美学与后实践美学之争

李泽厚虽然在其晚期美学思想体系中提出了诸多颇有理论意义的范畴,但是他的美学思想体系并不是因此就完美无缺了,通过考察,本文认为,李泽厚晚期美学思想体系中存在以下三大方面的矛盾性:第一,李泽厚在写作他的三卷本的《中国思想史》时存在着对相关范畴和观点看法前后不一致的矛盾;第二,"人的自然化"与"自然的人化"之间的矛盾;第三,"情本体"与"工具本体"、"情本体"与"积淀说",以及"情本体"这个理论范畴自身的缺陷。

首先,李泽厚在写作《中国思想史》三卷本时提炼出了诸如"实用理性""乐感文化""巫史传统"等深刻反映中国传统文化精神的重要范畴,对中国美学的发展作出了卓越的贡献,在充分肯定这几个范畴的精髓和优点的同时,他也敏锐地抓住了这几个范畴的理论缺陷,如"实用理性"过于重视现实的可能性,轻视逻辑的可能性,缺乏超越性、抽象思辨性等,使得中国未能发展出以高度抽象思辨为基础的现代科学;又如,在评价"乐感文化"的优缺点时指出"乐感文化"缺乏西方"罪感文化"的深刻性和悲剧性;还如在剖析中国的"巫史传统"的特征时指出由于巫传统中巫通天(神)人,人的地位相对高昂,使中国文明对人的有限性、过失性缺少深刻认识,从文艺到哲学缺乏对极端畏惧、极端神圣和罪恶感的深度探索等。然而,在李泽厚的行文中,我们可以看出,在他的潜意识里还是更为赞同这几个范畴的优点,并且认为它们能在现代社会中通过改造或转型而继续发挥重要的作用,乃至为现代社会中深受精神困扰的人们寻找精神上的依托。此外,在其晚期美学思想理论中,李泽厚以"情本体"对抗"工具本体"的理性至上倾向,却在思想史论中高度重视"实用理性"的作用,可见,他晚期的美学理论与美

学史论存在着内在的矛盾。

其次,“自然的人化”与“人的自然化”是对立的,二者不可能达到一致。从逻辑上说,“自然的人化”是人对自然的征服、改造,使自然非人化,成为客体;同时也使人自身非自然化,变成主体。这样,人本身就不可能同时自然化。实践不可能既是非自然化,又是自然化,这种逻辑上的矛盾是不可克服的。在现实上,人化自然的实践是异化劳动,产生了异化的主体,人成为社会动物,远离了动物、自然,他不可能还原到动物,自然,“人的自然化”只是一种乌托邦,而不能成为现实。李泽厚强调实践的客观性以及对世界的征服,对人的生成,因此,人与自然的关系也就变成单向的人对自然的掌握、控制和主宰。于是,不管是人的生活环境、生活方式,还是社会组织方式都越来越远离自然,人与自然的和谐关系变得越来越紧张。随着自然环境的逐步恶化,人们也尝试到了妄自尊大的苦头。实际上,“人的自然化”无论是在理论上还是在实践上都没有存在的根据,它更不可能是实践的积极成果,不是“自然的人化”的另一面。人与自然的同一,不靠实践达到,不是一种现实,而是一种理想,包括审美理想。实践作为主体性的行为,虽然推动了历史的发展,但却无可挽回地造成了对自然的破坏,这是现代性的负面影响。形成于启蒙时代的对现代性、理性、主体性以及实践的乐观信仰,在现代社会已经破灭,它们成为批判的对象。也许,李泽厚也意识到了实践的局限,因此,他认为“人化的自然”中的最高层次“天人合一”不是靠个人的主观意识,而是靠人类的物质实践、靠科技工艺生产力的极大发展和对这个发展所作的调节、补救和纠正达到,这里,李泽厚使用了含混的手法,一方面说“人的自然化”是实践的成果,另一方面又说是对实践的“调节、补救和纠正”。如果按照前者,实践即“人化自然”可以导致“人的自然化”;按照后者,则是实践不能导致“人的自然化”,反而要对实践进行调整、补救、纠正。究竟是哪一种呢?这里暴露出他的理论困境。

再次,李泽厚很难解释他到底是需要工具本体,还是更需要“情本体”,也很难将二者之间的逻辑混乱理清楚。因为本体只有一个,如果选择前者,那么"情本体"很难成立,而如果选择后者的话,"情本体"就成为"工具本体"的附庸了。这与李泽厚美学思想的转向是不相符的。此外,"情本体"与"积淀说"也形成了矛盾。"情本体"的提出,在逻辑上预设了这样一个立场:情本体不是派生的,而是独立的,这样就必然与"积淀说"形成矛盾,而李泽厚也确实想在实践本体之外做文章,强调情感的个体性和自由性,以弥补实践本体之不足。但是,他一直强调:"'人活着'是第一个事实。'活着'比'为什么活着'更根本,因为它是一个既定事实。"[①]这样一来,很难想象两者如何能够协调统一,要么只能舍"积淀"说,要么只能舍"情本体"说。虽然,李泽厚说这种调和统一是可能的,但逻辑的要求却不支持他。

最后,杨春时在与本人合作的《"情感乌托邦"批判》[②]一文中指出,囊括世俗社会里人的一切关系和存在的情感无论在理论上还是在现实中都无法承担人生本体之重任。现代人如果要解决精神困境的话,不能依靠建基在儒家伦理情感之上的情感乌托邦,而只能依靠审美的超越性追求实现。

从李泽厚整个美学思想体系发展过程中展示出来的一系列矛盾,我们可以看到,李泽厚整个美学思想体系各个阶段所体现出来的矛盾与缺陷之间具有内在的逻辑性,他晚期美学思想所滋生出来的矛盾不是凭空产生的,而是早中期美学思想的矛盾与缺陷并未得到解决的必然结果。因此,后实践美学与实践美学的第二轮论争也因此而起。

李泽厚晚期美学思想体系所体现出来的矛盾引发了美学界又一轮的论争。首先,实践美学阵营的其他成员在为实践美学进行辩护的同时也对实践美学自身进行了修正与调整,提出了与李泽厚的主体性实践美学思想颇为不同的美学思想体系,拓宽了实践

---

① 李泽厚:《第四提纲》,《学术月刊》,1994 年第 10 期。

② 杨春时、宋妍:《"情感乌托邦"批判》,杨春时:《走向后实践美学》,安徽教育出版社,2008 年,第 224—237 页。

美学的发展空间。而以邓晓芒、易中天、朱立元、周来祥、张玉能等为代表的实践美学阵营中的后起之秀形成了新实践美学阵营，在对旧实践美学(李泽厚的主体性实践美学思想体系)进行深入反思与调整的基础上，也纷纷提出了自己的美学观点，创建了多种富有新意的新实践美学体系。比如，朱立元的实践存在论美学把人的生存实践活动引入到本体论(存在论)的思考视野中，并以此为根基解决美学基本问题；周来祥则提出“美是和谐”说，指出美是人和自然、主体和客体、理性和感性、自由和必然、实践活动的合目的性和客观世界的规律性的和谐统一。①此外，张玉能的“新实践美学”论则将实践范畴划分成三个层次，并在此基础上审视审美的特性。

与此同时，后实践美学阵营中的杨春时、潘知常、张弘、王一川等主要代表人物从反思现代性的现代哲学、美学思想体系(如存在主义、解释学等)中汲取了适应时代发展需要与美学理论自身发展所需的宝贵思想养料，进一步深入发展了自己的美学思想体系。如杨春时后来提出了主体间性美学理论对抗李泽厚的主体性美学思想；潘知常进一步发展了生命美学论，强调了审美的超越性；张弘则提出了存在论美学，将其美学的基石建立在存在论的基础上；而王一川则提出了体验美学与修辞美学；此外，吴炫和陈望衡则分别提出了“否定主义美学”和“美在境界”说，丰富和发展了后实践美学阵营的理论宝库。在这种历史背景下，后实践美学与实践美学展开了新一轮的争鸣。这个阶段的论争主要包括以下两个方面，第一，杨春时与提出“新实践美学”体系的代表人物邓晓芒、易中天先生之间的论辩；第二，杨春时与张玉能就主体间性理论进行的论争，徐碧辉对杨春时与张玉能之间的论争的再评价，以及杨春时对徐碧辉女士所代表的实践美学思想体系的全面批判。他们的论争主要围绕“实践”“主体性”“自由”“超越”等美学范畴展开。其他流派或学者也对这场美学论争发表了不同的看法与见解，两个美学阵营各有支持者和反对者，还有一些学者站在中立的角度和

① 周来祥:《论美是和谐》，贵州人民出版社，1984年，第73页。

本着探索中国美学自身发展的路途的目的提出了一些颇有建树性的意见。总之,各种学派在论争中互相砥砺、互相促进、互相补充,共同构成当代美学的交响乐章,真正促成了中国美学界各种美学流派多元并存、百花齐放、百家争鸣的繁荣景象。

(原载《湘潭大学学报》哲学社会科学版 2013 年第 1 期)

图书在版编目(CIP)数据

实践美学与后实践美学：中国第三次美学论争论文集 /《学术月刊》编辑部编 .-- 上海：上海三联书店，2019.1
ISBN 978-7-5426-6562-1

Ⅰ.①实… Ⅱ.①学… Ⅲ.①美学－文集 Ⅳ.①B83-53

中国版本图书馆 CIP 数据核字(2018)第 272618 号

实践美学与后实践美学：中国第三次美学论争论文集

编　　者 /《学术月刊》编辑部

责任编辑 / 方　舟　殷亚平
特约编辑 / 邱　红
装帧设计 / 汪要军
监　　制 / 姚　军
责任校对 / 张大伟
出版发行 / 上海三联书店
(200030) 中国上海市漕溪北路 331 号 A 座 6 楼
邮购电话 / 021-22895540
印　　刷 / 上海展强印刷有限公司

版　　次 / 2019 年 1 月第 1 版
印　　次 / 2019 年 1 月第 1 次印刷
开　　本 / 640×960　1/16
字　　数 / 1030 千字
印　　张 / 77
书　　号 / ISBN 978-7-5426-6562-1/ B · 621
定　　价 / 318 .00 元